Théories spectrales

N. Bourbaki

Théories spectrales

Chapitres 3 à 5

Springer

N. Bourbaki
Institut Henri Poincaré
Paris Cedex 05, France

ISBN 978-3-031-19504-4 ISBN 978-3-031-19505-1 (eBook)
https://doi.org/10.1007/978-3-031-19505-1

This Springer imprint is published by the registered company Springer Nature Switzerland AG
The registered company address is: Gewerbestrasse 11, 6330 Cham, Switzerland

THÉORIES SPECTRALES

MODE D'EMPLOI

1. Le traité prend les mathématiques à leur début et donne des démonstrations complètes. Sa lecture ne suppose donc, en principe, aucune connaissance mathématique particulière, mais seulement une certaine habitude du raisonnement mathématique et un certain pouvoir d'abstraction. Néanmoins, le traité est destiné plus particulièrement à des lecteurs possédant au moins une bonne connaissance des matières enseignées dans la première ou les deux premières années de l'université.

2. Le mode d'exposition suivi est axiomatique et procède le plus souvent du général au particulier. Les nécessités de la démonstration exigent que les chapitres se suivent, en principe, dans un ordre logique rigoureusement fixé. L'utilité de certaines considérations n'apparaîtra donc au lecteur qu'à la lecture de chapitres ultérieurs, à moins qu'il ne possède déjà des connaissances assez étendues.

3. Le traité est divisé en Livres et chaque Livre en chapitres. Les Livres actuellement publiés, en totalité ou en partie, sont les suivants :

Théorie des ensembles	désigné par	E
Algèbre	—	A
Topologie générale	—	TG
Fonctions d'une variable réelle	—	FVR
Espaces vectoriels topologiques	—	EVT
Intégration	—	INT
Algèbre commutative	—	AC
Variétés différentiables et analytiques	—	VAR
Groupes et algèbres de Lie	—	LIE
Théories spectrales	—	TS
Topologie algébrique	—	TA

Dans les *six premiers* Livres (pour l'ordre indiqué ci-dessus), chaque énoncé ne fait appel qu'aux définitions et résultats exposés précédemment dans le chapitre en cours ou dans les chapitres *antérieurs dans l'ordre suivant* : E ; A, chapitres I à III ; TG, chapitres I à III ; A, chapitres IV et suivants ; TG, chapitres IV et suivants ; FVR ; EVT ; INT. À partir du septième Livre, le lecteur trouvera éventuellement, au début de chaque Livre ou chapitre, l'indication précise des autres Livres ou chapitres utilisés (les six premiers Livres étant toujours supposés connus).

4. Cependant, quelques passages font exception aux règles précédentes. Ils sont placés entre deux astérisques : *... *. Dans certains cas, il s'agit seulement de faciliter la compréhension du texte par des exemples qui se réfèrent à des faits que le lecteur peut déjà connaître par ailleurs. Parfois aussi, on utilise, non seulement les résultats supposés connus dans tout le chapitre en cours, mais des résultats démontrés ailleurs dans le traité. Ces passages seront employés librement dans les parties qui supposent connus les chapitres où ces passages sont insérés et les chapitres auxquels ces passages font appel. Le lecteur pourra, nous l'espérons, vérifier l'absence de tout cercle vicieux.

5. À certains Livres (soit publiés, soit en préparation) sont annexés des *fascicules de résultats*. Ces fascicules contiennent l'essentiel des définitions et des résultats du Livre, mais aucune démonstration.

6. L'armature logique de chaque chapitre est constituée par les *définitions*, les *axiomes* et les *théorèmes* de ce chapitre ; c'est là ce qu'il est principalement nécessaire de retenir en vue de ce qui doit suivre. Les résultats moins importants, ou qui peuvent être facilement retrouvés à partir des théorèmes, figurent sous le nom de « propositions », « lemmes », « corollaires », « remarques » ; etc. ; ceux qui peuvent être omis en première lecture sont imprimés en petits caractères. Sous le nom de « scholie », on trouvera quelquefois un commentaire d'un théorème particulièrement important.

Pour éviter des répétitions fastidieuses, on convient parfois d'introduire certaines notations ou certaines abréviations qui ne sont valables qu'à l'intérieur d'un seul chapitre ou d'un seul paragraphe (par exemple, dans un chapitre où tous les anneaux sont commutatifs, on peut convenir que le mot « anneau » signifie toujours « anneau commutatif »). De telles conventions sont explicitement mentionnées à la tête du chapitre ou du paragraphe dans lequel elles s'appliquent.

7. Certains passages sont destinés à prémunir le lecteur contre des erreurs graves, où il risquerait de tomber ; ces passages sont signalés en marge par le signe Z (« tournant dangereux »).

8. Les exercices sont destinés, d'une part, à permettre au lecteur de vérifier qu'il a bien assimilé le texte ; d'autre part, à lui faire connaître des résultats qui n'avaient pas leur place dans le texte ; les plus difficiles sont marqués du signe ¶.

9. La terminologie suivie dans ce traité a fait l'objet d'une attention particulière. *On s'est efforcé de ne jamais s'écarter de la terminologie reçue sans de très sérieuses raisons.*

10. On a cherché à utiliser, sans sacrifier la simplicité de l'exposé, un langage rigoureusement correct. Autant qu'il a été possible, les *abus de langage ou de notation*, sans lesquels tout texte mathématique risque de devenir pédantesque et même illisible, ont été signalés au passage.

11. Le texte étant consacré à l'exposé dogmatique d'une théorie, on n'y trouvera qu'exceptionnellement des références bibliographiques ; celles-ci sont parfois groupées dans des *Notes historiques*. La bibliographie qui suit chacune de ces Notes ne comporte le plus souvent que les livres et mémoires originaux qui ont eu le plus d'importance dans l'évolution de la théorie considérée ; elle ne vise nullement à être complète.

Certaines notes historiques ont été rassemblées dans un Livre d'*Éléments d'Histoire des Mathématiques*, auquel il est fait référence par le sigle ÉHM.

Quant aux exercices, il n'a pas été jugé utile en général d'indiquer leur provenance, qui est très diverse (mémoires originaux, ouvrages didactiques, recueils d'exercices).

12. Dans la nouvelle édition, les renvois à des théorèmes, axiomes, définitions, remarques, etc. sont donnés en principe en indiquant successivement le Livre (par l'abréviation qui lui correspond dans la liste donnée au n° 3), le chapitre et la page où ils se trouvent. À l'intérieur d'un même Livre, la mention de ce Livre est supprimée ; par exemple, dans le Livre d'Algèbre,

E, III, p. 32, cor. 3

renvoie au corollaire 3 se trouvant au Livre de Théorie des Ensembles, chapitre III, page 32 de ce chapitre ;

II, p. 24, prop. 17

renvoie à la proposition 17 du Livre d'Algèbre, chapitre II, page 24 de ce chapitre.

Les fascicules de résultats sont désignés par la lettre R ; par exemple : EVT, R signifie « fascicule de résultats du Livre sur les Espaces Vectoriels Topologiques ».

Comme certains Livres doivent être publiés plus tard dans la nouvelle édition, les renvois à ces Livres se font en indiquant successivement le Livre, le chapitre, le paragraphe et le numéro où devrait se trouver le résultat en question ; par exemple :

AC, III, § 4, n° 5, cor. de la prop. 6.

Dans ce volume, nous ajouterons par ailleurs les numéros de page des références à l'ancienne édition du livre INT pour faciliter la lecture ; par exemple :

INT, VII, p. 46, § 2, n° 3, prop. 5.

INTRODUCTION

Dans les chapitres III à V de ce Livre, nous considérons en détail l'algèbre des endomorphismes d'un espace vectoriel topologique réel ou complexe. Dans le cas des espaces de dimension finie, les principales propriétés des éléments de cette algèbre, pris individuellement, résultent de la décomposition de Jordan (A, VII, p. 42, § 5, n° 9). On étudie ici leur généralisation aux espaces de dimension infinie, qui est cependant plus délicate.

Dans le chapitre III, nous considérons, dans un cadre fort général, les applications linéaires *compactes* entre espaces vectoriels topologiques. Ce sont celles dont les propriétés spectrales se rapprochent le plus du cas de la dimension finie. Par exemple, dans le cas particulier des espaces de Banach, les éléments non nuls du spectre d'un endomorphisme compact sont des valeurs propres généralisées de multiplicité spectrale finie.

Dans le contexte des espaces hilbertiens, une classification et une structure maniable se dégagent. C'est l'objet du chapitre IV. Il commence par l'étude des opérateurs compacts dans les espaces hilbertiens : leur description par les valeurs singulières, ainsi que leur diagonalisation dans le cas d'un endomorphisme normal, sont tout analogues aux propriétés connues pour un espace de dimension finie. Plus généralement, le *théorème spectral* fournit des modèles simples des endomorphismes normaux des espaces hilbertiens.

Certaines applications importantes, qui concernent par exemple les opérateurs différentiels, mais aussi la Mécanique quantique, requièrent une théorie plus subtile : celle des applications linéaires — non nécessairement continues — définies sur un sous-espace dense d'un espace hilbertien, que nous appelons *opérateurs partiels*. Dans ce cadre, la définition même d'un opérateur auto-adjoint ou normal demande une grande précision si l'on veut éviter des bévues grossières. Une fois ces définitions acquises, une classification semblable à celle des endomorphismes continus émerge ; le *calcul fonctionnel* pour les applications universellement mesurables, bornées ou non, fournit des liens étroits entre endomorphismes normaux continus et opérateurs partiels normaux.

En passant, nous aurons évoqué les endomorphismes normaux à trace, et en particulier les endomorphismes intégraux à noyau dans un espace hilbertien $L^2(X, \mu)$. On sait l'importance cruciale qu'a, dans la théorie des formes et représentations automorphes, la formule qui établit que la trace d'un tel endomorphisme, lorsqu'elle existe, est l'intégrale du noyau sur la diagonale. Nous consacrons également un paragraphe aux définitions et propriétés fondamentales des distributions et distributions tempérées dans $\mathbf{R}^n$. Ces notions fournissent non seulement la présentation la plus commode des principes fondamentaux de la théorie de Fourier euclidienne (*cf.* II, § 1), mais elles permettent aussi d'identifier les domaines de nombreux opérateurs différentiels importants.

Enfin, dans le chapitre V, nous relions l'étude des endomorphismes des espaces hilbertiens à celle des *représentations unitaires* des groupes. Après quelques considérations générales élémentaires, parmi lesquelles le lemme de Schur est l'énoncé le plus important, nous étudions le cas des groupes localement compacts. Nous considérons ensuite les fonctions de type positif, et présentons leurs premières applications. L'une d'entre elles est le théorème de Gelfand–Naimark–Segal, qui affirme que toute algèbre stellaire est isomorphe à une sous-algèbre fermée de l'algèbre des endomorphismes d'un espace hilbertien. D'autres concernent des propriétés fondamentales de l'espace des représentations unitaires irréductibles d'un groupe localement compact, tout particulièrement le théorème de Gelfand–Raikov, qui établit que ces représentations séparent les points. Dans le dernier paragraphe de ce chapitre, nous démontrons les résultats fondamentaux concernant les représentations des groupes compacts, qui nous ont servi dans le chapitre IX de *Groupes et algèbres de Lie.*

En plus des articles et mémoires originaux, nous avons bénéficié tout particulièrement de la lecture des ouvrages qui suivent :

A. Borel, *Représentations de groupes localement compacts*, Lecture Notes in Mathematics 276, Springer, 1972.

M. Reed and B. Simon, *Methods of Mathematical Physics*, Academic Press, Vol. 1, 1980 et Vol. 2, 1975.

K. Schmüdgen, *Unbounded Self-adjoint Operators on Hilbert Space*, Graduate Texts in Mathematics 265, Springer, 2012.

Dans les chapitres et livres précédents, les références suivantes à « TS, à paraître », doivent être modifiées ainsi :

EVT, V, p. 35, ligne 1. Au lieu de « TS, IV, § 6 », lire « (TS, IV, p. 160, remarque) ».

INT, IX, p. 94, § 6, n° 12. Au lieu de « On peut démontrer une réciproque ... bornée », lire « La réciproque de la prop. 11 est un cas particulier de TS, V, p. 455, th. 5. »

LIE, IX, p. 61, § 6, n° 4, ligne 6. Au lieu de « TS, à paraître », lire « TS, III, p. 36, prop. 9 ».

LIE, IX, p. 63, § 6, n° 4, ligne 6. Au lieu de « TS, à paraître », lire « TS, III, p. 36, rem. ».

LIE, IX, p. 66, § 7, note 1. Au lieu de « à un chapitre à paraître », lire « au paragraphe 4 du chapitre V ».

LIE, IX, p. 69, § 7, n° 2. Au lieu de « alors d'après TS », lire « alors (TS, V, p. 464, prop. 6) ».

LIE, IX, p. 71, § 7, n° 3. Au lieu de « qui, d'après TS, est un *isomorphisme* », lire « qui, d'après TS, V, p. 469, cor. 2, est un *isomorphisme.* »

LIE, IX, p. 72, § 7, n° 4. Au lieu de « (TS) », lire « (TS, V, p. 459, cor. 3) ».

LIE, IX, p. 74, § 7, n° 4. Après « de l'espace des fonctions représentatives centrales sur G », ajouter « (TS, V, p. 469, cor. 2, *a*)) » ; après « de l'espace $ZL^2(G)$ des fonctions centrales de carré intégrable sur G », ajouter « (TS, V, p. 468, prop. 9). »

LIE, IX, p. 78, § 8, n° 1. Au lieu de « Dans ce numéro, on rappelle des définitions et résultats de TS », lire « On rappelle des définitions et résultats de TS, V, p. 386, n° 8 ; p. 392, n° 10 ; p. 470, n° 7. »

LIE, IX, p. 84, § 8, n° 3. Au lieu de « Rappelons (TS) les formules », lire « On a (TS, V, p. 467, formules (1) et (2)) les formules ».

LIE, IX, p. 89, § 9, n° 1. Au lieu de « TS, III, §2, n° 7, prop. 16 », lire « TS, III, p. 67, prop. 10 ».

LIE, IX, p. 90, § 9, n° 1. Au lieu de « TS, III, §2, n° 6 », lire « TS, III, p. 61, no. 4 ».

LIE, IX, p. 91, § 9, n° 2. Au lieu de « TS, à paraître », lire « TS, III, p. 36, prop. 9 et TS, V, p. 464, prop. 7 ».

LIE, IX, p. 92, note 1. Au lieu de « (TS, à paraître) », lire « (TS, V, p. 379, déf. 3) ».

LIE, IX, p. 99, appendice 1, n° 1. Au lieu de « (TS, à paraître) », lire « (TS, V, p. 464, remarque 4) ».

LIE, IX, p. 128, exercice 3 (b) du §9. Au lieu de « (TS, à paraître) », lire « (Utiliser le théorème de Peter–Weyl, TS, V, p. 462, th. 1) ».

TS, I, p. 103, exemple 6. Au lieu de « V, à paraître », lire « V, p. 442, th. 2. »

TS, I, p. 173, exerc. 5, *d*). Au lieu de « III, à paraître », lire « III, p. 82, § 6. »

TS, II, p. 237, n° 9. Au lieu de « IV, à paraître », lire « IV, p. 196, § 3 ».

TS, II, p. 251, n° 1. Au lieu de « V, à paraître », lire « V, p. 425, prop. 10 ».

CHAPITRE III

Applications linéaires compactes et perturbations

Dans ce chapitre, tous les espaces vectoriels considérés sont des espaces vectoriels sur un corps K *égal à* **R** *ou* **C**. *Les références à* EVT, II *faites dans ce livre concernent en général le cas où* $K = \mathbf{R}$; *pour le cas où* $K = \mathbf{C}$, *cf.* EVT, II, p. 64 à 68.

On appelle espace semi-normé *un espace vectoriel* E *muni d'une semi-norme* p *et de la topologie définie par* p (*cf.* EVT, II, p. 2). *On appelle* boule unité *de* E, *ou de* p, *l'ensemble des éléments* x *de* E *tels que* $p(x) \leqslant 1$.

Pour tout espace vectoriel E, *on note* 1_E *l'application identique de* E. *Si* E, F *et* G *sont des espaces vectoriels et* $u \colon E \to F$, $v \colon F \to G$ *des applications linéaires, on note parfois* vu *l'application linéaire* $v \circ u$ *de* E *dans* G.

Soient E *et* F *des espaces vectoriels topologiques. Une application linéaire continue de* E *dans* F *sera aussi appelée un* morphisme *et un* endomorphisme *lorsque* $F = E$. *Une application linéaire bijective de* E *dans* F *qui est continue ainsi que son inverse sera appelée un* isomorphisme *et, lorsque* $F = E$, *un* automorphisme. *Lorsque* E *et* F *sont des espaces semi-normés, les notions d'endomorphisme, d'isomorphisme et d'automorphisme se réfèrent à la structure d'espace vectoriel topologique sous-jacent.*

N. Bourbaki, *Théories spectrales*, https://doi.org/10.1007/978-3-031-19505-1_1

Étant donnés des espaces vectoriels topologiques E *et* F, *on note* $\mathscr{L}^{\mathrm{f}}(\mathrm{E};\mathrm{F})$ *l'espace vectoriel des applications linéaires continues de rang fini de* E *dans* F. *On note aussi* $\mathscr{L}^{\mathrm{f}}(\mathrm{E})$ *l'espace vectoriel* $\mathscr{L}^{\mathrm{f}}(\mathrm{E};\mathrm{E})$.

On rappelle qu'une application linéaire continue u *de* E *dans* F *est* stricte *si elle induit par passage au quotient un isomorphisme de* $\mathrm{E}/\mathrm{Ker}(u)$ *dans* $u(\mathrm{E})$ (TG, III, p. 16, déf. 1) ; *il est équivalent de dire que l'image de tout voisinage de* 0 *dans* E *est un voisinage de* 0 *dans* $u(\mathrm{E})$ (TG, III, p. 16, prop. 24).

§ 1. APPLICATIONS LINÉAIRES COMPACTES

1. Applications linéaires compactes

DÉFINITION 1. — *Soient* E *un espace vectoriel topologique et* F *un espace vectoriel topologique séparé. On dit qu'une application linéaire* u *de* E *dans* F *est* compacte *s'il existe un voisinage* V *de* 0 *dans* E *tel que* $u(\mathrm{V})$ *soit une partie relativement compacte de* F.

On note $\mathscr{L}^{\mathrm{c}}(\mathrm{E};\mathrm{F})$ l'ensemble des applications linéaires compactes de E dans F ; on note aussi $\mathscr{L}^{\mathrm{c}}(\mathrm{F})$ l'ensemble $\mathscr{L}^{\mathrm{c}}(\mathrm{F};\mathrm{F})$.

Remarques. — 1) Un voisinage de 0 dans E absorbe toute partie bornée de E ; l'image d'une partie bornée de E par une application linéaire compacte de E dans F est donc une partie relativement compacte de F.

2) Soit E un espace semi-normé et soit B la boule unité de E. Pour qu'une application linéaire u de E dans un espace vectoriel topologique séparé F soit compacte, il faut et il suffit que $u(\mathrm{B})$ soit une partie relativement compacte de F.

3) Soit F un espace vectoriel topologique séparé. Pour qu'un sous-espace vectoriel E de F soit de dimension finie, il faut et il suffit que l'injection canonique de E dans F soit compacte (EVT, I, p. 15, th. 3).

4) Pour tout espace vectoriel topologique E sur le corps $\mathbf{R}$, on note $\mathrm{E}_{(\mathbf{C})}$ l'espace vectoriel topologique complexifié de E (EVT, II, p. 65). On identifie E à un sous-espace vectoriel topologique réel de $\mathrm{E}_{(\mathbf{C})}$

par l'application $x \mapsto 1 \otimes x$; l'espace vectoriel topologique réel sous-jacent à $E_{(\mathbf{C})}$ est alors somme directe topologique de E et iE.

Soit u une application linéaire de E dans un espace vectoriel topologique séparé F sur $\mathbf{R}$. Notons $u_{(\mathbf{C})}$ l'application $\mathbf{C}$-linéaire de $E_{(\mathbf{C})}$ dans $F_{(\mathbf{C})}$ qui prolonge u. Les ensembles de la forme $V + iV$, où V est un voisinage de 0 dans E, forment un système fondamental de voisinages de 0 dans $E_{(\mathbf{C})}$. Pour que l'ensemble $u_{(\mathbf{C})}(V + iV) = u(V) + iu(V)$ soit relativement compact dans $F_{(\mathbf{C})}$, il faut et il suffit que $u(V)$ soit relativement compact dans F. Par suite, pour que l'application $\mathbf{C}$-linéaire $u_{(\mathbf{C})}$ soit compacte, il faut et il suffit que l'application $\mathbf{R}$-linéaire u le soit.

Dans le même ordre d'idées, lorsque v est une application $\mathbf{C}$-linéaire continue de $E_{(\mathbf{C})}$ dans un $\mathbf{C}$-espace vectoriel topologique G, pour que v soit compacte il faut et il suffit que sa restriction à E soit compacte.

5) Soient E un espace vectoriel topologique, F un espace vectoriel topologique séparé. Soit F_1 un sous-espace vectoriel fermé de F et soit j l'injection canonique de F_1 dans F. Pour qu'une application linéaire u de E dans F_1 soit compacte, il faut et il suffit que l'application linéaire $j \circ u$ de E dans F le soit.

6) Soit $(G_i)_{i \in I}$ une famille d'espaces vectoriels topologiques séparés, et pour tout $i \in I$, soit u_i une application linéaire compacte d'un espace vectoriel topologique E dans G_i. Si l'ensemble I est fini, ou si E est un espace semi-normé, l'application linéaire $x \mapsto (u_i(x))_{i \in I}$ de E dans $\prod_{i \in I} G_i$ est compacte (remarque 2 et TG, I, p. 63, th. 3).

PROPOSITION 1. — *Soient* E *un espace vectoriel topologique et* F *un espace vectoriel topologique séparé.*

a) *Toute application linéaire compacte de* E *dans* F *est continue* ;

b) *Toute application linéaire continue de rang fini de* E *dans* F *est compacte* ;

c) *L'ensemble* $\mathscr{L}^c(E; F)$ *des applications linéaires compactes de* E *dans* F *est un sous-espace vectoriel de* $\mathscr{L}(E; F)$.

Démontrons *a*). Soient $v\colon E \to F$ une application linéaire compacte et U un voisinage de 0 dans F. Choisissons un voisinage V de 0 dans E tel que $v(V)$ soit relativement compact dans F. Alors $v(V)$ est borné et il existe donc un nombre réel $\lambda > 0$ tel que l'ensemble $v(\lambda V)$ soit contenu dans U ; par suite, v est continue.

Soit $u\colon E \to F$ une application linéaire continue de rang fini. Comme l'image $u(E)$ de u est séparée et de dimension finie, il existe un voisinage compact A de 0 dans $u(\mathrm{E})$. L'ensemble $\mathrm{V} = \overset{-1}{u}(\mathrm{A})$ est un voisinage de 0 dans E et l'on a $u(\mathrm{V}) \subset \mathrm{A}$, donc l'application linéaire u est compacte. Cela prouve l'assertion *b*).

Soient u_1 et u_2 des applications linéaires compactes de E dans F. Soient V_1 et V_2 des voisinages de 0 dans E tels que les ensembles $u_1(\mathrm{V}_1)$ et $u_2(\mathrm{V}_2)$ soient relativement compacts dans F. Posons $\mathrm{V} = \mathrm{V}_1 \cap \mathrm{V}_2$ et $u = u_1 + u_2$. Alors $u(\mathrm{V})$ est contenu dans $u_1(\mathrm{V}_1) + u_2(\mathrm{V}_2)$, donc est relativement compact dans F, et l'application linéaire u est compacte. Il est immédiat que $\mathscr{L}^{\mathrm{c}}(\mathrm{E};\mathrm{F})$ est stable par homothétie. Cela prouve que $\mathscr{L}^{\mathrm{c}}(\mathrm{E};\mathrm{F})$ est un sous-espace vectoriel de $\mathscr{L}(\mathrm{E};\mathrm{F})$, d'où l'assertion *c*).

PROPOSITION 2. — *Soient* E *un espace semi-normé et* F *un espace vectoriel topologique séparé. On suppose que toute partie fermée bornée de* F *est complète. Alors le sous-espace vectoriel* $\mathscr{L}^{\mathrm{c}}(\mathrm{E};\mathrm{F})$ *de* $\mathscr{L}(\mathrm{E};\mathrm{F})$ *est fermé pour la topologie de la convergence bornée.*

Soit u un élément de $\mathscr{L}(\mathrm{E};\mathrm{F})$ adhérent à $\mathscr{L}^{\mathrm{c}}(\mathrm{E};\mathrm{F})$ pour la topologie de la convergence bornée. Notons B la boule unité de E et V un voisinage de 0 dans F. Choisissons un voisinage W de 0 dans F tel que $\mathrm{W} + \mathrm{W} \subset \mathrm{V}$. Il existe par hypothèse un élément v de $\mathscr{L}^{\mathrm{c}}(\mathrm{E};\mathrm{F})$ tel que $(u - v)(\mathrm{B}) \subset \mathrm{W}$. L'ensemble $v(\mathrm{B})$ étant relativement compact dans F, il existe une partie finie M de F telle que $v(\mathrm{B}) \subset \mathrm{M} + \mathrm{W}$, d'où $u(\mathrm{B}) \subset \mathrm{M} + \mathrm{V}$. Comme ceci vaut pour tout V, l'ensemble $u(\mathrm{B})$ est précompact dans F, donc son adhérence l'est également (TG, II, prop. 1, p. 30). Puisque celle-ci est fermée et bornée, elle est complète par l'hypothèse faite sur F, et par conséquent est compacte (TG, II, cor., p. 30). Il en résulte que $u(\mathrm{B})$ est relativement compact. Cela prouve que u appartient à $\mathscr{L}^{\mathrm{c}}(\mathrm{E};\mathrm{F})$.

Si F est localement convexe, l'hypothèse de la proposition signifie que F est quasi-complet (EVT, III, p. 8, déf. 6).

COROLLAIRE. — *Soient* E *et* F *des espaces de Banach. L'ensemble* $\mathscr{L}^{\mathrm{c}}(\mathrm{E};\mathrm{F})$ *est un sous-espace vectoriel fermé de l'espace de Banach* $\mathscr{L}(\mathrm{E};\mathrm{F})$. *Il contient l'adhérence de l'espace* $\mathscr{L}^{\mathrm{f}}(\mathrm{E};\mathrm{F})$ *des applications linéaires continues de rang fini de* E *dans* F.

Cela résulte des propositions 1 et 2.

Il existe des espaces de Banach E et F tels que $\mathscr{L}^{\mathrm{f}}(\mathrm{E};\mathrm{F})$ ne soit pas dense dans $\mathscr{L}^{\mathrm{c}}(\mathrm{E};\mathrm{F})$ (*cf.* remarque 6 de III, p. 16 et théorème 4 de III, p. 19, *b*)).

Proposition 3. — *Soient* E_1, E, F, F_1 *des espaces vectoriels topologiques,* F *et* F_1 *étant supposés séparés. Soient* $v \colon E_1 \to E$, $u \colon E \to F$ *et* $w \colon F \to F_1$ *des applications linéaires. Si* v *et* w *sont continues et* u *compacte, alors* $w \circ u \circ v$ *est compacte.*

Par hypothèse, il existe un voisinage V de 0 dans E tel que $u(V)$ soit relativement compact dans F. Posons $U = \overset{-1}{v}(V)$. Alors U est un voisinage de 0 dans E_1 et son image par $w \circ u \circ v$ est contenu dans $w(u(V))$, donc est relativement compact dans F_1. Par suite, l'application linéaire $w \circ u \circ v$ est compacte.

Soit E un espace vectoriel topologique séparé ; d'après les prop. 1 et 3, $\mathscr{L}^c(E)$ est un idéal bilatère de l'algèbre $\mathscr{L}(E)$. Lorsque E est un espace de Banach, $\mathscr{L}(E)$ est une algèbre de Banach et $\mathscr{L}^c(E)$ est un idéal bilatère fermé de $\mathscr{L}(E)$ (cor. de la prop. 2). C'est un idéal propre si E est de dimension infinie (*cf.* remarque 3, p. 2).

Corollaire. — *Soit* E *un espace hilbertien. L'espace* $\mathscr{L}^c(E)$ *est un idéal bilatère auto-adjoint fermé de* $\mathscr{L}(E)$. *En particulier, c'est une algèbre stellaire.*

En effet, l'espace $\mathscr{L}^c(E)$ est un idéal bilatère fermé, donc auto-adjoint, de $\mathscr{L}(E)$ (lemme 15 de I, p. 122).

Proposition 4. — *Soient* E *un espace vectoriel topologique,* $\widehat{E}$ *son séparé complété et* j *l'application canonique de* E *dans* $\widehat{E}$. *Soit* u *une application linéaire compacte de* E *dans un espace vectoriel topologique séparé* F. *Il existe une unique application linéaire compacte* v *de* $\widehat{E}$ *dans* F *telle que* $u = v \circ j$.

Identifions F à un sous-espace vectoriel topologique de $\widehat{F}$ et notons $\widehat{u} \colon \widehat{E} \to \widehat{F}$ l'unique application linéaire continue telle que $\widehat{u} \circ j$ coïncide avec u dans E. Comme u est compacte, il existe un voisinage V de 0 dans E et une partie compacte A de F tels que $u(V) \subset A$. On a $\widehat{u}(j(V)) \subset A$, d'où $\widehat{u}(\overline{j(V)}) \subset A$. Or $\overline{j(V)}$ est un voisinage de 0 dans $\widehat{E}$ (TG, III, p. 24, prop. 7). Par suite, l'image de $\widehat{u}$ est contenue dans F et l'application linéaire continue $v \colon \widehat{E} \to F$ déduite de $\widehat{u}$ par passage au sous-espace est compacte. Comme $j(E)$ est dense dans $\widehat{E}$, l'application v est l'unique application linéaire continue de $\widehat{E}$ dans F telle que $u = v \circ j$.

Proposition 5. — *Soient* E *un espace localement convexe,* F *un espace vectoriel topologique séparé et* u *une application linéaire compacte de* E *dans* F. *Il existe un espace de Banach* G, *une application linéaire continue* v *de* E *dans* G *et une application linéaire compacte* w *de* G *dans* F *tels que* $u = w \circ v$.

Soit V un voisinage de 0 dans E tel que $u(V)$ soit relativement compact dans F. Soit p une semi-norme continue sur E telle que V contienne la boule unité de p (EVT, II, p. 26, cor.). Notons E_p l'espace semi-normé obtenu en munissant E de la semi-norme p. L'application u est une application linéaire compacte de E_p dans F. Le séparé complété G de E_p est un espace de Banach. Notons v l'application linéaire canonique de E_p dans G. D'après la prop. 4, il existe une application linéaire compacte $w \colon G \to F$ telle que $u = w \circ v$. D'autre part, v est une application continue de E dans G car la topologie de E est plus fine que celle de E_p.

2. Applications linéaires compactes et topologies faibles

Soient E un espace localement convexe, E′ son dual. Rappelons que la topologie $\sigma(E, E')$ sur E s'appelle la *topologie affaiblie* sur E (EVT, IV, p. 4). Dans ce numéro, E_σ désigne l'espace E muni de la topologie affaiblie.

PROPOSITION 6. — *Soient* E *un espace localement convexe,* F *un espace localement convexe séparé,* $u \colon E \to F$ *une application linéaire compacte et* B *une partie bornée de* E. *La restriction de* u *à* B *est une application continue de l'ensemble* B, *muni de la topologie induite par* $\sigma(E, E')$, *dans l'espace* F.

L'application u est une application linéaire continue de E dans F, et aussi de E_σ dans F_σ. Sa restriction à B est donc une application continue de l'ensemble B, muni de la topologie induite par $\sigma(E, E')$, dans l'espace F_σ. Or l'ensemble $u(B)$ est contenu dans une partie compacte C de F (remarque 1 de III, p. 2) et l'espace F_σ est séparé, de sorte que les topologies induites sur C par celles de F et de F_σ coïncident. La proposition en résulte.

COROLLAIRE. — *Soit* $(x_n)_{n \in \mathbf{N}}$ *une suite de points de* E, *qui converge vers un point* x *de* E *pour la topologie affaiblie. La suite* $(u(x_n))_{n \in \mathbf{N}}$ *converge dans* F *vers* $u(x)$.

En effet, l'ensemble constitué du point x et des points de la suite $(x_n)_{n \in \mathbf{N}}$ est une partie bornée de E (EVT, III, p. 3, cor. de la prop. 2).

PROPOSITION 7. — *Soient* E *un espace semi-normé,* E′ *son dual,* B *la boule unité de* E′ *et* u *une application linéaire de* E′ *dans un espace localement convexe séparé* F. *Si la restriction de* u *à* B *muni de la topologie induite par* $\sigma(\mathrm{E}', \mathrm{E})$ *est continue, alors* $u(\mathrm{B})$ *est une partie compacte de* F *et* u *est une application linéaire compacte du dual fort* E'_b *de* E *dans* F.

En effet l'ensemble B, muni de la topologie induite par $\sigma(\mathrm{E}', \mathrm{E})$, est compact (EVT, III, p. 17, cor. 2).

COROLLAIRE 1. — *Soit* E *un espace semi-normé de type dénombrable, soit* E′ *son dual et soit* B *la boule unité de* E′. *Soit* u *une application linéaire de* E′ *dans un espace localement convexe séparé* F. *On suppose que pour toute suite* $(x_n)_{n\in\mathbf{N}}$ *d'éléments de* B *qui converge pour* $\sigma(\mathrm{E}', \mathrm{E})$ *vers* 0, *la suite* $(u(x_n))_{n\in\mathbf{N}}$ *converge vers* 0 *dans* F. *Alors,* $u(\mathrm{B})$ *est une partie compacte de* F *et* u *est une application linéaire compacte du dual fort* E'_b *de* E *dans* F.

En effet, la topologie induite sur B par $\sigma(\mathrm{E}', \mathrm{E})$ est métrisable (EVT, III, p. 19, cor. 2). L'hypothèse du corollaire entraîne donc que la restriction de u à B est une application continue de B dans F, lorsque B est muni de la topologie $\sigma(\mathrm{E}', \mathrm{E})$, et le corollaire résulte de la proposition précédente.

COROLLAIRE 2. — *Soient* E *un espace semi-normé et* $\mathfrak{S}$ *un ensemble de parties précompactes de* E *dont la réunion est dense dans* E. *Notons* E'_b *le dual fort de* E *et* $\mathrm{E}'_{\mathfrak{S}}$ *le dual de* E *muni de la* $\mathfrak{S}$*-topologie. L'espace* $\mathrm{E}'_{\mathfrak{S}}$ *est séparé et l'application identique de* E'_b *dans* $\mathrm{E}'_{\mathfrak{S}}$ *est compacte.*

L'espace $\mathrm{E}'_{\mathfrak{S}}$ est séparé d'après TG, X, p. 8, prop. 7 ; sur la boule unité de E′, la $\mathfrak{S}$-topologie coïncide avec la topologie faible $\sigma(\mathrm{E}', \mathrm{E})$ (EVT, III, p. 17, prop. 5), d'où le corollaire.

Exemple. — Soit E un espace semi-normé. L'application identique de E'_b dans l'espace E′, muni de la topologie faible, de la topologie de la convergence compacte ou de la topologie de la convergence précompacte, est compacte.

PROPOSITION 8. — *Soient* E *un espace de Banach réflexif,* B *sa boule unité,* F *un espace localement convexe séparé et* $u \colon \mathrm{E} \to \mathrm{F}$ *une application linéaire. Les conditions suivantes sont équivalentes* :

(i) *L'application linéaire* u *est compacte* ;

(ii) *L'ensemble* $u(\mathrm{B})$ *est une partie compacte de* F ;

(iii) *La restriction de u à* B *est une application continue de l'ensemble* B*, muni de la topologie induite par* $\sigma(\mathrm{E}, \mathrm{E}')$*, dans* F ;

(iv) *Pour toute suite* $(x_n)_{n\in\mathbf{N}}$ *de points de* B *qui converge vers* 0 *pour la topologie* $\sigma(\mathrm{E}, \mathrm{E}')$*, la suite* $(u(x_n))_{n\in\mathbf{N}}$ *converge vers* 0 *dans* F ;

(v) *De toute suite infinie de points de* $u(\mathrm{B})$*, on peut extraire une suite qui converge dans* F ;

(vi) *Toute suite infinie de points de* $u(\mathrm{B})$ *a une valeur d'adhérence dans* F.

Comme E est un espace réflexif, B est une partie compacte de E_σ (EVT, IV, p. 17, prop. 6), donc (iii) implique (ii). La condition (ii) implique (i) par définition, et la condition (i) implique (iii) d'après la prop. 6. Il est également élémentaire que (iii) implique (iv) et que (v) implique (vi).

Nous allons maintenant démontrer que (iv) implique (v). Soit (x_n) une suite infinie de points de B. Comme B est une partie compacte de E_σ, il existe d'après le théorème de Šmulian (EVT, IV, p. 36, th. 2) une suite (y_n), extraite de la suite (x_n), qui converge dans E_σ vers une limite y. La suite $(y_n - y)$ est bornée dans E_σ, donc dans E (EVT, IV, p. 1, prop. 1) ; elle est donc contenue dans un ensemble homothétique de B. Si la condition (iv) est satisfaite, la suite $(u(y_n - y))$ converge vers 0 dans F, et $(u(y_n))$, qui est une suite extraite de $(u(x_n))$, converge vers $u(y)$. Cela prouve que (iv) implique (v).

Démontrons pour finir que (vi) implique (ii). Soit $j : \mathrm{F} \to \widehat{\mathrm{F}}$ l'injection canonique de F dans son complété. Sous l'hypothèse (vi), $u(\mathrm{B})$ est une partie précompacte de F (EVT, IV, p. 32, prop. 1), donc $j(u(\mathrm{B}))$ est une partie relativement compacte de $\widehat{\mathrm{F}}$ (TG, II, n° 2, p. 29) et $j \circ u$ est une application linéaire compacte. D'après l'équivalence déjà démontrée des conditions (i) et (ii), $j(u(\mathrm{B}))$ est une partie compacte de $\widehat{\mathrm{F}}$. Par suite, $u(\mathrm{B})$ est une partie compacte de F.

3. Transposition

Soient E un espace localement convexe et E′ son dual. Rappelons que l'on note E'_b et E'_c les espaces localement convexes obtenus en munissant l'espace vectoriel E′ de la topologie de la convergence bornée et de celle de la convergence compacte respectivement (EVT, III, p. 14). L'espace E'_b est aussi appelé le dual fort de E (*loc. cit.*, exemple 4).

PROPOSITION 9. — *Soient* E *un espace localement convexe,* F *un espace localement convexe séparé et* u *une application linéaire continue de* E *dans* F.

a) *Si l'application* u *est compacte, alors sa transposée* ${}^t u$ *est une application linéaire compacte de* F'_c *dans* E'_c *et une application linéaire continue de* F'_c *dans* E'_b ;

b) *Supposons que l'espace* E *soit un espace semi-normé et que l'espace* F *soit quasi-complet. Si la transposée* ${}^t u$ *est une application continue de* F'_c *dans* E'_b*, alors l'application linéaire* u *est compacte.*

Supposons d'abord que l'application linéaire u est compacte. Il existe alors un voisinage V de 0 dans E dont l'image par u est contenue dans une partie compacte C de F. De par sa définition (EVT, II, p. 47, déf. 2 et p. 68, déf. 1), le polaire C° de C est un voisinage de 0 dans F'_c et l'on a ${}^t u(C^\circ) \subset V^\circ$. Or V° est une partie équicontinue de E', fermée pour la topologie faible, donc compacte dans E'_c (EVT, III, p. 17, cor. 2 et prop. 5). Cela prouve que ${}^t u$ est une application linéaire compacte de F'_c dans E'_c.

Conservons les hypothèses précédentes et soit U un voisinage de 0 dans E'_b. Il contient le polaire A° d'une partie bornée A de E. Comme l'application linéaire u est compacte, l'ensemble $u(A)$ est relativement compact dans F (remarque 1 de III, p. 2), et $({}^t u)^{-1}(A^\circ) = u(A)^\circ$ est un voisinage de 0 dans F'_c. Cela prouve que ${}^t u$ est une application linéaire continue de F'_c dans E'_b.

Plaçons-nous maintenant sous les hypothèses de *b*) et notons B la boule unité de E. Le polaire B° de B est la boule unité de E'_b et l'on a $({}^t u)^{-1}(B^\circ) = u(B)^\circ$. Si ${}^t u$ est une application continue de F'_c dans E'_b, l'ensemble $u(B)^\circ$ est donc un voisinage de 0 dans F'_c ; il contient alors le polaire C° d'une partie compacte C de F. D'après le théorème des bipolaires (EVT, II, p. 49, cor. 3), l'ensemble $u(B)$ est contenu dans l'enveloppe fermée convexe de $C \cup \{0\}$; celle-ci est compacte parce que l'espace F est quasi-complet (EVT, III, p. 8). Cela prouve que l'application linéaire u est compacte.

COROLLAIRE 1 (Schauder). — *Soient* E *un espace semi-normé,* F *un espace de Banach,* E' *et* F' *leurs duals forts respectifs et* u *une application linéaire continue de* E *dans* F*. Les propriétés suivantes sont équivalentes :*

(i) *L'application linéaire* u *de* E *dans* F *est compacte ;*

(ii) *L'application linéaire* ${}^t u$ *de* F′ *dans* E′ *est compacte*;

(iii) *L'application linéaire* ${}^t u$ *de* F'_c *dans* E′ *est continue.*

L'équivalence de (i) et (iii) résulte de la prop. 9, *a*) et *b*) ; l'implication (iii)⇒(ii) provient du fait que l'application identique de F′ dans F'_c est compacte (cor. de la prop. 7 de III, p. 7).

Démontrons pour conclure que la condition (ii) implique (i). Supposons que l'application linéaire ${}^t u \colon \mathrm{F}' \to \mathrm{E}'$ soit compacte. Il résulte de l'implication (i)⇒(ii), appliquée à ${}^t u$, que ${}^{tt}u$ est une application linéaire compacte de E″ dans F″. Notons v l'application linéaire canonique de E dans E″ ; elle est continue. Comme F s'identifie à un sous-espace vectoriel fermé de F″ et que u coïncide avec ${}^t({}^t u) \circ v$ sur E, il résulte de la remarque 5 de III, p. 3 que l'application linéaire u est compacte.

Corollaire 2. — *Soient* E *un espace semi-normé et* F *un espace de Banach de type dénombrable. Soit u une application linéaire continue de* E *dans* F. *On suppose que pour toute suite* (y_n) *d'éléments de* F′ *tendant faiblement vers* 0, *la suite* $({}^t u(y_n))$ *tend fortement vers* 0 *dans* E′. *Alors l'application linéaire u est compacte.*

Notons B′ la boule unité de F′, munie de la topologie induite par la topologie $\sigma(\mathrm{F}', \mathrm{F})$. Comme F est un espace de Banach de type dénombrable, B′ est un espace compact métrisable (EVT, III, p. 19, cor. 2). Sous l'hypothèse faite, la restriction de ${}^t u$ à B′ est une application continue de B′ dans E′ et ${}^t u(\mathrm{B}')$ est une partie compacte de E′. D'après le cor. 1, l'application linéaire u est compacte.

Remarque. — Soient E et F des espaces localement convexes séparés. La transposée d'une application linéaire compacte de E dans F n'est pas toujours une application linéaire compacte de F'_b dans E'_b (*cf.* III, p. 108, exercice 15).

4. Le théorème de Leray–Schauder

Le théorème suivant sera démontré dans TA, à paraître.

Théorème 1 (Brouwer). — *Soit* B *une partie convexe compacte non vide d'un espace vectoriel normé de dimension finie. Toute application continue de* B *dans* B *possède un point fixe.*

Nous allons en déduire le résultat suivant.

THÉORÈME 2 (Leray–Schauder). — *Soit* X *un espace topologique compact non vide, homéomorphe à une partie convexe d'un espace localement convexe. Toute application continue de* X *dans* X *possède un point fixe.*

On peut supposer que X est une partie convexe d'un espace localement convexe E. Soient N l'adhérence de $\{0\}$ dans E et $\pi\colon \mathrm{E} \to \mathrm{E}/\mathrm{N}$ la surjection canonique. Puisque X est un espace séparé, la restriction de π à X est injective ; puisque X est compact, elle définit alors un homéomorphisme de X sur une partie convexe compacte non vide de l'espace localement convexe séparé E/N. Cela nous permet de supposer que l'espace E est séparé.

Soit $f\colon \mathrm{X} \to \mathrm{X}$ une application continue. L'application $h\colon \mathrm{X} \to \mathrm{E}$ définie par $h(x) = f(x) - x$ est continue ; comme X est compact, l'image $h(\mathrm{X})$ est fermée. Il suffit donc de prouver que 0 est adhérent à $h(\mathrm{X})$, c'est-à-dire que pour tout voisinage ouvert convexe U de 0 dans E, il existe un point b de X tel que $f(b) - b \in \mathrm{U}$.

Soit U un voisinage convexe de 0 dans E. Pour tout $a \in \mathrm{X}$, désignons par V_a l'ensemble des éléments x de X tels que $f(x) - f(a) \in \mathrm{U}$. Il est ouvert dans X et contient a. Comme X est compact et non vide, il existe une partie finie non vide A de X telle que les ensembles V_a, pour $a \in \mathrm{A}$, recouvrent X. Soit $(\varphi_a)_{a\in\mathrm{A}}$ une partition continue de l'unité subordonnée au recouvrement $(\mathrm{V}_a)_{a\in\mathrm{A}}$ (TG, IX, p. 43, prop. 1 et p. 47, th. 3). Notons F le sous-espace vectoriel de E engendré par $f(\mathrm{A})$. Pour tout $x \in \mathrm{F} \cap \mathrm{X}$, posons

$$g(x) = \sum_{a\in\mathrm{A}} \varphi_a(x) f(a).$$

On définit ainsi une application continue $g\colon \mathrm{F} \cap \mathrm{X} \to \mathrm{E}$. Son image est contenue dans l'enveloppe convexe de $f(\mathrm{A})$, donc dans $\mathrm{F} \cap \mathrm{X}$. Comme l'ensemble $\mathrm{F} \cap \mathrm{X}$ est une partie convexe compacte non vide d'un espace vectoriel de dimension finie, l'application g possède un point fixe $b \in \mathrm{F} \cap \mathrm{X}$ d'après le théorème 1. On a

$$f(b) - b = f(b) - g(b) = \sum_{a\in\mathrm{A}} \varphi_a(b)\ (f(b) - f(a)).$$

Pour tout $a \in \mathrm{A}$ tel que $\varphi_a(b) \neq 0$, on a $b \in \mathrm{V}_a$ de sorte que $f(b) - f(a) \in \mathrm{U}$. Comme U est convexe, on conclut que $f(b) - b \in \mathrm{U}$, ce qui achève la démonstration.

5. Sous-espaces invariants par un opérateur compact

Le théorème suivant est à rapprocher du lemme de Schur (A, VIII, p. 43, cor. et V, p. 386, prop. 6) et du cor. 4 de I, p. 26.

THÉORÈME 3. — *Soient* E *un espace localement convexe séparé sur* **C** *et* A *une partie de* $\mathscr{L}(\mathrm{E})$. *Faisons les hypothèses suivantes :*

(i) *Il n'existe aucun sous-espace vectoriel fermé de* E, *distinct de* $\{0\}$ *et* E, *qui soit stable par* A ;

(ii) *L'ensemble* A *contient un endomorphisme compact non nul.*

Alors le commutant de A *est réduit aux homothéties.*

En remplaçant A par la sous-algèbre unifère de $\mathscr{L}(\mathrm{E})$ engendrée par A, on se ramène au cas où A est une sous-algèbre unifère de $\mathscr{L}(\mathrm{E})$. Soit alors h un endomorphisme compact non nul de E appartenant à A.

Lemme 1. — *Il existe un élément* a *de* A *tel que le noyau de* $ha - 1_{\mathrm{E}}$ *ne soit pas réduit à* 0.

Il existe un élément x_0 de E tel que $h(x_0) \neq 0$. Soit V un voisinage fermé de $h(x_0)$ ne contenant pas 0. Comme l'endomorphisme h est compact, on peut choisir un voisinage ouvert convexe U de x_0 tel que $h(\mathrm{U})$ soit une partie relativement compacte de V. L'adhérence C de $h(\mathrm{U})$ est donc une partie convexe compacte de E ; comme elle est contenue dans V, elle ne contient pas 0.

Soit y un point de C. Notons Ay l'ensemble des images de y par les éléments de A. C'est un sous-espace vectoriel de E stable par A ; il est non nul car il contient y. D'après l'hypothèse (i) du théorème, l'ensemble Ay est dense dans E. Il existe donc un élément b de A tel que $b(y) \in \mathrm{U}$. Comme l'ensemble C est compact, il existe une famille finie $(b_1, \ldots, b_n)$ d'éléments de A tels que les ensembles $\overset{-1}{b_i}(\mathrm{U})$ recouvrent C. Il existe une partition continue de l'unité $(\varphi_1, \ldots, \varphi_n)$ sur C subordonnée à ce recouvrement (TG, IX, p. 47, th. 3). Définissons une application $f \colon \mathrm{C} \to \mathrm{E}$ en posant

$$f(x) = \sum_{i=1}^{n} \varphi_i(x) b_i(x)$$

pour tout $x \in \mathrm{C}$; c'est une application continue. Comme U est convexe et que $b_i(x)$ appartient à U lorsque $\varphi_i(x)$ n'est pas nul, on a $f(\mathrm{C}) \subset \mathrm{U}$ et $h(f(\mathrm{C})) \subset \mathrm{C}$. D'après le théorème de Leray–Schauder (th. 2 de III,

p. 11), il existe un élément $x \in \mathrm{C}$ tel que $h(f(x)) = x$. Posons alors

$$a = \sum_{i=1}^{n} \varphi_i(x) b_i.$$

On a $h(a(x)) = h(f(x)) = x$ et x est non nul puisque 0 n'appartient pas à C, donc le noyau de $ha - 1_{\mathrm{E}}$ n'est pas nul.

Terminons la démonstration du théorème 3. Soit a un élément de A tel que le noyau T de $ha - 1_{\mathrm{E}}$ soit non nul (lemme 1). Notons i l'injection canonique de T dans E. L'application linéaire i est égale à $h \circ a \circ i$, elle est donc compacte. Ainsi la dimension de T est finie (remarque 3 de III, p. 2). Soit u un élément de $\mathscr{L}(\mathrm{E})$ qui commute à A. Comme u commute à $h \circ a$, on a $u(\mathrm{T}) \subset \mathrm{T}$. Comme T est de dimension finie non nulle sur le corps algébriquement clos $\mathbf{C}$, l'endomorphisme de T induit par u admet une valeur propre λ.

Posons $\mathrm{F} = \mathrm{Ker}(u - \lambda 1_{\mathrm{E}})$. C'est un sous-espace vectoriel fermé non nul de E ; il est stable par A, puisque u commute aux éléments de A. D'après l'hypothèse (i), on a F = E, d'où $u = \lambda 1_{\mathrm{E}}$.

COROLLAIRE 1. — *Conservons les hypothèses du théorème* 3 *et supposons de plus que les éléments de* A *soient deux à deux permutables. Alors* E *est de dimension* 1 *sur* $\mathbf{C}$.

D'après l'hypothèse (ii) du théorème 3, l'espace E n'est pas nul. Il contient donc un sous-espace vectoriel F de dimension 1. Ce sous-espace est fermé car E est supposé séparé. D'après le th. 3, tout élément de A est une homothétie, donc stabilise F. Il résulte alors de l'hypothèse (i) du th. 3 que F est égal à E.

COROLLAIRE 2 (Lomonosov). — *Soient* E *un espace localement convexe séparé de dimension au moins* 2 *sur le corps* $\mathbf{C}$ *et* u *un endomorphisme de* E. *On suppose qu'il existe un endomorphisme compact* $h \neq 0$ *de* E *permutable à* u. *Il existe alors un sous-espace vectoriel fermé* F *de* E, *distinct de* $\{0\}$ *et de* E, *tel que* $u(\mathrm{F}) \subset \mathrm{F}$.

En effet, le corollaire 1 montre que l'ensemble $\mathrm{A} = \{u, h\}$ ne peut satisfaire à l'hypothèse (i) du théorème 3.

COROLLAIRE 3. — *Soient* E *un espace localement convexe séparé sur le corps* $\mathbf{C}$ *et* u *un endomorphisme compact de* E. *Si* E *est de dimension au moins* 2, *il existe un sous-espace vectoriel fermé* F *de* E, *distinct de* $\{0\}$ *et de* E, *tel que* $u(\mathrm{F}) \subset \mathrm{F}$.

Le cas $u = 0$ est immédiat. Le cas $u \neq 0$ se déduit du cor. 2 en prenant $h = u$.

6. Espaces d'approximation

Étant donnés des espaces localement convexes E et F, rappelons (EVT, III, p. 14, exemple 2) que l'on note $\mathscr{L}_{\text{pc}}(\text{E}; \text{F})$ l'espace localement convexe obtenu en munissant $\mathscr{L}(\text{E}; \text{F})$ de la topologie de la convergence précompacte. On note aussi $\mathscr{L}_{\text{pc}}(\text{E})$ l'espace localement convexe $\mathscr{L}_{\text{pc}}(\text{E}; \text{E})$. Lorsque l'espace localement convexe E est séparé et quasi-complet (EVT, III, p. 8, déf. 6), la topologie de la convergence précompacte sur $\mathscr{L}(\text{E}; \text{F})$ coïncide avec la topologie de la convergence compacte, puisque l'adhérence d'une partie précompacte de E est compacte (EVT, III, p. 8).

DÉFINITION 2. — *On dit qu'un espace localement convexe* E *possède la* propriété d'approximation, *ou encore est un* espace d'approximation, *si l'application identique* 1_{E} *de* E *est adhérente dans l'espace* $\mathscr{L}_{\text{pc}}(\text{E})$ *à l'ensemble* $\mathscr{L}^{\text{f}}(\text{E})$ *des endomorphismes continus de rang fini de* E.

En particulier, tout espace localement convexe de dimension finie est un espace d'approximation.

Remarques. — 1) Pour que la somme directe topologique d'espaces localement convexes E et F soit un espace d'approximation, il faut et il suffit que E et F soient des espaces d'approximation.

2) Soit E un espace localement convexe. Soient N l'adhérence de $\{0\}$ dans E et P un sous-espace supplémentaire algébrique de N dans E. Alors P est un supplémentaire topologique de N dans E, et est isomorphe à l'espace localement convexe E/N. L'espace N est un espace d'approximation. D'après la remarque 1, pour que E soit un espace d'approximation, il faut et il suffit que l'espace localement convexe séparé E/N en soit un.

3) Soient E un espace localement convexe, A une partie équicontinue de $\mathscr{L}^{\text{f}}(\text{E})$ et T une partie totale de E. Si 1_{E} est adhérent à A pour la topologie de la convergence simple dans T, alors 1_{E} est adhérent à A dans $\mathscr{L}_{\text{pc}}(\text{E})$ (EVT, III, p. 16, prop. 4 et p. 17, prop. 5), et E est un espace d'approximation.

4) Soit E un espace localement convexe sur **C**. Notons E_0 l'espace localement convexe sur **R** sous-jacent à E. Pour que E soit un espace d'approximation, il faut et il suffit que E_0 en soit un. En effet, la condition est nécessaire ; démontrons qu'elle est suffisante. Supposons donc que E_0 soit un espace d'approximation. Soient C une partie précompacte de E et U un voisinage convexe équilibré de 0 dans E. Posons $C' = C \cup iC$. Il existe une application **R**-linéaire u continue de rang fini de E_0 dans E_0 telle que $x - u(x)$ appartienne à U pour tout $x \in C'$. Posons $v(x) = \frac{1}{2}(u(x) - iu(ix))$ pour tout x dans E. On définit ainsi une application **C**-linéaire continue de rang fini de E dans E. Pour tout $x \in C$, on a $x \in C'$, $ix \in C'$ et $x - v(x) = \frac{1}{2}(x - u(x)) - \frac{i}{2}(ix - u(ix))$, de sorte que $x - v(x)$ appartient à U. Cela prouve que E est un espace d'approximation.

5) Soit E un espace localement convexe sur **R**. Pour que l'espace localement convexe complexifié $E_{(\mathbf{C})}$ de E soit un espace d'approximation, il faut et il suffit que E en soit un. Cela résulte des remarques 1 et 4, puisque l'espace localement convexe réel sous-jacent à $E_{(\mathbf{C})}$ est isomorphe à $E \times E$.

PROPOSITION 10. — *Soit* E *un espace hilbertien. Alors* E *est un espace d'approximation.*

L'ensemble A des orthoprojecteurs de rang fini dans E est équicontinu. Soient $n \geqslant 1$ un entier et $(x_1, \ldots, x_n)$ une famille d'éléments de E. Notons V le sous-espace vectoriel engendré par les x_i et p_V l'orthoprojecteur d'image V. On a $p_V(x_i) = x_i$ pour $1 \leqslant i \leqslant n$. Cela entraîne que 1_E est adhérent à A pour la topologie de la convergence simple, et il en résulte que E est un espace d'approximation (remarque 3).

D'autres exemples d'espaces d'approximation seront donnés dans le n° 7 de III, p. 20.

Lemme 2. — *Soit* E *un espace localement convexe. Alors* E *est un espace d'approximation si et seulement si, pour toute partie précompacte* C *de* E *et tout voisinage* U *de* 0 *dans* E, *il existe un entier* $n \geqslant 0$, *des éléments* $e_1, \ldots, e_n$ *de* E, *et des formes linéaires continues* $f_1, \ldots, f_n$ *sur* E, *tels que* $x - \sum_{i=1}^{n} f_i(x)e_i$ *appartienne à* U *pour tout* $x \in C$.

La définition de la topologie de la convergence précompacte montre que la condition est suffisante. Inversement, supposons que E soit un espace d'approximation. Soit P un espace supplémentaire topologique dans E de l'adhérence de $\{0\}$ (*cf.* remarque 2). L'ensemble A des

$u \in \mathscr{L}^{\mathrm{f}}(\mathrm{E})$ tels que $u(\mathrm{E}) \subset \mathrm{P}$ est alors dense dans $\mathscr{L}^{\mathrm{f}}(\mathrm{E})$. Comme P est séparé, tout élément u de A est de la forme $x \mapsto \sum_{i=1}^{n} f_i(x)e_i$, où $n \in \mathbf{N}$, $e_1, \ldots, e_n$ sont des éléments de E et $f_1, \ldots, f_n$ des formes linéaires continues sur E (EVT, I, p. 14, th. 2). Cela prouve que la condition est nécessaire.

Remarque 6. — Il existe des espaces de Banach qui ne possèdent pas la propriété d'approximation, comme l'a démontré P. ENFLO (*A counterexample to the approximation problem in Banach spaces*, Acta Math. 130 (1973), p. 309–317 ; *cf.* exercice 25 de III, p. 112). Cela répondait à une question de S. BANACH (*Théorie des opérations linéaires*, Monografje Matematyczne I, Warszawa, 1932, remarques au chapitre VI, §1). Voir aussi la remarque p. 21.

PROPOSITION 11. — *Soient* E *et* F *des espaces localement convexes. Supposons que* E *soit un espace d'approximation.*

a) *L'ensemble* $\mathscr{L}^{\mathrm{f}}(\mathrm{E};\mathrm{F})$ *est dense dans* $\mathscr{L}_{\mathrm{pc}}(\mathrm{E};\mathrm{F})$;

b) *L'ensemble* $\mathscr{L}^{\mathrm{f}}(\mathrm{F};\mathrm{E})$ *est dense dans* $\mathscr{L}_{\mathrm{pc}}(\mathrm{F};\mathrm{E})$;

c) *Soient* $\mathfrak{S}$ *un ensemble de parties bornées de* F *et* $u \in \mathscr{L}(\mathrm{F};\mathrm{E})$. *Supposons que l'image par* u *de toute partie de* F *appartenant à* $\mathfrak{S}$ *soit précompacte. Alors* u *est adhérent à* $\mathscr{L}^{\mathrm{f}}(\mathrm{F};\mathrm{E})$ *pour la* $\mathfrak{S}$*-topologie* (EVT, III, p. 13).

Soit v un élément de $\mathscr{L}(\mathrm{E};\mathrm{F})$. L'application $\varphi\colon w \mapsto v \circ w$ de $\mathscr{L}_{\mathrm{pc}}(\mathrm{E})$ dans $\mathscr{L}_{\mathrm{pc}}(\mathrm{E};\mathrm{F})$ est continue (TG, X, p. 5, prop. 3). On a $\varphi(1_{\mathrm{E}}) = v$ et $\varphi(\mathscr{L}^{\mathrm{f}}(\mathrm{E})) \subset \mathscr{L}^{\mathrm{f}}(\mathrm{E};\mathrm{F})$, donc v est adhérent à $\mathscr{L}^{\mathrm{f}}(\mathrm{E};\mathrm{F})$ dans $\mathscr{L}_{\mathrm{pc}}(\mathrm{E};\mathrm{F})$. Cela prouve *a*).

De même, sous les hypothèses de *c*), l'application $\psi\colon w \mapsto w \circ u$ de $\mathscr{L}_{\mathrm{pc}}(\mathrm{E})$ dans $\mathscr{L}_{\mathfrak{S}}(\mathrm{F};\mathrm{E})$ est continue (*loc. cit.*). On a $\psi(1_{\mathrm{E}}) = u$ et $\psi(\mathscr{L}^{\mathrm{f}}(\mathrm{E})) \subset \mathscr{L}^{\mathrm{f}}(\mathrm{F};\mathrm{E})$, donc u est adhérent à $\mathscr{L}^{\mathrm{f}}(\mathrm{F};\mathrm{E})$ dans $\mathscr{L}_{\mathfrak{S}}(\mathrm{F};\mathrm{E})$.

L'image d'une partie précompacte de F par une application linéaire continue de F dans E est précompacte, donc *b*) résulte de *c*).

COROLLAIRE. — *Soient* E *un espace d'approximation séparé et* F *un espace localement convexe. Toute application linéaire compacte de* F *dans* E *est adhérente à* $\mathscr{L}^{\mathrm{f}}(\mathrm{F};\mathrm{E})$ *dans l'espace* $\mathscr{L}(\mathrm{F};\mathrm{E})$ *muni de la topologie de la convergence bornée.*

Cela résulte de la prop. 11, c), car l'image d'une partie bornée de F par une application linéaire compacte de F dans E est relativement compacte dans E (remarque 1 de III, p. 2), donc précompacte.

PROPOSITION 12. — *Soient* E *un espace localement convexe,* I *un ensemble, et pour chaque* $i \in \mathrm{I}$, *soient* F_i *un espace localement convexe et* $v_i \colon \mathrm{E} \to \mathrm{F}_i$ *une application linéaire continue d'image dense. Supposons que pour tout voisinage* U *de* 0 *dans* E, *il existe* $i \in \mathrm{I}$ *et un voisinage* V *de* 0 *dans* F_i *tels que* $\overset{-1}{v_i}(\mathrm{V}) \subset \mathrm{U}$. *Si les* F_i *sont des espaces d'approximation, alors* E *en est un également.*

Soient A une partie précompacte de E et U un voisinage de 0 dans E. Il existe par hypothèse $i \in \mathrm{I}$ et une semi-norme continue p sur F_i tels que U contienne $(p \circ v_i)^{-1}([0,1])$. Posons $\mathrm{F} = \mathrm{F}_i$, $v = v_i$ et $\mathrm{B} = v(\mathrm{A})$, et supposons que F soit un espace d'approximation. L'ensemble B est précompact dans F. Il existe donc (lemme 2) un entier $n \geqslant 1$, des éléments $y_1, \dots, y_n$ de F et des formes linéaires continues $f_1, \dots, f_n$ sur F, tels que l'on ait, pour tout $y \in \mathrm{B}$,

$$p\Big(y - \sum_{j=1}^{n} f_j(y) y_j\Big) \leqslant \frac{1}{2}.$$

Comme B est borné (EVT, III, p. 3, prop. 2), il existe un nombre réel $\mathrm{M} > 0$ tel que $|f_j(y)| \leqslant \mathrm{M}$ pour tout j tel que $1 \leqslant j \leqslant n$ et tout $y \in \mathrm{B}$. De plus, puisque $v(\mathrm{E})$ est dense dans F, il existe, pour chaque entier j tel que $1 \leqslant j \leqslant n$, un élément x_j de E tel que $p(y_j - v(x_j)) \leqslant (2n\mathrm{M})^{-1}$. L'application linéaire

$$u \colon x \longmapsto \sum_{j=1}^{n} f_j(v(x)) x_j$$

appartient à $\mathscr{L}^{\mathrm{f}}(\mathrm{E})$. Pour tout $x \in \mathrm{A}$, on a

$$v(x - u(x)) = v(x) - \sum_{j=1}^{n} f_j(v(x)) y_j + \sum_{j=1}^{n} f_j(v(x))(y_j - v(x_j)),$$

d'où $p(v(x - u(x))) \leqslant \frac{1}{2} + \frac{n\mathrm{M}}{2n\mathrm{M}} = 1$, et par suite $x - u(x) \in \mathrm{U}$. La proposition en résulte.

COROLLAIRE 1. — *Un sous-espace vectoriel dense d'un espace d'approximation est un espace d'approximation.*

COROLLAIRE 2. — *Si le séparé complété d'un espace localement convexe* E *est un espace d'approximation, alors* E *est un espace d'approximation.*

COROLLAIRE 3. — *Le produit d'une famille d'espaces d'approximation est un espace d'approximation.*

Soit en effet $(\mathrm{E}_i)_{i\in\mathrm{I}}$ une famille d'espaces d'approximation. Pour toute partie finie J de I, posons $\mathrm{E}_\mathrm{J} = \prod_{i\in\mathrm{J}} \mathrm{E}_i$ et notons v_J l'application canonique de $\mathrm{E} = \prod_{i\in\mathrm{I}} \mathrm{E}_i$ dans E_J. L'espace localement convexe E_J est un espace d'approximation (remarque 1). Le corollaire résulte alors de la prop. 12 appliquée à l'espace localement convexe E, à la famille (E_J) d'espaces localement convexes et aux applications linéaires continues $v_\mathrm{J} \colon \mathrm{E} \to \mathrm{E}_\mathrm{J}$.

COROLLAIRE 4. — *Soit* E *un espace localement convexe. Si toute semi-norme continue sur* E *est majorée par une semi-norme continue préhilbertienne, alors* E *est un espace d'approximation.*

Soit $\mathscr{P}$ l'ensemble des semi-normes préhilbertiennes continues sur E. Pour chaque $p \in \mathscr{P}$, l'hypothèse implique que l'espace semi-normé E_p obtenu en munissant E de la semi-norme p est un espace d'approximation (corollaire 2 et proposition 10), et l'application identique de E dans E_p est continue. Le corollaire résulte donc de la proposition 12.

Lemme 3. — *Soient* E *un espace localement convexe métrisable et* $(x_n)_{n\in\mathbf{N}}$ *une suite d'éléments de* E *convergeant vers* 0. *Il existe une suite* $(y_n)_{n\in\mathbf{N}}$ *d'éléments de* E *convergeant vers* 0 *et une suite* $(\lambda_n)_{n\in\mathbf{N}}$ *d'éléments de l'intervalle* $[0,1]$ *convergeant vers* 0 *telles que l'on ait* $x_n = \lambda_n y_n$ *pour tout* $n \in \mathbf{N}$.

Puisque E est métrisable, il existe un système fondamental $(\mathrm{V}_m)_{m\in\mathbf{N}}$ de voisinages équilibrés de 0 dans E tel que $\mathrm{V}_0 = \mathrm{E}$ et $2^{m+1}\mathrm{V}_{m+1} \subset \mathrm{V}_m$ pour tout $m \geqslant 0$. Puisque (x_n) converge vers 0, il existe une suite strictement croissante $(\mathrm{N}_m)_{m\in\mathbf{N}}$ d'entiers telle que $\mathrm{N}_0 = 0$ et telle que, pour tout $m \geqslant 0$, on ait $x_n \in \mathrm{V}_m$ pour $n \geqslant \mathrm{N}_m$. Pour tout entier $n \geqslant 0$, il existe un unique entier $m \geqslant 0$ tel que $\mathrm{N}_m \leqslant n < \mathrm{N}_{m+1}$, et on pose alors $\lambda_n = 2^{-m}$ et $y_n = 2^m x_n$. La suite (λ_n) ainsi définie converge vers 0. De plus, comme $y_n \in \mathrm{V}_m$ pour $n \geqslant \mathrm{N}_{m+1}$, la suite (y_n) converge vers 0 dans E. Enfin, on a $x_n = \lambda_n y_n$ pour tout n.

Rappelons (EVT, II, p. 28) que si E est un espace vectoriel et L une partie convexe équilibrée de E, on note E_L le sous-espace vectoriel de E engendré par L, muni de la semi-norme dont la boule unité est L. Lorsque l'ensemble L ne contient aucune droite, cette semi-norme est une norme.

Lemme 4. — Soient E *un espace de Fréchet et* A *une partie compacte de* E. *Il existe une partie compacte convexe équilibrée* L *de* E *contenant* A *telle que les topologies induites sur* A *par celles de* E *et de* E_L *coïncident.*

L'ensemble A est contenu dans l'enveloppe fermée convexe équilibrée de l'ensemble des points d'une suite $(x_n)_{n\in\mathbf{N}}$ d'éléments de E convergeant vers 0 (EVT, IV, p. 24, cor. 1). Soient $(y_n)_{n\in\mathbf{N}}$ et $(\lambda_n)_{n\in\mathbf{N}}$ des suites satisfaisant aux conclusions du lemme 3. L'enveloppe fermée convexe équilibrée L des points de la suite (y_n) contient A et est une partie compacte de E (EVT, III, p. 8). Par suite, E_L est un espace de Banach (EVT, III, p. 8, cor.). Dans cet espace de Banach, la norme de x_n est majorée par λ_n, donc la suite (x_n) tend vers 0. L'enveloppe fermée convexe équilibrée $\widetilde{A}$ de la suite (x_n) dans E_L est une partie compacte de E_L (EVT, III, p. 8). Comme L est une partie bornée de E, l'injection canonique de E_L dans E est continue. Les topologies induites sur $\widetilde{A}$ par celles de E_L et de E coïncident, et $\widetilde{A}$ est une partie compacte, donc fermée, de E. Puisque l'ensemble $\widetilde{A}$ est convexe, équilibré et contient la suite (x_n), il contient A. Ceci achève la démonstration.

THÉORÈME 4. — *Soit* E *un espace de Fréchet.*

a) *Supposons que* E *soit un espace d'approximation. Alors, pour tout espace semi-normé* F, *l'espace* $\mathscr{L}^{\mathrm{f}}(\mathrm{F};\mathrm{E})$ *est dense dans* $\mathscr{L}^{\mathrm{c}}(\mathrm{F};\mathrm{E})$ *pour la topologie de la convergence bornée ;*

b) *Inversement, supposons que pour tout espace de Banach* F, *toute application linéaire compacte de* F *dans* E *soit adhérente à* $\mathscr{L}^{\mathrm{f}}(\mathrm{F};\mathrm{E})$ *pour la topologie de la convergence bornée. Alors* E *est un espace d'approximation.*

Soit F un espace semi-normé. L'adhérence de $\mathscr{L}^{\mathrm{f}}(\mathrm{F};\mathrm{E})$ dans $\mathscr{L}(\mathrm{F};\mathrm{E})$ est contenue dans $\mathscr{L}^{\mathrm{c}}(\mathrm{F};\mathrm{E})$ (prop. 1 et 2 de III, p. 4). Elle est égale à $\mathscr{L}^{\mathrm{c}}(\mathrm{F};\mathrm{E})$ si E est un espace d'approximation d'après le cor. de la prop. 11. Cela prouve l'assertion *a*).

Supposons satisfaite l'hypothèse de *b*). Soit $\varepsilon > 0$ un nombre réel. Soient A une partie compacte de E et p une semi-norme continue sur E. Soit L une partie compacte convexe équilibrée de E telle que A soit une partie compacte de l'espace normé E_L (lemme 4). L'injection canonique $j\colon E_L \to E$ est compacte et E_L est un espace de Banach (EVT, III, p. 8, cor.). Il existe donc par hypothèse un entier $n \geqslant 1$, des éléments $e_1, \ldots, e_n$ de E, et des formes linéaires continues $\ell_1, \ldots, \ell_n$ sur E_L, tels que l'application v de E_L dans E définie par $v(x) = \sum_{i=1}^{n} \ell_i(x)e_i$ vérifie

$p(x - v(x)) \leqslant \frac{\varepsilon}{2}$ pour $x \in \mathrm{A}$. L'image de ${}^t j \colon \mathrm{E}' \to (\mathrm{E}_\mathrm{L})'$ est dense dans $(\mathrm{E}_\mathrm{L})'$ pour la topologie faible (EVT, IV, p. 6, prop. 5). Sur $(\mathrm{E}_\mathrm{L})'$ la topologie de la convergence compacte est compatible avec la dualité entre $(\mathrm{E}_\mathrm{L})'$ et E_L (EVT, IV, p. 3, exemple). Donc ${}^t j(\mathrm{E}')$ est dense dans $(\mathrm{E}_\mathrm{L})'$ pour la topologie de la convergence compacte (EVT, IV, p. 1, prop. 1), et il existe des formes linéaires continues $f_1, \ldots, f_n$ sur E telles que

$$|\ell_i(x) - f_i(x)|\, p(e_i) \leqslant \tfrac{\varepsilon}{2n}$$

pour $x \in \mathrm{A}$ et $1 \leqslant i \leqslant n$. L'endomorphisme $u \colon x \mapsto \sum_{i=1}^n f_i(x) e_i$ de E appartient à $\mathscr{L}^{\mathrm{f}}(\mathrm{E})$ et pour tout $x \in \mathrm{A}$, on a

$$p(x - u(x)) \leqslant p(x - v(x)) + p(v(x) - u(x)) \leqslant \frac{\varepsilon}{2} + n \times \frac{\varepsilon}{2n} = \varepsilon.$$

Il résulte de cela que 1_E est adhérent à $\mathscr{L}^{\mathrm{f}}(\mathrm{E})$ pour la topologie de la convergence compacte. Or celle-ci coïncide avec la topologie de la convergence précompacte car E est complet. Donc E est un espace d'approximation.

7. Exemples d'espaces d'approximation

Rappelons que tout espace hilbertien est un espace d'approximation (III, p. 15, prop. 10). Ce numéro donne d'autres exemples.

Si X est un espace localement compact, on note $\mathscr{C}_0(\mathrm{X}; \mathrm{K})$, ou simplement $\mathscr{C}_0(\mathrm{X})$, l'espace de Banach des fonctions continues de X dans K tendant vers 0 à l'infini, muni de la norme définie par $\|f\| = \sup_{x \in \mathrm{X}} |f(x)|$ pour $f \in \mathscr{C}_0(\mathrm{X})$. Lorsque X est compact, cet espace coïncide avec l'espace $\mathscr{C}(\mathrm{X})$ des fonctions continues de X dans K.

Lemme 5. — *Soient* X *un espace topologique compact,* F *un sous-ensemble fini de* $\mathscr{C}(\mathrm{X})$ *et* $\varepsilon > 0$ *un nombre réel.*

Il existe un sous-ensemble fini $\mathrm{X}_0 \subset \mathrm{X}$ *et une application linéaire* $u \colon \mathscr{C}(\mathrm{X}_0) \to \mathscr{C}(\mathrm{X})$ *de norme* $\leqslant 1$ *tels que* $\|u(f|\mathrm{X}_0) - f\| \leqslant \varepsilon$ *pour tout* $f \in \mathrm{F}$.

Puisque l'ensemble F est une partie équicontinue de $\mathscr{C}(\mathrm{X})$, il existe un recouvrement fini $(\mathrm{U}_i)_{i \in \mathrm{I}}$ de X tel que, pour tout $i \in \mathrm{I}$ et tout $f \in \mathrm{F}$, le diamètre de $f(\mathrm{U}_i)$ soit $\leqslant \varepsilon$. Pour i dans I, choisissons un point x_i de U_i, et notons X_0 l'ensemble fini des x_i pour $i \in \mathrm{I}$.

Soit $(\varphi_i)_{i\in I}$ une partition continue de l'unité subordonnée à $(U_i)_{i\in I}$ (TG, IX, p. 47, th. 3). Définissons une application linéaire u de $\mathscr{C}(X_0)$ dans $\mathscr{C}(X)$ en posant

$$u(g) = \sum_{i\in I} g(x_i)\varphi_i$$

pour tout $g \in \mathscr{C}(X_0)$. L'application linéaire u est de norme $\leqslant 1$ et vérifie $\|u(f|X_0) - f\| \leqslant \varepsilon$ pour tout f dans F, d'où l'assertion.

PROPOSITION 13. — *Soit* X *un espace topologique localement compact. L'espace de Banach* $\mathscr{C}_0(X)$ *est un espace d'approximation.*

Supposons d'abord X compact. Soit $A \subset \mathscr{L}^f(\mathscr{C}(X))$ l'ensemble des applications de la forme $f \mapsto u(f|X_0)$, où X_0 est un sous-ensemble fini de X et $u : \mathscr{C}(X_0) \to \mathscr{C}(X)$ une application linéaire de norme $\leqslant 1$. L'ensemble A est équicontinu. Par le lemme 5, l'application identique de $\mathscr{C}(X)$ est adhérente à A pour la topologie de la convergence simple sur $\mathscr{C}(X)$. La proposition résulte alors de la remarque 3 de III, p. 14.

Passons au cas général. Soient Y le compactifié d'Alexandroff de X et ω le point à l'infini de Y (TG, I, p. 67). Identifions $\mathscr{C}_0(X)$ à l'ensemble des éléments de $\mathscr{C}(Y)$ nuls en ω. Alors $\mathscr{C}(Y)$ est somme directe topologique de $\mathscr{C}_0(X)$ et de l'espace vectoriel des applications constantes sur Y. Comme $\mathscr{C}(Y)$ est un espace d'approximation d'après ce qui précède, l'espace $\mathscr{C}_0(X)$ est un espace d'approximation (remarque 1 de III, p. 14).

COROLLAIRE. — *Toute algèbre stellaire commutative est un espace d'approximation.*

En effet, une telle algèbre est isomorphe à l'algèbre des fonctions continues tendant vers 0 à l'infini sur un espace localement compact (I, p. 108, th. 1).

Remarque. — Si E est un espace hilbertien de dimension infinie, l'algèbre stellaire $\mathscr{L}(E)$ n'a pas la propriété d'approximation (A. SZANKOWSKI, $\mathscr{B}(H)$ *does not have the approximation property*, Acta Math. 147 (1981), p. 89–108).

Lemme 6. — *Soit* X *un espace topologique localement compact. Soit* μ *une mesure positive sur* X *et* $p \in [1, +\infty[$. *Soient* F *un sous-ensemble fini de* $L^p_K(X, \mu)$ *et* $\varepsilon > 0$ *un nombre réel.*

Il existe un projecteur de rang fini u *de* $L^p_K(X, \mu)$ *de norme* $\leqslant 1$ *tel que* $\|u(f) - f\| \leqslant \varepsilon$ *pour tout* f *dans* F.

Soit $\mathscr{P}$ l'ensemble des partitions finies $\pi = (\mathrm{K}_1, \dots, \mathrm{K}_n, \mathrm{H})$ de X, où $n \geqslant 1$ est un entier et $\mathrm{K}_1, \dots, \mathrm{K}_n$ sont des parties intégrables et de mesure non nulle de X. Pour toute partition $\pi = (\mathrm{K}_1, \dots, \mathrm{K}_n, \mathrm{H}) \in \mathscr{P}$, on définit un endomorphisme v_π de $\mathscr{L}^p(\mathrm{X}, \mu)$ en posant

$$v_\pi(f) = \sum_{i=1}^{n} \frac{1}{\mu(\mathrm{K}_i)} \Big(\int_{\mathrm{K}_i} f \, d\mu \Big) \varphi_{\mathrm{K}_i},$$

pour $f \in \mathscr{L}^p_{\mathrm{K}}(\mathrm{X}, \mu)$, où φ_{K_i} est la fonction caractéristique de K_i. L'application v_π induit, par passage aux quotients, un projecteur u_π de $\mathrm{L}^p_{\mathrm{K}}(\mathrm{X}, \mu)$. On vérifie aisément que l'image de u_π est l'espace des classes de fonctions $f \in \mathscr{L}^p_{\mathrm{K}}(\mathrm{X}, \mu)$ telles que f est nulle sur H et constante sur K_i pour $1 \leqslant i \leqslant n$.

Démontrons que $\|u_\pi\| \leqslant 1$. Pour $f \in \mathscr{L}^p_{\mathrm{K}}(\mathrm{X}, \mu)$, on a

$$\|u_\pi(f)\|_p^p = \sum_{i=1}^{n} \mu(\mathrm{K}_i)^{1-p} \Big| \int_{\mathrm{K}_i} f \, d\mu \Big|^p.$$

D'après l'inégalité de Hölder (INT, IV, p. 208, § 6, n° 4, th. 2), on a pour tout i l'inégalité

$$\Big| \int_{\mathrm{K}_i} f \, d\mu \Big|^p \leqslant \mu(\mathrm{K}_i)^{p-1} \int_{\mathrm{K}_i} |f|^p \, d\mu,$$

d'où $\|u_\pi(f)\|_p \leqslant \|f\|_p$.

Soit $\mathscr{E}$ l'ensemble des classes dans $\mathrm{L}^p_{\mathrm{K}}(\mathrm{X}, \mu)$ des fonctions intégrables sur X qui ne prennent qu'un nombre fini de valeurs. Comme $\mathscr{E}$ est dense dans $\mathrm{L}^p_{\mathrm{K}}(\mathrm{X}, \mu)$ (INT, IV, p. 162, §4, n° 10, cor. 1), il existe un ensemble fini F′ de $\mathscr{E}$ tel que tout élément de F soit à distance au plus ε d'un élément de F′. En considérant la partition finie π formée par les ensembles de mesure non nulle où l'application $x \mapsto (f(x))_{f \in \mathrm{F}'}$ prend une valeur donnée, on voit qu'il existe un élément π de $\mathscr{P}$ tel que $u_\pi(f) = f$ pour tout f dans F′. Le projecteur u_π a donc les propriétés requises.

Proposition 14. — *Soient* X *un espace topologique localement compact,* μ *une mesure positive sur* X, *et* $p \in [1, +\infty]$. *L'espace* $\mathrm{L}^p_{\mathrm{K}}(\mathrm{X}, \mu)$ *est un espace d'approximation.*

Si $p = +\infty$, alors l'espace $\mathrm{L}^\infty_{\mathbf{C}}(\mathrm{X}, \mu)$ est une algèbre stellaire commutative (exemple 4 de I, p. 103), donc un espace d'approximation (cor. de la prop. 13), et il en est de même de $\mathrm{L}^\infty_{\mathbf{R}}(\mathrm{X}, \mu)$ d'après la remarque 5 de III, p. 15.

Supposons que p est fini. Soit $A \subset \mathscr{L}^f(L^p_K(X, \mu))$ l'ensemble des projecteurs de rang fini et norme $\leqslant 1$. Par le lemme 6, l'application identique de $L^p_K(X, \mu)$ est adhérente à A pour la topologie de la convergence simple, et la proposition résulte alors de la remarque 3 de III, p. 14.

§ 2. EXEMPLES D'APPLICATIONS LINÉAIRES COMPACTES

1. Endomorphismes de trace finie, de Hilbert–Schmidt et de puissance p^e nucléaire

*Soient E et F des espaces hilbertiens. Tout endomorphisme de E de trace finie (EVT, V, p. 49, déf. 7 et p. 50, déf. 8) est compact (IV, p. 165, cor. 1) ; toute application de Hilbert–Schmidt de E dans F (EVT, V, p. 51, déf. 9) est compacte (IV, p. 165, cor. 2).

Pour tout nombre réel $p \geqslant 1$, l'espace vectoriel $\mathscr{L}_p(E; F)$ des applications linéaires de E dans F de puissance p^e nucléaire est contenu dans $\mathscr{L}^c(E; F)$ (*cf.* IV, p. 169, remarque 2 pour $p = 1$).*

2. Opérateurs diagonaux dans des espaces de suites

Soit I un ensemble non vide. Rappelons (EVT, I, p. 4 et p. 5) que l'espace vectoriel des familles bornées $x = (x_i)_{i \in I}$ d'éléments de $\mathbf{C}$, muni de la norme $\|x\| = \sup_i |x_i|$, est un espace de Banach que l'on note $\ell^\infty_{\mathbf{C}}(I)$.

Soit p un élément de $[1, +\infty[$. L'espace $\ell^p_{\mathbf{C}}(I)$ des familles $x = (x_i)_{i \in I}$ d'éléments de $\mathbf{C}$ telles que la famille $(|x_i|^p)$ soit sommable est un espace vectoriel sur lequel l'application $x \mapsto \|x\| = (\sum_i |x_i|^p)^{1/p}$ est une norme qui en fait un espace de Banach. Si l'on munit l'espace I de la topologie discrète et de la mesure pour laquelle $\mu(\{x\}) = 1$ pour tout $x \in I$, cet espace n'est autre que l'espace de Banach $L^p_{\mathbf{C}}(I, \mu)$. Lorsque $p = 1$ ou

$p = 2$, cette notation coïncide ainsi avec celle de EVT, I, p. 4 et EVT, V, p. 18 (*cf.* INT, IV, p. 141, §4, n° 1, exemple).

Pour des familles $x = (x_i)_{i \in I}$ et $y = (y_i)_{i \in I}$ de nombres complexes, on note xy la famille $(x_i y_i)_{i \in I}$.

PROPOSITION 1. — *Soit* $\lambda = (\lambda_i)_{i \in I}$ *une famille bornée d'éléments de* $\mathbf{C}$. *Soit* p *un élément de* $[1, +\infty]$. *Soit* E *l'espace de Banach* $\ell^p_{\mathbf{C}}(I)$.

a) *Pour tout* $x \in E$, *on a* $\lambda x \in E$ *et l'application* $u \colon x \mapsto \lambda x$ *est un endomorphisme continu de* E, *dont le spectre dans l'algèbre de Banach* $\mathscr{L}(E)$ *est égal à l'adhérence dans* $\mathbf{C}$ *de l'ensemble des* λ_i, *et dont la norme est égale à* $\sup_i |\lambda_i|$;

b) *L'endomorphisme* u *est compact si et seulement si pour tout nombre réel* $\varepsilon > 0$, *l'ensemble des éléments* $i \in I$ *tels que* $|\lambda_i| \geqslant \varepsilon$ *est fini.*

Avec les notations de la proposition, l'endomorphisme $x \mapsto \lambda x$ est appelé un *endomorphisme diagonal* de $\ell^p_{\mathbf{C}}(I)$.

Démontrons la proposition. Soit $C = \sup_i |\lambda_i|$. Soit $x \in E$. On a les inégalités

$$\sum_{i \in I} |\lambda_i x_i|^p \leqslant C^p \|x\|^p, \text{ si } p \neq +\infty$$

$$\sup_{i \in I} |\lambda_i x_i| \leqslant C\|x\|, \text{ si } p = +\infty.$$

Cela prouve que $\lambda x \in E$. L'application $x \mapsto \lambda x$ est donc un endomorphisme de E, et ces inégalités prouvent qu'il est de norme $\leqslant C$.

Pour $j \in I$, notons e_j l'élément $(x_i)_{i \in I}$ de $\ell^p_{\mathbf{C}}(I)$ tel que $x_j = 1$ et $x_i = 0$ si $i \neq j$. On a alors $u(e_j) = \lambda_j e_j$ pour tout $j \in I$, ce qui montre que λ_j appartient au spectre de u. Comme le spectre de u est fermé, l'adhérence dans $\mathbf{C}$ de l'ensemble des λ_i est inclus dans le spectre de u. Puisque le spectre de u est contenu dans le disque centré en 0 et de rayon $\|u\|$ (I, p. 24, th. 1 et formule (3) de I, p. 21), on en déduit l'inégalité $C \leqslant \|u\|$, d'où $\|u\| = C$.

Réciproquement, si $\lambda \in \mathbf{C}$ n'est pas adhérent à l'ensemble des λ_i, alors la famille $((\lambda_i - \lambda)^{-1})_{i \in I}$ est bornée. Ce qui précède montre donc que l'application linéaire $x \mapsto ((\lambda - \lambda_i)^{-1} x_i)_{i \in I}$ est un endomorphisme de E. Il est inverse de $u - \lambda 1_E$, et donc λ n'appartient pas au spectre de u. Cela démontre *a*).

Démontrons maintenant *b*). Supposons que l'endomorphisme u est compact. Soit $\varepsilon > 0$. Notons J l'ensemble des $i \in I$ tels que $|\lambda_i| \geqslant \varepsilon$.

L'ensemble des éléments e_i pour $i \in \mathrm{J}$ est borné dans E. Son image par u, formée des éléments $\lambda_i e_i$ pour $i \in \mathrm{J}$, est donc relativement compacte dans E (remarque 1 de III, p. 2). Comme $\|\lambda_i e_i - \lambda_j e_j\| \geqslant \varepsilon$ pour tout couple d'éléments $i \neq j$ dans J, cela n'est possible que si l'ensemble J est fini.

Démontrons l'assertion réciproque. Soit J une partie finie de I et notons $z_{\mathrm{J}} = (z_{\mathrm{J},i})_{i\in\mathrm{I}}$, où $z_{\mathrm{J},i} = \lambda_i$ pour $i \in \mathrm{J}$ et $z_{\mathrm{J},i} = 0$ pour $i \in \mathrm{I} - \mathrm{J}$; la famille z_{J} définit un endomorphisme de rang fini $u_{\mathrm{J}} \colon x \mapsto z_{\mathrm{J}} x$ de E. D'après ce qui précède, la norme de l'application linéaire $u - u_{\mathrm{J}}$ est majorée par la borne supérieure dans $\mathbf{R}_+$ de la famille $(|\lambda_i|)_{i\in\mathrm{I}-\mathrm{J}}$. L'hypothèse implique que pour tout $\varepsilon > 0$, il existe une partie finie $\mathrm{J} \subset \mathrm{I}$ telle que cette borne supérieure soit $\leqslant \varepsilon$. Il en résulte que l'application u est adhérente à $\mathscr{L}^{\mathrm{f}}(\mathrm{E})$, et donc qu'elle est compacte (III, p. 4, cor. de la prop. 2).

Remarques. — 1) L'hypothèse de l'assertion *b*) est toujours valide si I est fini. Lorsque l'ensemble I est infini, elle signifie que la famille $(\lambda_i)_{i\in\mathrm{I}}$ tend vers 0 suivant le filtre des complémentaires de parties finies de I ; en particulier, l'ensemble des $i \in \mathrm{I}$ tels que $\lambda_i \neq 0$ est alors dénombrable.

2) *On verra ultérieurement (*cf.* IV, p. 149, théorème 1) que lorsque $p = 2$, tout endomorphisme compact *normal* de l'espace hilbertien $\ell^2_{\mathbf{C}}(\mathrm{I})$ est de la forme $u = w \circ v \circ w^{-1}$ où v est un endomorphisme compact diagonal et w est un endomorphisme unitaire (EVT, V, p. 40) de l'espace hilbertien $\ell^2_{\mathbf{C}}(\mathrm{I})$.*

3. Applications linéaires à valeurs dans un espace de fonctions continues définies par un noyau

On prend ici $\mathrm{K} = \mathbf{C}$. Soient X et Y des espaces topologiques localement compacts. Soient μ une mesure complexe sur X et k une application de $\mathrm{X} \times \mathrm{Y}$ dans $\mathbf{C}$ possédant les deux propriétés suivantes :

(i) Pour tout $y \in \mathrm{Y}$, la fonction $k_y \colon x \mapsto k(x, y)$ de X dans $\mathbf{C}$ est μ-intégrable ;

(ii) L'application $y \mapsto k_y$ de Y dans $\mathscr{L}^1_{\mathbf{C}}(\mathrm{X}, \mu)$ est continue.

Munissons l'espace $\mathscr{C}(\mathrm{Y})$ des fonctions continues sur Y à valeurs complexes de la topologie de la convergence compacte. Pour f dans $\mathscr{L}^{\infty}_{\mathbf{C}}(\mathrm{X}, \mu)$, on définit $\widetilde{k}(f) \colon \mathrm{Y} \to \mathbf{C}$ par

$$(1) \qquad \widetilde{k}(f)(y) = \int_{\mathrm{X}} k(x, y) f(x) d\mu(x) = \int_{\mathrm{X}} k_y f d\mu.$$

L'application $h \mapsto \int_{\mathrm{X}} h f d\mu$ est une forme linéaire continue sur $\mathscr{L}^{1}_{\mathbf{C}}(\mathrm{X}, \mu)$, donc la condition (ii) montre que la fonction $\widetilde{k}(f)$ est continue.

Proposition 2. — *L'application $\widetilde{k}$ de $\mathscr{L}^{\infty}_{\mathbf{C}}(\mathrm{X}, \mu)$ dans $\mathscr{C}(\mathrm{Y})$ est compacte.*

Quels que soient y et y' dans Y, on a

$$|\widetilde{k}(f)(y)| \leqslant \|k_y\|_1 \, \|f\|_{\infty}, \quad |\widetilde{k}(f)(y) - \widetilde{k}(f)(y')| \leqslant \|k_y - k_{y'}\|_1 \|f\|_{\infty}.$$

D'après le théorème d'Ascoli (TG, X, p. 18, cor. 2), il en résulte que l'image par $\widetilde{k}$ de la boule unité de $\mathscr{L}^{\infty}_{\mathbf{C}}(\mathrm{X}; \mu)$ est relativement compacte dans $\mathscr{C}(\mathrm{Y})$.

Corollaire. — *Soient* X *un espace topologique compact,* Y *un espace topologique localement compact,* μ *une mesure complexe sur* X *et* k *une application continue de* $\mathrm{X} \times \mathrm{Y}$ *dans* $\mathbf{C}$. *Alors la formule* (1) *définit une application linéaire compacte, encore notée* $\widetilde{k}$, *de* $\mathscr{C}(\mathrm{X})$ *muni de la topologie de la convergence uniforme dans* $\mathscr{C}(\mathrm{Y})$ *muni de la topologie de la convergence compacte.*

Vérifions les conditions (i) et (ii) pour k. Pour tout $y \in \mathrm{Y}$, l'application k_y est continue sur l'espace compact X, donc μ-intégrable. De plus, l'application $y \mapsto k_y$ est continue de Y dans $\mathscr{C}(\mathrm{X})$ puisque X est compact (TG, X, p. 28, th. 3). Comme $\|k_y - k_{y'}\|_1 \leqslant \|\mu\| \, \|k_y - k_{y'}\|$ pour tout $(y, y') \in \mathrm{Y}^2$, cette application de Y dans $\mathscr{L}^{1}_{\mathbf{C}}(\mathrm{X}, \mu)$ est continue. D'après la prop. 2, l'application $\widetilde{k}$ de $\mathscr{L}^{\infty}_{\mathbf{C}}(\mathrm{X}, \mu)$ dans $\mathscr{C}(\mathrm{Y})$ est compacte. Par composition avec l'application canonique $\mathscr{C}(\mathrm{X}) \to \mathscr{L}^{\infty}_{\mathbf{C}}(\mathrm{X}, \mu)$, on obtient une application linéaire compacte de $\mathscr{C}(\mathrm{X})$ dans $\mathscr{C}(\mathrm{Y})$.

4. Applications linéaires entre espaces de Lebesgue définies par un noyau

On prend ici $\mathrm{K} = \mathbf{C}$. Soit X un espace topologique localement compact muni d'une mesure positive μ. Pour tout $r \in [1, +\infty]$, on note

$\mathscr{L}^r(\mathrm{X}) = \mathscr{L}^r_{\mathbf{C}}(\mathrm{X}, \mu)$ et $\mathrm{L}^r(\mathrm{X}) = \mathrm{L}^r_{\mathbf{C}}(\mathrm{X}, \mu)$. Lorsque $r \in [1, +\infty[$, on identifie le dual de $\mathrm{L}^r(\mathrm{X})$ avec $\mathrm{L}^{r'}(\mathrm{X})$ où r' est l'exposant conjugué de r, tel que $1/r + 1/r' = 1$ (INT, V, p. 61, § 5, n° 8, th. 4). On note $\|f\|_r$ la norme (ou semi-norme) de $f \in \mathrm{L}^r(\mathrm{X})$ (ou $f \in \mathscr{L}^r(\mathrm{X})$).

On rappelle qu'une partie A de X est dite *μ-modérée* (INT, V, p. 4, § 1, n° 2) si elle est contenue dans la réunion d'une suite d'ensembles μ-intégrables, et qu'une fonction f définie sur X à valeurs dans un espace vectoriel ou dans $\overline{\mathbf{R}}$ est μ-modérée si elle est nulle dans le complémentaire d'une partie μ-modérée de X. Si $1 \leqslant p < +\infty$ et $f \in \mathscr{L}^p(\mathrm{X})$, alors f est modérée (INT, V, p. 9, § 1, n° 3, cor.). Si f est μ-modérée, alors fg est μ-modérée pour toute fonction g.

Soient p et q des éléments de $]1, +\infty[$. Soient X et Y des espaces topologiques localement compacts, munis de mesures positives μ et ν, respectivement. On munit l'espace $\mathrm{X} \times \mathrm{Y}$ (resp. $\mathrm{Y} \times \mathrm{X}$) de la mesure produit $\mu \otimes \nu$ (resp. $\nu \otimes \mu$).

On note $\mathscr{N}^{p,q}(\mathrm{X} \times \mathrm{Y}, \mu \otimes \nu)$, ou simplement $\mathscr{N}^{p,q}(\mathrm{X} \times \mathrm{Y})$, l'ensemble des applications $(\mu \otimes \nu)$-mesurables k de $\mathrm{X} \times \mathrm{Y}$ dans $\mathbf{C}$ telles qu'il existe un nombre réel $\mathrm{C} \geqslant 0$ vérifiant

$$(2) \qquad \int^*_{\mathrm{X} \times \mathrm{Y}} |k(x, y) f(x) g(y)| d(\mu \otimes \nu)(x, y) \leqslant \mathrm{C} \|f\|_p \|g\|_q$$

pour toutes fonctions $f \in \mathscr{L}^p(\mathrm{X})$ et $g \in \mathscr{L}^q(\mathrm{Y})$. On note alors $\|k\|_{p,q}$ la borne inférieure de l'ensemble des nombres réels C ayant cette propriété.

Remarque. — Soient $f \in \mathscr{L}^p(\mathrm{X})$ et $g \in \mathscr{L}^q(\mathrm{Y})$. Puisque $p < +\infty$ et $q < +\infty$, les fonctions f et g sont modérées, et la fonction définie par $(x, y) \mapsto f(x)g(y)$ est $(\mu \otimes \nu)$-modérée (*cf.* INT, V, p. 92, § 8, n° 3, cor. 2). Par conséquent, la fonction $(x, y) \mapsto k(x, y)f(x)g(y)$ est $(\mu \otimes \nu)$-modérée, et en particulier l'intégrale supérieure de sa valeur absolue coïncide avec l'intégrale supérieure essentielle (INT, V, p. 6, § 1, n° 3, prop. 7).

L'ensemble $\mathscr{N}^{p,q}(\mathrm{X} \times \mathrm{Y})$ est un sous-espace vectoriel de l'espace des fonctions de $\mathrm{X} \times \mathrm{Y}$ dans $\mathbf{C}$ et l'application définie par $k \mapsto \|k\|_{p,q}$ est une semi-norme sur $\mathscr{N}^{p,q}(\mathrm{X} \times \mathrm{Y})$.

Lemme 1. — Soit $k \in \mathscr{N}^{p,q}(\mathrm{X} \times \mathrm{Y})$. La fonction k est localement $(\mu \otimes \nu)$-intégrable.

L'application k est $(\mu \otimes \nu)$-mesurable par hypothèse. Soit A une partie compacte de $\mathrm{X} \times \mathrm{Y}$. Il existe des parties compactes $\mathrm{B} \subset \mathrm{X}$

et $C \subset Y$ telles que $A \subset B \times C$. En appliquant (2) aux fonctions caractéristiques φ_B de B et φ_C de C, on obtient

$$\int^*_{X\times Y} |k(x,y)|\varphi_A(x,y)d(\mu\otimes\nu)(x,y)$$
$$\leqslant \int^*_{X\times Y} |k(x,y)|\varphi_B(x)\varphi_C(y)d(\mu\otimes\nu)(x,y) < +\infty,$$

d'où le résultat (INT, V, p. 41, §5, n° 1, prop. 1 et déf. 1).

PROPOSITION 3. — a) *Soit* $k \in \mathscr{N}^{p,q}(X\times Y)$. *Pour* $f \in \mathscr{L}^p(X)$ *et* $g \in \mathscr{L}^q(Y)$, *la fonction*

$$(x,y) \mapsto k(x,y)f(x)g(y)$$

est $(\mu\otimes\nu)$*-intégrable et il existe une unique application* u_k *de* $L^p(X)$ *dans* $L^{q'}(Y)$ *telle que*

$$\langle g, u_k(f)\rangle = \int_{X\times Y} k(x,y)f(x)g(y)d(\mu\otimes\nu)(x,y)$$

pour tous $f \in L^p(X)$ *et* $g \in L^q(Y)$. *L'application* u_k *est linéaire et continue, sa norme est* $\leqslant \|k\|_{p,q}$;

b) *Soit* $k \in \mathscr{N}^{p,q}(X\times Y)$. *On a* $u_k = 0$ *si et seulement si* k *est localement* $(\mu\otimes\nu)$*-négligeable*;

c) *L'application qui à* k *associe* u_k *est une application linéaire continue de l'espace semi-normé* $\mathscr{N}^{p,q}(X\times Y)$ *dans l'espace de Banach* $\mathscr{L}(L^p(X); L^{q'}(Y))$, *telle que* $\|u_k\| \leqslant \|k\|_{p,q}$ *pour tout* $k \in \mathscr{N}^{p,q}(X\times Y)$.

Soit $k \in \mathscr{N}^{p,q}(X\times X)$. Par définition, la fonction de $X\times Y$ dans $\mathbf{C}$ définie par $(x,y)\mapsto k(x,y)f(x)g(y)$ est $(\mu\otimes\nu)$-intégrable lorsque $f \in \mathscr{L}^p(X)$ et $g \in \mathscr{L}^q(Y)$, et l'application

$$b_k\colon (f,g) \mapsto \int_{X\times Y} k(x,y)f(x)g(y)d(\mu\otimes\nu)(x,y)$$

est une application bilinéaire continue de $L^p(X)\times L^q(Y)$ dans $\mathbf{C}$. Pour tout $f \in L^p(X)$, il existe donc un unique $h \in L^{q'}(Y)$ tel que $b_k(f,g) = \langle g, h\rangle$ pour tout $g \in L^q(Y)$; notons $u_k(f) = h$. D'après (2), on a $\|u_k(f)\|_{q'} \leqslant \|k\|_{p,q}\|f\|_p$; l'application u_k est linéaire et continue de norme $\leqslant \|k\|_{p,q}$. De plus, l'application $k \mapsto u_k$ est linéaire, et les assertions *a*) et *c*) en découlent.

Démontrons *b*). Supposons que k est localement $(\mu\otimes\nu)$-négligeable. Soient $f \in \mathscr{L}^p(X)$ et $g \in \mathscr{L}^q(Y)$; la fonction définie sur $X\times Y$ par $(x,y)\mapsto k(x,y)f(x)g(y)$ est $(\mu\otimes\nu)$-modérée. Comme elle est localement

$(\mu \otimes \nu)$-négligeable, elle est négligeable (INT, V, p. 7, § 1, n° 2, cor. 1). Ainsi, on a $\langle u_k(f), g\rangle = b_k(f, g) = 0$. Il en résulte que $u_k = 0$.

Réciproquement, soit $k \in \mathscr{N}^{p,q}(\mathrm{X} \times \mathrm{Y})$ tel que $u_k = 0$. La fonction k est localement $(\mu \otimes \nu)$-intégrable (lemme 1). Pour toutes fonctions $f \in \mathscr{K}(\mathrm{X})$ et $g \in \mathscr{K}(\mathrm{Y})$, on a

$$\langle g, u_k(f)\rangle = \int_{\mathrm{X}\times\mathrm{Y}} f(x)g(y)\, k(x, y)d(\mu \otimes \nu)(x, y),$$

donc la mesure $k \cdot (\mu \otimes \nu)$ sur $\mathrm{X} \times \mathrm{Y}$ est nulle (*cf.* INT, III, p. 82, § 4, n° 1, th. 1). Cela signifie que k est localement $(\mu \otimes \nu)$-négligeable (INT, V, p. 46, §5, n° 3, cor. 2).

DÉFINITION 1. — *Soit $k \in \mathscr{N}^{p,q}(\mathrm{X} \times \mathrm{Y})$. On dit que l'application u_k est l'*opérateur intégral à noyau k de $\mathrm{L}^p(\mathrm{X})$ dans $\mathrm{L}^{q'}(\mathrm{Y})$.

Pour $k \in \mathscr{N}^{p,q}(\mathrm{X} \times \mathrm{Y})$ et $f \in \mathscr{L}^p(\mathrm{X})$, on notera parfois aussi $u_k(f)$ l'image par u_k de la classe de f dans $\mathrm{L}^p(\mathrm{X})$.

PROPOSITION 4. — *Soient $k \in \mathscr{N}^{p,q}(\mathrm{X} \times \mathrm{Y})$ et $f \in \mathscr{L}^p(\mathrm{X})$. L'application définie sur X par $x \mapsto k(x, y)f(x)$ est μ-intégrable pour tout y en dehors d'un ensemble localement ν-négligeable, et $u_k(f)$ coïncide avec la classe de la fonction*

$$y \mapsto \int_{\mathrm{X}} k(x, y)f(x)d\mu(x)$$

définie localement ν-presque partout.

Notons Y' l'ensemble des $y \in \mathrm{Y}$ tels que l'application $x \mapsto k(x, y)f(x)$ n'est pas μ-intégrable. Soit $y \in \mathrm{Y}$ et soit C un voisinage compact de y, dont on note φ la fonction caractéristique. D'après la condition (2) appliquée à f et φ, la fonction $(x, y) \mapsto k(x, y)f(x)\varphi(y)$ est intégrable sur $\mathrm{X} \times \mathrm{Y}$ par rapport à la mesure $\mu \otimes \nu$. D'après le théorème de Lebesgue–Fubini (INT, V, p. 96, § 8, n° 4, th. 1, *a*)), la fonction $x \mapsto k(x, y)f(x)\varphi(y)$ est μ-intégrable pour y en dehors d'un ensemble ν-négligeable Y_{C}. Comme $\mathrm{Y}' \cap \mathrm{C} \subset \mathrm{Y}_{\mathrm{C}}$, on en déduit que Y' est localement ν-négligeable dans Y (INT, IV, p. 172, § 5, n° 2, déf. 3).

Notons h l'application définie localement ν-presque partout sur Y par $y \mapsto \int k(x, y)f(x)d\mu$. Elle est localement ν-intégrable (INT, V, *loc.*

cit.). Soit $g \in \mathscr{K}(\mathrm{Y})$. On a

$$\begin{aligned}\langle g, u_k(f)\rangle &= \int_{\mathrm{X}\times\mathrm{Y}} k(x,y)f(x)g(y)d(\mu\otimes\nu)(x,y)\\ &= \int_{\mathrm{Y}}\Big(\int_{\mathrm{X}} k(x,y)f(x)g(y)d\mu(x)\Big)d\nu(y)\\ &= \int_{\mathrm{Y}} g(y)h(y)d\nu(y)\end{aligned}$$

(INT, V, *loc. cit.*). On a donc $u_k(f) = h$ localement ν-presque partout (*cf.* INT, V, p. 46, § 5, n° 3, cor. 2).

Proposition 5. — *L'espace* $\mathscr{L}^{p'}(\mathrm{X}\times\mathrm{Y})$ *est contenu dans* $\mathscr{N}^{p,p}(\mathrm{X}\times\mathrm{Y})$. *L'application linéaire de* $\mathscr{L}^{p'}(\mathrm{X}\times\mathrm{Y})$ *dans* $\mathscr{L}(\mathrm{L}^p(\mathrm{X});\mathrm{L}^{p'}(\mathrm{Y}))$ *définie par* $k \mapsto u_k$ *induit par passage au quotient une application linéaire continue injective de* $\mathrm{L}^{p'}(\mathrm{X}\times\mathrm{Y})$ *dans* $\mathscr{L}(\mathrm{L}^p(\mathrm{X});\mathrm{L}^{p'}(\mathrm{Y}))$.

Soit $k \in \mathscr{L}^{p'}(\mathrm{X}\times\mathrm{Y})$. L'application k est mesurable (INT, IV, p. 84, § 5, n° 6, th. 5). Soient $f \in \mathscr{L}^p(\mathrm{X})$ et $g \in \mathscr{L}^p(\mathrm{Y})$. La fonction $h\colon (x,y) \mapsto f(x)g(y)$ appartient à $\mathscr{L}^p(\mathrm{X}\times\mathrm{Y})$ et $\|h\|_p = \|f\|_p\|g\|_p$ (INT, V, p. 95, § 8, n° 3, cor. 2). La fonction hk est donc intégrable sur $\mathrm{X}\times\mathrm{Y}$ et on a

$$(\mu\otimes\nu)^*(|hk|) \leqslant \|k\|_{p'}\|h\|_p = \|k\|_{p'}\|f\|_p\|g\|_p$$

d'après l'inégalité de Hölder (INT, IV, p. 208, § 6, n° 4, th. 2) ce qui démontre que $k \in \mathscr{N}^{p,p}(\mathrm{X}\times\mathrm{Y})$ avec $\|k\|_{p,p} \leqslant \|k\|_{p'}$.

Puisque $p' \neq +\infty$, toute fonction $k \in \mathscr{L}^{p'}(\mathrm{X}\times\mathrm{Y})$ est modérée (INT, V, p. 9, § 1, n° 3, cor.), et la dernière assertion résulte alors de la prop. 3, *b*) et *c*).

Pour toute fonction $k\colon \mathrm{X}\times\mathrm{Y} \to \mathbf{C}$ et pour tout $y \in \mathrm{Y}$, on note k_y l'application de X dans $\mathbf{C}$ donnée par $k_y(x) = k(x,y)$, et on note $k_\circ$ l'application de Y dans $\mathscr{F}(\mathrm{X};\mathbf{C})$ définie par $y \mapsto k_y$. On notera de même l'application de Y dans l'espace des fonctions définies μ-presque partout sur X qui à y associe la classe de k_y.

Pour toute fonction k de $\mathrm{X}\times\mathrm{Y}$ dans $\mathbf{C}$, on note

$$\mathrm{N}_{p',q'}(k) = \Big(\int_{\mathrm{Y}}^{\bullet} \mathrm{N}_{p'}(k_y)^{q'} d\nu(y)\Big)^{1/q'}.$$

C'est un élément de $[0,+\infty]$.

Lemme 2. — *Pour tout* $k \in \mathscr{L}^{p'}(\mathrm{X}\times\mathrm{Y})$, *on a* $\mathrm{N}_{p',p'}(k) = \|k\|_{p'}$.

Soit $k \in \mathscr{L}^{p'}(\mathrm{X} \times \mathrm{Y})$. D'après INT, V, p. 96, § 8, n° 4, th. 1, *a*), l'ensemble Y′ des éléments $y \in \mathrm{Y}$ tels que la fonction $|k_y|^{p'}$ ne soit pas μ-intégrable est ν-négligeable ; de plus, la fonction définie par $y \mapsto \mu(|k_y|^{p'})$ sur $\mathrm{Y} - \mathrm{Y}'$ et nulle sur Y′ est ν-intégrable et vérifie

$$\|k\|_{p'}^{p'} = \int_{\mathrm{X}\times\mathrm{Y}} |k(x,y)|^{p'} d(\mu\otimes\nu)(x,y) = \int_{\mathrm{Y}} \mu(|k_y|^{p'})d\nu = \mathrm{N}_{p',p'}(k)^{p'}.$$

On note $\mathscr{L}^{p',q'}(\mathrm{X},\mathrm{Y},\mu,\nu)$, ou simplement $\mathscr{L}^{p',q'}(\mathrm{X},\mathrm{Y})$, l'espace vectoriel complexe des fonctions $(\mu\otimes\nu)$-mesurables k de $\mathrm{X}\times\mathrm{Y}$ dans **C** telles que, pour ν-presque tout $y \in \mathrm{Y}$, l'application k_y appartient à $\mathscr{L}^{p'}(\mathrm{X})$, et telles que l'application $k_\circ$ appartient à $\mathscr{L}^{q'}_{\mathrm{L}^{p'}(\mathrm{X})}(\mathrm{Y},\nu)$ (INT, IV, p. 129, § 3, n° 4, déf. 2). On munit $\mathscr{L}^{p',q'}(\mathrm{X},\mathrm{Y})$ de la semi-norme $k \mapsto \mathrm{N}_{p',q'}(k)$; notons que celle-ci vérifie alors $\mathrm{N}_{p',q'}(k) = \|k_\circ\|_{q'}$, où $k_\circ$ est vue comme application à valeurs dans l'espace de Banach $\mathrm{L}^{p'}(\mathrm{X})$.

PROPOSITION 6. — a) *L'espace* $\mathscr{L}^{p'}(\mathrm{X}\times\mathrm{Y})$ *est contenu dans* $\mathscr{L}^{p',p'}(\mathrm{X},\mathrm{Y})$ *et pour* $k \in \mathscr{L}^{p'}(\mathrm{X}\times\mathrm{Y})$, *on a* $\mathrm{N}_{p',p'}(k) = \|k\|_{p'}$;

b) *L'espace* $\mathscr{L}^{p',q'}(\mathrm{X},\mathrm{Y})$ *est contenu dans* $\mathscr{N}^{p,q}(\mathrm{X}\times\mathrm{Y})$ *et pour* $k \in \mathscr{L}^{p',q'}(\mathrm{X},\mathrm{Y})$, *on a* $\|k\|_{p,q} \leqslant \mathrm{N}_{p',q'}(k)$.

Démontrons l'assertion *a*). Soit $k \in \mathscr{L}^{p'}(\mathrm{X}\times\mathrm{Y})$. D'après INT, V, p. 96, § 8, n° 4, th. 1, *a*), la fonction k_y appartient à $\mathscr{L}^{p'}(\mathrm{X})$ pour ν-presque tout $y \in \mathrm{Y}$.

Soit $\varepsilon > 0$. Il existe $h \in \mathscr{K}(\mathrm{X}\times\mathrm{Y})$ telle que $\|k-h\|_{p'} < \varepsilon$. La fonction $h_\circ$ est une fonction continue à support compact de Y dans $\mathrm{L}^{p'}(\mathrm{X})$ qui vérifie

$$\|k_\circ - h_\circ\|_{p'} = \mathrm{N}_{p',p'}(k-h) = \|k-h\|_{p'} < \varepsilon$$

d'après le lemme 2. Il en résulte que $k_\circ$ appartient à $\mathscr{L}^{p'}_{\mathrm{L}^{p'}(\mathrm{X})}(\mathrm{Y},\nu)$, c'est-à-dire que k appartient à $\mathscr{L}^{p',p}(\mathrm{X},\mathrm{Y})$. Le lemme 2 démontre alors que $\mathrm{N}_{p',p'}(k) = \|k\|_{p'}$.

Démontrons l'assertion *b*). Soit $k \in \mathscr{L}^{p',q'}(\mathrm{X},\mathrm{Y})$ et soit $f \in \mathscr{L}^{p}(\mathrm{X})$. Pour tout $y \in \mathrm{Y}$, l'inégalité de Hölder (INT, IV, p. 208, § 6, n° 4, th. 2) appliquée à k_y implique

$$\int_{\mathrm{X}}^{*} |k(x,y)f(x)|d\mu(x) \leqslant \|k_y\|_{p'}\|f\|_p.$$

Soit $g \in \mathscr{L}^{q'}(\mathrm{Y})$. Les applications f et g sont modérées, puisque p et q' sont finis. Par conséquent, l'application $(x,y) \mapsto f(x)g(y)$ est $(\mu\otimes\nu)$-modérée (*cf.* INT, V, p. 92, § 8, n° 3, cor. 2), et donc l'application

$(x, y) \mapsto k(x, y) f(x) g(y)$ est $(\mu \otimes \nu)$-modérée. D'après INT, V, p. 93, § 8, n° 3, prop. 7, *a*), il vient alors

$$\int_{X \times Y}^{*} |k(x, y) f(x) g(y)| d(\mu \otimes \nu)$$

$$= \int_{Y}^{*} |g(y)| \Big(\int_{X}^{*} |k(x, y) f(x)| d\mu(x)\Big) d\nu(y)$$

$$\leqslant \|f\|_p \int_{Y}^{*} \|k_y\|_{p'} |g(y)| d\nu(y) \leqslant N_{p',q'}(k) \|f\|_p \|g\|_q,$$

en utilisant de nouveau l'inégalité de Hölder. Cela conclut la démonstration.

PROPOSITION 7. — *Soit* $k \in \mathscr{L}^{p',q'}(X, Y)$. *L'application linéaire* u_k *de* $L^p(X)$ *dans* $L^{q'}(Y)$ *est compacte.*

Supposons d'abord que k est tel que $k_\circ \in \mathscr{K}(Y; \mathscr{L}^{p'}(X))$, et notons A le support de $k_\circ$. Soit F le sous-espace de $\mathscr{K}(Y, A; \mathscr{L}^{p'}(X, \mu))$ engendré par les fonctions $y \mapsto f_2(y) f_1$, où $f_2 \in \mathscr{K}(Y, A)$ et $f_1 \in \mathscr{L}^{p'}(X)$. Lorsque $m \in \mathscr{K}(Y; \mathscr{L}^{p'}(X))$ vérifie $m_\circ \in F$, l'application linéaire u_m est de rang fini, donc compacte. Pour m_1 et m_2 dans $\mathscr{K}(Y, A; \mathscr{L}^{p'}(X))$, on a de plus

$$\|u_{m_1} - u_{m_2}\| \leqslant \|m_1 - m_2\|_{p',q'} = \Big(\int_Y \|m_{1,y} - m_{2,y}\|_{p'}^{q'} d\nu(y)\Big)^{1/q'}$$

$$\leqslant \nu(A)^{1/q'} \sup_{y \in Y} N_{p'}(m_{1,y} - m_{2,y}).$$

Comme l'espace F est dense dans $\mathscr{K}(Y, A; L^{p'}(X))$ pour la topologie de la convergence uniforme dans A (INT, III, p. 41, § 1, n° 1, prop. 1 et INT, III, p. 46, § 1, n° 2, prop. 5), on conclut que l'application linéaire u_k est limite d'une suite d'applications linéaires de rang fini. Elle est donc compacte (cor. 1 de III, p. 4).

Considérons le cas général. Soit $k \in \mathscr{L}^{p',q'}(X, Y)$. Pour tout $\varepsilon > 0$, il existe une application $k_{\varepsilon,\circ} \in \mathscr{K}(Y; \mathscr{L}^{p'}(X))$ telle que

$$\|k_\circ - k_{\varepsilon,\circ}\|_{q'} < \varepsilon.$$

La fonction $k_\varepsilon \colon X \times Y \to \mathbf{C}$ correspondante vérifie alors

$$\|u_k - u_{k_\varepsilon}\| \leqslant \|k - k_\varepsilon\|_{p,q} \leqslant N_{p',q'}(k - k_\varepsilon) = \|k_\circ - k_{\varepsilon,\circ}\|_{q'} < \varepsilon.$$

Puisque u_{k_ε} est compacte d'après ce qui précède, l'application u_k est également compacte (prop. 2 de III, p. 4).

Posons $p = 1$ et supposons $q > 1$. Il peut exister des applications $k \colon X \times Y \to \mathbf{C}$ telles que $k_y \in \mathscr{L}^\infty(X)$ pour tout $y \in Y$, et telles que l'intégrale

$$\int_Y^* \|k_y\|_\infty^{q'} d\nu(y)$$

soit finie (en particulier, la condition (2) de III, p. 27 est valide), mais telles que l'application linéaire u_k de $L^1(X)$ dans $L^{q'}(X)$ ne soit pas compacte (exercice 2 de III, p. 119).

En particulier, on déduit de la proposition le corollaire suivant :

COROLLAIRE 1 (Hilbert–Schmidt). — *Soit* $k \in \mathscr{L}^2(X \times Y)$. *L'application linéaire* u_k *est compacte de* $L^2(X)$ *dans* $L^2(Y)$.

D'après la prop. 5, on a $k \in \mathscr{N}^{2,2}(X \times Y)$, donc l'application linéaire u_k est définie (prop. 3). On a $k \in \mathscr{L}^{2,2}(X \times Y)$ (prop. 6, *a*)), donc u_k est compacte (prop. 7).

Remarque. — Dans le cas $p = q = 2$, il est généralement plus commode d'exprimer la caractérisation de l'opérateur intégral u_k à l'aide du produit scalaire : il s'agit de l'unique application de $L^2(X)$ dans $L^2(Y)$ telle que

$$\langle g \mid u_k(f) \rangle = \int_{X \times Y} k(x,y) f(x) \overline{g(y)} d(\mu \otimes \nu)(x,y)$$

pour tous $f \in L^2(X)$ et $g \in L^2(Y)$. De plus, l'adjoint de u_k est l'application linéaire u_{k^*}, où $k^* \in L^2(Y \times X)$ vérifie $k^*(y,x) = \overline{k(x,y)}$ pour presque tout $(y,x) \in Y \times X$. En effet, pour tous $f \in L^2(X)$ et $g \in L^2(Y)$, on a

$$\langle g \mid u_k(f) \rangle = \int_{X \times Y} k(x,y) \overline{g(y)} f(x) d(\mu \otimes \nu)(x,y) = \langle u_{k^*}(g) \mid f \rangle.$$

COROLLAIRE 2. — *Soit* G *un groupe topologique* compact *muni d'une mesure de Haar* μ. *Soit* p *un nombre réel tel que* $1 < p < +\infty$ *et* q *l'exposant conjugué de* p. *Soit* $f \in \mathscr{L}^q(G)$. *Posons* $k(x,y) = f(x^{-1}y)$ *pour tous* $(x,y) \in G \times G$.

a) *On a* $k \in \mathscr{L}^{q,p}(G, G)$;

b) *Pour* $\varphi \in L^p(G)$, *la convolution* $\varphi * f$ *appartient à* $L^p(G)$ *et l'application linéaire* $v_f \colon \varphi \mapsto \varphi * f$ *de* $L^p(G)$ *dans lui-même est continue. Elle coïncide avec l'endomorphisme* u_k. *En particulier, l'application linéaire* v_f *est compacte.*

Puisque G est compact, la fonction f appartient à $\mathscr{L}^1(\mathrm{G})$. L'application linéaire v_f est donc définie et continue d'après INT, VIII, p. 167, § 4, n° 5, prop. 13.

L'application k est $(\mu \otimes \mu)$-mesurable, et on a $\|k_y\|_q = \|f\|_q$ pour tout $y \in \mathrm{G}$. Comme la mesure μ est bornée, il vient

$$\int_{\mathrm{G}} \|k_y\|_q^p d\mu(y) = \mu(\mathrm{G})\|f\|_q^p,$$

donc $k \in \mathscr{L}^{q,p}(\mathrm{G}, \mathrm{G})$. L'application linéaire u_k est donc une application linéaire compacte de $\mathrm{L}^p(\mathrm{G})$ dans $\mathrm{L}^p(\mathrm{G})$ (prop. 7).

Soit $\varphi \in \mathscr{K}(\mathrm{G})$. D'après INT, VIII, p. 166, § 4, n° 5, prop. 11 et la prop. 4 de III, p. 29, on a alors

$$\begin{aligned} v_f(\varphi)(y) &= \int_{\mathrm{G}} \varphi(x) f(x^{-1}y) d\mu(x) \\ &= \int_{\mathrm{G}} \varphi(x) k(x, y) d\mu(x) = u_k(\varphi)(y) \end{aligned}$$

pour presque tout $y \in \mathrm{G}$. Cela implique que $v_f = u_k$.

5. Restriction d'applications différentiables

Soient n et r des entiers positifs, U une partie ouverte de $\mathbf{R}^n$ et F un espace de Banach. Notons $\mathscr{C}^r(\mathrm{U}; \mathrm{F})$ l'espace vectoriel des applications de classe C^r de U dans F, muni de la topologie de la C^r-convergence compacte. Rappelons que celle-ci est la borne supérieure des topologies de la C^r-convergence uniforme sur K (VAR, R2, 12.3.10, p. 56), lorsque K décrit l'ensemble des parties compactes de U. L'espace $\mathscr{C}^0(\mathrm{U}; \mathrm{F})$ n'est autre que l'espace $\mathscr{C}(\mathrm{U}; \mathrm{F})$ des applications continues de U dans F, muni de la topologie de la convergence compacte.

Lemme 3. — *Soit* A *l'ensemble des multi-indices* $\alpha \in \mathbf{N}^n$ *tels que* $|\alpha| \leqslant r$ *et soit* u *l'application linéaire* $f \mapsto (\partial^\alpha f)_{\alpha \in \mathrm{A}}$ *de* $\mathscr{C}^r(\mathrm{U}; \mathrm{F})$ *dans* $\mathscr{C}(\mathrm{U}; \mathrm{F})^{\mathrm{A}}$.

a) *L'application* u *est injective, continue, stricte et son image est fermée.*

b) *L'espace vectoriel topologique* $\mathscr{C}^r(\mathrm{U}; \mathrm{F})$ *est complet.*

L'application u est linéaire et injective. Elle est continue et stricte par définition de la topologie de $\mathscr{C}^r(\mathrm{U};\mathrm{F})$.

Soit $(g_\alpha)_{\alpha\in\mathrm{A}}$ un point de $\mathscr{C}(\mathrm{U};\mathrm{F})^{\mathrm{A}}$ adhérent à l'image de u. Il existe un filtre $\mathfrak{F}$ sur $\mathscr{C}^r(\mathrm{U};\mathrm{F})$ tel que l'on ait $g_\alpha = \lim_{f,\mathscr{F}} \partial^\alpha f$ dans $\mathscr{C}(\mathrm{U};\mathrm{F})$ pour tout $\alpha \in \mathrm{A}$. Soit m un entier tel que $0 \leqslant m \leqslant r$. En raisonnant par récurrence sur m, on déduit du th. 1 de FVR, II, p. 2, que l'application g_0 est de classe C^m et que l'on a $g_\alpha = \partial^\alpha g_0$ pour tout $\alpha \in \mathbf{N}^n$ avec $|\alpha| \leqslant m$. Ainsi g_0 appartient à l'espace $\mathscr{C}^r(\mathrm{U};\mathrm{F})$ et son image par u est $(g_\alpha)_{\alpha\in\mathrm{A}}$. Cela démontre que l'image de u est fermée, et établit donc l'assertion a).

L'assertion a) implique que l'espace $\mathscr{C}^r(\mathrm{U};\mathrm{F})$ est isomorphe à son image dans $\mathscr{C}(\mathrm{U};\mathrm{F})^{\mathrm{A}}$; puisque cette image est fermée et que l'espace $\mathscr{C}(\mathrm{U};\mathrm{F})^{\mathrm{A}}$ est complet (TG, X, p. 9, cor. 3 du th. 2 et TG, II, p. 17, prop. 10), l'espace $\mathscr{C}^r(\mathrm{U};\mathrm{F})$ est complet.

PROPOSITION 8. — *Supposons que* F *est de dimension finie. Soient s un entier tel que $0 \leqslant s < r$ et* V *une partie ouverte relativement compacte de* U. *L'application linéaire $f \mapsto f|\mathrm{V}$ de $\mathscr{C}^r(\mathrm{U};\mathrm{F})$ dans $\mathscr{C}^s(\mathrm{V};\mathrm{F})$ est compacte.*

Soit W l'ensemble des fonctions $f \in \mathscr{C}^r(\mathrm{U};\mathrm{F})$ dont les dérivées partielles d'ordre $\leqslant r$ prennent en tout point de $\overline{\mathrm{V}}$ une valeur de norme inférieure à 1. L'ensemble W est un voisinage de 0 dans l'espace $\mathscr{C}^r(\mathrm{U};\mathrm{F})$. Soit α un multi-indice tel que $|\alpha| \leqslant s$. Considérons l'ensemble H des fonctions de la forme $(\partial^\alpha f)|\mathrm{V}$ pour f dans W. L'ensemble H est une partie équicontinue de $\mathscr{C}(\mathrm{V};\mathrm{F})$ (TG, X, p. 10) d'après le théorème des accroissements finis (VAR, R, 2.2.3). Par ailleurs, pour tout $x \in \mathrm{V}$, l'image de H par l'application $g \mapsto g(x)$ est une partie bornée, donc relativement compacte, de F. D'après le théorème d'Ascoli (TG, X, p. 18, cor. 2), l'ensemble H est relativement compact dans $\mathscr{C}(\mathrm{V};\mathrm{F})$. Cela démontre que l'application linéaire $f \mapsto (\partial^\alpha f)|\mathrm{V}$ de $\mathscr{C}^r(\mathrm{U};\mathrm{F})$ dans $\mathscr{C}(\mathrm{V};\mathrm{F})$ est compacte. La proposition résulte alors du lemme 3 et des remarques 5 et 6 de III, p. 3.

6. Restriction de sections différentiables d'un fibré vectoriel

Soient r un entier positif, X une variété différentielle de classe C^r localement de dimension finie et E un fibré vectoriel (réel ou complexe) de base X et de classe C^r. Pour tout ouvert U de X, notons $\mathscr{S}^r(U; E)$ l'espace vectoriel (noté $\mathscr{S}^r_E(U)$ dans VAR, R1, 7.4, p. 74) des sections de classe C^r de E au-dessus de U, muni de la topologie de la C^r-convergence compacte.

Lemme 4. — Soit $\mathscr{U}$ *un recouvrement ouvert de* X. *L'application* $u\colon f \mapsto (f|U)_{U\in\mathscr{U}}$ *de* $\mathscr{S}^r(X; E)$ *dans* $\prod_{U\in\mathscr{U}} \mathscr{S}^r(U; E)$ *est linéaire, injective, continue et stricte. Son image est fermée.*

L'application u est linéaire, injective et continue. En vertu de TG, IX, p. 43, prop. 1 et p. 48, cor. 1, toute partie compacte de X possède un recouvrement fini $(C_i)_{i\in I}$ où, pour chaque $i \in I$, l'ensemble C_i est une partie compacte de l'un des ouverts du recouvrement $\mathscr{U}$. Il en résulte que l'application linéaire u est stricte. Enfin, son image est fermée, puisque elle est constituée des familles $(f_U)_{U\in\mathscr{U}}$ telles que f_U et f_V coïncident dans $U \cap V$ pour tous U et V dans $\mathscr{U}$.

PROPOSITION 9. — *L'espace* $\mathscr{S}^r(X; E)$ *est complet.*

Supposons d'abord qu'il existe un entier $n \geqslant 0$ et un espace de Banach F tels que X soit une partie ouverte de $\mathbf{R}^n$ et E le fibré vectoriel trivial $X \times F$ de base X et de fibre F. Dans ce cas, l'espace vectoriel topologique $\mathscr{S}^r(X; E)$ est isomorphe à $\mathscr{C}^r(X; F)$, et le résultat découle du lemme 3 de III, p. 34.

Dans le cas général, soit $\mathscr{U}$ un recouvrement ouvert de X par des domaines de cartes tel que pour tout $U \in \mathscr{U}$, la restriction de E à U est trivialisable. D'après le lemme ci-dessus, l'espace $\mathscr{S}^r(X; E)$ est isomorphe à l'image de l'application linéaire $f \mapsto (f|U)_{U\in\mathscr{U}}$, qui est fermée dans le produit des espaces $\mathscr{S}^r(U; E)$ pour U dans $\mathscr{U}$. D'après le cas précédent, chacun des espaces $\mathscr{S}^r(U; E)$ est complet, donc leur produit est complet (TG, II, p. 17, prop. 10). Par conséquent $\mathscr{S}^r(X; E)$ est complet.

Remarque. — Soit $\mathscr{U}$ un recouvrement ouvert de X par des domaines de cartes $c_U = (U, \varphi_U, \mathbf{R}^{n_U})$ tel que pour tout $U \in \mathscr{U}$, la restriction de E à U est trivialisable de type F_U, où F_U est un espace de Banach. Pour tout $U \in \mathscr{U}$, on identifie une section f de E sur U à une application f_U de $\varphi_U(U)$ dans F_U. Il résulte de la preuve de la prop. 9 que la topologie de l'espace $\mathscr{S}^r(X; E)$ est définie par la famille des semi-normes $p_{U,C,\alpha}$ telles que

$$p_{U,C,\alpha}(f) = \sup_{x\in C} \|(\partial^\alpha f_U)(x)\|,$$

où U parcourt $\mathscr{U}$, C parcourt l'ensemble des parties compactes de $\varphi_U(U)$ et $\alpha \in \mathbf{N}^{n_U}$ l'ensemble des multi-indices tels que $|\alpha| \leqslant r$.

PROPOSITION 10. — *Supposons que le fibré vectoriel* E *soit localement de rang fini. Soient s un entier tel que $0 \leqslant s < r$ et* Y *une partie ouverte relativement compacte de* X. *L'application linéaire $f \mapsto f|Y$ de $\mathscr{S}^r(X; E)$ dans $\mathscr{S}^s(Y; E)$ est compacte.*

Supposons d'abord qu'il existe un entier $n \geqslant 0$ et un espace de Banach F de dimension finie tels que X soit une partie ouverte de $\mathbf{R}^n$ et E le fibré vectoriel trivial $X \times F$ de base X et de fibre F. Dans ce cas, les espaces vectoriels topologiques $\mathscr{S}^r(X; E)$ et $\mathscr{S}^s(Y; E)$ sont isomorphes à $\mathscr{C}^r(X; F)$ et $\mathscr{C}^s(Y; F)$, respectivement, et la prop. 10 est conséquence de la prop. 8.

Passons au cas général. Soit C une partie compacte de X contenant Y. Pour tout point x de C, choisissons un voisinage ouvert $U(x)$ de x dans X qui soit un domaine de carte au-dessus duquel le fibré vectoriel E est trivialisable. Choisissons par ailleurs un voisinage ouvert relativement compact $V(x)$ de x dans $U(x)$. Comme l'ensemble C est compact, il est recouvert par une famille finie $(V(x_1), \ldots, V(x_m))$ de tels ouverts. Pour tout i, posons $U_i = U(x_i)$ et $Y_i = V(x_i) \cap Y$. Alors Y_i est une partie ouverte relativement compacte de U_i et l'on a $Y = Y_1 \cup \cdots \cup Y_m$. Les applications linéaires $f \mapsto f|U_i$ de $\mathscr{S}^r(X; E)$ dans $\mathscr{S}^r(U_i; E)$ sont continues et les applications linéaires $g \mapsto g|Y_i$ de $\mathscr{S}^r(U_i; E)$ dans $\mathscr{S}^s(Y_i; E)$ sont compactes d'après la première partie de la démonstration. Les applications linéaires $f \mapsto f|Y_i$ de $\mathscr{S}^r(X; E)$ dans $\mathscr{S}^s(Y_i; E)$ sont donc compactes (prop. 3 de III, p. 5). Compte tenu du lemme 4, appliqué au recouvrement de Y par les ouverts Y_i, et des remarques 5 et 6 de III, p. 3, l'application linéaire $f \mapsto f|Y$ de $\mathscr{S}^r(X; E)$ dans $\mathscr{S}^s(Y; E)$ est compacte, ce qui termine la démonstration.

7. Restriction de sections analytiques d'un fibré vectoriel

Soient X une variété analytique complexe localement de dimension finie et E un fibré vectoriel analytique de base X (VAR, p. 35 et VAR, p. 70). Notons $\mathscr{S}^\omega(X; E)$ l'espace vectoriel des sections analytiques de E sur X, muni de la topologie de la convergence compacte.

Lemme 5. — *Soient* X_0 *la variété analytique réelle sous-jacente à* X *et* E_0 *le fibré vectoriel complexe sur* X_0 *sous-jacent à* E.

a) *Le sous-espace vectoriel* $\mathscr{S}^\omega(X;E)$ *de* $\mathscr{S}^0(X_0;E_0)$ *est fermé, et l'injection de* $\mathscr{S}^\omega(X;E)$ *dans* $\mathscr{S}^0(X_0;E_0)$ *est continue et stricte;*

b) *L'injection canonique de* $\mathscr{S}^\omega(X;E)$ *dans* $\mathscr{S}^1(X_0;E_0)$ *est continue.*

Supposons d'abord qu'il existe un entier $n \geqslant 0$ et un espace de Banach F tels que X soit un ouvert de $\mathbf{C}^n$ et E le fibré vectoriel trivial $X \times F$. Dans ce cas, les espaces vectoriels topologiques $\mathscr{S}^\omega(X;E)$, $\mathscr{S}^0(X_0;E_0)$ et $\mathscr{S}^1(X_0;E_0)$ sont isomorphes à $\mathscr{C}^\omega(X;F)$, $\mathscr{C}^0(X_0;F)$ et $\mathscr{C}^1(X_0;F)$ respectivement, et l'espace $\mathscr{S}^0(X_0;E_0)$ est métrisable (TG, X, p. 20, cor. de la prop. 1). Le lemme résulte alors de VAR, 3.3.2, p. 28.

Passons au cas général. Soit $\mathfrak{F}$ un filtre sur $\mathscr{S}^\omega(X;E)$ qui converge dans l'espace $\mathscr{S}^0(X_0;E_0)$ vers une limite f. Il s'agit de démontrer que f appartient à $\mathscr{S}^\omega(X;E)$ et que le filtre $\mathfrak{F}$ converge vers f dans l'espace $\mathscr{S}^1(X_0;E_0)$. Cet énoncé est de nature locale, donc résulte de la première partie de la démonstration.

PROPOSITION 11. — *Supposons que le fibré vectoriel* E *soit localement de rang fini. Soit* Y *une partie ouverte relativement compacte de* X. *L'application de restriction* $f \mapsto f|Y$ *de* $\mathscr{S}^\omega(X;E)$ *dans* $\mathscr{S}^\omega(Y;E)$ *est compacte.*

Avec les notations du lemme 5, on a un diagramme commutatif

$$(3)\qquad \begin{array}{ccc} \mathscr{S}^\omega(X;E) & \xrightarrow{\ i\ } & \mathscr{S}^1(X_0;E_0) \\ \Big\downarrow{\scriptstyle u} & & \Big\downarrow{\scriptstyle v} \\ \mathscr{S}^\omega(Y;E) & \xrightarrow{\ j\ } & \mathscr{S}^0(Y_0;E_0) \end{array}$$

où i et j sont les injections canoniques et u, v les applications de restriction. L'application i est continue (lemme 5, *b*)), et l'application u est compacte (prop. 10). Comme l'injection canonique j est continue, stricte et d'image fermée (lemme 5, *a*)), l'application u est compacte (remarque 5 de III, p. 3).

COROLLAIRE. — *Soient* X *une variété analytique complexe compacte et* E *un fibré vectoriel analytique de base* X, *localement de rang fini. L'espace vectoriel* $\mathscr{S}^\omega(X;E)$ *est de dimension finie.*

Étant compacte, la variété analytique X est localement de dimension finie. D'après la prop. 11, l'application identique de $\mathscr{S}^\omega(X;E)$ est une application linéaire compacte. Cela implique que l'espace $\mathscr{S}^{\omega}(X; E)$ est de dimension finie (remarque 3 de III, p. 2).

§ 3. ENDOMORPHISMES DE FREDHOLM ET ENDOMORPHISMES DE RIESZ

1. Morphismes stricts et applications linéaires de rang fini

PROPOSITION 1. — *Soient* E *et* F *des espaces localement convexes,* E_1 *un sous-espace fermé de codimension finie de* E *et* u *une application linéaire continue de* E *dans* F. *Pour que* u *soit un morphisme strict d'image fermée, il faut et il suffit que* $u|E_1$ *en soit un.*

Supposons d'abord que l'application linéaire $u|E_1$ est injective. On a alors $E_1 \cap \mathrm{Ker}(u) = \{0\}$, si bien que $\mathrm{Ker}(u)$ est de dimension finie. Soit S un sous-espace vectoriel de E supplémentaire de $E_1 + \mathrm{Ker}(u)$. L'espace E est somme directe topologique de E_1, $\mathrm{Ker}(u)$ et S (EVT, I, p. 15, cor. 4 et prop. 3). Si u est un morphisme strict d'image fermée, il définit par restriction un isomorphisme de $E_1 \oplus S$ sur un sous-espace vectoriel fermé de F, et *a fortiori* un isomorphisme de E_1 sur un sous-espace vectoriel fermé de F. Inversement, supposons que u définisse par restriction un isomorphisme de E_1 sur $u(E_1)$ et que $u(E_1)$ soit fermé dans F. On a $u(E) = u(E_1) \oplus u(S)$. Il en résulte que $u(E)$ est somme directe topologique de $u(E_1)$ et $u(S)$, et est fermé dans F (*loc. cit.*). Puisque $u(E_1)$ est fermé et que l'on a $u(E_1) \cap u(S) = \{0\}$, l'espace $u(S)$ est séparé et u définit par restriction un isomorphisme de S sur $u(S)$ (EVT, I, p. 15, cor. de la prop. 3), donc aussi de $E_1 \oplus S$ sur $u(E)$. Cela prouve que u est un morphisme strict d'image fermée.

Passons au cas général. Posons $N = E_1 \cap \mathrm{Ker}(u)$ et $G = E/N$. L'espace localement convexe E_1/N s'identifie à un sous-espace vectoriel fermé de codimension finie G_1 de G. Notons $v\colon G \to F$ l'application linéaire continue déduite de u par passage au quotient. Pour que u (resp. $u|E_1$) soit un morphisme strict d'image fermée, il faut et il suffit que v (resp. $v|G_1$) en soit un. Cela nous ramène au cas déjà traité.

COROLLAIRE 1. — *Supposons* F *séparé. Soit* $v \in \mathscr{L}^{\mathrm{f}}(\mathrm{E};\mathrm{F})$. *Si* u *est un morphisme strict d'image fermée de* E *dans* F, *alors il en est de même de* $u+v$.

Comme F est séparé, le noyau de v est un sous-espace vectoriel fermé de E ; il est de codimension finie dans E et $u+v$ a même restriction que u à $\mathrm{Ker}(v)$. Le corollaire découle ainsi de la proposition.

COROLLAIRE 2. — *Soit* T *un sous-espace vectoriel séparé de dimension finie de* F. *Notons* $\pi\colon \mathrm{F} \to \mathrm{F}/\mathrm{T}$ *la surjection canonique. Pour que* u *soit un morphisme strict d'image fermée, il faut et il suffit que* $\pi \circ u$ *en soit un.*

L'application identique de T sur lui-même se prolonge en une application continue $q\colon \mathrm{F} \to \mathrm{T}$ (EVT, II, p. 26, remarque). Le noyau S de q est un supplémentaire topologique fermé de T. Soit $p\colon \mathrm{F} \to \mathrm{F}$ le projecteur d'image S associé à la décomposition $\mathrm{F} = \mathrm{T} \oplus \mathrm{S}$. Pour que $\pi \circ u$ soit un morphisme strict d'image fermée, il faut et il suffit que $p \circ u$ en soit un. Or $p \circ u$ et u ont même restriction à $\overset{-1}{u}(\mathrm{S})$, qui est un sous-espace vectoriel fermé de codimension finie de E, et l'assertion résulte de la proposition.

2. Applications de Fredholm

Soient E et F des espaces localement convexes. Dans ce numéro, on note $u \equiv v$ la congruence modulo $\mathscr{L}^{\mathrm{f}}(\mathrm{E};\mathrm{F})$ des éléments u et v de $\mathscr{L}(\mathrm{E};\mathrm{F})$.

Si G est un espace localement convexe, et si u' et v' sont des éléments de $\mathscr{L}(\mathrm{F};\mathrm{G})$, les relations $u \equiv v$ et $u' \equiv v'$ entraînent la relation $u' \circ u \equiv v' \circ v$.

On dit qu'un élément w de $\mathscr{L}(\mathrm{F};\mathrm{E})$ est un *quasi-inverse* de l'élément u de $\mathscr{L}(\mathrm{E};\mathrm{F})$ si l'on a $w \circ u \equiv 1_{\mathrm{E}}$ et $u \circ w \equiv 1_{\mathrm{F}}$.

Supposons que w soit un quasi-inverse de u. Si u_1 est un élément de $\mathscr{L}(\mathrm{E};\mathrm{F})$ et w_1 est un élément de $\mathscr{L}(\mathrm{F};\mathrm{E})$ tels que $u_1 \equiv u$ et $w_1 \equiv w$, alors w_1 est un quasi-inverse de u_1 puisque $w \circ u \equiv w_1 \circ u_1$ et $u \circ w \equiv u_1 \circ w_1$.

Si w et w_1 sont des quasi-inverses de u, alors $w_1 \equiv w$ puisque

$$w_1 = 1_{\mathrm{E}} \circ w_1 \equiv w \circ u \circ w_1 \equiv w \circ 1_{\mathrm{F}} = w.$$

DÉFINITION 1. — *Soient* E *et* F *des espaces localement convexes. On dit qu'un élément* u *de* $\mathscr{L}(E;F)$ *est une* application de Fredholm[1] *s'il possède un quasi-inverse. Une application de Fredholm de* E *dans* E *s'appelle un* endomorphisme de Fredholm *de* E.

On notera $\mathscr{F}(E;F)$ *l'ensemble des applications de Fredholm de* E *dans* F, *et* $\mathscr{F}(E)$ *l'ensemble des endomorphismes de Fredholm de* E.

Remarques. — Soient E, F et G des espaces localement convexes, $u\colon E \to F$ et $v\colon F \to G$ des applications linéaires continues.

1) Supposons que u soit une application de Fredholm et notons u_1 un quasi-inverse de u. Comme u est un quasi-inverse de u_1, l'application u_1 est une application de Fredholm.

2) Supposons que u et v soient des applications de Fredholm, et soit u_1 (resp. v_1) un quasi-inverse de u (resp. v). Alors $v \circ u$ est une application de Fredholm de E dans G et $u_1 \circ v_1$ est un quasi-inverse de $v \circ u$. En effet, on calcule

$$(u_1 \circ v_1) \circ (v \circ u) = u_1 \circ (v_1 \circ v) \circ u \equiv u_1 \circ 1_F \circ u = u_1 \circ u \equiv 1_E,$$
$$(v \circ u) \circ (u_1 \circ v_1) = v \circ (u \circ u_1) \circ v_1 \equiv v \circ 1_F \circ v_1 = v \circ v_1 \equiv 1_G.$$

3) Supposons que u et $v \circ u$ soient des applications de Fredholm, et soit w_1 un quasi-inverse de $v \circ u$. Alors v est une application de Fredholm et $u \circ w_1$ est un quasi-inverse de v.

En effet, w_1 est une application de Fredholm d'après la première remarque. Soit u_1 un quasi-inverse de u ; d'après la seconde remarque, $u \circ w_1$ est une application de Fredholm et $(v \circ u) \circ u_1$ en est un quasi-inverse. On a $u \circ u_1 \equiv 1_F$, d'où $v \circ u \circ u_1 \equiv v$; ceci prouve l'assertion.

4) Supposons que v et $v \circ u$ soient des applications de Fredholm, et soit w_1 un quasi-inverse de $v \circ u$. Alors u est une application de Fredholm et $w_1 \circ v$ est un quasi-inverse de u.

La démonstration est analogue à celle de la remarque précédente.

Lemme 1. — *Soient* E *et* F *des espaces localement convexes et* u *une application de Fredholm de* E *dans* F. *Le noyau et le conoyau de* u *sont de dimension finie.*

Soit $v\colon F \to E$ un quasi-inverse de u. Le noyau de u est contenu dans l'image de l'application linéaire de rang fini $1_E - v \circ u$, donc est de

[1] Certains auteurs disent aussi « opérateur à indice » ou « quasi-isomorphisme ».

dimension finie. L'image de u contient le noyau de l'application linéaire de rang fini $1_F - u \circ v$, donc est de codimension finie dans F.

PROPOSITION 2. — *Soient* E *et* F *des espaces localement convexes séparés et* u *un élément de* $\mathscr{L}(E; F)$. *Les propriétés suivantes sont équivalentes*:

(i) *L'application* u *est une application de Fredholm*;

(ii) *L'application* u *est un morphisme strict, son noyau est de dimension finie, son image est fermée et de codimension finie dans* F ;

(iii) *Il existe des sous-espaces vectoriels fermés de codimension finie* E_1 *de* E *et* F_1 *de* F *tels que* u *définisse par passage aux sous-espaces un isomorphisme de* E_1 *sur* F_1 ;

(iv) *Il existe des décompositions en somme directe topologique* $E = E_1 \oplus E_2$ *et* $F = F_1 \oplus F_2$ *telles que* E_2 *et* F_2 *soient de dimension finie, que* u *s'annule sur* E_2 *et définisse par passage aux sous-espaces un isomorphisme de* E_1 *sur* F_1.

(i) $\Longrightarrow$ (iii) : Soient v un quasi-inverse de u, E_1 le noyau de $1_E - v \circ u$ et F_1 celui de $1_F - u \circ v$. Comme les applications linéaires $1_E - v \circ u$ et $1_F - u \circ v$ sont continues et de rang fini, E_1 et F_1 sont des sous-espaces vectoriels fermés de codimension finie de E et F respectivement. Soit $x \in E_1$. On a

$$(1_F - u \circ v)(u(x)) = u((1_E - v \circ u)(x)) = u(0) = 0,$$

d'où $u(x) \in F_1$. On a donc $u(E_1) \subset F_1$; on a de même $v(F_1) \subset E_1$. Les applications linéaires continues $u_1 \colon E_1 \to F_1$ et $v_1 \colon F_1 \to E_1$ déduites de u et v sont alors des isomorphismes réciproques l'un de l'autre, puisque $v \circ u$ et 1_E (resp. $u \circ v$ et 1_F) coïncident sur E_1 (resp. sur F_1).

(iii) $\Longrightarrow$ (ii) : Soient E_1 et F_1 vérifiant l'hypothèse de (iii). On a $E_1 \cap \mathrm{Ker}(u) = \{0\}$ et $F_1 \subset \mathrm{Im}(u)$, donc $\mathrm{Ker}(u)$ est de dimension finie et $\mathrm{Im}(u)$ est fermé et de codimension finie dans F. Il résulte de la prop. 1 de III, p. 39 que l'application u est un morphisme strict.

(ii) $\Longrightarrow$ (iv) : Supposons la condition (ii) satisfaite. Le sous-espace vectoriel fermé $E_2 = \mathrm{Ker}(u)$ de E est de dimension finie, et il existe un sous-espace vectoriel E_1 de E supplémentaire topologique de E_2 (EVT, II, p. 27, cor. 2). Le sous-espace vectoriel $F_1 = \mathrm{Im}(u)$ de F est fermé et de codimension finie, et il admet un supplémentaire topologique F_2 dans F. D'après la prop. 1 de III, p. 39, l'application $u|E_1$ est un morphisme strict, donc u induit un isomorphisme de E_1 sur F_1.

(iv) $\Longrightarrow$ (i) : Sous les hypothèses de (iv), l'application linéaire de F dans E qui coïncide avec u_1^{-1} sur F_1 et est nulle sur F_2 est un quasi-inverse de u.

Remarque 5. — Soient E, F des espaces localement convexes séparés et $u\colon E \to F$ une application de Fredholm. Si u est bijectif, alors u est un isomorphisme (en effet, u est un morphisme strict d'après la prop. 2, (ii)).

3. Indice d'une application de Fredholm

Soient E, F et G des espaces localement convexes.

Soit $u\colon E \to F$ une application de Fredholm. Les espaces vectoriels $\mathrm{Ker}(u)$ et $\mathrm{Coker}(u)$ sont de dimension finie (lemme 1 de III, p. 41). Rappelons que le nombre entier

$$\text{(1)} \qquad \dim \mathrm{Coker}(u) - \dim \mathrm{Ker}(u) = \mathrm{codim}_F \mathrm{Im}(u) - \dim \mathrm{Ker}(u)$$

s'appelle l'*indice* de u et est noté $\mathrm{ind}(u)$ (A, V, p. 126).

Si $u\colon E \to F$ et $v\colon F \to G$ sont des applications de Fredholm, il en est de même de $v \circ u$ (III, p. 41, remarque 2), et l'on a (A, V, p. 127, lemme 2)

$$\text{(2)} \qquad \mathrm{ind}(v \circ u) = \mathrm{ind}(v) + \mathrm{ind}(u).$$

Supposons E et F séparés et soit $u\colon E \to F$ une application de Fredholm ; adoptons les notations de la condition (iv) de la prop. 2 de III, p. 42. On a alors $\mathrm{ind}(u) = \dim(F_2) - \dim(E_2)$. Munissons le dual de chacun de ces espaces de la topologie faible (resp. de la topologie compacte, de la convergence bornée). Alors E′ s'identifie à la somme directe topologique de E'_1 et E'_2, et F′ à celle de F'_1 et F'_2, et ${}^t u$ induit un isomorphisme de F'_1 sur E'_1 et s'annule sur F'_2. Donc la transposée ${}^t u\colon F' \to E'$ est une application de Fredholm (*loc. cit.*). Le noyau de ${}^t u$ est F'_2, et sa dimension est celle de F_2, c'est-à-dire celle du conoyau de u. Donc

$$\text{(3)} \qquad \mathrm{ind}(u) = \dim \mathrm{Ker}({}^t u) - \dim \mathrm{Ker}(u).$$

De plus, l'image de ${}^t u$ est E'_1, et la dimension du conoyau de ${}^t u$ est donc égale à la dimension de E'_2, qui est celle du noyau E_2 de u. On en déduit

$$\text{ind}({}^t u) = -\text{ind}(u). \tag{4}$$

Supposons E et F séparés et soit $u\colon E \to F$ une application de Fredholm d'indice 0. Alors u est un morphisme strict d'après la prop. 2 de III, p. 42. Comme $\dim \text{Ker}(u) = \text{codim}_F \text{Im}(u)$, l'application u est un isomorphisme dès qu'elle est injective ou surjective.

PROPOSITION 3. — *Soient* E *et* F *des espaces localement convexes et* $u \in \mathscr{L}(E; F)$. *Soit* E_1 (*resp.* F_1) *un sous-espace fermé de codimension finie de* E (*resp.* F). *On suppose que* u *applique* E_1 *dans* F_1 *et l'on note* $u_1 \in \mathscr{L}(E_1; F_1)$ *l'application qui coïncide avec* u *sur* E_1. *Pour que* u *soit une application de Fredholm, il faut et il suffit que* u_1 *en soit une. On a alors*

$$\text{ind}(u) - \text{ind}(u_1) = \text{codim}_F(F_1) - \text{codim}_E(E_1). \tag{5}$$

Soient $i\colon E_1 \to E$ et $j\colon F_1 \to F$ les injections canoniques. Ce sont des applications de Fredholm, et l'on a

$$\text{ind}(i) = \text{codim}_E(E_1), \qquad \text{ind}(j) = \text{codim}_F(F_1).$$

Comme $j \circ u_1 = u \circ i$, on voit que u est une application de Fredholm si et seulement si u_1 en est une (remarques 3 et 4 de III, p. 41). S'il en est ainsi, on a

$$\text{ind}(j) + \text{ind}(u_1) = \text{ind}(j \circ u_1) = \text{ind}(u \circ i) = \text{ind}(u) + \text{ind}(i),$$

d'où la formule (5).

PROPOSITION 4. — *Soient* E *et* F *des espaces localement convexes séparés,* $u\colon E \to F$ *une application de Fredholm, et* $\widehat{u}\colon \widehat{E} \to \widehat{F}$ *le prolongement de* u *aux complétés. Alors* $\widehat{u}$ *est une application de Fredholm et l'on a* $\text{Ker}(\widehat{u}) = \text{Ker}(u)$ *et* $\text{ind}(\widehat{u}) = \text{ind}(u)$.

Adoptons les notations de la condition (iv) de la prop. 2 de III, p. 42. Comme les espaces vectoriels E_2 et F_2 sont de dimension finie, ils sont complets. Le complété de E_1 (resp. F_1) s'identifie à l'adhérence de E_1 dans $\widehat{E}$ (resp. de F_1 dans $\widehat{F}$), et $\widehat{E}$ (resp. $\widehat{F}$) est somme directe topologique de $\widehat{E}_1$ et E_2 (resp. $\widehat{F}_1$ et F_2) . L'application linéaire $\widehat{u}$ définit par restriction un isomorphisme de $\widehat{E}_1$ sur $\widehat{F}_1$ et s'annule sur E_2. La proposition résulte alors de l'implication (iv)⇒(i) de *loc. cit.*

4. Endomorphismes de Riesz

Soit E un espace vectoriel et soit u un endomorphisme de E.

La suite $(\mathrm{Ker}(u^n))_{n\in\mathbf{N}}$ de sous-espaces vectoriels de E est croissante ; leur réunion est un sous-espace de E stable par u qu'on appelle *nilespace* de u.

La suite $(\mathrm{Im}(u^n))_{n\in\mathbf{N}}$ de sous-espaces vectoriels de E est décroissante ; leur intersection est un sous-espace de E stable par u qu'on appelle *conilespace* de u.

Lemme 2. — *Soit* E *un espace vectoriel et soit* u *un endomorphisme de* E *qui possède un indice* (A, V, p. 126).

Si deux des propriétés suivantes sont satisfaites, il en est de même de la troisième :

(i) *L'endomorphisme* u *est d'indice* 0 ;

(ii) *Le nilespace* N *de* u *est de dimension finie ;*

(iii) *Le conilespace* I *de* u *est de codimension finie.*

Pour tout entier $n \geqslant 0$, l'endomorphisme u^n possède un indice, égal à $n\,\mathrm{ind}(u)$ (A, V, p. 127, lemme 2). La suite $(\dim(\mathrm{Ker}(u^n)))_{n\in\mathbf{N}}$ d'entiers naturels est croissante ; pour qu'elle soit stationnaire, il faut et il suffit que le nilespace de u soit de dimension finie. La suite $(\mathrm{codim}_{\mathrm{E}}(\mathrm{Im}(u^n)))_{n\in\mathbf{N}}$ d'entiers naturels est croissante ; pour qu'elle soit stationnaire, il faut et il suffit que le conilespace de u soit de dimension finie. Supposons la condition (i) satisfaite ; la relation

$$\dim(\mathrm{Ker}(u^n)) - \mathrm{codim}_{\mathrm{E}}(\mathrm{Im}(u^n)) = \mathrm{ind}(u^n) = n\,\mathrm{ind}(u) = 0$$

entraîne alors l'équivalence des condition (ii) et (iii). Inversement, si les conditions (ii) et (iii) sont satisfaites, cette formule entraîne que la suite $(n\,\mathrm{ind}(u))_{n\in\mathbf{N}}$ est stationnaire, donc u est d'indice nul.

Lemme 3. — *Soit* E *un espace vectoriel et soit* u *un endomorphisme de* E *qui possède un indice. Supposons que l'indice de* u *est nul. Soit* N *le nilespace de* u *et* I *son conilespace.*

a) *L'espace* E *est alors somme directe des sous-espaces* N *et* I (*décomposition de Weyr–Fitting, cf.* A, VIII, §2, n° 2, p. 25).

b) *L'endomorphisme* u *induit, par passage aux sous-espaces, un endomorphisme nilpotent de* N *et un automorphisme* u_{I} *de* I.

c) *Notons* v *l'endomorphisme de* E *qui est nul sur* N *et qui coïncide avec* u_{I}^{-1} *sur* I. *On a* $u \circ v = v \circ u$ *et l'endomorphisme* $1_{\mathrm{E}} - u \circ v$ *est le projecteur d'image* N *et de noyau* I.

d) *Tout endomorphisme de* E *qui commute à* u *stabilise* N *et* I, *et commute à* v.

L'endomorphisme u vérifie les propriétés du lemme précédent.

Soit $n \in \mathbf{N}$ tel que $\mathrm{Ker}(u^n) = \mathrm{N}$. Alors $\mathrm{Ker}(u^m) = \mathrm{Ker}(u^n)$ pour tout entier $m \geqslant n$; comme $\mathrm{ind}(u^m) = m\,\mathrm{ind}(u) = 0$, cela entraîne $\mathrm{Im}(u^m) = \mathrm{Im}(u^n)$ pour $m \geqslant n$, donc $\mathrm{I} = \mathrm{Im}(u^n)$. Il résulte de A, VIII, p. 25, prop. 2 que les assertions *a*) et *b*) sont satisfaites.

Pour tout $x \in \mathrm{N}$, on a $v(x) = 0$ et $u(x) \in \mathrm{N}$, donc $u(v(x)) = 0$ et $v(u(x)) = 0$. Pour tout $x \in \mathrm{I}$, on a $u(v(x)) = v(u(x)) = x$. Cela entraîne que $u \circ v = v \circ u$ et que $1_{\mathrm{E}} - u \circ v$ est le projecteur d'image N et de noyau I.

Soit w un endomorphisme de E qui commute à u. Soit $n \in \mathbf{N}$ tel que $\mathrm{N} = \mathrm{Ker}(u^n)$ et $\mathrm{I} = \mathrm{Im}(u^n)$. Soit $x \in \mathrm{N}$; on a $u^n(w(x)) = w(u^n(x)) = 0$, donc $w(x) \in \mathrm{N}$. Soit $x \in \mathrm{I}$; il existe $y \in \mathrm{E}$ tel que $x = u^n(y)$; alors, $w(x) = w(u^n(y)) = u^n(w(y)) \in \mathrm{I}$. Cela prouve que w stabilise N et I.

Prouvons enfin que w et v sont permutables. Pour tout x dans N, on a $v(w(x)) = 0 = w(v(x))$. Soit $x \in \mathrm{I}$; les éléments $v(w(x))$ et $w(v(x))$ de E appartiennent à I et leurs images par u sont toutes deux égales à $w(x)$, donc ils sont égaux. Par linéarité, cela entraîne que v et w commutent.

Remarque. — Supposons qu'il existe un entier $n \geqslant 0$ tel que $\mathrm{Ker}(u^n) = \mathrm{Ker}(u^{n+1})$ (resp. $\mathrm{Im}(u^n) = \mathrm{Im}(u^{n+1})$) ; on a alors $\mathrm{Ker}(u^m) = \mathrm{Ker}(u^n)$ (resp. $\mathrm{Im}(u^m) = \mathrm{Im}(u^n)$) pour tout entier $m \geqslant n$.

Supposons u d'indice nul. Pour tout entier $n \geqslant 0$, on a

$$n\,\mathrm{ind}(u) = \mathrm{ind}(u^n) = \mathrm{codim}_{\mathrm{E}}(\mathrm{Im}(u^n)) - \dim(\mathrm{Ker}(u^n)).$$

Les conditions $\mathrm{Ker}(u^n) = \mathrm{Ker}(u^{n+1})$ et $\mathrm{Im}(u^n) = \mathrm{Im}(u^{n+1})$ sont donc équivalentes. Lorsqu'elles sont satisfaites, l'espace vectoriel E est somme directe de $\mathrm{Ker}(u^n)$ et de $\mathrm{Im}(u^n)$ (A, VIII, p. 25, prop. 2), l'espace $\mathrm{Ker}(u^n)$ est de dimension finie, et u induit par passage aux sous-espace un automorphisme de $\mathrm{Im}(u^n)$.

DÉFINITION 2. — *Soit* E *un espace localement convexe séparé. On appelle* endomorphisme de Riesz *de* E *tout endomorphisme de Fredholm de* E *dont le nilespace est de dimension finie et le conilespace est de codimension finie.*

PROPOSITION 5. — *Soit* E *un espace localement convexe séparé. Tout endomorphisme de Riesz de* E *est d'indice zéro.*

Cela résulte de la définition et du lemme 2.

Exemples. — 1) Tout automorphisme de E est un endomorphisme de Riesz de E. Si E est de dimension finie, tout élément de $\mathscr{L}(\mathrm{E})$ est un endomorphisme de Riesz de E.

2) Si $(\mathrm{E}_i)_{i\in\mathrm{I}}$ est une famille finie d'espaces localement convexes séparés et u_i un élément de $\mathscr{L}(\mathrm{E}_i)$ pour tout i dans I, l'endomorphisme $u = \bigoplus_{i\in\mathrm{I}} u_i$ de l'espace localement convexe $\bigoplus_{i\in\mathrm{I}} \mathrm{E}_i$ est un endomorphisme de Riesz si et seulement u_i en est un pour tout i.

3) Soit E un espace localement convexe séparé sur $\mathbf{R}$, et soit $\mathrm{E}_{(\mathbf{C})}$ son complexifié. Soit u un endomorphisme de E. Pour que u soit un endomorphisme de Riesz, il faut et il suffit que son complexifié $u_{(\mathbf{C})}$ soit un endomorphisme de Riesz de $\mathrm{E}_{(\mathbf{C})}$.

PROPOSITION 6. — *Soit* E *un espace localement convexe séparé et soit* u *un endomorphisme de Riesz de* E. *Notons* N *le nilespace de* u *et* I *son conilespace.*

a) *Les sous-espaces* N *et* I *de* E *sont fermés et stables par* u, *et l'espace* E *est leur somme directe topologique*;

b) *L'endomorphisme* u *définit par restriction un automorphisme* u_{I} *de* I;

c) *L'espace vectoriel* N *est de dimension finie et* u *définit par restriction un endomorphisme nilpotent* u_{N} *de* N;

d) *Soit* v *l'élément de* $\mathscr{L}(\mathrm{E})$ *qui est nul sur* N *et coïncide avec* u_{I}^{-1} *sur* I. *C'est un endomorphisme de Riesz de* E *et un quasi-inverse de* u *qui commute à* u. *L'endomorphisme* $1_{\mathrm{E}} - u \circ v$ *de* E *est le projecteur d'image* N *et de noyau* I. *Tout élément de* $\mathscr{L}(\mathrm{E})$ *qui commute à* u *stabilise* N *et* I, *et commute à* v.

Soit n un entier naturel tel que $\mathrm{Ker}(u^n) = \mathrm{N}$ et $\mathrm{Im}(u^n) = \mathrm{I}$. Comme E est séparé et u est continu, $\mathrm{N} = \mathrm{Ker}(u^n)$ est fermé dans E. Comme u est un endomorphisme de Fredholm, il en est de même de u^n, et $\mathrm{I} = \mathrm{Im}(u^n)$ est fermé (III, p. 42, prop. 2). D'après le lemme 2, l'espace E est somme directe de N et I et l'assertion *a*) résulte alors de la prop. 3 de EVT, I, p. 15.

Comme I est fermé, de codimension finie dans E et stable par u, l'application $u_{\mathrm{I}} \colon \mathrm{I} \to \mathrm{I}$ déduite de u est un endomorphisme de Fredholm (III, p. 44, prop. 3) ; elle est aussi bijective, donc c'est un automorphisme de I (III, p. 42, prop. 2). Cela prouve *b*) et les assertions restantes découlent du lemme 2.

L'endomorphisme v défini dans l'assertion *d*) de la proposition est un quasi-inverse de u, que l'on appelle le *quasi-inverse canonique de u.*

Les endomorphismes de Riesz jouissent de certaines des propriétés de stabilité des applications de Fredholm.

PROPOSITION 7. — *Soit* E *un espace localement convexe séparé et soit* u *un endomorphisme de* E.

a) *Soit* E_1 *un sous-espace fermé de codimension finie de* E, *stable par* u. *Notons* u_1 *l'élément de* $\mathscr{L}(E_1)$ *qui coïncide avec* u *sur* E_1. *Alors* u *est un endomorphisme de Riesz si et seulement si* u_1 *en est un*;

b) *Supposons que* u *est un endomorphisme de Fredholm d'indice* 0. *Soit* $\widehat{E}$ *le complété de* E *et soit* $\widehat{u} \in \mathscr{L}(\widehat{E})$ *le prolongement par continuité de* u. *Alors* u *est un endomorphisme de Riesz si et seulement si* $\widehat{u}$ *en est un*;

c) *Munissons le dual* E′ *de* E *de la topologie de la convergence bornée, de la topologie de la convergence compacte, ou de la topologie faible. Si* u *est un endomorphisme de Riesz de* E, *alors* ${}^t u$ *est un endomorphisme de Riesz de* E′.

a) Pour que u soit un endomorphisme de Fredholm d'indice nul, il faut et il suffit que u_1 en soit un (III, p. 44, prop. 3). D'autre part, pour tout $n \in \mathbf{N}$, on a $\operatorname{Ker}(u_1^n) = E_1 \cap \operatorname{Ker}(u^n)$, d'où

$$\dim \operatorname{Ker}(u_1^n) \leqslant \dim \operatorname{Ker}(u^n) \leqslant \dim \operatorname{Ker}(u_1^n) + \operatorname{codim}_E(E_1),$$

donc la suite $(\dim \operatorname{Ker}(u^n))_{n \in \mathbf{N}}$ est bornée si et seulement si la suite $(\dim \operatorname{Ker}(u_1^n))_{n \in \mathbf{N}}$ l'est. Par suite, u est un endomorphisme de Riesz de E si et seulement si u_1 est un endomorphisme de Riesz de E_1 (lemme 2).

b) D'après la prop. 4 de III, p. 44, pour tout $n \in \mathbf{N}$, l'application $\widehat{u}^n$ est un endomorphisme de Fredholm de $\widehat{E}$ tel que $\operatorname{Ker}(\widehat{u}^n) = \operatorname{Ker}(u^n)$ et $\operatorname{ind}(\widehat{u}^n) = \operatorname{ind}(u^n) = n \operatorname{ind}(u)$. Par suite, u est un endomorphisme de Riesz si et seulement si $\widehat{u}$ est un endomorphisme de Riesz.

c) La transposée ${}^t u$ est un endomorphisme de Fredholm d'indice 0 de E′ (III, p. 43, n° 3). Comme le noyau de $({}^t u)^n$ est l'orthogonal de l'image de u^n (EVT, IV, p. 27, prop. 2), la suite $(\operatorname{Ker}({}^t u)^n)_n$ est stationnaire. Cela prouve que ${}^t u$ est un endomorphisme de Riesz de E′.

PROPOSITION 8. — *Soient* E *un espace localement convexe séparé et* u *un endomorphisme de* E. *Les conditions suivantes sont équivalentes*:

(i) u *est un endomorphisme de Riesz de* E;

(ii) *Il existe un quasi-inverse v de u qui commute à u ;*

(iii) *Il existe un sous-espace vectoriel fermé* E_1 *de* E, *de codimension finie, stable par u, tel que u induise un automorphisme de* E_1.

L'implication (i) $\Longrightarrow$ (ii) résulte de la prop. 6, *d*).

Supposons que u possède un quasi-inverse v qui est permutable à u. Le noyau E_1 de $1_E - u \circ v$ est un sous-espace vectoriel fermé de E, de codimension finie, stable par u et v. Comme on a $u(v(x)) = v(u(x)) = x$ pour tout $x \in E_1$, les applications u et v induisent des automorphismes de E_1 réciproques l'un de l'autre. Donc (ii) implique (iii).

Enfin, l'implication (iii) $\Longrightarrow$ (i) résulte de l'assertion *a*) de la prop. 7 et du fait qu'un automorphisme est un endomorphisme de Riesz.

PROPOSITION 9. — *Soit* E *un espace localement convexe séparé et soient u, v des éléments permutables de* $\mathscr{L}(E)$. *Les conditions suivantes sont équivalentes :*

(i) *Les endomorphismes u et v sont des endomorphismes de Riesz ;*

(ii) *L'endomorphisme $u \circ v$ est un endomorphisme de Riesz.*

Supposons que u et v soient des endomorphismes de Riesz ; notons u' et v' leurs quasi-inverses canoniques. Les endomorphismes u, v, u' et v' de E commutent (prop. 6, *d*)). L'endomorphisme $v' \circ u'$ est un quasi-inverse de $u \circ v$ qui commute à $u \circ v$, donc $u \circ v$ est un endomorphisme de Riesz (prop. 8).

Supposons inversement que $u \circ v$ est un endomorphisme de Riesz, et soit w son quasi-inverse canonique. Puisque u commute à $u \circ v$, les endomorphismes u et w commutent d'après la prop. 6, *d*). De même v et w commutent. Donc les endomorphismes u, v et w de E commutent ; il en découle que l'endomorphisme $v \circ w$ de E est un quasi-inverse de u et que $w \circ u$ est un quasi-inverse de v. D'après la prop. 8, u et v sont des endomorphismes de Riesz.

Soit u un endomorphisme de Riesz de E. Si v est un automorphisme de E, l'endomorphisme $u \circ v$ de E n'est pas nécessairement un endomorphisme de Riesz de E, même si $u \circ v - v \circ u$ est de rang fini. Si h est un endomorphisme de rang fini de E, l'endomorphisme $u + h$ n'est pas nécessairement un endomorphisme de Riesz (*cf.* III, p. 120, exercice 3).

PROPOSITION 10. — *Soient* E *et* F *des espaces localement convexes,* $p \in \mathscr{L}(E; F)$ *et* $q \in \mathscr{L}(F; E)$. *Posons* $u = 1_E - q \circ p$ *et* $v = 1_F - p \circ q$.

a) *Soit $n \in \mathbf{N}$. L'application p définit par restriction un isomorphisme d'espaces vectoriels topologiques de* $\operatorname{Ker}(u^n)$ *sur* $\operatorname{Ker}(v^n)$ *et* *définit par passage aux quotients un isomorphisme d'espaces vectoriels topologiques de* $\operatorname{Coker}(u^n)$ *sur* $\operatorname{Coker}(v^n)$;

b) *Si l'image de* u *est fermée dans* E, *celle de* v *est fermée dans* F ;

c) *Si* $\operatorname{Ker}(u)$ *possède un supplémentaire topologique dans* E, *alors* $\operatorname{Ker}(v)$ *en possède un dans* F. *Si* $\operatorname{Im}(u)$ *possède un supplémentaire topologique dans* E, *alors* $\operatorname{Im}(v)$ *en possède un dans* F ;

d) *Si* u *est un morphisme strict, alors* v *est un morphisme strict*;

e) *Si* u *est un automorphisme de* E, *alors* v *est un automorphisme de* F ;

f) *Si* u *est un endomorphisme de Fredholm de* E, *alors* v *est un endomorphisme de Fredholm de* F, *et l'on a* $\operatorname{ind}(u) = \operatorname{ind}(v)$;

g) *Supposons* E *et* F *séparés. Si* u *est un endomorphisme de Riesz de* E, *alors* v *est un endomorphisme de Riesz de* F.

Remarquons tout d'abord les formules

$$(6) \qquad q \circ v = u \circ q, \qquad v \circ p = p \circ u.$$

Démontrons alors deux lemmes.

Lemme 4. — *Soit* $n \in \mathbf{N}$. *Posons*

$$q_n = \sum_{i=1}^{n} (-1)^{i-1} \binom{n}{i} q \circ (p \circ q)^{i-1}.$$

On a $u^n = 1_{\mathrm{E}} - q_n \circ p$ *et* $v^n = 1_{\mathrm{F}} - p \circ q_n$.

On a $(q \circ p)^i = q \circ (p \circ q)^{i-1} \circ p$ pour tout entier $i \geqslant 1$. On calcule alors

$$u^n = (1_{\mathrm{E}} - q \circ p)^n = 1_{\mathrm{E}} - \sum_{i=1}^{n} (-1)^{i-1} \binom{n}{i} (q \circ p)^i = 1_{\mathrm{E}} - q_n \circ p$$

$$v^n = (1_{\mathrm{F}} - p \circ q)^n = 1_{\mathrm{F}} - \sum_{i=1}^{n} (-1)^{i-1} \binom{n}{i} (p \circ q)^i = 1_{\mathrm{F}} - p \circ q_n,$$

d'où le résultat.

Lemme 5. — *Soit* u' *un élément de* $\mathscr{L}(\mathrm{E})$. *Posons* $v' = 1_{\mathrm{F}} + p \circ u' \circ q$. *Si* u' *est un inverse de* u, *alors* v' *est un inverse de* v. *Si* u' *est un quasi-inverse de* u, *alors* v' *est un quasi-inverse de* v. *Si* u' *commute à* u, *alors* v' *commute à* v.

En utilisant les formules (6), on calcule

$$v - v' \circ v = -p \circ u' \circ q \circ v = -p \circ u' \circ u \circ q$$
$$v - v \circ v' = -v \circ p \circ u' \circ q = -p \circ u \circ u' \circ q,$$

d'où

$$1_{\mathrm{F}} - v' \circ v = p \circ (1_{\mathrm{E}} - u' \circ u) \circ q$$
$$1_{\mathrm{F}} - v \circ v' = p \circ (1_{\mathrm{E}} - u \circ u') \circ q,$$

ce qui démontre le lemme.

Démontrons la prop. 10. Compte tenu du lemme 4, il suffit de démontrer l'assertion *a*) pour $n = 1$. D'après les formules (6), les applications p et q définissent par passage aux sous-espaces des applications linéaires continues $p' \colon \mathrm{Ker}(u) \to \mathrm{Ker}(v)$ et $q' \colon \mathrm{Ker}(v) \to \mathrm{Ker}(u)$, et par passage aux quotients des applications linéaires continues $p'' \colon \mathrm{Coker}(u) \to \mathrm{Coker}(v)$ et $q'' \colon \mathrm{Coker}(v) \to \mathrm{Coker}(u)$.

Puisque $1_{\mathrm{E}} - u = q \circ p$ et $1_{\mathrm{F}} - v = p \circ q$, les applications p' et q' d'une part, p'' et q'' d'autre part, sont des isomorphismes réciproques l'un de l'autre. Cela prouve *a*).

Pour que l'image d'une application linéaire continue soit fermée, il faut et il suffit que le conoyau de cette application soit un espace séparé. Ainsi *b*) résulte de *a*).

Notons $i \colon \mathrm{Ker}(u) \to \mathrm{E}$ et $j \colon \mathrm{Ker}(v) \to \mathrm{F}$ les injections canoniques. Supposons que $\mathrm{Ker}(u)$ possède un supplémentaire topologique dans E, et soit $r \colon \mathrm{E} \to \mathrm{Ker}(u)$ une rétraction linéaire continue de i. Posons $r' = p' \circ r \circ q$. On a $r' \in \mathscr{L}(\mathrm{F}; \mathrm{Ker}(v))$ et

$$r' \circ j = p' \circ r \circ q \circ j = p' \circ r \circ i \circ q' = p' \circ q' = 1_{\mathrm{Ker}(v)},$$

donc r' est une rétraction linéaire continue de j et $\mathrm{Ker}(v)$ possède un supplémentaire topologique dans F. Cela démontre la première assertion de *c*). La seconde se démontre de manière analogue, en remarquant que si $s \colon \mathrm{Coker}(u) \to \mathrm{E}$ est une section linéaire continue de la surjection canonique de E sur $\mathrm{Coker}(u)$, alors $p \circ s \circ q''$ en est une de la surjection canonique de F sur $\mathrm{Coker}(v)$.

Notons $\overline{u} \colon \mathrm{E}/\mathrm{Ker}(u) \to \mathrm{Im}(u)$ et $\overline{v} \colon \mathrm{F}/\mathrm{Ker}(v) \to \mathrm{Im}(v)$ les applications linéaires continues bijectives déduites de u et v. D'après les formules (6), l'application p définit par passage aux quotients une application linéaire continue $p_1 \colon \mathrm{E}/\operatorname{Ker}(u) \to \mathrm{F}/\operatorname{Ker}(v)$, et p, q définissent par passage aux sous-espaces des applications linéaires continues $p_0 \colon \operatorname{Im}(u) \to \operatorname{Im}(v)$ et $q_0 \colon \operatorname{Im}(v) \to \operatorname{Im}(u)$.

Notons $t \colon \operatorname{Im}(v) \to \mathrm{F}/\operatorname{Ker}(v)$ l'application composée de l'injection canonique $\operatorname{Im}(v) \to \mathrm{F}$ et de la surjection canonique $\mathrm{F} \to \mathrm{F}/\operatorname{Ker}(v)$; elle est continue. On a $\overline{v} \circ t = 1_{\operatorname{Im}(v)} - p_0 \circ q_0$ et $\overline{v} \circ p_1 = p_0 \circ \overline{u}$, d'où

$$\overline{v} \circ (t + p_1 \circ \overline{u}^{-1} \circ q_0) = \overline{v} \circ t + p_0 \circ q_0 = 1_{\operatorname{Im}(v)}.$$

Cela prouve que $t + p_1 \circ \overline{u}^{-1} \circ q_0$ est la bijection réciproque de $\overline{v}$. Si u est stricte, l'application $\overline{u}^{-1}$ est continue, et il en est de même de $\overline{v}^{-1}$, ce qui prouve que v est stricte. Cela démontre d).

D'après le lemme 5, si u est un automorphisme de E, alors v en est un de F. De même, si u est un endomorphisme de Fredholm de E, alors v en est un de F, et l'on a alors $\operatorname{ind}(u) = \operatorname{ind}(v)$ d'après a). Ceci démontre e) et f). Enfin, si E et F sont séparés et que u est un endomorphisme de Riesz de E, alors v en est un de F d'après le lemme 5 et la condition (ii) de la prop. 8 ; c'est l'assertion g).

5. Applications de Fredholm et applications de Riesz entre espaces de Fréchet

PROPOSITION 11. — *Soient* E *et* F *des espaces de Fréchet. Pour qu'une application linéaire continue* u *de* E *dans* F *soit une application de Fredholm, il faut et il suffit que son noyau et son conoyau soient de dimension finie.*

Cela résulte de la caractérisation des applications de Fredholm donnée par la condition (ii) de la prop. 2 de III, p. 42 et du lemme suivant :

Lemme 6. — *Soient* E *et* F *des espaces de Fréchet et* $u \in \mathscr{L}(\mathrm{E};\mathrm{F})$. *On suppose que l'image de* u *est de codimension finie dans* F. *Alors l'image de* u *est fermée dans* F *et* u *est un morphisme strict.*

Soit G un sous-espace vectoriel de F supplémentaire de $\operatorname{Im}(u)$; le sous-espace G est fermé (EVT, I, p. 14, cor. 1), donc l'espace quotient F/G est un espace de Fréchet (TG, IX, p. 25, prop. 4). Soit $\pi \colon \mathrm{F} \to \mathrm{F}/\mathrm{G}$ la surjection canonique. L'application $\pi \circ u$ est surjective, donc stricte (EVT, I, p. 19, cor. 3). L'assertion résulte alors du cor. 2 de III, p. 40.

PROPOSITION 12. — *Soient* E *et* F *des espaces de Fréchet. Munissons leurs duals* E′ *et* F′ *de la topologie faible, de la topologie de la convergence compacte, ou de la topologie de la convergence bornée. Soit* $u \in \mathscr{L}(\mathrm{E};\mathrm{F})$. *Pour que* u *soit une application de Fredholm de* E *dans* F, *il faut et il suffit que* ${}^t u$ *soit une application de Fredholm de* F′ *dans* E′.

La condition est nécessaire (III, p. 43, n° 3). Démontrons qu'elle est suffisante. Si ${}^t u$ est une application de Fredholm, c'est un morphisme strict (III, p. 42, prop. 2), donc u est un morphisme strict d'image fermée (EVT, IV, p. 28, th. 1 et p. 29, cor. 3). Compte tenu des isomorphismes canoniques $\mathrm{Coker}({}^t u) \to \mathrm{Ker}(u)'$ et $\mathrm{Ker}({}^t u) \to \mathrm{Coker}(u)'$ (EVT, IV, p. 27, prop. 2), les espaces vectoriels $\mathrm{Ker}(u)$ et $\mathrm{Coker}(u)$ sont de dimension finie et u est une application de Fredholm (prop. 2 de III, p. 42).

PROPOSITION 13. — *Soient* E *un espace de Fréchet et* $u \in \mathscr{L}(\mathrm{E})$.

a) *L'endomorphisme* u *est un endomorphisme de Riesz si et seulement si son nilespace* N *est de dimension finie et son conilespace* I *est de codimension finie* ;

b) *Munissons* E′ *de la topologie de la convergence bornée, de la topologie de la convergence compacte, ou de la topologie faible. Si* ${}^t u$ *est un endomorphisme de Riesz de* E′, *alors* u *est un endomorphisme de Riesz de* E.

a) Supposons que le nilespace N est de dimension finie et que le conilespace I est de codimension finie. Comme $\mathrm{Ker}(u) \subset \mathrm{N}$ et $\mathrm{I} \subset \mathrm{Im}(u)$, le noyau de u est de dimension finie et l'image de u est de codimension finie. D'après la définition et la proposition 11, l'application u est un endomorphisme de Riesz. La réciproque découle de la définition.

b) D'après la proposition 12, l'hypothèse implique que u est un endomorphisme de Fredholm d'indice $\mathrm{ind}({}^t u) = -\mathrm{ind}(u) = 0$ (n° 3, formule (4)). Soit $n \in \mathbf{N}$. Comme l'image de u^n est fermée et a pour orthogonal le noyau de ${}^t u^n$ (EVT, IV, p. 27, prop. 2), la suite $(\mathrm{Im}(u^n))$ est stationnaire, et u est donc un endomorphisme de Riesz.

6. Caractérisation spectrale des endomorphismes de Riesz

Soient E un espace de Banach complexe et u un endomorphisme de E. Rappelons que l'on note $\mathrm{Sp}(u)$ le spectre de u relativement à l'algèbre de Banach unifère $\mathscr{L}(\mathrm{E})$ (*cf.* § 7 de I, p. 127).

Supposons que 0 est un point isolé de $\mathrm{Sp}(u)$; rappelons qu'on note alors $e_0(u)$ le projecteur spectral associé à u et à la partie ouverte et fermée $\{0\}$ du spectre de u (*cf.* n° 3 de I, p. 131). On a $e_0(u) = f(u)$ pour tout germe de fonction holomorphe f au voisinage de $\mathrm{Sp}(u)$ qui est égal à 1 au voisinage de 0 et nul au voisinage de $\mathrm{Sp}(u) - \{0\}$.

Par passage aux sous-espaces, l'endomorphisme u induit un endomorphisme quasi-nilpotent de l'image de $e_0(u)$, dont le spectre est réduit à $\{0\}$, et un automorphisme du noyau de $e_0(u)$, dont le spectre est $\mathrm{Sp}(u) - \{0\}$ (*loc. cit.*).

PROPOSITION 14. — *Soit* E *un espace de Banach complexe. Pour qu'un élément* u *de* $\mathscr{L}(\mathrm{E})$ *soit un endomorphisme de Riesz de* E, *il faut et il suffit que l'une des deux conditions suivantes, qui s'excluent mutuellement, soit satisfaite*:

(i) *L'endomorphisme* u *de* E *est un automorphisme de* E ;

(ii) *Le point* 0 *est un point isolé de* $\mathrm{Sp}(u)$ *et le projecteur* $e_0(u)$ *est de rang fini.*

Lorsque la condition (ii) *est satisfaite, l'image de* $e_0(u)$ *est le nilespace de* u *et le noyau de* $e_0(u)$ *est le conilespace de* u.

Tout automorphisme de E est un endomorphisme de Riesz de E (III, p. 47, remarque 1). Si u satisfait à la condition (ii), le noyau F de $e_0(u)$ est un sous-espace vectoriel fermé de codimension finie de E, stable par u. Soit u_F l'endomorphisme de F déduit de u. Son spectre est contenu dans $\mathbf{C} - \{0\}$ (n° 3 de I, p. 131), donc u_F est un automorphisme de F. Il en résulte que u est un endomorphisme de Riesz de E (III, p. 48, prop. 8).

Inversement, soit u un endomorphisme de Riesz de E. Notons N son nilespace et I son conilespace. D'après la prop. 6 de III, p. 47, l'espace E est somme directe topologique de N et I, et l'application u définit par passage aux sous-espaces un endomorphisme nilpotent u_N de N et un automorphisme u_I de I. En particulier, on a $\mathrm{Sp}(u_\mathrm{N}) \subset \{0\}$ et $0 \notin \mathrm{Sp}(u_\mathrm{I})$. Si N est nul, alors $\mathrm{I} = \mathrm{E}$ et u est un automorphisme de E. Sinon, 0 est un point isolé de $\mathrm{Sp}(u)$ et $e_0(u)$ est le projecteur d'image N et de noyau I (prop. 2 de I, p. 129) ; en particulier, il est de rang fini.

Remarque. — Soit E un espace de Banach réel et soit u un endomorphisme de E. Supposons que 0 soit un point isolé du spectre complexe de u, c'est-à-dire du spectre de l'endomorphisme $1 \otimes u$ de l'espace normable complet complexifié $\mathrm{E}_{(\mathbf{C})}$ de E (I, p. 85, n° 13). La partie $\{0\}$

du spectre complexe de u est ouverte et fermée, et invariante par conjugaison ; notons $e_0(u) \in \mathscr{L}(\mathrm{E})$ le projecteur spectral qui lui est associé (n° 13 de I, p. 85). La proposition 14 vaut *mutatis mutandis* dans ce cadre.

§ 4. PERTURBATIONS DANS LES ESPACES DE BANACH

1. Morphismes directs

DÉFINITION 1. — *Soit* E *un espace vectoriel topologique. On dit qu'un sous-espace vectoriel de* E *est* direct *s'il admet un supplémentaire topologique.*

Pour qu'un sous-espace vectoriel F de E soit direct, il faut et il suffit qu'il existe dans $\mathscr{L}(\mathrm{E})$ un projecteur d'image F. Si p est un tel projecteur, E est somme directe topologique de F et du noyau de p. Le noyau de $1_{\mathrm{E}} - p$ est F ; si E est séparé, F est donc fermé.

Soient F un sous-espace vectoriel direct de E et E_1 un sous-espace vectoriel de E contenant F ; alors F est un sous-espace vectoriel direct de E_1.

Tout sous-espace vectoriel fermé de codimension finie de E est direct (EVT, I, p. 15, prop. 3), et tout sous-espace vectoriel F de E contenu dans l'adhérence de $\{0\}$ est direct (en effet, il existe un projecteur d'image F et un tel projecteur est nécessairement continu).

PROPOSITION 1. — *Soit* E *un espace localement convexe. Tout sous-espace vectoriel de dimension finie de* E *est direct.*

Soit F un sous-espace vectoriel de dimension finie de E. Notons S un supplémentaire topologique de l'adhérence de $\{0\}$ dans F, qui est un sous-espace direct de E. L'espace $\mathrm{F}_2 = \mathrm{F} \cap \mathrm{S}$ est séparé et de dimension finie ; il existe donc un entier $n \geqslant 0$ tel que F_2 soit isomorphe à K^n (EVT, I, p. 14, th. 2). Il existe alors une application linéaire continue $p \colon \mathrm{S} \to \mathrm{F}_2$ prolongeant l'application identique de F_2 (EVT, II, p. 26, remarque). Le noyau de p est un supplémentaire topologique de F_2 dans S, et aussi de F dans E.

DÉFINITION 2. — *Soient* E *et* F *des espaces localement convexes et soit* u *une application linéaire continue de* E *dans* F. *On dit que* u *est un* morphisme direct *si* u *est un morphisme strict dont le noyau est un sous-espace vectoriel direct de* E *et l'image un sous-espace vectoriel direct de* F.

Soit $u \in \mathscr{L}(\mathrm{E};\mathrm{F})$. Pour que le noyau et l'image de u soient des sous-espaces vectoriels directs de E et F respectivement, il faut et il suffit qu'il existe des décompositions $\mathrm{E} = \mathrm{E}_1 \oplus \mathrm{E}_2$ et $\mathrm{F} = \mathrm{F}_1 \oplus \mathrm{F}_2$ en sommes directes topologiques telles que u soit représenté par une matrice $\left(\begin{smallmatrix} u_1 & 0 \\ 0 & 0 \end{smallmatrix}\right)$ où $u_1 \in \mathscr{L}(\mathrm{E}_1;\mathrm{F}_1)$ est bijectif. Comme le noyau de u est alors E_2, que l'application linéaire canonique de E_1 sur E/E_2 est un isomorphisme, et que l'image de u est F_1, on voit que u est un morphisme strict si et seulement si u_1 est un isomorphisme de E_1 sur F_1. Notons v l'élément de $\mathscr{L}(\mathrm{F};\mathrm{E})$ représenté par la matrice $\left(\begin{smallmatrix} u_1^{-1} & 0 \\ 0 & 0 \end{smallmatrix}\right)$. Alors l'application linéaire $u \circ v$ est le projecteur dans F de noyau F_2 et d'image F_1, l'application linéaire $v \circ u$ est le projecteur dans E de noyau E_2 et d'image E_1, et l'on a $u \circ v \circ u = u$.

Réciproquement, on a le résultat suivant :

PROPOSITION 2. — *Soient* E *et* F *des espaces localement convexes, soient* $u \in \mathscr{L}(\mathrm{E};\mathrm{F})$ *et* $v \in \mathscr{L}(\mathrm{F};\mathrm{E})$. *On suppose que* $u = u \circ v \circ u$. *Alors* u *est un morphisme direct. De plus,* $v \circ u$ *est un projecteur continu dans* E *de noyau* $\mathrm{Ker}(u)$ *et* $u \circ v$ *est un projecteur continu dans* F *d'image* $\mathrm{Im}(u)$.

Posons $p = v \circ u$ et $q = u \circ v$. On a

$$p^2 = v \circ (u \circ v \circ u) = v \circ u = p, \quad q^2 = (u \circ v \circ u) \circ v = u \circ v = q,$$

donc p et q sont des projecteurs. Ils sont continus. Soient E_1 et E_2 l'image et le noyau de p, et soient F_1 et F_2 l'image et le noyau de q. Puisque $u \circ v \circ u = u$, on a

$$\mathrm{Ker}(u) \subset \mathrm{Ker}(v \circ u) \subset \mathrm{Ker}(u \circ v \circ u) = \mathrm{Ker}(u),$$

donc $\mathrm{Ker}(u) = \mathrm{Ker}(v \circ u) = \mathrm{Ker}(p) = \mathrm{E}_2$. Similairement, on déduit des inclusions

$$\mathrm{Im}(u) \supset \mathrm{Im}(u \circ v) \supset \mathrm{Im}(u \circ v \circ u) = \mathrm{Im}(u)$$

que l'image de u est F_1. Les espaces E_2 et F_1 sont des sous-espaces vectoriels directs de E et F respectivement.

L'espace vectoriel E est somme directe topologique de E_1 et E_2, et u définit par restriction une application linéaire bijective u_1 de E_1 sur F_1. Pour tout $x \in E_1$, on a $v(u(x)) = p(x) = x$, et l'application u_1^{-1} de F_1 sur E_1 coïncide avec v sur F_1. Par conséquent, u_1 est un isomorphisme de E_1 sur F_1 et u est un morphisme strict de E dans F.

Soient E et F des espaces localement convexes et $u \in \mathscr{L}(E; F)$. Pour que u soit un morphisme direct injectif (resp. surjectif), il faut et il suffit qu'il existe v dans $\mathscr{L}(F; E)$ tel que $v \circ u = 1_E$ (resp. $u \circ v = 1_F$) (*cf.* TG, III, p. 47 et 48).

PROPOSITION 3. — *Soient* E *et* F *des espaces de Banach. Les ensembles suivants sont des parties ouvertes de l'espace de Banach* $\mathscr{L}(E; F)$:

a) *L'ensemble* $\mathscr{I}(E; F)$ *des isomorphismes de* E *sur* F ;

b) *L'ensemble* $\mathscr{MD}(E; F)$ *des morphismes directs injectifs de* E *dans* F, *et plus précisément, pour tout sous-espace vectoriel fermé* F_1 *de* F, *l'ensemble* $\mathscr{M}_{F_1}(E; F)$ *des éléments de* $\mathscr{MD}(E; F)$ *dont l'image est un supplémentaire topologique de* F_1 ;

c) *L'ensemble* $\mathscr{ED}(E; F)$ *des morphismes directs surjectifs de* E *dans* F, *et plus précisément, pour tout sous-espace vectoriel fermé* E_1 *de* E, *l'ensemble* $\mathscr{E}_{E_1}(E; F)$ *des éléments de* $\mathscr{ED}(E; F)$ *dont le noyau est un supplémentaire topologique de* E_1.

De plus, l'application $u \mapsto u^{-1}$ *de* $\mathscr{I}(E; F)$ *sur* $\mathscr{I}(F; E)$ *est analytique.*

Par définition, $\mathscr{I}(E; E)$ est l'ensemble des éléments inversibles de l'algèbre normée complète $\mathscr{L}(E)$. D'après TG, IX, p. 40, prop. 14, c'est une partie ouverte de $\mathscr{L}(E)$. L'application $u \mapsto u^{-1}$ de $\mathscr{I}(E; E)$ dans $\mathscr{I}(E; E)$ est analytique (LIE, III, § 1, n° 1, exemple 2).

Si l'ensemble $\mathscr{I}(E; F)$ est vide, il est ouvert. Sinon, soit u_0 un isomorphisme de E sur F. L'application $v \mapsto u_0 \circ v$ est alors un isomorphisme de $\mathscr{L}(E)$ sur $\mathscr{L}(E; F)$ qui transforme $\mathscr{I}(E; E)$ en $\mathscr{I}(E; F)$. L'ensemble $\mathscr{I}(E; F)$ est donc ouvert dans $\mathscr{L}(E; F)$. De plus, si $u = u_0 \circ v$ est un élément de $\mathscr{I}(E; F)$, on a $u^{-1} = v^{-1} \circ u_0^{-1}$, et l'application $u \mapsto u^{-1}$ de $\mathscr{I}(E; F)$ sur $\mathscr{I}(F; E)$ est donc analytique.

Soit F_1 un sous-espace vectoriel fermé de F. Pour tout $u \in \mathscr{L}(E; F)$, soit $\overline{u}$ l'élément de $\mathscr{L}(E \times F_1; F)$ défini par $\overline{u}(x, y) = u(x) + y$. L'application $u \mapsto \overline{u}$ de $\mathscr{L}(E; F)$ dans $\mathscr{L}(E \times F_1; F)$ est continue, et $\mathscr{M}_{F_1}(E; F)$ est l'ensemble des éléments u de $\mathscr{L}(E; F)$ tels que $\overline{u}$ appartienne à $\mathscr{I}(E \times F_1; F)$. Comme $\mathscr{I}(E \times F_1; F)$ est ouvert dans $\mathscr{L}(E \times F_1; F)$

d'après ce qui précède, l'ensemble $\mathscr{M}_{F_1}(E;F)$ est ouvert dans $\mathscr{L}(E;F)$. Il en est de même de $\mathscr{M}\mathscr{D}(E;F)$, qui est la réunion des $\mathscr{M}_{F_1}(E;F)$ lorsque F_1 parcourt l'ensemble des sous-espaces vectoriels fermés de F.

Soit E_1 un sous-espace vectoriel fermé de E, et soit p l'application canonique de E sur l'espace de Banach quotient E/E_1. Pour qu'un élément u de $\mathscr{L}(E;F)$ appartienne à $\mathscr{E}_{E_1}(E;F)$, il faut et il suffit que l'application (u,p) de E dans $F \times E/E_1$ appartienne à $\mathscr{I}(E;F \times E/E_1)$. Comme précédemment, on en déduit que $\mathscr{E}_{E_1}(E;F)$ est ouvert dans $\mathscr{L}(E;F)$; il en est de même de $\mathscr{E}\mathscr{D}(E;F)$, qui est la réunion des $\mathscr{E}_{E_1}(E;F)$.

2. Perturbation des applications de Fredholm

THÉORÈME 1. — *Soient* E *et* F *des espaces de Banach. L'ensemble* $\mathscr{F}(E;F)$ *des applications de Fredholm de* E *dans* F *est ouvert dans l'espace de Banach* $\mathscr{L}(E;F)$, *et l'application* $u \mapsto \operatorname{ind}(u)$ *de* $\mathscr{F}(E;F)$ *dans* $\mathbf{Z}$ *est localement constante.*

Le théorème résulte de l'énoncé plus précis suivant :

PROPOSITION 4. — *Soient* E *et* F *des espaces de Banach,* $u_0 \colon E \to F$ *une application de Fredholm et* v_0 *un quasi-inverse de* u_0. *Il existe un voisinage ouvert* U *de* u_0 *dans* $\mathscr{L}(E;F)$ *et une application analytique* $\varphi \colon U \to \mathscr{L}(F;E)$ *telle que*

(i) *On a* $\varphi(u_0) = v_0$;

(ii) *Pour tout* u *dans* U, *l'application* $\varphi(u)$ *est un quasi-inverse de* u, *et en particulier* u *est une application de Fredholm* ;

(iii) *Pour tout* u *dans* U, *on a* $\operatorname{ind}(u) = \operatorname{ind}(u_0)$.

D'après la prop. 2 de III, p. 42, (ii), il existe des décompositions en somme directe topologique $E = E_1 \oplus E_2$ et $F = F_1 \oplus F_2$, et il existe $\alpha_0 \in \mathscr{I}(E_1;F_1)$, tels que E_2 et F_2 soient de dimension finie et que u_0 soit représentée par la matrice $\left(\begin{smallmatrix}\alpha_0 & 0\\ 0 & 0\end{smallmatrix}\right)$ relativement à ces décompositions.

Soit U l'ensemble des éléments u de $\mathscr{L}(E;F)$ tels que, dans la représentation matricielle $\left(\begin{smallmatrix}\alpha & \beta\\ \gamma & \delta\end{smallmatrix}\right)$ de u par rapport à ces décompositions, on a $\alpha \in \mathscr{I}(E_1;F_1)$. Comme $\mathscr{I}(E_1;F_1)$ est ouvert dans $\mathscr{L}(E_1;F_1)$

(prop. 3 de III, p. 57), U est un voisinage ouvert de u_0 dans $\mathscr{L}(\mathrm{E};\mathrm{F})$. Pour $u = \begin{pmatrix} \alpha & \beta \\ \gamma & \delta \end{pmatrix}$ dans U, posons

$$\varphi(u) = v_0 + \begin{pmatrix} \alpha^{-1}-\alpha_0^{-1} & 0 \\ 0 & 0 \end{pmatrix}. \tag{1}$$

On a $\varphi(u_0) = v_0$ et l'application φ est analytique (*loc. cit.*). Modulo les applications linéaires continues de rang fini, on a les congruences

$$u \equiv \begin{pmatrix} \alpha & 0 \\ 0 & 0 \end{pmatrix}, \quad v_0 \equiv \begin{pmatrix} \alpha_0^{-1} & 0 \\ 0 & 0 \end{pmatrix}, \quad \varphi(u) \equiv \begin{pmatrix} \alpha^{-1} & 0 \\ 0 & 0 \end{pmatrix}.$$

Par suite, $\varphi(u)$ est un quasi-inverse de u. Tout élément u de U définit par restriction un isomorphisme de E_1 sur un supplémentaire topologique de F_2 dans F. D'après la prop. 3 de III, p. 44, on a donc

$$\begin{aligned}\mathrm{ind}(u) &= \mathrm{codim}_{\mathrm{F}}(u(\mathrm{E}_1)) - \mathrm{codim}_{\mathrm{E}}(\mathrm{E}_1) \\ &= \dim(\mathrm{F}_2) - \dim(\mathrm{E}_2) = \mathrm{ind}(u_0),\end{aligned}$$

ce qui conclut la démonstration.

3. Perturbation des endomorphismes de Riesz

Lemme 1. — *Soit* E *un espace de Banach. Soient p et q des projecteurs continus de* E *tels que* $\|q-p\| < 1$. *Alors p induit un isomorphisme de* $\mathrm{Im}(q)$ *sur* $\mathrm{Im}(p)$, *et* $1_{\mathrm{E}} - p$ *induit un isomorphisme de* $\mathrm{Ker}(q)$ *sur* $\mathrm{Ker}(p)$.

Considérons les applications linéaires continues $u\colon x \mapsto p(x)$ de $\mathrm{Im}(q)$ dans $\mathrm{Im}(p)$ et $v\colon y \mapsto q(y)$ de $\mathrm{Im}(p)$ dans $\mathrm{Im}(q)$. Pour tout $x \in \mathrm{Im}(q)$, on a $x = q(x)$, d'où

$$\begin{aligned}(q-p)^2(x) &= q^2(x) - q(p(x)) - p(q(x)) + p^2(x) \\ &= x - q(p(x)) = x - v(u(x)).\end{aligned}$$

Il en résulte que l'on a $\|1_{\mathrm{E}} - v \circ u\| \leqslant \|q-p\|^2 < 1$. D'après le cor. 1 de I, p. 22, $v \circ u$ est un automorphisme de $\mathrm{Im}(q)$. On démontre de même que $u \circ v$ est un automorphisme de $\mathrm{Im}(p)$. Cela implique que u est un isomorphisme de $\mathrm{Im}(q)$ sur $\mathrm{Im}(p)$, d'où la première assertion du lemme. La seconde s'en déduit en remplaçant p et q par $1_{\mathrm{E}} - p$ et $1_{\mathrm{E}} - q$ respectivement.

THÉORÈME 2. — *Soit* E *un espace de Banach. L'ensemble* $\mathscr{R}(\mathrm{E})$ *des endomorphismes de Riesz de* E *est ouvert dans* $\mathscr{L}(\mathrm{E})$. *L'application qui à un élément de* $\mathscr{R}(\mathrm{E})$ *associe la dimension de son nilespace est semi-continue supérieurement sur* $\mathscr{L}(\mathrm{E})$.

Le théorème résulte de l'énoncé plus précis suivant :

PROPOSITION 5. — *Soient* E *un espace de Banach et* u_0 *un endomorphisme de Riesz de* E. *Soit* N (*resp.* I) *le nilespace* (*resp. le conilespace*) *de* u_0. *Notons* d *la dimension de* N. *Il existe un voisinage ouvert* U *de* u_0 *dans* $\mathscr{L}(\mathrm{E})$ *et une application analytique* $\pi\colon \mathrm{U} \to \mathscr{L}(\mathrm{E})$ *telle que*

(i) *L'endomorphisme* $\pi(u_0)$ *est le projecteur d'image* N *et de noyau* I ;

(ii) *Pour tout* $u \in \mathrm{U}$, *l'application linéaire* $\pi(u)$ *est un projecteur de rang* d *qui appartient au bicommutant de* u *et, en particulier, qui commute à* u. *De plus,* u *induit un automorphisme de* $\mathrm{Ker}(\pi(u))$;

(iii) *Tout élément de* U *est un endomorphisme de Riesz dont le nilespace est de dimension* $\leqslant d$.

Si $\mathrm{K} = \mathbf{C}$, notons $\mathrm{Sp}(u_0)$ le spectre de u_0 relativement à l'algèbre $\mathscr{L}(\mathrm{E})$. Lorsque $\mathrm{K} = \mathbf{R}$, notons $\mathrm{Sp}(u_0)$ le spectre complexe $\mathrm{Sp}_{\mathscr{L}(\mathrm{E}_{(\mathbf{C})})}((u_0)_{(\mathbf{C})})$ de u_0 (I, p. 85, n° 13). D'après la prop. 14 de III, p. 54, le point 0 est isolé dans $\{0\} \cup \mathrm{Sp}(u_0)$. Soit $r > 0$ un nombre réel tel que tout élément de $\mathrm{Sp}(u_0) - \{0\}$ soit de module $> r$. Notons V l'ouvert dans $\mathbf{C}$ formé des nombres complexes de valeur absolue $\neq r$; soit f la fonction holomorphe sur V définie par $f(z) = 0$ si $|z| > r$ et $f(z) = 1$ si $|z| < r$. Si $\mathrm{K} = \mathbf{C}$ (resp. $\mathrm{K} = \mathbf{R}$), notons U′ l'ensemble des éléments u de $\mathscr{L}(\mathrm{E})$ dont le spectre (resp. dont le spectre complexe) est contenu dans V. L'ensemble U′ est un voisinage ouvert de u_0 dans $\mathscr{L}(\mathrm{E})$ et l'application $u \mapsto f(u)$ de U′ dans $\mathscr{L}(\mathrm{E})$ est holomorphe (I, p. 76, prop. 10 et I, p. 85, n° 13).

Soit $u \in \mathrm{U}'$. L'endomorphisme $f(u)$ est le projecteur spectral $e_0(u)$; il commute à u, et u induit par passage aux sous-espaces un automorphisme de $\mathrm{Ker}(e_0(u))$ (*cf.* III, p. 53, n° 6).

Le projecteur $e_0(u_0)$ a pour image N et pour noyau I (III, p. 54, prop. 14) ; son rang est d. D'après le lemme 1, l'ensemble U des éléments $u \in \mathrm{U}'$ tels que $e_0(u)$ soit de rang d est un voisinage ouvert de u_0. L'ensemble U et l'application $\pi\colon u \mapsto e_0(u)$ de U dans $\mathscr{L}(\mathrm{E})$ satisfont aux conditions (i) et (ii) de la proposition.

Soit $u \in \mathrm{U}$. Puisque u induit un automorphisme de $\mathrm{Ker}(e_0(u))$, qui est un sous-espace vectoriel fermé de codimension finie de E, l'endomorphisme u est un endomorphisme de Riesz de E (III, p. 48, prop. 8), le nilespace de u est contenu dans l'image de $\pi(u) = e_0(u)$, et est de dimension $\leqslant d$.

4. Conorme d'une application linéaire continue

Soient E et F des espaces normés, $u\colon \mathrm{E} \to \mathrm{F}$ une application linéaire continue, N le noyau de u et I son image. Notons p la surjection canonique de E sur E/N et i l'injection canonique de I dans F. Soit $\widetilde{u}$ l'application linéaire bijective de E/N sur I telle que $u = i \circ \widetilde{u} \circ p$. L'espace vectoriel E/N est muni de la norme quotient, c'est-à-dire que

$$\|y\| = \inf_{x \in \overset{-1}{p}(y)} \|x\| \tag{2}$$

pour tout $y \in \mathrm{E/N}$. L'application $\widetilde{u}$ est continue et $\|u\| = \|\widetilde{u}\|$, d'où

$$\|u\| = \sup_{\substack{y \in \mathrm{E/N} \\ y \neq 0}} \frac{\|\widetilde{u}(y)\|}{\|y\|}, \tag{3}$$

la borne supérieure étant prise dans $\overline{\mathbf{R}}_+$. On appelle *conorme* de u le nombre

$$((u)) = \inf_{\substack{y \in \mathrm{E/N} \\ y \neq 0}} \frac{\|\widetilde{u}(y)\|}{\|y\|}, \tag{4}$$

la borne inférieure étant prise dans $\overline{\mathbf{R}}_+$. On a donc

$$((u))\,\|y\| \leqslant \|\widetilde{u}(y)\| \leqslant \|u\|\,\|y\| \tag{5}$$

pour tout élément y de E/N. Posons $v = i \circ \widetilde{u}$. On a $u = v \circ p$ et

$$((u)) = \inf_{\substack{y \in \mathrm{E/N} \\ y \neq 0}} \frac{\|v(y)\|}{\|y\|} = \inf_{\substack{y \in \mathrm{E/N} \\ \|y\|=1}} \|v(y)\|. \tag{6}$$

Lorsque u est l'application nulle, l'espace E/N est réduit à 0 et l'on a $((u)) = +\infty$ et $\|u\| = 0$. Lorsque $u \neq 0$, on déduit de (3) et (4) les inégalités

$$0 \leqslant ((u)) \leqslant \|u\| < +\infty. \tag{7}$$

Lorsque u est injectif, on a

(8) $$((u)) = \inf_{\substack{x\in E\\ x\neq 0}} \frac{\|u(x)\|}{\|x\|},$$

et, pour tout $x \in E$, on a

(9) $$((u))\,\|x\| \leqslant \|u(x)\| \leqslant \|u\|\,\|x\|.$$

Notons j l'injection canonique de l'espace normé F dans son complété $\widehat{F}$. On a $((u)) = ((j \circ u))$.

Remarque. — Par définition, pour que l'on ait $((u)) > 0$, il faut et il suffit que l'application linéaire bijective $\widetilde{u}$ soit bicontinue, c'est-à-dire que u soit un morphisme strict (TG, III, p. 16). On a alors

(10) $$((u)) = \|\widetilde{u}^{-1}\|^{-1}.$$

Lemme 2. — Soit c un nombre réel. Si $c < ((u))$, alors pour tout élément $z \in \operatorname{Im}(u)$, il existe un élément x de E tel que $u(x) = z$ et $c\|x\| \leqslant \|z\|$. Réciproquement, si pour tout $z \in \operatorname{Im}(u)$ il existe $x \in E$ tel que $u(x) = z$ et $c\|x\| \leqslant \|z\|$, alors $c \leqslant ((u))$.

C'est une conséquence des formules (2) et (5) et de la définition de la conorme de u.

PROPOSITION 6. — *Soient* E *et* F *des espaces normés et* $u \in \mathscr{L}(E; F)$. *Notons* B *l'ensemble des éléments de* E *de norme* < 1. *Posons*

$$P = u(E) - u(B)\ , \quad Q = u(E) - (\overline{u(B)} \cap u(E)).$$

La conorme de u est égale à la distance de 0 *à* P *dans* F. *Si l'espace normé* E *est complet ou si u est un morphisme strict, la conorme de u est égale à la distance de* 0 *à* Q *dans* F.

Soit N le noyau de u ; soit $p\colon E \to E/N$ la surjection canonique et soit $v\colon E/N \to F$ l'application déduite de u par passage au quotient. L'ensemble $p(B)$ est l'ensemble des éléments de E/N de norme < 1. On a

$$P = u(E) - u(B) = v(E/N) - v(p(B)) = v((E/N) - p(B))$$

puisque l'application v est injective. En d'autres termes, P se compose des éléments de F de la forme $v(y)$ avec $y \in E/N$ et $\|y\| \geqslant 1$. Notons d_P la distance de 0 à P dans F. On a

$$d_P = \inf_{\substack{y\in E/N\\ \|y\|\geqslant 1}} \|v(y)\| = \inf_{\substack{y\in E/N\\ \|y\|=1}} \|v(y)\| = ((u))$$

d'après (6).

Supposons que u soit un morphisme strict. Soit $\varepsilon > 0$. L'ensemble $\varepsilon u(\mathrm{B})$ est un voisinage de 0 dans $u(\mathrm{E})$. L'adhérence de $u(\mathrm{B})$ dans $u(\mathrm{E})$ est égale à $\overline{u(\mathrm{B})} \cap u(\mathrm{E})$. Elle est contenue dans l'ensemble $u(\mathrm{B}) + \varepsilon u(\mathrm{B})$ qui est égal à $(1+\varepsilon)u(\mathrm{B})$ puisque $u(\mathrm{B})$ est convexe. On a par suite $(1+\varepsilon)\mathrm{P} \subset \mathrm{Q} \subset \mathrm{P}$ et la distance d_{Q} de 0 à Q dans F satisfait aux inégalités $d_{\mathrm{P}} \leqslant d_{\mathrm{Q}} \leqslant (1+\varepsilon)d_{\mathrm{P}}$. Puisque ceci a lieu pour tout $\varepsilon > 0$, on a $d_{\mathrm{Q}} = d_{\mathrm{P}} = (\!(u)\!)$.

Supposons que u ne soit pas un morphisme strict, mais que l'espace normé E soit complet. On a alors $(\!(u)\!) = 0$ (remarque ci-dessus). L'adhérence de $u(\mathrm{B})$ dans $u(\mathrm{E})$, qui est égale à $\overline{u(\mathrm{B})} \cap u(\mathrm{E})$, n'est pas un voisinage de 0 dans $u(\mathrm{E})$ (EVT, I, p. 17, th. 1). Il existe alors des points de Q arbitrairement proches de 0, d'où $d_{\mathrm{Q}} = 0 = (\!(u)\!)$.

PROPOSITION 7. — *Soient* E *un espace de Banach et* F *un espace normé. L'application* $u \mapsto (\!(u)\!)$ *de* $\mathscr{L}(\mathrm{E};\mathrm{F})$ *dans* $\overline{\mathbf{R}}$ *est semi-continue supérieurement.*

Soit $u \in \mathscr{L}(\mathrm{E};\mathrm{F})$. Il s'agit de prouver que pour tout nombre réel $c > (\!(u)\!)$, l'ensemble des éléments $v \in \mathscr{L}(\mathrm{E};\mathrm{F})$ tels que $(\!(v)\!) < c$ est un voisinage de u. Notons B l'ensemble des éléments de E de norme < 1. D'après la prop. 6, il existe $y \in \mathrm{E}$ tel que $u(y) \notin \overline{u(\mathrm{B})}$ et $\|u(y)\| < c$. La distance d de $u(y)$ à l'ensemble fermé $\overline{u(\mathrm{B})}$ est strictement positive. L'ensemble V des éléments v de $\mathscr{L}(\mathrm{E};\mathrm{F})$ vérifiant les relations $\|v(y)\| < c$ et $\|u - v\|(1 + \|y\|) < d$ est un voisinage de u dans $\mathscr{L}(\mathrm{E};\mathrm{F})$. Soit $v \in \mathrm{V}$. Pour tout $x \in \mathrm{B}$, on a

$$\begin{aligned} d \leqslant \|u(y) - u(x)\| &\leqslant \|v(y) - v(x)\| + \|u - v\|(\|y\| + \|x\|) \\ &< \|v(y) - v(x)\| + d. \end{aligned}$$

Par conséquent $v(y)$ n'appartient pas à $v(\mathrm{B})$, et l'on a $(\!(v)\!) \leqslant \|v(y)\| < c$ d'après la prop. 6.

PROPOSITION 8. — *Soient* E *un espace de Banach,* F *un espace normé. Pour tout* $u \in \mathscr{L}(\mathrm{E};\mathrm{F})$, *on a* $(\!(u)\!) = (\!({}^t u)\!)$.

Notons j l'injection canonique de l'espace normé F dans son complété $\widehat{\mathrm{F}}$. On a $(\!(u)\!) = (\!(j \circ u)\!)$. Comme l'application linéaire ${}^t j \colon (\widehat{\mathrm{F}})' \to \mathrm{F}'$ est bijective et isométrique, on a également $(\!({}^t u)\!) = (\!({}^t(j \circ u))\!)$. Il suffit donc de démontrer la proposition lorsque l'espace normé F est complet, ce que nous supposons dans la suite de la démonstration.

Si u est nul, on a $(\!(u)\!) = (\!({}^t u)\!) = +\infty$. Si u n'est pas un morphisme strict, alors ${}^t u$ n'en est pas un (EVT, IV, p. 29, cor. 3), et l'on a $(\!(u)\!) = (\!({}^t u)\!) = 0$.

Supposons désormais que u est un morphisme strict non nul. Notons N le noyau de u et I son image, et considérons la décomposition canonique de u :

$$\mathrm{E} \xrightarrow{p} \mathrm{E}/\mathrm{N} \xrightarrow{v} \mathrm{I} \xrightarrow{i} \mathrm{F}.$$

Le noyau de ${}^t u$ est l'orthogonal I° de I dans F' (EVT, IV, p. 27, prop. 2), et ${}^t i$ définit par passage au quotient une isométrie ι de $\mathrm{F}'/\mathrm{I}^\circ$ sur I' (EVT, IV, p. 9, prop. 10). Par ailleurs, ${}^t p$ définit une isométrie π de $(\mathrm{E}/\mathrm{N})'$ sur l'orthogonal N° de N dans E' (EVT, IV, p. 8, prop. 9). La décomposition canonique de ${}^t u$ est donc

$$\mathrm{F}' \longrightarrow \mathrm{F}'/\mathrm{I}^\circ \xrightarrow{v'} \mathrm{N}^\circ \longrightarrow \mathrm{E}',$$

où $v' = \pi \circ {}^t v \circ \iota$. On a alors

$$\|(v')^{-1}\| = \|({}^t v)^{-1}\| = \|{}^t(v^{-1})\| = \|v^{-1}\|$$

(EVT, IV, p. 7, prop. 8) d'où $(\!(u)\!) = (\!({}^t u)\!)$ d'après la formule (10).

5. Sous-espaces vectoriels de dimension finie d'un espace normé

L'énoncé suivant sera démontré dans TA, à paraître, comme corollaire du théorème de Borsuk–Ulam.

THÉORÈME 3. — *Soient n un entier positif,* V *un espace vectoriel normé réel de dimension $n+1$ et* W *un sous-espace vectoriel de* V *de dimension n. Soit* S *la sphère unité de* V*. Il n'existe pas d'application continue $f\colon \mathrm{S} \to \mathrm{W}$ telle que $\|f(x) - x)\| < 1$ pour tout $x \in \mathrm{S}$.*

THÉORÈME 4 (Krein, Krasnoselskii, Milman). — *Soit* E *un espace normé, et soient* F *et* G *des sous-espaces vectoriels de* E*. Supposons que la dimension de* G *soit finie et strictement inférieure à celle de* F*. Il existe un élément de* F *de norme* 1 *dont la distance à* G *est égale à* 1*.*

Il suffit de traiter le cas où le corps K est égal à **R**. Soit n la dimension de G. En remplaçant F par un sous-espace vectoriel de F de dimension $n+1$ contenant G, on se ramène au cas où $\dim(\mathrm{F}) = n+1$. Raisonnons par l'absurde en supposant que la conclusion du théorème n'est pas satisfaite. Soit S la sphère unité de F. Pour tout $x \in \mathrm{S}$, la distance de x à G est alors strictement inférieure à $\|x\| = 1$, et l'on peut choisir un élément $y(x)$ de G pour lequel on a $\|x - y(x)\| < 1$. Notons V_x l'ensemble des éléments z de S tels que $\|z - y(x)\| < 1$; c'est un voisinage ouvert de x dans S. Il existe une partition continue localement finie de l'unité $(\varphi_x)_{x\in\mathrm{S}}$ sur S subordonnée au recouvrement $(\mathrm{V}_x)_{x\in\mathrm{S}}$ de S (TG, IX, p. 46, prop. 3 et p. 51, prop. 6). Soit $f : \mathrm{S} \to \mathrm{G}$ l'application continue donnée par

$$f(z) = \sum_{x\in\mathrm{S}} \varphi_x(z) y(x).$$

pour tout $z \in \mathrm{S}$. Soit $z \in \mathrm{S}$. On a $\varphi_x(z) \geqslant 0$ pour tout $x \in \mathrm{S}$, et il existe $x \in \mathrm{S}$ tel que $\varphi_x(z) > 0$, puisque $\sum_{x\in\mathrm{S}} \varphi_x(z) = 1$, donc

$$\begin{aligned}\|z - f(z)\| = \Big\|\sum_{x\in\mathrm{S}} \varphi_x(z)(z - y(x))\Big\| &\leqslant \sum_{x\in\mathrm{S}} \varphi_x(z)\|z - y(x)\| \\ &< \sum_{x\in\mathrm{S}} \varphi_x(z) = 1.\end{aligned}$$

Cette propriété de f contredit le théorème 3.

PROPOSITION 9. — *Soient* E *et* F *des espaces normés,* $n \in \mathbf{N}$ *et* u *une application linéaire continue de* E *dans* F *dont le noyau est de dimension* n*. La conorme de* u *est égale à la distance* d *de* u *à l'ensemble des applications* $v \in \mathscr{L}(\mathrm{E};\mathrm{F})$ *dont le noyau est de dimension au moins* $n+1$.

Lorsque $u = 0$, on a $(\!(u)\!) = +\infty$ et $\dim(\mathrm{E}) = n$, d'où $d = +\infty$. Supposons désormais u non nulle, et donc $(\!(u)\!) < +\infty$. Soit v un élément de $\mathscr{L}(\mathrm{E};\mathrm{F})$ tel que $\|u - v\| < (\!(u)\!)$ et démontrons que son noyau est de dimension $\leqslant n$. Soient x un élément de norme 1 de $\mathrm{Ker}(v)$ et y son image dans $\mathrm{E}/\mathrm{Ker}(u)$. On a (formule (5) de III, p. 61)

$$(\!(u)\!)\|y\| \leqslant \|u(x)\| = \|(u - v)(x)\| \leqslant \|u - v\| < (\!(u)\!)$$

d'où $\|y\| < 1$. Or $\|y\|$ est la distance de x à $\mathrm{Ker}(u)$. Le théorème 4 implique alors que l'on a $\dim \mathrm{Ker}(v) \leqslant \dim \mathrm{Ker}(u) = n$. Cela prouve l'inégalité $(\!(u)\!) \leqslant d$. L'inégalité réciproque $d \leqslant (\!(u)\!)$ résulte du lemme plus précis qui suit.

Lemme 3. — *Soit c un nombre réel tel que $c > ((u))$. Il existe une application linéaire continue $h\colon \mathrm{E} \to \mathrm{F}$, de rang* 1 *et de norme $< c$ telle que le noyau de $u + h$ contienne celui de u et soit de dimension $n + 1$.*

Notons p l'application canonique de E sur $\mathrm{E}/\operatorname{Ker}(u)$. Il existe $a \in \mathrm{E}$ tel que $\|p(a)\| = 1$ et $\|u(a)\| < c$ (formule (6) de III, p. 61). D'après le théorème de Hahn–Banach (EVT, II, p. 24, cor. 2), il existe une forme linéaire continue f sur l'espace normé $\mathrm{E}/\operatorname{Ker}(u)$ telle que $f(p(a)) = 1$ et $\|f\| = 1$. L'application linéaire $h\colon x \mapsto -(f \circ p)(x)u(a)$ de E dans F est continue, de rang 1, et l'on a $\|h\| \leqslant \|f\|\,\|p\|\,\|u(a)\| < c$. Le noyau de l'application $u + h$ contient celui de u et a ; comme $a \notin \operatorname{Ker}(u)$, sa dimension est donc au moins $n + 1$. D'autre part, l'application linéaire u induit, par passage aux sous-espaces, une application linéaire de $\operatorname{Ker}(u + h)$ dans $\operatorname{Im}(h)$ de noyau $\operatorname{Ker}(u) \cap \operatorname{Ker}(u + h)$, de sorte que $\dim(\operatorname{Ker}(u + h)) \leqslant \dim(\operatorname{Ker}(u)) + 1$. La conclusion en résulte.

COROLLAIRE 1. — *Soient* E *et* F *des espaces normés, et soient u, v des applications linéaires continues non nulles de* E *dans* F *dont les noyaux ont une même dimension finie. On a alors*

$$|((u)) - ((v))| \leqslant \|u - v\|.$$

Notons n la dimension commune des noyaux de u et v. Soit A l'ensemble des applications linéaires continues de E dans F dont le noyau est de dimension $\geqslant n + 1$. Comme $u \neq 0$, on a $\dim(\mathrm{E}) > n$ et l'ensemble A contient 0. D'après la proposition 9, $((u))$ et $((v))$ sont respectivement les distances de u et de v à l'ensemble A dans $\mathscr{L}(\mathrm{E};\mathrm{F})$. Il suffit alors d'appliquer la formule $|d(u, \mathrm{A}) - d(v, \mathrm{A})| \leqslant \|u - v\|$ (*cf.* TG, IX, p. 13).

COROLLAIRE 2. — *Soient* E *et* F *des espaces de Banach et soient u et v des applications linéaires continues non nulles de* E *dans* F *dont les images ont une même codimension finie dans* F. *On a alors*

$$|((u)) - ((v))| \leqslant \|u - v\|.$$

Le morphisme u est strict (III, p. 52, lemme 6). Le noyau de l'application linéaire continue ${}^t u$ est l'orthogonal $(\operatorname{Im}(u))^\circ$ de $\operatorname{Im}(u)$ (EVT, IV, p. 27, prop. 2), donc $\dim(\operatorname{Ker}({}^t u)) = \operatorname{codim}_{\mathrm{F}}(\operatorname{Im}(u))$, et de même $\dim(\operatorname{Ker}({}^t v)) = \operatorname{codim}_{\mathrm{F}}(\operatorname{Im}(v))$. Les noyaux de ${}^t u$ et ${}^t v$ ont par suite une même dimension finie. Comme

$$\|{}^t u - {}^t v\| = \|u - v\|, \quad (({}^t u)) = ((u)), \quad (({}^t v)) = ((v))$$

(EVT, IV, p. 7, prop. 8 et prop. 8 de III, p. 63), l'assertion résulte du corollaire 1, appliqué à ${}^t u$ et ${}^t v$.

6. Perturbations des applications linéaires continues injectives ou surjectives

Dans ce numéro, on adopte les conventions suivantes : si E est un espace vectoriel de dimension finie, $\dim(E)$ désigne sa dimension ; si E est un espace vectoriel de dimension infinie, on pose $\dim(E) = +\infty \in \overline{\mathbf{R}}$. Si u est une application linéaire dont le noyau ou le conoyau est de dimension finie, on pose $\operatorname{ind}(u) = \dim \operatorname{Coker}(u) - \dim \operatorname{Ker}(u)$, le calcul étant effectué dans $\overline{\mathbf{R}}$.

Soient E et F des espaces normés. On note $\mathscr{M}(E; F)$ l'ensemble des morphismes stricts injectifs de E dans F, et $\mathscr{Q}\mathscr{M}(E; F)$ l'ensemble des morphismes stricts de E dans F dont le noyau est de dimension finie.

PROPOSITION 10. — *Soient* E *et* F *des espaces normés. L'ensemble* $\mathscr{M}(E; F)$ *est ouvert dans* $\mathscr{L}(E; F)$*. C'est l'intérieur de l'ensemble des applications de* $\mathscr{L}(E; F)$ *qui sont injectives.*

Soit A l'ensemble des applications linéaires continues injectives de E dans F. Pour qu'une application $u \in A$ soit un morphisme strict, il faut et il suffit que sa conorme $(\!(u)\!)$ soit strictement positive (III, p. 62, remarque). Or $(\!(u)\!)$ est la distance de u au complémentaire de A dans $\mathscr{L}(E; F)$ (III, p. 65, prop. 9). La proposition en résulte.

PROPOSITION 11. — *Soient* E *et* F *des espaces de Banach. L'ensemble* $\mathscr{Q}\mathscr{M}(E; F)$ *est ouvert dans* $\mathscr{L}(E; F)$*. C'est l'intérieur de l'ensemble des applications de* $\mathscr{L}(E; F)$ *dont le noyau est de dimension finie.*

Soit A l'ensemble des applications linéaires continues de E dans F dont le noyau est de dimension finie.

Soit u un élément de $\mathscr{Q}\mathscr{M}(E; F)$. On a alors $(\!(u)\!) > 0$ (III, p. 62, remarque). Tout élément $v \in \mathscr{L}(E; F)$ dont la distance à u est $< (\!(u)\!)$ appartient alors à A (III, p. 65, prop. 9), de sorte que u est un point intérieur de A.

Réciproquement, soit u un élément de A qui n'est pas un morphisme strict. On a $(\!(u)\!) = 0$ (III, p. 62, remarque). Soit v un élément de $\mathscr{L}(E; F)$ qui diffère de u par une application linéaire de rang fini ; d'après le corollaire 1 de III, p. 40, le morphisme v ne peut être strict d'image fermée ; comme un morphisme strict de E dans F a une image fermée dans F (EVT, IV, p. 28, th. 1), cela signifie que v n'est pas un morphisme strict. On a donc $((v)) = 0$. Soit ε un nombre réel > 0. D'après ce qui précède, le lemme 3 de III, p. 66 permet de construire par récurrence une suite $(u_m)_{m\in\mathbf{N}}$ d'éléments de $\mathscr{L}(\mathrm{E};\mathrm{F})$ satisfaisant aux conditions suivantes :

(i) On a $u_0 = u$;

(ii) Pour tout $m \geqslant 0$, $u_{m+1} - u_m$ est une application linéaire continue de rang 1 et de norme $\leqslant 2^{-m-1}\varepsilon$;

(iii) Pour tout $m \geqslant 0$, le noyau de u_m est de dimension $n + m$ et est contenu dans celui de u_{m+1}.

La suite (u_m) est une suite de Cauchy dans l'espace de Banach $\mathscr{L}(\mathrm{E};\mathrm{F})$. Soit u' sa limite. Le noyau de u' contient celui de u_m pour tout $m \geqslant 0$; il est de dimension infinie. Comme

$$\|u' - u\| \leqslant \sum_{m=0}^{\infty} \|u_{m+1} - u_m\| \leqslant \varepsilon \sum_{m=0}^{\infty} 2^{-m-1} = \varepsilon,$$

la distance de u au complémentaire de A est inférieure à ε. Ceci ayant lieu pour tout $\varepsilon > 0$, on conclut que u n'est pas un point intérieur de A.

PROPOSITION 12. — *Soient* E *et* F *des espaces de Banach et u un élément de* $\mathscr{QM}(\mathrm{E};\mathrm{F})$. *Tout* $v \in \mathscr{L}(\mathrm{E};\mathrm{F})$ *tel que* $\|v - u\| < ((u))$ *appartient à* $\mathscr{QM}(\mathrm{E};\mathrm{F})$ *et satisfait les relations*

$$\dim \mathrm{Ker}(v) \leqslant \dim \mathrm{Ker}(u),$$
$$\dim \mathrm{Coker}(v) \leqslant \dim \mathrm{Coker}(u),$$
$$\mathrm{ind}(v) = \mathrm{ind}(u).$$

Comme u est strict, on a $((u)) > 0$. Notons B la boule ouverte de centre v et de rayon $((u))$ dans $\mathscr{L}(\mathrm{E};\mathrm{F})$. Pour tout $v \in \mathrm{B}$, on a $\dim \mathrm{Ker}(v) \leqslant \dim \mathrm{Ker}(u)$ (III, p. 65, prop. 9) et $v \in \mathscr{QM}(\mathrm{E};\mathrm{F})$ (prop. 11).

Pour $r \in \mathbf{Z} \cup \{+\infty\}$, notons B_r l'ensemble des éléments $v \in \mathrm{B}$ tels que $\mathrm{ind}(v) = r$. Si $r \in \mathbf{Z}$, l'ensemble B_r est l'ensemble des applications de Fredholm de E dans F d'indice r qui appartiennent à B (III, p. 52, prop. 11) ; il est ouvert dans B d'après le th. 1 de III, p. 58.

Démontrons que les ensembles B_r sont fermés dans B. Soit $v \in \mathrm{B}$ un point adhérent à B_r. Comme les ensembles B_s, pour $s \in \mathbf{Z}$, sont ouverts dans B et deux à deux disjoints, on a $v \in \mathrm{B}_r$ ou $v \in \mathrm{B}_{+\infty}$.

Supposons $v \in \mathrm{B}_{+\infty}$. Notons n la dimension de $\mathrm{Ker}(u)$. Choisissons un sous-espace vectoriel T de F de dimension $r+2n+1$ dont l'intersection avec $\mathrm{Im}(v)$ soit réduite à 0 et un supplémentaire topologique S de $\mathrm{Ker}(v)$ dans E (III, p. 55, prop. 1). Considérons l'application linéaire continue $f\colon (s,t) \mapsto v(s)+t$ de $\mathrm{S} \times \mathrm{T}$ dans F. Elle est injective. L'application linéaire v est un morphisme strict puisque v appartient à $\mathrm{B} \subset \mathscr{QM}(\mathrm{E};\mathrm{F})$. L'image de v est donc fermée (EVT, IV, p. 28, th. 1). D'après la prop. 1 de III, p. 39, la restriction de v à S est un morphisme strict d'image fermée de S dans F, et f est un morphisme strict d'image fermée de $\mathrm{S} \times \mathrm{T}$ dans F.

D'après la prop. 10, il existe un voisinage U de v dans B tel que, pour tout $w \in \mathrm{U}$, l'application linéaire $(s,t) \mapsto w(s)+t$ de $\mathrm{S}\times\mathrm{T}$ dans F est injective. Soit w un élément de U. On a alors $\mathrm{Ker}(w) \cap \mathrm{S} = \{0\}$ donc w définit par restriction et passage au quotient une application linéaire injective de $\mathrm{Ker}(w)$ dans E/S, ce qui implique que $\mathrm{Ker}(w)$ est de dimension au plus n. On a également $w(\mathrm{S}) \cap \mathrm{T} = \{0\}$, donc

$$\mathrm{codim}_{\mathrm{F}}(\mathrm{Im}(w)) \geqslant \dim(\mathrm{T}) - \mathrm{codim}_{\mathrm{E}}(\mathrm{S}) = r+n+1,$$

cela entraîne $\mathrm{ind}(w) \geqslant r+1$ et contredit l'hypothèse que v est adhérent à B_r.

Si r est un élément de $\mathbf{Z}$ tel que B_r soit non vide, on a $\mathrm{B}_r = \mathrm{B}$ puisque B_r est ouvert et fermé dans B et B est connexe. Si B_r est vide pour tout $r \in \mathbf{Z}$, on a $\mathrm{ind}(v) = +\infty$ pour tout $v \in \mathrm{B}$. L'application $v \mapsto \mathrm{ind}(v)$ est donc constante sur B. Enfin, pour tout $v \in \mathrm{B}$, on a

$$\begin{aligned}\dim \mathrm{Coker}(v) &= \mathrm{ind}(v) + \dim \mathrm{Ker}(v)\\ &\leqslant \mathrm{ind}(u) + \dim \mathrm{Ker}(u) = \dim \mathrm{Coker}(u).\end{aligned}$$

Cela conclut la démonstration.

COROLLAIRE 1. — *Les fonctions définies par* $u \mapsto \dim \mathrm{Ker}(u)$ *et par* $u \mapsto \dim \mathrm{Coker}(u)$ *sur* $\mathscr{QM}(\mathrm{E};\mathrm{F})$ *sont semi-continues supérieurement. La fonction* $u \mapsto \mathrm{ind}(u)$ *est localement constante sur* $\mathscr{QM}(\mathrm{E};\mathrm{F})$.

COROLLAIRE 2. — *La fonction* $u \mapsto \dim \mathrm{Coker}(u)$ *est localement constante sur l'ensemble* $\mathscr{M}(\mathrm{E};\mathrm{F})$ *des morphismes stricts injectifs de* E *dans* F.

En effet, on a $\dim \mathrm{Coker}(u) = \mathrm{ind}(u)$ pour $u \in \mathscr{M}(\mathrm{E};\mathrm{F})$.

Lemme 4. — *Soient* E *et* F *des espaces de Banach. Pour qu'un élément* u *de* $\mathscr{L}(\mathrm{E};\mathrm{F})$ *soit un morphisme strict de* E *dans* F, *il faut et il suffit que* ${}^t u$ *soit un morphisme strict de* F′ *dans* E′*. Dans ce cas, on a* $\dim \mathrm{Coker}({}^t u) = \dim \mathrm{Ker}(u)$ *et* $\dim \mathrm{Ker}({}^t u) = \dim \mathrm{Coker}(u)$.

Pour que u soit un morphisme strict, il faut et il suffit que ${}^t u$ en soit un (EVT, IV, p. 29, cor. 3) ; dans ce cas, l'image de u est fermée (EVT, IV, p. 28, th. 1) et l'espace vectoriel $\mathrm{Ker}({}^t u)$ (resp. $\mathrm{Coker}({}^t u)$) est canoniquement isomorphe au dual de l'espace normé $\mathrm{Coker}(u)$ (resp. $\mathrm{Ker}(u)$) d'après EVT, IV, p. 27, prop. 2. Le lemme en résulte.

Soient E et F des espaces de Banach. On note $\mathscr{E}(\mathrm{E};\mathrm{F})$ l'ensemble des applications linéaires continues surjectives de E dans F et $\mathscr{Q}\mathscr{E}(\mathrm{E};\mathrm{F})$ l'ensemble des applications linéaires continues de E dans F dont l'image est de codimension finie. Tout élément de $\mathscr{Q}\mathscr{E}(\mathrm{E};\mathrm{F})$ est un morphisme strict d'image fermée (III, p. 52, lemme 6). Il résulte du lemme 4 que $\mathscr{E}(\mathrm{E};\mathrm{F})$ et $\mathscr{Q}\mathscr{E}(\mathrm{E};\mathrm{F})$ sont les images réciproques respectives de $\mathscr{M}(\mathrm{F}';\mathrm{E}')$ et $\mathscr{Q}\mathscr{M}(\mathrm{F}';\mathrm{E}')$ par l'application continue $u \mapsto {}^t u$ de $\mathscr{L}(\mathrm{E};\mathrm{F})$ dans $\mathscr{L}(\mathrm{F}';\mathrm{E}')$.

PROPOSITION 13. — *Soient* E *et* F *des espaces de Banach. Les ensembles* $\mathscr{E}(\mathrm{E};\mathrm{F})$ *et* $\mathscr{Q}\mathscr{E}(\mathrm{E};\mathrm{F})$ *sont ouverts dans* $\mathscr{L}(\mathrm{E};\mathrm{F})$*. Plus précisément, si* u *est un élément de* $\mathscr{Q}\mathscr{E}(\mathrm{E};\mathrm{F})$ *et* v *un élément de* $\mathscr{L}(\mathrm{E};\mathrm{F})$ *tel que* $\|v-u\| < (\!(u)\!)$*, on a* $v \in \mathscr{Q}\mathscr{E}(\mathrm{E};\mathrm{F})$ *et*

$$\dim \mathrm{Ker}(v) \leqslant \dim \mathrm{Ker}(u), \quad \dim \mathrm{Coker}(v) \leqslant \dim \mathrm{Coker}(u),$$
$$\mathrm{ind}(v) = \mathrm{ind}(u).$$

On a vu ci-dessus que ${}^t u \in \mathscr{Q}\mathscr{M}(\mathrm{F}';\mathrm{E}')$. De plus, pour tout élément v de $\mathscr{L}(\mathrm{E};\mathrm{F})$, on a $\|{}^t v - {}^t u\| = \|v-u\|$ et $(\!({}^t u)\!) = (\!(u)\!)$ (EVT, IV, p. 7, prop. 8 et III, p. 63, prop. 8). D'après la prop. 12, il résulte de ces relations que si $\|v-u\| < (\!(u)\!)$, alors ${}^t v$ appartient à $\mathscr{Q}\mathscr{M}(\mathrm{F}';\mathrm{E}')$ et qu'on a les inégalités

$$\dim \mathrm{Ker}({}^t v) \leqslant \dim \mathrm{Ker}({}^t u), \quad \dim \mathrm{Coker}({}^t v) \leqslant \dim \mathrm{Coker}({}^t u)$$

ainsi que l'égalité $\mathrm{ind}({}^t v) = \mathrm{ind}({}^t u)$. La proposition résulte alors du lemme 4.

COROLLAIRE 1. — *Les fonctions définies par* $u \mapsto \dim \mathrm{Ker}(u)$ *et par* $u \mapsto \dim \mathrm{Coker}(u)$ *sur* $\mathscr{Q}\mathscr{E}(\mathrm{E};\mathrm{F})$ *sont semi-continues supérieurement. La fonction* $u \mapsto \mathrm{ind}(u)$ *est localement constante sur* $\mathscr{Q}\mathscr{E}(\mathrm{E};\mathrm{F})$.

COROLLAIRE 2. — *La fonction définie par* $u \mapsto \dim \mathrm{Ker}(u)$ *est localement constante sur* $\mathscr{E}(\mathrm{E};\mathrm{F})$.

En effet, on a $\dim \mathrm{Ker}(u) = -\,\mathrm{ind}(u)$ pour tout $u \in \mathscr{E}(\mathrm{E};\mathrm{F})$.

§ 5. PERTURBATION PAR UNE APPLICATION LINÉAIRE COMPACTE

1. Morphismes stricts et propreté

Lemme 1. — *Soient* E *et* F *des espaces vectoriels topologiques, u une application linéaire continue de* E *dans* F *et* U *un voisinage de* 0 *dans* E. *On suppose que u induit un homéomorphisme de* U *sur une partie fermée de* F. *Alors l'image* I *de u est fermée et u induit un homéomorphisme de* E *sur* I.

L'ensemble $u(\mathrm{U})$ est un voisinage de 0 dans I ; il est fermé dans F, donc le sous-groupe I de F est localement fermé en 0, et par conséquent il est fermé (TG, III, p. 7, prop. 4).

Comme $\mathrm{Ker}(u)$ ne rencontre U qu'en 0, on a $\mathrm{Ker}(u) = \{0\}$ et l'application u est injective. Soit V un voisinage fermé de 0 dans E contenu dans U. Comme $u(\mathring{\mathrm{V}})$ est un voisinage de 0 dans $u(\mathrm{V})$, il existe un voisinage équilibré W de 0 dans F tel que $u(\mathrm{V}) \cap \mathrm{W} \subset u(\mathring{\mathrm{V}})$. L'ensemble $\overset{-1}{u}(\mathrm{W})$ est équilibré, donc connexe. Il contient 0 et est contenu dans $\mathring{\mathrm{V}} \cup (\mathrm{E} - \mathrm{V})$. Comme $\mathring{\mathrm{V}}$ et $\mathrm{E} - \mathrm{V}$ sont des parties ouvertes disjointes de E, l'ensemble $\overset{-1}{u}(\mathrm{W})$ est contenu dans $\mathring{\mathrm{V}}$, d'où $\mathrm{W} \cap \mathrm{I} \subset u(\mathring{\mathrm{V}})$. Par suite $u(\mathring{\mathrm{V}})$ est un voisinage de 0 dans I. Cela implique que u induit un homéomorphisme de E sur I.

PROPOSITION 1. — *Soient* E *un espace localement convexe séparé,* F *un espace localement convexe et u une application linéaire continue de* E *dans* F. *Les conditions suivantes sont équivalentes :*

(i) *L'application u est un morphisme strict, son noyau est de dimension finie et son image est fermée dans* F ;

(ii) *Il existe un voisinage fermé* V *de* 0 *dans* E *tel que la restriction de u à* V *soit propre* (TG, I, p. 72).

(i) $\Longrightarrow$ (ii) : Supposons que u vérifie la condition (i). Comme le noyau de u est de dimension finie, il possède un supplémentaire topologique E_1 dans E (III, p. 55, prop. 1), et il existe un voisinage compact C de 0 dans $\mathrm{Ker}(u)$. Identifions E à $\mathrm{E}_1 \times \mathrm{Ker}(u)$; l'ensemble $\mathrm{V} = \mathrm{E}_1 \times \mathrm{C}$ est alors un voisinage fermé de 0 dans E. La restriction de u à V est composée de la projection de $\mathrm{E}_1 \times \mathrm{C}$ sur E_1 qui est propre (TG, I, p. 77, cor. 5) et de la restriction u_1 de u à E_1. Or u_1 est un homéomorphisme de E_1 sur un sous-espace fermé de F, donc est propre (TG, I, p. 72, prop. 2). La composée de deux applications propres est propre (TG, I, p. 73, prop. 5, *a*)), donc la restriction de u à V est propre.

(ii) $\Longrightarrow$ (i) : Soit V un voisinage fermé de 0 dans E tel que la restriction v de u à V soit propre. L'ensemble $V \cap \mathrm{Ker}(u) = \overset{-1}{v}(\{0\})$ est alors compact (TG, I, p. 75, th. 1) ; par suite, l'espace vectoriel $\mathrm{Ker}(u)$ est localement compact, donc de dimension finie (EVT, I, p. 15, th. 3). Soit E_1 un supplémentaire topologique de $\mathrm{Ker}(u)$ dans E (prop. 1 de III, p. 55) ; posons $V_1 = E_1 \cap V$. L'ensemble V_1 est fermé dans V. L'application $u|V_1$ est propre (TG, I, p. 74, cor. 1) et injective, donc est un homéomorphisme de V_1 sur une partie fermée de F (TG, I, p. 72, prop. 2). D'après le lemme 1, la restriction de u à E_1 est un homéomorphisme de E_1 sur un sous-espace fermé de F, donc u est un morphisme strict d'image fermée.

2. Perturbation des applications linéaires injectives ou surjectives

THÉORÈME 1. — *Soient* E *et* F *des espaces localement convexes séparés et u un morphisme strict de* E *dans* F, *dont le noyau est de dimension finie et dont l'image est fermée. Soit h une application linéaire compacte de* E *dans* F. *L'application linéaire $u + h$ est un morphisme strict, son noyau est de dimension finie et son image est fermée.*

D'après la prop. 1 de III, p. 71, il existe un voisinage fermé V de 0 dans E tel que la restriction de u à V soit propre. Puisque h est compacte, il existe un voisinage fermé W de 0 contenu dans V tel que l'ensemble $h(W)$ soit relativement compact. Posons $C = \overline{h(W)}$. La restriction de u à W est propre (TG, I, p. 74, cor. 1). L'application $\alpha\colon x \mapsto (u(x), h(x))$ de W dans $F \times C$ est propre car l'application $\mathrm{pr}_1 \circ \alpha = u|W$ de W dans F est propre (TG, I, p. 73, prop. 5, *d*)). L'application $\beta\colon (y, z) \mapsto (y + z, z)$ de $F \times C$ dans $F \times C$ est un homéomorphisme, et l'application pr_1 de $F \times C$ dans F est propre (TG, I, p. 77, cor. 5). L'application composée $\mathrm{pr}_1 \circ \beta \circ \alpha$ de W dans F est donc propre (TG, I, p. 73, prop. 5, *a*)). Or cette application n'est autre que la restriction de $u + h$ à W. D'après la prop. 1 de III, p. 71, $u + h$ est un morphisme strict, son noyau est de dimension finie et son image est fermée.

Lemme 2. — *Soient* E *et* F *des espaces de Fréchet et* $u \in \mathscr{L}(\mathrm{E};\mathrm{F})$. *Les conditions suivantes sont équivalentes :*

(i) *Le conoyau de* u *est de dimension finie ;*

(ii) *L'application* ${}^t u \colon \mathrm{F}'_c \to \mathrm{E}'_c$ *est un morphisme strict d'image fermée dont le noyau est de dimension finie.*

(i) $\Longrightarrow$ (ii) : Supposons que le conoyau de u est de dimension finie. L'application u est alors un morphisme strict (lemme 6 de III, p. 52). D'après la prop. 2 de EVT, IV, p. 27, l'image de ${}^t u$ est fermée dans E′ muni de la topologie faible, et *a fortiori* dans E'_c. Le noyau de ${}^t u$ est l'orthogonal de l'image de u (*loc. cit.*) ; il est donc de dimension finie. Enfin, ${}^t u$ est un morphisme strict de F'_c dans E'_c d'après le théorème 1 de EVT, IV, p. 28.

(ii) $\Longrightarrow$ (i) : Supposons que ${}^t u \colon \mathrm{F}'_c \to \mathrm{E}'_c$ soit un morphisme strict. D'après EVT, IV, p. 28, th. 1, l'image de u est fermée. Le noyau de ${}^t u$ est l'orthogonal de $\mathrm{Im}(u)$ (EVT, IV, p. 27, prop. 2) ; si ce noyau est de dimension finie, l'image de u est de codimension finie dans F.

THÉORÈME 2. — *Soient* E *et* F *des espaces de Fréchet,* $u \colon \mathrm{E} \to \mathrm{F}$ *une application linéaire continue dont le conoyau est de dimension finie, et* $h \colon \mathrm{E} \to \mathrm{F}$ *une application linéaire compacte. L'application linéaire* $u + h$ *est un morphisme strict, son conoyau est de dimension finie et son image est fermée.*

D'après le lemme 6 de III, p. 52, il suffit de montrer que le conoyau de $u + h$ est de dimension finie. Or, d'après la prop. 9 de III, p. 9, l'application ${}^t h$ de F'_c dans E'_c est compacte ; le théorème 2 résulte du théorème 1 et du lemme 2.

3. Perturbation des applications de Fredholm

THÉORÈME 3. — *Soient* E *un espace localement convexe,* F *un espace localement convexe séparé,* u *une application de Fredholm de* E *dans* F *et* h *une application linéaire compacte de* E *dans* F. *Alors* $u + h$ *est une application de Fredholm, et l'on a* $\mathrm{ind}(u + h) = \mathrm{ind}(u)$.

Nous prouverons le théorème en trois étapes.

A) *On suppose que* E *et* F *sont des espaces de Banach.* La prop. 2 de III, p. 42 montre que l'application linéaire u est un morphisme strict d'image fermée dont le noyau et le conoyau sont de dimension finie. Puisque E et F sont des espaces de Banach, les th. 1 et 2 de III, p. 73 impliquent que, pour tout $t \in [0,1]$, l'application linéaire $u_t = u + th$ possède ces mêmes propriétés, et est donc une application de Fredholm (III, p. 42, prop. 2). L'application $t \mapsto u_t$ de $[0,1]$ dans l'ensemble $\mathscr{F}(\mathrm{E};\mathrm{F})$ des applications de Fredholm de E dans F est continue. D'après le th. 1 de III, p. 58, l'application $t \mapsto \operatorname{ind}(u_t)$ est localement constante. Comme l'intervalle $[0,1]$ de $\mathbf{R}$ est connexe, cette application est constante. On a donc $\operatorname{ind}(u) = \operatorname{ind}(u+h)$.

B) *On suppose que* $\mathrm{E} = \mathrm{F}$ *et* $u = 1_{\mathrm{E}}$. D'après la prop. 5 de III, p. 5, il existe un espace de Banach G, une application linéaire continue $p \colon \mathrm{E} \to \mathrm{G}$ et une application linéaire compacte $q \colon \mathrm{G} \to \mathrm{E}$ telle que $h = q \circ p$. L'endomorphisme $p \circ q$ de G est compact. D'après A), $1_{\mathrm{G}} + p \circ q$ est un endomorphisme de Fredholm de G d'indice nul. Mais alors $1_{\mathrm{E}} + h = 1_{\mathrm{E}} + q \circ p$ est un endomorphisme de Fredholm de E d'indice nul (III, p. 49, prop. 10, *f*)).

C) *Cas général.* Soit v un quasi-inverse de u. Les endomorphismes $u \circ v$ et $(u+h) \circ v$ de F diffèrent de 1_{F} par des applications linéaires compactes. D'après B), ce sont des endomorphismes de Fredholm de F d'indice nul. Il en résulte que $u + h$ est un endomorphisme de Fredholm (III, p. 40, n°2) de même indice que u (III, p. 43, n°3, formule (2)).

COROLLAIRE 1. — *Soient* E *et* F *des espaces localement convexes séparés et* $u \in \mathscr{L}(\mathrm{E};\mathrm{F})$. *Pour que* u *soit une application de Fredholm, il faut et il suffit qu'il existe une application* $v \in \mathscr{L}(\mathrm{F};\mathrm{E})$ *telle que les applications linéaires* $1_{\mathrm{E}} - v \circ u$ *et* $1_{\mathrm{F}} - u \circ v$ *soient compactes.*

Comme une application linéaire continue de rang fini est compacte, la condition énoncée est nécessaire.

Soit v un élément de $\mathscr{L}(\mathrm{F};\mathrm{E})$ tel que les applications linéaires $1_{\mathrm{E}} - v \circ u$ et $1_{\mathrm{F}} - u \circ v$ soient compactes. D'après le théorème 3, $v \circ u$ et $u \circ v$ sont des applications de Fredholm. Soit p et q des quasi-inverses de $v \circ u$ et $u \circ v$ respectivement. Posons $w = p \circ v$ et $w' = v \circ q$. Avec les notations du n° 2 de III, p. 40, on a $w \circ u \equiv 1_{\mathrm{E}}$ et $u \circ w' \equiv 1_{\mathrm{F}}$, d'où $w \equiv w \circ u \circ w' \equiv w'$. Il en résulte que w est un quasi-inverse de u.

COROLLAIRE 2. — *Soient* E *et* F *des espaces localement convexes séparés et* $u \in \mathscr{L}(\mathrm{E};\mathrm{F})$. *Les conditions suivantes sont équivalentes*:

(i) *L'application* u *est une application de Fredholm d'indice nul*;

(ii) *Il existe un isomorphisme* v *de* E *sur* F *tel que* $u - v$ *soit de rang fini*;

(iii) *Il existe un isomorphisme* v *de* E *sur* F *tel que* $u - v$ *soit compact.*

(i) $\Longrightarrow$ (ii) : Supposons que u soit une application de Fredholm d'indice nul. Il existe des décompositions en somme directe topologique $E = E_1 \oplus E_2$ et $F = F_1 \oplus F_2$ avec E_2 et F_2 de dimension finie telles que u s'annule sur E_2 et définisse par restriction un isomorphisme u_1 de E_1 sur F_1 (III, p. 42, prop. 2). Si $\mathrm{ind}(u) = 0$, alors les dimensions de E_2 et F_2 sont égales et il existe un isomorphisme v de E sur F prolongeant u_1. Le noyau de $u - v$ contient E_1, donc $u - v$ est de rang fini.

On a (ii) $\Longrightarrow$ (iii) puisque toute application linéaire continue de rang fini de E dans F est compacte, et (iii) $\Longrightarrow$ (i) d'après le th. 3.

4. Perturbation des endomorphismes de Riesz

Soit E un espace de Banach. Rappelons (*cf.* III, p. 5, prop. 3) que l'ensemble $\mathscr{L}^c(E)$ des endomorphismes compacts de E est un idéal bilatère fermé de l'algèbre de Banach $\mathscr{L}(E)$. L'algèbre de Banach quotient est appelée l'*algèbre de Calkin* de E ; on la note $\mathscr{C}alk(E)$. On note π l'homomorphisme canonique de $\mathscr{L}(E)$ sur $\mathscr{C}alk(E)$. D'après le cor. 1 de III, p. 74, un endomorphisme u de E est un endomorphisme de Fredholm si et seulement si $\pi(u)$ est inversible dans l'algèbre $\mathscr{C}alk(E)$.

PROPOSITION 2. — *Soit* $u \in \mathscr{L}(E)$ *tel que* $\|1_E - \pi(u)\| < 1$ *dans l'algèbre* $\mathscr{C}alk(E)$. *Alors* u *est un endomorphisme de Riesz de* E.

Soit $r \geqslant 1$ un entier tel que $\|1_E - \pi(u)\|^r < \frac{1}{2}$. Soit $P \in \mathbf{C}[X]$ le polynôme $\frac{1-(1-X)^r}{X}$. Notons $v = 1_E - (1_E - u)^r$. On a donc $v = uP(u)$ et $\|1_E - \pi(v)\| < \frac{1}{2}$. Comme les endomorphismes u et $P(u)$ de E commutent, il suffit de prouver que v est un endomorphisme de Riesz de E (III, p. 49, prop. 9).

Puisque $\|1_E - \pi(v)\| < 1/2$, il existe, par définition de la norme quotient dans l'espace $\mathscr{C}alk(E)$, un endomorphisme compact h de E et un endomorphisme w de E tels que $v = 1_E + h + w$ et $\|w\| < \frac{1}{2}$. D'après le corollaire 1 de I, p. 22, l'élément $1_E + w$ est un automorphisme de E. Comme h est compact, $v = (1_E + w) + h$ est un endomorphisme de Fredholm de E d'indice 0 (cor. 2 de III, p. 74). Pour tout entier $n \geqslant 0$, notons N_n le noyau de v^n. Pour démontrer que v est un endomorphisme de Riesz de E, il suffit de prouver qu'il existe un entier $n \geqslant 0$ tel que $N_n = N_{n+1}$ (III, p. 46, déf. 2 et III, p. 46, remarque).

Raisonnons par l'absurde en supposant la suite (N_n) strictement croissante. Pour tout $n \in \mathbf{N}$, soit p_n l'application canonique de E sur l'espace normé E/N_n. Soit c un nombre réel tel que $2\|w\| < c < 1$. Soit $n \in \mathbf{N}$. Puisque N_{n+1} est différent de N_n, il existe un élément $x_n \in N_{n+1}$ tel que $\|p_n(x_n)\| = c$ et tel que $\|x_n\| < 1$ (en effet, il existe $y \in N_{n+1}/N_n$ de norme c donc, pour tout $\varepsilon > 0$, il existe $x_n \in N_{n+1}$ tel que $p_n(x_n) = y$ et $\|x_n\| \leqslant c + \varepsilon$).

Soient m, n deux entiers tels que $m > n \geqslant 0$. On a

$$\begin{aligned} \|h(x_m) - h(x_n)\| &= \|v(x_m - x_n) - (1_E + w)(x_m - x_n)\| \\ &\geqslant \|(v - 1_E)(x_m - x_n)\| - \|w(x_m - x_n)\| \\ &\geqslant \|(v - 1_E)(x_m - x_n)\| - 2\|w\| \qquad (1) \end{aligned}$$

puisque $\|x_m\| \leqslant 1$ et $\|x_n\| \leqslant 1$. Par ailleurs, notons que

$$(v - 1_E)(x_m - x_n) = v(x_m - x_n) + x_n - x_m.$$

Mais comme $n < m$ et $v(N_{m+1}) \subset N_m$, on a $v(x_m - x_n) + x_n \in N_m$, d'où

$$\|v(x_m - x_n) + x_n - x_m\| \geqslant \|p_m(x_m)\| = c.$$

L'inégalité (1) fournit donc la minoration

$$\|h(x_m) - h(x_n)\| \geqslant c - 2\|w\| > 0. \qquad (2)$$

La suite $(h(x_m))_{m\in\mathbf{N}}$ n'a donc aucune valeur d'adhérence dans E, ce qui contredit le fait que l'image par h de la boule unité de E est relativement compacte, puisque h est compact (remarque 1 de III, p. 2).

COROLLAIRE 1. — *Soit* E *un espace localement convexe séparé et soit* $u \in \mathscr{L}(E)$. *Pour que* u *soit un endomorphisme de Riesz, il faut et il suffit qu'il existe un élément* v *de* $\mathscr{L}(E)$ *qui commute à* u *et tel que* $1_E - u \circ v$ *soit compact.*

Comme toute application linéaire continue de rang fini est compacte, la condition est nécessaire (III, p. 47, prop. 6 *d*)). Démontrons qu'elle est suffisante. Soit v un élément de $\mathscr{L}(E)$ qui commute à u et tel que l'endomorphisme $h = 1_E - u \circ v$ de E soit compact. Il existe un espace de Banach G, une application linéaire continue $p\colon E \to G$ et une application linéaire compacte $q\colon G \to E$ tels que $h = q \circ p$ (III, p. 5, prop. 5). L'endomorphisme $p \circ q$ de G est compact. D'après la prop. 2, l'application linéaire $1_G - p \circ q$ est un endomorphisme de Riesz de G. Mais alors $u \circ v = 1_E - q \circ p$ est un endomorphisme de Riesz de E (III, p. 49, prop. 10, g)). Comme u et v commutent, u est un endomorphisme de Riesz de E (III, p. 49, prop. 9).

COROLLAIRE 2. — *Soient* E *un espace localement convexe séparé, u un endomorphisme de Riesz de* E *et $h \in \mathscr{L}(E)$ une application linéaire compacte. Si u et h commutent, alors $u + h$ est un endomorphisme de Riesz de* E.

Soit v le quasi-inverse canonique de u. Il commute à u et à h (III, p. 47, prop. 6), donc à $u + h$. L'endomorphisme $1_E - (u + h) \circ v$ de E est somme de l'application linéaire continue de rang fini $1_E - u \circ v$ et de l'application linéaire compacte $-h \circ v$, donc est compact. Il en résulte que $u + h$ est un endomorphisme de Riesz de E (corollaire 1).

PROPOSITION 3. — *Soit* E *un espace de Banach. Soit u un endomorphisme de* E, *soit* A *son commutant dans $\mathscr{L}(E)$. L'adhérence* B *de $\pi(A)$ dans l'algèbre $\mathscr{C}alk(E)$ est une algèbre de Banach. Pour que u soit un endomorphisme de Riesz de* E, *il faut et il suffit que $\pi(u)$ soit inversible dans* B.

Puisque $\pi(A)$ est une sous-algèbre unifère de $\mathscr{C}alk(E)$, son adhérence B est une algèbre de Banach. Si u est un endomorphisme de Riesz de E, l'élément $\pi(u)$ possède un inverse dans $\pi(A)$ (cor. 1), donc dans B. Réciproquement, supposons que $\pi(u)$ ait un inverse s dans B. Par définition de B, il existe un élément v de A tel que

$$\|s - \pi(v)\| < \frac{1}{\|\pi(u)\|},$$

d'où $\|1_E - \pi(u \circ v)\| < 1$. D'après la prop. 2, l'application linéaire $u \circ v$ est un endomorphisme de Riesz de E. Il en est de même de u puisque u et v commutent (III, p. 49, prop. 9).

5. La théorie de Frédéric Riesz

Soit E un espace localement convexe séparé et soit h un endomorphisme compact de E. Soit $\lambda \in K$. L'endomorphisme λh est compact, donc $1_E - \lambda h$ est un endomorphisme de Riesz de E (cor. 2 de la prop. 2

de III, p. 75) ; notons N_λ et I_λ son nilespace et son conilespace. D'après la prop. 6 de III, p. 47, on a les propriétés suivantes :

(i) Les sous-espaces vectoriels I_λ et N_λ de E sont fermés et stables par h ;

(ii) L'espace localement convexe E est somme directe topologique de I_λ et N_λ ;

(iii) L'application $1_E - \lambda h$ définit par restriction un automorphisme de I_λ ;

(iv) L'espace vectoriel N_λ est de dimension finie, et il existe un entier $n_\lambda \geqslant 0$ tel que $(1_E - \lambda h)^{n_\lambda}(x) = 0$ pour tout $x \in N_\lambda$.

Ces propriétés déterminent les espaces I_λ et N_λ de manière unique (A, VIII, p. 26, remarque 2).

Lemme 3. — *Soit* X *un espace topologique dont la topologie possède une base dénombrable. Toute partie discrète de* X *est dénombrable.*

Soit $\mathscr{B}$ une base dénombrable de la topologie de X et soit D une partie discrète de X. Pour chaque élément x de D, il existe un élément B_x de $\mathscr{B}$ tel que $B_x \cap D = \{x\}$. L'application de D dans $\mathscr{B}$ définie par $x \mapsto B_x$ est injective, d'où le lemme.

Théorème 4. — *Soit* E *un espace localement convexe séparé et soit* h *un endomorphisme compact de* E. *L'ensemble* Σ *des* $\lambda \in K$ *tels que* $1_E - \lambda h$ *ne soit pas un automorphisme de* E *est une partie dénombrable, fermée et discrète du corps* K.

L'ensemble Σ *est aussi l'ensemble des* $\lambda \in K$ *tels que* $1_E - \lambda h$ *ne soit pas injectif et l'ensemble des* $\lambda \in K$ *tels que* $1_E - \lambda h$ *ne soit pas surjectif.*

Il existe un espace de Banach G, une application linéaire continue $p \colon E \to G$ et une application linéaire compacte $q \colon G \to E$ tels que $h = q \circ p$ (III, p. 5, prop. 5). L'endomorphisme $h' = p \circ q$ de G est compact, et pour que $1_E - \lambda h$ soit un automorphisme de E, il faut et il suffit que $1_G - \lambda h'$ soit un automorphisme de G (prop. 10 de III, p. 49, *e*)). Il nous suffit donc de démontrer le théorème lorsque E est un espace de Banach, ce que nous supposons désormais.

Soit $\lambda \in K$. Puisque l'indice d'un endomorphisme de Riesz est nul, il revient au même de dire que l'application $1_E - \lambda h$ est un automorphisme de E, ou qu'elle est injective, ou encore qu'elle est surjective.

L'ensemble Σ est fermé dans K puisque l'ensemble des automorphismes de E est ouvert dans $\mathscr{L}(E)$. Soit λ un élément de Σ. On a

$\lambda \neq 0$. Notons N le nilespace de h et I son conilespace, et notons $h_{\rm I}$ et $h_{\rm N}$ les endomorphismes de I et de N que h définit par passage aux sous-espaces. Alors $1_{\rm I} - \lambda h_{\rm I}$ est un automorphisme de I, et il existe un voisinage U de λ dans K tel que $1_{\rm I} - \mu h_{\rm I}$ soit un automorphisme de I pour tout $\mu \in {\rm U}$. L'endomorphisme $1_{\rm N} - \lambda h_{\rm N}$ de N est nilpotent ; pour tout $\mu \neq \lambda$, on a

$$1_{\rm N} - \mu h_{\rm N} = \frac{\lambda - \mu}{\lambda}\Big(1_{\rm N} + \frac{\mu}{\lambda - \mu}(1_{\rm N} - \lambda h_{\rm N})\Big),$$

donc $1_{\rm N} - \mu h_{\rm N}$ est un automorphisme de N. Par suite, l'ensemble $\rm U \cap \Sigma$ est réduit au seul élément λ et l'ensemble Σ est discret. Il est dénombrable d'après le lemme 3.

6. Alternative de Fredholm

PROPOSITION 4 (Alternative de Fredholm). — *Soit* E *un espace de Banach et soit* h *un endomorphisme compact de* E. *Soit* λ *un élément de* $\rm K - \{0\}$. *Soient* F *le noyau de* $1_{\rm E} - \lambda h$ *et* G *le noyau de* $1_{\rm E'} - \lambda{}^t h$.

a) *Les espaces* F *et* G *sont de même dimension finie* $n \geqslant 0$;

b) *Pour* $y \in {\rm E}$, *il existe* $x \in {\rm E}$ *tel que* $x - \lambda h(x) = y$ *si et seulement si* $\langle y, \ell\rangle = 0$ *pour tout* $\ell \in {\rm G}$;

c) *Pour* $\ell \in {\rm E}'$, *il existe* $f \in {\rm E}'$ *tel que* $f - \lambda{}^t h(f) = \ell$ *si et seulement si* $\langle x, f\rangle = 0$ *pour tout* $x \in {\rm F}$.

En particulier, une et une seule des conditions suivantes est valide :

(i) *L'espace* F *est non nul* ;

(ii) *Pour tout* $y \in {\rm E}$, *il existe* $x \in {\rm E}$ *tel que* $x - \lambda h(x) = y$.

En remplaçant h par λh, on se ramène au cas où $\lambda = 1$.

L'endomorphisme ${}^t h$ est compact d'après le corollaire 1 de III, p. 9. Les endomorphismes $w = 1_{\rm E} - h$ de E et $w' = 1_{\rm E'} - {}^t h$ de E′ sont donc des endomorphismes de Riesz (cor. 2 de la prop. 2 de III, p. 75). En particulier, leurs noyaux F et G sont de dimension finie. Comme $w' = {}^t w$ et que l'indice de w est nul, la dimension de F est égale à celle de G d'après la formule (3) de III, p. 43.

Pour un élément y de E, l'équation $x - h(x) = y$ a une solution $x \in {\rm E}$ si et seulement si x appartient à l'image de w. Comme le dual du conoyau de w s'identifie au noyau G de ${\rm Ker}({}^t w)$ (EVT, IV, p. 27, prop. 2), c'est le cas si et seulement si $\langle y, \ell\rangle = 0$ pour tout $\ell \in {\rm G}$.

Pour un élément ℓ de E', l'équation $f - {}^t h(f) = \ell$ a une solution $f \in E'$ si et seulement si f appartient à l'image de w'. Comme l'image de ${}^t w$ est l'orthogonal du noyau F de w (EVT, IV, p. 27, prop. 2) c'est le cas si et seulement si $\langle x, f \rangle = 0$ pour tout $x \in F$.

Exemple. — Soient X un espace compact, μ une mesure sur X, réelle ou complexe suivant que K est égal à **R** ou **C**, et $N : X \times X \to K$ une fonction continue.

Notons E l'espace de Banach $\mathscr{C}(X; K)$. Supposons donnée une fonction $a \in E$ et $\lambda \in K - \{0\}$. Étudions le problème de l'existence et de l'unicité des solutions $f \in E$ de *l'équation intégrale*

$$(3) \qquad f(x) - \lambda \int_X N(x, y)\, f(y)\, d\mu(y) = a(x) \qquad (x \in X).$$

Pour cela, introduisons l'ensemble F_λ des solutions $f \in E$ de l'équation homogène associée

$$(4) \qquad f(x) - \lambda \int_X N(x, y)\, f(y)\, d\mu(y) = 0 \qquad (x \in X),$$

et l'ensemble G_λ des solutions $g \in E$ de l'équation homogène transposée de (4), c'est-à-dire

$$(5) \qquad g(y) - \lambda \int_X N(x, y)\, g(x)\, d\mu(x) = 0 \qquad (y \in X).$$

S'il n'est pas vide, l'ensemble des solutions de (3) est un sous-espace affine de E de direction F_λ.

Pour $f \in E$ et $x \in X$, posons

$$h(f)(x) = \int_X N(x, y)\, f(y)\, d\mu(y) ;$$

l'application $f \mapsto h(f)$ ainsi définie est un endomorphisme compact de l'espace de Banach E (cor. de la prop. 2 de III, p. 26). Le dual E' de E se compose des mesures sur X, réelles ou complexes suivant que K est égal à **R** ou **C** (INT, III, p. 47, § 1, n° 3, déf. 2). La transposée ${}^t h$ de h est l'endomorphisme de E' caractérisé par la relation $\langle f, {}^t h(m) \rangle = \langle h(f), m \rangle$ pour $f \in E$ et $m \in E'$, c'est-à-dire

$$\begin{aligned} \int_X f(x) d({}^t h(m))(x) &= \int_X h(f)(x) dm(x) \\ &= \int_X \Big(\int_X N(x, y) f(y) d\mu(y) \Big) dm(x) \\ (6) \qquad &= \int_X \Big(\int_X N(x, y) dm(x) \Big) f(y) d\mu(y) \end{aligned}$$

pour $m \in E'$ et $f \in E$ (INT, III, p. 84, § 4, n° 1, th. 2).

Lemme 4. — L'application linéaire de G_λ *dans* E' *définie par* $g \mapsto g \cdot \mu$ *est injective, et son image est le noyau de* $1_{E'} - \lambda^t h$.

Si $g \in G_\lambda$ vérifie $g \cdot \mu = 0$, alors la formule (5) implique $g = 0$, donc l'application $g \mapsto g \cdot \mu$ est injective.

Soit $m \in E'$ une mesure appartenant au noyau de $1_{E'} - \lambda^t h$. D'après la relation (6), on a

$$\int_X f(x)\, dm(x) = \lambda \int_X \Big(\int_X N(x, y)\, dm(x) \Big) f(y) d\mu(y) \tag{7}$$

pour toute fonction continue $f : X \to K$. La mesure m est donc égale à la mesure $g \cdot \mu$, où g est la fonction continue de X dans K définie par

$$g(y) = \lambda \int_X N(x, y)\, dm(x) \tag{8}$$

pour tout $y \in X$. La formule (8) implique alors que la fonction g appartient à G_λ.

Réciproquement, soit $g : X \to K$ une fonction continue appartenant à G_λ et posons $m = g \cdot \mu$. Pour toute fonction continue $f : X \to K$, on a donc

$$\begin{aligned}\int_X f(y) dm(y) &= \int_X g(y) f(y) d\mu(y) \\ &= \lambda \int_X \Big(\int_X N(x, y) g(x) d\mu(x) \Big) f(y) d\mu(y) \\ &= \lambda \int_X f(x)\, dm(x),\end{aligned}$$

de sorte que ${}^t h(m) = \lambda m$. Cela démontre le lemme 4.

En appliquant la proposition 4 et le théorème 4 de III, p. 78. à l'endomorphisme h, on obtient alors les énoncés suivants.

Théorème 5. — *Soit* $\lambda \in K$.

a) *Les ensembles* F_λ *et* G_λ *sont des sous-espaces vectoriels de dimension finie de* $\mathscr{C}(X; K)$ *et leur dimensions sont égales* ;

b) *Pour que l'équation* (3) *ait au moins une solution* $f \in \mathscr{C}(X, K)$, *il faut et il suffit que l'on ait* $\int_X a(x)\, g(x)\, d\mu(x) = 0$ *pour toute fonction* $g \in G_\lambda$. *L'ensemble des solutions de* (3) *est alors un sous-espace affine de* $\mathscr{C}(X; K)$ *de direction* F_λ ;

c) *Une des conditions suivantes, qui s'excluent mutuellement, est satisfaite* :

(i) *Pour toute fonction* $a \in \mathscr{C}(\mathrm{X};\mathrm{K})$, *il existe une unique solution* $f \in \mathscr{C}(\mathrm{X};\mathrm{K})$ *de l'équation intégrale* (3) ;

(ii) *L'équation homogène* (4) *possède une solution non nulle* $f \in \mathscr{C}(\mathrm{X};\mathrm{K})$.

COROLLAIRE. — *L'ensemble des* $\lambda \in \mathrm{K}$ *pour lesquels l'espace* F_λ *n'est pas nul est une partie dénombrable, fermée et discrète de* K.

§ 6. PROPRIÉTÉS SPECTRALES DES ENDOMORPHISMES DES ESPACES DE BANACH

Sauf mention du contraire, les espaces vectoriels considérés dans ce paragraphe sont des espaces vectoriels sur **C**. Le spectre d'un endomorphisme d'un espace normable complet E est le spectre relatif à l'algèbre unifère $\mathscr{L}(\mathrm{E})$ (*cf.* n° 7 de I, p. 127).

1. Points isolés et points sensibles du spectre

Soit E un espace normable complet et soit u un endomorphisme de E. Soit λ un point isolé du spectre de u. On rappelle qu'on note $e_\lambda(u)$ le projecteur spectral associé à u et à l'ensemble fermé et ouvert $\{\lambda\}$ du spectre de u (n° 3 de I, p. 131). L'endomorphisme $u - \lambda 1_{\mathrm{E}}$ induit un automorphisme de $\mathrm{Ker}(e_\lambda(u))$ et un endomorphisme quasi-nilpotent de $\mathrm{Im}(e_\lambda(u))$ (*loc. cit.*).

DÉFINITION 1. — *On dit que* λ *est de* multiplicité spectrale finie pour u *si le projecteur spectral* $e_\lambda(u)$ *est de rang fini* ; *dans ce cas, l'entier* $m_\lambda(u) = \dim(\mathrm{Im}(e_\lambda(u)))$ *s'appelle la* multiplicité spectrale de λ pour u.

DÉFINITION 2. — *On appelle* points sensibles du spectre de u *les points isolés de* $\mathrm{Sp}(u)$ *de multiplicité spectrale finie. L'ensemble des points sensibles de* $\mathrm{Sp}(u)$ *s'appelle le* spectre sensible *de* u *et se note* $\mathrm{Sp}_s(u)$.[2] *On appelle* spectre essentiel de u *et on note* $\mathrm{Sp}_e(u)$ *l'ensemble complémentaire* $\mathrm{Sp}(u) - \mathrm{Sp}_s(u)$.

Comme l'ensemble $\mathrm{Sp}_s(u)$ se compose de points isolés de $\mathrm{Sp}(u)$, il est ouvert dans $\mathrm{Sp}(u)$, discret, et dénombrable (III, p. 78, lemme 3) ; il est aussi borné. L'ensemble $\mathrm{Sp}_e(u)$ est fermé dans $\mathrm{Sp}(u)$, donc compact.

D'après la prop. 14 de III, p. 54, les points sensibles du spectre de u sont les nombres complexes λ tels que $u - \lambda 1_E$ soit un endomorphisme de Riesz de E qui n'est pas un automorphisme de E.

Pour tout nombre complexe λ, on note $N_\lambda(u)$ et $I_\lambda(u)$ le nilespace et le conilespace de l'endomorphisme $u - \lambda 1_E$ de E. Puisque E est un espace de Fréchet, $u - \lambda 1_E$ est un endomorphisme de Riesz si et seulement si $N_\lambda(u)$ est de dimension finie et $I_\lambda(u)$ est de codimension finie (prop. 13 de III, p. 53) ; lorsque c'est le cas, $u - \lambda 1_E$ est inversible si et seulement si $N_\lambda(u)$ est réduit à 0 (III, p. 47, prop. 6). Les points sensibles du spectre de u sont donc les nombres complexes λ tels que $N_\lambda(u)$ soit de dimension finie non nulle et $I_\lambda(u)$ soit de codimension finie dans E (III, p. 54, prop. 14). La multiplicité spectrale $m_\lambda(u)$ de λ est alors la dimension de $N_\lambda(u)$, l'endomorphisme $u - \lambda 1_E$ définit par restriction un automorphisme de $I_\lambda(u)$ et un endomorphisme nilpotent de $N_\lambda(u)$. Comme $N_\lambda(u)$ n'est pas réduit à 0, il en découle que λ est une valeur propre de u. Le plus petit entier $n \geqslant 1$ tel que $\mathrm{Ker}((u - \lambda 1_E)^n)$ soit égal à $N_\lambda(u)$ est l'ordre du pôle de la résolvante de u au point λ (n° 3 de I, p. 131), qui est majoré par $m_\lambda(u)$.

En particulier, on a donc démontré :

PROPOSITION 1. — *Les points sensibles du spectre de* u *sont des valeurs propres de multiplicité spectrale finie.*

Le spectre essentiel de u se compose des nombres complexes λ tels que $u - \lambda 1_E$ ne soit pas un endomorphisme de Riesz de E. En particulier, si u est compact, alors tout $\lambda \in \mathrm{Sp}(u) - \{0\}$ est un point sensible du spectre (cor. 2 de III, p. 77).

PROPOSITION 2. — *Soient* E *un espace normable complet et* u *un endomorphisme de* E. *Soit* H *une partie finie de* $\mathrm{Sp}_s(u)$. *L'ensemble* H

[2] Certains auteurs parlent de « point fini » du spectre, ou de « spectre discret ».

est ouvert et fermé dans $\mathrm{Sp}(u)$. *Le projecteur spectral* $e_{\mathrm{H}}(u)$ *est de rang fini, a pour image* $\sum_{\lambda\in\mathrm{H}} \mathrm{N}_\lambda(u)$ *et pour noyau* $\bigcap_{\lambda\in\mathrm{H}} \mathrm{I}_\lambda(u)$.

Cela résulte du n° 3 de I, p. 131 puisque, pour tout $\lambda \in \mathrm{Sp_s}(u)$, les sous-espaces $\mathrm{N}_\lambda(u)$ et $\mathrm{I}_\lambda(u)$ sont respectivement l'image et le noyau du projecteur spectral $e_\lambda(u)$.

COROLLAIRE 1. — *Soit* V *un voisinage de* $\mathrm{Sp_e}(u)$.

a) *Il existe une décomposition de* E *en somme directe topologique* $\mathrm{F} \oplus \mathrm{G}$ *telle que* F *soit de dimension finie, que* F *et* G *soient stables par tout endomorphisme permutable à* u, *et que le spectre de l'endomorphisme de* G *déduit de* u *soit contenu dans* V ;

b) *Supposons* V *non vide. Il existe un élément* v *du bicommutant de* u *dans* $\mathscr{L}(\mathrm{E})$ *dont le spectre est contenu dans* V *et tel que* $v - u$ *soit de rang fini.*

Posons $\mathrm{H} = \mathrm{Sp}(u) \cap (\mathbf{C} - \mathring{\mathrm{V}})$. L'ensemble H est contenu dans $\mathrm{Sp_s}(u)$, donc est discret ; comme il est fermé dans l'espace compact $\mathrm{Sp}(u)$, il est fini. On peut prendre pour F et G l'image et le noyau du projecteur spectral $e_{\mathrm{H}}(u)$ (prop. 2).

Supposons que V n'est pas vide. Soit $\mu \in \mathrm{V}$ et notons v l'endomorphisme de E qui coïncide avec l'homothétie de rapport μ dans F et avec u dans G. Son spectre est contenu dans $\{\mu\} \cup (\mathrm{Sp}(u) - \mathrm{H})$, donc dans V, et $v - u$ est de rang fini puisque F est de dimension finie.

Pour toute partie compacte S de **C**, on note $\mathscr{O}(\mathrm{S})$ l'algèbre des germes de fonctions holomorphes au voisinage de S et à valeurs dans **C** (I, p. 49, §4, n° 1).

COROLLAIRE 2. — *Soit* $f \in \mathscr{O}(\mathrm{Sp}(u))$ *et soit* μ *un nombre complexe. Soit* H *l'ensemble des* $\lambda \in \mathrm{Sp}(u)$ *tels que* $f(\lambda) = \mu$. *Alors* μ *est un point sensible du spectre de* $f(u)$ *si et seulement si* H *est fini, non vide, et contenu dans le spectre sensible de* u. *Sous ces conditions, le projecteur spectral* $e_\mu(f(u))$ *est égal au projecteur* $e_{\mathrm{H}}(u)$ *associé à* u *et* H. *On a*

$$\mathrm{N}_\mu(f(u)) = \bigoplus_{\lambda\in\mathrm{H}} \mathrm{N}_\lambda(u), \quad \mathrm{I}_\mu(f(u)) = \bigcap_{\lambda\in\mathrm{H}} \mathrm{I}_\lambda(u)$$

et la multiplicité spectrale de μ *pour* $f(u)$ *est la somme des multiplicités spectrales des éléments de* H, *c'est-à-dire*

$$m_\mu(f(u)) = \sum_{\lambda\in\mathrm{H}} m_\lambda(u).$$

Le nombre complexe μ appartient à $f(\mathrm{Sp}(u))$, et donc au spectre de $f(u)$ (prop. 8 de I, p. 75), si et seulement si H n'est pas vide. On a alors $e_\mu(f(u)) = e_\mathrm{H}(u)$ (n° 1 de I, p. 127). Les autres assertions s'en déduisent par la prop. 2.

Exemples. — 1) Soient E un espace vectoriel de dimension finie et u un endomorphisme de E. Le spectre de u est fini et coïncide avec $\mathrm{Sp_s}(u)$. Ses éléments sont les racines du polynôme caractéristique χ_u de u ; ce sont les valeurs propres de u. La multiplicité spectrale $m_\lambda(u)$ d'un élément $\lambda \in \mathrm{Sp}(u)$ est la multiplicité de λ comme racine du polynôme χ_u (A, VII, p. 36, cor.). D'après le cor. 2 ci-dessus, on a

$$\chi_{f(u)}(\mathrm{T}) = \prod_{\lambda \in \mathrm{Sp}(u)} (\mathrm{T} - f(\lambda))^{m_\lambda}$$

pour tout $f \in \mathscr{O}(\mathrm{Sp}(u))$. Cela généralise la prop. 10 de A, VII, p. 36.

2) Soient X une partie compacte de **C** et $\mathscr{C}(\mathrm{X})$ l'espace de Banach des fonctions continues sur X à valeurs complexes. Notons u l'endomorphisme de $\mathscr{C}(\mathrm{X})$ qui à $f \in \mathscr{C}(\mathrm{X})$ associe la fonction $z \mapsto zf(z)$ de $\mathscr{C}(\mathrm{X})$. Le spectre de u est égal à X, ses points sensibles sont les points isolés de X et leurs multiplicités spectrales sont égales à 1.

2. Une partition du spectre

Notons $\overline{\mathbf{Z}}$ le sous-ensemble $\mathbf{Z} \cup \{-\infty, +\infty\}$ de $\overline{\mathbf{R}}$. Si u est une application linéaire dont le noyau ou le conoyau est de dimension finie, on appelle indice de u l'élément $\mathrm{ind}(u)$ de $\overline{\mathbf{Z}}$ défini par

$$\mathrm{ind}(u) = \dim \mathrm{Coker}(u) - \dim \mathrm{Ker}(u)$$

(*cf.* n° 6 de III, p. 67).

DÉFINITION 3. — *Soient* E *un espace normable complet et* u *un endomorphisme de* E. *Pour tout* $n \in \overline{\mathbf{Z}}$, *on note* $\mathrm{Sp}_n(u)$ *l'ensemble des nombres complexes* $\lambda \in \mathrm{Sp_e}(u)$ *tels que* $u - \lambda 1_\mathrm{E}$ *soit un morphisme strict, dont le noyau ou le conoyau est de dimension finie, et dont l'indice est* n. *On note* $\mathrm{Sp}_\omega(u)$ *le complémentaire dans* $\mathrm{Sp_e}(u)$ *de l'union des sous-ensembles* $\mathrm{Sp}_n(u)$ *pour* $n \in \overline{\mathbf{Z}}$.

Les ensembles $\mathrm{Sp}_{\mathrm{s}}(u)$, $\mathrm{Sp}_n(u)$ pour $n \in \overline{\mathbf{Z}}$ et $\mathrm{Sp}_\omega(u)$ forment une partition du spectre de u.

Tout endomorphisme de E dont le conoyau est de dimension finie est strict (III, p. 52, lemme 6). Les endomorphismes de Fredholm de E sont les endomorphismes de E dont le noyau et le conoyau sont de dimension finie (III, p. 52, prop. 11). L'ensemble $\mathbf{C} - \mathrm{Sp}_{\mathrm{e}}(u)$ se compose des $\lambda \in \mathbf{C}$ tels que $u - \lambda 1_{\mathrm{E}}$ soit un endomorphisme de Riesz de E, et un tel endomorphisme est un endomorphisme de Fredholm de E d'indice 0.

Par suite, pour $\lambda \in \mathbf{C}$ et pour $n \in \mathbf{Z} - \{0\}$, on a :

$\lambda \in \mathbf{C} - \mathrm{Sp}(u)$	$\Longleftrightarrow$	$u - \lambda 1_{\mathrm{E}}$ est un automorphisme ;
$\lambda \in \mathrm{Sp}_{\mathrm{s}}(u)$	$\Longleftrightarrow$	$u - \lambda 1_{\mathrm{E}}$ est un endomorphisme de Riesz, mais n'est pas un automorphisme ;
$\lambda \in \mathrm{Sp}_0(u)$	$\Longleftrightarrow$	$u - \lambda 1_{\mathrm{E}}$ est un endomorphisme de Fredholm d'indice 0 de E mais n'est pas un endomorphisme de Riesz de E ;
$\lambda \in \mathrm{Sp}_n(u)$ $(n \neq 0)$	$\Longleftrightarrow$	$u - \lambda 1_{\mathrm{E}}$ est un endomorphisme de Fredholm d'indice n de E ;
$\lambda \in \mathrm{Sp}_{-\infty}(u)$	$\Longleftrightarrow$	$u - \lambda 1_{\mathrm{E}}$ est strict, son noyau est de dimension infinie et son conoyau est de dimension finie ;
$\lambda \in \mathrm{Sp}_{+\infty}(u)$	$\Longleftrightarrow$	$u - \lambda 1_{\mathrm{E}}$ est strict, son noyau est de dimension finie et son conoyau est de dimension infinie ;
$\lambda \in \mathrm{Sp}_\omega(u)$	$\Longleftrightarrow$	soit $u - \lambda 1_{\mathrm{E}}$ n'est pas strict, soit son noyau et son conoyau sont de dimension infinie.

Remarque. — Notons π l'homomorphisme canonique de $\mathscr{L}(\mathrm{E})$ sur l'algèbre de Calkin $\mathscr{C}alk(\mathrm{E})$ de E (*cf.* n° 4 de III, p. 75). Le spectre de $\pi(u)$ relativement à l'algèbre $\mathscr{C}alk(\mathrm{E})$ est parfois appelé le *spectre stable* de u. Ses éléments sont les nombres complexes λ tels que $u - \lambda 1_{\mathrm{E}}$ ne soit pas un endomorphisme de Fredholm de E (cor. 1 du th. 3 de III, p. 73). Il est donc égal à $\mathrm{Sp}_\omega(u) \cup \mathrm{Sp}_{-\infty}(u) \cup \mathrm{Sp}_{+\infty}(u)$.

Soit A l'ensemble des endomorphismes de E permutables à u. L'adhérence B de $\pi(\mathrm{A})$ dans $\mathscr{C}alk(\mathrm{E})$ est une algèbre normable complète et le spectre de $\pi(u)$ relativement à B est le spectre essentiel $\mathrm{Sp}_{\mathrm{e}}(u)$ de u (III, p. 77, prop. 3). D'après le cor. de la prop. 6 de I, p. 28, appliqué à la sous-algèbre B de $\mathscr{C}alk(\mathrm{E})$, l'ensemble $\mathrm{Sp}_{\mathrm{e}}(u)$ est la réunion de $\mathrm{Sp}_\omega(u) \cup \mathrm{Sp}_{-\infty}(u) \cup \mathrm{Sp}_{+\infty}(u)$ et de certaines composantes connexes bornées de son complémentaire.

THÉORÈME 1. — *Soient* E *un espace normable complet et* u *un endomorphisme de* E.

a) *L'ensemble* $\mathrm{Sp}_\omega(u)$ *est compact. Il n'est pas vide si* E *est de dimension infinie;*

b) *Soit* $n \in \overline{\mathbf{Z}}$. *L'ensemble* $\mathrm{Sp}_n(u)$ *est réunion d'une famille de composantes connexes bornées de* $\mathbf{C} - \mathrm{Sp}_\omega(u)$. *Il est ouvert dans* $\mathbf{C}$, *et sa frontière dans* $\mathbf{C}$ *est contenue dans* $\mathrm{Sp}_\omega(u)$.

L'ensemble $\mathbf{C} - \mathrm{Sp}_\omega(u)$ se compose des nombres complexes $\lambda \in \mathbf{C}$ tels que $u - \lambda 1_{\mathrm{E}}$ soit un morphisme strict, dont le noyau ou le conoyau est de dimension finie. D'après les prop. 11 de III, p. 67 et 13 de III, p. 70, il est ouvert. L'ensemble $\mathrm{Sp}_\omega(u)$ est donc fermé. Comme il est borné, il est compact.

Démontrons *b*). Soit $n \in \overline{\mathbf{Z}}$. L'ensemble $\mathrm{Sp}_n(u)$ est contenu dans $\mathbf{C} - \mathrm{Sp}_\omega(u)$. Soit U une composante connexe de $\mathbf{C} - \mathrm{Sp}_\omega(u)$ qui rencontre $\mathrm{Sp}_n(u)$. L'application $\lambda \mapsto \mathrm{ind}(u - \lambda 1_{\mathrm{E}})$ de $\mathbf{C} - \mathrm{Sp}_\omega(u)$ dans $\overline{\mathbf{Z}}$ étant localement constante (cor. 1 de la prop. 12 de III, p. 68 et cor. 1 de la prop. 13 de III, p. 70), l'indice de $u - \lambda 1_{\mathrm{E}}$ est égal à n pour tout $\lambda \in$ U. Si $n \neq 0$, cela implique que U est contenu dans $\mathrm{Sp}_n(u)$. Si $n = 0$, remarquons que l'ensemble U est une composante connexe de $\mathbf{C} - (\mathrm{Sp}_\omega(u) \cup \mathrm{Sp}_{-\infty}(u) \cup \mathrm{Sp}_{+\infty}(u))$. Puisque U rencontre $\mathrm{Sp}_0(u)$ et donc $\mathrm{Sp}_{\mathrm{e}}(u)$, il résulte alors de la remarque 2 que l'ensemble U est contenu dans $\mathrm{Sp}_{\mathrm{e}}(u)$, et par suite dans $\mathrm{Sp}_0(u)$. On conclut dans tous les cas que $\mathrm{Sp}_n(u)$ est la réunion des composantes connexes de $\mathbf{C} - \mathrm{Sp}_\omega(u)$ qui rencontrent $\mathrm{Sp}_n(u)$. Celles-ci sont nécessairement bornées puisque l'ensemble $\mathrm{Sp}(u)$ est borné. Par suite, $\mathrm{Sp}_n(u)$ est ouvert dans $\mathbf{C}$ et sa frontière est contenue dans $\mathrm{Sp}_\omega(u)$. Cela démontre *b*).

Supposons finalement que l'ensemble $\mathrm{Sp}_\omega(u)$ est vide. D'après *b*), chacun des ensembles $\mathrm{Sp}_n(u)$, pour $n \in \overline{\mathbf{Z}}$, est alors vide. On a donc $\mathrm{Sp}(u) = \mathrm{Sp}_{\mathrm{s}}(u)$. Le spectre de u est par conséquent discret et compact, donc fini, et comme tous ses points sont de multiplicité spectrale finie, l'espace vectoriel E est de dimension finie (III, p. 83, prop. 2). Cela termine la démonstration de *a*).

COROLLAIRE. — a) *Soit* Ω *la composante connexe non bornée de* $\mathbf{C} - \mathrm{Sp}_\omega(u)$. *On a* $\Omega \cap \mathrm{Sp}(u) \subset \mathrm{Sp}_{\mathrm{s}}(u)$;

b) *Tout point adhérent à* $\mathrm{Sp}_{\mathrm{s}}(u)$ *qui n'appartient pas à* $\mathrm{Sp}_{\mathrm{s}}(u)$ *appartient à* $\mathrm{Sp}_\omega(u)$.

L'assertion *a*) est une conséquence directe de l'assertion *b*) du th. 1. Soit λ un point adhérent à $\mathrm{Sp_s}(u)$ qui n'appartient pas à $\mathrm{Sp_s}(u)$. Il appartient au spectre de u, puisque celui-ci est fermé. Il n'appartient à aucun des ensembles $\mathrm{Sp}_n(u)$, pour $n \in \overline{\mathbf{Z}}$, puisque ceux-ci sont ouverts (*loc. cit.*) et disjoints de $\mathrm{Sp_s}(u)$. On a donc $\lambda \in \mathrm{Sp}_\omega(u)$, d'où *b*).

PROPOSITION 3. — *Soient* E *et* F *des espaces normables complets,* $u\colon \mathrm{E} \to \mathrm{F}$ *et* $v\colon \mathrm{F} \to \mathrm{E}$ *des applications linéaires continues.*

a) *Les traces sur* $\mathbf{C} - \{0\}$ *des ensembles* $\mathrm{Sp}(v \circ u)$ *et* $\mathrm{Sp}(u \circ v)$ (*resp.* $\mathrm{Sp_s}(v \circ u)$ *et* $\mathrm{Sp_s}(u \circ v)$, *resp.* $\mathrm{Sp}_n(v \circ u)$ *et* $\mathrm{Sp}_n(u \circ v)$ *pour* $n \in \overline{\mathbf{Z}}$, *resp.* $\mathrm{Sp}_\omega(v \circ u)$ *et* $\mathrm{Sp}_\omega(u \circ v)$) *sont égales*;

b) *Soit* λ *un élément de* $\mathrm{Sp_s}(v \circ u)$ *distinct de* 0. *Les multiplicités spectrales de* λ *pour* $v \circ u$ *et pour* $u \circ v$ *sont égales.*

Soit μ un nombre complexe non nul et soit $n \in \overline{\mathbf{Z}}$. Pour que $\mu 1_{\mathrm{E}} - v \circ u$ soit un automorphisme (resp. un endomorphisme de Riesz, resp. un morphisme strict dont le noyau ou le conoyau est de dimension finie et dont l'indice est n), il faut et il suffit que $\mu 1_{\mathrm{F}} - u \circ v$ en soit un (III, p. 49, prop. 10). L'assertion *a*) résulte alors des définitions.

Soit λ un point de $\mathrm{Sp_s}(v \circ u)$ distinct de 0. On a

$$\dim \mathrm{Ker}((\lambda 1_{\mathrm{E}} - v \circ u)^n) = \dim \mathrm{Ker}((\lambda 1_{\mathrm{F}} - u \circ v)^n)$$

pour tout $n \geqslant 0$ (*loc. cit.*), donc les multiplicités spectrales de λ pour $v \circ u$ et $u \circ v$ sont égales.

3. Spectre du transposé d'un endomorphisme

PROPOSITION 4. — *Soient* E *un espace normable complet,* E′ *l'espace dual de* E *et* u *un endomorphisme de* E.

a) *On a* $\mathrm{Sp_s}(u) = \mathrm{Sp_s}({}^t u)$, $\mathrm{Sp}_n(u) = \mathrm{Sp}_{-n}({}^t u)$ *pour tout* $n \in \overline{\mathbf{Z}}$ *et* $\mathrm{Sp}_\omega(u) = \mathrm{Sp}_\omega({}^t u)$;

b) *Tout point de* $\mathrm{Sp_s}(u)$ *a même multiplicité spectrale pour* u *et pour* ${}^t u$.

L'assertion *a*) de la prop. 3 de I, p. 131 démontre que $\mathrm{Sp}(u) = \mathrm{Sp}({}^t u)$, et l'assertion *c*) de *loc. cit.* implique que $\mathrm{Sp_s}(u) = \mathrm{Sp_s}({}^t u)$ et que l'assertion *b*) est valide.

Pour tout $\lambda \in \mathbf{C}$, le lemme 4 de III, p. 69 implique que $u - \lambda 1_{\mathrm{E}}$ est un morphisme strict si et seulement si ${}^t u - \lambda 1_{\mathrm{E}'}$ en est un, et que

$$\dim \operatorname{Coker}({}^t(u - \lambda 1_{\mathrm{E}})) = \dim \operatorname{Ker}(u - \lambda 1_{\mathrm{E}})$$
$$\dim \operatorname{Ker}({}^t(u - \lambda 1_{\mathrm{E}})) = \dim \operatorname{Coker}(u - \lambda 1_{\mathrm{E}})$$

dans $\overline{\mathbf{Z}}$. L'assertion *a*) en résulte, compte tenu des définitions des diverses parties du spectre (déf. 3 de III, p. 85).

4. Perturbation par un opérateur compact

THÉORÈME 2. — *Soient* E *un espace normable complet, u un endomorphisme de* E *et h un endomorphisme compact de* E. *On a* $\mathrm{Sp}_\omega(u+h) = \mathrm{Sp}_\omega(u)$ *et* $\mathrm{Sp}_n(u+h) = \mathrm{Sp}_n(u)$ *pour tout* $n \in \overline{\mathbf{Z}} - \{0\}$.

Soit $\lambda \in \mathbf{C}$. Pour que $u + h - \lambda 1_{\mathrm{E}}$ soit un morphisme strict dont le noyau (resp. le conoyau) est de dimension finie, il faut et il suffit que $u - \lambda 1_{\mathrm{E}}$ le soit, d'après le th. 1 de III, p. 72 (resp. le th. 2 de III, p. 73).

Les égalités

$$\mathrm{Sp}_{-\infty}(u+h) = \mathrm{Sp}_{-\infty}(u), \quad \mathrm{Sp}_{+\infty}(u+h) = \mathrm{Sp}_{+\infty}(u),$$
$$\mathrm{Sp}_\omega(u+h) = \mathrm{Sp}_\omega(u)$$

en résultent. Par ailleurs, on a $\mathrm{Sp}_n(u+h) = \mathrm{Sp}_n(u)$ d'après le th. 3 de III, p. 73 pour tout $n \in \mathbf{Z} - \{0\}$.

COROLLAIRE. — *Supposons que la composante connexe non bornée du complémentaire de* $\mathrm{Sp}_\omega(u)$ *contienne* 0. *Alors $u + h$ est un endomorphisme de Riesz de* E.

On a $\mathrm{Sp}_\omega(u+h) = \mathrm{Sp}_\omega(u)$ (th. 2), donc 0 appartient à la composante connexe non bornée de $\mathbf{C} - \mathrm{Sp}_\omega(u+h)$. D'après le cor. du th. 1 de III, p. 87, ou bien 0 n'appartient pas au spectre de $u + h$, ou bien c'est un point sensible de ce spectre. Dans les deux cas, $u + h$ est un endomorphisme de Riesz de E.

5. Spectre d'un opérateur compact

Lemme 1. — *Soit* E *un espace vectoriel topologique séparé de dimension* $\geqslant 2$ *sur* $\mathbf{R}$ *et soit* X *une partie dénombrable de* E. *L'ensemble complémentaire* E − X *est connexe.*

Supposons d'abord que E est de dimension 2. On peut supposer que $E = \mathbf{R}^2$ muni de la norme euclidienne (EVT, I, p. 14, th. 2). Puisque X est dénombrable, il existe un nombre réel $r \in \mathbf{R}_+^*$ tel que le cercle C de centre 0 et de rayon r ne rencontre pas X. Soit $x \in E - X$; si $x \notin C$, il existe un point $y \in C$ tel que la droite L_x joignant x et y ne rencontre pas X, puisque X est dénombrable. L'ensemble $E - X$ est la réunion de C, qui est connexe, et des ensembles connexes $L_x \cup C$ pour $x \in E - (X \cup C)$; ces ensembles contiennent tous C, et donc $E - X$ est connexe (TG, I, p. 81, prop. 2).

Considérons le cas général. En remplaçant X par $X - x$ pour un élément $x \in E - X$, on se ramène au cas où $0 \notin X$. Comme $E - X$ est la réunion des ensembles $F - (X \cap F)$ lorsque F parcourt l'ensemble des sous-espaces de dimension 2 de E, et que ceux-ci sont connexes d'après le cas précédent et contiennent 0, l'ensemble $E - X$ est connexe (*loc. cit.*).

Lemme 2. — *Soit* $S \subset \mathbf{C}$ *un ensemble infini, discret, borné et fermé dans* $\mathbf{C} - \{0\}$. *Alors* S *est l'ensemble des valeurs d'une suite* $(\lambda_n)_{n \in \mathbf{N}}$ *de nombres complexes non nuls, deux à deux distincts, telle que la suite* $(|\lambda_n|)_{n \in \mathbf{N}}$ *soit décroissante et converge vers* 0.

Pour tout entier $i \geqslant 1$, l'ensemble A_i des nombres complexes $\lambda \in S$ tels que $|\lambda| \geqslant \frac{1}{i}$ est compact et discret dans $\mathbf{C}$, donc fini. Notons a_i son cardinal. Comme S est infini, la suite (a_i) tend vers $+\infty$. Posons $A_0 = \varnothing$ et $a_0 = 0$. Pour tout $i \geqslant 1$, choisissons une bijection $n \mapsto \lambda_n$ de l'intervalle $[a_{i-1}, a_i[$ de $\mathbf{N}$ sur $A_i - A_{i-1}$ telle que l'application $n \mapsto |\lambda_n|$ soit décroissante sur $[a_{i-1}, a_i[$. La suite $(\lambda_n)_{n \in \mathbf{N}}$ vérifie les propriétés demandées.

Soit E un espace normable complet de dimension infinie. L'algèbre $\mathscr{L}^c(E)$ est une sous-algèbre non unifère de $\mathscr{L}(E)$. Rappelons que pour tout endomorphisme compact $u \in \mathscr{L}^c(E)$, le spectre $\mathrm{Sp}'_{\mathscr{L}^c(E)}(u)$ est le spectre de u relativement à la sous-algèbre unifère $\mathscr{L}^c(E) \oplus \mathbf{C}1_E$ de $\mathscr{L}(E)$ (I, p. 4, n°4).

PROPOSITION 5. — *Soit* E *un espace normable complet et soit* u *un endomorphisme compact de* E. *Tout élément de* $\mathrm{Sp_s}(u)$ *est une valeur propre de multiplicité spectrale finie. De plus :*

a) *Si* E *est de dimension finie, alors* $\mathrm{Sp}(u) = \mathrm{Sp_s}(u)$;

b) *Si* E *est de dimension infinie, alors* $\mathrm{Sp_s}(u) = \mathrm{Sp}(u) - \{0\}$ *et* $\mathrm{Sp}_\omega(u) = \{0\}$;

c) *Si* $\mathrm{Sp_s}(u)$ *est infini, c'est l'ensemble des valeurs d'une suite* $(\lambda_n)_{n\in\mathbf{N}}$ *de nombres complexes non nuls, deux à deux distincts, telle que la suite* $(|\lambda_n|)_{n\in\mathbf{N}}$ *soit décroissante et converge vers* 0 ;

d) *Si* E *est de dimension infinie, alors* $\mathrm{Sp}(u) = \mathrm{Sp}'_{\mathscr{L}^c(\mathrm{E})}(u)$.

Tout élément de $\mathrm{Sp_s}(u)$ est une valeur propre de multiplicité spectrale finie (prop. 1 de III, p. 83).

L'assertion *a*) est élémentaire (III, p. 85, exemple 1). Supposons maintenant que E est de dimension infinie.

Soit $\lambda \in \mathrm{Sp}(u) - \{0\}$. Alors $u - \lambda 1_{\mathrm{E}}$ est un endomorphisme de Riesz de E (cor. 2 de la prop. 2 de III, p. 75), donc λ appartient à $\mathrm{Sp_s}(u)$. Si E est de dimension infinie, alors $\mathrm{Sp}_\omega(u)$ n'est pas vide (III, p. 87, th. 1, *a*)). On a nécessairement $\mathrm{Sp}_\omega(u) = \{0\}$, d'où *b*).

L'ensemble $\mathrm{Sp_s}(u)$ est discret et borné. Par ailleurs, on a $\mathrm{Sp_s}(u) = \mathrm{Sp}(u) \cap (\mathbf{C} - \{0\})$ d'après *b*), donc $\mathrm{Sp_s}(u)$ est fermé dans $\mathbf{C} - \{0\}$. L'assertion *c*) résulte donc du lemme 2.

Le spectre de u est dénombrable, et son complémentaire dans $\mathbf{C}$ est donc connexe (lemme 1). D'après le cor. de la prop. 6 de I, p. 28, appliqué à la sous-algèbre unifère $\mathscr{L}^c(\mathrm{E}) \oplus \mathbf{C}1_{\mathrm{E}}$ de $\mathscr{L}(\mathrm{E})$, on conclut que $\mathrm{Sp}(u) = \mathrm{Sp}'_{\mathscr{L}^c(\mathrm{E})}(u)$.

PROPOSITION 6. — *Soient* E *un espace normable complet sur* $\mathbf{C}$ *et* u *un endomorphisme compact de* E.

a) *Soit* $f \in \mathscr{O}(\mathrm{Sp}(u))$ *telle que* $f(0) = 0$. *L'endomorphisme* $f(u)$ *est compact* ;

b) *Supposons que* E *est un espace hilbertien complexe et que* u *est normal. Soit* f *une fonction continue sur* $\mathrm{Sp}(u)$ *telle que* $f(0) = 0$. *L'endomorphisme normal* $f(u)$ *est compact.*

De plus, les assertions réciproques sont valides si E *est de dimension infinie et la condition* $f(0) = 0$ *n'est pas nécessaire si* E *est de dimension finie.*

On peut supposer que E est de dimension infinie.

Démontrons *a*) et sa réciproque. L'endomorphisme u est un élément de l'algèbre de Banach $\mathscr{L}^c(\mathrm{E})$. Puisque E est de dimension infinie, on a l'égalité $\mathrm{Sp}(u) = \mathrm{Sp}'_{\mathscr{L}^c(\mathrm{E})}(u)$ d'après la prop. 5, *d*). L'élément $f(u)$ du calcul fonctionnel holomorphe de l'algèbre de Banach unifère déduite de $\mathscr{L}^c(\mathrm{E})$ par adjonction d'un élément unité appartient à $\mathscr{L}^c(\mathrm{E})$ si et seulement si $f(0) = 0$ (I, p. 88). Mais par ailleurs cet élément coïncide avec l'élément $f(u)$ de $\mathscr{L}(\mathrm{E})$ (prop. 7 de I, p. 75), donc $f(u)$ est compact si et seulement si $f(0) = 0$.

La preuve de l'assertion *b*) et de sa réciproque est toute identique en considérant le calcul fonctionnel continu de l'algèbre stellaire $\mathscr{L}^{\mathrm{c}}(\mathrm{E})$ (I, p. 110, déf. 5).

COROLLAIRE. — *Soient* E *et* F *des espaces hilbertiens et soit* u *une application linéaire continue de* E *dans* F. *L'application linéaire* u *est compacte si et seulement si l'endomorphisme* $|u|$ *de* E *est compact.*

Soit $(j, |u|)$ la décomposition polaire de u (déf. 4 de I, p. 140). Puisque $u = j|u|$ et $|u| = \sqrt{u^*u}$ (prop. 10 de I, p. 139), l'équivalence résulte de la prop. 3 de III, p. 5 et de l'assertion *b*) de la proposition précédente.

6. Cas des espaces hilbertiens

Dans ce numéro, E désigne un espace hilbertien sur **C**. On note π l'homomorphisme canonique de $\mathscr{L}(\mathrm{E})$ sur l'algèbre stellaire $\mathscr{C}alk(\mathrm{E})$.

PROPOSITION 7. — *Soit* $u \in \mathscr{L}(\mathrm{E})$.

a) *Si* u *est normal, alors* u *est un endomorphisme de Riesz si et seulement si* u *est un endomorphisme de Fredholm d'indice* 0.

b) *Si* u *est hermitien, alors* u *est un endomorphisme de Fredholm si et seulement si* u *est un endomorphisme de Riesz.*

Tout endomorphisme de Riesz est un endomorphisme de Fredholm d'indice 0 (proposition 5 de III, p. 46). Réciproquement, supposons que u est un endomorphisme de Fredholm d'indice 0, et que u est normal. Son nilespace coïncide alors avec son noyau (EVT, V, p. 43, prop. 8), et est donc de dimension finie. Il résulte alors du lemme 2 de III, p. 45 et de la définition que u est un endomorphisme de Riesz.

Démontrons *b*). D'après *a*), il suffit de vérifier que l'indice d'un endomorphisme de Fredholm hermitien u est nul. Mais l'orthogonal de l'image de u (qui est fermée) est alors égal au noyau de u (EVT, V, p. 41, prop. 4), d'où l'assertion.

COROLLAIRE. — *Soit* $u \in \mathscr{L}(\mathrm{E})$. *Si* u *est normal, alors* $\mathrm{Sp}_0(u)$ *est vide, et si* u *est hermitien, alors* $\mathrm{Sp}_{\mathrm{e}}(u)$ *coïncide avec le spectre de* $\pi(u)$ *relatif à l'algèbre* $\mathscr{C}alk(\mathrm{E})$.

Les deux assertions résultent de la proposition et de la définition des ensembles $\mathrm{Sp}_n(u)$ pour $n \in \overline{\mathbf{Z}}$ et de $\mathrm{Sp}_\omega(u)$, qui forment une partition du spectre essentiel de u (déf. 2 de III, p. 83).

THÉORÈME 3 (Weyl). — *Soit $u \in \mathscr{L}(\mathrm{E})$ un endomorphisme normal de u. Le spectre essentiel de u est l'intersection des ensembles $\mathrm{Sp}(u+h)$ pour h parcourant $\mathscr{L}^{\mathrm{c}}(\mathrm{E})$.*

Soit $h \in \mathscr{L}^{\mathrm{c}}(\mathrm{E})$. Comme $\mathrm{Sp}_0(u)$ est vide (corollaire ci-dessus), le théorème 2 de III, p. 89 implique que $\mathrm{Sp}_{\mathrm{e}}(u+h) = \mathrm{Sp}_{\mathrm{e}}(u)$. L'intersection des ensembles $\mathrm{Sp}(u+h)$ contient donc $\mathrm{Sp}_{\mathrm{e}}(u)$.

Soit $\lambda \in \mathrm{Sp}_{\mathrm{s}}(u)$. Notons E_λ le sous-espace propre de u relatif à λ, et F_λ l'image du projecteur spectral associé à u et $\mathbf{C} - \{\lambda\}$. L'espace E est somme directe topologique de E_λ et F_λ. Soit h l'endomorphisme de rang fini de E qui est nul sur F_λ et coïncide sur E_λ avec l'identité. L'endomorphisme $u+h$ est inversible, donc $\lambda \notin \mathrm{Sp}(u+h)$. Le théorème en résulte.

Ainsi, si u est un endomorphisme normal de E, et si $h \in \mathscr{L}^{\mathrm{c}}(\mathrm{E})$, le spectre de $u+h$ ne peut différer du spectre de u que par des points isolés qui sont de multiplicité spectrale finie.

7. Le théorème de Krein–Rutman

Lemme 3. — *Soit $(a_n)_{n\geqslant 0}$ une suite de nombres réels positifs tels que la série entière*

$$f(z) = \sum_{n\geqslant 0} a_n z^n$$

ait un rayon de convergence fini $r > 0$. Soit $\mathrm{D} \subset \mathbf{C}$ le disque ouvert de centre 0 et de rayon r. Il n'existe pas de fonction holomorphe $\widetilde{f}$ définie sur un voisinage ouvert U de r dans $\mathbf{C}$ qui coïncide avec f sur $\mathrm{U} \cap \mathrm{D}$.

Supposons qu'il existe une telle fonction holomorphe $\widetilde{f}$ définie sur un voisinage ouvert U de r. Il existe des nombres réels $s < r$ et $\delta > 0$ tels que $s + \delta > r$ et que le disque ouvert D′ de centre s et de rayon δ est contenu dans U. Le développement en série entière de $\widetilde{f}$ au point s (VAR, R1, p. 26, 3.2.1) converge alors pour tout z dans le disque de centre 0 et de rayon δ (VAR, R1, p. 29, 3.3.4). Cette série est

$$\widetilde{f}_s(z) = \sum_{n=0}^{+\infty} \frac{\widetilde{f}^{(n)}(s)}{n!} z^n = \sum_{n=0}^{+\infty} \frac{f^{(n)}(s)}{n!} z^n$$

(VAR, R1, p. 27, 3.2.4). Comme $s \in \mathrm{D}$, on a

$$f^{(n)}(s) = \sum_{k=n}^{+\infty} k(k-1)\cdots(k-n+1)a_k s^{k-n}$$

(VAR, R1, p. 28, 3.2.11). Prenons z tel que $0 < z < \delta$. Puisque $a_k \geqslant 0$, on a

$$\begin{aligned}\widetilde{f}_s(z) &= \sum_{n=0}^{+\infty}\Big(\sum_{k=n}^{+\infty} \frac{k(k-1)\cdots(k-n+1)}{n!} a_k s^{k-n}\Big) z^n \\ &= \sum_{k=0}^{+\infty}\Big(a_k \sum_{n=0}^{k} \frac{k!}{n!(k-n)!} s^{k-n} z^n\Big) = \sum_{k=0}^{+\infty} a_k (s+z)^k\end{aligned}$$

(TG, III, p. 40). Lorsque $s + z > r$, la convergence de cette expression contredit l'hypothèse selon laquelle le rayon de convergence de la série entière f est égal à r.

Soit E un espace de Banach *réel*. Soit C un cône convexe pointé dans E. L'espace vectoriel engendré par C est égal à $\mathrm{C} - \mathrm{C}$ (EVT, II, p. 12, cor. 1). En particulier, le cône C est total dans E si et seulement $\mathrm{C} - \mathrm{C}$ est dense dans E. Rappelons que C est dit *saillant* si $\mathrm{C} \cap (-\mathrm{C})$ est réduit à 0 (EVT, II, p. 11).

Le polaire C° de C est l'ensemble des formes linéaires continues $\ell \in \mathrm{E}'$ telles que $\ell(x) \geqslant 0$ pour tout $x \in \mathrm{C}$ (EVT, II, p. 47, prop. 4). D'après le théorème des bipolaires (EVT, II, p. 48, th. 1), si C est un cône fermé convexe pointé, on a $\mathrm{C}^{\circ\circ} = \mathrm{C}$.

Lemme 4. — Soit E *un espace de Banach réel et* $u \in \mathscr{L}(\mathrm{E}_{(\mathbf{C})})$ *un endomorphisme non nul de* $\mathrm{E}_{(\mathbf{C})}$. *Soit* C *un cône convexe total dans* E. *Il existe* $x \in \mathrm{C}$ *tel que* $u(x) \neq 0$.

En effet, si u s'annule sur C, alors u s'annule sur $\mathrm{C} - \mathrm{C}$, donc sur E, et donc sur $\mathrm{E}_{(\mathbf{C})}$.

THÉORÈME 4 (Krein–Rutman). — *Soit* E *un espace normable complet sur* $\mathbf{R}$. *Soit* C *un cône convexe fermé total saillant dans* E *et soit* $u \in \mathscr{L}(\mathrm{E})$ *une application linéaire compacte telle que* $u(\mathrm{C}) \subset \mathrm{C}$. *Si le rayon spectral* $\varrho(u)$ *est* > 0, *alors* $\varrho(u)$ *est un point isolé du spectre de* u, *et il existe un vecteur propre non nul* $x \in \mathrm{C}$ *de* u *pour la valeur propre* $\varrho(u)$.

Soit $\mathrm{E}_{(\mathbf{C})}$ l'espace complexifié de E et $u_{(\mathbf{C})}$ l'endomorphisme de $\mathrm{E}_{(\mathbf{C})}$ obtenu par extension des scalaires à partir de u. Le rayon spectral de $u_{(\mathbf{C})}$ est égal à $\varrho(u)$ (I, p. 86) ; on le note simplement ϱ. Puisque $\varrho > 0$, le spectre complexe de u n'est pas réduit à 0. Il existe donc $\lambda_0 \in \mathrm{Sp_s}(u_{(\mathbf{C})})$ tel que $|\lambda_0| = \varrho$ (prop. 5 de III, p. 90). Soit e_0 le projecteur spectral de $u_{(\mathbf{C})}$ associé à λ_0.

La résolvante $\lambda \mapsto \mathrm{R}(u_{(\mathbf{C})}, \lambda) = (\lambda - u_{(\mathbf{C})})^{-1}$ est holomorphe sur le complémentaire du spectre de $u_{(\mathbf{C})}$ (th. 1 de I, p. 24). Le nombre complexe λ_0 est un pôle de la résolvante et son résidu est le projecteur spectral e_0 (I, p. 131).

Soient y et y' des éléments de E tels que $y+iy' \in \mathrm{E}_{(\mathbf{C})}$ soit un vecteur propre de $u_{(\mathbf{C})}$ pour la valeur propre λ_0. Puisque $e_0(y+iy') = y+iy' \neq 0$, il existe un élément $x_0 \in \mathrm{C}$ tel que $e_0(x_0) \neq 0$ (lemme 4). Comme C est fermé et saillant, son polaire C° est total (EVT, II, p. 48, cor. 1), et il existe alors une forme linéaire $\ell_0 \in \mathrm{C}^\circ$ telle que $\langle e_0(x_0), \ell_0\rangle \neq 0$.

Considérons la fonction f définie par $f(0) = 0$ et par

$$f(z) = \langle \mathrm{R}(u_{(\mathbf{C})}, z^{-1})x_0, \ell_0\rangle$$

pour $z \in \mathbf{C}$ tel que $z^{-1} \notin \mathrm{Sp}(u_{(\mathbf{C})})$. Cette fonction vérifie

$$(1) \qquad f(z) = \ell_0\Big(\Big(\sum_{n=0}^{+\infty} z^{n+1} u_{(\mathbf{C})}^n\Big)x_0\Big) = \sum_{n=0}^{\infty} \langle u^n(x_0), \ell_0\rangle z^{n+1}$$

pour $|z| < 1/\varrho$ (théorème 1 de I, p. 24, *d*)) et est donc holomorphe dans le disque de centre 0 et de rayon $1/\varrho$.

Il existe une fonction holomorphe $\widetilde{\mathrm{R}}$ définie sur un voisinage ouvert U de λ_0 et à valeurs dans $\mathscr{L}(\mathrm{E})$ telle que pour z appartenant à $\mathrm{U} - \{\lambda_0\}$, on a

$$\mathrm{R}(u_{(\mathbf{C})}, z) = \widetilde{\mathrm{R}}(z) + \sum_{n=0}^{+\infty} (z - \lambda_0)^{-n-1}(u_{(\mathbf{C})} - \lambda_0)^n e_0$$

(prop. 17 de I, p. 83). Pour z tel que $z^{-1} \in \mathrm{U}$ et $z \neq 1/\lambda_0$, on a donc

$$f(z) = \langle \widetilde{\mathrm{R}}(z^{-1})x_0, \ell_0\rangle + \sum_{n=0}^{+\infty} (z^{-1} - \lambda_0)^{-n-1}\langle (u_{(\mathbf{C})} - \lambda_0)^n e_0(x_0), \ell_0\rangle.$$

Le terme de la série correspondant à $n = 0$ est $(z^{-1} - \lambda_0)^{-1}\langle e_0(x_0), \ell_0\rangle$. Comme $\langle e_0(x_0), \ell_0\rangle \neq 0$, l'unicité du développement de Laurent (VAR, R1, p. 30, 3.3.9) implique que f ne se prolonge pas en une fonction holomorphe au voisinage de $1/\lambda_0$. En particulier, le rayon de convergence du développement en série entière (1) de la fonction f au point 0 est égal à $1/\varrho$.

Les coefficients de la série entière (1) sont $\langle u^n(x_0), \ell_0\rangle \geqslant 0$ puisque $u(\mathrm{C}) \subset \mathrm{C}$ et $\ell_0 \in \mathrm{C}^\circ$. D'après le lemme 3, la fonction f ne se prolonge pas en une fonction holomorphe au voisinage de $1/\varrho$. La résolvante de $u_{(\mathbf{C})}$ ne peut donc pas être prolongée en une fonction holomorphe au voisinage de ϱ, c'est-à-dire que $\varrho \in \mathrm{Sp}(u)$. Cela implique que ϱ est une valeur propre de $u_{(\mathbf{C})}$ (prop. 5 de III, p. 90). Comme ϱ est réel, c'est aussi une valeur propre de u.

Soit $d \geqslant 1$ l'ordre du pôle de la résolvante de $u_{(\mathbf{C})}$ en ϱ. Soit e l'endomorphisme

$$e = \lim_{z\to\varrho}(z-\varrho)^d \mathrm{R}(u_{(\mathbf{C})}, z).$$

Il est non nul et permutable à $u_{(\mathbf{C})}$, et son image est contenue dans l'espace propre de $u_{(\mathbf{C})}$ relatif à ϱ (*cf.* n° 3 de I, p. 131). Soit maintenant ℓ un élément de C° et x un élément de C. D'après le théorème 1 de I, p. 24, *d*), on a

$$\langle e(x), \ell\rangle = \lim_{\substack{z\to\varrho \\ z>\varrho}}(z-\varrho)^d \sum_{n\geqslant 0}\langle u^n(x), \ell\rangle z^{-n-1} \geqslant 0.$$

Le théorème des bipolaires (EVT, II, p 48, th. 1) implique que $e(x) \in \mathrm{C}$ pour tout $x \in \mathrm{C}$. Puisque C est total, il existe $x \in \mathrm{C}$ tel que $e(x) \neq 0$ (lemme 4), et alors $e(x)$ appartient à C et est un vecteur propre de u pour la valeur propre ϱ, comme désiré.

COROLLAIRE. — *Soit* E *un espace normable complet sur* **R**. *Soient* C *un cône convexe fermé total saillant dans* E *et* $u \in \mathscr{L}(\mathrm{E})$ *une application linéaire compacte telle que* $u(\mathrm{C}) \subset \mathrm{C}$. *Si le rayon spectral* $\varrho(u)$ *de* u *est* > 0, *alors* $\varrho({}^t u) = \varrho(u)$ *est une valeur propre de* ${}^t u$, *et* ${}^t u$ *admet un vecteur propre relatif à* $\varrho(u)$ *dans* C°.

On a $\varrho({}^t u) = \varrho(u)$ (prop. 3 de I, p. 131). D'après le corollaire 1 de III, p. 9, l'endomorphisme ${}^t u$ de E′ est compact. De plus on a ${}^t u(\mathrm{C}^\circ) \subset \mathrm{C}^\circ$; l'assertion résulte alors du théorème de Krein–Rutman appliqué à ${}^t u$, et au cône convexe fermé C°, puisque celui-ci est saillant (car C est total) et total (car C est saillant).

Remarque. — L'hypothèse $\varrho(u) > 0$ ne saurait être omise en général dans le théorème de Krein–Rutman. Par exemple, soit V l'endomorphisme de l'espace de Banach $\mathscr{C}([0,1])$ défini par

$$\mathrm{V}(f)(x) = \int_0^x f(y)dy$$

pour $f \in \mathscr{C}([0,1])$. L'application V est compacte et son rayon spectral est nul (exercice 1 de I, p. 187). Elle préserve le cône convexe fermé total saillant dans $\mathscr{C}([0,1])$ formé des fonctions positives, et n'a pas de valeur propre (*loc. cit.*).

La proposition suivante décrit une condition suffisante pour qu'un endomorphisme préservant un cône ait un rayon spectral strictement positif, et précise alors le théorème de Krein–Rutman.

PROPOSITION 8. — *Soit* E *un espace normable complet sur* **R** *non nul. Soient* C *un cône convexe fermé saillant d'intérieur* $\mathring{C}$ *non vide dans* E*, et* $u \in \mathscr{L}(E)$ *une application linéaire compacte telle que* $u(C - \{0\}) \subset \mathring{C}$.

a) *On a* $\varrho(u) > 0$ *et il existe un vecteur propre* x_0 *de* u *dans* $\mathring{C}$ *pour la valeur propre* $\varrho(u)$;

b) *Le projecteur spectral de* u *correspondant à* $\varrho(u)$ *est de rang* 1 ;

c) *Pour toute valeur propre* $\lambda \neq \varrho(u)$ *de* $u_{(\mathbf{C})}$*, on a* $|\lambda| < \varrho(u)$;

d) *Soit* F *un sous-espace de* E *stable par* u *tel que* $(C - \{0\}) \cap F$ *est non vide. Alors* $x_0 \in F$*. En particulier, les seuls vecteurs propres de* u *dans* C *sont les multiples de* x_0.

Démontrons deux lemmes préliminaires.

Lemme 5. — *Soient* E *un espace de Banach réel,* C *un cône convexe dans* E *et* $u \in \mathscr{L}(E)$ *tels que* $u(C - \{0\}) \subset \mathring{C}$*. Soit* $\ell \in C^\circ$ *un vecteur propre de* ${}^t u$*. Alors le noyau de* ℓ *est stable par* u *et ne rencontre pas* $C - \{0\}$.

Soit $\lambda \in \mathbf{R}$ tel que ${}^t u(\ell) = \lambda \ell$. Pour tout $x \in \mathrm{Ker}(\ell)$, on a

$$\langle u(x), \ell\rangle = \langle x, {}^t u(\ell)\rangle = \lambda\langle x, \ell\rangle = 0,$$

donc $\mathrm{Ker}(\ell)$ est stable par u.

Soit x un élément non nul de $\mathrm{Ker}(\ell)$. Pour tout élément y de E tel que $\langle y, \ell\rangle < 0$, on a $\langle u(x) + y, \ell\rangle < 0$, d'où il résulte que $u(x) + y \notin C$ puisque $\ell \in C^\circ$. On en déduit que $u(x)$ n'appartient pas à $\mathring{C}$. Comme $u(C - \{0\}) \subset \mathring{C}$, cela implique que $x \notin C$.

Lemme 6. — *Soient* E *un espace vectoriel réel de dimension finie et* B *un voisinage convexe compact de* 0 *dans* E*. Soit* u *un endomorphisme de* E *tel que* $u(B) \subset \mathring{B}$*. Le spectre complexe de* u *est alors contenu dans le disque unité de* **C** *et, en particulier, il ne rencontre pas le cercle de centre* 0 *et de rayon* 1 *dans* **C**.

En remplaçant B par B∩(−B), on se ramène au cas où B est équilibré. La jauge p de B (EVT, II, p. 28, ex. 3) est alors une norme sur E, qui définit sa topologie (EVT, I, p. 14, th. 2). L'hypothèse implique que $p(u(x)) < p(x)$ pour tout élément x de $E - \{0\}$, donc que le rayon spectral de u est < 1 ; comme c'est aussi le rayon spectral de $u_{(\mathbf{C})}$ (*cf.* I, p. 86), la conclusion en résulte.

Démontrons maintenant la proposition.

Notons $x \preccurlyeq y$ la relation d'ordre sur E associée au cône convexe C (EVT, II, p. 13, nº 5), c'est-à-dire $x \preccurlyeq y$ si et seulement si $y - x \in C$. On a $u(x) \preccurlyeq u(y)$ si $x \preccurlyeq y$. Puisque $\mathring{C}$ est non vide, l'espace vectoriel $C - C$ engendré par C (EVT, II, p. 12, cor. 1) contient un voisinage de 0, donc le cône C est total.

Démontrons l'assertion *a*). Soit $\varrho = \varrho(u)$. Soit y_0 un élément de $\mathring{C}$. On a $y_0 \neq 0$. Soit $r > 0$ tel que la boule fermée de centre y_0 et de rayon r est contenue dans C. Pour tout $y \in E - \{0\}$, on a $y_0 - r\|y\|^{-1}y \in C$, donc $y \preccurlyeq r^{-1}\|y\|y_0$ pour tout $y \in E$.

Comme $y_0 \neq 0$, les hypothèses impliquent que $u(y_0) \in \mathring{C}$. Il existe donc $t > 0$ tel que $tu(y_0) - y_0 \in C$. Notons $v = tu$. C'est un endomorphisme compact de E tel que $v(C) \subset C$ et $v(y_0) \succcurlyeq y_0$. Pour tout entier $n \geqslant 1$, on a

$$y_0 \preccurlyeq v^n(y_0) \preccurlyeq r^{-1}\|v^n(y_0)\|y_0 \preccurlyeq r^{-1}\|v^n\|\,\|y_0\|y_0,$$

donc $(r^{-1}\|v^n\|\|y_0\| - 1)y_0 \in C$. Comme C est saillant, cela implique que $t^n\|u^n\| = \|v^n\| \geqslant r/\|y_0\|$, d'où $\varrho \geqslant t^{-1} > 0$ (I, p. 20, prop. 1).

D'après le théorème de Krein–Rutman (th. 4), le nombre réel ϱ est une valeur propre de u, et il existe un vecteur propre x_0 de u dans C pour la valeur propre ϱ. On a $\varrho x_0 = u(x_0) \in \mathring{C}$ par hypothèse, donc $x_0 \in \mathring{C}$. Cela établit l'assertion *a*).

Soit K l'intersection du spectre de $u_{(\mathbf{C})}$ et du cercle de centre 0 et de rayon ϱ dans $\mathbf{C}$. Comme u est compact et $\varrho > 0$, l'ensemble K est fini et l'image du projecteur spectral e_K est un sous-espace de $E_{(\mathbf{C})}$ de dimension finie (prop. 2 de III, p. 83 et prop. 5 de III, p. 90). Comme K est stable par la conjugaison complexe, l'image de e_K est un sous-espace de $E_{(\mathbf{C})}$ rationnel sur $\mathbf{R}$ (A, V, p.60, prop. 6) ; notons F le sous-espace de E tel que $F_{(\mathbf{C})}$ est égal à l'image de e_K. L'espace F est stable par u et contient le sous-espace propre de u relatif à ϱ, donc F est non nul.

Pour démontrer les assertions *b*) et *c*), il suffit de démontrer que F est de dimension 1.

Notons v l'endomorphisme de F déduit de u par passage aux sous-espaces. Soit $\mathrm{C_F} = \mathrm{C} \cap \mathrm{F}$. C'est un cône convexe fermé saillant d'intérieur non vide dans F (puisque $x_0 \in \mathring{\mathrm{C}} \cap \mathrm{F}$), donc total ; il vérifie $v(\mathrm{C_F} - \{0\}) \subset \mathring{\mathrm{C}}_\mathrm{F}$, et en particulier est stable par v. Comme $\varrho(v) \leqslant \varrho$ et $x_0 \in \mathrm{F}$, on a $\varrho(v) = \varrho$. D'après le corollaire du théorème 4, appliqué à $\mathrm{C_F}$ et v, il existe un vecteur propre ℓ de ${}^t v$ dans $\mathrm{C}^\circ_\mathrm{F}$ pour la valeur propre $\varrho(v) = \varrho > 0$.

Le sous-espace $\mathrm{Ker}(\ell)$ de F est stable par v. Soit w l'endomorphisme de $\mathrm{Ker}(\ell)$ déduit de $\varrho^{-1}v$ par passage aux sous-espaces ; son spectre est contenu dans le cercle unité. L'ensemble B des $y \in \mathrm{Ker}(\ell)$ tels que $x_0 + y \in \mathrm{C_F}$ est un voisinage convexe fermé de 0 dans $\mathrm{Ker}(\ell)$. Pour tout $y \in \mathrm{B}$ et tout $z \in \mathrm{Ker}(\ell)$, on a

$$x_0 + (w(y) + z) = \varrho^{-1}(v(x_0 + y) + \varrho z)$$

qui appartient à $\mathrm{C_F}$ si la norme de z est assez petite, donc $w(y) \in \mathring{\mathrm{B}}$.

L'ensemble B est borné : en effet, s'il existait une suite $(y_n)_{n\in\mathbf{N}}$ dans $\mathrm{Ker}(\ell)$ telle que $\|y_n\| \to +\infty$ et $x_0 + y_n \in \mathrm{C_F}$ alors, quitte à extraire une sous-suite, on aurait $y_n/\|y_n\| \to y$ où $y \in \mathrm{Ker}(\ell)$ est non nul, et $y = \lim \|y_n\|^{-1}(x_0 + y_n)$ appartiendrait à $\mathrm{C_F}$, contredisant le lemme 5. L'ensemble B est donc compact.

On déduit alors du lemme 6, appliqué à $\mathrm{Ker}(\ell)$, à B et à w, que le spectre complexe de w ne rencontre pas le cercle de centre 0 et de rayon 1 ; cela entraîne que le spectre de w est vide, ce qui signifie que $\mathrm{Ker}(\ell)$ est réduit à $\{0\}$, donc que F est de dimension 1. Les assertions *b*) et *c*) sont donc établies.

L'application linéaire ${}^t u$ est compacte (corollaire 1 de III, p. 9) et ${}^t u(\mathrm{C}^\circ) \subset \mathrm{C}^\circ$; de plus $\varrho({}^t u) = \varrho > 0$ (prop. 3 de I, p. 131). D'après le corollaire du théorème 4, il existe dans C° un vecteur propre $\ell \neq 0$ de ${}^t u$ pour la valeur propre ϱ. Le noyau de ℓ est stable par u et ne rencontre pas $\mathrm{C} - \{0\}$ (lemme 5). En particulier, on a $x_0 \notin \mathrm{Ker}(\ell)$.

Soit F un sous-espace de E stable par u. On a la décomposition $\mathrm{F} = (\mathrm{F} \cap \mathbf{R}x_0) \oplus (\mathrm{F} \cap \mathrm{Ker}(\ell))$. Si F ne contient pas x_0, on a donc $\mathrm{F} \subset \mathrm{Ker}(\ell)$, donc F ne rencontre pas $\mathrm{C} - \{0\}$. Cela établit *d*) et conclut la preuve de la proposition.

COROLLAIRE. — *Soit* E *un espace normable complet non nul sur* $\mathbf{R}$. *Soient* C *un cône convexe fermé saillant d'intérieur* $\mathring{\mathrm{C}}$ *non vide dans* E, *et u un endomorphisme compact de* E *telle que* $u(\mathrm{C}) \subset \mathrm{C}$. *On suppose qu'il existe un entier* $k \geqslant 1$ *tel que* $u^k(\mathrm{C} - \{0\}) \subset \mathring{\mathrm{C}}$.

a) *On a* $\varrho(u) > 0$ *et il existe un vecteur propre* x_0 *de* u *dans* $\mathring{\mathrm{C}}$ *pour la valeur propre* $\varrho(u)$;

b) *Le projecteur spectral de* u *correspondant à* $\varrho(u)$ *est de rang* 1 ;

c) *Pour toute valeur propre* $\lambda \neq \varrho(u)$ *de* $u_{(\mathbf{C})}$, *on a* $|\lambda| < \varrho(u)$;

d) *Les seuls vecteurs propres de* u *dans* C *sont les multiples de* x_0.

Posons $\varrho = \varrho(u)$. On peut appliquer le th. 4 à u et la prop. 8 à u^k. Il existe donc un vecteur propre x_0 de u dans C pour la valeur propre ϱ. Comme $0 < \varrho(u^k) = \varrho^k$ (formule (4) de I, p. 21), on a en particulier $\varrho > 0$, et puisque x_0 est vecteur propre de u^k pour la valeur propre $\varrho(u^k)$, on a $x_0 \in \mathring{\mathrm{C}}$.

On a $\mathrm{Sp}(u^k_{(\mathbf{C})}) = \mathrm{Sp}(u_{(\mathbf{C})})^k$ (remarque 4 de I, p. 2), donc toute valeur propre $\lambda \in \mathbf{C}$ de $u_{(\mathbf{C})}$ telle que $|\lambda| = \varrho$ vérifie $\lambda^k = \varrho^k$, et comme tout vecteur propre correspondant à λ est vecteur propre de u^k pour ϱ^k, donc proportionnel à x_0, on a $\lambda = \varrho$.

Si le projecteur spectral de u pour la valeur propre ϱ était de rang au moins 2, il en serait de même de celui de u^k pour la valeur propre ϱ^k (*cf.* n° 2 de I, p. 129).

Finalement, si $x \in \mathrm{C}$ est vecteur propre de u, il l'est aussi pour u^k, donc est proportionnel à x_0.

Soit n un entier $\geqslant 1$. L'ensemble $\mathbf{R}^n_+$ est un cône convexe fermé pointé saillant dans $\mathbf{R}^n$, d'intérieur non vide égal à $(\mathbf{R}^*_+)^n$.

Soit $A = (a_{i,j})$ une matrice réelle de type (n, n), et u_A l'endomorphisme $x \mapsto Ax$ de $\mathbf{R}^n$. Soit $\varrho = \varrho(u_A)$ son rayon spectral.

Lemme 7. — *On a* $u_A(\mathbf{R}^n_+) \subset \mathbf{R}^n_+$ *si et seulement si* $a_{i,j} \geqslant 0$ *pour tous* i *et* j, *et* $u_A(\mathbf{R}^n_+ - \{0\}) \subset (\mathbf{R}^*_+)^n$ *si et seulement si* $a_{i,j} > 0$ *pour tous* i *et* j.

Soit $(e_1, \ldots, e_n)$ la base canonique de $\mathbf{R}^n$. Les vecteurs e_i appartiennent à $\mathbf{R}^n_+$ et $u_A(e_i) \in \mathbf{R}^n_+$ pour tout i (resp. $u_A(e_i) \in (\mathbf{R}^*_+)^n$ pour tout i) si et seulement si $a_{i,j} \geqslant 0$ pour tous i et j (resp. $a_{i,j} > 0$ pour tous i et j). Le résultat en découle par linéarité.

THÉORÈME 5 (Perron–Frobenius). — a) *Si* $a_{i,j} \geqslant 0$ *pour tous* i *et* j *dans* $\{1, \ldots, n\}$, *alors le nombre réel* ϱ *est une valeur propre de* A ;

b) *Si* $a_{i,j} > 0$ *pour tous* i *et* j *dans* $\{1, \ldots, n\}$, *alors* $\varrho > 0$ *et l'espace primaire de* u_A *relatif à* ϱ, *c'est-à-dire le nilespace de* $A - \varrho 1_{\mathbf{R}^n}$, *est* *de dimension* 1 *et est engendré par un vecteur* $x_0 \in (\mathbf{R}_+^*)^n$. *Il n'existe pas d'autre valeur propre de* A *admettant un vecteur propre dans* $\mathbf{R}_+^n$, *et toutes les valeurs propres complexes* $\lambda \neq \varrho$ *de* A *vérifient* $|\lambda| < \varrho$.

Si $\varrho = 0$, l'assertion *a*) est élémentaire car 0 est alors une valeur propre de A. Si $\varrho > 0$, l'assertion *a*) découle du théorème 4 compte tenu du lemme 7. L'assertion *b*) est elle, pour la même raison, une conséquence de la proposition 8.

Remarque. — On suppose qu'il existe un entier $k \geqslant 1$ tel que tous les coefficients de A^k sont > 0 (une telle matrice est parfois appelée *primitive*). Alors, d'après le cor. de la prop. 8, le rayon spectral ϱ est une valeur propre de A, l'espace primaire de u_A relatif à ϱ est de dimension 1, et est engendré par un vecteur $x_0 \in (\mathbf{R}_+^*)^n$. De plus, il n'existe pas d'autre valeur propre complexe de A admettant un vecteur propre dans $\mathbf{R}_+^n$ et toutes les valeurs propres complexes $\lambda \neq \varrho$ de A vérifient $|\lambda| < \varrho$.

Exercices

§ 1

Dans les exercices 1 *à* 5 exclusivement K *désigne un corps valué complet non archimédien et non discret, dont on note* $x \mapsto |x|$ *la valuation. On note aussi* $G \subset \mathbf{R}_+^*$ *l'image de* K^* *par l'application* $x \mapsto |x|$*. Les espaces de Banach considérés sont des espaces de Banach sur* K.

1) *a*) Soit E un espace de Banach sur K. Il existe une norme $x \mapsto \|x\|$ sur E, définissant la topologie de E, telle que $\|x\| \in \overline{G}$ pour tout $x \in E$. On dira qu'une telle norme est *ronde*. Si la valuation de K n'est pas discrète, alors toute norme définissant la topologie de E est ronde.
b) Soient E et F des espaces de Banach sur K. On munit l'espace $\mathscr{L}(E; F)$ de la norme $\|u\| = \sup_{x \in E - \{0\}} \|u(x)\|/\|x\|$. L'espace $\mathscr{L}(E; F)$ est un espace de Banach sur K. Si la norme de E est ronde, alors $\|u\| = \sup_{\|x\| \leqslant 1} \|u(x)\|$. Si la norme de F est également ronde, alors la norme de $\mathscr{L}(E; F)$ est ronde. On notera $E' = \mathscr{L}(E; K)$, et on dira que E' est *l'espace dual* de E.
c) Soient I un ensemble, F un espace de Banach sur K et $\mathscr{C}_0(I, F)$ le K-espace vectoriel des fonctions $f : I \to F$ telles que $\|f(i)\|$ tend vers 0 selon le filtre des complémentaires des parties finies de I. Muni de la norme $\|f\| = \sup_{i \in I} \|f(i)\|$, l'espace $\mathscr{C}_0(I, F)$ est un espace de Banach sur K, dont la norme est ronde si celle de F l'est. On note $\mathscr{C}_0(I) = \mathscr{C}_0(I, K)$.
d) Soit I un ensemble. Pour tout $i \in I$, on note $\varphi_i \in \mathscr{C}_0(I)$ la fonction caractéristique de $\{i\}$. Soit F un espace de Banach sur K. L'application

$u \mapsto (u(\varphi_i))_{i\in I}$ est un isomorphisme de l'espace de Banach $\mathscr{L}(\mathscr{C}_0(I); F)$ dans l'espace de Banach $\mathscr{B}(I; K)$ (EVT, I, p. 4, exemple ; *cf.* EVT, I, p. 23, exercice 7).

e) On suppose que la valuation de K est discrète. Soit E un espace de Banach sur K dont la norme est ronde. Il existe un ensemble I tel que E est isomorphe isométriquement à l'espace de Banach $\mathscr{C}_0(I)$ (*cf.* EVT, I, p. 23, exercice 7).

f) On suppose que la valuation de K est discrète. Soient E un espace de Banach sur K muni d'une norme ronde et F un sous-espace vectoriel fermé de E. Il existe un projecteur continu de E dont l'image est F et qui est de norme $\leqslant 1$.

2) Soient E et F des espaces de Banach sur K. On dit que $u \in \mathscr{L}(E; F)$ est *complètement continu* s'il est adhérent dans $\mathscr{L}(E; F)$ à l'espace $\mathscr{L}^{f}(E; F)$ des applications linéaires de rang fini. On note $\mathscr{L}^{c}(E; F)$ l'espace des applications linéaires complètement continues de E dans F, et on pose $\mathscr{L}^{c}(E) = \mathscr{L}^{c}(E; E)$.

a) L'espace $\mathscr{L}^{c}(E)$ est un idéal bilatère fermé de $\mathscr{L}(E)$. Soit $u \in \mathscr{L}(E; F)$. L'application $\ell \mapsto \ell \circ u$ est une application linéaire continue de F' dans E', notée ${}^{t}u$. Si $u \in \mathscr{L}^{c}(E; F)$, alors ${}^{t}u \in \mathscr{L}^{c}(F'; E')$.

b) Soient J un ensemble et $F = \mathscr{C}_0(J)$. Soit $u \in \mathscr{L}(E; F)$. Pour tout $j \in J$, l'application $\ell_j : x \mapsto u(x)(j)$ est un élément de E'. On a $\|u\| = \sup_{j\in J}\|\ell_j\|$ et l'application $u \mapsto (\ell_j)_{j\in J}$ induit par passage aux sous-espaces un isomorphisme de $\mathscr{L}^{c}(E; F)$ dans l'espace de Banach $\mathscr{C}_0(J; E')$.

c) Si K est localement compact, alors $u \in \mathscr{L}(E; F)$ est complètement continu si et seulement si l'image par u de toute partie bornée de E est relativement compacte dans F. (On pourra comparer ce résultat avec la prop. 11 de III, p. 16.)

3) On note A le sous-anneau de K formé des éléments $x \in K$ tels que $|x| \leqslant 1$; c'est un anneau local dont l'idéal maximal est formé des $x \in A$ tels que $|x| < 1$.

Soient I un ensemble et E l'espace de Banach $\mathscr{C}_0(I)$ (*cf.* question *c*) de l'exercice 1). Pour $i \in I$, notons $\varphi_i \in E$ la fonction caractéristique de $\{i\}$. Soit $u \in \mathscr{L}^{c}(E)$ tel que $\|u\| \leqslant 1$.

a) Le sous-espace E_0 des éléments $x \in E$ tels que $\|x\| \leqslant 1$ est stable par u.

b) Pour tout idéal non nul $\mathfrak{a}$ de A, l'application linéaire u définit par passage aux quotients un endomorphisme $u_{\mathfrak{a}}$ du $A/\mathfrak{a}$-module $E_{\mathfrak{a}} = E_0/\mathfrak{a}E_0$. Ce $A/\mathfrak{a}$-module est libre et l'image de $u_{\mathfrak{a}}$ est contenue dans un sous-module de type fini.

c) Il existe une unique série formelle $f_u \in A[[t]]$ telle que, pour tout idéal non nul $\mathfrak{a}$ de A, l'image de f_u dans $(A/\mathfrak{a})[[t]]$ est égale au polynôme $\det(1 - tu_{\mathfrak{a}})$ défini dans A, VIII, p. 455.

d) Soit $v \in \mathscr{L}^{c}(E)$, et soit $c \in K^*$ tel que $\|cv\| \leqslant 1$. La série formelle f_{cv} est indépendante du choix de c vérifiant cette propriété.

On notera $\det(1-tv)$ *la série formelle* f_v *pour tout* $c \in \mathrm{K}^*$ *tel que* $\|cv\| \leqslant 1$.

¶ 4) On conserve les notations de l'exercice précédent.

a) Soit $v \in \mathscr{L}^{\mathrm{c}}(\mathrm{E})$. Le rayon de convergence de la série formelle $\det(1-tv)$ est infini.

b) Soit $(v_n)_{n\in\mathbf{N}}$ une suite dans $\mathscr{L}^{\mathrm{c}}(\mathrm{E})$ convergeant vers $v \in \mathscr{L}^{\mathrm{c}}(\mathrm{E})$. La suite des séries formelles $\det(1-tv_n)$ converge vers $\det(1-tv)$ pour la topologie de la convergence simple des coefficients des séries formelles.

c) Soit $v \in \mathscr{L}^{\mathrm{c}}(\mathrm{E})$. Pour toute extension L de K et tout $x \in \mathrm{L}$, on note $\det(1-xv)$ la valeur en x de la série formelle $\det(1-tv)$, qui est bien définie d'après *a*). On a $\det(1+u)\det(1+v) = \det(1+u+v+u\circ v)$.

d) Soient J un ensemble et $\mathrm{F} = \mathscr{C}_0(\mathrm{J})$. Pour tous $u \in \mathscr{L}^{\mathrm{c}}(\mathrm{E};\mathrm{F})$ et $v \in \mathscr{L}^{\mathrm{c}}(\mathrm{F};\mathrm{E})$, on a $\det(1-tu\circ v) = \det(1-tv\circ u)$ en tant que séries formelles.

e) Soit $v \in \mathscr{L}^{\mathrm{c}}(\mathrm{E})$. On note $\mathrm{Tr}(v)$ l'opposé du coefficient de t dans $\det(1-tu)$. Si K est de caractéristique nulle, alors

$$\det(1-tu) = \exp\Big(-\sum_{m\geqslant 1}\frac{\mathrm{Tr}(u^m)}{m}t^m\Big)$$

en tant que séries formelles.

¶ 5) On conserve les notations de l'exercice précédent. Soit $v \in \mathscr{L}^{\mathrm{c}}(\mathrm{E})$.

a) La série formelle $\det(1-tv)\sum_{k\geqslant 0} t^k v^k$ dans $\mathscr{L}(\mathrm{E})[[t]]$ a rayon de convergence infini.

b) Soit $\lambda \in \mathrm{K}$. L'endomorphisme $1_{\mathrm{E}} - \lambda v$ de E est inversible si et seulement si $\det(1-\lambda v) \neq 0$.

c) Soit $\lambda \in \mathrm{K}$ tel que $\det(1-\lambda v) = 0$. Il existe d'uniques sous-espaces fermés I_λ et N_λ de E, stables par v, tels que

(i) L'espace E est somme directe topologique de I_λ et N_λ ;

(ii) L'endomorphisme de I_λ déduit de $1_{\mathrm{E}} - \lambda v$ par passage aux sous-espaces est inversible ;

(iii) L'endomorphisme de N_λ déduit de $1_{\mathrm{E}} - \lambda v$ par passage aux sous-espaces est nilpotent.

d) Soit $h \geqslant 1$ l'ordre du zéro λ de $\det(1-tv)$. On a $\dim(\mathrm{N}_\lambda) = h$.

Le résultat de cet exercice est à rapprocher de ceux du nº 5 de III, p. 77, qui concernent les espaces de Banach sur **R** ou **C**.

Dans la suite, K *désigne le corps* **R** *ou* **C** *et tous les espaces vectoriels topologiques sont sur* K.

6) Soit E l'espace $\mathbf{C}^{\mathbf{N}}$ muni de la topologie associée à la suite de semi-normes $(p_n)_{n\in\mathbf{N}}$ donnée par $p_n(x) = |x_n|$ pour tout élément $x = (x_n)_{n\in\mathbf{N}}$ de E.

a) L'espace E est un espace de Fréchet.

b) L'ensemble $\mathscr{L}^c(E)$ des endomorphismes compacts de E n'est pas fermé dans $\mathscr{L}(E)$.

7) Soient E et F des espaces vectoriels topologiques localement convexes. Si F est métrisable, alors l'image de toute application linéaire compacte $E \to F$ est de type dénombrable.

8) Construire un exemple d'endomorphisme non compact u d'un espace hilbertien E tel que u^2 soit compact.

9) Pour tout couple $(x, y) \in]0, 1]^2$, il existe un entier $n \geqslant 1$ et un entier k tel que $0 \leqslant k \leqslant 2^{n-1} - 1$ de sorte que

$$2^{-n} < x \leqslant 2^{-n+1}, \qquad \frac{2k}{2^n} < y \leqslant \frac{2k+2}{2^n}.$$

On définit alors $N\colon]0, 1]\times]0, 1] \to \mathbf{C}$ en posant

$$N(x, y) = \begin{cases} 2 & \text{si } \frac{2k}{2^n} < y \leqslant \frac{2k+1}{2^n} \\ 0 & \text{si } \frac{2k+1}{2^n} < y \leqslant \frac{2k+1}{2^n}. \end{cases}$$

a) Montrer que la formule

$$u(f)(x) = \int_{[0,1]} N(x, y) f(y) dy$$

définit une application linéaire continue u sur $L^1([0, 1])$ par rapport à la mesure de Lebesgue.

b) Montrer que l'endomorphisme u n'est pas compact.

c) L'endomorphisme u^2 est compact.

d) Soit $(x_n)_{n\in\mathbf{N}}$ une suite bornée dans $L^1([0, 1])$. La suite $(u(x_n))_{n\in\mathbf{N}}$ admet une sous-suite faiblement convergente.

e) Soit $(x_n)_{n\in\mathbf{N}}$ une suite faiblement convergente dans $L^1([0, 1])$. La suite $(u(x_n))_{n\in\mathbf{N}}$ converge dans $L^1([0, 1])$.

f) Soit E l'espace vectoriel topologique dont les éléments sont les fonctions $f\colon [0, 1] \to \mathbf{C}$ qui sont bornées et mesurables, muni de la topologie la plus fine qui soit plus forte que la topologie de $L^2([0, 1])$ et que la topologie faible relative à $L^1([0, 1])$. Alors l'application linéaire v définie par

$$v(f)(x) = \int_{[0,1]} \overline{N(y, x)} f(y) dy$$

est un endomorphisme compact de E. Sa transposée ${}^t v$ n'est pas compacte pour la topologie forte sur E′.

10) Soient p et r des nombres réels tels que $1 \leqslant p < r$. Soit u une application linéaire continue de $\ell^r_K(\mathbf{N})$ dans $\ell^p_K(\mathbf{N})$.

On note r_n (resp. p_n) la projection

$$(x_i)_{i\in\mathbf{N}} \mapsto (x_0, \ldots, x_{n-1}, 0, 0, \ldots)$$

sur $\ell^r_{\mathrm{K}}(\mathbf{N})$ (resp. sur $\ell^p_{\mathrm{K}}(\mathbf{N})$). On note $\|\cdot\|_p$ (resp. $\|\cdot\|_r$) la norme sur $\ell^p_{\mathrm{K}}(\mathbf{N})$ (resp. sur $\ell^r_{\mathrm{K}}(\mathbf{N})$).

a) Montrer que pour tout $n \in \mathbf{N}$, on a $\|p_n u(1-r_m)\| \to 0$ quand $m \to +\infty$, où 1 désigne le morphisme identique de $\ell^r_{\mathrm{K}}(\mathbf{N})$.

b) Pour n, $m \in \mathbf{N}$, soit $u_{n,m} = (1-p_n)u(1-r_m)$. Soit $\alpha = (\alpha_n)_{n\in\mathbf{N}}$ une suite de nombres réels strictement positifs telle que $\|\alpha\|_r = 1$ et α n'appartient pas à $\ell^p_{\mathrm{K}}(\mathbf{N})$, et soit (ε_n) une suite de nombres réels strictement positifs telle que la série $\sum \varepsilon_n \alpha_n$ converge.

Si *u n'est pas compacte*, montrer qu'il existe $\delta > 0$, des suites strictement croissantes d'entiers $(n_i)_{i\in\mathbf{N}}$ et $(m_i)_{i\in\mathbf{N}}$ et deux suites $(x_i)_{i\in\mathbf{N}}$ d'éléments de $\ell^r_{\mathrm{K}}(\mathbf{N})$ et $(y_i)_{i\in\mathbf{N}}$ d'éléments de $\ell^p_{\mathrm{K}}(\mathbf{N})$, avec les propriétés suivantes :

(i) On a $\|x_i\|_r = 1$ pour tout $i \in \mathbf{N}$;

(ii) Les ensembles $\mathrm{S}_i = \{n \in \mathbf{N} \mid x_{i,n} \neq 0\}$ sont deux à deux disjoints et les ensembles $\mathrm{T}_i = \{n \in \mathbf{N} \mid y_{i,n} \neq 0\}$ sont deux à deux disjoints ;

(iii) On a $\|y_i\|_p \geqslant \delta$;

(iv) On a $\|u(x_i)\|_q > \delta - 2\varepsilon_i$.

(Procéder par récurrence et utiliser les formules

$$u = u_{n,m} + p_n u(1-r_m) + (1-p_n)ur_m + p_n u q_m$$

pour n et m dans $\mathbf{N}$.)

c) En déduire par contradiction que u est compacte (« théorème de Pitt »).

d) Montrer que l'injection canonique de $\ell^p_{\mathrm{K}}(\mathbf{N})$ dans $\ell^r_{\mathrm{K}}(\mathbf{N})$ n'est pas compacte.

e) Soient p et r des nombres réels tels que $1 \leqslant p \leqslant r \leqslant +\infty$. Montrer que $\ell^r_{\mathrm{K}}(\mathbf{N})$ est isomorphe à $\ell^p_{\mathrm{K}}(\mathbf{N})$ si et seulement si $p = r$.

11) Soient E et F des espaces de Banach sur K. On dit qu'une application linéaire $u \in \mathscr{L}(\mathrm{E};\mathrm{F})$ est *complètement continue* si, pour toute suite $(x_n)_{n\in\mathbf{N}}$ dans E, faiblement convergente, la suite $(u(x_n))_{n\in\mathbf{N}}$ converge dans F.

a) Toute application linéaire compacte est complètement continue.

b) Si l'espace E′ dual de E est de type dénombrable alors toute application linéaire complètement continue $\mathrm{E} \to \mathrm{F}$ est compacte.

c) Soit $(u_n)_{n\in\mathbf{N}}$ une suite d'éléments de $\ell^1_{\mathrm{K}}(\mathbf{N})$. Montrer que (u_n) converge si et seulement si elle converge faiblement (« théorème de Schur » ; *cf.* EVT, IV, p. 54, exercice 15).

d) En déduire que l'injection de $\ell^1_{\mathrm{K}}(\mathbf{N})$ dans $\ell^2_{\mathrm{K}}(\mathbf{N})$ est complètement continue mais n'est pas compacte.

e) Pour tout espace de Banach, toute application linéaire continue $E \to \ell^1_K(\mathbf{N})$ est complètement continue, et toute application linéaire continue $\ell^1_K(\mathbf{N}) \to E$ est complètement continue.

f) Si E est réflexif ou si son dual est de type dénombrable, toute application linéaire continue $E \to \ell^1_K(\mathbf{N})$ est compacte.

12) Soit E un espace de Banach réflexif de dimension infinie. Soit $u \in \mathscr{L}^c(E)$ un endomorphisme compact. On suppose que u n'est pas de rang fini. Soit E_σ l'espace E muni de la topologie affaiblie.

Montrer que l'application linéaire ${}^t u$ est un endomorphisme compact de $(E_\sigma)'$.

13) Soit E un espace de Banach de type dénombrable sur K. On rappelle (EVT, IV, p. 70, exercice 14) qu'une suite $(x_n)_{n\in\mathbf{N}}$ d'éléments de E est appelée une *base banachique* de E si, pour tout $x \in E$, il existe une unique suite de scalaires $(\lambda_n(x))_{n\in\mathbf{N}}$ telle que

$$x = \sum_{n=1}^{+\infty} \lambda_n(x) x_n$$

où la série converge dans E.

a) Tout espace hilbertien de type dénombrable admet une base banachique ; tout espace $\ell^p(I)$, où I est dénombrable, admet une base banachique.

b) L'espace de Banach E des fonctions holomorphes bornées sur le disque ouvert D de rayon 1 dans le plan complexe, muni de la norme $\|f\| = \sup_{z\in D}|f(z)|$, possède une base banachique.

c) Tout espace de Banach E admettant une base banachique est un espace d'approximation. Plus précisément, il existe un nombre réel $c \geqslant 0$ tel que 1_E appartienne à l'adhérence dans l'espace $\mathscr{L}_{pc}(E)$ de l'ensemble des endomorphismes de rang fini et de norme $\leqslant c$ dans E.

14) *a*) Soient E et F des espaces hilbertiens. Une application linéaire continue u de E dans F est compacte si et seulement si l'image de u ne contient aucun sous-espace fermé de dimension infinie.

b) La caractérisation de *a*) des endomorphismes compacts de E dans F ne vaut pas pour tout couple d'espaces de Banach (E, F). (On pourra utiliser l'exercice 5, p. 121).

15) Soit E_0 l'espace vectoriel complexe des fonctions $f\colon \mathbf{N}^* \times \mathbf{N}^* \to \mathbf{C}$. Pour $k \in \mathbf{N}^*$, soit $\alpha_k \in E_0$ la fonction telle que

$$\alpha_k(n,m) = \begin{cases} m^k & \text{si } 1 \leqslant n \leqslant k-1 \\ n^k & \text{si } n \geqslant k. \end{cases}$$

Soit E le sous-espace vectoriel de E_0 formé par les fonctions f telles que $p_k(f)$ soit finie pour tout $k \in \mathbf{N}^*$, où p_k est définie par

$$p_k(f) = \sum_{n,m} \alpha_k(n,m)|f(n,m)|.$$

a) L'espace E muni de la topologie définie par les normes $(p_k)_{k\in\mathbf{N}^*}$ est un espace de Fréchet et un espace de Montel. Son dual E′ s'identifie au sous-espace de E_0 formé des fonctions g telles que, pour un $k \geqslant 1$ au moins, on ait

$$\sup_{m,n} \alpha_k(m,n)^{-1}|g(m,n)| < +\infty$$

(*cf.* EVT, IV, p. 63, exercice 8).

b) On considère l'application linéaire u de E dans $\ell^1(\mathbf{N}^*)$ définie par

$$u(f) = \Big(\sum_n f(n,m)\Big)_{m\in\mathbf{N}^*}.$$

L'application linéaire u est continue.

c) Identifions $\ell^\infty(\mathbf{N}^*)$ au dual de $\ell^1(\mathbf{N}^*)$. La transposée de u est l'application $v\colon \ell^\infty(\mathbf{N}^*) \to \mathrm{E}' \subset \mathrm{E}_0$ déterminée par $(x_n) \mapsto f$ où $f(n,m) = x_m$ pour tout $(n,m) \in \mathbf{N}^* \times \mathbf{N}^*$.

d) L'application u induit un isomorphisme $\mathrm{E}/\mathrm{Ker}(u) \to \ell^1(\mathbf{N}^*)$ (*cf. loc. cit.*).

e) L'application u n'est pas compacte.

f) La transposée v de u est compacte pour la topologie de la convergence sur les parties bornées de $\ell^\infty(\mathbf{N}^*)$.

g) L'application v est un exemple d'application linéaire compacte entre espaces localement convexes séparés dont la transposée n'est pas compacte.

16) Soient E un espace localement convexe et u un endomorphisme compact de E. Notons E'_b l'espace dual de E muni de la topologie de la convergence bornée. L'application linéaire ${}^t u \circ {}^t u$ est un endomorphisme compact de E'_b.

17) Soit E un espace de Banach de type dénombrable. Alors $\mathscr{L}^c(\mathrm{E})$, muni de la topologie induite par la norme de $\mathscr{L}(\mathrm{E})$, est de type dénombrable si, et seulement si, l'espace dual E′ est de type dénombrable.

18) Soient E, F, G des espaces de Banach et u un élément de $\mathscr{L}^c(\mathrm{E};\mathrm{F})$.

a) Soit v un élément de $\mathscr{L}(\mathrm{E};\mathrm{G})$. On suppose que, pour tout $\varepsilon > 0$, il existe $\mathrm{C} > 0$ tel que

$$\|v(x)\|_{\mathrm{G}} \leqslant \varepsilon\|x\|_{\mathrm{E}} + \mathrm{C}\|u(x)\|_{\mathrm{F}}$$

pour tout $x \in \mathrm{E}$. Alors $v \in \mathscr{L}^c(\mathrm{E};\mathrm{G})$.

b) Soit w un élément injectif de $\mathscr{L}(\mathrm{F};\mathrm{G})$. Alors, pour tout $\varepsilon > 0$, il existe $\mathrm{C} > 0$ tel que

$$\|u(x)\|_{\mathrm{F}} \leqslant \varepsilon\|x\|_{\mathrm{E}} + \mathrm{C}\|(w \circ u)(x)\|_{\mathrm{G}}$$

pour tout $x \in \mathrm{E}$.

19) Soient X un espace topologique localement compact, métrisable et dénombrable à l'infini et μ une mesure positive sur X. On désigne par A l'ensemble des atomes de μ. Soient $f \in \mathscr{L}^\infty(\mathrm{X}, \mu)$ et $p \in [1, +\infty]$.

Démontrer que la multiplication par f définit un endomorphisme compact de $\mathrm{L}^p(\mathrm{X}, \mu)$ si, et seulement si, les deux conditions suivantes sont réalisées :

(i) L'ensemble $\{x \in \mathrm{X} - \mathrm{A} \mid f(x) \neq 0\}$ est μ-négligeable ;

(ii) Pour tout $\varepsilon > 0$, il existe une partie finie F de A telle que $|f(a)| \leqslant \varepsilon$ pour tout $a \in \mathrm{A} - \mathrm{F}$.

(Considérer la multiplication par f sur l'espace $\mathrm{L}^p(\mathrm{X}_\varepsilon, \mu)$, où X_ε est l'ensemble des $x \in \mathrm{X}$ tels que $|f(x)| \geqslant \varepsilon$.)

20) Soient X, Y des espaces métriques compacts, T un opérateur compact de $\mathscr{C}(\mathrm{Y})$ dans $\mathscr{C}(\mathrm{X})$.

Démontrer qu'il existe une mesure positive μ sur X et une application mesurable N de $\mathrm{X} \times \mathrm{Y}$ dans $\mathbf{C}$ telles que

a) Pour tout $y \in \mathrm{Y}$, l'application $\mathrm{N}_y \colon x \mapsto \mathrm{N}(x, y)$ de X dans $\mathbf{C}$ est μ-intégrable ;

b) L'application $y \mapsto \mathrm{N}_y$ de Y dans $\mathscr{L}^1(\mathrm{X}, \mu)$ est continue ;

c) Pour tout $f \in \mathscr{C}(\mathrm{X})$, et tout $y \in \mathrm{Y}$, on a

$$\mathrm{T}f(y) = \int_{\mathrm{X}} \mathrm{N}(x, y) f(x) d\mu(x).$$

21) On désigne par D le disque ouvert de centre 0 et de rayon 1 dans $\mathbf{C}$ et par $\mathrm{H}^2(\mathrm{D})$ l'espace de Hardy sur D (EVT, V, p. 7, exemple 5). On note $\mathbf{T} = \mathbf{R}/2\pi\mathbf{Z}$, qu'on munit de la mesure de Haar normalisée. Soit j l'isométrie de $\mathrm{H}^2(\mathrm{D})$ dans $\mathrm{L}^2(\mathbf{T})$ définie par

$$j(f)(\theta) = \sum_{n \geqslant 0} \frac{f^{(n)}(0)}{n!} e^{in\theta}.$$

L'image de $\mathrm{H}^2(\mathrm{D})$ par j sera notée $\mathrm{H}^2(\mathbf{T})$.

Soient $\widetilde{\mathrm{P}}$ l'orthoprojecteur de $\mathrm{L}^2(\mathbf{T})$ d'image $\mathrm{H}^2(\mathbf{T})$ et P l'application linéaire $f \mapsto \widetilde{\mathrm{P}}(f)$ de $\mathrm{L}^2(\mathbf{T})$ dans $\mathrm{H}^2(\mathbf{T})$. Si f est un élément de $\mathrm{L}^\infty(\mathbf{T})$, on désigne par M_f l'endomorphisme $g \mapsto fg$ de $\mathrm{L}^2(\mathbf{T})$.

Démontrer que si f est une fonction continue, alors le commutateur $\widetilde{\mathrm{P}}\mathrm{M}_f - \mathrm{M}_f\widetilde{\mathrm{P}}$ est une application linéaire compacte. (Considérer le cas particulier où f est un polynôme trigonométrique.)

22) On conserve les notations de l'exercice précédent. Soit R l'application linéaire continue de $\mathrm{H}^2(\mathbf{T})$ dans $\mathrm{L}^2(\mathbf{T})$ définie par $\mathrm{R}f(\theta) = f(-\theta)$. Pour $g \in \mathrm{L}^\infty(\mathbf{T})$, on pose $\Gamma_g = \mathrm{PM}_g\mathrm{R}$.

a) Démontrer que l'application linéaire $\Gamma\colon g \mapsto \Gamma_g$ de $\mathrm{L}^\infty(\mathbf{T})$ dans $\mathscr{L}(\mathrm{H}^2(\mathbf{T}))$ est continue, de norme $\leqslant 1$, et que son noyau F est égal à $\mathrm{H}^2(\mathbf{T})^\circ \cap \mathrm{L}^\infty(\mathbf{T})$.
b) Si g est une fonction continue, alors Γ_g est un endomorphisme compact de $\mathrm{H}^2(\mathbf{T})$.
c) Soit $g \in \mathrm{L}^\infty(\mathbf{T})$. On note α_g la forme linéaire sur $\mathrm{H}^2(\mathbf{T})$ définie par

$$\alpha_g(f) = \int_{\mathbf{T}} \Gamma_g(f)(\theta)d\theta.$$

Soit $\mathscr{A}$ l'image par j du sous-espace de $\mathrm{H}^2(\mathrm{D})$ constitué des fonctions holomorphes se prolongeant analytiquement à un voisinage de $\overline{\mathrm{D}}$. Démontrer que si f_1 et f_2 appartiennent à $\mathscr{A}$, alors

$$\alpha_g(f_1 f_2) = \int_{\mathbf{T}} \Gamma_g(f_1)(\theta) f_2(-\theta)d\theta.$$

d) Soit φ une fonction holomorphe au voisinage de $\overline{\mathrm{D}}$ ne s'annulant pas sur $\partial\mathrm{D}$, et soit $f = j(\varphi|\mathrm{D})$. Alors il existe f_1 et f_2 dans $\mathscr{A}$ tels que $f = f_1 f_2$ et

$$\|f\|_{\mathrm{L}^1(\mathbf{T})} = \|f_1\|_{\mathrm{L}^2(\mathbf{T})} \|f_2\|_{\mathrm{L}^2(\mathbf{T})}.$$

(Soient $z_1, \ldots, z_n$ les zéros de φ dans D ; alors il existe une fonction ψ holomorphe au voisinage de D telle que

$$\varphi(z) = \prod_{k=1}^{n} \frac{z - z_k}{1 - \overline{z}_k z} \psi(z)^2$$

pour tout z.)
e) Démontrer que, pour tout $f \in \mathrm{H}^2(\mathbf{T})$, on a l'inégalité

$$|\alpha_g(f)| \leqslant \|\Gamma_g\|_{\mathscr{L}(\mathrm{H}^2(\mathbf{T}))} \|f\|_{\mathrm{L}^1(\mathbf{T})}.$$

(Si $\varphi \in \mathrm{H}^2(\mathrm{D})$, il existe une suite $(r_n)_{n\in\mathbf{N}}$ de $]0, 1[$ telle que, pour tout $n \in \mathbf{N}$, la fonction φ_n définie par $\varphi_n(z) = \varphi(r_n z)$ n'a pas de zéros sur $\partial\mathrm{D}$, et $\lim \varphi_n = \varphi$ dans $\mathrm{H}^2(\mathrm{D})$.)

En déduire qu'il existe $h \in \mathrm{L}^\infty(\mathbf{T})$ telle que

$$\alpha_g(f) = \int_{\mathbf{T}} f(\theta)h(\theta)d\theta$$

pour tout $f \in \mathrm{H}^2(\mathbf{T})$, et $\|h\|_{\mathrm{L}^\infty(\mathbf{T})} \leqslant \|\Gamma_g\|_{\mathscr{L}(\mathrm{H}^2(\mathbf{T}))}$.
f) Démontrer qu'il existe $k \in \mathrm{L}^\infty(\mathbf{T})$ telle que $\Gamma_g = \Gamma_k$ et $\|k\|_{\mathrm{L}^\infty(\mathbf{T})} = \|\Gamma_g\|_{\mathscr{L}(\mathrm{H}^2(\mathbf{T}))}$.

L'application $\widehat{\Gamma}\colon \mathrm{L}^\infty(\mathbf{T})/\mathrm{F} \to \mathscr{L}(\mathrm{H}^2(\mathbf{T}))$ est donc une isométrie (« Théorème de Nehari »).
g) Soit g une fonction continue sur $\mathbf{T}$. Alors on a $d(g, \mathrm{F}) = d(g, \mathrm{F} \cap \mathscr{C}(\mathbf{T}))$. (Pour $\mathrm{R} > 1$, on définit l'application linéaire $\mathrm{P_R}$ de $\mathrm{L}^\infty(\mathbf{T})$ dans $\mathscr{C}(\mathbf{T})$ par

$$\mathrm{P_R} f(\theta) = \int_{\mathbf{T}} \frac{\mathrm{R}^2 - 1}{|\mathrm{R}e^{i(\theta-\varphi)} - 1|^2} f(\varphi)d\varphi.$$

Alors $\|P_R f\|_{\mathscr{C}(\mathbf{T})} \leqslant \|f\|_{L^\infty(\mathbf{T})}$ et, si $f \in \mathscr{C}(\mathbf{T})$, on a $P_R f \to f$ dans $\mathscr{C}(\mathbf{T})$ quand $R \to 1$.)

En déduire que $\Gamma(\mathscr{C}(\mathbf{T}))$ est un sous-espace fermé de $\mathscr{L}(H^2(\mathbf{T}))$ (« Théorème de Sarason »).

h) Soit $g \in L^\infty(\mathbf{T})$ telle que Γ_g soit un endomorphisme compact. Pour $m \in \mathbf{Z}$, on pose $e_m(\theta) = e^{im\theta}$. Démontrer que $\|\Gamma_{ge_{-m}}\|_{\mathscr{L}(H^2(\mathbf{T}))}$ tend vers zéro lorsque m tend vers $+\infty$, puis qu'il existe une suite $(h_m)_{m\in\mathbf{N}}$ de F telle que la suite $(e_m h_m)_{m\in\mathbf{N}}$ converge vers g dans $L^\infty(\mathbf{T})$. En déduire qu'il existe une fonction continue dans la classe de g modulo F (« Théorème de Hartman »).

23) Soit B un espace de Banach de dimension infinie. On note E le dual fort de B et F le dual de B muni de la topologie $\sigma(B', B)$. Démontrer que l'application identique du dual de B est compacte de E dans F, mais que sa transposée ne l'est pas de F'_b dans E'_b.

24) Soient E un espace de Banach réel ou complexe et $u \in \mathscr{L}(E)$. On suppose que la suite $(u^n)_{n\in\mathbf{N}}$ est bornée et que u est compact de E dans E muni de la topologie faible $\sigma(E, E')$. Pour tout entier $N \geqslant 1$, on pose

$$v_N = \frac{1}{N}(1_E + u + \cdots + u^{N-1}) \in \mathscr{L}(E).$$

a) Soit F l'adhérence de l'image de $1_E - u$. Pour tout $x \in F$, on a $v_N(x) \to 0$ dans E quand $N \to +\infty$.

b) Soit $x \in E$. La suite $(v_N(x))$ converge vers un élément $y \in E$ tel que $u(y) = y$. (Il existe une sous-suite de $(v_N(x))$ qui converge faiblement vers $y \in E$; montrer que $x - y \in F$ à l'aide du théorème de Hahn–Banach.)

c) L'application $w \colon E \to E$ telle que $w(x)$ est l'élément y donné par la question précédente est un projecteur continu d'image l'espace propre de u relatif à la valeur propre 1.

d) Soit $z \in \mathbf{C}$ tel que $|z| = 1$. La suite dans $\mathscr{L}(E)$ définie par

$$v_{z,N} = \frac{1}{N}(1_E + z^{-1}u \cdots + z^{-(N-1)}u^{N-1})$$

converge dans $\mathscr{L}(E)$ muni de la topologie de la convergence simple. Soit w_z sa limite. Alors w_z est un projecteur, on a $w_z w = w w_z = z w_z$ et $w_{z_1} w_{z_2} = 0$ si $z_1 \neq z_2$.

25) *a*) Soit $N \geqslant 1$ un entier. On note G_N (resp. H_N) l'ensemble $\{-1, 1\}^N$ (resp. l'ensemble $\{-1, 2\}^N$). On note μ_N (resp. ν_N) la mesure positive de masse totale 1 sur G_N (resp. sur H_N) telle que, pour tout $(t_i)_{1\leqslant i\leqslant N}$ dans G_N (resp. dans H_N), on a $\mu_N((t_i)_{1\leqslant i\leqslant N}) = \frac{1}{2^N}$, resp.

$$\nu_N((t_i)_{1\leqslant i\leqslant N}) = \left(\frac{1}{3}\right)^j \left(\frac{2}{3}\right)^{N-j},$$

où j est le nombre d'indices i tels que $t_i = 2$.

Il existe un nombre réel $c > 0$ tel que, pour toute famille $(a_i)_{1\leqslant i\leqslant \mathrm{N}}$ de nombres complexes, on a

$$\mu_{\mathrm{N}}\Big(\Big\{(t_i)_{1\leqslant i\leqslant \mathrm{N}} \in \mathrm{G}_{\mathrm{N}} \mid \Big|\sum_{i=1}^{\mathrm{N}} a_i t_i\Big| > c(\log \mathrm{N})^{1/2}\Big(\sum_{i=1}^{\mathrm{N}} |a_i|^2\Big)^{1/2}\Big\}\Big) < \frac{c}{\mathrm{N}^3},$$

et

$$\nu_{\mathrm{N}}\Big(\Big\{(t_i)_{1\leqslant i\leqslant \mathrm{N}} \in \mathrm{H}_{\mathrm{N}} \mid \Big|\sum_{i=1}^{\mathrm{N}} a_i t_i\Big| > c(\log \mathrm{N})^{1/2}\Big(\sum_{i=1}^{\mathrm{N}} |a_i|^2\Big)^{1/2}\Big\}\Big) < \frac{c}{\mathrm{N}^3}.$$

(On peut supposer que $a_i \in \mathbf{R}$ pour tout i et que $\sum |a_i|^2 = 1$; pour la première inégalité, démontrer et utiliser la majoration

$$\int_{\mathrm{G}_{\mathrm{N}}} \exp\Big(\lambda\Big|\sum_{i=1}^{\mathrm{N}} a_i t_i\Big|\Big) d\mu_{\mathrm{N}} \leqslant 2\exp(\lambda^2)$$

pour tout réel $\lambda > 0$; raisonner de manière similaire pour la seconde majoration en utilisant l'inégalité $\frac{1}{3}(e^{2x} + 2e^{-x}) \leqslant e^{2x^2}$ pour tout $x \in \mathbf{R}$.)

b) Pour $k \in \mathbf{N}$, soit $\mathrm{A}_k = \mathbf{Z}/(3\cdot 2^k)\mathbf{Z}$. Il existe un nombre réel $c' > 0$, ne dépendant pas de k, et une fonction $f_k : \widehat{\mathrm{A}}_k \to \{-1, 2\}$ telle que

$$\sum_{\chi \in \widehat{\mathrm{A}}_k} f_k(\chi) = 0$$

et, pour tout $x \in \mathrm{A}_k$, on ait

$$\Big|\sum_{\chi \in \widehat{\mathrm{A}}_k} \chi(x) f_k(\chi)\Big| \leqslant c'(k+1)^{1/2} 2^{k/2}.$$

(À l'aide de *a*), déterminer l'existence d'une fonction f_k satisfaisant à la seconde condition, puis modifier f_k pour obtenir la première.)

On note B_k (resp. C_k) l'ensemble des caractères χ de A_k tels que $f_k(\chi) = 2$ (resp. $f_k(\chi) = -1$). On a $\mathrm{Card}(\mathrm{B}_k) = 2^k$ et $\mathrm{Card}(\mathrm{C}_k) = 2^{k+1}$.

Pour tout $k \geqslant 1$, on fixe une bijection $\iota_k : \mathrm{B}_k \to \mathrm{C}_{k-1}$.

On note A l'ensemble somme des A_k pour $k \in \mathbf{N}$; on munit A de la topologie discrète, et on note $\mathrm{E} = \mathscr{C}_b(\mathrm{A})$.

On fixe une famille $\varepsilon = (\varepsilon_k)_{k\geqslant \mathbf{N}}$ de fonctions $\varepsilon_k : \mathrm{B}_k \to \{-1, 1\}$. On définit alors des fonctions $e_{k,\chi} \in \mathrm{E}$, pour $k \in \mathbf{N}$ et $\chi \in \mathrm{B}_k$, par

$$e_{k,\chi}(x) = \begin{cases} \iota_k(\chi)(x) & \text{si } k \geqslant 1 \text{ et } x \in \mathrm{A}_{k-1}, \\ \varepsilon_k(\chi)\chi(x) & \text{si } x \in \mathrm{A}_k \\ 0 & \text{sinon.} \end{cases}$$

On note E_ε le sous-espace fermé de E engendré par les fonctions $(e_{k,\chi})_{k\in\mathbf{N},\chi\in\mathrm{B}_k}$. C'est un espace de Banach complexe de type dénombrable. Le reste de l'exercice a pour but de démontrer que, pour un choix convenable de ε, l'espace E_ε n'a pas la propriété d'approximation ; il n'admet pas de base banachique.

c) Pour $k \in \mathbf{N}$ et $\chi \in B_k$, il existe une forme linéaire continue $\lambda_{k,\chi} \in E'_\varepsilon$ telle que, pour tout $f \in E_\varepsilon$,

$$\lambda_{k,\chi}(f) = \frac{1}{\mathrm{Card}(A_k)} \sum_{x \in A_k} \varepsilon_k(\chi)\chi(x^{-1})f(x).$$

Pour $k \geqslant 1$ et $f \in E_\varepsilon$, on a

$$\lambda_{k,\chi}(f) = \frac{2}{\mathrm{Card}(A_k)} \sum_{x \in A_k} \iota_k(\chi)(x^{-1})f(x).$$

d) Pour tout $k \in \mathbf{N}$, soit β_k la forme linéaire continue sur $\mathscr{L}(E_\varepsilon)$ définie par

$$\beta_k(u) = \frac{1}{2^k} \sum_{\chi \in B_k} \lambda_{k,\chi}(u(e_{k,\chi})).$$

On a $\beta_k(1_{E_\varepsilon}) = 1$.

e) Soient $u \in \mathscr{L}(E_\varepsilon)$ et $k \in \mathbf{N}$. On a

$$\beta_{k+1}(u) - \beta_k(u) = \frac{1}{\mathrm{Card}(A_k)} \sum_{x \in A_k} u(\varphi_{k,x})(x)$$

où, pour $x \in A_k$, on pose

$$\varphi_{k,x} = \frac{1}{2^{k+1}} \sum_{\chi \in B_{k+1}} \iota_{k+1}(\chi)(x^{-1})e_{k+1,\chi} - \frac{1}{2^k} \sum_{\chi \in B_k} \varepsilon_k(\chi)\chi(x^{-1})e_{k,\chi}.$$

On a $|\varphi_{k,x}(y)| \leqslant c'(k+1)^{1/2}2^{-k/2}$ pour $(x, y) \in A_k^2$.

f) Il existe un nombre réel $c'' \geqslant c'$ tel que, pour tout $k \geqslant 1$, il existe une fonction $\varepsilon_k \colon B_k \to \{-1, 1\}$ qui vérifie $|\varphi_{k,x}(y)| \leqslant c''3(k+1)^{1/2}2^{-k/2}$ pour $(x, y) \in A_k \times A_{k-1}$. (Appliquer la première inégalité de *a*).) *On suppose désormais que* $\varepsilon = (\varepsilon_k)$ *vérifie ces propriétés.*

g) Pour tout $k \in \mathbf{N}$ et $x \in A_k$, on a $\|\varphi_{k,x}\| \leqslant c''(k+1)^{1/2}2^{-k/2}$.

h) Soit K le sous-ensemble de E_ε dont les éléments sont e_{0,χ_0}, où χ_0 est l'unique élément de B_0, et les fonctions $(k+1)^2\varphi_{k,x}$ pour $k \in \mathbf{N}$ et $x \in A_k$. L'ensemble K est relativement compact dans E_ε, et on a

$$|\beta_{k+1}(u) - \beta_k(u)| \leqslant \frac{1}{(k+1)^2} \sup_{x \in K} \|u(x)\|$$

pour tout $k \in \mathbf{N}$ et tout $u \in \mathscr{L}(E_\varepsilon)$.

i) La suite $(\beta_k)_{k \in \mathbf{N}}$ converge dans le dual de l'espace $\mathscr{L}(E_\varepsilon)$ muni de la topologie de la convergence simple. Notons β sa limite. Pour tout $u \in \mathscr{L}(E_\varepsilon)$, on a $|\beta(u)| \leqslant 3 \sup_{x \in K} \|u(x)\|$.

j) On a $\beta(1_{E_\varepsilon}) = 1$ et $\beta(u) = 0$ si u est de rang fini.

k) L'espace E_ε n'a pas la propriété d'approximation.

l) Soit $p \in]2, +\infty[$. On munit A de la mesure de comptage et on note E_ε^p le sous-espace fermé de $\mathrm{L}^p(\mathrm{A})$ engendré par les $(e_{k,\chi})_{k\in\mathbf{N},\chi\in\mathrm{B}_k}$. L'espace E_ε^p n'a pas la propriété d'approximation. (Vérifier que le cardinal du support de $\varphi_{k,x}$ est $\leqslant 21 \cdot 2^k$ et en déduire que $\|\varphi_{k,x}\|_p = \mathrm{O}((k+1)^{1/2}2^{-k(p-2)/2p})$ pour $k \in \mathbf{N}$ et $x \in \mathrm{A}_k$.)

26) Soient E et F des espaces de Banach et u une application linéaire continue de E dans F.

a) Démontrer que les conditions suivantes sont équivalentes :

(i) L'application u est compacte;

(ii) Il existe une suite $(x'_n)_n$ tendant vers 0 dans le dual fort E′ de E satisfaisant à $\|u(x)\| \leqslant \sup|\langle x, x'_n\rangle|$ pour tout $x \in \mathrm{E}$;

(iii) Il existe un sous-espace fermé L de l'espace de Banach c_0 et des applications linéaires compactes $f \colon \mathrm{E} \to \mathrm{L}$ et $g \colon \mathrm{L} \to \mathrm{F}$ telles que $u = g \circ f$.

(Si u est compacte, appliquer le cor. 1 de EVT, IV, p. 24 à l'image par ${}^t u$ du polaire de la boule unité de F. Sous l'hypothèse (ii), soient (λ_n) un élément de c_0 tel que la suite $(\lambda_n^{-1}x'_n)$ tende vers 0; définir f par $f(x) = (\langle x, \lambda_n^{-1}x'_n\rangle)_n$ et prendre pour L l'adhérence de l'image de f.)

b) Si u est compacte, on a $\|u\| = \inf(\sup_n\|x'_n\|)$, la borne inférieure étant prise sur l'ensemble des suites (x'_n) satisfaisant à (ii), et $\|u\| = \inf(\|f\|\|g\|)$, la borne inférieure étant prise sur l'ensemble des triplets (L, f, g) satisfaisant aux conditions de (iii).)

27) Soient E et F des espaces localement convexes. On dit qu'une application $u \in \mathscr{L}(\mathrm{E};\mathrm{F})$ est *faiblement compacte* si c'est une application compacte de E dans F muni de la topologie $\sigma(\mathrm{F}, \mathrm{F}')$.

a) Les applications faiblement compactes forment un sous-espace $\mathscr{L}^{\mathrm{fc}}(\mathrm{E};\mathrm{F})$ de $\mathscr{L}(\mathrm{E};\mathrm{F})$. Soient E_1, F_1 des espaces localement convexes, $f \in \mathscr{L}(\mathrm{E}_1;\mathrm{E})$, $g \in \mathscr{L}(\mathrm{F};\mathrm{F}_1)$ et $u \in \mathscr{L}(\mathrm{E};\mathrm{F})$; si u est faiblement compacte, il en est de même de $g \circ u \circ f$.

b) On a $\mathscr{L}^{\mathrm{c}}(\mathrm{E};\mathrm{F}) \subset \mathscr{L}^{\mathrm{fc}}(\mathrm{E};\mathrm{F})$. Si E est un espace de Banach réflexif de dimension infinie, l'application identique de E est faiblement compacte mais n'est pas compacte.

28) Soient E et F des espaces localement convexes et $u \in \mathscr{L}(\mathrm{E};\mathrm{F})$.

a) Montrer que les propriétés suivantes sont équivalentes :

(i) L'image par u de toute partie bornée de E est relativement compacte pour la topologie affaiblie;

(ii) L'application ${}^{tt}u$ applique F″ dans E.

b) Si F est quasi-complet, démontrer que ces propriétés sont équivalentes à :

(iii) L'application ${}^t u$ transforme toute partie équicontinue de F′ en une partie relativement compacte de E′ pour $\sigma(\mathrm{E}', \mathrm{E}'')$.

c) Si E et F sont des espaces de Banach, (i) à (iii) sont équivalentes aussi à

(i') L'application u est faiblement compacte ;

(iii') L'application ${}^t u \colon \mathrm{F}'_b \to \mathrm{E}'_b$ est faiblement compacte.

29) *a*) Démontrer que toute partie faiblement compacte de l'espace de Banach $\ell^1(\mathbf{N})$ est compacte (*cf.* EVT, IV, p. 69, exerc. 11). En particulier, toute application linéaire faiblement compacte d'un espace localement convexe E dans $\ell^1(\mathbf{N})$ est compacte.

b) Soit E un espace de Banach. Déduire de *a*) que toute application linéaire faiblement compacte de c_0 dans E est compacte.

30) *a*) Soient E et F des espaces de Banach et $u \in \mathscr{L}(\mathrm{E};\mathrm{F})$. Montrer que les propriétés suivantes sont équivalentes :

(i) L'image par u d'une partie faiblement compacte de E est (fortement) compacte ;

(ii) L'image par u d'une partie faiblement relativement compacte de E est relativement compacte dans F ;

(iii) L'image par u d'une suite faiblement convergente dans E converge fortement dans F.

(Utiliser le théorème de Šmulian, EVT, IV, p. 36, th. 2.)

On dira que u est *semi-compacte*[3] si elle vérifie ces propriétés.

b) Soient E et F des espaces de Banach. Démontrer que l'ensemble $\mathscr{L}^{\mathrm{sc}}(\mathrm{E};\mathrm{F})$ des applications semi-compactes est un sous-espace fermé de $\mathscr{L}(\mathrm{E};\mathrm{F})$.

c) Soient E et F des espaces de Banach et $u \in \mathscr{L}(\mathrm{E};\mathrm{F})$. Soient E_1, F_1 des espaces de Banach, $f \in \mathscr{L}(\mathrm{E}_1;\mathrm{E})$ et $g \in \mathscr{L}(\mathrm{F};\mathrm{F}_1)$. Si $u \colon \mathrm{E} \to \mathrm{F}$ est semi-compacte, il en est de même de $g \circ u \circ f$.

d) Soient E et F des espaces de Banach et $u \in \mathscr{L}(\mathrm{E};\mathrm{F})$. Si u est compacte, elle est semi-compacte. Inversement, si E est réflexif et u semi-compacte, alors u est compacte.

e) Soient E et F des espaces de Banach. Si l'espace E′ dual de E est de type dénombrable alors toute application linéaire complètement continue $\mathrm{E} \to \mathrm{F}$ est compacte.

f) Soit I un ensemble infini ; l'application identique de $\ell^1(\mathrm{I})$ est semi-compacte, mais n'est pas faiblement compacte (*cf.* EVT, IV, p. 54, exerc. 15).

g) L'injection de $\ell^1_{\mathrm{K}}(\mathbf{N})$ dans $\ell^2_{\mathrm{K}}(\mathbf{N})$ est semi-compacte mais n'est pas compacte (*cf. loc. cit.*).

h) Soit E un espace de Banach. Toute application linéaire continue $\mathrm{E} \to \ell^1_{\mathrm{K}}(\mathbf{N})$ est semi-compacte, et toute application linéaire continue $\ell^1_{\mathrm{K}}(\mathbf{N}) \to \mathrm{E}$ est semi-compacte.

---

[3] Certains auteurs parlent d'applications *complètement continues*.

i) Soit E un espace de Banach. Si E est réflexif ou si son dual est de type dénombrable, alors toute application linéaire continue $\mathrm{E} \to \ell^1_{\mathrm{K}}(\mathbf{N})$ est compacte.

31) Soit E un espace de Banach.
a) Démontrer que les conditions suivantes sont équivalentes :

(i) Quel que soit l'espace de Banach F, toute application faiblement compacte de E dans F est semi-compacte ;

(ii) Si (x_n) est une suite tendant vers 0 dans E pour la topologie $\sigma(\mathrm{E}, \mathrm{E}')$ et (x'_n) une suite tendant vers 0 dans E′ pour la topologie $\sigma(\mathrm{E}', \mathrm{E}'')$, la suite $\langle x_n, x'_n \rangle$ tend vers 0.

(Pour prouver que (i) implique (ii), on prendra $\mathrm{F} = c_0$. Si (i) n'est pas satisfaite, il existe une application faiblement compacte u de E dans un espace de Banach F et une suite (x_n) dans E tendant faiblement vers 0, telle que $\inf(\|u(x_n)\|) > 0$; on construira une suite (y_n) dans la boule unité de E′, convergente pour $\sigma(\mathrm{E}', \mathrm{E}'')$ et telle que $\langle u(x_n), y_n \rangle = \|u(x_n)\|$, et on prendra $x'_n = y_n - \lim y_n$.)

Ces conditions sont vérifiées en particulier lorsque $\mathrm{E} = \mathscr{C}(\mathrm{T})$, où T est un espace compact, et lorsque $\mathrm{E} = \mathrm{L}^1(\mathrm{X}, \mu)$, ou $\mathrm{E} = \mathrm{L}^\infty(\mathrm{X}, \mu)$, où X est un espace localement compact et μ une mesure sur X (INT, VI, § 2, exerc. 23).
b) Démontrer qu'un espace de Banach qui possède les propriétés ci-dessus n'admet pas de facteur direct réflexif de dimension infinie.
c) Soit H un espace de Banach réflexif, et soit B la boule unité de H′, munie de la topologie faible. Montrer que H s'identifie à un sous-espace fermé non direct de $\mathscr{C}(\mathrm{B})$.

32) Un espace de Banach de type dénombrable admettant une base banachique (EVT, IV, p. 70, exerc. 14) possède la propriété d'approximation.

33) *a*) Démontrer que la limite inductive stricte d'une suite d'espaces d'approximation est un espace d'approximation.
b) Démontrer que la somme directe localement convexe d'une famille d'espaces d'approximation est un espace d'approximation.

34) Soit E un espace de Banach. Démontrer que les propriétés suivantes sont équivalentes :

(i) L'espace E′ est un espace d'approximation ;

(ii) Pour tout espace de Banach F, l'adhérence de $\mathscr{L}^{\mathrm{f}}(\mathrm{E}; \mathrm{F})$ dans $\mathscr{L}(\mathrm{E}; \mathrm{F})$ est $\mathscr{L}^{\mathrm{c}}(\mathrm{E}; \mathrm{F})$;

(iii) Pour tout sous-espace fermé F de c_0, l'adhérence de $\mathscr{L}^{\mathrm{f}}(\mathrm{E}; \mathrm{F})$ dans $\mathscr{L}(\mathrm{E}; \mathrm{F})$ est $\mathscr{L}^{\mathrm{c}}(\mathrm{E}; \mathrm{F})$.

35) Soit E un espace de Banach. On dit que E possède la *propriété d'approximation métrique* si l'application identique de E est adhérente à l'ensemble des éléments de norme $\leqslant 1$ de $\mathscr{L}^{\mathrm{f}}(\mathrm{E})$ dans l'espace $\mathscr{L}(\mathrm{E})$ muni de la topologie de la convergence compacte.

Démontrer que les propriétés suivantes sont équivalentes :

(i) L'espace E possède la propriété d'approximation métrique ;

(ii) La boule unité de $\mathscr{L}(\mathrm{E})$ est l'adhérence, pour la topologie de la convergence compacte, de l'ensemble des éléments de norme $\leqslant 1$ de $\mathscr{L}^{\mathrm{f}}(\mathrm{E})$;

(iii) Pour tout espace de Banach F, la boule unité de $\mathscr{L}(\mathrm{E};\mathrm{F})$ est l'adhérence, pour la topologie de la convergence compacte, de l'ensemble des éléments de norme $\leqslant 1$ de $\mathscr{L}^{\mathrm{f}}(\mathrm{E};\mathrm{F})$;

(iv) Pour tout espace de Banach F, la boule unité de $\mathscr{L}(\mathrm{F};\mathrm{E})$ est l'adhérence, pour la topologie de la convergence compacte, de l'ensemble des éléments de norme $\leqslant 1$ de $\mathscr{L}^{\mathrm{f}}(\mathrm{F};\mathrm{E})$.

36) *a*) Soit X un espace topologique localement compact. Démontrer que l'espace $\mathscr{C}_0(\mathrm{X})$ possède la propriété d'approximation métrique (adapter la preuve de la prop. 13 de III, p. 21).

b) Soient X un espace topologique localement compact muni d'une mesure positive et $p \in [1,+\infty]$. Démontrer que l'espace $\mathrm{L}^p(\mathrm{X})$ possède la propriété d'approximation métrique (même méthode).

37) Soient X une variété différentielle de classe C^r où $1 \leqslant r \leqslant \infty$, paracompacte, localement de dimension finie, et E un fibré vectoriel sur X de classe C^r, localement de dimension finie. Démontrer que l'espace $\mathscr{S}^r(\mathrm{X};\mathrm{E})$ possède la propriété d'approximation.

§ 2

1) Soit $\mathrm{I} = [a,b]$ un intervalle compact de $\mathbf{R}$. Pour toute fonction continue $f\colon \mathrm{I} \to \mathbf{C}$ et tout $y \in \mathrm{I}$, posons

$$\mathrm{V}(f)(y) = \int_a^y f(x)dx.$$

Montrer que l'application linéaire V de $\mathscr{C}(\mathrm{I})$ dans $\mathscr{C}(\mathrm{I})$ est compacte (« opérateur de Volterra »).

2) Soient $X =]0,1[$ et μ la mesure de Lebesgue sur X. On définit une suite $(f_n)_{n \geqslant 1}$ de fonctions $X \to \mathbf{R}$ en posant

$$f_{2n}(x) = \begin{cases} \sqrt{2}\sin(2n\pi x) & \text{si } 0 < x < 1/2 \\ -2^n & \text{si } 1 - 2^{-2n} < x < 1 - 2^{-2n-1} \\ 0 & \text{sinon,} \end{cases}$$

et

$$f_{2n-1}(x) = \begin{cases} \sqrt{2}\sin(2n\pi x) & \text{si } 0 < x < 1/2 \\ 2^n & \text{si } 1 - 2^{-2n} < x < 1 - 2^{-2n-1} \\ 0 & \text{sinon,} \end{cases}$$

pour tout $n \geqslant 1$ et tout $x \in X$.

a) La famille $(f_n)_{n \geqslant 1}$ est orthonormale dans $\mathscr{L}^2(X, \mu)$.

b) Pour tout $(x, y) \in X \times X$, on pose

$$N(x, y) = \sum_{n=1}^{+\infty} 2^{-n}(f_{2n-1}(x) f_{2n-1}(y) - f_{2n}(x) f_{2n}(y)).$$

Montrer que $|N(x, y)| \leqslant 2^{3/2}$ pour tout $(x, y) \in X \times X$. En déduire que $N_y \in \mathscr{L}^\infty(X)$ pour tout $y \in X$ et que

$$\int_X^* \|N_y\|_\infty^2 dy < +\infty.$$

c) Montrer qu'en posant

$$u_N(f)(y) = \int_X N(x, y) f(x) d\mu$$

pour $f \in \mathscr{L}^1(X, \mu)$ et $y \in X$, on définit par passage aux quotients une application linéaire continue de $L^1(X, \mu)$ dans $L^2(X, \mu)$.

d) L'application linéaire u_N n'est pas compacte. (Considérer la suite $g_n = 2^n(f_{2n-1} - f_{2n})$; montrer que g_n est intégrable et que la suite $(u_N(g_n))$ dans $L^2(X, \mu)$ n'admet pas de sous-suite convergente.)

3) Soient X un espace topologique localement compact, μ une mesure positive sur X et $Y \subset X$ un sous-ensemble localement μ-négligeable. Soit N la fonction caractéristique de $X \times Y$.

a) On a

$$\int_{X \times X}^* |N(x, y) f(x) g(y)| d(\mu \otimes \mu)(x, y) = 0$$

pour f, $g \in L^2(X, \mu)$.

b) Si $f \in L^2(X, \mu) - L^1(X, \mu)$, l'ensemble des $y \in X$ tels que $x \mapsto N(x, y) f(x)$ est μ-intégrable coïncide avec Y.

4) Soit $\alpha \in]0,1]$. Soit I un intervalle compact de $\mathbf{R}$. On désigne par $\mathscr{C}^\alpha(\mathrm{I})$ le sous-espace vectoriel de $\mathscr{C}(\mathrm{I})$ formé des fonctions f telles qu'il existe $\mathrm{C} \geqslant 0$ satisfaisant à

$$|f(x) - f(y)| \leqslant \mathrm{C}|x-y|^\alpha$$

pour tout $(x,y) \in \mathrm{I} \times \mathrm{I}$.

On munit $\mathscr{C}^\alpha(\mathrm{I})$ de la norme

$$\|f\|_\alpha = \sup_{x\in\mathrm{I}} |f(x)| + \sup_{\substack{(x,y)\in\mathrm{I}\times\mathrm{I}\\ x\neq y}} \frac{|f(x)-f(y)|}{|x-y|^\alpha}.$$

a) L'espace $\mathscr{C}^\alpha(\mathrm{I})$ est un espace de Banach.
b) L'injection canonique $\mathscr{C}^\alpha(\mathrm{I}) \to \mathscr{C}(\mathrm{I})$ est compacte.
c) Si $0 < \alpha < \beta \leqslant 1$, alors l'injection canonique $\mathscr{C}^\beta(\mathrm{I}) \to \mathscr{C}^\alpha(\mathrm{I})$ est compacte.
d) L'espace de Sobolev $\mathrm{H}^1(\mathring{\mathrm{I}})$ (*cf.* IV, p. 221, n° 14) s'identifie à un sous-espace de $\mathscr{C}^{1/2}(\mathrm{I})$, mais l'injection canonique $\mathrm{H}^1(\mathring{\mathrm{I}}) \to \mathscr{C}^{1/2}(\mathrm{I})$ n'est pas compacte.

§ 3

1) Soient E et F des espaces hilbertiens et u une application linéaire continue de E dans F. Montrer que u est une application de Fredholm si et seulement si l'image de u est fermée et les noyaux de u et u^* sont de dimension finie.

2) Soit p un nombre réel tel que $1 \leqslant p < +\infty$. Soit u un endomorphisme diagonal de $\ell^p_{\mathrm{K}}(\mathbf{N})$. Montrer que u est un endomorphisme de Fredholm si et seulement si c'est un endomorphisme de Riesz. En particulier, tout endomorphisme de Fredholm diagonal de $\ell^p_{\mathrm{K}}(\mathbf{N})$ est d'indice nul.

3) *a*) Il existe un espace de Banach E, un automorphisme continu u de E et un endomorphisme de Riesz v de E tels que $u \circ v$ ne soit pas un endomorphisme de Riesz. Il en existe même tels que $u \circ v - v \circ u$ soit de rang fini.
b) Il existe un espace de Banach E, un automorphisme u de E et un endomorphisme de rang fini h tels que $u + h$ ne soit pas un endomorphisme de Riesz.

4) Soit E un espace hilbertien complexe de dimension infinie.
a) Le groupe $\mathbf{U}(\mathrm{E})$ des opérateurs unitaires sur E, muni de la topologie induite par la norme de $\mathscr{L}(\mathrm{E})$, est connexe par arcs. (Montrer que si u est unitaire, il existe un opérateur hermitien v tel que $u = \exp(iv)$.)

b) Le groupe des isomorphismes linéaires de E est connexe par arcs. (Utiliser la décomposition polaire, *cf.* I, p. 139, déf. 3.)
c) Pour tout $n \in \mathbf{Z}$, l'ensemble des endomorphismes de Fredholm de E d'indice n est ouvert et connexe. Il n'est pas vide.

5) Soient E et F des espaces de Banach de dimension infinie. Une application linéaire continue $u \colon \mathrm{E} \to \mathrm{F}$ est dite *strictement singulière* s'il n'existe pas de sous-espace fermé $\mathrm{F}_1 \subset \mathrm{E}$ de dimension infinie tel que u définit par passage aux sous-espaces un isomorphisme de F_1 sur $u(\mathrm{F}_1)$.
a) Soit u une application linéaire continue de E dans F. Les conditions suivantes sont équivalentes :

(i) L'application u est strictement singulière ;

(ii) Pour tout sous-espace fermé F_1 de E de dimension infinie, il n'existe pas de nombre réel $\delta > 0$ tel que $\|u(x)\| \geqslant \delta \|x\|$ pour tout $x \in \mathrm{F}_1$.

b) Soit $u \colon \mathrm{E} \to \mathrm{F}$ une application linéaire continue telle que l'image de u soit fermée et le noyau de u de dimension finie. Si $v \colon \mathrm{E} \to \mathrm{F}$ est strictement singulière alors l'image de $u + v$ est fermée et son noyau est de dimension finie.
c) L'ensemble des endomorphismes strictement singuliers de E est un idéal bilatère fermé de $\mathscr{L}(\mathrm{E})$.
d) Toute application linéaire compacte est strictement singulière. Si E et F sont des espaces hilbertiens, alors toute application strictement singulière $\mathrm{E} \to \mathrm{F}$ est compacte.
e) Il existe des espaces de Banach E et F et une application strictement singulière non compacte $\mathrm{E} \to \mathrm{F}$.
f) Soient p et r des nombres réels tels que $1 \leqslant p < r$. Toute application linéaire continue $\ell^r_{\mathrm{K}}(\mathbf{N}) \to \ell^p_{\mathrm{K}}(\mathbf{N})$ est strictement singulière. (Utiliser l'exercice 10 de III, p. 106.)

6) Soit E un espace hilbertien complexe. Soit u un endomorphisme de Fredholm de E. Si u est normal, alors $\operatorname{ind}(u) = 0$.

7) Soient E et F des espaces de Banach, u un élément de $\mathscr{L}(\mathrm{E}; \mathrm{F})$. Démontrer que u est une application de Fredholm si et seulement si les conditions suivantes sont réalisées :

(i) Il existe une semi-norme continue p sur E et $\mathrm{C} \geqslant 0$ tels que l'application canonique de E dans l'espace séparé complété de (E, p) est compacte, et

$$\|x\| \leqslant \mathrm{C}\|u(x)\| + p(x)$$

pour tout $x \in \mathrm{E}$;

(ii) Il existe une semi-norme q continue sur F' et $\mathrm{C}' \geqslant 0$ tels que l'application canonique de F' dans l'espace séparé complété de (F', q) est compacte, et

$$\|y'\| \leqslant \mathrm{C}'\|{}^t u(y')\| + q(y')$$

pour tout $y' \in \mathrm{F}'$.

8) Soit U un ouvert connexe de $\mathbf{C}$. On désigne par $\mathscr{H}(\mathrm{U})$ l'espace des fonctions holomorphes sur U muni de la topologie de la convergence compacte (EVT III, p. 10, exemple *d*)).

a) Soit $a \in \mathscr{H}(\mathrm{U})$. La multiplication par a est un endomorphisme de Fredholm de $\mathscr{H}(\mathrm{U})$ si et seulement si l'ensemble des zéros de a est fini. Calculer alors son indice.

b) Soit $\mathscr{U} = (\mathrm{U}_i)_{i\in\mathrm{I}}$ un recouvrement de U par des ouverts connexes non vides. On pose

$$\mathrm{I}_2 = \{(i,j) \in \mathrm{I}\times\mathrm{I} \mid \mathrm{U}_i \cap \mathrm{U}_j \neq \varnothing\},$$
$$\mathrm{I}_3 = \{(i,j,k) \in \mathrm{I}\times\mathrm{I}\times\mathrm{I} \mid \mathrm{U}_i \cap \mathrm{U}_j \cap \mathrm{U}_k \neq \varnothing\}.$$

On considère les espaces vectoriels

$$\mathrm{Z}^1(\mathscr{U};\mathbf{C}) = \{(c_{i,j}) \in \mathbf{C}^{\mathrm{I}_2} \mid c_{ij} + c_{jk} + c_{ki} = 0 \text{ pour tout } (i,j,k) \in \mathrm{I}_3\}$$
$$\mathrm{B}^1(\mathscr{U};\mathbf{C}) = \{(c_{i,j}) \in \mathbf{C}^{\mathrm{I}_2} \mid \text{il existe } c' \in \mathbf{C}^{\mathrm{I}} \text{ tel que } c_{ij} = c'_i - c'_j \text{ pour tout } (i,j) \in \mathrm{I}_2\}.$$

On a $\mathrm{B}^1(\mathscr{U};\mathbf{C}) \subset \mathrm{Z}^1(\mathscr{U};\mathbf{C})$. On pose

$$\mathrm{H}^1(\mathscr{U};\mathbf{C}) = \mathrm{Z}^1(\mathscr{U};\mathbf{C})/\mathrm{B}^1(\mathscr{U};\mathbf{C}).$$

Soit $\mathscr{V} = (\mathrm{V}_\alpha)_{\alpha\in\mathrm{A}}$ un recouvrement de U par des ouverts connexes non vides, plus fin que $\mathscr{U}$, et soit $\varrho\colon \mathrm{A} \to \mathrm{I}$ une application telle que $\mathrm{V}_\alpha \subset \mathrm{U}_{\varrho(\alpha)}$ pour tout $\alpha \in \mathrm{A}$.

L'application $(c_{ij})_{i,j} \mapsto (c_{\varrho(\alpha)\varrho(\beta)})_{\alpha,\beta}$ induit une application linéaire, indépendante du choix de ϱ, de $\mathrm{H}^1(\mathscr{U};\mathbf{C})$ dans $\mathrm{H}^1(\mathscr{V};\mathbf{C})$.

On désigne par $\mathrm{H}^1(\mathrm{U};\mathbf{C})$ la limite inductive des espaces vectoriels $\mathrm{H}^1(\mathscr{U};\mathbf{C})$ munis de ces applications linéaires, lorsque $\mathscr{U}$ parcourt l'ensemble des recouvrements de U par des ouverts connexes non vides.

c) Soit D l'endomorphisme de $\mathscr{H}(\mathrm{U})$ défini par $\mathrm{D}f = f'$. Démontrer qu'il existe un isomorphisme d'espaces vectoriels du conoyau de D sur $\mathrm{H}^1(\mathrm{U};\mathbf{C})$. En déduire que D est un endomorphisme de Fredholm si et seulement si l'espace $\mathrm{H}^1(\mathrm{U};\mathbf{C})$ est de dimension finie. Calculer alors l'indice de D.

§ 4

1) Soient E et F des espaces de Banach et u une application linéaire continue $E \to F$. On a $(\!(u)\!) > 0$ si et seulement si l'image de u est fermée dans F.

2) Soient $p \in [1, +\infty]$, et $E = \ell^p_{\mathbf{C}}(\mathbf{N})$. Soit u un endomorphisme diagonal de E. Pour tout $\lambda \in \mathbf{C}$, calculer $(\!(u - \lambda 1_E)\!)$ en fonction du spectre de u.

3) Soient $p \in [1, +\infty]$ et $E = \ell^p_K(\mathbf{N})$, et soit u l'endomorphisme de décalage

$$(x_0, x_1, \ldots,) \mapsto (0, x_0, x_1, \ldots)$$

de E. Montrer que u est un endomorphisme de Fredholm d'indice 1 et que $(\!(u)\!) = 1$.

4) Soit E un espace de Banach. L'application $u \mapsto (\!(u)\!)$ de $\mathscr{L}(E)$ dans $\mathbf{R}$ est continue si et seulement si E est de dimension $\leqslant 1$.

5) Soient E un espace hilbertien et $u \in \mathscr{L}(E)$. On a $(\!(u)\!) = \inf(\mathrm{Sp}(|u|) - \{0\})$ (*cf.* I, p. 139, déf. 3 pour la définition de $|u|$).

6) Soient $E = \ell^2(\mathbf{N})$ et $(e_n)_{n \in \mathbf{N}}$ la base orthonormale canonique de E. Soit u l'endomorphisme diagonal de E tel que $u(e_0) = e_0$ et $u(e_n) = 2e_n$ si $n \geqslant 1$. Montrer que $(\!(u)\!) = 1$ et que $u + h$ est un endomorphisme de Fredholm pour tout h tel que $\|h\| < 2$.

7) Soient E et F des espaces de Banach et u un élément de $\mathscr{QM}(E; F)$ (resp. de $\mathscr{QE}(E; F)$). Soit h un élément de $\mathscr{L}(E; F)$. Supposons qu'il existe des nombres réels positifs a et b tels que $a + b(\!(u)\!)^{-1} < 1$ de sorte que

$$\|h(x)\| \leqslant a\|u(x)\| + b\|x\| \tag{2}$$

pour tout $x \in E$.

Démontrer que $u + h \in \mathscr{QM}(E; F)$ (resp. $u + h \in \mathscr{QE}(E; F)$) et

$$\dim \mathrm{Ker}(u + h) \leqslant \dim \mathrm{Ker}(u),$$

$$\dim \mathrm{Coker}(u + h) \leqslant \dim \mathrm{Coker}(u),$$

$$\mathrm{ind}(u + h) = \mathrm{ind}(u).$$

(Se ramener au cas où a et b sont > 0 et soit $c > 0$ tel que $a + b/c < 1$; considérer la norme p sur E définie par

$$p(x) = a\|u(x)\| + b\|x\| \qquad \text{pour } x \in E,$$

et E_1 l'espace de Banach E muni de la norme p ; on a $\mathscr{QM}(E_1; F) = \mathscr{QM}(E; F)$, $\mathscr{QE}(E_1; F) = \mathscr{QE}(E; F)$ et $\mathscr{L}(E_1; F) = \mathscr{L}(E; F)$. Appliquer alors le lemme 2 de III, p. 62.)

8) Soit E un espace hilbertien. Démontrer directement le th. 4 de III, p. 64 sans utiliser le théorème de Borsuk–Ulam.

9) Soit $r \geqslant 1$ un entier. Si $f\colon M_1 \to M_2$ est un morphisme de classe C^r de variétés de classe C^r, on dit que $x \in M_1$ est un *point critique* de f si f n'est pas une submersion en x (VAR, R1, 5.9.1). Soit X l'ensemble des points critiques de f. L'ensemble $f(X)$ dans M_2 est appelé *ensemble des valeurs critiques* de f, et $f(M_1) - f(X)$ est appelé *ensemble des valeurs régulières* de f.

Si M_1 et M_2 sont des variétés réelles de classe C^r (VAR, R1, 5.1.5, p. 35), un morphisme de variétés $f\colon M_1 \to M_2$, de classe C^r, est dit *de Fredholm* si, pour tout $x \in M_1$, l'application linéaire tangente $T_x(f)$ est un endomorphisme de Fredholm de l'espace de Banach $T_x(M_1)$ vers l'espace de Banach $T_{f(x)}(M_2)$.
a) Soit $f\colon M_1 \to M_2$ un morphisme de Fredholm. Si M_1 est connexe, l'indice $\mathrm{ind}(T_x(f))$ est indépendant de $x \in M_1$. On l'appelle l'*indice* du morphisme de Fredholm f et on le note $\mathrm{ind}(f)$.
b) Soit U un ouvert d'un espace de Banach E tel que $0 \in U$ et soit F un espace de Banach. Soit $f\colon U \to F$ un morphisme de Fredholm de classe C^r et soit $u = T_0(f)$. Il existe un espace de Banach E_1, une carte $(U_1, \varphi, E_1 \times \mathrm{Ker}(u))$ de U telle que $0 \in U_1$, une carte $(U_2, \psi, E_1 \times \mathrm{Coker}(u))$ de F telle que $f(0) \in U_2$ et un morphisme de Fredholm $g\colon \varphi(U_1) \to E_1 \times \mathrm{Coker}(u)$ de classe C^r tels que

$$(\psi \circ f \circ \varphi^{-1})(a, b) = (a, g(a, b))$$

pour tout $(a, b) \in \varphi(U_1) \subset E_1 \times \mathrm{Ker}(u)$.
c) Soit $f\colon M_1 \to M_2$ un morphisme de Fredholm de classe C^r entre variétés de classe C^r. Pour tout $y \in M_2$, il existe un voisinage ouvert V de y tel que f définit par passage aux sous-espaces une application propre $\overset{-1}{f}(V) \to V$.
d) Soit U un ouvert d'un espace de Banach E contenant 0 et soit F un espace de Banach. Soit $f\colon U \to F$ un morphisme de Fredholm de classe C^∞. Pour tout $x \in U$ et tout voisinage V de $f(x)$ dans F, il existe une valeur régulière de f dans V. (Utiliser le second théorème de Sard, VAR, R2, 10.1.3, p. 37.)
e) Soit $f\colon M_1 \to M_2$ un morphisme de Fredholm de classe C^∞ de variétés de classe C^∞. Si M_1 et M_2 admettent des bases dénombrables, alors l'ensemble des valeurs critiques de f est maigre (« théorème de Smale »).
f) Soit $f\colon M_1 \to M_2$ un morphisme de Fredholm de classe C^∞ de variétés de classe C^∞ admettant des bases dénombrables. Si $\mathrm{ind}(f) < 0$, alors l'image de f est d'intérieur vide.
g) Soit $f\colon M_1 \to M_2$ un morphisme de Fredholm de classe C^∞ de variétés de classe C^∞ admettant des bases dénombrables. Pour tout $y \in M_2$ en dehors d'un ensemble maigre, l'ensemble $\overset{-1}{f}(y)$ est une sous-variété pure de dimension $\mathrm{ind}(f)$.

§ 5

Dans les exercices suivants, lorsque E est un espace de Banach, on note $\mathscr{C}alk(\mathrm{E})$ l'algèbre de Calkin $\mathscr{L}(\mathrm{E})/\mathscr{L}^c(\mathrm{E})$. On note π la projection canonique de $\mathscr{L}(\mathrm{E})$ dans $\mathscr{C}alk(\mathrm{E})$.

Si E est un espace hilbertien complexe, on munit $\mathscr{C}alk(\mathrm{E})$ de l'involution déduite de l'involution de $\mathscr{L}(\mathrm{E})$ par passage au quotient.

1) Soit E un espace localement convexe.

a) Supposons que tout voisinage de 0 dans E contient un sous-espace vectoriel de E de codimension finie. Montrer que l'espace $\mathscr{F}(\mathrm{E})$ des endomorphismes de Fredholm de E n'est pas fermé dans $\mathscr{L}(\mathrm{E})$ muni de la topologie de la convergence bornée.

b) Donner un exemple d'espace de Fréchet de dimension infinie tel que tout voisinage de 0 contienne un sous-espace vectoriel de E de codimension finie.

c) Soit E_σ un espace de Banach de dimension infinie muni de la topologie affaiblie. L'ensemble $\mathscr{F}(\mathrm{E}_\sigma)$ n'est pas ouvert dans $\mathscr{L}(\mathrm{E}_\sigma)$.

2) Soient E un espace de Banach de dimension infinie et $u \in \mathscr{L}(\mathrm{E})$. On note $\mathrm{S}(u)$ l'ensemble des nombres complexes λ tels qu'il existe un nombre réel $\delta > 0$ et un sous-espace F de codimension finie de E tels que $\|u(x) - \lambda x\| \geqslant \delta\|x\|$ pour tout $x \in \mathrm{F}$.

a) L'ensemble $\mathrm{S}(u)$ est ouvert dans $\mathbf{C}$ et contient le complémentaire dans $\mathbf{C}$ du spectre de u.

b) Si $\lambda \in \mathrm{S}(u)$, l'endomorphisme $u - \lambda 1_{\mathrm{E}}$ a une image fermée et un noyau de dimension finie.

c) Le complémentaire $\mathrm{F}(u) = \mathbf{C} - \mathrm{S}(u)$ n'est pas vide. (Montrer qu'un élément de $\mathrm{Sp}_{\mathrm{e}}(u)$ de module maximal appartient à $\mathrm{F}(u)$.)

3) Soit E un espace hilbertien complexe de dimension infinie.

a) L'algèbre involutive $\mathscr{C}alk(\mathrm{E})$ est une algèbre stellaire.

b) Soit u un élément de $\mathscr{L}(\mathrm{E})$ tel que u^*u soit compact. Montrer que u est compact.

c) Soient G le groupe des éléments inversibles dans $\mathscr{C}alk(\mathrm{E})$ et G_0 sa composante neutre. Soit $p\colon \mathrm{G} \to \mathrm{G}/\mathrm{G}_0$ la projection canonique. Il existe un unique isomorphisme de groupes $\alpha\colon \mathbf{Z} \to \mathrm{G}/\mathrm{G}_0$ tel que $\alpha(\mathrm{ind}(u)) = p(\pi(u))$ pour tout endomorphisme de Fredholm u de E.

4) Soit E un espace hilbertien complexe. Pour tout élément inversible ξ de $\mathscr{C}alk(\mathrm{E})$, on appelle *indice de* ξ l'indice de tout endomorphisme de Fredholm u de E tel que $\pi(u) = \xi$.

a) Montrer que pour tout $\xi \in \mathscr{C}alk(\mathrm{E})$ hermitien, il existe $u \in \mathscr{L}(\mathrm{E})$ hermitien tel que $\pi(u) = \xi$.
b) Montrer que pour tout $\xi \in \mathscr{C}alk(\mathrm{E})$ unitaire d'indice nul, il existe $u \in \mathscr{L}(\mathrm{E})$ unitaire tel que $\pi(u) = \xi$. (Soit v inversible tel que $\pi(v) = \xi$; considérer la décomposition polaire $v = j|v|$ de v et vérifier que $|v| - 1_{\mathrm{E}}$ est compact, puis en déduire que $v - j$ est compact.)
c) Montrer que pour tout $\xi \in \mathscr{C}alk(\mathrm{E})$ unitaire tel que $\xi^2 = 1$, il existe $u \in \mathscr{L}(\mathrm{E})$ unitaire tel que $u^2 = 1$ et $\pi(u) = \xi$.
d) Pour tout élément $p \in \mathscr{C}alk(\mathrm{E})$ tel que $p^2 = p$, il existe un projecteur $\mathrm{P} \in \mathscr{L}(\mathrm{E})$ tel que $\pi(\mathrm{P}) = p$.

5) Soit E un espace hilbertien complexe.
a) Soit n un entier avec $n \geqslant 2$. On note $\mathrm{I} = \mathbf{N} \times \{0, \ldots, n\}$. Soit $(\sigma_i)_{1 \leqslant i \leqslant n}$ la famille de permutations de I définie par

$$\begin{aligned}
\sigma_i(m, i) &= (m-1, i) \text{ pour } m \geqslant 1 \\
\sigma_i(0, i) &= (0, i-1) \\
\sigma_i(m, i-1) &= (m+1, i-1) \text{ pour } m \geqslant 0 \\
\sigma_i(m, j) &= (m, j) \text{ pour } m \geqslant 0 \text{ et } j \notin \{i, i-1\}.
\end{aligned}$$

b) On note $(e_{m,i})$ la base orthonormale canonique de $\ell^2(\mathrm{I})$. Soit u_i l'endomorphisme de $\ell^2(\mathrm{I})$ tel que $u_i(e_{m,j}) = e_{\sigma_i(m,j)}$ pour tout $(m, j) \in \mathrm{I}$. L'endomorphisme u_i est unitaire.
c) Les éléments $\pi(u_i)$ sont deux à deux permutables.
d) Il n'existe pas de famille $(v_1, \ldots, v_n)$ d'endomorphismes unitaires de E, deux à deux permutables, tels que $\pi(v_i) = \pi(u_i)$ pour tout i.

6) Soit E un espace hilbertien complexe. On rappelle que $\mathscr{C}alk(\mathrm{E})$ est une algèbre stellaire (exercice 3).

Soit $\mathfrak{F}$ un ultrafiltre non principal sur $\mathbf{N}$. Soit F l'espace vectoriel des suites bornées dans E qui convergent faiblement vers 0 selon $\mathfrak{F}$ et F_0 le sous-espace de F formé des suites qui convergent en norme vers 0 selon $\mathfrak{F}$. On note $\widetilde{\mathrm{H}} = \mathrm{F}/\mathrm{F}_0$.
a) Pour tous éléments $x = (x_n)$ et $y = (y_n)$ de F, montrer que la suite $(\langle x_n \,|\, y_n \rangle)_{n \in \mathbf{N}}$ converge selon $\mathfrak{F}$. On note $\langle x \,|\, y \rangle_{\mathrm{F}}$ sa limite.
b) Montrer que $(x, y) \mapsto \langle x \,|\, y \rangle_{\mathrm{F}}$ est une forme hermitienne positive sur F, et que $\langle x \,|\, x \rangle_{\mathrm{F}} = 0$ si et seulement si $x \in \mathrm{F}_0$; cette forme hermitienne définit donc sur $\widetilde{\mathrm{H}}$ une structure d'espace préhilbertien séparé.
c) Soit H l'espace hilbertien complété de l'espace préhilbertien séparé $\widetilde{\mathrm{H}}$. Montrer que pour tout u dans $\mathscr{L}(\mathrm{E})$, on obtient un élément $\varrho(u)$ de $\mathscr{L}(\mathrm{H})$ par passage au quotient à partir de l'application linéaire $(x_n) \mapsto (u(x_n))$ de F.
d) L'application $u \mapsto \varrho(u)$ induit un morphisme isométrique d'algèbres stellaires $\mathscr{C}alk(\mathrm{E}) \to \mathscr{L}(\mathrm{H})$.

(On verra plus loin que toute algèbre stellaire A possède une représentation isométrique $A \to \mathscr{L}(E)$ pour un certain espace hilbertien E, *cf.* th. 2 de V, p. 442.)

7) On munit le cercle unité $\mathbf{S}_1 \subset \mathbf{C}$ de la mesure de Haar normalisée. Soit E l'espace hilbertien complexe $L^2(\mathbf{S}_1)$. Pour $n \in \mathbf{Z}$, soit e_n l'élément $z \mapsto z^n$ de E. Soit $F \subset E$ le sous-espace fermé engendré par les e_n pour $n \geqslant 0$, et soit $p \colon E \to F$ le projecteur orthogonal. Pour $f \in L^\infty(\mathbf{S}_1)$, on définit des applications linéaires M_f (resp. T_f) de E (resp. F) par $M_f(g) = fg$ pour $g \in E$ et $T_f = p \circ M_f$. On dit que T_f est *l'opérateur de Toeplitz* de *symbole* f.
a) Les applications linéaires M_f et T_f sont continues. Le spectre de M_f est l'adhérence de l'ensemble des coefficients de Fourier $c_n = \langle f \,|\, e_n \rangle$ de f. L'endomorphisme M_f est un endomorphisme de Fredholm si et seulement si c'est un endomorphisme de Riesz.
b) Les endomorphismes T_{e_n} pour $n \in \mathbf{Z}$ sont des endomorphismes de Fredholm et $\operatorname{ind}(T_{e_n}) = -n$ pour tout $n \in \mathbf{Z}$.
c) On a $T_{\overline{f}} = T_f^*$ pour toute application $f \in L^\infty(\mathbf{S}_1)$.
d) Si T_f est un isomorphisme, alors M_f est un isomorphisme et f est inversible dans $L^\infty(\mathbf{S}_1)$. En déduire que le spectre de M_f est inclus dans le spectre de T_f et que $\|T_f\| = \|f\|$.
e) Soient $f \in \mathscr{C}(\mathbf{S}_1)$ une application continue et $g \in L^\infty(\mathbf{S}_1)$. Les endomorphismes $T_f T_g - T_{fg}$ et $T_g T_f - T_{gf}$ sont compacts. (Considérer d'abord le cas où $f = e_n$.)
f) Soient $\mathscr{C}alk(F)$ l'algèbre de Calkin de F et $\pi \colon \mathscr{L}(F) \to \mathscr{C}alk(F)$ la projection canonique. Montrer que $f \mapsto \pi(T_f)$ est un morphisme injectif d'algèbres involutives de $\mathscr{C}(\mathbf{S}_1)$ dans $\mathscr{C}alk(F)$. (Pour montrer l'injectivité, on pourra utiliser la prop. 1 de I, p. 31.)
g) Soit $f \in \mathscr{C}(\mathbf{S}_1)$. Alors T_f est un endomorphisme de Fredholm si et seulement si f ne s'annule pas sur $\mathbf{S}_1$. (Utiliser la prop. 5 de I, p. 106.)
h) Soit $f \in \mathscr{C}(\mathbf{S}_1)$ ne s'annulant pas sur $\mathbf{S}_1$. L'indice de T_f est égal à $n \in \mathbf{Z}$ si et seulement si le chemin $t \mapsto f(e^{2i\pi t})$ dans $\mathbf{C} - \{0\}$ est homotope au chemin $t \mapsto e_n(t)$ (*cf.* TA, III, p. 229, déf. 1).

8) On reprend les notations de l'exercice précédent.
a) On note $T(\mathbf{S}_1)$ la sous-algèbre fermée de $\mathscr{L}(F)$ engendrée par les opérateurs de Toeplitz T_{e_1} et $T_{e_{-1}}$. Montrer que $T(\mathbf{S}_1)$ est une sous-algèbre stellaire de $\mathscr{L}(F)$.
b) Soit $f \in \mathscr{C}(\mathbf{S}_1)$. Montrer que T_f appartient à $T(\mathbf{S}_1)$.
c) La représentation de $T(\mathbf{S}_1)$ dans F est irréductible ; l'algèbre stellaire $T(\mathbf{S}_1)$ contient $\mathscr{L}^c(F)$.

d) On a $u \in \mathrm{T}(\mathbf{S}_1)$ si et seulement s'il existe $f \in \mathscr{C}(\mathbf{S}_1)$ et $h \in \mathscr{L}^{\mathrm{c}}(\mathrm{F})$ tels que $u = \mathrm{T}_f + h$. (Montrer que l'ensemble des endomorphismes de la forme $\mathrm{T}_f + h$ forme une algèbre stellaire fermée dans $\mathscr{L}(\mathrm{F})$.)

e) Il existe une suite exacte de morphismes d'algèbres involutives

$$0 \longrightarrow \mathscr{L}^{\mathrm{c}}(\mathrm{F}) \longrightarrow \mathrm{T}(\mathbf{S}_1) \xrightarrow{\ \varrho\ } \mathscr{C}(\mathbf{S}_1) \longrightarrow 0$$

telle que $\varrho(\mathrm{T}_f) = f$ pour toute fonction $f \in \mathscr{C}(\mathbf{S}_1)$.

9) Soit B un espace de Banach de dimension infinie. On note E le dual fort de B et F le dual de B muni de la topologie $\sigma(\mathrm{B}', \mathrm{B})$. Démontrer qu'il existe une application linéaire continue bijective u de E dans F et une application linéaire compacte h de E dans F telles que $u + h$ ait un conoyau de dimension infinie.

10) Soient E un espace localement convexe séparé, u et h des éléments permutables de $\mathscr{L}(\mathrm{E})$. On suppose qu'il existe un entier n tel que h^n soit un endomorphisme compact.

a) Si u est un endomorphisme de Fredholm, alors $u - h$ est un endomorphisme de Fredholm.

b) Si u est un endomorphisme de Riesz, alors $u - h$ est un endomorphisme de Riesz.

11) Soit $\mathrm{E} = \ell^2(\mathbf{N})$ et soit (e_n) la base canonique de E. On définit $u \in \mathscr{L}(\mathrm{E})$ par $u(e_i) = e_{i+1}$ pour $i \in \mathbf{N}$. Soient $\mathrm{F} = \mathrm{E} \oplus \mathrm{E}$ et $v = u \oplus (u^* + 2 \cdot 1_{\mathrm{E}}) \in \mathscr{L}(\mathrm{F})$. Soit $\overline{v} = \pi(v)$ l'image de v dans l'algèbre de Calkin $\mathscr{C}alk(\mathrm{F})$.

a) L'endomorphisme v est un endomorphisme de Fredholm d'indice -1, et $v - 2 \cdot 1_{\mathrm{E}}$ est un endomorphisme de Fredholm d'indice 1.

b) Soit $p = \mathrm{X}(\mathrm{X} - 2) \in \mathbf{C}[\mathrm{X}]$ et soit S le spectre exponentiel de $\overline{v}$ (exercice 5 de I, p. 173). On a $0 \in p(\mathrm{S})$ mais 0 n'appartient pas au spectre exponentiel de $p(\overline{v})$. (Utiliser l'exercice 3.)

§ 6

1) Soit A une partie compacte de $\mathbf{C}$ qui est égale à l'adhérence de son intérieur V. On note $\mathscr{C}(\mathrm{A}) = \mathscr{C}(\mathrm{A}; \mathbf{C})$. Soit $\mathrm{B}(\mathrm{A})$ le sous-espace vectoriel de $\mathscr{C}(\mathrm{A})$ formé des fonctions $f \in \mathscr{C}(\mathrm{A})$ dont la restriction à V est holomorphe ;

c'est une sous-algèbre de Banach de $\mathscr{C}(\mathrm{A})$. Soit $u \in \mathscr{L}(\mathrm{B}(\mathrm{A}))$ l'application linéaire telle que $u(f)(z) = zf(z)$ pour tout $z \in \mathrm{A}$ et tout $f \in \mathrm{B}(\mathrm{A})$.

a) Le spectre de u est égal à A.

b) Pour tout $z \in \mathrm{V}$, l'endomorphisme $u - z$ de B(A) est un endomorphisme de Fredholm d'indice 1.

c) Pour tout $z \in \mathrm{A} - \mathrm{V}$, l'endomorphisme $u - z$ de B(A) n'est pas un endomorphisme de Fredholm.

d) Le spectre stable de u est la frontière de A, le spectre sensible de u est vide, et le spectre essentiel de u est A.

e) On suppose que le complémentaire de A dans **C** est connexe. Pour tout $h \in \mathscr{L}^{c}(\mathrm{B}(\mathrm{A}))$, le spectre essentiel de $u + h$ est égal à A.

2) On conserve les notations de l'exercice précédent. On suppose que A contient le cercle unité **U** dans **C** et que $0 \notin \mathrm{A}$. On note φ_{A} la fonction caractéristique de A.

a) L'application

$$\ell\colon f \mapsto \frac{1}{2i\pi}\int_{\mathbf{U}} f(z)dz$$

est une forme linéaire continue sur B(A).

b) Soit h l'endomorphisme de rang fini de B(A) tel que $h(f) = \ell(f)\varphi_{\mathrm{A}}$. Le spectre essentiel de $u - h$ est distinct de celui de u. (Montrer qu'il contient 0.)

3) Soit E un espace hilbertien complexe. Soit U une partie ouverte connexe de **C**. Soit f une fonction holomorphe de U dans l'espace $\mathscr{L}^{c}(\mathrm{E})$. Supposons qu'il existe $z \in \mathrm{U}$ tel que 1 appartient à l'ensemble résolvant de $f(z)$.

a) L'ensemble D des $z \in \mathrm{U}$ tels que $1 \in \mathrm{Sp}(f(z))$ est une partie discrète de U.

b) L'application de $\mathrm{U} - \mathrm{D}$ dans $\mathscr{L}(\mathrm{E})$ définie par $z \mapsto \mathrm{R}(f(z), 1)$ est holomorphe.

On fixe un point $z_0 \in \mathrm{D}$.

c) Il existe un entier $k \geqslant 1$ tel que l'application de $\mathrm{U} - \mathrm{D}$ dans $\mathscr{L}(\mathrm{E})$ définie par $z \mapsto (z - z_0)^k \mathrm{R}(f(z), 1)$ s'étend en une application holomorphe sur $(\mathrm{U} - \mathrm{D}) \cup \{z_0\}$.

d) Il existe une unique suite $(u_n)_{n \in \mathbf{N}}$ d'endomorphismes de E telle que $u_n = 0$ pour n assez grand et une unique fonction holomorphe S de $(\mathrm{U} - \mathrm{D}) \cup \{z_0\}$ dans $\mathscr{L}(\mathrm{E})$ telles que pour tout $z \in \mathrm{U} - \mathrm{D}$, on a

$$\mathrm{R}(f(z), 1) = \sum_{j=-k}^{-1} (z - z_0)^j u_j + \mathrm{S}(z).$$

e) L'endomorphisme u_{-1} est le projecteur spectral de $f(z_0)$ relatif à la partie ouverte et fermée $\{1\}$ du spectre de $f(z_0)$.

4) Soit E un espace de Banach de type dénombrable. Soit $u \in \mathscr{L}(\mathrm{E})$. On suppose que la suite $(\|u^k\|)_{k\in\mathbf{N}}$ est bornée.

Pour tout $\lambda \in \mathrm{Sp}(u) \cap \mathbf{U}$, soit $x_\lambda \in \mathrm{E}$ un vecteur propre de u de norme 1 relatif à λ.

a) Pour tous λ_1, λ_2 dans $\mathrm{Sp}(u) \cap \mathbf{U}$ et tout entier $k \in \mathbf{N}$, on a

$$|\lambda_1^k - \lambda_2^k| \leqslant (1 + \|u^k\|)\|x_{\lambda_1} - x_{\lambda_2}\|.$$

b) Il existe un nombre réel $c > 0$ tel que $\|x_{\lambda_1} - x_{\lambda_2}\| \geqslant c$ pour tous $\lambda_1 \neq \lambda_2$ dans $\mathrm{Sp}(u) \cap \mathbf{U}$.

c) L'ensemble $\mathrm{Sp}(u) \cap \mathbf{U}$ est dénombrable (« théorème de Jamison »).

d) Le théorème de Jamison ne vaut pas en général si E n'est pas de type dénombrable.

5) Le but de cet exercice est de donner une autre preuve du théorème de Lomonosov (cor. 2 de III, p. 13) dans le cas où l'espace E est un espace de Banach.

Soit E un espace de Banach complexe de dimension au moins 2. Soient h un endomorphisme compact non nul de E et A le commutant de h dans $\mathscr{L}(\mathrm{E})$.

a) L'une des conditions suivantes est satisfaite :

(i) Il existe $y \in \mathrm{E}$ tel que $\mathrm{A}y$ soit un sous-espace non nul qui n'est pas dense dans E ;

(ii) Pour toute partie fermée bornée C de A, d'intérieur non vide, il existe une partie finie I de A telle que $h(\mathrm{C})$ soit contenue dans la réunion des ensembles $\overset{-1}{u}(\mathrm{C})$ pour $u \in \mathrm{I}$.

b) On suppose que la condition (ii) de la question précédente est satisfaite. Soit C une partie fermée bornée de E d'intérieur non vide. Pour tout entier $m \geqslant 1$, il existe une suite finie $(u_1, \ldots, u_m)$ dans A telle que

$$u_1 \circ \cdots \circ u_m \circ h^m(x_0) \in \mathrm{C}.$$

(Jouer au tennis de table.)

c) Sous la même hypothèse, montrer que le rayon spectral de h n'est pas nul (dans le cas contraire, considérer un élément $x_0 \in \mathrm{E}$ tel que $\|h(x_0)\| > \|h\|$ et la boule fermée C de centre x_0 et de rayon $\|h\|$; en notant que $\|(\lambda h)^n\|$ tend vers 0 pour tout $\lambda \in \mathbf{R}$, montrer que la conclusion de la question précédente impliquerait que 0 appartient à l'adhérence de C).

d) Pour tout endomorphisme de E qui commute avec un endomorphisme compact non nul de E, il existe un sous-espace fermé non nul $\mathrm{F} \subset \mathrm{E}$ différent de E tel que $u(\mathrm{F}) \subset \mathrm{F}$.

6) Soit A une **Z**-algèbre unitaire. On suppose que A est un **Z**-module libre. Soit $\mathscr{B}$ une partie de A qui en est une base comme **Z**-module. On dit que le couple $(\mathrm{A}, \mathscr{B})$ est une *algèbre naturelle* si les constantes de structure de A par

rapport à $\mathscr{B}$ (A, III, p. 10) appartiennent à $\mathbf{N}$ et si les coefficients de 1_{A} dans la base $\mathscr{B}$ appartiennent à $\mathbf{N}$. On dit de plus que $(\mathrm{A}, \mathscr{B})$ est *unie* si 1_{A} est un élément de $\mathscr{B}$.

Soit $(\mathrm{A}, \mathscr{B})$ une algèbre naturelle. Soit $\mathscr{B}_0$ l'ensemble des $b \in \mathscr{B}$ tels que le coefficient de b dans 1_{A} n'est pas nul. On note τ_{A} l'unique morphisme de $\mathbf{Z}$-modules de A dans $\mathbf{Z}$ tel que, pour tout b dans $\mathscr{B}$, on a $\tau_{\mathrm{A}}(b) = 1$ si $b \in \mathscr{B}_0$, et $\tau_{\mathrm{A}}(b) = 0$ sinon.

a) On a $\tau_{\mathrm{A}}(xy) = \tau_{\mathrm{A}}(yx)$ pour tous $(x, y) \in \mathrm{A}^2$.

b) Pour tous $b \neq b'$ dans $\mathscr{B}_0$, on a $b^2 = b$ et $bb' = 0$.

7) Soit $(\mathrm{A}, \mathscr{B})$ une algèbre naturelle.

a) Il existe au plus une involution ι de $\mathscr{B}$ telle que l'unique homomorphisme $\mathbf{Z}$-modules de A dans A tel que $b \mapsto \iota(b)$ soit un anti-automorphisme de A vérifiant la condition $\tau_{\mathrm{A}}(bb') = 1$ si $b' = \iota(b)$ et $\tau_{\mathrm{A}}(bb') = 0$ sinon.

Lorsque qu'une telle involution ι existe, on dit que $(\mathrm{A}, \mathscr{B})$ est une algèbre naturelle *basale*.

On suppose désormais que $(\mathrm{A}, \mathscr{B})$ est une algèbre naturelle basale.

b) On a alors $\iota(b) = b$ pour tout $b \in \mathscr{B}_0$, ainsi que la formule

$$1_{\mathrm{A}} = \sum_{b \in \mathscr{B}_0} b.$$

c) Les constantes de structure $\gamma_{bb'}^{b''}$ de A vérifient $\gamma_{bb'}^{\iota(b'')} = \tau_{\mathrm{A}}(bb'b'')$ pour (b, b', b'') dans $\mathscr{B}$.

8) Soit $(\mathrm{A}, \mathscr{B})$ une algèbre naturelle basale telle que A soit de rang fini.

a) Pour tout $x \in \mathrm{A}$, l'élément

$$\sum_{b \in \mathscr{B}} bx\iota(b)$$

est central.

Dans la suite de cet exercice, on suppose de plus que $(\mathrm{A}, \mathscr{B})$ *est unie.*

b) Pour tous b, b' dans $\mathscr{B}$, il existe b_1 et b_2 dans $\mathscr{B}$ tels que le coefficient de b' dans bb_1 et dans $b_2 b$ est non nul.

c) Pour tout $x \in \mathscr{B}$, la matrice représentant dans la base $\mathscr{B}$ l'application $y \mapsto xy$ de A dans A est une matrice réelle dont tout les coefficients sont positifs. On note pf l'unique homomorphisme de A dans $\mathbf{R}$ tel que $\mathrm{pf}(b)$ est le rayon spectral de cette matrice quand $b \in \mathscr{B}$.

d) Pour tout $b \in \mathscr{B}$, le nombre réel $\alpha = \mathrm{pf}(b)$ est un entier algébrique tel que $\alpha \geqslant 1$; pour tout conjugué $\alpha' \in \mathbf{C}$ de α, on a $|\alpha'| \leqslant \alpha$.

e) Soit $a_0 \in \mathrm{A}$ la somme des éléments de $\mathscr{B}$. Tout les coefficients de la matrice représentant l'application $f\colon y \mapsto ya_0$ dans la base $\mathscr{B}$ sont strictement positifs. Il existe un élément $r \in \mathbf{C} \otimes \mathrm{A}$ dont tout les coefficients dans la base $(1 \otimes b)_{b \in \mathscr{B}}$ sont strictement positifs tel que $f_{\mathbf{C}}(r) = \varrho(f_{\mathbf{C}})r$.

f) Pour tout $x \in \mathrm{A}$, il existe un unique nombre complexe $\delta(x)$ tel que $xr = \delta(x)r$ dans $\mathbf{C} \otimes \mathrm{A}$. L'application $\delta \colon \mathrm{A} \to \mathbf{C}$ est un caractère de A.
g) On a $\delta(x) = \mathrm{pf}(x)$ pour tout $x \in \mathrm{A}$. En particulier, l'application $x \mapsto \mathrm{pf}(x)$ est un caractère de A.
h) L'application pf est l'unique caractère de A tel que $\mathrm{pf}(b) \geqslant 0$ pour tout $b \in \mathscr{B}$; on a de plus $\mathrm{pf}(b) > 0$ pour tout $b \in \mathscr{B}$.
i) Pour tout $y \in \mathrm{A}$, on a $ry = \delta(y)r$ dans $\mathbf{C} \otimes \mathrm{A}$.
j) L'élément

$$r_0 = \sum_{b \in \mathscr{B}} \mathrm{pf}(b)b$$

possède les propriétés demandées à la question *i*).

9) *a*) Soient n un entier et M une matrice carrée à coefficients dans $\mathbf{N}$. On suppose que $\varrho(M^t M) = \varrho(M)^2$ et que $|\varrho(M)| < 2$. Il existe un entier $m \geqslant 2$ tel que $\varrho(M) = 2\cos(\pi/m)$. (Utiliser le théorème de Kronecker, *cf.* A, V, p. 155, exercice 17.)
b) Pour tout entier $m \geqslant 2$, il existe une matrice carrée M à coefficients dans $\mathbf{N}$ telle que $\varrho(M) = 2\cos(\pi/m)$.
c) Soit $(\mathrm{A}, \mathscr{B})$ une algèbre naturelle unie basale de rang fini. Soit $b \in \mathscr{B}$. Si $\mathrm{pf}(b) < 2$, alors alors il existe un entier $m \geqslant 3$ tel que $\mathrm{pf}(b) = 2\cos(\pi/m)$.

Les exercices 10 à 24 proposent une autre démonstration du corollaire 5 de III, p. 100 ainsi que certains raffinements. On y utilisera les notions suivantes.
Soit I *un ensemble fini et soit* n *son cardinal.*
– *On note* 1_{I} *la matrice réelle unité de type* (I, I).
– *Une matrice carrée de type* (I, I) *à coefficients réels est dite* positive *si tous ses coefficients sont* $\geqslant 0$ *et* strictement positive *si tous ses coefficients sont* > 0.
– *Une matrice carrée* $(a_{ij})_{i,j \in \mathrm{I}}$ *de type* (I, I) *à coefficients réels est dite* réductible *s'il existe une partition de* I *en deux sous-ensembles* I' *et* I'' *non vides telle que* $a_{ij} = 0$ *pour tout* $(i, j) \in \mathrm{I}' \times \mathrm{I}''$; *elle est dite* irréductible *si elle n'est pas réductible.*
– *On appelle* sous-espace de coordonnées *de* $\mathbf{R}^{\mathrm{I}}$ *tout sous-espace vectoriel de* $\mathbf{R}^{\mathrm{I}}$ *engendré par un sous-ensemble de vecteurs de la base canonique. Il y a* 2^n *sous-espaces de coordonnées ; pour chaque entier* $k \in \{0, \ldots, n\}$, *ceux d'entre eux qui sont de dimension* k *sont au nombre de* $\binom{n}{k}$.

Une matrice réelle de type (I, I) *est donc irréductible si et seulement si les seuls sous-espaces de coordonnées qu'elle stabilise sont* $\{0\}$ *et* $\mathbf{R}^{\mathrm{I}}$.

Pour tous x *et* y *dans* $\mathbf{R}^{\mathrm{I}}$ *on écrira* $x \preccurlyeq y$ *(et* $y \succcurlyeq x$*) si* $y - x$ *est dans le cône des éléments de* $\mathbf{R}^{\mathrm{I}}$ *à coordonnées positives, c'est-à-dire si* $x_i \leqslant y_i$ *pour tout* $i \in \mathrm{I}$. *On écrira* $x \prec y$ *(et* $y \succ x$*) si toutes les coordonnées de* $y - x$ *sont strictement positives.*

10) Soit A une matrice réelle de type (I, I), positive et irréductible. Pour tout entier n tel que $n \geqslant \mathrm{Card}(\mathrm{I})$, la matrice $(1_\mathrm{I} + A)^{n-1}$ est strictement positive. (Soit $y \in \mathbf{R}_+^n$ et $z = (1_\mathrm{I} + A)y$; si $y \neq 0$, démontrer que l'ensemble des $i \in \mathrm{I}$ tels que $z_i = 0$ est strictement contenu dans $\{i \in \mathrm{I} \mid y_i = 0\}$.)

11) Soit A une matrice réelle de type (I, I), positive et irréductible. On note $\psi \in \mathbf{R}[\mathrm{X}]$ le polynôme minimal de A et on pose $m = \deg(\psi)$.

Pour tout entier q, posons $A^q = (a_{ij}^{(q)})_{i,j \in \mathrm{I}}$.

Pour tout $(i, j) \in \mathrm{I}^2$, il existe un entier q tel que $1 \leqslant q \leqslant m$ et $a_{ij}^{(q)} > 0$. (Soit r le reste de la division euclidienne de $(1 + \mathrm{X})^{n-1}$ par ψ ; considérer la matrice $r(A)$ et observer qu'elle est strictement positive.)

12) Soit A une matrice réelle de type (I, I), irréductible et positive. Pour tout $x \in \mathbf{R}^\mathrm{I}$ non nul, on pose

$$r_x = \inf_{\substack{i \in \mathrm{I} \\ x_i \neq 0}} \frac{(Ax)_i}{x_i},$$

où $(Ax)_i = \sum_{k \in \mathrm{I}} a_{ik} x_k$ est la coordonnée de Ax d'indice i.

a) Si $x \succcurlyeq 0$ et $x \neq 0$, alors r_x est le plus grand nombre réel ϱ tel que $\varrho x \preccurlyeq Ax$.

b) Supposons que $x \succcurlyeq 0$ et posons $y = (1_\mathrm{I} + A)x$. On a alors $r_x \leqslant r_y$.

c) La restriction à $(\mathbf{R}_+^*)^\mathrm{I}$ de la fonction $x \mapsto r_x$ est continue.

d) En déduire qu'il existe $z \in \mathbf{R}^\mathrm{I}$ tel que $z \succcurlyeq 0$ et tel que $r_z = \sup_{x \succcurlyeq 0} r_x$. (Utiliser les ensembles compacts $\mathrm{M} = \{x \in \mathbf{R}_+^\mathrm{I} \mid \sum_{i \in \mathrm{I}} x_i = 1\}$ ainsi que $(1_\mathrm{I} + A)^{n-1}(\mathrm{M})$, puis l'exercice 10.)

On note $r = r_z$. Un élément z de $\mathbf{R}^\mathrm{I}$ tel que $z \succcurlyeq 0$ et $r_z = r$ sera dit *extrémal.*

e) On a $r > 0$.

f) Si z est un vecteur extrémal, alors $Az = rz$. (Si $u = Az - rz \succcurlyeq 0$ était non nul, alors $(1_\mathrm{I} + A)^{n-1}u$ serait $\succ 0$ d'après l'exercice 10 et, pour $x = (1_\mathrm{I} + A)^{n-1}z$, on aurait $Ax \succ rx$.)

g) Tout élément extrémal est $\succ 0$.

Pour tout vecteur y dans $\mathbf{C}^\mathrm{I}$, on note y^+ le vecteur $(|y_i|)_{i \in \mathrm{I}}$; on a donc $y^+ \in \mathbf{R}^\mathrm{I}$ et $y^+ \succcurlyeq 0$.

h) Soient $\alpha \in \mathbf{C}$ une valeur propre de A, vue comme matrice complexe, et y dans $\mathbf{C}^\mathrm{I}$ un vecteur propre correspondant. On a $|\alpha| y^+ \preccurlyeq Ay^+$ et $|\alpha| \leqslant r$.

i) En déduire que si $\alpha = r$, toutes les coordonnées de y sont non nulles, puis que l'espace propre (dans $\mathbf{C}^\mathrm{I}$) de A associé à la valeur propre r est de dimension 1.

On note $\Delta(\mathrm{X})$ le déterminant de $\mathrm{X} \cdot 1_\mathrm{I} - A$ et $B(\mathrm{X})$ la transposée de la matrice des cofacteurs de $\mathrm{X} \cdot 1_\mathrm{I} - A$. On note $B(\mathrm{X}) = (B_{ij}(\mathrm{X}))_{i,j \in \mathrm{I}}$. On a donc $B(\mathrm{X})(\mathrm{X} \cdot 1_\mathrm{I} - A) = (\mathrm{X} \cdot 1_\mathrm{I} - A)B(\mathrm{X}) = \Delta(\mathrm{X}) \cdot 1_\mathrm{E}$ (A, III, p. 99, prop. 12).

j) Pour tout $i \in \mathrm{I}$, la colonne d'indice i de $B(r)$ est non nulle. (Si ce n'est pas le cas, construire un vecteur propre de A associé à la valeur propre r et dont le coefficient d'indice i soit nul, en contradiction avec la question *f*).)
k) Tous les coefficients de $B(r)$ sont du même signe. (Montrer d'abord, à l'aide de la relation $(r1_\mathrm{I} - A)B(r) = 0$, que pour tout $i \in \mathrm{I}$, tous les coefficients de la colonne d'indice i de $B(r)$ sont non nuls et du même signe, puis raisonner avec les transposées.)
l) On a $\Delta'(r) > 0$ et $B_{ij}(r) > 0$ pour tout $(i,j) \in \mathrm{I}^2$. (Utiliser la formule $\Delta'(\mathrm{X}) = \sum_i B_{ii}(\mathrm{X})$ et observer que Δ' ne change pas de signe sur l'intervalle $[r, +\infty[$.)
m) En conclure que r est une racine *simple* du polynôme caractéristique de A.

13) Soit A (resp. C) une matrice carrée réelle (resp. complexe) de type (I,I). On suppose que A est positive et irréductible et que $C^+ \preccurlyeq A$, où, de manière similaire à l'exercice 12, on note C^+ la matrice dont les coefficients sont les modules des coefficients de C, et l'on écrit $C^+ \preccurlyeq A$ pour signifier que les coefficients de $A - C^+$ sont positifs.

On reprend les notations de l'exercice précédent.
a) Soit $\gamma \in \mathbf{C}$ une valeur propre de C et soit y dans $\mathbf{C}^\mathrm{I}$ un vecteur propre associé. On a $|\gamma| y^+ \preccurlyeq C^+ y^+ \preccurlyeq A y^+$ et $|\gamma| \leqslant r_{y^+} \leqslant r$.
b) On suppose de plus que $|\gamma| = r$. Alors y^+ est un vecteur extrémal pour A (*cf.* question *f*) de l'exercice 12), et on a les relations $Ay^+ = C^+y^+ = ry^+$ et $A = C^+$.

Soit u (resp. u_j, pour $j \in \mathrm{I}$) l'unique nombre complexe tel que $\gamma = |\gamma| u$ (resp. $y_j = |y_j| u_j$, pour $j \in \mathrm{I}$). Notons D la matrice carrée complexe de type (I,I) dont les coefficients diagonaux sont $(u_j)_{j \in \mathrm{I}}$ et dont les autres coefficients sont nuls, de sorte que $y = Dy^+$. Soit $F = u^{-1}D^{-1}\, CD$.
c) On a $Fy^+ = ry^+$ et $F^+y^+ = Fy^+$. (Observer que $F^+ = C^+$.)
d) On a $F = F^+$ et $C = uDAD^{-1}$.

14) Soit A une matrice carrée réelle de type (I,I), positive et irréductible. On reprend les notations de l'exercice 12.

Soit $(\lambda_h)_{h \in \mathrm{H}}$ la famille des valeurs propres complexes de A qui sont de module r, répétées avec leurs multiplicités ; on pose $v_h = \lambda_h / r$ pour tout $h \in \mathrm{H}$.

Soit $h \in \mathrm{H}$; d'après l'exercice 13 appliqué à $C = A$ et $\gamma = \lambda_h$, il existe une matrice $D_{(h)}$ telle que $A = v_h D_{(h)} A D_{(h)}^{-1}$ et $D_{(h)}^+ = 1_\mathrm{I}$.
a) Soit $z \succ 0$ un vecteur extrémal de A. Pour $h \in \mathrm{H}$, le vecteur $y_{(h)} = D_{(h)} z$ est un vecteur propre de A pour la valeur propre λ_h.

b) Montrer que pour $h \in \mathrm{H}$, la valeur propre λ_h de A est simple. En déduire que les matrices $D_{(h)}$ et les vecteurs $y_{(h)}$ sont uniquement déterminés à un facteur scalaire près.

c) Montrer que, pour tous h et k dans H^2, on a $A = u_h u_k^{-1} D_{(h)} D_{(k)}^{-1} A D_{(k)} D_{(h)}^{-1}$ et donc que le vecteur $D_{(h)} D_{(k)}^{-1} z$ est un vecteur propre de A associé à la valeur propre $u_h u_k^{-1} r$.

d) En déduire que $\{u_h\}_{h\in\mathrm{H}}$ est un sous-groupe de $\mathbf{C}^*$ et qu'il existe une famille $(\mu_h)_{h\in\mathrm{H}}$ de nombres complexes non nuls telle que $\{\mu_h^{-1} D_{(h)}\}_{h\in\mathrm{H}}$ soit un sous-groupe du groupe des matrices inversibles de type (I,I) à coefficients complexes, et que ces sous-groupes sont cycliques d'ordre $\mathrm{Card}(\mathrm{H})$. (Choisir un indice $i \in \mathrm{I}$ et normaliser $\mathrm{D}_{(h)}$ de sorte que son coefficient d'indices de ligne et de colonne i soit égal à 1.)

Dans la suite de l'exercice, on suppose que $\mathrm{H} = \mathbf{Z}/d\mathbf{Z}$ et qu'il existe $\omega \in \mathbf{C}^*$ tel que $\omega^d = 1$ et tel que $u_h = \omega^h$ pour $h \in \mathrm{H}$. En posant $D = D_{(1)}$, on a alors $D^d = 1_{\mathrm{I}}$ et $D_{(h)} = D^h$ pour tout $h \in \mathrm{H}$.

e) En déduire que $A = \omega D A D^{-1}$.

On considère la partition $(\mathrm{I}_h)_{h\in\mathrm{H}}$ de I, de sorte que pour $i \in \mathrm{I}$, le coefficient d'indice (i,i) de D soit égal à ω^h si et seulement si $i \in \mathrm{I}_h$. Pour tout h, on pose $n_h = \mathrm{Card}(\mathrm{I}_h)$. La matrice D s'écrit « par blocs »

$$D = \begin{pmatrix} 1_{n_0} & & & \\ & \omega 1_{n_1} & & \\ & & \ddots & \\ & & & \omega^{d-1} 1_{n_{d-1}} \end{pmatrix}$$

et on considère la décomposition correspondante de A :

$$A = \begin{pmatrix} A_{0,0} & A_{0,1} & \cdots & A_{0,d-1} \\ A_{1,0} & A_{1,1} & \cdots & A_{1,d-1} \\ \vdots & \vdots & \ddots & \vdots \\ A_{d-1,0} & A_{d-1,1} & \cdots & A_{d-1,d-1} \end{pmatrix},$$

de sorte que pour $h, k \in \mathrm{H}$, $A_{h,k}$ est une matrice de type $(\mathrm{I}_h, \mathrm{I}_k)$.

f) Pour tous $(h,k) \in \mathrm{H}$, on a $\omega A_{h,k} = \omega^{k-h} A_{h,k}$. En déduire que $\mathrm{A}_{h,k} = 0$ si $k - h \neq 1$.

15) On reprend les hypothèses et notations de l'exercice 12. Soit $\Delta_1(\mathrm{X})$ le plus grand commun diviseur des coefficients de $B(\mathrm{X})$; le polynôme $\Delta_1(\mathrm{X})$ est supposé unitaire.

a) Le polynôme $\Delta_1(\mathrm{X})$ divise $\Delta(\mathrm{X})$ et $\Delta_1(r) \neq 0$.

b) En déduire que les racines réelles de $\Delta_1(\mathrm{X})$ sont strictement plus petites que r. En conclure que $\Delta_1(r) > 0$.

c) Posons $C(\mathrm{X}) = \frac{1}{\Delta_1(\mathrm{X})} B(\mathrm{X})$. C'est une matrice à coefficients dans $\mathbf{R}[\mathrm{X}]$. Montrer que $C(r) \succ 0$.

16) Soit A une matrice carrée réelle de type (I, I), positive et irréductible. Pour tout $j \in \mathrm{I}$, posons $s_j = \sum_{k \in \mathrm{I}} a_{jk}$,

$$s = \inf_{j \in \mathrm{I}} s_j, \quad \text{et} \quad \mathrm{S} = \sup_{j \in \mathrm{I}} s_j.$$

Adoptons aussi les notations r et $B(\mathrm{X})$ de l'exercice 12.
a) On a $\sum_{j \in \mathrm{I}} (r - s_j) B_{kj}(r) = 0$.
b) En déduire que $s \leqslant r \leqslant \mathrm{S}$ et que le cas d'égalité dans l'une de ces deux inégalités entraîne que $s = \mathrm{S}$.

17) Soit A une matrice carrée réelle de type (I, I), positive et irréductible. Soit $y \in \mathbf{R}^{\mathrm{I}}$ un vecteur propre de A associé à une valeur propre α tel que $y \succcurlyeq 0$. On a alors $\alpha = r$ (avec les notations de l'exercice 12) et $y \succ 0$. (Considérer un vecteur extrémal u pour ${}^t A$, et calculer $\langle y \,|\, {}^t A u \rangle = \langle Ay \,|\, u \rangle$.)

18) Soit A une matrice carrée réelle de type (I, I), positive et irréductible. Soit ϱ le rayon spectral de A. Pour tout $x \in \mathbf{R}^{\mathrm{I}}$ tel que $y \succcurlyeq 0$ et $x \neq 0$, on pose

$$\varrho^x = \sup_{i \in \mathrm{I}} \frac{(Ax)_i}{x_i},$$

(avec la convention $\varrho^x = +\infty$ s'il existe un indice i tel que $x_i = 0$ et $(Ax)_i \neq 0$). Soit

$$\varrho' = \inf_{\substack{x \succ 0 \\ x \neq 0}} \varrho^x.$$

En suivant une démarche similaire à celle de l'exercice 12, montrer que ϱ' est une valeur propre de A et que $\varrho' = \varrho$.

19) Soit A une matrice carrée réelle de type (I, I), positive et irréductible ; soit ϱ son rayon spectral. Soit $z \in \mathbf{R}^{\mathrm{I}}$ tel que $z \succcurlyeq 0$ et $z \neq 0$.

Si $\varrho z \preccurlyeq Az$ (resp. $\varrho z \succcurlyeq Az$), alors $\varrho z = Az$ et $z \succ 0$.

20) Soit A une matrice carrée réelle de type (I, I), positive mais non nécessairement irréductible ; soit ϱ le rayon spectral de A. On conserve les notations $B(\mathrm{X})$ et $C(\mathrm{X})$ des exercices précédents.
a) Le nombre réel ϱ est valeur propre de A et il existe au moins un vecteur propre $\succcurlyeq 0$ associé à ϱ.
b) Pour tout nombre réel $\lambda \geqslant r$, les matrices $B(\lambda)$ et $B'(\lambda)$ sont positives. (Pour la seconde matrice, on pourra procéder par récurrence sur le cardinal de I.)
c) La matrice $C(\lambda)$ est positive pour tout $\lambda \geqslant r$.

d) Si A est irréductible, alors pour tout nombre réel $\lambda > r$, les matrices $B(\lambda)$, $C(\lambda)$ et $(\lambda 1_{\mathrm{I}} - A)^{-1}$ sont strictement positives.

e) Soit J une partie de I différente de I. Soit ϱ_{J} le rayon spectral de la sous-matrice $(a_{i,j})_{i,j\in \mathrm{J}}$. On a $\varrho_{\mathrm{J}} \leqslant \varrho$, et cette inégalité est stricte si A est irréductible. Réciproquement, si A est réductible, il existe une partie $\mathrm{J} \subset \mathrm{I}$, différente de I, telle que $\varrho_{\mathrm{J}} = \varrho$.

f) Soit J une partie de I différente de I et telle que le rayon spectral de la sous-matrice $(a_{i,j})_{i,j\in \mathrm{J}}$ soit égal à ϱ. Pour toute partie K telle que $\mathrm{J} \subset \mathrm{K} \subset \mathrm{I}$, le rayon spectral de la matrice $(a_{i,j})_{i,j\in \mathrm{K}}$ est égal à ϱ. En déduire que $A \succ 0$ si et seulement si tous les coefficients diagonaux de $B(r)$ sont strictement positifs.

g) Pour tout nombre réel $\lambda > \varrho$ et pour toute partie J de I telle que $\mathrm{J} \neq \mathrm{I}$, le déterminant de la matrice $(\lambda\delta_{i,j} - a_{i,j})_{i,j\in \mathrm{J}}$ est strictement positif.

h) Soit λ un nombre réel ; on suppose que le déterminant de $(\lambda\delta_{i,j} - a_{i,j})_{i,j\in \mathrm{J}}$ est strictement positif pour toute partie $\mathrm{J} \subset \mathrm{I}$ différente de I. On a alors $\lambda > \varrho$.

Dans les questions suivantes, on suppose que I est l'intervalle $[1, n]$ de $\mathbf{N}$.

i) Soit $(g_{i,j})_{1\leqslant i,j\leqslant n}$ une matrice réelle telle que $g_{i,j} \leqslant 0$ pour tout $i \neq j$ et telle que les déterminants des matrices $(g_{i,j})_{1\leqslant i,j\leqslant m}$ sont strictement positifs pour tout entier m tel que $1 \leqslant m \leqslant n$. Alors on a $\det(g_{i,j})_{i,j\in \mathrm{J}} > 0$ pour toute partie J de I.

j) Soit λ un nombre réel ; on suppose que pour tout entier m tel que $1 \leqslant m \leqslant n$, le déterminant $\det(\lambda\delta_{i,j} - a_{i,j})_{1\leqslant i,j\leqslant m}$ est strictement positif. Alors $\lambda > \varrho$.

k) Soit $C = (c_{i,j})_{1\leqslant i,j\leqslant n}$ une matrice réelle telle que $c_{i,j} \geqslant 0$ pour tout $i \neq j$. Si $(-1)^k \det(c_{i,j})_{1\leqslant i,j\leqslant m}$ est strictement positif pour tout entier m tel que $1 \leqslant m \leqslant n$, alors les parties réelles des valeurs propres de C (vue comme matrice complexe) sont négatives.

21) Soit A une matrice carrée réelle de type (I, I), positive ; soit ϱ son rayon spectral.

a) Démontrer qu'il existe des entiers p et q tels que $0 \leqslant q \leqslant p$ et une partition $(\mathrm{I}_s)_{1\leqslant s\leqslant p}$ de I en parties non vides telle que la décomposition correspondante par blocs $A = (A_{s,t})_{1\leqslant s,t\leqslant p}$ ait la propriété suivante :

- Les matrices $A_{s,s}$ sont irréductibles ;
- On a $A_{s,t} = 0$ si $t > s$;
- On a $A_{s,t} = 0$ si $1 \leqslant t < s \leqslant q$;
- Pour tout entier s tel que $q \leqslant s \leqslant p$, il existe t tel que $A_{s,t} \neq 0$.

b) Déterminer toutes les possibilités pour une telle partition. (Prouver en particulier que les entiers q et p sont uniquement déterminés, de même que les ensembles $\{\mathrm{I}_1, \ldots, \mathrm{I}_g\}$ et les ensembles $\{\mathrm{I}_{q+1}, \ldots, \mathrm{I}_p\}$.)

c) Il existe un vecteur propre $z \succ 0$ de A associé à la valeur propre ϱ si et seulement si, pour tout entier $s \in [1,p]$, le rayon spectral de $A_{s,s}$ est égal à ϱ si $s \leqslant q$ et est strictement inférieur à ϱ sinon.
d) En conclure que pour que A et ${}^tA$ admettent toutes deux un vecteur extrémal strictement positif, il faut et il suffit qu'il existe une partition comme ci-dessus telle que $A_{s,t} = 0$ pour $1 \leqslant t < s$ et $q < s \leqslant p$, et telle que les matrices $A_{s,s}$ pour $s \leqslant q$ aient un rayon spectral égal à ϱ.
e) Si A et ${}^tA$ admettent toutes deux un vecteur extrémal strictement positive, et si ϱ est de multiplicité spectrale égale à 1, alors A est irréductible.

22) Soit A une matrice carrée réelle de type (I,I), positive et irréductible ; soit ϱ son rayon spectral. Soit $d \geqslant 1$ l'entier déterminé par l'exercice 14. On dira que A est *primitive* si $d = 1$. Soit $\Delta(\mathrm{X})$ le polynôme $\det(\mathrm{X} \cdot 1_{\mathrm{I}} - A)$.
a) On écrit $\Delta(\mathrm{X}) = \mathrm{X}^n + a_1\mathrm{X}^{n_1} + \cdots + a_t\mathrm{X}^{n_t}$, où $a_1, \ldots, a_t$ sont des nombres réels non nuls et $n_1, \ldots, n_t$ des entiers naturels tels que $n > n_1 > \cdots > n_t$. Démontrer que d est le plus grand commun diviseur de $n - n_1$, $n_1 - n_2, \ldots, n_{t-1} - n_t$.
b) Il existe un entier m non nul et un polynôme g tels que $\Delta(\mathrm{X}) = g(\mathrm{X}^d)\mathrm{X}^m$.
c) S'il existe un entier $p > 0$ tel que A^p est strictement positive, alors A est primitive.
d) Supposons que A soit primitive. Introduisons les matrices $C(\mathrm{X})$ de l'exercice 15 et posons, avec les notations de cet exercice, $\mathsf{X}(\mathrm{X}) = \Delta(\mathrm{X})/\Delta_1(\mathrm{X})$. La limite de la suite $(A^k/\varrho^k)_{k\in\mathbf{N}}$ est égale à $C(\varrho)/\mathsf{X}'(\varrho)$. (On pourra utiliser une décomposition de A en blocs de Jordan.) En utilisant les résultats de l'exercice 15, en déduire qu'il existe un entier $p > 0$ tel que A^p soit strictement positive.
e) On suppose qu'il existe un entier $q > 0$ tel que A^q est réductible. Soit p le plus grand diviseur commun de q et d. Prouver qu'il existe une partition $(\mathrm{I}_s)_{1\leqslant s\leqslant p}$ de I en parties non vides pour laquelle A^q est diagonale par blocs, de blocs diagonaux irréductibles et de rayon spectral ϱ^q.
f) Si A est primitive, alors A^p est irréductible pour tout $p > 0$.
g) Il existe une partition $(\mathrm{I}_s)_{1\leqslant s\leqslant d}$ de I en parties non vides pour laquelle A^d est diagonale par blocs, de blocs diagonaux primitifs et de rayon spectral égal à ϱ^d.

23) Soit P une matrice carrée réelle de type (I,I) ; on dit que P est *stochastique* si elle est positive et si le vecteur $(1,\ldots,1) \in \mathbf{R}^{\mathrm{I}}$ est un vecteur propre de P associé à la valeur propre 1.

Soit A une matrice carrée réelle de type (I,I). Prouver que A est positive et admet un vecteur extrémal strictement positif si et seulement si il existe une matrice stochastique P, un nombre réel $r > 0$ et une matrice diagonale Z à coefficients diagonaux strictement positifs tels que $A = rZPZ^{-1}$. Dans ce cas le rayon spectral de A est égal à r et un vecteur extrémal de A est $Z(1, \ldots, 1)$.

24) *a*) Soit P une matrice carrée réelle stochastique d'ordre n. Le nombre réel 1 est une racine simple du polynôme minimal de P. (On pourra utiliser l'exercice 20.) De plus, toute racine de module 1 du polynôme minimal de P est simple.
b) Soit A une matrice réelle positive admettant un vecteur extrémal $\succ 0$ et de rayon spectral ϱ. Toutes les racines de module ϱ du polynôme minimal de A sont simples.

Dans les exercices 25 *à* 30, *on considère un espace de Fréchet* réel E *et un cône convexe fermé* C *de* E, *supposé d'intérieur non vide. La relation d'ordre sur* E *induite par* C *est notée* $\preccurlyeq_{\mathrm{C}}$. *Ainsi, pour* x, y *dans* E, *on a* $x \succcurlyeq_{\mathrm{C}} y$ *si et seulement si* $x - y \in \mathrm{C}$. *On écrira* $x \succ_{\mathrm{C}} y$ *pour la relation* $x - y \in \mathring{\mathrm{C}}$.

On considère une application continue $u \colon \mathrm{E} \to \mathrm{E}$ *vérifiant les conditions suivantes* :

(i) *L'application* u *est* positivement homogène : *on a* $u(\lambda x) = \lambda u(x)$ *pour tout nombre réel* $\lambda \geqslant 0$;

(ii) *L'application* u *est* croissante *relativement à* C, *c'est-à-dire que* $x \succcurlyeq_{\mathrm{C}} y$ *implique* $u(x) \succcurlyeq_{\mathrm{C}} u(y)$;

(iii) *Pour tout* $x \in \mathrm{C} - \{0\}$, *on a* $u(x) \in \mathring{\mathrm{C}}$.

Le but de ces exercices, tirés du cours de P.-L. Lions au Collège de France, 2020/2021, est de démontrer, sous certaines conditions, qu'il existe un élément $x \in \mathrm{C} - \{0\}$ *et* $\lambda > 0$ *tels que* $x = \lambda u(x)$; *cela fournit en particulier une autre démonstration du théorème de Krein–Rutman* (III, p. 94, th. 4 et III, p. 97, prop. 8).

Pour $f \in \mathring{\mathrm{C}}$ *et* $\lambda \in \mathbf{R}_+$, *on appelle* solution supérieure (*resp.* solution inférieure) *de l'équation* $y = \lambda u(y) + f$ *un élément* $y \in \mathrm{C}$ *tel que* $y \succcurlyeq_{\mathrm{C}} \lambda u(y) + f$ (*resp. tel que* $y \preccurlyeq_{\mathrm{C}} \lambda u(y) + f$). *On note* U_f *l'ensemble des* $\lambda \in \mathbf{R}_+$ *tels que l'ensemble des solutions supérieures de l'équation* $y = \lambda u(y) + f$ *est non vide.*

25) *a*) Démontrer que pour tout $x \in \mathrm{C}$ et tout $y \in \mathring{\mathrm{C}}$, il existe un nombre réel $\lambda \geqslant 0$ tel que $x \preccurlyeq_{\mathrm{C}} \lambda y$.
b) L'ensemble U_f est un intervalle qui contient 0.

On introduit les conditions suivantes sur l'application u.

(iv) *Pour tout* $\lambda \in \mathbf{R}_+$, *tout* $f \in \mathring{\mathrm{C}}$, *toute suite* (x_n) *d'éléments de* C *qui vérifie* $x_{n+1} = \lambda u(x_n) + f$ *pour tout* n *et qui soit, soit croissante et majorée, soit décroissante, est convergente ;*

(v) *L'image par* u *de toute partie bornée de* E *est relativement compacte.*

(vi) *Pour toute application* $\lambda \mapsto \varepsilon_\lambda$ *de* U_f *dans* C *telle que* $\lim\limits_{\lambda\to\lambda_{\mathrm{m}}} \varepsilon_\lambda = 0$, *l'ensemble*

$$\{z \in \mathrm{C} \mid \textit{il existe } \lambda \in \mathrm{U}_f \textit{ tel que } z = \lambda u(z) + \varepsilon_\lambda\}$$

est relativement compact dans E.

26) On reprend les notations et hypothèses précédentes et on suppose en outre que la condition (iv) est satisfaite.

a) Soit $\lambda \in \mathrm{U}_f$. Définissons une suite $(x_n)_{n\in\mathbf{N}}$ par $x_0 = 0$ et $x_{n+1} = \lambda u(x_n) + f$ pour tout $n \in \mathbf{N}$. Elle est croissante et majorée ; on a $x_n \in \mathring{\mathrm{C}}$ pour $n \geqslant 1$.

b) D'après la condition (iv), la suite (x_n) converge ; notons $x(\lambda)$ sa limite. Prouver que l'on a $x(\lambda) \in \mathring{\mathrm{C}}$ et $x(\lambda) = \lambda u(x(\lambda)) + f$.

c) Soit $\lambda \in \mathrm{U}_f$ et soit $y \in \mathrm{C}$ tel que $y \succcurlyeq_{\mathrm{C}} \lambda u(y) + f$; la suite définie par $x_0 = y$, $x_{n+1} = \lambda u(x_n) + f$ est décroissante, à valeurs dans C, et sa limite x vérifie l'équation $x = \lambda u(x) + f$.

d) La borne supérieure de U_f dans $\overline{\mathbf{R}}_+$ n'appartient pas à U_f.

e) On a $\mathrm{U}_g = \mathrm{U}_f$ pour tout $g \in \mathring{\mathrm{C}}$. (Pour tout $\lambda \in \mathrm{U}_f$, soit $x \in \mathrm{C}$ tel que $x \succcurlyeq_{\mathrm{C}} \lambda u(x) + f$; alors il existe $\mathrm{M} > 0$ tel que $y = \mathrm{M}x$ satisfait $y \succcurlyeq_{\mathrm{C}} \lambda u(y) + g$.)

f) Soient $\lambda \leqslant \mu$ des nombres réels. Soient x une solution inférieure de l'équation $y = \lambda u(y) + f$ et x' une solution supérieure de l'équation $y = \mu u(y) + f$. On a alors $x \preccurlyeq_{\mathrm{C}} x'$. (Montrer que l'ensemble des $\varepsilon \in [0,1]$ tels que $\varepsilon x \preccurlyeq_{\mathrm{C}} x'$ coïncide avec $[0,1]$.)

g) Si C est saillant, alors pour tout $\lambda \in \mathrm{U}_f$, il existe un unique élément $x \in \mathring{\mathrm{C}}$ tel que $x = \lambda u(x) + f$.

h) Soit $\mu \in \mathbf{R}_+$ tel que $f \preccurlyeq_{\mathrm{C}} \mu u(f)$. On a alors $\mu \notin \mathrm{U}_f$. (La suite $(x_n)_{n\in\mathbf{N}}$ définie par $x_0 = 0$ et $x_{n+1} = \mu u(x_n) + f$ vérifie $x_{n+1} - x_n \succcurlyeq_{\mathrm{C}} f$ pour tout $n \in \mathbf{N}$.) En particulier, l'intervalle U_f est borné. On note dorénavant λ_{m} la borne supérieure de U_f.

i) Soient $z \in \mathrm{C} - \{0\}$ et $\mu \in \mathbf{R}_+$ tels que $\mu u(z) \succcurlyeq_{\mathrm{C}} z$. On a alors $\lambda_{\mathrm{m}} \leqslant \mu$, et donc

$$\lambda_{\mathrm{m}} \leqslant \inf_{z\in\mathrm{C}-\{0\}} \inf\{\mu \mid z \leqslant \mu u(z)\}.$$

j) L'application $\lambda \mapsto x(\lambda)$ (où $x(\lambda)$ est défini dans la question *a*)) est croissante.

k) L'application $\lambda \mapsto x(\lambda)$ n'a pas de limite quand λ tend vers λ_{m}. Plus précisément, si $(\lambda_n)_n$ est une suite de U_f qui tend vers λ_{m}, alors la suite $(x(\lambda_n))_n$ n'est pas convergente.

27) On suppose que les hypothèses (i) à (v) sont satisfaites.

a) Démontrer que l'ensemble des $x(\lambda)$, pour $\lambda \in \mathrm{U}_f$, n'est pas borné.

b) Soit d une distance sur E qui définit sa topologie. Pour $\lambda \in \mathbf{R}_+$, on note $\hat{x}(\lambda) = d(0, x(\lambda))^{-1} x(\lambda)$. Démontrer que l'application $\hat{x}$ est bornée et que l'ensemble des valeurs de $\hat{x}$ possède une valeur d'adhérence $x_{\rm m}$ telle que

(i) $d(0, x_{\rm m}) = 1$,
(ii) $x_{\rm m} = \lambda_{\rm m} u(x_{\rm m})$,
(iii) $x_{\rm m} \in \mathring{\rm C}$.

28) On suppose dans cet exercice que les conditions (i) à (iv) sont satisfaites.
a) On fixe $x_0 \in \mathring{\rm C}$. Pour $\lambda \in {\rm U}_f$, soit ${\rm A}(\lambda) = \inf\{{\rm M} \in \mathbf{R}_+ \mid x(\lambda) \preccurlyeq_{\rm C} {\rm M} x_0\}$. Soit ${\rm C}_0 \in \mathbf{R}_+$ tel que $f \preccurlyeq_{\rm C} {\rm C}_0 u(x_0)$. Pour tout λ dans ${\rm U}_f$, l'intervalle $[\lambda, \lambda + {\rm C}_0/{\rm A}(\lambda)[$ est contenu dans ${\rm U}_f$ (*cf.* exercice 26, question *d*)).
b) En déduire que la fonction $\lambda \mapsto {\rm A}(\lambda)$ tend vers $+\infty$ quand $\lambda \in {\rm U}_f$ tend vers $\lambda_{\rm m}$.

Pour tout λ dans ${\rm U}_f$, on note $\hat{x}(\lambda) = x(\lambda)/{\rm A}(\lambda)$.
On suppose désormais que la condition (vi) *est vérifiée.*
c) Prouver que l'ensemble des valeurs de l'application $\hat{x}$ possède une valeur d'adhérence $x_{\rm m}$ telle que

$$0 \preccurlyeq_{\rm C} x_{\rm m} \preccurlyeq_{\rm C} x_0 \quad \text{et} \quad x_{\rm m} = \lambda_{\rm m} u(x_{\rm m}).$$

d) Prouver que $x_{\rm m} \neq 0$. (Si on avait $x_{\rm m} = 0$, soit U un voisinage de 0 dans E tel que $x_0 + {\rm U} \subset {\rm C}$; pour tout $\mu \geqslant 0$, il existerait une suite (λ_n) dans ${\rm U}_f$ convergeant vers $\lambda_{\rm m}$ telle $x_0 - \mu\hat{x}(\lambda_n) \succcurlyeq_{\rm C} 0$, en contradiction avec la définition de ${\rm A}(\lambda)$.)
e) Soit $y \in {\rm C} - \{0\}$ tel que $y = \lambda_{\rm m} u(y)$. Posons $\theta = \sup\{\gamma \mid \gamma y \preccurlyeq_{\rm C} x_{\rm m}\}$. On a $\theta \in \mathbf{R}_+^*$ et $x_{\rm m} = \theta y$. (On a $\theta y \preccurlyeq_{\rm C} x_{\rm m}$ et $\theta y = \lambda_{\rm m} u(\theta y)$; si $x_{\rm m} \neq \theta y$, alors on aurait $x_{\rm m} - \theta y \succ_{\rm C} 0$ et il existerait $\varepsilon > 0$ tel que $x_{\rm m} - \theta y \succcurlyeq_{\rm C} \varepsilon y$, en contradiction avec la définition de θ.)
f) Soient $y \in {\rm C} - \{0\}$ et $\mu \in \mathbf{R}$ tel que $y = \mu u(y)$. On a alors $\mu = \lambda_{\rm m}$. (Noter que $0 < \mu$ et $\mu \geqslant \lambda_{\rm m}$; si on avait $\mu > \lambda_{\rm m}$, soit $\theta = \sup\{\gamma \mid \gamma x_{\rm m} \preccurlyeq_{\rm C} y\}$; on aurait alors $\theta \in \mathbf{R}_+^*$, puis $\theta x_{\rm m} \preccurlyeq_{\rm C} y$, d'où $\theta x_{\rm m} = \lambda_{\rm m} u(\theta x_{\rm m}) \prec_{\rm C} \mu u(\theta x_{\rm m}) \preccurlyeq_{\rm C} \mu u(y) = y$, en contradiction avec la définition de θ.)

29) On reprend les notations de l'exercice précédent ; en particulier, on suppose que C est d'intérieur non vide. On suppose que u est une application *linéaire* et que les conditions (i), (ii) et (iii) sont satisfaites.
a) Si u est un endomorphisme *compact* de E, alors les conditions (iv) et (v) sont satisfaites.

On suppose que les conditions (iv) *et* (vi) *sont vérifiées. Soit* $(\lambda_{\rm m}, x_{\rm m})$ *donné par l'exercice précédent.*
b) Pour tout $\lambda \in \mathbf{R}_+$ tel que $\lambda < \lambda_{\rm m}$, l'endomorphisme $1_{\rm E} - \lambda u$ est inversible. (Montrer d'abord que $1_{\rm E} - \lambda u$ induit par passage aux sous-espaces une bijection de $\mathring{\rm C}$, *cf.* questions *a*) et *f*) de l'exercice précédent ; en déduire ensuite que

$1_E - \lambda u$ est surjectif, puis qu'il est injectif en écrivant $x_1 - x_2$ un élément du noyau de $1_E - \lambda u$, avec $x_i \in \mathring{C}$, et en vérifiant qu'il existe $z \in E$ tel que $x_1 + z - \lambda u(x_1 + z) \in \mathring{C}$.)

c) Soit y dans E tel que $y = \lambda_m u(y)$. On a alors $y \in C$. (Il existe c tel que $cx_m + y \succ_C 0$; conclure à l'aide de la question *e*) de l'exercice précédent.)

d) Soit $C^\circ \subset E'$ le polaire de C. Pour tout $x \in \mathring{C}$ et pour tout $\xi \in C^\circ - \{0\}$, on a $\langle x, \xi \rangle > 0$.

e) Le polaire C° de C est préservé par ${}^t u\colon E' \to E'$; pour tout $\lambda \in \mathbf{R}_+$ tel que $\lambda < \lambda_m$, l'endomorphisme $1_{E'} - \lambda {}^t u$ de E' est un isomorphisme.

30) On reprend les hypothèses de l'exercice précédent de sorte que u est *linéaire*, compacte, et que les conditions (i) à (v) sont supposées satisfaites. L'endomorphisme ${}^t u$ est aussi compact.

a) Soit $\eta \in C^\circ - \{0\}$. Pour tout $\lambda \in \mathbf{R}_+$ tel que $\lambda < \lambda_m$, l'unique solution $\xi(\lambda)$ de l'équation $\xi - \lambda\, {}^t u(\xi) = \eta$ appartient à C°. (Si $x \in C$, soit $y \in C$ tel que $y - \lambda u(y) = x$; on a $\langle y, \eta \rangle = \langle x, \xi \rangle$.)

b) Soit $x_0 \in \mathring{C}$. L'application $\lambda \mapsto \langle x_0, \xi(\lambda) \rangle$ tend vers l'infini lorsque λ tend vers λ_m. Prouver que l'ensemble des valeurs $\xi(\lambda)/\langle x_0, \xi(\lambda) \rangle$ possède une valeur d'adhérence ξ_m telle que :

(i) $\xi_m \in C^\circ$;

(ii) $\langle x_0, \xi_m \rangle = 1$;

(iii) $\xi_m = \lambda_m {}^t u(\xi_m)$.

c) Soit $f \in E$ tel que $\langle f, \xi_m \rangle = 0$. Pour $\lambda \in \mathbf{R}_+$ tel que $\lambda < \lambda_m$, on note $x(\lambda)$ l'unique solution x dans E de l'équation $x - \lambda u(x) = f$. Montrer que l'ensemble des $x(\lambda)$ est borné dans E (soit d une distance définissant la topologie de E ; s'il existait une suite $\lambda_n \to \lambda_m$ telle que $x(\lambda_n)$ tend vers l'infini, poser $\hat{x}_n = x(\lambda_n)/d(0, x(\lambda_n))$, et montrer que la suite $(\hat{x}_n)$ converge vers un élément $\hat{x}$ tel que $d(0, \hat{x}) = 1$, $\hat{x} = \lambda u(\hat{x})$ et $\langle \hat{x}, \xi_m \rangle = 0$, ce qui contredit le fait qu'on doive avoir $\hat{x} \in \mathring{C}$).

d) Il existe un unique élément $x \in E$ tel que $f = x - \lambda_m u(x)$ et $\langle x, \xi_m \rangle = 0$. (Pour l'existence, montrer à l'aide de la question précédente qu'il existe une suite (λ_n) convergeant vers λ_m telle que $(x(\lambda_n))$ converge vers un élément x vérifiant les conditions voulues.)

e) L'endomorphisme $1_{E'} - \lambda_m {}^t u$ de E' induit par passage aux sous-espaces une bijection du polaire x_m° de x_m.

f) L'espace propre $\operatorname{Ker}(1_E - \lambda_m u)$ est de dimension 1 et est égal au polaire de l'image de $1_E - \lambda_m u$.

CHAPITRE IV

Théorie spectrale hilbertienne

Pour tout espace vectoriel E, *on note* 1_{E} *l'application identique de* E. *Si* E, F *et* G *sont des espaces vectoriels et si* $v\colon \mathrm{E} \to \mathrm{F}$ *et* $u\colon \mathrm{F} \to \mathrm{G}$ *sont des applications linéaires, l'application linéaire* $u \circ v$ *de* E *dans* G *sera parfois notée* uv.

Soit E *un espace préhilbertien. On note* $\langle x \,|\, y\rangle_{\mathrm{E}}$, *ou simplement* $\langle x \,|\, y\rangle$, *le produit scalaire sur* E. *L'orthogonal d'un sous-ensemble* A *de* E *est noté* A°. *C'est un sous-espace fermé de* E ; *il est réduit à* 0 *si et seulement si* A *est total dans* E (EVT, V, p. 16, cor. 1). *Si* $\mathrm{F} \subset \mathrm{E}$ *est un sous-espace vectoriel de* E, *on a* $\mathrm{F}^{\circ\circ} = \overline{\mathrm{F}}$ (*cf.* EVT, V, p. 13). *Le spectre d'un endomorphisme de* E *est toujours relatif à l'algèbre de Banach* $\mathscr{L}(\mathrm{E})$.

Soit F *un espace hilbertien. On notera* $\mathscr{L}_1(\mathrm{E})$ *l'espace des endomorphismes de trace finie de* E (EVT, V, p. 50, déf. 8) *et* $\mathscr{L}_2(\mathrm{E};\mathrm{F})$ *l'espace des applications de Hilbert–Schmidt de* E *dans* F (EVT, V, p. 51, déf. 9). *L'application* $u \mapsto \|u\|_2 = (\mathrm{Tr}(u^*u))^{1/2}$ *est une norme hilbertienne sur* $\mathscr{L}_2(\mathrm{E};\mathrm{F})$ (EVT, V, p. 52, th. 1, (i)).

L'espace $\mathscr{L}^{\mathrm{f}}(\mathrm{E};\mathrm{F})$ *des applications linéaires continues de rang fini est dense dans* $\mathscr{L}^{\mathrm{c}}(\mathrm{E};\mathrm{F})$ (prop. 10 de III, p. 15 et cor. de la prop. 11 de III, p. 16). *En particulier, l'espace* $\mathscr{L}_2(\mathrm{E};\mathrm{F})$ *est dense dans* $\mathscr{L}^{\mathrm{c}}(\mathrm{E};\mathrm{F})$.

Le produit tensoriel hilbertien de E *et* F (EVT, V, p. 28, déf. 1) *est noté* $\mathrm{E} \mathbin{\widehat{\otimes}_2} \mathrm{F}$.

N. Bourbaki, *Théories spectrales*, https://doi.org/10.1007/978-3-031-19505-1_2

Si X *est un espace topologique localement compact et* μ *une mesure sur* X*, on notera* $\mathscr{L}^p(\mathrm{X}, \mu) = \mathscr{L}^p_{\mathbf{C}}(\mathrm{X}, \mu)$ *et* $\mathrm{L}^p(\mathrm{X}, \mu) = \mathrm{L}^p_{\mathbf{C}}(\mathrm{X}, \mu)$ *pour* $p \in [1, +\infty]$.

§ 1. OPÉRATEURS COMPACTS SUR UN ESPACE HILBERTIEN

Dans ce paragraphe, K est un corps égal à **R** ou **C** et E désigne un espace hilbertien sur le corps K.

1. Endomorphismes diagonaux

DÉFINITION 1. — *Soit* $\mathrm{B} = (e_i)_{i \in \mathrm{I}}$ *une base orthonormale de* E. *Un endomorphisme u est dit* diagonal dans la base B *ou* diagonal relativement à B *s'il existe une famille* $\lambda = (\lambda_i)_{i \in \mathrm{I}}$ *d'éléments de* K *tels que* $u(e_i) = \lambda_i e_i$ *pour tout* $i \in \mathrm{I}$.

Soit $\mathrm{B} = (e_i)_{i \in \mathrm{I}}$ une base orthonormale de E. On note $\mathscr{D}_{\mathrm{B}}(\mathrm{E})$ l'ensemble des endomorphismes de E qui sont diagonaux relativement à B. C'est une sous-algèbre commutative unifère fermée de $\mathscr{L}(\mathrm{E})$. Soit $u \in \mathscr{D}_{\mathrm{B}}(\mathrm{E})$. La famille $\lambda = (\lambda_i)_{i \in \mathrm{I}}$ telle que $u(e_i) = \lambda_i e_i$ est déterminée de manière unique par u et par la base B, et on dit que c'est la *famille des valeurs propres* de u relativement à B.

Supposons que $\mathrm{K} = \mathbf{R}$ et identifions E à un sous-espace de $\mathrm{E}_{(\mathbf{C})}$. Soit $\mathrm{B} = (e_i)_{i \in \mathrm{I}}$ une base orthonormée de E. Notons $\mathrm{B}_{(\mathbf{C})}$ la base orthonormée $(1 \otimes e_i)_{i \in \mathrm{I}}$ de $\mathrm{E}_{(\mathbf{C})}$ (*cf.* EVT, V, p. 29, cor. 1). L'application $u \mapsto u_{(\mathbf{C})}$ induit un morphisme injectif d'algèbres de $\mathscr{D}_{\mathrm{B}}(\mathrm{E})$ dans $\mathscr{D}_{\mathrm{B}_{(\mathbf{C})}}(\mathrm{E}_{(\mathbf{C})})$; son image est l'ensemble des $u \in \mathscr{D}_{\mathrm{B}_{(\mathbf{C})}}(\mathrm{E}_{(\mathbf{C})})$ tel que $u(\mathrm{E}) \subset \mathrm{E}$, autrement dit l'ensemble des u diagonaux dans la base $\mathrm{B}_{(\mathbf{C})}$ dont les valeurs propres sont réelles.

Pour tout $i \in \mathrm{I}$, on note p_i l'orthoprojecteur de E d'image $\mathrm{K}e_i$. On a $\|p_i\| = 1$ pour tout $i \in \mathrm{I}$. L'endomorphisme p_i est diagonal dans la base B, la famille de ses valeurs propres est la famille $(\delta_{ij})_{j\in \mathrm{I}}$ (symbole de Kronecker, *cf.* A, II, p. 24).

Soit $\mathrm{B}' = (f_i)_{i\in\mathrm{I}}$ une base orthonormale de E et $u\colon \mathrm{E}\to\mathrm{E}$ l'isomorphisme isométrique tel que $u(f_i) = e_i$. Alors $\mathscr{D}_{\mathrm{B}'}(\mathrm{E}) = u^{-1}\mathscr{D}_{\mathrm{B}}(\mathrm{E})u$.

On munit I de la topologie discrète et on note $\mathscr{B}(\mathrm{I}) = \mathscr{C}_b(\mathrm{I};\mathrm{K})$ l'algèbre de Banach unifère des fonctions bornées sur I à valeurs dans K (exemple 2 de I, p. 17) ; si $\mathrm{K} = \mathbf{C}$, c'est une algèbre stellaire (exemple 2 de I, p. 102).

Lemme 1. — *Soit* $u \in \mathscr{D}_{\mathrm{B}}(\mathrm{E})$ *et* $\lambda = (\lambda_i)_{i\in\mathrm{I}}$ *la famille de ses valeurs propres. La famille* λ *est bornée et l'on a* $\sup_i|\lambda_i| = \|u\|$.

On a $|\lambda_i| \leqslant \|u\|$ pour tout i, d'où $\sup_{i\in\mathrm{I}}|\lambda_i| \leqslant \|u\|$. Comme de plus

$$\|u(x)\|^2 = \sum_{i\in\mathrm{I}}|\lambda_i|^2|\langle e_i \,|\, x\rangle|^2 \leqslant \Bigl(\sup_{i\in\mathrm{I}}|\lambda_i|^2\Bigr)\|x\|^2$$

pour tout $x\in\mathrm{E}$ (EVT, V, p. 22, prop. 5), il vient $\|u\| = \sup|\lambda_i|$.

Proposition 1. — a) *L'application* α *de* $\mathscr{D}_{\mathrm{B}}(\mathrm{E})$ *dans* $\mathscr{B}(\mathrm{I})$ *qui à un endomorphisme diagonal* u *associe la famille des valeurs propres de* u *est un isomorphisme isométrique d'algèbres de Banach sur* K. *Si* $\mathrm{K} = \mathbf{C}$, *c'est un morphisme d'algèbres involutives* ;

b) *Pour toute famille bornée* $\lambda = (\lambda_i)_{i\in\mathrm{I}}$, *la famille* $(\lambda_i p_i)_{i\in\mathrm{I}}$ *est sommable dans l'espace* $\mathscr{L}(\mathrm{E})$ *muni de la topologie de la convergence simple, et la somme de cette famille est l'unique application* $u\in\mathscr{D}_{\mathrm{B}}(\mathrm{E})$ *telle que* $\alpha(u) = \lambda$;

c) *Soit* $u\in\mathscr{D}_{\mathrm{B}}(\mathrm{E})$ *et soit* λ *la famille de ses valeurs propres relativement à* B. *Le spectre de* u *est l'adhérence dans* K *de l'ensemble des valeurs de* λ ;

d) *Si* $\mathrm{K} = \mathbf{C}$, *alors l'application de calcul fonctionnel continu de* $\mathscr{C}(\mathrm{Sp}(u))$ *dans* $\mathscr{L}(\mathrm{E})$ *associe à une fonction continue* $f\in\mathscr{C}(\mathrm{Sp}(u))$ *l'endomorphisme* $\alpha(f\circ\lambda)$ *dans* $\mathscr{D}_{\mathrm{B}}(\mathrm{E})$.

D'après le lemme 1, la famille des valeurs propres d'un endomorphisme diagonal dans B est bornée et l'application de $\mathscr{D}_{\mathrm{B}}(\mathrm{E})$ dans $\mathscr{B}(\mathrm{I})$ ainsi définie est un morphisme continu isométrique d'algèbres de Banach unifères.

Soit $i\in\mathrm{I}$. Pour tout $j\in\mathrm{I}$, on a $\langle u^*(e_i)\,|\,e_j\rangle = \lambda_j\langle e_i\,|\,e_j\rangle = \langle \overline{\lambda}_j e_i\,|\,e_j\rangle$. Il en résulte que $u^*(e_i) = \overline{\lambda}_i e_i$. L'adjoint de u est donc l'endomorphisme diagonal dans la base B dont $(\overline{\lambda}_i)_{i\in\mathrm{I}}$ est la famille des valeurs propres. L'assertion *a*) en résulte.

Soit $\lambda = (\lambda_i)_{i\in\mathrm{I}} \in \mathscr{B}(\mathrm{I})$. Pour tout $x \in \mathrm{E}$, la famille $(|\langle e_i \,|\, x\rangle|^2)_{i\in\mathrm{I}}$ est sommable, de somme $\|x\|^2$ (EVT, V, p. 22, prop. 5), d'où, pour tout sous-ensemble fini J de I :

$$\Big\|\sum_{i\in\mathrm{J}} \lambda_i p_i(x)\Big\|^2 = \sum_{i\in\mathrm{J}} |\lambda_i|^2 |\langle e_i \,|\, x\rangle|^2 \leqslant \Big(\sup_{i\in\mathrm{I}} |\lambda_i|^2\Big) \sum_{j\in\mathrm{J}} |\langle e_i \,|\, x\rangle|^2$$
$$\leqslant \Big(\sup_{i\in\mathrm{I}} |\lambda_i|\Big)^2 \|x\|^2.$$

Par conséquent, la famille $(\lambda_i p_i)$ est sommable dans $\mathscr{L}(\mathrm{E})$ muni de la topologie de la convergence simple. Sa somme u_λ vérifie $u_\lambda(e_i) = \lambda_i e_i$; c'est donc un endomorphisme diagonal dans la base B, de valeurs propres λ. L'assertion *b*) en résulte.

Les dernières assertions résultent de *a*), de l'exemple 3 de I, p. 17 et de l'exemple 4 de I, p. 111.

Remarque. — L'algèbre de Banach $\mathscr{D}_\mathrm{B}(\mathrm{E})$ est une sous-algèbre fermée commutative maximale de $\mathscr{L}(\mathrm{E})$. En effet, soit u un endomorphisme de E qui commute avec $\mathscr{D}_\mathrm{B}(\mathrm{E})$. Soit $i \in \mathrm{I}$. Comme le projecteur orthogonal p_i est diagonal dans la base B, on a $p_i(u(e_i)) = u(p_i(e_i)) = u(e_i)$, ce qui implique que $u(e_i)$ est proportionnel à e_i. Ainsi u est diagonal dans la base B.

Si E est de dimension infinie, il existe des sous-algèbres involutives commutatives maximales de $\mathscr{L}(\mathrm{E})$ qui ne sont pas isomorphes à $\mathscr{D}_\mathrm{B}(\mathrm{E})$ (exercice 5 de IV, p. 314).

PROPOSITION 2. — *Soient $u \in \mathscr{D}_\mathrm{B}(\mathrm{E})$ et $\lambda = (\lambda_i)_{i\in\mathrm{I}}$ la famille de ses valeurs propres.*

a) *Les conditions suivantes sont équivalentes :*

(i) *On a $\lambda \in \mathscr{C}_0(\mathrm{I}; \mathrm{K})$;*

(ii) *L'endomorphisme u est compact ;*

(iii) *La famille $(\lambda_i p_i)_{i\in\mathrm{I}}$ est sommable dans l'espace de Banach $\mathscr{L}(\mathrm{E})$. Sa somme est alors égale à u.*

b) *Supposons que u est compact et notons Λ l'ensemble des valeurs de λ. L'ensemble des $i \in \mathrm{I}$ tels que $\lambda_i \neq 0$ est dénombrable. Si* E *est de dimension infinie, on a* $\mathrm{Sp_s}(u) = \Lambda - \{0\}$ *et* $\mathrm{Sp}(u) = \Lambda \cup \{0\}$. *Si* E *est de dimension finie, alors* $\mathrm{Sp_s}(u) = \mathrm{Sp}(u) = \Lambda$.

D'après le lemme 1, on a $\|\sum_{j\in\mathrm{J}} \lambda_j p_j\| = \sup_{j\in\mathrm{J}} |\lambda_j|$ pour toute partie finie J de I. Il en résulte, d'après le critère de Cauchy, que la famille $(\lambda_i p_i)$

est sommable dans $\mathscr{L}(\mathrm{E})$ si et seulement si la famille λ tend vers 0 à l'infini, ce qui implique que les conditions (i) et (iii) sont équivalentes.

La condition (iii) implique que u est compact (corollaire de la proposition 2 de III, p. 4). Réciproquement, supposons que l'endomorphisme u est compact. La famille B étant bornée dans E, son image par u dans E est relativement compacte dans E (III, p. 2), donc précompacte. Soit $\varepsilon > 0$ et J un sous-ensemble fini de I tel que l'image de B par u est contenue dans la réunion des boules de rayon ε et de centre $u(e_j)$ pour $j \in \mathrm{J}$. Soit $i \in \mathrm{I} - \mathrm{J}$. Il existe $j \in \mathrm{J}$ tel que $\|u(e_i) - u(e_j)\| \leqslant \varepsilon$, donc

$$|\lambda_i|^2 \leqslant |\lambda_i|^2 + |\lambda_j|^2 = \|u(e_i) - u(e_j)\|^2 \leqslant \varepsilon^2.$$

Par conséquent, on a $\lambda \in \mathscr{C}_0(\mathrm{I}; \mathrm{K})$, c'est-à-dire la condition (i).

Enfin, le spectre de u et son spectre sensible sont calculés en fonction de λ en utilisant la prop. 1, *c*) et la proposition 5 de III, p. 90.

Remarque. — Lorsque I est infini, la condition $\lambda \in \mathscr{C}_0(\mathrm{I}; \mathrm{K})$ peut aussi s'énoncer « la famille λ tend vers 0 selon le filtre des complémentaires des parties finies de I. »

2. Diagonalisation des endomorphismes compacts

THÉORÈME 1. — *Supposons* $\mathrm{K} = \mathbf{C}$. *Soit* u *un endomorphisme compact et normal de* E. *Il existe une base orthonormale* B *de* E *telle que* u *est diagonal dans la base* B.

L'ensemble $\mathrm{Sp_s}(u)$ est dénombrable, et il ne contient pas 0 si E est de dimension infinie (III, p. 90, prop. 5, *b*)). Pour tout élément $\lambda \in \mathrm{Sp_s}(u)$, notons N_λ le nilespace de $u - \lambda 1_{\mathrm{E}}$. Il est de dimension finie (*loc. cit.*) et, puisque u est normal, il coïncide avec l'espace propre de u relatif à λ (EVT, V, p. 43, cor. de la prop. 8). Les espaces N_λ sont deux à deux orthogonaux (I, p. 132, n° 5).

Soit F le sous-espace de E somme hilbertienne des espaces N_λ pour $\lambda \in \mathrm{Sp_s}(u) - \{0\}$. C'est un espace de type dénombrable, stable par u puisque chaque sous-espace N_λ est stable par u. Comme N_λ est aussi l'espace propre de u^* relatif à $\overline{\lambda}$ (EVT, V, *loc. cit.*), l'endomorphisme u induit un endomorphisme $\widetilde{u}$ de F° par passage aux sous-espaces. L'endomorphisme $\widetilde{u}$ est compact (prop. 3 de III, p. 5) et normal (lemme 4 de I, p. 135). Par construction, le spectre sensible de $\widetilde{u}$ est contenu dans $\{0\}$ (en effet, tout vecteur propre pour $\widetilde{u}$ en serait un pour u, donc appartiendrait à l'un des espaces N_λ si la valeur propre correspondante était non nulle). Ainsi le rayon spectral de $\widetilde{u}$ est nul, d'où $\widetilde{u} = 0$ puisque $\widetilde{u}$ est normal (cor. 1 de I, p. 108). On a donc $\mathrm{F}^\circ \subset \mathrm{Ker}(u)$.

Pour tout $\lambda \in \mathrm{Sp_s}(u)$, soit B_λ une base orthonormale de N_λ et $(e_j)_{j\in \mathrm{J}}$ la famille réunion des B_λ ; c'est une base orthonormale de F. Soit B la réunion de $(e_j)_{j\in \mathrm{J}}$ et d'une base orthonormale de F°. C'est une base orthonormale de E et u est diagonal dans la base B.

COROLLAIRE 1. — *Soit u un endomorphisme compact hermitien de* E. *Il existe une base orthonormale* B *de* E *telle que u est diagonal dans la base* B *et ses valeurs propres sont réelles.*

Si $\mathrm{K} = \mathbf{C}$, cela résulte aussitôt du théorème. Supposons $\mathrm{K} = \mathbf{R}$. L'espace E est une $\mathbf{R}$-structure sur $\mathrm{E}_{(\mathbf{C})}$ (*cf.* A, II, p. 119). L'endomorphisme $u_{(\mathbf{C})}$ de $\mathrm{E}_{(\mathbf{C})}$ est compact (remarque 4 de III, p. 2) et hermitien. Soient $\mathrm{B} = (e_j)_{j\in \mathrm{J}}$ une base orthonormale de $\mathrm{E}_{(\mathbf{C})}$ telle que $u_{(\mathbf{C})} \in \mathscr{D}_\mathrm{B}(\mathrm{E}_{(\mathbf{C})})$ et λ la famille des valeurs propres de $u_{(\mathbf{C})}$ (théorème 1). On a $\lambda \in \mathbf{R}^\mathrm{J}$ (I, p. 106, prop. 4) ; comme l'application linéaire $u_{(\mathbf{C})}$ est $\mathbf{R}$-rationnelle, le sous-espace propre de $u_{(\mathbf{C})}$ relatif à λ_j est $\mathbf{R}$-rationnel pour tout $j \in \mathrm{J}$ (*cf.* A, V, p. 60, prop. 6). Il en existe donc une base appartenant à E, et *a fortiori*, il en existe une base orthonormale dans E. La réunion de ces bases est une base orthonormale $\mathrm{B}_\mathbf{R}$ de E telle que $u \in \mathscr{D}_{\mathrm{B}_\mathbf{R}}(\mathrm{E})$.

COROLLAIRE 2. — *Soit* F *un espace hilbertien et soit u une application linéaire continue compacte de* E *dans* F. *Il existe un ensemble dénombrable* I, *une base orthonormale $(e_i)_{i\in\mathrm{I}}$ de l'espace initial* $\mathrm{Ker}(u)^\circ$ *de u, une famille orthonormale $(f_i)_{i\in\mathrm{I}}$ de* F *et une famille $(\alpha_i)_{i\in\mathrm{I}} \in (\mathbf{R}_+^*)^\mathrm{I}$ telles que $u(e_i) = \alpha_i f_i$ pour tout $i \in \mathrm{I}$.*

Soit $v = u^* \circ u$. C'est un endomorphisme compact (III, p. 5, prop. 3) et positif, donc hermitien, de E. D'après le corollaire 1, il existe une base orthonormale $(e_j)_{j\in\mathrm{J}}$ de E telle que v est diagonal dans cette base. La famille $(\lambda_j)_{j\in\mathrm{J}}$ de ses valeurs propres est contenue dans $\mathbf{R}_+^\mathrm{J}$. Posons $\alpha_j = \sqrt{\lambda_j}$ pour tout $j \in \mathrm{J}$. Soit I l'ensemble des $j \in \mathrm{J}$ tels que $\alpha_j \neq 0$. C'est un ensemble dénombrable puisque v est compact. La famille $(e_i)_{i\in\mathrm{I}}$ est une base orthonormale de l'espace initial de v, qui est l'espace initial $\mathrm{Ker}(u)^\circ$ de u (EVT, V, p. 43, prop. 8). Posons

$f_i = \frac{1}{\alpha_i} u(e_i)$ pour $i \in \mathrm{I}$. Quels que soient i et j dans I, on a

$$\langle f_i \,|\, f_j \rangle = \frac{1}{\alpha_i \alpha_j} \langle u(e_i) \,|\, u(e_j) \rangle = \frac{1}{\alpha_i \alpha_j} \langle v(e_i) \,|\, e_j \rangle = \frac{\lambda_i}{\alpha_i \alpha_j} \langle e_i \,|\, e_j \rangle,$$

d'où il résulte que la famille $(f_i)_{i \in \mathrm{I}}$ est orthonormale dans F. Le corollaire en résulte, puisque $u(e_i) = \alpha_i f_i$ pour tout $i \in \mathrm{I}$.

DÉFINITION 2. — *Avec les notations du corollaire, la famille* $(\alpha_i)_{i \in \mathrm{I}}$ *est la* famille des valeurs singulières *de* u, *relative à la base orthonormale* $(e_i)_{i \in \mathrm{I}}$ *de l'espace initial de* u.

Remarques. — 1) Ce corollaire généralise le th. 2 de EVT, V, p. 54, qui correspond aux applications de Hilbert–Schmidt.

2) Avec les notations du corollaire, on a la formule

$$u(x) = \sum_{i \in \mathrm{I}} \alpha_i \langle e_i \,|\, x \rangle f_i \tag{1}$$

pour tout $x \in \mathrm{E}$.

3) Soit u un endomorphisme compact positif de E. Soit $\mathrm{B} = (f_i)_{i \in \mathrm{I}}$ une base orthonormale de E telle que u est diagonal dans la base B (théorème 1), et soit $(\lambda_i)_{i \in \mathrm{I}}$ la famille des valeurs propres de u dans cette base. Soit J l'ensemble des $i \in \mathrm{I}$ tels que $\lambda_i > 0$; la famille $(e_i)_{i \in \mathrm{J}}$ est une base orthonormale de l'espace $\mathrm{Ker}(u)^\circ$. Pour tout $i \in \mathrm{J}$, posons $e_i = f_i$ et $\alpha_i = \lambda_i$. Il vient $u(e_i) = \alpha_i f_i$: la famille $(\alpha_i)_{i \in \mathrm{J}}$ est la famille des valeurs singulières de u relative à la base $(e_i)_{i \in \mathrm{J}}$.

3. Suite décroissante des valeurs propres

Dans ce numéro, on suppose que $\mathrm{K} = \mathbf{C}$.

On note $\overline{\mathbf{N}} = \mathbf{N} \cup \{+\infty\} \subset \overline{\mathbf{R}}$. Dans ce numéro, on dira qu'un espace vectoriel E est de dimension $+\infty \in \overline{\mathbf{N}}$ si E n'est pas de dimension finie.

Soit $\mathrm{I}_\mathrm{E} \subset \mathbf{N}$ l'ensemble des dimensions des sous-espaces de dimension finie F de E tels que $\mathrm{F} \neq \mathrm{E}$. On a $\mathrm{I}_\mathrm{E} = \mathbf{N}$ si E est de dimension infinie, et sinon $\mathrm{I}_\mathrm{E} = \{0, \ldots, \dim(\mathrm{E}) - 1\}$. On notera $\mathrm{I} = \mathrm{I}_\mathrm{E}$ lorsqu'aucune confusion ne pourra en résulter.

Soit u un endomorphisme compact et positif (en particulier hermitien) de E. Le spectre sensible de u est l'ensemble des valeurs d'une suite strictement décroissante $(\nu_k)_{0 \leqslant k < \mathrm{Card}(\mathrm{Sp_s}(u))}$ de nombres réels positifs (*cf.*

prop. 5 de III, p. 90). Pour tout entier k tel que $0 \leqslant k < \mathrm{Card}(\mathrm{Sp_s}(u))$, on note $n_k \geqslant 1$ la multiplicité spectrale de ν_k. Soit $\mathrm{M} \in \overline{\mathbf{N}}$ la somme des multiplicités spectrales n_k ; c'est la dimension de l'image de u. On a $\mathrm{M} \leqslant \mathrm{Card(I)}$.

Pour $0 \leqslant n < \mathrm{M}$, on définit $\lambda_n(u) = \nu_k$, où $k \geqslant 0$ est l'unique entier tel que

$$n_0 + \cdots + n_{k-1} \leqslant n < n_0 + \cdots + n_k.$$

On pose $\lambda_n(u) = 0$ si $n \in \mathrm{I}$ vérifie $n \geqslant \mathrm{M}$. Ce cas ne peut se présenter que si $\mathrm{I} = \mathbf{N}$ et si $\mathrm{Sp_s}(u)$ est fini (ou, ce qui revient au même, si E est de dimension infinie et u est de rang fini).

La suite $(\lambda_n(u))_{n\in\mathrm{I}}$ est décroissante ; pour tout $\lambda \in \mathrm{Sp_s}(u)$, le nombre d'entiers n tels que $\lambda_n(u) = \lambda$ est égal à la multiplicité spectrale de la valeur propre λ de u.

On dit, par abus de langage, que $(\lambda_n(u))_{n\in\mathrm{J}}$ est *la suite décroissante des valeurs propres de u répétées avec leurs multiplicités.*

PROPOSITION 3. — *Soit u un endomorphisme compact positif de* E. *Il existe une famille orthonormale* $(e_n)_{n\in\mathrm{I}}$ *dans* E *telle que, pour tout* $x \in \mathrm{E}$, *l'on ait*

$$u(x) = \sum_{n\in\mathrm{I}} \lambda_n(u)\langle e_n \,|\, x\rangle e_n, \quad \langle x \,|\, u(x)\rangle = \sum_{n\in\mathrm{I}} \lambda_n(u)|\langle e_n \,|\, x\rangle|^2.$$

Soit $\mathrm{B} = (f_j)_{j\in\mathrm{J}}$ une base orthonormale de E dans laquelle u est diagonal (cor. 1 de IV, p. 150) et $(\lambda_j)_{j\in\mathrm{J}}$ la famille des valeurs propres de u dans la base B. Soit J′ l'ensemble des $j \in \mathrm{J}$ tels que λ_j appartient au spectre sensible de u.

Pour chaque $\lambda \in \mathrm{Sp_s}(u)$, il existe une bijection entre les entiers n tels que $0 \leqslant n < \mathrm{M}$ et $\lambda_n(u) = \lambda$ et les $j \in \mathrm{J}'$ tels que $\lambda_j = \lambda$, car ces deux ensembles ont comme cardinal la multiplicité spectrale de λ. Un choix de telles bijections pour tout λ définit une bijection ι de l'ensemble des entiers tels que $0 \leqslant n < \mathrm{M}$ dans l'ensemble J′. On définit la suite $(e_n)_{0\leqslant n<\mathrm{M}}$ dans E en posant $e_n = f_{\iota(n)}$ pour $0 \leqslant n < \mathrm{M}$. C'est une famille orthonormale dans E.

Dans le cas où $\mathrm{M} < \mathrm{Card(I)} = +\infty$, l'espace F engendré par $\{e_0, \ldots, e_{\mathrm{M}-1}\}$ est de dimension finie et son orthogonal F° est de dimension infinie ; on choisit pour $(e_n)_{n\geqslant\mathrm{M}}$ une famille orthonormale dans F°.

Pour tout $x \in \mathrm{E}$, on a

$$u(x) = \sum_{j \in \mathrm{J}'} \lambda_j \langle f_j \,|\, x \rangle f_j = \sum_{0 \leqslant n < \mathrm{M}} \lambda_n(u) \langle e_n \,|\, x \rangle e_n$$

puisque $u(f_j) = 0$ lorsque $j \in \mathrm{J} - \mathrm{J}'$. Si $n \in \mathrm{I}$ vérifie $n \geqslant \mathrm{M}$, on a $\lambda_n(u) = 0$, et on obtient la première formule de la proposition. La seconde en résulte.

Proposition 4. — *Soit u un endomorphisme compact positif de* E. *Soit $f \in \mathscr{C}(\mathbf{R}_+)$ une application continue croissante telle que $f(0) = 0$.*

L'endomorphisme $f(u)$ est compact et positif et, pour tout $n \in \mathrm{I_E}$, on a $\lambda_n(f(u)) = f(\lambda_n(u))$.

L'endomorphisme $f(u)$ est compact et positif d'après la prop. 6, *b*) de III, p. 91 et la prop. 15, *a*) de I, p. 117. Le spectre de $f(u)$ est l'image par f du spectre de u (cor. 2 de I, p. 111). Si $\lambda \in \mathrm{Sp_s}(f(u))$, la multiplicité spectrale de λ est la somme des multiplicités spectrales des $\mu \in \mathrm{Sp}(u)$ tels que $f(\mu) = \lambda$ (cor. 2 de III, p. 84). Comme f est croissante, la suite $(f(\lambda_n(u)))_{n \in \mathrm{I_E}}$ est décroissante. L'assertion résulte alors de la définition de la suite $(\lambda_n(f(u)))_{n \in \mathrm{I_E}}$.

4. Caractérisations variationnelles des valeurs propres

Dans ce numéro, on suppose que $\mathrm{K} = \mathbf{C}$.

Soient u un endomorphisme compact et positif de E et $(\lambda_n(u))_{n \in \mathrm{I_E}}$ la suite décroissante des valeurs propres de u. On pose $\mathrm{I} = \mathrm{I_E}$.

Pour tout sous-espace fermé F de E, on note

$$r_{\mathrm{F}}(u) = \inf_{x \in \mathrm{F} - \{0\}} \frac{\langle x \,|\, u(x) \rangle}{\|x\|^2}, \quad \mathrm{R_F}(u) = \sup_{x \in \mathrm{F}^{\circ} - \{0\}} \frac{\langle x \,|\, u(x) \rangle}{\|x\|^2},$$

où la borne inférieure (resp. la borne supérieure) est prise dans $[0, +\infty]$.

Pour tout $n \in \mathbf{N}$, on note $\mathscr{F}_n$ l'ensemble des sous-espaces vectoriels $\mathrm{F} \subset \mathrm{E}$ de dimension n. On dit qu'un sous-espace $\mathrm{F} \in \mathscr{F}_n$ est *adapté à* u s'il admet une base orthonormale $(f_i)_{0 \leqslant i \leqslant n-1}$ telle que $u(f_i) = \lambda_i(u) f_i$ pour $0 \leqslant i \leqslant n-1$.

Proposition 5. — *Soit $n \in \mathrm{I}$.*

a) *Pour tout sous-espace $\mathrm{F} \in \mathscr{F}_{n+1}$ adapté à u, on a $\lambda_n(u) = r_{\mathrm{F}}(u)$;*

b) *Pour tout sous-espace $\mathrm{F} \in \mathscr{F}_n$ adapté à u, on a $\lambda_n(u) = \mathrm{R_F}(u)$.*

Soit $F \in \mathscr{F}_{n+1}$ un sous-espace adapté à u, et $(f_i)_{0 \leqslant i \leqslant n}$ une base orthonormale de F telle que $u(f_i) = \lambda_i(u) f_i$ pour tout i. Pour tout x dans F, on a

$$\langle x \,|\, u(x) \rangle = \sum_{0 \leqslant i \leqslant n} \lambda_i(u) |\langle f_i \,|\, x \rangle|^2 \geqslant \lambda_n(u) \sum_{0 \leqslant i \leqslant n} |\langle f_i \,|\, x \rangle|^2 = \lambda_n(u) \|x\|^2,$$

avec égalité si $x = f_n$. Cela implique que $r_{\mathrm{F}}(u) = \lambda_n(u)$, d'où l'assertion *a*).

Soit $F \in \mathscr{F}_n$ un sous-espace adapté à u. Le sous-espace fermé F° est non nul (car $n = \dim(\mathrm{F}) < \dim(\mathrm{E})$) et stable par u ; l'endomorphisme $\widetilde{u}$ de F° déduit de u par passage aux sous-espaces est compact et positif.

On a $\mathrm{Sp}(\widetilde{u}) \subset \mathrm{Sp}(u)$. On a de plus $\mathrm{Sp}(\widetilde{u}) \subset [0, \lambda_n(u)]$. En effet, il suffit de vérifier que $\lambda \leqslant \lambda_n(u)$ pour tout $\lambda \in \mathrm{Sp_s}(\widetilde{u})$. Le nombre λ est alors une valeur propre de u, donc il existe $j \in \mathrm{I}$ tel que $\lambda = \lambda_j(u)$. L'espace propre de u relatif à $\lambda_j(u)$ n'est donc pas contenu dans F, ce qui implique que $\lambda_j(u) \leqslant \lambda_n(u)$.

Supposons que $\lambda_n(u) > 0$. L'espace propre de u relatif à $\lambda_n(u)$ n'est alors pas contenu dans F, et $\lambda_n(u)$ appartient donc au spectre sensible de $\widetilde{u}$. On en déduit que $\sup(\mathrm{Sp}(\widetilde{u})) = \lambda_n(u)$. Si $\lambda_n(u) = 0$, on a le même résultat puisque le spectre de $\widetilde{u}$ est alors réduit à $\{0\}$.

Par ailleurs, on a par définition $\mathrm{R_F}(u) = \mathrm{R}_{\{0\}}(\widetilde{u})$, et finalement $\mathrm{R}_{\{0\}}(\widetilde{u}) = \sup(\mathrm{Sp}(\widetilde{u}))$ d'après la prop. 9 de I, p. 139, *a*). L'assertion *b*) est démontrée.

PROPOSITION 6. — *Pour tout $n \in \mathrm{I}$, on a*

$$\lambda_n(u) = \sup_{\mathrm{F} \in \mathscr{F}_{n+1}} r_{\mathrm{F}}(u) = \inf_{\mathrm{F} \in \mathscr{F}_n} \mathrm{R_F}(u).$$

Soit $(e_n)_{n \in \mathrm{I}}$ une famille orthonormale ayant la propriété de la prop. 3 de IV, p. 152. Pour tout entier tel que $1 \leqslant n < \mathrm{M} + 1$, soit $\mathrm{F}_n \in \mathscr{F}_n$ le sous-espace de dimension n de E engendré par $(e_0, \ldots, e_{n-1})$; par construction, l'espace F_n est adapté à u. D'après la prop. 5, on a donc

$$\lambda_n(u) = r_{\mathrm{F}_{n+1}}(u) = \mathrm{R}_{\mathrm{F}_n}(u). \tag{2}$$

Soit $n \in \mathrm{I}$. Soit $\mathrm{F} \in \mathscr{F}_{n+1}$. La restriction à F de l'orthoprojecteur sur F_n n'est pas injective, donc il existe $x \neq 0$ dans F orthogonal à F_n.

Comme $x \in \mathrm{F}_n^\circ$, on a alors (prop. 3 de IV, p. 152)

$$\begin{aligned}\langle x \mid u(x)\rangle &= \sum_{\substack{m\in \mathrm{I}\\ m\geqslant n}} \lambda_m(u)|\langle e_m \mid x\rangle|^2\\ &\leqslant \lambda_n(u) \sum_{\substack{m\in \mathrm{I}\\ m\geqslant n}} |\langle e_m \mid x\rangle|^2 = \lambda_n(u)\|x\|^2.\end{aligned}$$

Cela démontre que $r_{\mathrm{F}}(u) \leqslant \lambda_n(u)$, d'où en particulier l'inégalité

$$\sup_{\mathrm{F}\in\mathscr{F}_{n+1}} r_{\mathrm{F}}(u) \leqslant \lambda_n(u). \tag{3}$$

Soit $\mathrm{F} \in \mathscr{F}_n$. La restriction à F_{n+1} de l'orthoprojecteur sur F n'est pas injective, donc il existe un vecteur $x \neq 0$ dans F_{n+1} orthogonal à F. Comme $x \in \mathrm{F}_{n+1}$, on a (*loc. cit.*)

$$\begin{aligned}\langle x \mid u(x)\rangle &= \sum_{0\leqslant m\leqslant n} \lambda_m(u)|\langle e_m \mid x\rangle|^2\\ &\geqslant \lambda_n(u) \sum_{0\leqslant m\leqslant n} |\langle e_m \mid x\rangle|^2 = \lambda_n(u)\|x\|^2\end{aligned}$$

et donc $\mathrm{R}_{\mathrm{F}}(u) \geqslant \lambda_n(u)$. En particulier, il vient

$$\inf_{\mathrm{F}\in\mathscr{F}_n} \mathrm{R}_{\mathrm{F}}(u) \geqslant \lambda_n(u). \tag{4}$$

Au vu des formules (2), (3) et (4), la proposition est démontrée.

5. Applications de la caractérisation variationnelle des valeurs propres

Dans ce numéro, on considère des espaces hilbertiens sur **C**.

PROPOSITION 7. — *Soient u et v des endomorphismes compacts positifs de* E.

a) *On a* $|\lambda_n(u) - \lambda_n(v)| \leqslant \|u - v\|$ *pour tout* $n \in \mathrm{I}$;

b) *Si* $u \leqslant v$, *alors* $\lambda_n(u) \leqslant \lambda_n(v)$ *pour tout* $n \in \mathrm{I}$.

Soit $n \in \mathrm{I}$ et soit F un sous-espace vectoriel de dimension n de E. Pour tout $x \in \mathrm{F}$, on a

$$|\langle x \mid v(x)\rangle - \langle x \mid u(x)\rangle| \leqslant \|u - v\|\,\|x\|^2,$$

donc les inégalités

$$\mathrm{R}_{\mathrm{F}}(v) - \|u - v\| \leqslant \mathrm{R}_{\mathrm{F}}(u) \leqslant \mathrm{R}_{\mathrm{F}}(v) + \|u - v\|.$$

L'assertion *a*) en découle d'après la proposition 6 de IV, p. 154.

Si $u \leqslant v$, on a $\langle x \,|\, u(x)\rangle \leqslant \langle x \,|\, v(x)\rangle$ pour tout $x \in \mathrm{E}$. Pour tout $n \in \mathrm{I}$ et tout sous-espace F de dimension n, on a donc $\mathrm{R_F}(u) \leqslant \mathrm{R_F}(v)$, d'où $\lambda_n(u) \leqslant \lambda_n(v)$ (*loc. cit.*).

PROPOSITION 8. — *Soit u un endomorphisme compact positif de* E. *Soient* H *un sous-espace fermé de* E *et* $i_{\mathrm{H}} \colon \mathrm{H} \to \mathrm{E}$ *l'injection canonique. Notons* u_{H} *l'endomorphisme* $i_{\mathrm{H}}^* u i_{\mathrm{H}}$ *de* H. *Il est compact et positif.*

a) *On a* $\mathrm{I_H} \subset \mathrm{I_E}$ *et* $\lambda_n(u_{\mathrm{H}}) \leqslant \lambda_n(u)$ *pour tout* $n \in \mathrm{I_H}$;

b) *Si* H *est de codimension finie* $k \in \mathbf{N}$ *dans* E, *alors on a* $\mathrm{I_H}+k \subset \mathrm{I_E}$ *et* $\lambda_{n+k}(u) \leqslant \lambda_n(u_{\mathrm{H}})$ *pour tout* $n \in \mathrm{I_H}$.

L'endomorphisme u_{H} est compact (prop. 3 de III, p. 5). Il est positif car $\langle x \,|\, u_{\mathrm{H}}(x)\rangle = \langle i_{\mathrm{H}}(x) \,|\, u(i_{\mathrm{H}}(x))\rangle \geqslant 0$ pour tout $x \in \mathrm{H}$.

Soit $n \in \mathrm{I_H} \subset \mathrm{I_E}$. Soit F un sous-espace de dimension $n+1$ de H adapté à u_{H}. On a donc $\lambda_n(u_{\mathrm{H}}) = r_{\mathrm{F}}(u_{\mathrm{H}})$ (prop 5 de IV, p. 153, *a*)), et comme de plus $r_{\mathrm{F}}(u_{\mathrm{H}}) = r_{\mathrm{F}}(u) \leqslant \lambda_n(u)$ (prop. 6 de IV, p. 154), on obtient l'assertion *a*).

Supposons que H est de codimension $k \in \mathbf{N}$ dans E et que $n \in \mathrm{I_H}$. Soit F un sous-espace de H de dimension n adapté à u_{H}. Son orthogonal dans H est égal à $\mathrm{H} \cap \mathrm{F}^{\circ}$, et c'est l'orthogonal dans E du sous-espace $\mathrm{F}+\mathrm{H}^{\circ}$ de dimension $n+k$. Donc $n+k \in \mathrm{I_E}$ et (prop 5 de IV, p. 153, *b*))

$$\lambda_n(u_{\mathrm{H}}) = \sup_{\substack{x \in \mathrm{H}\cap\mathrm{F}^{\circ} \\ x \neq 0}} \frac{\langle x \,|\, u_{\mathrm{H}}(x)\rangle}{\|x\|^2} = \mathrm{R}_{\mathrm{F}+\mathrm{H}^{\circ}}(u)$$

d'où $\lambda_n(u_{\mathrm{H}}) \leqslant \lambda_{n+k}(u)$ (prop. 6 de IV, p. 154).

DÉFINITION 3. — *Soit* F *un espace hilbertien et soit u une application linéaire compacte de* E *dans* F.

Pour tout entier $n \in \mathrm{I_E}$ *on note* $\alpha_n(u) = \lambda_n(u^* \circ u)$. *Soit* J *l'ensemble des* $n \in \mathrm{I_E}$ *tels que* $\alpha_n(u) > 0$. *La famille* $(\alpha_n(u))_{n \in \mathrm{J}}$ *est appelée la* suite des valeurs singulières de u répétées avec multiplicité.

On dit que la suite $(\alpha_n(u))_{n \in \mathrm{I_E}}$ *est* la suite élargie des valeurs singulières de u.

La suite $(\alpha_n(u))_{n \in \mathrm{I_E}}$ est bien définie puisque l'endomorphisme $u^* \circ u$ de E est compact (III, p. 5, prop. 3) ; c'est une famille décroissante de nombres réels positifs puisque $u^* \circ u$ est positif.

PROPOSITION 9. — *Soit* F *un espace hilbertien et soit* u *une application linéaire compacte de* E *dans* F.

a) *Pour* $n \in \mathrm{I_E}$, *on a*

$$\alpha_n(u) = \sup_{\mathrm{F}\in\mathscr{F}_{n+1}} \inf_{x\in\mathrm{F}-\{0\}} \frac{\|u(x)\|}{\|x\|} = \inf_{\mathrm{F}\in\mathscr{F}_n} \sup_{x\in\mathrm{F}^\circ-\{0\}} \frac{\|u(x)\|}{\|x\|}.$$

b) *Soit* J *l'ensemble des* $n \in \mathrm{I_E}$ *tels que* $\alpha_n(u) \neq 0$. *Il existe des familles orthonormales* $(e_n)_{n\in\mathrm{J}}$ *dans* E *et* $(f_n)_{n\in\mathrm{J}}$ *dans* F *telles que pour tout* $x \in \mathrm{E}$, *on a*

$$u(x) = \sum_{n\in\mathrm{J}} \alpha_n(u)\langle e_n \,|\, x\rangle f_n.$$

Comme $\langle x \,|\, u^*u(x)\rangle = \|u(x)\|^2$ pour tout $x \in \mathrm{E}$, les définitions et la prop. 6 de IV, p. 154, *a*), impliquent l'égalité de la première assertion.

Soit $(e_n)_{n\in\mathrm{I_E}}$ une famille orthonormale de E vérifiant les conclusions de la prop. 3 de IV, p. 152 appliquée à l'endomorphisme compact positif $u^* \circ u$ de E. Posons $f_n = \alpha_n^{-1}u(e_n)$ pour $n \in \mathrm{J}$. En raisonnant comme dans la preuve du corollaire 2 de IV, p. 150, on obtient l'assertion *c*).

COROLLAIRE. — *Soient* F *un espace hilbertien et* u *une application linéaire compacte de* E *dans* F. *Soient* $w \in \mathscr{L}(\mathrm{E})$ *et* $v \in \mathscr{L}(\mathrm{F})$. *Pour tout* $n \in \mathrm{I_E}$, *on a* $\alpha_n(w \circ u \circ v) \leqslant \|v\| \, \|w\| \, \alpha_n(u)$.

C'est une conséquence de l'assertion *a*) de la proposition précédente.

Remarques. — 1) La suite $(\alpha_n(u))_{n\in\mathrm{I_E}}$ étant décroissante, l'ensemble J est, soit égal à $\mathrm{I_E}$, soit égal à un segment $\{0, \ldots, m\}$ dans $\mathrm{I_E}$ où $m \in \mathbf{N}$. Ce dernier cas vaut si et seulement si u est de rang fini.

2) Comme $\|u(x)\| = \||u|(x)\|$ pour tout $x \in \mathrm{E}$ (I, p. 139, prop. 10), on a $\alpha_n(u) = \alpha_n(|u|)$ pour tout $n \in \mathrm{I_E}$.

3) Si u est positif, alors $\alpha_n(u) = \lambda_n(u)$ pour tout $n \in \mathrm{I_E}$ (en effet, on a alors $\alpha_n(u)^2 = \lambda_n(u^*u) = \lambda_n(u^2) = \lambda_n(u)^2$ d'après la prop. 4 de IV, p. 153).

4) Il est possible que $\alpha_n(v \circ u \circ w) = 0$ même si $\alpha_n(u)$ est non nul ; dans ce cas, $\alpha_n(v \circ u \circ w)$ n'est pas une valeur singulière de $v \circ u \circ w$.

6. Inégalités de Weyl

Dans ce numéro, on considère des espaces hilbertiens sur $\mathrm{K} = \mathbf{C}$.

Soit E un espace hilbertien. Pour tout $n \in \mathbf{N}$, on rappelle qu'on a défini la puissance extérieure hilbertienne $\widehat{\wedge}^n\mathrm{E}$ dans EVT, V, p. 34. Pour tout espace hilbertien F et pour $u \in \mathscr{L}(\mathrm{E};\mathrm{F})$, on a également défini l'application linéaire $\widehat{\wedge}^n u \in \mathscr{L}(\widehat{\wedge}^n\mathrm{E};\widehat{\wedge}^n\mathrm{F})$ (*loc. cit.*). Ces constructions sont fonctorielles : pour tout espace hilbertien G et pour toute application linéaire $v \in \mathscr{L}(\mathrm{F};\mathrm{G})$, la formule

$$\widehat{\wedge}^n v \circ \widehat{\wedge}^n u = \widehat{\wedge}^n(v \circ u)$$

est valide (*loc. cit.*, formule (28)).

Soient H un sous-espace fermé de E et i_{H} l'injection canonique de H dans E. Pour tout endomorphisme u de E, on note u_{H} l'endomorphisme $i_{\mathrm{H}}^* u i_{\mathrm{H}}$ de H.

Lemme 2. — *Soit* $n \in \mathbf{N}$. *L'application* $\widehat{\wedge}^n i_{\mathrm{H}}$ *est une application linéaire isométrique de* $\widehat{\wedge}^n\mathrm{H}$ *dans* $\widehat{\wedge}^n\mathrm{E}$.

Soit $(e_j)_{j\in\mathrm{J}}$ une base orthonormée de H et $(e_j)_{j\in\mathrm{J}'}$ une base orthonormale de E, où $\mathrm{J} \subset \mathrm{J}'$. Munissons J' d'une structure d'ordre total. Les éléments $e_{j_1}\wedge\cdots\wedge e_{j_n}$ pour $j_1 < \cdots < j_n$ dans J' (resp. dans J) forment une base orthonormale de $\widehat{\wedge}^n\mathrm{E}$ (resp. de $\widehat{\wedge}^n\mathrm{H}$) d'après la prop. 5 de EVT, V, p. 34, prop. 5. Le lemme en résulte.

Dans la suite, on identifiera $\widehat{\wedge}^n\mathrm{H}$ à un sous-espace fermé de $\widehat{\wedge}^n\mathrm{E}$ par le truchement de l'application $\widehat{\wedge}^n i_{\mathrm{H}}$.

Lemme 3. — *Soient* F *un espace hilbertien et* $u \in \mathscr{L}(\mathrm{E};\mathrm{F})$. *Soit* $n \in \mathbf{N}$.

a) *On a* $(\widehat{\wedge}^n u)^* = \widehat{\wedge}^n(u^*)$;

b) *Si* $\mathrm{F} = \mathrm{E}$ *et* u *est hermitien* (*resp. positif, normal, unitaire*), *alors* $\widehat{\wedge}^n u$ *est hermitien* (*resp. positif, normal, unitaire*) ;

c) *On a* $|\widehat{\wedge}^n u| = \widehat{\wedge}^n|u|$;

d) *Soit* H *un sous-espace fermé de* E. *La restriction* $(\widehat{\wedge}^n u)|\widehat{\wedge}^n\mathrm{H}$ *de* $\widehat{\wedge}^n u$ *à* $\widehat{\wedge}^n\mathrm{H}$ *est égale à* $\widehat{\wedge}^n(u|\mathrm{H})$ (*égalité dans* $\mathscr{L}(\widehat{\wedge}^n\mathrm{H};\widehat{\wedge}^n\mathrm{F})$) ;

e) *Supposons* $\mathrm{F} = \mathrm{E}$. *Soit* H *un sous-espace fermé de* E. *On a* $(\widehat{\wedge}^n u)_{\widehat{\wedge}^n\mathrm{H}} = \widehat{\wedge}^n(u_{\mathrm{H}})$ *dans* $\mathscr{L}(\widehat{\wedge}^n\mathrm{H})$.

L'assertion *a*) résulte de EVT, V, p. 39, formule (13). Elle implique aussitôt que $\widehat{\wedge}^n u$ est hermitien (resp. unitaire) lorsque u est hermitien (resp. unitaire). Si u est positif, alors $u^{1/2}$ est hermitien, donc aussi $\widehat{\wedge}^n(u^{1/2})$; la relation $\widehat{\wedge}^n u = (\widehat{\wedge}^n u^{1/2})^2$ implique que $\widehat{\wedge}^n u$ est positif (I, p. 138, prop. 8). Cela démontre *b*).

Ce qui précède permet de calculer que

$$\begin{aligned}(\widehat{\bigwedge}^n|u|)^2 = \widehat{\bigwedge}^n(|u|^2) = \widehat{\bigwedge}^n(u^*u) \\ = \widehat{\bigwedge}^n u^* \, \widehat{\bigwedge}^n u = (\widehat{\bigwedge}^n u)^*(\widehat{\bigwedge}^n u) = |\widehat{\bigwedge}^n u|^2.\end{aligned}$$

Comme $\widehat{\bigwedge}^n|u|$ est positif d'après *b*), il résulte de la prop. 16 de I, p. 118 que $\widehat{\bigwedge}^n|u| = |\widehat{\bigwedge}^n u|$, d'où *c*).

Soit i_{H} l'injection canonique de H dans E. L'espace $\widehat{\bigwedge}^n\mathrm{H}$ est identifié à un sous-espace fermé de $\widehat{\bigwedge}^n\mathrm{E}$ par l'application $\widehat{\bigwedge}^n i_{\mathrm{H}}$, d'où

$$(\widehat{\bigwedge}^n u)|\widehat{\bigwedge}^n\mathrm{H} = \widehat{\bigwedge}^n u \circ \widehat{\bigwedge}^n i_{\mathrm{H}} = \widehat{\bigwedge}^n(u \circ i_{\mathrm{H}}) = \widehat{\bigwedge}^n(u|\mathrm{H}),$$

et

$$(\widehat{\bigwedge}^n u)_{\widehat{\bigwedge}^n\mathrm{H}} = (\widehat{\bigwedge}^n i_{\mathrm{H}})^* \circ \widehat{\bigwedge}^n u \circ \widehat{\bigwedge}^n i_{\mathrm{H}} = \widehat{\bigwedge}^n(i_{\mathrm{H}}^* u i_{\mathrm{H}}) = \widehat{\bigwedge}^n(u_{\mathrm{H}}),$$

ce qui démontre *d*) et *e*).

Soit F un espace hilbertien, et soit $u \in \mathscr{L}^{\mathrm{c}}(\mathrm{E};\mathrm{F})$. Comme dans le numéro 3 de IV, p. 151, on note $\mathrm{I_E}$ l'ensemble des dimensions des sous-espaces de dimension finie F de E tels que $\mathrm{F} \neq \mathrm{E}$. On rappelle que $(\alpha_n(u))_{n\in\mathrm{I_E}}$ désigne la suite élargie des valeurs singulières de u (déf. 3 de IV, p. 156).

PROPOSITION 10. — *On a l'égalité*

$$\prod_{i=0}^{n} \alpha_i(u) = \left\|\widehat{\bigwedge}^{n+1} u\right\|$$

pour tout $n \in \mathrm{I_E}$.

Le lemme 3, *c*) démontre que $\|\widehat{\bigwedge}^{n+1} u\| = \|\widehat{\bigwedge}^{n+1}|u|\|$; comme de plus $\alpha_i(u) = \alpha_i(|u|)$ pour tout $i \in \mathrm{I_E}$ (remarque 5 de IV, p. 157, (2)), il suffit de démontrer l'assertion pour $|u|$. Cela permet de supposer que $\mathrm{F} = \mathrm{E}$ et que u est positif.

Soit alors $\mathrm{B} = (e_j)_{j\in\mathrm{J}}$ une base orthonormale de E telle que u est diagonalisable dans la base B (théorème 1 de IV, p. 149), et soit $(\lambda_j)_{j\in\mathrm{J}}$ la famille des valeurs propres de u dans la base B. Munissons J d'un ordre total, et notons J_n l'ensemble des familles strictement croissantes $(j_0, \ldots, j_n) \in \mathrm{J}^{n+1}$ d'éléments de J. Les vecteurs

$$e_\iota = e_{j_0} \wedge \cdots \wedge e_{j_n}$$

pour $\iota = (j_0, \ldots, j_n) \in \mathrm{J}_n$ forment une base orthonormale B_n de $\widehat{\bigwedge}^{n+1}\mathrm{E}$ (EVT, V, p. 34, prop. 5). Pour tout $\iota = (j_0, \ldots, j_n) \in \mathrm{J}_n$, notons

$$\lambda_\iota = \prod_{j=0}^{n} \lambda_{i_j}.$$

Il vient $(\widehat{\bigwedge}^{n+1} u)e_\iota = \lambda_\iota e_\iota$, donc $\widehat{\bigwedge}^{n+1} u$ est diagonal dans la base B_n. Par conséquent, on a

$$\|\widehat{\bigwedge}^{n+1} u\| = \sup_{\iota \in \mathrm{I}_n} \lambda_\iota$$

(lemme 1 de IV, p. 147), qui est égal au produit $\lambda_0(u) \cdots \lambda_n(u)$ des $n+1$ plus grandes valeurs propres de u. La formule désirée en résulte puisque $\lambda_i(u) = \alpha_i(u)$ pour tout $i \in \mathrm{I}_\mathrm{E}$ lorsque u est positif (remarque 5 de IV, p. 157, (3)).

En particulier, si $\alpha_1(u) < \alpha_0(u) = \|u\|$, on voit que l'inégalité $\|\widehat{\bigwedge}^{n}(u)\| \leqslant \|u\|^n$ (EVT, V, p. 34, formule (29)) n'est pas une égalité en général si $n \geqslant 2$.

COROLLAIRE. — *Soit* G *un espace hilbertien et* $v \in \mathscr{L}^c(\mathrm{F}; \mathrm{G})$. *On a*

$$\prod_{i=0}^{n} \alpha_i(v \circ u) \leqslant \prod_{i=0}^{n} \alpha_i(u)\alpha_i(v)$$

pour tout $n \in \mathrm{I}_\mathrm{E}$.

Il suffit de remarquer que

$$\|\widehat{\bigwedge}^{n+1}(vu)\| = \|\widehat{\bigwedge}^{n+1} v \circ \widehat{\bigwedge}^{n+1} u\| \leqslant \|\widehat{\bigwedge}^{n+1} v\| \; \|\widehat{\bigwedge}^{n+1} u\|$$

et d'appliquer la proposition 10.

Lemme 4. — *Soit* A *un anneau. Soient* $n \in \mathbf{N}$ *et* $(a_i)_{0 \leqslant i \leqslant n}$ *et* $(b_i)_{0 \leqslant i \leqslant n}$ *des familles d'éléments de* A. *Pour* $0 \leqslant j \leqslant n$, *posons*

$$\mathrm{A}_j = \sum_{i=0}^{j} a_i.$$

On a

$$\sum_{i=0}^{n} a_i b_i = \mathrm{A}_n b_n - \sum_{i=0}^{n-1} \mathrm{A}_i (b_{i+1} - b_i).$$

Posons $\mathrm{A}_{-1} = 0$. On a $a_i = \mathrm{A}_i - \mathrm{A}_{i-1}$ pour $0 \leqslant i \leqslant n$, donc

$$\sum_{i=0}^{n} a_i b_i = \sum_{i=0}^{n} (\mathrm{A}_i - \mathrm{A}_{i-1}) b_i = \sum_{i=0}^{n-1} \mathrm{A}_i (b_i - b_{i+1}) + \mathrm{A}_n b_n,$$

comme désiré.

Soit I un intervalle de $\overline{\mathbf{R}}$ ne contenant pas $+\infty$. Rappelons (FVR, I, p. 38, remarque) qu'une fonction continue $f\colon \mathrm{I} \to [-\infty, +\infty[$ est dite *convexe* si sa restriction à l'intérieur de I est une fonction convexe à valeurs dans $\mathbf{R}$; elle a alors une limite (finie ou infinie) à droite en $\inf \mathrm{I}$. Dans les énoncés ci-dessous, le produit de 0 et d'un élément de $\{-\infty, +\infty\}$ est par convention égal à 0.

Lemme 5. — Soient $\mathrm{I} \subset \overline{\mathbf{R}}$ *un intervalle ne contenant pas* $+\infty$ *et* f *une fonction convexe croissante de* I *dans* $[-\infty, +\infty[$.

Soient n *un entier naturel et*

$$a_0 \geqslant a_1 \geqslant \cdots \geqslant a_n, \qquad b_0 \geqslant b_1 \geqslant \cdots \geqslant b_n$$

des éléments de I.

Soient $\varrho_0 \geqslant \varrho_1 \geqslant \cdots \geqslant \varrho_n$ *des nombres réels positifs. Supposons que*

$$\sum_{i=0}^{j} a_i \leqslant \sum_{i=0}^{j} b_i. \tag{5}$$

pour tout entier j *tel que* $0 \leqslant j \leqslant n$. *On a alors*

$$\sum_{i=0}^{n} \varrho_i f(a_i) \leqslant \sum_{i=0}^{n} \varrho_i f(b_i). \tag{6}$$

Supposons d'abord que $a_i \in \mathring{\mathrm{I}}$, et donc $f(a_i) \in \mathbf{R}$, pour tout i. Soit i tel que $0 \leqslant i \leqslant n$, et soient (α_i, β_i) des nombres réels tels que la droite d'équation $y = \alpha_i x + \beta_i$ est une droite d'appui du graphe de f au point $(a_i, f(a_i))$ (FVR, I, p. 37). On a par conséquent $f(a_i) = \alpha_i a_i + \beta_i$ et $f(b_i) \geqslant \alpha_i b_i + \beta_i$ puisque le graphe de f est au dessus de la droite d'appui, d'où

$$f(b_i) - f(a_i) \geqslant \alpha_i(b_i - a_i). \tag{7}$$

Par ailleurs, si $i < n$, on a

$$\alpha_i \geqslant f'_g(a_i) \geqslant f'_d(a_{i+1}) \geqslant \alpha_{i+1}$$

(*loc. cit.* et FVR, I, p. 36, cor. 1) ; de plus $\alpha_i \geqslant 0$ puisque f est croissante (FVR, I, p. 22, corollaire), d'où $\varrho_i \alpha_i \geqslant \varrho_{i+1}\alpha_{i+1} \geqslant 0$ pour $0 \leqslant i < n$.

Soit j un entier tel que $0 \leqslant j \leqslant n$. Posons

$$\mathrm{A}_j = \sum_{i=0}^{j} (b_i - a_i),$$

de sorte que $A_j \geqslant 0$ par l'hypothèse (5). En appliquant l'inégalité (7) puis le lemme 4, on en déduit

$$\sum_{i=0}^{n} \varrho_i(f(b_i) - f(a_i)) \geqslant \sum_{i=0}^{n} \varrho_i\alpha_i(b_i - a_i)$$
$$= \varrho_n\alpha_n A_n + \sum_{j=0}^{n-1}(\varrho_j\alpha_j - \varrho_{j+1}\alpha_{j+1})A_j \geqslant 0.$$

Considérons le cas cas général, et raisonnons par récurrence sur n. Si l'un des a_i n'appartient pas à l'intérieur de I, on a nécessairement $a_0 = \sup I$ ou $a_n = \inf I$.

Supposons d'abord que $a_n = \inf I$. On a alors $a_n \leqslant b_n$ et donc $\varrho_n f(a_n) \leqslant \varrho_n f(b_n)$. L'hypothèse de récurrence, appliquée aux familles $(a_0, \ldots, a_{n-1})$, $(b_0, \ldots, b_{n-1})$ et $(\varrho_0, \ldots, \varrho_{n-1})$, implique

$$\sum_{i=0}^{n-1} \varrho_i f(a_i) \leqslant \sum_{i=0}^{n-1} \varrho_i f(b_i),$$

d'où l'inégalité désirée en ajoutant $\varrho_n f(a_n)$. Le cas où $a_0 = \sup I$ est traité de manière similaire.

PROPOSITION 11 (Inégalités de Weyl). — *Soient* G *un espace hilbertien et* $v \in \mathscr{L}^c(F; G)$. *Soit* $g\colon \mathbf{R}_+ \to [-\infty, +\infty[$ *une fonction croissante telle que la fonction* $g \circ \exp$ *est convexe. On a*

$$\sum_{i=0}^{n} g(\alpha_i(v \circ u)) \leqslant \sum_{i=0}^{n} g(\alpha_i(v)\alpha_i(u))$$

pour tout $n \in I_E \cap I_F$.

Posons $I = [-\infty, +\infty[$ et $f = g \circ \exp$. Il est loisible d'appliquer le lemme 5 avec

$$a_i = \log(\alpha_i(v \circ u)) \in I, \qquad b_i = \log(\alpha_i(v)\alpha_i(u)) \in I$$

et $\varrho_i = 1$ pour $0 \leqslant i \leqslant n$, puisque

$$\sum_{i=0}^{j} a_i = \log\Big(\prod_{i=0}^{j} \alpha_i(v \circ u)\Big) \leqslant \log\Big(\prod_{i=0}^{j} \alpha_i(v)\alpha_i(u)\Big) = \sum_{i=0}^{j} b_i$$

pour $0 \leqslant j \leqslant n$ d'après le cor. de la prop. 10. L'inégalité (6) est alors la conclusion recherchée.

Lemme 6. — *Soient g et h des fonctions convexes définies sur des intervalles* I *et* J *de* $\mathbf{R}$, *respectivement. Si g est croissante et définie sur l'image de h, alors la fonction $g \circ h$ est convexe sur* J.

En effet, pour $t \in [0,1]$ et $(x,y) \in \mathrm{J} \times \mathrm{J}$, on a

$$\begin{aligned} g(h(tx+(1-t)y)) &\leqslant g(th(x)+(1-t)h(y)) \\ &\leqslant tg(h(x))+(1-t)g(h(y)). \end{aligned}$$

COROLLAIRE. — *Soient* G *un espace hilbertien et* $v \in \mathscr{L}^{\mathrm{c}}(\mathrm{F};\mathrm{G})$. *Soit* $n \in \mathrm{I_E} \cap \mathrm{I_F}$.

a) *Soit* $r \in \mathbf{R}_+^*$. *On a*

$$\sum_{i=0}^{n} \alpha_i(v \circ u)^r \leqslant \sum_{i=0}^{n} \alpha_i(v)^r \alpha_i(u)^r.$$

b) *Soient* $p, q, r \in \mathbf{R}_+^*$ *tels que* $\frac{1}{p} + \frac{1}{q} = \frac{1}{r}$. *Alors*

$$\Big(\sum_{i=0}^{n} \alpha_i(v \circ u)^r\Big)^{1/r} \leqslant \Big(\sum_{i=0}^{n} \alpha_i(v)^p\Big)^{1/p} \Big(\sum_{i=0}^{n} \alpha_i(u)^q\Big)^{1/q}.$$

c) *Supposons que* F = E. *Pour tout entier* $m \geqslant 2$, *on a*

$$\sum_{i=0}^{n} \alpha_i(u^m) \leqslant \Big(\sum_{i=0}^{n} \alpha_i(u)^2\Big)^{m/2}.$$

Soit $r \in \mathbf{R}_+^*$ et soit g la fonction définie sur $\mathbf{R}_+$ par $g(x) = x^r$. La fonction $g \circ \exp$ est convexe (lemme 6), donc l'assertion *a*) résulte de la prop. 11 appliquée à la fonction g.

L'assertion *b*) résulte de *a*) et de l'inégalité de Hölder (INT, I, prop. 4).

Soit $m \geqslant 2$ un entier. Appliquons *b*) avec $r = 1$, $p = q = 2$ et $v = u^{m-1}$. On trouve

$$\sum_{i=0}^{n} \alpha_i(u^m) \leqslant \Big(\sum_{i=0}^{n} \alpha_i(u^{m-1})^2\Big)^{1/2} \Big(\sum_{i=0}^{n} \alpha_i(u)^2\Big)^{1/2}.$$

Démontrons *c*) par récurrence sur $m \geqslant 2$. L'inégalité précédente établit l'assertion lorsque $m = 2$. Supposons que $m \geqslant 3$ et que l'assertion est valide pour $m - 1$; puisque on a

$$\sum_{i=0}^{n} \alpha_i(u^{m-1})^2 \leqslant \Big(\sum_{i=0}^{m} \alpha_i(u^{m-1})\Big)^2,$$

l'inégalité ci-dessus implique

$$\sum_{i=0}^{n} \alpha_i(u^m) \leqslant \Big(\sum_{i=0}^{n} \alpha_i(u^{m-1})\Big)^{1/2} \Big(\sum_{i=0}^{n} \alpha_i(u)^2\Big)^{1/2} \leqslant \Big(\sum_{i=0}^{n} \alpha_i(u)^2\Big)^{m/2}$$

en appliquant l'hypothèse de récurrence.

7. Endomorphismes de trace finie

On rappelle qu'un endomorphisme positif u de E est de trace finie si et seulement s'il existe une base orthonormale $(e_i)_{i\in I}$ de E telle que

$$\sum_{i\in I}\langle e_i \,|\, u(e_i)\rangle < +\infty$$

(EVT, V, p. 48, lemme 3 et p. 49, déf. 7). Si $K = \mathbf{C}$, l'espace $\mathscr{L}_1(E)$ des endomorphismes de trace finie de E est l'espace vectoriel engendré par l'ensemble des endomorphismes positifs de trace finie (EVT, V, p. 50, déf. 8) ; si $K = \mathbf{R}$, l'espace $\mathscr{L}_1(E)$ est défini comme l'intersection $\mathscr{L}(E) \cap \mathscr{L}_1(E_{(\mathbf{C})})$ (EVT, V, p. 50).

Si $u \in \mathscr{L}_1(E)$, alors la série

$$\sum_{i\in I}\langle e_i \,|\, u(e_i)\rangle$$

converge pour toute base orthonormale $(e_i)_{i\in I}$ de E et sa somme est indépendante de la base orthonormale ; on dit que c'est la *trace* $\mathrm{Tr}(u)$ de u (EVT, V, p. 50). Si $K = \mathbf{R}$, on a $\mathrm{Tr}(u) = \mathrm{Tr}(u_{(\mathbf{C})})$.

Soit $u \in \mathscr{L}_1(E)$. On a $u^* \in \mathscr{L}_1(E)$ et $\mathrm{Tr}(u^*) = \overline{\mathrm{Tr}(u)}$ (*loc. cit.*).

PROPOSITION 12. — *Soit* $B = (e_i)_{i\in I}$ *une base orthonormale de* E. *Soit* $u \in \mathscr{D}_B(E)$ *et notons* $\lambda = (\lambda_i)_{i\in I}$ *la famille de ses valeurs propres. L'endomorphisme* u *est de trace finie si et seulement si la famille* λ *est sommable dans* K. *On a alors* $\mathrm{Tr}(u) = \sum \lambda_i$.

Quitte à remplacer u par $u_{(\mathbf{C})}$, on peut supposer que $K = \mathbf{C}$.

Supposons d'abord que u est de trace finie. D'après EVT, V, p. 50 et p. 49, formule (25), la famille $(\langle e_i \,|\, u(e_i)\rangle)_{i\in I} = (\lambda_i)_{i\in I}$ est sommable.

Réciproquement, supposons que la famille λ est sommable.

Chacune des familles $(\mathscr{R}(\lambda_i)^+)$, $(\mathscr{R}(\lambda_i)^-)$, $(\mathscr{I}(\lambda_i)^+)$, $(\mathscr{I}(\lambda_i)^-)$ est alors sommable. L'endomorphisme u est combinaison linéaire des éléments de $\mathscr{D}_B(E)$ dont ces familles sont les valeurs propres. Ces éléments de $\mathscr{D}_B(E)$ sont positifs. Puisque, par définition, l'espace des endomorphismes de trace finie est engendré par les endomorphismes positifs de trace fini, on peut donc supposer que $\lambda_i \geqslant 0$ pour tout i. Comme $\langle e_i \,|\, u(e_i)\rangle = \lambda_i$, la famille $(\langle e_i \,|\, u(e_i)\rangle)_{i\in I}$ est sommable, donc u est de trace finie (EVT, V, p. 48, lemme 3).

Enfin, si u est de trace finie, alors d'après EVT, V, p. 50, on a

$$\mathrm{Tr}(u) = \sum_{i\in I}\langle e_i \,|\, u(e_i)\rangle = \sum_{i\in I}\lambda_i.$$

COROLLAIRE 1. — *Soit* u *un endomorphisme de trace finie de* E.

a) *L'endomorphisme* u *est compact ;*

b) *Soient* $\mathrm{B} = (e_i)_{i\in\mathrm{I}}$ *une base orthonormale de l'espace initial* $\mathrm{Ker}(u)^\circ$ *de* u, $\mathrm{C} = (f_i)_{i\in\mathrm{I}}$ *une famille orthonormale de* E *et* $(\alpha_i)_{i\in\mathrm{I}}$ *une famille dans* $(\mathbf{R}_+^*)^{\mathrm{I}}$ *telles que* $u(e_i) = \alpha_i f_i$ *pour tout* $i \in \mathrm{I}$ (cor. 2 de IV, p. 150). *On a*

$$\mathrm{Tr}(u) = \sum_{i\in\mathrm{I}} \alpha_i \langle e_i \mid f_i \rangle.$$

Pour démontrer *a*), on peut supposer que $\mathrm{K} = \mathbf{C}$ (EVT, V, p. 50 et remarque 4 de III, p. 2) et que u est positif (EVT, V, p. 50, déf. 8).

D'après EVT, V, p. 56, cor. 1, il existe une base orthonormale $\mathrm{B} = (e_i)_{i\in\mathrm{I}}$ de E tel que u est diagonal dans la base B et de plus la famille λ des valeurs propres de u appartient à $\mathbf{R}_+^{\mathrm{I}}$ et est sommable. La famille λ appartient donc à $\mathscr{C}_0(\mathrm{I};\mathrm{K})$ (TG, III, p. 38, prop. 1), et par conséquent l'endomorphisme u est compact (prop. 2 de IV, p. 148).

Démontrons *b*). Soit $(e_i)_{i\in\mathrm{J}}$ une base orthonormale de E prolongeant la famille B, de sorte que $u(e_i) = 0$ si $i \in \mathrm{J} - \mathrm{I}$. Il vient

$$\mathrm{Tr}(u) = \sum_{i\in\mathrm{J}} \langle e_i \mid u(e_i) \rangle = \sum_{i\in\mathrm{I}} \langle e_i \mid u(e_i) \rangle = \sum_{i\in\mathrm{I}} \alpha_i \langle e_i \mid f_i \rangle.$$

COROLLAIRE 2. — *Soit* F *un espace hilbertien. Soit* $u \in \mathscr{L}(\mathrm{E};\mathrm{F})$ *une application de Hilbert–Schmidt. Alors* u *est une application linéaire compacte.*

Soit $(j, |u|)$ la décomposition polaire de u (I, p. 140, déf. 4). Par définition (EVT, V, p. 50, déf. 9) l'endomorphisme u^*u est de trace finie, donc est compact (corollaire 1, *a*)) ; il en est de même de $|u| = \sqrt{u^*u}$ (prop. 6 de III, p. 91, *b*)) et de $u = j|u|$ (prop. 3 de III, p. 5).

COROLLAIRE 3. — *Supposons que* $\mathrm{K} = \mathbf{C}$. *Soit* u *un endomorphisme compact positif de* E. *L'endomorphisme* u *est de trace finie si et seulement si la famille décroissante de ses valeurs propres* $(\lambda_n(u))_{n\in\mathrm{I_E}}$ *est sommable ; la trace de* u *est alors la somme de cette famille.*

D'après le th. 1 de IV, p. 149, cela résulte de la proposition précédente et de la définition de la suite $(\lambda_n(u))_{n\in\mathrm{I_E}}$ (n° 3 de IV, p. 151), compte tenu de la formule (28) de EVT, V, p. 49.

COROLLAIRE 4. — *Soit* F *un espace hilbertien. Soit* $u \in \mathscr{L}(\mathrm{E};\mathrm{F})$ *une application linéaire compacte. Soient* $\mathrm{B} = (e_i)_{i\in\mathrm{I}}$ *une base orthonormale de l'espace initial* $\mathrm{Ker}(u)^\circ$ *de* u, $\mathrm{C} = (f_i)_{i\in\mathrm{I}}$ *une famille orthonormale* *de* F *et* $(\alpha_i)_{i\in \mathrm{I}}$ *une famille dans* $(\mathbf{R}_+^*)^{\mathrm{I}}$ *telles que* $u(e_i) = \alpha_i f_i$ *pour tout* $i \in \mathrm{I}$ (cor. 2 de IV, p. 150).

L'endomorphisme $|u|$ *de* E *est de trace finie si et seulement si la famille* $(\alpha_i)_{i\in \mathrm{I}}$ *est sommable. On a alors* $u \in \mathscr{L}_2(\mathrm{E};\mathrm{F})$ *et*

$$\mathrm{Tr}(|u|) = \sum_{i\in \mathrm{I}} \alpha_i, \qquad \|u\|_2^2 = \mathrm{Tr}(u^*u) = \sum_{i\in \mathrm{I}} \alpha_i^2, \tag{8}$$

et en particulier $\|u\|_2 \leqslant \mathrm{Tr}(|u|)$.

La famille des valeurs propres non nulles de $|u|$ est $(\alpha_i)_{i\in \mathrm{I}}$, donc $|u|$ est de trace finie si et seulement si la famille $(\alpha_i)_{i\in \mathrm{I}}$ est sommable (prop. 12). Si c'est le cas, la famille (α_i^2) des valeurs propres non nulles de $u^*u = |u|^2$ est sommable, et les formules (8) résultent de *loc. cit.*

Lemme 7. — *Soit* $\lambda = (\lambda_i)_{i\in \mathrm{I}}$ *une famille de nombres complexes. Pour tout* $t \in \mathbf{C}^*$, *soit* n_t *le cardinal de l'ensemble des* $i \in \mathrm{I}$ *tels que* $\lambda_i = t$. *La famille* $(\lambda_i)_{i\in \mathrm{I}}$ *est sommable si et seulement si* n_t *est fini pour tout* $t \in \mathbf{C}^*$ *et si la famille* $(n_t t)_{t\in \mathbf{C}^*}$ *est sommable. Dans ce cas, les sommes de ces deux familles sont égales.*

Supposons que la famille $(\lambda_i)_{i\in \mathrm{I}}$ est sommable. Pour tout $t \in \mathbf{C}$, soit I_t l'ensemble des $i \in \mathrm{I}$ tels que $\lambda_i = t$. D'après TG, III, p. 39, th. 2, appliqué à la partition de I par les ensembles I_t, l'ensemble I_t est fini pour tout $t \in \mathbf{C}^*$, et de plus la famille $(n_t t)_{t\in \mathbf{C}^*}$ est sommable de somme égale à celle de la famille $(\lambda_i)_{i\in \mathrm{I}}$.

Réciproquement, supposons que n_t est fini pour tout $t \in \mathbf{C}^*$ et que la famille $(n_t t)_{t\in \mathbf{C}^*}$ est sommable. Soient J une partie finie de I et Λ l'ensemble des λ_i pour $i \in \mathrm{J}$. On a

$$\Big|\sum_{i\in \mathrm{J}} \lambda_i\Big| \leqslant \sum_{t\in \Lambda - \{0\}} n_t|t| \leqslant \sum_{t\in \mathbf{C}^*} n_t|t|,$$

donc la famille $(\lambda_i)_{i\in \mathrm{I}}$ est sommable (TG, VII, p. 17, corollaire).

Proposition 13. — *Supposons que* $\mathrm{K} = \mathbf{C}$. *Soit* u *un endomorphisme normal compact de* E. *Pour* $t \in \mathrm{Sp_s}(u)$, *soit* $n_t \geqslant 1$ *la multiplicité spectrale de la valeur propre* t *de* u. *Pour que* u *soit de trace finie, il faut et il suffit que la famille* $(n_t t)_{t\in \mathrm{Sp_s}(u)}$ *soit sommable. La trace de* u *est alors la somme de cette famille.*

Soit $\mathrm{B} = (e_i)_{i\in \mathrm{I}}$ une base orthonormale de E telle que u soit diagonal dans la base B (th. 1 de IV, p. 149), et soit $\lambda = (\lambda_i)_{i\in \mathrm{I}}$ la famille de ses valeurs propres. Puisque, pour $t \in \mathrm{Sp_s}(u)$, la multiplicité n_t est égale au nombre d'éléments $i \in \mathrm{I}$ tels que $\lambda_i = t$ et que les éléments non nuls de λ appartiennent à $\mathrm{Sp_s}(u)$, l'assertion résulte alors de la prop. 12 et du lemme précédent.

8. Applications nucléaires

Dans ce numéro, F désigne un espace hilbertien sur K. Lorsque $K = \mathbf{C}$, on rappelle (I, p. 139, déf. 3) que pour $u \in \mathscr{L}(E;F)$, on note $|u|$ l'endomorphisme positif $\sqrt{u^* \circ u}$ de E. Lorsque $K = \mathbf{R}$, l'élément $|u_{(\mathbf{C})}|$ de $\mathscr{L}(E_{(\mathbf{C})})$ est de la forme $v_{(\mathbf{C})}$ pour un unique endomorphisme $v \in \mathscr{L}(E)$, qui est encore noté $|u|$ (*cf.* I, p. 87).

On note $(u, v) \mapsto \langle u \,|\, v\rangle = \mathrm{Tr}(u^*v)$ le produit scalaire dans l'espace hilbertien $\mathscr{L}_2(E;F)$ (EVT, V, p. 53, remarques 1 et 2).

Pour tout $u \in \mathscr{L}(E;F)$, on note $\|u\|_1 = \mathrm{Tr}(|u|)$ si $|u|$ est de trace finie et $\|u\|_1 = +\infty$ si ce n'est pas le cas. On a donc $\|u\|_1 \in \mathbf{R}_+ \cup \{+\infty\}$. Puisque $\|u\| = \|\,|u|\,\|$ (prop. 10, *a*) de I, p. 139) et que, si v est positif et de trace finie, alors $\mathrm{Tr}(v) \geqslant \|v\|$ (EVT, V, p. 49, formule (24bis) et p. 44, prop. 9), il vient

$$\|u\| \leqslant \|u\|_1. \tag{9}$$

Si $\|u\|_1$ est fini, alors u est une application de Hilbert–Schmidt et $\|u\|_2 \leqslant \|u\|_1$ (cor. 4 de IV, p. 165).

PROPOSITION 14. — *Soit $u \in \mathscr{L}_2(E;F)$. On a*

$$\|u\|_1 = \sup_{\substack{v \in \mathscr{L}_2(E;F) \\ \|v\| \leqslant 1}} |\langle v \,|\, u\rangle|,$$

la borne supérieure étant calculée dans $\mathbf{R}_+ \cup \{+\infty\}$.

Soient $B = (e_i)_{i \in I}$ une base orthonormale de l'espace initial $\mathrm{Ker}(u)^\circ$ de u, $C = (f_i)_{i\in I}$ une famille orthonormale de F et $(\alpha_i)_{i\in I}$ une famille dans $(\mathbf{R}_+^*)^I$ telles que $u(e_i) = \alpha_i f_i$ pour tout $i \in I$ (cor. 2 de IV, p. 150). La famille $(\alpha_i)_{i\in I}$ est de carré sommable puisque u appartient à $\mathscr{L}_2(E;F)$ (cor. 4 de IV, p. 165). Soit $(e_j)_{j\in J}$ une base orthonormale de E qui prolonge $(e_i)_{i\in I}$.

Soit L une partie finie de I. Soit v_L l'application linéaire continue de rang fini de E dans F définie par

$$v_L(x) = \sum_{i\in L} \langle e_i \,|\, x\rangle f_i$$

pour tout x dans E. On a $\|v_{\mathrm{L}}\| \leqslant 1$ et $v_{\mathrm{L}} \in \mathscr{L}_2(\mathrm{E};\mathrm{F})$. De plus, pour tout $j \in \mathrm{J}$, on a $v_{\mathrm{L}}(e_j) = 0$ si $j \notin \mathrm{L}$ et $v_{\mathrm{L}}(e_j) = f_j$ si $j \in \mathrm{L}$. Ainsi

$$|\langle v_{\mathrm{L}} \,|\, u\rangle| = |\mathrm{Tr}(v_{\mathrm{L}}^* u)| = \Big|\sum_{j\in\mathrm{J}} \langle v_{\mathrm{L}}(e_j) \,|\, u(e_j)\rangle\Big| = \sum_{j\in\mathrm{L}} \alpha_j.$$

D'après *loc. cit.*, on en déduit que

$$\|u\|_1 = \sup_{\mathrm{L}} \sum_{j\in\mathrm{L}} \alpha_j \leqslant \sup_{\substack{v\in\mathscr{L}_2(\mathrm{E};\mathrm{F})\\ \|v\|\leqslant 1}} |\langle v \,|\, u\rangle| \tag{10}$$

dans $\mathbf{R}_+ \cup \{+\infty\}$.

Cela implique l'égalité de la proposition lorsque $\|u\|_1 = +\infty$.

Supposons que $\|u\|_1$ est fini. Pour tout $i \in \mathrm{I}$, soit p_i l'application linéaire de E dans F telle que $p_i(e_i) = f_i$ et $p_i(x) = 0$ pour tout $x \in e_i^\circ$. Pour tous j et k dans I, on a

$$\langle p_j \,|\, p_k\rangle = \mathrm{Tr}(p_j^* p_k) = \sum_{i\in\mathrm{J}} \langle p_j(e_i) \,|\, p_k(e_i)\rangle,$$

qui est nul sauf si $j = k$, auquel cas cette quantité vaut $\|f_k\|^2 = 1$. La famille $(p_i)_{i\in\mathrm{I}}$ est donc orthonormale dans $\mathscr{L}_2(\mathrm{E};\mathrm{F})$. Par conséquent, la famille $(\alpha_i p_i)_{i\in\mathrm{I}}$ est sommable dans $\mathscr{L}_2(\mathrm{E};\mathrm{F})$; sa somme est égale à u puisque ces deux applications linéaires continues coïncident sur les éléments e_i pour tout $i \in \mathrm{J}$.

Soit $v \in \mathscr{L}_2(\mathrm{E};\mathrm{F})$. Pour tout $i \in \mathrm{I}$, il vient

$$\langle v \,|\, p_i\rangle = \mathrm{Tr}(v^* p_i) = \sum_{j\in\mathrm{J}} \langle v(e_j) \,|\, p_i(e_j)\rangle = \langle v(e_i) \,|\, f_i\rangle.$$

Si $\|v\| \leqslant 1$, on majore alors

$$\begin{aligned}|\langle v \,|\, u\rangle| = \Big|\langle v \,|\, \sum_{i\in\mathrm{I}} \alpha_i p_i\rangle\Big| &\leqslant \sum_{i\in\mathrm{I}} \alpha_i |\langle v \,|\, p_i\rangle| \\ &= \sum_{i\in\mathrm{I}} \alpha_i |\langle v(e_i) \,|\, f_i\rangle| \leqslant \sum_{i\in\mathrm{I}} \alpha_i = \mathrm{Tr}(|u|),\end{aligned}$$

d'où l'inégalité

$$\sup_{\substack{v\in\mathscr{L}_2(\mathrm{E};\mathrm{F})\\ \|v\|\leqslant 1}} |\langle v \,|\, u\rangle| \leqslant \|u\|_1,$$

ce qui, combiné avec la formule (10), conclut la preuve de la proposition.

Il résulte de cette proposition que l'ensemble $\mathscr{L}_1(\mathrm{E};\mathrm{F})$ des applications linéaires continues u de E dans F telles que $\|u\|_1$ est fini est un sous-espace vectoriel de $\mathscr{L}_2(\mathrm{E};\mathrm{F})$ et que l'application $u \mapsto \|u\|_1$ est une semi-norme sur $\mathscr{L}_1(\mathrm{E};\mathrm{F})$; l'inégalité (9) démontre que c'est une norme.

DÉFINITION 4. — *On dit que l'espace vectoriel* $\mathscr{L}_1(\mathrm{E};\mathrm{F})$ *muni de la norme* $u \mapsto \|u\|_1$ *est l'espace des* applications nucléaires *de* E *dans* F. *Si* $u \in \mathscr{L}_1(\mathrm{E};\mathrm{F})$, *on dit que* u *est* nucléaire.

Remarques. — 1) Supposons que $\mathrm{K} = \mathbf{R}$. Soit $u \in \mathscr{L}(\mathrm{E};\mathrm{F})$. On a $u \in \mathscr{L}_1(\mathrm{E};\mathrm{F})$ si et seulement si $u_{(\mathbf{C})} \in \mathscr{L}_1(\mathrm{E}_{(\mathbf{C})};\mathrm{F}_{(\mathbf{C})})$; dans ce cas, on a $\|u\|_1 = \|u_{(\mathbf{C})}\|_1$.

2) Soit u une application nucléaire de E dans F. L'application u étant de Hilbert–Schmidt, elle est compacte (cor. 2 de IV, p. 165). De plus, la proposition 14 implique que pour tout $v \in \mathscr{L}_2(\mathrm{E};\mathrm{F})$, on a

$$|\langle v \mid u\rangle| \leqslant \|v\|\,\|u\|_1. \tag{11}$$

3) Supposons que $\mathrm{K} = \mathbf{C}$. Soit $u \in \mathscr{L}_1(\mathrm{E};\mathrm{E})$ tel que u est positif. La norme $\|u\|_1$ de u est la somme de la suite $(\lambda_n(u))_{n\in\mathrm{I_E}}$ (cor. 3 de IV, p. 165).

4) L'inclusion canonique de $\mathscr{L}_1(\mathrm{E};\mathrm{F})$ dans $\mathscr{L}(\mathrm{E};\mathrm{F})$ est de norme $\leqslant 1$ (inégalité (9), p. 167).

PROPOSITION 15. — *Soit* G *un espace hilbertien sur* K. *L'application* $(u, v) \mapsto v \circ u$ *de* $\mathscr{L}(\mathrm{E};\mathrm{F}) \times \mathscr{L}(\mathrm{F};\mathrm{G})$ *dans* $\mathscr{L}(\mathrm{E};\mathrm{G})$ *définit par passage aux sous-espaces une application bilinéaire continue de norme* $\leqslant 1$ *de* $\mathscr{L}_2(\mathrm{E};\mathrm{F}) \times \mathscr{L}_2(\mathrm{F};\mathrm{G})$ *dans* $\mathscr{L}_1(\mathrm{E};\mathrm{G})$.

Soient $u \in \mathscr{L}_2(\mathrm{E};\mathrm{F})$ et $v \in \mathscr{L}_2(\mathrm{F};\mathrm{G})$. Soit $w \in \mathscr{L}_2(\mathrm{E};\mathrm{G})$. Il vient $\langle uv \mid w\rangle = \mathrm{Tr}(v^*u^*w) = \langle v \mid u^*w\rangle$ d'où

$$|\langle uv \mid w\rangle| \leqslant \|v\|_2\,\|u^*w\|_2 \leqslant \|v\|_2\,\|u\|_2\,\|w\|$$

d'après l'inégalité de Cauchy–Schwarz et la formule (37) de EVT, V, p 52. Le résultat découle donc de la prop. 14.

Lemme 8. — *L'application* $u \mapsto u^*$ *de* $\mathscr{L}(\mathrm{E};\mathrm{F})$ *dans* $\mathscr{L}(\mathrm{F};\mathrm{E})$ *définit par passage aux sous-espaces une application linéaire isométrique de* $\mathscr{L}_1(\mathrm{E};\mathrm{F})$ *dans* $\mathscr{L}_1(\mathrm{F};\mathrm{E})$.

Soit $u \in \mathscr{L}_1(\mathrm{E};\mathrm{F})$. Comme u est une application de Hilbert–Schmidt, il en est de même de u^* (EVT, V, p. 54). L'application $v \mapsto v^*$ est une bijection de l'ensemble des $v \in \mathscr{L}_2(\mathrm{E};\mathrm{F})$ tels que $\|v\| \leqslant 1$ dans l'ensemble des $w \in \mathscr{L}_2(\mathrm{F};\mathrm{E})$ tels que $\|w\| \leqslant 1$; pour tout $v \in \mathscr{L}_2(\mathrm{E};\mathrm{F})$

avec $\|v\| \leqslant 1$, on a $\langle v \mid u\rangle = \langle u^* \mid v^*\rangle$ (EVT, V, p. 54, formule (42)), d'où le résultat d'après la prop. 14.

PROPOSITION 16. — *Soient* E_1 *et* F_1 *des espaces hilbertiens. Soient* u *dans* $\mathscr{L}_1(E; F)$, v *dans* $\mathscr{L}(E_1; E)$ *et* v_2 *dans* $\mathscr{L}(F; F_1)$. *On a alors* $v_2uv_1 \in \mathscr{L}_1(E_1; F_1)$ *et* $\|v_2uv_1\|_1 \leqslant \|v_2\|\,\|v_1\|\,\|u\|_1$.

Soit $w \in \mathscr{L}_2(E; F_1)$ tel que $\|w\| \leqslant 1$. On a $v_2u \in \mathscr{L}_2(E; F_1)$ (EVT, V, p. 52, formule (36)). Comme $v_2^*w \in \mathscr{L}_2(E; F)$ (*loc. cit.*), il vient

$$|\langle w \mid v_2u\rangle| = |\langle v_2^*w \mid u\rangle| \leqslant \|v_2\|\,\|u\|_1$$

(formule (11)), d'où $v_2u \in \mathscr{L}_1(E; F_1)$ et $\|v_2u\|_1 \leqslant \|v_2\|\|u\|_1$ (prop. 14).

Soit $v_1 \in \mathscr{L}(E_1; E)$; puisque $uv_1 = (v_1^*u^*)^*$, on a $uv_1 \in \mathscr{L}_1(E_1; F)$ et $\|uv_1\|_1 \leqslant \|v_1^*\|\,\|u^*\|_1 = \|v_1\|\,\|u\|_1$ (lemme 8).

La proposition résulte aussitôt de ces inégalités.

PROPOSITION 17. — *L'espace* $\mathscr{L}_1(E; E)$ *coïncide avec l'espace* $\mathscr{L}_1(E)$ *des endomorphismes de trace finie de* E, *et on a* $|\mathrm{Tr}(u)| \leqslant \|u\|_1$ *pour tout endomorphisme* u *de* E *de trace finie.*

On peut supposer que $K = \mathbf{C}$. L'espace $\mathscr{L}_1(E; E)$ contient par définition l'ensemble des endomorphismes positifs de trace finie, et donc $\mathscr{L}_1(E) \subset \mathscr{L}_1(E; E)$ (EVT, p. 50, déf. 8). Réciproquement, démontrons que $\mathscr{L}_1(E; E)$ est contenu dans $\mathscr{L}_1(E)$.

Soit $u \in \mathscr{L}_1(E; E)$. On a $u^* \in \mathscr{L}_1(E; E)$ (lemme 8) ; il suffit donc de démontrer que les éléments hermitiens de $\mathscr{L}_1(E; E)$ sont de trace finie (lemme 2 de I, p. 96).

Soit u un tel endomorphisme. Il est compact (remarque 2, p. 169). Soit B une base orthonormale de E telle que u soit diagonal dans la base B (th. 1 de IV, p. 149) et soit λ la famille des valeurs propres de u relativement à B. L'endomorphisme $|u|$ est diagonalisable dans la base B et la famille de ses valeurs propres est $|\lambda|$ (prop. 1, *d*) de IV, p. 147). Puisque $|u|$ est de trace finie, cette dernière famille est sommable (prop. 12 de IV, p. 164), donc la famille λ est sommable. Par conséquent, u est de trace finie (*loc. cit.*), et on a $|\mathrm{Tr}(u)| \leqslant \mathrm{Tr}(|u|) = \|u\|_1$.

En conséquence, l'espace $\mathscr{L}_1(E)$ est un idéal bilatère auto-adjoint de l'algèbre stellaire $\mathscr{L}(E)$. Si E est de dimension infinie, cet idéal n'est pas fermé dans $\mathscr{L}(E)$.

Les propositions 17 et 16 démontrent que l'application b de $\mathscr{L}_1(E; F) \times \mathscr{L}(F; E)$ dans $\mathbf{C}$ définie par $b(u, v) = \mathrm{Tr}(vu)$ est une forme bilinéaire continue qui met les espaces $\mathscr{L}_1(E; F)$ et $\mathscr{L}(F; E)$ en dualité.

Lemme 9. — *Soit* $u \in \mathscr{L}_1(\mathrm{E};\mathrm{F})$. *On a*

$$\|u\|_1 = \sup_{\substack{v\in\mathscr{L}^c(\mathrm{F};\mathrm{E})\\ \|v\|\leqslant 1}} |b(u,v)|.$$

Puisque toute application de Hilbert–Schmidt est compacte (cor. 2 de IV, p. 165), on a

$$\|u\|_1 \leqslant \sup_{\substack{v\in\mathscr{L}^c(\mathrm{E};\mathrm{F})\\ \|v\|\leqslant 1}} |\mathrm{Tr}(vu)| = \sup_{\substack{v\in\mathscr{L}^c(\mathrm{F};\mathrm{E})\\ \|v\|\leqslant 1}} |b(u,v)|$$

d'après la prop. 14.

Soit $v \in \mathscr{L}^c(\mathrm{E};\mathrm{F})$ de norme $\leqslant 1$. Comme $\mathscr{L}_2(\mathrm{E};\mathrm{F})$ est dense dans $\mathscr{L}^c(\mathrm{E};\mathrm{F})$, il existe une suite $(v_n)_{n\in\mathbf{N}}$ dans $\mathscr{L}_2(\mathrm{E};\mathrm{F})$ qui converge vers v dans $\mathscr{L}(\mathrm{E};\mathrm{F})$. La suite $(b(u,v_n))_{n\in\mathbf{N}}$ converge vers $b(u,v)$; comme $|b(u,v_n)| = |\mathrm{Tr}(v_n u)| = |\langle v_n^* \,|\, u\rangle| \leqslant \|u\|_1$ (prop. 14) pour tout $n \in \mathbf{N}$, il en résulte que $|b(u,v)| \leqslant \|u\|_1$.

Notons θ l'application linéaire continue

$$\theta\colon \mathscr{L}_1(\mathrm{E};\mathrm{F}) \to \mathscr{L}^c(\mathrm{F};\mathrm{E})'$$

telle que $\theta(u)(v) = b(u,v)$.

PROPOSITION 18. — *L'application* θ *est un isomorphisme isométrique.*

D'après le lemme 9, l'application θ est isométrique, et il suffit de démontrer que θ est surjective.

Soit $\lambda \in \mathscr{L}^c(\mathrm{F};\mathrm{E})'$. Puisque $\|v\| \leqslant \|v\|_2$ pour tout $v \in \mathscr{L}_2(\mathrm{F};\mathrm{E})$ (EVT, V, p. 52, formule (33)), la restriction de λ au sous-espace $\mathscr{L}_2(\mathrm{F};\mathrm{E})$ est une forme linéaire continue sur l'espace hilbertien $\mathscr{L}_2(\mathrm{F};\mathrm{E})$. Il existe donc un élément u de $\mathscr{L}_2(\mathrm{F};\mathrm{E})$ tel que $\lambda(v) = \langle u \,|\, v\rangle$ pour tout $v \in \mathscr{L}_2(\mathrm{F};\mathrm{E})$ (EVT, V, p. 15, th. 3).

Pour tout $w \in \mathscr{L}_2(\mathrm{E};\mathrm{F})$ de norme $\leqslant 1$, on a $|\langle w \,|\, u\rangle| = |\lambda(w)| \leqslant \|\lambda\|$. Par conséquent, u est une application nucléaire de E dans F (prop. 14).

Les formes linéaires continues λ et $\theta(u)$ sont égales sur le sous-espace dense $\mathscr{L}_2(\mathrm{F},\mathrm{E})$ de $\mathscr{L}^c(\mathrm{F};\mathrm{E})$. Il en résulte que $\lambda = \theta(u)$, ce qui conclut la démonstration.

COROLLAIRE. — *L'espace normé* $\mathscr{L}_1(\mathrm{E};\mathrm{F})$ *est un espace de Banach.*

L'assertion résulte de la proposition et de EVT, III, p. 24, cor. 2 puisque l'espace $\mathscr{L}^c(\mathrm{F};\mathrm{E})$ est un espace normé.

9. Opérateurs intégraux de Hilbert–Schmidt

Dans ce numéro, X et Y sont des espaces topologiques localement compacts. Soient μ une mesure positive sur X et ν une mesure positive sur Y. On note $L^2(X)$, $L^2(Y)$ et $L^2(X \times Y)$ les espaces $L^2(X, \mu)$, $L^2(Y, \nu)$ et $L^2(X \times Y, \mu \otimes \nu)$ respectivement, et de même pour $\mathscr{L}^2(X)$, $\mathscr{L}^2(Y)$ et $\mathscr{L}^2(X \times Y)$.

On rappelle (*cf.* nº 4 de III, p. 26) que pour tout $N \in \mathscr{L}^2(X \times Y)$, il existe une unique application linéaire continue u_N de $L^2(X)$ dans $L^2(Y)$ telle que

$$\langle g \,|\, u_N(f) \rangle = \int_{X \times Y} \overline{g(y)} N(x, y) f(x) d(\mu \otimes \nu)(x, y) \tag{12}$$

pour tout $f \in L^2(X)$ et tout $g \in L^2(Y)$. L'application u_N est compacte (cor. 1 de III, p. 33). L'application $N \mapsto u_N$ induit par passage aux quotients une application linéaire continue et injective de $L^2(X \times Y)$ dans $\mathscr{L}(L^2(X); L^2(Y))$ (prop. 5 de III, p. 30).

On note θ l'unique application linéaire de $\mathscr{L}^2(X) \otimes \mathscr{L}^2(Y)$ dans $\mathscr{L}^2(X \times Y)$ qui pour tous $f \in \mathscr{L}^2(X)$ et $g \in \mathscr{L}^2(Y)$ associe à $f \otimes g$ la fonction définie par $(x, y) \mapsto f(x)g(y)$.

Lemme 10. — *L'application θ définit par passage aux quotients une application linéaire $\widetilde{\theta}$ de* $L^2(X) \otimes L^2(Y)$ *dans* $L^2(X \times Y)$, *et il existe un unique isomorphisme isométrique de* $L^2(X) \widehat{\otimes}_2 L^2(Y)$ *sur* $L^2(X \times Y)$ *qui coïncide avec celle-ci sur* $L^2(X) \otimes L^2(Y)$.

La première assertion est élémentaire. Démontrons la seconde.

Soient $(f_i)_{i \in I}$ et $(g_j)_{j \in J}$ des bases orthonormales de $L^2(X)$ et $L^2(Y)$, respectivement. La famille $(\overline{f}_i \otimes g_j)_{(i,j) \in I \times J}$ est une base orthonormale de $L^2(X) \widehat{\otimes}_2 L^2(Y)$ (EVT, V, p. 29, cor. 1) et la famille $(\widetilde{\theta}(\overline{f}_i \otimes g_j))_{(i,j) \in I \times J}$ est orthonormale dans $L^2(X \times Y)$ (INT, V, p. 95, § 8, nº 3, cor. 2). L'application $\widetilde{\theta}$ s'étend donc par continuité en une application linéaire isométrique de $L^2(X) \widehat{\otimes}_2 L^2(Y)$ dans $L^2(X \times Y)$. Il reste à démontrer que cette extension est surjective.

Pour cela il suffit de prouver que l'image de $\widetilde{\theta}$ est dense dans $L^2(X \times Y)$. Soit N un élément de $L^2(X \times Y)$ orthogonal à l'image de $\widetilde{\theta}$. Pour tous $i \in I$ et $j \in J$, on a $\langle g_j \,|\, u_N(f_i) \rangle = \langle \widetilde{\theta}(\overline{f}_i \otimes g_j) \,|\, N \rangle = 0$ (formule (12)), d'où $u_N = 0$, et donc $N = 0$.

Le lemme précédent établit l'assertion énoncée dans EVT, V, p. 29, exemple 2.

On identifiera dans la suite $L^2(X) \widehat{\otimes}_2 L^2(Y)$ et $L^2(X \times Y)$ par l'isomorphisme isométrique du lemme 10.

PROPOSITION 19. — *L'application* $N \mapsto u_N$ *est un isomorphisme isométrique de* $L^2(X \times Y)$ *sur l'espace* $\mathscr{L}_2(L^2(X); L^2(Y))$ *des applications de Hilbert–Schmidt de* $L^2(X)$ *dans* $L^2(Y)$.

L'application linéaire de $L^2(Y) \otimes \overline{L^2(X)}$ dans $\mathscr{L}_2(L^2(X); L^2(Y))$ qui associe à $g \otimes f$ l'application de Hilbert–Schmidt $h \mapsto \langle f \,|\, h\rangle g$ se prolonge en un isomorphisme isométrique θ_1 de $L^2(Y) \widehat{\otimes}_2 \overline{L^2(X)}$ sur $\mathscr{L}_2(L^2(X); L^2(Y))$ (EVT, V, p. 52, th. 1).

Notons par ailleurs θ_2 l'isomorphisme isométrique de $L^2(X) \widehat{\otimes}_2 L^2(Y)$ sur $L^2(Y) \widehat{\otimes}_2 \overline{L^2(X)}$ qui à $f \otimes g$ associe $g \otimes \overline{f}$ pour tout $f \in L^2(X)$ et tout $g \in L^2(Y)$.

L'application linéaire $\theta_3 = \theta_1 \circ \theta_2$ s'identifie à un isomorphisme isométrique de $L^2(X \times Y)$ sur $\mathscr{L}_2(L^2(X); L^2(Y))$.

Soient $f \in L^2(X)$ et $g \in L^2(Y)$, et soit N l'élément de $L^2(X \times Y)$ identifié à $f \otimes g$. D'après INT, V, p. 95, § 8, n° 3, cor. 2 et la formule (12) on a

$$\langle g_1 \,|\, u_N(f_1)\rangle = \langle \overline{f} \,|\, f_1\rangle \, \langle g_1 \,|\, g\rangle$$

pour tous $f_1 \in L^2(X)$ et $g_1 \in L^2(Y)$. L'application $u = \theta_3(N)$ est l'application linéaire $\theta_1(g \otimes \overline{f})$; elle vérifie donc $u(h) = \langle \overline{f} \,|\, h\rangle g$ pour tout $h \in L^2(X)$. Par conséquent, quels que soient $f_1 \in L^2(X)$ et $g_1 \in L^2(Y)$, il vient

$$\langle g_1 \,|\, u(h_1)\rangle = \langle \overline{f} \,|\, h_1\rangle \, \langle g_1 \,|\, g\rangle = \langle g_1 \,|\, u_N(h_1)\rangle,$$

d'où $\theta_3(N) = u_N$. Puisque θ_3 et $N \mapsto u_N$ sont continues, on conclut que $\theta_3(N) = u_N$ pour tout $N \in L^2(X \times Y)$, ce qui conclut la preuve.

COROLLAIRE. — *Pour tout* $N \in L^2(X \times Y)$, *l'application linéaire* u_N *est une application de Hilbert–Schmidt et on a* $\mathrm{Tr}(u_N^* u_N) = \|N\|^2$.

En effet, on a $\|u\|_2 = \sqrt{\mathrm{Tr}(u^* u)}$ pour tout $u \in \mathscr{L}_2(L^2(X); L^2(Y))$.

Remarque. — Soit $N \in L^2(X \times Y)$. D'après le corollaire 2 de IV, p. 150, il existe un ensemble dénombrable I, des familles orthonormales $(f_i)_{i \in I}$ dans $L^2(X)$ et $(g_i)_{i \in I}$ dans $L^2(Y)$, ainsi qu'une famille $(\alpha_i)_{i \in I}$ dans $\mathbf{R}_+^*$, tels que

$$u_N(f) = \sum_{i \in I} \alpha_i \langle f_i \,|\, f\rangle g_i$$

pour tout $f \in \mathrm{L}^2(\mathrm{X})$, où la série converge dans $\mathrm{L}^2(\mathrm{Y})$. D'après le cor. 4 de IV, p. 165 et le corollaire ci-dessus, on a

$$\sum_{i\in\mathrm{I}} \alpha_i^2 = \mathrm{Tr}(u_\mathrm{N}^* u_\mathrm{N}) = \|u_\mathrm{N}\|_2^2 = \int_{\mathrm{X}\times\mathrm{Y}} |\mathrm{N}(x,y)|^2 d(\mu\otimes\nu)(x,y).$$

Notons de plus $h_{i,j} = \overline{f}_i \otimes g_j \in \mathrm{L}^2(\mathrm{X}\times\mathrm{Y})$ pour tout $(i,j) \in \mathrm{I}\times\mathrm{I}$. On a alors

$$\mathrm{N} = \sum_{i\in\mathrm{I}} \alpha_i h_{i,i}$$

dans $\mathrm{L}^2(\mathrm{X}\times\mathrm{Y})$.

En effet, soient $(f_j)_{j\in\mathrm{J}}$ et $(g_k)_{k\in\mathrm{K}}$ des bases orthonormales de $\mathrm{L}^2(\mathrm{X})$ et $\mathrm{L}^2(\mathrm{Y})$, respectivement, prolongeant les familles $(f_i)_{i\in\mathrm{I}}$ et $(g_i)_{i\in\mathrm{I}}$. Posons $h_{j,k} = \overline{f}_j \otimes g_k$ pour tout $(j,k) \in \mathrm{J}\times\mathrm{K}$. D'après le lemme 10, la famille $(h_{j,k})_{(j,k)\in\mathrm{J}\times\mathrm{K}}$ est une base orthonormale de $\mathrm{L}^2(\mathrm{X}\times\mathrm{Y})$. On a $\langle h_{j,k} \,|\, \mathrm{N}\rangle = \langle g_k \,|\, u_\mathrm{N}(f_j)\rangle$ pour tout $(j,k) \in \mathrm{J}\times\mathrm{K}$. Si $j \notin \mathrm{I}$, cette quantité est nulle. Si $j \in \mathrm{I}$, elle est égale à $\alpha_j \langle g_k \,|\, g_j\rangle$, donc est nulle sauf si $k = j$, auquel cas $\langle h_{j,j} \,|\, \mathrm{N}\rangle = \alpha_j$. Par conséquent

$$\mathrm{N} = \sum_{(j,k)\in\mathrm{J}\times\mathrm{K}} \langle h_{j,k} \,|\, \mathrm{N}\rangle\, h_{j,k} = \sum_{i\in\mathrm{I}} \alpha_i h_{i,i}.$$

10. Trace des opérateurs intégraux à noyau continu

Dans ce numéro, on garde les conventions du numéro précédent avec $\mathrm{Y} = \mathrm{X}$ et $\nu = \mu$. On suppose que X est un espace topologique localement compact dénombrable à l'infini (TG, I, p. 68, déf. 5).

En particulier, on identifie les espaces $\mathrm{L}^2(\mathrm{X}\times\mathrm{X})$ et $\mathrm{L}^2(\mathrm{X}) \mathbin{\widehat{\otimes}_2} \mathrm{L}^2(\mathrm{X})$ (lemme 10 de IV, p. 172). On notera $\widetilde{f}$ la classe dans $\mathrm{L}^2(\mathrm{X})$ (resp. dans $\mathrm{L}^2(\mathrm{X}\times\mathrm{X})$) d'une fonction $f \in \mathscr{L}^2(\mathrm{X})$ (resp. dans $\mathscr{L}^2(\mathrm{X}\times\mathrm{X})$).

PROPOSITION 20. — *Soit $(f_n)_{n\in\mathbf{N}}$ une suite d'applications mesurables de* X *dans un espace métrisable* F. *On suppose que la limite de $f_n(x)$ existe dans le complémentaire d'une partie μ-négligeable de* X. *Il existe une suite $(\mathrm{C}_m)_{m\in\mathbf{N}}$ de parties compactes de* X *dont la réunion $\widetilde{\mathrm{X}}$ vérifie $|\mu|(\mathrm{X} - \widetilde{\mathrm{X}}) = 0$, telle que les fonctions f_n sont continues dans C_m pour tout $n \in \mathbf{N}$ et tout $m \in \mathbf{N}$, et la suite $(f_n)_{n\in\mathbf{N}}$ converge uniformément vers f dans C_m pour tout $m \in \mathbf{N}$.*

Il résulte du th. 2 de INT, IV, p. 175, § 5, n° 4 et de la prop. 12, *b*) de INT, IV, p. 188, § 5, n° 8, que l'ensemble des parties compactes C de X telles que les fonctions f_n sont continues dans C pour tout n, et que (f_n) converge uniformément vers f dans C, est μ-dense dans X (INT, IV, p. 189, § 5, n° 8, déf. 6). L'assertion résulte alors de la remarque de INT, IV, p. 189, §5, n° 8.

Soit N une fonction appartenant à $\mathscr{L}^2(\mathrm{X} \times \mathrm{X})$ et u_{N} l'application de Hilbert–Schmidt de $\mathrm{L}^2(\mathrm{X})$ dans $\mathrm{L}^2(\mathrm{X})$ de noyau N (prop. 19 de IV, p. 173). Puisque l'application u_{N} est compacte, il existe d'après la prop. 9 de IV, p. 156 un élément M de $\overline{\mathbf{N}}$ et, en notant I l'ensemble des entiers $n \in \mathbf{N}$ tels que $n \leqslant \mathrm{M}$, des familles orthonormales $(f_i)_{i\in\mathrm{I}}$ et $(g_i)_{i\in\mathrm{I}}$ dans $\mathscr{L}^2(\mathrm{X})$ et une famille $(\alpha_i)_{i\in\mathrm{I}}$ dans $\mathbf{R}_+^*$ telles que

$$u_{\mathrm{N}}(f) = \sum_{i\in\mathrm{I}} \alpha_i \langle \widetilde{f}_i \mid f \rangle \widetilde{g}_i \tag{13}$$

pour tout $f \in \mathrm{L}^2(\mathrm{X})$, où la série converge dans $\mathrm{L}^2(\mathrm{X})$.

Pour tout $i \in \mathrm{I}$, on note $h_i \in \mathscr{L}^2(\mathrm{X} \times \mathrm{X})$ la fonction définie par $h_i(x, y) = \overline{f_i(x)} g_i(y)$, de sorte que $\widetilde{h}_i$ est la classe de $\overline{f}_i \otimes g_i$. D'après la remarque 9 de IV, p. 173, la série de terme général $\alpha_i h_i$ converge vers N dans $\mathrm{L}^2(\mathrm{X} \times \mathrm{X})$.

Dans la suite de ce numéro, on suppose que N est une fonction *continue*.

PROPOSITION 21. — *Supposons que u_{N} est de trace finie. Il existe alors un ensemble $\widetilde{\mathrm{X}} \subset \mathrm{X}$ dont le complémentaire $\mathrm{X} - \widetilde{\mathrm{X}}$ est μ-négligeable et une fonction $\mathrm{H} \in \mathscr{L}^2(\mathrm{X} \times \mathrm{X})$ vérifiant les conditions suivantes :*

(i) *Pour tout $(x, y) \in \widetilde{\mathrm{X}} \times \widetilde{\mathrm{X}}$, la famille $(\alpha_i \overline{f_i(x)} g_i(y))_{i\in\mathrm{I}}$ est sommable dans $\mathbf{C}$ et sa somme est $\mathrm{N}(x, y)$;*

(ii) *Pour toute partie finie J de I et tout $(x, y) \in \widetilde{\mathrm{X}} \times \widetilde{\mathrm{X}}$, on a*

$$\Big|\sum_{i\in\mathrm{J}} \alpha_i h_i(x, y)\Big| \leqslant \mathrm{H}(x, y) ; \tag{14}$$

(iii) *La fonction $x \mapsto \mathrm{H}(x, x)$ appartient à $\mathscr{L}^1(\mathrm{X})$.*

Puisque u_{N} est de trace finie, la famille (α_i) est sommable (cor. 4 de IV, p. 165). Les séries

$$\sum_{i\in\mathrm{I}} \alpha_i |f_i|^2, \qquad \sum_{i\in\mathrm{I}} \alpha_i |g_i|^2$$

convergent donc dans $\mathscr{L}^1(\mathrm{X})$ et par suite μ-presque partout (INT, IV, p. 128, § 3, n° 3, prop. 6). Notons F et G, respectivement, les fonctions définies μ-presque partout par la somme de ces séries, en posant $\mathrm{F}(x) = 0$ et $\mathrm{G}(x) = 0$ pour tout x tel que la série correspondante ne converge pas. Comme F et G appartiennent à $\mathscr{L}^1(\mathrm{X})$, la fonction H définie par $\mathrm{H}(x, y) = \sqrt{\mathrm{F}(x)\mathrm{G}(y)}$ appartient à $\mathscr{L}^2(\mathrm{X} \times \mathrm{X})$ (INT, V, p. 95, § 8, n° 3, cor. 2).

Appliquons la prop. 20 à l'espace X, à $\mathrm{F} = \mathbf{C}^2$, et aux applications mesurables

$$s_n : x \mapsto \Big(\sum_{\substack{i\in \mathrm{I}\\ i\leqslant n}} \alpha_i |f_i(x)|^2 , \sum_{\substack{i\in \mathrm{I}\\ i\leqslant n}} \alpha_i |g_i(x)|^2\Big)$$

définies sur X. Il existe donc une suite $(\mathrm{C}_m)_{m\in\mathbf{N}}$ de parties compactes de X vérifiant les conditions suivantes :

(1) la réunion $\widetilde{\mathrm{X}}$ vérifie $\mu(\mathrm{X} - \widetilde{\mathrm{X}}) = 0$;

(2) pour tout $m \in \mathbf{N}$ et tout $n \in \mathbf{N}$, les fonctions s_n sont continues dans C_m ;

(3) pour tout $m \in \mathbf{N}$, les séries $\sum \alpha_i |f_i|^2$ et $\sum \alpha_i |g_i|^2$ convergent uniformément sur C_m vers F et G, respectivement ;

(4) le support de la mesure induite par μ sur C_m est égal à C_m (quitte à remplacer C_m par le support de cette mesure).

Démontrons que l'ensemble $\widetilde{\mathrm{X}}$ et la fonction H vérifient les conditions (i), (ii) et (iii).

Soit $(x, y) \in \widetilde{\mathrm{X}} \times \widetilde{\mathrm{X}}$. Pour tout sous-ensemble fini $\mathrm{J} \subset \mathrm{I}$, on a

$$\Big|\sum_{i\in \mathrm{J}} \alpha_i \overline{f_i(x)} g_i(y)\Big| \leqslant \Big(\sum_{i\in \mathrm{J}} \alpha_i |f_i(x)|^2\Big)^{1/2} \Big(\sum_{i\in \mathrm{J}} \alpha_i |g_i(y)|^2\Big)^{1/2} \tag{15}$$

d'où également

$$\Big|\sum_{i\in \mathrm{J}} \alpha_i \overline{f_i(x)} g_i(y)\Big| \leqslant \mathrm{H}(x, y), \tag{16}$$

ce qui établit dores et déjà la propriété (ii).

D'après l'inégalité (15), la série $\sum_i \alpha_i h_i$ converge uniformément sur $\mathrm{K}_m \times \mathrm{K}_n$ pour tout $(m, n) \in \mathbf{N}^2$. Soit $\widetilde{\mathrm{N}}$ la fonction sur $\mathrm{X} \times \mathrm{X}$ définie par

$$\widetilde{\mathrm{N}}(x, y) = \sum_{i\in \mathrm{I}} \alpha_i h_i(x, y) = \sum_{i\in \mathrm{I}} \alpha_i \overline{f_i(x)} g_i(y)$$

pour tout $(x, y) \in \widetilde{\mathrm{X}} \times \widetilde{\mathrm{X}}$ et par $\widetilde{\mathrm{N}}(x, y) = 0$ sinon. La fonction $\widetilde{\mathrm{N}}$ est mesurable (INT, IV, p. 175, § 5, n° 4, th. 2), et elle est continue sur $\mathrm{K}_m \times \mathrm{K}_n$ pour tout $(m, n) \in \mathbf{N}^2$.

D'après (16), on a $|\widetilde{N}(x,y)| \leqslant H(x,y)$ pour tout $(x,y) \in X \times X$, et en particulier $\widetilde{N}$ appartient à $\mathscr{L}^2(X \times X)$ (INT, IV, p. 84, § 5, n° 6, th. 5).

Démontrons que $N = \widetilde{N}$ sur $\widetilde{X} \times \widetilde{X}$, ce qui établira la propriété (i). Soient f et g des éléments de $\mathscr{L}^2(X)$. On a

$$\langle g \,|\, u_{\widetilde{N}}(f)\rangle = \int_{X\times X} \widetilde{N}(x,y) f(x)\overline{g(y)} d(\mu\otimes\mu)(x,y)$$

(formule (12) de IV, p. 172). Pour tout $(x,y) \in \widetilde{X} \times \widetilde{X}$ et toute partie finie J de I, on a

$$\Big|\sum_{i\in J} \alpha_i \overline{f_i(x)} g_i(y) f(x) \overline{g(y)}\Big| \leqslant |f(x)g(y)|\, H(x,y)$$

par la formule (16). Comme le membre de droite de cette inégalité est intégrable sur $X \times X$ (INT, V, p. 95, § 8, n° 3, cor. 2), on peut appliquer le théorème de Lebesgue (INT, IV, p. 137, § 3, n° 7, th. 6) et la formule (13) pour en déduire que

$$\begin{aligned}\langle g \,|\, u_{\widetilde{N}}(f)\rangle &= \sum_{i\in I} \alpha_i \int_{X\times X} \overline{f_i(x)} g_i(y) f(x)\overline{g(y)} d(\mu\otimes\mu)(x,y)\\ &= \sum_{i\in I} \alpha_i \langle f_i \,|\, f\rangle\langle g \,|\, g_i\rangle = \langle g \,|\, u_N(f)\rangle.\end{aligned}$$

Par conséquent, il vient $u_{\widetilde{N}} = u_N$, d'où $N = \widetilde{N}$ dans $L^2(X \times X)$ (prop. 3 de III, p. 28, *b*)).

Pour tout $(m,n) \in \mathbf{N}^2$, les fonctions N et $\widetilde{N}$ sont continues dans $K_m \times K_n$ donc sont égales sur $K_m \times K_n$ (prop. 9 de INT, III, p. 69, § 2, n° 2) puisque le support de la mesure induite par $\mu \otimes \mu$ sur $K_m \times K_n$ est égal à $K_m \times K_n$. Donc N coïncide avec $\widetilde{N}$ sur $\widetilde{X} \times \widetilde{X}$.

Finalement, la majoration $\sqrt{FG} \leqslant (F+G)/2$ entraîne que la fonction $x \mapsto \sqrt{F(x)G(x)} = H(x,x)$ est intégrable sur X, d'où la propriété (iii).

Dans la suite de ce numéro, on garde les notations de la proposition.

THÉORÈME 2. — *Supposons que u_N est de trace finie. Alors la fonction $x \mapsto N(x,x)$ appartient à $\mathscr{L}^1(X)$ et l'on a*

$$\mathrm{Tr}(u_N) = \int_X N(x,x)\, d\mu(x).$$

D'après les conditions (i) et (ii), on a $|N(x,x)| \leqslant H(x,x)$ pour $x \in \widetilde{X}$, donc la fonction $x \mapsto N(x,x)$ appartient à $\mathscr{L}^1(X)$ d'après la condition (iii).

La condition (i) démontre l'égalité

$$\mathrm{N}(x,x)=\sum_{i\in\mathrm{I}}\alpha_i\overline{f_i(x)}g_i(x)$$

pour tout $x\in\widetilde{\mathrm{X}}$. D'après les conditions (ii) et (iii), on peut appliquer le théorème de Lebesgue (INT, IV, p. 137, § 3, n° 7, th. 6), dont il résulte que

$$\begin{aligned}\int_{\mathrm{X}}\mathrm{N}(x,x)d\mu(x)&=\sum_{i\in\mathrm{I}}\alpha_i\int_{\mathrm{X}}\overline{f_i(x)}g_i(x)d\mu(x)\\&=\sum_{i\in\mathrm{I}}\alpha_i\langle f_i\,|\,g_i\rangle=\mathrm{Tr}(u_{\mathrm{N}}),\end{aligned}$$

la dernière égalité résultant du cor. de la prop. 17 de IV, p. 170.

Lemme 11. — *Si l'endomorphisme* u_{N} *de* $\mathrm{L}^2(\mathrm{X})$ *est positif, alors* $\mathrm{N}(x,x)\geqslant 0$ *pour tout* x *dans le support de* μ.

Puisque u_{N} est positif, les familles (f_i) et (g_i) peuvent être choisies de sorte que $f_i=g_i$ pour tout $i\in\mathrm{I}$ (remarque 3 de IV, p. 151). Pour tout $x\in\widetilde{\mathrm{X}}$, on a alors

$$\mathrm{N}(x,x)=\sum_{i\in\mathrm{I}}\alpha_i|f_i(x)|^2\geqslant 0.$$

Puisque N est continue, et que $\mu(\mathrm{X}-\widetilde{\mathrm{X}})=0$, la fonction N est positive sur le support de μ.

Remarque. — L'assertion réciproque du lemme n'est pas valide (exercice 14 de IV, p. 316).

PROPOSITION 22. — *On suppose que* u_{N} *est un endomorphisme positif de* $\mathrm{L}^2(\mathrm{X})$. *Alors l'endomorphisme* u_{N} *est de trace finie si et seulement si la fonction* $x\mapsto\mathrm{N}(x,x)$ *est* μ*-intégrable. Dans ce cas, on a*

$$\mathrm{Tr}(u_{\mathrm{N}})=\int_{\mathrm{X}}\mathrm{N}(x,x)d\mu(x).$$

Si u_{N} est de trace finie, le théorème 2 implique que $x\mapsto\mathrm{N}(x,x)$ est intégrable sur X et que son intégrale est la trace de u_{N}.

Réciproquement, supposons que la fonction $x\mapsto\mathrm{N}(x,x)$ est intégrable. Puisque u_{N} est positif, les familles orthonormales $(f_i)_{i\in\mathrm{I}}$ et $(g_i)_{i\in\mathrm{I}}$ peuvent être choisies de sorte que $f_i=g_i$ pour tout $i\in\mathrm{I}$ (remarque 3 de IV, p. 151). Pour tout $x\in\widetilde{\mathrm{X}}$, on a

$$\mathrm{N}(x,x)=\sum_{i\in\mathrm{I}}\alpha_i|f_i(x)|^2,$$

d'où, pour toute partie finie J de I, on déduit

$$\sum_{i \in J} \alpha_i = \sum_{i \in J} \alpha_i \int_X |f_i(x)|^2 d\mu(x)$$
$$= \int_X \sum_{i \in J} \alpha_i |f_i(x)|^2 d\mu(x) \leqslant \int_X N(x, x) d\mu(x).$$

La famille $(\alpha_i)_{i \in I}$ est donc sommable, ce qui implique que l'endomorphisme u_N est de trace finie (prop. 12 de IV, p. 164).

Remarque. — Même lorsque X est compact et N continu, l'endomorphisme u_N de $L^2(X)$ n'est pas toujours de trace finie (*cf.* exercice 8 de IV, p. 314).

§ 2. ENDOMORPHISMES NORMAUX

Dans tout ce paragraphe, les espaces hilbertiens considérés sont complexes, sauf mention du contraire.

1. Compléments sur les espaces $L^p(X, \mu)$

PROPOSITION 1. — *Soit* X *un espace topologique localement compact. Soient* μ *une mesure positive sur* X *et* $p \in [1, +\infty[$. *Soit* $(X_i)_{i \in I}$ *une famille localement dénombrable* (INT, IV, p. 190, § 5, n° 9, déf. 7) *de parties localement compactes deux à deux disjointes de* X *telle que le complémentaire de la réunion des* X_i *soit localement* μ*-négligeable. Soient* φ_i *la fonction caractéristique de* X_i *et* μ_i *la mesure induite par* μ *sur* X_i (INT, IV, p. 186, §5, n° 7, déf. 4).

a) *L'application* $p_i : f \mapsto f\varphi_i$ *est un projecteur de* $\mathscr{L}^p(X, \mu)$ *et définit par passage aux quotients un projecteur* $\widetilde{p}_i$ *de* $L^p(X, \mu)$. *Ce dernier est un orthoprojecteur de* $L^2(X, \mu)$ *si* $p = 2$;

b) *L'application* $f \mapsto f|X_i$ *induit un isomorphisme isométrique de l'image de* p_i *sur l'espace* $\mathscr{L}^p(X_i, \mu_i)$ *et définit par passage aux quotients un isomorphisme isométrique de l'image de* $\widetilde{p}_i$ *sur* $L^p(X_i, \mu_i)$, *par le truchement duquel on identifie ces deux espaces*;

c) *La somme des espace* $\mathrm{L}^p(\mathrm{X}_i, \mu_i)$ *est totale dans l'espace* $\mathrm{L}^p(\mathrm{X}, \mu)$. *Dans le cas* $p = 2$, *l'espace* $\mathrm{L}^2(\mathrm{X}, \mu)$ *est la somme hilbertienne des espaces* $\mathrm{L}^2(\mathrm{X}_i, \mu_i)$.

L'assertion *a*) est élémentaire. L'assertion *b*) résulte du scholie de INT, V, p. 84, § 7, n° 1.

Soit $q \in]1, +\infty]$ l'exposant conjugué de p. On identifie le dual de $\mathrm{L}^p(\mathrm{X}, \mu)$ avec $\mathrm{L}^q(\mathrm{X}, \mu)$ (INT, V, p. 61, § 5, n° 8, th. 4). Soit f une fonction dans $\mathscr{L}^q(\mathrm{X}, \mu)$ dont la classe $\widetilde{f}$ dans $\mathrm{L}^q(\mathrm{X}, \mu)$ vérifie $\langle \widetilde{f}, \widetilde{p}_i(\varphi)\rangle = 0$ pour tout $i \in \mathrm{I}$ et tout $\varphi \in \mathrm{L}^p(\mathrm{X}, \mu)$. Comme l'image de p_i contient $\mathscr{K}(\mathrm{X}_i)$, il en résulte que la mesure $(f|\mathrm{X}_i) \cdot \mu_i$ sur X_i est nulle, ce qui signifie que la restriction de f à X_i est localement μ_i-négligeable sur X_i (INT, V, p. 46, § 5, n° 3, cor. 2). Puisque le complémentaire dans X de la réunion des X_i est localement μ-négligeable, on en conclut que la fonction f est localement μ-négligeable sur X (INT, IV, p. 190, § 5, n° 9 et p. 172, n° 2, prop. 5). La classe de f est alors nulle dans $\mathrm{L}^q(\mathrm{X}, \mu)$ (en utilisant INT, V, p. 8, § 1, n° 3, lemme 1 et corollaire de la proposition 9 lorsque $p \neq 1$). D'après le théorème de Hahn–Banach (EVT, II, p. 46, cor. 1), la première partie de l'assertion *c*) en résulte.

Si $p = 2$, l'image de p_i est orthogonale à celle p_j pour tous $i \neq j$, puisque X_i et X_j sont alors disjoints, d'où la dernière assertion.

PROPOSITION 2. — *Soit* X *un espace localement compact dénombrable à l'infini. Soit* μ *une mesure positive sur* X. *Pour tout* $p \in [1, +\infty[$, *l'espace* $\mathrm{L}^p(\mathrm{X}, \mu)$ *est de type dénombrable.*

Soit $(\mathrm{U}_n)_{n\in\mathbf{N}}$ une suite d'ouverts relativement compacts de X dont la réunion est égale à X et qui vérifient $\overline{\mathrm{U}}_n \subset \mathrm{U}_{n+1}$ pour tout $n \in \mathbf{N}$ (TG, I, p. 68, prop. 15). Pour tout $n \in \mathbf{N}$, l'espace $\mathscr{K}(\mathrm{X}, \overline{\mathrm{U}}_n)$ s'identifie à un sous-espace fermé de l'espace de Banach $\mathscr{C}(\overline{\mathrm{U}}_n)$ (INT, III, p. 40, § 1, n° 1) ; puisque ce dernier espace est de type dénombrable (TG, X, p. 25, corollaire), il en est de même de $\mathscr{K}(\mathrm{X}, \overline{\mathrm{U}}_n)$ (TG, IX, p. 19, cor., (i)). Soit $\mathscr{F}_n$ une partie dénombrable dense de $\mathscr{K}(\mathrm{X}, \overline{\mathrm{U}}_n)$.

Soit $f \in \mathscr{L}^p(\mathrm{X}, \mu)$ et soit $\varepsilon > 0$. Il existe un entier $n \in \mathbf{N}$ tel que $\int_{\mathrm{X}-\mathrm{U}_n} |f|^p < \varepsilon/2$, et il existe $g \in \mathscr{F}_n$ telle que $\int_{\overline{\mathrm{U}}_n} |f - g|^p < \varepsilon/2$. La réunion des classes dans $\mathrm{L}^p(\mathrm{X}, \mu)$ des éléments des ensembles $\mathscr{F}_n$ est donc dense dans $\mathrm{L}^p(\mathrm{X}, \mu)$, ce qui conclut la démonstration (TG, IX, p. 18, prop. 12).

2. Image essentielle d'une fonction mesurable

Dans ce numéro, on désigne par X un espace topologique localement compact, et par μ une mesure positive sur X.

DÉFINITION 1. — *Soit* Y *un espace topologique. Pour toute fonction mesurable g de* X *dans* Y, l'image μ-essentielle *de g est le sous-ensemble des $y \in \mathrm{Y}$ tels que, pour tout voisinage ouvert* U *de y, l'ensemble $\overset{-1}{g}(\mathrm{U})$ n'est pas localement μ-négligeable dans* X (INT, IV, p. 172, § 5, n° 2, déf. 3).

Lemme 1. — *Soient g une fonction μ-mesurable de* X *dans un espace topologique* Y *et* S *son image μ-essentielle. L'ensemble des éléments $x \in \mathrm{X}$ tel que $g(x)$ n'appartienne pas à* S *est localement μ-négligeable dans* X.

Soit $\mathrm{Z} = \overset{-1}{g}(\mathrm{Y} - \mathrm{S})$ l'ensemble en question.

Supposons d'abord que X est compact et g continue. Dans ce cas, la mesure image $g(\mu)$ est définie (INT, V, p. 69, § 6, n° 1, déf. 1) puisque μ est une mesure bornée. Il résulte des définitions que l'image μ-essentielle de g est le support de la mesure $g(\mu)$ (*cf.* INT, V, p. 70, § 6, n° 2, cor. 2), d'où $\mu(\mathrm{Z}) = g(\mu)(\mathrm{Y} - \mathrm{S}) = 0$ (INT, IV, p. 118, § 2, n° 2, prop. 5).

Considérons maintenant le cas général. Soit C un sous-ensemble compact de X, et soit $\varepsilon > 0$ un nombre réel. Puisque g est mesurable, il existe un sous-ensemble compact $\mathrm{C}_1 \subset \mathrm{C}$ tel que $\mu(\mathrm{C} - \mathrm{C}_1) \leqslant \varepsilon$ et tel que $g|\mathrm{C}_1$ est continue (INT, IV, p. 169, § 5, n° 1, prop. 1). On a alors

$$\mu(\mathrm{Z} \cap \mathrm{C}) \leqslant \mu(\mathrm{C} - \mathrm{C}_1) + \mu(\mathrm{Z} \cap \mathrm{C}_1) \leqslant \varepsilon + \mu(\mathrm{Z} \cap \mathrm{C}_1).$$

Soit μ_1 la mesure induite par μ sur C_1 (INT, IV, p. 186, § 5, n° 7, déf. 4). Soit S_1 l'image μ_1-essentielle de $g|\mathrm{C}_1$. On a $\mathrm{Z} \cap \mathrm{C}_1 \subset (g|\mathrm{C}_1)^{-1}(\mathrm{Y} - \mathrm{S}_1)$. D'après le premier cas, l'ensemble $\mathrm{Z} \cap \mathrm{C}_1$ est donc μ_1-négligeable, et par conséquent μ-négligeable (INT, IV, p. 187, § 5, n° 7, lemme 2, (i)). L'inégalité ci-dessus devient $\mu(\mathrm{Z} \cap \mathrm{C}) \leqslant \varepsilon$; puisque ε et C sont arbitraires, l'ensemble Z est localement μ-négligeable (INT, IV, p. 172, § 5, n° 2, prop. 5).

Lemme 2. — *Soit g une fonction continue de* X *dans* **C**. *L'image μ-essentielle de g est l'adhérence de l'image par g du support de μ.*

Soit Y le support de μ. Si $z \in \mathbf{C}$ n'est pas adhérent à $g(\mathrm{Y})$, alors il existe un voisinage ouvert U de z tel que l'ouvert $\overset{-1}{g}(\mathrm{U})$ ne rencontre pas Y et est donc localement μ-négligeable ; cela signifie que z n'appartient pas à l'image μ-essentielle de g.

Réciproquement, si $z \in \mathbf{C}$ est adhérent à $g(\mathrm{Y})$, alors pour tout voisinage ouvert U de z, l'ensemble $\overset{-1}{g}(\mathrm{U})$ est un ouvert dans X qui rencontre Y. Il n'est donc pas μ-négligeable, et puisque c'est un ouvert, il n'est pas localement μ-négligeable (INT, IV, p. 172, § 5, nº 2, cor. 2). Donc z appartient à l'image μ-essentielle de g.

Lemme 3. — *Soient g une fonction continue de* X *dans* **C** *et* S *son image μ-essentielle. On suppose que* S *n'est pas vide et que* $0 \notin \mathrm{S}$ *et on note δ la distance de* 0 *à* S. *On a* $\delta > 0$.

Posons $h(x) = 1/g(x)$ si $g(x) \neq 0$ et $h(x) = 0$ sinon. La fonction h appartient à $\mathscr{L}^\infty(\mathrm{X}, \mu)$. Soit $\widetilde{h}$ la classe de h dans $\mathrm{L}^\infty(\mathrm{X}, \mu)$. *On a alors la formule* $\delta^{-1} = \|\widetilde{h}\|_\infty$.

Soit U un voisinage ouvert de 0 tel que l'ouvert $\mathrm{Z} = \overset{-1}{g}(\mathrm{U})$ est localement μ-négligeable, donc négligeable (INT, IV, p. 172, § 5, nº 2, cor. 2). Soit Y le support de μ ; on a $\mathrm{Y} \subset \mathrm{X} - \mathrm{Z}$. La restriction de la fonction h à $\mathrm{X} - \mathrm{Z}$ est continue et bornée, donc $h \in \mathscr{L}^\infty(\mathrm{X}, \mu)$ et la norme de $\widetilde{h}$ dans $\mathscr{L}^\infty(\mathrm{X}, \mu)$ est égale à la norme de sa restriction à $\mathrm{X} - \mathrm{Z}$. De plus, pour tout $\alpha \in \mathbf{R}_+$, l'ensemble des $x \in \mathrm{X} - \mathrm{Z}$ tels que $|h(x)| > \alpha$ est un ouvert dans $\mathrm{X} - \mathrm{Z}$; il est donc localement μ-négligeable si et seulement s'il ne rencontre pas Y (INT, IV, *loc. cit.* et INT, III, p. 66, § 3, nº 2, déf. 1). Par conséquent, on a

$$\|\widetilde{h}\|_\infty = \sup_{x \in \mathrm{Y}} \frac{1}{|g(x)|},$$

d'où

$$\frac{1}{\|\widetilde{h}\|_\infty} = \inf_{x \in \mathrm{Y}} |g(x)| = \inf_{\lambda \in g(\mathrm{Y})} |\lambda| = \inf_{\lambda \in \overline{g(\mathrm{Y})}} |\lambda|$$

qui est égal à δ d'après le lemme précédent.

3. Fonctions universellement mesurables

Dans ce numéro, X est un espace topologique localement compact. On rappelle (INT, V, p. 28, § 3, nº 4, déf. 2) qu'une application f de X dans un espace topologique Y est *universellement mesurable* si elle est μ-mesurable pour toute mesure positive μ sur X. Il suffit pour cela que f soit μ-mesurable pour toute mesure positive μ à support compact sur X (INT, V, p. 28, § 4, n° 3, prop. 6).

Lemme 4. — *Soient* Y *et* Z *des espaces topologiques localement compacts,* $f\colon \mathrm{X} \to \mathrm{Y}$ *et* $g\colon \mathrm{Y} \to \mathrm{Z}$ *des applications universellement mesurables. L'application* $g \circ f\colon \mathrm{X} \to \mathrm{Z}$ *est universellement mesurable.*

Soit μ une mesure positive à support compact sur X et soit C son support. La restriction de f à C est $(\mu|\mathrm{C})$-propre. L'application g est mesurable relativement à la mesure image $(f|\mathrm{C})(\mu|\mathrm{C})$, donc l'application $(g \circ f)|\mathrm{C} = g \circ (f|\mathrm{C})$ est $(\mu|\mathrm{C})$-mesurable. Par conséquent, l'application $g \circ f$ est μ-mesurable. Le lemme en résulte.

On note $\mathscr{L}_{\mathrm{u}}(\mathrm{X})$ l'espace vectoriel des fonctions à valeurs complexes qui sont universellement mesurables sur X et $\mathscr{L}^{\infty}_{\mathrm{u}}(\mathrm{X})$ le sous-espace des fonctions $f \in \mathscr{L}_{\mathrm{u}}(\mathrm{X})$ qui sont bornées sur X. Pour $f \in \mathscr{L}^{\infty}_{\mathrm{u}}(\mathrm{X})$, on note $\|f\|_{\infty} = \sup_{x\in\mathrm{X}}|f(x)|$.

PROPOSITION 3. — a) *L'ensemble* $\mathscr{L}_{\mathrm{u}}(\mathrm{X})$ *est une sous-algèbre involutive de l'algèbre involutive des fonctions de* X *dans* **C** ;

b) *L'ensemble* $\mathscr{L}^{\infty}_{\mathrm{u}}(\mathrm{X})$ *est une sous-algèbre de* $\mathscr{L}_{\mathrm{u}}(\mathrm{X})$ *et l'application définie par* $f \mapsto \|f\|_{\infty}$ *est une norme sur* $\mathscr{L}^{\infty}_{\mathrm{u}}(\mathrm{X})$ *pour laquelle* $\mathscr{L}^{\infty}_{\mathrm{u}}(\mathrm{X})$ *est une algèbre stellaire unifère*;

c) *L'algèbre* $\mathscr{L}_{\mathrm{u}}(\mathrm{X})$ *contient* $\mathscr{C}(\mathrm{X})$ *et* $\mathscr{L}^{\infty}_{\mathrm{u}}(\mathrm{X})$ *contient* $\mathscr{C}_b(\mathrm{X})$;

d) *Toute fonction borélienne de* X *dans* **C** (TG, IX, p. 61, déf. 5) *appartient à* $\mathscr{L}_{\mathrm{u}}(\mathrm{X})$;

e) *Pour toute suite* $(f_n)_{n\in\mathbf{N}}$ *dans* $\mathscr{L}_{\mathrm{u}}(\mathrm{X})$ *qui converge simplement vers une fonction* f *de* X *dans* **C**, *on a* $f \in \mathscr{L}_{\mathrm{u}}(\mathrm{X})$.

Les assertions *a*) et *c*) résultent des définitions (*cf.* INT, IV, p. 175, § 5, n° 3, cor. 3). L'assertion *d*) est une conséquence de INT, IV, p. 179, § 5, n° 5, th. 4, puisque l'image réciproque par une fonction borélienne de toute partie borélienne de **C** est une partie borélienne de X, qui est universellement mesurable (INT, V, p. 28, § 3, n° 4). Enfin, l'assertion *e*) résulte du théorème d'Egoroff (INT, IV, p. 175, § 5, n° 4, th. 2).

Pour démontrer l'assertion *b*), il suffit de remarquer que *e*) implique, *a fortiori*, qu'une limite uniforme de fonctions universellement mesurables est universellement mesurable.

Il peut exister des fonctions universellement mesurables sur X qui ne sont pas boréliennes. En effet, si X est métrisable, la fonction caractéristique d'un sous-ensemble souslinien de X est universellement mesurable (*cf.* INT, IV, p. 171, § 5, n° 1, cor. 2) ; or, dans tout espace polonais non dénombrable, il existe un sous-ensemble souslinien qui n'est pas borélien (« théorème de Souslin » ; cela résulte de TG, IX, p. 120, exerc. 8 et du fait que pour tout espace polonais X non dénombrable, il existe une bijection borélienne $X \to \mathbf{N}^{\mathbf{N}}$ dont la réciproque est borélienne).

Lemme 5. — *Soit* μ *une mesure positive sur* X. *Soient* g *une fonction* μ*-mesurable de* X *dans* $\mathbf{C}$ *et* S *son image* μ*-essentielle. Pour toute fonction* $f \in \mathscr{L}_{\mathrm{u}}(\mathrm{S})$, *l'application* h *de* X *dans* $\mathbf{C}$ *telle que* $h(x) = 0$ *si* $g(x) \notin \mathrm{S}$ *et* $h(x) = f(g(x))$ *si* $g(x) \in \mathrm{S}$ *est* μ*-mesurable.*

Soient $x \in \mathrm{X}$ et U un voisinage ouvert relativement compact de x. L'ensemble $\mathrm{N} = \mathrm{U} - (\mathrm{U} \cap \overset{-1}{g}(\mathrm{S}))$ est $(\mu|\mathrm{U})$-négligeable. Pour tout entier $n \geqslant 1$, soit V_n un ouvert tel que $\mathrm{N} \subset \mathrm{V}_n \subset \mathrm{U}$ et $\mu(\mathrm{V}_n - \mathrm{N}) < 1/n$ (INT, IV, p. 116, § 1, n° 4, prop. 19).

La restriction $\widetilde{g}$ de g à $\mathrm{U} - \mathrm{V}_n$ est $\mu|(\mathrm{U} - \mathrm{V}_n)$-propre et son image est contenue dans S. Puisque f est universellement mesurable, l'application $x \mapsto f(g(x))$ de $\mathrm{U} - \mathrm{V}_n$ dans $\mathbf{C}$ est mesurable par rapport à la mesure $\mu|(\mathrm{U} - \mathrm{V}_n)$ (INT, V, p. 71, § 6, n° 2, prop. 3). L'application h_n de X dans $\mathbf{C}$ telle que $h_n(x) = 0$ si $x \notin \mathrm{U} - \mathrm{V}_n$ et $h_n(x) = f(g(x))$ si $x \in \mathrm{U} - \mathrm{V}_n$ est donc μ-mesurable (INT, IV, p. 193, § 5, n° 10, prop. 16).

Comme $h_n(x) \to h(x)$ pour μ-presque tout $x \in \mathrm{U}$, la restriction de h à U est μ-mesurable (INT, IV, p. 175, § 5, n° 4, th. 2). On conclut que h est μ-mesurable d'après le principe de localisation (INT, IV, p. 171, § 4, n° 2, prop. 4).

Remarque. — Sous les hypothèses du lemme, notons par abus de langage $f \circ g$ la fonction h définie dans le lemme.

Si $g = g_1$ localement μ-presque partout sur X, les fonctions g et g_1 ont même image μ-essentielle et on a $f \circ g = f \circ g_1$.

Si g est une fonction μ-mesurable définie μ-presque sur X, on notera également $f \circ g$ la fonction $f \circ g_1$ où g_1 est une fonction μ-mesurable définie sur X égale à g localement μ-presque partout.

4. L'algèbre stellaire $L^\infty(X,\mu)$

Soit X un espace topologique localement compact et soit μ une mesure positive sur X. On considère l'algèbre stellaire commutative $L^\infty(X,\mu)$ (exemple 4 de I, p. 103).

Lemme 6. — *Soit $g \in \mathscr{L}^\infty(X,\mu)$. Le spectre de la classe de g dans $L^\infty(X,\mu)$ est égal à l'image μ-essentielle de g.*

Notons $\widetilde{g}$ la classe de g dans $L^\infty(X,\mu)$ et S l'image μ-essentielle de g. Soit $z \in \mathbf{C} - S$. Par définition, il existe un voisinage ouvert U de z tel que $Y = \overset{-1}{g}(U)$ est localement μ-négligeable. La fonction h définie par $h(x) = (g(x)-z)^{-1}$ si $x \notin Y$, et $h(x) = 0$ si $x \in Y$, appartient alors à $\mathscr{L}^\infty(X,\mu)$. Sa classe $\widetilde{h}$ dans $L^\infty(X,\mu)$ vérifie $(\widetilde{g}-z)\widetilde{h} = 1$, puisque $(g(x)-z)h(x) = 1$ pour tout x n'appartenant pas à l'ensemble localement μ-négligeable Y. Donc $z \in \mathbf{C} - \mathrm{Sp}(\widetilde{g})$.

Réciproquement, soit $z \in \mathbf{C} - \mathrm{Sp}(\widetilde{g})$. Soit $h \in \mathscr{L}^\infty(X,\mu)$ une fonction dont la classe est l'inverse de $\widetilde{g} - z$ dans $L^\infty(X,\mu)$. Il existe un nombre réel $M > 0$ tel que $|h(x)| \leqslant M$ localement μ-presque partout, et de plus on a $(g(x)-z)h(x) = 1$ localement μ-presque partout. Soit U la boule ouverte de centre z et de rayon M^{-1} dans $\mathbf{C}$; alors $\overset{-1}{g}(U)$ est contenu dans l'ensemble localement μ-négligeable

$$\overset{-1}{h}(]M,+\infty[) \cup \{x \in X \mid (g(x)-z)h(x) \neq 1\},$$

donc $z \in \mathbf{C} - S$. On a démontré le lemme.

Proposition 4. — *Soit $g \in \mathscr{L}^\infty(X,\mu)$. Notons $\widetilde{g}$ la classe de g dans $L^\infty(X,\mu)$ et S le spectre de $\widetilde{g}$. L'application $f \mapsto f \circ g$* (remarque, p. 184) *est l'application de calcul fonctionnel de $\mathscr{C}(S)$ dans $L^\infty(X,\mu)$ associée à $\widetilde{g}$.*

Soit $f \in \mathscr{C}(S)$. La fonction $h = f \circ g$ est μ-mesurable (lemme 5 de IV, p. 184) et bornée. Notons $\widetilde{f \circ g}$ sa classe dans $L^\infty(X,\mu)$. L'application $f \mapsto \widetilde{f \circ g}$ est un morphisme continu d'algèbres involutives unifères de $\mathscr{C}(S)$ dans $L^\infty(X,\mu)$. Puisque $g(x)$ appartient à S localement μ-presque partout (lemme 1 de IV, p. 181 et lemme 6), ce morphisme associe à l'application identique de S la classe $\widetilde{g}$ de la fonction g. Il coïncide donc avec l'application de calcul fonctionnel de $\widetilde{g}$ (prop. 7 de I, p. 111).

5. Endomorphismes de multiplication

Soit X un espace topologique localement compact et soit μ une mesure positive sur X. Soit $p \in [1, +\infty[$.

Soit $g \in \mathscr{L}^\infty(X, \mu)$. Notons m_g l'application $f \mapsto g \cdot f$ de $\mathscr{L}^p(X, \mu)$ dans lui-même. L'application m_g est linéaire et continue puisque

$$(1) \qquad N_p(m_g(f)) \leqslant N_\infty(g) N_p(f)$$

pour toute fonction $f \in \mathscr{L}^p(X, \mu)$. En particulier, la fonction $m_g(f)$ est μ-négligeable si f est μ-négligeable. L'application m_g induit donc, par passage aux quotients, un endomorphisme de $L^p(X, \mu)$, qui sera noté $\widetilde{m}_g$.

Lemme 7. — Soit $g \in \mathscr{L}^\infty(X, \mu)$*. L'endomorphisme* $\widetilde{m}_g$ *de* $L^p(X, \mu)$ *est injectif si et seulement si l'ensemble des* $x \in X$ *tels que* $g(x) = 0$ *est localement* μ*-négligeable.*

Notons A l'ensemble des $x \in X$ tels que $g(x) = 0$.

Supposons que A est localement μ-négligeable. Soit $f \in \mathscr{L}^p(X, \mu)$ et $\widetilde{f}$ sa classe dans $L^p(X, \mu)$. Supposons que $\widetilde{m}_g(\widetilde{f}) = 0$. Par définition, c'est le cas si et seulement si la fonction fg est μ-négligeable, de sorte que l'ensemble B des $x \in X$ tels que $f(x)g(x) \neq 0$ est μ-négligeable. La fonction f est nulle en dehors de $A \cup B$, donc est μ-négligeable. Cela implique que l'endomorphisme $\widetilde{m}_g$ est injectif.

Réciproquement, supposons que A n'est pas localement μ-négligeable. Soit C une partie compacte de X telle que $A \cap C$ n'est pas μ-négligeable, et soit φ la fonction caractéristique de $A \cap C$. La classe de la fonction φ dans $L^p(X, \mu)$ n'est pas nulle, mais celle de $m_g(\varphi)$ l'est, donc m_g n'est pas injectif.

Puisque le produit d'une fonction localement μ-négligeable et d'une fonction μ-négligeable est μ-négligeable, l'endomorphisme $\widetilde{m}_g$ ne dépend que de la classe de g dans $L^\infty(X, \mu)$. Pour $\widetilde{g} \in L^\infty(X, \mu)$, on note également $\widetilde{m}_{\widetilde{g}}$ l'endomorphisme $\widetilde{m}_g$ de $L^p(X, \mu)$ pour toute fonction $g \in \mathscr{L}^\infty(X, \mu)$ dont $\widetilde{g}$ est la classe. On dit que $\widetilde{m}_{\widetilde{g}}$ est *l'endomorphisme de multiplication par* $\widetilde{g}$ dans $L^p(X, \mu)$.

PROPOSITION 5. — *Soit* $p \in [1, +\infty[$*. L'application* $m \colon g \mapsto \widetilde{m}_g$ *de* $L^\infty(X, \mu)$ *dans* $\mathscr{L}(L^p(X, \mu))$ *est un morphisme isométrique d'algèbres de Banach unifères.*

Pour a, b dans $\mathbf{C}$ et g_1, g_2 dans $\mathrm{L}^\infty(\mathrm{X},\mu)$, on vérifie aussitôt que $\widetilde{m}_{ag_1+bg_2} = a\widetilde{m}g_1 + b\widetilde{m}_{g_2}$, donc l'application $\widetilde{m}$ est linéaire. De plus, on a $\widetilde{m}_1 = 1_{\mathrm{L}^p(\mathrm{X},\mu)}$ et $\widetilde{m}_{g_1g_2} = \widetilde{m}_{g_1}\widetilde{m}_{g_2}$, donc l'application $\widetilde{m}$ est un morphisme d'algèbres unifères de $\mathrm{L}^\infty(\mathrm{X},\mu)$ dans $\mathscr{L}(\mathrm{L}^p(\mathrm{X},\mu))$.

La formule (1) ci-dessus démontre que $\widetilde{m}$ est de norme $\leqslant 1$.

Soient $g \in \mathscr{L}^\infty(\mathrm{X},\mu)$ et $\widetilde{g}$ sa classe dans $\mathrm{L}^\infty(\mathrm{X},\mu)$. Soit $\varepsilon > 0$. L'ensemble Y des $x \in \mathrm{X}$ tels que $|g(x)| > \|\widetilde{g}\|_\infty - \varepsilon$ n'est pas localement μ-négligeable. Il existe donc un sous-ensemble compact C de X tel que $\mu(\mathrm{Y} \cap \mathrm{C}) > 0$. Soit φ la fonction caractéristique de $\mathrm{Y} \cap \mathrm{C}$. Comme

$$\|\widetilde{m}_{\widetilde{g}}(\varphi)\|_p = \Big(\int_{\mathrm{X}} |\varphi g|^p \, d\mu\Big)^{1/p} \geqslant \Big(\int_{\mathrm{Y}} |\varphi g|^p \, d\mu\Big)^{1/p}$$
$$\geqslant (\|\widetilde{g}\|_\infty - \varepsilon)\mu(\mathrm{Y} \cap \mathrm{C})^{1/p} = (\|\widetilde{g}\|_\infty - \varepsilon)\|\varphi\|_p,$$

il vient $\|\widetilde{m}_{\widetilde{g}}\| \geqslant \|\widetilde{g}\|_\infty - \varepsilon$. Puisque ε est arbitraire, on en déduit que $\|\widetilde{m}_{\widetilde{g}}\| \geqslant \|\widetilde{g}\|_\infty$, ce qui démontre que $\widetilde{m}$ est isométrique.

Lemme 8. — Soit (g_n) une suite bornée dans $\mathscr{L}^\infty(\mathrm{X},\mu)$ convergeant simplement μ-presque partout. Soit $\widetilde{m} \in \mathrm{L}^\infty(\mathrm{X},\mu)$ la classe de sa limite. Alors $\widetilde{m}_{g_n}$ converge vers $\widetilde{m}_{\widetilde{g}}$ dans l'espace $\mathscr{L}(\mathrm{L}^p(\mathrm{X},\mu))$ muni de la topologie de la convergence simple.

Soit $f \in \mathscr{L}^p(\mathrm{X},\mu)$. La suite (g_nf) est bornée dans $\mathscr{L}^p(\mathrm{X},\mu)$ et converge simplement μ-presque partout vers gf. D'après le théorème de Lebesgue (INT, IV, p. 137, § 3, n° 7, th. 6), la suite (g_nf) converge vers gf dans $\mathscr{L}^p(\mathrm{X},\mu)$, et l'assertion en résulte.

On va considérer maintenant le cas où $p = 2$.

Proposition 6. — *L'application $m \colon g \mapsto \widetilde{m}_g$ est un morphisme unifère isométrique de l'algèbre stellaire $\mathrm{L}^\infty(\mathrm{X},\mu)$ dans l'algèbre stellaire $\mathscr{L}(\mathrm{L}^2(\mathrm{X},\mu))$.*

En particulier, pour tout $g \in \mathrm{L}^\infty(\mathrm{X},\mu)$, l'endomorphisme de multiplication $\widetilde{m}_g$ est normal; il est hermitien si et seulement si g est localement μ-presque partout à valeurs réelles.

D'après la prop. 5, l'application $\widetilde{m}$ est un morphisme injectif et isométrique d'algèbres de Banach unifères de $\mathrm{L}^\infty(\mathrm{X},\mu)$ dans $\mathscr{L}(\mathrm{L}^2(\mathrm{X},\mu))$. Soit $g \in \mathscr{L}^\infty(\mathrm{X},\mu)$. Pour f_1 et $f_2 \in \mathscr{L}^2(\mathrm{X},\mu)$, on a

$$\langle f_1 \,|\, \widetilde{m}_g(f_2)\rangle = \int_{\mathrm{X}} \overline{f_1(x)} g(x) f_2(x) d\mu(x) = \langle \widetilde{m}_{\overline{g}}(f_1) \,|\, f_2\rangle,$$

dont il résulte que $\widetilde{m}_g^* = \widetilde{m}_{\overline{g}}$, ce qui démontre que m est un morphisme involutif. Les dernières assertions en résultent (*cf.* I, p. 106, prop. 5).

COROLLAIRE. — *Soit* $g \in \mathrm{L}^\infty(\mathrm{X}, \mu)$.

a) *Le spectre de* $\widetilde{m}_g$ *dans* $\mathscr{L}(\mathrm{L}^2(\mathrm{X}, \mu))$ *est l'image* μ*-essentielle de* g ;

b) *L'endomorphisme* $\widetilde{m}_g$ *est positif si et seulement si* g *est localement* μ*-presque partout à valeurs positives* ;

c) *Pour toute fonction* $f \in \mathscr{C}(\mathrm{Sp}(\widetilde{m}_g))$, *on a* $f(\widetilde{m}_g) = \widetilde{m}_{f \circ g}$.

Puisque $\widetilde{m}$ est injective, on a $\mathrm{Sp}(\widetilde{m}_g) = \mathrm{Sp}(g)$ d'après la prop. 5 de I, p. 106 ; le résultat découle alors du lemme 6 de IV, p. 185, de la proposition 4 de IV, p. 185 et de la définition 6 de I, p. 115.

PROPOSITION 7. — *L'image du morphisme* $\widetilde{m}$ *de* $\mathrm{L}^\infty(\mathrm{X}, \mu)$ *dans* $\mathscr{L}(\mathrm{L}^2(\mathrm{X}, \mu))$ *est une sous-algèbre commutative maximale de l'algèbre* $\mathscr{L}(\mathrm{L}^2(\mathrm{X}, \mu))$.

Il suffit de démontrer que si $u \in \mathscr{L}(\mathrm{L}^2(\mathrm{X}, \mu))$ est un endomorphisme qui commute à $\widetilde{m}_g$ pour toute fonction $g \in \mathscr{L}^\infty(\mathrm{X}, \mu)$, alors u appartient à l'image de $\widetilde{m}$. Soit u un tel endomorphisme.

On note $\widetilde{f}$ la classe dans $\mathrm{L}^2(\mathrm{X}, \mu)$ d'une fonction $f \in \mathscr{L}^2(\mathrm{X}, \mu)$. Notons v l'application linéaire de $\mathscr{L}^2(\mathrm{X}, \mu)$ dans $\mathrm{L}^2(\mathrm{X}, \mu)$ définie par $f \mapsto u(\widetilde{f})$. On a $v \circ m_g = \widetilde{m}_g \circ v$ pour tout $g \in \mathscr{L}^\infty(\mathrm{X}, \mu)$.

Pour toute partie μ-mesurable Y de X, on note φ_Y sa fonction caractéristique ; l'endomorphisme $\widetilde{m}_{\varphi_\mathrm{Y}}$ est un orthoprojecteur de $\mathrm{L}^2(\mathrm{X}, \mu)$.

Supposons d'abord que X est compact, de sorte que la classe de la fonction constante 1 appartient à $\mathrm{L}^2(\mathrm{X}, \mu)$. Soit g une fonction dans $\mathscr{L}^2(\mathrm{X}, \mu)$ dont la classe dans $\mathrm{L}^2(\mathrm{X}, \mu)$ est $v(1)$.

Soient c un nombre réel positif et Y l'ensemble des $x \in \mathrm{X}$ tels que $|g(x)| \geqslant c$; c'est un ensemble μ-mesurable. On a dans $\mathrm{L}^2(\mathrm{X}, \mu)$ les égalités $\widetilde{\varphi_\mathrm{Y} g} = \widetilde{m}_{\varphi_\mathrm{Y}}(v(1)) = v(m_{\varphi_\mathrm{Y}}(1)) = v(\varphi_\mathrm{Y})$.

Comme de plus $|c\varphi_\mathrm{Y}| \leqslant |g\varphi_\mathrm{Y}|$, on obtient

$$c^2\mu(\mathrm{Y}) = \int_\mathrm{X} (c\varphi_\mathrm{Y})^2 d\mu \leqslant \int_\mathrm{X} |\varphi_\mathrm{Y} g|^2 d\mu = \|\widetilde{u}(\varphi_\mathrm{Y})\|^2 \leqslant \|u\|^2 \mu(\mathrm{Y}).$$

Cette inégalité implique que $\mu(\mathrm{Y}) = 0$ si $c > \|u\|$, de sorte que la fonction g est bornée μ-presque partout par $\|u\|$. Pour toute fonction $f \in \mathscr{C}(\mathrm{X})$, on a enfin

$$u(\widetilde{f}) = v(m_f(1)) = \widetilde{m}_f(v(1)) = \widetilde{m}_f(\widetilde{g}) = \widetilde{m}_g(\widetilde{f}),$$

d'où l'égalité $u = \widetilde{m}_g$, et en particulier $\mathrm{N}_\infty(g) = \|u\|$.

Considérons maintenant le cas général. Il existe une famille localement dénombrable $(\mathrm{X}_i)_{i \in \mathrm{I}}$ de parties compactes deux à deux disjointes de X telle que $Z = X - \bigcup_{i \in I} X_i$ est localement μ-négligeable (INT, IV, p .190, § 5, n° 9, prop. 14). Notons μ_i la mesure induite par μ sur X_i (INT, IV, p. 186, § 5, n° 7, déf. 4).

D'après la prop. 1 de IV, p. 179, pour tout $i \in I$, l'image E_i de $\widetilde{m}_{\varphi_{X_i}}$ s'identifie à $L^2(X_i, \mu_i)$ par $f \mapsto f|X_i$. Pour toute fonction $g \in \mathscr{L}^\infty(X, \mu)$, l'endomorphisme de multiplication $\widetilde{m}_g$ commute avec $\widetilde{m}_{\varphi_{X_i}}$, donc laisse stable E_i, et l'endomorphisme de E_i déduit de $\widetilde{m}_g$ par passage aux sous-espaces coïncide avec l'endomorphisme de multiplication par $g|X_i$ sur $L^2(X_i, \mu_i)$.

Comme u commute avec $m_{\varphi_{X_i}}$, il laisse également stable le sous-espace E_i. Notons u_i l'endomorphisme de $L^2(X_i, \mu_i)$ déduit de u par passage aux sous-espaces.

L'application de $\mathscr{L}^\infty(X, \mu)$ dans $\mathscr{L}^\infty(X_i, \mu_i)$ définie par $g \mapsto g|X_i$ étant surjective, l'hypothèse implique que u_i commute avec $\widetilde{m}_g$ pour toute fonction $g \in \mathscr{L}^\infty(X_i, \mu_i)$. D'après la première partie de la démonstration, il existe une fonction $g_i \in \mathscr{L}^\infty(X_i, \mu_i)$ telle que $u_i = \widetilde{m}_{g_i}$ et $N_\infty(g_i) \leqslant \|u_i\| \leqslant \|u\|$.

La fonction g sur X qui coïncide avec g_i sur X_i et qui est nulle sur Z est bornée et μ-mesurable (INT, IV, p. 193, § 5, n° 10, prop. 16) donc $g \in \mathscr{L}^\infty(X, \mu)$. Pour tout $i \in I$, la restriction de u à E_i coïncide avec celle de $\widetilde{m}_g$; on a $u = m_g$ par conséquent d'après la prop. 1, *c*) de IV, p. 179.

COROLLAIRE. — *Soit u un endomorphisme de l'espace hilbertien $L^2(X, \mu)$ permutable à $\widetilde{m}_g$ pour toute fonction $g \in \mathscr{K}(X)$. Alors il existe un unique élément $f \in L^\infty(X, \mu)$ tel que $u = \widetilde{m}_f$.*

D'après la prop. 7, il suffit de démontrer que u commute avec $\widetilde{m}_g$ pour tout $g \in \mathscr{L}^\infty(X, \mu)$. Soient h_1 et h_2 des éléments de $\mathscr{L}^2(X, \mu)$ de classes $\widetilde{h}_1$ et $\widetilde{h}_2$ dans $L^2(X, \mu)$. Soit k_1 (resp. k_2) une fonction dans $\mathscr{L}^2(X, \mu)$ dont la classe est $u(\widetilde{h}_1)$ (resp. $u^*(\widetilde{h}_2)$).

Notons $h = h_1\overline{k}_2 - k_1\overline{h}_2$; on a $h \in \mathscr{L}^1(X, \mu)$. Définissons la mesure $\nu = h \cdot \mu$ sur X ; elle est bornée. Pour tout $g \in \mathscr{L}^\infty(X, \mu)$, on a

$$\begin{aligned}\langle \widetilde{h}_2 \,|\, u(\widetilde{m}_g(\widetilde{h}_1)) - \widetilde{m}_g(u(\widetilde{h}_1))\rangle &= \langle u^*(\widetilde{h}_2) \,|\, \widetilde{m}_g(\widetilde{h}_1)\rangle - \langle \widetilde{h}_2 \,|\, \widetilde{m}_g(u(\widetilde{h}_1))\rangle \\ &= \int_X g \cdot h_1 \cdot \overline{k}_2 \, d\mu - \int_X g \cdot k_1 \cdot \overline{h}_2 \, d\mu = \nu(g).\end{aligned}$$

On a donc par hypothèse $\nu(g) = 0$ pour toute fonction $g \in \mathscr{K}(\mathrm{X})$, c'est-à-dire $\nu = 0$. Par conséquent, il vient

$$\langle \widetilde{h}_2 \,|\, u(\widetilde{m}_g(\widetilde{h}_1)) - \widetilde{m}_g(u(\widetilde{h}_1))\rangle = \nu(g) = 0$$

pour tout $g \in \mathscr{L}^\infty(\mathrm{X}, \mu)$. Puisque c'est le cas pour tous h_1 et h_2 dans $\mathscr{L}^2(\mathrm{X}, \mu)$, on a $u \circ \widetilde{m}_g = \widetilde{m}_g \circ u$.

Remarque. — Dans la suite, on notera souvent simplement m_g l'endomorphisme de multiplication par g sur $\mathrm{L}^p(\mathrm{X}, \mu)$.

6. Mesures spectrales

Dans ce numéro, on fixe un espace hilbertien complexe E.

Rappelons que si A est une algèbre stellaire unifère commutative, on note $\mathsf{X}(\mathrm{A})$ l'espace topologique compact de ses caractères unifères (cor. 1 de I, p. 29) et $\mathscr{G}_\mathrm{A}$ la transformation de Gelfand de A (déf. 5 de I, p. 7) qui est un isomorphisme isométrique d'algèbres unifères involutives de A sur $\mathscr{C}(\mathsf{X}(\mathrm{A}))$ (th. 1 de I, p. 108). On notera $\mathscr{H}_\mathrm{A}$ l'isomorphisme réciproque.

Lemme 9. — *Soit* A *une sous-algèbre stellaire unifère commutative de* $\mathscr{L}(\mathrm{E})$. *Pour tous* x *et* y *dans* E, *l'application* μ *de* $\mathsf{X}(\mathrm{A})$ *dans* $\mathbf{C}$ *définie par* $\mu(f) = \langle x \,|\, \mathscr{H}_\mathrm{A}(f)y\rangle$ *pour tout* $f \in \mathscr{C}(\mathsf{X}(\mathrm{A}))$ *est une mesure bornée sur l'espace compact* $\mathsf{X}(\mathrm{A})$. *Elle est positive si* $x = y$. *Sa norme est* $\leqslant \|x\|\,\|y\|$, *avec égalité si* $x = y$.

L'application μ est linéaire. Pour toute fonction $f \in \mathscr{C}(\mathsf{X}(\mathrm{A}))$, on a

$$|\mu(f)| \leqslant \|x\|\,\|y\|\,\|\mathscr{H}_\mathrm{A}(f)\| = \|x\|\,\|y\|\,\|f\|,$$

donc μ est une mesure bornée sur $\mathsf{X}(\mathrm{A})$ de norme $\leqslant \|x\|\,\|y\|$.

Supposons que $x = y$. Pour toute fonction positive $f \in \mathscr{C}(\mathsf{X}(\mathrm{A}))$, l'élément $\mathscr{H}_\mathrm{A}(f)$ est un élément positif de A (exemple 1 de I, p. 115), donc un élément positif de $\mathscr{L}(\mathrm{E})$, d'où $\mu(f) = \langle x \,|\, \mathscr{H}_\mathrm{A}(f)(x)\rangle \geqslant 0$ (prop. 8 de I, p. 138). Ceci montre que μ est une mesure positive. Comme $\mu(1) = \|x\|^2$, la masse totale de μ est $\|x\|^2$ (INT, III, p. 58, § 1, n° 8, cor. 2).

DÉFINITION 2. — *Soit* A *une sous-algèbre stellaire unifère commutative de* $\mathscr{L}(\mathrm{E})$. *Pour tous* x *et* y *dans* E, *la forme linéaire* $f \mapsto \langle x \,|\, \mathscr{H}_\mathrm{A}(f)y\rangle$ *sur* $\mathscr{C}(\mathsf{X}(\mathrm{A}))$ *s'appelle la* mesure spectrale de (x, y) relative à A. *Si* $x = y$, *on dit que c'est la* mesure spectrale de x relative à A.

Remarque. — Soit A une sous-algèbre stellaire unifère commutative de $\mathscr{L}(\mathrm{E})$. Pour tous x et y dans E, notons $\mu_{x,y}$ la mesure spectrale de (x, y) relativement à A. L'application définie par $(x, y) \mapsto \mu_{x,y}$ de $\mathrm{E} \times \mathrm{E}$ dans $\mathscr{M}^1(\mathsf{X}(\mathrm{A}))$ est sesquilinéaire.

Soit u un endomorphisme normal de E et A la sous-algèbre stellaire unifère de $\mathscr{L}(\mathrm{E})$ engendrée par u. Elle est commutative. L'espace $\mathsf{X}(\mathrm{A})$ s'identifie à $\mathrm{Sp}(u)$ par l'application $\chi \mapsto \chi(u)$ (lemme 10 de I, p. 109). La mesure spectrale $\mu_{x,y}$ de (x, y) relative à A s'identifie donc à une mesure sur $\mathrm{Sp}(u)$, appelée la *mesure spectrale de* (x, y) *relative à* u. Pour toute fonction $f \in \mathscr{C}(\mathrm{Sp}(u))$, on a alors

$$\int_{\mathrm{Sp}(u)} f d\mu_{x,y} = \langle x \,|\, f(u)y \rangle$$

d'après la déf. 5 de I, p. 110.

7. Algèbres stellaires commutatives d'endomorphismes d'un espace hilbertien

DÉFINITION 3. — *Soient* A *une algèbre sur* **C** *et* E *un espace vectoriel topologique complexe. Soit* π *une représentation de* A *dans* E. *On dit qu'un élément* x *de* E *est un* vecteur cyclique *pour* π *si l'ensemble des éléments* $\pi(a)x$ *pour* $a \in \mathrm{A}$ *est total dans* E.

Soit $u \in \mathscr{L}(\mathrm{E})$ *un endomorphisme de* E. *On dit que* $x \in \mathrm{E}$ *est un* vecteur cyclique pour u *si c'est un vecteur cyclique pour la représentation identique de la sous-algèbre stellaire engendrée par* u *dans* $\mathscr{L}(\mathrm{E})$.

PROPOSITION 8. — *Soit* E *un espace hilbertien complexe. Soit* A *une sous-algèbre stellaire unifère commutative de* $\mathscr{L}(\mathrm{E})$. *Soit* x *un élément de* E. *Posons* $\mathrm{E}_x = \overline{\mathrm{A} \cdot x}$ *et notons* μ_x *la mesure spectrale de* x *relative à* A.

Il existe un unique isomorphisme isométrique θ_x *de* $\mathrm{L}^2(\mathsf{X}(\mathrm{A}), \mu_x)$ *sur* E_x *tel que* $\theta_x(f) = \mathscr{H}_{\mathrm{A}}(f)(x)$ *pour toute fonction* $f \in \mathscr{C}(\mathsf{X}(\mathrm{A}))$. *Pour tout élément* $a \in \mathrm{A}$, *l'espace* E_x *est stable par* a, *et si on note* a_x *l'endomorphisme de* E_x *déduit de* a *par passage aux sous-espaces, alors on a* $a_x \circ \theta_x = \theta_x \circ m_{\mathscr{G}_{\mathrm{A}}(a)}$.

Soit $\widetilde{\theta}_x$ l'application linéaire de $\mathscr{C}(\mathsf{X}(\mathrm{A}))$ dans E_x définie par

$$\widetilde{\theta}_x(f) = \mathscr{H}_{\mathrm{A}}(f)(x).$$

Pour toute fonction $f \in \mathscr{C}(\mathsf{X}(\mathrm{A}))$, on a

$$\|\widetilde{\theta}_x(f)\|^2 = \langle \mathscr{H}_{\mathrm{A}}(f)x \,|\, \mathscr{H}_{\mathrm{A}}(f)x\rangle = \langle x \,|\, \mathscr{H}_{\mathrm{A}}(|f|^2)x\rangle = \int_{\mathsf{X}(\mathrm{A})} |f|^2 d\mu_x.$$

Puisque $\mathscr{C}(\mathsf{X}(\mathrm{A}))$ est dense dans $\mathscr{L}^2(\mathsf{X}(\mathrm{A}), \mu_x)$, il existe une unique application linéaire isométrique de $\mathrm{L}^2(\mathsf{X}(\mathrm{A}), \mu_x)$ dans E_x qui prolonge $\widetilde{\theta}_x$; on la note θ_x. L'application θ_x est surjective puisque son image est fermée (lemme 8 de I, p. 107) et contient $\mathrm{A} \cdot x$. C'est donc un isomorphisme isométrique.

Soit $a \in \mathrm{A}$. Notons $g = \mathscr{G}_{\mathrm{A}}(a) \in \mathscr{C}(\mathsf{X}(\mathrm{A}))$. L'espace E_x est stable par a. Pour $f \in \mathscr{C}(\mathsf{X}(\mathrm{A}))$, on a alors

$$\widetilde{\theta}_x(m_g(f)) = \mathscr{H}_{\mathrm{A}}(\mathscr{G}_{\mathrm{A}}(a)f)x = (a \circ \mathscr{H}_{\mathrm{A}}(f))x = a(\widetilde{\theta}_x(f)),$$

et il en résulte que $\theta_x \circ m_g = a_x \circ \theta_x$.

Corollaire. — *Soit* E *un espace hilbertien complexe. Soit* A *une sous-algèbre stellaire unifère commutative de* $\mathscr{L}(\mathrm{E})$ *admettant un vecteur cyclique* x. *Soit* μ_x *la mesure spectrale de* x *relative à* A. *Il existe un unique isomorphisme isométrique*

$$\theta_x : \mathrm{L}^2(\mathsf{X}(\mathrm{A}), \mu_x) \to \mathrm{E}$$

tel que $\theta_x(f) = \mathscr{H}_{\mathrm{A}}(f)$ *pour toute fonction* $f \in \mathscr{C}(\mathsf{X}(\mathrm{A}))$. *Pour tout* a *dans* A, *on a* $a \circ \theta_x = \theta_x \circ m_{\mathscr{G}_{\mathrm{A}}(a)}$.

En effet, on a alors $\mathrm{E}_x = \mathrm{E}$ et $a_x = a$ pour tout $a \in \mathrm{A}$.

Soit E un espace hilbertien complexe. Soit $x \in \mathrm{E}$ et soit A une sous-algèbre stellaire unifère commutative de $\mathscr{L}(\mathrm{E})$. Notons E_x le sous-espace fermé $\overline{\mathrm{A} \cdot x}$ de E. Pour tout $a \in \mathrm{A}$, on a alors $a(\mathrm{E}_x) \subset \mathrm{E}_x$. Notons A_x la sous-algèbre stellaire unifère commutative de $\mathscr{L}(\mathrm{E}_x)$ formée des endomorphismes de E_x déduits des éléments de A par passage aux sous-espaces. Le vecteur x est un vecteur cyclique pour $\mathrm{A}_x \subset \mathscr{L}(\mathrm{E}_x)$.

Proposition 9. — *Il existe un sous-ensemble* C *de* E *tel que* E *est somme hilbertienne des espaces* E_x *pour* $x \in \mathrm{C}$. *Si* E *est de type dénombrable, l'ensemble* C *est dénombrable.*

Soit $\mathscr{O}$ l'ensemble des parties C de E telles que les sous-espaces E_x pour $x \in \mathrm{C}$ soient deux à deux orthogonaux. L'ensemble $\mathscr{O}$, ordonné par l'inclusion, est de caractère fini (E, III, p. 34, déf. 2) puisque C appartient à $\mathscr{O}$ si et seulement si les ensembles formés de deux éléments de C appartiennent à $\mathscr{O}$. D'après E, III, p. 35, th. 1, il existe un élément maximal C de $\mathscr{O}$.

Soit F le sous-espace fermé de E engendré par les sous-espaces E_x pour $x \in C$. Il suffit de démontrer que F° est réduit à 0 pour achever la preuve de la proposition. Soit y un élément de F°. Pour tout $x \in C$ et tous a et b dans A, on a $\langle a(y) \,|\, b(x) \rangle = \langle y \,|\, a^*b(x) \rangle = 0$ puisque $a^*b(x)$ appartient à E_x, donc à F. Comme les éléments $a(y)$ (resp. $b(x)$) engendrent un sous-espace dense de E_y (resp. E_x), on a donc $E_y \subset E_x^\circ$. Puisque C est maximal dans $\mathscr{O}$, cela signifie que E_y est réduit à 0, donc que $y = 0$.

Supposons que E est de type dénombrable. Comme E_x est non nul pour tout $x \in C$ non nul, tout ensemble C tel que E est somme hilbertienne des espaces E_x pour $x \in C$ est dénombrable.

THÉORÈME 1. — *Soit* A *une sous-algèbre stellaire unifère commutative de* $\mathscr{L}(E)$. *Il existe un espace topologique localement compact* X, *une mesure positive* μ *sur* X, *un isomorphisme isométrique* θ *de* $L^2(X, \mu)$ *sur* E *et un morphisme isométrique d'algèbres stellaires* π *de* A *dans* $\mathscr{C}_b(X)$ *tels que pour tout* $a \in A$, *on ait*

$$a \circ \theta = \theta \circ m_{\pi(a)}.$$

D'après la prop. 9, il existe une partie C de E telle que E soit la somme hilbertienne des sous-espaces E_x pour $x \in C$. Soit X l'espace topologique localement compact $\mathsf{X}(A) \times C$, où C est muni de la topologie discrète. Il existe une unique mesure μ sur X telle que $\mu|(\mathsf{X}(A) \times \{x\})$ s'identifie à la mesure spectrale μ_x de x pour tout $x \in C$ (INT, III, p. 65, § 2, n° 1, prop. 1) ; cette mesure est positive (*cf. loc. cit.*). On a alors une décomposition en somme hilbertienne

$$L^2(X, \mu) = \bigoplus_{x \in C} L^2(\mathsf{X}(A), \mu_x)$$

(prop. 1 de IV, p. 179, *c*) appliquée aux ensembles $\mathsf{X}(A) \times \{x\}$ pour $x \in C$). Il existe donc une unique isométrie $\theta \colon L^2(X, \mu) \to E$ qui coïncide avec $\theta_x \colon L^2(\mathsf{X}(A), \mu_x) \to E_x$ sur $L^2(\mathsf{X}(A), \mu_x)$ pour tout $x \in C$.

Soit $p \colon X \to \mathsf{X}(A)$ la projection canonique ; elle est surjective, donc l'application linéaire $p^* \colon \mathscr{C}_b(\mathsf{X}(A)) \to \mathscr{C}(X)$ définie par $f \mapsto f \circ p$ est injective. Notons $\pi = p^* \circ \mathscr{G}_A$; c'est un morphisme injectif d'algèbres stellaires de A dans $\mathscr{C}_b(X)$; il est donc isométrique (prop. 9 de I, p. 112).

Soit $a \in \mathrm{A}$. Pour tout $x \in \mathrm{C}$, on a $a_x \circ \theta_x = \theta_x \circ m_{\mathscr{G}_{\mathrm{A}}(a)}$. Les applications linéaires continues $a \circ \theta$ et $\theta \circ m_{\pi(a)}$ coïncident donc sur les sous-espaces $\mathrm{L}^2(\mathsf{X}(\mathrm{A}), \mu_x)$, et sont par conséquent égales.

Corollaire (Théorème spectral). — *Soit* E *un espace hilbertien complexe. Soit* $u \in \mathscr{L}(\mathrm{E})$ *un endomorphisme normal de* E. *Il existe un espace topologique localement compact* X, *une mesure positive* μ *sur* X, *un isomorphisme isométrique* θ *de* $\mathrm{L}^2(\mathrm{X}, \mu)$ *sur* E *et une fonction continue et bornée* g *sur* X *tels que* $u = \theta \circ m_g \circ \theta^{-1}$.

Si u *admet un vecteur cyclique* x, *on peut prendre* $\mathrm{X} = \mathrm{Sp}(u)$ *et pour* g *la fonction identique de* X.

Il suffit d'appliquer le théorème 1 (resp. le corollaire de la proposition 8) à la sous-algèbre stellaire A de $\mathscr{L}(\mathrm{E})$ qui est engendrée par u, et de poser $g = \pi(u)$.

Cet énoncé réduit toute question portant sur un seul endomorphisme normal d'un espace hilbertien à une question similaire pour un opérateur de multiplication, ce qui en simplifie souvent l'étude (*cf.* par exemple l'exercice 19 de IV, p. 325).

8. Continuité du calcul fonctionnel

Dans ce numéro, on considère les propriétés de continuité du calcul fonctionnel par rapport aux deux variables.

Pour une algèbre stellaire A et un élément normal a de A, et pour une fonction f continue sur un sous-ensemble de $\mathbf{C}$ contenant $\mathrm{Sp}_{\mathrm{A}}(a)$, on note $f(a)$ l'élément obtenu par le calcul fonctionnel continu de a appliqué à la restriction de f au spectre de a.

Proposition 10. — *Soit* A *une algèbre stellaire unifère. Soit* U *un ouvert relativement compact dans* $\mathbf{C}$. *Notons* Ω_{n} *l'ensemble des éléments* normaux *de* A *tels que* $\mathrm{Sp}_{\mathrm{A}}(a)$ *est contenu dans* U. *L'application* $(f, a) \mapsto f(a)$ *de* $\mathscr{C}(\overline{\mathrm{U}}) \times \Omega_{\mathrm{n}}$ *dans* A *est continue.*

Notons q l'application $(f, a) \mapsto f(a)$ de $\mathscr{C}(\overline{\mathrm{U}}) \times \Omega_{\mathrm{n}}$ dans A. L'ensemble des applications de calcul fonctionnel $f \mapsto f(a)$ pour $a \in \Omega_{\mathrm{n}}$ est équicontinu dans $\mathscr{L}(\mathscr{C}(\overline{\mathrm{U}}); \mathrm{A})$, puisque chacune est une application linéaire continue de norme $\leqslant 1$. Pour démontrer l'assertion, il suffit donc de vérifier que, pour tout $f \in \mathscr{C}(\overline{\mathrm{U}})$, l'application de Ω_{n} dans A définie par $a \mapsto f(a)$ est continue (TG, X, p. 13, cor. 3).

Soit $\mathscr{A}$ l'ensemble des $f \in \mathscr{C}(\overline{\mathrm{U}})$ telles que l'application $a \mapsto f(a)$ de Ω_{n} dans A est continue ; il faut démontrer que $\mathscr{A} = \mathscr{C}(\overline{\mathrm{U}})$.

L'ensemble $\mathscr{A}$ est une sous-algèbre unifère involutive de $\mathscr{C}(\overline{\mathrm{U}})$. Elle contient la fonction identique de $\overline{\mathrm{U}}$, donc elle sépare les points. Par conséquent, elle est dense dans $\mathscr{C}(\overline{\mathrm{U}})$ (TG, X, p. 39, prop. 7). Démontrons qu'elle est fermée.

Soit (f_{n}) une suite dans $\mathscr{A}$ qui converge vers $f \in \mathscr{C}(\overline{\mathrm{U}})$. Soit $\varepsilon > 0$ et choisissons $n \in \mathbf{N}$ tel que $\|f - f_n\|_\infty \leqslant \varepsilon/4$. Pour tout $(a_1, a_2) \in \Omega_{\mathrm{n}}^2$ on a

$$\begin{aligned}\|f(a_1) - f(a_2)\| &\leqslant 2\|f - f_n\|_\infty + \|f_n(a_1) - f_n(a_2)\| \\ &\leqslant \frac{\varepsilon}{2} + \|f_n(a_1) - f_n(a_2)\|.\end{aligned}$$

Comme f_n appartient à $\mathscr{A}$, il existe un voisinage V de a_1 dans Ω_{n} tel que $\|f_n(a_1) - f_n(a_2)\| \leqslant \varepsilon/2$ pour tout $a_2 \in \mathrm{V}$. On a donc $\|f(a_1) - f(a_2)\| \leqslant \varepsilon$ pour tout $a_2 \in \mathrm{V}$. L'application $a \mapsto f(a)$ est donc continue en a_1 ; l'assertion est démontrée.

COROLLAIRE 1. — *Soit* A *une algèbre stellaire unifère et soit* A_{n} *l'ensemble des éléments normaux de* A. *Munissons l'espace* $\mathscr{C}(\mathbf{C})$ *de la topologie de la convergence compacte. L'application* $(f, a) \mapsto f(a)$ *de* $\mathscr{C}(\mathbf{C}) \times \mathrm{A}_{\mathrm{n}}$ *dans* A *est continue.*

Soit $(f_0, a_0) \in \mathscr{C}(\mathbf{C}) \times \mathrm{A}_{\mathrm{n}}$. Soit U un voisinage relativement compact du spectre de a_0. Soit V l'ensemble des éléments normaux a de A tels que $\mathrm{Sp}_{\mathrm{A}}(a) \subset \mathrm{U}$; c'est un voisinage ouvert de a_0 dans A_{n} (I, p. 76, prop. 10). Pour tout $a \in \mathrm{V}$ et toute fonction $f \in \mathscr{C}(\mathbf{C})$, on a $f(a) = (f|\overline{\mathrm{U}})(a)$. Comme l'application $f \mapsto \|f|\overline{\mathrm{U}}\|_\infty$ est une semi-norme continue sur $\mathscr{C}(\mathbf{C})$ muni de la topologie de la convergence compacte, la continuité de l'application $(f, a) \mapsto f(a)$ en (f_0, a_0) résulte de la prop. 10.

COROLLAIRE 2. — *Soit* E *un espace hilbertien complexe et soit* $\mathscr{L}(\mathrm{E})_{\mathrm{n}}$ *l'ensemble des endomorphismes normaux de* E. *Munissons l'espace* $\mathscr{C}(\mathbf{C})$ *de la topologie de la convergence compacte. L'application de* $\mathscr{C}(\mathbf{C}) \times \mathscr{L}(\mathrm{E})_{\mathrm{n}}$ *dans* $\mathscr{L}(\mathrm{E})$ *définie par* $(f, u) \mapsto f(u)$ *est continue.*

§ 3. DISTRIBUTIONS ET DISTRIBUTIONS TEMPÉRÉES

Dans ce paragraphe, n désigne un entier naturel. On notera μ la mesure de Lebesgue sur $\mathbf{R}^n$, ainsi que sa restriction à tout ensemble localement compact de $\mathbf{R}^n$.

On note

$$x \cdot y = \sum_{i=1}^{n} x_i y_i$$

le produit scalaire sur l'espace euclidien $\mathbf{R}^n$; la norme euclidienne est notée $x \mapsto \|x\|$ (TG, VI, p. 7). On rappelle que le groupe $\mathbf{R}^n$ est en dualité avec lui-même relativement à l'application $(x, y) \mapsto \exp(2i\pi\, x \cdot y)$ et que la mesure duale de la mesure de Lebesgue s'identifie alors avec la mesure de Lebesgue (corollaire 3 de II, p. 236). On note $\mathscr{F}$ (resp. $\overline{\mathscr{F}}$) la transformation de Fourier (resp. la cotransformation de Fourier) de $\mathbf{R}^n$ (*cf.* n° 9 de II, p. 237).

Pour tout $\alpha = (\alpha_i)_{1 \leqslant i \leqslant n} \in \mathbf{N}^n$, on notera X^α la fonction de $\mathbf{R}^n$ dans $\mathbf{R}$ définie par $x = (x_i)_{1 \leqslant i \leqslant n} \mapsto x^\alpha = \prod_{i=1}^{n} x_i^{\alpha_i}$.

Soient α et β des éléments de $\mathbf{N}^n$. On note

$$|\alpha| = \sum_{i=1}^{n} \alpha_i, \qquad \binom{\alpha}{\beta} = \prod_{i=1}^{n} \binom{\alpha_i}{\beta_i}.$$

Lemme 1. — *Soit* U *un ouvert de* $\mathbf{R}^n$.

a) *Soient* K *une partie compacte de* U *et* V *un voisinage ouvert de* K *dans* U. *Il existe une fonction* $\varphi \in \mathscr{C}^\infty(\mathrm{U})$ *à support compact contenu dans* V *telle que* $0 \leqslant \varphi \leqslant 1$ *et telle que* $\varphi(x) = 1$ *pour tout* $x \in \mathrm{K}$;

b) *Pour tout recouvrement ouvert localement fini de* U, *il existe une partition de l'unité formée de fonctions de classe* C^∞ *qui lui est subordonnée.*

Cela résulte de VAR, R1, p. 40, 5.3.6.

Proposition 1. — *Soient* U *un ouvert de* $\mathbf{R}^n$ *et* $k \in \mathbf{N}$. *Soient* E, F *et* G *des espaces vectoriels topologiques et* $b \colon \mathrm{E} \times \mathrm{F} \to \mathrm{G}$ *une application bilinéaire continue. Soient* f *et* g *des fonctions de classe* C^k *de* U *dans* E *et* F *respectivement. Alors l'application* $h \colon x \mapsto b(f(x), g(x))$ *est de classe* C^k *dans* U ; *de plus, pour tout* $\alpha \in \mathbf{N}^n$ *tel que* $|\alpha| \leqslant k$ *et pour tout* $x \in \mathrm{U}$, *on a*

$$\partial^\alpha h(x) = \sum_{\substack{\beta \in \mathbf{N}^n \\ \beta \leqslant \alpha}} \binom{\alpha}{\beta} b(\partial^\beta f(x), \partial^{\alpha-\beta} g(x)).$$

L'application h est la composée de l'application $(f, g)\colon \mathrm{U} \to \mathrm{E} \times \mathrm{F}$, qui est de classe C^k, et de l'application $b\colon \mathrm{E} \times \mathrm{F} \to \mathrm{G}$ qui est de classe C^∞. Elle est donc de classe C^k. L'expression pour ses dérivées partielles résulte de la formule de Leibniz (FVR, I, p. 28, prop. 2, *cf.* A, III, p. 122, corollaire).

On rappelle qu'un espace vectoriel topologique localement convexe séparé est un espace de Montel s'il est tonnelé et si toute partie bornée est relativement compacte (EVT, IV, p. 18, déf. 4).

On rappelle également que si E et F sont des espaces localement convexes, et si E est bornologique (EVT, III, p. 12, déf. 1), une application linéaire $u\colon \mathrm{E} \to \mathrm{F}$ est continue si et seulement si l'image par u de toute partie bornée de E est bornée dans F (EVT, III, p. 11, prop. 1, (iiibis), lorsque F est semi-normé, le cas général en résultant de manière formelle, *cf.* EVT, II, p. 7, prop. 5, *b*)).

1. Dérivation sous le signe somme

On fixe un espace topologique localement compact X et une mesure ν sur X. Soit E un espace de Banach.

PROPOSITION 2. — *Soient* I *un intervalle de* **R** *et* f *une application de* $\mathrm{X} \times \mathrm{I}$ *dans* E *telle que*

(i) *Pour tout* $t \in \mathrm{I}$, *l'application* $x \mapsto f(x, t)$ *de* X *dans* E *est* ν*-intégrable* ;

(ii) *Pour tout* $x \in \mathrm{X}$, *l'application* $t \mapsto f(x, t)$ *de* I *dans* E *admet une dérivée, notée* $t \mapsto f'(x, t)$;

(iii) *Il existe une fonction positive* ν*-intégrable* g *sur* X *telle que* $\|f'(x, t)\| \leqslant g(x)$ *pour tout* $(x, t) \in \mathrm{X} \times \mathrm{I}$.

Alors l'application F *de* I *dans* E *définie par*

$$\mathrm{F}(t) = \int_{\mathrm{X}} f(x, t) d\nu(x)$$

est dérivable dans I *et pour tout* $t \in \mathrm{I}$, *on a*

$$\mathrm{F}'(t) = \int_{\mathrm{X}} f'(x,t)d\nu(x).$$

Soit $t_0 \in \mathrm{I}$ et soit J un intervalle de $\mathbf{R}$ contenu dans I qui est un voisinage de t_0 dans I. Soit $h\colon \mathrm{X} \times \mathrm{J} \to \mathrm{E}$ l'application définie par $(x,t) \mapsto (f(x,t) - f(x,t_0))/(t-t_0)$ pour $(x,t) \in \mathrm{X} \times (\mathrm{J} - \{t_0\})$ et $(x,t_0) \mapsto f'(x,t_0)$ pour $x \in \mathrm{X}$. Soit $x \in \mathrm{X}$. On a $\|h(x,t_0)\| \leqslant g(x)$ et, pour tout $t \neq t_0$, il vient $\|h(x,t)\| \leqslant g(x)$ par FVR, I, p. 23, th. 2. Par définition de la dérivée, la proposition se déduit du corollaire 1 de INT, IV, p. 144, § 4, n° 3, appliqué à l'application h.

Reprenons les notations de VAR, R1, 2.4, p. 19 concernant les dérivées partielles.

COROLLAIRE 1. — *Soit* U *un ouvert de* $\mathbf{R}^n$. *Soient* $k \in \mathbf{N}$ *et* f *une application de* $\mathrm{X} \times \mathrm{U}$ *dans* E *qui vérifie les conditions suivantes:*

(i) *Pour tout* $t \in \mathrm{U}$, *l'application* $x \mapsto f(x,t)$ *de* X *dans* E *est* ν*-intégrable;*

(ii) *Pour tout* $x \in \mathrm{X}$, *l'application* $t \mapsto f(x,t)$ *de* U *dans* E *est de classe* C^k, *de dérivées partielles notées* $\partial^\alpha f(x,t)$ *pour tout* $\alpha \in \mathbf{N}^n$ *tel que* $|\alpha| \leqslant k$;

(iii) *Il existe une fonction* ν*-intégrable* g *sur* X *telle que pour tout* $\alpha \in \mathbf{N}^n$ *vérifiant* $|\alpha| \leqslant k$ *et pour tout* $(x,t) \in \mathrm{X} \times \mathrm{U}$, *on a* $\|\partial^\alpha f(x,t)\| \leqslant g(x)$.

Alors l'application F *de* U *dans* E *définie par*

$$\mathrm{F}(t) = \int_{\mathrm{X}} f(x,t)d\nu(x)$$

est de classe C^k *dans* U *et pour tout* $\alpha \in \mathbf{N}^n$ *vérifiant* $|\alpha| \leqslant k$ *et tout* $t \in \mathrm{U}$, *on a*

$$\partial^\alpha \mathrm{F}(t) = \int_{\mathrm{X}} \partial^\alpha f(x,t)d\nu(x).$$

Cela résulte de la proposition par récurrence sur k.

COROLLAIRE 2. — *Soit* k *un entier naturel. Soient* $f \in \mathscr{L}^1(\mathbf{R}^n,\mu)$ *et* $g \in \mathscr{C}^k(\mathbf{R}^n)$. *On suppose que pour tout* $\alpha \in \mathbf{N}^n$ *tel que* $|\alpha| \leqslant k$, *la fonction* $\partial^\alpha g$ *est bornée. Alors le produit de convolution* $f * g$ *appartient à* $\mathscr{C}^k(\mathbf{R}^n)$ *et pour tout* α *tel que* $|\alpha| \leqslant k$, *on a* $\partial^\alpha(f*g) = f * \partial^\alpha g$.

On peut appliquer le corollaire 1 à l'espace $\mathrm{X} = \mathbf{R}^n$, à la mesure de Lebesgue et à l'application h définie par $(x,t) \mapsto f(x)g(t-x)$ de

$\mathbf{R}^n \times \mathbf{R}^n$ dans $\mathbf{C}$; en effet, pour tout $\alpha \in \mathbf{N}^n$ tel que $|\alpha| \leqslant k$, on a l'inégalité

$$|\partial^\alpha h(x,t)| \leqslant \Big(\sup_{|\beta|\leqslant k}\sup_{y\in\mathbf{R}^n} |\partial^\beta g(y)|\Big)|f(x)|$$

dont le second membre est une fonction intégrable sur $\mathbf{R}^n$.

2. Critères d'intégrabilité dans $\mathbf{R}^n$ et $\mathbf{Z}^n$

Proposition 3. — *Soient* N *une norme sur* $\mathbf{R}^n$, r *un nombre réel et* $p \in [1, +\infty[$.

a) *La fonction* $(1 + \mathrm{N})^r$ *appartient à* $\mathscr{L}^p(\mathbf{R}^n, \mu)$ *si et seulement si* $rp < -n$;

a′) *La restriction à* $\mathbf{Z}^n$ *de la fonction* $(1 + \mathrm{N})^r$ *appartient à* $\ell^p(\mathbf{Z}^n)$ *si et seulement si* $rp < -n$;

b) *Soit* V *un voisinage mesurable borné de* 0 *dans* $\mathbf{R}^n$. *La fonction* N^r *appartient à* $\mathscr{L}^p(\mathbf{R}^n - \mathrm{V}, \mu)$ *si et seulement si* $rp < -n$.

En vertu de l'équivalence des normes sur $\mathbf{R}^n$ (EVT I, p. 14, th. 2 et TG, IX, p. 32, prop. 8), on peut supposer que la norme N est donnée par $\mathrm{N}(x) = \sup|x_i|$ pour $x = (x_i) \in \mathbf{R}^n$. Notons B la boule unité de $\mathbf{R}^n$ pour cette norme.

Soit V un voisinage mesurable borné de 0 dans $\mathbf{R}^n$. La fonction N^r est continue et bornée sur $(\mathrm{B} - \mathrm{V}) \cup (\mathrm{V} - \mathrm{B})$, ce qui montre que l'assertion *b*) est valide si et seulement si elle l'est lorsque $\mathrm{V} = \mathrm{B}$, ce qu'on supposera désormais. La fonction $(1 + \mathrm{N})^r$ étant continue et bornée sur B, et vérifiant l'encadrement $\mathrm{N}^r \leqslant (1 + \mathrm{N})^r \leqslant 2^r\mathrm{N}^r$ sur $\mathbf{R}^n - \mathrm{B}$, on constate que les assertions *a*) et *b*) sont équivalentes.

Démontrons *b*) lorsque $\mathrm{V} = \mathrm{B}$. On peut supposer que $p = 1$. Le cas où $r > 0$ étant élémentaire, supposons que $r \leqslant 0$. Pour tout entier $j \geqslant 1$, l'ensemble intégrable

$$\mathrm{C}_j = \{x \in \mathbf{R}^n \mid 2^{j-1} \leqslant \mathrm{N}(x) < 2^j\}$$

est de mesure $2^{nj}(2^n - 1)$. Les ensembles $(\mathrm{C}_j)_{j\geqslant 1}$ forment une partition de $\mathbf{R}^n - \mathrm{B}$. D'après INT, V, p. 4, § 1, n° 1, cor., on a donc

$$\begin{aligned}\int^*_{\mathbf{R}^n - \mathrm{B}} \mathrm{N}^r d\mu &= \sum_{j\geqslant 1} \int^*_{\mathrm{C}_j} \mathrm{N}^r d\mu \\ &\leqslant \sum_{j\geqslant 1} 2^{n+nj}2^{r(j-1)} = 2^{n-r}\sum_{j\geqslant 1} 2^{(n+r)j}\end{aligned}$$

qui est finie si $r < -n$. D'autre part, on a (*loc. cit.*)

$$\int_{\mathbf{R}^n - \mathrm{B}}^{*} \mathrm{N}^r d\mu \geqslant \sum_{j\geqslant 1} 2^{rj} 2^{nj}(2^n - 1) = (2^n - 1) \sum_{j\geqslant 1} 2^{(r+n)j}$$

qui est infini si $r \geqslant -n$.

On démontre a') de manière similaire en considérant les ensembles $\mathrm{C}_j \cap \mathbf{Z}^n$ qui recouvrent $\mathbf{Z}^n - \{0\}$ et vérifient

$$\mathrm{Card}(\mathrm{C}_j \cap \mathbf{Z}^n) = (2^{j+1} - 1)^n - (2^j - 1)^n,$$

qui appartient à l'intervalle $[(1 - 2^{-n})(2^{j+1} - 1)^n, 2^{n(j+1)}]$.

3. Fonctions test

Dans ce numéro, U désigne un ouvert de $\mathbf{R}^n$. Pour $p \in [1, +\infty]$, on écrira $\mathscr{L}^p(\mathrm{U})$ et $\mathrm{L}^p(\mathrm{U})$ plutôt que $\mathscr{L}^p(\mathrm{U}, \mu)$ et $\mathrm{L}^p(\mathrm{U}, \mu)$. On identifie les fonctions continues appartenant à $\mathscr{L}^p(\mathrm{U})$ à leur image dans $\mathrm{L}^p(\mathrm{U})$.

Munissons l'espace $\mathscr{C}^\infty(\mathrm{U})$ des fonctions indéfiniment dérivables dans U à valeurs complexes de la topologie définie par la famille de semi-normes $p_{\alpha,\mathrm{K}}$ définies pour $\alpha \in \mathbf{N}^n$ et $\mathrm{K} \subset \mathrm{U}$ par

$$p_{\alpha,\mathrm{K}}(\varphi) = \sup_{x\in\mathrm{K}} |\partial^\alpha \varphi(x)|.$$

Cet espace est complet (*cf.* EVT, III, p. 9, exemple *b*)).

Pour toute partie compacte K de U, on note $\mathscr{C}^\infty_{\mathrm{K}}(\mathrm{U})$ le sous-espace de $\mathscr{C}^\infty(\mathrm{U})$ formé des fonctions à support dans K. L'espace $\mathscr{C}^\infty_{\mathrm{K}}(\mathrm{U})$ est muni de la topologie induite par celle de $\mathscr{C}^\infty(\mathrm{U})$. C'est un espace de Fréchet, une famille dénombrable de semi-normes qui en définit la topologie étant la famille $(p_{\alpha,\mathrm{K}})_{\alpha\in\mathbf{N}^n}$. En particulier, c'est un espace bornologique (EVT, III, p. 12, prop. 2).

On note $\mathscr{D}(\mathrm{U})$ l'espace vectoriel $\mathscr{K}(\mathrm{U}) \cap \mathscr{C}^\infty(\mathrm{U})$ des fonctions de classe C^∞ à support compact dans U. On dit que $\mathscr{D}(\mathrm{U})$ est l'*espace des fonctions test dans* U. L'espace $\mathscr{D}(\mathrm{U})$ est la limite inductive des espaces $\mathscr{C}^\infty_{\mathrm{K}}(\mathrm{U})$ et il est muni de la topologie localement convexe limite inductive correspondante (EVT, II, p. 31).

Cet espace est noté $\mathscr{C}^\infty_\circ(\mathrm{U})$ dans EVT, III, p. 9.

Soit (K_m) une suite croissante de parties compactes de U dont les intérieurs forment un recouvrement de U. L'espace $\mathscr{D}(\mathrm{U})$ est alors la limite inductive stricte des espaces $\mathscr{C}^\infty_{\mathrm{K}_m}(\mathrm{U})$ (EVT, III, p. 9). C'est donc un espace complet (EVT, II, p. 35, prop. 9). Toute partie bornée de $\mathscr{D}(\mathrm{U})$ est contenue dans l'un des sous-espaces $\mathscr{C}^\infty_{\mathrm{K}_m}(\mathrm{U})$ (EVT, III, p. 5, prop. 6). Cela signifie que $\mathrm{B} \subset \mathscr{D}(\mathrm{U})$ est bornée si et seulement si il existe une partie compacte K de U et une famille $(\mathrm{M}_\alpha)_{\alpha\in\mathbf{N}^n}$ dans $\mathbf{R}_+$ telles que B est contenu dans l'ensemble des fonctions $\varphi \in \mathscr{C}^\infty_{\mathrm{K}}(\mathrm{U})$ vérifiant

$$p_{\alpha,\mathrm{K}}(\varphi) \leqslant \mathrm{M}_\alpha$$

pour tout $\alpha \in \mathbf{N}^n$.

L'espace $\mathscr{D}(\mathrm{U})$ est un espace bornologique (EVT, III, p. 12, exemple 3) et un espace de Montel (EVT, IV, p. 18, exemple 4).

Soit V un ouvert de $\mathbf{R}^n$ contenu dans U. Si $\mathrm{K} \subset \mathrm{V}$ est compact, alors la restriction des fonctions à V définit une application linéaire continue et surjective de $\mathscr{C}^\infty_{\mathrm{K}}(\mathrm{U})$ sur $\mathscr{C}^\infty_{\mathrm{K}}(\mathrm{V})$. L'extension par zéro d'une fonction définie sur V induit une application linéaire continue injective, dite canonique, de $\mathscr{D}(\mathrm{V})$ dans $\mathscr{D}(\mathrm{U})$.

Remarque. — On définit de même l'espace $\mathscr{D}_{\mathbf{R}}(\mathrm{U})$ des fonctions test dans U à valeurs réelles. L'application linéaire telle que $z \otimes \varphi \mapsto z\varphi$ pour tout $z \in \mathbf{C}$ et tout $\varphi \in \mathscr{D}_{\mathbf{R}}(\mathrm{U})$ est un isomorphisme de $\mathbf{C} \otimes \mathscr{D}_{\mathbf{R}}(\mathrm{U})$ dans $\mathscr{D}(\mathrm{U})$.

Lemme 2. — *Soit $\mathscr{U}$ un recouvrement ouvert de* U. *Il existe un recouvrement ouvert localement fini de* U *plus fin que $\mathscr{U}$ et formé de parties relativement compactes.*

Comme U est localement compact, il existe un recouvrement $\mathscr{V}$ de U plus fin que $\mathscr{U}$ constitué d'ouverts relativement compacts dans U. Puisque U est paracompact (TG, IX, p. 51, th. 4), il existe un recouvrement ouvert localement fini $\mathscr{W}$ plus fin que $\mathscr{V}$. Alors $\mathscr{W}$ est plus fin que $\mathscr{U}$ et est constitué d'ouverts relativement compacts.

Lemme 3. — *Soit $f \in \mathscr{K}(\mathbf{R}^n)$ et soit* V *un voisinage ouvert du support* K *de f. Il existe un entier $m_0 \geqslant 1$ tel que, pour tout $x \in \mathrm{K}$, l'ensemble* V *contient la boule de rayon m_0^{-1} centrée en x. Pour tout entier $m > m_0$, soit V_m la boule fermée de rayon m^{-1} centrée en* 0 *dans* $\mathbf{R}^n$ *et soit* φ_m *une fonction test à support dans* V_m*, positive et d'intégrale* 1. *Posons* $f_m = \varphi_m * f$.

a) *On a* $f_m \in \mathscr{D}(\mathbf{R}^n)$ *et le support de* f_m *est contenu dans* V ;

b) *Soit* $p \in [1, +\infty]$. *La suite* $(f_m)_{m>m_0}$ *converge vers* f *dans* $L^p(\mathbf{R}^n)$.

D'après TG, IX, p. 14, remarque, on a $d(K, \mathbf{R}^n - V) > 0$. Soit $m_0 \geqslant 1$ un entier tel que $m_0^{-1} < d(K, \mathbf{R}^n - V)$; il vérifie la condition demandée. Pour tout $m > m_0$, la fonction f_m est continue (INT, VIII, p. 166, § 4, n° 5, prop. 11) et à support contenu dans $K + V_m$ (INT, VIII, p. 126, § 1, n° 4, prop. 5), donc dans V. D'après le corollaire 2 de IV, p. 198, on a $f_m \in \mathscr{D}(\mathbf{R}^n)$. Si $p \neq +\infty$, alors la suite (f_m) converge vers f dans $L^p(\mathbf{R}^n)$ (INT, VIII, p. 172, § 4, n° 7, prop. 20).(1)

Supposons que $p = +\infty$. Soit $\varepsilon > 0$. La fonction f est uniformément continue sur $\mathbf{R}^n$, donc il existe un entier $m_1 > m_0$ tel que, pour tout $m \geqslant m_1$ et tous $x \in \mathbf{R}^n$ et $y \in V_m$, on ait $|f(x) - f(x-y)| < \varepsilon$.

Pour tout $m \geqslant m_1$, la fonction φ_m est nulle en dehors de V_m, positive et d'intégrale 1. On en déduit donc l'inégalité

$$|f(x) - f_m(x)| = \left| \int_{\mathbf{R}^n} (f(x) - f(x-y))\varphi_m(y) d\mu(y) \right| \leqslant \varepsilon$$

pour tout $x \in \mathbf{R}^n$, d'où le résultat.

PROPOSITION 4. — a) *L'injection canonique de* $\mathscr{D}(U)$ *dans* $\mathscr{K}(U)$ *est continue et* $\mathscr{D}(U)$ *est dense dans* $\mathscr{K}(U)$;

b) *Pour tout* $p \in [1, +\infty[$, *l'injection canonique de* $\mathscr{D}(U)$ *dans* $\mathscr{L}^p(U)$ *est continue et* $\mathscr{D}(U)$ *est dense dans* $L^p(U)$.

Toute semi-norme continue sur $\mathscr{K}(U)$ est continue sur $\mathscr{D}(U)$, donc l'injection canonique de $\mathscr{D}(U)$ dans $\mathscr{K}(U)$ est continue.

Soit $f \in \mathscr{K}(U)$. Il existe une suite $(f_m)_{m \in \mathbf{N}}$ dans $\mathscr{D}(U)$ qui converge uniformément vers f sur U et telle que les supports des f_m soient contenus dans un voisinage relativement compact fixé du support de f (lemme 3). La suite (f_m) converge donc vers f dans $\mathscr{K}(U)$. Cela conclut la preuve de *a*).

Soit $p \in [1, +\infty[$. Soit $f \in \mathscr{D}(U)$ et soit K le support de f. On a alors l'inégalité $N_p(f) \leqslant \mu(K)^{1/p} \sup_{x \in K} |f(x)|$, donc l'injection canonique de $\mathscr{D}(U)$ dans $\mathscr{L}^p(U)$ est continue. La dernière partie de l'assertion *b*) résulte alors de *a*).

(1) Notons que c'est par erreur que l'énoncé de cette proposition inclut le cas $p = +\infty$.

Le produit de deux fonctions test étant encore une fonction test, la formule de Leibniz (FVR, I, p. 28, prop. 2) montre que l'espace $\mathscr{D}(\mathrm{U})$ est une algèbre topologique.

Plus généralement, soit $f \in \mathscr{C}^\infty(\mathrm{U})$. L'application linéaire $\varphi \mapsto f\varphi$ de $\mathscr{D}(\mathrm{U})$ dans $\mathscr{D}(\mathrm{U})$ est alors continue. En effet, pour toute partie compacte K de U et tout $\alpha \in \mathbf{N}^n$, on a

$$p_{\alpha,\mathrm{K}}(f\varphi) \leqslant \sum_{0 \leqslant \beta \leqslant \alpha} \binom{\alpha}{\beta} p_{\beta,\mathrm{K}}(f) p_{\alpha-\beta,\mathrm{K}}(\varphi)$$

(*cf. loc. cit.*).

4. Distributions

On conserve les notations du numéro précédent ; U désigne donc un ouvert de $\mathbf{R}^n$.

DÉFINITION 1. — *L'espace dual de* $\mathscr{D}(\mathrm{U})$, *muni de la topologie de la convergence bornée, est appelé* l'espace des distributions sur U. *Il est noté* $\mathscr{D}'(\mathrm{U})$.

Une distribution sur U est donc une forme linéaire continue sur $\mathscr{D}(\mathrm{U})$.

Si f est une forme linéaire sur $\mathscr{D}(\mathrm{U})$ (et en particulier si f est une distribution) et si φ est dans $\mathscr{D}(\mathrm{U})$, on notera $\langle f, \varphi \rangle$ l'évaluation de f en φ.

Puisque $\mathscr{D}(\mathrm{U})$ est bornologique, l'espace $\mathscr{D}'(\mathrm{U})$ est complet (EVT, III, p. 24, cor. 1). Comme $\mathscr{D}(\mathrm{U})$ est un espace de Montel, il en est de même de $\mathscr{D}'(\mathrm{U})$ (EVT, IV, p. 19, prop. 9). En particulier, l'espace $\mathscr{D}'(\mathrm{U})$ est réflexif (EVT, IV, p. 16, th. 2).

Lemme 4. — *Soit f une application linéaire de* $\mathscr{D}(\mathrm{U})$ *dans* $\mathbf{C}$. *Alors f est une distribution si et seulement si, pour toute partie compacte* K *de* U *et pour toute famille* $(\mathrm{M}_\alpha)_{\alpha \in \mathbf{N}^n}$ *dans* $\mathbf{R}_+$, *la forme linéaire f est bornée sur l'ensemble des fonctions* $\varphi \in \mathscr{C}^\infty_\mathrm{K}(\mathrm{U})$ *telles que, pour tout* $\alpha \in \mathbf{N}^n$, *on a*

$$\sup_{x \in \mathrm{K}} |\partial^\alpha \varphi(x)| \leqslant \mathrm{M}_\alpha.$$

En effet, l'espace $\mathscr{D}(\mathrm{U})$ est bornologique et toute partie bornée de $\mathscr{D}(\mathrm{U})$ est contenue dans l'un des ensembles bornés décrits dans l'énoncé.

Lemme 5. — *Soit* $\mathfrak{F}$ *un filtre sur* $\mathscr{D}'(\mathrm{U})$ *ayant une base dénombrable ou contenant un ensemble simplement borné. Alors* $\mathfrak{F}$ *converge vers une distribution si et seulement si* $\langle f, \varphi\rangle$ *converge selon* $\mathfrak{F}$ *pour toute fonction test* φ *sur* U.

En particulier, une suite $(f_m)_{m\in\mathbf{N}}$ *de distributions converge vers une distribution* f *si et seulement si, pour tout* $\varphi \in \mathscr{D}(\mathrm{U})$, *la suite* $(\langle f_m, \varphi\rangle)_{m\in\mathbf{N}}$ *converge vers* $\langle f, \varphi\rangle$.

Comme $\mathscr{D}'(\mathrm{U})$ est un espace de Montel, donc tonnelé, cela résulte du théorème de Banach–Steinhaus (EVT, III, p. 26, cor. 3 du th. 1).

Soit V un ouvert contenu dans U. La transposée de l'application linéaire canonique de $\mathscr{D}(\mathrm{V})$ dans $\mathscr{D}(\mathrm{U})$ est une application linéaire continue de $\mathscr{D}'(\mathrm{U})$ dans $\mathscr{D}'(\mathrm{V})$, appelée *restriction* des distributions de U à V et notée r_{VU}, ou parfois $r_{\mathrm{V,U}}$.

On a $r_{\mathrm{VV}} = 1_{\mathscr{D}'(\mathrm{V})}$. Si $\mathrm{W} \subset \mathrm{V} \subset \mathrm{U}$ sont des ouverts dans U, alors on a $r_{\mathrm{WV}} \circ r_{\mathrm{VU}} = r_{\mathrm{WU}}$. Autrement dit, si $\mathscr{T}$ désigne la topologie sur U, le système projectif $\underline{\mathscr{D}'}(\mathrm{U}) = ((\mathscr{D}'(\mathrm{V}))_{\mathrm{V}\in\mathscr{T}}, (r_{\mathrm{WV}}))$ est un préfaisceau sur U à valeurs dans l'espèce de structure des espaces vectoriels topologiques localement convexes (TA, I, p. 42, déf. 1 et p. 66, §10).

PROPOSITION 5. — *Le préfaisceau* $\underline{\mathscr{D}'}(\mathrm{U})$ *est un faisceau.*

Rappelons (TA, I, p. 43, déf. 2) que cela signifie que pour toute partie ouverte V de U et tout recouvrement ouvert $(\mathrm{V}_i)_{i\in\mathrm{I}}$ de V, les conditions suivantes sont satisfaites :

(i) L'application $(r_{\mathrm{V}_i\mathrm{V}})_{i\in\mathrm{I}} \colon \mathscr{D}'(\mathrm{V}) \to \prod_{i\in\mathrm{I}} \mathscr{D}'(\mathrm{V}_i)$ est injective ;

(ii) Pour toute famille $(f_i) \in \prod_{i\in\mathrm{I}} \mathscr{D}'(\mathrm{V}_i)$ telle que

$$r_{(\mathrm{V}_i\cap\mathrm{V}_{i'})\mathrm{V}_i}(f_i) = r_{(\mathrm{V}_i\cap\mathrm{V}_{i'})\mathrm{V}_{i'}}(f_{i'})$$

pour tout couple $(i, i') \in \mathrm{I}\times\mathrm{I}$, il existe une distribution $f \in \mathscr{D}'(\mathrm{V})$ telle que pour tout $i \in \mathrm{I}$, on ait $r_{\mathrm{V}_i\mathrm{V}}(f) = f_i$.

Soient V un ouvert de U et $\mathscr{V} = (\mathrm{V}_i)_{i\in\mathrm{I}}$ un recouvrement ouvert de V. Soit $(\mathrm{W}_j)_{j\in\mathrm{J}}$ un recouvrement ouvert localement fini de V, plus fin que $\mathscr{V}$ et formé de parties relativement compactes (lemme 2 de IV, p. 201). Fixons une partition de l'unité $(\varphi_j)_{j\in\mathrm{J}}$ subordonnée au recouvrement $(\mathrm{W}_j)_{j\in\mathrm{J}}$ telle que le support de φ_j est contenu dans W_j pour tout $j \in \mathrm{J}$ (lemme 1 de IV, p. 196).

Soit $\varphi \in \mathscr{D}(\mathrm{V})$. Comme l'ensemble des $j \in \mathrm{J}$ tels que W_j rencontre le support de φ est fini (TG, I, §9, n° 1, p. 59), on a

$$\varphi = \sum_{j\in\mathrm{J}} \varphi\varphi_j$$

où la somme ne compte d'un nombre fini de termes non nuls.

Démontrons (i). Supposons que $f \in \mathscr{D}'(\mathrm{V})$ vérifie $r_{\mathrm{V}_i,\mathrm{V}}(f) = 0$ pour tout $i \in \mathrm{I}$. Cela signifie que $\langle f, \varphi\rangle = 0$ pour toute fonction test φ dont le support est contenu dans l'un des ouverts V_i. C'est *a fortiori* vrai si le support de φ est contenu dans l'un des ouverts W_j. Mais alors, pour tout $\varphi \in \mathscr{D}(\mathrm{V})$, on a

$$\langle f, \varphi\rangle = \langle f, \sum_{j\in\mathrm{J}} \varphi\varphi_j\rangle = \sum_{j\in\mathrm{J}} \langle f, \varphi\varphi_j\rangle = 0,$$

donc $f = 0$.

Démontrons (ii). Soit $(f_i)_{i\in\mathrm{I}}$ une famille telle que $f_i \in \mathscr{D}'(\mathrm{V}_i)$ pour tout $i \in \mathrm{I}$ et $r_{\mathrm{V}_i\cap\mathrm{V}_{i'},\mathrm{V}_i}(f_i) = r_{\mathrm{V}_i\cap\mathrm{V}_{i'},\mathrm{V}_{i'}}(f_{i'})$ pour tous i et i' dans I. Soit $\iota\colon \mathrm{J} \to \mathrm{I}$ une application telle que $\mathrm{W}_j \subset \mathrm{V}_{\iota(j)}$ pour tout $j \in \mathrm{J}$. Pour tout $j \in \mathrm{J}$, posons $\widetilde{f}_j = r_{\mathrm{W}_j,\mathrm{V}_{\iota(j)}}(f_{\iota(j)})$. On a alors

$$\begin{aligned} r_{\mathrm{W}_j\cap\mathrm{W}_{j'},\mathrm{W}_j}(\widetilde{f}_j) &= r_{\mathrm{W}_j\cap\mathrm{W}_{j'},\mathrm{W}_j}(r_{\mathrm{W}_j,\mathrm{V}_{\iota(j)}}(f_{\iota(j)})) \\ &= r_{\mathrm{W}_j\cap\mathrm{W}_{j'},\mathrm{V}_{\iota(j)}}(f_{\iota(j)}) \\ &= r_{\mathrm{W}_j\cap\mathrm{W}_{j'},\mathrm{V}_{\iota(j)}\cap\mathrm{V}_{\iota(j')}} \circ r_{\mathrm{V}_{\iota(j)}\cap\mathrm{V}_{\iota(j')},\mathrm{V}_{\iota(j)}}(f_{\iota(j)}). \end{aligned}$$

En échangeant le rôle de j et j' et en notant que

$$r_{\mathrm{V}_{\iota(j)}\cap\mathrm{V}_{\iota(j')},\mathrm{V}_{\iota(j)}}(f_{\iota(j)}) = r_{\mathrm{V}_{\iota(j)}\cap\mathrm{V}_{\iota(j')},\mathrm{V}_{\iota(j')}}(f_{\iota(j')}),$$

par hypothèse, on en déduit que

$$(1) \qquad r_{\mathrm{W}_j\cap\mathrm{W}_{j'},\mathrm{W}_j}(\widetilde{f}_j) = r_{\mathrm{W}_j\cap\mathrm{W}_{j'},\mathrm{W}_j}(\widetilde{f}_{j'})$$

pour tous $(j, j') \in \mathrm{J}^2$.

Pour $\varphi \in \mathscr{D}(\mathrm{V})$, posons

$$\lambda(\varphi) = \sum_{j\in\mathrm{J}} \langle \widetilde{f}_j, \varphi\varphi_j | \mathrm{W}_j\rangle,$$

où la somme est finie puisque seul un nombre fini de termes peuvent être non nuls.

L'application λ est une forme linéaire sur $\mathscr{D}(\mathrm{V})$. Démontrons que c'est une distribution. Soit B une partie bornée de $\mathscr{D}(\mathrm{V})$ et soit K une partie compacte de V telle que $B \subset \mathscr{C}^\infty_K(V)$. D'après TG, I, §9, nº 1, p. 59, il existe un sous-ensemble fini J' de J tel que

$$\lambda(\varphi) = \sum_{j\in J'} \langle \widetilde{f}_j, \varphi\varphi_j | W_j \rangle$$

pour tout $\varphi \in B$. Puisque $\widetilde{f}_j$ est une distribution pour tout $j \in J'$ et que $\mathscr{D}(V)$ est une algèbre topologique, on en déduit que λ est bornée sur B, d'où le résultat (lemme 4).

Soient $j \in J$ et $\varphi \in \mathscr{D}(V)$ dont le support est contenu dans W_j. On a alors

$$\langle \lambda, \varphi \rangle = \sum_{j'\in J} \langle \widetilde{f}_{j'}, \varphi\varphi_{j'} | W_j \rangle = \sum_{j'\in J} \langle \widetilde{f}_j, \varphi\varphi_{j'} | W_j \rangle$$

d'après (1), puisque $\varphi\varphi_{j'}$ a support contenu dans $W_j \cap W_{j'}$. Par conséquent

$$\langle \lambda, \varphi \rangle = \langle \widetilde{f}_j, \sum_{j'\in J} \varphi\varphi_{j'} | W_j \rangle = \langle \widetilde{f}_j, \varphi | W_j \rangle,$$

d'où $r_{W_j V}(\lambda) = \widetilde{f}_j$ pour tout $j \in J$.

Soit $i \in I$. Démontrons finalement que la restriction de λ à V_i coïncide avec f_i. D'après la condition (i), appliquée au recouvrement de V_i par les ouverts W_j, il suffit de vérifier que pour tout $j \in J$, la restriction de λ à $V_i \cap W_j$ coïncide avec celle de f_i. D'après ce qui précède, il s'agit de vérifier que la restriction de f_i à $V_i \cap W_j$ est celle de $\widetilde{f}_j$. Or, on a

$$\begin{aligned} r_{V_i\cap W_j, V_i}(f_i) &= r_{V_i\cap W_j, V_i\cap V_{\iota(j)}}(r_{V_i\cap V_{\iota(j)}, V_i}(f_i)) \\ &= r_{V_i\cap W_j, V_i\cap V_{\iota(j)}}(r_{V_i\cap V_{\iota(j)}, V_{\iota(j)}}(f_{\iota(j)})) = r_{V_i\cap W_j, V_{\iota(j)}}(f_{\iota(j)}), \end{aligned}$$

où on a utilisé l'hypothèse concernant la famille (f_i). Mais alors

$$r_{V_i\cap W_j, V_{\iota(j)}}(f_{\iota(j)}) = r_{V_i\cap W_j, W_j}(r_{W_j, V_{\iota(j)}}(f_{\iota(j)})) = r_{V_i\cap W_j, W_j}(\widetilde{f}_j),$$

ce qui permet de conclure.

5. Interprétation de fonctions comme distributions

PROPOSITION 6. — *Soit ν une mesure sur* U. *La restriction de ν à $\mathscr{D}(U)$ est une distribution, qui est nulle si et seulement si la mesure ν est nulle.*

Soit K une partie compacte de U. Pour toute fonction $\varphi \in \mathscr{C}_K^\infty(U)$, on a $|\langle \nu, \varphi \rangle| \leqslant p_{0,K}(\varphi)\, |\nu|(K)$, donc la restriction de ν à $\mathscr{D}(U)$ est continue. Puisque $\mathscr{D}(U)$ est dense dans $\mathscr{K}(U)$ (prop. 4, *a*) de IV, p. 202), la restriction de ν à $\mathscr{D}(U)$ est nulle si et seulement si ν est nulle.

On identifiera l'espace $\mathscr{M}(U; \mathbf{C})$ des mesures complexes sur U à un sous-espace de $\mathscr{D}'(U)$. On identifiera également l'espace $L^1_{loc}(U)$ à un sous-espace de $\mathscr{D}'(U)$ par l'application déduite par passage aux quotients de l'application qui associe à $f \in \mathscr{L}^1_{loc}(U)$ la mesure $f \cdot \mu$ (INT, V, p. 44, § 5, n° 2, déf. 2). En d'autres termes, pour $f \in L^1_{loc}(U)$ et $\varphi \in \mathscr{D}(U)$, on a

$$\langle f, \varphi \rangle = \int_U f\varphi \, d\mu.$$

En particulier, pour $p \in [1, +\infty]$, cela permet d'identifier l'espace $L^p(U)$ à un sous-espace de $\mathscr{D}'(U)$ (*cf.* INT, V, p. 43, § 5, n° 1).

PROPOSITION 7. — *Soit* $p \in [1, +\infty]$. *L'injection de* $L^p(U)$ *dans* $\mathscr{D}'(U)$ *est continue.*

Soit $f \in L^p(U)$. Soit K une partie compacte de U, dont on note φ_K la fonction caractéristique. Pour toute fonction test φ à support contenu dans K, l'inégalité de Hölder implique

$$|\langle f, \varphi \rangle| = \left| \int_U f\varphi \, d\mu \right| \leqslant N_p(f) N_q(\varphi) \leqslant N_p(f) N_q(\varphi_K) p_{0,K}(\varphi)$$

où q est l'exposant conjugué de p.

On peut en particulier identifier $\mathscr{D}(U)$ à un sous-espace de $\mathscr{D}'(U)$.

PROPOSITION 8. — *L'espace* $\mathscr{D}(U)$ *est dense dans* $\mathscr{D}'(U)$.

Soit λ une forme linéaire sur $\mathscr{D}'(U)$ nulle sur $\mathscr{D}(U)$. Puisque $\mathscr{D}(U)$ est réflexif, il existe une fonction test $\varphi \in \mathscr{D}(U)$ telle que $\lambda(f) = \langle f, \varphi \rangle$ pour tout $f \in \mathscr{D}'(U)$. Il vient

$$0 = \lambda(\overline{\varphi}) = \langle \overline{\varphi}, \varphi \rangle = \int_U |\varphi|^2 d\mu,$$

d'où $\varphi = 0$. La proposition découle alors du théorème de Hahn–Banach (EVT, II, p. 49, cor. 3 (ii)).

Pour $h \in \mathscr{C}^\infty(U)$, la transposée de l'application linéaire continue $\varphi \mapsto h\varphi$ de $\mathscr{D}(U)$ dans lui-même est une application linéaire continue de $\mathscr{D}'(U)$ dans lui-même, que l'on note $f \mapsto hf$. Cette définition est justifiée car si f est la distribution associée à une mesure ν sur U, alors hf est associée à la mesure $h \cdot \nu$. En effet, pour toute fonction test $\varphi \in \mathscr{D}(\mathrm{U})$, on calcule

$$\langle hf, \varphi \rangle = \langle f, h\varphi \rangle = \int_{\mathrm{U}} h\varphi d\nu = \int_{\mathrm{U}} \varphi \, d(h \cdot \nu).$$

6. Dérivation des distributions

Soit $\alpha \in \mathbf{N}^n$. L'application linéaire $\varphi \mapsto \partial^\alpha \varphi$ est continue de $\mathscr{D}(\mathrm{U})$ dans $\mathscr{D}(\mathrm{U})$. Sa transposée ${}^t\partial^\alpha$ est une application linéaire continue de $\mathscr{D}'(\mathrm{U})$ dans $\mathscr{D}'(\mathrm{U})$ (EVT, IV, p. 6, cor., *b*)).

On note ∂^α l'application linéaire continue $(-1)^{|\alpha|} \, {}^t\partial^\alpha$ de $\mathscr{D}'(\mathrm{U})$ dans lui-même.

DÉFINITION 2. — *Si $f \in \mathscr{D}'(\mathrm{U})$ est une distribution, on dit que $\partial^\alpha f$ est la* dérivée partielle itérée d'ordre α *de f.*

On a donc, par définition

$$\langle \partial^\alpha f, \varphi \rangle = (-1)^{|\alpha|} \langle f, \partial^\alpha \varphi \rangle$$

pour toute fonction $\varphi \in \mathscr{D}(\mathrm{U})$. On a $\partial^{\alpha+\beta} = \partial^\alpha \circ \partial^\beta$ pour tous α et β dans $\mathbf{N}^n$.

Si $n = 1$, on notera aussi f' la dérivée d'une distribution $f \in \mathscr{D}'(\mathrm{U})$.

La définition est justifiée par le lemme suivant.

Lemme 6. — *Soit k un entier naturel. Soit $f \in \mathscr{C}^k(\mathrm{U})$ et soit λ la distribution associée à f. Pour tout $\beta \in \mathbf{N}^n$ tel que $|\beta| \leqslant k$, la distribution $\partial^\beta \lambda$ est la distribution associée à la fonction $\partial^\beta f$.*

Par récurrence sur k, il suffit de démontrer cette propriété lorsque β vérifie $|\beta| = 1$, et on peut même supposer que $\beta = (0, \ldots, 0, 1)$. Puisque les distributions définissent un faisceau (prop. 5 de IV, p. 204), il suffit de vérifier l'assertion lorsqu'il existe un ouvert $\mathrm{V} \subset \mathbf{R}^{n-1}$ et un intervalle ouvert $\mathrm{I} \subset \mathbf{R}$ tels que $\mathrm{U} = \mathrm{V} \times \mathrm{I}$.

Pour toute fonction test $\varphi \in \mathscr{D}(\mathrm{U})$, on a par définition

$$\langle \partial^\beta \lambda, \varphi \rangle = -\int_{\mathrm{U}} f(x) \partial^\beta \varphi(x) dx = -\int_{\mathrm{V}} \Big(\int_{\mathrm{I}} f(y,t) \partial^\beta \varphi(y,t) dt \Big) dy$$

d'après le théorème de Lebesgue–Fubini (INT, V, p. 96, § 8, n° 4, th. 1). Par intégration par parties (FVR, II, p. 10), on a

$$-\int_{\mathrm{I}} f(y,t) \partial^\beta \varphi(y,t) dt = \int_{\mathrm{I}} \partial^\beta f(y,t) \varphi(y,t) dt,$$

puisque $t \mapsto \varphi(y,t)$ est à support compact dans I. On obtient donc

$$\langle \partial^\beta \lambda, \varphi \rangle = \int_V \Big(\int_I \partial^\beta f(y,t) \varphi(y,t) dt \Big) dy = \langle \partial^\beta f, \varphi \rangle.$$

PROPOSITION 9 (Formule de Leibniz). — *Soient f une distribution sur* U *et g une fonction indéfiniment différentiable sur* U. *Soit $\alpha \in \mathbf{N}^n$. On a la relation*

$$\partial^\alpha (fg) = \sum_{\beta \leqslant \alpha} \binom{\alpha}{\beta} \partial^\beta f \, \partial^{\alpha-\beta} g.$$

En procédant par récurrence sur $|\alpha|$ comme dans la preuve de FVR, I, p. 28, prop. 2, il suffit de considérer le cas où $|\alpha| = 1$. Le résultat résulte alors du calcul

$$\begin{aligned}\langle \partial^\alpha (fg), \varphi \rangle &= \langle fg, -\partial^\alpha \varphi \rangle = \langle f, -g\partial^\alpha \varphi \rangle \\ &= \langle f, -\partial^\alpha (g\varphi) + \varphi \partial^\alpha g \rangle = \langle g\partial^\alpha f + f\partial^\alpha g, \varphi \rangle\end{aligned}$$

valide pour $\varphi \in \mathscr{D}(\mathrm{U})$.

7. Fonctions de Schwartz

On note $\mathscr{S}(\mathbf{R}^n)$ l'espace des fonctions indéfiniment dérivables φ sur $\mathbf{R}^n$, à valeurs complexes, telles que, pour tous α et β dans $\mathbf{N}^n$, la fonction $\mathrm{X}^\beta \partial^\alpha \varphi$ est bornée sur $\mathbf{R}^n$. On munit $\mathscr{S}(\mathbf{R}^n)$ de la topologie localement convexe définie par la famille dénombrable de semi-normes $(q_{\alpha,\beta})_{(\alpha,\beta) \in \mathbf{N}^n \times \mathbf{N}^n}$, où $q_{\alpha,\beta}$ est définie par

$$q_{\alpha,\beta}(\varphi) = \sup_{x \in \mathbf{R}^n} |x^\beta \partial^\alpha \varphi(x)| = \|\mathrm{X}^\beta \partial^\alpha \varphi\|_\infty$$

pour $\varphi \in \mathscr{S}(\mathbf{R}^n)$. Cette topologie est séparée. Elle est également définie par les semi-normes $\widetilde{q}_{\alpha,k}$ définies par

$$\widetilde{q}_{\alpha,k}(\varphi) = \sup_{x \in \mathbf{R}^n} \|x\|^k \, |(\partial^\alpha \varphi)(x)|.$$

pour tout $\varphi \in \mathscr{S}(\mathbf{R}^n)$, où $k \in \mathbf{N}$ et $\alpha \in \mathbf{N}^n$.

On dit que $\mathscr{S}(\mathbf{R}^n)$ est l'*espace de Schwartz* ou l'*espace des fonctions de Schwartz* sur $\mathbf{R}^n$.

Remarque. — Soit $\varphi \in \mathscr{S}(\mathbf{R}^n)$. Pour tout $k \in \mathbf{N}$, on a

$$\lim_{\|x\| \to +\infty} \|x\|^k \varphi(x) = 0,$$

puisque la fonction $x \mapsto \|x\|^{k+1}\varphi(x)$ est bornée.

Exemple. — La fonction γ_n définie sur $\mathbf{R}^n$ par $\gamma_n(x) = \exp(-\|x\|^2)$ appartient à $\mathscr{S}(\mathbf{R}^n)$. En effet, on démontre par récurrence sur k que, pour tout entier $k \in \mathbf{N}$, il existe un polynôme $\mathrm{P}_k \in \mathbf{R}[\mathrm{X}]$ tel que $\partial_k \gamma_1 = \mathrm{P}_k \gamma_1$.

Pour tous $\alpha = (\alpha_i) \in \mathbf{N}^n$ et $\beta = (\beta_i) \in \mathbf{N}^n$, et tout $x = (x_i) \in \mathbf{R}^n$, il vient alors

$$|(\mathrm{X}^\beta \partial^\alpha \gamma_n)(x)| = \prod_{i=1}^n |x_i|^{\beta_i} |\mathrm{P}_{\alpha_i}(x_i)| \gamma_1(x_i),$$

qui est une quantité bornée lorsque x varie dans $\mathbf{R}^n$.

Soient $\alpha \in \mathbf{N}^n$ et $\beta \in \mathbf{N}^n$. Si $\varphi \in \mathscr{S}(\mathbf{R}^n)$, alors $\mathrm{X}^\beta \partial^\alpha(\varphi)$ est encore une fonction de Schwartz ; l'application $\varphi \mapsto \mathrm{X}^\beta \partial^\alpha \varphi$ ainsi définie de $\mathscr{S}(\mathbf{R}^n)$ dans lui-même est continue.

L'espace $\mathscr{S}(\mathbf{R}^n)$ est une algèbre topologique. Plus précisément, si φ_1 et φ_2 appartiennent à $\mathscr{S}(\mathbf{R}^n)$, alors $\varphi_1\varphi_2$ est une fonction de Schwartz telle que

$$q_{\alpha,\beta}(\varphi_1\varphi_2) \leqslant \sum_{0 \leqslant \gamma \leqslant \alpha} \binom{\alpha}{\gamma} q_{\gamma,\beta}(\varphi_1) q_{\alpha-\gamma,0}(\varphi_2) \tag{2}$$

pour tous α et $\beta \in \mathbf{N}^n$ (prop. 1 de IV, p. 196).

L'inclusion canonique de $\mathscr{S}(\mathbf{R}^n)$ dans l'espace $\mathscr{C}^\infty(\mathbf{R}^n)$, muni de la topologie décrite dans le n° 3 de IV, p. 200, est continue, puisque

$$\sup_{x \in \mathrm{K}} |\partial^\alpha \varphi(x)| \leqslant q_{\alpha,0}(\varphi)$$

pour toute partie compacte K de $\mathbf{R}^n$, tout $\alpha \in \mathbf{N}^n$ et toute fonction de Schwartz φ.

Lemme 7. — Soient $k \in \mathbf{N}$ et $\alpha \in \mathbf{N}^n$. Pour toute fonction $\varphi \in \mathscr{S}(\mathbf{R}^n)$ et tout nombre réel $\mathrm{T} > 0$, on a

$$\widetilde{q}_{\alpha,k}(\varphi) \leqslant \mathrm{T}^k \sup_{\|x\| \leqslant \mathrm{T}} |\partial^\alpha \varphi(x)| + \frac{1}{\mathrm{T}} \widetilde{q}_{\alpha,k+1}(\varphi). \tag{3}$$

En effet, on a

$$\widetilde{q}_{\alpha,k}(\varphi) \leqslant \sup_{\|x\| \leqslant \mathrm{T}} \|x\|^k |\partial^\alpha \varphi(x)| + \sup_{\|x\| > \mathrm{T}} \|x\|^k |\partial^\alpha \varphi(x)|$$

$$\leqslant \mathrm{T}^k \sup_{\|x\| \leqslant \mathrm{T}} |\partial^\alpha \varphi(x)| + \frac{1}{\mathrm{T}} \sup_{\|x\| > \mathrm{T}} \|x\|^{k+1} |\partial^\alpha \varphi(x)|.$$

PROPOSITION 10. — *Soit* B *une partie bornée de* $\mathscr{S}(\mathbf{R}^n)$*. La topologie induite sur* B *par* $\mathscr{S}(\mathbf{R}^n)$ *coïncide avec la topologie induite par* $\mathscr{C}^\infty(\mathbf{R}^n)$.

Comme l'inclusion de $\mathscr{S}(\mathbf{R}^n)$ dans $\mathscr{C}^\infty(\mathbf{R}^n)$ est continue, il suffit de démontrer que, pour toute partie ouverte V de $\mathscr{S}(\mathbf{R}^n)$, l'intersection $\mathrm{V} \cap \mathrm{B}$ est ouverte dans B pour la topologie induite par $\mathscr{C}^\infty(\mathbf{R}^n)$.

Soit V une partie ouverte de $\mathscr{S}(\mathbf{R}^n)$. Soit $\varphi_0 \in \mathrm{V} \cap \mathrm{B}$. Il existe un ensemble fini I, une famille $(\alpha_i, k_i)_{i \in \mathrm{I}} \in (\mathbf{N}^n \times \mathbf{N})^\mathrm{I}$ et un nombre réel $\varepsilon > 0$ tels que V contient l'ensemble des $\varphi \in \mathscr{S}(\mathbf{R}^n)$ vérifiant

$$\sup_{i \in \mathrm{I}} \widetilde{q}_{\alpha_i,k_i}(\varphi - \varphi_0) \leqslant \varepsilon.$$

Puisque B est bornée dans $\mathscr{S}(\mathbf{R}^n)$, il existe $\mathrm{M} > 0$ tel que les semi-normes $\widetilde{q}_{\alpha_i,k_i+1}$ pour $i \in \mathrm{I}$ sont bornées par M sur B. Soient $\delta > 0$ et $\mathrm{T} > 0$ des nombres réels. D'après l'inégalité (3), dès lors que $\varphi \in \mathrm{B}$ vérifie la majoration

$$\sup_{i \in \mathrm{I}} \sup_{\|x\| \leqslant \mathrm{T}} |\partial^{\alpha_i}(\varphi - \varphi_0)| \leqslant \delta, \tag{4}$$

on a

$$\sup_{i \in \mathrm{I}} \widetilde{q}_{\alpha_i,k_i}(\varphi - \varphi_0) \leqslant \delta \mathrm{T}^k + \frac{2\mathrm{M}}{\mathrm{T}}.$$

Posons $\mathrm{T} = \frac{4\mathrm{M}}{\varepsilon}$, puis $\delta = \frac{\varepsilon}{2\mathrm{T}^k}$. On constate que $\mathrm{V} \cap \mathrm{B}$ contient le voisinage de φ_0 dans B pour la topologie induite par $\mathscr{C}^\infty(\mathbf{R}^n)$ qui est défini par (4). Cela conclut la preuve.

COROLLAIRE. — *Soit* $(\varphi_m)_{m \in \mathbf{N}}$ *une suite bornée dans* $\mathscr{S}(\mathbf{R}^n)$*. Pour toute fonction* $\varphi \in \mathscr{S}(\mathbf{R}^n)$*, les assertions suivantes sont équivalentes :*

a) *La suite* (φ_m) *converge vers* φ *dans* $\mathscr{S}(\mathbf{R}^n)$ *;*

b) *La suite* (φ_m) *converge vers* φ *dans* $\mathscr{C}^\infty(\mathbf{R}^n)$*.*

Remarque. — Une suite (φ_m) dans $\mathscr{C}^\infty(\mathbf{R}^n)$ converge si et seulement si, pour tout $\alpha \in \mathbf{N}^n$, la suite $(\partial^\alpha \varphi_m)$ converge vers une fonction $\varphi^{(\alpha)}$ dans $\mathscr{C}(\mathbf{R}^n)$ muni de la topologie de la convergence compacte. On a alors $\varphi^{(\alpha)} = \partial^\alpha \varphi$ et (φ_m) converge vers $\varphi^{(0)}$.

En effet, la condition est nécessaire. Réciproquement, si les suites $(\partial^\alpha \varphi_m)$ convergent vers des fonctions $\varphi^{(\alpha)}$ pour tout $\alpha \in \mathbf{N}^n$, alors il résulte de FVR, II, p. 2, th. 1, que $\varphi^{(\alpha)} = \partial^\alpha \varphi^{(0)}$, ce qui signifie que la suite (φ_m) converge vers $\varphi^{(0)}$ dans $\mathscr{C}^\infty(\mathbf{R}^n)$.

PROPOSITION 11. — *L'espace $\mathscr{S}(\mathbf{R}^n)$ est un espace de Fréchet et un espace de Montel.*

Comme l'espace $\mathscr{C}^\infty(\mathbf{R}^n)$ est complet (EVT, III, p. 9, exemple *b*)), le corollaire de la proposition 10 implique que toute suite de Cauchy dans $\mathscr{S}(\mathbf{R}^n)$ converge dans $\mathscr{S}(\mathbf{R}^n)$ puisqu'elle est bornée et qu'elle converge dans $\mathscr{C}^\infty(\mathbf{R}^n)$.

L'espace $\mathscr{S}(\mathbf{R}^n)$ est donc un espace de Fréchet ; en particulier, il est tonnelé (EVT, III, p. 25, cor. de la prop. 2). Soit B une partie bornée de $\mathscr{S}(\mathbf{R}^n)$ et $(\varphi_m)_{m\in\mathbf{N}}$ une suite à valeurs dans B. Puisque $\mathscr{C}^\infty(\mathbf{R}^n)$ est un espace de Montel (EVT, IV, p. 18, exemple (4)), il existe une sous-suite de $(\varphi_m)_{m\in\mathbf{N}}$ qui converge dans $\mathscr{C}^\infty(\mathbf{R}^n)$, donc dans $\mathscr{S}(\mathbf{R}^n)$ (proposition 10). Donc B est relativement compacte dans $\mathscr{S}(\mathbf{R}^n)$. Il en résulte que $\mathscr{S}(\mathbf{R}^n)$ est un espace de Montel.

8. Inclusions d'espaces fonctionnels dans l'espace des fonctions de Schwartz

PROPOSITION 12. — *L'espace $\mathscr{D}(\mathbf{R}^n)$ est contenu dans $\mathscr{S}(\mathbf{R}^n)$, et l'inclusion de $\mathscr{D}(\mathbf{R}^n)$ dans $\mathscr{S}(\mathbf{R}^n)$ est continue avec image dense.*

Soit $\mathrm{B} \subset \mathscr{D}(\mathbf{R}^n)$ une partie bornée, et soit K une partie compacte de $\mathbf{R}^n$ telle que $\mathrm{B} \subset \mathscr{C}^\infty_{\mathrm{K}}(\mathbf{R}^n)$. Soient $\alpha \in \mathbf{N}^n$ et $k \in \mathbf{N}$. Pour toute fonction $\varphi \in \mathrm{B}$, il vient

$$\widetilde{q}_{\alpha,k}(\varphi) \leqslant \Big(\sup_{x\in\mathrm{K}} \|x\|^k\Big) p_{\alpha,\mathrm{K}}(\varphi),$$

donc B est borné dans $\mathscr{S}(\mathbf{R}^n)$. La continuité de l'inclusion résulte alors du fait que les espaces $\mathscr{S}(\mathbf{R}^n)$ et $\mathscr{D}(\mathbf{R}^n)$ sont bornologiques.

Démontrons que $\mathscr{D}(\mathbf{R}^n)$ est dense dans $\mathscr{S}(\mathbf{R}^n)$. Soient B la boule unité de $\mathbf{R}^n$ et $\eta \in \mathscr{D}(\mathbf{R}^n)$ une fonction test à support contenu dans 2B telle que $0 \leqslant \eta \leqslant 1$ et $\eta(x) = 1$ pour tout $x \in \mathrm{B}$ (lemme 1, *a*) de IV, p. 196).

Soit $\varphi \in \mathscr{S}(\mathbf{R}^n)$. Pour tout entier $m \geqslant 1$ et tout $x \in \mathbf{R}^n$, posons $\eta_m(x) = \eta(x/m)$. Définissons enfin $\varphi_m = \eta_m \varphi$; on a $\varphi_m \in \mathscr{D}(\mathbf{R}^n)$.

Comme $\partial^\alpha \eta_m = m^{-|\alpha|}(\partial^\alpha \eta)(x/m)$ pour tous $\alpha \in \mathbf{N}^n$ et $x \in \mathbf{R}^n$, on déduit de la formule (2) de IV, p. 210 que la suite (φ_m) est bornée dans $\mathscr{S}(\mathbf{R}^n)$.

Soit C une partie compacte de $\mathbf{R}^n$. La suite $(\varphi_m)_{m\geqslant 1}$ converge vers φ dans $\mathscr{C}^\infty_{\mathrm{K}}(\mathbf{R}^n)$ puisque φ_m coïncide avec φ sur C pour tout m suffisamment grand. Ainsi la suite (φ_m) converge vers φ dans $\mathscr{C}^\infty(\mathbf{R}^n)$, et le corollaire de la proposition 10 de IV, p. 211 permet de conclure que la suite (φ_m) converge vers φ dans $\mathscr{S}(\mathbf{R}^n)$.

Lemme 8. — *Soit* B *une partie bornée de* $\mathscr{D}(\mathbf{R}^n)$. *La topologie induite sur* B *par la topologie de* $\mathscr{S}(\mathbf{R}^n)$ *coïncide avec la topologie induite par* $\mathscr{D}(\mathbf{R}^n)$.

Puisque l'inclusion de $\mathscr{D}(\mathbf{R}^n)$ dans $\mathscr{S}(\mathbf{R}^n)$ est continue, la topologie sur B induite par $\mathscr{D}(\mathbf{R}^n)$ est plus fine que celle induite par $\mathscr{S}(\mathbf{R}^n)$. Par ailleurs, il existe une partie compacte K de $\mathbf{R}^n$ telle que $\mathrm{B} \subset \mathscr{C}^\infty_{\mathrm{K}}(\mathbf{R}^n)$. Pour tout $\alpha \in \mathbf{N}^n$, on a alors $p_{\alpha,\mathrm{K}}(\varphi) \leqslant \widetilde{q}_{\alpha,0}(\varphi)$, ce qui implique que la topologie induite par $\mathscr{S}(\mathbf{R}^n)$ est plus fine que celle induite par $\mathscr{D}(\mathbf{R}^n)$.

PROPOSITION 13. — *Soit* $p \in [1, +\infty]$. *L'espace* $\mathscr{S}(\mathbf{R}^n)$ *est contenu dans* $\mathscr{L}^p(\mathbf{R}^n)$ *et l'injection canonique de* $\mathscr{S}(\mathbf{R}^n)$ *dans* $\mathscr{L}^p(\mathbf{R}^n)$ *est continue. L'image de* $\mathscr{S}(\mathbf{R}^n)$ *dans* $\mathrm{L}^p(\mathbf{R}^n)$ *est dense si* $p \neq +\infty$.

La première assertion est immédiate pour $p = +\infty$. Supposons désormais que $p \in [1, +\infty[$. Soit m un entier tel que $n + 1 < mp$. Pour tout $\varphi \in \mathscr{S}(\mathbf{R}^n)$ et $x \in \mathbf{R}^n$, on a

$$\|x\|^{n+1}|\varphi(x)|^p \leqslant \widetilde{q}_{0,m}(\varphi)^p$$

donc $\varphi \in \mathscr{L}^p(\mathbf{R}^n)$ d'après la prop. 3 de IV, p. 199. De plus, on obtient

$$\mathrm{N}_p(\varphi) \leqslant a_n^{1/p}\widetilde{q}_{0,0}(\varphi) + b_n\widetilde{q}_{0,m}(\varphi),$$

où

$$a_n = \int_{\|x\|\leqslant 1} d\mu(x), \qquad b_n = \int_{\|x\|\geqslant 1} \frac{1}{\|x\|^{n+1}} d\mu(x),$$

donc l'injection de $\mathscr{S}(\mathbf{R}^n)$ dans $\mathscr{L}^p(\mathbf{R}^n)$ est continue.

Comme l'espace $\mathscr{D}(\mathbf{R}^n)$ est contenu dans $\mathscr{S}(\mathbf{R}^n)$, la proposition 4 de IV, p. 202 implique que $\mathscr{S}(\mathbf{R}^n)$ est dense dans $\mathrm{L}^p(\mathbf{R}^n)$ si $p \neq +\infty$.

9. Fonctions à croissance polynomiale

DÉFINITION 3. — *Une fonction* $f\colon \mathbf{R}^n \to \mathbf{C}$ *est* à croissance polynomiale *s'il existe un entier* $k \geqslant 1$ *tel que l'application définie par* $x \mapsto (1+\|x\|)^{-k} f(x)$ *est bornée sur* $\mathbf{R}^n$.

Toute fonction à croissance polynomiale est localement bornée. Toute fonction polynomiale sur $\mathbf{R}^n$ est à croissance polynomiale.

PROPOSITION 14. — *Soit* $f \in \mathscr{C}^\infty(\mathbf{R}^n)$. *On suppose que pour tout* α *dans* $\mathbf{N}^n$, *la fonction* $\partial^\alpha f$ *est à croissance polynomiale. L'application linéaire de l'espace* $\mathscr{S}(\mathbf{R}^n)$ *dans lui-même définie par* $\varphi \mapsto f\varphi$ *est continue.*

Pour tout φ dans $\mathscr{S}(\mathbf{R}^n)$, la fonction $f\varphi$ appartient à $\mathscr{C}^\infty(\mathbf{R}^n)$. Par hypothèse, pour tout $\alpha \in \mathbf{N}^n$, il existe un entier $k_\alpha \geqslant 0$ et un réel C_α tel que $|\partial^\alpha f(x)| \leqslant \mathrm{C}_\alpha(1+\|x\|)^{k_\alpha}$ pour tout x dans $\mathbf{R}^n$. Soit $\varphi \in \mathscr{S}(\mathbf{R}^n)$. Soient $\alpha \in \mathbf{N}^n$ et $k \in \mathbf{N}$. D'après la prop. 1 de IV, p. 196, il vient

$$\begin{aligned}\widetilde{q}_{\alpha,k}(f\varphi) &\leqslant \sum_{0\leqslant\beta\leqslant\alpha} \binom{\alpha}{\beta} \sup_{x\in\mathbf{R}^n} \|x\|^k \, |\partial^\beta f(x)\, \partial^{\alpha-\beta}\varphi(x)| \\ &\leqslant \sum_{0\leqslant\beta\leqslant\alpha} \binom{\alpha}{\beta} \mathrm{C}_\beta \sup_{x\in\mathbf{R}^n} \|x\|^k (1+\|x\|)^{k_\beta} \, |\partial^{\alpha-\beta}\varphi(x)|.\end{aligned}$$

Soit $\beta \in \mathbf{N}^n$ tel que $0 \leqslant \beta \leqslant \alpha$. Pour tout $x \in \mathbf{R}^n$, on a

$$\begin{aligned}\|x\|^k(1+\|x\|)^{k_\beta}|\partial^{\alpha-\beta}\varphi(x)| \leqslant &\sup_{\|x\|\leqslant 1} 2^{k_\beta}|\partial^{\alpha-\beta}\varphi(x)| \\ &+ \sup_{x\in\mathbf{R}^n} 2^{k_\beta}\|x\|^{k+k_\beta}|\partial^{\alpha-\beta}\varphi(x)|\end{aligned}$$

d'où finalement

$$\widetilde{q}_{\alpha,k}(f\varphi) \leqslant \sum_{0\leqslant\beta\leqslant\alpha} \binom{\alpha}{\beta} 2^{k_\beta}\mathrm{C}_\beta\Big(\widetilde{q}_{\alpha-\beta,0}(\varphi) + \widetilde{q}_{\alpha-\beta,k+k_\beta}(\varphi)\Big),$$

ce qui implique la proposition.

10. Distributions tempérées

DÉFINITION 4. — *On appelle* espace des distributions tempérées *sur* $\mathbf{R}^n$ *l'espace dual de* $\mathscr{S}(\mathbf{R})$ *muni de la topologie de la convergence bornée. On le note* $\mathscr{S}'(\mathbf{R}^n)$.

Puisque $\mathscr{S}(\mathbf{R}^n)$ est bornologique, l'espace $\mathscr{S}'(\mathbf{R}^n)$ est complet (EVT, III, p. 24, cor. 1). Comme $\mathscr{S}(\mathbf{R}^n)$ est un espace de Montel, il en est de même de $\mathscr{S}'(\mathbf{R}^n)$ (EVT, IV, p. 19, prop. 9). L'espace $\mathscr{S}'(\mathbf{R}^n)$ est donc réflexif (EVT, IV, p. 16, th. 2).

Lemme 9. — *Une application linéaire f de $\mathscr{S}(\mathbf{R}^n)$ dans $\mathbf{C}$ est une distribution tempérée si et seulement si pour toute famille $(\mathrm{M}_{\alpha,k})_{(\alpha,k)\in\mathbf{N}^n\times\mathbf{N}}$ dans $\mathbf{R}_+$, la forme linéaire f est bornée sur l'ensemble des fonctions $\varphi \in \mathscr{S}(\mathbf{R}^n)$ telles que $\widetilde{q}_{\alpha,k}(\varphi) \leqslant \mathrm{M}_{\alpha,k}$ pour tout $(\alpha, k) \in \mathbf{N}^n \times \mathbf{N}$.*

En effet, l'espace $\mathscr{S}(\mathbf{R}^n)$ est bornologique (EVT, III, p. 12, prop. 2) et toute partie bornée de $\mathscr{S}(\mathbf{R}^n)$ est contenue dans l'un des ensembles bornés décrits dans l'énoncé.

Lemme 10. — *Soit $\mathfrak{F}$ un filtre sur $\mathscr{S}'(\mathbf{R}^n)$ ayant une base dénombrable ou contenant un ensemble simplement borné. Alors $\mathfrak{F}$ converge vers une distribution tempérée si et seulement si $\langle f, \varphi\rangle$ converge selon $\mathfrak{F}$ pour toute fonction de Schwartz φ.*

En particulier, une suite $(f_m)_{m\in\mathbf{N}}$ de distributions tempérées converge vers une distribution tempérée f si et seulement si on a $\langle f_m, \varphi\rangle \to \langle f, \varphi\rangle$ pour tout $\varphi \in \mathscr{S}(\mathbf{R}^n)$.

Comme $\mathscr{S}'(\mathbf{R}^n)$ est un espace de Fréchet, donc tonnelé, (EVT, III, p. 25, cor. de la prop. 2) le lemme résulte du théorème de Banach–Steinhaus (EVT, III, p. 26, cor. 3 du th. 1).

L'injection canonique j de $\mathscr{D}(\mathbf{R}^n)$ dans $\mathscr{S}(\mathbf{R}^n)$ est continue et son image est dense (lemme 12 de IV, p. 212), donc la transposée de j, qui est l'application de restriction des distributions tempérées au sous-espace $\mathscr{D}(\mathbf{R}^n)$, est une application linéaire injective continue de $\mathscr{S}'(\mathbf{R}^n)$ dans $\mathscr{D}'(\mathbf{R}^n)$. On identifiera $\mathscr{S}'(\mathbf{R}^n)$ à un sous-espace de $\mathscr{D}'(\mathbf{R}^n)$ par le biais de cette application.

Soit $\alpha \in \mathbf{N}^n$. L'application linéaire $\varphi \mapsto \partial^\alpha\varphi$ de $\mathscr{S}(\mathbf{R}^n)$ dans $\mathscr{S}(\mathbf{R}^n)$ est continue. Sa transposée est donc une application linéaire continue de $\mathscr{S}'(\mathbf{R}^n)$ dans $\mathscr{S}'(\mathbf{R}^n)$ (EVT, IV, p. 6, cor., *b*)). On note ∂^α l'application linéaire continue $(-1)^{|\alpha|}\,{}^t\partial^\alpha$ de $\mathscr{S}'(\mathbf{R}^n)$ dans $\mathscr{S}'(\mathbf{R}^n)$. Cette définition est compatible avec la définition 2 de IV, p. 208 pour les distributions.

Soit $h \in \mathscr{C}^\infty(\mathbf{R}^n)$ une fonction telle que $\partial^\alpha h$ est à croissance polynomiale pour tout $\alpha \in \mathbf{N}^n$. La transposée de l'application linéaire continue $\varphi \mapsto h\varphi$ (prop. 14 de IV, p. 214) est une application linéaire continue sur $\mathscr{S}'(\mathbf{R}^n)$, notée $f \mapsto hf$.

11. Interprétation de fonctions comme distributions tempérées

DÉFINITION 5. — *Une mesure ν sur $\mathbf{R}^n$ est dite* tempérée *s'il existe un entier $r \in \mathbf{N}$ tel que l'application continue $x \mapsto (1+\|x\|)^{-r}$ est ν-intégrable sur $\mathbf{R}^n$.*

Autrement dit, une mesure ν est tempérée s'il existe $r \in \mathbf{N}$ tel que la fonction définie par $x \mapsto \|x\|^{-r}$ est ν-intégrable sur le complémentaire de la boule unité dans $\mathbf{R}^n$. En particulier, toute mesure bornée sur $\mathbf{R}^n$ est tempérée. Plus généralement, si f est une fonction μ-mesurable à croissance polynomiale et si ν est tempérée, alors la mesure $f \cdot \nu$ est tempérée.

L'ensemble $\mathscr{M}^{\mathrm{t}}(\mathbf{R}^n)$ des mesures tempérées sur $\mathbf{R}^n$ est un sous-espace vectoriel de l'espace $\mathscr{M}(\mathbf{R}^n;\mathbf{C})$ des mesures complexes sur $\mathbf{R}^n$.

PROPOSITION 15. — *Soit ν une mesure tempérée sur $\mathbf{R}^n$. La restriction de ν à $\mathscr{S}(\mathbf{R}^n)$ est une distribution tempérée. Elle est nulle si et seulement si la mesure ν est nulle.*

Puisque ν est tempérée, il existe un entier positif k tel que l'application $x \mapsto \|x\|^{-k}$ est ν-intégrable sur le complémentaire de la boule unité dans $\mathbf{R}^n$. Pour toute fonction de Schwartz $\varphi \in \mathscr{S}(\mathbf{R}^n)$, on a

$$|\langle \nu, \varphi\rangle| \leqslant \Big(\int_{\|x\|\leqslant 1} d\nu\Big)\widetilde{q}_{0,0}(\varphi) + \Big(\int_{\|x\|>1} \|x\|^{-k}\, d\nu\Big)\widetilde{q}_{0,k}(\varphi),$$

donc la restriction de ν à $\mathscr{S}(\mathbf{R}^n)$ est une distribution tempérée.

La dernière assertion résulte de la prop. 6 de IV, p. 206 puisque $\mathscr{D}(\mathbf{R}^n)$ est contenu dans $\mathscr{S}(\mathbf{R}^n)$.

On identifiera l'espace $\mathscr{M}^{\mathrm{t}}(\mathbf{R}^n)$ à un sous-espace de $\mathscr{S}'(\mathbf{R}^n)$.

PROPOSITION 16. — *Soit $p \in [1,+\infty]$ et $f \in \mathscr{L}^p(\mathbf{R}^n)$. Alors la mesure $f \cdot \mu$ de densité f par rapport à la mesure de Lebesgue est tempérée. L'application $f \mapsto f \cdot \mu$ de $\mathrm{L}^p(\mathbf{R}^n)$ dans $\mathscr{S}'(\mathbf{R}^n)$ ainsi définie est continue.*

Soit q l'exposant conjugué de p et soit $r \geqslant 0$ tel que $rq > n$. Pour tout $x \in \mathbf{R}^n$, notons $g(x) = (1+\|x\|)^{-r}$. La fonction g appartient à $\mathscr{L}^q(\mathbf{R}^n)$ d'après la prop. 3 de IV, p. 199. D'après l'inégalité de Hölder, on a

$$\int_{\mathbf{R}^n}^{*} (1+\|x\|)^{-r}|f(x)|\, d\mu(x) \leqslant \mathrm{N}_q(g)\mathrm{N}_p(f) < +\infty,$$

donc la mesure $f \cdot \mu$ est tempérée.

Soit $f \in \mathrm{L}^p(\mathbf{R}^n)$ et $\varphi \in \mathscr{S}(\mathbf{R}^n)$. L'inégalité de Hölder implique

$$|\langle f \cdot \mu, \varphi \rangle| = \Big|\int_{\mathbf{R}^n} f(x)\varphi(x)\, d\mu(x)\Big| \leqslant \|f\|_p \|\varphi\|_q$$

et la continuité de l'application $f \mapsto f \cdot \mu$ résulte alors de la prop. 13 de IV, p. 213.

Pour tout $p \in [1, +\infty]$, on identifiera $\mathrm{L}^p(\mathbf{R}^n)$ à un sous-espace de $\mathscr{S}'(\mathbf{R}^n)$ par l'application linéaire $f \mapsto f \cdot \mu$.

PROPOSITION 17. — *Les espaces $\mathscr{D}(\mathbf{R}^n)$ et $\mathscr{S}(\mathbf{R}^n)$ sont denses dans $\mathscr{S}'(\mathbf{R}^n)$.*

Il suffit de démontrer que $\mathscr{D}(\mathbf{R}^n)$ est dense dans $\mathscr{S}'(\mathbf{R}^n)$. Soit λ une forme linéaire continue sur $\mathscr{S}'(\mathbf{R}^n)$ nulle sur $\mathscr{D}(\mathbf{R}^n)$. Comme l'espace $\mathscr{S}(\mathbf{R}^n)$ est réflexif, il existe une fonction $\varphi \in \mathscr{S}(\mathbf{R}^n)$ telle que $\lambda(f) = \langle f, \varphi \rangle$ pour tout $f \in \mathscr{S}'(\mathbf{R}^n)$. On a donc

$$0 = \lambda(\psi) = \langle \psi, \varphi \rangle = \int_{\mathbf{R}^n} \psi\varphi\, d\mu$$

pour tout $\psi \in \mathscr{D}(\mathbf{R}^n)$. La mesure $\varphi \cdot \mu$ sur $\mathbf{R}^n$ est donc nulle (prop. 6 de IV, p. 206), d'où $\varphi = 0$. La proposition découle alors du théorème de Hahn–Banach (EVT, II, p. 46, cor. 1).

12. Transformation de Fourier des distributions tempérées

Comme toute fonction de Schwartz φ est intégrable sur $\mathbf{R}^n$ (prop. 13 de IV, p. 213), elle admet une transformée de Fourier $\mathscr{F}(\varphi)$ (resp. une cotransformée de Fourier $\overline{\mathscr{F}}(\varphi)$) qui s'identifie à la fonction continue et bornée sur $\mathbf{R}^n$ définie par

$$y \mapsto \int_{\mathbf{R}^n} \varphi(x) \exp(-2i\pi\, x \cdot y) d\mu(x)$$

(resp. à la fonction $y \mapsto \displaystyle\int_{\mathbf{R}^n} \varphi(x) \exp(2i\pi\, x \cdot y) d\mu(x)$).

Lemme 11. — *Soit $\varphi \in \mathscr{S}(\mathbf{R}^n)$. La fonction $\mathscr{F}(\varphi)$ est indéfiniment dérivable sur $\mathbf{R}^n$ et on a*

$$\mathscr{F}(\mathrm{X}^\alpha \varphi) = (-2i\pi)^{-|\alpha|} \partial^\alpha(\mathscr{F}(\varphi)),$$
$$\mathscr{F}(\partial^\alpha \varphi) = (2i\pi)^{|\alpha|} \mathrm{X}^\alpha \mathscr{F}(\varphi)$$

pour tout α dans $\mathbf{N}^n$.

On peut supposer que $n \geqslant 1$. Soit $\varphi \in \mathscr{S}(\mathbf{R}^n)$. La fonction définie par $(x, y) \mapsto \varphi(x) \exp(2i\pi x \cdot y)$ de $\mathbf{R}^n \times \mathbf{R}^n$ dans $\mathbf{C}$ vérifie les hypothèses du corollaire 1 de IV, p. 198 pour tout entier k. La transformée de Fourier de φ est donc indéfiniment dérivable et vérifie

$$\partial^\alpha(\mathscr{F}\varphi)(y) = (-2i\pi)^{|\alpha|} \int_{\mathbf{R}^n} x^\alpha \varphi(x) \exp(-2i\pi x \cdot y) d\mu(x)$$

pour tout $y \in \mathbf{R}^n$, ce qui implique la première formule.

Démontrons la seconde formule. Par récurrence sur $|\alpha|$, il suffit de le faire lorsque $|\alpha| = 1$, et on se ramène aisément au cas $\alpha = (1, 0, \ldots, 0)$. Écrivons tout $x \in \mathbf{R}^n$ sous la forme $x = (x_1, x')$ avec $x' \in \mathbf{R}^{n-1}$, et notons μ_1 (resp. μ') la mesure de Lebesgue sur $\mathbf{R}^{n-1}$ (resp. $\mathbf{R}$). D'après le théorème de Lebesgue–Fubini (INT, V, p. 96, § 8, n° 4, th. 1), pour tout $y = (y_1, y') \in \mathbf{R} \times \mathbf{R}^{n-1}$, il vient

$$\mathscr{F}(\partial_1\varphi)(y) = \int_{\mathbf{R}^{n-1}} \exp(-2i\pi\, x' \cdot y') \\ \times \Big(\int_{\mathbf{R}} (\partial_1\varphi)(x_1, x') \exp(-2i\pi\, x_1 y_1) d\mu_1(x_1) \Big) d\mu'(x').$$

Pour tout intervalle compact $[a, b]$ dans $\mathbf{R}$ et tout $x' \in \mathbf{R}^{n-1}$, on a

$$\int_a^b (\partial_1\varphi)(x_1, x') \exp(-2i\pi\, x_1 y_1) d\mu_1(x_1) = \\ \Big[\varphi(x_1, x') \exp(-2i\pi\, x_1 y_1)\Big]_a^b \\ + 2i\pi y_1 \int_a^b \varphi(x_1, x') \exp(-2i\pi x_1 y_1) d\mu_1(x_1)$$

par intégration par parties (FVR, II, p. 10, formule (10)). Lorsque a tend vers $-\infty$ et b tend vers $+\infty$, le premier terme du second membre converge vers 0 puisque $\varphi \in \mathscr{S}(\mathbf{R}^n)$. Le second terme converge d'après le théorème de Lebesgue (INT, IV, p. 137, § 3, n° 7, th. 6) vers

$$2i\pi y_1 \int_{\mathbf{R}} \varphi(x_1, x') \exp(-2i\pi x_1 y_1) d\mu_1(x_1),$$

puisque l'application $x_1 \mapsto \varphi(x_1, x')$ est intégrable sur $\mathbf{R}$. Comme $x_1 \mapsto \partial_1\varphi(x_1, x')$ est aussi intégrable sur $\mathbf{R}$, on en déduit que

$$\int_{\mathbf{R}} \partial_1\varphi(x_1, x') \exp(-2i\pi x_1 y_1) d\mu_1(x_1) \\ = 2i\pi y_1 \int_{\mathbf{R}} \varphi(x_1, x') \exp(-2i\pi x_1 y_1) d\mu_1(x_1)$$

et finalement, en appliquant de nouveau le théorème de Lebesgue–Fubini on conclut que

$$\mathscr{F}(\partial_1\varphi)(y) = 2i\pi y_1 \int_{\mathbf{R}^n} \varphi(x)\exp(-2i\pi\, x\cdot y)d\mu(x),$$

comme désiré.

PROPOSITION 18. — *La restriction à $\mathscr{S}(\mathbf{R}^n)$ de la transformation de Fourier est un automorphisme d'espaces vectoriels topologiques dont l'inverse est la restriction de la cotransformation de Fourier.*

Soit $\varphi \in \mathscr{S}(\mathbf{R}^n)$. D'après le lemme précédent, la transformée de Fourier de φ appartient à $\mathscr{C}^\infty(\mathbf{R}^n)$. De plus, pour $\alpha \in \mathbf{N}^n$ et $\beta \in \mathbf{N}^n$, on a

$$\begin{aligned} \mathrm{X}^\beta\partial^\alpha(\mathscr{F}(\varphi)) &= (-2i\pi)^{|\alpha|}\mathrm{X}^\beta\mathscr{F}(\mathrm{X}^\alpha\varphi) \\ &= (-1)^{|\alpha|}(2i\pi)^{|\alpha|-|\beta|}\mathscr{F}(\partial^\beta(\mathrm{X}^\alpha\varphi)). \end{aligned}$$

En particulier, la fonction $\mathrm{X}^\beta\partial^\alpha(\mathscr{F}(\varphi))$ est bornée. Puisque α et β sont arbitraires dans $\mathbf{N}^n$, cela signifie que $\mathscr{F}(\varphi)$ appartient à $\mathscr{S}(\mathbf{R}^n)$. De plus, ce calcul implique

$$q_{\alpha,\beta}(\mathscr{F}(\varphi)) \leqslant (2\pi)^{|\alpha|-|\beta|}\,\|\partial^\beta(\mathrm{X}^\alpha\varphi)\|_1$$

pour $(\alpha,\beta) \in \mathbf{N}^n \times \mathbf{N}^n$ et $\varphi \in \mathscr{S}(\mathbf{R}^n)$.

Comme l'inclusion de l'espace $\mathscr{S}(\mathbf{R}^n)$ dans $\mathrm{L}^1(\mathbf{R}^n)$ est continue (prop. 13 de IV, p. 213), l'application $q_{\alpha,\beta}\circ\mathscr{F}$ de $\mathscr{S}(\mathbf{R}^n)$ dans $\mathbf{R}$ est continue. Il en résulte que la transformation de Fourier est continue de l'espace $\mathscr{S}(\mathbf{R}^n)$ dans lui-même (*cf.* EVT, II, p. 7, prop. 5, *c*)). On vérifie de même que la cotransformation de Fourier est continue de l'espace $\mathscr{S}(\mathbf{R}^n)$ dans lui-même. D'après la formule d'inversion de Fourier (théorème 3 de II, p. 222), la transformation de Fourier et la cotransformation de Fourier sont des isomorphismes réciproques l'un de l'autre.

DÉFINITION 6. — *On appelle* transformation de Fourier (*resp.* cotransformation de Fourier) *sur $\mathscr{S}'(\mathbf{R}^n)$ la transposée de la transformation de Fourier sur $\mathscr{S}(\mathbf{R}^n)$ (resp. de la cotransformation de Fourier).*

On note encore $\mathscr{F}$ (resp. $\overline{\mathscr{F}}$) la transformation de Fourier (resp. la cotransformation de Fourier) sur $\mathscr{S}'(\mathbf{R}^n)$. La transformation de Fourier sur $\mathscr{S}'(\mathbf{R}^n)$ est donc un automorphisme d'espaces vectoriels topologiques dont l'inverse est la cotransformation de Fourier. Pour tout $f \in \mathscr{S}'(\mathbf{R}^n)$, la distribution tempérée $\mathscr{F}(f)$ (resp. $\overline{\mathscr{F}}(f)$) est définie par la formule

$$\langle \mathscr{F}(f), \varphi \rangle = \langle f, \mathscr{F}(\varphi) \rangle \quad (\text{resp. } \langle \overline{\mathscr{F}}(f), \varphi \rangle = \langle f, \overline{\mathscr{F}}(\varphi) \rangle)$$

pour tout $\varphi \in \mathscr{S}(\mathbf{R}^n)$.

PROPOSITION 19. — *Soit f une distribution tempérée associée à une mesure bornée $\nu \in \mathscr{M}^1(\mathbf{R}^n)$ (resp. à $g \in \mathrm{L}^2(\mathbf{R}^n)$). La transformée de Fourier de f dans $\mathscr{S}'(\mathbf{R}^n)$ est la distribution tempérée associée à la transformée de Fourier de la mesure ν (resp. à la transformée de Fourier de g).*

Soit ν une mesure bornée sur $\mathbf{R}^n$ et f la distribution tempérée associée à ν. La transformée de Fourier $\mathscr{F}(\nu)$ est une fonction continue et bornée sur $\mathbf{R}^n$ (prop. 3 de II, p. 207). La distribution tempérée associée à cette fonction vérifie

$$\langle \mathscr{F}(\nu), \varphi \rangle = \int_{\mathbf{R}^n} \mathscr{F}(\nu)\, \varphi \, d\mu = \int_{\mathbf{R}^n} \mathscr{F}(\varphi)\, d\nu = \langle f, \mathscr{F}(\varphi) \rangle = \langle \mathscr{F}(f), \varphi \rangle$$

pour tout $\varphi \in \mathscr{S}(\mathbf{R}^n)$, où la seconde égalité est la prop. 13 de II, p. 221, qui est applicable ici puisque la mesure $\varphi \cdot \mu$ est bornée. La distribution tempérée associée à $\mathscr{F}(\nu)$ est donc $\mathscr{F}(f)$.

Lorsque f est la distribution tempérée associée à $g \in \mathrm{L}^2(\mathbf{R}^n)$, on suit une marche tout analogue en utilisant la formule (29) de II, p. 221.

Un énoncé similaire vaut également pour la cotransformation de Fourier.

Remarque. — Les formules élémentaires concernant la transformation de Fourier des mesures restent valides pour la transformation de Fourier des distributions tempérées. Par exemple, pour $f \in \mathscr{S}'(\mathbf{R}^n)$ et $\alpha \in \mathbf{N}^n$, on a

$$\mathscr{F}(\partial^\alpha f) = (2i\pi)^{|\alpha|} \mathrm{X}^\alpha \mathscr{F}(f)$$
$$\mathscr{F}(\mathrm{X}^\alpha f) = (-2i\pi)^{-|\alpha|} \partial^\alpha (\mathscr{F}(f))$$

d'après le lemme 11.

13. Distributions et distributions tempérées sur un espace vectoriel

Soit u une application linéaire bijective de $\mathbf{R}^n$ dans $\mathbf{R}^n$. L'application $\varphi \mapsto \varphi \circ u$ est un automorphisme de $\mathscr{S}(\mathbf{R}^n)$ (resp. de $\mathscr{D}(\mathbf{R}^n)$) ; sa transposée est un automorphisme de $\mathscr{S}'(\mathbf{R}^n)$ (resp. de $\mathscr{D}'(\mathbf{R}^n)$).

Soit E un espace vectoriel réel de dimension finie n. Soit $v\colon \mathbf{R}^n \to \mathrm{E}$ un isomorphisme d'espaces vectoriels. On note $\mathscr{S}(\mathrm{E})$ (resp. $\mathscr{D}(\mathrm{E})$) l'ensemble des applications $\varphi\colon \mathrm{E} \to \mathbf{C}$ telles que $\varphi \circ v \in \mathscr{S}(\mathbf{R}^n)$ (resp. telles que $\varphi \circ v \in \mathscr{D}(\mathbf{R}^n)$). D'après la remarque précédente, cet espace ne dépend pas du choix de v ; il est isomorphe à $\mathscr{S}(\mathbf{R}^n)$ (resp. $\mathscr{D}(\mathbf{R}^n)$). On note $\mathscr{S}'(\mathrm{E})$ (resp. $\mathscr{D}'(\mathrm{E})$) le dual de $\mathscr{S}(\mathrm{E})$ (resp. de $\mathscr{D}(\mathrm{E})$) muni de la topologie de la convergence bornée. C'est un espace vectoriel topologique isomorphe à $\mathscr{S}'(\mathbf{R}^n)$ (resp. à $\mathscr{D}'(\mathbf{R}^n)$).

Soient E et F des espaces vectoriels réels de dimension n, en dualité relativement à une forme bilinéaire $b\colon \mathrm{E}\times\mathrm{F} \to \mathbf{R}$. Le groupe localement compact commutatif E est en dualité avec F relativement à l'application

$$(x, y) \mapsto \exp(2i\pi b(x, y))$$

de $\mathrm{E} \times \mathrm{F}$ dans $\mathbf{U}$ (*cf.* cor. 1 de II, p. 235). On munit E et F de mesures de Haar qui sont duales l'une de l'autre relativement à cette application.

L'espace $\mathscr{S}(\mathrm{E})$ est inclus dans $\mathrm{L}^1(\mathrm{E})$; la transformation de Fourier de E induit, par passage aux sous-espaces et par dualité, un isomorphisme d'espaces vectoriels topologiques de $\mathscr{S}(\mathrm{E})$ dans $\mathscr{S}(\mathrm{F})$, dont la transposée est un isomorphisme d'espaces vectoriels topologiques de $\mathscr{S}'(\mathrm{F})$ dans $\mathscr{S}'(\mathrm{E})$.

14. Espaces de Sobolev

Soit U un ouvert de $\mathbf{R}^n$. Soient p un nombre réel $\geqslant 1$ et k un entier naturel. On note $\mathrm{W}^{k,p}(\mathrm{U})$ l'espace des distributions $f \in \mathscr{D}'(\mathrm{U})$ telles que, pour tout $\alpha \in \mathbf{N}^n$ avec $|\alpha| \leqslant k$, la distribution $\partial^\alpha f$ est associée à un élément de $\mathrm{L}^p(\mathrm{U})$.

En particulier, pour $\mathrm{U} = \mathbf{R}^n$, les éléments de $\mathrm{W}^{k,p}(\mathrm{U})$ sont des distributions tempérées.

L'application de $W^{k,p}(u)$ dans $\mathbf{R}_+$ qui à $f \in W^{k,p}(U)$ associe

$$\|f\|_{k,p} = \Big(\sum_{|\alpha|\leqslant k} \|\partial^\alpha f\|_p^p\Big)^{1/p}$$

est une norme sur $W^{k,p}(U)$. L'espace $W^{k,p}(U)$ sera toujours muni de cette norme ; cet espace normé est appelé *espace de Sobolev d'indice* k *et d'exposant* p.

L'espace $\mathscr{D}(U)$ est contenu dans $W^{k,p}(U)$. On note $W_0^{k,p}(U)$ l'adhérence de $\mathscr{D}(U)$ dans $W^{k,p}(U)$. C'est un sous-espace fermé de $W^{k,p}(U)$.

On a $W_0^{k,p}(\mathbf{R}^n) = W^{k,p}(\mathbf{R}^n)$, mais les espaces $W^{k,p}(U)$ et $W_0^{k,p}(U)$ sont distincts en général (*cf.* exercices 12 de IV, p. 334 et 14 de IV, p. 334).

On note aussi $H^k(U) = W^{k,2}(U)$ et $H_0^k(U) = W_0^{k,2}(U)$.

La norme de $H^k(U)$ est une norme préhilbertienne, associée à la forme hermitienne positive sur $H^k(U)$ définie par

$$(f_1, f_2) \mapsto \sum_{|\alpha|\leqslant k} \int_U \overline{\partial^\alpha f_1}\, \partial^\alpha f_2 \, d\mu.$$

L'espace hilbertien $H^k(U)$ coïncide avec l'espace noté $\mathscr{H}^k$ dans EVT, V, p. 6, exemple (3).

On a $W^{0,p}(U) = L^p(U)$ et $H^0(U) = L^2(U)$ par définition ; de plus $W_0^{0,p}(U) = L^p(U)$ d'après la prop. 4, *b*) de IV, p. 202.

PROPOSITION 20. — *Les espaces de Sobolev* $W^{k,p}(U)$ *et* $W_0^{k,p}(U)$ *sont des espaces de Banach de type dénombrable. En particulier, les espaces* $H^k(U)$ *et* $H_0^k(U)$ *sont des espaces hilbertiens de type dénombrable.*

Il suffit de démontrer les assertions concernant $W^{k,p}(U)$.

Soit I l'ensemble des $\alpha \in \mathbf{N}^n$ tels que $|\alpha| \leqslant k$. L'application linéaire u de $W^{k,p}(U)$ dans $L^p(U)^I$ qui associe à f la famille $(\partial^\alpha f)_{\alpha\in I}$ est injective ; elle est continue et stricte par définition de la norme sur $W^{k,p}(U)$. Pour démontrer que $W^{k,p}(U)$ est complet, il suffit de démontrer que son image par u est fermée. Or, soit $(f_n)_{n\in\mathbf{N}}$ une suite dans $W^{k,p}(U)$ telle que $(u(f_n))_{n\in\mathbf{N}}$ converge. Soit $(g_\alpha)_{\alpha\in I} \in L^p(U)^I$ sa limite. Pour $\alpha \in I$, la suite $(\partial^\alpha f_n)_{n\in\mathbf{N}}$ converge dans $L^p(U)$ vers g_α. *A fortiori*, la convergence a lieu dans $\mathscr{D}'(U)$. Posons $f = g_0$. Pour tout $\varphi \in \mathscr{D}(U)$, il vient

$$\begin{aligned}\langle \partial^\alpha f, \varphi\rangle &= (-1)^{|\alpha|}\langle f, \partial^\alpha\varphi\rangle \\ &= \lim_{n\to+\infty} (-1)^{|\alpha|}\langle f_n, \partial^\alpha\varphi\rangle = \lim_{n\to+\infty} \langle \partial^\alpha f_n, \varphi\rangle = \langle g_\alpha, \varphi\rangle.\end{aligned}$$

Cela démontre que $g_\alpha = \partial^\alpha f$ pour tout $\alpha \in \mathrm{I}$, donc $(g_\alpha)_{\alpha\in\mathrm{I}} = u(f)$ appartient à l'image de u.

L'espace $\mathrm{W}^{k,p}(\mathrm{U})$ s'identifie par u à un sous-espace de l'espace $\mathrm{L}^p(\mathrm{U})^\mathrm{I}$; celui-ci est de type dénombrable (prop. 2 de IV, p. 180 et TG, IX, p. 19, cor., (ii))), donc il en est de même de $\mathrm{W}^{k,p}(\mathrm{U})$ (*loc. cit.*, (i)).

Proposition 21. — *Soit* N *la norme euclidienne sur* $\mathbf{R}^n$. *Soit* k *un entier* $\geqslant 0$. *L'espace de Sobolev* $\mathrm{H}^k(\mathbf{R}^n)$ *est l'espace des* $f \in \mathscr{S}'(\mathbf{R}^n)$ *tel que* $(1+\mathrm{N}^k)\mathscr{F}(f)$ *appartient à* $\mathrm{L}^2(\mathbf{R}^n)$.

On procède par récurrence sur k. Lorsque $k = 0$, le résultat est une conséquence du théorème de Plancherel (II, p. 215, th. 1). Supposons que $k = 1$. Pour $f \in \mathscr{S}'(\mathbf{R}^n)$, on a $(1+\mathrm{N})\mathscr{F}f \in \mathrm{L}^2(\mathbf{R}^n)$ si et seulement si $f \in \mathrm{L}^2(\mathbf{R}^n)$ et $\mathrm{N}\mathscr{F}f \in \mathrm{L}^2(\mathbf{R}^n)$. De plus, $\mathrm{N}\mathscr{F} \in \mathrm{L}^2(\mathbf{R}^n)$ si et seulement si, pour tout $\alpha \in \mathbf{N}^n$ tel que $|\alpha| = 1$, on a $\mathrm{X}^\alpha\mathscr{F}f \in \mathrm{L}^2(\mathbf{R}^n)$. Comme on a $\mathscr{F}(\partial^\alpha f) = 2i\pi\mathrm{X}^\alpha\mathscr{F}f$, cette condition signifie que $\mathscr{F}(\partial^\alpha f) \in \mathrm{L}^2(\mathbf{R}^n)$ pour tout α avec $|\alpha| = 1$, c'est-à-dire $\partial^\alpha f \in \mathrm{L}^2(\mathbf{R}^n)$ pour tout α avec $|\alpha| = 1$. Il en résulte que l'assertion est vraie pour $k = 1$.

Supposons maintenant que $k \geqslant 2$ et que l'assertion concernant $\mathrm{H}^\ell(\mathbf{R}^n)$ est valide pour tout entier positif $\ell \leqslant k-1$. Soit $f \in \mathscr{S}'(\mathbf{R}^n)$. Par définition, on a $f \in \mathrm{H}^k(\mathbf{R}^n)$ si et seulement si $f \in \mathrm{L}^2(\mathbf{R}^n)$ et, pour tout $\beta \in \mathbf{N}^n$ tel que $|\beta| \leqslant 1$, la distribution $\partial^\beta f$ appartient à $\mathrm{H}^{k-1}(\mathbf{R}^n)$. Cela équivaut, d'après l'hypothèse de récurrence, à $f \in \mathrm{L}^2(\mathbf{R}^n)$ et $(1+\mathrm{N}^{k-1})\mathscr{F}(\partial^\beta f) \in \mathrm{L}^2(\mathbf{R}^n)$ pour tout $\beta \in \mathbf{N}^n$ tel que $|\beta| \leqslant 1$. Comme $\mathscr{F}(\partial^\beta f) = (2i\pi\mathrm{X})^{|\beta|}\mathscr{F}(f)$, la condition $f \in \mathrm{H}^k(\mathbf{R}^n)$ équivaut à dire que $\mathscr{F}f \in \mathrm{L}^2(\mathbf{R}^n)$ et $(1+\mathrm{N}^{k-1})\mathrm{X}^\beta\mathscr{F}f \in \mathrm{L}^2(\mathbf{R}^n)$ pour $\beta \in \mathbf{N}^n$ tel que $|\beta| \leqslant 1$.

Les inégalités

$$1+\mathrm{N}^k \leqslant 1+\mathrm{N}^{k-1}\sum_{\substack{\beta\in\mathbf{N}^n\\|\beta|\leqslant 1}}|\mathrm{X}^\beta| \leqslant 1+n^{1/2}\mathrm{N}^k \leqslant (1+n^{1/2})(1+\mathrm{N}^k)$$

impliquent alors que $f \in \mathrm{H}^k(\mathbf{R}^n)$ si et seulement si $(1+\mathrm{N}^k)\mathscr{F} \in \mathrm{L}^2(\mathbf{R}^n)$.

§ 4. OPÉRATEURS PARTIELS

1. Opérateurs partiels

Dans ce numéro, K est un corps commutatif.

On rappelle (E, II, §3, p. 9–10) qu'un *graphe*[(2)] est un ensemble dont tous les éléments sont des couples. Si A et B sont des ensembles, une *correspondance* entre A et B est un triplet (Γ, A, B), où Γ est un graphe contenu dans $A \times B$; son ensemble de définition (aussi appelé *domaine*) est $\mathrm{pr}_1(\Gamma)$, et l'ensemble de ses valeurs est $\mathrm{pr}_2(\Gamma)$. Une correspondance est une *fonction* (E, II, p. 13, déf. 9) si son graphe est fonctionnel et si son ensemble de départ coïncide avec son ensemble de définition. Toute partie d'un graphe fonctionnel est un graphe fonctionnel.

DÉFINITION 1. — *Soient* E *et* F *des espaces vectoriels sur* K. *Un* opérateur partiel *u de* E *dans* F *est une correspondance* (Γ, E, F) *entre* E *et* F *vérifiant les conditions suivantes :*

(i) *Le graphe* Γ *est un sous-espace vectoriel de* $E \times F$;

(ii) *Le graphe* Γ *est fonctionnel.*

Si $E = F$, *on dit que* u *est un opérateur partiel sur* E.

Soit u un opérateur partiel de E dans F. Le graphe Γ de la correspondance u est appelé le *graphe de l'opérateur partiel* u, et est aussi noté Γ_u. On note $\mathscr{P}(E; F)$ l'ensemble des opérateurs partiels de E dans F ; on note simplement $\mathscr{P}(E) = \mathscr{P}(E; E)$.

Se donner un opérateur partiel de E dans F revient à se donner un sous-espace vectoriel D de E et une application linéaire u de D dans F, l'opérateur partiel associé étant la correspondance (Γ, E, F) où $\Gamma \subset D \times F$ est le graphe de u.

Le domaine de définition d'un opérateur partiel u est appelé simplement le *domaine* de u, et noté $\mathrm{dom}(u)$.

Toute application linéaire u de E dans F est un opérateur partiel de E dans F.

Si $D \subset E$ est un sous-espace vectoriel, on notera 1_D l'opérateur partiel de domaine D qui est l'application identique sur D, c'est-à-dire la correspondance (Δ_D, E, E) où Δ_D est la diagonale de $D \times D$ (E, II,

(2) On prendra garde de ne pas confondre la notion de graphe considérée ici avec celle introduite dans TA, II, p. 155, déf. 1.

p. 13, déf. 8). On notera 0_D l'opérateur partiel de domaine D qui est nul sur D, c'est-à-dire la correspondance $(D \times \{0\}, E, F)$.

Des opérateurs partiels $u = (\Gamma, E, F)$ et $u' = (\Gamma', E, F)$ de E dans F sont égaux si et seulement si $\mathrm{dom}(u) = \mathrm{dom}(u')$ et si les applications linéaires u et u' de $\mathrm{dom}(u)$ dans F coïncident.

Suivant E, II, §3, les notions suivantes sont définies :

(i) Soit u un opérateur partiel de E dans F ; soient D son domaine et $u \colon D \to F$ l'application linéaire associée. L'*image* d'un sous-ensemble A de E par u est le sous-ensemble $u(A \cap D)$ de F ; on la note simplement $u(A)$. L'*image réciproque* par u d'un sous-ensemble B de F par u est le sous-ensemble $\overset{-1}{u}(B)$ de D.

Si A (resp. B) est un sous-espace vectoriel de E (resp. de F), alors son image par u (resp. son image réciproque) est un sous-espace vectoriel de F (resp. de E).

L'*image* de u est le sous-espace vectoriel $u(D)$ de F, noté aussi $\mathrm{Im}(u)$. On dit que u est un opérateur partiel *surjectif* si $\mathrm{Im}(u) = F$. Le *noyau* de u est le sous-espace vectoriel $\overset{-1}{u}(\{0\})$ de E, noté aussi $\mathrm{Ker}(u)$. Le noyau de u est réduit à 0 si et seulement si l'application linéaire u de $\mathrm{dom}(u)$ dans F est injective. On dit alors que u est *injectif*. Si u est injectif et surjectif, on dit qu'il est *bijectif*.

(ii) Si E, F et G sont des espaces vectoriels sur K et $u = (\Gamma, E, F)$, $v = (\Gamma', F, G)$ sont des opérateurs partiels de E dans F et de F dans G, respectivement, la correspondance composée $v \circ u = (\Gamma' \circ \Gamma, E, G)$ est un opérateur partiel de E dans G. Son domaine est $\overset{-1}{u}(\mathrm{dom}(v))$. Si H est un espace vectoriel sur K et $w = (\Gamma'', G, H)$ un opérateur partiel de G dans H, on a $w \circ (v \circ u) = (w \circ v) \circ u$. On écrira parfois vu au lieu de $v \circ u$.

(iii) En particulier, pour tout opérateur partiel u de E dans F et tout $a \in K$, les opérateurs partiels $au = (a1_F) \circ u$ et $ua = u \circ (a1_E)$ sont définis. Ils sont égaux si $a \neq 0$, ou si le domaine de u est égal à E ; on a $u0 = 0_E$ et $0u = 0_{\mathrm{dom}(u)}$.

Soit E un espace vectoriel. D'après ce qui précède, l'ensemble $\mathscr{P}(E)$, muni de la loi de composition définie par $(u, v) \mapsto u \circ v$, est un magma associatif unifère (A, I, p. 4, déf. 5 et A, I, p. 12, déf. 2) d'élément neutre 1_E. Pour tout $n \in \mathbf{N}$, on notera u^n le composé $\overset{n}{\circ} u$ (A, I, p. 13).

Par ailleurs, on définit les notions suivantes :

(i) Si $u = (\Gamma, \mathrm{E}, \mathrm{F})$ est un opérateur partiel de E dans F, et si G est un sous-espace vectoriel de E, la *réduction* de u à G est l'opérateur partiel $(\Gamma \cap (\mathrm{G} \times \mathrm{F}), \mathrm{E}, \mathrm{F})$ de E dans F. Son domaine est $\mathrm{dom}(u) \cap \mathrm{G}$; on le notera parfois $u|\mathrm{G}$, quand aucune confusion avec la restriction de u au sous-espace G n'est à craindre.

(ii) Soit v un opérateur partiel injectif de F dans E. La correspondance réciproque $v^{-1} = (\Gamma^{-1}, \mathrm{E}, \mathrm{F})$ de v est alors un opérateur partiel tel que $\mathrm{dom}(v^{-1}) = \mathrm{Im}(v)$. On dit que v^{-1} est l'*opérateur partiel réciproque* de v. On a les égalités $v \circ v^{-1} = 1_{\mathrm{dom}(v^{-1})}$ dans $\mathscr{P}(\mathrm{E})$ et $v^{-1} \circ v = 1_{\mathrm{dom}(v)}$ dans $\mathscr{P}(\mathrm{F})$. L'opérateur partiel v^{-1} est injectif et on a $(v^{-1})^{-1} = v$.

(iii) Soient E, F et G des espaces vectoriels. Soit u (resp. v) un opérateur partiel injectif de E dans F (resp. de F dans G). Alors l'opérateur partiel $v \circ u$ est injectif et $(v \circ u)^{-1} = u^{-1} \circ v^{-1}$.

(iv) Si u et v sont des opérateurs partiels de E dans F, on dit que *v est une extension de u*, et on note $u \subset v$, si le graphe de u est contenu dans le graphe de v. Cela implique que $\mathrm{dom}(u) \subset \mathrm{dom}(v)$ et que u est la réduction de v à $\mathrm{dom}(u)$. La relation « $u \subset v$ » est une relation d'ordre dans $\mathscr{P}(\mathrm{E};\mathrm{F})$. On a par exemple $au \subset ua$ pour tout $a \in \mathrm{K}$ et tout $u \in \mathscr{P}(\mathrm{E};\mathrm{F})$.

(v) Soient E un espace vectoriel sur K et $(\mathrm{F}_i)_{i\in\mathrm{I}}$ une famille d'espaces vectoriels sur K. Pour $i \in \mathrm{I}$, soit u_i un opérateur partiel de E dans F_i. L'*opérateur partiel produit* des u_i est l'opérateur partiel de E dans l'espace vectoriel produit des espaces F_i dont le domaine est l'intersection D des espaces $\mathrm{dom}(u_i)$ et qui associe à $x \in \mathrm{D}$ la famille $(u_i(x))_{i\in\mathrm{I}}$. On le note $(u_i)_{i\in\mathrm{I}}$.

(vi) Soit $\mathrm{A} \colon \mathrm{F}\times\mathrm{F} \to \mathrm{F}$ l'application linéaire $(x, y) \mapsto x+y$. Soient u et v des opérateurs partiels de E dans F. La *somme* $u+v$ est l'opérateur partiel $\mathrm{A} \circ (u, v)$ de E dans F. Son domaine est $\mathrm{dom}(u) \cap \mathrm{dom}(v)$. Pour u, v, w dans $\mathscr{P}(\mathrm{E};\mathrm{F})$, on a $(u + v) + w = u + (v + w)$.

Soit G un espace vectoriel sur K. Pour tous u et v dans $\mathscr{P}(\mathrm{E};\mathrm{F})$ et tout $w \in \mathscr{P}(\mathrm{F};\mathrm{G})$, on a $w \circ u + w \circ v \subset w \circ (u + v)$. En général, il n'y a pas égalité dans cette formule (exercice 1 de IV, p. 344), mais c'est le cas lorsque le domaine de w est égal à F. Pour $w \in \mathscr{P}(\mathrm{G};\mathrm{E})$, on a $u \circ w + v \circ w = (u + v) \circ w$.

(vii) Soit L une extension du corps K. Soient E et F des espaces vectoriels sur K et $\mathrm{E}_{(\mathrm{L})} = \mathrm{L} \otimes_{\mathrm{K}} \mathrm{E}$, $\mathrm{F}_{(\mathrm{L})} = \mathrm{L} \otimes_{\mathrm{K}} \mathrm{F}$ les L-espaces vectoriels obtenus par extension des scalaires de K à L (A, II, p. 82). Pour tout opérateur partiel u de E dans F, on note $u_{(L)}$ l'opérateur partiel de $E_{(L)}$ dans $F_{(L)}$ dont le graphe est le sous-espace vectoriel $L \otimes_K \Gamma_u$ de $E_{(L)} \times F_{(L)}$; son domaine est $L \otimes_K \mathrm{dom}(u)$, et il coïncide sur celui-ci avec l'unique application linéaire qui envoie $1 \otimes x$ sur $1 \otimes u(x)$ pour tout $x \in \mathrm{dom}(u)$.

Soit v un opérateur partiel de E dans F. On a $u \subset v$ si et seulement si $u_{(L)} \subset v_{(L)}$.

(viii) Soient E_1, F_1, E_2, F_2 des K-espaces vectoriels. Soit u (resp. v) un opérateur partiel de E_1 dans F_1 (resp. de E_2 dans F_2). On note $u \otimes v$ l'opérateur partiel de $E_1 \otimes F_1$ dans $E_2 \otimes F_2$ de domaine $\mathrm{dom}(u) \otimes \mathrm{dom}(v)$ tel que $(u \otimes v)(x \otimes y) = u(x) \otimes v(y)$ pour tout $(x, y) \in E_1 \times E_2$.

2. Opérateurs fermés, fermables et à domaine dense

Dans ce numéro, K désigne un corps topologique commutatif (TG, III, p. 54).

DÉFINITION 2. — *Soient* E *et* F *des espaces vectoriels topologiques sur* K (EVT, I, p. 1, déf. 1). *Soit* $u \in \mathscr{P}(E; F)$ *un opérateur partiel de* E *dans* F.

On dit que u *est un* opérateur à domaine dense *si le domaine de* u *est dense dans* E.

On dit que u *est* fermé *si le graphe de* u *est fermé dans l'espace vectoriel topologique* E × F. *On dit que* u *est* fermable *s'il possède une extension fermée.*

Soient E, F et G des espaces vectoriels topologiques sur K. Toute extension d'un opérateur $u \in \mathscr{P}(E; F)$ à domaine dense est à domaine dense. De plus, si $v \in \mathscr{L}(E; F)$, alors $u + v$ est un opérateur à domaine dense. Si $v \colon F \to G$ (resp. $w \colon G \to E$) est un isomorphisme d'espaces vectoriels topologiques, alors $v \circ u$ (resp $u \circ w$) est un opérateur à domaine dense.

Exemples. — Soient E et F des espaces vectoriels topologiques sur K.

1) Supposons l'espace F séparé. Soit u une application linéaire de E dans F. Si u est continue, alors l'opérateur partiel u est fermé (TG, I, p. 53, cor. 2). Supposons de plus que K est un corps valué non discret

et que E et F sont des espaces vectoriels topologiques métrisables et complets sur K. D'après le théorème du graphe fermé (EVT, I, p. 19, cor. 5), l'opérateur partiel défini par u est alors fermé si et seulement si u est continue.

2) Supposons l'espace E séparé. Soit v une application linéaire injective continue de F dans E. L'opérateur partiel $v^{-1} \in \mathscr{P}(\mathrm{E};\mathrm{F})$ (*cf.* IV, p. 226) est alors fermé, puisque son graphe est l'image du graphe de v, qui est fermé, par l'isomorphisme d'espaces vectoriels topologiques de $\mathrm{F} \times \mathrm{E}$ dans $\mathrm{E} \times \mathrm{F}$ défini par $(y,x) \mapsto (x,y)$.

PROPOSITION 1. — *Soient* E *et* F *des espaces vectoriels topologiques sur* K. *Un opérateur partiel u de* E *dans* F *est fermable si et seulement si l'adhérence du graphe Γ_u de u dans* $\mathrm{E} \times \mathrm{F}$ *est un graphe fonctionnel. Il existe alors un unique opérateur partiel v de* E *dans* F *dont le graphe est $\overline{\Gamma}_u$, et c'est la plus petite extension fermée de u.*

Si l'adhérence du graphe de u dans $\mathrm{E} \times \mathrm{F}$ est un graphe fonctionnel, c'est le graphe d'un opérateur partiel, et celui-ci est une extension fermée de u, qui est donc fermable. Réciproquement, supposons que $u \subset w$ avec w fermé. L'adhérence $\overline{\Gamma}_u$ du graphe de u dans $\mathrm{E} \times \mathrm{F}$ est contenue dans Γ_w, donc $\overline{\Gamma}_u$ est un graphe fonctionnel.

La dernière assertion résulte du fait que si w est une extension fermée de u, alors le graphe de w contient $\overline{\Gamma}_u$.

DÉFINITION 3. — *Soient* E *et* F *des espaces vectoriels topologiques sur* K. *Soit u un opérateur fermable de* E *dans* F. *L'opérateur fermé dont le graphe est $\overline{\Gamma}_u$ est appelé la* fermeture *de u. Il est noté $\overline{u}$.*

Remarque. — Soient E et F des espaces vectoriels topologiques sur K. Soit u un opérateur fermable de E dans F. Le domaine de la fermeture de u est contenu dans l'adhérence du domaine de u dans E. En général, il en est distinct (exercice 1 de IV, p. 344, *b*)).

Si $u \in \mathscr{P}(\mathrm{E};\mathrm{F})$ est fermable et $\mathrm{dom}(u) = \mathrm{E}$, alors $u = \overline{u}$ est fermé, puisqu'alors $\mathrm{dom}(\overline{u}) = \mathrm{dom}(u)$.

PROPOSITION 2. — *Soit* $\mathrm{K} = \mathbf{R}$ *et soient* E *et* F *des espaces vectoriels topologiques sur* $\mathbf{R}$. *Soit u un opérateur partiel de* E *dans* F. *Alors u est à domaine dense (resp. est fermé, est fermable) si et seulement si $u_{(\mathbf{C})}$ est à domaine dense (resp. est fermé, est fermable).*

Supposons que le domaine de u est dense dans E. Tout voisinage de 0 dans $\mathrm{E}_{(\mathbf{C})}$ contient un voisinage de la forme $\mathrm{V} + i\mathrm{V}$ (EVT, II,

p. 65), où V est un voisinage de 0 dans E, donc contient un élément du domaine de $u_{(\mathbf{C})}$; cet opérateur partiel est donc à domaine dense. La réciproque est également vraie puisque l'application de $\mathrm{E}_{(\mathbf{C})}$ dans E qui à $x+iy$ associe x pour tout $(x,y) \in \mathrm{E}\times\mathrm{E}$ est continue et surjective.

Le graphe de $u_{(\mathbf{C})}$ s'identifie à l'espace vectoriel topologique complexifié du graphe de u. Il est donc fermé dans $\mathrm{E}_{(\mathbf{C})}\times\mathrm{E}_{(\mathbf{C})}$ si le graphe de u est fermé dans $\mathrm{E}\times\mathrm{E}$. Réciproquement, on a $\Gamma_u = \Gamma_{u_{(\mathbf{C})}} \cap (\mathrm{E}\times\mathrm{E})$ dans $\mathrm{E}_{(\mathbf{C})}\times\mathrm{E}_{(\mathbf{C})}$; comme $\mathrm{E}\times\mathrm{E}$ est fermé dans $\mathrm{E}_{(\mathbf{C})}\times\mathrm{E}_{(\mathbf{C})}$, l'opérateur partiel u est fermé lorsque $u_{(\mathbf{C})}$ l'est.

Un opérateur partiel v de E dans F est une extension de u si et seulement si $v_{(\mathbf{C})}$ est une extension de $u_{(\mathbf{C})}$, donc l'opérateur partiel $u_{(\mathbf{C})}$ est fermable si u est fermable. Réciproquement, si $u_{(\mathbf{C})}$ est fermable, l'opérateur partiel u l'est aussi puisque $\overline{\Gamma_u} = \overline{\Gamma_{u_{(\mathbf{C})}}} \cap (\mathrm{E}\times\mathrm{E})$, qui est alors un graphe fonctionnel (prop. 1).

Lemme 1. — *Soient* E, F *et* G *des espaces vectoriels topologiques sur* K. *Soit u un opérateur fermé de* E *dans* F.

a) *Pour tout $v \in \mathscr{L}(\mathrm{E};\mathrm{F})$, l'opérateur partiel $u+v$ est fermé.*

b) *Pour tout $v \in \mathscr{L}(\mathrm{G};\mathrm{E})$, l'opérateur partiel $u\circ v$ est fermé.*

Démontrons *a*). Soit γ l'application $(x,y)\mapsto(x,y-v(x))$ de $\mathrm{E}\times\mathrm{F}$ dans lui-même ; elle est continue. Pour tout $(x,y)\in\mathrm{E}\times\mathrm{F}$, on a $\gamma(x,y)\in\Gamma_u$ si et seulement si $x\in\mathrm{dom}(u)$ et $y=u(x)+v(x)$, c'est-à-dire que $\overset{-1}{\gamma}(\Gamma_u)=\Gamma_{u+v}$. L'assertion en résulte.

Démontrons *b*). L'application $\eta=(v,1_{\mathrm{F}})$ de $\mathrm{G}\times\mathrm{F}$ dans $\mathrm{E}\times\mathrm{F}$ est continue ; pour tout $(z,y)\in\mathrm{G}\times\mathrm{F}$, on a $\eta(z,y)=(v(z),y)$, donc $\overset{-1}{\eta}(\Gamma_u)=\Gamma_{u\circ v}$. L'assertion en résulte.

Soient E et F des espaces vectoriels topologiques sur K, l'espace F étant séparé. Soit $a\in\mathrm{K}$. Si $u\in\mathscr{P}(\mathrm{E};\mathrm{F})$ est fermable, alors il en est de même de au. Si $a\neq 0$, on a $\overline{au}=a\overline{u}$, et u est fermé si et seulement si au l'est. Si $a=0$, la fermeture de au est $0_{\overline{\mathrm{dom}(u)}}$, et $a\overline{u}$ est égal à $0_{\mathrm{dom}(\overline{u})}$; il se peut donc que u soit fermé mais que au ne le soit pas.

PROPOSITION 3. — *Soient* E *et* F *des espaces vectoriels topologiques sur* K, *l'espace* F *étant séparé. Soit u un opérateur partiel fermé de* E *dans* F. *Le noyau de u est un sous-espace fermé de* E.

En effet, le noyau de u est l'image inverse du sous-espace fermé $\Gamma_u\cap(\mathrm{E}\times\{0\})$ de $\mathrm{E}\times\mathrm{F}$ par l'application linéaire continue $x\mapsto(x,0)$ de E dans $\mathrm{E}\times\mathrm{F}$.

Dans la suite de ce numéro, on suppose que K est un corps valué non discret.

DÉFINITION 4. — *Soient* E *et* F *des espaces normés sur* K *et soit* u *un opérateur partiel de* E *dans* F. *Pour* x *dans* $\operatorname{dom}(u)$, *on note*

$$\|x\|_u = (\|x\|_{\mathrm{E}}^2 + \|u(x)\|_{\mathrm{F}}^2)^{1/2}.$$

L'application $x \mapsto \|x\|_u$ *ainsi définie est une norme sur* $\operatorname{dom}(u)$. *On note* E_u *l'espace normé ainsi obtenu.*

Remarques. — Soient E et F des espaces normés sur K et soit u un opérateur partiel de E dans F.

1) L'injection canonique de E_u dans E est continue puisqu'on a $\|x\| \leqslant \|x\|_u$ pour tout $x \in \mathrm{E}$. En particulier, tout sous-espace de $\operatorname{dom}(u)$ qui est fermé dans E est fermé dans E_u.

2) Si E et F sont des espaces hilbertiens, alors l'espace E_u est un espace préhilbertien, puisque la norme sur E_u provient de la forme hermitienne positive

$$(x, y) \mapsto (x \mid y)_u = \langle x \mid y\rangle + \langle u(x) \mid u(y)\rangle$$

sur $\operatorname{dom}(u)$.

PROPOSITION 4. — *Soient* E *et* F *des espaces de Banach* (*resp. des espaces hilbertiens*) *et soit* u *un opérateur partiel de* E *dans* F. *Alors* u *est fermé si et seulement si l'espace normé* E_u *est un espace de Banach* (*resp. un espace hilbertien*).

Il suffit de traiter le cas des espaces de Banach. La norme de E_u est obtenue, par transport de structure au moyen de l'application linéaire bijective $(x, y) \mapsto x$ de Γ_u dans $\operatorname{dom}(u)$, à partir de la norme obtenue par restriction au sous-espace Γ_u de la norme $(x, y) \mapsto (\|x\|_{\mathrm{E}}^2 + \|y\|_{\mathrm{F}}^2)^{1/2}$ sur l'espace de Banach $\mathrm{E} \oplus \mathrm{F}$. L'espace E_u est donc un espace de Banach si et seulement si le sous-espace Γ_u de $\mathrm{E} \oplus \mathrm{F}$ est fermé.

Si u et v sont des opérateurs partiels de E dans F et de F dans G, respectivement, et si u est fermé, alors l'opérateur partiel $v \circ u$ n'est pas fermé en général, même si v est continu (exercice 1 de IV, p. 344, c)). On a tout de même la condition suffisante suivante :

Lemme 2. — *Soient* E, F *et* G *des espaces normés sur* K, *l'espace* F *étant un espace de Banach. Soit* u *un opérateur partiel fermé de* E *dans* F *et soit* $v \in \mathscr{L}(\mathrm{F};\mathrm{G})$. *S'il existe* $\mathrm{C} \in \mathbf{R}_+$ *tel que*

$$\|u(x)\| \leqslant \mathrm{C}(\|x\| + \|(v \circ u)(x)\|)$$

pour tout $x \in \mathrm{dom}(v \circ u) = \mathrm{dom}(u)$, *c'est-à-dire, si l'application linéaire* $x \mapsto u(x)$ *de* $\mathrm{E}_{v\circ u}$ *dans* F *est continue, alors* $v \circ u$ *est fermé.*

Notons $w = v \circ u$. Soit $(x_n, w(x_n))_{n\in\mathbf{N}}$ une suite dans le graphe de w qui converge dans $\mathrm{E} \times \mathrm{G}$. Soit x la limite de la suite (x_n). L'hypothèse implique que la suite $(u(x_n))_{n\in\mathbf{N}}$ est alors une suite de Cauchy dans F ; elle converge vers un élément y de F. Puisque u est fermé, on a donc $x \in \mathrm{dom}(u)$ et $y = u(x)$. Alors $w(x_n) = v(u(x_n))$ tend vers $v(y) = v(u(x))$ puisque v est continu, donc le graphe de w est fermé.

Soient u un opérateur partiel fermé sur un espace de Banach E et F un sous-espace de $\mathrm{dom}(u)$. Si F est dense dans l'espace de Banach E_u, alors la réduction de u à F est fermable, et sa fermeture est égale à u. On dit alors que F *est un cœur pour* u.

3. Exemples d'opérateurs partiels

Dans ce numéro, $\mathrm{K} = \mathbf{R}$ ou $\mathbf{C}$.

Exemples. — 1) Soit X un espace topologique localement compact et soit μ une mesure positive sur X. On fixe des éléments p_1 et p_2 de $[1, +\infty[$.

Soit g une fonction μ-mesurable sur X à valeurs dans K. Notons D le sous-espace de $\mathscr{L}^{p_1}_{\mathrm{K}}(\mathrm{X},\mu)$ formé des fonctions f dans $\mathscr{L}^{p_1}_{\mathrm{K}}(\mathrm{X},\mu)$ telles que $gf \in \mathscr{L}^{p_2}_{\mathrm{K}}(\mathrm{X},\mu)$. L'application linéaire de D dans $\mathscr{L}^{p_2}_{\mathrm{K}}(\mathrm{X},\mu)$ définie par $f \mapsto gf$ détermine un opérateur partiel de $\mathscr{L}^{p_1}_{\mathrm{K}}(\mathrm{X},\mu)$ dans $\mathscr{L}^{p_2}_{\mathrm{K}}(\mathrm{X},\mu)$, que l'on note m_g.

Le sous-espace vectoriel des fonctions μ-négligeables dans $\mathscr{L}^{p_1}_{\mathrm{K}}(\mathrm{X},\mu)$ est contenu dans D, et l'image par m_g d'une fonction μ-négligeable est encore μ-négligeable. On notera $\widetilde{m}_g$ l'opérateur partiel de $\mathrm{L}^{p_1}_{\mathrm{K}}(\mathrm{X},\mu)$ dans $\mathrm{L}^{p_2}_{\mathrm{K}}(\mathrm{X},\mu)$ déduit de m_g par passage aux quotients. On dit que c'est l'*opérateur de multiplication par* g *de* $\mathrm{L}^{p_1}_{\mathrm{K}}(\mathrm{X},\mu)$ *dans* $\mathrm{L}^{p_2}_{\mathrm{K}}(\mathrm{X},\mu)$. Des fonctions g_1 et g_2 localement égales μ-presque partout définissent le même opérateur de multiplication.

PROPOSITION 5. — *L'opérateur de multiplication* $\widetilde{m}_g$ *de* $\mathrm{L}^{p_1}_{\mathrm{K}}(\mathrm{X},\mu)$ *dans* $\mathrm{L}^{p_2}_{\mathrm{K}}(\mathrm{X},\mu)$ *est un opérateur fermé à domaine dense.*

Démontrons d'abord que l'opérateur partiel $\widetilde{m}_g$ est fermé. Soit $(f_n, h_n)_{n\in\mathbf{N}}$ une suite dans $\mathscr{L}^{p_1}_{\mathrm{K}}(\mathrm{X},\mu)\times\mathscr{L}^{p_2}_{\mathrm{K}}(\mathrm{X},\mu)$ telle que la suite $(\widetilde{f}_n,\widetilde{h}_n)$ des classes de f_n et h_n appartient au graphe de $\widetilde{m}_g$ et converge dans $\mathrm{L}^{p_1}_{\mathrm{K}}(\mathrm{X},\mu)\times\mathrm{L}^{p_2}_{\mathrm{K}}(\mathrm{X},\mu)$ quand n tend vers l'infini. Soit (f,h) un couple dans $\mathscr{L}^{p_1}_{\mathrm{K}}(\mathrm{X},\mu)\times\mathscr{L}^{p_2}_{\mathrm{K}}(\mathrm{X},\mu)$ tel que le couple $(\widetilde{f},\widetilde{h})$ de leurs classes est la limite de $(\widetilde{f}_n,\widetilde{h}_n)$.

Il existe une suite $(f_{n_k})_{k\in\mathbf{N}}$ extraite de la suite $(f_n)_n$ telle que $f_{n_k}(x)$ converge vers $f(x)$ pour μ-presque tout x (INT, IV, p. 131, § 3, nº 4, th. 3). Cela implique que $h_{n_k}(x) = g(x)f_{n_k}(x)$ converge μ-presque partout vers $g(x)f(x)$. Par ailleurs la suite (h_{n_k}) converge vers h dans l'espace $\mathscr{L}^{p_2}_{\mathrm{K}}(\mathrm{X},\mu)$. Les fonctions h et gf sont donc égales μ-presque partout (*loc. cit.*). Ainsi $\widetilde{f}$ appartient au domaine de $\widetilde{m}_g$ et $\widetilde{h}=\widetilde{m}_g(\widetilde{f})$. Cela démontre que $\widetilde{m}_g$ est fermé.

Démontrons que le domaine de $\widetilde{m}_g$ est dense dans $\mathrm{L}^{p_1}_{\mathrm{K}}(\mathrm{X},\mu)$. Il suffit de vérifier que les classes de fonctions $f\in\mathscr{K}(\mathrm{X};\mathrm{K})$ appartiennent à l'adhérence du domaine de $\widetilde{m}_g$ dans $\mathrm{L}^{p_1}_{\mathrm{K}}(\mathrm{X},\mu)$. Soit $f\in\mathscr{K}(\mathrm{X};\mathrm{K})$ et soit $\widetilde{f}$ sa classe dans $\mathrm{L}^{p_1}_{\mathrm{K}}(\mathrm{X},\mu)$. Pour tout entier $n\in\mathbf{N}$, notons φ_n la fonction caractéristique de l'ensemble des éléments $x\in\mathrm{X}$ tels que $|g(x)|\leqslant n$, et posons $f_n = f\varphi_n$. On a alors $|gf_n|\leqslant n|f|$, qui appartient à $\mathscr{L}^{p_2}_{\mathrm{K}}(\mathrm{X},\mu)$, donc f_n appartient au domaine de $\widetilde{m}_g$. Pour tout élément x de X, la suite $(f_n(x))_{n\in\mathbf{N}}$ converge vers $f(x)$ quand $n\to+\infty$; de plus, on a $|f_n|\leqslant|f|$, qui appartient à $\mathscr{L}^{p_1}_{\mathrm{K}}(\mathrm{X},\mu)$. D'après le théorème de Lebesgue (INT, IV, p. 137, § 3, nº 7, th. 6), la suite des classes de f_n converge vers $\widetilde{f}$ dans $\mathrm{L}^{p_1}_{\mathrm{K}}(\mathrm{X},\mu)$. Ainsi, la classe de f appartient à l'adhérence du domaine de $\widetilde{m}_g$.

Dans la proposition suivante, on suppose que $p_1 = p_2 = 2$.

PROPOSITION 6. — a) *Soit g' une fonction μ-mesurable sur* X *telle que* $|g|\leqslant|g'|$. *On a* $\mathrm{dom}(\widetilde{m}_{g'})\subset\mathrm{dom}(\widetilde{m}_g)$ *et* $\mathrm{dom}(\widetilde{m}_{g'})$ *est un cœur de l'opérateur partiel* $\widetilde{m}_g$;

b) *Soit* F *un sous-espace de* $\mathscr{L}^2_{\mathrm{K}}(\mathrm{X},\mu)$ *dont l'intersection avec* $\mathscr{K}(\mathrm{X};\mathrm{K})$ *est dense dans* $\mathscr{K}(\mathrm{X};\mathrm{K})$ *et dont l'image* G *dans* $\mathrm{L}^2_{\mathrm{K}}(\mathrm{X},\mu)$ *est contenue dans* $\mathrm{dom}(\widetilde{m}_g)$. *Si* $|g|^2$ *est localement μ-intégrable, alors* $\mathscr{K}(\mathrm{X};\mathrm{K})$ *est contenu dans le domaine de* $\widetilde{m}_g$ *et* G *est un cœur de* m_g.

Démontrons a). Si $f \in \mathscr{L}^2_{\mathrm{K}}(\mathrm{X}, \mu)$ appartient au domaine de $m_{g'}$, de sorte que $fg' \in \mathscr{L}^2_{\mathrm{K}}(\mathrm{X}, \mu)$, l'hypothèse implique que $fg \in \mathscr{L}^2_{\mathrm{K}}(\mathrm{X}, \mu)$, d'où le résultat.

Démontrons que $\mathrm{dom}(\widetilde{m}_{g'})$ est un cœur de $\widetilde{m}_g$, c'est-à-dire que le domaine de $\widetilde{m}_{g'}$ est dense dans l'espace hilbertien $\mathrm{E}_{\widetilde{m}_g}$. Soit $h \in \mathscr{L}^2_{\mathrm{K}}(\mathrm{X}, \mu)$ dont la classe $\widetilde{h}$ appartient à $\mathrm{E}_{\widetilde{m}_g}$ et est orthogonale à $\mathrm{dom}(\widetilde{m}_{g'})$. Cela signifie que

$$(\widetilde{h} \mid \widetilde{h}')_{\widetilde{m}_g} = \int_{\mathrm{X}} \overline{h}\, h'\, (1 + |g|^2)\, d\mu = 0$$

pour toute fonction $h' \in \mathscr{L}^2_{\mathrm{K}}(\mathrm{X}, \mu)$ dont la classe $\widetilde{h}'$ appartient à $\mathrm{dom}(\widetilde{m}_{g'})$.

Soit C un sous-ensemble compact de X et soit φ sa fonction caractéristique. Soit $n \in \mathbf{N}$. On note φ_n la fonction caractéristique de l'ensemble μ-intégrable C_n des $x \in \mathrm{C}$ tels que $|h(x)| \leqslant n$ et on pose $h'_n = \varphi_n h$. La classe de h'_n appartient au domaine de $\widetilde{m}_{g'}$ puisque $|g' h'_n| \leqslant n\varphi$; il vient

$$0 = \int_{\mathrm{X}} \overline{h}\, h'_n\, (1 + |g|^2)\, d\mu = \int_{\mathrm{X}} |h|^2 \varphi_n (1 + |g|^2)\, d\mu.$$

Cela implique que h est nulle pour μ-presque tout $x \in \mathrm{C}_n$ et donc, puisque n est arbitraire, que h est nulle pour μ-presque tout $x \in \mathrm{C}$. Il en résulte enfin que h est nulle μ-presque partout, puisque C est quelconque et que h est modérée (INT, V, p. 9, § 1, n° 3, cor.).

Considérons maintenant l'assertion b). Comme $|g|^2$ est localement μ-intégrable, la fonction fg appartient à $\mathscr{L}^2_{\mathrm{K}}(\mathrm{X}, \mu)$ si $f \in \mathscr{K}(\mathrm{X}; \mathrm{K})$, donc $\mathscr{K}(\mathrm{X}; \mathrm{K})$ est contenu dans le domaine de $\widetilde{m}_g$.

Soit $h \in \mathscr{L}^2_{\mathrm{K}}(\mathrm{X}, \mu)$ dont la classe $\widetilde{h}$ appartient à $\mathrm{E}_{\widetilde{m}_g}$ et est orthogonal à G. On a alors

$$0 = (\widetilde{h} \mid \widetilde{h}')_{\widetilde{m}_g} = \int_{\mathrm{X}} h\, \overline{h}'\, (1 + |g|^2)\, d\mu$$

pour tout $h' \in \mathrm{F}$ de classe $\widetilde{h}'$. Compte tenu de l'hypothèse sur F, cela signifie que la mesure $h(1 + |g|^2) \cdot \mu$ est nulle, donc que h est nulle μ-presque partout puisque h est modérée.

Soit p un nombre réel $\geqslant 1$. Soit h un élément de $\mathscr{L}^\infty_{\mathrm{K}}(\mathrm{X}, \mu)$. L'opérateur $\widetilde{m}_h$ de multiplication par h est un endomorphisme de $\mathrm{L}^p_{\mathrm{K}}(\mathrm{X}, \mu)$ (IV, p. 186, n°5). Supposons que l'ensemble Y des $x \in \mathrm{X}$ tels que $h(x) = 0$ est localement μ-négligeable. L'endomorphisme $\widetilde{m}_h$ est alors injectif (lemme 7 de IV, p. 186). Notons h^{-1} la fonction sur X égale à 0 sur Y et à $x \mapsto 1/h(x)$ sur X$-$Y. L'opérateur partiel réciproque $\widetilde{m}_h^{-1}$ est l'opérateur de multiplication par h^{-1} de $\mathrm{L}^p_{\mathrm{K}}(\mathrm{X}, \mu)$ dans $\mathrm{L}^p_{\mathrm{K}}(\mathrm{X}, \mu)$, c'est-à-dire que $\widetilde{m}_h^{-1} = \widetilde{m}_{h^{-1}}$. En effet, l'image de $\widetilde{m}_h$ est l'espace des classes des fonctions $g \in \mathscr{L}^p_{\mathrm{K}}(\mathrm{X}, \mu)$ de la forme $g = hf$ pour $f \in \mathscr{L}^p_{\mathrm{K}}(\mathrm{X}, \mu)$. Cette condition équivaut à $g(x)/h(x) = f(x)$ pour tout $x \in \mathrm{X} - \mathrm{Y}$ et $g(x) = 0$ si $x \in \mathrm{Y}$. Cela implique que le domaine de $\widetilde{m}_h^{-1}$ dans $\mathrm{L}^p_{\mathrm{K}}(\mathrm{X}, \mu)$ est le domaine de $\widetilde{m}_{h^{-1}}$, et que l'égalité $\widetilde{m}_h^{-1} = \widetilde{m}_{h^{-1}}$ est valide.

Dans la suite, on notera parfois simplement m_h l'opérateur partiel de multiplication par h de $\mathrm{L}^{p_1}_{\mathrm{K}}(\mathrm{X}, \mu)$ dans $\mathrm{L}^{p_2}_{\mathrm{K}}(\mathrm{X}, \mu)$.

2) Soient E un espace hilbertien sur K et $\mathrm{B} = (e_i)_{i \in \mathrm{I}}$ une base orthonormale de E. Soit $(\lambda_i)_{i \in \mathrm{I}}$ une famille d'éléments de K. Soit D le sous-espace vectoriel de E formé des éléments $x \in \mathrm{E}$ tels que la famille $(\lambda_i \langle e_i \,|\, x \rangle)_{i \in \mathrm{I}}$ est de carré sommable dans K. L'espace D est dense dans E puisqu'il contient le vecteur e_i pour tout $i \in \mathrm{I}$. L'opérateur partiel u de domaine D donné par

$$x \mapsto \sum_{i \in \mathrm{I}} \lambda_i \langle e_i \,|\, x \rangle e_i$$

est appelé un *opérateur partiel diagonal dans la base* B, et $(\lambda_i)_{i \in \mathrm{I}}$ est appelée la *famille des valeurs propres* de u.

L'opérateur u est fermé. En effet, soit $(x_n, u(x_n))_{n \in \mathbf{N}}$ une suite d'éléments du graphe de u qui converge dans $\mathrm{E} \times \mathrm{E}$, et soit (x, y) sa limite. On a alors $\langle e_i \,|\, x_n \rangle \to \langle e_i \,|\, x \rangle$ pour tout $i \in \mathrm{I}$ et

$$\langle e_i \,|\, u(x_n) \rangle = \lambda_i \langle e_i \,|\, x_n \rangle \to \langle e_i \,|\, y \rangle$$

pour tout $i \in \mathrm{I}$. Par conséquent, $\lambda_i \langle e_i \,|\, x \rangle = \langle e_i \,|\, y \rangle$ pour tout $i \in \mathrm{I}$, ce qui démontre que $x \in \mathrm{D}$ et $u(x) = y$, c'est-à-dire que u est fermé.

Cet exemple est en fait un cas particulier du précédent, appliqué à l'espace topologique $\mathrm{X} = \mathrm{I}$ muni de la topologie discrète et de la mesure de comptage μ, puisque E s'identifie à l'espace $\ell^2(\mathrm{I}) = \mathrm{L}^2(\mathrm{I}, \mu)$ par l'application $x \mapsto (\langle e_i \,|\, x \rangle)_{i \in \mathrm{I}}$ (EVT, V, p. 23, cor. 2) et u s'identifie alors à l'opérateur de multiplication m_λ, où λ est la fonction $i \mapsto \lambda_i$.

3) L'ensemble $\mathbf{N}_{\mathbf{R}} = \mathbf{N} \cup \{\infty, \omega\}$ est muni de l'ordre total décrit dans VAR, R2, p. 10, tel que $n < \infty < \omega$ pour tout $n \in \mathbf{N}$. Soit $r \in \mathbf{N}_{\mathbf{R}}$. Soient $n \in \mathbf{N}$ et U un ouvert de $\mathbf{R}^n$. Soit $k \in \mathbf{N}$ tel que $k \leqslant r$. Soit $(n_\alpha)_{|\alpha| \leqslant k}$ une famille d'éléments de $\mathscr{C}^r(\mathrm{U})$, où les multi-indices considérés appartiennent à $\mathbf{N}^n$. La famille (n_α) définit un opérateur différentiel scalaire D d'ordre $\leqslant k$ sur U (*cf.* VAR, R2, 14.1.6, 14.1.4).

Pour tout entier m tel que $k \leqslant m \leqslant r$, l'opérateur différentiel D définit une application linéaire de $\mathrm{C}^m(\mathrm{U})$ dans $\mathrm{C}^{m-k}(\mathrm{U})$ qui envoie $f \in \mathrm{C}^m(\mathrm{U})$ sur

$$\mathrm{D}(f) = \sum_{|\alpha| \leqslant k} n_\alpha \partial^\alpha(f).$$

La même formule définit une application linéaire continue de $\mathscr{D}(\mathrm{U})$ dans $\mathscr{D}'(\mathrm{U})$ (déf. 2 de IV, p. 208).

DÉFINITION 5. — *Soit* E *un sous-espace vectoriel de* $\mathscr{D}'(\mathrm{U})$ *contenant* $\mathscr{D}(\mathrm{U})$. *On appelle* opérateur différentiel associé à D sur E *tout opérateur partiel sur* E *qui est une extension de l'opérateur partiel de domaine* $\mathscr{D}(\mathrm{U})$ *défini par* $\varphi \mapsto \mathrm{D}(\varphi)$.

Supposons par exemple que les coefficients n_α sont des fonctions bornées sur U. Soit μ la mesure de Lebesgue sur U. Si p est un élément de $[1, +\infty[$, on peut alors définir un opérateur différentiel sur $\mathrm{L}^p(\mathrm{U})$ associé à D dont le domaine est l'espace de Sobolev $\mathrm{W}^{k,p}(\mathrm{U})$ (n° 14 de IV, p. 221), puisque dans ce cas on a $n_\alpha \partial^\alpha(f) \in \mathrm{L}^p(\mathrm{U})$ pour tout $f \in \mathrm{W}^{k,p}(\mathrm{U})$ et tout $|\alpha| \leqslant k$.

4. Adjoint

Dans ce numéro, K est l'un des corps **R** ou **C**, et E et F désignent des espaces hilbertiens sur K.

Soit u un opérateur à domaine dense de E dans F. Notons D le domaine de u. Pour $y \in \mathrm{F}$, soit λ_y la forme linéaire sur D telle que $\lambda_y(x) = \langle y \,|\, u(x) \rangle$ pour tout $x \in \mathrm{D}$. On note D^* l'ensemble des vecteurs $y \in \mathrm{F}$ tels que λ_y est continue sur D. C'est un sous-espace vectoriel de F. Soit $y \in \mathrm{D}^*$; comme D est dense dans E, la forme linéaire λ_y s'étend de manière unique en une forme linéaire continue sur E, que l'on note encore λ_y. D'après EVT, V, p. 15, th. 3, il existe un unique élément $u^*(y)$ dans E tel que $\lambda_y(x) = \langle u^*(y) \,|\, x \rangle$ pour tout $x \in \mathrm{E}$. L'application $y \mapsto u^*(y)$ est linéaire de D^* dans E.

DÉFINITION 6. — *L'opérateur partiel de* F *dans* E *de domaine* D^* *défini par* $y \mapsto u^*(y)$ *est appelé l'*adjoint *de* u. *Il est noté* u^*.

Remarque. — On a donc $y \in D^*$ si et seulement s'il existe $c \in \mathbf{R}_+$ tel que $|\langle y \mid u(x)\rangle| \leqslant c\|x\|$ pour tout $x \in D$. L'élément $u^*(y)$ est alors caractérisé par la relation

$$\langle y \mid u(x)\rangle = \langle u^*(y) \mid x\rangle \tag{1}$$

pour tout $x \in D$. On a alors $|\langle y \mid u(x)\rangle| \leqslant \|u^*(y)\| \, \|x\|$ pour tout $x \in D$.

Dans le cas où u est une application linéaire continue de E dans F, son adjoint au sens de la définition précédente coïncide avec l'adjoint défini dans EVT, V, p. 38, déf. 1, puisque D^* est égal à F dans ce cas.

Soit $v \in \mathscr{P}(E; F)$ tel que $u \subset v$. On a alors $v^* \subset u^*$.

Soit $v \in \mathscr{P}(E; F)$ tel que $u + v$ est à domaine dense. L'opérateur partiel v est alors à domaine dense et on a $u^* + v^* \subset (u + v)^*$. En général, il n'y a pas égalité (exercice 9 de IV, p. 347). Si $v \in \mathscr{L}(E; F)$, alors $u + v$ est à domaine dense et $(u + v)^* = u^* + v^*$. C'est le cas, par exemple, si $F = E$ et si $v = \lambda 1_E$ où $\lambda \in K$.

Soit G un espace hilbertien sur K et soit $v \in \mathscr{P}(F; G)$ un opérateur à domaine dense. Si $v \circ u$ est à domaine dense, alors $u^* \circ v^* \subset (v \circ u)^*$. En général, il n'y a pas égalité (*loc. cit.*). Si u (resp. v) est un isomorphisme, alors $v \circ u$ est à domaine dense et on a $(v \circ u)^* = u^* \circ v^*$. C'est le cas, par exemple, si $E = F$ (resp. $F = G$) et $u = \lambda 1_E$ (resp. $v = \lambda 1_F$) où $\lambda \in K^*$.

On note s l'isomorphisme isométrique d'espaces hilbertiens de $E \oplus F$ dans $F \oplus E$ défini par $s(x, y) = (-y, x)$ pour tout $(x, y) \in E \oplus F$.

PROPOSITION 7. — *Soit u un opérateur partiel à domaine dense de* E *dans* F.

a) *Le graphe de u^* est égal à $s(\Gamma_u^\circ) = s(\Gamma_u)^\circ$;*

b) *L'opérateur partiel u^* est fermé;*

c) *Le noyau de u^* est l'orthogonal de l'image de u.*

Notons $W = s(\Gamma_u)^\circ$. Comme l'application linéaire s est unitaire, on a $W = s(\Gamma_u^\circ)$.

On a $(y, x) \in W$ si et seulement si

$$\langle (y, x) \mid (-u(x'), x')\rangle = 0$$

pour tout $x' \in \mathrm{dom}(u)$, c'est-à-dire si

$$\langle y \mid u(x')\rangle = \langle x \mid x'\rangle$$

pour tout $x' \in \mathrm{dom}(u)$. Lorsque $y \in \mathrm{dom}(u^*)$ et $x = u^*(y)$, cette propriété est vraie (*cf.* formule (1), p. 236). Réciproquement, si cette condition est valide, on en déduit que $|\langle y \,|\, u(x')\rangle| \leqslant \|x\|\,\|x'\|$ pour tout $x' \in \mathrm{dom}(u)$, ce qui entraîne que y appartient à $\mathrm{dom}(u^*)$; on a alors $u^*(y) = x$. Donc $\mathrm{W} = \Gamma_{u^*}$.

L'opérateur u^* est fermé, car l'espace $s(\Gamma_u)^\circ$ est fermé dans $\mathrm{F} \oplus \mathrm{E}$.

Démontrons l'assertion *c*). Si y est orthogonal à l'image de u, la forme linéaire $\lambda_y \colon x \mapsto \langle y \,|\, u(x)\rangle$ sur D est nulle, donc $y \in \mathrm{dom}(u^*)$ et $u^*(y) = 0$. Réciproquement, soit $y \in \mathrm{dom}(u^*)$. On a alors $u^*(y) = 0$ si et seulement si y est orthogonal à $u(x)$ pour tout $x \in \mathrm{D}$ (formule (1), p. 236).

PROPOSITION 8. — *Soit u un opérateur à domaine dense de* E *dans* F. *Alors u^* est à domaine dense si et seulement si u est fermable. Lorsque c'est le cas, la fermeture $\overline{u}$ de u est égale à u^{**}, et l'adjoint de $\overline{u}$ est égal à u^*.*

D'après la prop. 7, l'opérateur partiel u^* est fermé. Supposons que le domaine D^* de u^* est dense dans F. Soit u^{**} l'adjoint de u^* ; c'est un opérateur partiel fermé de E dans F. Démontrons que $u \subset u^{**}$, ce qui impliquera que u est fermable. Soit $x \in \mathrm{dom}(u)$. Par définition de u^*, les formes linéaires sur D^* données par $y \mapsto \langle x \,|\, u^*(y)\rangle$ et $y \mapsto \langle u(x) \,|\, y\rangle$ sont égales ; on a donc $x \in \mathrm{dom}(u^{**})$ et $u^{**}(x) = u(x)$, d'où l'assertion.

Réciproquement, supposons que u est fermable ; on a $\Gamma_{\overline{u}} = \overline{\Gamma}_u$ (prop. 1 de IV, p. 228). Soit $y \in \mathrm{F}$ un vecteur orthogonal à $\mathrm{dom}(u^*)$. L'élément $(y, 0)$ de $\mathrm{F} \oplus \mathrm{E}$ appartient alors à l'orthogonal du graphe de u^*. Or, d'après la prop. 7, *a*), on a

$$\Gamma_{u^*}^\circ = (s(\Gamma_u)^\circ)^\circ = \overline{s(\Gamma_u)} = s(\overline{\Gamma}_u)$$

Il vient donc $(0, y) \in \Gamma_{\overline{u}}$, d'où $y = \overline{u}(0) = 0$. L'orthogonal de $\mathrm{dom}(u^*)$ étant réduit à 0, l'espace $\mathrm{dom}(u^*)$ est dense dans F.

Finalement, la prop. 7, appliquée à u^*, implique que

$$\Gamma_{u^{**}} = s^{-1}(\Gamma_{u^*}^\circ) = s^{-1}(s(\Gamma_u^{\circ\circ})) = \overline{\Gamma}_u,$$

donc $u^{**} = \overline{u}$, puis $\overline{u}^* = (u^*)^{**} = \overline{u^*} = u^*$ comme u^* est fermé.

COROLLAIRE. — *Si u est un opérateur partiel fermé à domaine dense de* E *dans* F, *alors u^* est à domaine dense et on a $u^{**} = u$.*

DÉFINITION 7. — *Soit u un opérateur partiel sur* E. *On dit que u est* symétrique *si u est à domaine dense et si u^* est une extension de u. On dit que u est* auto-adjoint *si u est à domaine dense et $u^* = u$.*

On dit que u est essentiellement auto-adjoint *s'il est fermable et si la fermeture* $\overline{u}$ *de u est auto-adjointe.*

On dit que u est un opérateur partiel minoré *si u est symétrique et s'il existe un nombre réel c tel que* $\langle x \,|\, u(x)\rangle \geqslant c\|x\|^2$ *pour tout x appartenant au domaine de u. On dit alors que c est un* minorant *de u. Si* $c = 0$*, on dit aussi que u est un* opérateur partiel positif.

On note $\mathscr{A}(\mathrm{E})$ *l'ensemble des opérateurs partiels auto-adjoints sur* E.

Remarques. — 1) Pour qu'un opérateur u à domaine dense sur E soit symétrique, il faut et il suffit que l'on ait

(2) $$\langle x \,|\, u(y)\rangle = \langle u(x) \,|\, y\rangle$$

pour tout $(x, y) \in \mathrm{dom}(u)^2$. Cette formule démontre en effet que le domaine de u est contenu dans celui de u^*, puis que u^* et u coïncident sur le domaine de u. En particulier, il en résulte que $\langle x \,|\, u(x)\rangle \in \mathbf{R}$ pour tout $x \in \mathrm{dom}(u)$.

Comme on le verra dans différents exemples, la formule (2) peut souvent être vérifiée par un calcul sans malice. Par contre, la détermination exacte du domaine de l'adjoint, qui permet seule de savoir si un opérateur symétrique est auto-adjoint ou non, peut être très délicate.

2) Un opérateur partiel auto-adjoint u est essentiellement auto-adjoint (*cf.* prop. 8).

3) Soit u un opérateur partiel symétrique sur E. L'opérateur u est fermable (prop. 7, *b*)). Il vérifie $\mathrm{dom}(u) \subset \mathrm{dom}(u^*)$, et u est auto-adjoint si et seulement si $\mathrm{dom}(u) = \mathrm{dom}(u^*)$. De plus, la fermeture $\overline{u}$ de u est symétrique puisque $\overline{u} \subset u^* = \overline{u}^*$ (prop. 8).

4) Supposons $\mathrm{K} = \mathbf{C}$. Soit $u \in \mathscr{P}(\mathrm{E}; \mathrm{E})$ un opérateur partiel à domaine dense. La condition $\langle x \,|\, u(x)\rangle \in \mathbf{R}$ pour tout $x \in \mathrm{dom}(u)$ implique que u est symétrique (EVT, V, p. 2, remarque) ; en particulier, si $\langle x \,|\, u(x)\rangle \in \mathbf{R}_+$ pour tout $x \in \mathrm{dom}(u)$, alors u est positif.

5) Soient u et v des opérateurs partiels symétriques sur E. Si u est auto-adjoint et si $u \subset v$, alors $v \subset v^* \subset u^* = u$, donc $u = v$.

6) Un opérateur partiel essentiellement auto-adjoint u est symétrique, puisque $u \subset \overline{u}$ implique $\overline{u} = \overline{u}^* \subset u^*$, donc $u \subset u^*$.

7) Soient u et v des opérateurs partiels symétriques sur E. Si $u+v$ est à domaine dense, par exemple si u ou v appartient à $\mathscr{L}(\mathrm{E})$, alors $u+v$ est

symétrique. En général, l'opérateur partiel $u+v$ n'est pas auto-adjoint, même si u et v le sont (exercice 9 de IV, p. 347).

8) Soit u un opérateur partiel symétrique sur E. Un nombre réel c est un minorant de u si et seulement si l'opérateur $u - c \cdot 1_{\mathrm{E}}$ est positif.

Lemme 3. — Supposons que $\mathrm{K} = \mathbf{R}$. *Soit u un opérateur partiel à domaine dense de* E *dans* F.

a) *L'adjoint de* $u_{(\mathbf{C})}$ *est* $(u^*)_{(\mathbf{C})}$;

b) *Supposons que* $\mathrm{E} = \mathrm{F}$; *l'opérateur partiel u est symétrique* (*resp. auto-adjoint*) *si et seulement si l'opérateur partiel* $u_{(\mathbf{C})}$ *est symétrique* (*resp. auto-adjoint*).

Démontrons *a*). Soit $y \in \mathrm{F}_{(\mathbf{C})}$ et écrivons $y = y_1 + iy_2$ avec $y_1, y_2 \in \mathrm{F}$. Pour tous $(x_1, x_2) \in \mathrm{E} \times \mathrm{E}$, on a

$$\begin{aligned}\langle u_{(\mathbf{C})}(x_1 + ix_2) \,|\, y \rangle = \langle u(x_1) \,|\, y_1 \rangle + i \langle u(x_1) \,|\, y_2 \rangle \\ - i \langle u(x_2) \,|\, y_1 \rangle + \langle u(x_2) \,|\, y_2 \rangle.\end{aligned}$$

Si $y \in \mathrm{dom}(u^*)_{(\mathbf{C})}$, on en déduit que $y \in \mathrm{dom}((u_{(\mathbf{C})})^*)$ et que $u^*_{(\mathbf{C})}(y) = (u_{(\mathbf{C})})^*(y)$, donc $u^*_{(\mathbf{C})} \subset (u_{(\mathbf{C})})^*$.

Réciproquement, supposons que y est dans $\mathrm{dom}((u_{(\mathbf{C})})^*)$. Si on prend $x_2 = 0$ (resp. $x_1 = 0$) dans la formule ci-dessus, on vérifie que $y_1 \in \mathrm{dom}(u^*)$ (resp. que $y_2 \in \mathrm{dom}(u^*)$), d'où $y \in \mathrm{dom}(u^*)_{(\mathbf{C})}$.

L'assertion *a*) implique que $u_{(\mathbf{C})}$ est symétrique (resp. auto-adjoint) si u l'est.

Réciproquement, supposons que $u_{(\mathbf{C})}$ est symétrique. La relation $\langle u(x) \,|\, y \rangle = \langle x \,|\, u(y) \rangle$ pour tout $(x, y) \in \mathrm{dom}(u_{(\mathbf{C})}) \times \mathrm{dom}(u_{(\mathbf{C})})$ implique que u est symétrique en prenant x et y dans le sous-espace $\mathrm{dom}(u)$ de $\mathrm{dom}(u_{(\mathbf{C})})$. Si $u_{(\mathbf{C})}$ est auto-adjoint, ce qui précède démontre que u est symétrique ; comme $\mathrm{dom}(u^*) = \mathrm{dom}(u^*_{(\mathbf{C})}) \cap \mathrm{F}$, l'assertion *a*) implique que $\mathrm{dom}(u^*) = \mathrm{dom}(u_{(\mathbf{C})}) \cap \mathrm{F} = \mathrm{dom}(u)$, donc u est auto-adjoint.

5. Critères élémentaires pour les opérateurs auto-adjoints

PROPOSITION 9. — *Soit* $v \in \mathscr{L}(\mathrm{F}; \mathrm{E})$ *une application linéaire continue injective de* F *dans* E *dont l'image est dense dans* E. *L'adjoint de v est une application linéaire continue injective de* E *dans* F *et on a* $(v^*)^{-1} = (v^{-1})^*$. *En particulier, si* $\mathrm{E} = \mathrm{F}$, *l'endomorphisme v est hermitien si et seulement si l'opérateur partiel v^{-1} est auto-adjoint.*

L'opérateur partiel v^{-1} est un opérateur fermé à domaine dense de E dans F (exemple 2 de IV, p. 228) et l'adjoint v^* de v est une application linéaire continue de E dans F ; elle est injective, puisque l'image de v est dense dans E (EVT, V, p. 41, prop. 4). Soit s (resp. s') l'isomorphisme isométrique $(x, y) \mapsto (-y, x)$ de $E \oplus F$ sur $F \oplus E$ (resp. l'isomorphisme isométrique $(y, x) \mapsto (-x, y)$ de $F \oplus E$ sur $E \oplus F$) et soit ι (resp. ι') l'isomorphisme isométrique $(y, x) \mapsto (x, y)$ de $F \oplus E$ sur $E \oplus F$ (resp. l'isomorphisme isométrique $(x, y) \mapsto (y, x)$ de $E \oplus F$ sur $F \oplus E$). On a alors $s \circ \iota = -\iota' \circ s'$, d'où

$$\Gamma_{(v^{-1})^*} = s(\Gamma_{v^{-1}})^\circ = s(\iota(\Gamma_v))^\circ = -\iota'(s'(\Gamma_v))^\circ = -\iota'(\Gamma_{v^*}) = \Gamma_{(v^*)^{-1}}$$

d'après la prop. 7 de IV, p. 236. La proposition en résulte.

PROPOSITION 10 (Hellinger–Toeplitz). — *Soit u un opérateur partiel symétrique sur l'espace hilbertien* E. *Si le domaine de u est égal à* E, *alors $u \in \mathscr{L}(E)$ et u est hermitien.*

En effet, l'opérateur partiel u est fermable (prop. 8 de IV, p. 237), et donc fermé puisque son domaine est E (IV, p. 228, remarque). On conclut alors en invoquant EVT, I, p. 19, cor. 5.

COROLLAIRE. — *Soit u un opérateur partiel symétrique sur* E. *Si l'opérateur partiel u induit une application linéaire bijective de* $\mathrm{dom}(u)$ *dans* E, *alors u est auto-adjoint.*

En effet, l'opérateur partiel u^{-1} réciproque de u est symétrique de domaine E (prop. 9), donc u^{-1} est un élément auto-adjoint de $\mathscr{L}(E)$ (prop. 10), et u est alors hermitien (prop. 9).

PROPOSITION 11. — *Soit u un opérateur partiel symétrique sur* E *et soit $\lambda \in \mathbf{C}$. Si $u+\lambda 1_E$ et $u+\overline{\lambda} 1_E$ sont surjectifs, alors u est auto-adjoint.*

Il suffit de démontrer que $\mathrm{dom}(u^*) \subset \mathrm{dom}(u)$. Soit $x \in \mathrm{dom}(u^*)$. Il existe par hypothèse $y \in \mathrm{dom}(u)$ tel que $u(y) + \overline{\lambda} y = u^*(x) + \overline{\lambda} x$. Démontrons que $y = x$. Pour tout $z \in \mathrm{dom}(u)$, il vient

$$\begin{aligned}\langle (u + \lambda 1_E)(z) \,|\, x \rangle &= \langle z \,|\, (u^* + \overline{\lambda} 1_E)(x) \rangle \\ &= \langle z \,|\, (u + \overline{\lambda} 1_E)(y) \rangle = \langle (u + \lambda 1_E)(z) \,|\, y \rangle,\end{aligned}$$

puisque u est symétrique. Comme l'opérateur $u + \lambda 1_E$ est surjectif, on a bien $y = x$, donc $x \in \mathrm{dom}(u)$.

Nous verrons plus loin (*cf.* prop. 17 de IV, p. 248) que si $\lambda \in \mathbf{C} - \mathbf{R}$, alors la réciproque est vraie.

PROPOSITION 12. — *Soit u un opérateur fermé à domaine dense de* E *dans* F. *L'opérateur partiel $u^* \circ u$ sur* E *est auto-adjoint et positif. Son domaine est un cœur pour u.*

Notons v l'opérateur partiel $1_E + u^* \circ u$. Son domaine est $\mathrm{dom}(u^* \circ u)$, qui est contenu dans $\mathrm{dom}(u)$. Pour tous $x \in \mathrm{dom}(u)$ et $y \in \mathrm{dom}(v)$, on a $u(y) \in \mathrm{dom}(u^*)$ et

$$\langle x \,|\, v(y)\rangle = \langle x \,|\, y\rangle + \langle x \,|\, (u^* \circ u)(y)\rangle = \langle x \,|\, y\rangle + \langle u(x) \,|\, u(y)\rangle, \tag{3}$$

$$\langle y \,|\, v(y)\rangle = \|y\|^2 + \|u(y)\|^2. \tag{4}$$

La formule (4) implique que l'opérateur partiel v est injectif. Par ailleurs, d'après la prop. 7 de IV, p. 236, a), on a $\mathrm{F} \oplus \mathrm{E} = \Gamma_{u^*} \oplus s(\Gamma_u)$. Soit $x \in \mathrm{E}$. Il existe $y' \in \mathrm{dom}(u^*)$ et $x' \in \mathrm{dom}(u)$ tels que

$$(0, x) = (y', u^*(y')) + (-u(x'), x') = (y' - u(x'), x' + u^*(y')).$$

On a donc $y' = u(x')$, d'où $x' \in \mathrm{dom}(u^* \circ u) = \mathrm{dom}(v)$ et

$$x = x' + u^*(y') = x' + (u^* \circ u)(x') = v(x').$$

L'opérateur partiel v sur E est donc surjectif, et induit une application linéaire bijective de $\mathrm{dom}(v)$ dans E.

Soit $x \in \mathrm{E}$ orthogonal à $\mathrm{dom}(v)$. Écrivons $x = v(x')$ où $x' \in \mathrm{dom}(v)$. D'après la formule (4), on obtient

$$0 = \langle x' \,|\, x\rangle = \langle x' \,|\, v(x')\rangle = \|x'\|^2 + \|u(x')\|^2$$

d'où $x' = 0$, puis $x = 0$. Le domaine de v est donc dense dans E.

L'opérateur partiel v est à domaine dense ; il est bijectif et la formule (3) démontre qu'il est symétrique. On conclut que v est auto-adjoint en appliquant le corollaire de la proposition 10. Par conséquent, $u^* \circ u = v - 1_E$ est auto-adjoint. De plus, la formule

$$\langle x \,|\, (u^* \circ u)(x)\rangle = \|u(x)\|^2$$

pour tout $x \in \mathrm{dom}(u^* \circ u)$ implique que $u^* \circ u$ est positif.

Finalement, soit $y \in \mathrm{E}_u$ orthogonal à $\mathrm{dom}(u^* \circ u)$. Il existe un élément x dans le domaine de $u^* \circ u$ tel que $y = v(x) = x + (u^* \circ u)(x)$. On a alors $0 = (x \mid y)_u = \langle y \,|\, y\rangle$, d'où $y = 0$.

6. Opérateurs différentiels

Soient $n \in \mathbf{N}$ et U un ouvert de $\mathbf{R}^n$. On munit $\mathbf{R}^n$ et U de la mesure de Lebesgue notée μ.

Soient $k \in \mathbf{N}$ et $h \in \mathbf{N}$ tels que $h \geqslant k$. Soit D un opérateur différentiel scalaire sur U d'ordre $\leqslant k$, à coefficients $(n_\alpha)_{|\alpha| \leqslant k}$ de classe C^h sur U. On suppose que pour tout α tel que $|\alpha| \leqslant k$ et tout β tel que $0 \leqslant \beta \leqslant \alpha$, la fonction $\partial^\beta n_\alpha$ est bornée sur U.

Soit ${}^t\mathrm{D}$ l'opérateur différentiel scalaire sur U transposé de D (VAR, R2, 14.3.2) ; il est d'ordre $\leqslant k$ et de classe C^{h-k} ; pour $\varphi \in \mathscr{D}(\mathrm{U})$, on a

$$ {}^t\mathrm{D}(\varphi) = \sum_{|\alpha| \leqslant k} (-1)^{|\alpha|} \partial^\alpha (\overline{n}_\alpha \varphi) $$

(*loc. cit.*) ; en particulier, les coefficients de ${}^t\mathrm{D}$ sont bornés sur U.

On note D_- l'opérateur partiel sur $\mathrm{L}^2(\mathrm{U})$ de domaine $\mathscr{D}(\mathrm{U})$ défini par

$$ \varphi \mapsto \mathrm{D}(\varphi) = \sum_{|\alpha| \leqslant k} n_\alpha \partial^\alpha \varphi. \tag{5} $$

Soit H_D l'espace des $f \in \mathrm{L}^2(\mathrm{U})$ telles que la distribution

$$ \mathrm{D}(f) = \sum_{|\alpha| \leqslant k} n_\alpha \partial^\alpha f $$

appartient à $\mathrm{L}^2(\mathrm{U})$; on note D_+ l'opérateur partiel de domaine H_D défini par $f \mapsto \mathrm{D}(f)$.

Puisqu'on a $\partial^\alpha f \in \mathrm{L}^2(\mathrm{U})$ si $f \in \mathrm{H}^k(\mathrm{U})$ et $|\alpha| \leqslant k$, l'espace de Sobolev $\mathrm{H}^k(\mathrm{U})$ est contenu dans H_D ; en général, ces espaces sont distincts.

On a $\mathrm{D}_- \subset \mathrm{D}_+$, et ce sont des opérateurs différentiels associés à D sur $\mathrm{L}^2(\mathrm{U})$ (déf. 5 de IV, p. 235).

PROPOSITION 13. — *Soit u un opérateur partiel sur $\mathrm{L}^2(\mathrm{U})$. Si que $\mathrm{D}_- \subset u \subset \mathrm{D}_+$, alors u est fermable et $({}^t\mathrm{D})_- \subset u^* \subset ({}^t\mathrm{D})_+$.*

Soient φ et ψ dans $\mathscr{D}(\mathrm{U})$. On a alors

$$ \begin{aligned} \langle \varphi \,|\, \mathrm{D}(\psi) \rangle &= \sum_{|\alpha| \leqslant k} \int_\mathrm{U} n_\alpha \overline{\varphi}\, \partial^\alpha \psi \, d\mu \\ &= \sum_{|\alpha| \leqslant k} (-1)^{|\alpha|} \langle \partial^\alpha (\overline{n}_\alpha \varphi) \,|\, \psi \rangle = \langle {}^t\mathrm{D}(\varphi) \,|\, \psi \rangle \end{aligned} $$

(*cf.* VAR, R2, 14.3.8). Puisque $\mathscr{D}(\mathrm{U})$ est dense dans $\mathrm{L}^2(\mathrm{U})$ (prop. 4 de IV, p. 202), cela implique que $\varphi \in \operatorname{dom}(u^*)$ et $u^*(\varphi) = {}^t\mathrm{D}(\varphi)$. On a donc $({}^t\mathrm{D})_- \subset u^*$; en particulier, u^* est à domaine dense et u est fermable (prop. 8 de IV, p. 237).

Soient $f \in \operatorname{dom}(u^*)$ et $\varphi \in \mathscr{D}(\mathrm{U})$. Puisque $\mathscr{D}(\mathrm{U}) \subset \operatorname{dom}(u)$, la distribution associée à $u^*(f)$ vérifie

$$\langle u^*(f), \varphi\rangle = \langle \overline{\varphi} \,|\, u^*(f)\rangle = \langle u(\overline{\varphi}) \,|\, f\rangle.$$

Comme $\mathrm{D}_- \subset u$, on calcule $u(\overline{\varphi})$ par la formule (5), d'où

$$\begin{aligned}\langle u^*(f), \varphi\rangle &= \sum_\alpha \langle n_\alpha \partial^\alpha \overline{\varphi} \,|\, f\rangle = \sum_\alpha \langle \partial^\alpha \overline{\varphi} \,|\, \overline{n}_\alpha f\rangle \\ &= \sum_\alpha \langle \overline{n}_\alpha f, \partial^\alpha \varphi\rangle = \sum_\alpha (-1)^{|\alpha|} \langle \partial^\alpha(\overline{n}_\alpha f), \varphi\rangle = \langle {}^t\mathrm{D}(f), \varphi\rangle.\end{aligned}$$

Les distributions $u^*(f)$ et ${}^t\mathrm{D}(f)$ sont donc égales ; la distribution f appartient donc à $\mathrm{H}_{{}^t\mathrm{D}}$ et $u^*(f) = {}^t\mathrm{D}(f)$, d'où $u^* \subset ({}^t\mathrm{D})_+$.

Remarque. — La proposition signifie que l'adjoint d'un opérateur partiel u tel que $\mathrm{D}_- \subset u \subset \mathrm{D}_+$ peut toujours se calculer au sens des distributions : les éléments f du domaine de u^* sont des éléments de $\mathrm{L}^2(\mathrm{U})$ tels que la distribution ${}^t\mathrm{D}(f)$ appartient à $\mathrm{L}^2(\mathrm{U})$, et on a $u^*(f) = {}^t\mathrm{D}(f)$.

On dit que D est *formellement symétrique* si ${}^t\mathrm{D} = \mathrm{D}$ en tant qu'opérateur différentiel scalaire. Si c'est le cas, l'opérateur partiel D_- est symétrique.

Considérons le cas particulier de l'opérateur différentiel scalaire d'ordre 2 défini par

$$\Delta = -\sum_{i=1}^{n} \partial_i^2.$$

On appelle *laplacien* sur U tout opérateur partiel u, *auto-adjoint* sur $\mathrm{L}^2(\mathrm{U})$, tel que $\Delta_- \subset u$ (*cf.* VAR, R2, 14.4.3, p. 83). Nous verrons plus loin (IV, p. 261, exemple) qu'il existe toujours au moins un laplacien sur $\mathrm{L}^2(\mathrm{U})$; il peut en exister plus d'un (exercice 17 de IV, p. 358).

7. Spectre et résolvante

Lemme 4. — *Soit* E *un espace de Banach complexe et soit* u *un opérateur partiel fermé injectif sur* E *tel que* $u^{-1} \in \mathscr{L}(\mathrm{E})$. *Soit* $v \in \mathscr{L}(\mathrm{E})$

tel que $\|v\| < \|u^{-1}\|^{-1}$. *Alors l'opérateur partiel* $u+v$ *est injectif, on a* $(u+v)^{-1} \in \mathscr{L}(\mathrm{E})$ *et*

$$(u+v)^{-1} = u^{-1} \circ \sum_{k=0}^{+\infty} (-vu^{-1})^k, \tag{6}$$

où la série est absolument convergente dans $\mathscr{L}(\mathrm{E})$. *De plus, on a*

$$\|(u+v)^{-1}\| \leqslant \frac{\|u^{-1}\|}{1 - \|v\|\,\|u^{-1}\|}.$$

Comme $\|v\|\,\|u^{-1}\| < 1$, la série de terme général $(-vu^{-1})^k$ est absolument convergente dans $\mathscr{L}(\mathrm{E})$, et sa somme est l'inverse de l'endomorphisme $1_{\mathrm{E}} + vu^{-1}$ (prop. 2 de I, p. 22). Par conséquent, l'opérateur partiel $(1_{\mathrm{E}} + vu^{-1}) \circ u = u + v$ (IV, p. 226, rem. vi) est injectif et l'opérateur partiel réciproque $(u+v)^{-1} = u^{-1} \circ (1_{\mathrm{E}} + vu^{-1})^{-1}$ (IV, p. 226, rem. iii) appartient à $\mathscr{L}(\mathrm{E})$. Comme

$$\|(1_{\mathrm{E}} + vu^{-1})^{-1}\| \leqslant \sum_{k=0}^{+\infty} (\|v\|\,\|u^{-1}\|)^k = \frac{1}{1 - \|v\|\,\|u^{-1}\|},$$

le lemme est démontré.

DÉFINITION 8. — *Soit* u *un opérateur fermé à domaine dense sur un espace de Banach complexe* E. L'ensemble résolvant *de* u *est l'ensemble des nombres complexes* λ *tels que l'opérateur partiel* $\lambda 1_{\mathrm{E}} - u$ *est injectif et son inverse* $(\lambda 1_{\mathrm{E}} - u)^{-1}$ *appartient à* $\mathscr{L}(\mathrm{E})$.

Le spectre *de* u, *noté* $\mathrm{Sp}(u)$, *est le complémentaire de l'ensemble résolvant dans* **C**.

Si $\lambda \in \mathbf{C} - \mathrm{Sp}(u)$, *on note* $\mathrm{R}(u, \lambda) \in \mathscr{L}(\mathrm{E})$ *l'inverse de* $\lambda 1_{\mathrm{E}} - u$. *L'application de* $\mathbf{C} - \mathrm{Sp}(u)$ *dans* $\mathscr{L}(\mathrm{E})$ *qui à* λ *associe* $\mathrm{R}(u, \lambda)$ *est appelée la* résolvante *de* u.

Remarques. — Soit E un espace de Banach complexe et soit u un opérateur fermé à domaine dense sur E.

1) Si $u \in \mathscr{L}(\mathrm{E})$, son spectre coïncide avec le spectre de l'élément u de l'algèbre $\mathscr{L}(\mathrm{E})$ (I, p. 2, déf. 1).

2) Soit D le domaine de u. Pour tout $\lambda \in \mathbf{C} - \mathrm{Sp}(u)$, on a

$$1_{\mathrm{E}} = (\lambda 1_{\mathrm{E}} - u) \circ \mathrm{R}(u, \lambda), \qquad 1_{\mathrm{D}} = \mathrm{R}(u, \lambda) \circ (\lambda 1_{\mathrm{E}} - u). \tag{7}$$

De plus, pour λ_1 et λ_2 dans l'ensemble résolvant de u, on a

$$\mathrm{R}(u,\lambda_1) - \mathrm{R}(u,\lambda_2) = (\lambda_2 - \lambda_1)\mathrm{R}(u,\lambda_2) \circ \mathrm{R}(u,\lambda_1), \tag{8}$$

$$\mathrm{R}(u,\lambda_1) \circ \mathrm{R}(u,\lambda_2) = \mathrm{R}(u,\lambda_2) \circ \mathrm{R}(u,\lambda_1). \tag{9}$$

En effet, on a

$$\mathrm{R}(u,\lambda_1) - \mathrm{R}(u,\lambda_2) = \mathrm{R}(u,\lambda_1) \circ 1_\mathrm{E} - 1_\mathrm{D} \circ \mathrm{R}(u,\lambda_2).$$

Puisque $1_\mathrm{E} = (\lambda_2 1_\mathrm{E} - u) \circ \mathrm{R}(u,\lambda_2)$ et $1_\mathrm{D} = \mathrm{R}(u,\lambda_1) \circ (\lambda_1 1_\mathrm{E} - u)$, on obtient

$$\begin{aligned}\mathrm{R}(u,\lambda_1) - \mathrm{R}(u,\lambda_2) = {} & \lambda_2 \mathrm{R}(u,\lambda_1) \circ \mathrm{R}(u,\lambda_2) \\ & - \mathrm{R}(u,\lambda_1) \circ u \circ \mathrm{R}(u,\lambda_2) - \lambda_1 \mathrm{R}(u,\lambda_1) \circ \mathrm{R}(u,\lambda_2) \\ & + \mathrm{R}(u,\lambda_1) \circ u \circ \mathrm{R}(u,\lambda_2),\end{aligned}$$

d'où la première formule. En échangeant le rôle de λ_1 et λ_2, on en déduit la seconde formule.

3) Soit $\lambda \in \mathbf{C}$. D'après le théorème du graphe fermé (EVT, I, p. 19, cor. 5), si l'application linéaire de $\mathrm{dom}(u)$ dans E définie par $x \mapsto (\lambda 1_\mathrm{E} - u)(x)$ est bijective, alors son inverse, dont le graphe est fermé, est continue de E dans E. Donc λ appartient à l'ensemble résolvant de u si et seulement si l'application $x \mapsto (\lambda 1_\mathrm{E} - u)(x)$ de $\mathrm{dom}(u)$ dans E est bijective.

4) Si λ appartient au spectre de u, une des propriétés suivantes est valide :

(i) Le noyau de $\lambda 1_\mathrm{E} - u$ n'est pas réduit à 0 ; on dit alors que λ est une *valeur propre* de u, et que la dimension de $\mathrm{Ker}(\lambda 1_\mathrm{E} - u)$ est sa *multiplicité* ;

(ii) L'opérateur partiel $\lambda 1_\mathrm{E} - u$ est injectif et son image n'est pas dense dans E ; on dit que λ appartient au *spectre résiduel* de u ;

(iii) L'opérateur partiel $\lambda 1_\mathrm{E} - u$ est injectif, son image est dense dans E, mais $\lambda 1_\mathrm{E} - u$ n'est pas surjectif ; on dit que λ appartient au *spectre continu* de u.

5) Soit λ un nombre complexe appartenant à l'ensemble résolvant de u. La résolvante $\mathrm{R}(u,\lambda)$ est une application linéaire injective de E dans E ; son image est le domaine de u et $u = \lambda 1_\mathrm{E} - \mathrm{R}(u,\lambda)^{-1}$ (*cf.* IV, p. 226). Inversement, cette propriété caractérise l'ensemble résolvant et la résolvante. Précisément, soit $\lambda \in \mathbf{C}$; s'il existe une application

linéaire continue injective w de E dans E telle que $u = \lambda 1_E - w^{-1}$, alors λ appartient à l'ensemble résolvant de u et $w = R(u, \lambda)$.

En particulier, si v est un opérateur fermé à domaine dense sur E, et si $\lambda \in \mathbf{C}$ est un nombre complexe n'appartenant pas à $\mathrm{Sp}(u) \cup \mathrm{Sp}(v)$, alors l'égalité $R(u, \lambda) = R(v, \lambda)$ implique que $u = v$.

6) On définit le spectre d'un opérateur partiel fermable u comme le spectre de sa fermeture.

Il existe des opérateurs fermés dont le spectre est vide, ou dont le spectre est égal à $\mathbf{C}$ (exercice 12 de IV, p. 347).

Soient E un espace de Banach complexe et u un opérateur fermé à domaine dense sur E. Si F est un espace de Banach complexe et si $v \colon E \to F$ est un isomorphisme, alors on a $\mathrm{Sp}(v \circ u \circ v^{-1}) = \mathrm{Sp}(u)$ et $R(v \circ u \circ v^{-1}, \lambda) = v \circ R(u, \lambda) \circ v^{-1}$ pour tout $\lambda \notin \mathrm{Sp}(u)$.

PROPOSITION 14. — *Soit* E *un espace de Banach complexe. Soient* u *un opérateur fermé à domaine dense sur* E *et* U *son ensemble résolvant.*

a) *Pour tout* $\lambda \in U$, *le disque ouvert dans* $\mathbf{C}$ *de centre* λ *et de rayon* $\|R(u, \lambda)\|^{-1}$ *est contenu dans* U ;

b) *L'ensemble* U *est ouvert dans* $\mathbf{C}$;

c) *Supposons que* $\mathrm{Sp}(u)$ *n'est pas vide. Soit* $\lambda \in U$ *et notons* δ *la distance dans* $\mathbf{C}$ *de* λ *au spectre de* u. *On a* $\delta > 0$ *et* $\|R(u, \lambda)\| \geqslant 1/\delta$;

d) *L'application* $\lambda \mapsto R(u, \lambda)$ *est une application holomorphe de* U *dans* $\mathscr{L}(E)$. *Pour tout entier* $k \in \mathbf{N}$ *et tout* $\lambda \in U$, *on a*

$$\frac{\partial^k}{\partial \lambda^k} R(u, \lambda) = (-1)^k k! R(u, \lambda)^{k+1}.$$

Soit $\lambda \in U$. Pour tout $\mu \in \mathbf{C}$ tel que $\|(\mu - \lambda) 1_E\| < \|R(u, \lambda)\|^{-1}$, le lemme 4 appliqué à l'opérateur partiel injectif $\lambda 1_E - u$ et à $v = (\mu - \lambda) 1_E$ implique que l'opérateur partiel $\mu 1_E - u = \lambda 1_E - u + v$ est injectif et a un inverse continu. Cela implique *a*). D'après *loc. cit.*, on a également la formule

$$R(u, \mu) = R(u, \lambda) \circ \sum_{k \in \mathbf{N}} (\lambda - \mu)^k R(u, \lambda)^k,$$

ce qui implique que la résolvante de u est holomorphe dans U.

L'assertion *b*) résulte aussitôt de *a*). Si $\mathrm{Sp}(u)$ est non vide, la distance de λ à $\mathrm{Sp}(u)$ est strictement positive (TG, IX, p. 13, prop. 2), d'où *c*).

La dernière partie de l'assertion *d*) est démontrée par récurrence sur k, le cas $k = 1$ étant conséquence de la formule (8), p. 245.

PROPOSITION 15. — *Soient u un opérateur fermé à domaine dense sur un espace de Banach complexe* E *et* λ *un nombre complexe appartenant à l'ensemble résolvant de* u.

a) *Le sous-ensemble* $\mathrm{Sp}(\mathrm{R}(u,\lambda)) - \{0\}$ *de* $\mathbf{C}$ *est l'image du spectre de* u *par l'application* $\mu \mapsto (\lambda-\mu)^{-1}$ *de* $\mathbf{C} - \{\lambda\}$ *dans* $\mathbf{C}^*$;

b) *Pour tout* $\mu \neq \lambda$ *dans* $\mathbf{C}$, *on a*

$$\mathrm{Ker}(\mu 1_{\mathrm{E}} - u) = \mathrm{Ker}((\lambda-\mu)^{-1}1_{\mathrm{E}} - \mathrm{R}(u,\lambda)).$$

Démontrons l'assertion *a*). Pour tout $\mu \neq \lambda$, on calcule

$$\mu 1_{\mathrm{E}} - u = (\lambda-\mu)\,((\lambda-\mu)^{-1}1_{\mathrm{E}} - \mathrm{R}(u,\lambda))\,(\lambda 1_{\mathrm{E}} - u).$$

Puisque $\lambda \notin \mathrm{Sp}(u)$ et $\mu \neq \lambda$, l'application linéaire $(\lambda-\mu)(\lambda 1_{\mathrm{E}} - u)$ est une bijection de $\mathrm{dom}(u)$ sur E. Par conséquent, cette formule implique que $\mu 1_{\mathrm{E}} - u$ est une bijection de $\mathrm{dom}(u)$ sur E si et seulement si $(\lambda-\mu)^{-1}1_{\mathrm{E}} - \mathrm{R}(u,\lambda)$ est une bijection de E sur E, ce qui implique l'assertion.

Démontrons *b*). Si $\mu \neq \lambda$ et $x \in \mathrm{Ker}((\lambda-\mu)^{-1}1_{\mathrm{E}} - \mathrm{R}(u,\lambda))$, on a $x \in \mathrm{dom}(u)$ et la formule $1_{\mathrm{E}} = (\lambda 1_{\mathrm{E}} - u) \circ \mathrm{R}(u,\lambda)$ implique que $x \in \mathrm{Ker}(\mu 1_{\mathrm{E}} - u)$. Réciproquement, si $x \in \mathrm{Ker}(\mu 1_{\mathrm{E}} - u)$ et $\mu \neq \lambda$, la formule $1_{\mathrm{dom}(u)} = \mathrm{R}(u,\lambda) \circ (\lambda 1_{\mathrm{E}} - u)$ implique $\mathrm{R}(u,\lambda)(x) = (\lambda-\mu)^{-1}x$.

PROPOSITION 16. — *Soit u un opérateur fermé à domaine dense sur un espace hilbertien complexe* E. *Le spectre de* u^* *est l'image du spectre de* u *par la conjugaison complexe et, pour tout élément* λ *de l'ensemble résolvant de* u, *on a* $\mathrm{R}(u,\lambda)^* = \mathrm{R}(u^*,\overline{\lambda})$. *En particulier, si* u *est auto-adjoint, l'endomorphisme* $\mathrm{R}(u,\lambda)$ *est normal pour tout* $\lambda \notin \mathrm{Sp}(u)$.

Soit $\lambda \in \mathbf{C} - \mathrm{Sp}(u)$ un élément de l'ensemble résolvant de u. On a $u = \lambda 1_{\mathrm{E}} - \mathrm{R}(u,\lambda)^{-1}$, donc

$$u^* = \overline{\lambda}1_{\mathrm{E}} - (\mathrm{R}(u,\lambda)^{-1})^* = \overline{\lambda}1_{\mathrm{E}} - (\mathrm{R}(u,\lambda)^*)^{-1}$$

(IV, p. 236 et prop. 9 de IV, p. 239). D'après la remarque 5, on en déduit que $\overline{\lambda} \in \mathbf{C} - \mathrm{Sp}(u^*)$ et que $\mathrm{R}(u,\lambda)^* = \mathrm{R}(u^*,\overline{\lambda})$. Par conséquent, le spectre de u^* est contenu dans l'image de $\mathrm{Sp}(u)$ par la conjugaison complexe. On obtient l'égalité en appliquant cette propriété à u^*, puisque $u^{**} = u$ (cor. de la prop. 8 de IV, p. 237). La dernière assertion résulte alors de la formule (9), p. 245.

COROLLAIRE. — *Soit u un opérateur partiel auto-adjoint sur un espace hilbertien complexe* E. *Si* E *n'est pas nul, alors le spectre de* u *n'est pas vide.*

Supposons que $\mathrm{Sp}(u)$ est vide. Alors u est injectif et $u^{-1} = -\mathrm{R}(u, 0)$ est un endomorphisme injectif de E tel que $\mathrm{Sp}(u^{-1}) \subset \{0\}$ (prop. 15, *a*)), donc $\mathrm{Sp}(u^{-1}) = \{0\}$ (I, p. 26, cor. 1). Puisque u^{-1} est normal (prop. 16), cela implique que u^{-1} est nul (I, p. 110, exemple 1), ce qui est une contradiction.

Lemme 5. — *Soit* E *un espace hilbertien complexe et soit u un opérateur partiel fermé à domaine dense sur* E. *Soit* $\lambda \in \mathbf{C}$. *Supposons qu'il existe un nombre réel* $c > 0$ *tel que*

$$\|u(x) - \lambda x\| \geqslant c\|x\| \quad \textit{pour tout } x \in \mathrm{dom}(u), \tag{10}$$

$$\|u^*(x) - \overline{\lambda} x\| \geqslant c\|x\| \quad \textit{pour tout } x \in \mathrm{dom}(u^*). \tag{11}$$

Alors λ *appartient à l'ensemble résolvant de* u *et* $\|\mathrm{R}(u, \lambda)\| \leqslant c^{-1}$.

L'hypothèse implique que $u - \lambda 1_{\mathrm{E}}$ et $u^* - \overline{\lambda} 1_{\mathrm{E}}$ sont injectifs. Soit F l'image de $u - \lambda 1_{\mathrm{E}}$. L'espace F est dense dans E, puisque son orthogonal est égal à $\mathrm{Ker}(u^* - \overline{\lambda} 1_{\mathrm{E}})$ (prop. 7, *c*) de IV, p. 236), qui est nul.

Démontrons que l'espace F est fermé. Soit $(x_n)_{n \in \mathbf{N}}$ une suite dans $\mathrm{dom}(u)$ telle que la suite $(u(x_n) - \lambda x_n)_{n \in \mathbf{N}}$ converge vers $y \in \mathrm{F}$. L'inégalité (10) implique que la suite $(x_n)_{n \in \mathbf{N}}$ est une suite de Cauchy dans E. Soit $x \in \mathrm{E}$ sa limite. La suite $(x_n, u(x_n))$ converge vers $(x, y + \lambda x)$ dans $\mathrm{E} \times \mathrm{E}$; puisque le graphe de u est fermé, on a donc $x \in \mathrm{dom}(u)$ et $u(x) = y + \lambda x$, ce qui démontre que $y \in \mathrm{F}$.

On conclut que $\mathrm{F} = \mathrm{E}$. Ainsi, l'opérateur partiel $u - \lambda 1_{\mathrm{E}}$ est bijectif, d'où $\lambda \notin \mathrm{Sp}(u)$ (remarque 3). L'inégalité (10) implique alors que $\|\mathrm{R}(u, \lambda)\| \leqslant c^{-1}$.

PROPOSITION 17. — *Soit* E *un espace hilbertien complexe et soit u un opérateur partiel auto-adjoint sur* E.

a) *Le spectre de u est contenu dans* $\mathbf{R}$;

b) *Si u est positif, alors le spectre de u est contenu dans* $\mathbf{R}_+$;

c) *Supposons que* E *est* non nul. *Soient* $\lambda \notin \mathrm{Sp}(u)$ *et* $\delta > 0$ *la distance de* λ *au spectre de* u. *On a* $\|\mathrm{R}(u, \lambda)\| = \delta^{-1}$.

Soient $(a, b) \in \mathbf{R} \times \mathbf{R}$ et $\lambda = a + ib$. Soit $x \in \mathrm{dom}(u)$. Comme u est auto-adjoint, on a $\langle x \,|\, u(x) \rangle \in \mathbf{R}$, d'où

$$\begin{aligned} \|u(x) - \lambda x\|^2 &= \|u(x)\|^2 - 2a\langle x \,|\, u(x)\rangle + (a^2 + b^2)\|x\|^2 \\ &= \|u(x) - \overline{\lambda} x\|^2. \end{aligned}$$

Supposons que $b \neq 0$. On obtient alors

$$\begin{aligned}\|u(x) - \lambda x\|^2 = \|u(x) - \overline{\lambda}x\|^2 &\geqslant (\|u(x)\| - a\|x\|)^2 + b^2\|x\|^2 \\ &\geqslant b^2\|x\|^2.\end{aligned}$$

D'après le lemme 5, on a donc $\lambda \notin \mathrm{Sp}(u)$, d'où l'assertion a).

Supposons que u est également positif. Si $b = 0$ et $a < 0$, on obtient de même pour $x \in \mathrm{dom}(u)$ l'inégalité

$$\|u(x) - \lambda x\|^2 = \|u(x) - \overline{\lambda}x\|^2 \geqslant (\|u(x)\| - a\|x\|)^2 \geqslant a^2\|x\|^2,$$

donc $\lambda \notin \mathrm{Sp}(u)$ (*loc. cit.*), ce qui démontre b).

Démontrons enfin c). D'après la prop. 16, la résolvante $\mathrm{R}(u, \lambda)$ est un endomorphisme normal de E. Sa norme est donc égale à son rayon spectral (cor. 1 de I, p. 108), d'où

$$\|\mathrm{R}(u, \lambda)\| = \sup_{\mu \in \mathrm{Sp}(\mathrm{R}(u,\lambda))} |\mu|$$

(th. 1 de I, p. 24). Le spectre de $\mathrm{R}(u, \lambda)$ ne peut être réduit à $\{0\}$, car dans ce cas on aurait $\|\mathrm{R}(u, \lambda)\| = 0$, donc l'image $\mathrm{dom}(u)$ de $\mathrm{R}(u, \lambda)$ serait nulle, et E également. La prop. 15 implique donc que

$$\|\mathrm{R}(u, \lambda)\| = \sup_{\mu \in \mathrm{Sp}(u)} \frac{1}{|\lambda - \mu|} = \frac{1}{\delta}.$$

COROLLAIRE. — *Soit u un opérateur auto-adjoint sur* E.

a) *Le spectre résiduel de u est vide ;*

b) *Pour tous $\lambda \neq \mu$ dans* $\mathbf{C}$, *les espaces propres de u relatifs à λ et μ sont orthogonaux.*

Démontrons a). Soit λ appartenant au spectre de u ; c'est un nombre réel (prop. 17). On a $\mathrm{Ker}(\lambda 1_{\mathrm{E}} - u) = \mathrm{Im}(\lambda 1_{\mathrm{E}} - u)^{\circ}$ (prop. 7 de IV, p. 236), donc λ n'est pas une valeur propre de u si l'opérateur partiel $\lambda 1_{\mathrm{E}} - u$ est d'image dense. Cela implique par définition que le spectre résiduel de u est vide.

Démontrons b). D'après la proposition, on peut supposer que λ et μ sont réels. Soient $x \in \mathrm{dom}(u)$ tel que $u(x) = \lambda x$ et $y \in \mathrm{dom}(u)$ tel que $u(y) = \mu y$. On a alors

$$\lambda\langle x \,|\, y\rangle = \langle u(x) \,|\, y\rangle = \langle x \,|\, u(y)\rangle = \mu\langle x \,|\, y\rangle,$$

d'où $\langle x \,|\, y\rangle = 0$.

Remarque. — Si u est un opérateur symétrique fermé non auto-adjoint, son spectre n'est pas contenu dans $\mathbf{R}$ (*cf.* cor. 10 de IV, p. 257 ci-dessous), et il est possible que les espaces propres de u relatifs à λ et $\overline{\lambda}$ ne soient pas orthogonaux (exercice 11 de IV, p. 347).

8. Pseudo-spectre

DÉFINITION 9. — *Soit* E *un espace de Banach complexe et soit* u *un opérateur partiel fermé sur* E. *Soit* ε *un nombre réel strictement positif. On appelle* ε-pseudo-spectre *de* u *la réunion du spectre de* u *et de l'ensemble des nombres complexes* λ *appartenant à l'ensemble résolvant de* u *tels que* $\|\mathrm{R}(u,\lambda)\| > \varepsilon^{-1}$. *On note* $\mathrm{PSp}_\varepsilon(u)$ *cet ensemble.*

Certains auteurs définissent le ε-pseudo-spectre de u comme l'ensemble $\mathrm{T}_\varepsilon(u)$ réunion de $\mathrm{Sp}(u)$ et de l'ensemble des $\lambda \in \mathbf{C} - \mathrm{Sp}(u)$ tels que $\|\mathrm{R}(u,\lambda)\| \geqslant \varepsilon^{-1}$. L'adhérence de $\mathrm{PSp}_\varepsilon(u)$ est contenue dans $\mathrm{T}_\varepsilon(u)$, mais cette inclusion peut être stricte, même si E est un espace hilbertien (*cf.* exercices 18 de IV, p. 348 et 19 de IV, p. 349).

PROPOSITION 18. — *Soient* E *un espace de Banach complexe et* u *un opérateur partiel fermé sur* E. *Soit* $\varepsilon \in \mathbf{R}_+^*$. *L'ensemble* $\mathrm{PSp}_\varepsilon(u)$ *est un ouvert de* $\mathbf{C}$. *Il n'est pas vide si* E *n'est pas nul.*

Si E est nul, alors $\mathrm{PSp}_\varepsilon(u)$ est vide. Supposons que E est non nul. D'après la prop. 14 de IV, p. 246, l'ensemble $\mathrm{PSp}_\varepsilon(u)$ est un ouvert de $\mathbf{C}$.

L'ensemble $\mathrm{PSp}_\varepsilon(u)$ n'est pas vide si le spectre de u n'est pas vide. Si $\mathrm{Sp}(u)$ est vide, alors le théorème de Liouville (VAR, R1, p. 29, 3.3.6) implique que la fonction holomorphe sur $\mathbf{C}$ définie par $\lambda \mapsto \mathrm{R}(u,\lambda)$ n'est pas bornée, donc il existe λ dans $\mathbf{C}$ tel que $\|\mathrm{R}(u,\lambda)\| > \varepsilon^{-1}$.

PROPOSITION 19. — *Soient* E *un espace de Banach complexe et* u *un opérateur partiel fermé sur* E. *On a* $\mathrm{PSp}_\varepsilon(u) \subset \mathrm{PSp}_\delta(u)$ *si* $0 < \varepsilon < \delta$ *et*

$$\bigcap_{\varepsilon \in \mathbf{R}_+^*} \mathrm{PSp}_\varepsilon(u) = \mathrm{Sp}(u).$$

La première assertion résulte de la définition. Pour la seconde, le spectre de u est contenu dans $\mathrm{PSp}_\varepsilon(u)$ pour tout $\varepsilon > 0$ par définition, et si $\lambda \notin \mathrm{Sp}(u)$, alors $\lambda \notin \mathrm{PSp}_\varepsilon(u)$ lorsque $\varepsilon < \|\mathrm{R}(u,\lambda)\|^{-1}$.

Proposition 20. — *Soient* E *un espace de Banach complexe et* u *un opérateur partiel fermé sur* E. *Soit* $\varepsilon \in \mathbf{R}_+^*$. *Pour tout* $\lambda \in \mathbf{C}$, *les conditions suivantes sont équivalentes*:

(i) *On a* $\lambda \in \mathrm{PSp}_\varepsilon(u)$;

(ii) *Soit* $\lambda \in \mathrm{Sp}(u)$, *soit il existe* $x \in \mathrm{dom}(u)$ *tel que* $\|x\| = 1$ *et* $\|(\lambda 1_{\mathrm{E}} - u)(x)\| < \varepsilon$;

(iii) *Il existe* $v \in \mathscr{L}(\mathrm{E})$ *tel que* $\|v\| < \varepsilon$ *et* $\lambda \in \mathrm{Sp}(u + v)$.

On peut supposer que E est non nul. La condition (ii) est une reformulation de la définition, et donc de la condition (i).

Supposons que la condition (i) est vérifiée et démontrons (iii). Si λ appartient au spectre de u, on peut prendre $v = 0$ dans (iii).

Supposons donc que $\lambda \notin \mathrm{Sp}(u)$. Par définition de $\mathrm{PSp}_\varepsilon(u)$, il existe $y \in \mathrm{E}$ tel que $\|y\| = 1$ et $\|\mathrm{R}(u, \lambda)y\| > \varepsilon^{-1}$. Posons $x = \mathrm{R}(u, \lambda)y$. On a $x \neq 0$. D'après le théorème de Hahn–Banach (EVT, II, p. 67, cor. 2), la forme linéaire ℓ sur $\mathbf{C}x$ telle que $\ell(x) = 1$ admet un prolongement continu $\ell_1 \in \mathrm{E}'$ tel que $\|\ell_1\| = \|\ell\|$; on a donc $\|\ell_1\| = \|x\|^{-1} < \varepsilon$. Pour tout $e \in \mathrm{E}$, posons $v(e) = \ell_1(e)y$. On a $v \in \mathscr{L}(\mathrm{E})$ et $v(x) = y$. Il vient $(u + v)x = u(x) + y = \lambda x$, donc $\lambda \in \mathrm{Sp}(u + v)$. Comme de plus $\|v\| = \|\ell_1\| < \varepsilon$, la condition (iii) est satisfaite.

Réciproquement, soit $v \in \mathscr{L}(\mathrm{E})$ tel que $\|v\| < \varepsilon$ et $\lambda \in \mathrm{Sp}(u + v)$. L'opérateur partiel $\lambda 1_{\mathrm{E}} - (u + v)$ n'est donc pas injectif avec un inverse continu ; d'après le lemme 4 de IV, p. 243, appliqué à l'opérateur partiel injectif $\lambda 1_{\mathrm{E}} - u$ et à $-v$, on a donc $\|v\| \geqslant \|\mathrm{R}(u, \lambda)\|^{-1}$. Il en résulte que la condition (iii) implique (i).

Corollaire. — *Soient* E *un espace de Banach complexe et* u *un opérateur partiel fermé sur* E. *Soit* $\varepsilon > 0$.

a) *Pour tout* $v \in \mathscr{L}(\mathrm{E})$, *on a* $\mathrm{PSp}_\varepsilon(u) \subset \mathrm{PSp}_{\varepsilon + \|v\|}(u + v)$;

b) *Soient* $\delta > 0$ *et* D_δ *le disque ouvert de centre* 0 *et de rayon* δ *dans* $\mathbf{C}$. *On a* $\mathrm{PSp}_\varepsilon(u) + \mathrm{D}_\delta \subset \mathrm{PSp}_{\varepsilon+\delta}(u)$.

Soit $\lambda \in \mathrm{PSp}_\varepsilon(u)$. Il existe un endomorphisme $w \in \mathscr{L}(\mathrm{E})$ tel que $\|w\| < \varepsilon$ et $\lambda \in \mathrm{Sp}(u+w)$ (prop. 20). Comme $u+w = (u+v)+(w-v)$ et $\|w - v\| < \varepsilon + \|v\|$, on a $\lambda \in \mathrm{PSp}_{\varepsilon+\|v\|}(u + v)$ (*loc. cit.*).

Soit $\mu \in \mathrm{D}_\delta$; on a $\lambda + \mu \in \mathrm{Sp}(u + (w + \mu 1_{\mathrm{E}}))$ et $\|w + \mu 1_{\mathrm{E}}\| < \varepsilon + \delta$, donc $\lambda + \mu \in \mathrm{PSp}_{\varepsilon+\delta}(u)$ (*loc. cit.*).

Proposition 21. — *Soient* E *un espace de Banach complexe et* u *un opérateur partiel fermé sur* E. *Soit* $\varepsilon \in \mathbf{R}_+^*$. *Toute composante connexe bornée de* $\mathrm{PSp}_\varepsilon(u)$ *rencontre le spectre de* u.

Soit U une composante connexe de $\mathrm{PSp}_\varepsilon(u)$ qui ne rencontre pas $\mathrm{Sp}(u)$. L'ensemble U est ouvert et fermé dans $\mathrm{PSp}_\varepsilon(u)$, et son adhérence $\overline{\mathrm{U}}$ dans **C** vérifie donc $\overline{\mathrm{U}} \cap \mathrm{PSp}_\varepsilon(u) = \mathrm{U}$.

Comme $\mathrm{Sp}(u)$ est contenu dans $\mathrm{PSp}_\varepsilon(u)$ et U ne rencontre pas $\mathrm{Sp}(u)$, cette égalité démontre que l'ensemble $\overline{\mathrm{U}}$ est disjoint de $\mathrm{Sp}(u)$, donc contenu dans l'ensemble résolvant de u. De plus, elle implique que l'ensemble $\overline{\mathrm{U}} - \mathrm{U}$ ne rencontre pas $\mathrm{PSp}_\varepsilon(u)$.

On a donc $\|\mathrm{R}(u,\lambda)\| \leqslant \varepsilon^{-1}$ pour tout λ dans $\overline{\mathrm{U}} - \mathrm{U}$, tandis que $\|\mathrm{R}(u,\lambda)\| > \varepsilon^{-1}$ pour $\lambda \in \mathrm{U}$. Si l'ensemble U est borné, son adhérence $\overline{\mathrm{U}}$ est compacte et il existe $\lambda_0 \in \overline{\mathrm{U}}$ tel que $\|\mathrm{R}(u,\lambda)\| \leqslant \|\mathrm{R}(u,\lambda_0)\|$ pour $\lambda \in \overline{\mathrm{U}}$. Ce qui précède implique que $\lambda_0 \in \mathrm{U}$, ce qui contredit le principe du maximum (VAR, R1, p. 29, 3.3.7) puisque la résolvante de u est holomorphe dans l'ensemble résolvant de u (prop. 14 de IV, p. 246).

9. Opérateurs de multiplication

Soient X un espace localement compact et μ une mesure positive sur X. On considère les opérateurs de multiplication sur $\mathrm{L}^2(\mathrm{X},\mu)$; ce sont des opérateurs fermés à domaine dense (prop. 5 de IV, p. 232). Pour toute fonction μ-mesurable g sur X, on notera m_g l'opérateur partiel de multiplication par g sur $\mathrm{L}^2(\mathrm{X},\mu)$.

PROPOSITION 22. — *Soit g une fonction μ-mesurable sur* X.

a) *Le spectre de m_g est l'image μ-essentielle* S *de g ;*

b) *Soit $\lambda \in \mathbf{C} - \mathrm{Sp}(m_g)$. La résolvante $\mathrm{R}(m_g,\lambda)$ est l'opérateur de multiplication m_h, où h est la fonction sur* X *définie par $h(x) = 0$ si $g(x) = \lambda$ et $h(x) = (\lambda - g(x))^{-1}$ sinon.*

Démontrons que $\mathbf{C} - \mathrm{S}$ est contenu dans l'ensemble résolvant de m_g. Soit $\lambda \in \mathbf{C} - \mathrm{S}$. Il existe un voisinage ouvert U de λ tel que le sous-ensemble $\mathrm{Y} = \overset{-1}{g}(\mathrm{U})$ de X est localement μ-négligeable. La fonction k définie sur X par $k(x) = (\lambda - g(x))^{-1}$ si $x \notin \mathrm{Y}$ et $k(x) = 0$ si $x \in \mathrm{Y}$ appartient alors à $\mathscr{L}^\infty(\mathrm{X},\mu)$ (lemme 5 de IV, p. 184) ; l'opérateur de multiplication par k est donc un endomorphisme de $\mathrm{L}^2(\mathrm{X},\mu)$.

Comme $|gk| \leqslant 1 + |\lambda k|$, on a

$$|gkf| \leqslant |f| + |\lambda kf|$$

pour $f \in \mathscr{L}^2(\mathrm{X}, \mu)$, ce qui implique que l'image de m_k est contenue dans le domaine de m_g. Réciproquement, soit $f \in \mathscr{L}^2(\mathrm{X}, \mu)$ dont la classe $\widetilde{f}$ appartient au domaine de m_g. En dehors de l'ensemble localement μ-négligeable Y, on a $f(x) = k(x)(\lambda - g(x))f(x)$, donc $\widetilde{f}$ est dans l'image de m_k. La même formule prouve que λ appartient à l'ensemble résolvant de m_g et que $\mathrm{R}(m_g, \lambda) = m_k$. Comme l'ensemble Y est localement μ-négligeable, l'opérateur de multiplication m_k coïncide avec l'opérateur m_h décrit dans l'assertion *b*).

Démontrons réciproquement que $\mathbf{C} - \mathrm{Sp}(m_g)$ est contenu dans $\mathbf{C} - \mathrm{S}$. Soit $\lambda \in \mathbf{C} - \mathrm{Sp}(m_g)$. Soit $\mathrm{M} > \|\mathrm{R}(m_g, \lambda)\|$ un nombre réel. Notons Y l'ensemble des $x \in \mathrm{X}$ tels que $|\lambda - g(x)| < \mathrm{M}^{-1}$. Démontrons que Y est localement μ-négligeable, ce qui impliquera que λ n'appartient pas à S, et conclura la démonstration.

Soit K un sous-ensemble compact de X. Soit φ la fonction caractéristique de $\mathrm{Y} \cap \mathrm{K}$; c'est un élément de $\mathscr{L}^2(\mathrm{X}, \mu)$, dont on note $\widetilde{\varphi}$ la classe dans $\mathrm{L}^2(\mathrm{X}, \mu)$. Soit ψ une fonction dans $\mathscr{L}^2(\mathrm{X}, \mu)$ dont la classe dans $\mathrm{L}^2(\mathrm{X}, \mu)$ est $\mathrm{R}(m_g, \lambda)(\widetilde{\varphi})$. On a $\mathrm{R}(m_g, \lambda)(\widetilde{\varphi}) \in \mathrm{dom}(m_g)$ et $(\lambda - m_g)(\mathrm{R}(m_g, \lambda)(\widetilde{\varphi})) = \widetilde{\varphi}$, donc $(\lambda - g(x))\psi(x) = 1$ pour μ-presque tout $x \in \mathrm{Y} \cap \mathrm{K}$. Cela implique

$$\|\mathrm{R}(m_g, \lambda)\|^2 \|\widetilde{\varphi}\|^2 \geqslant \|\mathrm{R}(m_g, \lambda)(\widetilde{\varphi})\|^2 \geqslant \mathrm{M}^2 \mu(\mathrm{Y} \cap \mathrm{K}) = \mathrm{M}^2 \|\widetilde{\varphi}\|^2.$$

Au vu du choix de M, cela signifie que φ est nulle μ-presque partout. Ainsi, l'ensemble $\mathrm{Y} \cap \mathrm{K}$ est μ-négligeable. L'ensemble Y est donc localement μ-négligeable (INT, IV, p. 172, § 5, n° 2, prop. 5).

PROPOSITION 23. — *Soit g une fonction μ-mesurable sur* X. *L'adjoint de l'opérateur de multiplication m_g est $m_{\overline{g}}$.*

Pour tout entier $n \geqslant 1$, soit φ_n la fonction caractéristique de l'ensemble des éléments $x \in \mathrm{X}$ tels que $|g(x)| \leqslant n$, et soit $\widetilde{\varphi}_n$ sa classe dans $\mathrm{L}^2(\mathrm{X}, \mu)$. Soient $f \in \mathscr{L}^2(\mathrm{X}, \mu)$ dont la classe $\widetilde{f}$ appartient à $\mathrm{dom}(m_g^*)$ et ψ une fonction dont la classe est $m_g^*(\widetilde{f})$.

Pour toute $h \in \mathscr{L}^2(\mathrm{X}, \mu)$ dont la classe $\widetilde{h}$ appartient à $\mathrm{dom}(m_g)$, on a également $\widetilde{h}\widetilde{\varphi}_n \in \mathrm{dom}(m_g)$, et donc $\langle \widetilde{f} \mid m_g(\widetilde{h}\widetilde{\varphi}_n) \rangle = \langle m_g^*(\widetilde{f}) \mid \widetilde{h}\widetilde{\varphi}_n \rangle$. Cela entraîne l'égalité

$$\int_{\mathrm{X}} \overline{(f\overline{g} - \psi)} \varphi_n \, h \, d\mu = 0.$$

Puisque le domaine de m_g est dense dans $\mathrm{L}^2(\mathrm{X}, \mu)$, on en déduit que $(f\overline{g} - \psi)\varphi_n$ est nulle μ-presque partout. Puisque n est arbitraire, cela signifie que $m_g^*(\widetilde{f})$ est la classe dans $L^2(X,\mu)$ de $f\overline{g}$. En particulier, comme $m_g^*(\widetilde{f}) \in L^2(X,\mu)$, on conclut que f appartient au domaine de $m_{\overline{g}}$ et que $m_g^*(\widetilde{f}) = m_{\overline{g}}(\widetilde{f})$.

L'adjoint de m_g est donc une extension de $m_{\overline{g}}$. De plus, on a

$$\langle f \,|\, m_g(h)\rangle = \int_X \overline{f}\cdot(gh)\,d\mu = \int_X f\overline{g}\;h\,d\mu$$

pour tout $f \in L^2(X,\mu)$ et $h \in \mathrm{dom}(m_g)$, ce qui démontre que la forme linéaire $h \mapsto \langle f \,|\, m_g(h)\rangle$ est continue lorsque $m_{\overline{g}}(f)g$ appartient à $L^2(X,\mu)$. Par conséquent le domaine de $m_{\overline{g}}$ est contenu dans celui de m_g^*, ce qui conclut la preuve.

COROLLAIRE. — *Soit g une fonction μ-mesurable sur X. L'opérateur de multiplication m_g sur $L^2(X,\mu)$ est auto-adjoint (resp. positif) si et seulement si la fonction g est localement μ-presque partout à valeurs réelles (resp. localement μ-presque partout positive).*

La première assertion résulte de la proposition. Si g est localement μ-presque partout positive, on a $\langle f \,|\, m_g(f)\rangle = \int_X g|f|^2 d\mu \geqslant 0$ pour tout $f \in L^2(X,\mu)$, donc l'opérateur partiel m_g est positif.

Réciproquement, si m_g est positif, alors son spectre est contenu dans $\mathbf{R}_+$ (prop. 17 de IV, p. 248) ; comme il s'agit de l'image μ-essentielle de g (prop. 22, *a*)), cela signifie que g est localement μ-presque partout positive.

Lemme 6. — *Soient g_1 et g_2 des fonctions μ-mesurables sur* X.

a) *L'opérateur partiel $m_{g_1} + m_{g_2}$ est fermable et sa fermeture est l'opérateur de multiplication $m_{g_1+g_2}$;*

b) *On a $m_{g_1} \circ m_{g_2} \subset m_{g_1 g_2}$;*

c) *Supposons que g_1 est bornée. On a alors $m_{g_2} \circ m_{g_1} = m_{g_1 g_2}$. Par ailleurs, le domaine de m_{g_2} est contenu dans le domaine de $m_{g_1 g_2}$, et $m_{g_1} \circ m_{g_2}$ est la réduction de $m_{g_1 g_2}$ à* $\mathrm{dom}(m_{g_2})$.

Il est élémentaire que $m_{g_1+g_2}$ est une extension de $m_{g_1} + m_{g_2}$; ce dernier opérateur est donc fermable, et $\overline{m_{g_1} + m_{g_2}} \subset m_{g_1+g_2}$.

Soit $f \in \mathscr{L}^2(X,\mu)$ tel que la fonction $h = (g_1+g_2)f$ appartient à $\mathscr{L}^2(X,\mu)$. Pour tout entier $n \geqslant 1$, notons X_n l'ensemble des $x \in X$ tels que $|g_1(x)| + |g_2(x)| \leqslant n$ et φ_n la fonction caractéristique de X_n. On a $\varphi_n f \in \mathrm{dom}(m_{g_1} + m_{g_2})$. Comme $(\varphi_n f)(x)$ converge vers $f(x)$ pour tout $x \in X$ et que pour tout $n \in \mathbf{N}$, on a $|\varphi_n f| \leqslant |f|$ et $|(g_1+g_2)\varphi_n f| \leqslant |(g_1+g_2)f| = |h|$, avec $h \in \mathscr{L}^2(X,\mu)$ par hypothèse, le théorème de Lebesgue (INT, IV, p. 137, § 3, n° 7, th. 6) implique que la suite des couples de classes dans $L^2(X, \mu) \times L^2(X, \mu)$ de $(\varphi_n f, (g_1 + g_2)\varphi_n f)$, qui appartiennent au graphe de $m_{g_1} + m_{g_2}$, converge vers le couple des classes de (f, h) dans $L^2(X, \mu)$. La fermeture de $m_{g_1} + m_{g_2}$ est donc bien égale à $m_{g_1+g_2}$.

Il est élémentaire que $m_{g_1} \circ m_{g_2} \subset m_{g_1 g_2}$. Supposons que g_1 est bornée, de sorte que m_{g_1} est une application linéaire continue sur $L^2(X, \mu)$. Alors le domaine de $m_{g_2} \circ m_{g_1}$ est l'ensemble des classes de fonctions $f \in \mathscr{L}^2(X, \mu)$ telles que $g_2(g_1 f) \in \mathscr{L}^2(X, \mu)$, c'est-à-dire le domaine de $m_{g_1 g_2}$. On a donc $m_{g_2} \circ m_{g_1} = m_{g_1 g_2}$.

Il est également élémentaire que $\mathrm{dom}(m_{g_1} \circ m_{g_2}) = \mathrm{dom}(m_{g_2})$ est contenu dans $\mathrm{dom}(m_{g_1 g_2})$, et que la réduction de $m_{g_1 g_2}$ à cet espace est égale à $m_{g_1} \circ m_{g_2}$.

On se gardera de croire que $m_{g_1} \circ m_{g_2} = m_{g_1 g_2}$ en général (exercice 10 de IV, p. 347). Néanmoins, on a le résultat partiel suivant :

PROPOSITION 24. — *Soit g une fonction μ-mesurable sur* X.

a) *On a* $m_{\overline{g}} \circ m_g = m_{|g|^2}$;

b) *Pour tous entiers* $k, \ell \in \mathbf{N}$, *on a* $m_{g^k \overline{g}^\ell} = m_g^k m_{\overline{g}}^\ell$.

On a $m_{\overline{g}} \circ m_g \subset m_{|g|^2}$ par le lemme 6. Inversement, on déduit de l'inégalité $|g| \leqslant 1 + |g|^2$ que $\mathrm{dom}(m_{|g|^2}) = \mathrm{dom}(m_{\overline{g}} \circ m_g)$, d'où la première assertion.

Soient $k, \ell \in \mathbf{N}$. On a $m_g^k m_{\overline{g}}^\ell \subset m_{g^k \overline{g}^\ell}$ (*loc. cit.*). Le domaine de $m_g^k m_{\overline{g}}^\ell$ est l'ensemble des classes dans $L^2(X, \mu)$ de fonctions $h \in \mathscr{L}^2(X, \mu)$ telles que $|g|^j h$ appartient à $\mathscr{L}^2(X, \mu)$ pour tout entier j tel que $0 \leqslant j \leqslant k+\ell$. Les inégalités

$$|g^j h| \leqslant |h| + |g^{k+\ell} h|,$$

valides pour $0 \leqslant j \leqslant k + \ell$, permettent de constater que $\mathrm{dom}(m_g^k m_{\overline{g}}^\ell)$ est égal à $\mathrm{dom}(m_{g^k \overline{g}^\ell})$, d'où l'assertion *b*).

10. Extensions auto-adjointes d'un opérateur symétrique

Dans ce numéro, on se propose de classifier les extensions auto-adjointes des opérateurs symétriques sur un espace hilbertien complexe, et en particulier de trouver des conditions assurant l'existence d'une extension auto-adjointe d'un tel opérateur.

Soit E un espace hilbertien complexe. Pour tout opérateur partiel u sur E, on écrira dans ce numéro $u+i$ et $u-i$ au lieu de $u+i1_{\mathrm{E}}$ et $u-i1_{\mathrm{E}}$.

Soit u un opérateur fermé à domaine dense sur E. On rappelle (*cf.* définition 4 de IV, p. 230 et proposition 4 de IV, p. 230) que l'on note E_u l'espace hilbertien $\mathrm{dom}(u)$ muni de la forme hermitienne

$$(x \mid y)_u = \langle x \mid y\rangle + \langle u(x) \mid u(y)\rangle.$$

On note $\|x\|_u$ la norme d'un élément x de l'espace hilbertien E_u. Tout sous-espace de $\mathrm{dom}(u)$ qui est fermé dans E est fermé dans E_u (IV, p. 230, remarque 1).

DÉFINITION 10. — *Soit u un opérateur symétrique fermé sur un espace hilbertien complexe* E. *Soient* $\mathrm{E}_+ = \mathrm{Ker}(u^*-i)$ *et* $\mathrm{E}_- = \mathrm{Ker}(u^*+i)$. *Le couple* $(\mathrm{E}_+, \mathrm{E}_-)$ *de sous-espaces de* $\mathrm{dom}(u^*)$ *est appelé le* couple de carence *de u. Les sous-espaces* E_+ *et* E_- *sont des sous-espaces fermés de* E (prop. 3 de IV, p. 229). *Le couple* $(\dim(\mathrm{E}_+), \dim(\mathrm{E}_-))$ *des dimensions hilbertiennes de ces sous-espaces est appelé l'*indice de carence *de u.*

PROPOSITION 25. — *Soit u un opérateur symétrique fermé sur un espace hilbertien complexe* E. *On a*

$$\mathrm{Ker}(u^*-i)^{\circ} = \mathrm{Im}(u+i),$$
$$\mathrm{Ker}(u^*+i)^{\circ} = \mathrm{Im}(u-i).$$

D'après la prop. 7, *c*) de IV, p. 236, il suffit de démontrer que l'image de $u+i$ (resp. de $u-i$) est fermée dans E. Puisque u est symétrique, on a $\langle (u+i)(x) \mid (u+i)(y)\rangle = (x \mid y)_u$ pour tous x et y dans $\mathrm{dom}(u)$. L'application $x \mapsto u(x)+ix$ de E_u dans E est donc isométrique. Son image est fermée dans E (lemme 8 de I, p. 107). Puisqu'il s'agit aussi de l'image de $u+i$, celle-ci est fermée dans E. De même, l'image de $u-i$ est fermée dans E.

Lemme 7. — Soient u un opérateur symétrique fermé sur un espace hilbertien complexe E *et v une extension symétrique fermée de u. Le domaine de u est un sous-espace fermé de l'espace hilbertien* E_v.

Comme v est une extension de u, on a $(x \mid y)_v = (x \mid y)_u$ pour x et y dans $\mathrm{dom}(u)$. L'injection canonique de E_u dans E_v est donc isométrique, et la conclusion en résulte (lemme 8 de I, p. 107).

PROPOSITION 26. — *Soit* u *un opérateur symétrique fermé sur un espace hilbertien complexe* E. *Soit* (E_+, E_-) *le couple de carence de* u. *Les espaces* E_+, E_- *et* $\operatorname{dom}(u)$ *sont des sous-espaces fermés et mutuellement orthogonaux de* E_{u^*} *dont la somme hilbertienne est égale à* E_{u^*}.

Puisque u est symétrique, on a $u \subset u^*$, donc l'espace $\operatorname{dom}(u)$ est fermé dans E_{u^*} (lemme 7). Les sous-espaces E_+ et E_- sont fermés dans E et contenus dans $\operatorname{dom}(u^*)$, donc fermés dans E_{u^*}.

Soit $x \in E_+$. On a $u^*(x) = ix$, d'où $\langle x \,|\, u(y)\rangle = -i\langle x \,|\, y\rangle$ pour tout $y \in \operatorname{dom}(u)$. Par conséquent, pour tout $y \in \operatorname{dom}(u)$, on a

$$(x \mid y)_{u^*} = \langle x \,|\, y\rangle + \langle u^*(x) \,|\, u^*(y)\rangle = i\Big(\langle x \,|\, u(y)\rangle - \langle x \,|\, u^*(y)\rangle\Big) = 0$$

puisque u est symétrique. Les espaces E_+ et $\operatorname{dom}(u)$ sont donc orthogonaux dans E_{u^*}. De même, E_- et $\operatorname{dom}(u)$ sont orthogonaux dans E_{u^*}.

Soient $x \in E_+$ et $y \in E_-$. Alors

$$(x \mid y)_{u^*} = \langle x \,|\, y\rangle + \langle u^*(x) \,|\, u^*(y)\rangle = \langle x \,|\, y\rangle - \langle x \,|\, y\rangle = 0,$$

donc E_+ et E_- sont orthogonaux dans E_{u^*}.

Soit $x \in E_{u^*}$ orthogonal au sous-espace fermé $\operatorname{dom}(u) \oplus E_+ \oplus E_-$. Pour tout $y \in \operatorname{dom}(u)$, on a $u^*(y) = u(y)$ puisque $u \subset u^*$, d'où

$$0 = (x \mid y)_{u^*} = \langle x \,|\, y\rangle + \langle u^*(x) \,|\, u^*(y)\rangle = \langle x \,|\, y\rangle + \langle u^*(x) \,|\, u(y)\rangle.$$

Cela implique que $z = u^*(x)$ appartient au domaine de u^* et vérifie $u^*(z) = -x$. Soit $x_- = z - ix$. C'est un élément de $\operatorname{dom}(u^*)$ qui vérifie $u^*(x_-) = -x - iz = -ix_-$. Donc x_- appartient à E_-. Mais, pour tout $w \in E_-$, on a

$$\begin{aligned}-i\langle x_- \,|\, w\rangle &= -i\langle z \,|\, w\rangle + \langle x \,|\, w\rangle \\ &= \langle u^*(x) \,|\, u^*(w)\rangle + \langle x \,|\, w\rangle = (x \mid w)_{u^*} = 0.\end{aligned}$$

Prenant $w = x_-$, on en déduit que $x_- = 0$, c'est-à-dire $z = ix$; comme $z = u^*(x)$, on a donc $x \in E_+$, d'où $x = 0$ puisque x est orthogonal à E_+ dans E_{u^*}. Ceci achève de démontrer que la somme directe $\operatorname{dom}(u) \oplus E_+ \oplus E_-$ est égale à E_{u^*}.

COROLLAIRE. — *Soit* u *un opérateur symétrique fermé sur* E. *Alors* u *est auto-adjoint si et seulement si l'indice de carence de* u *est égal à* $(0, 0)$.

En effet, l'opérateur symétrique u est auto-adjoint si et seulement si $\mathrm{dom}(u^*) = \mathrm{dom}(u)$; or la proposition démontre que $\mathrm{dom}(u^*)$ est la somme hilbertienne de $\mathrm{dom}(u)$ et des sous-espaces de carence de u.

Soit u un opérateur partiel symétrique fermé. Le spectre de u est contenu dans $\mathbf{R}$ si et seulement si u est auto-adjoint. En effet, on sait que $\mathrm{Sp}(u) \subset \mathbf{R}$ si u est auto-adjoint (prop. 17 de IV, p. 248) ; si u n'est pas auto-adjoint, l'un des sous-espaces $\mathrm{Ker}(u^* + i)$ ou $\mathrm{Ker}(u^* - i)$ est non nul, donc l'image de $u + i$ ou de $u - i$ est un sous-espace propre de E (prop. 25 de IV, p. 256), de sorte que i ou $-i$ appartient à $\mathrm{Sp}(u)$.

DÉFINITION 11. — *Soit u un opérateur symétrique fermé sur un espace hilbertien complexe* E. *Une* condition au bord *pour u est une application linéaire partiellement isométrique* (EVT, V, p. 41, déf. 3) *de* $\mathrm{Ker}(u^* - i)$ *dans* $\mathrm{Ker}(u^* + i)$.

Soient u un opérateur symétrique fermé sur un espace hilbertien complexe E et b une condition au bord pour u. Soit $\mathrm{I} = \mathrm{Ker}(b)^\circ$ le sous-espace initial de b. On note u_b la réduction de u^* au sous-espace de $\mathrm{dom}(u^*)$ somme directe de $\mathrm{dom}(u)$ et du graphe dans $\mathrm{E}_+ \oplus \mathrm{E}_-$ de la restriction de b à I. Comme $\mathrm{E}_{u^*} = \mathrm{dom}(u) \oplus \mathrm{E}_+ \oplus \mathrm{E}_-$ (prop. 26), l'opérateur partiel u_b est bien défini.

Autrement dit, le domaine de u_b est l'espace des éléments $x \in \mathrm{E}$ de la forme $x = x_0 + y + b(y)$, où $x_0 \in \mathrm{dom}(u)$ et y appartient au sous-espace initial de b. On a alors $u_b(x_0 + y + b(y)) = u(x_0) + iy - ib(y)$.

THÉORÈME 1 (von Neumann). — *Soient u un opérateur symétrique fermé sur un espace hilbertien complexe* E *et* $(\mathrm{E}_+, \mathrm{E}_-)$ *son couple de carence.*

a) *Pour toute condition au bord b pour u, l'opérateur partiel u_b est une extension symétrique fermée de u ;*

b) *L'application $b \mapsto u_b$ est une bijection de l'ensemble des conditions au bord pour u sur l'ensemble des extensions symétriques fermées de u ;*

c) *Pour toute condition au bord b pour u, on a*

$$\mathrm{Im}(u_b + i) = \mathrm{Im}(u + i) \oplus \mathrm{Im}(b)$$
$$\mathrm{Im}(u_b - i) = \mathrm{Im}(u - i) \oplus \mathrm{Ker}(b)^\circ\ ;$$

d) *Pour toute condition au bord b pour u, le couple de carence de u_b est* $(\mathrm{Ker}(b), \mathrm{Ker}(b^*))$.

Soit b une condition au bord pour u et $\mathrm{I} \subset \mathrm{E}_+$ son sous-espace initial. La restriction de u^* à $\Gamma_{b|\mathrm{I}} \subset \mathrm{E}_+ \oplus \mathrm{E}_-$ est l'application linéaire continue définie par $x + b(x) \mapsto ix - ib(x)$ pour $x \in \mathrm{I}$. Le graphe de u_b est la somme directe du graphe de u et du graphe de cette application linéaire ; il est donc fermé. L'opérateur fermé u_b est une extension de u telle que $u_b \subset u^*$.

Soient γ_1 et η_1 des éléments de I. Considérons les éléments

$$\gamma = \gamma_1 + b(\gamma_1), \qquad \eta = \eta_1 + b(\eta_1)$$

du graphe $\Gamma_{b|\mathrm{I}}$. On calcule

$$\begin{aligned}\langle \gamma \,|\, u^*(\eta)\rangle &= i(\langle b(\gamma_1) \,|\, \eta_1\rangle - \langle \gamma_1 \,|\, b(\eta_1)\rangle) + i(\langle \gamma_1 \,|\, \eta_1\rangle - \langle b(\gamma_1) \,|\, b(\eta_1)\rangle) \\ &= i(\langle b(\gamma_1) \,|\, \eta_1\rangle - \langle \gamma_1 \,|\, b(\eta_1)\rangle)\end{aligned}$$

puisque b est isométrique sur I. On en déduit qu'on a

$$\langle u^*(\gamma) \,|\, \eta\rangle = \langle \gamma \,|\, u^*(\eta)\rangle \tag{12}$$

pour tous γ et η dans $\Gamma_{b|\mathrm{I}}$.

Soient x et y des éléments de $\mathrm{dom}(u)$, γ et η des éléments de $\Gamma_{b|\mathrm{I}}$. Il vient

$$\begin{aligned}\langle x + \gamma \,|\, u_b(y + \eta)\rangle &= \langle x \,|\, u(y)\rangle + \langle x \,|\, u^*(\eta)\rangle + \langle \gamma \,|\, u(y)\rangle + \langle \gamma \,|\, u^*(\eta)\rangle \\ &= \langle u(x) \,|\, y\rangle + \langle u(x) \,|\, \eta\rangle + \langle u^*(\gamma) \,|\, y\rangle + \langle u^*(\gamma) \,|\, \eta\rangle \\ &= \langle u_b(x + \gamma) \,|\, y + \eta\rangle,\end{aligned}$$

où on a utilisé le fait que u est symétrique et que γ et η appartiennent au domaine de u^* ainsi que la formule (12). L'opérateur u_b est donc une extension symétrique fermée de u. L'assertion *a*) est démontrée.

L'application $b \mapsto u_b$ est injective. En effet, une application partiellement isométrique de E_+ dans E_- est déterminée de manière unique par son sous-espace initial et par sa restriction à celui-ci. Or le domaine de u_b détermine le sous-espace initial I de b et le graphe de la restriction de b à I.

Démontrons que l'application $b \mapsto u_b$ est surjective. Soit w une extension symétrique fermée de u. On a $w \subset w^* \subset u^*$. Le domaine de w est donc un sous-espace de $\mathrm{dom}(u^*)$ contenant $\mathrm{dom}(u)$, et w est la réduction de u^* à ce sous-espace. Soit G l'intersection du domaine de w et de $\mathrm{E}_+ \oplus \mathrm{E}_-$. C'est un sous-espace fermé de E_{u^*} (lemme 7) et on a $\mathrm{dom}(w) = \mathrm{dom}(u) \oplus \mathrm{G}$ d'après la proposition 26.

Soient $x \in \mathrm{E}_+$ et $y \in \mathrm{E}_-$ tels que $x+y \in \mathrm{G}$. Puisque w est symétrique, et que c'est la réduction de u^* à $\mathrm{dom}(w)$, on a

$$\langle x + y \,|\, u^*(x + y)\rangle = \langle u^*(x + y) \,|\, x + y\rangle.$$

Cette égalité équivaut à

$$\langle x \,|\, ix\rangle + \langle x \,|\, -iy\rangle + \langle y \,|\, ix\rangle + \langle y \,|\, -iy\rangle = \langle ix \,|\, x\rangle + \langle ix \,|\, y\rangle + \langle -iy \,|\, x\rangle + \langle -iy \,|\, y\rangle,$$

c'est-à-dire à $\|x\|^2 = \|y\|^2$. En particulier, la projection canonique $p_+ \colon \mathrm{G} \to \mathrm{E}_+$ est injective et si I désigne son image, l'espace G est le graphe d'une application isométrique b_0 de I dans E_-. Pour x dans I et y dans E_- tels que $x + y \in \mathrm{G}$, on a

$$\begin{aligned}\|x+y\|_{u^*}^2 = \|x\|_{u^*}^2 + \|y\|_{u^*}^2 &= 2(\|x\|^2 + \|y\|^2) \\ &= 4\|x\|^2 = 4\|p_+(x+y)\|^2.\end{aligned}$$

Ainsi, considérant G comme sous-espace fermé de l'espace hilbertien E_{u^*}, l'application $x \mapsto \frac{1}{2}p_+(x)$ de G dans I une isométrie. En particulier, I est fermé dans E_+ (lemme 8 de I, p. 107). Il existe alors une unique condition au bord b pour u dont I est l'espace initial et qui coïncide avec b_0 sur I. On a $\mathrm{dom}(w) = \mathrm{dom}(u_b)$, d'où $w = u_b$. Cela établit l'assertion *b*).

Démontrons les assertions *c*) et *d*). Soient b une condition au bord pour u et I son sous-espace initial. Pour $x_0 \in \mathrm{dom}(u)$ et $y \in \mathrm{I}$, on a

$$u_b(x_0 + y + b(y)) - i(x_0 + y + b(y)) = (u - i)(x_0) - 2ib(y).$$

On a $\mathrm{Im}(u - i) = \mathrm{E}_-^\circ$ (prop. 25). Comme l'image de b est contenue dans E_-, cette formule démontre que $\mathrm{Im}(u_b - i) = \mathrm{Im}(u - i) \oplus \mathrm{Im}(b)$. D'après *loc. cit.*, on a donc $\mathrm{Ker}(u_b^* + i) = \mathrm{E}_- \cap \mathrm{Im}(b)^\circ = \mathrm{Ker}(b^*)$.

De manière analogue, on vérifie que $\mathrm{Im}(u_b + i) = \mathrm{Im}(u + i) \oplus \mathrm{I}$ et donc (*loc. cit.*) que $\mathrm{Ker}(u_b^* - i) = \mathrm{I}^\circ \cap \mathrm{E}_+ = \mathrm{Ker}(b)$.

COROLLAIRE 1. — *Soit u un opérateur symétrique fermé sur un espace hilbertien complexe* E. *L'application $b \mapsto u_b$ induit une bijection de l'ensemble des isométries de* $\mathrm{Ker}(u^* - i)$ *sur* $\mathrm{Ker}(u^* + i)$ *sur l'ensemble des extensions auto-adjointes de u. En particulier, il existe une extension auto-adjointe de u si et seulement si les deux composantes de l'indice de carence de u sont égales.*

Cela découle du corollaire de la proposition 26 et du théorème, ainsi que de EVT, V, p. 25, cor. 2.

COROLLAIRE 2. — *Soit* E *un espace hilbertien* réel. *Soit u un opérateur symétrique fermé sur* E. *L'opérateur partiel $u_{(\mathbf{C})}$ sur $\mathrm{E}_{(\mathbf{C})}$ est symétrique et fermé, et admet au moins une extension auto-adjointe.*

L'opérateur partiel $u_{(\mathbf{C})}$ est fermé et symétrique d'après la prop. 2 de IV, p. 228 et le lemme 3 de IV, p. 239. L'isomorphisme $\mathbf{R}$-linéaire j de $\mathrm{E}_{(\mathbf{C})}$ dans $\mathrm{E}_{(\mathbf{C})}$ tel que $j(z \otimes x) = \overline{z} \otimes x$ pour tout $z \in \mathbf{C}$ et tout $x \in \mathrm{E}$ induit un isomorphisme d'espaces hilbertiens de $\mathrm{Ker}(u^*_{(\mathbf{C})} - i)$ dans $\mathrm{Ker}(u^*_{(\mathbf{C})} + i)$ et on peut appliquer le corollaire 1.

COROLLAIRE 3. — *Soit u un opérateur symétrique sur* E. *Les conditions suivantes sont équivalentes :*

(i) *L'opérateur u est essentiellement auto-adjoint ;*

(ii) *Les espaces* $\mathrm{Ker}(u^* + i)$ *et* $\mathrm{Ker}(u^* - i)$ *sont nuls ;*

(iii) *Les espaces* $\mathrm{Im}(u + i)$ *et* $\mathrm{Im}(u - i)$ *sont denses dans* E ;

(iv) *L'opérateur symétrique partiel u a une unique extension auto-adjointe.*

Les conditions (ii) et (iii) sont équivalentes d'après la prop. 7, *c*) de IV, p. 236.

L'opérateur partiel u est essentiellement auto-adjoint si et seulement si $\overline{u}$ est auto-adjoint, c'est-à-dire si $\mathrm{Ker}(\overline{u}^* - i) = \mathrm{Ker}(\overline{u}^* + i) = \{0\}$ (cor. de la prop. 26). Comme $\overline{u}^* = u^*$ (prop. 8 de IV, p. 237), la condition (i) est donc équivalente à la condition (ii). De plus, le corollaire précédent démontre que (ii) implique que u a une unique extension auto-adjointe, ce qui est la condition (iv).

Enfin, supposons que u a une unique extension auto-adjointe v. Il en est alors de même de $\overline{u}$, puisque toute extension auto-adjointe de $\overline{u}$ en est une de u, donc est égale à v. D'après le corollaire précédent, les espaces $\mathrm{Ker}(\overline{u}^* + i)$ et $\mathrm{Ker}(\overline{u}^* - i)$ doivent être nuls, d'où la condition (ii) en utilisant encore $\overline{u}^* = u^*$.

Exemple. — Soient U un ouvert de $\mathbf{R}^n$ muni de la mesure de Lebesgue μ. Soit Δ l'opérateur différentiel scalaire

$$\Delta = -\sum_{i=1}^{n} \partial_i^2$$

sur U. Notons u l'opérateur partiel sur l'espace hilbertien réel $\mathrm{L}^2_{\mathbf{R}}(\mathrm{U}, \mu)$ de domaine $\mathscr{D}_{\mathbf{R}}(\mathrm{U})$ (IV, p. 201, remarque) défini par $\varphi \mapsto -\sum_{i=1}^{n} \partial_i^2 \varphi$. On a $u_{(\mathbf{C})} = \Delta_-$, qui est un opérateur partiel fermable (prop. 13 de IV, p. 242) et symétrique (puisque Δ est formellement symétrique), donc u est fermable et symétrique (proposition 2 de IV, p. 228 et lemme 3 de IV, p. 239). D'après le corollaire ci-dessus, il existe donc une extension auto-adjointe de $u_{(\mathbf{C})}$. C'est un laplacien sur U (IV, p. 243).

§ 5. OPÉRATEURS PARTIELS NORMAUX ET THÉORÈME SPECTRAL

1. Bornification

Soit E un espace hilbertien complexe. On note s l'application unitaire $(x, y) \mapsto (-y, x)$ sur $E \oplus E$. Soit u un opérateur partiel fermé à domaine dense sur E. L'opérateur partiel u^*u est auto-adjoint et positif (prop. 12 de IV, p. 241), donc $-1 \notin \mathrm{Sp}(u^*u)$ (prop. 17 de IV, p. 248). On note $\mathrm{W}(u) = (1_\mathrm{E} + u^*u)^{-1} = -\mathrm{R}(u^*u, -1)$; c'est un endomorphisme positif et injectif de E.

Notons p_1 et p_2 les deux projections canoniques de Γ_u dans E. Ce sont des éléments de $\mathscr{L}(\Gamma_u; \mathrm{E})$, et on a l'égalité de correspondances $p_2 = u \circ p_1$. Soit $(j, |p_1^*|)$ la décomposition polaire (déf. 4 de I, p. 140) de l'endomorphisme $p_1^* \in \mathscr{L}(\mathrm{E}; \Gamma_u)$, de sorte que $p_1^* = |p_1^*| \circ j$. L'application j est une isométrie partielle de E dans Γ_u.

DÉFINITION 1. — *L'endomorphisme* $p_2 \circ j$ *de* E *est appelé la* bornification *de* u ; *on note* $b(u)$ *cet endomorphisme.*

On a $\|b(u)\| \leqslant 1$.

PROPOSITION 1. — *On a les formules*

$$|p_1^*| = \mathrm{W}(u)^{1/2}, \tag{1}$$

$$b(u) = u \circ \mathrm{W}(u)^{1/2} = u \circ |p_1^*|, \tag{2}$$

$$1_\mathrm{E} - b(u)^* b(u) = \mathrm{W}(u), \tag{3}$$

$$b(u)\mathrm{W}(u) = \mathrm{W}(u^*)b(u), \quad b(u)\mathrm{W}(u)^{1/2} = \mathrm{W}(u^*)^{1/2} b(u). \tag{4}$$

Soit $x \in \mathrm{E}$. Notons $y = \mathrm{W}(u)(x) \in \mathrm{dom}(u^*u)$. On a $y \in \mathrm{dom}(u)$ et $u(y) \in \mathrm{dom}(u^*)$. Pour tout élément $(y_1, u(y_1))$ de Γ_u, où $y_1 \in \mathrm{dom}(u)$, on calcule

$$\begin{aligned}\langle (y, u(y)) \,|\, (y_1, u(y_1)) \rangle &= \langle y \,|\, y_1 \rangle + \langle u(y) \,|\, u(y_1) \rangle \\ &= \langle y + u^*u(y) \,|\, y_1 \rangle = \langle x \,|\, p_1(y_1, u(y_1)) \rangle.\end{aligned}$$

Cela signifie que $p_1^*(x) = (y, u(y))$, d'où $p_1 \circ p_1^*(x) = y = \mathrm{W}(u)(x)$. Par conséquent, on a $p_1 \circ p_1^* = \mathrm{W}(u)$, donc $|p_1^*| = \mathrm{W}(u)^{1/2}$, c'est-à-dire la formule (1). En particulier, comme $\mathrm{Im}(p_1) = \mathrm{Im}(|p_1^*|)$ d'après le cor. de la prop. 11 de I, p. 140, il vient $\mathrm{dom}(u) = \mathrm{Im}(p_1) = \mathrm{Im}(\mathrm{W}(u)^{1/2})$.

L'opérateur partiel $u \circ \mathrm{W}(u)^{1/2}$ a donc pour domaine l'espace E. La relation $p_1 \circ j = (p_1^*)^* \circ j = |p_1^*| = \mathrm{W}(u)^{1/2}$ (prop. 11, *a*) de I, p. 140) implique alors que

$$b(u) = p_2 \circ j = u \circ p_1 \circ j = u \circ \mathrm{W}(u)^{1/2},$$

ce qui est la formule (2).

On a $\mathrm{Ker}(j) = \mathrm{Ker}(|p_1^*|)$ (prop. 10, *b*) de I, p. 139) et la formule (1) implique donc que l'isométrie partielle $j \colon \mathrm{E} \to \Gamma_u$ est injective, donc isométrique, d'où $j^* \circ j = 1_{\mathrm{E}}$. En écrivant $j = (p_1 \circ j, b(u))$, on trouve

$$1_{\mathrm{E}} = j^* \circ j = (p_1 \circ j)^*(p_1 \circ j) + b(u)^* b(u) = \mathrm{W}(u) + b(u)^* b(u),$$

d'où la formule (3).

Soit $x \in \mathrm{dom}(u)$ et posons $y = \mathrm{W}(u)(x)$. On a $y \in \mathrm{dom}(u)$ et la formule $y + u^*u(y) = x$ implique que $u^*u(y) \in \mathrm{dom}(u)$. On a alors

$$\begin{aligned} \mathrm{W}(u^*)^{-1}(u(y)) &= (1_{\mathrm{E}} + uu^*)(u(y)) \\ &= u(y) + uu^*u(y) = u(y + u^*u(y)) = u(x), \end{aligned}$$

ce qui signifie que la réduction de $u \circ \mathrm{W}(u)$ au domaine de u est égale à $\mathrm{W}(u^*) \circ u$. Comme l'image de $|p_1^*|$ est égale à celle de p_1 (cor. de la prop. 11 de I, p. 140) donc au domaine de u, il vient

$$u \circ \mathrm{W}(u) \circ |p_1^*| = \mathrm{W}(u^*) \circ u \circ |p_1^*| = \mathrm{W}(u^*) \circ b(u)$$

(formule (2)). De plus, $|p_1^*| = \mathrm{W}(u)^{1/2}$ commute avec $\mathrm{W}(u)$, donc on obtient

$$b(u) \circ \mathrm{W}(u) = u \circ |p_1^*| \circ \mathrm{W}(u) = u \circ \mathrm{W}(u) \circ |p_1^*| = \mathrm{W}(u^*) \circ b(u).$$

Cette relation implique que $b(u) \circ f(\mathrm{W}(u)) = f(\mathrm{W}(u^*)) \circ b(u)$ pour toute fonction $f \in \mathscr{C}(\mathbf{R}_+)$ (prop. 11 de I, p. 113), donc en particulier que $b(u) \circ \mathrm{W}(u)^{1/2} = \mathrm{W}(u^*)^{1/2} \circ b(u)$. Cela démontre la formule (4) et conclut la démonstration.

COROLLAIRE. — *On a* $b(u)^* = b(u^*)$.

Notons q_1 et q_2 les projections $\Gamma_{u^*} \to \mathrm{E}$ et notons $(k, |q_1^*|)$ la décomposition polaire de q_1^*, de sorte que $b(u^*) = q_2 \circ k$. Pour tous x et y dans E, on a $j(x) \in \Gamma_u$ et $k(y) \in \Gamma_{u^*}$, et comme Γ_u est orthogonal à $s(\Gamma_{u^*})$ d'après la prop. 7 de IV, p. 236, il vient

$$0 = \langle j(x) \,|\, s(k(y)) \rangle = \langle p_1 \circ j(x) \,|\, -q_2 \circ k(y) \rangle + \langle p_2 \circ j(x) \,|\, q_1 \circ k(y) \rangle.$$

Comme $p_1 \circ j = |p_1^*|$ et $q_1 \circ k = |q_1^*|$ (prop. 11, *b*) de I, p. 140) on obtient

$$\langle b(u)x \,|\, |q_1^*|y \rangle = \langle |p_1^*|x \,|\, b(u^*)y \rangle,$$

donc $|q_1^*|b(u) = b(u^*)^*|p_1^*|$. En utilisant les formules (1) et (4), on en conclut que $b(u)|p_1^*| = |q_1^*|b(u) = b(u^*)^*|p_1^*|$, et comme l'image de $|p_1^*|$ est le domaine de u, qui est dense dans E, on en déduit $b(u) = b(u^*)^*$.

On note $\Omega(\mathrm{E})$ l'ensemble des $v \in \mathscr{L}(\mathrm{E})$ tels que $1_\mathrm{E} - v^*v$ est positif et injectif. Pour $v \in \Omega(\mathrm{E})$, l'endomorphisme hermitien $(1_\mathrm{E} - v^*v)^{1/2}$ est injectif, puisque son carré l'est, et on note $\mathrm{B}(v)$ l'opérateur partiel $v \circ ((1_\mathrm{E} - v^*v)^{1/2})^{-1}$.

Notons que $1_\mathrm{E} - v^*v$ est positif si et seulement si $\|v\| \leqslant 1$, puisque on a $\langle x \mid (1_\mathrm{E} - v^*v)(x)\rangle = \|x\|^2 - \|v(x)\|^2$ pour tout $x \in \mathrm{E}$.

Lemme 1. — *Le sous-ensemble* $\Omega(\mathrm{E})$ *est auto-adjoint dans* $\mathscr{L}(\mathrm{E})$.

Soit $v \in \Omega(\mathrm{E})$. On a $\|v^*\| = \|v\| \leqslant 1$ donc l'endomorphisme $1_\mathrm{E} - vv^*$ est positif. Il est injectif : si $x \in \mathrm{Ker}(1_\mathrm{E} - vv^*)$, on a $vv^*(x) = x$, d'où $v^*(v(v^*(x))) = v^*(x)$ puis $v^*(x) = 0$, puisque $1_\mathrm{E} - v^*v$ est injectif, et enfin $x = v(v^*(x)) = 0$. Le lemme en résulte.

PROPOSITION 2. — *L'application* $u \mapsto b(u)$ *définit une bijection de l'ensemble des opérateurs partiels fermés à domaine dense sur* E *sur l'ensemble* $\Omega(\mathrm{E})$. *La bijection réciproque est donnée par* $v \mapsto \mathrm{B}(v)$.

La relation $1_\mathrm{E} - b(u)^*b(u) = \mathrm{W}(u)$ (formule (3)) implique que $b(u)$ appartient à $\Omega(\mathrm{E})$ puisque $\mathrm{W}(u)$ est positif et injectif. Comme de plus $b(u) = u \circ \mathrm{W}(u)^{1/2}$ (formule (2)), on obtient

$$u = b(u) \circ (\mathrm{W}(u)^{1/2})^{-1} = b(u) \circ ((1 - b(u)^*b(u))^{1/2})^{-1} = \mathrm{B}(b(u)).$$

Réciproquement, soit $v \in \Omega(\mathrm{E})$. Posons $w = (1_\mathrm{E} - v^*v)^{1/2}$ et notons $u = \mathrm{B}(v) = v \circ w^{-1}$. Le domaine de u est l'image de w, qui est dense dans E puisque w est hermitien et injectif (EVT, V, p. 41, prop. 4 (i)). Pour tout $x \in \mathrm{dom}(u)$, il vient

$$\begin{aligned}
\|u(x)\|^2 &= \langle (v^*v)(w^{-1}(x)) \mid w^{-1}(x)\rangle \\
&= -\langle (1_\mathrm{E} - v^*v)(w^{-1}(x)) \mid w^{-1}(x)\rangle + \|w^{-1}(x)\|^2 \\
&= -\langle w(x) \mid w^{-1}(x)\rangle + \|w^{-1}(x)\|^2
\end{aligned}$$

puisque $(1_\mathrm{E} - v^*v) \circ w^{-1}$ est la réduction de w au domaine de w^{-1}. Comme w est auto-adjoint, on en déduit que

$$\|w^{-1}(x)\|^2 = \|x\|^2 + \|v \circ w^{-1}(x)\|^2 = \|x\|^2 + \|u(x)\|^2,$$

et l'opérateur partiel $\mathrm{B}(v) = u = v \circ w^{-1}$ est donc fermé d'après le lemme 2 de IV, p. 231.

Démontrons finalement que $b(\mathrm{B}(v)) = v$. Comme $u = v \circ w^{-1}$, on a $v = u \circ w$, et il suffit donc de vérifier que $w = \mathrm{W}(u)^{1/2}$ (formule (2)), ou même que $1_{\mathrm{E}} - v^*v = \mathrm{W}(u)$.

L'endomorphisme v^* appartient à $\Omega(\mathrm{E})$ d'après le lemme 1. Posons $w' = (1_{\mathrm{E}} - vv^*)^{1/2}$. C'est un endomorphisme positif injectif de E, et on a $v \circ w = w' \circ v$ (prop. 11 de I, p. 113). Le graphe de u est l'ensemble des éléments de la forme $(w(x), v(x))$ pour $x \in \mathrm{E}$. D'après la prop. 7 de IV, p. 236, le graphe de u^* est $s(\Gamma_u)^\circ$. Comme, pour tous x et $y \in \mathrm{E}$, on a

$$\langle (w'(x), v^*(x)) \,|\, (-v(y), w(y)) \rangle = -\langle x \,|\, w'v(y) \rangle + \langle x \,|\, vw(y) \rangle = 0,$$

le graphe de u^* contient les éléments de la forme $(w'(x), v^*(x))$ pour $x \in \mathrm{E}$, et on a alors $u^*(w'(x)) = v^*(x)$. En particulier, le domaine de u^* contient l'image de w'.

Soit $x \in \mathrm{E}$ et posons $y = w^2(x) = (1_{\mathrm{E}} - v^*v)(x)$, donc $x = y + v^*v(x)$. On a $y \in \mathrm{dom}(u)$ et $u(y) = v(w^{-1}(y)) = v(w(x)) = w'(v(x))$. En particulier, $u(y) \in \mathrm{Im}(w) \subset \mathrm{dom}(u^*)$, et $u^*(u(y)) = v^*(v(x))$. Il vient donc $x = y + v^*v(x) = y + u^*u(y)$, d'où $y = \mathrm{W}(u)(x)$, c'est-à-dire

$$(1_{\mathrm{E}} - v^*v)(x) = \mathrm{W}(u)(x).$$

On a donc démontré que $1_{\mathrm{E}} - v^*v = \mathrm{W}(u)$, comme désiré.

COROLLAIRE. — *L'endomorphisme $b(u)$ est hermitien si et seulement si u est auto-adjoint.*

Cela résulte de l'injectivité de l'application $u \mapsto b(u)$ (prop. 2) et de la formule $b(u^*) = b(u)^*$ (cor. de la prop. 1).

2. Opérateurs partiels normaux et théorème spectral

Dans ce numéro, E est un espace hilbertien complexe.

DÉFINITION 2. — *Soit u un opérateur partiel sur* E. *On dit que u est* normal *si u est fermé à domaine dense et si sa bornification $b(u)$ est un endomorphisme normal de* E.

Si $u \in \mathscr{L}(\mathrm{E})$, cette définition coïncide avec EVT, V, p. 42, déf. 4, d'après les formules $1_{\mathrm{E}} - b(u)^*b(u) = \mathrm{W}(u) = (1_{\mathrm{E}} + u^*u)^{-1}$ (prop. 1 de IV, p. 262) et $b(u^*) = b(u)^*$ (cor. de *loc. cit.*).

Si u est un opérateur partiel auto-adjoint sur E, alors $b(u)$ est hermitien (cor. de la prop. 2 de IV, p. 264) donc u est normal.

Soit D le disque unité ouvert dans **C**. On note β la fonction de **C** dans D définie par $\beta(z) = z/\sqrt{1+|z|^2}$. C'est un homéomorphisme, dont l'inverse vérifie $\beta^{-1}(z) = z/\sqrt{1-|z|^2}$ pour $z \in \mathrm{D}$.

Soit $u \in \mathscr{L}(\mathrm{E})$. Il résulte des formules (2) et (3) de la proposition 1 de IV, p. 262 que $u = \beta^{-1}(b(u))$, et donc

$$b(u) = \beta(u). \tag{5}$$

Lemme 2. — *Soit* X *un espace topologique localement compact et soit* μ *une mesure positive sur* X.

a) *Soit* g *une fonction* μ*-mesurable sur* X. *L'opérateur de multiplication* m_g *sur* $\mathrm{L}^2(\mathrm{X},\mu)$ *est normal et* $b(m_g) = m_{\beta\circ g}$;

b) *Soit* $h\colon \mathrm{X} \to \mathrm{D}$ *une fonction* μ*-mesurable. L'endomorphisme* m_h *appartient à* $\Omega(\mathrm{L}^2(\mathrm{X},\mu))$ *et* $\mathrm{B}(m_h) = m_{\beta^{-1}\circ h}$.

L'opérateur partiel m_g est fermé à domaine dense. Comme $m_g^* m_g = m_{\overline{g}} m_g = m_{|g|^2}$ (prop. 23 de IV, p. 253 et prop. 24 de IV, p. 255) on a

$$\mathrm{W}(m_g) = -\mathrm{R}(m_{|g|^2}, -1) = m_{(1+|g|^2)^{-1}}$$

(prop. 22 de IV, p. 252). Cela implique

$$b(m_g) = m_g \circ \mathrm{W}(m_g)^{1/2} = m_g \circ m_{(1+|g|^2)^{-1/2}} = m_{\beta\circ g}$$

d'après la formule (2) de IV, p. 262, le cor. de la prop. 6 de IV, p. 187 et le lemme 6 de IV, p. 254. Appliquant finalement la prop. 6 de IV, p. 187, on obtient l'assertion a).

Démontrons b). Comme $1 - |h(x)|^2 > 0$ pour tout $x \in \mathrm{X}$, on a $m_h \in \Omega(\mathrm{L}^2(\mathrm{X},\mu))$ (cor. de la prop. 6 de IV, p. 187). Puisque l'application $u \mapsto b(u)$ est injective (prop. 2 de IV, p. 264) et que les endomorphismes $b(\mathrm{B}(m_h))$ et $b(m_{\beta^{-1}\circ h})$ sont égaux à m_h d'après l'assertion a), on a bien $\mathrm{B}(m_h) = m_{\beta^{-1}\circ h}$.

THÉORÈME 1 (« Théorème spectral »). — *Soit* u *un opérateur partiel normal sur l'espace hilbertien* E. *Il existe un espace topologique localement compact* X, *une mesure positive* μ *sur* X, *un isomorphisme isométrique* θ *de* $\mathrm{L}^2(\mathrm{X},\mu)$ *sur* E *et une fonction continue* g *sur* X, *tels que* $u = \theta \circ m_g \circ \theta^{-1}$.

L'endomorphisme $b(u)$ de E est normal par définition. D'après le théorème spectral pour les endomorphismes normaux de E (corollaire 1 de IV, p. 193), il existe donc un espace topologique localement compact $\widetilde{X}$, une mesure positive μ sur $\widetilde{X}$, un isomorphisme isométrique $\widetilde{\theta}$ de $L^2(\widetilde{X}, \mu)$ sur E, et une fonction continue bornée h sur $\widetilde{X}$, de sorte que $b(u)$ coïncide avec $\widetilde{\theta} \circ m_h \circ \widetilde{\theta}^{-1}$.

Soit N le sous-ensemble fermé des $x \in \widetilde{X}$ tels que $|h(x)| \geqslant 1$. Puisque l'endomorphisme $1 - b(u)^*b(u) = \widetilde{\theta} \circ m_{1-|h|^2} \circ \widetilde{\theta}^{-1}$ est positif et injectif, l'ensemble N est localement μ-négligeable (lemme 7 de IV, p. 186 et cor. de la prop. 6 de IV, p. 187). Posons alors $X = \widetilde{X} - N$. C'est un espace localement compact, et la restriction des fonctions à X induit un isomorphisme isométrique de $L^2(\widetilde{X}, \mu)$ sur $L^2(X, \mu|X)$ (prop. 1 de IV, p. 179). La composition de $\widetilde{\theta}$ et de la restriction des fonctions à X induit donc un isomorphisme isométrique θ de $L^2(X, \mu|X)$ sur E. Comme $b(u) = \theta \circ m_{h|X} \circ \theta^{-1}$, il vient $u = \theta \circ m_{\beta^{-1} \circ (h|X)} \circ \theta^{-1}$ (lemme 2). Le théorème résulte de cette formule.

Lemme 3. — *Soit u un opérateur partiel normal sur* E. *On a*

$$\mathrm{Sp}(b(u)) \cap D = \beta(\mathrm{Sp}(u)).$$

On a $b(u) = u \circ W(u)^{1/2}$ (prop. 1 de IV, p. 262). L'endomorphisme $W(u)^{1/2}$ est injectif et son image est le domaine de u (formule (1) de IV, p. 262).

Soit $\lambda \in \mathbf{C}$. Le nombre λ appartient à l'ensemble résolvant de u si et seulement si $(u - \lambda 1_E) \circ W(u)^{1/2}$ est une application linéaire bijective de E dans E (remarque 3 de IV, p. 245). Or, d'après la formule (3) de IV, p. 262, on a

$$(u - \lambda 1_E) \circ W(u)^{1/2} = b(u) - \lambda(1_E - b(u)^*b(u))^{1/2} = f_\lambda(b(u))$$

où f_λ est la fonction continue définie sur $\overline{D}$ par $z \mapsto z - \lambda(1 - |z|^2)^{1/2}$. L'endomorphisme $f_\lambda(b(u))$ est bijectif si et seulement si son spectre ne contient pas 0. Comme $\mathrm{Sp}(f_\lambda(b(u))) = f_\lambda(\mathrm{Sp}(b(u)))$ (cor. 2 de la prop. 7 de I, p. 111), c'est le cas si et seulement si 0 n'appartient pas à l'ensemble $f_\lambda(\mathrm{Sp}(b(u)))$. Ainsi, $\lambda \in \mathrm{Sp}(u)$ si et seulement s'il existe $z \in \mathrm{Sp}(b(u)) \cap \overline{D}$ tel que

$$z - \lambda(1 - |z|^2)^{1/2} = 0.$$

Cette égalité, si elle est valide, implique que $z \in D$, et signifie que que $\lambda = \beta^{-1}(z)$. On conclut que $\mathrm{Sp}(u) = \beta^{-1}(\mathrm{Sp}(b(u)) \cap D)$, comme énoncé.

Soit u un opérateur partiel normal sur E. Soit $f \in \mathscr{K}(\mathrm{Sp}(u))$. L'application $z \mapsto f(\beta^{-1}(z))$ de $\mathrm{Sp}(b(u)) \cap \mathrm{D}$ dans $\mathbf{C}$ est continue et à support compact ; l'unique application f_β de $\mathrm{Sp}(b(u))$ dans $\mathbf{C}$ qui la prolonge par zéro est donc continue.

DÉFINITION 3. — *Pour toute fonction* $f \in \mathscr{K}(\mathrm{Sp}(u))$, *on définit l'endomorphisme* $f(u)$ *de* E *par* $f(u) = f_\beta(b(u))$.

L'application $f \mapsto f_\beta$ est un morphisme d'algèbres complexes de $\mathscr{K}(\mathrm{Sp}(u))$ dans $\mathscr{C}(\mathrm{Sp}(b(u)))$, donc l'application $f \mapsto f(u)$ est un morphisme d'algèbres complexes de $\mathscr{K}(\mathrm{Sp}(u))$ dans $\mathscr{L}(\mathrm{E})$. On a $\overline{f}(u) = f(u)^*$ puisque $\overline{f}_\beta = \overline{f_\beta}$. Si $f \geqslant 0$ alors $f_\beta \geqslant 0$, donc $f(u)$ est un endomorphisme positif de E.

Remarque. — Supposons que u est un endomorphisme normal de E, donc que $\mathrm{Sp}(u)$ est une partie compacte de $\mathbf{C}$. Comme la bornification $b(u)$ coïncide avec $\beta(u)$ (formule (5)), et que $\mathrm{Sp}(b(u)) = \beta(\mathrm{Sp}(u))$ (cor. 2 de la prop. 7 de I, p. 111), le spectre de $b(u)$ est une partie compacte de D. Pour toute fonction continue $f \in \mathscr{C}(\mathrm{Sp}(u))$, la fonction f_β coïncide avec la restriction de $f \circ \beta^{-1}$ à $\mathrm{Sp}(u)$. Par conséquent, $f_\beta(\beta(u))$ coïncide avec l'endomorphisme $f(u)$ défini par le calcul fonctionnel continu de u. La définition ci-dessus est donc compatible avec celle du calcul fonctionnel continu de l'algèbre stellaire $\mathscr{L}(\mathrm{E})$.

Soit $f \in \mathscr{K}(\mathrm{Sp}(u))$. On a

$$\|f(u)\| \leqslant \|f_\beta\|_\infty = \|f\|_\infty,$$

de sorte que, pour tous x et y dans E, on obtient la majoration $|\langle x \,|\, f(u)y\rangle| \leqslant \|x\|\,\|y\|\,\|f\|_\infty$. L'application $f \mapsto \langle x \,|\, f(u)y\rangle$ est donc une mesure bornée sur $\mathrm{Sp}(u)$, de masse totale $\leqslant \|x\|\|y\|$ (INT, IV, p. 154, § 4, n° 7). Si $x = y$, c'est une mesure positive, puisque $f(u)$ est positif lorsque $f \geqslant 0$.

DÉFINITION 4. — *Soit* u *un opérateur partiel normal sur un espace hilbertien complexe* E. *Soient* x *et* y *dans* E. *La mesure bornée sur* $\mathrm{Sp}(u)$ *définie par* $f \mapsto \langle x \,|\, f(u)y\rangle$ *pour* $f \in \mathscr{K}(\mathrm{Sp}(u))$ *s'appelle la* mesure spectrale de (x, y) relative à u. *Lorsque* $x = y$, *on dit que c'est la* mesure spectrale de x relative à u.

Remarques. — 1) Lorsque u est continu, cette définition coïncide avec celle de la déf. 2 de IV, p. 190.

2) Soit j l'inclusion canonique de Sp(u) dans **C**. Puisque Sp(u) est fermé, l'application j est μ-propre pour toute mesure bornée μ sur Sp(u) (INT, V, p. 68, § 6, n° 1, prop. 1). On identifiera souvent les mesures spectrales de u avec les mesures sur **C** qui sont leurs images par j (*cf.* INT, V, p. 84, § 7, n° 2).

L'application de E×E dans l'espace de Banach $\mathscr{M}^1(\mathrm{Sp}(u))$ qui associe à (x,y) la mesure spectrale de (x,y) relative à u est sesquilinéaire et continue de norme $\leqslant 1$.

Lemme 4. — Soit X *un espace topologique localement compact, soit* μ *une mesure positive sur* X *et soit* g *une fonction* μ*-mesurable sur* X. *Soit* m_g *l'opérateur de multiplication par* g *sur* $\mathrm{L}^2(\mathrm{X},\mu)$.

a) *L'application* $f \mapsto f(m_g)$ *de* $\mathscr{K}(\mathrm{Sp}(m_g))$ *dans* $\mathscr{L}(\mathrm{L}^2(\mathrm{X},\mu))$ *est donnée par* $f \mapsto m_{f\circ g}$;

b) *Pour* f_1 *et* f_2 *dans* $\mathscr{L}^2(\mathrm{X},\mu)$ *de classes* $\widetilde{f}_1$ *et* $\widetilde{f}_2$ *dans* $\mathrm{L}^2(\mathrm{X},\mu)$, *la mesure spectrale de* $(\widetilde{f}_1,\widetilde{f}_2)$ *relative à* m_g *est la restriction à* $\mathrm{Sp}(m_g)$ *de la mesure image* $g(\overline{f}_1 f_2\cdot\mu)$.

L'opérateur partiel m_g est normal et $b(m_g) = m_{\beta\circ g} = m_{g(1+|g|^2)^{-1/2}}$ (lemme 2). De plus $\beta(g(x))$ appartient à $\mathrm{Sp}(m_{\beta\circ g})$ pour tout x en dehors d'un ensemble localement μ-négligeable $\mathrm{Y}\subset\mathrm{X}$ (proposition 22 de IV, p. 252 et lemme 1 de IV, p. 181). Comme $f_\beta(\beta(g(x))) = f(g(x))$ pour tout $x \in \mathrm{X} - \mathrm{Y}$, on en déduit que $f(m_g) = m_{f\circ g}$ d'après la définition 3 et le cor. de la prop. 6 de IV, p. 187.

Soient f_1 et f_2 dans $\mathscr{L}^2(\mathrm{X},\mu)$ de classes $\widetilde{f}_1$ et $\widetilde{f}_2$ dans $\mathrm{L}^2(\mathrm{X},\mu)$. Puisque la mesure $\nu = \overline{f}_1 f_2\cdot\mu$ est bornée, la mesure image $g(\nu)$ est définie (INT, V, p. 69, § 6, n° 1, rem. 1). Soit $f\in\mathscr{K}(\mathrm{Sp}(m_g))$. On a $f(m_g) = m_{f\circ g}$ d'après *a*), d'où

$$\langle \widetilde{f}_1 \,|\, f(m_g)\widetilde{f}_2\rangle = \int_{\mathrm{X}} \overline{f}_1\,(f\circ g) f_2\,d\mu = \int_{\mathrm{X}} (f\circ g)\,(\overline{f}_1 f_2\,d\mu) = \int_{\mathbf{C}} f\,d\nu$$

(INT, V, p. 69, § 6, n° 1, formule (1)), ce qui établit l'assertion *b*).

Exemple. — Soit $n\in\mathbf{N}$. On munit $\mathbf{R}^n$ de la mesure de Lebesgue, et on identifie $\mathbf{R}^n$ et son groupe dual comme dans le corollaire 3 de II, p. 236. Notons N la norme euclidienne sur $\mathbf{R}^n$ et $\mathscr{F}$ la transformation de Fourier sur $\mathscr{S}(\mathbf{R}^n)$ et sur $\mathscr{S}'(\mathbf{R}^n)$ (n° 12 de IV, p. 217).

Soit $\Delta_{\mathscr{S}}$ l'opérateur partiel sur $L^2(\mathbf{R}^n)$ dont le domaine est l'espace $\mathscr{S}(\mathbf{R}^n)$ et qui vérifie

$$\Delta_{\mathscr{S}}(\varphi) = -\sum_{i=1}^{n} \partial_i^2 \varphi$$

pour tout $\varphi \in \mathscr{S}(\mathbf{R}^n)$. On a alors $\mathscr{F}(\Delta_{\mathscr{S}}(\varphi)) = 4\pi^2 N^2 \mathscr{F}(\varphi)$ pour toute fonction $\varphi \in \mathscr{S}(\mathbf{R}^n)$ (remarque 12 de IV, p. 220). Comme la transformation de Fourier est un automorphisme de $\mathscr{S}(\mathbf{R}^n)$ (prop. 18 de IV, p. 219), cela signifie que l'opérateur partiel $u = \mathscr{F} \circ \Delta_{\mathscr{S}} \circ \mathscr{F}^{-1}$ est la réduction de l'opérateur de multiplication $m_{4\pi^2 N^2}$ à l'espace $\mathscr{S}(\mathbf{R}^n)$. L'opérateur partiel u est fermable et symétrique ; sa fermeture est l'opérateur partiel auto-adjoint positif $m_{4\pi^2 N^2}$ (prop. 6 de IV, p. 232, appliquée à l'espace $\mathscr{D}(\mathbf{R}^n) \subset \mathscr{S}(\mathbf{R}^n)$ à l'aide de la prop. 4 de IV, p. 202). Par conséquent, l'opérateur partiel $\Delta_{\mathscr{S}}$ est essentiellement auto-adjoint. On note Δ sa fermeture ; c'est un opérateur auto-adjoint positif, et c'est l'unique laplacien sur $\mathbf{R}^n$ (*cf.* exemple du n° 6 de IV, p. 243 et cor. de la prop. 26 de IV, p. 257).

D'après la prop. 21 de IV, p. 223, l'espace de Sobolev $H^2(\mathbf{R}^n)$ est l'ensemble des $f \in L^2(\mathbf{R}^n)$ tels que $(1 + N^2)\mathscr{F}(f)$ appartient à $L^2(\mathbf{R}^n)$, c'est-à-dire tels que $\mathscr{F}(f)$ appartient au domaine de $m_{4\pi^2 N^2}$. Comme la transformation de Fourier est un isomorphisme isométrique de l'espace $L^2(\mathbf{R}^n)$ dans lui-même (th. 1 de II, p. 215), le domaine du laplacien Δ est $H^2(\mathbf{R}^n)$. On a $\Delta = \mathscr{F}^{-1} \circ m_{4\pi^2 N^2} \circ \mathscr{F}$. En particulier, le spectre de Δ est égal à $\mathbf{R}_+$.

3. Calcul fonctionnel universellement mesurable

Dans ce numéro les espaces hilbertiens considérés sont complexes.

Soit u un opérateur partiel normal sur un espace hilbertien E. On note $\mu_{x,y}$ (resp. μ_y) la mesure spectrale de $(x, y) \in E \times E$ (resp. de y) relative à u.

Soit $y \in E$. L'application $\mathscr{K}(\mathrm{Sp}(u)) \to E$ définie par $f \mapsto f(u)(y)$ vérifie

$$\|f(u)(y)\|^2 = \int_{\mathrm{Sp}(u)} |f|^2 \, \mu_y = \|f\|^2_{\mathscr{L}^2(\mathrm{Sp}(u),\mu_y)}.$$

Il existe donc une unique application linéaire isométrique ev_y de l'espace $L^2(\mathrm{Sp}(u), \mu_y)$ dans E telle que $\mathrm{ev}_y(\widetilde{f}) = f(u)(y)$ si $\widetilde{f}$ est la classe d'une fonction $f \in \mathscr{K}(\mathrm{Sp}(u))$.

Soit f une fonction universellement mesurable définie sur le spectre de u. On note D_f l'ensemble des éléments $y \in E$ tels que f appartient à $\mathscr{L}^2(\mathrm{Sp}(u), \mu_y)$.

PROPOSITION 3. — *Soit f une fonction universellement mesurable définie sur le spectre de u. L'ensemble D_f est un sous-espace vectoriel dense de E. L'application $y \mapsto \mathrm{ev}_y(f)$ est un opérateur partiel normal sur E dont le domaine est D_f, et qui est noté $f(u)$.*

Pour tout $x \in E$ et tout $y \in D_f$, on a $f \in \mathscr{L}^1(\mathrm{Sp}(u), \mu_{x,y})$ et

$$(6) \qquad \langle x \mid f(u)y \rangle = \int_{\mathrm{Sp}(u)} f \, \mu_{x,y}.$$

Nous allons démontrer l'énoncé plus précis suivant :

PROPOSITION 4. — *Soit f une fonction universellement mesurable dans le spectre de u.*

a) *L'ensemble D_f est un sous-espace vectoriel dense de E. L'application $f(u) \colon y \mapsto \mathrm{ev}_y(f)$ de D_f dans E est linéaire et coïncide avec 1_E si $f = 1$;*

b) *Soit $g \in \mathscr{L}_{\mathrm{u}}(\mathrm{Sp}(u))$. Pour tout $y \in D_f$ et tout $x \in D_g$, on a $fg \in \mathscr{L}^1(\mathrm{Sp}(u), \mu_{x,y})$, et*

$$(7) \qquad \langle g(u)x \mid f(u)y \rangle = \int_{\mathrm{Sp}(u)} \overline{g} f \, \mu_{x,y}.$$

c) *Supposons que $E = L^2(X, \mu)$ où X est un espace topologique localement compact et μ une mesure positive sur X, et que $u = m_h$, où $h \colon X \to \mathbf{C}$ est μ-mesurable. On a $f(m_h) = m_{f \circ h}$.*

D'après le théorème 1 de IV, p. 266, on peut supposer être dans la situation de l'assertion c), c'est-à-dire que $E = L^2(X, \mu)$ et $u = m_h$, où X est un espace topologique localement compact, μ une mesure positive sur X et $h \colon X \to \mathbf{C}$ est μ-mesurable. On notera $\widetilde{\varphi}$ la classe dans $L^2(X, \mu)$ d'une fonction $\varphi \in \mathscr{L}^2(X, \mu)$.

Soit $S = \mathrm{Sp}(m_h)$. On note $\mu_{\widetilde{\varphi}_1, \widetilde{\varphi}_2}$ (resp. $\mu_{\widetilde{\varphi}}$) la mesure spectrale de $(\widetilde{\varphi}_1, \widetilde{\varphi}_2)$ (resp. de $\widetilde{\varphi}$) relative à m_h pour tout $(\varphi_1, \varphi_2) \in \mathscr{L}^2(X, \mu)^2$ (resp. tout $\varphi \in \mathscr{L}^2(X, \mu)$).

Soit $\varphi \in \mathscr{L}^2(X, \mu)$. La mesure spectrale $\mu_{\widetilde{\varphi}}$ est égale à la mesure image $h(|\varphi|^2 \cdot \mu)$ sur S (lemme 4 de IV, p. 269). Comme la fonction f est μ_φ-mesurable, on a $\varphi \in D_f$ si et seulement si les intégrales

$$\int_S^* |f|^2 \, d\mu_{\widetilde{\varphi}} = \int_S^* |f|^2 \; h(|\varphi|^2 \, d\mu) = \int_X^* |f \circ h|^2 |\varphi|^2 \, d\mu$$

sont finies (INT, V, p. 70, § 6, n° 2, prop. 2). Cela signifie que D_f est le domaine de l'opérateur de multiplication $m_{f\circ h}$, qui est un sous-espace dense dans E (prop. 5 de IV, p. 232).

La restriction de $\mathrm{ev}_{\widetilde{\varphi}}$ aux classes de fonctions $g \in \mathscr{K}(\mathrm{S})$ est l'application qui à une classe $\widetilde{g}$ associe l'élément $g(m_h)(\widetilde{\varphi}) = m_{g\circ h}(\widetilde{\varphi})$ (lemme 4 de IV, p. 269). L'application $\mathrm{ev}_{\widetilde{\varphi}}$ coïncide donc avec l'application isométrique de $\mathrm{L}^2(\mathrm{S}, \mu_{\widetilde{\varphi}})$ dans $\mathrm{L}^2(\mathrm{X}, \mu)$ déduite par passage aux quotients de l'application $g \mapsto (g \circ h) \cdot \varphi$ de $\mathscr{L}^2(\mathrm{S}, \mu_{\widetilde{\varphi}})$ dans $\mathscr{L}^2(\mathrm{X}, \mu)$.

En particulier, on a donc $\mathrm{ev}_{\widetilde{\varphi}}(f) = m_{f\circ h}(\widetilde{\varphi})$, de sorte que l'application $f(m_h)$ de D_f dans E coïncide avec l'opérateur partiel $m_{f\circ h}$. Cela démontre l'assertion c) ; si $f = 1$, on trouve $\mathrm{ev}_{\widetilde{\varphi}}(1) = \widetilde{\varphi}$, ce qui conclut également la preuve de a).

Démontrons l'assertion b). Soient φ_1 et φ_2 des fonctions telles que $\widetilde{\varphi}_1 \in D_f$ et $\widetilde{\varphi}_2 \in D_g$. Il vient (INT, V, *loc. cit.*)

$$\int_{\mathrm{S}}^{*} |fg|\, |\mu_{\widetilde{\varphi}_1,\widetilde{\varphi}_2}| = \int_{\mathrm{X}}^{*} |(f \circ h)(g \circ h)\ \varphi_1\varphi_2|\, d\mu \leqslant \|(f \circ h)\varphi_1\|\, \|(g \circ h)\varphi_2\|$$

qui est fini, donc $fg \in \mathscr{L}^1(\mathrm{S}, \mu_{\widetilde{\varphi}_1,\widetilde{\varphi}_2})$. De plus, on a alors

$$\langle g(m_h)(\widetilde{\varphi}_2) \,|\, f(m_h)(\widetilde{\varphi}_1)\rangle = \int_{\mathrm{X}} \overline{(g \circ h)\, \varphi_2}\ (f \circ h)\, \varphi_1\, d\mu = \int_{\mathrm{S}} \overline{g} f\ d\mu_{\widetilde{\varphi}_1,\widetilde{\varphi}_2},$$

ce qui conclut la démonstration.

DÉFINITION 5. — *L'application* $f \mapsto f(u)$ *de* $\mathscr{L}_{\mathrm{u}}(\mathrm{Sp}(u))$ *dans l'ensemble des opérateurs partiels normaux sur* E *définie par la prop. 3 de IV, p. 271 est appelée* application de calcul fonctionnel universellement mesurable *associée à* u.

Plus généralement, soient T un ensemble et $g \colon \mathrm{Sp}(u) \times \mathrm{T} \to \mathbf{C}$ une application ; soit $t \in \mathrm{T}$ tel que la fonction $g_t \colon z \mapsto g(z,t)$ est universellement mesurable sur $\mathrm{Sp}(u)$. On note alors $g(u,t) = g_t(u)$.

La formule (7) implique en particulier que

$$\|f(u)(y)\|^2 = \int_{\mathrm{Sp}(u)} |f|^2\, \mu_y \tag{8}$$

pour tout $f \in \mathscr{L}_{\mathrm{u}}(\mathrm{Sp}(u))$ et tout $y \in D_f$. On en déduit en prenant $f = 1$ que μ_y est une mesure positive de masse totale $\|y\|^2$.

Si u est un opérateur partiel normal sur un espace hilbertien E et $f \in \mathscr{K}(\mathrm{Sp}(u))$, alors $\mathrm{D}_f = \mathrm{E}$ et l'opérateur partiel $f(u)$ est alors continu, puisque

$$\|f(u)y\| \leqslant \|f\|_\infty \|y\|$$

pour tout $y \in \mathrm{E}$ d'après (8). L'endomorphisme $f(u)$ coïncide avec celui de la définition 3 de IV, p. 268.

COROLLAIRE 1. — a) *Pour tout $f \in \mathscr{L}_{\mathrm{u}}(\mathrm{Sp}(u))$, l'opérateur partiel $f(u)$ est normal et $f(u)^* = \overline{f}(u)$. De plus $f(u)$ est positif si $f \geqslant 0$, et auto-adjoint si f est à valeurs réelles*;

b) *Soient $k \in \mathbf{N}$ et $f(z) = z^k$ pour $z \in \mathrm{Sp}(u)$. On a $f(u) = u^k$*;

c) *Soient $\lambda \in \mathbf{C} - \mathrm{Sp}(u)$ et $f(z) = (\lambda - z)^{-1}$ pour $z \in \mathrm{Sp}(u)$. On a $f(u) = \mathrm{R}(u, \lambda)$*;

d) *On a $\beta(u) = b(u)$*;

e) *Soient $f \in \mathscr{L}_{\mathrm{u}}(\mathrm{Sp}(u))$ et $g \in \mathscr{L}_{\mathrm{u}}(\mathrm{Sp}(u))$ tels que $|g| \leqslant 1 + |f|$. Le domaine de $g(u)$ est un cœur pour $f(u)$.*

Au vu du théorème spectral (th. 1 de IV, p. 266), cela résulte de la proposition précédente combinée, respectivement, avec :

a) le lemme 2, *a*) de IV, p. 266, la prop. 23 de IV, p. 253, et son corollaire;

b) la prop. 24, *b*) de IV, p. 255;

c) la prop. 22, *b*) de IV, p. 252;

d) le lemme 2, *a*) de IV, p. 266;

e) la prop. 6, *b*) de IV, p. 232.

Remarque. — Pour $f = \mathrm{Id}_{\mathrm{Sp}(u)}$, on a $f(u) = u$ (assertion *b*) pour $k = 1$). Le domaine de u coïncide donc avec l'ensemble des $x \in \mathrm{E}$ tels que la fonction identité de $\mathrm{Sp}(u)$ appartient à $\mathscr{L}^2(\mathrm{Sp}(u), \mu_x)$; il contient en particulier les éléments $x \in \mathrm{E}$ tels que la mesure μ_x est à support compact.

Le corollaire suivant généralise le cor. de la prop. 16 de IV, p. 247 et la prop. 17 de IV, p. 248.

COROLLAIRE 2. — *Soit u un opérateur partiel normal sur l'espace hilbertien* E. *On suppose que* E *est non nul.*

a) *Le spectre de u est non vide*;

b) *Pour tout $\lambda \in \mathbf{C} - \mathrm{Sp}(u)$, la norme de la résolvante $\mathrm{R}(u, \lambda)$ est égale à $1/\delta$, où $\delta > 0$ est la distance dans $\mathbf{C}$ de λ au spectre de u.*

c) *Pour tout* $\varepsilon > 0$, *le* ε*-pseudo-spectre* $\mathrm{PSp}_\varepsilon(u)$ *est l'ensemble des* $\lambda \in \mathbf{C}$ *à distance* $< \varepsilon$ *de* $\mathrm{Sp}(u)$.

Supposons que le spectre de u est vide. Alors u est injectif, et l'endomorphisme $u^{-1} = -\mathrm{R}(u, 0)$ est normal (cor. 1, *c*) et *a*)). On a $\mathrm{Sp}(u^{-1}) \subset \{0\}$ (prop. 15, *a*)), donc $\mathrm{Sp}(u^{-1}) = \{0\}$ (I, p. 26, cor. 1). Puisque u^{-1} est normal, cela implique que $u^{-1} = 0$ (I, p. 110, exemple 1), ce qui est une contradiction puisque E n'est pas nul.

Pour démontrer *b*), on peut supposer que u est l'opérateur de multiplication m_g sur $\mathrm{L}^2(\mathrm{X}, \mu)$, où g est une fonction continue sur un espace topologique localement compact X muni d'une mesure positive μ (th. 1 de IV, p. 266). Soit $\lambda \in \mathbf{C} - \mathrm{Sp}(u)$ et $\delta > 0$ la distance de λ au spectre de u. Pour démontrer que $\|\mathrm{R}(u, \lambda)\| = \delta^{-1}$, on se ramène au cas $\lambda = 0$ en remplaçant u par $u - \lambda 1_{\mathrm{E}}$. Le nombre réel δ est alors la distance de 0 au spectre de m_g. Comme celui-ci coïncide avec l'image μ-essentielle de g, le résultat est une conséquence du lemme 3 de IV, p. 182.

Finalement, l'assertion *c*) résulte de *b*) et de la définition de $\mathrm{PSp}_\varepsilon(u)$ (IV, p. 250, déf. 9).

COROLLAIRE 3. — *Soit* u *un opérateur partiel normal sur un espace hilbertien* E. *Soit* $f \in \mathscr{L}_{\mathrm{u}}(\mathrm{Sp}(u))$. *Pour tous* x *et* y *dans* E, *la mesure spectrale de* (x, y) *relative à* $f(u)$ *est la mesure image* $f(\mu)$, *où* μ *est la mesure spectrale de* (x, y) *relative à* u.

Au vu du théorème spectral (th. 1 de IV, p. 266), on peut supposer que u est l'opérateur de multiplication m_g sur $\mathrm{L}^2(\mathrm{X}, \mu)$, où X est un espace topologique localement compact, μ une mesure positive sur X et $g \in \mathscr{C}(\mathrm{X})$. Soient f_1 et f_2 dans $\mathscr{L}^2(\mathrm{X}, \mu)$ de classes $\widetilde{f}_1$ et $\widetilde{f}_2$ dans $\mathrm{L}^2(\mathrm{X}, \mu)$. Comme $f(m_g) = m_{f \circ g}$ (prop. 4, *c*)), la mesure spectrale de $(\widetilde{f}_1, \widetilde{f}_2)$ relative à $f(m_g)$ est la mesure image $(f \circ g)(\overline{f}_1 f_2 \cdot \mu)$ (lemme 4, *b*) de IV, p. 269). Cette mesure est égale à la mesure image $f(g(\overline{f}_1 f_2 \cdot \mu))$ (INT, V, p. 72, § 6, n° 4, prop. 4, *a*)), d'où l'assertion (lemme 4, *b*) de IV, p. 269).

COROLLAIRE 4. — *Soit* $g \in \mathscr{L}_{\mathrm{u}}(\mathrm{Sp}(f(u)))$. *On a* $g(f(u)) = (g \circ f)(u)$.

On a $g \circ f \in \mathscr{L}_{\mathrm{u}}(\mathrm{Sp}(u))$ (lemme 5 de IV, p. 184). Pour tous x et y dans E, notons $\mu'_{x,y}$ la mesure spectrale de (x, y) relative à $f(u)$. D'après le corollaire précédent et INT, V, p. 71, § 6, n° 2, th. 1, on a $g \in \mathscr{L}^2(\mathrm{Sp}(f(u)), \mu'_{x,y})$ si et seulement si $g \circ f \in \mathscr{L}^2(\mathrm{Sp}(u), \mu_{x,y})$, de sorte que le domaine de $g(f(u))$ est égal au domaine de $(g \circ f)(u)$. Pour tous $x \in \mathrm{E}$ et $y \in \mathrm{dom}(g(f(u)))$, on a alors la formule

$$\begin{aligned}\langle x \,|\, g(f(u))y\rangle &= \int_{\mathrm{Sp}(f(u))} g\,\mu'_{x,y} \\ &= \int_{\mathrm{Sp}(f(u))} g\, f(\mu_{x,y}) = \langle x \,|\, (g\circ f)y\rangle\end{aligned}$$

(*loc. cit.*), d'où $g(f(u)) = (g\circ f)(u)$.

PROPOSITION 5. — *Soit u un opérateur partiel normal sur un espace hilbertien* E.

a) *Si $f \in \mathscr{L}^\infty_{\mathrm{u}}(\mathrm{Sp}(u))$, alors $f(u) \in \mathscr{L}(\mathrm{E})$;*

b) *Si $f \in \mathscr{L}^\infty_{\mathrm{u}}(\mathrm{Sp}(u))$ et $g \in \mathscr{L}_{\mathrm{u}}(\mathrm{Sp}(u))$, alors $f(u)\circ g(u) \subset (fg)(u)$;*

c) *L'application $f \mapsto f(u)$ de $\mathscr{L}^\infty_{\mathrm{u}}(\mathrm{Sp}(u))$ dans $\mathscr{L}(\mathrm{E})$ est un morphisme unifère continu d'algèbres stellaires. En particulier, on a $\|f(u)\| \leqslant \|f\|_\infty$ pour $f \in \mathscr{L}^\infty_{\mathrm{u}}(\mathrm{Sp}(u))$;*

d) *Si $u \in \mathscr{L}(\mathrm{E})$, alors pour tout $f \in \mathscr{L}^\infty_{\mathrm{u}}(\mathrm{Sp}(u))$, l'endomorphisme $f(u)$ appartient au bicommutant de u dans $\mathscr{L}(\mathrm{E})$.*

Soit $f \in \mathscr{L}^\infty_{\mathrm{u}}(\mathrm{Sp}(u))$. On a $\mathrm{D}_f = \mathrm{E}$ et $f(u)$ est un endomorphisme continu de E d'après la formule (8), p. 272, d'où l'assertion *a*).

Soit $g \in \mathscr{L}_{\mathrm{u}}(\mathrm{Sp}(u))$. Soit $y \in \mathrm{D}_g$. On a $y \in \mathrm{D}_{fg}$ et, pour tout $x \in \mathrm{E}$, il vient $\langle \overline{f}(u)x \,|\, g(u)y\rangle = \langle x \,|\, (fg)(u)y\rangle$ par la formule (7), p. 271, d'où $f(u)(g(u)y) = (fg)(u)(y)$, ce qui démontre *b*).

D'après *a*) et *b*), l'application $f \mapsto f(u)$ de $\mathscr{L}^\infty_{\mathrm{u}}(\mathrm{Sp}(u))$ dans $\mathscr{L}(\mathrm{E})$ est un morphisme unifère d'algèbres involutives ; par conséquent, c'est un morphisme continu de norme $\leqslant 1$ (I, p. 104, prop. 2), d'où l'assertion *c*).

Supposons que u est un endomorphisme de E. Soit $v \in \mathscr{L}(\mathrm{E})$ permutable avec u. On a alors $v\circ f(u) = f(u)\circ v$ pour $f \in \mathscr{C}(\mathrm{Sp}(u))$ d'après les propriétés du calcul fonctionnel continu (I, p. 110, remarque). Soient x et y dans E. Les formules

$$\langle x \,|\, (v\circ f(u))y\rangle = \langle x \,|\, (f(u)\circ v)y\rangle, \tag{9}$$

valides pour toute fonction $f \in \mathscr{C}(\mathrm{Sp}(u))$, signifient que les mesures spectrales de $(v^*(x), y)$ et de $(x, v(y))$ relatives à u sont égales. Cette égalité implique d'après la formule (6), p. 271, que la formule (9) est valide pour tout $f \in \mathscr{L}^\infty_{\mathrm{u}}(\mathrm{Sp}(u))$. On a donc $v\circ f(u) = f(u)\circ v$.

COROLLAIRE. — *Soient f et g dans $\mathscr{L}_{\mathrm{u}}(\mathrm{Sp}(u))$ et $(x,y) \in \mathrm{D}_f \times \mathrm{D}_g$. La mesure spectrale de $(f(u)x, g(u)y)$ relative à u est la mesure $\overline{f}g\cdot\mu_{x,y}$, où $\mu_{x,y}$ est la mesure spectrale de (x,y) relative à u.*

Notons ν la mesure spectrale de $(f(u)x, g(u)y)$ relative à u. Pour toute fonction $\varphi \in \mathscr{K}(\mathrm{Sp}(u))$, on a

$$\int_{\mathrm{Sp}(u)} \varphi\, \nu = \langle f(u)x \mid \varphi(u)(g(u)y)\rangle$$
$$= \langle f(u)x \mid (\varphi g)(u)y\rangle = \int_{\mathrm{Sp}(u)} \overline{f}\, \varphi g\, \mu_{x,y},$$

(prop. 5, *b*)) d'où $\nu = \overline{f}g \cdot \mu_{x,y}$.

PROPOSITION 6. — *Soit u un opérateur partiel normal sur un espace hilbertien* E. *Soit $(f_n)_{n\in\mathbf{N}}$ une suite dans $\mathscr{L}_{\mathrm{u}}(\mathrm{Sp}(u))$ qui converge simplement vers $f \in \mathscr{L}_{\mathrm{u}}(\mathrm{Sp}(u))$ et telle qu'il existe $g \in \mathscr{L}_{\mathrm{u}}(\mathrm{Sp}(u))$ vérifiant $|f_n| \leqslant g$ pour tout $n \in \mathbf{N}$. On a alors* $\mathrm{dom}(g(u)) \subset \mathrm{dom}(f_n(u))$ *pour tout $n \in \mathbf{N}$ et* $\mathrm{dom}(g(u)) \subset \mathrm{dom}(f(u))$. *De plus, pour tout élément y du domaine de $g(u)$, on a*

$$f(u)(y) = \lim_{n\to+\infty} f_n(u)(y).$$

En particulier, si $f_n \in \mathscr{L}^\infty_{\mathrm{u}}(\mathrm{Sp}(u))$ pour tout $n \in \mathbf{N}$ et si les fonctions f_n sont uniformément bornées, alors $f_n(u)$ converge vers $f(u)$ dans l'espace $\mathscr{L}(\mathrm{E})$ muni de la topologie de la convergence simple.

Notons $\mu_{x,y}$ (resp. μ_x) la mesure spectrale de (x, y) (resp. de x) relative à u.

Soit $y \in \mathrm{dom}(g(u))$, de sorte que $g \in \mathscr{L}^2(\mathrm{Sp}(u), \mu_y)$. La condition $|f_n| \leqslant g$ implique que $f_n \in \mathscr{L}^2(\mathrm{Sp}(u), \mu_y)$, donc $y \in \mathrm{dom}(f_n(u))$.

Comme (f_n) converge simplement vers f et que $|f_n| \leqslant g$, on a $f \in \mathscr{L}^2(\mathrm{Sp}(u), \mu_y)$ d'après le théorème de Lebesgue (INT, IV, p. 137, § 3, n° 7, th. 6), donc $y \in \mathrm{dom}(f(u))$. De plus, la suite (f_n) converge vers f dans $\mathscr{L}^2(\mathrm{Sp}(u), \mu_y)$, donc la norme de $f_n(u)y$ converge vers la norme de $f(u)y$.

Soit $x \in \mathrm{E}$. Les fonctions f et g, ainsi que les fonctions f_n pour tout $n \in \mathbf{N}$, appartiennent à $\mathscr{L}^1(\mathrm{Sp}(u), \mu_{x,y})$ (prop. 3). D'après le théorème de Lebesgue (INT, IV, *loc. cit.*), la suite (f_n) converge vers f dans $\mathscr{L}^1(\mathrm{Sp}(u), \mu_{x,y})$, d'où

$$\langle x \mid f_n(u)y\rangle = \int_{\mathrm{Sp}(u)} f_n\, \mu_{x,y} \to \int_{\mathrm{Sp}(u)} f\, \mu_{x,y} = \langle x \mid f(u)y\rangle.$$

On en conclut que $f_n(u)(y)$ converge vers $f(u)(y)$ (EVT, V, p. 17, prop. 10).

Proposition 7. — *Soient* X *un espace topologique localement compact et* ν *une mesure sur* X. *Soit* $g\colon \mathbf{C}\times \mathrm{X}\to \mathbf{C}$ *une fonction continue à support compact. Pour* $z\in \mathbf{C}$, *posons*

$$h(z)=\int_{\mathrm{X}} g(z,x)d\nu(x).$$

a) *L'application* h *de* $\mathbf{C}$ *dans* $\mathbf{C}$ *est continue et bornée;*

b) *L'application de* X *dans* $\mathscr{L}(\mathrm{E})$ *définie par* $x\mapsto g(u,x)$ *est* ν*-intégrable et on a*

$$h(u)=\int_{\mathrm{X}} g(u,x)d\nu(x).$$

La fonction h est bornée car g est continue à support compact, et elle est continue d'après INT, IV, p. 144, § 4, n° 3, cor. 1. Comme g est continue et à support compact, l'application $x\mapsto g(u,x)$ est continue de X dans $\mathscr{L}(\mathrm{E})$ (TG, X, p. 28, th. 3 et prop. 5, *c*)). Cette application est à support compact, donc bornée et intégrable sur X par rapport à ν. Notons

$$v=\int_{\mathrm{X}} g(u,x)d\nu(x)\in \mathscr{L}(\mathrm{E}).$$

Soient y et z des éléments de E et μ la mesure spectrale de (y,z) relative à u. On a

$$\langle y\,|\,v(z)\rangle=\int_{\mathrm{X}}\langle y\,|\,g(u,x)z\rangle d\nu(x)=\int_{\mathrm{X}}\Bigl(\int_{\mathrm{Sp}(u)} g(\lambda,x)d\mu(\lambda)\Bigr)d\nu(x)$$

(formule (6), p. 271). Puisque $g\in\mathscr{K}(\mathbf{C}\times\mathrm{X})$, il vient

$$\langle y\,|\,v(z)\rangle=\int_{\mathrm{Sp}(u)}\Bigl(\int_{\mathrm{X}} g(\lambda,x)d\nu(x)\Bigr)d\mu(\lambda)=\langle y\,|\,h(u)z\rangle$$

d'après INT, III, p. 84, § 4, n° 1, th. 2 et la formule (6), p. 271. Cela démontre que $v=h(u)$, comme désiré.

4. Projecteurs spectraux

Soit u un opérateur partiel normal sur un espace hilbertien complexe E. Soient A une partie universellement mesurable de $\mathrm{Sp}(u)$ et φ_{A} sa fonction caractéristique. Comme φ_{A} est bornée et vérifie $\varphi_{\mathrm{A}}^2=\varphi_{\mathrm{A}}$, l'endomorphisme $\varphi_{\mathrm{A}}(u)$ de E est un orthoprojecteur de E. Il est appelé le *projecteur spectral de* u *défini par* A. On note $p_{\mathrm{A}}=\varphi_{\mathrm{A}}(u)$. On a $p_{\varnothing}=0$ et $p_{\mathrm{Sp}(u)}=1_{\mathrm{E}}$.

Soit A une partie universellement mesurable de **C**. Le projecteur spectral de u défini par A est le projecteur spectral $p_{\mathrm{Sp}(u)\cap \mathrm{A}}$. Il est aussi noté simplement p_A. Pour toute fonction $f \in \mathscr{L}_\mathrm{u}(\mathrm{Sp}(u))$, tout $x \in \mathrm{E}$ et tout $y \in \mathrm{dom}(f(u))$, on a la formule

$$\langle p_\mathrm{A}(x) \,|\, f(u)y\rangle = \int_{\mathrm{Sp}(u)\cap\mathrm{A}} f\, d\mu, \tag{10}$$

où μ est la mesure spectrale de (x, y) relative à u (formule (7), p. 271).

Soient A et B des parties universellement mesurables de $\mathrm{Sp}(u)$. Comme $\varphi_\mathrm{A}\varphi_\mathrm{B} = \varphi_{\mathrm{A}\cap\mathrm{B}}$, on a $p_\mathrm{A} \circ p_\mathrm{B} = p_{\mathrm{A}\cap\mathrm{B}}$ (prop. 5 de IV, p. 275, *c*)). En particulier, si A et B sont disjointes, les images de p_A et de p_B sont orthogonales.

PROPOSITION 8. — *Soit* $(\mathrm{A}_i)_{i\in\mathrm{I}}$ *une famille dénombrable de parties universellement mesurables deux à deux disjointes de* $\mathrm{Sp}(u)$ *et* p_i *le projecteur spectral de* u *défini par* A_i. *La réunion* A *des ensembles* A_i *est une partie universellement mesurable de* $\mathrm{Sp}(u)$ *et la série* $\sum_i p_i$ *converge vers* p_A *dans* $\mathscr{L}(\mathrm{E})$ *muni de la topologie de la convergence simple.*

L'ensemble A est universellement mesurable d'après INT, IV, p. 177, § 5, n° 4, cor. 2. La série $\sum_i \varphi_{\mathrm{A}_i}$ converge simplement vers φ_A et ses sommes partielles sont bornées par 1. L'assertion résulte donc de la prop. 6 de IV, p. 276.

PROPOSITION 9. — *Soit* A *une partie fermée de* $\mathrm{Sp}(u)$. *Soit* φ_A *la fonction caractéristique de* A *et* $p_\mathrm{A} = \varphi_\mathrm{A}(u)$ *le projecteur spectral de* u *défini par* A. *Notons* E_A *l'image de* p_A. *C'est un sous-espace fermé de* E.

a) *Le sous-espace* E_A *est l'espace des* $x \in \mathrm{E}$ *tels que le support de la mesure spectrale de* x *relative à* u *est contenu dans* A ;

b) *Si* A *est borné dans* **C**, *alors* E_A *est contenu dans le domaine de* u ;

c) *Pour tout* x *appartenant au domaine de* u, *on a* $p_\mathrm{A}(x) \in \mathrm{dom}(u)$ *et* $u(p_\mathrm{A}(x)) \in \mathrm{E}_\mathrm{A}$, *en particulier* $u(x) \in \mathrm{E}_\mathrm{A}$ *si* $x \in \mathrm{dom}(u) \cap \mathrm{E}_\mathrm{A}$.

Pour x dans E, on note μ_x la mesure spectrale de x relative à u.

Démontrons *a*). Soit x un élément de E_A. Soient $z \in \mathbf{C} - \mathrm{A}$ et U un voisinage ouvert relativement compact de z qui ne rencontre pas A. Pour toute fonction $f \in \mathscr{K}(\mathbf{C})$ à support contenu dans U, on a

$$\int_{\mathrm{Sp}(u)} f\, \mu_x = \langle x \,|\, f(u)x\rangle = \langle p_\mathrm{A}(x) \,|\, f(u)x\rangle = \int_{\mathrm{Sp}(u)\cap\mathrm{A}} f\, \mu_x = 0$$

d'après la formule (10). Cela signifie que z n'appartient pas au support de μ_x. Par conséquent, le support de μ_x est contenu dans A.

Réciproquement, soit $x \in \mathrm{E}$ tel que le support de μ_x est contenu dans A. Il vient

$$\langle x \,|\, p_{\mathrm{A}}(x)\rangle = \int_{\mathrm{Sp}(u)\cap \mathrm{A}} \mu_x = \int_{\mathrm{Sp}(u)} \mu_x = \langle x \,|\, x\rangle,$$

(*loc. cit.*) donc $\|p_{\mathrm{A}}(x) - x\|^2 = \|p_{\mathrm{A}}(x)\|^2 - \|x\|^2 \leqslant 0$ et par conséquent $p_{\mathrm{A}}(x) = x$, c'est-à-dire $x \in \mathrm{E}_{\mathrm{A}}$.

L'assertion *b*) résulte de *a*) et de la remarque de IV, p. 273.

Démontrons *c*). Le domaine de u est l'ensemble des $x \in \mathrm{E}$ tels que la fonction identique de $\mathrm{Sp}(u)$ appartient à $\mathscr{L}^2(\mathrm{Sp}(u), \mu_x)$ (*loc. cit.*). Comme $\mu_{p_{\mathrm{A}}(x)} = \varphi_{\mathrm{A}} \cdot \mu_x$ pour $x \in \mathrm{E}$ (cor. de la prop. 5 de IV, p. 275), on a $p_{\mathrm{A}}(x) \in \mathrm{dom}(u)$ si $x \in \mathrm{dom}(u)$.

Soit $x \in \mathrm{dom}(u)$ et $y = p_{\mathrm{A}}(x)$; on a $y \in \mathrm{dom}(u) \cap \mathrm{E}_{\mathrm{A}}$ d'après *c*). La mesure spectrale de $u(y)$ relative à u est $|\mathrm{Id}_{\mathrm{Sp}(u)}|^2 \cdot \mu_y$ (*loc. cit.*). Puisque μ_y est à support dans A, il en est de même de $\mu_{u(y)}$, donc $u(y) \in \mathrm{E}_{\mathrm{A}}$ d'après *a*).

COROLLAIRE. — *Soit* $\lambda \in \mathrm{Sp}(u)$. *L'image de* $p_{\{\lambda\}}$ *est le sous-espace propre de* u *relatif à* λ.

Soit $x \in \mathrm{dom}(u)$. Notons μ (resp. ν) la mesure spectrale de l'élément x relative à u (resp. la mesure spectrale de $(x, u(x))$ relative à u). On a $\nu = \mathrm{Id}_{\mathrm{Sp}(u)} \cdot \mu$ (cor. de la prop. 5 de IV, p. 275). Si $u(x) = \lambda x$, on a également $\nu = \lambda\mu$, d'où l'égalité $\mathrm{Id}_{\mathrm{Sp}(u)} \cdot \mu = \lambda\mu$. Celle-ci implique que le support de μ est contenu dans $\{\lambda\}$ (*cf.* INT, V, p. 46, § 5, n° 3, cor. 2) et donc x appartient à l'image de $p_{\{\lambda\}}$ (prop. 9, *a*)).

Réciproquement, supposons que x appartient à l'image E_λ de $p_{\{\lambda\}}$. Alors x appartient à $\mathrm{dom}(u)$ et $u(x)$ appartient aussi à E_λ (*loc. cit.*, *b*)). Puisque $\varphi_{\{\lambda\}} \cdot (\mathrm{Id}_{\mathrm{Sp}(u)} - \lambda) = 0$, on a la relation $p_{\{\lambda\}} \circ (u - \lambda 1_{\mathrm{E}}) \subset 0$ (prop. 5 de IV, p. 275, *c*)), d'où $0 = p_{\{\lambda\}}(u(x)) - \lambda p_{\{\lambda\}}(x) = u(x) - \lambda x$.

PROPOSITION 10. — *Soit* $\lambda \in \mathbf{C}$. *On a* $\lambda \in \mathrm{Sp}(u)$ *si et seulement si, pour tout voisinage ouvert* V *de* λ *dans* $\mathbf{C}$, *le projecteur spectral* p_{V} *de* u *relatif à* V *est non nul.*

Si $\lambda \notin \mathrm{Sp}(u)$, alors il existe un voisinage ouvert V de λ dans $\mathbf{C}$ qui ne rencontre pas $\mathrm{Sp}(u)$, et alors $p_{\mathrm{V}} = p_{\varnothing} = 0$.

Réciproquement, supposons qu'il existe un voisinage ouvert V de λ dans $\mathbf{C}$ tel que $p_{\mathrm{V}} = 0$. Soit $c > 0$ tel que le disque de centre λ et de rayon c est contenu dans V.

Soit $x \in \operatorname{dom}(u)$ et soit μ_x la mesure spectrale de x relative à u. Comme $\mu_x(\mathrm{V}) = \langle x \,|\, p_{\mathrm{V}}(x)\rangle = 0$, on calcule

$$\int_{\mathbf{C}} |z-\lambda|^2 d\mu_x(z) = \int_{\mathbf{C}-\mathrm{V}} |z-\lambda|^2 d\mu_x(z)$$
$$\geqslant c^2 \int_{\mathbf{C}-\mathrm{V}} d\mu_x(z) = c^2 \int_{\mathbf{C}} d\mu_x(z) = c^2\|x\|^2.$$

Mais, par ailleurs, on a

$$\|u(x) - \lambda x\|^2 = \int_{\mathbf{C}} |z-\lambda|^2 d\mu_x(z) = \|u^*(x) - \overline{\lambda} x\|^2$$

(formule (8), p. 272), d'où $\|u(x) - \lambda x\| \geqslant c\|x\|$ et $\|u^*(x) - \overline{\lambda}x\| \geqslant c\|x\|$. Il en résulte que λ appartient à l'ensemble résolvant de u (lemme 5 de IV, p. 248). Cela conclut la démonstration.

COROLLAIRE. — *Soient* A *un ouvert dans* $\mathbf{C}$ *et* $n \in \mathbf{N}$. *Si* A *contient* n *éléments de* $\operatorname{Sp}(u)$, *alors la dimension de l'image du projecteur spectral* p_{A} *de* u *relatif à* A *est au moins égale à* n.

Soient $\lambda_1, \ldots, \lambda_n$ des éléments distincts du spectre de u appartenant à A. Il existe une famille $(\mathrm{V}_i)_{1\leqslant i\leqslant n}$ d'ouverts deux à deux disjoints de $\mathbf{C}$ tels que $\lambda_i \in \mathrm{V}_i$ pour $1 \leqslant i \leqslant n$. Soit B l'union des ensembles V_i. L'image de p_{A} contient l'image du projecteur spectral p_{B} ; comme de plus p_{B} est la somme des projecteurs p_{V_i}, et comme l'image de p_{V_i} est orthogonale à l'image de p_{V_j} pour tous $i \neq j$, le résultat découle de la prop. 10.

5. La formule de Helffer–Sjöstrand

Dans ce numéro, E désigne un espace hilbertien complexe. Nous allons obtenir une formule pour certains cas du calcul fonctionnel d'un opérateur partiel auto-adjoint qui s'exprime directement en fonction de la résolvante de l'opérateur concerné.

On munit $\mathbf{R}$ (resp. $\mathbf{C}$) de la mesure de Lebesgue, notée μ, et on identifie le groupe $\mathbf{R}$ et son groupe dual par l'application $(x,y) \mapsto \exp(2i\pi xy)$ (*cf.* corollaire 3 de II, p. 236).

Pour toute fonction f définie et différentiable sur un ouvert U de $\mathbf{R}^2$, identifié à $\mathbf{C}$, avec coordonnées réelles x et y, on note

$$\frac{\partial f}{\partial \overline{z}} = \frac{1}{2}\Big(\frac{\partial f}{\partial x} + i\frac{\partial f}{\partial y}\Big)$$

(*cf.* VAR, R2, 8.8.10, p. 24).

Lemme 5. — Soit $f \in \mathscr{D}(\mathbf{R})$. Il existe une fonction $\widetilde{f}$ dans $\mathscr{D}(\mathbf{C})$ qui coïncide avec f sur $\mathbf{R}$ et vérifie

$$\frac{\partial \widetilde{f}}{\partial \overline{z}}(x,0) = 0 \tag{11}$$

pour tout $x \in \mathbf{R}$. On a alors

$$\frac{\partial \widetilde{f}}{\partial y}(x,0) = if'(x) \tag{12}$$

pour tout $x \in \mathbf{R}$ et il existe un nombre réel $\mathrm{C} \geqslant 0$ tel que

$$\left|\frac{\partial \widetilde{f}}{\partial \overline{z}}(x,y)\right| \leqslant \mathrm{C}|y| \tag{13}$$

pour tout $(x,y) \in \mathbf{R}^2$.

Il existe $\varphi \in \mathscr{D}(\mathbf{R})$ dont le support est contenu dans $[-2,2]$ et qui est égale à 1 sur $[-1,1]$ (lemme 1 de IV, p. 196). Posons

$$\widetilde{f}(x,y) = (f(x) + iyf'(x))\varphi(y)$$

pour $(x,y) \in \mathbf{R}^2$. On a $\widetilde{f} \in \mathscr{D}(\mathbf{C})$ et $\widetilde{f}$ coïncide avec f sur $\mathbf{R}$. De plus, quel que soit $(x,y) \in \mathbf{R}^2$, il vient

$$\frac{\partial \widetilde{f}}{\partial \overline{z}}(x,y) = \frac{1}{2}\Big((if(x) - yf'(x))\varphi'(y) + iyf''(x)\varphi(y)\Big).$$

Comme la fonction φ est égale à 1 au voisinage de 0, on a $\varphi'(0) = 0$, d'où (11).

Soit $\widetilde{f}$ dans $\mathscr{D}(\mathbf{C})$ vérifiant (11). La formule (12) en découle, et la majoration (13) est obtenue à l'aide du théorème des accroissements finis (FVR, I, p. 23, th. 2).

On dit que $\widetilde{f}$ est une *extension presque analytique* de f.

Lemme 6. — Soit $\varepsilon > 0$. La fonction σ_ε définie sur $\mathbf{R}$ par

$$\sigma_\varepsilon(x) = \frac{2i\varepsilon x}{x^2 + \varepsilon^2}$$

appartient à $\mathrm{L}^2(\mathbf{R})$. Sa transformée de Fourier est la classe dans $\mathrm{L}^2(\mathbf{R})$ de la fonction η_ε qui est nulle en 0 et vérifie

$$\eta_\varepsilon(y) = \frac{2\pi\varepsilon y}{|y|}e^{-2\pi\varepsilon|y|}$$

pour tout $y \neq 0$.

On a $\sigma_\varepsilon \in \mathrm{L}^2(\mathbf{R})$ d'après la prop. 3 de IV, p. 199, et la classe de la fonction η_ε appartient à $\mathrm{L}^2(\mathbf{R}) \cap \mathrm{L}^1(\mathbf{R})$. Pour tout $x \in \mathbf{R}$, on a

$$\overline{\mathscr{F}}(\eta_\varepsilon)(x) = 2\pi\varepsilon \int_{\mathbf{R}_+} e^{2\pi(ix-\varepsilon)y} dy - 2\pi\varepsilon \int_{\mathbf{R}_-} e^{2\pi(ix+\varepsilon)y} dy$$
$$= \frac{\varepsilon}{\varepsilon - ix} - \frac{\varepsilon}{\varepsilon + ix} = \frac{2i\varepsilon x}{x^2+\varepsilon^2},$$

d'où $\overline{\mathscr{F}}(\eta_\varepsilon) = \sigma_\varepsilon$. Le résultat découle alors de la formule d'inversion de Fourier dans $\mathrm{L}^2(\mathbf{R})$ (corollaire du théorème 2 de II, p. 220).

Lemme 7. — Soit $f \in \mathscr{D}(\mathbf{R})$ et soit $\widetilde{f} \in \mathscr{D}(\mathbf{C})$ une extension presque analytique de f. Pour $\varepsilon > 0$, définissons f_ε sur $\mathbf{R}$ *par*

$$f_\varepsilon(x) = -\frac{1}{2i\pi} \int_{\mathbf{R}} \left(\frac{\widetilde{f}(y+i\varepsilon)}{y-x+i\varepsilon} - \frac{\widetilde{f}(y-i\varepsilon)}{y-x-i\varepsilon} \right) dy.$$

Alors f_ε est continue et bornée, et f_ε converge vers f dans $\mathscr{C}_b(\mathbf{R})$ quand ε tend vers 0.

La continuité de f_ε est conséquence de INT, IV, p. 144, § 4, n° 3, cor. 1, puisque $\widetilde{f}$ est à support compact. De plus, si r est tel que le support de $\widetilde{f}$ est contenu dans $[-r, r] \times \mathbf{R}$, on a

$$|f_\varepsilon(x)| \leqslant 2\|\widetilde{f}\|_\infty \int_{-r}^{r} \frac{1}{\sqrt{(x-y)^2+\varepsilon^2}} dy \leqslant \frac{4r}{\varepsilon}\|\widetilde{f}\|_\infty,$$

donc f_ε est bornée.

Le développement de Taylor à l'ordre 1 (FVR, I, p. 30, prop. 3) et la formule (13) démontrent qu'il existe $\mathrm{M} \geqslant 0$ et une fonction ϱ_1 sur $\mathbf{R}^2$ tels que

$$\widetilde{f}(y+i\gamma) = f(y) + i\gamma f'(y) + \gamma^2 \varrho_1(y;\gamma), \text{ et } |\varrho_1(y;\gamma)| \leqslant \mathrm{M},$$

pour tout $y \in \mathbf{R}$ et $\gamma \in \mathbf{R}$. Comme l'application $y \mapsto \widetilde{f}(y+i\gamma)$ est à support contenu dans $[-r, r]$ pour tout $\gamma \in \mathbf{R}$, l'application $y \mapsto \varrho_1(y;\gamma)$ est à support contenu dans $[-r, r]$, pour tout $\gamma \in \mathbf{R}$.

Soit g_ε la fonction définie sur $\mathbf{R}^2$ par

$$g_\varepsilon(x,y) = \frac{\widetilde{f}(y+i\varepsilon)}{y-x+i\varepsilon} - \frac{\widetilde{f}(y-i\varepsilon)}{y-x-i\varepsilon}.$$

Pour tout $(x, y) \in \mathbf{R}^2$ et $\varepsilon > 0$, on obtient

$$g_\varepsilon(x,y) = -\frac{2i\varepsilon}{(x-y)^2+\varepsilon^2} f(y) + \frac{2i\varepsilon(y-x)}{(x-y)^2+\varepsilon^2} f'(y) + \varepsilon^2\Big(\frac{\varrho_1(y;\varepsilon)}{y-x+i\varepsilon} - \frac{\varrho_1(y;-\varepsilon)}{y-x-i\varepsilon}\Big).$$

Soient $x \in \mathbf{R}$ et $\varepsilon > 0$. On a

$$\Big|\varepsilon^2 \int_{\mathbf{R}} \Big(\frac{\varrho_1(y;\varepsilon)}{y-x+i\varepsilon} - \frac{\varrho_1(y;-\varepsilon)}{y-x-i\varepsilon}\Big) dy\Big| \leqslant 2\mathrm{M}\varepsilon^2 \int_{-r}^{r} \frac{dy}{\sqrt{(x-y)^2+\varepsilon^2}} \leqslant 4\mathrm{M}r\varepsilon.$$

Par conséquent, pour tout $x \in \mathbf{R}$, il vient

$$f_\varepsilon(x) = -\frac{1}{2i\pi}\int_{\mathbf{R}} g_\varepsilon(x,y)dy = (f * \delta_\varepsilon)(x) - \frac{1}{2i\pi}(f' * \sigma_\varepsilon)(x) + k_\varepsilon(x)$$

où δ_ε et σ_ε sont les fonctions sur $\mathbf{R}$ définies par

$$\delta_\varepsilon(x) = \frac{1}{\pi}\frac{\varepsilon}{x^2+\varepsilon^2}, \qquad \sigma_\varepsilon(x) = \frac{2i\varepsilon x}{x^2+\varepsilon^2},$$

et $\|k_\varepsilon\|_\infty \leqslant 2\mathrm{M}r\varepsilon$.

La fonction $\mathscr{F}(f') \in \mathscr{S}(\mathbf{R})$ est intégrable (prop. 18 de IV, p. 219 et prop. 13 de IV, p. 213). D'après le lemme 6, il vient

$$\int_{\mathbf{R}} |\mathscr{F}(f')(y)\mathscr{F}(\sigma_\varepsilon)(y)|dy = 2\pi\varepsilon \int_{\mathbf{R}} |\mathscr{F}(f')(y)|e^{-2\pi\varepsilon|y|}dy \leqslant 2\pi\varepsilon \int_{\mathbf{R}} |\mathscr{F}(f')(y)|dy,$$

donc $\mathscr{F}(f')\mathscr{F}(\sigma_\varepsilon)$ converge vers 0 dans $\mathrm{L}^1(\mathbf{R})$ quand ε tend vers 0. Comme f' et σ_ε appartiennent à $\mathrm{L}^2(\mathbf{R})$, la prop. 14 de II, p. 223 implique que $f' * \sigma_\varepsilon = \overline{\mathscr{F}}(\mathscr{F}(f')\mathscr{F}(\sigma_\varepsilon))$ converge vers 0 dans $\mathscr{C}_b(\mathbf{R})$.

Pour tout $\varepsilon > 0$, la mesure positive $\delta_\varepsilon \cdot dx$ sur $\mathbf{R}$ est de masse totale 1 (*cf.* FVR, III, p. 7). L'ensemble des mesures $\delta_\varepsilon \cdot dx$ pour $\varepsilon > 0$ et le filtre induit sur cet ensemble par le filtre des voisinages de 0 dans $\mathbf{R}_+^*$ vérifient les hypothèses du lemme 4 de INT, VIII, p. 137, § 2, n° 7. Les mesures $\delta_\varepsilon \cdot dx$ convergent donc dans $\mathscr{M}^1(\mathbf{R})$ vers la mesure ponctuelle ε_0 quand ε tend vers 0. Il vient $f * \delta_\varepsilon \to f$ dans $\mathscr{C}_b(\mathbf{R})$ (INT, VIII, p. 163, § 4, n° 4). Le lemme est démontré.

On note μ la mesure de Lebesgue sur $\mathbf{C}$.

THÉORÈME 2 (Helffer–Sjöstrand). — *Soit u un opérateur partiel auto-adjoint sur E. Soient $f \in \mathscr{D}(\mathbf{R})$ et $\widetilde{f} \in \mathscr{D}(\mathbf{C})$ une extension presque analytique de f. Soit h l'application de $\mathbf{C}$ dans $\mathscr{L}(\mathrm{E})$ définie par*

$$h(\lambda) = \frac{\partial \widetilde{f}}{\partial \overline{z}}(\lambda)\mathrm{R}(u, \lambda)$$

si $\lambda \in \mathbf{C} - \mathbf{R}$ et $h(\lambda) = 0$ si $\lambda \in \mathbf{R}$. Alors h est μ-intégrable sur $\mathbf{C}$ et

$$f(u) = -\frac{1}{\pi}\int_{\mathbf{C}} h(\lambda)d\mu(\lambda).$$

L'application h est mesurable et son support est compact. Comme u est auto-adjoint, on a $\|\mathrm{R}(u, \lambda)\| \leqslant |\mathscr{I}(\lambda)|^{-1}$ pour tout $\lambda \in \mathbf{C} - \mathbf{R}$ (prop. 17 de IV, p. 248). L'application h est donc bornée d'après la formule (13), et par conséquent elle est intégrable sur $\mathbf{C}$.

Soit $\varepsilon \in \mathbf{R}_+^*$. On note F_ε^+ (resp. F_ε^-) l'ensemble fermé dans $\mathbf{C}$ des $\lambda \in \mathbf{C}$ tels que $\mathscr{I}(\lambda) \geqslant \varepsilon$ (resp. $\mathscr{I}(\lambda) \leqslant -\varepsilon$). On a

$$\int_{\mathbf{C}} h(\lambda)d\mu(\lambda) = \lim_{\varepsilon \to 0}\Big(\int_{\mathrm{F}_\varepsilon^+} h(\lambda)d\mu(\lambda) + \int_{\mathrm{F}_\varepsilon^-} h(\lambda)d\mu(\lambda)\Big).$$

Soit $r > 0$ tel que le support de h est contenu dans $\mathrm{C} = [-r, r]^2$. Notons R_ε^+ le pavé $[-2r, 2r] \times [\varepsilon, 2r]$ dans $\mathbf{C}$. C'est une partie localement polyédrale de $\mathbf{C}$ (VAR, R2, 11.3, p. 48). Elle vérifie les conditions suivantes :

(i) On a $\mathrm{R}_\varepsilon^+ \subset 2\mathrm{C} \cap \mathrm{F}_\varepsilon^+$;

(ii) L'ensemble R_ε^+ contient l'intersection de F_ε^+ et du support de h ;

(iii) Le bord régulier $\partial\mathrm{R}_\varepsilon^+$ (VAR, R2, 11.3.2, p. 49) contient le segment $\mathrm{S}_\varepsilon = [-r, r] + i\varepsilon \subset \mathbf{C}$;

(iv) On a $h(\lambda) = 0$ si $\lambda \in \partial\mathrm{R}_\varepsilon^+ - \mathrm{S}_\varepsilon$.

Notons $d\lambda$ (resp. $d\overline{\lambda}$) la forme différentielle de degré 1 sur $\mathbf{C}$ différentielle de l'application identité de $\mathbf{C}$ (resp. de la conjugaison complexe). Notons g la fonction sur $\mathbf{C} - \mathbf{R}$ à valeurs dans $\mathscr{L}(\mathrm{E})$ telle que $g(\lambda) = \widetilde{f}(\lambda)\mathrm{R}(u, \lambda)$ pour $\lambda \in \mathbf{C} - \mathbf{R}$. Soit $\omega = g\,d\lambda$; c'est une forme différentielle de degré 1 sur $\mathbf{C} - \mathbf{R}$, à support compact et à valeurs dans $\mathscr{L}(\mathrm{E})$. Puisque la résolvante de u est holomorphe (prop. 14 de IV, p. 246), on a

$$d\omega = \Big(\frac{\partial \widetilde{f}}{\partial \overline{z}}(\lambda)\mathrm{R}(u, \lambda) + \widetilde{f}(\lambda)\frac{\partial}{\partial \overline{z}}\mathrm{R}(u, \lambda)\Big)d\overline{\lambda} \wedge d\lambda = -h(\lambda)d\lambda \wedge d\overline{\lambda}.$$

La mesure vectorielle associée à $d\omega$ (VAR, R2, 10.4.3, p. 43) est la mesure de densité $-2ih$ par rapport à la mesure de Lebesgue. En appliquant la formule de Stokes à l'ensemble localement polyédral R_ε^+ et à la forme différentielle ω (VAR, R2, 11.3.4, p. 49), on obtient donc

$$\frac{i}{2}\int_{\mathrm{R}_\varepsilon^+} d\omega = \frac{i}{2}\int_{\partial\mathrm{R}_\varepsilon^+} \omega = \frac{i}{2}\int_{\mathrm{S}_\varepsilon} \omega = \frac{i}{2}\int_{-r}^{r} \widetilde{f}(y+i\varepsilon)\mathrm{R}(u,y+i\varepsilon)dy,$$

d'où

$$\int_{\mathrm{F}_\varepsilon^+} h(\lambda)d\mu(\lambda) = -\frac{i}{2}\int_{\mathbf{R}} \widetilde{f}(y+i\varepsilon)\mathrm{R}(u,y+i\varepsilon)dy.$$

En raisonnant de même pour F_ε^-, on obtient

$$\int_{\mathrm{F}_\varepsilon^-} h(\lambda)d\mu(\lambda) = -\frac{i}{2}\int_{\mathbf{R}} \widetilde{f}(y-i\varepsilon)\mathrm{R}(u,y-i\varepsilon)dy,$$

et on conclut que l'intégrale de h sur $\mathbf{C}$ est la limite quand $\varepsilon \to 0$ de

$$v_\varepsilon = \frac{i}{2}\int_{\mathbf{R}} \Big(\widetilde{f}(y+i\varepsilon)\mathrm{R}(u,y+i\varepsilon) - \widetilde{f}(y-i\varepsilon)\mathrm{R}(u,y-i\varepsilon)\Big)dy.$$

D'après la prop. 7, on a $v_\varepsilon = \pi f_\varepsilon(u)$, où f_ε est la fonction définie sur $\mathbf{R}$ par

$$f_\varepsilon(x) = -\frac{1}{2i\pi}\int_{\mathbf{R}} \left(\frac{\widetilde{f}(y+i\varepsilon)}{y-x+i\varepsilon} - \frac{\widetilde{f}(y-i\varepsilon)}{y-x-i\varepsilon}\right)dy.$$

Comme $f_\varepsilon \to f$ quand $\varepsilon \to 0$ dans $\mathscr{C}_b(\mathbf{R})$ (lemme 7), l'endomorphisme $v_\varepsilon = \pi f_\varepsilon(u)$ converge vers $\pi f(u)$ dans $\mathscr{L}(\mathrm{E})$ (prop. 5 de IV, p. 275). Le théorème est démontré.

6. Topologies résolvantes et continuité du calcul fonctionnel

Dans ce numéro, E désigne un espace hilbertien complexe. Rappelons qu'on note $\mathscr{A}(\mathrm{E})$ l'ensemble des opérateurs partiels auto-adjoints sur E. On va étendre à $\mathscr{A}(\mathrm{E})$ les propriétés de continuité du numéro 8 de IV, p. 194.

DÉFINITION 6. — *Soit $\mathscr{T}$ une topologie localement convexe sur $\mathscr{L}(\mathrm{E})$. La* topologie $\mathscr{T}$-résolvante *sur $\mathscr{A}(\mathrm{E})$ est la topologie la moins fine telle que les applications $u \mapsto \mathrm{R}(u,\lambda)$ de $\mathscr{A}(\mathrm{E})$ dans $\mathscr{L}(\mathrm{E})$ muni de la topologie $\mathscr{T}$ sont continues pour tout $\lambda \in \mathbf{C} - \mathbf{R}$.*

PROPOSITION 11. — *Soit $\mathscr{T}$ une topologie localement convexe sur $\mathscr{L}(\mathrm{E})$ qui est moins fine que la topologie d'espace de Banach de $\mathscr{L}(\mathrm{E})$.*

a) *Soit $f \in \mathscr{C}_0(\mathbf{R})$. Pour toute suite $(u_n)_{n\in\mathbf{N}}$ dans $\mathscr{A}(\mathrm{E})$ qui converge vers u pour la topologie $\mathscr{T}$-résolvante, la suite $(f(u_n))_{n\in\mathbf{N}}$ converge vers $f(u)$ dans l'espace $\mathscr{L}(\mathrm{E})$ muni de la topologie $\mathscr{T}$;*

b) *Supposons que tout $u \in \mathscr{A}(\mathrm{E})$ admet un système fondamental dénombrable de voisinages pour la topologie $\mathscr{T}$-résolvante. L'application de $\mathscr{C}_0(\mathbf{R}) \times \mathscr{A}(\mathrm{E})$ dans l'espace $\mathscr{L}(\mathrm{E})$ muni de la topologie $\mathscr{T}$ définie par $(f, u) \mapsto f(u)$ est continue.*

Démontrons *a*). La topologie $\mathscr{T}$ sur $\mathscr{L}(\mathrm{E})$ est la borne supérieure des topologies définies par les semi-normes continues pour la topologie $\mathscr{T}$ (EVT, II, p. 26, cor. et rem. suivante). Il suffit donc de prouver que pour toute semi-norme p sur $\mathscr{L}(\mathrm{E})$ qui est continue pour la topologie $\mathscr{T}$, la suite $p(f(u_n) - f(u))$ converge vers 0 (TG, I, p. 51, prop. 10).

Soit p une telle semi-norme. Notons $\mathscr{L}(\mathrm{E})_p$ l'espace de Banach séparé complété de l'espace $\mathscr{L}(\mathrm{E})$ muni de la semi-norme p, et notons ϖ l'application canonique de $\mathscr{L}(\mathrm{E})$ dans $\mathscr{L}(\mathrm{E})_p$; elle est continue, et on a $p(u) = \|\varpi(u)\|_p$ pour tout $u \in \mathscr{L}(\mathrm{E})$, où la norme est celle de l'espace $\mathscr{L}(\mathrm{E})_p$.

Comme $\mathscr{T}$ est moins fine que la topologie d'espace de Banach de $\mathscr{L}(\mathrm{E})$, il existe $c \geqslant 0$ tel que $p(u) \leqslant c\|u\|$ pour tout $u \in \mathscr{L}(\mathrm{E})$.

Supposons d'abord que $f \in \mathscr{D}(\mathbf{R})$. Soit $\widetilde{f}$ une extension presque analytique de f. Notons μ la mesure de Lebesgue sur $\mathbf{C}$. D'après la formule de Helffer–Sjöstrand (th. 2 de IV, p. 284), on a

$$\varpi(f(u_n)) = -\frac{1}{\pi}\int_{\mathbf{C}} \frac{\partial \widetilde{f}}{\partial \overline{z}}(\lambda)\varpi(\mathrm{R}(u_n, \lambda))d\mu(\lambda) \tag{14}$$

pour tout $n \in \mathbf{N}$.

Soit $\lambda \in \mathbf{C} - \mathbf{R}$. Par hypothèse, la suite des résolvantes $\mathrm{R}(u_n, \lambda)$ converge vers $\mathrm{R}(u, \lambda)$ dans $\mathscr{L}(\mathrm{E})$ muni de la topologie $\mathscr{T}$, donc la suite $(\varpi(\mathrm{R}(u_n, \lambda)))_n$ converge vers $\varpi(\mathrm{R}(u, \lambda))$ dans l'espace de Banach $\mathscr{L}(\mathrm{E})_p$.

Pour tout $n \in \mathbf{N}$, on a

$$\left\|\frac{\partial \widetilde{f}}{\partial \overline{z}}(\lambda)\mathrm{R}(u_n, \lambda)\right\| \leqslant \left|\frac{1}{\mathscr{I}(\lambda)}\frac{\partial \widetilde{f}}{\partial \overline{z}}(\lambda)\right|$$

(prop. 17 de IV, p. 248) donc

$$\left\| \frac{\partial \widetilde{f}}{\partial \bar{z}}(\lambda) \varpi(\mathrm{R}(u_n, \lambda)) \right\|_p \leqslant c \left| \frac{1}{\mathscr{I}(\lambda)} \frac{\partial \widetilde{f}}{\partial \bar{z}}(\lambda) \right| .$$

La majoration (13) de IV, p. 281 démontre que le membre de droite de cette inégalité est une fonction bornée pour $\lambda \in \mathbf{C} - \mathbf{R}$; elle est intégrable sur $\mathbf{C}$ puisque $\widetilde{f}$ est à support compact. On déduit du théorème de Lebesgue (INT, IV, p. 137, § 3, n° 7, th. 6) et de la formule de Helffer–Sjöstrand appliquée à f que $\varpi(f(u_n))$ converge vers $\varpi(f(u))$, donc $p(f(u_n) - f(u))$ tend vers 0.

Supposons maintenant que $f \in \mathscr{C}_0(\mathbf{R})$. Soit $\varepsilon > 0$. Il existe une fonction f_ε dans $\mathscr{D}(\mathbf{R})$ telle que $\|f_\varepsilon - f\|_\infty \leqslant \varepsilon$ (*cf.* prop. 4, *a*) de IV, p. 202 et INT, III, p. 45, § 1, n° 2, prop. 3). D'après la prop. 5, *c*) de IV, p. 275, on a alors $\|f(u) - f_\varepsilon(u)\| \leqslant \varepsilon$ et $\|f(u_n) - f_\varepsilon(u_n)\| \leqslant \varepsilon$ pour tout $n \in \mathbf{N}$. Par conséquent, il vient

$$p(f(u_n) - f(u)) \leqslant 2c\varepsilon + p(f_\varepsilon(u_n) - f_\varepsilon(u))$$

pour tout $n \in \mathbf{N}$. Puisque $f_\varepsilon \in \mathscr{D}(\mathbf{R})$, la suite $(p(f_\varepsilon(u_n) - f_\varepsilon(u)))_{n \in \mathbf{N}}$ converge vers 0 d'après le cas précédent, et donc $p(f(u_n) - f(u))$ converge vers 0. Cela conclut la preuve de *a*).

Démontrons l'assertion *b*). Sous l'hypothèse concernant $\mathscr{T}$, il résulte de TG, IX, p. 17, prop. 10 et remarque suivante, et de l'assertion *a*), que l'application $u \mapsto f(u)$ de $\mathscr{A}(\mathrm{E})$ dans $\mathscr{L}(\mathrm{E})$ est continue lorsque $f \in \mathscr{C}_0(\mathbf{R})$. Comme les applications $f \mapsto f(u)$ de $\mathscr{C}_0(\mathbf{R})$ dans $\mathscr{L}(\mathrm{E})$ sont continues de norme $\leqslant 1$ pour tout $u \in \mathscr{A}(\mathrm{E})$ (prop. 5, *c*) de IV, p. 275), l'assertion *b*) se déduit de TG, X, p. 13, cor. 3.

Exemples. — 1) Soit $\mathfrak{S}$ un ensemble de parties bornées de E. La $\mathfrak{S}$-topologie sur $\mathscr{L}(\mathrm{E})$ (EVT, III, p. 13) est une topologie localement convexe moins fine que la topologie d'espace de Banach de $\mathscr{L}(\mathrm{E})$.

2) Soit $\mathscr{T}_b$ la topologie d'espace de Banach de $\mathscr{L}(\mathrm{E})$. Pour la topologie $\mathscr{T}_b$-résolvante, tout $u \in \mathscr{A}(\mathrm{E})$ admet un système fondamental dénombrable de voisinages.

En effet, il suffit de démontrer que pour tout $\lambda \in \mathbf{C} - \mathbf{R}$ et tout $\varepsilon > 0$, il existe $\lambda' \in \mathbf{Q} + i\mathbf{Q}^*$ et un entier $n \geqslant 1$ tels que tout opérateur partiel $v \in \mathscr{A}(\mathrm{E})$ vérifiant $\|\mathrm{R}(v, \lambda') - \mathrm{R}(u, \lambda')\| < 1/n$ vérifie aussi la condition $\|R(v,\lambda) - R(u,\lambda)\| < \varepsilon$; en écrivant

$$\|R(v,\lambda) - R(u,\lambda)\| \leqslant \|R(v,\lambda) - R(v,\lambda')\| \\ + \|R(v,\lambda') - R(u,\lambda')\| + \|R(u,\lambda') - R(u,\lambda)\|,$$

cette propriété résulte de la formule (8) de IV, p. 245, des estimées de la proposition 17 de IV, p. 248 et du fait que $\mathbf{Q} + i\mathbf{Q}^*$ est partout dense dans $\mathbf{C} - \mathbf{R}$.

La conclusion de la proposition n'est pas valide en général si $\mathscr{C}_0(\mathbf{R})$ est remplacé par $\mathscr{C}_b(\mathbf{R})$ (exercice 29 de IV, p. 366, *e*)). Néanmoins, on a le résultat suivant.

COROLLAIRE. — *Soit $\mathscr{T}_s$ la topologie de la convergence simple de $\mathscr{L}(E)$. Soit $f \in \mathscr{C}_b(\mathbf{R})$. Pour toute suite $(u_n)_{n\in\mathbf{N}}$ dans $\mathscr{A}(E)$ qui converge vers u pour la topologie $\mathscr{T}_s$-résolvante, la suite $(f(u_n))_{n\in\mathbf{N}}$ converge vers $f(u)$ dans $\mathscr{L}(E)$ muni de la topologie $\mathscr{T}_s$.*

Soit (u_n) une suite dans $\mathscr{A}(E)$ qui converge vers u pour la topologie $\mathscr{T}_s$-résolvante. Soit $x \in E$ et soit $\varepsilon > 0$.

Pour tout entier $N \in \mathbf{N}$, soit $\varphi_N \in \mathscr{K}(\mathbf{R})$ une fonction à support contenu dans $[-(N+1), N+1]$ telle que $0 \leqslant \varphi_N \leqslant 1$ et $\varphi_N(t) = 1$ pour tout $t \in [-N, N]$. Les fonctions φ_N convergent simplement vers 1 quand N tend vers l'infini, et vérifient $|\varphi_N| \leqslant 1$, donc la prop. 6 de IV, p. 276 implique qu'il existe $N \in \mathbf{N}$ tel que $\|\varphi_N(u)x - x\| \leqslant \varepsilon$. Posons $f_N = f\varphi_N$.

Pour tout $n \in \mathbf{N}$, on a

$$(15) \quad \|f(u_n)x - f(u)x\| \leqslant \|f(u_n)x - f_N(u_n)x\| + \\ \|f_N(u_n)x - f_N(u)x\| + \|f_N(u)x - f(u)x\|.$$

Pour tout $v \in \mathscr{A}(E)$, on a

$$\|f(v)x - f_N(v)x\| = \|(f(1-\varphi_N))(v)x\| \\ \leqslant \|f(v)\|\,\|x - \varphi_N(v)x\| \leqslant \|f\|_\infty\,\|x - \varphi_N(v)x\|$$

(prop. 5, *c*) de IV, p. 275). Comme $\varphi_N \in \mathscr{C}_0(\mathbf{R})$, l'assertion *a*) de la prop. 11 appliquée à la topologie $\mathscr{T}_s$-résolvante implique que $\varphi_N(u_n)x$ converge vers $\varphi_N(u)x$ quand $n \to +\infty$. Par conséquent, pour tout n assez grand, on a

$$\|x - \varphi_N(u_n)x\| \leqslant \|x - \varphi_N(u)x\| + \varepsilon\|x\| \leqslant (1 + \|x\|)\varepsilon.$$

L'inégalité (15) devient alors

$$\|f(u_n)x - f(u)x\| \leqslant \|f\|_\infty(2 + \|x\|)\varepsilon + \|f_N(u_n)x - f_N(u)x\|$$

pour tout n assez grand. On conclut la démonstration par le truchement de l'assertion *a*) de *loc. cit.*, appliquée à la fonction $f_N \in \mathscr{C}_0(\mathbf{R})$ et à la topologie $\mathscr{T}_s$-résolvante.

7. Décomposition polaire

Lemme 8. — *Soit* E *un espace vectoriel topologique séparé. Soient* $(E_1, \|\cdot\|_1)$ *et* $(E_2, \|\cdot\|_2)$ *des sous-espaces denses de* E *munis de structures hilbertiennes telles que les injections canoniques de* E_1 *et* E_2 *dans* E *sont continues. Soit* F *un sous-espace de* $E_1 \cap E_2$, *dense dans* E_1 *et* E_2 *pour ces structures hilbertiennes. Si* $\|x\|_1 = \|x\|_2$ *pour tout* $x \in F$, *alors* $E_1 = E_2$ *et* $\|\cdot\|_1 = \|\cdot\|_2$.

Soit $x \in E_1$. Il existe une suite $(x_n)_{n\in\mathbf{N}}$ dans F telle que x_n converge vers x dans l'espace hilbertien E_1. Puisque $\|x_n - x_m\|_2 = \|x_n - x_m\|_1$ pour tous entiers n et m, la suite (x_n) est une suite de Cauchy dans E_2. Soit y sa limite. On a $\|y\|_2 = \lim\|x_n\|_2 = \|x\|_1$. Puisque les injections canoniques de E_1 et E_2 dans E sont continues, on a $x_n \to x$ dans E et de même $x_n \to y$ dans E. Ainsi, il vient $x = y$ et $\|x\|_1 = \|x\|_2$; en particulier, $E_1 \subset E_2$. On conclut par symétrie.

Soit E un espace hilbertien complexe. Soit u un opérateur partiel auto-adjoint et positif sur E. Pour tout $\alpha \in \mathbf{R}_+$, on pose $u^\alpha = f(u)$, où f est l'application continue $x \mapsto x^\alpha$ de $\mathbf{R}_+$ dans $\mathbf{R}$. C'est un opérateur partiel auto-adjoint et positif (cor. 1, *a*) de IV, p. 273). Lorsque $u \in \mathscr{L}(E)$, cette notation est compatible avec la notation relative à l'algèbre stellaire $\mathscr{L}(E)$ (*cf.* prop. 16 de I, p. 118). Si α est un entier positif, l'opérateur partiel u^α coïncide avec l'opérateur partiel défini par la composition $u \circ \cdots \circ u$ (cor. 1, *b*) de IV, p. 273).

Soit $\beta \in \mathbf{R}_+$. On a $u^{\alpha\beta} = (u^\alpha)^\beta$ (cor. 4 de IV, p. 274). En particulier, si $\alpha > 0$, alors l'opérateur partiel $u^{1/\alpha}$ est l'unique opérateur partiel auto-adjoint positif v sur E tel que $v^\alpha = u$.

Supposons que $0 \leqslant \alpha \leqslant \beta$. On a alors $\mathrm{dom}(u^\beta) \subset \mathrm{dom}(u^\alpha)$: en effet, pour tout nombre réel $x \geqslant 0$, on a $x^\alpha \leqslant 1 + x^\beta$, et le résultat découle alors de la définition du domaine de u^α (*cf.* prop. 3 de IV, p. 271).

Soit u un opérateur fermé à domaine dense de E dans un espace hilbertien complexe F. L'opérateur partiel u^*u est auto-adjoint et positif (prop. 12 de IV, p. 241). On note $|u| = (u^*u)^{1/2}$.

PROPOSITION 12. — *Soit u un opérateur fermé à domaine dense de* E *dans un espace hilbertien complexe* F.

a) *Le domaine de l'opérateur partiel auto-adjoint positif $|u|$ coïncide avec le domaine de u;*

b) *Il existe une unique application linéaire partiellement isométrique j de* E *dans* F *telle que $u = j|u|$ et* $\mathrm{Ker}(j) = \mathrm{Ker}(u)$;

c) *Soient u_1 un opérateur auto-adjoint positif sur* E *et j_1 une application linéaire partiellement isométrique de* E *dans* F *telle que $u = j_1u_1$ et* $\mathrm{Ker}(j_1) = \mathrm{Ker}(u_1)$. *On a alors $u_1 = |u|$ et $j_1 = j$.*

Le domaine de u^*u est contenu dans $\mathrm{dom}(u)$ et dans $\mathrm{dom}(|u|)$. Il est dense dans les espaces hilbertiens E_u (*loc. cit.*) et $\mathrm{E}_{|u|}$ (cor. 1, *e*) de IV, p. 273) et, pour tout $x \in \mathrm{dom}(u^*u)$, on a

$$(16)\quad \|x\|_u^2 = \|x\|^2 + \langle u(x) \mid u(x)\rangle = \|x\|^2 + \langle x \mid (u^*u)(x)\rangle \\ = \|x\|^2 + \langle |u|(x) \mid |u|(x)\rangle = \|x\|_{|u|}^2.$$

Par conséquent, les espaces hilbertiens E_u et $\mathrm{E}_{|u|}$ sont égaux (lemme 8), donc $\mathrm{dom}(u) = \mathrm{dom}(|u|)$ et $\|u(x)\| = \||u|(x)\|$ pour tout $x \in \mathrm{dom}(u)$.

La formule (16) implique que $\mathrm{Ker}(u) = \mathrm{Ker}(|u|)$ et qu'il existe une unique application linéaire isométrique v de $\overline{\mathrm{Im}(|u|)}$ sur $\overline{\mathrm{Im}(u)}$ qui vérifie $v(|u|(x)) = u(x)$ pour tout $x \in \mathrm{dom}(|u|)$. Puisque $|u|$ est auto-adjoint, on a $\mathrm{Im}(|u|)^\circ = \mathrm{Ker}(|u|)$ (prop. 7, *c*) de IV, p. 236). Il existe donc une unique isométrie partielle j de E dans F qui prolonge v et s'annule sur $\mathrm{Ker}(|u|) = \mathrm{Ker}(u)$. Comme $\mathrm{E} = \mathrm{Ker}(u) \oplus \overline{\mathrm{Im}(|u|)}$, cette application est l'unique application partiellement isométrique telle que $u = j|u|$ et $\mathrm{Ker}(j) = \mathrm{Ker}(u)$.

Démontrons *c*). On a $u_1j_1^*j_1u_1 \subset (j_1u_1)^*j_1u_1 = u^*u$. L'application linéaire $j_1^*j_1$ est l'orthoprojecteur de noyau $\mathrm{Ker}(j_1) = \mathrm{Ker}(u_1)$ (EVT, V, p. 41, prop. 5 (ii)) et donc d'image $\mathrm{Ker}(u_1)^\circ = \overline{\mathrm{Im}(u_1)}$ (prop. 7, *c*) de IV, p. 236). Par conséquent, $u_1^2 \subset u^*u$, d'où $u_1^2 = u^*u$ puisque ces deux opérateurs sont auto-adjoints. Ainsi, il vient $u_1 = (u^*u)^{1/2}$, et l'assertion d'unicité de *b*) démontre finalement que $j_1 = j$.

DÉFINITION 7. — *Soit* u *un opérateur fermé à domaine dense de* E *dans un espace hilbertien complexe* F. *Le couple* $(j, |u|)$ *déterminé par la prop.* 12 *est appelé la* décomposition polaire *de* u.

Supposons que $u \in \mathscr{L}(\mathrm{E};\mathrm{F})$. Sa décomposition polaire au sens de cette définition coïncide avec celle de la définition 4 de I, p. 140.

8. Opérateurs auto-adjoints définis par une forme hermitienne partielle positive

Dans ce numéro, E désigne un espace hilbertien complexe.

DÉFINITION 8. — *Soit* D *un sous-espace vectoriel de* E. *Une* forme hermitienne partielle *sur* E *de domaine* D, *est une correspondance* $q = (\Gamma, \mathrm{E} \times \mathrm{E}, \mathbf{C})$ *dont le domaine de définition est* $\mathrm{D} \times \mathrm{D}$, *dont le graphe* Γ *est fonctionnel, et telle que l'application de* $\mathrm{D} \times \mathrm{D}$ *dans* $\mathbf{C}$ *définie par* Γ *est une forme hermitienne. On note* $\mathrm{dom}(q) = \mathrm{D}$.

On dit que q *est une* forme partielle positive *si la forme hermitienne qu'elle définie est positive.*

Soit u un opérateur partiel auto-adjoint sur E. Pour tous les éléments x et y de E, on note $\mu_{x,y}$ (resp. μ_x) la mesure spectrale de (x, y) (resp. de x) relative à u.

Soit $(j, |u|)$ la décomposition polaire de u (déf. 7 de IV, p. 290). Notons D′ le domaine de $|u|^{1/2}$. Par définition, c'est l'espace des $x \in \mathrm{E}$ tels que la fonction $z \mapsto |z|$ est intégrable sur $\mathrm{Sp}(u)$ par rapport à la mesure μ_x. Il contient $\mathrm{dom}(u)$.

Soit $(x, y) \in \mathrm{D}' \times \mathrm{D}'$. La fonction identique de $\mathrm{Sp}(u)$ est intégrable par rapport à la mesure $\mu_{x,y}$ (prop. 4, *b*) de IV, p. 271) ; on pose

$$q_u(x, y) = \int_{\mathrm{Sp}(u)} t \, d\mu_{x,y}(t).$$

Si $y \in \mathrm{dom}(u)$, on a $q_u(x, y) = \langle x \,|\, u(y) \rangle$ d'après la formule (6) de IV, p. 271. L'application q_u est une forme hermitienne sur D′. Elle définit une forme hermitienne partielle sur E, dite *associée à* u. Si l'opérateur u est positif, alors la forme q_u est une forme hermitienne partielle positive.

DÉFINITION 9. — *Soit q une forme hermitienne partielle positive sur* E. *On note* E_q *l'espace préhilbertien séparé* $\mathrm{dom}(q)$ *muni du produit scalaire*

$$(x \mid y)_q = \langle x \mid y \rangle + q(x, y).$$

On note $\|x\|_q$ *la norme de* $x \in E_q$. *On dit que la forme q est* fermée *si* E_q *est un espace hilbertien.*

PROPOSITION 13. — *Soit u un opérateur partiel auto-adjoint positif sur* E. *Soit* q_u *la forme partielle positive associée à u.*

a) *Le domaine de* q_u *est le domaine de* $u^{1/2}$, *et pour tous x et y dans* $\mathrm{dom}(u^{1/2})$, *on a* $q_u(x, y) = \langle u^{1/2}(x) \mid u^{1/2}(y) \rangle$;

b) *La forme partielle positive* q_u *est fermée. Le domaine de u est un cœur pour* q_u.

Puisque u est positif, on a $|u| = u$. Le domaine $\mathrm{dom}(|u|^{1/2})$ de q_u coïncide donc avec $\mathrm{dom}(u^{1/2})$ et on a

$$\begin{aligned} q_u(x, y) = \int_{\mathrm{Sp}(u)} t \, d\mu_{x,y}(t) &= \int_{\mathrm{Sp}(u)} t^{1/2} \cdot t^{1/2} \, d\mu_{x,y}(t) \\ &= \langle u^{1/2}(x) \mid u^{1/2}(y) \rangle \end{aligned}$$

pour x et y dans $\mathrm{dom}(q_u)$ (prop. 4, *b*) de IV, p. 271). Cela démontre l'assertion *a*).

Par ailleurs, l'espace préhilbertien E_{q_u} coïncide alors avec l'espace préhilbertien $E_{u^{1/2}}$ associé à $u^{1/2}$ (déf. 4 de IV, p. 230). Puisque $u^{1/2}$ est un opérateur partiel fermé, cet espace est un espace hilbertien (prop. 4 de IV, p. 230) et $\mathrm{dom}(u)$ est dense dans $E_{u^{1/2}}$ d'après l'assertion *e*) du cor. 1 de IV, p. 273.

Soit q une forme hermitienne partielle sur E de domaine D dense dans E. Pour $y \in D$, notons λ_y la forme linéaire $x \mapsto q(y, x)$ sur D. On note $\widetilde{D}$ l'ensemble des $y \in D$ tels que la forme linéaire λ_y est continue sur D.

Soit $y \in \widetilde{D}$. Puisque D est dense dans E, il existe une unique forme linéaire continue sur E qui prolonge λ_y. On la note encore λ_y. Il existe un unique élément $u(y)$ dans E tel que $\lambda_y(x) = \langle u(y) \mid x \rangle$ pour tout $x \in E$ (EVT, V, p. 15, th. 3). L'application $y \mapsto u(y)$ est linéaire de $\widetilde{D}$ dans E ; on dit que l'opérateur partiel u sur E de domaine $\widetilde{D}$ est *l'opérateur partiel représentant q*. On a donc

$$q(x, y) = \langle x \mid u(y) \rangle$$

pour $y \in \mathrm{dom}(u)$ et $x \in D$.

Remarque. — Soient q une forme partielle positive fermée et q' une forme hermitienne positive *continue* sur E. La forme hermitienne positive définie sur $\mathrm{dom}(q)$ par $(x, y) \mapsto q(x, y) + q'(x, y)$ est une forme hermitienne partielle positive fermée de même domaine que q. On la note $q + q'$.

D'après EVT, V, p. 16, cor. 2, il existe une unique application linéaire $u' \in \mathscr{L}(\mathrm{E})$ telle que $q'(x, y) = \langle x \,|\, u'(y) \rangle$ pour tout $(x, y) \in \mathrm{E} \times \mathrm{E}$. L'endomorphisme u' est positif et l'opérateur partiel représentant la forme hermitienne partielle positive fermée $q + q'$ est $u + u'$.

Proposition 14. — *Soient q une forme positive partielle fermée à domaine dense sur* E *et u l'opérateur partiel représentant q.*

a) *Le domaine de u est dense dans l'espace hilbertien* E_q ;

b) *L'opérateur partiel u est auto-adjoint et positif.*

Puisque q est fermée, l'espace préhilbertien E_q de la définition 9 est un espace hilbertien.

Démontrons que l'opérateur partiel $u + 1_{\mathrm{E}}$ de domaine $\mathrm{dom}(u)$ est bijectif. Comme

$$\langle x \,|\, (u + 1_{\mathrm{E}})(x) \rangle = q(x, x) + \|x\|^2 \geqslant \|x\|^2$$

pour tout $x \in \mathrm{dom}(u)$, cet opérateur partiel est injectif.

Soit $y \in \mathrm{E}$. La forme linéaire sur E_q définie par $x \mapsto \langle y \,|\, x \rangle$ est continue puisque $\|x\| \leqslant \|x\|_q$. Il existe donc $y' \in \mathrm{E}_q$ tel que

$$\langle y \,|\, x \rangle = (y' \mid x)_q = \langle y' \,|\, x \rangle + q(y', x)$$

pour tout $x \in \mathrm{E}_q$ (EVT, V, p. 15, th. 3). Par définition, cela signifie que y' appartient au domaine de l'opérateur partiel $\widetilde{u}$ représentant la forme partielle $(x, y) \mapsto (x \mid y)_q$ de domaine $\mathrm{dom}(q)$, et que $\widetilde{u}(y') = y$. Comme $\widetilde{u} = u + 1_{\mathrm{E}}$ d'après la remarque ci-dessus, on en déduit que l'opérateur partiel $u + 1_{\mathrm{E}}$ est également surjectif, donc bijectif.

Démontrons que le domaine de u est dense dans E_q. Soit $y \in \mathrm{E}_q$ orthogonal à $\mathrm{dom}(u)$ dans E_q. Il existe $y' \in \mathrm{dom}(u)$ tel que $u(y') + y' = y$. On a alors

$$0 = (y \mid y')_q = \langle y \,|\, y' \rangle + q(y, y') = \langle y \,|\, y' + u(y') \rangle = \|y\|^2$$

donc $y = 0$. L'assertion *a*) est donc démontrée.

Puisque $\mathrm{dom}(q)$ est dense dans E et que $\|x\| \leqslant \|x\|_q$ pour tout $x \in \mathrm{dom}(q)$, l'assertion *a*) implique que $\mathrm{dom}(u)$ est dense dans E.

Comme la forme q est hermitienne (resp. positive), pour tous x et y dans $\mathrm{dom}(u)$, on a

$$\langle y \,|\, u(x)\rangle = q(y,x) = \overline{q(x,y)} = \overline{\langle x \,|\, u(y)\rangle} = \langle u(y) \,|\, x\rangle,$$

(resp. $\langle x \,|\, u(x)\rangle = q(x,x) \geqslant 0$) de sorte que u est symétrique (resp. positif). Enfin, l'opérateur partiel $u + 1_{\mathrm{E}}$ est auto-adjoint d'après le corollaire de la proposition 10 de IV, p. 240, et il en est de même de u.

THÉORÈME 3. — *L'application qui à un opérateur auto-adjoint positif u sur* E *associe la forme partielle positive q_u est une bijection entre l'ensemble des opérateurs partiels auto-adjoints positifs sur* E *et l'ensemble des formes partielles positives fermées à domaine dense sur* E. *La bijection réciproque associe à une forme partielle positive q l'opérateur partiel représentant q.*

D'après les prop. 13, *b*) et 14, *b*), les applications décrites dans l'énoncé sont bien définies. Démontrons que ce sont des bijections réciproques l'une de l'autre.

Soient u un opérateur partiel auto-adjoint positif sur E et q la forme partielle positive associée à u. Notons v l'opérateur auto-adjoint positif représentant q. Soit $y \in \mathrm{dom}(u) \subset \mathrm{dom}(u^{1/2}) = \mathrm{dom}(q)$. Pour tout $x \in \mathrm{dom}(q) = \mathrm{dom}(u^{1/2})$, on a

$$q(y,x) = \langle u^{1/2}(y) \,|\, u^{1/2}(x)\rangle = \langle u(y) \,|\, x\rangle,$$

donc y appartient au domaine de v et vérifie $v(y) = u(y)$. L'opérateur partiel v est donc une extension de u ; comme u et v sont auto-adjoints, ils sont égaux.

Inversement, soient q une forme partielle positive fermée à domaine dense et u l'opérateur partiel auto-adjoint positif représentant q. On a $\mathrm{dom}(u) \subset \mathrm{dom}(u^{1/2})$. Pour x et y dans $\mathrm{dom}(u)$, on a

$$q_u(x,y) = \langle u^{1/2}(x) \,|\, u^{1/2}(y)\rangle = \langle x \,|\, u(y)\rangle = q(x,y)$$

d'après la prop. 13, *a*). Ainsi, les espaces hilbertiens E_q et E_{q_u} contiennent tous deux $\mathrm{dom}(u)$ comme sous-espace dense (prop. 14, *a*) et prop. 13, *b*), respectivement) et $\|x\|_q = \|x\|_{q_u}$ pour tout $x \in \mathrm{dom}(u)$. Il en résulte que $\mathrm{E}_q = \mathrm{E}_{q_u}$ et que $q = q_u$ (lemme 8).

COROLLAIRE. — *Soient q une forme partielle positive fermée sur* E *et u l'opérateur auto-adjoint positif représentant q. Le domaine de q est égal au domaine de $(1_{\mathrm{E}} + u)^{1/2}$, et on a*

$$\|x\|_q = \|(1_{\mathrm{E}} + u)^{1/2} x\|$$

pour tout $x \in \mathrm{dom}(q)$.

Le domaine de q est égal au domaine de $u^{1/2}$ (prop. 13, *a*)), qui coïncide avec celui de $(1_E + u)^{1/2}$ (*cf.* prop. 3 de IV, p. 271). Pour tout $x \in \mathrm{dom}(u) \subset \mathrm{dom}(u^{1/2})$, on a

$$\|(1_E + u)^{1/2}x\|^2 = \langle x \,|\, (1_E + u)(x)\rangle = \|x\|^2 + \langle x \,|\, u(x)\rangle = \|x\|_q^2.$$

Comme le domaine de u est dense dans l'espace hilbertien E_q (prop. 14, *a*)), cette formule s'étend par continuité à tout $x \in \mathrm{dom}(u^{1/2})$.

Exemple. — Soit u un opérateur partiel positif sur E *qui n'est pas nécessairement fermé.* On définit une forme partielle positive q de domaine $\mathrm{dom}(u)$ par

$$q(x, y) = \langle x \,|\, u(y)\rangle$$

pour x et y dans $\mathrm{dom}(u)$. Soit E_q l'espace préhilbertien séparé de la définition 9 de IV, p. 292. Soit $\widetilde{E}_q$ l'espace hilbertien complété de E_q, dont on note encore $(x, y) \mapsto (x \mid y)_q$ le produit scalaire. Puisque l'inclusion canonique ι de E_q dans E est continue, elle admet une unique extension continue, notée $\widetilde{\iota}$, de $\widetilde{E}_q$ dans E. La forme hermitienne q est continue sur E_q, donc se prolonge également en une unique forme hermitienne positive continue $\widetilde{q}$ sur $\widetilde{E}_q$.

Démontrons que l'application linéaire $\widetilde{\iota}$ est injective. Soit $x \in \mathrm{Ker}(\widetilde{\iota})$. Considérons une suite $(x_n)_{n\in\mathbf{N}}$ dans E_q qui converge vers x dans $\widetilde{E}_q$. On a alors

$$\lim_{n\to+\infty} \iota(x_n) = \widetilde{\iota}(x) = 0,$$

donc la suite $(x_n)_{n\in\mathbf{N}}$ converge vers 0 dans E. Soit $y \in E_q$. Puisque $\widetilde{q}$ est continue sur $\widetilde{E}_q$, il vient

$$\begin{aligned}(x \mid y)_q = \lim_{n\to+\infty} (x_n \mid y)_q &= \lim_{n\to+\infty} \Big(\langle x_n \,|\, y\rangle + q(x_n, y)\Big) \\ &= \lim_{n\to+\infty} \Big(\langle x_n \,|\, y\rangle + \langle x_n \,|\, u(y)\rangle\Big) = 0.\end{aligned}$$

Comme l'espace E_q est dense dans $\widetilde{E}_q$, on en déduit que $x = 0$, comme désiré.

En identifiant $\widetilde{E}_q$ à son image par $\widetilde{\iota}$ dans E, on interprète $\widetilde{q}$ comme une forme partielle positive fermée à domaine dense qui étend q. L'opérateur auto-adjoint positif associé à $\widetilde{q}$ est une extension auto-adjointe de u. On dit que c'est l'*extension de Friedrichs* de u.

Remarque. — Soit $c \in \mathbf{R}_+$. Soit q une forme hermitienne partielle fermée à domaine dense telle que $q(x,x) \geqslant -c\|x\|^2$ pour tout x appartenant au domaine de q. Cela signifie que la forme hermitienne partielle fermée de domaine $\mathrm{dom}(q)$ définie par $\widetilde{q}(x,y) = q(x,y) + c\langle x \mid y\rangle$ est une forme partielle positive. Par le théorème 3, de telles formes correspondent donc aux opérateurs partiels auto-adjoints u sur E tels que $u + c1_{\mathrm{E}}$ est positif, c'est-à-dire tels que u est minoré (déf. 7 de IV, p. 237) par $-c$.

Réciproquement, soit u un opérateur partiel symétrique sur E tel que

$$\langle x \mid u(x)\rangle \geqslant -c\|x\|^2 \tag{17}$$

pour tout $x \in \mathrm{dom}(u)$. Alors $v = u + c1_{\mathrm{E}}$ est un opérateur partiel positif sur E. On appelle *extension de Friedrichs* de u l'opérateur auto-adjoint $\widetilde{v} - c1_{\mathrm{E}}$, où $\widetilde{v}$ est l'extension de Friedrichs de v ; c'est une extension auto-adjointe de u, qui ne dépend pas du choix du nombre réel c vérifiant (17).

9. Principes variationnels pour le spectre des opérateurs positifs

Dans ce numéro, E est un espace hilbertien complexe non nul.

PROPOSITION 15. — *Soit u un opérateur partiel auto-adjoint sur* E. *On suppose que u est minoré par $c \in \mathbf{R}$* (déf. 7 de IV, p. 237). *On a*

$$\inf(\mathrm{Sp}(u)) = \inf_{x \in \mathrm{dom}(u) - \{0\}} \frac{\langle x \mid u(x)\rangle}{\|x\|^2} \in [c, +\infty[.$$

Soit m le membre de droite de l'égalité à démontrer. Soient $x \in \mathrm{E}$ et μ_x la mesure spectrale de x relative à u. On a

$$\begin{aligned}\langle x \mid u(x)\rangle &= \int_{\mathrm{Sp}(u)} t\, d\mu_x(t) \\ &\geqslant \inf(\mathrm{Sp}(u)) \int_{\mathrm{Sp}(u)} d\mu_x(t) = \inf(\mathrm{Sp}(u))\|x\|^2,\end{aligned}$$

(formule (6), p. 271) donc $\inf(\mathrm{Sp}(u)) \leqslant m$. Réciproquement, l'opérateur partiel $u - m$ est positif, donc $\inf(\mathrm{Sp}(u)) - m = \inf(\mathrm{Sp}(u - m \cdot 1_{\mathrm{E}})) \geqslant 0$ (prop. 17 de IV, p. 248).

La prop. 9 de I, p. 139 correspond au cas particulier de cette proposition lorsque u est un élément hermitien de $\mathscr{L}(\mathrm{E})$, qui est alors nécessairement minoré. Dans ce cas, on a également

$$\sup(\mathrm{Sp}(u)) = \sup_{x \in \mathrm{dom}(u) - \{0\}} \frac{\langle x \mid u(x) \rangle}{\|x\|^2}$$

(*loc. cit.*); si u n'appartient pas à $\mathscr{L}(\mathrm{E})$, alors cette borne supérieure est $+\infty$.

DÉFINITION 10. — *Soit u un opérateur partiel normal sur* E. *Un nombre complexe $\lambda \in \mathrm{Sp}(u)$ appartient au* spectre sensible *de u si λ est isolé dans $\mathrm{Sp}(u)$ et si λ est une valeur propre de multiplicité finie.*

On note $\mathrm{Sp}_{\mathrm{s}}(u)$ le spectre sensible de u. Son complémentaire dans $\mathrm{Sp}(u)$ est appelé le spectre essentiel *de u et noté $\mathrm{Sp}_{\mathrm{e}}(u)$.*

Le spectre essentiel d'un opérateur partiel normal u sur E est fermé dans $\mathbf{C}$, puisque $\mathrm{Sp}(u)$ est fermé dans $\mathbf{C}$ et que le complémentaire du spectre essentiel est ouvert dans $\mathrm{Sp}(u)$. Le spectre sensible de u n'est pas nécessairement fermé dans $\mathbf{C}$ (exercice 36 de IV, p. 369).

Lemme 9. — *Soient* E *un espace hilbertien complexe et u un opérateur partiel normal sur* E. *Soit $\lambda \in \mathrm{Sp}(u)$. On a $\lambda \in \mathrm{Sp}_{\mathrm{s}}(u)$ si et seulement s'il existe un voisinage ouvert* V *de λ dans $\mathbf{C}$ tel que le projecteur spectral p_{V} de u défini par* V *est de rang fini.*

Soit $\lambda \in \mathrm{Sp}_{\mathrm{s}}(u)$. Il existe un voisinage ouvert V de λ dans $\mathbf{C}$ tel que $\mathrm{Sp}(u) \cap \mathrm{V} = \{\lambda\}$; le projecteur spectral $p_{\mathrm{V}} = p_{\{\lambda\}}$ est alors de rang fini (cor. de la prop. 9 de IV, p. 278).

Réciproquement, supposons qu'il existe un voisinage ouvert V de λ tel que le projecteur spectral p_{V} est de rang fini $n \in \mathbf{N}$. D'après le cor. de la prop. 10 de IV, p. 279, l'intersection $\mathrm{V} \cap \mathrm{Sp}(u)$ contient au plus n éléments, donc λ est isolé dans $\mathrm{Sp}(u)$. C'est donc une valeur propre de u de multiplicité spectrale au plus n d'après le cor. de la prop. 9 de IV, p. 278.

On suppose dans la suite de ce numéro que E est *de dimension infinie* ; les analogues des résultats ci-dessous lorsque E est de dimension finie se déduisent du n° 4 de IV, p. 153.

Soit u un opérateur auto-adjoint minoré sur E. Soit c un minorant de u ; le spectre de u est contenu dans $[c, +\infty[$ (prop. 15). Supposons que le spectre essentiel de u n'est pas vide. On note alors ϱ_{e} la borne inférieure du spectre essentiel de u, de sorte que $\varrho_{\mathrm{e}} \geqslant c$ et ϱ_{e} est un élément du spectre de u. On note $\mathrm{Sp_h}(u) = \mathrm{Sp}(u) \cap [\varrho_e, +\infty[$; c'est une partie fermée de $\mathrm{Sp}(u)$, donc également de $\mathbf{C}$, telle que $\inf(\mathrm{Sp_h}(u)) = \varrho_e$; on l'appelle *partie haute du spectre de* u. Si le spectre essentiel de u est vide, on note $\mathrm{Sp_h}(u) = \varnothing$ et $\varrho_e = +\infty$.

L'intersection $\mathrm{Sp_b}(u) = \mathrm{Sp}(u) \cap [0, \varrho_e[$ est contenue dans le spectre sensible de u, et ses éléments sont donc des valeurs propres isolées de multiplicité finie ; on dit que c'est la *partie basse du spectre de* u. Soit $\mathrm{E_b}$ le sous-espace fermé de E engendré par les sous-espaces propres relatifs aux valeurs propres $\lambda \in \mathrm{Sp_b}(u)$. D'après le cor. de la prop. 9 de IV, p. 278 et la prop. 8 de IV, p. 278, l'espace $\mathrm{E_b}$ est l'image du projecteur spectral $p_{\mathrm{Sp_b}(u)}$ défini par $\mathrm{Sp_b}(u)$. Comme $\mathrm{Sp}(u)$ est la réunion disjointe de $\mathrm{Sp_b}(u)$ et $\mathrm{Sp_h}(u)$, l'orthogonal $\mathrm{E_h}$ de $\mathrm{E_b}$ est l'image du projecteur spectral $p_{\mathrm{Sp_h}(u)}$ défini par $\mathrm{Sp_h}(u)$. Si $\mathrm{Sp_b}(u)$ est fini, alors l'espace $\mathrm{E_b}$ est de dimension finie ; l'espace $\mathrm{E_h}$ est alors non nul, puisqu'on suppose que E est de dimension infinie.

Lemme 10. — *On a*

$$\langle x \,|\, u(x)\rangle \geqslant \varrho_e \,\|x\|^2. \tag{18}$$

pour tout $x \in \mathrm{E_h} \cap \mathrm{dom}(u)$.

Si $x \in \mathrm{E_h} \cap \mathrm{dom}(u)$, alors le support de la mesure spectrale μ_x de x relative à u est contenu dans l'intervalle $[\varrho_e, +\infty[$ (prop. 9, *a*) de IV, p. 278), donc

$$\langle x \,|\, u(x)\rangle = \int_{\mathbf{R}} t d\mu_x(t) \geqslant \varrho_e \|x\|^2.$$

Lemme 11. — *Supposons que* $\mathrm{E_b}$ *est de dimension finie. Alors, pour tout nombre réel* $\varepsilon > 0$, *l'image du projecteur spectral de* u *défini par* $[\varrho_e, \varrho_e + \varepsilon]$ *est de dimension infinie.*

Si $\mathrm{E_b}$ est de dimension finie, alors le spectre essentiel de u est non vide, donc ϱ_e est fini et appartient à $\mathrm{Sp_e}(u)$. De plus, le spectre bas $\mathrm{Sp_b}(u)$ est fini, donc il existe $\delta > 0$ tel que $[\varrho_e - \delta, \varrho_e + \delta] \cap \mathrm{Sp}(u) \subset [\varrho_e, \varrho_e + \delta]$. L'assertion résulte alors du lemme 9.

PROPOSITION 16. — *L'ensemble* $\mathrm{Sp_b}(u) \subset [c, \varrho_e[$ *est dénombrable, discret et fermé dans* $[0, \varrho_e[$. *C'est l'ensemble des valeurs d'une suite strictement croissante* $(\nu_k)_{0 \leqslant k < \mathrm{Card}(\mathrm{Sp_b}(u))}$ *de nombres réels positifs ; si* $\mathrm{Sp_b}(u)$ *est infini, alors la suite* (ν_k) *converge vers* ϱ_e.

Notons $\mathrm{T} = \mathrm{Sp_b}(u) \cap [0, \varrho_e[$. C'est une partie fermée et discrète de $[c, \varrho_e[$ par définition. Pour tout nombre entier $i \geqslant 1$, l'ensemble

$\mathrm{Sp_b}(u) \cap [c, \varrho_e - 1/i]$ est compact et discret, donc fini. Comme T est la réunion de ces ensembles pour $i \geqslant 1$, l'ensemble T est dénombrable.

Cela conclut la preuve si $\mathrm{Sp_b}(u)$ est fini. Si $\mathrm{Sp_b}(u)$ est infini, on conclut en appliquant le lemme 2 de III, p. 90 à l'image S de T par l'application $\lambda \mapsto \varrho_e - \lambda$.

Pour tout entier k tel que $0 \leqslant k < \mathrm{Card}(\mathrm{Sp_b}(u))$, on note $n_k \geqslant 1$ la multiplicité de la valeur propre ν_k de u. On note $\overline{\mathbf{N}} = \mathbf{N} \cup \{+\infty\} \subset \overline{\mathbf{R}}$. Notons $\mathrm{M} \in \overline{\mathbf{N}}$ la somme des multiplicités n_k. C'est la dimension hilbertienne de $\mathrm{E_b}$, si l'on convient de dire qu'un espace de dimension hilbertienne infinie est de dimension $+\infty \in \overline{\mathbf{N}}$.

Pour tout entier n tel que $0 \leqslant n < \mathrm{M}$, on définit $\lambda_n(u) = \nu_k$, où $k \geqslant 0$ est l'unique entier tel que

$$n_0 + \cdots + n_{k-1} \leqslant n < n_0 + \cdots + n_k.$$

Si $n \in \mathbf{N}$ vérifie $n \geqslant \mathrm{M}$, on pose $\lambda_n(u) = \varrho_e$. Ce cas ne peut se présenter que si $\mathrm{Sp_b}(u)$ est fini, auquel cas ϱ_e est fini, puisqu'on suppose que E est de dimension infinie.

Par construction, la suite $(\lambda_n(u))_{n \in \mathbf{N}}$ est croissante et, pour tout élément λ de $\mathrm{Sp_b}(u)$, le nombre des entiers n tels que $\lambda_n(u) = \lambda$ est égal à la multiplicité de λ comme valeur propre de u. La suite $(\lambda_n(u))_{n \in \mathbf{N}}$ tend vers $+\infty$ si et seulement si le spectre essentiel de u est vide.

Pour tout $n \in \mathbf{N}$, on note $\mathscr{F}_n$ (resp. $\mathscr{F}_n^u$) l'ensemble des sous-espaces vectoriels $\mathrm{F} \subset \mathrm{E}$ de dimension n (resp. l'ensemble des sous-espaces vectoriels $\mathrm{F} \subset \mathrm{dom}(u)$ de dimension n).

Soient $n \in \mathbf{N}$ tel que $n < \mathrm{M}$ et $\mathrm{F} \in \mathscr{F}_n^u$. On dit que F est *adapté à u* si F admet une base orthonormale $(f_i)_{0 \leqslant i \leqslant n-1}$ telle que $u(f_i) = \lambda_i(u) f_i$ pour $0 \leqslant i \leqslant n-1$.

Soit $\mathrm{F} \in \mathscr{F}_n^u$ adapté à u. L'espace F est contenu dans $\mathrm{E_b}$; il est engendré par des vecteurs propres de u pour des valeurs propres $\lambda \leqslant \lambda_{n-1}(u)$, et il contient les espaces propres correspondant aux valeurs propres $\lambda < \lambda_{n-1}(u)$. De plus, pour toute partie universellement mesurable A de $\mathrm{Sp}(u)$, l'espace F est stable par le projecteur spectral p_{A} défini par A (prop. 9, *c*) de IV, p. 278).

Lemme 12. — *Soit* $\mathrm{F} \in \mathscr{F}_n^u$ *un sous-espace adapté à u. Tout vecteur propre de u appartenant à l'espace* $\mathrm{F}^\circ \cap \mathrm{E_b}$ *a une valeur propre* $\geqslant \lambda_n(u)$.

Soit ℓ tel que $\lambda_{n-1}(u) = \nu_\ell$. Soit $x \in \mathrm{F}^\circ \cap \mathrm{E_b}$ un vecteur propre de u pour une valeur propre λ, et soit $k < \mathrm{Card}(\mathrm{Sp_b}(u))$ tel que $\lambda = \nu_k$.

La condition $k < \ell$ est impossible, car $\nu_k < \nu_\ell$, et l'espace F contiendrait alors le sous-espace propre pour la valeur propre ν_k, contredisant le fait que x est orthogonal à F. Si $k = \ell$, alors x est un vecteur propre pour la valeur propre $\lambda_{n-1}(u)$; comme $x \in \mathrm{F}^\circ$, la multiplicité n_k est strictement supérieure au nombre d'entiers $i < n$ tels que $\lambda_i(u) = \nu_k$, ce qui implique que $\lambda_n(u) = \lambda_{n-1}(u)$. Enfin, si $k > \ell$, on a $\lambda = \nu_k > \nu_\ell = \lambda_{n-1}(u)$, donc $\lambda \geqslant \lambda_n(u)$.

Pour tout sous-espace F de E, on note

$$\widetilde{r}_{\mathrm{F}}(u) = \inf_{\substack{x \in \mathrm{dom}(u) \cap \mathrm{F}^\circ \\ x \neq 0}} \frac{\langle x \,|\, u(x) \rangle}{\|x\|^2},$$

$$\widetilde{\mathrm{R}}_{\mathrm{F}}(u) = \sup_{\substack{x \in \mathrm{dom}(u) \cap \mathrm{F} \\ x \neq 0}} \frac{\langle x \,|\, u(x) \rangle}{\|x\|^2}.$$

PROPOSITION 17. — a) *Pour tout entier $n \in \mathbf{N}$, on a*

$$\lambda_n(u) = \sup_{\mathrm{F} \in \mathscr{F}_n} \widetilde{r}_{\mathrm{F}}(u) = \inf_{\mathrm{F} \in \mathscr{F}^u_{n+1}} \widetilde{\mathrm{R}}_{\mathrm{F}}(u) \;;$$

b) *Pour tout entier $n <$ M et pour tout sous-espace $\mathrm{F} \in \mathscr{F}^u_n$ adapté à u, on a $\lambda_n(u) = \widetilde{r}_{\mathrm{F}}(u)$;*

c) *Pour tout entier $n <$ M et pour tout sous-espace $\mathrm{F} \in \mathscr{F}^u_{n+1}$ adapté à u, on a $\lambda_n(u) = \widetilde{\mathrm{R}}_{\mathrm{F}}(u)$.*

Il existe une base orthonormale $(e_n)_{0 \leqslant n < \mathrm{M}}$ de l'espace $\mathrm{E_b}$ telle que $e_n \in \mathrm{dom}(u)$ et $u(e_n) = \lambda_n(u) e_n$ pour tout n tel que $0 \leqslant n < \mathrm{M}$. Pour tout $x \in \mathrm{E_b} \cap \mathrm{dom}(u)$, on a donc

$$\langle x \,|\, u(x) \rangle = \sum_{0 \leqslant n < \mathrm{M}} \lambda_n(u) |\langle e_n \,|\, x \rangle|^2.$$

Pour tout entier n tel que $1 \leqslant n < \mathrm{M} + 1$, soit F_n le sous-espace de dimension n de $\mathrm{E_b}$ engendré par $(e_0, \dots, e_{n-1})$. On a $\mathrm{F}_n \subset \mathrm{dom}(u)$ et F_n est adapté à u.

Soient $n \in \mathbf{N}$ et $\mathrm{F} \in \mathscr{F}_n$. Démontrons que $\widetilde{r}_{\mathrm{F}}(u) \leqslant \lambda_n(u)$ et, par conséquent, que

$$\sup_{\mathrm{F} \in \mathscr{F}_n} \widetilde{r}_{\mathrm{F}}(u) \leqslant \lambda_n(u). \tag{19}$$

Si $0 \leqslant n < \mathrm{M}$, en particulier si M est infini, alors la restriction à F_{n+1} de l'orthoprojecteur de E sur F n'est pas injective, donc il existe $x \neq 0$

dans F_{n+1} orthogonal à F. Comme

$$\langle x \,|\, u(x)\rangle = \sum_{0 \leqslant i \leqslant n} \lambda_i(u)|\langle e_i \,|\, x\rangle|^2 = \lambda_n(u)|\langle e_n \,|\, x\rangle|^2 \leqslant \lambda_n(u)\|x\|^2,$$

on a $\widetilde{r}_{\mathrm{F}}(u) \leqslant \lambda_n(u)$.

Si $\mathrm{M} \in \mathbf{N}$ et $n \geqslant \mathrm{M}$, alors pour tout nombre réel $\varepsilon > 0$, il existe x de norme 1 dans $\mathrm{dom}(u)$ qui est orthogonal à F et dont la mesure spectrale μ_x est à support contenu dans $[\varrho_{\mathrm{e}}, \varrho_{\mathrm{e}} + \varepsilon]$ (lemme 11 et prop. 9, *a*) de IV, p. 278), d'où

$$\widetilde{r}_{\mathrm{F}}(u) \leqslant \langle x \,|\, u(x)\rangle = \int_{\mathrm{Sp}(u)} t\, d\mu_x(t) \leqslant \varrho_{\mathrm{e}} + \varepsilon = \lambda_n(u) + \varepsilon$$

par définition. Comme $\varepsilon > 0$ est arbitraire, on a donc $\widetilde{r}_{\mathrm{F}}(u) \leqslant \lambda_n(u)$. L'inégalité (19) est donc établie.

Soient $n \in \mathbf{N}$ et $\mathrm{F} \in \mathscr{F}^u_{n+1}$. Démontrons que $\widetilde{\mathrm{R}}_{\mathrm{F}}(u) \geqslant \lambda_n(u)$ et, par conséquent, que

$$\inf_{\mathrm{F} \in \mathscr{F}^u_{n+1}} \widetilde{\mathrm{R}}_{\mathrm{F}}(u) \geqslant \lambda_n(u). \tag{20}$$

Si $0 \leqslant n < \mathrm{M}$, observons que la restriction à F de l'orthoprojecteur sur F_n n'est pas injective, donc qu'il existe un vecteur $x \neq 0$ dans F orthogonal à F_n. Posons $x_{\mathrm{b}} = p_{\mathrm{Sp_b}(u)}(x)$ et $x_{\mathrm{h}} = p_{\mathrm{Sp_h}(u)}(x)$. On a donc $x = x_{\mathrm{b}} + x_{\mathrm{h}}$. Les éléments x_{b} et x_{h} appartiennent au domaine de u (prop. 9, *c*) de IV, p. 278) et sont orthogonaux à F_n. On a la minoration

$$\langle x_{\mathrm{b}} \,|\, u(x_{\mathrm{b}})\rangle = \sum_{i \geqslant n} \lambda_i(u)|\langle e_i \,|\, x_{\mathrm{b}}\rangle|^2 \geqslant \lambda_n(u)\|x_{\mathrm{b}}\|^2,$$

et $\langle x_{\mathrm{h}} \,|\, u(x_{\mathrm{h}})\rangle \geqslant \varrho_{\mathrm{e}}\|x_{\mathrm{h}}\|^2$ (formule (18)), d'où

$$\begin{aligned}\langle x \,|\, u(x)\rangle &= \langle x_{\mathrm{b}} \,|\, u(x_{\mathrm{b}})\rangle + \langle x_{\mathrm{h}} \,|\, u(x_{\mathrm{h}})\rangle \\ &\geqslant \lambda_n(u)\|x_{\mathrm{b}}\|^2 + \varrho_{\mathrm{e}}\|x_{\mathrm{h}}\|^2 \geqslant \lambda_n(u)\|x\|^2.\end{aligned}$$

Si M est fini et $n \geqslant \mathrm{M}$, il existe $x \neq 0$ dans F orthogonal à $\mathrm{E_b}$, donc $x \in \mathrm{E_h}$, et

$$\langle x \,|\, u(x)\rangle \geqslant \varrho_{\mathrm{e}}\|x\|^2 = \lambda_n(u)\|x\|^2$$

d'après (18). L'inégalité (20) est donc démontrée.

Nous allons maintenant démontrer les assertions *b*) et *c*), qui impliquent que les inégalités (19) et (20) sont des égalités lorsque $n < \mathrm{M}$.

Démontrons l'assertion *b*). Soit $F \in \mathscr{F}_n^u$ un espace adapté à u. On a la somme hilbertienne

$$F^\circ = E_h \oplus \bigoplus_{\substack{\lambda \in \mathrm{Sp}_b(u) \\ \lambda > \lambda_{n-1}(u)}} \mathrm{Ker}(u - \lambda \cdot 1_E) \oplus (F^\circ \cap \mathrm{Ker}(u - \lambda_{n-1}(u) \cdot 1_E)).$$

Soit $x \in F^\circ - \{0\}$. Écrivons $x = x_h + y + z$, où $x_h \in E_h$ et y (resp. z) appartient au deuxième (resp. troisième) espace de la décomposition ci-dessus. En utilisant de nouveau (18) et le fait que toute valeur propre $\lambda > \lambda_{n-1}(u)$ de u est $\geqslant \lambda_n(u)$, on obtient

$$\begin{aligned}\langle x \mid u(x) \rangle &= \langle x_h \mid u(x_h) \rangle + \langle y \mid u(y) \rangle + \langle z \mid u(z) \rangle \\ &\geqslant \varrho_e \|x_h\|^2 + \lambda_n(u)\|y\|^2 + \lambda_{n-1}(u)\|z\|^2.\end{aligned}$$

Si $z \neq 0$, alors d'après le lemme 12, on a $\lambda_n(u) = \lambda_{n-1}(u)$. On en déduit donc que $\langle x \mid u(x) \rangle \geqslant \lambda_n(u)\|x\|^2$, d'où $\widetilde{r}_F(u) \geqslant \lambda_n(u)$. Combiné avec (19), cela implique l'assertion *b*).

Démontrons l'assertion *c*). Soit $F \in \mathscr{F}_{n+1}^u$ un sous-espace adapté à u. Soit $(f_i)_{0 \leqslant i \leqslant n}$ une base orthonormale de F telle que $u(f_i) = \lambda_i(u) f_i$ pour $0 \leqslant i \leqslant n$. Pour tout $x \in F$, on a

$$\langle x \mid u(x) \rangle = \sum_{0 \leqslant i \leqslant n} \lambda_i(u) |\langle f_i \mid x \rangle|^2 \leqslant \lambda_n(u)\|x\|^2,$$

avec égalité si $x = f_n$, donc $\widetilde{R}_F(u) = \lambda_n(u)$.

Démontrons finalement que (19) et (20) sont des égalités lorsque $n \geqslant M$. Dans ce cas, M est fini, donc E_b est contenu dans le domaine de u ; de plus, on a $\lambda_n(u) = \varrho_e$ par définition.

Il existe $F \in \mathscr{F}_n$ contenant E_b. Tout élément $x \neq 0$ de $\mathrm{dom}(u)$ orthogonal à F est donc orthogonal à E_b, et vérifie

$$\frac{\langle x \mid u(x) \rangle}{\|x\|^2} \geqslant \varrho_e$$

(formule (18)), donc $\widetilde{r}_F(u) \geqslant \varrho_e = \lambda_n(u)$, et par conséquent

$$\sup_{F \in \mathscr{F}_n} \widetilde{r}_F(u) \geqslant \lambda_n(u).$$

Soit $\varepsilon > 0$. Puisque E_b est de dimension finie, il existe d'après le lemme 11 une famille orthonormale $(x_i)_{i \in I}$ d'éléments de E telle que le sous-espace F engendré par E_b et $(x_i)_{i \in I}$ est de dimension $n + 1$ et est contenu dans dom(u), et telle que $\langle x_i \,|\, u(x_i)\rangle \leqslant \varrho_e + \varepsilon$ pour tout $i \in \mathrm{I}$. On a alors $\widetilde{\mathrm{R}}_{\mathrm{F}}(u) \leqslant \varrho_e + \varepsilon$. Comme $\varepsilon > 0$ est arbitraire, on conclut que

$$\inf_{\mathrm{F} \in \mathscr{F}^u_{n+1}} \widetilde{\mathrm{R}}_{\mathrm{F}}(u) \leqslant \varrho_e = \lambda_n(u).$$

La proposition est démontrée.

10. Perturbation compacte et spectre essentiel

Dans ce numéro, E est un espace hilbertien complexe *de dimension infinie.*

Lemme 13. — *Soit* I *une famille orthonormale de* E. *La famille* I *converge faiblement vers* 0 *selon le filtre des complémentaires des parties finies de* I.

Soit $x \in \mathrm{E}$. D'après l'inégalité de Bessel (EVT, V, p. 21, prop. 4) et TG, IV, p. 37, th. 1, la famille $(|\langle e_i \,|\, x\rangle|^2)_{i \in \mathrm{I}}$ est sommable, donc $\langle e_i \,|\, x\rangle$ tend vers 0 selon le filtre des complémentaires des parties finies de I (TG, III, p. 38, prop. 1).

PROPOSITION 18. — *Soient* u *un opérateur partiel auto-adjoint sur* E *et* λ *un nombre réel. On a* $\lambda \in \mathrm{Sp}_e(u)$ *si et seulement s'il existe une suite orthonormale* $(x_n)_{n \in \mathbf{N}}$ *dans* E *telle que* $u(x_n) - \lambda x_n$ *tend vers* 0 *dans* E.

Supposons d'abord que $\lambda \in \mathrm{Sp}_e(u)$. Si le projecteur spectral de u relatif à $\{\lambda\}$ est de rang infini, toute suite orthonormale (x_n) dans son image répond à la question (*cf.* cor. de la prop. 9 de IV, p. 278). On supposera dans le suite que ce n'est pas le cas.

Pour tout $k \in \mathbf{N}$, soit J_k l'ensemble des $t \in [\lambda - 1, \lambda + 1]$ tels que

$$\frac{1}{k+2} < |t - \lambda| \leqslant \frac{1}{k+1}.$$

Les ensembles J_k sont deux à deux disjoints. De plus, pour tout entier $\mathrm{K} \in \mathbf{N}$, les ensembles $(\mathrm{J}_k)_{k \geqslant \mathrm{K}}$ forment une partition de l'ensemble

$$\mathrm{I}_{\mathrm{K}} = [\lambda - 1/(\mathrm{K}+1), \lambda + 1/(\mathrm{K}+1)] - \{0\}.$$

Comme le projecteur spectral de u relatif à $\mathrm{I}_{\mathrm{K}} \cup \{0\}$ est de rang infini (lemme 9 de IV, p. 297) et que celui relatif à $\{\lambda\}$ est supposé être de rang fini, on déduit de la prop. 8 de IV, p. 278 qu'il existe une suite $(k_n)_{n \in \mathbf{N}}$ strictement croissante dans $\mathbf{N}$ telle que le projecteur spectral p_n de u relatif à J_{k_n} est non nul. Soit x_n un vecteur de norme 1 dans l'image de p_n. La suite (x_n) est orthonormale, puisque l'image de p_n est orthogonale à celle de p_m pour tous $n \neq m$ dans $\mathbf{N}$.

Soit $n \in \mathbf{N}$. Notons μ_n la mesure spectrale de x_n relative à u ; son support est contenu dans J_{k_n} (prop. 9 de IV, p. 278). Il vient

$$\|u(x_n) - \lambda x_n\|^2 = \int_{\mathbf{C}} |t-\lambda|^2 d\mu_n(t) \leqslant \frac{1}{k_n^2},$$

donc la suite $(x_n)_{n \in \mathbf{N}}$ a la propriété demandée.

Supposons réciproquement qu'il existe une suite orthonormale $(x_n)_{n \in \mathbf{N}}$ dans E telle que $u(x_n) - \lambda x_n \to 0$. Notons μ_n la mesure spectrale de x_n relative à u.

Soit $\varepsilon > 0$. Notons p_ε le projecteur spectral de u relatif à l'intervalle ouvert $\mathrm{I}_\varepsilon =]\lambda - \varepsilon, \lambda + \varepsilon[$. Pour tout $n \in \mathbf{N}$, il vient

$$\begin{aligned} 1 = \|x_n\|^2 &= \mu_n(\mathrm{I}_\varepsilon) + \mu_n(\mathbf{R} - \mathrm{I}_\varepsilon) \\ &\leqslant \mu_n(\mathrm{I}_\varepsilon) + \frac{1}{\varepsilon^2} \int_{\mathbf{R} - \mathrm{I}_\varepsilon} |t-\lambda|^2 d\mu_n(t) \\ &= \|p_\varepsilon(x_n)\|^2 + \frac{1}{\varepsilon^2} \|u(x_n) - \lambda x_n\|^2. \end{aligned}$$

L'hypothèse sur la suite (x_n) implique donc que la norme de $p_\varepsilon(x_n)$ ne peut tendre vers 0. Comme la suite orthonormale (x_n) converge faiblement vers 0 dans E (lemme 13), le projecteur p_ε ne peut pas être compact (cor. de la prop. 6 de III, p. 6) et il est par conséquent de rang infini. Comme cela vaut pour tout $\varepsilon > 0$, le lemme 9 de IV, p. 297 permet de conclure que $\lambda \in \mathrm{Sp_e}(u)$.

Le théorème suivant est l'analogue pour les opérateurs partiels auto-adjoints du théorème 3 de III, p. 93.

THÉORÈME 4. — *Soit u un opérateur partiel auto-adjoint sur* E. *Le spectre essentiel de u est l'intersection des ensembles* $\mathrm{Sp}(u+v)$ *où v parcourt l'ensemble des endomorphismes compacts hermitiens de* E.

L'opérateur partiel $u + v$ est auto-adjoint pour tout endomorphisme hermitien v de E puisque $(u+v)^* = u^* + v^*$ (*cf.* IV, p. 236).

Démontrons que si v est compact, alors $\mathrm{Sp_e}(u) \subset \mathrm{Sp_e}(u+v)$. Soit $\lambda \in \mathrm{Sp_e}(u)$ et soit $(x_n)_{n \in \mathbf{N}}$ une suite orthonormale dans E telle que $u(x_n) - \lambda x_n$ converge vers 0 (prop. 18). La suite (x_n) converge faiblement vers 0 dans E (lemme 13) et comme l'endomorphisme v est compact, la suite $(v(x_n))_{n \in \mathbf{N}}$ converge vers 0 dans E (cor. de la prop. 6 de III,

p. 6). Par conséquent la suite $(u+v)(x_n) - \lambda x_n$ converge vers 0 dans E, et la prop. 18 implique que $\lambda \in \mathrm{Sp_e}(u+v)$.

Le spectre essentiel de u est donc contenu dans l'intersection des ensembles $\mathrm{Sp}(u+v)$ pour $v \in \mathscr{L}^{\mathrm{c}}(\mathrm{E})$ hermitien.

Réciproquement, soit $\lambda \in \mathrm{Sp_s}(u)$. Notons E_λ le sous-espace propre de u relatif à λ, et p_λ l'orthoprojecteur d'image E_λ ; c'est le projecteur spectral de u relatif à $\{\lambda\}$ (cor. de la prop. 9 de IV, p. 278). Par définition du spectre sensible, le projecteur p_λ est de rang fini, donc compact. Posons $w = u + p_\lambda$; c'est un opérateur partiel auto-adjoint. Pour conclure la démonstration, vérifions que λ appartient à l'ensemble résolvant de w.

On a $\mathrm{E}_\lambda \subset \mathrm{dom}(u)$ et les espaces E_λ et $\mathrm{dom}(u) \cap \mathrm{E}_\lambda^\circ$ sont stables par u (prop. 9 de IV, p. 278).

Soit $x \in \mathrm{dom}(u)$. Écrivons $x = p_\lambda(x) + y$ où $y \in \mathrm{dom}(u) \cap \mathrm{E}_\lambda^\circ$. D'après ce qui précède, on a

$$(21) \qquad \|w(x) - \lambda x\|^2 = \|p_\lambda(x)\|^2 + \|w(y) - \lambda y\|^2.$$

Soient V un voisinage ouvert de λ ne rencontrant pas le spectre de u et $c > 0$ tel que le disque de centre λ et de rayon c est contenu dans V. Soit μ_y la mesure spectrale de y relative à u. Comme y est orthogonal à E_λ, le support de μ_y ne rencontre pas V (*loc. cit.*). On a alors

$$(22) \qquad \|w(y) - \lambda y\|^2 = \|u(y) - \lambda y\|^2 = \int_{\mathbf{C}} |t - \lambda|^2 \, d\mu_y(t) \geqslant c^2 \|y\|^2.$$

On conclut de (21) et (22) que $\|w(x) - \lambda x\|^2 \geqslant \inf(c^2, 1)\|x\|^2$; puisque w est auto-adjoint et $\lambda \in \mathbf{R}$, la conclusion résulte alors du lemme 5 de IV, p. 248.

COROLLAIRE. — *Soient u un opérateur partiel auto-adjoint sur* E *et v un endomorphisme compact hermitien de* E. *On a* $\mathrm{Sp_e}(u+v) = \mathrm{Sp_e}(u)$.

Cela résulte aussitôt du théorème.

11. Perturbation

Dans ce numéro, E est un espace hilbertien complexe.

Si u est un opérateur partiel auto-adjoint sur E et $v \in \mathscr{L}(\mathrm{E})$ est un endomorphisme hermitien, alors $u + v$ est auto-adjoint (*cf.* IV, p. 236). Ce n'est pas le cas en général lorsque v est un opérateur partiel symétrique (exercice 9 de IV, p. 347). Nous allons cependant obtenir des résultats positifs de ce type dans ce numéro.

DÉFINITION 11. — *Soit* u *un opérateur partiel sur* E. *Un opérateur partiel* v *sur* E *est dit* borné relativement à u *si* $\mathrm{dom}(u) \subset \mathrm{dom}(v)$ *et si* v *définit, par passage au sous-espace, une application linéaire continue de* E_u *dans* E.

Soit u un opérateur partiel sur E. Soit v un opérateur partiel borné relativement à u. Il existe un nombre réel m tel que

$$\|v(x)\| \leqslant m(\|x\| + \|u(x)\|)$$

pour tout $x \in \mathrm{dom}(u)$. On appelle *norme relative* de v par rapport à u, et on note $\|v\|_u$, la borne inférieure des nombres réels $a \geqslant 0$ tels qu'il existe un nombre réel b tel que

$$\|v(x)\| \leqslant a\|u(x)\| + b\|x\|$$

pour tout $x \in \mathrm{dom}(u)$. La norme relative de v est donc inférieure à la norme de la restriction de v à l'espace E_u.

Remarque. — Soit u un opérateur partiel sur E. Tout endomorphisme $v \in \mathscr{L}(E)$ est borné relativement à u et sa norme relative est nulle puisque $\|v(x)\| \leqslant \|v\|\,\|x\|$ pour tout $x \in \mathrm{dom}(u)$, ce qui permet de prendre $a = 0$ dans l'inégalité ci-dessus.

THÉORÈME 5 (Kato–Rellich). — *Soient* u *un opérateur partiel auto-adjoint sur* E *et* v *un opérateur partiel symétrique borné relativement à* u. *Si la norme relative* $\|v\|_u$ *est* < 1, *alors l'opérateur partiel* $u + v$ *de domaine* $\mathrm{dom}(u)$ *est auto-adjoint.*

Puisque $\|v\|_u < 1$, il existe par définition des nombres réels positifs a et b tels que $a < 1$ et $\|v(x)\| \leqslant a\|u(x)\| + b\|x\|$ pour tout $x \in \mathrm{dom}(u)$.

Soit $t \in \mathbf{R}^*$. Posons $w_t = v \circ R(u, it)$. On a $\mathrm{dom}(w_t) = E$ puisque l'image de $R(u, it)$ est contenue dans le domaine de u, qui est contenu dans le domaine de v par hypothèse. Soit $x \in \mathrm{dom}(u)$. Comme u est auto-adjoint, on a

$$\begin{aligned}\|(it - u)x\|^2 &= \|itx\|^2 + \|u(x)\|^2 - it\langle x \mid u(x)\rangle + it\langle u(x) \mid x\rangle \\ &= |t|^2\|x\|^2 + \|u(x)\|^2,\end{aligned}$$

d'où les inégalités $\|u(x)\| \leqslant \|(it - u)x\|$ et $\|x\| \leqslant |t|^{-1}\|(it - u)x\|$. Mais alors, il vient

$$\|v(x)\| \leqslant (a + b|t|^{-1})\|(it - u)x\|.$$

En particulier, posons $x = \mathrm{R}(u, it)y$ pour $y \in \mathrm{E}$; on obtient

$$\|w_t(y)\| \leqslant (a + b|t|^{-1})\|y\|.$$

On en déduit que $w_t \in \mathscr{L}(\mathrm{E})$ et que $\|w_t\| \leqslant a + |t|^{-1}b$.

Puisque $a < 1$, il existe $t \in \mathbf{R}_+^*$ tel que $a + b|t|^{-1} < 1$. On a alors $\|w_t\| < 1$ et $\|w_{-t}\| < 1$; les endomorphismes $1_\mathrm{E} - w_t$ et $1_\mathrm{E} - w_{-t}$ de E sont donc inversibles (prop. 2 de I, p. 22). Comme on a la formule $(1_\mathrm{E} - w_t) \circ (it - u) = it - (u + v)$, cela implique que $u + v - it$ est surjectif ; de même, l'opérateur partiel $u + v + it$ est surjectif. Il en résulte que $u + v$ est auto-adjoint (prop. 11 de IV, p. 240).

12. Opérateurs à résolvante compacte

Dans ce numéro, E désigne un espace hilbertien complexe *de dimension infinie.*

PROPOSITION 19. — *Soit u un opérateur partiel auto-adjoint sur* E. *Les conditions suivantes sont équivalentes* :

(i) *Il existe une base orthonormale* $\mathrm{B} = (e_j)_{j \in \mathrm{J}}$ *de* E *telle que u est diagonal dans la base* B *et la valeur absolue de la famille des valeurs propres de u tend vers l'infini suivant le filtre des complémentaires des parties finies de* J ;

(ii) *Pour tout λ appartenant à l'ensemble résolvant de u, la résolvante* $\mathrm{R}(u, \lambda)$ *est compacte* ;

(iii) *Il existe un nombre complexe λ appartenant à l'ensemble résolvant de u tel que la résolvante* $\mathrm{R}(u, \lambda)$ *est compacte* ;

(iv) *Le spectre de u coïncide avec le spectre sensible de u.*

Supposons que (i) est vérifiée et soit $(\lambda_j)_{j \in \mathrm{J}}$ la famille des valeurs propres de u. Soit μ la mesure de comptage sur J. Le spectre de u est l'image μ-essentielle de la famille (λ_j) (prop. 22 de IV, p. 252) ; c'est l'ensemble des valeurs de cette famille. Pour tout $\lambda \notin \mathrm{Sp}(u)$, la résolvante $\mathrm{R}(u, \lambda)$ est diagonale dans la base B et la famille de ses valeurs propres est $((\lambda - \lambda_j)^{-1})_{j \in \mathrm{J}}$ (*loc. cit.*). Puisque cette famille converge vers 0, l'endomorphisme $\mathrm{R}(u, \lambda)$ est compact (prop. 2, (iii) de IV, p. 148). Cela démontre que (i) implique (ii).

Comme l'ensemble résolvant de u est non vide (*cf.* prop. 17 de IV, p. 248), les propriétés (ii) et (iii) sont équivalentes d'après la formule (8) de IV, p. 245 et la proposition 3 de III, p. 5.

Comme $R(u, \lambda)$ est normal pour $\lambda \notin Sp(u)$ (prop. 16 de IV, p. 247), la condition (iii) implique (iv) d'après la prop. 15 de IV, p. 247 et la prop. 5 de III, p. 90.

Démontrons finalement que (iv) implique (i). Soit $\mathscr{O}$ l'ensemble des parties orthonormales de E formées de vecteurs propres pour u. L'ensemble $\mathscr{O}$, ordonné par l'inclusion, est de caractère fini (E, III, p. 34, déf. 2) puisque O appartient à $\mathscr{O}$ si et seulement si les ensembles formés d'au plus deux éléments de O appartiennent à $\mathscr{O}$. D'après E, III, p. 35, th. 1, il existe un élément maximal O de $\mathscr{O}$. Notons F le sous-espace fermé de E engendré par O. Pour $e \in O$, il existe un unique $\lambda(e) \in \mathbf{R}$ tel que $u(e) = \lambda(e)e$ (prop. 17 de IV, p. 248).

L'ensemble des valeurs de l'application λ de O dans $\mathbf{R}$ coïncide avec le spectre de u. En effet, d'une part cet ensemble est contenu dans le spectre de u et d'autre part, s'il existe $\lambda_0 \in Sp(u)$ qui ne soit pas une valeur de λ, alors λ_0 est une valeur propre de u par hypothèse. Il existe un vecteur $e \in dom(u)$ de norme 1 tel que $u(e) = \lambda_0 e$ et $e \notin O$; le sous-ensemble $O \cup \{e\}$ est orthonormal (puisque des sous-espaces propres de u relatifs à des valeurs propres distinctes sont orthogonaux d'après l'assertion *b*) du cor. de la prop. 17 de IV, p. 248) ; il appartient à $\mathscr{O}$, contredisant la maximalité de O.

Supposons que $F \neq E$. Alors F° est non nul. L'endomorphisme $R(u, i)$ de E est normal (prop. 16 de IV, p. 247). Il laisse stable le sous-espace F° de E (lemme 4 de I, p. 135). Soit v l'endomorphisme de F° déduit de $R(u, i)$ par passage aux sous-espaces. C'est un endomorphisme continu et normal de F° (*loc. cit.*) dont le spectre est contenu dans celui de $R(u, i)$. Comme F° est non nul, le spectre de v est non vide (cor. 1 de I, p. 26). De plus, le spectre de v n'est pas réduit à 0, puisque l'endomorphisme normal v est non nul (exemple 1 de I, p. 110). Soit $s \in Sp(v) - \{0\}$. Comme s appartient au spectre de $R(u, i)$, il existe $e \in O$ tel que $s = (i - \lambda(e))^{-1}$, et s est une valeur propre de $R(u, i)$ (prop. 15, *a*) de IV, p. 247). Comme s est non nul, c'est un point isolé de $Sp(R(u, i))$ par hypothèse, donc aussi de $Sp(v)$. Ainsi, s est une valeur propre de v (prop. 5, *c*) de I, p. 134). Soit $e \in F^\circ$ un vecteur propre de norme 1 de v ; c'est également un vecteur propre de u (prop. 15, *b*) de IV, p. 247), et l'ensemble $O \cup \{e\}$ contredit le fait que O est maximal dans $\mathscr{O}$. On a donc $F = E$.

La famille des éléments de O est donc une base orthonormale de E formée de vecteurs propres de u. Le spectre de u est fermé dans $\mathbf{R}$, et le spectre sensible est discret ; comme ces ensembles coïncident, l'ensemble des éléments $\lambda \in \mathrm{Sp}(u)$ tels que $|\lambda| \leqslant \mathrm{R}$ est compact, donc fini, pour tout $\mathrm{R} > 0$. Ainsi la famille des valeurs absolues des valeurs propres de u tend vers l'infini suivant le filtre des complémentaires des parties finies de O. Donc (iv) implique (i).

DÉFINITION 12. — *Soit u un opérateur partiel auto-adjoint sur* E. *On dit que u est* à résolvante compacte *si les conditions équivalentes de la prop.* 19 *sont satisfaites.*

PROPOSITION 20. — *Soit u un opérateur partiel auto-adjoint sur* E. *Alors u est à résolvante compacte si et seulement si l'injection canonique j de l'espace hilbertien E_u dans* E *est compacte.*

Supposons que u est à résolvante compacte. Il existe $\lambda \notin \mathrm{Sp}(u)$ tel que $\mathrm{R}(u, \lambda)$ est compacte (prop. 19, (iii)). Soit B la boule unité de l'espace hilbertien E_u. Puisque u est une application linéaire continue de E_u dans E, le sous-ensemble $\mathrm{B}' = (\lambda 1_{\mathrm{E}} - u)(\mathrm{B})$ de E est borné. Puisque $\mathrm{R}(u, \lambda)$ est compacte, le sous-ensemble $\mathrm{B} = \mathrm{R}(u, \lambda)(\mathrm{B}')$ est relativement compact dans E (remarque 1 de III, p. 2). Cela démontre que j est compacte.

Réciproquement, supposons que l'application linéaire j est compacte. Le nombre complexe i appartient à l'ensemble résolvant de u (prop. 17 de IV, p. 248). On a $u \circ \mathrm{R}(u, i) = -1_{\mathrm{E}} + i\mathrm{R}(u, i)$. Soit B la boule unité de E. Pour tout $x \in \mathrm{B}$, on a

$$\|u \circ \mathrm{R}(u, i)(x)\| = \|-x + i\mathrm{R}(u, i)(x)\| \leqslant 1 + \|\mathrm{R}(u, i)\|,$$

et par conséquent

$$\begin{aligned} \|\mathrm{R}(u, i)x\|_u^2 &= \|\mathrm{R}(u, i)x\|^2 + \|u \circ \mathrm{R}(u, i)x\|^2 \\ &\leqslant \|\mathrm{R}(u, i)\|^2 + (1 + \|\mathrm{R}(u, i)\|)^2. \end{aligned}$$

L'image C de B par $\mathrm{R}(u, i)$ est donc bornée dans E_u ; comme j est compacte par hypothèse, l'ensemble $\mathrm{C} = j(\mathrm{C})$ est relativement compact dans E (III, *loc. cit.*). Par conséquent, la résolvante $\mathrm{R}(u, i)$ est compacte et u est à résolvante compacte (prop. 19, (iii)).

COROLLAIRE. — *Soient q une forme partielle positive fermée sur* E *et u l'opérateur auto-adjoint positif représentant q. Les conditions suivantes sont équivalentes :*

(i) *L'opérateur partiel u est à résolvante compacte ;*

(ii) *L'endomorphisme positif* $\sqrt{(1_E + u)^{-1}} = (1_E + u)^{-1/2}$ *de* E *est compact* ;

(iii) *L'injection canonique* j *de l'espace hilbertien* E_q (déf. 9 de IV, p. 292) *dans* E *est compacte.*

Comme u est positif, le nombre réel -1 appartient à l'ensemble résolvant de u (prop. 17 de IV, p. 248), donc l'endomorphisme positif $v = \sqrt{(1_E + u)^{-1}}$ est défini, et on a $v = (1_E + u)^{-1/2}$ d'après le calcul fonctionnel.

L'endomorphisme v est compact si et seulement si $v^2 = (1_E + u)^{-1}$ est compact (prop. 6 de III, p. 91), c'est-à-dire si et seulement si u est à résolvante compacte (prop. 19, (iii)). Cela démontre que les conditions (i) et (ii) sont équivalentes.

Supposons que l'endomorphisme v est compact. Soit B la boule unité de l'espace hilbertien E_q. Puisque $(1_E + u)^{1/2}$ est une application linéaire continue de E_q dans E (cor. du th. 3 de IV, p. 294), le sous-ensemble $B' = (1_E + u)^{1/2}(B)$ de E est borné, donc le sous-ensemble $j(B) = B = v(B')$ est relativement compact dans E (remarque 1 de III, p. 2). Cela démontre que j est compacte. Donc (ii) implique (iii).

L'application linéaire $\widetilde{v} : x \mapsto (1_E + u)^{-1/2}(x)$ de E dans E_q est bien définie et isométrique (cor. du th. 3 de IV, p. 294). Comme $v = j \circ \widetilde{v}$, la condition (iii) implique (ii) (prop. 3 de III, p. 5).

Exemple. — Soit $n \in \mathbf{N}$. Soit U un ouvert de $\mathbf{R}^n$. On munit U de la mesure de Lebesgue, notée μ. Soit Δ l'opérateur différentiel scalaire $-\sum_{i=1}^{n} \partial_i^2$ sur U. L'opérateur partiel Δ_- de domaine $\mathscr{D}(U)$ défini par $\varphi \mapsto \Delta(\varphi)$ est fermable (prop. 13 de IV, p. 242) et symétrique (IV, p. 243). Il est positif, puisque pour tout $\varphi \in \mathscr{D}(U)$, on a

$$\begin{aligned}\langle \varphi \,|\, \Delta_-(\varphi) \rangle &= \int_U \overline{\varphi} \Delta(\varphi) \, d\mu = -\sum_{i=1}^{n} \int_U \overline{\varphi} \, \partial_i^2 \varphi \, d\mu \\ &= \sum_{i=1}^{n} \int_U \overline{\partial_i \varphi} \, \partial_i \varphi \, d\mu = \int_U \sum_{i=1}^{n} |\partial_i \varphi|^2 \, d\mu \geqslant 0.\end{aligned}$$

On note Δ_D l'extension de Friedrichs de l'opérateur partiel positif symétrique Δ_- (IV, p. 295, exemple) ; c'est un laplacien sur U, appelé *laplacien de Dirichlet sur* U.

Soit q la forme partielle positive associée à Δ_D. Le domaine de q est l'espace hilbertien complété de $\mathscr{D}(U)$ pour la forme hermitienne positive définie par

$$(\varphi_1, \varphi_2) \mapsto \int_U \overline{\varphi}_1 \varphi_2 + \sum_{i=1}^{n} \int_U \overline{\partial_i \varphi_1} \partial_i \varphi_2$$

pour tout $(\varphi_1, \varphi_2) \in \mathscr{D}(U) \times \mathscr{D}(U)$. Autrement dit, le domaine de q est l'espace de Sobolev $H_0^1(U)$ (n° 14 de IV, p. 221).

*Supposons que U est borné. L'injection canonique de $H_0^1(U)$ dans $L^2(U)$ est compacte; le laplacien de Dirichlet sur U est donc un opérateur à résolvante compacte (cor. de la prop. 20). Comme l'espace hilbertien $H_0^1(U)$ est de type dénombrable (prop. 20 de IV, p. 222), et comme l'image de Δ_D est de dimension infinie, il existe une suite croissante $(\lambda_n)_{n \geqslant 0}$ de nombre réels tendant vers $+\infty$ et une base orthonormale $(f_n)_{n \in \mathbf{N}}$ de $L^2(U)$, dont les éléments appartiennent au domaine de Δ_D, telle que $\Delta_D(f_n) = \lambda_n f_n$ pour tout $n \in \mathbf{N}$. On peut démontrer (« loi de Weyl ») que lorsque T tend vers $+\infty$, on a

$$\sum_{\substack{n \in \mathbf{N} \\ \lambda_n \leqslant T}} 1 \sim \frac{c_n}{(2\pi)^n} m T^{n/2}$$

où $c_n = \pi^{n/2}/\Gamma(1 + n/2)$ est le volume de la boule unité dans $\mathbf{R}^n$ (INT, V, p. 101, § 8, n° 7) et $m > 0$ est la mesure de Lebesgue de U.*

Exercices

§ 1

1) Soit $E = \ell^2_{\mathbf{C}}(\mathbf{N})$ et soit $u \in \mathscr{L}(E)$ l'endomorphisme tel que $u(x_0, \ldots, x_n, \ldots) = (0, x_0, \ldots, x_n, \ldots)$ pour tout $(x_n)_{n\in\mathbf{N}}$ dans E. Soit (e_n) la base orthonormale canonique de E.

a) Pour tout $v \in \mathscr{L}(E)$ tel que $\|v\| < 1/2$, le vecteur e_0 n'est pas adhérent à l'image de $u + v$.

b) La boule ouverte dans $\mathscr{L}(E)$ de rayon $1/2$ centrée en u ne contient aucun endomorphisme diagonalisable de E.

2) Soit E un espace hilbertien complexe. Démontrer directement qu'un endomorphisme u de E est un endomorphisme de Fredholm si et seulement si $\pi(u)$ est inversible dans $\mathscr{C}alk(E)$ (« théorème d'Atkinson »). (Utiliser les propriétés spectrales des opérateurs compacts, *cf.* § 1 de IV, p. 146.)

3) Soit E un espace hilbertien complexe et soit $B = (e_i)_{i\in I}$ une base orthonormale de E. Pour tout $i \in I$, on note p_i l'orthoprojecteur d'image $\mathbf{C}e_i$.

a) Soit K une partie précompacte de E. Pour tout $\varepsilon > 0$, il existe un sous-ensemble fini J de I tel que, pour tout $x \in K$, $\|x - \sum_{i\in J} p_j(x)\| \leqslant \varepsilon$.

b) Soit $u \in \mathscr{D}_B(E)$ et notons $\lambda = (\lambda_i)_{i\in I}$ sa famille des valeurs propres. La famille $(\lambda_i p_i)$ est sommable dans $\mathscr{L}(E)$ muni de la topologie de la convergence précompacte et sa somme est égale à u (*cf.* prop. 1 de IV, p. 147)

4) Soit E un espace hilbertien complexe de dimension infinie. Il existe un endomorphisme compact de E qui n'est pas de trace finie.

5) *a*) Soit $E = L^2([0,1], \mu)$ où μ est la mesure de Lebesgue. L'image A de l'algèbre $L^\infty([0,1], \mu)$ par l'application qui à f associe l'endomorphisme de multiplication par f est une sous-algèbre commutative maximale de $\mathscr{L}(E)$ qui n'est pas de la forme $\mathscr{D}_B(E)$ pour une base orthonormale B de E. (Vérifier que l'algèbre A ne contient pas de projecteur minimal.)
b) Soit E un espace hilbertien de dimension infinie. Il existe une sous-algèbre commutative maximale de $\mathscr{L}(E)$ qui n'est pas de la forme $\mathscr{D}_B(E)$ pour B une base orthonormale de E.

6) Soit E un espace hilbertien complexe.
a) Soit u un endomorphisme compact normal de E. Tout sous-espace fermé de E invariant par u est invariant par u^*.
b) Si E est de dimension infinie, il existe un endomorphisme normal u de E et un sous-espace fermé $F \subset E$ tels que :

(i) On a $u(F) \subset F$;

(ii) L'espace F n'est pas invariant par u^* ;

(iii) L'espace F° n'est pas invariant par u ;

(iv) L'endomorphisme de F induit par u par passage aux sous-espaces n'est pas normal.

7) Le but de cet exercice est de donner une preuve plus directe du théorème 1 de IV, p. 149. Soient E un espace hilbertien complexe de dimension infinie et u un endomorphisme compact et normal de E.
a) Montrer que, pour tout nombre complexe λ non nul, l'espace propre $\mathrm{Ker}(u - \lambda 1_E)$ est de dimension finie.
b) Supposons u hermitien. Montrer qu'il existe $x_0 \neq 0$ dans E tel que

$$\frac{\|u(x_0)\|^2}{\|x_0\|^2} = \sup_{x \in E - \{0\}} \frac{\|u(x)\|^2}{\|x\|^2}.$$

c) Montrer que x_0 est un vecteur propre de u pour une valeur propre λ telle que $|\lambda| = \|u\|$.
d) Montrer qu'il existe un ensemble dénombrable I, une famille orthonormale $(e_i)_{i \in I}$ dans E et une famille $(\lambda_i)_{i \in I}$ de nombres réels tels que

$$u(x) = \sum_{i \in I} \lambda_i \langle e_i \,|\, x \rangle e_i$$

pour tout $x \in E$.
e) Étendre le résultat au cas où u est compact et normal. (Écrire $u = u_1 + iu_2$ où u_1 et u_2 sont compacts, hermitiens et permutables.)

8) On munit le groupe $\mathbf{R}/\mathbf{Z}$ de sa mesure de Haar normalisée μ.

a) Soit $h \in \mathscr{L}^2(\mathbf{R}/\mathbf{Z})$. Pour $f \in \mathscr{L}^2(\mathbf{R}/\mathbf{Z})$, on définit une fonction $\mathrm{C}_h(f)$ sur $\mathbf{R}/\mathbf{Z}$ par la formule

$$\mathrm{C}_h(f)(x) = \int_{\mathbf{R}/\mathbf{Z}} f(t)h(x-t)d\mu(t).$$

L'application $f \mapsto \mathrm{C}_h(f)$ est un endomorphisme continu de $\mathscr{L}^2(\mathbf{R}/\mathbf{Z})$, et définit par passage aux quotients un endomorphisme compact normal de $\mathrm{L}^2(\mathbf{R}/\mathbf{Z})$.

b) Déterminer le spectre de C_h et la multiplicité spectrale des éléments de ce spectre. (Développer h en série de Fourier.)

c) Il existe $h \in \mathscr{C}(\mathbf{R}/\mathbf{Z})$ tel que C_h n'est pas de trace finie.

9) On note E l'espace hilbertien complexe $\mathrm{L}^2([0,1])$ des fonctions de carré intégrable sur $[0,1]$ par rapport à la mesure de Lebesgue μ.

Soit $u_0 \in \mathscr{L}(\mathrm{E})$ l'endomorphisme de Volterra sur E, tel que

$$u_0(f)(x) = \int_{[0,x]} f(t)d\mu(t)$$

pour tout $f \in \mathrm{L}^2([0,1])$ et presque tout $x \in [0,1]$.

a) L'endomorphisme u_0 est compact et $\mathrm{Sp}(u_0) = \{0\}$.

b) L'endomorphisme $u_0^* u_0$ est de trace finie ; calculer sa trace et en déduire la valeur de la série

$$\sum_{n=1}^{+\infty} \frac{1}{n^2}.$$

c) Soit v_0 l'endomorphisme de rang 1 de E défini par

$$v_0(f) = \Big(\int_0^1 f(t)d\mu(t)\Big) \cdot 1,$$

où 1 désigne la classe de la fonction constante 1. Soit $u = u_0 - v_0$. Montrer que u est un opérateur de Hilbert–Schmidt, et calculer le noyau N tel que

$$u(f)(x) = \int_0^1 \mathrm{N}(x,y)f(y)d\mu(y)$$

pour $f \in \mathrm{E}$ et presque tout $x \in [0,1]$.

d) Déterminer les valeurs propres de u et leur multiplicité spectrale. (Calculer $u(e_n)$, où $e_n(t) = e^{2i\pi nt}$ pour tout $n \in \mathbf{Z}$.)

e) Calculer la trace de u^*u et en déduire de nouveau la valeur de la série de terme général $1/n^2$ pour $n \geqslant 1$.

f) Généraliser ces arguments pour démontrer que, si $k \geqslant 1$ est un entier strictement positif, alors

$$\sum_{n=1}^{+\infty} \frac{1}{n^{2k}} \in \pi^{2k}\mathbf{Q}^*.$$

10) Soit E un espace hilbertien complexe. Soit A une sous-algèbre stellaire de $\mathscr{L}(\mathrm{E})$. Supposons que la représentation de A dans E soit irréductible et que A contienne un endomorphisme compact non nul.
a) L'algèbre stellaire A contient un projecteur non nul de rang fini. (Montrer que A contient un endomorphisme compact hermitien non nul et appliquer le calcul fonctionnel.)
b) L'algèbre stellaire A contient un projecteur de rang 1. (Si $p \in \mathrm{A}$ est un projecteur non nul de rang minimal, montrer que l'algèbre $p\mathrm{A}p$ est contenue dans $\mathbf{C}p$.)
c) En déduire que A contient $\mathscr{L}^{\mathrm{c}}(\mathrm{E})$.
d) Réciproquement, toute sous-algèbre stellaire de $\mathscr{L}(\mathrm{E})$ contenant $\mathscr{L}^{\mathrm{c}}(\mathrm{E})$ est irréductible.

11) Soit E un espace hilbertien complexe. Soit $\mathrm{A} \subset \mathscr{L}(\mathrm{E})$ un ensemble d'endomorphismes compacts tel que $u \circ v = v \circ u$ pour tout couple (u, v) d'éléments de A et $u^* \in \mathrm{A}$ pour tout $u \in \mathrm{A}$.

Montrer qu'il existe une famille orthonormale dénombrable $(e_i)_{i \in \mathrm{I}}$ et une famille $(\Lambda_i)_{i \in \mathrm{I}}$ d'applications $\mathrm{A} \to \mathbf{C}$ telles que

$$u(x) = \sum_{i \in \mathrm{I}} \Lambda_i(u) \langle e_i \,|\, x \rangle e_i$$

pour tout élément u de A et tout x dans E. Si A est une sous-algèbre unifère de $\mathscr{L}(\mathrm{E})$, alors Λ_i est un caractère de A pour tout $i \in \mathrm{I}$.

12) Si E est un espace hilbertien complexe et u un endomorphisme normal compact de E, montrer que u possède un vecteur cyclique (*cf.* déf. 3 de IV, p. 191) si et seulement si les conditions suivantes sont vérifiées :

(i) Le noyau de u est réduit à 0 ;

(ii) La multiplicité spectrale de toute valeur propre non nulle de u est égale à 1.

13) Soient E un espace hilbertien complexe de type dénombrable, $(e_n)_{n \in \mathbf{N}}$ une base orthonormale de E et u un endomorphisme de E. Montrer que u est compact si et seulement si on a

$$\lim_{n \to +\infty} \sup_{x \in \{e_0, \ldots, e_{n-1}\}^{\circ} - \{0\}} \frac{\|u(x)\|^2}{\|x\|^2} = 0.$$

14) Soient $\mathrm{X} = [0, 1]$ muni de la mesure de Lebesgue et $\mathrm{N} \colon \mathrm{X} \times \mathrm{X} \to \mathbf{R}_+$ telle que $\mathrm{N}(x, y) = |x - y|$. L'endomorphisme u_{N} de $\mathrm{L}^2(\mathrm{X})$ n'est pas positif.

15) Soient X un espace topologique localement compact, μ une mesure positive bornée sur X de support X, et $\mathrm{N} \in \mathscr{C}_b(\mathrm{X} \times \mathrm{X})$.

a) Il existe un endomorphisme u de $\mathscr{C}_b(\mathrm{X})$ tel que

$$u(f)(y) = \int_{\mathrm{X}} \mathrm{N}(x,y)f(x)d\mu(x)$$

pour toute fonction $f \in \mathscr{C}_b(\mathrm{X})$ et tout $y \in \mathrm{X}$. *On suppose dans la suite que* u *est compact; c'est le cas par exemple si l'espace* X *est compact.*
b) L'image de u_{N} est contenue dans $\mathscr{C}_b(\mathrm{X})$ et u_{N} définit une application linéaire continue de $\mathrm{L}^2_{\mathbf{C}}(\mathrm{X})$ dans $\mathscr{C}_b(\mathrm{X})$.
c) Soient $f \in \mathrm{L}^2_{\mathbf{C}}(\mathrm{X})$ et $\lambda \in \mathbf{C}^*$ tels que $u_{\mathrm{N}}(f) = \lambda f$. Alors $f \in \mathscr{C}_b(\mathrm{X})$.
d) Il existe une famille dénombrable $(f_i)_{i\in \mathrm{I}}$ dans $\mathscr{C}_b(\mathrm{X})$ et une famille $(\lambda_i)_{i\in\mathrm{I}}$ de nombres réels non nuls telles que pour tout $f \in \mathrm{L}^2_{\mathbf{C}}(\mathrm{X})$, on a

$$u(f) = \sum_{i\in\mathrm{I}} \lambda_i \langle f_i \,|\, f\rangle f_i$$

dans $\mathscr{C}_b(\mathrm{X})$.
e) On suppose que u_{N} est un endomorphisme positif de $\mathrm{L}^2_{\mathbf{C}}(\mathrm{X})$. Pour tout $i \in \mathrm{I}$, on note $h_i \in \mathscr{C}_b(\mathrm{X}\times\mathrm{X})$ la fonction définie par $h_i(x,y) = \overline{f_i(x)}f_i(y)$. Alors

$$\mathrm{N} = \sum_{i\in\mathrm{I}} \lambda_i h_i$$

dans $\mathscr{C}(\mathrm{X}\times\mathrm{X})$ muni de la topologie de la convergence compacte. (Démontrer que la série converge en utilisant le théorème de Dini (TG, X, p. 34, th. 1), puis démontrer l'égalité.)

16) Soit $\mathrm{X} = [0,1]$ muni de la mesure de Lebesgue.
a) Pour toute suite $(f_n)_{n\in\mathbf{N}}$ de fonctions continues sur X qui est orthonormale dans $\mathrm{L}^2_{\mathbf{C}}(\mathrm{X})$, il existe un noyau $k \in \mathscr{C}(\mathrm{X}\times\mathrm{X})$ tel que
a) L'endomorphisme u_k de $\mathrm{L}^2_{\mathbf{C}}(\mathrm{X})$ est positif;
b) Pour tout $n \in \mathbf{N}$, la fonction f_n est une fonction propre de u_k dont la valeur propre est non nulle;
c) La famille (f_n) est une base de l'image de l'endomorphisme u_k.
b) Il existe des noyaux $k \in \mathscr{C}(\mathrm{X}\times\mathrm{X})$ et des familles orthonormales de fonctions propres (f_n) de l'endomorphisme u_k de $\mathrm{L}^2_{\mathbf{C}}(\mathrm{X})$, formées de fonctions bornées, telles que la suite $(\|f_n\|_\infty)$ ne soit pas bornée.

17) Soient E et F des espace hilbertiens. L'application bilinéaire $(u,v) \mapsto \mathrm{Tr}(uv)$ définit un isomorphisme isométrique de l'espace de Banach $\mathscr{L}_1(\mathrm{E};\mathrm{F})'$ dans l'espace $\mathscr{L}(\mathrm{F};\mathrm{E})$.

18) Soit E un espace hilbertien complexe et soit I_{E} l'ensemble défini dans le n° 3 de IV, p. 151.
Soit $n \in \mathrm{I}_{\mathrm{E}}$. Soit F un espace hilbertien complexe. L'application $u \mapsto \lambda_n(|u|)$ de $\mathscr{L}^c(\mathrm{E};\mathrm{F})$ dans $\mathbf{R}_+$ est continue.

19) On garde les notations du lemme 5 de IV, p. 161. Montrer que si l'image de f est contenue dans $\mathbf{R}$, si f est strictement convexe, et si $\varrho_n > 0$, alors il y a égalité dans l'inégalité (6) si et seulement si $a_i = b_i$ pour $0 \leqslant i \leqslant n$.

20) Soit E un espace préhilbertien, soit F un espace de Banach et soit $u \colon \mathrm{E} \to \mathrm{F}$ une application linéaire.
a) Démontrer que u est une application linéaire compacte si et seulement si $\|u(e_n)\| \to 0$ pour toute suite orthonormale (e_n) de E. (Pour démontrer que cette condition est suffisante, utiliser TG, IX, p. 20, prop. 14.)
b) On suppose que E est un espace hilbertien de type dénombrable et que $\mathrm{F} = \mathrm{E}$. Pour qu'il existe une base orthonormale $(e_n)_{n\in\mathbf{N}}$ de E telle que $\|u(e_n)\| \to 0$, il faut et il suffit que u ne soit pas un endomorphisme de Fredholm.
c) On suppose que E est un espace hilbertien et que $\mathrm{F} = \mathrm{E}$. Si on a $\langle u(e_n) \,|\, e_n \rangle \to 0$ pour toute suite orthonormale (e_n) de E, alors u est une application linéaire compacte.

21) Soit E un espace hilbertien de type dénombrable.
a) Soit A un ensemble infini de vecteurs unitaires de E qui converge faiblement vers 0 selon le filtre du complémentaire des parties finies. Démontrer qu'il existe une suite $(x_n)_{n\geqslant 1}$ à valeurs dans A et une suite orthonormale $(e_n)_{n\geqslant 1}$ dans E telles que $\|x_n - e_n\| \leqslant 1/n$ pour tout $n \geqslant 1$.
b) Soit u une application linéaire de E dans E, *non nécessairement continue.* On suppose que pour toute suite orthonormale (e_n) dans E, la suite $(u(e_n))$ converge faiblement vers 0. Démontrer que u est continue et compacte.
c) Soit u un endomorphisme de E. Il existe une base orthonormale $(e_n)_{n\in\mathbf{N}}$ de E telle que la suite $(u(e_n))_{n\in\mathbf{N}}$ converge faiblement vers 0 si et seulement s'il n'existe pas d'endomorphisme v de E tel que $v \circ u - 1_{\mathrm{E}}$ est compact.

22) Soit E un espace hilbertien complexe. Soient u et v des endomorphismes positifs de E.
a) Pour tout nombre réel p tel que $0 < p < 1$ et tout $x \in \mathbf{R}_+$, on a

$$x^p = \frac{\sin(p\pi)}{\pi} \int_0^{+\infty} t^p \Big(\frac{1}{t} - \frac{1}{t+x}\Big) dt.$$

b) On suppose que $u \leqslant v$. Pour tout nombre réel p tel que $0 < p < 1$, on a $u^p \leqslant v^p$. (Utiliser le lemme 14 de I, p. 119, *b*) et la question précédente.)
c) Soit $n \in \mathbf{N}$. On pose $a = v^{n/2} \circ u^n \circ v^{n/2}$ et $b = (v^{1/2} \circ u \circ v^{1/2})^n$. Si $a \leqslant 1_{\mathrm{E}}$, alors $b \leqslant 1_{\mathrm{E}}$.
d) On suppose que u et v sont à trace finie. Pour tout entier $n \in \mathbf{N}$, on a

$$\mathrm{Tr}((v^{1/2} \circ u \circ v^{1/2})^n) \leqslant \mathrm{Tr}(v^{n/2} \circ u^n \circ v^{n/2}).$$

(Soient a et b comme dans la question c) ; en utilisant le lemme 5 de IV, p. 161, se ramener à démontrer que la plus grande valeur propre de $\widehat{\bigwedge}^n b$ est inférieure à celle de $\widehat{\bigwedge}^n a$; remplacer E par $\widehat{\bigwedge}^n \mathrm{E}$ et u, v par $\widehat{\bigwedge}^n u$ et $\widehat{\bigwedge}^n v$, respectivement, puis appliquer la question précédente.)

§ 2

Sauf mention du contraire, dans les exercices de ce paragraphe, E désigne un espace hilbertien complexe.

1) Soit u un endomorphisme de E dont l'image est fermée dans E. Soit q un orthoprojecteur de E et soit v l'endomorphisme $x \mapsto q(u(x))$ de l'image de E.
a) L'adjoint de v est l'endomorphisme $x \mapsto q(u^*(x))$ de l'image de E.
b) Si u est hermitien, alors v est hermitien.
c) Il est possible que u soit normal et que v ne le soit pas.

2) Démontrer le théorème 1 de IV, p. 149 en utilisant directement le théorème spectral (cor. du th. 1 de IV, p. 193).

3) Soit $\mathrm{S} \subset \mathbf{C}$ une partie compacte de $\mathbf{C}$. Soit $\varphi \colon \mathscr{C}(\mathrm{S}) \to \mathscr{L}(\mathrm{E})$ un morphisme unifère continu d'algèbres involutives. Il existe un unique endomorphisme normal u de E dont le spectre est S et qui vérifie $\varphi(f) = f(u)$ pour tout $f \in \mathscr{L}^\infty(\mathrm{S})$.

4) Soit $u \in \mathscr{L}(\mathrm{E})$ normal. L'enveloppe convexe du spectre de u est l'adhérence dans $\mathbf{C}$ de l'image numérique $\iota(u)$ de u (*cf.* I, p. 135, déf. 2).

5) Soit $u \in \mathscr{L}(\mathrm{E})$ tel que $\|u\| \leqslant 1$. Pour tout $\lambda \in \mathbf{C}$, soit p_λ l'orthoprojecteur de E sur l'espace propre de u correspondant à λ. Pour tous x et y dans E, on a

$$\lim_{\mathrm{N}\to+\infty} \frac{1}{\mathrm{N}} \sum_{n=1}^{\mathrm{N}} |\langle x \,|\, u^n(y)\rangle|^2 = \sum_{\substack{\lambda\in\mathbf{C}\\ |\lambda|=1}} |\langle p_\lambda(y) \,|\, p_\lambda(x)\rangle^2| = \sum_{\substack{\lambda\in\mathbf{C}\\ |\lambda|=1}} |\langle y \,|\, p_\lambda(x)\rangle|^2$$

(on pourra utiliser l'exercice 64 de II, p. 300).

6) Soit E un espace préhilbertien, soit F un espace de Banach et soit $u \colon \mathrm{E} \to \mathrm{F}$ une application linéaire.

a) Démontrer que u est une application linéaire compacte si et seulement si $\|u(e_n)\| \to 0$ pour toute suite orthonormale (e_n) de E. (Pour démontrer que cette condition est suffisante, utiliser TG, IX, p. 20, prop. 14.)
b) On suppose que E est un espace de Hilbert séparable et que $F = E$. Pour qu'il existe une base orthonormée (e_n) de E telle que $\|u(e_n)\| \to 0$, il faut et il suffit u ne soit pas un opérateur de Fredholm.
c) On suppose que E est un espace de Hilbert et que l'on a $\langle u(e_n), e_n\rangle \to 0$ pour toute suite orthonormale (e_n) de H. Démontrer que u est une application linéaire compacte.

7) Soient u et v des endomorphismes continus de E.
a) Démontrer que $\mathrm{Im}(u) + \mathrm{Im}(v) = \mathrm{Im}((u \circ u^* + v \circ v^*)^{1/2})$.
b) Si u est positif et d'image fermée, démontrer que $\mathrm{Im}(u) = \mathrm{Im}(u^{1/2})$.
c) Si u, v sont positifs d'image fermée et si $u + v$ est également d'image fermée, on a $\mathrm{Im}(u + v) = \mathrm{Im}(u) + \mathrm{Im}(v)$.

8) Soit F un espace hilbertien complexe et soit $u \colon E \to F$ une application linéaire continue d'image fermée.
a) Démontrer qu'il existe une unique application linéaire continue $v \in \mathscr{L}(F; E)$ vérifiant les conditions suivantes :
(i) $u \circ v \circ u = u$ et $v \circ u \circ v = v$;
(ii) $u \circ v$ et $v \circ u$ sont auto-adjoints.
On note $u^\dagger$ cette application (*pseudo-inverse de Moore-Penrose*).
b) Démontrer que $\mathrm{Im}(u) = \mathrm{Im}(u \circ u^\dagger)$. Démontrer que pour $x \in E$ et $y \in \mathrm{Im}(u)$, les conditions $u(x) = y$ et $x - u^\dagger(y) \in \mathrm{Im}(1_E - u^\dagger \circ u)$ sont équivalentes.

9) Soient u et v des endomorphismes d'image fermée de E. Si $u + v$ est également d'image fermée, on pose $u : v = u \circ (u + v)^\dagger \circ v$, où $(u + v)^\dagger$ est le pseudo-inverse de Moore-Penrose de $u + v$.
a) Prouver que $u : v$ est auto-adjoint.
b) On a $u : v = v : u$ et $\mathrm{Im}(u : v) = \mathrm{Im}(u) \cap \mathrm{Im}(v)$.
c) On suppose que u et v sont des orthoprojecteurs. Démontrer que $2u : v$ est l'orthoprojecteur d'image $\mathrm{Im}(u) \cap \mathrm{Im}(v)$.

10) On dit qu'un endomorphisme continu u de E est *hyponormal* si l'on a $u^* \circ u \geqslant u \circ u^*$, et qu'il est *paranormal* si $\|u^2(x)\|\|x\| \geqslant \|u(x)\|^2$ pour tout $x \in E$.
a) Si u est paranormal, alors u^n est paranormal pour tout $n \in \mathbf{N}$.
b) Si u est paranormal et inversible, alors u^{-1} est paranormal.
c) Un endomorphisme hyponormal est paranormal.
d) Soit u un endomorphisme paranormal dont le spectre est contenu dans le cercle unité ; alors u est unitaire.

e) Si u est un endomorphisme paranormal, sa norme $\|u\|$ est égale à son rayon spectral $\varrho(u)$.
f) On suppose que u est paranormal.

11) Soit u un endomorphisme continu de E.
a) Pour que u soit paranormal, il faut et il suffit que

$$(u^*)^2 \circ u^2 - 2t(u^* \circ u) + t^2 1_{\mathrm{E}} \geqslant 0$$

pour tout nombre réel $t > 0$.
b) Pour que u soit paranormal, il faut et il suffit que

$$p \circ q^2 \circ p - 2tp^2 + t1_{\mathrm{E}} \geqslant 0$$

pour tout $t > 0$, où $p = (u \circ u^*)^{1/2}$ et $q = (u^* \circ u)^{1/2}$.

12) *a*) Soient u et v des endomorphismes continus positifs de E. On suppose que pour tout $t > 0$, on a

$$2tu^2 \circ (u^2 + t^2 1_{\mathrm{E}})^{-1} \leqslant v \leqslant \frac{1}{2t}(u^2 + t^2 1_{\mathrm{E}}).$$

Démontrer que $u = v$.
b) Pour que u soit un endomorphisme normal, il faut et il suffit que u et u^* soient paranormaux et de même noyau.

13) *a*) Soit A un ensemble infini de vecteurs unitaires de E qui converge faiblement vers 0 selon le filtre du complémentaire des parties finies. Démontrer qu'il existe une suite $(x_n)_{n\geqslant 1}$ à valeurs dans A et une suite orthonormale $(e_n)_{n\geqslant 1}$ dans E telle que $\|x_n - e_n\| \leqslant 1/n$ pour tout $n \geqslant 1$.
b) Soit u un endomorphisme de E, non nécessairement continu. On suppose que pour toute suite orthonormale (e_n) dans E, la suite $(u(e_n))$ converge faiblement vers 0. Démontrer que u est continu et compact.
c) Soit u un endomorphisme continu de E. Pour qu'il existe une base orthonormale (e_n) de E telle que la suite $(u(e_n))$ converge faiblement vers 0, il faut et il suffit que pour tout endomorphisme v de E, $v \circ u - 1_{\mathrm{E}}$ ne soit pas compact.

14) Soient X un espace localement compact, μ une mesure positive bornée sur X telle que $\mu(\mathrm{X}) = 1$, et $f : \mathrm{X} \to \mathrm{X}$ une application μ-mesurable telle que $f(\mu) = \mu$. On note u_f l'endomorphisme unitaire de $\mathrm{L}^2_{\mathbf{C}}(\mathrm{X}, \mu)$ défini par $\varphi \mapsto f \circ \varphi$ (*cf.* exercice 16 de I, p. 190). Pour tout $n \in \mathbf{N}$, on note $f^n = f^{\circ n}$ (application composée n fois), et pour toute partie A de X, on note $f^{-n}(\mathrm{A}) = \overset{-1}{g}(\mathrm{A})$ avec $g = f^n$.

On dit que f est *faiblement mélangeante* relativement à μ si, pour toutes parties μ-mesurables A et B de X, on a

$$\lim_{N\to+\infty}\frac{1}{N}\sum_{n=0}^{N}|\mu(A\cap f^{-n}(B)-\mu(A)\mu(B)|=0.$$

a) Les conditions suivantes sont équivalentes :

(i) L'application f est faiblement mélangeante relativement à μ ;

(ii) Pour tous φ_1 et $\varphi_2 \in L^2_{\mathbf{C}}(X,\mu)$, on a

$$\lim_{N\to+\infty}\frac{1}{N}\sum_{n=0}^{N}|\langle\varphi_1\,|\,u_f^n(\varphi_2)\rangle-\langle 1\,|\,\varphi_2\rangle\langle\varphi_1\,|\,1\rangle|=0\,;$$

(iii) L'application $f\times f\colon X\times X\to X\times X$ est $(\mu\otimes\mu)$-ergodique (*cf.* exercice 16 de I, p. 190) ;

(iv) L'espace propre relatif à la valeur propre 1 est de dimension 1 et, pour tout $\lambda\in\mathbf{C}-\{1\}$, l'espace propre de u_f relatif à λ est réduit à 0.

(Pour démontrer que (iii) implique (i), utiliser l'exercice 64 de II, p. 300.)

b) On considère l'exemple de la question *e*) de l'exercice 16 de I, p. 190. L'application f est faiblement mélangeante relativement à μ.

c) On considère l'exemple de la question *f*) de l'exercice 16 de I, p. 190. L'application f n'est pas faiblement mélangeante relativement à μ.

15) Soit $G=(S,F,o,t,\iota)$ un graphe (TA, II, p. 155, déf. 1). On suppose que G est connexe, que S est dénombrable et que S a au moins deux éléments. Pour tout $x\in S$, on note $v(x)$ le nombre d'arêtes de G dont x est une extrémité ; on a $v(x)\geqslant 1$ pour tout $x\in S$, et on suppose que $v(x)$ est fini pour tout $x\in S$. Pour tous x et y dans S, on note $a(x,y)$ le nombre de flèches dans G d'extrémités x et y. On suppose que $a(x,y)$ est fini pour tout $(x,y)\in S^2$.

On définit une mesure μ sur S par $\mu(\{x\})=v(x)$ pour tout $x\in S$. La mesure μ est positive. On note $\mathscr{F}(G)$ l'espace vectoriel des fonctions sur S à valeurs complexes. On note $\widetilde{M}_G$ l'endomorphisme de $\mathscr{F}(G)$ tel que

$$\widetilde{M}_G(\varphi)(x)=\frac{1}{v(x)}\sum_y a(x,y)\varphi(y),$$

pour tout $\varphi\in\mathscr{F}(G)$ et tout $x\in S$ (« opérateur de Markov »).

a) L'endomorphisme $\widetilde{M}_G$ définit par passage aux sous-espaces un endomorphisme M_G de $L^2_{\mathbf{C}}(S,\mu)$.

b) L'endomorphisme M_G est auto-adjoint. Il vérifie

$$\langle\varphi\,|\,1-M_G(\varphi)\rangle=\frac{1}{2}\sum_{(x,y)\in S^2}a(x,y)|\varphi(x)-\varphi(y)|^2$$

$$\langle\varphi\,|\,1+M_G(\varphi)\rangle=\frac{1}{2}\sum_{(x,y)\in S^2}a(x,y)|\varphi(x)+\varphi(y)|^2$$

pour tout $\varphi \in \mathrm{L}^2(\mathrm{S}, \mu)$. De plus, on a $-1 \leqslant \mathrm{M}_\mathrm{G} \leqslant 1$.
c) Soit $d \geqslant 1$ un entier et supposons que G est le graphe de Cayley de $\mathbf{Z}^d$ relatif à l'ensemble $\{e_i\}$, où (e_i) est la base canonique de $\mathbf{Z}^d$ (TA, II, p. 221, exercice 7). Le rayon spectral $\varrho(\mathrm{M}_\mathrm{G})$ de M_G est égal à 1.
d) Soit $d \geqslant 3$ un entier. Supposons que G est un arbre (TA, II, p. 157) infini d-régulier, c'est-à-dire un arbre infini dans lequel tout sommet a d voisins. Soit x_0 un sommet fixé de G. Pour tout $\lambda \in \mathbf{C}$, il existe une unique fonction $\varphi_\lambda \colon \mathrm{S} \to \mathbf{C}$ telle que $\varphi_\lambda(x_0) = 1$ et $\widetilde{\mathrm{M}}_\mathrm{G}(\varphi_\lambda) = \lambda\varphi_\lambda$. De plus, pour tout $x \in \mathrm{S}$, la valeur de φ_λ en x ne dépend que de la distance de x à x_0 (*cf.* TA, II, p. 222, exercice 10).
e) Le spectre de M_G est l'intervalle $[-2\sqrt{d-1}/d, 2\sqrt{d-1}/d]$ (« théorème de Kesten »). En particulier, on a $\varrho(\mathrm{M}_\mathrm{G}) = 2\sqrt{d-1}/d$.

16) On conserve les notations de l'exercice précédent, et on suppose que S et F sont finis. On note h_G la *constante de Cheeger* du graphe G, définie par

$$h_\mathrm{G} = \inf_{\varnothing \neq \mathrm{V} \subset \mathrm{S}} \frac{\mathrm{Card}(\mathrm{E}(\mathrm{V}, \mathrm{S} - \mathrm{V}))}{\inf(\mathrm{Card}(\mathrm{V}), \mathrm{Card}(\mathrm{S} - \mathrm{V}))},$$

où $\mathrm{E}(\mathrm{V}, \mathrm{W})$ désigne l'ensemble des flèches de G dont une extrémité est dans V et une dans W.
a) On a $\varrho(\mathrm{M}_\mathrm{G}) = 1$ et $\lambda = 1$ est une valeur propre de M_G de multiplicité 1. On a $-1 \in \mathrm{Sp}(\mathrm{M}_\mathrm{G})$ si et seulement si G est bipartite (*cf.* TA, II, p. 219, exercice 2) ; dans ce cas, le spectre de M_G est invariant par $\lambda \mapsto -\lambda$ et la multiplicité spectrale de λ est égale à celle de $-\lambda$ pour tout $\lambda \in \mathbf{C}$.

On note $\mathrm{L}^2_0(\mathrm{S}, \nu)$ l'orthogonal dans $\mathrm{L}^2_\mathbf{C}(\mathrm{S}, \nu)$ de l'union des sous-espaces propres de M_G relatifs aux valeurs propres 1 et -1. L'endomorphisme M_G induit par passage aux sous-espaces un endomorphisme de $\mathrm{L}^2_0(\mathrm{S}, \nu)$, noté $\mathrm{M}_{\mathrm{G},0}$. On a $\varrho(\mathrm{M}_{\mathrm{G},0}) < 1$. On note $\lambda_1(\mathrm{G})$ la plus petite valeur propre non nulle de $1 - \mathrm{M}_\mathrm{G}$
b) Soient $v_+ = \sup v(x)$ et $v_- = \inf v(x)$. On a

$$\lambda_1(\mathrm{G}) \leqslant \frac{2v_+}{v_-^2} h_\mathrm{G}.$$

c) Soit $\varphi \colon \mathrm{S} \to \mathbf{R}$ une fonction non constante sur S à valeurs réelles ; soient $m = \inf \varphi(x)$ et $\mathrm{M} = \sup \varphi(x)$. Soit $t_0 \in \mathbf{R}$ tel que, pour tout $t \in \mathbf{R}$, l'ensemble $\mathrm{W}_t = \overset{-1}{\varphi}(]-\infty, t_0[)$ vérifie $\mathrm{Card}(\mathrm{W}_t) \leqslant \mathrm{Card}(\mathrm{S})/2$ si et seulement si $t < t_0$. Soit ν une mesure diffuse (INT, V, p. 67, déf. 5) supportée sur $[m, \mathrm{M}]$. Posons

$$\mathrm{A} = \frac{1}{2} \sum_{(x,y) \in \mathrm{S}^2} a(x,y)\nu([\varphi(x), \varphi(y)])$$

$$\mathrm{B} = \sum_{x \in \mathrm{S}} \nu([t_0, \varphi(x)]),$$

où, si $a < b$ sont des nombres réels, on note $\nu([b,a]) = \nu([a,b])$. Il existe $t \in \mathbf{R}$ tel que

$$\frac{\mathrm{Card}(\mathrm{E}(\mathrm{W}_t, \mathrm{S} - \mathrm{W}_t)}{\inf(\mathrm{Card}(\mathrm{W}_t), \mathrm{Card}(\mathrm{S} - \mathrm{W}_t))} \leqslant \frac{\mathrm{A}}{\mathrm{B}}.$$

d) On a

$$h_{\mathrm{G}} \leqslant v_+ \sqrt{2\lambda_1(\mathrm{G})}.$$

(Appliquer la question précédente avec φ fonction propre de M_{G} pour la valeur propre $\lambda_1(\mathrm{G})$ et pour une mesure ν bien choisie.)

e) On dit qu'une famille $(\mathrm{G}_j)_{j\in\mathrm{J}}$ de graphes finis $\mathrm{G}_j = (\mathrm{S}_j, \mathrm{F}_j, o_j, t_j, i_j)$ est une *famille de graphes expanseurs* si les conditions suivantes sont vérifiées :

(i) On a $\mathrm{Card}(\mathrm{S}_j) \to +\infty$ selon le filtre des complémentaires des parties finies de J ;

(ii) Il existe $\mathrm{C} \geqslant 0$ tel que pour tout j et tout $x \in \mathrm{S}_j$, la valence de G_j en x est $\leqslant \mathrm{C}$;

(iii) Il existe $\delta > 0$ tel que $h_{\mathrm{G}_j} \geqslant \delta$ pour tout $j \in \mathrm{J}$.

Montrer que (G_j) est une famille de graphes expanseurs si et seulement si (i), (ii) sont vérifiées ainsi que la condition

(iii') Il existe $\delta > 0$ tel que $\lambda_1(\mathrm{G}_j) \geqslant \delta$ pour tout $j \in \mathrm{J}$.

17) *a*) Soit $n \in \mathbf{N}$. Soient E un espace hilbertien de dimension n et $u \in \mathscr{L}(\mathrm{E})$. Soit $x \in \mathrm{E}$ de norme 1 tel que $u(x) = 0$. Pour tout vecteur $y \in \mathrm{E}$ de norme 1, on note $\Delta_u(y)$ le discriminant de la forme quadratique définie sur y° par $z \mapsto \langle z \,|\, u(z)\rangle$.

Pour tout $y \in \mathrm{E}$ de norme 1, on a $|\langle x \,|\, y\rangle|^2 \Delta_u(x) = \Delta_u(y)$. (Noter que $\Delta_u(y) = \langle a \,|\, \bigwedge u^{n-1}(a)\rangle / \langle a \,|\, a\rangle$ pour tout élément a non nul de l'espace $\bigwedge^{n-1} y^\circ \subset \bigwedge^{n-1} \mathrm{E}$, l'espace $\bigwedge^{n-1} \mathrm{E}$ étant muni de sa structure hilbertienne canonique, *cf.* EVT, V, p. 33 ; vérifier alors séparément la formule lorsque x est orthogonal à y et lorsque $x = y$.)

b) Soit A une matrice de type (n,n) à coefficients complexes telle que ${}^t\overline{A} = A$. Pour tout entier i tel que $1 \leqslant i \leqslant n$, soit A_i la matrice de type $(n-1, n-1)$ obtenue en enlevant la i^{e} ligne et la i^{e} colonne de A. Soit $(e_1, \ldots, e_n)$ une base orthonormale de $\mathbf{C}^n$, muni de sa structure hilbertienne canonique, formée de vecteurs propres pour A, et soit λ_i la valeur propre de u relative à e_i. Écrivons $e_i = (e_{i,j})_{1\leqslant j \leqslant n}$.

Pour tous (i,j), on a

$$|e_{i,j}|^2 \prod_{k\neq i} (\lambda_i - \lambda_k) = \det(\lambda_i - A_j).$$

(Se ramener au cas où $\lambda_i = 0$, puis appliquer la question précédente à l'espace $\mathbf{C}^n$, à l'endomorphisme $u \colon y \mapsto Ay$ et au vecteur $x = e_i$.)

18) Soit X un espace compact métrisable et soit μ une mesure positive sur X. Notons $\mathrm{E} = \mathrm{L}^2_{\mathbf{C}}(\mathrm{X}, \mu)$. Soit $(\mathscr{X}_n)_{n\in\mathbf{N}}$ une suite de partitions finies de X par des ensembles mesurables telle que $\mathscr{X}_{n+1}$ est plus fine que $\mathscr{X}_n$ pour tout $n \in \mathbf{N}$, et telle que le plus grand des diamètres d'une partie de $\mathscr{X}_n$ tend vers 0 quand $n \to +\infty$.

Soit $\mathrm{E}_n \subset \mathrm{E}$ l'espace des $f \in \mathrm{L}^2(\mathrm{X}, \mu)$ tel que f est μ-presque partout constante sur Y pour toute partie Y de $\mathscr{X}_n$. On pose $\mathrm{E}_{-1} = \{0\}$. Pour tout $n \geqslant -1$, soit p_n l'orthoprojecteur sur E d'image E_n.

a) La suite $(p_n)_{n\in\mathbf{N}}$ converge vers l'identité dans l'espace $\mathscr{L}_s(\mathrm{E})$ des endomorphismes de E muni de la topologie de la convergence simple. (Considérer d'abord la limite de $p_n(f)$ quand $f \in \mathscr{C}(\mathrm{X})$.)

b) Pour tout $n \in \mathbf{N}$, l'endomorphisme $q_n = p_n - p_{n-1}$ est l'orthoprojecteur sur $\mathrm{F}_n = \mathrm{E}_n \cap \mathrm{E}^\circ_{n-1}$, et les espaces F_n sont deux à deux orthogonaux.

c) On a $\sum_n q_n = 1_\mathrm{E}$ dans $\mathscr{L}_s(\mathrm{E})$, et l'espace E est somme hilbertienne des espaces F_n.

19) Soient $\mathrm{X} \subset \mathbf{R}$ une partie compacte de $\mathbf{R}$ et μ une mesure positive sur X, et soit u l'endomorphisme de multiplication par la fonction identique de X.

On note $\mathrm{E} = \mathrm{L}^2(\mathrm{X}, \mu)$ et on note $\mathscr{L}_s(\mathrm{E})$ l'espace des endomorphismes de E muni de la topologie de la convergence simple.

Soit $\varepsilon > 0$. Soit $r > 0$ tel que $\mathrm{X} \subset \left]-r, r\right[$, et soit $\ell \geqslant 1$ tel que $r2^{-\ell} < \varepsilon$. Pour tout entier $n \in \mathbf{N}$ et tous entier j tel que $|j| \leqslant 2^{n+\ell}$, soit

$$\mathrm{X}_{n,j} = \mathrm{X} \cap \left] \frac{rj}{2^{n+\ell}}, \frac{r(j+1)}{2^{n+\ell}} \right]$$

a) Pour tout entier $n \in \mathbf{N}$, la famille $\mathscr{X}_n = (\mathrm{X}_{n,j})_j$ est une partition finie de X ; les ensembles $\mathrm{X}_{n,j}$ sont mesurables et de diamètre $\leqslant r2^{-n-\ell}$. Pour tout $n \in \mathbf{N}$, la partition $\mathscr{X}_{n+1}$ est plus fine que la partition $\mathscr{X}_n$. On peut donc appliquer à $(\mathscr{X}_n)$ les résultats de l'exercice précédent, dont on reprend les notations, en particulier les espaces E_n et F_n et les orthoprojecteurs p_n et q_n. Les espaces E_n sont de dimension finie.

b) La série

$$v = \sum_{n\in\mathbf{N}} q_n u q_n$$

converge dans l'espace $\mathscr{L}_s(\mathrm{E})$; il existe une base orthonormale B de E telle que $v \in \mathscr{D}_\mathrm{B}(\mathrm{E})$.

c) L'endomorphisme $w = v - u$ est compact. (Considérer les endomorphismes u_n de multiplication par les fonctions $g_n \in \mathrm{E}_n$ telles que, pour tous entier j tel que $|j| \leqslant 2^{n+\ell}$, et pour tout $x \in \mathrm{X}_{n,j}$, on a $g_n(x) = rj2^{-n-\ell}$; vérifier alors que $\|u - u_n\| \leqslant r2^{-n-\ell}$, et que $u_n p_n = p_n u_n$.)

20) Soient E un espace hilbertien complexe de type dénombrable et $u \in \mathscr{L}(\mathrm{E})$ un endomorphisme hermitien. Soit ε un nombre réel strictement positif. Il

existe une base orthonormale B de E, un endomorphisme diagonal hermitien $v \in \mathscr{D}_{\mathrm{B}}(\mathrm{E})$ et un endomorphisme compact $w \in \mathscr{L}^{\mathrm{c}}(\mathrm{E})$ tels que $u = v + w$ et $\|w\| < \varepsilon$. (Considérer d'abord le cas où u admet un vecteur cyclique, et appliquer alors l'exercice précédent.)

¶ 21) Soient E un espace hilbertien complexe de type dénombrable et $u \in \mathscr{L}(\mathrm{E})$ un endomorphisme normal. Soit ε un nombre réel strictement positif. Il existe une base orthonormale B de E, un endomorphisme diagonal $v \in \mathscr{D}_{\mathrm{B}}(\mathrm{E})$ et un endomorphisme compact $w \in \mathscr{L}^{\mathrm{c}}(\mathrm{E})$ tels que $u = v + w$ et $\|w\| < \varepsilon$.

22) Soient G un groupe topologique localement compact commutatif et μ une mesure de Haar sur G.

Soit $u \in \mathscr{L}(\mathrm{L}^2(\mathrm{G}, \mu))$ tel que u commute avec l'opérateur de multiplication m_χ pour tout caractère $\chi \in \widehat{\mathrm{G}}$. Démontrer qu'il existe $g \in \mathrm{L}^\infty(\mathrm{G}, \mu)$ tel que $u = m_g$.

23) Soit u un endomorphisme de E et soit A la sous-algèbre unifère fermée de $\mathscr{L}(\mathrm{E})$ engendrée par u.

Si v est un endomorphisme de E tel que $u \circ v - v \circ u$ appartient à A, alors $u \circ v - v \circ u$ est quasi-nilpotent. En particulier, on a $u \circ v - v \circ u \neq 1_{\mathrm{E}}$ si E est non nul. (Utiliser l'exercice 10 de I, p. 167 ; noter que le résultat est valide pour tout espace de Banach E.)

24) Soit $\mathrm{A} \subset \mathscr{L}(\mathrm{E})$ une sous-algèbre auto-adjointe unifère de $\mathscr{L}(\mathrm{E})$. On note A'' le bicommutant de A. On note $\mathscr{L}(\mathrm{E})_s$ l'espace $\mathscr{L}(\mathrm{E})$ muni de la topologie de la convergence simple.

a) L'espace A'' est une sous-algèbre auto-adjointe unifère de $\mathscr{L}(\mathrm{E})$ qui est fermée dans $\mathscr{L}(\mathrm{E})_s$.

b) Soient $v \in \mathrm{A}''$ et $x \in \mathrm{E}$. Le vecteur $v(x)$ appartient à l'adhérence dans E de l'ensemble des $u(x)$ pour $u \in \mathrm{A}$. (Soit F cette adhérence ; observer que l'orthoprojecteur de E d'image F appartient à A'.)

c) L'algèbre A'' coïncide avec l'adhérence de A dans $\mathscr{L}(\mathrm{E})_s$. (Pour toute famille finie $(x_i)_{i\in\mathrm{I}}$ d'éléments de E, appliquer la question précédente à l'espace E^{I}, à l'image $\widetilde{\mathrm{A}}$ de A par le morphisme involutif unifère $f : \mathscr{L}(\mathrm{E}) \to \mathscr{L}(\mathrm{E}^{\mathrm{I}})$ tel que $f(u)(y_i) = (u(y_i))_{i\in\mathrm{I}}$, et à l'élément (x_i) de E^{I}.)

L'égalité de A'' et de l'adhérence de A dans $\mathscr{L}(\mathrm{E})_s$ est le *théorème du bicommutant* de von Neumann.

25) Soit U une partie ouverte de **R**. Une fonction universellement mesurable $f : \mathrm{U} \to \mathbf{R}$ est appelée une *fonction de Loewner* si, pour tout espace hilbertien complexe E et pour tous endomorphismes hermitiens u et v de E tel que $\mathrm{Sp}(u) \subset \mathrm{U}$ et $\mathrm{Sp}(v) \subset \mathrm{U}$, la condition $u \leqslant v$ dans $\mathscr{L}(\mathrm{E})$ implique $f(u) \leqslant f(v)$. On note Loe(U) l'ensemble des fonctions de Loewner sur U.

a) Soit $f \in \mathrm{Loe}(\mathrm{U})$. La fonction f est croissante sur U. La fonction constante 1 et la fonction identité de U appartiennent à Loe(U).

b) Soit $f \in \mathrm{Loe}(\mathbf{R}_+^*)$. Soient E un espace hilbertien complexe et u un endomorphisme positif de E. Pour tout orthoprojecteur p de E et pour tout $\varepsilon > 0$, on a $f(u)_p \leqslant f((1+\varepsilon)u_p)$, où on note v_p l'endomorphisme de $\mathrm{Im}(p)$ défini par $x \mapsto p(v(x))$ pour tout $v \in \mathscr{L}(\mathrm{E})$. (Identifier E à la somme directe hilbertienne $\mathrm{Im}(p) \oplus \mathrm{Im}(1_\mathrm{E} - p)$ et représenter u comme une matrice $\begin{pmatrix} a & b \\ c & d \end{pmatrix}$; noter que $u \leqslant \begin{pmatrix} (1+\varepsilon)a & 0 \\ 0 & (1+\varepsilon^{-1})d \end{pmatrix}$ pour tout $\varepsilon > 0$.)

c) Soit $f \in \mathrm{Loe}(\mathbf{R}_+^*)$. La fonction f est concave dans $\mathbf{R}_+^*$. (Soit v un endomorphisme de $\mathbf{C}^2$ diagonal dans la base canonique et soit $g \in \mathbf{SO}(\mathbf{R}^2)$ vu comme endomorphisme de $\mathbf{C}^2$; appliquer la question précédente à l'orthoprojecteur d'image $\mathbf{C}e_1$ et à $u = g^* v g$.)

d) L'ensemble $\mathrm{Loe}(\mathbf{R})$ est l'ensemble des fonctions de la forme $f(x) = ax + b$ où $(a, b) \in \mathbf{R}_+ \times \mathbf{R}$. (Appliquer la question précédente à f ainsi qu'à la fonction $x \mapsto -f(-x)$.)

e) Soit $t \in \mathbf{R}_+^*$. La fonction $f \colon x \mapsto -(t+x)^{-1}$ appartient à $\mathrm{Loe}(\mathbf{R}_+^*)$.

f) Pour toute mesure positive bornée ν sur $\mathbf{R}_+^*$ telle que la fonction $x \mapsto x^{-1}$ est ν-intégrable, la fonction $f \colon \mathbf{R}_+^* \to \mathbf{R}$ définie par

$$f(x) = \int_{\mathbf{R}_+^*} \frac{x}{x+t} d\nu(t)$$

appartient à $\mathrm{Loe}(\mathbf{R}_+^*)$; elle est dérivable dans $\mathbf{R}_+^*$ et vérifie de plus les conditions suivantes :

(i) $\lim_{t \to 0} f(t) = 0$;

(ii) $\lim_{t \to 0} f'(t)$ existe dans $\mathbf{R}$;

(iii) f admet une limite finie en $+\infty$.

26) Soient E un espace hilbertien complexe et a un endomorphisme positif de E. On note $\|x\|_a = \langle x \,|\, a(x) \rangle$; c'est une semi-norme sur E. On note encore $\|u\|_a$ la semi-norme d'un endomorphisme u de l'espace E muni de cette semi-norme.

On appelle *fonction d'interpolation* toute fonction $f \colon \mathbf{R}_+^* \to \mathbf{R}_+^*$ telle que, pour tout espace hilbertien complexe E, tout endomorphisme positif a de E et tout $u \in \mathscr{L}(\mathrm{E})$, les conditions $\|u\| \leqslant 1$ et $\|u\|_a \leqslant 1$ impliquent que $\|f(u)\|_a \leqslant 1$.

a) Une fonction $f \colon \mathbf{R}_+^* \to \mathbf{R}_+^*$ est une fonction d'interpolation si et seulement si, pour tout espace hilbertien complexe E, tout endomorphisme positif a de E et tout $u \in \mathscr{L}(\mathrm{E})$, les conditions $u^*u \leqslant 1_\mathrm{E}$ et $u^*au \leqslant a$ impliquent $u^*f(a)u \leqslant f(a)$

b) Toute fonction de Loewner sur $\mathbf{R}_+^*$ est une fonction d'interpolation. (Étant donnés E et $u \in \mathscr{L}(\mathrm{E})$ de norme $\leqslant 1$, poser $w = \sqrt{1_\mathrm{E} - u^*u}$ et $w' =$

$\sqrt{1_E - uu^*}$; considérer $F = E \oplus E$ et noter que l'endomorphisme v de F défini par $v(x,y) = (u(x)+w'(y), -w(x)+u(y))$ est une isométrie ; considérer alors $a' \colon (x,y) \mapsto (a(x), 0)$ et appliquer la question $b)$ de l'exercice précédent à l'orthoprojecteur d'image $E \oplus \{0\}$.)

c) Toute fonction d'interpolation est une fonction de Loewner sur $\mathbf{R}_+^*$. (Soient $0 \leqslant u \leqslant v$ des endomorphismes d'un espace hilbertien complexe E avec v inversible ; poser $F = E \oplus E$, et considérer l'endomorphisme $a = u \oplus v$ de F ainsi que l'endomorphisme w représenté par la matrice $\begin{pmatrix} 0 & 1_E \\ v^{-1/2}u^{1/2} & 0 \end{pmatrix}$; montrer que $w^*w \leqslant 1_F$ et $w^*aw \leqslant a$.)

d) Soit f une fonction d'interpolation. Soit E un espace hilbertien complexe ; on note $\mathscr{R}(u) = \frac{1}{2}(u+u^*)$ pour tout $u \in \mathscr{L}(E)$. Pour u et v dans $\mathscr{L}(E)$, démontrer que $e^{-tv^*} \circ u \circ e^{-tv} \leqslant u$ pour tout $t \in \mathbf{R}_+$ si et seulement si $\mathscr{R}(u \circ v) \geqslant 0$. (Pour $x \in E$ donné, calculer la dérivée de la fonction $t \mapsto \langle e^{-tv}x \mid (ue^{-tv})x \rangle$.)

En déduire que pour tous endomorphismes u et v de E tels que les conditions

$$u \geqslant 0, \quad \mathscr{R}(v) \geqslant 0, \quad \mathscr{R}(uv) \geqslant 0$$

sont satisfaites, on a $\mathscr{R}(f(u)v) \geqslant 0$.

¶ 27) On se propose de démontrer la réciproque de l'assertion de la question $b)$ de l'exercice 25. On utilisera pour cela les résultats et les notations de l'exercice 23 de V, p. 503 ci-dessous. En particulier, G désigne le groupe $\mathbf{R}_+^*$ muni de la mesure de Haar $\mu = x^{-1}dx$, en dualité avec le groupe $i\mathbf{R}$ par l'application $(x, it) \mapsto x^{it}$. On note X l'application identique de G.

On note co (resp. si, resp. ta) la fonction $it \mapsto \cos(i\pi t)$ (resp. la fonction $it \mapsto \sin(i\pi t)$, la fonction $it \mapsto \tan(i\pi t)$) sur $i\mathbf{R}$.

Soit $f \in \mathrm{Loe}(G)$ vérifiant les conditions (i), (ii) et (iii) de la question $f)$ de l'exercice 25.

a) Soit α la fonction $x \mapsto x/(1+x)$ sur G. On a $I_\alpha = \left]-1, 0\right[$ et $\widehat{\alpha}(s) = -\pi/\sin(\pi s)$ pour $s \in B_f$.

b) La fonction ta est bornée sur $i\mathbf{R}$. On note $v = \mathscr{F} \circ m_{\mathrm{ta}} \circ \overline{\mathscr{F}}$; c'est un endomorphisme de $L^2(G)$ tel que $\|v\| \leqslant 1$ et $\mathscr{R}(v) = 0$.

c) Soit $\varepsilon > 0$ un nombre réel. On note u_ε l'endomorphisme de multiplication par $h_\varepsilon = X/(1+\varepsilon X)$ sur $L^2(G)$. On a $u_\varepsilon \geqslant 0$ et pour tout $\varphi \in L^2(G)$ et toute fonction continue bornée f sur G, on a

$$\langle \varphi \mid \mathscr{R}(f(u_\varepsilon)v)\varphi \rangle = \frac{1}{2}\langle f \circ h_\varepsilon \mid Q(\varphi) \rangle$$

où $Q(\varphi) = \overline{\varphi}v(\varphi) + \overline{v(\varphi)}\varphi$.

d) Soit F le sous-espace vectoriel de $L^2(i\mathbf{R})$ engendré par les fonctions $t \mapsto e^{\alpha(it-s_0)^2}$ où $\alpha \in \mathbf{R}_+^*$ et $s_0 \in \mathbf{C}$; il est dense dans $L^2(i\mathbf{R})$.

e) Soit $\psi \in \mathrm{F}$. Il existe $\varphi \in \mathrm{L}^2(\mathrm{G})$ tel que $\widehat{\varphi} = \mathrm{co} \cdot \psi$. Soit $g = \mathrm{Q}(\varphi)$. On a $g \in \mathrm{L}^1(\mathrm{G})$, et il existe une fonction holomorphe sur $\mathbf{C}$ dont la restriction à $i\mathbf{R}$ coïncide avec $\widehat{g}$. De plus

$$\widehat{g} = \frac{1}{2i\pi}(\psi^* * \psi) \text{ si.}$$

f) Pour tout $\varepsilon > 0$, on a $\mathscr{R}(u_\varepsilon \circ v) \geqslant 0$. (Calculer $\langle \varphi \mid \mathscr{R}(u_\varepsilon u)\varphi \rangle$ lorsque φ est une fonction comme dans la question précédente, et utiliser la convolution sur G comme dans la question *d*) de l'exercice 23 de V, p. 503.)

g) Soit $f \in \mathrm{Loe}(\mathbf{R}_+^*)$. Soit g une fonction associée à $\psi \in \mathrm{F}$ comme dans la question *e*). On a alors

$$\int_{\mathrm{G}} fg \, d\mu \geqslant 0$$

et

$$\int_{\mathbf{R}} \widehat{f}(-\sigma - it) \sin(\pi(\sigma + it))(\psi^* * \psi)(\sigma + it) dt \geqslant 0$$

pour tout $\sigma \in \left]0, 1\right[$.

h) Soit $\sigma \in \left]0, 1\right[$. La fonction q définie par $q(s) = \widehat{f}(-s)\sin(\pi s)$ pour s tel que $\mathscr{R}(s) = \sigma$ vérifie

$$\sum_{i=0}^{n} \sum_{j=0}^{n} \overline{t}_i t_j q\Big(\frac{1}{2}(\overline{z}_i + z_j)\Big) \geqslant 0$$

pour tout $n \in \mathbf{N}$ et toutes familles $(t_i)_{0 \leqslant i \leqslant n}$ et $(z_i)_{0 \leqslant i \leqslant n}$ de nombres complexes tels que $\mathscr{R}(z_i) = \sigma$ pour tout i.

i) Il existe une mesure positive ν_0 sur G telle que $\widehat{\nu_0}(it) = \widehat{f}(-it)\sin(i\pi t)/\pi$ pour tout $t \in \mathbf{R}$; on a $\mathrm{X}^\sigma \in \mathrm{L}^1(\mathrm{G}, \nu_0)$ si $0 < \sigma < 1$.

j) Soit $\nu = \check{\nu}_0$. La mesure ν est bornée. (Vérifier que $\left]-1, 0\right[\subset \mathrm{I}_\nu$ puis que $\widehat{\nu}(-t)$ est borné quand $t \to 0$ pour démontrer que $\nu([1, +\infty[)$ est fini.) Pour tout x, on a

$$f(x) = \int_{\mathrm{G}} \frac{x}{x+t} d\nu(t).$$

28) *a*) Soit $\mathrm{D} \subset \mathbf{C}$ le disque unité ouvert. Soit f un germe de fonction holomorphe au voisinage de $\overline{\mathrm{D}}$. Pour tout $z \in \mathrm{D}$, on a

$$f(z) = i\,\mathscr{I}(f(0)) + \frac{1}{2\pi}\int_0^{2\pi} \mathscr{R}(f(e^{i\theta}))k(e^{i\theta}, z) d\theta$$

où $k(z, w) = (z + w)/(z - w)$ pour $(z, w) \in \mathrm{D} \times \mathrm{D}$. (Noter que

$$k(e^{i\theta}, z) = 1 + 2\sum_{n=1}^{+\infty} z^n e^{-in\theta}$$

et utiliser le développement de Taylor de f autour de 0.)

b) Soit f une fonction holomorphe sur D telle que $\mathscr{R}(f(z)) > 0$ pour tout $z \in \mathrm{D}$. Les mesures $\mu_r = \frac{1}{2\pi}\mathscr{R}(f(re^{i\theta}))d\theta$ sur $[0, 2\pi]$ convergent vaguement quand $r \to 1$ vers une mesure positive bornée ν, et on a

$$f(z) = i\,\mathscr{I}(f(0)) + \frac{1}{2\pi}\int_0^{2\pi} \mathscr{R}(f(e^{i\theta}))d\nu(\theta)$$

pour tout $z \in \mathrm{D}$. (Se ramener au cas où $f(0) = 1$ et observer que les mesures μ_r sont alors des mesures positives de masse totale 1.)

c) Soit $\mathbf{H}$ l'ouvert de $\mathbf{C}$ formé des $z \in \mathbf{C}$ tels que $\mathscr{I}(z) > 0$. Soit $f\colon \mathbf{H} \to \mathbf{C}$ une fonction holomorphe. L'image de f est contenue dans $\mathbf{H}$ si et seulement si il existe une mesure positive bornée ν sur $\mathbf{R}$ et un nombre réel $a \geqslant 0$ tels que

$$f(z) = \mathscr{R}(f(i)) + az + \int_{\mathbf{R}} \frac{1 + xz}{x - z} d\nu(x)$$

pour tout $z \in \mathbf{H}$.

d) Soit I un intervalle ouvert non vide dans $\mathbf{R}$ et soit $f\colon \mathrm{I} \to \mathbf{R}$. Notons $\mathrm{J} = \mathbf{R} - \mathrm{I}$. Les conditions suivantes sont équivalentes (« théorème de Loewner ») :

(i) La fonction f appartient à Loe(I) ;

(ii) Il existe une fonction analytique $\widetilde{f}$ sur $(\mathbf{C} - \mathbf{R}) \cup \mathrm{I}$ dont la restriction à I coïncide avec f et qui vérifie $\mathscr{I}(f(z)) > 0$ si $\mathscr{I}(z) > 0$;

(iii) Il existe une mesure bornée ν sur J et $(a, b) \in \mathbf{R}_+ \times \mathbf{R}$ tels que

$$f(x) = ax + b + \int_{\mathrm{J}} \frac{1 + xy}{y - x} d\nu(y)$$

pour tout $x \in \mathrm{I}$.

(Vérifier d'abord directement que (iii) implique (i) et (ii) ; pour démontrer que (i) implique (iii), traiter séparément le cas où $\mathrm{I} = \mathbf{R}$ et ramener les autres cas à celui où $\mathrm{I} = \mathbf{R}_+^*$, pour lequel on appliquera l'exercice précédent ; enfin, pour démontrer que (ii) implique (iii), appliquer la question *c*) et vérifier que la mesure ν sur $\mathbf{R}$ donnée par celle-ci est supportée sur J.)

§ 3

1) La fonction φ_0 sur $\mathbf{R}$ définie par $\varphi_0(x) = 0$ si $x \leqslant 0$ et $\varphi_0(x) = e^{-1/x}$ si $x > 0$ est de classe C^∞ et vérifie $\varphi_0^{(k)}(0) = 0$ pour tout entier $k \in \mathbf{N}$.

2) Soient $x_0 \in \mathbf{R}^n$, $r > 0$ et $t > 1$. Il existe $\varphi \in \mathscr{D}(\mathbf{R}^n)$ telle que

(i) On a $0 \leqslant \varphi \leqslant 1$;

(ii) On a $\varphi(x) = 1$ pour $\|x - x_0\| \leqslant r$ et $\varphi(x) = 0$ pour $\|x - x_0\| \geqslant tr$;
(iii) Pour tout $\alpha \in \mathbf{N}^n$, on a

$$\sup_{x \in \mathbf{R}^n} |\partial^\alpha \varphi(x)| \leqslant \alpha!((t-1)r)^{|\alpha|}.$$

3) Soit $n \in \mathbf{N}$. On note μ_n la mesure de Lebesgue sur $\mathbf{R}^n$.
a) Soit $\mathscr{H}_1$ l'image de l'application $\partial_1 : \mathscr{D}(\mathbf{R}^n) \to \mathscr{D}(\mathbf{R}^n)$; c'est l'espace des $\varphi \in \mathscr{D}(\mathbf{R}^n)$ tels que

$$\int_{\mathbf{R}} \varphi(x,y) d\mu_1(x) = 0$$

pour tout $y \in \mathbf{R}^{n-1}$.
b) Soit $\varphi_0 \in \mathscr{D}(\mathbf{R})$ dont l'intégrale sur $\mathbf{R}$ est égale à 1. Pour tout $\varphi \in \mathscr{D}(\mathbf{R}^n)$, il existe $\varphi_1 \in \mathscr{H}_1$ tel que

$$\varphi(x,y) = \varphi_1(x,y) + \varphi_0(x) \int_{\mathbf{R}} \varphi(t,y) d\mu_1(t)$$

pour tout $(x,y) \in \mathbf{R} \times \mathbf{R}^{n-1}$.
c) Pour toute distribution $f \in \mathscr{D}'(\mathbf{R}^n)$, il existe $g \in \mathscr{D}'(\mathbf{R}^n)$ tel que $\partial_1 g = f$. Si g_1 et g_2 dans $\mathscr{D}'(\mathbf{R}^n)$ vérifient $\partial_1 g_1 = \partial_1 g_2 = f$, alors il existe une distribution $h \in \mathscr{D}'(\mathbf{R}^{n-1})$ telle que

$$\langle g_1 - g_2, \varphi \rangle = \langle h, \psi \rangle$$

pour tout $\varphi \in \mathscr{D}(\mathbf{R}^n)$, où $\psi \in \mathscr{D}(\mathbf{R}^{n-1})$ est définie par

$$\psi(y) = \int_{\mathbf{R}} \varphi(t,y) d\mu_1(t).$$

d) Soit U un ouvert connexe de $\mathbf{R}^n$. Soit $f \in \mathscr{D}'(\mathrm{U})$ une distribution telle que $\partial_i f = 0$ pour $1 \leqslant i \leqslant n$. La distribution f est la distribution associée à une fonction constante.

4) On note μ la mesure de Lebesgue sur $\mathbf{R}$.
a) Soient ν une mesure sur $\mathbf{R}$ et $a \in \mathbf{R}$ tels que $\nu(\{a\}) = 0$. Pour $x \in \mathbf{R}$, on pose

$$f(x) = \begin{cases} \nu([a,x]) & \text{si } x \geqslant a, \\ \nu([x,a]) & \text{si } x \leqslant a. \end{cases}$$

La fonction f est continue et la distribution associée vérifie $f' = \nu$.
b) Soit f une distribution sur $\mathbf{R}$ telle que f' est une mesure ν. La distribution f est associée à la fonction continue sur $\mathbf{R}$ définie comme à la question précédente.
c) Soit f une distribution sur $\mathbf{R}$ telle que $f^{(k)}$ est une mesure pour tout entier $k \geqslant 0$. Alors f est la distribution associée à une fonction dans $\mathscr{C}^\infty(\mathbf{R})$.

5) La famille des distributions associées aux mesures ponctuelles ε_n pour $n \in \mathbf{Z}$ est sommable dans $\mathscr{S}'(\mathbf{R})$. Sa somme ω vérifie $\mathscr{F}(\omega) = \omega$. (Cette formule est équivalente à la formule de Poisson pour le groupe localement compact $\mathrm{G} = \mathbf{R}^n$ muni de la mesure de Lebesgue et le sous-groupe $\mathrm{H} = \mathbf{Z}^n$, *cf.* II, § 1, n° 7.)

6) Soit A une algèbre commutative unifère sur $\mathbf{C}$ telle que les conditions suivantes sont satisfaites :

(i) L'algèbre $\mathscr{C}(\mathbf{R})$ est une sous-algèbre unifère de A ;

(ii) Il existe une dérivation $d \colon \mathrm{A} \to \mathrm{A}$ dont la restriction à $\mathscr{C}^1(\mathbf{R})$ coïncide avec la dérivation usuelle des fonctions.

a) L'application identique X de $\mathbf{R}$ est inversible dans A. (Démontrer que l'application $g \colon \mathbf{R} \to \mathbf{R}$ telle que $g(0) = 0$ et $g(x) = x(\log(|x|) - 1)$ pour $x \neq 0$ est continue et vérifie $g\mathrm{X} = 1$.)

b) On a $d \circ d(|\mathrm{X}|) = 0$.

c) Il n'existe pas d'application bilinéaire $m \colon \mathscr{D}'(\mathbf{R}) \times \mathscr{D}'(\mathbf{R}) \to \mathscr{D}'(\mathbf{R})$ telle que $m(f,g) = fg$ pour tout couple $(f,g) \in \mathscr{D}(\mathbf{R})^2$, et telle que

$$m(f,g)' = m(f',g) + m(f,g')$$

pour tout $(f,g) \in \mathscr{D}'(\mathbf{R})^2$ (« impossibilité de la multiplication des distributions »).

d) Donner des exemples de suites (f_n) et (g_n) de fonctions test sur $\mathbf{R}$ telles que $f_n \to \varepsilon_0$ et $g_n \to \varepsilon_0$ dans $\mathscr{D}'(\mathbf{R})$, et telles que f_n^2 et g_n^2 convergent dans $\mathscr{D}'(\mathbf{R})$ vers des limites différentes.

7) Soit $n \in \mathbf{N}$. On note $\widetilde{\gamma}$ la représentation linéaire de $\mathbf{R}^n$ sur l'espace des fonctions de $\mathbf{R}^n$ dans $\mathbf{C}$ définie par

$$\widetilde{\gamma}(h)f(x) = f(x+h)$$

pour tout $h \in \mathbf{R}^n$ et toute fonction $f \colon \mathbf{R}^n \to \mathbf{C}$.

a) Pour tout $h \in \mathbf{R}^n$, l'application $\widetilde{\gamma}(h)$ définit par passage aux sous-espaces un automorphisme d'espace localement convexe de $\mathscr{D}(\mathbf{R}^n)$, qui est encore noté $\widetilde{\gamma}(h)$.

b) On note γ l'automorphisme de $\mathscr{D}'(\mathbf{R}^n)$ transposé de $\widetilde{\gamma}(-h)$. Si $f \in \mathscr{D}(\mathbf{R}^n)$, alors $\gamma(h)f = \widetilde{\gamma}(h)f$ pour tout $h \in \mathbf{R}^n$.

c) L'application $h \mapsto \gamma(h)$ est une représentation linéaire de $\mathbf{R}^n$ dans $\mathscr{D}'(\mathbf{R}^n)$.

d) Pour tout $h \in \mathbf{R}^n$ et tout $\alpha \in \mathbf{N}^n$, on a $\partial^\alpha \circ \gamma(h) = \gamma(h) \circ \partial^\alpha$.

e) Soit i un entier tel que $1 \leqslant i \leqslant n$ et e_i le i^{e} vecteur de la base canonique de $\mathbf{R}^n$. Pour toute distribution $f \in \mathscr{D}'(\mathbf{R}^n)$, on a

$$\lim_{\substack{h \to 0 \\ h \neq 0}} \frac{1}{h}(\gamma(he_i)f - f) = \partial_i f$$

dans $\mathscr{D}'(\mathbf{R}^n)$ muni de la topologie faible.

8) Soient $n \in \mathbf{N}$ et U un ouvert de $\mathbf{R}^n$. Une distribution $f \in \mathscr{D}'(\mathrm{U})$ est dite *positive* si $\langle f, \varphi \rangle \geqslant 0$ pour toute $\varphi \in \mathscr{D}(\mathrm{U})$ telle que $\varphi \geqslant 0$. Démontrer que f est positive si et seulement si f est la distribution associée à une mesure positive sur U.

9) Soient $n \in \mathbf{N}$ et U un ouvert de $\mathbf{R}^n$. Soient $k \in \mathbf{N}$ et $p \in]1, +\infty[$. L'espace $\mathrm{W}^{k,p}(\mathrm{U})$ est réflexif.

10) Soient $n \in \mathbf{N}$ et U un ouvert de $\mathbf{R}^n$. Soient $k \in \mathbf{N}$ et $p \in [1, +\infty[$. Soit $\mathrm{V} \subset \mathrm{U}$ un ouvert relativement compact.

Soit $\varphi \in \mathscr{D}(\mathbf{R}^n)$ une fonction positive à support contenu dans la boule unité de $\mathbf{R}^n$ et d'intégrale 1. Pour tout $\varepsilon > 0$ et $x \in \mathbf{R}^n$, on pose $\varphi_\varepsilon(x) = \varepsilon^{-n}\varphi(x/\varepsilon)$.

Soit $f \in \mathrm{W}^{k,p}(\mathrm{U})$.

a) La restriction f_V de f à V appartient à $\mathrm{W}^{k,p}(\mathrm{V})$.

b) Soit $\widetilde{f}$ la fonction sur $\mathbf{R}^n$ qui coïncide avec f sur U et est nulle en dehors de U. Quand $\varepsilon \to 0$, la restriction de $\widetilde{f} * \varphi_\varepsilon$ à V appartient à $\mathrm{W}^{k,p}(\mathrm{V})$ et converge vers f_V dans $\mathrm{W}^{k,p}(\mathrm{V})$.

11) Soient $n \in \mathbf{N}$ et U un ouvert de $\mathbf{R}^n$. Soient $k \in \mathbf{N}$ et $p \in [1, +\infty[$. On note $\mathrm{H}^{k,p}(\mathrm{U})$ l'adhérence de $\mathscr{C}^\infty(\mathrm{U})$ dans $\mathrm{W}^{k,p}(\mathrm{U})$.

Pour $x \in \mathrm{U}$, soit $\delta(x)$ la distance de x à la frontière de U dans $\mathbf{R}^n$; soit $\mathrm{U}_{-1} = \mathrm{U}_0 = \varnothing$ et

$$\mathrm{U}_k = \{x \in \mathrm{U} \mid \|x\| < k, \quad \delta(x) > k^{-1}\}$$

pour tout entier $k \geqslant 1$. Posons $\mathrm{V}_k = \mathrm{U}_{k+1} \cap (\mathbf{R}^n - \overline{\mathrm{U}}_{k-1})$ pour $k \geqslant 1$. Les ouverts V_k recouvrent U ; soit $(\psi_k)_{k \geqslant 1}$ une partition de l'unité subordonnée au recouvrement $(\mathrm{V}_k)_{k \geqslant 1}$ formée de fonctions dans $\mathscr{D}(\mathrm{U})$.

a) Pour $k \geqslant 1$, la fonction

$$\varphi_k = \sum_{\substack{j \geqslant 1 \\ \mathrm{Supp}(\psi_j) \subset \mathrm{V}_k}} \psi_j$$

appartient à $\mathscr{D}(\mathrm{U})$ et a support contenu dans V_k ; on a

$$\sum_{k \geqslant 1} \varphi_k = 1$$

sur U.

b) Soient $f \in \mathrm{W}^{k,p}(\mathrm{U})$ et $\varepsilon > 0$. Soient φ et φ_ε pour $\varepsilon > 0$ des fonctions comme dans l'exercice 10. Pour tout $k \geqslant 1$, il existe $\varepsilon_k > 0$ tel que

$$\|\varphi_{\varepsilon_k} * (\psi_k f) - \psi_k f\|_{k,p} < \frac{\varepsilon}{2^k}.$$

c) La fonction

$$f_\varepsilon = \sum_{k\geqslant 1} \varphi_{\varepsilon_k} * (\psi_k f)$$

appartient à $\mathscr{C}^\infty(\mathrm{U})$ et $\|f - f_\varepsilon\|_{k,p} < \varepsilon$.

d) L'espace $\mathrm{H}^{k,p}(\mathrm{U})$ est égal à $\mathrm{W}^{k,p}(\mathrm{U})$.

e) L'espace $\mathrm{H}^{k,p}(\mathrm{U})$ s'identifie à la complétion de l'espace $\mathscr{C}^k(\mathrm{U})$ pour la norme $f \mapsto \|f\|_{k,p}$.

f) Soit V un ouvert de $\mathbf{R}^n$ et soit $\varphi\colon \mathrm{U} \to \mathrm{V}$ un difféomorphisme de classe C^k. On suppose que les dérivées partielles d'ordre $\leqslant k$ de φ (resp. de φ^{-1}) sont bornées et uniformément continues sur U (resp. sur V). L'application $f \mapsto f\circ\varphi$ est un isomorphisme d'espaces vectoriels topologiques de $\mathrm{W}^{k,p}(\mathrm{V})$ sur $\mathrm{W}^{k,p}(\mathrm{U})$. (Utiliser le résultat de la question précédente.)

12) *a*) Pour tous entiers $n \in \mathbf{N}$ et $k \in \mathbf{N}$, et pour tout nombre réel $p \geqslant 1$, on a $\mathrm{W}^{k,p}(\mathbf{R}^n) = \mathrm{W}_0^{k,p}(\mathbf{R}^n)$.

b) Soit $p \geqslant 1$ un nombre réel. Soit $\mathrm{U} \subset \mathbf{R}^2$ l'ensemble des $(x, y) \in \mathbf{R}^2$ tels que $0 < |x| < 1$ et $0 < y < 1$. La fonction caractéristique φ de $\mathrm{U} \cap (\mathbf{R}_+^* \times \mathbf{R})$ appartient à $\mathrm{W}^{1,p}(\mathrm{U})$; si $\varepsilon > 0$ est suffisamment petit, il n'existe pas de fonction f de classe C^1 au voisinage de $\overline{\mathrm{U}}$ telle que $\|f - \varphi\|_{1,p} < \varepsilon$.

13) Soient U un ouvert de $\mathbf{R}^n$ et $j\colon \mathrm{U} \to \mathbf{R}^n$ l'inclusion canonique. Pour toute fonction $f\colon \mathrm{U} \to \mathbf{C}$, on note $j_! f$ l'extension par zéro de f à $\mathbf{R}^n$, c'est-à-dire la fonction de $\mathbf{R}^n$ dans $\mathbf{C}$ qui coïncide avec f dans U et est nulle en dehors de U.

Soient $k \geqslant 0$ un entier et $p \geqslant 1$ un nombre réel.

a) Soit $f \in \mathrm{W}^{k,p}(\mathrm{U})$. Pour tout $\alpha \in \mathbf{N}^n$ tel que $|\alpha| \leqslant k$, on a $\partial^\alpha(j_! f) = j_!(\partial^\alpha(f))$ dans $\mathscr{D}'(\mathbf{R}^n)$.

b) L'application $f \mapsto j_! f$ induit par passage aux sous-espaces une application linéaire isométrique de $\mathrm{W}_0^{k,p}(\mathrm{U})$ dans $\mathrm{W}^{k,p}(\mathbf{R}^n)$.

14) Soient U un ouvert de $\mathbf{R}^n$ et $k \geqslant 1$ un entier. Soit $p \geqslant 1$ un nombre réel. On suppose que le complémentaire $\mathbf{R}^n - \mathrm{U}$ n'est pas négligeable pour la mesure de Lebesgue. Notons j l'inclusion canonique de U dans $\mathbf{R}^n$.

a) Il existe un rectangle ouvert relativement compact B dans $\mathbf{R}^n$ tel que $\mathrm{B} \cap \mathrm{U}$ et $\mathrm{B} \cap (\mathbf{R}^n - \mathrm{U})$ ne sont pas négligeables.

b) Soit $\widetilde{f} \in \mathscr{D}(\mathbf{R}^n)$ qui vaut 1 dans $\mathrm{B} \cap \mathrm{U}$. Soit f la restriction de $\widetilde{f}$ à U. Alors f n'appartient pas à $\mathrm{W}_0^{k,p}(\mathrm{U})$. (Dans le cas contraire, l'extension par zéro $j_! f$ appartiendrait à $\mathrm{W}^{k,p}(\mathbf{R}^n)$; la restriction à B de $j_! f$ serait une distribution telle que $\partial_i(j_! f) = 0$ pour $1 \leqslant i \leqslant n$, donc serait la distribution associée à une constante.)

15) Soient $n \geqslant 1$ un entier et p un nombre réel tel que $1 \leqslant p < n$.

a) Soit α un nombre réel tel que $0 < \alpha < n/p - 1$. Soit g une fonction sur $\mathbf{R}_+^*$, indéfiniment différentiable, positive, telle que $g(x) = x^{-\alpha}$ pour x suffisamment petit et $g(x) = 0$ pour x suffisamment grand ; la fonction de $\mathbf{R}^n$ dans $\mathbf{C}$ telle que $x \mapsto g(\|x\|)$ appartient à $\mathrm{W}^{1,p}(\mathbf{R}^n)$.

b) Soit $i \mapsto q_i$ une bijection de $\mathbf{N}$ dans $\mathbf{Q}^n$ et soit f l'application de $\mathbf{R}^n$ dans $\mathbf{C}$ définie par

$$f(x) = \sum_{i \in \mathbf{N}} 2^{-i} g(\|x - q_i\|)$$

pour $x \in \mathbf{R}^n$. La série définissant f converge dans $\mathrm{W}^{1,p}(\mathbf{R}^n)$; pour tout ouvert U de $\mathbf{R}^n$, la restriction de f à U n'est pas presque partout différentiable.

c) Il existe une fonction $f \in \mathrm{W}^{1,n}(\mathbf{R}^n)$ qui n'est continue en aucun point. (Méthode similaire avec la fonction $x \mapsto \log(|\log(|x|)|)$.)

16) Soient $n \geqslant 1$ et $k \geqslant 1$ des entiers. Soit $p \geqslant 1$ un nombre réel. Soit U un ouvert borné de $\mathbf{R}^n$.

a) On suppose que $n \neq kp$. Soit q un nombre réel tel que $1 \leqslant q \leqslant np/(n-kp)$. L'inclusion de $\mathscr{D}(\mathrm{U})$ dans $\mathrm{L}^q(\mathrm{U})$ admet une extension continue i de $\mathrm{W}_0^{k,p}(\mathrm{U})$ dans $\mathrm{L}^q(\mathrm{U})$.

b) On suppose que $1 \leqslant q \leqslant np/(n-kp)$. L'application linéaire i est compacte (« théorème de Rellich–Kondrachov »).

c) On suppose que $k \geqslant 1$ et que $q = np/(n-p)$. L'application linéaire i n'est pas compacte.

17) Soit $n \geqslant 1$ un entier. On note μ la mesure de Lebesgue sur $\mathbf{R}^n$.

a) Une partie bornée B de $\mathrm{L}^2(\mathbf{R}^n, \mu)$ est compacte si, et seulement si, pour tout $\varepsilon > 0$, il existe une partie compacte K de $\mathbf{R}^n$ telle que

$$\int_{\mathbf{R}^n - \mathrm{K}} |f|^2 + \int_{\mathbf{R}^n - \mathrm{K}} |\widehat{f}|^2 < \varepsilon$$

pour tout $f \in \mathrm{B}$.

b) Soit $k \in \mathbf{N}$. Soit K une partie compacte de $\mathbf{R}^n$. On note $\mathrm{H}_k^2(\mathrm{K})$ le sous-espace fermé de l'espace de Sobolev $\mathrm{H}_k^2(\mathbf{R}^n)$ constitué des fonctions nulles en dehors du compact K. L'injection canonique $\mathrm{H}_k^2(\mathrm{K}) \to \mathrm{H}_k^2(\mathbf{R}^n)$ est compacte.

18) Soient $n \in \mathbf{N}$ et U un ouvert de $\mathbf{R}^n$. Le but de cet exercice est de démontrer que $\mathscr{D}'(\mathrm{U})$ est un espace bornologique.

Si K est une partie compacte de U, on munit $\mathscr{C}_\mathrm{K}^\infty(\mathrm{U})'$ de la topologie de la convergence bornée. On note $\pi_\mathrm{K} : \mathscr{D}'(\mathrm{U}) \to \mathscr{C}_\mathrm{K}^\infty(\mathrm{U})'$ l'application linéaire qui associe à une distribution sa restriction à $\mathscr{C}_\mathrm{K}^\infty(\mathrm{U})$; elle est continue.

Soit $\mathrm{S} \subset \mathscr{D}'(\mathrm{U})$ une partie convexe équilibrée bornivore.

a) Il existe une partie compacte K de U telle que $\mathrm{Ker}(\pi_\mathrm{K}) \subset \mathrm{S}$. (Dans le cas contraire, considérer une suite croissante $(\mathrm{K}_m)_{m \in \mathbf{N}}$ de parties compactes de U dont les intérieurs recouvrent U et choisir f_m dans $\mathrm{Ker}(\pi_{\mathrm{K}_m}) - \mathrm{S}$; alors l'ensemble des éléments mf_m pour $m \in \mathbf{N}$ est une partie bornée non absorbée par S.)

b) L'ensemble T des distributions $f \in \mathscr{D}'(\mathrm{U})$ tels que $f + \mathrm{Ker}(\pi_{\mathrm{K}}) \subset \mathrm{S}$ est une partie convexe équilibrée bornivore.

c) L'ensemble $\pi_{\mathrm{K}}(\mathrm{T})$ est une partie convexe équilibrée bornivore de $\mathscr{C}^\infty_{\mathrm{K}}(\mathrm{U})'$. (Soit A une partie bornée de $\mathscr{C}^\infty_{\mathrm{K}}(\mathrm{U})'$; montrer qu'il existe un voisinage W de 0 dans $\mathscr{D}(\mathrm{U})$ tel que $\mathrm{A} \subset (\mathrm{W} \cap \mathscr{C}^\infty_{\mathrm{K}}(\mathrm{U}))^\circ$ et en déduire que A est contenu dans $\pi_{\mathrm{K}}(\mathrm{W}^\circ)$, donc est absorbée par $\pi_{\mathrm{K}}(\mathrm{T})$.)

d) En déduire que S est un voisinage de 0, et conclure que l'espace $\mathscr{D}'(\mathrm{U})$ est bornologique. (Noter que $\pi_{\mathrm{K}}(\mathrm{T})$ est un voisinage de 0, et observer que S contient $\pi_{\mathrm{K}}^{-1}(\pi_{\mathrm{K}}(\mathrm{T}))$.)

19) Soit $n \in \mathbf{N}$ et soit $\mathrm{U} \subset \mathbf{R}^n$ une partie ouverte.

a) Soit $f \in \mathscr{D}'(\mathrm{U})$. La réunion V des ensembles ouverts $\mathrm{W} \subset \mathrm{U}$ tels que la restriction de f à W est nulle est ouverte dans U.

On appelle *support* de f le complémentaire de V ; c'est une partie fermée de U.

b) Soit $f \in \mathscr{D}'(\mathrm{U})$ et soit $\varphi \in \mathscr{D}(\mathrm{U})$ dont le support ne rencontre pas le support de f. On a $\langle f, \varphi \rangle = 0$.

c) Soit $f \in \mathscr{D}'(\mathrm{U})$ et $\alpha \in \mathbf{N}^n$. Le support de $\partial^\alpha f$ est contenu dans le support de f.

d) Si $f \in \mathscr{D}'(\mathrm{U})$ est la distribution associée à une mesure ν, alors le support de f coïncide avec le support de ν.

e) Soit f une distribution à support compact dans U. La forme linéaire f s'étend en une forme linéaire continue sur l'espace $\mathscr{C}^\infty(\mathrm{U})$.

f) L'espace des distributions à support compact dans U s'identifie avec le dual de l'espace $\mathscr{C}^\infty(\mathrm{U})$.

g) Soit $f \in \mathscr{D}'(\mathbf{R}^n)$ une distribution à support compact. On a $f \in \mathscr{S}'(\mathbf{R}^n)$.

h) Soit $f \in \mathscr{D}'(\mathbf{R}^n)$ une distribution à support compact. La transformée de Fourier de f appartient à $\mathscr{C}^\infty(\mathbf{R}^n)$; c'est une fonction à croissance polynomiale ainsi que toutes ses dérivées.

20) Soit $n \in \mathbf{N}$. On note V_n l'ouvert dans $\mathbf{C}$ formé des nombres complexes λ tels que $\mathscr{R}(\lambda) > -n-1$ et $\lambda \notin \{-1, -2, \ldots, -n\}$.

Soit $\lambda \in \mathrm{V}_0$. On note x_+^λ la distribution sur $\mathbf{R}$ définie par la fonction localement intégrable

$$x \mapsto \begin{cases} 0 & \text{si } x \leqslant 0, \\ x^\lambda & \text{si } x > 0. \end{cases}$$

a) L'application $\lambda \mapsto x_+^\lambda$ de V_0 dans $\mathscr{D}'(\mathbf{R})$ est analytique.

b) Soit $n \in \mathbf{N}$. Pour tout $\lambda \in \mathrm{V}_n$, l'application définie sur $\mathscr{D}(\mathbf{R})$ par

$$\varphi \mapsto \int_0^1 x^\lambda \Big(\varphi(x) - \varphi(0) - x\varphi'(0) - \cdots - \frac{x^{n-1}}{(n-1)!}\varphi^{(n-1)}(0)\Big)dx$$
$$+ \int_1^{+\infty} x^\lambda \varphi(x)dx + \sum_{k=1}^{n} \frac{\varphi^{(k-1)}(0)}{(k-1)!(\lambda+k)}$$

est une distribution tempérée ; elle ne dépend pas de l'entier n tel que $\lambda \in \mathrm{V}_n$, et coïncide avec x_+^λ lorsque $\lambda \in \mathrm{V}_0$.

On notera x_+^λ la distribution ainsi définie pour tout λ appartenant à la réunion des ensembles V_n pour $n \in \mathbf{N}$.

c) Soit $n \in \mathbf{N}$ et soit $\lambda \in \mathbf{C}$ tel que $-n-1 < \mathscr{R}(\lambda) < -n$. Pour toute fonction de Schwartz φ sur $\mathbf{R}$, on a

$$\langle x_+^\lambda, \varphi\rangle = \int_0^{+\infty} x^\lambda \Big(\varphi(x) - \varphi(0) - x\varphi'(0) - \cdots - \frac{x^{n-1}}{(n-1)!}\varphi^{(n-1)}(0)\Big)dx.$$

L'application de V_n dans $\mathscr{D}'(\mathrm{U})$ définie par $\lambda \mapsto x_+^\lambda$ est analytique.

d) Pour tout λ appartenant à la réunion des ensembles V_m, on a la formule

$$(x_+^\lambda)' = \lambda x_+^{\lambda-1}.$$

21) *a*) Soit $f \in \mathscr{S}(\mathbf{R})$. La fonction g sur $\mathbf{R}$ telle que $g(0) = 2f'(0)$ et $g(x) = (f(x) - f(-x))/x$ pour tout $x \neq 0$ est intégrable sur $\mathbf{R}$ par rapport à la mesure de Lebesgue. L'application qui à f associe l'intégrale de g sur $\mathbf{R}$ est une distribution tempérée, notée vp, et appelée *valeur principale de Cauchy de* $1/x$.

b) Pour tout $f \in \mathscr{S}(\mathbf{R})$, on a

$$\langle \mathrm{vp}, f\rangle = \lim_{\varepsilon\to 0} \int_{\mathbf{R}-[-\varepsilon,\varepsilon]} \frac{f(x)}{x}dx.$$

c) La restriction de vp à $\mathbf{R} - \{0\}$ est la distribution associée à la fonction localement intégrable $x \mapsto 1/x$ sur $\mathbf{R} - \{0\}$.

d) La distribution vp coïncide avec la dérivée de la distribution associée à la fonction localement intégrable sur $\mathbf{R}$ prenant valeur 0 en 0 et définie pour $x \neq 0$ par $x \mapsto \log(|x|)$.

e) Soit $\varepsilon > 0$. On note p_ε la fonction $x \mapsto 1/(x + i\varepsilon)$ sur $\mathbf{R}$. On a

$$\lim_{\varepsilon\to 0} p_\varepsilon = \mathrm{vp} - i\pi\varepsilon_0$$

dans l'espace $\mathscr{S}'(\mathbf{R})$ muni de la topologie faible, où ε_0 est la distribution tempérée associée à la masse ponctuelle en 0.

22) La distribution sur $\mathbf{R}$ associée à la fonction exponentielle n'est pas tempérée.

23) Soit $n \in \mathbf{N}$ et soit U un ouvert de $\mathbf{R}^n$. On note μ la mesure de Lebesgue sur U. Pour $m \in \mathbf{N}$, on note $\boldsymbol{m} = (m, \ldots, m) \in \mathbf{N}^n$.

a) Soit $f \in \mathscr{D}(\mathrm{U})$. On suppose qu'il existe un entier $m \geqslant 1$ et un nombre réel $c \geqslant 0$ tel que

$$|\langle f, \varphi\rangle| \leqslant c \int_{\mathrm{U}} |\partial^{\boldsymbol{m}}\varphi| d\mu$$

pour tout $\varphi \in \mathscr{D}(\mathrm{U})$. Il existe alors une fonction $g \in \mathrm{L}^\infty(\mathrm{U})$ telle que $f = \partial^{\boldsymbol{m}} g$. (L'application linéaire $\varphi \mapsto \partial^{\boldsymbol{m}}\varphi$ est injective sur $\mathscr{D}(\mathrm{U})$; soit E son image ; considérer la forme linéaire de E dans $\mathbf{C}$ qui à $\partial^{\boldsymbol{m}}\varphi$ associe $\langle f, \varphi\rangle$ et appliquer le théorème de Hahn–Banach.)

b) Soit V un ouvert relativement compact contenu dans U. Il existe un entier $m \geqslant 1$ et $c \geqslant 0$ tels que

$$|\langle f, \varphi\rangle| \leqslant c \int_{\mathrm{U}} |\partial^{\boldsymbol{m}}\varphi| d\mu$$

pour tout $\varphi \in \mathscr{D}(\mathrm{U})$ à support contenu dans V.

c) Pour tout ouvert relativement compact $\mathrm{V} \subset \mathrm{U}$, il existe une fonction continue $g \in \mathscr{C}(\mathrm{V})$ et $\alpha \in \mathbf{N}^n$ tel que la restriction de f à V est égale à $\partial^\alpha g$.

d) Donner un exemple de distribution $f \in \mathscr{D}'(\mathbf{R}^n)$ telle que f n'est pas de la forme $f = \partial^\alpha g$ pour une fonction continue $g \in \mathscr{C}(\mathbf{R}^n)$ et $\alpha \in \mathbf{N}^n$.

24) Soit $n \in \mathbf{N}$ et soit U un ouvert de $\mathbf{R}^n$. Soit $f \in \mathscr{D}'(\mathrm{U})$ une distribution dont le support C est compact dans U.

a) Il existe un entier $m \in \mathbf{N}$ tel que la distribution f s'étend en une forme linéaire continue sur l'espace $\mathscr{C}^m(\mathrm{U})$ muni de la topologie de la convergence compacte des fonctions et de leurs dérivées partielles d'ordre $\leqslant m$.

Le plus petit entier m vérifiant cette propriété est appelé *l'ordre de f*.

b) Soit $\varphi \in \mathscr{D}(\mathrm{U})$ telle que $\partial^\alpha\varphi$ est nulle sur C pour tout $\alpha \in \mathbf{N}^n$ tel que $|\alpha| \leqslant m$. On a alors $\langle f, \varphi\rangle = 0$. (Considérer pour $\delta > 0$ assez petit le voisinage U_δ de C formé des $x \in \mathrm{U}$ tels que $d(x, \mathrm{C}) \leqslant \delta$, et montrer qu'il existe $\eta \geqslant 0$, tendant vers 0 quand δ tend vers 0, tel que, pour un certain $\mathrm{C}_0 \geqslant 0$, on ait $|\partial^\alpha\varphi(x)| \leqslant \mathrm{C}_0\delta^{m-|\alpha|}\eta$ pour $x \in \mathrm{U}_\delta$ et $|\alpha| \leqslant m$; montrer qu'il existe une fonction $\beta_\delta \in \mathscr{D}(\mathrm{U})$ égale à 1 sur $\mathrm{U}_{\delta/4}$ et à support contenu dans U_δ vérifiant $|\partial^\alpha\beta_\delta| \leqslant \mathrm{C}_1\delta^{-|\alpha|}$ pour un certain $\mathrm{C}_1 \geqslant 0$; observer enfin que $\langle f, \varphi\rangle = \langle f, \varphi\beta_\delta\rangle$ et que $\varphi\beta_\delta$ tend vers 0 dans $\mathscr{C}^m(\mathrm{U})$.)

c) Soit $x \in \mathrm{U}$. L'espace des distributions f dont le support de f est réduit à x admet comme base algébrique les distributions $\partial^\alpha\varepsilon_x$, où $\alpha \in \mathbf{N}^n$.

d) Soit $n = 1$. La formule

$$\langle f, \varphi\rangle = \lim_{m\to+\infty}\Big(\sum_{1\leqslant k\leqslant m} \varphi(k^{-1}) - m\varphi(0) - \log(m)\varphi'(0)\Big)$$

définit une distribution sur $\mathbf{R}$, d'ordre 1, dont le support est compact, égal à l'ensemble $\mathrm{C} = \{0\} \cup \{1/(n+1) \mid n \in \mathbf{N}\}$. Il existe des suites (φ_n) dans

$\mathscr{D}(\mathbf{R})$ telles que $\partial^\alpha \varphi_n$ converge uniformément vers 0 sur C pour tout $\alpha \in \mathbf{N}^n$ tel que $|\alpha| \leqslant 1$, mais $\langle f, \varphi_n \rangle \to +\infty$.

25) Soit $n \in \mathbf{N}$. On note N la norme euclidienne sur $\mathbf{R}^n$ et μ la mesure de Lebesgue.

On note $\mathscr{D}_{\mathrm{L}^1}(\mathbf{R}^n)$ le sous-espace vectoriel de $\mathscr{C}^\infty(\mathbf{R}^n)$ dont les éléments sont les fonctions φ telles que $\partial^\alpha \varphi \in \mathrm{L}^1(\mathbf{R}^n)$ et $\partial^\alpha \varphi \in \mathscr{C}_0(\mathbf{R}^n)$ pour tout $\alpha \in \mathbf{N}^n$.
a) L'espace $\mathscr{D}_{\mathrm{L}^1}(\mathbf{R}^n)$, muni de la topologie définie par les semi-normes

$$q_\alpha(\varphi) = \int_{\mathbf{R}^n} |\partial^\alpha \varphi| d\mu, \qquad \alpha \in \mathbf{N}^n,$$

est un espace de Fréchet.
b) L'espace $\mathscr{D}(\mathbf{R}^n)$ est contenu et dense dans $\mathscr{D}_{\mathrm{L}^1}(\mathbf{R}^n)$. On peut identifier l'espace dual $\mathscr{D}'_{\mathrm{L}^1}(\mathbf{R}^n)$ de $\mathscr{D}_{\mathrm{L}^1}(\mathbf{R}^n)$ à un sous-espace de $\mathscr{D}'(\mathbf{R}^n)$.
c) Soit $f \in \mathscr{D}'(\mathbf{R}^n)$. On a $f \in \mathscr{D}'_{\mathrm{L}^1}(\mathbf{R}^n)$ si et seulement s'il existe un ensemble fini I, une famille $(\alpha_i)_{i \in \mathrm{I}}$ dans $\mathbf{N}^n$ et une famille $(g_i)_{i \in \mathrm{I}}$ dans $\mathrm{L}^\infty(\mathbf{R}^n)$ tels que

$$f = \sum_{i \in \mathrm{I}} \partial^{\alpha_i} g_i.$$

(Déterminer I et la famille (α_i) de sorte que $|\langle f, \varphi \rangle|$ est borné lorsque φ est telle que $q_{\alpha_i}(\varphi) \leqslant 1$ pour tout $i \in \mathrm{I}$; identifier $\mathscr{D}_{\mathrm{L}^1}(\mathbf{R}^n)$ à un sous-espace vectoriel de $\mathrm{L}^1(\mathbf{R}^n)^m$ par l'application $\varphi \mapsto (\partial^{\alpha_i} \varphi)_{i \in \mathrm{I}}$, et appliquer le théorème de Hahn–Banach.)
d) Soit $f \in \mathscr{D}'(\mathbf{R}^n)$. On a $f \in \mathscr{D}'_{\mathrm{L}^1}(\mathbf{R}^n)$ si et seulement s'il existe une fonction continue g à croissance modérée sur $\mathbf{R}^n$ et $\alpha \in \mathbf{N}^n$ tels que $f = \partial^\alpha g$.
e) Soit $f \in \mathscr{D}'(\mathbf{R}^n)$. Il existe un entier $m \in \mathbf{N}$ tel que $(1 + \mathrm{N}^2)^{-m/2} f$ appartient à $\mathscr{D}'_{\mathrm{L}^1}(\mathbf{R}^n)$.
f) Soit $f \in \mathscr{D}'(\mathbf{R}^n)$. On a $f \in \mathscr{S}'(\mathbf{R}^n)$ si et seulement s'il existe une fonction continue bornée $g \colon \mathbf{R}^n \to \mathbf{C}$, un entier $m \in \mathbf{N}$ et $\alpha \in \mathbf{N}^n$ tels que $f = \partial^\alpha((1 + \mathrm{N}^2)^{m/2} g)$.

26) Soit $n \in \mathbf{N}$. On munit $\mathbf{R}^n$ de la mesure de Lebesgue μ et on identifie $\mathbf{R}^n$ à son dual par l'application $(x, y) \mapsto \exp(2i\pi\, x \cdot y)$.
a) Pour toute fonction $f \in \mathscr{S}(\mathbf{R}^n)$, l'application $g \mapsto f * g$ est un automorphisme d'espaces localement convexes de $\mathscr{S}(\mathbf{R}^n)$.
b) Soient $f \in \mathscr{S}'(\mathbf{R}^n)$ et $g \in \mathscr{S}(\mathbf{R}^n)$. L'application $\varphi \mapsto \langle f, \check{g} * \varphi \rangle$ est une distribution tempérée, appelée *convolution de f et g*. Si $f \in \mathscr{S}(\mathbf{R}^n)$, elle coïncide avec la distribution associée à $f * g$. On notera encore $f * g$ la distribution tempérée ainsi définie.

Dans les questions qui suivent, on fixe $f \in \mathscr{S}'(\mathbf{R}^n)$ et $g \in \mathscr{S}(\mathbf{R}^n)$
c) On a $f * g \in \mathscr{C}^\infty(\mathbf{R})$ et

$$\partial^\alpha(f * g) = \partial^\alpha(f) * g = f * \partial^\alpha(g)$$

pour tout $\alpha \in \mathbf{N}^n$.

d) Pour tout $y \in \mathbf{R}^n$, notons g_y la fonction $x \mapsto g(y-x)$ sur $\mathbf{R}^n$. La fonction $f * g$ vérifie

$$(f * g)(y) = \langle f, g_y \rangle$$

pour tout $y \in \mathbf{R}^n$.

e) Soit $h \in \mathscr{S}(\mathbf{R}^n)$. On a $(f * g) * h = f * (g * h)$.

f) La fonction $f * g$ est à croissance polynomiale, ainsi que toutes ses dérivées. (Utiliser l'exercice 25.)

g) On a $\mathscr{F}(f * g) = \mathscr{F}(f)\mathscr{F}(g)$.

h) La transformée de Fourier de fg est une fonction indéfiniment différentiable sur $\mathbf{R}^n$ et à croissance polynomiale ainsi que toutes ses dérivées. De plus, pour tout $y \in \mathbf{R}^n$, on a

$$\mathscr{F}(fg)(y) = \langle f, g e_{-y} \rangle$$

où e_y désigne le caractère $x \mapsto \exp(2i\pi\, x \cdot y)$ de $\mathbf{R}^n$.

27) Soit $n \in \mathbf{N}$. On note N la norme euclidienne sur $\mathbf{R}^n$ et μ la mesure de Lebesgue sur tout ouvert de $\mathbf{R}^n$. Soit Δ l'opérateur différentiel

$$\Delta = -\sum_{i=1}^{n} \partial_i^2$$

vu comme endomorphisme de $\mathscr{D}'(\mathbf{R}^n)$.

Pour $k \in \mathbf{R}$, on note $\mathrm{S}^k(\mathbf{R}^n)$ l'espace des distributions tempérées f dans $\mathscr{S}'(\mathbf{R}^n)$ telles que $(1+\mathrm{N}^k)\mathscr{F}(f)$ appartient à $\mathrm{L}^2(\mathbf{R}^n)$.

Soit $\mathrm{U} \subset \mathbf{R}^n$ une partie ouverte de $\mathbf{R}^n$. On note $\mathrm{S}^k_{\mathrm{U}}(\mathbf{R}^n)$ l'espace des distributions $f \in \mathscr{D}'(\mathbf{R}^n)$ telles que pour toute fonction test $\varphi \in \mathscr{D}(\mathbf{R}^n)$ à support contenu dans U, on a $\varphi f \in \mathrm{S}^k(\mathbf{R}^n)$.

a) L'espace $\mathrm{S}^k(\mathbf{R}^n)$ est un espace hilbertien avec le produit scalaire

$$\langle f_1 \,|\, f_2 \rangle = \int_{\mathbf{R}^n} (1+\mathrm{N}^k)\,\overline{\mathscr{F}(f_1)}\,\mathscr{F}(f_2) d\mu.$$

Lorsque $k \in \mathbf{N}$, on a $\mathrm{W}^k(\mathbf{R}^n) = \mathrm{S}^k(\mathbf{R}^n)$ et les normes de ces deux espaces de Banach sont équivalentes ; de plus, on a alors $\mathrm{W}^k(\mathbf{R}^n) \subset \mathrm{S}^k_{\mathrm{U}}(\mathbf{R}^n)$.

b) Le dual de $\mathrm{S}^k(\mathbf{R}^n)$ s'identifie à $\mathrm{S}^{-k}(\mathbf{R}^n)$ par la forme bilinéaire

$$(f,g) \mapsto \int_{\mathbf{R}^n} \mathscr{F}(f)(-x)\mathscr{F}(g)(x) d\mu(x)$$

pour $(f,g) \in \mathrm{S}^{-k}(\mathbf{R}^n) \times \mathrm{S}^k(\mathbf{R}^n)$.

c) Supposons que U est relativement compact. On a

$$\bigcup_{k \in \mathbf{R}} \mathrm{S}^k_{\mathrm{U}}(\mathbf{R}^n) = \mathscr{D}'(\mathbf{R}^n).$$

(Soit $f \in \mathscr{D}'(\mathbf{R}^n)$; appliquer les résultats de l'exercice 19 à φf, où $\varphi \in \mathscr{D}(\mathbf{R}^n)$ est égale à 1 sur U.)

d) Soient $k \in \mathbf{R}$ et $f \in \mathrm{S}^k(\mathbf{R}^n)$. Pour tout entier i tel que $1 \leqslant i \leqslant n$, on a $\partial_i f \in \mathrm{S}^{k-1}(\mathbf{R}^n)$. De plus, si $\Delta(f) \in \mathrm{S}^k(\mathbf{R}^n)$, alors $f \in \mathrm{S}^{k+2}(\mathbf{R}^n)$.

e) Soient $k \in \mathbf{R}$ et $f \in \mathrm{S}^k_{\mathrm{U}}(\mathbf{R}^n)$. Si $\Delta(f) \in \mathrm{S}^k_{\mathrm{U}}(\mathbf{R}^n)$, alors $f \in \mathrm{S}^{k+2}_{\mathrm{U}}(\mathbf{R}^n)$.

f) Soient $k > n/2$ un nombre réel et $m \in \mathbf{N}$ un entier tel que $m < k - n/2$. L'espace $\mathrm{S}^k(\mathbf{R}^n)$ est inclus dans $\mathscr{C}^m(\mathbf{R}^n)$. (En utilisant l'inégalité de Cauchy-Schwarz, vérifier que $x \mapsto x^\alpha \mathscr{F} f(x)$ appartient à $\mathrm{L}^1(\mathbf{R}^n)$ pour tout $\alpha \in \mathbf{N}^n$ tel que $|\alpha| \leqslant m$. Montrer ensuite que $\mathscr{F}(f)$ est différentiable sur $\mathbf{R}$ en utilisant la formule d'inversion de Fourier.)

g) Soient $k > n/2$ un nombre réel et $m \in \mathbf{N}$ un entier tel que $m < k - n/2$. La restriction à U d'un élément de $\mathrm{S}^k_{\mathrm{U}}(\mathbf{R}^n)$ appartient à $\mathscr{C}^m(\mathrm{U})$. (Pour tout $x \in \mathrm{U}$, vérifier qu'on obtient une fonction $g \in \mathscr{C}^m(\mathrm{U})$ bien définie en posant $g(x) = (\varphi_x f)(x)$, où $\varphi_x \in \mathscr{D}(\mathbf{R}^n)$ est une fonction à support dans U égale à 1 au voisinage de x ; vérifier finalement que la restriction de f à U est égale à g.)

h) Soit $g \in \mathscr{D}'(\mathbf{R}^n)$. Si $f \in \mathscr{D}'(\mathbf{R}^n)$ vérifie $\Delta(f) = g$ et si la restriction de g à U est dans $\mathscr{C}^\infty(\mathrm{U})$, alors la restriction de f à U est dans $\mathscr{C}^\infty(\mathrm{U})$ (« théorème de régularité elliptique »).

28) Soient n et m des entiers, et soient $\mathrm{U} \subset \mathbf{R}^n$ et $\mathrm{V} \subset \mathbf{R}^m$ des ouverts.

a) Il existe une unique application linéaire injective de u de $\mathscr{D}(\mathrm{U}) \otimes \mathscr{D}(\mathrm{V})$ dans $\mathscr{D}(\mathrm{U} \times \mathrm{V})$ telle que $u(\varphi \otimes \psi)$ est la fonction $(x, y) \mapsto \varphi(x)\psi(y)$ pour tout $(\varphi, \psi) \in \mathscr{D}(\mathrm{U}) \times \mathscr{D}(\mathrm{V})$. De plus, l'image de u est dense dans $\mathscr{D}(\mathrm{U} \times \mathrm{V})$. On identifie l'espace $\mathscr{D}(\mathrm{U}) \otimes \mathscr{D}(\mathrm{V})$ à un sous-espace de $\mathscr{D}(\mathrm{U} \times \mathrm{V})$ à l'aide de l'application u.

b) Pour toutes les distributions f sur U et g sur V, il existe une unique distribution $f \otimes g$ sur $\mathrm{U} \times \mathrm{V}$ telle que $\langle f \otimes g, \varphi \otimes \psi \rangle = \langle f, \varphi \rangle \langle g, \psi \rangle$ pour tout $(\varphi, \psi) \in \mathscr{D}(\mathrm{U}) \times \mathscr{D}(\mathrm{V})$.

c) Soient $f \in \mathscr{D}(\mathrm{U})$ et $g \in \mathscr{D}(\mathrm{V})$. Pour tout $\eta \in \mathscr{D}(\mathrm{U} \times \mathrm{V})$ et tout $x \in \mathrm{U}$, notons η_x l'application $y \mapsto \eta(x, y)$. On a $\eta_x \in \mathscr{D}(\mathrm{V})$ et l'application φ qui à $x \in \mathrm{U}$ associe $\langle f, \eta_x \rangle$ appartient à $\mathscr{D}(\mathrm{U})$ et vérifie

$$\langle f \otimes g, \eta \rangle = \langle f, \varphi \rangle.$$

29) Soient n et m des entiers et soient $\mathrm{U} \subset \mathbf{R}^n$ et $\mathrm{V} \subset \mathbf{R}^m$ des ouverts. On reprend les notations de l'exercice précédent. Soit u une application linéaire continue de $\mathscr{D}(\mathrm{U})$ dans $\mathscr{D}'(\mathrm{V})$.

a) Il existe une unique forme linéaire continue $\widetilde{\kappa}$ définie sur le sous-espace $\mathscr{D}(\mathrm{U}) \otimes \mathscr{D}(\mathrm{V})$ de $\mathscr{D}(\mathrm{U} \times \mathrm{V})$ telle que $\widetilde{\kappa}(\varphi \otimes \psi) = \langle u(\varphi), \psi \rangle$ pour tout (φ, ψ) dans $\mathscr{D}(\mathrm{U}) \times \mathscr{D}(\mathrm{V})$.

b) Il existe une distribution $\kappa(u)$ sur $\mathrm{U} \times \mathrm{V}$ qui prolonge $\widetilde{\kappa}$, et l'application $u \mapsto \kappa(u)$ de $\mathscr{L}(\mathscr{D}(\mathrm{U}), \mathscr{D}'(\mathrm{V}))$ dans $\mathscr{D}'(\mathrm{U} \times \mathrm{V})$ est continue.
c) L'application κ est bijective (« théorème du noyau de Schwartz » ; pour démontrer la surjectivité de κ, étant donnée une distribution η sur $\mathrm{U} \times \mathrm{V}$, définir $u(\varphi)$ comme la distribution $\psi \mapsto \langle \eta, \varphi \otimes \psi \rangle$ sur V.)

30) Soit $n \in \mathbf{N}$. On note $(x_1, \ldots, x_n)$ la base duale de la base canonique de $\mathbf{R}^n$.
a) Soient $c \geqslant 0$ et $r > 0$ des nombres réels. Il existe une fonction u définie et analytique sur un voisinage ouvert U de 0 dans $\mathbf{R}^n$ telle que

$$\Big(r - \sum_{j=1}^{n-1} x_j - u\Big)\partial_n u - cr \sum_{j=1}^{n-1} \partial_j u = cr$$

sur U et $u(x, 0) = 0$ lorsque $x \in \mathbf{R}^{n-1}$ vérifie $(x, 0) \in \mathrm{U}$. (Considérer d'abord le cas $n = 2$.)
b) Soit U un voisinage ouvert de 0 dans $\mathbf{R}^n$. Soit $(a_1, \ldots, a_{n-1}, b)$ des fonctions de $\mathrm{U} \times \mathbf{R}$ dans $\mathbf{C}$ qui sont analytiques au voisinage de $(0, 0) \in \mathrm{U} \times \mathbf{R}$. On note Q l'application de l'espace vectoriel des fonctions analytiques sur U dans lui-même telle que

$$\mathrm{Q}(u) = \partial_n u - \sum_{j=1}^{n-1} a_j(x_1, \ldots, x_{n-1}, u)\partial_j u + b(x_1, \ldots, x_{n-1}, u).$$

Il existe au plus une fonction v définie et analytique dans un voisinage ouvert V de 0 contenu dans U telle que $\mathrm{Q}(v) = 0$ et telle que $v(x, 0) = 0$ pour tout $x \in \mathbf{R}^{n-1}$ tel que $(x, 0) \in \mathrm{V}$. (Vérifier que les coefficients du développement de Taylor en 0 d'une telle solution v ne peuvent prendre qu'une seule valeur.)
c) Soient f et g des séries formelles dans $\mathbf{C}[[z_1, \ldots, z_n]]$. On dit que f majore g, et on écrit $f \ll g$, si

$$f = \sum_{\alpha \in \mathbf{N}^n} a_\alpha z^\alpha, \qquad g = \sum_{\alpha \in \mathbf{N}^n} b_\alpha z^\alpha$$

avec $|a_\alpha| \leqslant b_\alpha$ pour tout $\alpha \in \mathbf{N}^n$. Si la série formelle g converge dans un voisinage de 0 dans $\mathbf{R}^n$, alors il en est de même de f.
d) S'il existe des fonctions $(\widetilde{a}_1, \ldots, \widetilde{a}_{n-1}, \widetilde{b})$ analytiques au voisinage de 0 telles que $a_j \ll \widetilde{a}_j$ pour $1 \leqslant j \leqslant n-1$ et $b \ll \widetilde{b}$ (au sens où les développements de Taylor en 0 correspondant vérifient ces conditions), et si l'équation

$$\partial_n v - \sum_{j=1}^{n-1} \widetilde{a}_j(x_1, \ldots, x_{n-1}, v)\partial_j v + \widetilde{b}(x_1, \ldots, x_{n-1}, v) = 0$$

d'inconnue v a une solution analytique dans un voisinage de 0, alors l'équation $\mathrm{Q}(v) = 0$ a une unique solution analytique au voisinage de 0.

e) Il existe une unique solution de l'équation $\mathrm{Q}(v) = 0$ qui est analytique au voisinage de 0 (« théorème de Cauchy–Kowalewski »).

31) On note L l'opérateur différentiel

$$\mathrm{L} = -i\partial_1 + \partial_2 - 2(x_1 + ix_2)\partial_3$$

d'ordre 1 sur $\mathbf{R}^3$, où (x_1, x_2, x_3) est la base duale de la base canonique de $\mathbf{R}^3$, les x_i étant vus comme polynômes sur $\mathbf{R}^3$ (« opérateur de Lewy »).
a) Soit U un voisinage ouvert de 0 dans $\mathbf{R}^3$. Il existe une fonction $\varphi \in \mathscr{D}(\mathrm{U})$ telle que $\varphi(0) = 1$ et telle que $\mathrm{L}(\varphi)$ est nulle dans un voisinage V de 0 contenu dans U. (Utiliser le théorème de Cauchy–Kowalewski.)
b) Soit $u \in \mathscr{C}^\infty(\mathrm{U})$ une fonction telle que $\mathrm{L}(u) = 0$ et $u(0) = 0$. On suppose qu'il existe $\delta > 0$ tel que $\mathscr{R}(u(x)) < -2\delta$ pour $x \in \mathrm{U} - \mathrm{V}$. On pose $v_t = \varphi\ \exp(t(u + \delta))$. On a $v_t \in \mathscr{C}^\infty(\mathrm{U})$ et $\mathrm{L}(v_t)$ tend vers 0 dans $\mathscr{D}(\mathrm{U})$ quand $t \to +\infty$.
c) Soit F l'espace des fonctions $f \in \mathscr{C}^\infty(\mathrm{U})$ telles que $\partial^\alpha f$ est bornée sur U pour tout $\alpha \in \mathbf{N}^3$. L'espace F muni des semi-normes $q_\alpha(f) = \sup_{x \in \mathrm{U}} |\partial^\alpha f|$ est un espace de Fréchet.
d) Soit $\psi \in \mathscr{D}(\mathbf{R}^3)$. Notons f_t la restriction à U de la fonction $x \mapsto t^3\psi(tx)$. On a $f_t \in \mathrm{F}$ pour $t \geqslant 1$, et il existe un nombre réel $c \geqslant 0$ tel que $q_\alpha(f_t) \leqslant ct^{|\alpha|+3}$ pour tout $\alpha \in \mathbf{N}^3$ et tout $t \geqslant 1$.
e) Pour tout $t \geqslant 1$, on note λ_t la forme linéaire $f \mapsto \int_\mathrm{U} f v_t$ sur F. Elle est continue et pour t assez grand, on a

$$\lambda_t(f_t) = e^{\delta t}\Big(\int_\mathrm{U} \psi(x) \exp\Big(\sum_{j=1}^{3} \xi_j x_j\Big) dx_1 dx_2 dx_3 + \varepsilon(t)\Big)$$

où $\xi_j = \partial_j u(0)$ et $\varepsilon(t) \to 0$ quand $t \to +\infty$.
f) On suppose que $(\xi_j) \neq 0$; il existe $f \in \mathrm{F}$ telle que les intégrales $\int_\mathrm{U} f v_t$ ne sont pas bornées quand $t \to +\infty$. (Si l'assertion était en défaut, obtenir une contradiction en utilisant la question précédente et le théorème de Banach–Steinhaus.)
g) Les fonctions v_t ne convergent pas vers 0 dans $\mathscr{D}'(\mathrm{U})$ lorsque $t \to +\infty$.
h) Soit $\xi = (0, 0, \xi_3) \in \mathbf{R}^3$ tel que $\xi_3 < 0$. Il existe un voisinage U de 0 dans $\mathbf{R}^3$ et une fonction $u \in \mathscr{C}^\infty(\mathrm{U})$ telle que $\mathrm{L}(u) = 0$ et $u(0) = 0$, et qui vérifie les conditions des questions *b*) et *f*). (Utiliser le théorème de Cauchy–Kowalewski.)
i) Soient (v_t) des fonctions dans $\mathscr{D}(\mathrm{U})$ telles que $\mathrm{L}(v_t) \to 0$, et $f \in \mathscr{D}(\mathrm{U})$ tel que $\int_\mathrm{U} f v_t$ n'est pas borné quand $t \to +\infty$ (question *g*)) ; l'équation $\mathrm{L}v = f$ n'a pas de solution $v \in \mathscr{D}'(\mathrm{U})$ (« théorème de Lewy »). (Noter que l'adjoint formel de L coïncide avec L.)

32) Soit $n \geqslant 1$ un entier. On note Δ le laplacien sur $\mathscr{D}'(\mathbf{R}^n)$, défini par

$$\Delta(f) = -\sum_{i=1}^{n} \partial_i^2 f.$$

Soit u une fonction localement intégrable sur $\mathbf{R}^n$ telle que $\Delta(u)$ est une fonction localement intégrable.

Soit $v \in \mathscr{L}^\infty(\mathbf{R}^n)$ la fonction définie par

$$v(x) = \begin{cases} 0 & \text{si } u(x) = 0, \\ \overline{u(x)}/|u(x)| & \text{si } u(x) \neq 0. \end{cases}$$

a) Pour $\varepsilon > 0$, on pose $u_\varepsilon = (|u|^2 + \varepsilon^2)^{1/2}$. Démontrer que la distribution $-\Delta(u_\varepsilon) - \mathscr{R}(\overline{u}/u_\varepsilon\, \Delta(u))$ est positive. (Considérer d'abord le cas où $u \in \mathscr{C}^\infty(\mathbf{R}^n)$, puis utiliser la convolution pour traiter le cas général.)

b) La distribution $-\Delta(|u|) - \mathscr{R}(v\Delta(u))$ est positive (« inégalité de Kato »).

33) Soit $m \geqslant 1$ un entier.

a) Il existe une unique application linéaire A^+ (resp. A^-) de $\mathrm{H}^m(\mathbf{R})$ dans $\mathrm{H}^{m-1}(\mathbf{R})$ telle que

$$\mathrm{A}^+ f(x) = f'(x) - xf(x) \quad (\text{resp. } \mathrm{A}^- f(x) = f'(x) + xf(x)\ )$$

pour tout $f \in \mathscr{D}(\mathbf{R})$ et tout $x \in \mathbf{R}$.

b) L'application A^+ est une application de Fredholm d'indice 1 et A^- est une application de Fredholm d'indice -1. (Considérer l'image par A^+ et A^- des fonctions d'Hermite, *cf.* exercice 3 de II, p. 263.)

§ 4

Sauf mention du contraire, les espaces de Banach et les espaces hilbertiens ci-dessous sont supposés complexes.

1) *a*) Il existe des espaces vectoriels E, F, G et des opérateurs partiels u, v de E dans F, et w de F dans G, tels que $w \circ (u + v) \neq w \circ u + w \circ v$.

b) Donner un exemple d'opérateur fermable u sur un espace vectoriel topologique tel que le domaine de la fermeture de u est strictement contenu dans l'adhérence du domaine de u.

c) Donner un exemple d'opérateurs fermés u et v sur un espace hilbertien tels que u est continu mais $u \circ v$ n'est pas fermé.

2) Soient E et F des espaces de Banach et G un sous-espace de E. Soit u une application linéaire *de rang fini* de G dans F. On suppose que u n'est pas continue sur G.

a) L'opérateur partiel de E dans F de domaine G défini par u n'est pas fermable.

b) Supposons que E et G sont des espaces hilbertiens. Calculer l'adjoint de l'opérateur partiel défini par u.

3) Soit $\mathrm{K} = \mathbf{R}$ ou $\mathbf{C}$. Soient E, F des espaces vectoriels topologiques sur K et u un opérateur à domaine dense de E dans F. Soit D' l'ensemble des formes linéaires continues $\lambda \in \mathrm{F}'$ telles qu'il existe une forme linéaire continue $\mu \in \mathrm{E}'$ coïncidant avec $\lambda \circ u$ sur le domaine de u.

a) L'ensemble D' est un sous-espace vectoriel de F', la forme linéaire μ est déterminée de manière unique par λ, et l'application $\lambda \mapsto \mu$ de D' dans E' est linéaire.

On appelle *transposé* de u, et on note ${}^t u$, l'opérateur partiel de F' dans E' dont le domaine est D' et qui est donné par $\lambda \mapsto \mu$ pour $\lambda \in \mathrm{D}'$.

b) Supposons que E et F sont localement convexes. L'opérateur u est fermable si et seulement si la dualité $\mathrm{F} \times \mathrm{dom}({}^t u) \to \mathrm{K}$ est séparante.

c) Supposons que E et F sont localement convexes et que F est semi-réflexif. L'opérateur u est fermable si et seulement si ${}^t u$ est à domaine dense.

4) Soient E un espace hilbertien complexe et u un opérateur partiel auto-adjoint injectif sur E. L'opérateur partiel u^{-1} est auto-adjoint.

5) Soit E un espace de Banach complexe. On appelle *semi-groupe continu* sur E une application $s \colon \mathbf{R}_+ \to \mathscr{L}(\mathrm{E})$ telle que

(i) $s(0) = 1_{\mathrm{E}}$;

(ii) L'application de $\mathbf{R}_+ \times \mathrm{E} \to \mathrm{E}$ définie par $(t, x) \mapsto s(t)x$ est continue ;

(iii) Pour tous t_1 et t_2 dans $\mathbf{R}_+$, on a $s(t_1 + t_2) = s(t_1)s(t_2)$.

On considère un semi-groupe continu s sur E.

a) Il existe des nombres réels $\mathrm{C} \geqslant 0$ et $\mathrm{M} \geqslant 0$ tels que

$$\|s(t)\| \leqslant \mathrm{C}e^{\mathrm{M}t}$$

pour tout $t \in \mathbf{R}_+$. (Soit $a > 0$; montrer que $\|s(t)\|$ est bornée pour $t \in [0, a]$.) On fixe de tels nombres dans la suite de l'exercice.

b) Soit D l'ensemble des $x \in \mathrm{E}$ tels que l'application ψ_x de $\mathbf{R}_+$ dans E définie par $t \mapsto s(t)x$ est dérivable en 0. L'espace D est dense dans E ; l'application u de D dans E définie par $u(x) = -\psi'_x(0)$ est un opérateur partiel fermé sur E, qui est appelé le *générateur infinitésimal* du semi-groupe s.

c) Soit λ un nombre complexe tel que $\mathscr{R}(\lambda) < -\mathrm{M}$. La formule

$$v_\lambda = -\int_{\mathbf{R}_+} e^{\lambda t} s(t) dt$$

définit un endomorphisme de E.

d) L'image de v_λ est contenue dans $\mathrm{dom}(u)$ et on a $u \circ v_\lambda = -1_\mathrm{E} - \lambda v_\lambda$.

e) On a $u \circ v_\lambda = v_\lambda \circ u$.

f) Le nombre complexe λ appartient à l'ensemble résolvant de u et on a $v_\lambda = -\mathrm{R}(u, \lambda)$.

g) On a

$$\|v_\lambda^n\| \leqslant \frac{\mathrm{C}}{|\mathscr{R}(\lambda) + \mathrm{M}|^n}$$

pour tout $n \in \mathbf{N}$.

6) Soient E un espace de Banach complexe et u un opérateur partiel fermé à domaine dense sur E. On suppose qu'il existe des nombres réels $\mathrm{C} \geqslant 0$ et $\mathrm{M} \geqslant 0$ tels que

(i) L'ensemble $]-\infty, -\mathrm{M}[$ est contenu dans l'ensemble résolvant de u ;

(ii) Pour tout entier $n \in \mathbf{N}$ et tout nombre réel $\lambda < -\mathrm{M}$, on a

$$\|\mathrm{R}(u, \lambda)^n\| \leqslant \mathrm{C}|\lambda + \mathrm{M}|^{-n}.$$

a) Pour tout nombre réel $y < -\mathrm{M}$, on note

$$u_y = -y 1_\mathrm{E} + y^2 \mathrm{R}(u, y) \in \mathscr{L}(\mathrm{E}).$$

Les endomorphismes u_y commutent deux à deux ; pour tout $x \in \mathrm{dom}(u)$, on a $u_y(x) \to u(x)$ quand $y \to -\infty$.

b) L'application de $\mathbf{R}_+$ dans $\mathscr{L}(\mathrm{E})$ définie par $s_y(t) = e^{-tu_y}$ est un semi-groupe continu sur E tel que $\|s_y(t)\| \leqslant \mathrm{C}e^{\mathrm{M}t}$ pour tout $t \in \mathbf{R}_+$.

c) Pour tous y_1, y_2 et t dans $\mathbf{R}_+^*$, et tout x dans $\mathrm{dom}(u)$, on a

$$\|s_{y_1}(t)x - s_{y_2}(t)x\| \leqslant t\,\mathrm{C}^2 \|u_{y_1}(x) - u_{y_2}(x)\|.$$

d) Soit $t \in \mathbf{R}_+$. Pour tout x dans E, la fonction définie sur $\mathbf{R}_+^*$ par $y \mapsto s_y(t)x$ converge quand $y \to -\infty$ vers un élément $s(t)x$ de E. L'application $s(t)$ est linéaire et continue de norme $\leqslant \mathrm{C}e^{\mathrm{M}t}$.

e) L'application $t \mapsto s(t)$ est un semi-groupe continu sur E.

f) L'opérateur partiel u est le générateur infinitésimal du semi-groupe continu s (« théorème de Hille–Yosida »). (Vérifier d'abord que le générateur infinitésimal de s est une extension de u.)

g) Soit $\widetilde{s}$ un semi-groupe continu dont u est le générateur infinitésimal. On a $\widetilde{s} = s$.

7) Soient E un espace de Banach complexe et u un opérateur partiel sur E. On dit que u est *accrétif* si, pour tout $x \in \mathrm{dom}(u)$, il existe une forme linéaire continue $\ell \in \mathrm{E}'$ telle que

(i) $\mathscr{R}(\ell(u(x))) \geqslant 0$;

(ii) On a $\|\ell\| = \|x\|$ et $\ell(x) = \|x\|^2$.

On dit qu'un semi-groupe continu s sur E est *contractant* si $\|s(t)\| \leqslant 1$ pour tout $t \in \mathbf{R}_+$.

a) L'opérateur partiel u est le générateur infinitésimal d'un semi-groupe continu contractant sur E si et seulement si u est accrétif et s'il existe $\lambda > 0$ tel que l'opérateur partiel $\lambda 1_{\mathrm{E}} + u$ est surjectif. (Pour montrer que la condition est nécessaire, soit s le semi-groupe contractant dont le générateur infinitésimal est u ; pour $x \in \mathrm{dom}(u)$, considérer la fonction définie par $t \mapsto \ell(s(t)x)$; elle est dérivable en 0, et sa dérivée en 0 est $-\mathscr{R}(\ell(u(x)))$.)

b) Supposons que u est fermé et que u et ${}^t u$ sont accrétifs. Alors u est le générateur infinitésimal d'un semi-groupe continu contractant sur E.

8) Soit E un espace de Banach complexe. Soit s un semi-groupe continu contractant sur E, et soit u son générateur infinitésimal. On a

$$\lim_{n \to +\infty} \Big(1 + \frac{t}{n} u\Big)^{-n} x = s(t)x$$

pour tout $x \in \mathrm{E}$.

9) *a*) Trouver des espaces hilbertiens E et F et des opérateurs partiels u et v de E dans F tels que u et $u+v$ sont à domaine dense et $u^* + v^*$ est différent de $(u+v)^*$.

b) Trouver des espaces hilbertiens E, F et G et des opérateurs partiels à domaine dense u et v de E dans F et de F dans G, respectivement, tels que $v \circ u$ est à domaine dense et $u^* \circ v^*$ est différent de $(v \circ u)^*$.

c) Trouver un espace hilbertien E et des opérateurs partiels auto-adjoints u et v sur E tels que $u + v$ est à domaine dense mais n'est pas auto-adjoint.

10) Donner un exemple d'opérateurs de multiplication m_{g_1} et m_{g_2} tels que $m_{g_1} \circ m_{g_2} \neq m_{g_1 g_2}$.

11) On identifie l'espace $\mathscr{D}(]0,1[)$ à un sous-espace de $\mathrm{L}^2([0,1])$. Soit u l'opérateur partiel sur $\mathrm{L}^2([0,1])$ de domaine $\mathscr{D}(]0,1[)$ tel que $u(f) = i^{-1} f'$ pour toute fonction $f \in \mathscr{D}(]0,1[)$.

a) L'opérateur partiel u est fermable et $\overline{u}$ est symétrique.

b) Les espaces propres de $\overline{u}$ relatifs à i et à $-i$ ne sont pas orthogonaux.

12) Soit $\mathrm{S} \subset \mathbf{C}$ un sous-ensemble fermé. Donner un exemple d'opérateur fermé à domaine dense u sur un espace hilbertien E tel que $\mathrm{Sp}(u) = \mathrm{S}$.

13) Soit u un opérateur partiel non fermable sur un espace hilbertien E. Il n'existe pas de nombre complexe λ tel que l'application linéaire de $\mathrm{dom}(u)$ dans E définie par $x \mapsto \lambda x - u(x)$ est bijective et d'inverse continue.

14) Soit u un opérateur partiel symétrique sur un espace hilbertien complexe E. L'application $\lambda \mapsto \dim \mathrm{Ker}(\lambda 1_{\mathrm{E}} - u^*)$, de $\mathbf{C}$ dans $\overline{\mathbf{N}}$, est localement constante sur l'ensemble résolvant de u.

15) Soit E l'espace hilbertien complexe $\mathbf{C}^2$ et soit $u \in \mathscr{L}(\mathrm{E})$ l'endomorphisme tel que $u(ae_1 + be_2) = be_1$.
a) Montrer que le spectre de u est réduit à 0 et que, pour tout $\lambda \in \mathbf{C}^*$, on a la formule

$$\|\mathrm{R}(u, \lambda)\|^2 = \frac{2}{1 + 2|\lambda|^2 - \sqrt{1 + 4|\lambda|^2}}.$$

En déduire la forme du pseudo-spectre $\mathrm{PSp}_\varepsilon(u)$ pour tout $\varepsilon > 0$.

16) Trouver un exemple qui démontre que la conclusion de la prop. 21 de IV, p. 251, n'est pas valide en général pour les composantes bornées du spectre.

17) *a*) Soit U un ouvert connexe de $\mathbf{C}$ et soit $\mathrm{V} \subset \mathrm{U}$ un ensemble ouvert. Soit E un espace de Banach complexe. Soient $f : \mathrm{U} \to \mathrm{E}$ une application holomorphe, $z_0 \in \mathrm{U}$ et $\mathrm{M} > 0$ tels que $\|f(z)\| \leqslant \mathrm{M}$ pour tout $z \in \mathrm{V}$ et tels que $\|f(z_0)\| < \mathrm{M}$. On a alors $\|f(z)\| < \mathrm{M}$ pour tout $z \in \mathrm{U}$.
b) Soient E un espace de Banach complexe et $u \in \mathscr{L}(\mathrm{E})$. Soit $\mathrm{U} \subset \mathbf{C}$ une partie ouverte de la composante connexe non bornée de $\mathbf{C} - \mathrm{Sp}(u)$. Si $\mathrm{M} > 0$ est tel que $\|\mathrm{R}(u, \lambda)\| \leqslant \mathrm{M}$ pour tout $\lambda \in \mathrm{U}$, alors $\|\mathrm{R}(u, \lambda)\| < \mathrm{M}$ pour tout $\lambda \in \mathrm{U}$. En particulier, si $\mathbf{C} - \mathrm{Sp}(u)$ est connexe, alors la norme de la résolvante de u ne peut être constante sur un ouvert non vide de $\mathbf{C} - \mathrm{Sp}(u)$.

18) Soit E l'espace vectoriel complexe des suites bornées $(x_k)_{k \in \mathbf{Z}}$ de nombres complexes. Pour tout $x = (x_k)$ dans E, on note

$$\|x\|_{\mathrm{E}} = |x_0| + \sup_{k \in \mathbf{Z} - \{0\}} |x_k|.$$

a) L'application $x \mapsto \|x\|_{\mathrm{E}}$ est une norme sur E ; l'espace E muni de cette norme est un espace de Banach.
b) Soit $\mathrm{M} > 2$ un nombre réel. Soit $\lambda = (\lambda_k)_{k \in \mathbf{Z}}$ la suite définie par $\lambda_0 = \mathrm{M}^{-1}$ et $\lambda_k = 1$ si $k \neq 0$. On note u l'application linéaire de E dans E telle que $u((x_k)_{k \in \mathbf{Z}}) = (\lambda_k x_{k+1})_{k \in \mathbf{Z}}$. C'est un endomorphisme continu de E.
c) Le disque ouvert de centre 0 et de rayon $1/\mathrm{M}$ est contenu dans l'ensemble résolvant de u.
d) Pour tout $\lambda \in \mathbf{C}$ tel que $|\lambda| < \inf(\mathrm{M}^{-1}, \frac{1}{2} - \mathrm{M}^{-1})$, on a $\|\mathrm{R}(u, \lambda)\| \leqslant \mathrm{M}$. (Utiliser la formule (6) de IV, p. 244).)

e) Soit $e_0 \in \mathrm{E}$ la suite $(x_k)_{k\in\mathbf{N}}$ définie par $x_0 = 1$ et $x_k = 0$ si $k \neq 0$. Soit $\lambda \in \mathbf{C}$ tel que $|\lambda| < \inf(\mathrm{M}^{-1}, \frac{1}{2} - \mathrm{M}^{-1})$. On a $\|\mathrm{R}(u,\lambda)e_0\|_{\mathrm{E}} = \mathrm{M}$, donc $\|\mathrm{R}(u,\lambda)\| = \mathrm{M}$.

(Cet exemple, comme celui de l'exercice qui suit, est dû à E. Shargorodsky, « On the level sets of the resolvent norm of a linear operator », Bull. London Math. Soc. 40 (2008), 493–504.)

19) Soit E l'espace hilbertien $\ell_2(\mathbf{N}^*)$. Soit $(\alpha_n)_{n\in\mathbf{N}^*}$ une suite de nombres réels $\geqslant 2$ tels que α_n tend vers $+\infty$ quand $n \to +\infty$. Posons $\beta_n = 1 + \alpha_n^{-1}$ pour tout $n \in \mathbf{N}^*$.
a) Soit $\mathrm{F} \subset \mathrm{E}$ l'espace des suites $(x_k)_{k\in\mathbf{N}^*} \in \mathrm{E}$ telles que la série

$$\sum_{n\in\mathbf{N}^*} \alpha_n^2 |x_{2n}|^2$$

converge. C'est un sous-espace dense de E.
b) Il existe un opérateur partiel fermé u sur E de domaine F tel que pour tout $x = (x_k)_{k\in\mathbf{N}^*}$ dans F, on a $u(x) = (y_k)$ où

$$\begin{pmatrix} y_{2k-1} \\ y_{2k} \end{pmatrix} = \begin{pmatrix} 0 & \alpha_k \\ \beta_k & 0 \end{pmatrix} \begin{pmatrix} x_{2k-1} \\ x_{2k} \end{pmatrix}$$

pour tout $k \in \mathbf{N}^*$.
c) Soit u_n l'endomorphisme

$$x \mapsto \begin{pmatrix} 0 & \alpha_n \\ \beta_n & 0 \end{pmatrix} x$$

de l'espace hilbertien $\mathbf{C}^2$ muni du produit scalaire canonique. Pour tout $\lambda \in \mathbf{C}$ tel que $|\lambda| < 1$, la résolvante de u_n en λ est définie et on a

$$\lim_{n\to+\infty} \|\mathrm{R}(u_n,\lambda)\| = 1.$$

d) Pour tout $n \in \mathbf{N}^*$ et tout $\lambda \in \mathbf{C}$ tel que $|\lambda| < \frac{1}{2}$, on a $\|\mathrm{R}(u_n,\lambda)\| < 1$.
e) Le disque ouvert de centre 0 et de rayon $\frac{1}{2}$ est contenu dans l'ensemble résolvant de u, et on a $\|\mathrm{R}(u,\lambda)\| = 1$ pour tout $\lambda \in \mathbf{C}$ tel que $|\lambda| < \frac{1}{2}$.

20) Si a et b sont des réels avec $a < b$, on note $\mathscr{C}^2([a,b])$ l'espace vectoriel des fonctions continues sur $[a,b]$ dont la restriction à $]a,b[$ est de classe C^2. On note μ la mesure de Lebesgue.
a) Soient q_1 et q_2 des fonctions à valeurs réelles dans $\mathscr{C}^2([a,b])$ telles que $q_1 \geqslant q_2$. Pour $i \in \{1,2\}$, soit $f_i \in \mathscr{C}^2([a,b])$ une solution de l'équation

$$f_i'' + q_i f_i = 0.$$

On suppose que $f_2(a) = f_2(b) = 0$ et que $f_2 \neq 0$. Si la fonction f_1 ne s'annule pas dans $]a,b[$, alors $q_1 = q_2$ et il existe $c \in \mathbf{C}$ tel que $f_1 = cf_2$. (Se ramener au cas où f_1 et f_2 sont strictement positives sur $]a, b[$; considérer le wronskien $w = f_1 f_2' - f_1' f_2$ et démontrer que $w(a) = w(b)$, puis que $w = 0$.)

b) Soit $q \in \mathscr{C}^2([0,1])$ vérifiant $q \geqslant 0$. On note $\widetilde{\mathrm{SL}}_q$ l'opérateur partiel différentiel sur $\mathrm{L}^2([0,1], \mu)$ de domaine

$$\mathrm{D} = \{f \in \mathscr{C}^2([0,1]) \mid f(0) = f(1) = 0\}$$

tel que

$$\widetilde{\mathrm{SL}}_q(f) = -f'' + qf$$

(« opérateur de Sturm–Liouville »). L'opérateur $\widetilde{\mathrm{SL}}_q$ est symétrique et essentiellement auto-adjoint. On note SL_q la fermeture de $\widetilde{\mathrm{SL}}_q$.

c) Soit $\lambda \in \mathrm{Sp}(\mathrm{SL}_q)$ une valeur propre de SL_q. Le sous-espace propre associé à λ est de dimension 1 et engendré par une fonction à valeurs réelle appartenant à D.

d) Toute valeur propre λ de SL_q vérifie $\lambda \geqslant \pi^2$. (Démontrer d'abord que λ est positif en utilisant la question *a*) avec $q_1 = q$ et $q_2 = 0$.)

e) Pour $s > 0$, il existe une unique fonction $f_s \in \mathscr{C}^2([0,1])$ qui est solution de l'équation différentielle linéaire

$$-f_s'' + qf - s^2 f = 0$$

et vérifie $f_s(0) = 0$ et $f_s'(0) = s$. Posons $f(x,s) = f_s(x)$; l'application f est une fonction de classe C^2 sur $]0,1[\times \mathbf{R}_+^*$. Les valeurs propres de SL_q sont de la forme $\lambda = s^2$ où s vérifie $f(1,s) = 0$.

f) Pour $t \in [0,1]$ et $s > 0$, soit $\mathrm{N}(t,s) \in \overline{\mathbf{N}}$ le nombre de $x \in [0,t]$ tels que $f(x,s) = 0$. On a $\mathrm{N}(t,s) \in \mathbf{N}$ et la fonction $s \mapsto \mathrm{N}(t,s)$ est croissante pour tout t fixé. (Utiliser la question *a*).)

g) Soit $t \in [0,1]$ et $s_0 > 0$. Soit $m = \mathrm{N}(t, s_0) \in \mathbf{N}$. Notons

$$0 = x_1(s_0) < x_2(s_0) < \ldots < x_m(s_0)$$

les zéros de f_{s_0} dans $[0,t]$. Pour $s \geqslant 0$, soient

$$0 = x_1(s) < \ldots < x_m(s)$$

les m premiers zéros de f_s dans $[0,t]$. Les fonctions $s \mapsto x_j(s)$ sont de classe C^1 et on a

$$\partial_1(x_j(s), s) x_j'(s) = -\partial_2 f(x_j(s), s).$$

h) L'ensemble des valeurs propres de SL_q est l'ensemble des valeurs d'une suite croissante de nombres réels strictement positifs

$$0 < \lambda_0 < \lambda_1 < \cdots < \lambda_n < \cdots$$

tendant vers $+\infty$. De plus, l'espace propre correspondant à λ_n est de dimension 1 ; si φ_n en est une base, on a $\varphi_n \in \mathscr{C}^2([0,1])$ et la fonction φ_n s'annule en exactement n points distincts de $[0,1]$. (Pour démontrer qu'il existe une infinité de valeurs propres de SL_q, utiliser la question *a*) avec

$q_1 = \mathrm{M} - s^2$, où $\mathrm{M} \in \mathbf{R}$ est bien choisi, pour vérifier que $\mathrm{N}(1, s)$ tend vers $+\infty$ quand $s \to +\infty$.)

21) On reprend les notations de l'exercice précédent. On note φ_n l'unique fonction propre de SL_q pour la valeur propre λ_n telle que $\varphi'_n(0) = \lambda_n$.
a) Soit $\mathrm{M} = \sup\{q(x)\}$. Pour tout $n \in \mathbf{N}$, on a

$$\pi^2(n+1)^2 \leqslant \lambda_n \leqslant \pi^2(n+1)^2 + \mathrm{M},$$

et de plus

$$\lambda_n = \pi^2(n+1)^2\Big(1 + \mathrm{O}\Big(\frac{1}{n^2}\Big)\Big)$$

quand $n \to +\infty$.
b) Soit $s > 0$. Soit $f \in \mathscr{C}^2([0,1])$ tel que

$$-f'' + s^2 f = -qf, \qquad f(0) = 0, \quad f'(0) = s.$$

On a alors $(1 - s^{-1}u_s)f = g_s$, où $g_s(x) = \sin(sx)$ et u_s est l'opérateur intégral sur $\mathscr{C}([0,1])$ donné par

$$u_s(f)(x) = \int_0^x \sin(s(x-y))q(y)f(y)d\mu(y).$$

c) Pour s suffisamment grand, on a $s \notin \mathrm{Sp}(u_s)$.
d) Pour tout x fixé, on a

$$\varphi_n(x) = \sin((n+1)x) + \mathrm{O}(n^{-1})$$

quand $n \to +\infty$.

22) On reprend les notations de l'exercice précédent.
a) Il existe des fonctions f_1 et f_2 dans $\mathscr{C}^2([a,b])$ telles que $-f_i'' + qf_i = 0$ et

$$f_1(0) = 0, \qquad f_1'(0) = 1$$
$$f_2(1) = 0, \qquad f_2'(1) = -1.$$

Ces fonctions sont les uniques solutions de ces équations et la fonction $w = f_1f_2' - f_1'f_2$ est constante.
b) Soit $g \in \mathscr{C}([0,1])$. Il existe une unique fonction $\varphi \in \mathscr{C}^2([0,1])$ telle que

$$-\varphi'' + q\varphi = g,$$

et on a $\varphi = c_1f_1 + c_2f_2$, où

$$c_1(x) = -\frac{1}{w}\int_x^1 g(y)f_2(y)d\mu(y), \qquad c_2(x) = -\frac{1}{w}\int_0^x g(y)f_1(y)d\mu(y)$$

pour tout $x \in [0,1]$.

c) L'opérateur partiel SL_q est surjectif ; son inverse est l'application $g \mapsto \varphi$ et il existe une fonction $\mathrm{G} \in \mathscr{C}([0,1]^2)$ telle que

$$\mathrm{SL}_q^{-1}(g)(x) = \int_0^1 \mathrm{G}(x,y)g(y)d\mu(y)$$

pour tout $g \in \mathscr{C}([0,1])$ et presque tout $x \in [0,1]$. On a $\mathrm{G}(x,y) = \mathrm{G}(y,x)$ pour tout $(x,y) \in [0,1]^2$.
d) L'opérateur SL_q^{-1} est compact et injectif sur $\mathrm{L}^2([0,1],\mu)$.
e) Les fonctions (φ_n) forment une base orthonormale de $\mathrm{L}^2([0,1])$, et le spectre de SL_q coïncide avec l'ensemble de ses valeurs propres.

23) Soit $\mathrm{E} = \ell^2_{\mathbf{C}}(\mathbf{N})$ et soit u l'endomorphisme de E défini par

$$u((x_i)_{i \in \mathbf{N}}) = (0, x_1, \ldots, x_n, \ldots)$$

pour tout $(x_i) \in \mathrm{E}$.
a) Le spectre de u est le disque unité fermé dans **C**.
b) Le spectre résiduel de u est le disque unité ouvert dans **C**.
c) Le spectre essentiel de u est le cercle unité dans **C**.

24) Soient E un espace hilbertien complexe et u un opérateur partiel symétrique sur E. Soit $\mathrm{F} = \mathrm{E} \oplus \mathrm{E}$ et soit v l'opérateur partiel sur F de domaine $\mathrm{dom}(u^*) \oplus \mathrm{dom}(\overline{u})$ tel que $v(x,y) = (\overline{u}(y), u^*(x))$.
a) L'opérateur partiel v est auto-adjoint.
b) Soit $\widetilde{\mathrm{E}}$ l'image de l'application linéaire $\delta \colon x \mapsto (x,x)$. La réduction de v à $\widetilde{\mathrm{E}}$ est l'opérateur partiel de domaine $\delta(\mathrm{dom}(u))$ tel que $(x,x) \mapsto (u(x), u(x))$.

§ 5

Sauf mention du contraire, les espaces hilbertiens ci-dessous sont supposés complexes.

1) Soient E un espace hilbertien et $\mathscr{P}(\mathrm{E}) \subset \mathscr{L}(\mathrm{E})$ l'ensemble des projections orthogonales dans E. Soit S une partie universellement mesurable de **C**. On note $\mathscr{T}(\mathrm{S})$ l'ensemble des parties universellement mesurables T de **C** telles que $\mathrm{T} \subset \mathrm{S}$. Une *mesure sur* S *à valeurs dans les projections de* E est une application ϖ de $\mathscr{T}(\mathrm{S})$ dans $\mathscr{P}(\mathrm{E})$ telle que

(i) On a $\varpi(\varnothing) = 0$ et $\varpi(\mathrm{S}) = 1_{\mathrm{E}}$.

(ii) Si (T_n) est une suite d'ensembles deux à deux disjoints dans $\mathscr{T}(\mathrm{S})$, et si T est la réunion des ensembles T_n, alors

$$\varpi(\mathrm{T}) = \sum_{n\in\mathbf{N}} \varpi(\mathrm{T}_n)$$

dans l'espace $\mathscr{L}(\mathrm{E})$ muni de la topologie de la convergence simple.

Pour tout opérateur partiel normal u sur E de spectre égal à S, et pour $\mathrm{T} \in \mathscr{T}(\mathrm{S})$, on note $p_{\mathrm{T},u}$ le projecteur spectral de u défini par T.

L'application qui à un opérateur partiel normal u sur E de spectre S associe l'application $\mathrm{T} \mapsto p_{\mathrm{T},u}$ est une bijection entre l'ensemble des opérateurs partiels normaux de spectre S et l'ensemble des mesures sur S à valeurs dans les projections de E.

2) Soit E un espace hilbertien complexe et soit u un opérateur partiel normal sur E. On note p_{A} le projecteur spectral de u sur A. Soient $a < b$ des nombres réels. On a

$$\frac{1}{2}(p_{[a,b]} + p_{]a,b[}) = \lim_{\varepsilon\to 0} \frac{1}{2i\pi} \int_a^b \big(\mathrm{R}(u, t - i\varepsilon) - \mathrm{R}(u, t + i\varepsilon)\big)\,dt,$$

dans l'espace $\mathscr{L}(\mathrm{E})$ muni de la topologie de la convergence simple (« formule de Stone »).

3) Soit E un espace hilbertien de type dénombrable. Les seuls idéaux bilatères fermés de $\mathscr{L}(\mathrm{E})$ sont $\{0\}$, $\mathscr{L}^{\mathrm{c}}(\mathrm{E})$ et $\mathscr{L}(\mathrm{E})$. (Utiliser l'exerc. IV, p. 316, exerc. 10 ; si I est un tel idéal, supposer qu'il existe dans I un élément auto-adjoint non nul u qui n'est pas compact, et montrer que pour tout intervalle ouvert J dans $\mathbf{R}$ tel que $0 \notin \mathrm{J}$, le projecteur spectral de u sur J appartient à I.)

4) Soit E un espace hilbertien et u un opérateur partiel auto-adjoint sur E. L'application $\sigma\colon f \mapsto f(u)$ de $\mathscr{L}^\infty_{\mathrm{u}}(\mathrm{Sp}(u))$ dans $\mathscr{L}(\mathrm{E})$ est l'unique morphisme d'algèbres involutives vérifiant les trois conditions suivantes :

(i) On a $\|\sigma(f)\| \leqslant \|f\|_\infty$ pour tout $f \in \mathscr{L}^\infty_{\mathrm{u}}(\mathrm{Sp}(u))$;

(ii) Si $(f_n)_{n\in\mathbf{N}}$ est une suite bornée dans $\mathscr{L}^\infty_{\mathrm{u}}(\mathrm{Sp}(u))$ et $f_n(t) \to f(t)$ pour tout $t \in \mathrm{Sp}(u)$, alors $\sigma(f_n) \to \sigma(f)$ dans $\mathscr{L}(\mathrm{E})$ muni de la topologie de la convergence simple.

(iii) Si $(f_n)_{n\in\mathbf{N}}$ est une suite dans $\mathscr{L}^\infty_{\mathrm{u}}(\mathrm{Sp}(u))$ telle que $|f_n(t)| \leqslant |t|$ et $f_n(t) \to t$ pour tout $t \in \mathrm{Sp}(u)$, alors on a $u(x) = \lim \sigma(f_n)(x)$ pour tout $x \in \mathrm{dom}(u)$.

5) Soit u un opérateur partiel normal sur un espace hilbertien E. Le spectre résiduel de u est vide.

6) Soient E et F des espaces hilbertiens. Soit u un opérateur partiel fermé à domaine dense de E dans F. Soit $\lambda \in \mathbf{C}^*$ appartenant à l'ensemble résolvant de l'opérateur auto-adjoint $u^* \circ u$ sur E (*cf.* prop. 12 de IV, p. 241).
a) L'opérateur partiel $u \circ u^*$ de F dans F est auto-adjoint.
b) Pour tout vecteur $x \in \operatorname{dom}(u^*)$, le vecteur

$$y = (1_{\mathrm{F}} + u \circ \mathrm{R}(u^* \circ u, \lambda) \circ u^*)x$$

appartient à $\operatorname{dom}(u \circ u^*)$, et la formule

$$(u \circ u^* - \lambda 1_{\mathrm{F}})y = x$$

est valide.
c) L'opérateur partiel $u \circ \mathrm{R}(u^* \circ u, \lambda) \circ u^*$ est à domaine dense, et est continu sur son domaine.
d) L'opérateur partiel $u \circ u^* - \lambda 1_{\mathrm{F}}$ est surjectif.
e) On a $\lambda \notin \operatorname{Sp}(u \circ u^*)$.
f) On a l'identité

$$\lambda \mathrm{R}(u \circ u^*, \lambda) - u \circ \mathrm{R}(u^* \circ u, \lambda) \circ u^* = 1_{\mathrm{F}}$$

dans $\mathscr{L}(\mathrm{F})$ (où $u \circ \mathrm{R}(u^* \circ u, \lambda) \circ u^*$ désigne, par abus de notation, l'endomorphisme de F qui coïncide avec cet opérateur partiel sur son domaine, *cf.* question *c*)).
g) On a la relation

$$u^* \circ \mathrm{R}(u \circ u^*, \lambda) \subset \mathrm{R}(u^* \circ u, \lambda) \circ u^*.$$

h) L'opérateur partiel u définit par passage aux sous-espaces un isomorphisme de $\operatorname{Ker}(u^* \circ u - \lambda 1_{\mathrm{E}})$ dans $\operatorname{Ker}(u \circ u^* - \lambda 1_{\mathrm{F}})$.

7) Soit A un ensemble d'opérateurs fermés à domaine dense sur un espace hilbertien E. Soit $\lambda \in \mathbf{C}$. On dit que A est λ-*commutatif* si λ appartient à l'ensemble résolvant de u pour tout $u \in \mathrm{A}$, et si les endomorphismes $\mathrm{R}(u, \lambda)$ de E, pour $u \in \mathrm{A}$, sont deux à deux permutables.

On dit que A est *commutatif au sens de la résolvante* s'il existe $\lambda \in \mathbf{C}$ tel que A est λ-commutatif.

Un ensemble réduit à un seul opérateur fermé à domaine dense u est commutatif si, et seulement si, l'ensemble résolvant de u n'est pas vide.
a) Si $\mathrm{A} \subset \mathscr{L}(\mathrm{E})$, alors A est commutatif au sens de la résolvante si, et seulement si, la réunion des spectres des éléments de A n'est pas égale à $\mathbf{C}$, et si A est commutatif.
b) Soit A un ensemble d'opérateurs fermés à domaine dense sur E qui est λ-commutatif. Alors A est μ-commutatif pour tout nombre complexe μ appartenant à l'ensemble résolvant de tout $u \in \mathrm{A}$.
c) Soit A un ensemble d'opérateurs fermés à domaine dense sur E, commutatif au sens de la résolvante, et tel que $u^* \in \mathrm{A}$ pour tout $u \in \mathrm{A}$. Il existe un

espace topologique localement compact X, une mesure positive μ sur X, un isomorphisme isométrique v de $L^2(X, \mu)$ sur E, et une application $u \mapsto g_u$ de A dans l'ensemble des fonctions μ-mesurables tels que $u = v \circ m_{g_u} \circ v^{-1}$ pour tout $u \in A$.

8) Soient u et v des opérateurs partiels normaux sur un espace hilbertien E. Les assertions suivantes sont équivalentes :

a) Les endomorphismes $b(u)$ et $b(v)$ sont permutables ;

b) Pour tout partie universellement mesurable A de **C**, les projecteurs spectraux de u et v sur A commutent ;

Si l'ensemble résolvant de u et v est non vide, ces assertions équivalent à

c) Pour tout $\lambda \notin \mathrm{Sp}(u)$ et $\lambda' \notin \mathrm{Sp}(v)$, les résolvantes $R(u, \lambda)$ et $R(v, \lambda')$ commutent.

Si u et v sont auto-adjoints, ces assertions équivalent à

d) Pour tout $t \in \mathbf{R}$, les endomorphismes unitaires e^{itu} et e^{itv} sont permutables.

9) Soit u un opérateur partiel fermé à domaine dense sur un espace hilbertien E. Les assertions suivantes sont équivalentes :

a) L'opérateur u est normal ;

b) Il existe des opérateurs auto-adjoints u_1 et u_2 sur E, qui commutent au sens de la résolvante, et tels que $u = u_1 + iu_2$;

c) On a $\mathrm{dom}(u) = \mathrm{dom}(u^*)$ et $\|u(x)\| = \|u^*(x)\|$ pour tout $x \in \mathrm{dom}(u)$;

d) On a $uu^* = u^*u$.

Si l'ensemble résolvant de u est non vide, ces assertions équivalent à

e) Pour tout $\lambda \notin \mathrm{Sp}(u)$, la résolvante $R(u, \lambda)$ est normale.

10) Soient E un espace hilbertien complexe et A une sous-algèbre unifère auto-adjointe de $\mathscr{L}(E)$ qui est fermée pour la topologie de la convergence simple. (Une telle algèbre est appelée une *algèbre de von Neumann.*)

a) Il existe une partie X de $\mathscr{L}(E)$ telle que A coïncide avec le commutant de X dans $\mathscr{L}(E)$. (Utiliser l'exercice 24 de IV, p. 326.) Réciproquement, pour toute partie auto-adjointe de X, le commutant de X dans $\mathscr{L}(E)$ est une sous-algèbre unifère auto-adjointe fermée pour la topologie de la convergence simple.

b) Soit $u \in A$ et soit $(j, |u|)$ la décomposition polaire de u (définition 4 de I, p. 140). Les éléments j et u appartiennent à A.

c) Soit $u \in A$ tel que u est normal. Pour toute fonction $f \in \mathscr{L}^\infty_{\mathrm{u}}(\mathrm{Sp}(u))$, l'endomorphisme $f(u)$ appartient à A.

d) Soit $u \in A$. L'élément u est un diviseur de 0 à droite (resp. à gauche) dans A (*cf.* A, I, p. 93) si et seulement si l'image de u n'est pas dense dans E (resp. si u n'est pas injectif).

e) Notons F l'ensemble des opérateurs partiels sur E dont les éléments sont les opérateurs partiels fermés à domaine dense u tels que, pour tout x dans X, l'opérateur partiel $x \circ u$ est une réduction de l'opérateur partiel $u \circ x$. Pour tout u dans F et v dans A, les opérateurs partiels u^*, $u + v$, $v \circ u$ et $u \circ v$ appartiennent à F.
f) Soit $u \in$ F et soit $(j, |u|)$ la décomposition polaire de u (définition 7 de IV, p. 290). L'opérateur partiel $|u|$ appartient à F et j appartient à A.
g) Soit $u \in$ F tel que u est normal. Pour toute fonction $f \in \mathscr{L}_{\mathrm{u}}(\mathrm{Sp}(u))$, l'opérateur partiel $f(u)$ appartient à F ; si f est bornée, alors $f(u)$ appartient à A.
h) Soit $u \in$ A injectif dont l'image est dense dans E. L'opérateur partiel u^{-1} appartient à F.
i) Pour tout u dans F, il existe des éléments u_1 et u_2 de A tels que u_2 est injectif et d'image dense et $u = u_1 u_2^{-1}$. (Se ramener d'abord à u auto-adjoint et positif, puis appliquer le calcul fonctionnel universellement mesurable au fonctions $f_1 \colon t \mapsto t\varphi(t) + \psi(t)$ et $f_2 \colon t \mapsto \varphi(t) + t^{-1}\psi(t)$, où φ et ψ sont les fonctions caractéristiques des intervalles $[0, 1[$ et $[1, +\infty[$ respectivement.)
j) On suppose que tout élément injectif et d'image dense de A est surjectif. L'algèbre A vérifie alors la condition de Ore : quels que soient u et s dans A, si s n'est pas un diviseur de 0 (ni à droite, ni à gauche), alors il existe u' et s' dans A tels que s' ne soit pas un diviseur de 0 et $us' = su'$.
k) La conclusion de la question précédente n'est pas toujours valide. (Considérer A $= \mathscr{L}(\mathrm{E})$.)

11) *a*) Soit q une forme positive partielle sur un espace hilbertien complexe E. Alors q est fermée si et seulement si pour toute suite (x_n) d'éléments de $\mathrm{dom}(q)$ qui converge vers x dans E et vérifie

$$\lim_{n,m \to +\infty} q(x_n - x_m, x_n - x_m) = 0,$$

on a $x \in \mathrm{dom}(q)$ et $q(x_n - x, x_n - x) \to 0$.
b) Soit $\mathrm{E} = \mathrm{L}^2(\mathbf{R}, \mu)$, où μ est la mesure de Lebesgue. La forme hermitienne positive q de domaine $\mathscr{D}(\mathbf{R})$ définie par $q(\varphi_1, \varphi_2) = \overline{\varphi_1(0)}\varphi_2(0)$ n'est pas fermée, et il n'existe pas de forme positive partielle fermée prolongeant q.

12) On munit $\mathbf{R}$ de la mesure de Lebesgue. Soit E le sous-espace fermé de $\mathrm{L}^2(\mathbf{R})$ formé des $f \in \mathrm{L}^2(\mathbf{R})$ tels que $f(-x) = f(x)$ pour presque tout $x \in \mathbf{R}$. Soit $\mathscr{D}_+(\mathbf{R})$ l'espace des fonctions test sur $\mathbf{R}$ telles que $f(x) = f(-x)$ pour tout $x \in \mathbf{R}$. On identifie $\mathscr{D}_+(\mathbf{R})$ à un sous-espace de E. On note $\mathscr{F} \in \mathscr{L}(\mathrm{E})$ l'endomorphisme de E déduit de la transformation de Fourier de $\mathrm{L}^2(\mathbf{R})$ par passage aux sous-espaces.
a) Pour tout $f \in \mathscr{D}_+(\mathbf{R})$, on a $\mathscr{F}(f) + \mathscr{F}^*(f) \in \mathscr{D}_+(\mathbf{R})$.

b) Soit u l'opérateur partiel sur E dont le domaine est $\mathscr{D}_+(\mathbf{R})$ et qui est défini par $u(f) = \mathscr{F}(f) + \mathscr{F}^*(f)$ pour $f \in \mathscr{D}_+(\mathbf{R})$. L'opérateur u est essentiellement auto-adjoint.
c) On a $\mathrm{dom}(u^2) = \{0\}$. (Utiliser l'exercice 28 de II, p. 273.)

13) Soit E un espace hilbertien complexe et soit u un opérateur partiel symétrique sur E. On suppose qu'il existe un nombre réel $c > 0$ tel que $\langle x \mid u(x) \rangle \geqslant c\|x\|^2$ pour tout $x \in \mathrm{dom}(u)$.

Montrer que les conditions suivantes sont équivalentes :

(i) L'opérateur partiel u est essentiellement auto-adjoint ;
(ii) L'image de u est dense dans E ;
(iii) Le noyau de u^* est réduit à 0.

14) Soit $n \in \{1, 2, 3\}$. On note Δ l'opérateur de Laplace sur $\mathrm{L}^2(\mathbf{R}^n)$, et D son domaine. C'est un opérateur partiel positif.
a) Il existe un nombre réel $c \geqslant 0$ tel que pour tout $f \in \mathrm{D}$, on a

$$\|f\|_\infty \leqslant c(\|\Delta f\| + \|f\|).$$

b) Pour tout nombre réel $a > 0$, il existe un nombre réel $b \geqslant 0$ tel que pour tout $f \in \mathrm{D}$, on a

$$\|f\|_\infty \leqslant a\|\Delta f\| + b\|f\|.$$

(Appliquer la question précédente à $x \mapsto f(\alpha x)$, où $\alpha \in \mathbf{R}_+^*$.)
c) Soit $g \in \mathscr{L}^\infty(\mathbf{R}^n) + \mathscr{L}^2(\mathbf{R}^n)$. Si g est à valeurs réelles, alors l'opérateur partiel $\Delta + m_g$ est auto-adjoint.
d) Soit α un nombre réel tel que $0 \leqslant \alpha < n/2$. Soient N la norme euclidienne sur $\mathbf{R}^n$ et g la fonction sur $\mathbf{R}^n$ définie par $g(x) = 1/\mathrm{N}(x)^\alpha$ si $x \neq 0$, et $g(0) = 0$. L'opérateur partiel $\Delta + m_g$ est auto-adjoint.

15) Soit $n \in \mathbf{N}$ et soit Δ l'unique laplacien sur $\mathrm{L}^2(\mathbf{R}^n)$. Notons B la boule unité dans $\mathbf{R}^n$.

Si $g \in \mathscr{L}_{\mathrm{u}}(\mathbf{R}^n)$ est telle que le domaine de Δ est contenu dans le domaine de m_g, alors

$$\sup_{y \in \mathbf{R}^n} \int_{\mathrm{B}} |g(x+y)|^2 dx$$

est fini. (Vérifier d'abord que m_g est Δ-borné.)

16) *a*) Soit $\mathrm{I} =]0, 1[$. L'espace $\mathrm{H}^1(\mathrm{I})$ est contenu dans $\mathscr{C}(\overline{\mathrm{I}})$.
b) L'opérateur différentiel $u\colon f \mapsto -if'$ sur $\mathrm{L}^2(\mathrm{I})$ de domaine $\mathscr{D}(\mathrm{I})$ est symétrique et fermable. Pour tout $f \in \mathrm{dom}(u^*)$, la distribution dérivée f' de f appartient à $\mathrm{L}^2(\mathrm{I})$ et on a $u^*(f) = if'$.
c) Les espaces de carence de $\overline{u}$ sont de dimension 1 ; en déduire une description explicite de toutes les extensions auto-adjointes de $\overline{u}$.

17) Classifier les laplaciens sur $\mathrm{I} =]0, 1[$.

¶ 18) Soit n un entier $\geqslant 1$. On note D l'opérateur partiel sur $\mathrm{L}^2(\mathbf{T}^n)$ de domaine $\mathscr{C}^\infty(\mathbf{T}^n)$ tel que

$$\mathrm{D}(\varphi) = -\sum_{i=1}^{n} \partial_i^2 \varphi$$

pour tout $\varphi \in \mathscr{C}^\infty(\mathbf{T}^n)$,

a) L'opérateur partiel D est essentiellement auto-adjoint. On note Δ sa fermeture.

b) L'opérateur partiel Δ est auto-adjoint et positif.

c) L'opérateur partiel Δ est à résolvante compacte.

d) Soit $\lambda \in \mathbf{R}$. On a $\lambda \in \mathrm{Sp}(\Delta)$ si et seulement s'il existe des entiers naturels $k_1, \ldots, k_n$ tels que $\lambda = 4\pi^2(k_1^2 + \cdots + k_n^2)$.

e) Pour toute valeur propre λ de Δ, soit $\mathrm{N}(\lambda)$ la dimension de l'espace propre correspondant. On a a

$$\sum_{\lambda \leqslant \mathrm{T}} \mathrm{N}(\lambda) = c_n \mathrm{T}^{n/2} + \mathrm{O}(\mathrm{T}^{(n-1)/2})$$

quand $\mathrm{T} \to +\infty$.

f) Si $n \geqslant 2$, alors $\limsup_\lambda \mathrm{N}(\lambda) = +\infty$. (Dans le cas $n = 2$, considérer $\lambda = 4\pi^2 m$, où m est un produit de nombres premiers de la forme $4k+1$.)

g) Si $n = 1$ ou $n = 2$, on a

$$\mathrm{Card}(\mathrm{Sp}(u) \cap [0, \mathrm{T}]) = o(\mathrm{T}),$$

et si $n \geqslant 3$, on a

$$\liminf_{\mathrm{T} \to +\infty} \frac{1}{\mathrm{T}} \mathrm{Card}(\mathrm{Sp}(u) \cap [0, \mathrm{T}]) > 0.$$

19) Soit u un opérateur partiel auto-adjoint sur un espace hilbertien E.

a) Soient $t \in \mathbf{R}$ et $x \in \mathrm{E}$. Si la mesure spectrale de x relative à u est à support compact, alors on a

$$e^{iu}(x) = \sum_{n \in \mathbf{N}} \frac{u^n(x)}{n!},$$

où la série converge dans E.

b) L'ensemble des vecteurs $x \in \mathrm{E}$ tels que la mesure spectrale de x relative à u est à support compact est un sous-espace dense de E.

20) Soit u un opérateur partiel sur un espace hilbertien E. On note $\mathrm{dom}(u)^{\mathrm{an}}$ l'espace des vecteurs $x \in \mathrm{E}$ tels que $x \in \mathrm{dom}(u^n)$ pour tout entier $n \in \mathbf{N}$, et tels que la série entière

$$\sum_{n \in \mathbf{N}} \frac{\|u^n(x)\|}{n!} z^n \tag{23}$$

a un rayon de convergence > 0. On dit que les éléments de $\mathrm{dom}(u)^{\mathrm{an}}$ sont les *vecteurs analytiques de u*.

Soit x un élément de E tel que x appartient à $\mathrm{dom}(u^n)$ pour tout $n \in \mathbf{N}$. Soit E_x l'adhérence du sous-espace de E engendré par les vecteurs $u^n(x)$ pour $n \in \mathbf{N}$, et soit u_x l'opérateur partiel sur $\overline{\mathrm{E}}_x$ de domaine E_x déduit de u par passage aux sous-espaces. On dit que x est un *vecteur d'unicité de u* si u_x est essentiellement auto-adjoint.

a) Supposons que u est symétrique et que E contient un sous-ensemble total de vecteurs d'unicité pour u. Alors u est essentiellement auto-adjoint. (Montrer que l'image de $u + i1_{\mathrm{E}}$ et celle de $u - i1_{\mathrm{E}}$ sont denses dans E.)

Supposons désormais que u est symétrique et que E contient un sous-ensemble total de vecteurs analytiques.

b) Pour tout vecteur analytique x de u, l'opérateur partiel u_x sur $\overline{\mathrm{E}}_x$ admet une extension auto-adjointe.

c) Soit x un vecteur analytique pour u et $r > 0$ le rayon de convergence de la série entière (23). Soit v une extension auto-adjointe de u_x. Pour tout $t \in \mathbf{R}$ tel que $|t| < r$, on a

$$\langle e^{itv}(x) \,|\, x\rangle = \sum_{n\in\mathbf{N}} \frac{(it)^n}{n!} \langle u^n(x) \,|\, x\rangle.$$

(En utilisant la mesure spectrale de x relative à v, démontrer que le membre de gauche est la restriction d'une fonction analytique sur l'ensemble des $t \in \mathbf{C}$ tels que $|t| < r$, et calculer le développement en série entière de cette fonction en 0.)

d) Pour tout $t \in \mathbf{R}$, l'opérateur unitaire e^{itv} ne dépend que de u_x et l'opérateur u_x est essentiellement auto-adjoint. (Utiliser le théorème V, p. 428.)

e) En déduire que u est essentiellement auto-adjoint.

f) Un opérateur partiel symétrique et fermé u sur E est auto-adjoint si et seulement si $\mathrm{dom}(u)^{\mathrm{an}}$ est dense dans E.

21) On note x la fonction identique de $\mathbf{R}$. On note $\mathscr{M}_{\mathrm{m}}(\mathbf{R})$ l'ensemble des mesures positives ν sur $\mathbf{R}$ telles que $x^n \in \mathscr{L}^1(\mathbf{R}, \nu)$ pour tout entier $n \in \mathbf{N}$.

a) Soit $\nu \in \mathscr{M}_{\mathrm{m}}(\mathbf{R})$ et posons $\mu_n = \nu(x^n)$ pour tout $n \in \mathbf{N}$ (« moments de la mesure ν »). Pour tout entier $n \geqslant 0$ et pour tous nombres complexes $a_0, \ldots, a_n$, on a

$$\sum_{i=0}^{n} \sum_{j=0}^{n} \overline{a}_i a_j \mu_{i+j} \geqslant 0. \tag{24}$$

On se propose dans la suite d'étudier l'assertion réciproque de la question *a*) (« problème des moments de Hamburger »). Dans la suite de cet exercice, on suppose donc donnée une suite $\boldsymbol{\mu} = (\mu_n)_{n\geqslant 0}$ de nombres réels vérifiant la condition (24).

b) Il existe une unique forme sesquilinéaire positive $b_{\boldsymbol{\mu}}$ sur $\mathbf{C}[X]$ telle que $b_{\boldsymbol{\mu}}(X^i, X^j) = \mu_{i+j}$ pour tous entiers i et j.

On note $E_{\boldsymbol{\mu}}$ l'espace hilbertien séparé-complété de $\mathbf{C}[X]$ pour la forme $b_{\boldsymbol{\mu}}$.

c) L'application linéaire $u_{\boldsymbol{\mu}}$ de $\mathbf{C}[X]$ dans $\mathbf{C}[X]$ définie par $u_{\boldsymbol{\mu}}(P) = XP$ induit par passage au quotient un opérateur partiel symétrique $u_{\boldsymbol{\mu}}$ sur l'espace hilbertien $E_{\boldsymbol{\mu}}$.

d) L'opérateur partiel $u_{\boldsymbol{\mu}}$ admet une extension auto-adjointe.

e) Il existe une mesure $\nu \in \mathscr{M}_m(\mathbf{R})$ telle que $\mu_n = \nu(x^n)$ pour tout $n \in \mathbf{N}$.

f) La forme sesquilinéaire $b_{\boldsymbol{\mu}}$ est séparante si et seulement si, pour toute mesure $\nu \in \mathscr{M}_m(\mathbf{R})$ telle que $\mu_n = \nu(x^n)$ pour tout $n \in \mathbf{N}$, le support de ν est infini. (Observer que le membre de gauche de l'inégalité (24) est égal à $b_\mu(p, p)$ pour $p = a_0 + \cdots + a_n X^n$.)

22) On reprend les notations de l'exercice précédent.

Soit $\boldsymbol{\mu} = (\mu_n)_{n\in\mathbf{N}}$ une suite de nombres réels vérifiant les conditions (24). On considère la question de *l'unicité* d'une mesure $\nu \in \mathscr{M}_m(\mathbf{R})$ telle que $\mu_n = \nu(x^n)$ pour tout $n \in \mathbf{N}$. On suppose que la forme sesquilinéaire $b_{\boldsymbol{\mu}}$ est séparante (*cf.* question *f*) de l'exercice précédent).

a) S'il existe une mesure $\nu \in \mathscr{M}_m(\mathbf{R})$ à support compact telle que $\nu(x^n) = \mu_n$ pour tout $n \in \mathbf{N}$, alors ν est l'unique mesure dans $\mathscr{M}_m(\mathbf{R})$ telle que $\nu(x^n) = \mu_n$ pour tout $n \in \mathbf{N}$.

b) Soit $\nu \in \mathscr{M}_m(\mathbf{R})$ telle que $\nu(x^n) = \mu_n$ pour tout $n \in \mathbf{N}$. Pour tout $p \in \mathbf{C}[X]$, on a $p \in \mathscr{L}^2(\mathbf{R}, \nu)$ et $\|p\| = b_{\boldsymbol{\mu}}(p, p)$.

c) L'injection canonique de $\mathbf{C}[X]$ dans $\mathscr{L}^2(\mathbf{R}, \nu)$ définit par continuité et par passage au quotient une isométrie de $E_{\boldsymbol{\mu}}$ dans $L^2(\mathbf{R}, \nu)$. Dans la suite, on identifie $E_{\boldsymbol{\mu}}$ à son image, qui est un sous-espace fermé de $L^2(\mathbf{R}, \nu)$.

d) On a $u_{\boldsymbol{\mu}} \subset m_x$, où m_x désigne l'opérateur de multiplication par x dans $L^2(\mathbf{R}, \nu)$.

e) La mesure ν est la mesure spectrale de la fonction constante 1 relative à m_x.

f) Soit $\nu \in \mathscr{M}_m(\mathbf{R})$. On a $\nu(x^n) = \mu_n$ pour tout $n \in \mathbf{N}$ si et seulement s'il existe un espace hilbertien F et un opérateur partiel auto-adjoint v sur F vérifiant les conditions suivantes :

(i) L'espace $E_{\boldsymbol{\mu}}$ est un sous-espace fermé de F, et l'injection canonique de $E_{\boldsymbol{\mu}}$ dans F est une isométrie ;

(ii) On a $u_{\boldsymbol{\mu}} \subset v$;

(iii) La mesure ν est la mesure spectrale de la fonction constante $1 \in E_{\boldsymbol{\mu}}$ relative à v.

g) Il existe une unique mesure $\nu \in \mathscr{M}_m(\mathbf{R})$ telle que $\nu(x^m) = \mu_n$ pour tout $n \in \mathbf{N}$ si et seulement si l'opérateur partiel $u_{\boldsymbol{\mu}}$ est essentiellement auto-adjoint.

h) Soit ν_{lg} la mesure positive sur $\mathbf{R}$ à support dans $\mathbf{R}_+$ dont la restriction à $\mathbf{R}_+^*$ a la densité

$$t \mapsto \frac{1}{t}\exp(-\log(t)^2/2)$$

par rapport à la mesure de Lebesgue. Soit $\widetilde{\nu}_{\mathrm{lg}}$ la mesure positive sur $\mathbf{R}$ à support dans $\mathbf{R}_+$ dont la restriction à $\mathbf{R}_+^*$ a la densité $t \mapsto 1 + \sin(2\pi\log(t))$ par rapport à ν_{lg}.

On a $\nu_{\mathrm{lg}} \in \mathscr{M}_{\mathrm{m}}(\mathbf{R})$ et $\widetilde{\nu}_{\mathrm{lg}} \in \mathscr{M}_{\mathrm{m}}(\mathbf{R})$.

i) On a $\nu_{\mathrm{lg}}(x^n) = \widetilde{\nu}_{\mathrm{lg}}(x^n)$ pour tout $n \in \mathbf{N}$.

23) On reprend les notations de l'exercice précédent ; en particulier, on considère une suite $\boldsymbol{\mu} = (\mu_n)_{n\in\mathbf{N}}$ de nombres réels vérifiant les conditions (24) et telle que la forme sesquilinéaire $b_{\boldsymbol{\mu}}$ est séparante. On identifie $\mathbf{C}[\mathrm{X}]$ à un sous-espace dense de $\mathrm{E}_{\boldsymbol{\mu}}$.

a) Il existe une unique suite $(p_n)_{n\in\mathbf{N}}$ de polynômes dans $\mathbf{C}[\mathrm{X}]$ telle que les conditions suivantes soient satisfaites (« polynômes orthogonaux de première espèce associés à $\boldsymbol{\mu}$ ») :

(i) La famille (p_n) est une base orthonormale de $\mathrm{E}_{\boldsymbol{\mu}}$;
(ii) Le polynôme p_n est de degré n pour tout $n \in \mathbf{N}$;
(iii) Le coefficient de X^n de p_n appartient à $\mathbf{R}_+^*$.

De plus, on a $p_n \in \mathbf{R}[\mathrm{X}]$ pour tout $n \in \mathbf{N}$ et $p_0 = 1/\sqrt{\mu_0}$. On notera également $p_{-1} = 0$.

b) Il existe des suites $(a_n)_{n\geqslant -1}$ dans $\mathbf{R}_+^*$ et $(b_n)_{n\in\mathbf{N}}$ dans $\mathbf{R}$ telles que $a_{-1} = 1$ et

$$u_{\boldsymbol{\mu}}(p_n) = a_n p_{n+1} + b_n p_n + a_{n-1} p_{n-1}$$

pour tout $n \in \mathbf{N}$. Ces suites sont uniques.

c) Pour tout $n \geqslant 1$, le coefficient de X^n du polynôme orthogonal p_n est égal à $(a_0 \cdots a_{n-1})^{-1}$.

d) Soit $\mathscr{F}$ l'espace vectoriel complexe des suites $(z_n)_{n\geqslant -1}$ de nombres complexes telles que $z_{-1} = 0$. On note $\widetilde{v}_{\boldsymbol{\mu}}$ l'application linéaire de $\mathscr{F}$ dans lui-même telle que $\widetilde{v}_{\boldsymbol{\mu}}(z_n) = (w_n)_{n\in\mathbf{N}}$ où $w_{-1} = 0$ et

$$w_n = a_n z_{n+1} + b_n z_n + a_{n-1} z_{n-1}$$

pour tout $n \in \mathbf{N}$.

Pour tout $s \in \mathbf{C}$, la suite $z_s = (p_n(s))_{n\geqslant -1}$ est l'unique suite dans $\mathscr{F}$ telle $(z_s)_0 = p_0(z)$ et $\widetilde{v}_{\boldsymbol{\mu}}(z_s) = s z_s$.

e) Soient z et w des éléments de $\mathscr{F}$. On définit la suite $\mathrm{W}(z, w) = (\mathrm{W}_n(z, w))_{n\in\mathbf{N}}$ en posant

$$\mathrm{W}_n(z, w) = a_n(z_{n+1} w_n - z_n w_{n+1})$$

pour $n \in \mathbf{N}$. On a

$$\mathrm{W}_n(z,w) = \sum_{j=0}^{n} (\widetilde{v}_{\boldsymbol{\mu}}(z)_j w_j - z_j \widetilde{v}_{\boldsymbol{\mu}}(w)_j)$$

pour tout $n \in \mathbf{N}$.

f) Soit $\mathrm{P} \subset \ell^2(\mathbf{N})$ l'espace des suites à support fini. Pour tout $z \in \mathrm{P}$, la suite $\widetilde{v}_{\boldsymbol{\mu}}(z)$ appartient à $\ell^2(\mathbf{N})$.

On note $v_{\boldsymbol{\mu}}$ l'opérateur partiel sur $\ell^2(\mathbf{N})$ de domaine P donné par $z \mapsto \widetilde{v}_{\boldsymbol{\mu}}(z)$. Il est symétrique.

g) L'adjoint de $v_{\boldsymbol{\mu}}$ est l'opérateur partiel de domaine

$$\mathrm{dom}(v_{\boldsymbol{\mu}}^*) = \{z \in \ell^2(\mathbf{N}) \mid \widetilde{v}_{\boldsymbol{\mu}}(z) \in \ell^2(\mathbf{N})\}$$

tel que $v_{\boldsymbol{\mu}}^*(z) = \widetilde{v}_{\boldsymbol{\mu}}(z)$ pour $z \in \mathrm{dom}(v_{\boldsymbol{\mu}}^*)$.

h) Pour tous z et w dans $\mathrm{dom}(v_{\boldsymbol{\mu}}^*)$, la limite de $\mathrm{W}_n(\overline{z}, w)$ quand $n \to +\infty$ existe et est égale à $\langle w \,|\, v_{\boldsymbol{\mu}}^*(z)\rangle - \langle v_{\boldsymbol{\mu}}^*(w) \,|\, z\rangle$.

i) Soit $s \in \mathbf{C}$. Le noyau de $v_{\boldsymbol{\mu}}^* - s \cdot 1_{\ell^2(\mathbf{N})}$ est de dimension $\leqslant 1$; il est de dimension 1 si et seulement si $z_s \in \ell^2(\mathbf{N})$, et il est alors engendré par z_s.

j) La fermeture de l'opérateur partiel $v_{\boldsymbol{\mu}}$ (resp. de $u_{\boldsymbol{\mu}}$) a indice de carence $(0,0)$ ou $(1,1)$; le premier cas vaut si et seulement s'il existe $s \in \mathbf{C} - \mathbf{R}$ tel que $z_s \notin \ell^2(\mathbf{N})$. (Pour le cas de $u_{\boldsymbol{\mu}}$, observer que l'application $\mathrm{X}^n \mapsto e_n$, où (e_n) est la base canonique de $\ell^2(\mathbf{N})$, induit un isomorphisme isométrique de $\mathrm{E}_{\boldsymbol{\mu}}$ dans $\ell^2(\mathbf{N})$ qui permet d'identifier $u_{\boldsymbol{\mu}}$ à $v_{\boldsymbol{\mu}}$.)

k) Soient $s \in \mathbf{C}$ et $f \in \mathrm{Ker}(u_{\boldsymbol{\mu}}^* - s \cdot 1_{\mathrm{E}_{\boldsymbol{\mu}}})$. Si $\langle f \,|\, 1\rangle = 0$, alors $f = 0$.

l) Soient u_1 et u_2 des extensions auto-adjointes de $u_{\boldsymbol{\mu}}$ sur $\mathrm{E}_{\boldsymbol{\mu}}$. On a $u_1 = u_2$ si et seulement s'il existe $s \in \mathbf{C} - \mathbf{R}$ tel que $\langle \mathrm{R}(u_1, s)1 \,|\, 1\rangle = \langle \mathrm{R}(u_2, s)1 \,|\, 1\rangle$. (Supposons qu'une telle égalité a lieu ; poser $f_1 = \mathrm{R}(u_1, s)1$, et montrer que f_1 n'appartient pas au domaine de $\overline{u}_{\boldsymbol{\mu}}$; en déduire que u_1 coïncide avec la fermeture de la restriction de u_1 à $\mathrm{dom}(\overline{u}_{\boldsymbol{\mu}}) \oplus \mathbf{C} f_1$. Raisonner de même avec u_2 et $f_2 = \mathrm{R}(u_2, s)1$, puis démontrer que $f_1 = f_2$ pour conclure que $u_1 = u_2$.)

m) Supposons que $u_{\boldsymbol{\mu}}$ n'est pas essentiellement auto-adjoint. Il existe alors au moins deux mesures $\nu \in \mathscr{M}_{\mathrm{m}}(\mathbf{R})$ vérifiant $\nu(x^n) = \mu_n$ pour tout $n \in \mathbf{N}$.

n) On suppose dans la suite que $u_{\boldsymbol{\mu}}$ est essentiellement auto-adjoint. Pour tout $s \in \mathbf{C} - \mathbf{R}$, il existe une suite $(r_{s,m})_{m \in \mathbf{N}}$ de polynômes telle que $(x-s) r_{s,m}$ converge dans E_{μ} vers la fonction constante 1 quand $m \to +\infty$.

o) Soit $\nu \in \mathscr{M}_{\mathrm{m}}(\mathbf{R})$ une mesure telle que $\nu(x^n) = \mu_n$ pour tout $n \in \mathbf{N}$. Pour tout $m \in \mathbf{N}$, l'inégalité

$$\Big| \int_{\mathbf{R}} \frac{d\nu(t)}{t-s} - \int_{\mathbf{R}} r_{s,m}(t) d\nu(t) \Big| \leqslant \frac{\mu_0^2}{|\mathscr{I}(s)^2|} \| 1 - (x-s) r_{s,m} \|_{\mathrm{E}_{\mu}}$$

est valide.

p) La mesure ν est unique.

24) On reprend les notations des exercices précédents ; en particulier, on considère une suite $\boldsymbol{\mu} = (\mu_n)_{n\in\mathbf{N}}$ de nombres réels vérifiant les conditions (24) et telle que la forme sesquilinéaire $b_{\boldsymbol{\mu}}$ est séparante.

a) Il existe une unique suite de polynômes $(q_n)_{n\in\mathbf{N}}$ à coefficients réels telle que pour tout $s \in \mathbf{C}$, la formule

$$q_n(s) = b_{\boldsymbol{\mu}}\Big(1, \frac{p_n - p_n(s)}{\mathrm{X} - s}\Big)$$

soit valide (« polynômes orthogonaux de seconde espèce »).

b) Soit $\nu \in \mathscr{M}_{\mathrm{m}}(\mathbf{R})$ une mesure sur $\mathbf{R}$ telle que $\nu(x^n) = \mu_n$ pour tout $n \in \mathbf{N}$. Pour tout $s \in \mathbf{C} - \mathbf{R}$, on a

$$\int_{\mathbf{R}} \frac{p_n(t)}{t-s} d\nu(t) = q_n(s) + p_n(s) \int_{\mathbf{R}} \frac{d\nu(t)}{t-s}.$$

c) Soit $s \in \mathbf{C} - \mathbf{R}$. La suite $(p_n(s))_{n\in\mathbf{N}}$ appartient à $\ell^2(\mathbf{N})$ si et seulement si la suite $(q_n(s))_{n\in\mathbf{N}}$ appartient à $\ell^2(\mathbf{N})$. (Soit $\sigma(s) = \int (t-s)^{-1} d\nu(t)$; démontrer à l'aide de la question précédente que la suite $(q_n(s) + \sigma(s)p_n(s))_{n\in\mathbf{N}}$ appartient à $\ell^2(\mathbf{N})$.)

d) Pour tout $n \in \mathbf{N}$, la formule

$$a_n(p_{n+1}(\mathrm{X})p_n(\mathrm{Y}) - p_n(\mathrm{X})p_{n+1}(\mathrm{Y})) = (\mathrm{X} - \mathrm{Y}) \sum_{j=0}^{n} p_j(\mathrm{X})p_j(\mathrm{Y})$$

est valide dans $\mathbf{C}[\mathrm{X}, \mathrm{Y}]$.

e) Pour tout $n \in \mathbf{N}$, on a la relation

$$p_n q_{n+1} - p_{n+1} q_n = \frac{1}{a_n}.$$

f) Si la série de terme général a_n^{-1} est divergente, alors la mesure ν est l'unique mesure telle que $\nu(x^n) = \mu_n$ pour tout $n \in \mathbf{N}$.

25) On reprend les notations des exercices précédents ; en particulier, on considère une suite $\boldsymbol{\mu} = (\mu_n)_{n\in\mathbf{N}}$ de nombres réels vérifiant les conditions (24) et telle que la forme sesquilinéaire $b_{\boldsymbol{\mu}}$ est séparante.

On suppose que $\mu_0 = 1$ et que la *condition de Carleman* est vérifiée, c'est-à-dire que la série de terme général $\mu_{2n}^{-1/(2n)}$ pour $n \geqslant 1$ est divergente.

a) On a

$$\mu_{2n}^{-1/(2n)} \leqslant (a_0 \cdots a_{n-1})^{-1/n} \leqslant \frac{e}{n^2} \sum_{j=1}^{n} \frac{j}{a_{j-1}}$$

pour tout entier $n \geqslant 1$. (Pour établir la seconde inégalité, on pourra démontrer et utiliser l'inégalité $(n/e)^n \leqslant n!$ pour $n \geqslant 1$.)

b) La série de terme général a_n^{-1} pour $n \geqslant 1$ est divergente.

c) Il existe une unique mesure $\nu \in \mathscr{M}_{\mathrm{m}}(\mathbf{R})$ telle que $\nu(x^n) = \mu_n$ pour tout $n \in \mathbf{N}$.

26) On note x la fonction identique de $\mathbf{R}_+$.

a) Soit ν une mesure positive sur $\mathbf{R}_+$ telle que x^n est ν-intégrable pour tout entier $n \geqslant 0$. Notons $\mu_n = \nu(x^n)$. Pour tout entier $n \geqslant 0$ et pour tous nombres complexes $a_0, \ldots, a_n$, on a

$$\sum_{i=0}^{n}\sum_{j=0}^{n} \overline{a}_i a_j \mu_{i+j} \geqslant 0$$

$$\sum_{i=0}^{n}\sum_{j=0}^{n} \overline{a}_i a_j \mu_{i+j+1} \geqslant 0.$$

b) Si $(\mu_n)_{n\geqslant 0}$ est une suite de nombres réels vérifiant la condition de la question précédente, alors il existe une mesure positive ν sur $\mathbf{R}_+$ telle que $\mu_n = \nu(x^n)$ pour tout $n \in \mathbf{N}$. (« Problème des moments de Stieltjes » ; utiliser la méthode de l'exercice 21 en faisant appel à l'extension de Friedrichs.)

27) On note $\mathrm{M} = \mathrm{X}^2\mathrm{Y}^2(\mathrm{X}^2 + \mathrm{Y}^2 - 3) \in \mathbf{R}[\mathrm{X}, \mathrm{Y}]$ (« polynôme de Motzkin »).

a) On a $\mathrm{M}(x, y) \geqslant 0$ pour tous x et y dans $\mathbf{R}$.

b) Il n'existe aucune famille finie $(p_i)_{i\in \mathrm{I}}$ dans $\mathbf{R}[\mathrm{X}, \mathrm{Y}]$ telle que $\mathrm{M} = \sum p_i^2$. (Si une telle famille existait, montrer que chaque p_i doit être de la forme $a + b\mathrm{XY}$ avec $a \in \mathbf{R}$ et $b \in \mathbf{R}[\mathrm{X}, \mathrm{Y}]$ de degré au plus 1 ; calculer alors le coefficient de $(\mathrm{XY})^2$.)

c) Soit $\tau\colon \mathbf{N}^2 \to \mathbf{N} - \{0\}$ l'application définie par

$$\tau(0,0) = 1,\quad \tau(1,2) = 2,\quad \tau(2,1) = 3,\quad \tau(1,1) = 4,\quad \tau(1,0) = 5,$$
$$\tau(0,1) = 6,\quad \tau(2,0) = 7,\quad \tau(0,2) = 8,\quad \tau(3,0) = 9,\quad \tau(0,3) = 10$$

et

$$\tau(i,j) = j + 1 + (i+j)(i+j+1)/2 \text{ si } i + j \geqslant 4.$$

L'application τ est une bijection.

d) Soit $(\nu_n)_{n\geqslant 1}$ la suite définie par

$$\nu_i = 1 \text{ si } i \in \{1,2,3\},\quad \nu_4 = 4,\quad \nu_n = (n!)^{(n+1)!} \text{ si } n \geqslant 5.$$

Pour n et m dans $\mathbf{N}$, on pose $\mu_{n,m} = 0$ si n ou m est impair et $\mu_{n,m} = \nu_{\tau(n/2,m/2)}$ sinon. L'application linéaire α de $\mathbf{C}[\mathrm{X}, \mathrm{Y}]$ dans $\mathbf{C}$ telle que $\alpha(\mathrm{X}^n\mathrm{Y}^m) = \mu_{n,m}$ vérifie $\alpha(p^2) \geqslant 0$ pour tout $p \in \mathbf{R}[\mathrm{X}, \mathrm{Y}]$. (Il suffit de vérifier que, pour tout entier $k \in \mathbf{N}$, le déterminant de la matrice $(a_{m,m})_{1\leqslant n,m\leqslant k}$ est positif, où $a_{n,m}$ est défini par $a_{\tau(i,j),\tau(i',j')} = \alpha(\mathrm{X}^{i+i'}\mathrm{Y}^{j+j'})$ pour tous (i, j, i', j') ; procéder alors par récurrence sur k.)

e) Il n'existe pas de mesure positive ν sur $\mathbf{R}^2$ telle que $(x, y) \mapsto x^n y^m$ soit μ-intégrable pour tous $(n, m) \in \mathbf{N}^2$, et telle que

$$\int_{\mathbf{R}^2} x^n y^m d\nu(x, y) = \mu_{n,m}$$

pour tous $(n, m) \in \mathbf{N}^2$.

f) Il existe un espace hilbertien E et un opérateur partiel u à domaine dense sur E vérifiant les conditions suivantes :

(i) On a $\mathrm{dom}(u) \subset \mathrm{dom}(u^*)$;

(ii) On a $\|u(x)\| = \|u^*(x)\|$ pour tout $x \in \mathrm{dom}(u)$;

(iii) Il n'existe pas d'espace hilbertien F contenant E comme sous-espace, de sorte que l'injection canonique de E dans F soit isométrique, et d'opérateur partiel normal v sur F tel que $u \subset v$.

Comparer ce résultat avec l'exercice 24 de IV, p. 352.

28) Pour tout entier $k \geqslant 0$, on note b_k le nombre de relations d'équivalence sur l'ensemble $\{1, \ldots, k\}$.

Pour tout $\lambda > 0$, on note ϖ_λ la mesure de Poisson de paramètre λ sur $\mathbf{R}$ (*cf.* exercice 41 de II, p. 282), c'est-à-dire la mesure de masse totale 1 supportée sur $\mathbf{N}$ telle que $\varpi_\lambda(j) = e^{-\lambda}\lambda^j/j!$ pour tout $j \in \mathbf{N}$.

a) La relation

$$b_{k+1} = \sum_{j=0}^{k} \binom{k}{j} b_j$$

est valide pour tout entier $k \in \mathbf{N}$.

b) Pour toute fonction $f \colon \mathbf{N} \to \mathbf{C}$ telle que la fonction $x \mapsto xf(x)$ est ϖ-intégrable, on a

$$\int_{\mathbf{R}} xf(x)d\varpi_\lambda(x) = \lambda \int_{\mathbf{R}} f(x+1)d\varpi_\lambda(x)$$

(« formule de Chen »).

De plus, si μ est une mesure bornée sur $\mathbf{R}$ vérifiant cette propriété, alors il existe $c \in \mathbf{R}$ tel que $\mu = c\varpi_\lambda$.

c) Pour tout $k \in \mathbf{N}$, la fonction $x \mapsto x^k$ est ϖ_1-intégrable et on a

$$\varpi_1(x \mapsto x^k) = b_k.$$

De plus, la mesure ϖ_1 est l'unique mesure positive sur $\mathbf{R}$ satisfaisant à ces équations.

d) Pour tout entier $k \geqslant 0$, on a

$$b_k = \frac{1}{e} \sum_{j \geqslant 0} \frac{j^n}{j!}$$

(« formule de Dobiński ») et

$$b_k = \frac{2k!}{e\pi} \mathscr{I}\Big(\int_0^\pi e^{e^{e^{it}}} \sin(kt)dt\Big)$$

(« formule de Cesàro »).

e) Pour tout entier $n \geqslant 1$, on note μ_n la mesure positive sur $\mathbf{R}$ image de la mesure de Haar normalisée du groupe symétrique S_n par l'application f_n

de S_n dans $\mathbf{R}$ qui à $\sigma \in S_n$ associe le nombre de points fixes de σ. Soit $k \in \mathbf{N}$. Pour tout entier $n \geqslant k$, on a

$$\mu_n(x \mapsto x^k) = b_k.$$

f) La suite (μ_n) converge étroitement quand $n \to +\infty$ vers la mesure de Poisson ϖ_1.

29) Soit E un espace hilbertien complexe. On note $\mathscr{T}_b$ (resp. $\mathscr{T}_s$, $\mathscr{T}_f$) la topologie d'espace de Banach de $\mathscr{L}(\mathrm{E})$ (resp. la topologie de la convergence simple, la topologie localement convexe définie par les semi-normes $u \mapsto \langle x \,|\, u(y)\rangle$ pour $(x, y) \in \mathrm{E} \times \mathrm{E}$).
a) Soit $\lambda_0 \in \mathbf{C} - \mathbf{R}$. La topologie $\mathscr{T}_b$-résolvante (resp. $\mathscr{T}_s$-résolvante) est la topologie la moins fine sur $\mathscr{A}(\mathrm{E})$ telle que l'application $u \mapsto \mathrm{R}(u, \lambda_0)$ de $\mathscr{A}(\mathrm{E})$ dans $\mathscr{L}(\mathrm{E})$ muni de la topologie $\mathscr{T}_b$ (resp. $\mathscr{T}_s$) est continue.
b) La topologie $\mathscr{T}_f$-résolvante coïncide avec la topologie $\mathscr{T}_s$-résolvante.
c) Soit $\mathrm{X} \subset \mathscr{L}(\mathrm{E})$ un ensemble borné d'endomorphismes hermitiens de E. La topologie induite sur X par la topologie $\mathscr{T}_b$-résolvante (resp. la topologie $\mathscr{T}_s$-résolvante) coïncide avec la topologie induite par la topologie $\mathscr{T}_b$ ((esp. la topologie $\mathscr{T}_s$).
d) La propriété de la question *a*) ne vaut pas pour la topologie $\mathscr{T}_f$-résolvante.
e) Donner un exemple de suite (u_n) d'opérateurs partiels auto-adjoints qui converge pour la topologie $\mathscr{T}_b$-résolvante et de fonction $f \in \mathscr{C}_b(\mathbf{R})$ telle que $f(u_n)$ ne converge pas vers $f(u)$ dans $\mathscr{L}(\mathrm{E})$.
f) Soient (u_n) une suite d'opérateurs partiels auto-adjoints sur E et u un opérateur partiel auto-adjoint sur E. S'il existe un sous-espace dense F de E_u, contenu dans $\mathrm{dom}(u_n)$ pour tout n, tel que $u_n(x)$ converge vers $u(x)$ pour tout $x \in \mathrm{F}$, alors (u_n) converge vers u pour la topologie $\mathscr{T}_s$-résolvante.

30) Soit E un espace hilbertien complexe. Notons $\mathscr{T}_b$ la topologie de la convergence bornée sur $\mathscr{L}(\mathrm{E})$.
a) Soit u un opérateur partiel auto-adjoint sur E. Pour tout $\lambda \in \mathbf{C} - \mathbf{R}$ tel que la partie imaginaire de λ est négative, on a

$$\mathrm{R}(u, \lambda) = i \int_0^\infty e^{-it\lambda} e^{itu} dt.$$

b) La topologie $\mathscr{T}_b$-résolvante est la topologie la moins fine sur $\mathscr{A}(\mathrm{E})$ telle que les applications $u \mapsto e^{itu}$ de $\mathscr{A}(\mathrm{E})$ dans $\mathscr{L}(\mathrm{E})$ sont continues pour tout $t \in \mathbf{R}$.

31) Soit E un espace hilbertien complexe. Notons $\mathscr{T}_s$ la topologie de la convergence simple sur $\mathscr{L}(\mathrm{E})$. Notons $\mathbf{H}$ l'ensemble des nombres complexes de partie imaginaire strictement positive.

Soit (u_n) une suite dans $\mathscr{A}(\mathrm{E})$. On suppose que

(i) Il existe $\lambda_+ \in \mathbf{H}$ tel que $\mathrm{R}(u_n, \lambda_+)$ converge dans $\mathscr{L}(\mathrm{E})$ muni de la topologie $\mathscr{T}_s$; on note v_+ sa limite ;

(ii) Il existe $\lambda_- \in \overline{\mathbf{H}}$ tel que $\mathrm{R}(u_n, \lambda_-)$ converge dans $\mathscr{L}(\mathrm{E})$ muni de la topologie $\mathscr{T}_s$;

(iii) L'image F de l'endomorphisme v_+ est dense dans E.

Soit D le disque ouvert dans $\mathbf{C}$ formé des $\lambda \in \mathbf{H}$ tels que

$$|\lambda - \lambda_+| < \frac{1}{|\mathscr{I}(\lambda_+)|}.$$

a) Pour tout $\lambda \in \mathrm{D}$, la série

$$r_\lambda = \sum_{n=0}^{\infty} (\lambda_+ - \lambda) v_+^{n+1}$$

converge dans $\mathscr{L}(\mathrm{E})$. De plus, pour tout $\lambda \in \mathrm{D}$, la suite $(\mathrm{R}(u_n, \lambda))_n$ converge vers r_λ dans $\mathscr{L}(\mathrm{E})$ muni de la topologie $\mathscr{T}_s$.

b) Il existe une unique application holomorphe de $\mathbf{H}$ dans $\mathscr{L}(\mathrm{E})$ qui coïncide sur D avec l'application $\lambda \mapsto r_\lambda$. On la note encore $\lambda \mapsto r_\lambda$.

c) Il existe une unique application holomorphe de $\mathbf{C} - \mathbf{R}$ dans $\mathscr{L}(\mathrm{E})$ qui coïncide sur $\mathbf{H}$ avec l'application $\lambda \mapsto r_\lambda$, et qui vérifie $r_\lambda^* = r_{\overline{\lambda}}$ pour tout $\lambda \in \mathbf{C} - \mathbf{R}$. Elle vérifie $r_{\lambda_-} = v_-$, et pour tout $\lambda \in \mathbf{C} - \mathbf{R}$, la suite $(\mathrm{R}(u_n, \lambda))$ converge vers r_λ dans $\mathscr{L}(\mathrm{E})$ muni de la topologie $\mathscr{T}_s$.

d) Pour tous λ et μ dans $\mathbf{C} - \mathbf{R}$, on a $r_\lambda - r_\mu = (\mu - \lambda) = r_\mu r_\lambda$ et $r_\lambda r_\mu = r_\mu r_\lambda$.

e) L'image de r_λ est égale à F pour tout $\lambda \in \mathbf{C} - \mathbf{R}$.

f) Pour tout $\lambda \in \mathbf{C} - \mathbf{R}$, l'endomorphisme r_λ est injectif ; l'opérateur partiel $\lambda 1_{\mathrm{E}} - r_\lambda^{-1}$ de domaine F ne dépend pas du choix de $\lambda \in \mathbf{C} - \mathbf{R}$; on le note u.

g) L'opérateur partiel u est auto-adjoint ; pour tout $\lambda \in \mathbf{C} - \mathbf{R}$, on a $\mathrm{R}(u, \lambda) = r_\lambda$.

h) La suite (u_n) converge vers u pour la topologie $\mathscr{T}_s$-résolvante. (« Théorème de Kato–Trotter »)

32) Soit E un espace hilbertien complexe. Soient u et v des opérateurs partiels auto-adjoints sur E tels que $u + v$ est auto-adjoint.

a) Pour $t \in \mathbf{R}^*$, soit $v(t) = t^{-1}(e^{itu} e^{itv} - e^{it(u+v)}) \in \mathscr{L}(\mathrm{E})$, et $w(t)$ la restriction de $v(t)$ à l'espace hilbertien E_{u+v}. Soit B l'ensemble des applications linéaires continues $w(t)$. L'ensemble B est borné dans l'espace de Banach $\mathscr{L}(\mathrm{E}_{u+v}, \mathrm{E})$. (Utiliser le théorème de Banach–Steinhaus.)

b) On a $w(t) \to 0$ quand $t \to 0$ dans $\mathbf{R}^*$, dans l'espace $\mathscr{L}(\mathrm{E}_{u+v}, \mathrm{E})$ muni de la topologie de la convergence compacte.

c) Soit $x \in \mathrm{E}_{u+v}$. On a

$$\lim_{n \to +\infty} (e^{itu/n} e^{itv/n})^n x = e^{it(u+v)} x.$$

(Pour $n \in \mathbf{N}$, écrire

$$(e^{itu/n}e^{itv/n})^n - e^{it(u+v)} = \sum_{i=0}^{n-1}(e^{itu/n}e^{itv/n})^k\Big(e^{itu/n}e^{itv/n} - e^{it(u+v)/n}\Big)(e^{it(u+v)/n})^{n-1-i}$$

et appliquer le résultat de la question précédente à l'image compacte de l'application $t \mapsto e^{it(u+v)}x$ de $[-1,1]$ dans E_{u+v}.)

33) Soit $n \in \mathbf{N}$. On note Δ le laplacien sur $\mathrm{L}^2(\mathbf{R}^n)$.

a) Pour tout $t \in \mathbf{R}^*$, l'endomorphisme $e^{it\Delta}$ de $\mathrm{L}^2(\mathbf{R}^n)$ est donné par

$$e^{it\Delta}f(x) = \frac{1}{(2it)^{n/2}}\int_{\mathbf{R}^n} f(y)e^{i|x-y|^2/(4t)}dy$$

si $f \in \mathscr{L}^1(\mathbf{R}^n) \cap \mathscr{L}^2(\mathbf{R}^n)$. (Utiliser la transformation de Fourier.)

b) Soit C l'application unitaire sur $\mathrm{L}^2(\mathbf{R}^n)$ déduite par passage au quotient de l'application $f \mapsto \mathrm{C}(f)$ définie pour $f \in \mathscr{L}^2(\mathbf{R}^n)$ par

$$\mathrm{C}(f)(x) = \frac{1}{(2it)^{n/2}}e^{\frac{ix^2}{4t}}\mathscr{F}f\Big(\frac{x}{2t}\Big)$$

pour $x \in \mathbf{R}^n$.

On a $e^{it\Delta} \to \mathrm{C}$ quand $t \to +\infty$ dans l'espace $\mathscr{L}(\mathrm{L}^2(\mathbf{R}^n))$ muni de la topologie de la convergence simple.

c) Supposons que $1 \leqslant n \leqslant 3$. Soit $g \in \mathscr{L}^\infty(\mathbf{R}^n) + \mathscr{L}^2(\mathbf{R}^n)$ à valeurs réelles. Notons u l'opérateur partiel $u = \Delta + m_g$; il est auto-adjoint sur $\mathrm{L}^2(\mathbf{R}^n)$ (exercice 14). Pour $f \in \mathscr{L}^1(\mathbf{R}^n) \cap \mathscr{L}^2(\mathbf{R}^n)$ et $t \in \mathbf{R}^*$, on a

$$e^{itu}f(x) = \lim_{k\to+\infty}\frac{1}{(2it/k)^{kn/2}}\int_{\mathbf{R}^{nk}} f(y_k)\exp\Big(\frac{it}{k}\sum_{i=1}^{k}\Big(\frac{|y_i - y_{i-1}|^2}{4(t/k)^2} - g(y_i)\Big)dy$$

où on écrit $y = (y_1, \ldots, y_k)$ avec $y_i \in \mathbf{R}^n$.

d) Interprétation de la formule précédente.

34) Soit E un espace hilbertien complexe. Pour tous endomorphismes u et v de E, on note $[u,v] = uv - vu$ et on définit $\mathrm{E}_{u,v} = \overline{\mathrm{Im}(u)} \cap \mathrm{Ker}(v)$.

Soient p et q des orthoprojecteurs de E. On pose $a = p - q$ et $b = 1_\mathrm{E} - p - q$.

a) S'il existe un endomorphisme unitaire u de E tel que $upu^{-1} = q$ et $uqu^{-1} = p$, alors les dimensions hilbertiennes de $\mathrm{E}_{p,q}$ et $\mathrm{E}_{1-p,1-q}$ sont égales.

b) On a les relations

$$a^2 + b^2 = 1_\mathrm{E}, \qquad ab + ba = 0, \qquad [p,a] = [q,a] = [p,b] = [q,b] = 0.$$

c) Jusqu'à la question *f*), incluse, on supposera que $E_{p,q} = E_{1-p,1-q} = \{0\}$. L'endomorphisme b est injectif ; soit s la fonction de $\mathbf{R}$ dans $\mathbf{R}$ telle que

$$s(x) = \begin{cases} 1 & \text{si } x > 0 \\ 0 & \text{si } x = 0 \\ -1 & \text{si } x < 0. \end{cases}$$

L'endomorphisme $u = s(b)$ est unitaire.

d) Pour tout $\varepsilon > 0$, on a $(|b| + \varepsilon)a = a(|b| + \varepsilon)$.

e) On a $uau^{-1} = -a$ (vérifier que $s(b) = \lim_{\varepsilon \to 0} b(|b| + \varepsilon)^{-1}$) et $ubu^{-1} = b$.

f) On a $upu^{-1} = q$ et $uqu^{-1} = p$.

g) On suppose que la dimension hilbertienne de $E_{p,q}$ est égale à celle de $E_{1-p,1-q}$. Alors il existe un endomorphisme unitaire u de E tel que $upu^{-1} = q$ et $uqu^{-1} = p$. (Les espaces $E_{p,q}$ et $E_{1-p,1-q}$ sont orthogonaux ; considérer l'espace hilbertien $F = E_{p,q} \oplus E_{1-p,1-q}$ et appliquer le cas précédent aux orthoprojecteurs de F° déduits de p et q par passage aux sous-espaces.)

h) Supposons que $\|p - q\| < 1$. Il existe un endomorphisme unitaire u de E tel que $upu^{-1} = q$ et $uqu^{-1} = p$.

i) Supposons que $a = p - q$ est compact. L'endomorphisme $k = qp$ induit par passage aux sous-espaces une application linéaire de Fredholm $\widetilde{k}$ de l'image de p dans l'image de q. Il existe un endomorphisme unitaire u de E tel que $upu^{-1} = q$ et $uqu^{-1} = p$ si et seulement si l'indice de $\widetilde{k}$ est nul.

35) Soient E un espace hilbertien et u un opérateur partiel auto-adjoint et positif sur E.

a) Pour tout $t \in \mathbf{R}_+^*$, on a $u \circ R(u, -t) \in \mathscr{L}(E)$.

b) L'application f de $\mathbf{R}_+^*$ dans $\mathscr{L}(E)$ définie par $f(t) = -t^{-1/2} u \circ R(u, -t)$ est intégrable par rapport à la mesure de Lebesgue sur $\mathbf{R}_+^*$.

c) On a

$$\sqrt{u} = \frac{1}{\pi} \int_{\mathbf{R}_+^*} f(t) dt.$$

36) Donner un exemple d'opérateur partiel normal sur un espace hilbertien complexe dont le spectre sensible n'est pas fermé dans $\mathbf{C}$.

37) Soient E et F des espaces hilbertiens complexes et soit u un opérateur partiel fermé à domaine dense de E dans F. Si u est surjectif, alors il existe $v \in \mathscr{L}(F; E)$ tel que $u \circ v = 1_F$.

38) Soit u un opérateur partiel dans un espace hilbertien complexe E.

a) On suppose que u est un opérateur symétrique positif. Soit $F(u)$ l'extension de Friedrichs de u et soit q la forme partielle positive associée à $F(u)$. Montrer que $\mathrm{F}(u)$ est l'unique extension auto-adjointe de u dont le domaine est contenu dans $\mathrm{dom}(q)$.

b) On suppose que u est un opérateur partiel fermé à domaine dense. Soit q la forme partielle positive de domaine $\mathrm{dom}(u)$ définie par $q(x,y) = \langle u(x) \mid u(y) \rangle$. Démontrer que l'opérateur partiel auto-adjoint représentant q est $v = u^*u$.

c) On suppose que u est symétrique et que u^2 est à domaine dense. L'opérateur partiel u^2 est symétrique et positif ; l'extension de Friedrichs de u^2 est égale à u^*u.

39) Soit $n \geqslant 1$ un entier. On munit $\mathbf{R}^n$ de la mesure de Lebesgue.

Soit v une fonction positive localement de carré intégrable sur $\mathbf{R}^n$. On note Δ le laplacien sur $\mathscr{D}(\mathbf{R}^n)$ ou sur $\mathscr{D}'(\mathbf{R}^n)$, défini par

$$\Delta(f) = -\sum_{i=1}^{n} \partial_i^2 f.$$

Soit D l'opérateur partiel sur $\mathrm{L}^2(\mathbf{R}^n)$ de domaine $\mathscr{D}(\mathbf{R}^n)$ tel que

$$\mathrm{D}(\varphi) = \Delta(\varphi + v\varphi).$$

a) L'opérateur partiel D est symétrique et positif.

b) Soit $u \in \mathrm{dom}(\mathrm{D}^*)$ tel que $\mathrm{D}^*u + u = 0$. On a $\Delta(u) + u = 0$ où le laplacien de $u \in \mathrm{L}^2(\mathbf{R}^n)$ est calculé au sens des distributions.

c) Les distributions $\Delta(u)$ et $(v+1)u$ sont des fonctions localement intégrables, et la distribution $-\Delta(u)$ est positive. (Utiliser l'exercice 32 de IV, p. 344.)

d) On a $u = 0$. (Approcher $|u|$ par des fonctions indéfiniment différentiable w_ε par convolution de sorte que $\Delta(w_\varepsilon) \geqslant 0$ et appliquer la question précédente.)

e) L'opérateur partiel D est essentiellement auto-adjoint.

40) Soit E un espace hilbertien complexe.

a) Soit u un opérateur partiel normal sur E et soit $(j, |u|)$ sa décomposition polaire. On a $|u^*| = |u|$ et la décomposition polaire de u^* est $(j^*, |u|)$. On a $j|u| = |u|j$.

b) Soit u un opérateur partiel auto-adjoint sur E et soit $(j, |u|)$ sa décomposition polaire. On a $j = \mathrm{s}(u)$, où la fonction s est définie par

$$\mathrm{s}(x) = \begin{cases} 1 & \text{si } x > 0 \\ 0 & \text{si } x = 0 \\ -1 & \text{si } x < 0. \end{cases}$$

c) Soit u un opérateur partiel auto-adjoint sur E et soit $(j, |u|)$ sa décomposition polaire. On note D le domaine de $|u|^{1/2}$, et on définit une forme hermitienne partielle q de domaine D en posant

$$q(x,y) = \langle |u|^{1/2}(x) \mid j|u|^{1/2}(y) \rangle.$$

L'opérateur partiel représentant q coïncide avec u ; si u est positif, alors q est la forme positive partielle associée à u.

d) Soient u et v des opérateurs partiels auto-adjoints sur E. Notons q_u et q_v les formes hermitiennes partielles définies comme dans la question *c*). Supposons que $\mathrm{dom}(q_u) \cap \mathrm{dom}(q_v)$ est dense dans E. La *somme de u et v au sens des formes hermitiennes* est l'opérateur partiel $u \dotplus v$ sur E représentant la forme partielle

$$q(x, y) = q_u(x, y) + q_v(x, y)$$

de domaine $\mathrm{dom}(q_u) \cap \mathrm{dom}(q_v)$. Montrer que l'opérateur partiel $u \dotplus v$ est une extension de $u + v$; si u et v sont positifs, alors $u \dotplus v$ est un opérateur partiel auto-adjoint positif.

e) Donner un exemple où le domaine de $u + v$ n'est pas dense, mais $u \dotplus v$ est défini.

f) Soit $n \geqslant 1$ un entier et $\mathrm{S} \subset \mathbf{R}^n$ un ensemble fermé de mesure de Lebesgue nulle. Soit v une fonction positive mesurable sur $\mathbf{R}^n$ pour la mesure de Lebesgue telle que v est localement intégrable sur $\mathbf{R}^n - \mathrm{S}$. L'opérateur partiel auto-adjoint $\Delta \dotplus m_v$ est défini.

41) Soit $n \geqslant 1$ un entier. On note Δ le laplacien sur $\mathbf{R}^n$, et on note u la réduction de Δ au sous-espace $\mathscr{D}(\mathbf{R}^n - \{0\})$.

a) Le domaine de u est dense dans l'espace hilbertien E_q associé à la forme partielle q associée à Δ si et seulement $n \geqslant 2$. (Identifier le dual de E_q à un espace de distributions tempérées ; si $g \in \mathrm{E}'_q$ est nul sur $\mathrm{dom}(u)$, montrer que g est une distribution de support contenu dans $\{0\}$; conclure en utilisant l'exercice 24 de IV, p. 338.)

b) Le domaine de u est dense dans l'espace hilbertien E_Δ si et seulement si $n \geqslant 4$.

42) Soit E un espace hilbertien complexe et soit u un opérateur partiel fermé à domaine dense sur E. On dit qu'un opérateur partiel v sur E est *compact relativement à u* si le domaine de v contient le domaine de u et si la restriction de v à $\mathrm{dom}(u)$ est une application linéaire compacte de E_u dans E.

a) Tout opérateur partiel v qui est compact relativement à u est borné relativement à u et sa norme relative $\|v\|_u$ est nulle. (Si la norme relative n'est pas nulle, construire une suite (x_n) dans $\mathrm{dom}(u)$ convergeant vers 0, telle que $\|v(x_n)\| = 1$ pour tout n et telle que $(u(x_n))$ converge faiblement vers un élément y de E ; démontrer que $y = 0$ et en déduire que v n'est pas relativement compact.)

b) Soit $\lambda \in \mathbf{C} - \mathrm{Sp}(u)$. Soit v un opérateur partiel sur E dont le domaine contient $\mathrm{dom}(u)$. Alors v est compact relativement à u si et seulement si $v \circ \mathrm{R}(u, \lambda)$ est un endomorphisme compact de E.

43) Soit E un espace hilbertien complexe.

a) Soit u un opérateur partiel auto-adjoint sur E. Pour tout $\lambda \in \mathbf{R}$, on a $\lambda \in \mathrm{Sp_e}(u)$ si et seulement s'il existe une suite (x_n) dans E qui converge faiblement vers 0 dans E et vérifie les conditions

$$\liminf_{n\to+\infty} \|x_n\| > 0, \qquad \lim_{n\to+\infty} (u(x_n) - \lambda x_n) = 0.$$

b) Soient u et v des opérateurs partiels auto-adjoints sur E. S'il existe $\lambda \in \mathbf{C} - (\mathrm{Sp}(u) \cup \mathrm{Sp}(v))$ tel que $\mathrm{R}(u, \lambda) - \mathrm{R}(v, \lambda)$ est compact, alors $\mathrm{Sp_e}(u) = \mathrm{Sp_e}(v)$.

c) Soit u un opérateur partiel symétrique fermé sur E. Soient u_1 et u_2 des extensions auto-adjointes de u. Si l'espace $\mathrm{Ker}(u^* - i)$ est de dimension finie, alors $\mathrm{Sp_e}(u_1) = \mathrm{Sp_e}(u_2)$.

d) Soient u un opérateur partiel auto-adjoint sur E et v un opérateur partiel compact relativement à u (voir l'exercice précédent). L'opérateur partiel $u + v$ est auto-adjoint et $\mathrm{Sp_e}(u + v) = \mathrm{Sp_e}(u)$.

CHAPITRE V

Représentations unitaires

Pour tout espace vectoriel E, *on note* 1_E *l'application identique de* E. *Si* E, F *et* G *sont des espaces vectoriels et si* $u \colon F \to E$ *et* $v \colon G \to F$ *sont des applications linéaires, on note parfois* uv *l'application linéaire* $u \circ v$ *de* G *dans* E.

Pour un espace hilbertien E, *on note* $\langle x \mid y \rangle_E$, *ou simplement* $\langle x \mid y \rangle$, *le produit scalaire sur* E.

Si X *est un espace topologique localement compact et* μ *une mesure sur* X, *on notera* $\mathscr{L}^p(X, \mu) = \mathscr{L}^p_{\mathbf{C}}(X, \mu)$ *et* $L^p(X, \mu) = L^p_{\mathbf{C}}(X, \mu)$ *pour* $p \in [1, +\infty]$.

On note e *l'élément unité d'un groupe* G.

Soient A *une algèbre associative,* E *un espace vectoriel topologique et* $\pi \colon A \to \mathscr{L}(E)$ *une représentation de* A *dans* E. *On dit que* π *est* non dégénérée *si l'ensemble des vecteurs* $\pi(a)x$ *pour* $a \in A$ *et* $x \in E$ *est total dans* E.

§ 1. REPRÉSENTATIONS UNITAIRES

Dans ce paragraphe, les espaces vectoriels sont sur $K = \mathbf{R}$ ou $\mathbf{C}$.

N. Bourbaki, *Théories spectrales*, https://doi.org/10.1007/978-3-031-19505-1_3

Rappelons qu'une *représentation linéaire* d'un groupe G dans un K-espace vectoriel E est un homomorphisme ϱ de G dans le groupe $\mathbf{GL}(\mathrm{E})$ des automorphismes de E (A, VIII, p. 387, déf. 1). On dit que E est l'*espace* de la représentation ϱ, et que la *dimension* de E est la dimension de ϱ, que l'on note aussi $\dim(\varrho)$.

On peut identifier une représentation de G dans un K-espace vectoriel à un K[G]-module (*loc. cit.*), et on utilisera la terminologie correspondante, par exemple concernant les sommes directes de représentations, les morphismes de représentations ou la représentation sur **C** obtenue à partir d'une représentation dans un **R**-espace vectoriel par extension des scalaires.

Une représentation $\varrho \colon \mathrm{G} \to \mathbf{GL}(\mathrm{E})$ est dite *fidèle* si c'est un homomorphisme injectif.

On prendra garde que *cela ne signifie pas* que le K[G]-module associé à ϱ est un K-module fidèle (A, II, p. 28).

Le *caractère* d'une représentation de G dans un K-espace vectoriel de dimension finie est l'application χ_ϱ de G dans K telle que $\chi_\varrho(g) = \mathrm{Tr}(\varrho(g))$ pour tout $g \in \mathrm{G}$, *cf.* A, VIII, p. 388.

1. Rappels concernant les représentations linéaires continues

Soit G un groupe topologique. On rappelle qu'une *représentation linéaire continue* de G dans un K-espace vectoriel topologique E est une représentation linéaire ϱ de G dans E telle que l'application de $\mathrm{G} \times \mathrm{E}$ dans E définie par $(g, x) \mapsto \varrho(g)x$ est continue (INT, VIII, p. 128, § 2, n° 1, déf. 1). Cette application définit une action de G sur E et l'image de ϱ est contenue dans $\mathscr{L}(\mathrm{E})$. On dit qu'une représentation continue ϱ est *bornée* si son image est bornée dans l'espace $\mathscr{L}(\mathrm{E})$ muni de la topologie de la convergence bornée.

Remarque. — Si $\mathrm{K} = \mathbf{R}$ et si ϱ est une représentation linéaire continue de G dans un **R**-espace vectoriel E, alors l'application $\varrho_{(\mathbf{C})} : g \mapsto 1 \otimes \varrho(g)$ est une représentation linéaire continue de G dans $\mathrm{E}_{(\mathbf{C})}$; si ϱ est bornée, alors $\varrho_{(\mathbf{C})}$ est bornée.

Pour tout K-espace vectoriel topologique E, l'homomorphisme qui à tout $g \in \mathrm{G}$ associe 1_E est une représentation linéaire continue de G dans E, appelée *représentation triviale de* G *dans* E.

Soit H un sous-groupe de G. La restriction de ϱ à H est une représentation linéaire continue de H dans E, notée $\mathrm{Res}_{\mathrm{H}}^{\mathrm{G}}(\varrho)$.

Soient ϱ_1 et ϱ_2 des représentations linéaires continues de G dans des K-espaces vectoriels topologiques E_1 et E_2. Un G-*morphisme* u de ϱ_1 dans ϱ_2 est un morphisme de représentations linéaires qui est continu, c'est-à-dire une application linéaire continue $u\colon \mathrm{E}_1 \to \mathrm{E}_2$ telle que $u \circ \varrho_1(g) = \varrho_2(g) \circ u$ pour tout $g \in \mathrm{G}$. On note $\mathrm{Hom}_{\mathrm{G}}(\varrho_1, \varrho_2)$ l'espace vectoriel des G-morphismes de ϱ_1 dans ϱ_2. C'est un sous-espace fermé de l'espace $\mathscr{L}(\mathrm{E}_1; \mathrm{E}_2)$ muni de la topologie de la convergence simple.

Soit ϱ une représentation linéaire continue d'un groupe G dans un K-espace vectoriel topologique E. L'application identique 1_{E} de E est un G-morphisme de ϱ dans ϱ, qui est noté 1_ϱ. Si ϱ_1, ϱ_2 et ϱ_3 sont des représentations linéaires continues de G dans des K-espaces vectoriels topologiques E_1, E_2, E_3 respectivement, et si $u\colon \mathrm{E}_1 \to \mathrm{E}_2$ et $v\colon \mathrm{E}_2 \to \mathrm{E}_3$ sont des G-morphismes, alors $v \circ u$ est un G-morphisme.

Un G-morphisme u de ϱ_1 dans ϱ_2 est un G-*isomorphisme* s'il existe un G-morphisme v de ϱ_2 dans ϱ_1 tel que $v \circ u = 1_{\varrho_1}$ et $u \circ v = 1_{\varrho_2}$. Il faut et il suffit pour cela que u soit un G-morphisme et un isomorphisme d'espaces vectoriels topologiques de l'espace de ϱ_1 dans l'espace de ϱ_2 ; son inverse $v = u^{-1}$ est en effet alors un G-morphisme. S'il existe un G-isomorphisme de ϱ_1 dans ϱ_2, on dit que ces représentations sont *isomorphes*.

DÉFINITION 1. — *Soit ϱ une représentation linéaire continue d'un groupe topologique* G *dans un espace vectoriel topologique* E. *Une représentation linéaire continue π de* G *dans* F *est une* sous-représentation *de ϱ si* F *est un sous-espace* fermé *de* E *et si, pour tout $g \in \mathrm{G}$, l'espace* F *est stable par $\varrho(g)$ et $\pi(g)$ est l'endomorphisme de* F *déduit de $\varrho(g)$ par passage aux sous-espaces.*

Soit ϱ une représentation linéaire continue d'un groupe topologique G dans un espace vectoriel topologique E. L'adhérence de $\{0\}$ dans E est une sous-représentation de ϱ. Plus généralement, l'adhérence d'un sous-espace stable par les endomorphismes $\varrho(g)$ est une sous-représentation de ϱ.

Une sous-représentation π de ϱ est déterminée de manière unique par un sous-espace fermé F, stable par tous les endomorphismes $\varrho(g)$. Cette dernière condition sera souvent énoncée sous la forme « F est un sous-espace G-invariant de E ». On dira alors aussi que F *définit une sous-représentation* de ϱ, ou parfois, par abus de langage, que F est une sous-représentation de ϱ, ou de E.

Soit F un sous-espace de E définissant une sous-représentation π de ϱ. Pour tout $g \in \mathrm{G}$, l'application linéaire $\varrho(g)$ définit, par passage au quotient, un endomorphisme $\widetilde{\varrho}(g)$ de E/F. L'application $g \mapsto \widetilde{\varrho}(g)$ est une représentation linéaire continue de G dans E/F et la projection canonique de E dans E/F est un G-morphisme. On dit que $\widetilde{\varrho}$ est la *représentation quotient de* G *sur* E/F ; on la note aussi ϱ/π.

Le sous-espace des éléments de E invariants par l'action de G est une sous-représentation triviale de ϱ. On la note ϱ^{G} ou bien E^{G}.

Soit A un sous-ensemble de E. Le sous-espace fermé F engendré par les éléments $\varrho(g)x$, où $g \in \mathrm{G}$ et $x \in \mathrm{A}$, est une sous-représentation de ϱ, dite *sous-représentation de* ϱ *engendrée par* A ; si F = E, on dit que A engendre ϱ. Si la sous-représentation F est de dimension finie, on dit que le sous-ensemble A est G-*fini.*

Supposons que A est réduit à un seul élément $x \in \mathrm{E}$. Si A engendre ϱ, on dit que x est un *vecteur cyclique* de ϱ et que ϱ *est une représentation cyclique* ; on dit que x est un *vecteur* G-*fini* si A est G-fini.

L'ensemble des vecteurs G-finis de ϱ est un sous-espace vectoriel de E stable par ϱ ; il n'est pas nécessairement fermé.

Soit $(\varrho_i)_{i\in\mathrm{I}}$ une famille de représentations linéaires continues de G dans des K-espaces vectoriels topologiques localement convexes $(\mathrm{E}_i)_{i\in\mathrm{I}}$. Soit E l'espace somme directe des espaces E_i. L'application $g \mapsto (\varrho_i(g))$ est une représentation linéaire de G dans E, dite *somme, ou somme directe, des représentations* ϱ_i. Si I est fini, elle est continue.

Si les représentations ϱ_i sont égales à une représentation ϱ pour tout $i \in \mathrm{I}$, on dit que la somme directe des représentations ϱ_i est la *somme de* Card(I) *copies de la représentation* ϱ, et on la note aussi $\varrho^{\mathrm{Card(I)}}$, ou bien Card(I) ϱ.

Soient $(\varrho_i)_{i\in\mathrm{I}}$ et $(\pi_j)_{j\in\mathrm{J}}$ des familles finies de représentations linéaires continues de G dans des K-espaces vectoriels topologiques $(\mathrm{E}_i)_{i\in\mathrm{I}}$ et $(\mathrm{F}_j)_{j\in\mathrm{J}}$, respectivement. L'isomorphisme canonique de K-espaces vectoriels

$$\mathrm{Hom}_{\mathrm{K}}\Big(\bigoplus_{i\in\mathrm{I}}\mathrm{E}_i, \bigoplus_{j\in\mathrm{J}}\mathrm{F}_j\Big) \to \bigoplus_{(i,j)\in\mathrm{I}\times\mathrm{J}} \mathrm{Hom}_{\mathrm{K}}(\mathrm{E}_i, \mathrm{F}_j)$$

(A, II, p. 13, cor. 1) induit, par passage aux sous-espaces, un isomorphisme

$$(1)\qquad \mathrm{Hom}_{\mathrm{G}}\Big(\bigoplus_{i\in \mathrm{I}} \varrho_i, \bigoplus_{j\in \mathrm{J}} \pi_j\Big) \to \bigoplus_{(i,j)\in \mathrm{I}\times \mathrm{J}} \mathrm{Hom}_{\mathrm{G}}(\varrho_i, \pi_j)$$

qui est également dit canonique.

Soient ϱ_1 et ϱ_2 des représentations linéaires de G dans des K-espaces vectoriels topologiques E_1 et E_2. Pour $u \in \mathscr{L}(\mathrm{E}_1; \mathrm{E}_2)$ et $g \in \mathrm{G}$, on pose $\varrho(g)u = \varrho_2(g) \circ u \circ \varrho_1(g^{-1})$. L'application $g \mapsto \varrho(g)$ est une représentation linéaire de G dans $\mathscr{L}(\mathrm{E}_1; \mathrm{E}_2)$. L'espace des éléments invariants de cette représentation coïncide avec $\mathrm{Hom}_{\mathrm{G}}(\varrho_1, \varrho_2)$.

Soit ϱ une représentation linéaire continue de G dans un espace localement convexe E. Rappelons (INT, VIII, p. 131, § 2, n° 2) que la *représentation contragrédiente* $\check{\varrho}$ de ϱ est la représentation linéaire de G dans le dual E′ de E définie par $\check{\varrho}(g) = {}^t\varrho(g^{-1})$.

2. Un critère de continuité

Le résultat suivant permet de vérifier que certaines représentations linéaires d'un produit direct de groupes topologiques sont continues.

Lemme 1. — *Soient* G *et* H *des groupes topologiques et* E *un espace de Banach. Soient* ϱ *une représentation bornée de* G *dans* E *et* π *une représentation bornée de* H *dans* E. *Supposons que* $\varrho(g)$ *est permutable à* $\pi(h)$ *pour tout* $(g, h) \in \mathrm{G} \times \mathrm{H}$. *L'application* ϖ *de* $\mathrm{G} \times \mathrm{H}$ *dans* $\mathbf{GL}(\mathrm{E})$ *définie par* $(g, h) \mapsto \varrho(g) \circ \pi(h)$ *est une représentation linéaire continue et bornée de* $\mathrm{G} \times \mathrm{H}$ *dans* E.

L'application ϖ est une représentation linéaire de $\mathrm{G} \times \mathrm{H}$ dans E ; vérifions qu'elle est continue. Comme $\|\varpi(g, h)\| \leqslant \|\varrho(g)\|\|\pi(h)\|$ pour tout $(g, h) \in \mathrm{G} \times \mathrm{H}$, la représentation ϖ est bornée, donc son image est équicontinue dans $\mathscr{L}(\mathrm{E})$. Il suffit alors de démontrer que, pour tout $x \in \mathrm{E}$, l'application $(g, h) \mapsto \varpi(g, h)x$ est continue (remarque 2 de INT, VIII, p. 129, § 2, n° 1). Soit $(g_0, h_0) \in \mathrm{G} \times \mathrm{H}$. Posons $y = \pi(h_0)x$. Pour tout $(g, h) \in \mathrm{G} \times \mathrm{H}$, il vient

$$\begin{aligned}\|\varpi(g, h)x - \varpi(g_0, h_0)x\| &\leqslant \|\varrho(g)(\pi(h)x - y)\| + \|\varrho(g)y - \varrho(g_0)y\| \\ &\leqslant \|\varrho(g)\|\,\|\pi(h)x - y\| + \|\varrho(g)y - \varrho(g_0)y\|.\end{aligned}$$

Puisque ϱ est bornée et que ϱ et π sont continues, cela implique l'assertion.

3. Représentations continues de dimension finie

Soit ϱ une représentation linéaire continue d'un groupe topologique G dans un K-espace vectoriel topologique *séparé* E de dimension finie. On munit $\mathscr{L}(\mathrm{E})$ de son unique structure d'espace vectoriel topologique séparé sur K ; le morphisme $\varrho \colon \mathrm{G} \to \mathbf{GL}(\mathrm{E})$ est alors continu puisque la topologie de $\mathbf{GL}(\mathrm{E})$ est induite par la topologie de $\mathscr{L}(\mathrm{E})$, qui coïncide avec la topologie de la convergence simple (EVT, I, p. 14, th. 2). Par conséquent, le caractère de ϱ est continu. Si G est un groupe de Lie réel, alors le caractère de ϱ est une fonction analytique sur G (LIE, III, p. 225, § 8, n° 1, th. 1). La représentation contragrédiente est également continue lorsque E′ est muni de son unique topologie d'espace vectoriel topologique séparé sur K. De plus, pour tout entier $n \geqslant 0$, les représentations $\mathsf{T}^n(\varrho)$, $\mathsf{S}^n(\varrho)$ et $\wedge^n(\varrho)$ (*loc. cit.*) sont continues, lorsque les espaces correspondants sont munis de leurs topologies d'espaces vectoriels topologiques séparés sur K.

Soient ϱ_1 et ϱ_2 des représentations continues d'un groupe topologique G dans des espaces vectoriels topologiques séparés E_1 et E_2 de dimension finie. La représentation linéaire $\varrho_1 \otimes \varrho_2$ de G dans $\mathrm{E}_1 \otimes \mathrm{E}_2$ (LIE, III, p. 256, Appendice) est continue, l'espace $\mathrm{E}_1 \otimes \mathrm{E}_2$ étant muni de sa topologie d'espace vectoriel topologique séparé sur K.

4. Représentations irréductibles

Dans ce numéro, G est un groupe topologique.

DÉFINITION 2. — *Une représentation ϱ de* G *dans un* K-*espace vectoriel topologique* E *est dite* irréductible *si* $\{0\}$ *n'est pas dense dans* E *et si les seules sous-représentations de ϱ sont ϱ et la représentation dans l'adhérence de* $\{0\}$.

Si ϱ est une représentation irréductible de G dans un espace vectoriel topologique séparé E, alors tout élément non nul de E est un vecteur cyclique pour ϱ.

Lemme 2. — *Soient π et ϱ des représentations linéaires continues de* G *dans des* K-*espaces vectoriels topologiques séparés. On suppose que π est irréductible. Tout* G-*morphisme non nul de π dans ϱ est injectif et tout* G-*morphisme non nul de ϱ dans π est d'image dense.*

En particulier, si π *et* ϱ *sont irréductibles et de dimension finie, alors tout* G*-morphisme non nul de* π *dans* ϱ *est un isomorphisme.*

Puisque l'espace de ϱ est séparé, le noyau d'un G-morphisme u de π dans ϱ est fermé, et induit une sous-représentation de π. Si le morphisme u n'est pas nul, son noyau doit donc être réduit à 0, puisque π est une représentation irréductible dans un espace vectoriel topologique séparé. Similairement, l'adhérence de l'image d'un G-morphisme non nul de ϱ dans π est une sous-représentation non nulle de π, donc est égale à l'espace de π.

La dernière assertion découle de ce qui précède.

Lemme 3. — *Soit* ϱ *une représentation linéaire continue de* G *dans un* K*-espace vectoriel topologique séparé* E *de dimension finie. Si* E *est non nul, alors il existe une sous-représentation irréductible de* ϱ.

Puisque E est de dimension finie et non nul, il existe un sous-espace G-invariant F de E qui est non nul et de dimension minimale. Ce sous-espace est fermé dans E et définit une sous-représentation de E ; toute sous-représentation de F est aussi une sous-représentation de E, et la représentation F est donc irréductible par minimalité.

Remarque. — Une représentation non nulle E de G ne contient pas toujours de sous-représentation irréductible (*cf.* V, p. 426, remarque). On verra cependant que c'est le cas si G est compact et si $K = \mathbf{C}$ et si E est un espace localement convexe séparé quasi-complet et non nul sur K (prop. 7 de V, p. 464).

5. Représentations unitaires

DÉFINITION 3. — *Soient* G *un groupe topologique et* E *un espace hilbertien sur* K. *Une* représentation unitaire *de* G *dans* E *est une représentation linéaire continue* ϱ *de* G *dans* E *telle que, pour tout* g *dans* G*, l'endomorphisme* $\varrho(g)$ *de* E *soit un endomorphisme unitaire* (EVT, V, p. 40) *de* E.

Autrement dit, une représentation unitaire est une représentation isométrique dans un espace hilbertien. En particulier, une représentation unitaire est bornée.

La représentation triviale d'un groupe topologique dans un espace hilbertien est unitaire. Toute sous-représentation d'une représentation unitaire est unitaire. La restriction à un sous-groupe d'une représentation unitaire est unitaire.

DÉFINITION 4. — *Soit* G *un groupe topologique et soient* ϱ *et* π *des représentations unitaires de* G *dans des espaces hilbertiens* E *et* F *respectivement. Une* forme sesquilinéaire G-invariante *sur* E × F *est une forme sesquilinéaire continue* q *sur* E × F *telle que*

$$q(x, y) = q(\varrho(g)x, \pi(g)y)$$

pour tout $g \in \mathrm{G}$ *et tout* $(x, y) \in \mathrm{E} \times \mathrm{F}$.

L'espace vectoriel des formes sesquilinéaires G*-invariantes sur* E × F *est noté* $\mathrm{Sesq}_{\mathrm{G}}(\varrho, \pi)$ *ou* $\mathrm{Sesq}_{\mathrm{G}}(\mathrm{E}, \mathrm{F})$.

Exemple. — Soit G un groupe topologique et soit ϱ une représentation unitaire de G dans E. Le produit scalaire q sur E est une forme sesquilinéaire G-invariante sur E × E.

Lemme 4. — *Soit* G *un groupe topologique et soit* ϱ *un homomorphisme de* G *dans le groupe unitaire* **U**(E) *d'un espace hilbertien* E. *Alors* ϱ *est une représentation unitaire de* G *si et seulement si* ϱ *est continue en l'élément* e *de* G *pour la topologie de la convergence simple sur* **U**(E). *Il suffit que cette propriété soit valide pour tout* x *dans un sous-ensemble total de* E.

La condition est évidemment nécessaire. Elle est suffisante d'après la remarque 2 de INT, VIII, p. 129, § 2, n° 1, puisque l'image de ϱ est équicontinue dans $\mathscr{L}(\mathrm{E})$ et puisque la continuité de l'application $g \mapsto \varrho(g)x$ en e implique sa continuité sur G.

Soit G un groupe topologique. Si ϱ_1 et ϱ_2 sont des représentations unitaires de G et si u appartient à $\mathrm{Hom}_{\mathrm{G}}(\varrho_1, \varrho_2)$, alors u^* appartient à $\mathrm{Hom}_{\mathrm{G}}(\varrho_2, \varrho_1)$. En effet, puisque ϱ_1 et ϱ_2 sont des représentations unitaires, on a pour tout $g \in \mathrm{G}$

$$\begin{aligned} u^* \circ \varrho_2(g) = u^* \circ \varrho_2(g^{-1})^* &= (\varrho_2(g^{-1}) \circ u)^* \\ &= (u \circ \varrho_1(g^{-1}))^* = \varrho_1(g) \circ u^*. \end{aligned}$$

Lemme 5. — *Soit* G *un groupe topologique et soit* ϱ *une représentation unitaire de* G *dans un espace hilbertien complexe* E. *L'espace* $\mathrm{Hom}_{\mathrm{G}}(\varrho, \varrho)$ *est une sous-algèbre stellaire unifère de* $\mathscr{L}(\mathrm{E})$.

Ce qui précède montre que $\mathrm{Hom}_{\mathrm{G}}(\varrho, \varrho)$ est une sous-algèbre unifère et auto-adjointe de $\mathscr{L}(\mathrm{E})$. Puisqu'elle est fermée dans $\mathscr{L}(\mathrm{E})$, c'est une sous-algèbre stellaire de $\mathscr{L}(\mathrm{E})$.

Lemme 6. — *Soient* π *et* ϱ *des représentations unitaires d'un groupe topologique* G *dans des espaces hilbertiens* E *et* F *respectivement. Soit* D *un sous-espace dense de* E *qui est stable par* π. *Soit* u *un opérateur partiel fermé de* E *dans* F *de domaine* D *tel que* $u \circ \pi(g) = \varrho(g) \circ u$ *pour tout* $g \in \mathrm{G}$. *Alors le domaine de* u^* *est stable par* ϱ *et on a la relation* $u^* \circ \varrho(g) = \pi(g) \circ u^*$ *pour tout* $g \in \mathrm{G}$.

Soient $g \in \mathrm{G}$ et $x \in \mathrm{dom}(u^*)$. Pour tout $y \in \mathrm{dom}(u)$, on a

$$\begin{aligned}\langle \varrho(g)x \,|\, u(y)\rangle = \langle x \,|\, \varrho(g^{-1})u(y)\rangle = \langle x \,|\, u(\pi(g^{-1})y)\rangle \\ = \langle u^*(x) \,|\, \pi(g^{-1})y\rangle = \langle \pi(g)(u^*(x)) \,|\, y\rangle,\end{aligned}$$

puisque $\varrho(g)^* = \varrho(g)^{-1} = \varrho(g^{-1})$. Cela démontre que $\varrho(g)x \in \mathrm{dom}(u^*)$ et que $u^*(\varrho(g)x) = \pi(g)(u^*(x))$. En particulier, le domaine de $u^* \circ \varrho(g)$ contient le domaine de u^*, et $\pi(g) \circ u^* \subset u^* \circ \varrho(g)$.

Mais de plus, si $x \in \mathrm{dom}(u^* \circ \varrho(g))$, alors $x = \varrho(g^{-1})(\varrho(g)x)$ appartient à $\mathrm{dom}(u^*)$ d'après ce qui précède appliqué à g^{-1}. On conclut que $u^* \circ \varrho(g) = \pi(g) \circ u^*$.

PROPOSITION 1. — *Soient* ϱ_1 *et* ϱ_2 *des représentations unitaires d'un groupe topologique* G *dans des espaces hilbertiens* E_1 *et* E_2. *L'application de* $\mathrm{Hom}_{\mathrm{G}}(\varrho_1, \varrho_2)$ *dans* $\mathrm{Sesq}_{\mathrm{G}}(\varrho_2, \varrho_1)$ *qui à* u *associe la forme sesquilinéaire* q_u *définie par* $q_u(x, y) = \langle x \,|\, u(y)\rangle$ *est un isomorphisme d'espaces vectoriels.*

Si u est un G-morphisme, alors on a

$$\begin{aligned}q_u(\varrho_2(g)x, \varrho_1(g)y) = \langle \varrho_2(g)x \,|\, u(\varrho_1(g))y\rangle \\ = \langle \varrho_2(g)x \,|\, \varrho_2(g)u(y)\rangle = \langle x \,|\, u(y)\rangle = q_u(x, y)\end{aligned}$$

pour tout $g \in \mathrm{G}$ et tout $(x, y) \in \mathrm{E}_2 \times \mathrm{E}_1$, donc l'application indiquée est une application linéaire de $\mathrm{Hom}_{\mathrm{G}}(\varrho_1, \varrho_2)$ dans $\mathrm{Sesq}_{\mathrm{G}}(\varrho_2, \varrho_1)$. D'après EVT, V, p. 16, cor. 2, elle est injective.

Réciproquement, soient q une forme sesquilinéaire G-invariante et u l'unique application linéaire de E_1 dans E_2 telle que $q(x, y) = \langle x \,|\, u(y)\rangle$ pour tout $(x, y) \in \mathrm{E}_2 \times \mathrm{E}_1$ (*loc. cit.*). Pour tout g dans G et tout (x, y)

dans $E_2 \times E_1$, on a

$$\begin{aligned}\langle x \,|\, (\varrho_2(g) \circ u \circ \varrho_1(g^{-1}))(y)\rangle &= \langle \varrho_2(g^{-1})x \,|\, u(\varrho_1(g^{-1})y)\rangle \\ &= q(\varrho_2(g^{-1})x, \varrho_1(g^{-1})y) = q(x,y) = \langle x \,|\, u(y)\rangle,\end{aligned}$$

donc $u = \varrho_2(g) \circ u \circ \varrho_1(g^{-1})$. Par conséquent, $u \in \mathrm{Hom}_G(\varrho_2, \varrho_1)$. La proposition en résulte.

Soit ϱ une représentation unitaire d'un groupe topologique G dans un espace hilbertien E. Si $K = \mathbf{C}$, notons $\overline{E}$ l'espace conjugué de E (EVT, V, p. 6). Si $K = \mathbf{R}$, posons $\overline{E} = E$. La *représentation conjuguée* $\overline{\varrho}$ est la représentation de G dans $\overline{E}$ définie par $\overline{\varrho}(g) = \varrho(g)$ pour tout $g \in G$. C'est une représentation unitaire de G ; par définition, un sous-espace de $\overline{E}$ est une sous-représentation de $\overline{E}$ si et seulement si c'est une sous-représentation de E.

PROPOSITION 2. — *Soit ϱ une représentation unitaire d'un groupe topologique* G *dans un espace hilbertien* E. *Notons u l'isomorphisme isométrique de $\overline{E}$ dans E' qui à x associe la forme linéaire $y \mapsto \langle x \,|\, y\rangle$.*

a) *L'application u est un isomorphisme de la représentation conjuguée $\overline{\varrho}$ dans la représentation contragrédiente $\check{\varrho}$;*

b) *Munissons E' de la structure d'espace hilbertien obtenue par transport de structure à l'aide de u ; la représentation contragrédiente $\check{\varrho}$ est une représentation unitaire de* G *dans* E'.

D'après EVT, V, p. 15, th. 3 et remarque suivante, l'application u est un isomorphisme isométrique.

Pour tout g dans G, tout x dans $\overline{E}$ et tout y dans E, on a

$$\begin{aligned}\langle y, (\check{\varrho}(g) \circ u)(x)\rangle &= \langle \varrho(g^{-1})y, u(x)\rangle \\ &= \langle x \,|\, \varrho(g^{-1})y\rangle = \langle \varrho(g)x \,|\, y\rangle = \langle y, u(\overline{\varrho}(g)x)\rangle,\end{aligned}$$

donc $\check{\varrho}(g) \circ u = u \circ \overline{\varrho}(g)$, ce qui démontre *a*) ; l'assertion *b*) en découle aussitôt.

COROLLAIRE. — *Soit ϱ une représentation unitaire d'un groupe topologique* G *dans un espace hilbertien* E. *Les conditions suivantes sont équivalentes :*

(i) *La représentation ϱ est irréductible ;*

(ii) *La représentation contragrédiente $\check{\varrho}$ est irréductible ;*

(iii) *La représentation conjuguée $\overline{\varrho}$ est irréductible.*

Cela résulte de la proposition 2, et de la remarque précédant celle-ci concernant les sous-représentations de $\overline{\mathrm{E}}$.

PROPOSITION 3. — *Soit* ϱ *une représentation unitaire d'un groupe topologique* G *dans un espace hilbertien* E. *Soit* π *une sous-représentation de* E *et* F *l'espace de* π. *L'orthogonal* F° *de* F *dans* E *est une sous-représentation de* E *telle que* $\mathrm{E} = \mathrm{F} \oplus \mathrm{F}^\circ$ *et* F° *est isomorphe à* E/F.

L'espace F° est fermé. Pour tout $x \in \mathrm{F}^\circ$, tout $g \in \mathrm{G}$ et tout $y \in \mathrm{F}$, on a $\langle \varrho(g)x \mid y\rangle = \langle x \mid \varrho(g^{-1})y\rangle = 0$ puisque ϱ est unitaire et que F est une sous-représentation. Donc $\varrho(g)x \in \mathrm{F}^\circ$.

La projection canonique de E sur E/F est un G-morphisme, donc l'application de F° dans E/F qui s'en déduit par passage au sous-espace est un G-morphisme de F° dans E/F ; d'après EVT, V, p. 13, c'est un isomorphisme isométrique.

On notera également π° la représentation de G dans F°.

PROPOSITION 4. — *Soit* ϱ *une représentation unitaire d'un groupe topologique* G *dans un espace hilbertien* E. *Un sous-espace fermé* F *de* E *est une sous-représentation de* ϱ *si et seulement si l'orthoprojecteur* p *de* E *d'image* F *est un* G*-morphisme de* ϱ *dans* ϱ.

Supposons que F est une sous-représentation de ϱ. Soit $x \in \mathrm{E}$ et écrivons $x = p(x) + y$ où $y \in \mathrm{F}^\circ$. Pour tout g dans G, on a

$$\varrho(g)x = \varrho(g)(p(x)) + \varrho(g)y,$$

et comme $\varrho(g)(p(x))$ appartient à F et $\varrho(g)y$ à F° (prop. 3), on a $p(\varrho(g)x) = \varrho(g)(p(x))$. Donc p appartient à $\mathrm{Hom}_{\mathrm{G}}(\varrho, \varrho)$.

Réciproquement, si $p \in \mathrm{Hom}_{\mathrm{G}}(\varrho, \varrho)$ alors $1_{\mathrm{E}} - p$ est un G-morphisme, donc $\mathrm{F} = \mathrm{Ker}(1_{\mathrm{E}} - p)$ est une sous-représentation de ϱ.

6. Somme directe hilbertienne et produit tensoriel de représentations unitaires

Soit G un groupe topologique. Soit $(\varrho_i)_{i \in \mathrm{I}}$ une famille de représentations unitaires de G dans des espaces hilbertiens E_i. Soit E l'espace somme hilbertienne externe des E_i (EVT, V, p. 18, déf. 1). Pour tout g dans G et pour tout $x = (x_i)_{i \in \mathrm{I}}$ dans E, on a

$$\sum_i \|\varrho_i(g)x_i\|^2 = \sum_i \|x_i\|^2 = \|x\|^2,$$

ce qui prouve que $(\varrho_i(g)x_i)_{i\in I}$ est dans E et a même norme que x. Ainsi l'élément $\varrho(g)\colon (x_i)_{i\in I} \mapsto (\varrho_i(g)x_i)_{i\in I}$ est un élément unitaire de $\mathscr{L}(E)$.

Lemme 7. — *L'application $g \mapsto \varrho(g)$ est une représentation unitaire de* G *dans* E.

D'après le lemme 4 de V, p. 380, il suffit de démontrer que pour tout i dans I et tout x dans E_i, l'application $g \mapsto \varrho(g)x$ est continue en l'élément neutre e de G. Cette application est la composition de l'application continue $g \mapsto \varrho_i(g)x_i$ et de l'injection canonique de E_i dans E. Elle est donc continue.

La représentation ϱ est appelée *somme hilbertienne des représentations unitaires* $(\varrho_i)_{i\in I}$; on la note $\varrho = \bigoplus_{i\in I} \varrho_i$.

Soient G et H des groupes topologiques. Soit ϱ_1 (resp. ϱ_2) une représentation unitaire de G (resp. H) dans un espace hilbertien E_1 (resp. E_2). Soit $E = E_1 \mathbin{\widehat{\otimes}_2} E_2$ l'espace hilbertien produit tensoriel de E_1 et E_2 (EVT, V, p. 28, déf. 1). Pour $(g,h) \in G \times H$, soit $\varrho(g,h)$ l'endomorphisme continu $\varrho_1(g) \mathbin{\widehat{\otimes}_2} \varrho_2(h)$ de E (EVT, V, p. 28) ; on le notera simplement $\varrho_1(g) \otimes \varrho_2(h)$ lorsqu'aucune ambiguïté ne sera à craindre.

Lemme 8. — a) *L'application $\varrho\colon (g,h) \mapsto \varrho(g,h)$ est une représentation unitaire de* G × H *dans* E ;

b) *Pour toute base orthonormale $(e_i)_{i\in I}$ de E_1, l'application de la somme hilbertienne $\bigoplus_{i\in I} E_2$ dans* E *définie par $(y_i)_{i\in I} \mapsto \sum_{i\in I} e_i \otimes y_i$ est un* H*-isomorphisme isométrique de la somme hilbertienne $\bigoplus_{i\in I} \varrho_2$ dans $\mathrm{Res}^{G\times H}_{\{e\}\times H}(\varrho)$* ;

c) *Pour toute base orthonormale $(f_j)_{j\in J}$ de E_2, l'application de la somme hilbertienne $\bigoplus_{j\in J} E_1$ dans* E *définie par $(x_j)_{j\in J} \mapsto \sum_{j\in J} x_j \otimes f_j$ est un* G*-isomorphisme isométrique de la somme hilbertienne $\bigoplus_{j\in J} \varrho_1$ dans $\mathrm{Res}^{G\times H}_{G\times\{e\}}(\varrho)$.*

L'application $(g,h) \mapsto \varrho(g,h)$ est un homomorphisme de G dans $\mathbf{GL}(E)$ (*cf.* EVT, V, p. 28, n° 2). Soit $(e_i)_{i\in I}$ une base orthonormale de E_1. D'après EVT, V, p. 29, prop. 3 et cor. 2, l'application

$$u\colon (y_i) \mapsto \sum_{i\in I} e_i \otimes y_i$$

est une isométrie de la somme hilbertienne $F_2 = \bigoplus_{i\in I} E_2$ sur E. Par le truchement de cette isométrie, la représentation $\varrho_H\colon h \mapsto \varrho(e,h)$ de H dans E s'identifie à la représentation somme directe des représentations

$(\varrho_2)_{i\in I}$ dans F_2. En particulier, c'est une représentation unitaire de H dans E (lemme 7). De même, l'homomorphisme $\varrho_G\colon g \mapsto \varrho(g,e)$ est une représentation unitaire de G dans E.

Soit $(g,h) \in G \times H$. On a $\varrho(g,h) = \varrho_G(g) \circ \varrho_H(h)$, donc $\varrho(g,h)$ est unitaire ; de plus, $\varrho_G(g)$ et $\varrho_H(h)$ sont permutables, donc le lemme 1 de V, p. 377 implique que ϱ est une représentation unitaire de $G \times H$.

Enfin, les assertions concernant la restriction de ϱ aux sous-groupes $\{e\} \times H$ et $G \times \{e\}$ ont été obtenues au cours de l'argument précédent.

La représentation $(g,h) \mapsto \varrho_1(g) \otimes \varrho_2(h)$ de $G \times H$ est appelée *produit tensoriel externe des représentations unitaires* ϱ_1 *et* ϱ_2, et notée $\varrho_1 \boxtimes \varrho_2$.

Soit $n \in \mathbf{N}$ et soit $(G_i)_{1\leqslant i\leqslant n}$ une famille finie de groupes topologiques. Soit ϱ_i une représentation unitaire de G_i dans un espace hilbertien E_i pour $1 \leqslant i \leqslant n$. On définit de même une représentation

$$\varrho_1 \boxtimes \cdots \boxtimes \varrho_n$$

de $G_1 \times \cdots \times G_n$ dans l'espace hilbertien $E = E_1 \widehat{\otimes}_2 \cdots \widehat{\otimes}_2 E_n$ (EVT, V, p. 27).

Supposons que $G_i = G$ pour $1 \leqslant i \leqslant n$. Soit $\Delta_n\colon G \to G^n$ l'homomorphisme défini par $g \mapsto (g,\ldots,g)$ pour tout $g \in G$. On note $\varrho_1 \otimes \cdots \otimes \varrho_n$ la représentation unitaire $(\varrho_1 \boxtimes \cdots \boxtimes \varrho_n) \circ \Delta_n$ de G. On dit que c'est le *produit tensoriel des représentations unitaires* ϱ_i.

Pour toute permutation σ de $\{1,\ldots,n\}$, l'isomorphisme canonique

$$E_1 \widehat{\otimes}_2 \cdots \widehat{\otimes}_2 E_n \to E_{\sigma(1)} \widehat{\otimes}_2 \cdots \widehat{\otimes}_2 E_{\sigma(n)}$$

(EVT, V, p. 28) est un isomorphisme isométrique

$$\varrho_1 \otimes \cdots \otimes \varrho_n \to \varrho_{\sigma(1)} \otimes \cdots \otimes \varrho_{\sigma(n)}$$

de représentations de G.

Si $\varrho_i = \varrho$ pour $1 \leqslant i \leqslant n$, où ϱ est une représentation unitaire de G, on note aussi $\varrho^{\otimes n}$ la représentation produit tensoriel des ϱ_i, et on dit que c'est la n^{e} *puissance tensorielle de* ϱ.

7. Coefficients matriciels

DÉFINITION 5. — *Soit* G *un groupe topologique et soit* ϱ *une représentation unitaire de* G *dans un espace hilbertien* E. *Soient* x *et* y *des éléments de* E. *La fonction de* G *dans* K *donnée par* $g \mapsto \langle x \mid \varrho(g)y\rangle$ *est appelée un* coefficient matriciel *de* ϱ, *ou une* fonction représentative. *Si* $x = y$, *on dit que c'est un* coefficient matriciel diagonal. *Si* ϱ *est de dimension finie, on dit que c'est un* coefficient matriciel de dimension finie.

Les coefficients matriciels de ϱ sont des fonctions continues et bornées sur G. On note $\Upsilon(\mathrm{G})$ (resp. $\Theta(\mathrm{G})$) l'ensemble des coefficients matriciels de représentations unitaires *complexes* (resp. complexes et de dimension finie) de G.

PROPOSITION 5. — *Soit* G *un groupe topologique. Les ensembles* $\Theta(\mathrm{G})$ *et* $\Upsilon(\mathrm{G})$ *sont des sous-algèbres involutives unifères de* $\mathscr{C}_b(\mathrm{G})$.

La fonction constante 1 est un coefficient matriciel de la représentation triviale de G sur **C**. Soit ϱ une représentation unitaire de G et soient x et y des vecteurs de l'espace de ϱ. Pour tout $\lambda \in \mathbf{C}$ et tout $g \in \mathrm{G}$, on a $\lambda\langle x \,|\, \varrho(g)y\rangle = \langle x \,|\, \varrho(g)(\lambda y)\rangle$. De plus, on a

$$\langle x \,|\, \varrho(g)y\rangle = \langle \varrho(g^{-1})x \,|\, y\rangle = \overline{\langle y \,|\, \varrho(g^{-1})x\rangle}$$

pour tout $g \in \mathrm{G}$. Par conséquent, les ensembles $\Theta(\mathrm{G})$ et $\Upsilon(\mathrm{G})$ sont stables par multiplication par des scalaires et par conjugaison.

Soient ϱ_1 et ϱ_2 des représentations unitaires de G ; soient (x_1, y_1) des vecteurs de l'espace de ϱ_1 et (x_2, y_2) des vecteurs de l'espace de ϱ_2. Pour tout $g \in \mathrm{G}$, on a alors

$$\begin{aligned}\langle x_1 \,|\, \varrho_1(g)y_1\rangle + \langle x_2 \,|\, \varrho_2(g)y_2\rangle &= \langle (x_1, x_2) \,|\, (\varrho_1 \oplus \varrho_2)(g)(y_1, y_2)\rangle,\\ \langle x_1 \,|\, \varrho_1(g)y_1\rangle\langle x_2 \,|\, \varrho_2(g)y_2\rangle &= \langle x_1 \otimes x_2 \,|\, (\varrho_1 \otimes \varrho_2)(g)(y_1 \otimes y_2)\rangle,\end{aligned}$$

ce qui prouve que $\Theta(\mathrm{G})$ et $\Upsilon(\mathrm{G})$ sont stables par addition et par produit. La proposition en résulte.

8. Le lemme de Schur

Dans ce numéro, les espaces hilbertiens sont complexes.

PROPOSITION 6 (Lemme de Schur). — *Soit* ϱ *une représentation unitaire d'un groupe topologique* G *dans un espace hilbertien non nul* E. *Alors* ϱ *est irréductible si et seulement si* $\mathrm{Hom}_{\mathrm{G}}(\varrho, \varrho)$ *est égal à* $\mathbf{C} \cdot 1_{\mathrm{E}}$.

L'espace $\mathrm{Hom}_{\mathrm{G}}(\varrho, \varrho)$ est une sous-algèbre stellaire unifère de $\mathscr{L}(\mathrm{E})$ (lemme 5 de V, p. 380). Pour toute sous-représentation F de E, le projecteur orthogonal p d'image F est un élément idempotent de l'algèbre stellaire $\mathrm{Hom}_{\mathrm{G}}(\varrho, \varrho)$ (prop. 4 de V, p. 383). Si celle-ci est égale à $\mathbf{C} \cdot 1_{\mathrm{E}}$, cela signifie que $p = 0$ ou $p = 1_{\mathrm{E}}$, ce qui veut dire que $\mathrm{F} = 0$ ou $\mathrm{F} = \mathrm{E}$. Donc ϱ est irréductible.

Réciproquement, supposons ϱ irréductible. Soient u et v des éléments permutables de l'algèbre stellaire $\mathrm{Hom}_{\mathrm{G}}(\varrho, \varrho)$ tels que $uv = 0$. Supposons u non nul. Le noyau F de u définit alors une sous-représentation de ϱ différente de E, donc F est réduit à 0 ; comme F contient l'image de v, on en déduit que $v = 0$. D'après la proposition 10 de I, p. 113, on a donc $\mathrm{Hom}_{\mathrm{G}}(\varrho, \varrho) = \mathbf{C} \cdot 1_{\mathrm{E}}$.

Corollaire 1. — *Soit π une représentation unitaire irréductible d'un groupe topologique* G *dans un espace hilbertien* E. *Soit u un opérateur partiel fermé sur* E. *On suppose que u est à domaine dense, que* $\mathrm{dom}(u)$ *est stable par π et que $u \circ \pi(g) = \pi(g) \circ u$ pour tout $g \in \mathrm{G}$. Alors* $\mathrm{dom}(u) = \mathrm{E}$ *et u est une homothétie.*

L'opérateur partiel $u^* \circ u$ est un opérateur partiel auto-adjoint positif sur E (prop. 12 de IV, p. 241), il en est de même pour $v = 1_{\mathrm{E}} + u^* \circ u$ et ce dernier est injectif puisque $-1 \notin \mathrm{Sp}(u^* \circ u)$ (prop. 17 de IV, p. 248). On a $u^* \circ \pi(g) = \pi(g) \circ u^*$ pour tout $g \in \mathrm{G}$ (lemme 6 de V, p. 381), d'où $v \circ \pi(g) = \pi(g) \circ v$ pour tout $g \in \mathrm{G}$. Comme v est injectif, il en résulte que $v^{-1} \circ \pi(g) = \pi(g) \circ v^{-1}$ pour tout $g \in \mathrm{G}$. Mais v^{-1} appartient à $\mathscr{L}(\mathrm{E})$, donc d'après la prop. 6, il existe $\lambda \in \mathbf{C}$ tel que $v^{-1} = \lambda 1_{\mathrm{E}}$. On a nécessairement $\lambda \neq 0$, ce qui implique que $\mathrm{E} = \mathrm{Im}(v^{-1}) = \mathrm{dom}(v) \subset \mathrm{dom}(u)$, d'où $\mathrm{dom}(u) = \mathrm{E}$. Comme u est fermé, on a $u \in \mathscr{L}(\mathrm{E})$ (EVT, I, p. 19, cor. 5), donc $u \in \mathrm{Hom}_{\mathrm{G}}(\pi, \pi)$ et u est une homothétie d'après la prop. 6.

Corollaire 2. — *Soient ϱ et π des représentations unitaires irréductibles d'un groupe topologique* G *dans des espaces hilbertiens* E *et* F *respectivement. L'espace* $\mathrm{Hom}_{\mathrm{G}}(\varrho, \pi)$ *est de dimension* 1 *si ϱ est isomorphe à π, et est nul sinon. En particulier, si ϱ est isomorphe à π, tout* G*-morphisme non nul de ϱ dans π est un isomorphisme.*

Supposons qu'il existe un G-morphisme non nul u de ϱ dans π. L'application linéaire $u^* \circ u$ est un élément de $\mathrm{Hom}_{\mathrm{G}}(\varrho, \varrho)$, donc il existe un nombre complexe λ tel que $u^* \circ u = \lambda \cdot 1_{\mathrm{E}}$ (prop. 6). On a alors

$$\langle u(x) \mid u(y) \rangle = \langle x \mid u^* u(y) \rangle = \lambda \langle x \mid y \rangle$$

pour tous x et y dans E. En particulier, $\lambda \neq 0$ puisque u est non nul. Comme $\|u(x)\| = |\lambda|^{1/2} \|x\|$ pour tout $x \in \mathrm{E}$, l'application linéaire u est injective, et l'image de u est fermée dans F (lemme 8 de I, p. 107) ; c'est alors une sous-représentation non nulle de la représentation irréductible π, d'où on déduit que u est surjective. Ainsi, u est un isomorphisme de ϱ dans π. L'application $v \mapsto u^* \circ v$ est alors un isomorphisme de l'espace $\mathrm{Hom}_{\mathrm{G}}(\varrho, \pi)$ dans l'espace $\mathrm{Hom}_{\mathrm{G}}(\varrho, \varrho)$, qui est de dimension 1 (prop. 6).

COROLLAIRE 3. — *Soit ϱ une représentation unitaire d'un groupe topologique* G *dans un espace hilbertien* E. *La représentation ϱ est irréductible si et seulement si l'espace* $\mathrm{Sesq}_{\mathrm{G}}(\varrho, \varrho)$ *est de dimension* 1. *Cet espace est alors engendré par le produit scalaire sur* E.

Au vu de la prop. 1 de V, p. 381, cela résulte de la prop. 6.

COROLLAIRE 4. — *Soient ϱ_1 et ϱ_2 des représentations unitaires irréductibles non isomorphes d'un groupe topologique* G *dans des espaces hilbertiens* E_1 *et* E_2. *L'espace* $\mathrm{Sesq}_{\mathrm{G}}(\varrho_1, \varrho_2)$ *est nul.*

D'après la prop. 1 de V, p. 381, cela résulte du cor. 2.

COROLLAIRE 5. — *Soit ϱ une représentation unitaire d'un groupe topologique* G *dans un espace hilbertien* E. *Soit π une représentation irréductible unitaire de* G *dans un espace hilbertien* F.

a) *Pour tout* G*-morphisme u non nul de π dans ϱ, il existe $\lambda \in \mathbf{R}_+^*$ tel que λu est isométrique ;*

b) *Tout* G*-morphisme u de π dans ϱ a une image fermée ;*

c) *Tout* G*-morphisme non nul v de ϱ dans π est surjectif.*

Démontrons l'assertion *a*), qui implique l'assertion *b*) (lemme 8 de I, p. 107). Puisque le morphisme u est non nul, il est injectif (lemme 2 de V, p. 378). La formule $q(x, y) = \langle u(x) \mid u(y) \rangle$ pour x et y dans F définit alors une forme sesquilinéaire continue sur F. Comme u est un G-morphisme, on a $q(\pi(g)x, \pi(g)y) = q(x, y)$ pour tous g dans G et $(x, y) \in \mathrm{F} \times \mathrm{F}$, donc q est G-invariante. D'après le cor. 3, il existe $\alpha \in \mathbf{R}_+^*$ tel que

$$q(x, y) = \langle u(x) \mid u(y) \rangle = \alpha \langle x \mid y \rangle$$

pour tout $(x, y) \in \mathrm{F} \times \mathrm{F}$, et donc $\alpha^{-1/2} u$ est isométrique.

Démontrons enfin l'assertion c). Puisque π est irréductible, l'image de v est dense dans F (lemme 2 de V, p. 378), donc l'adjoint v^* est injectif (EVT, V, p. 41, prop. 4). D'après b), l'image H de v^* est un sous-espace fermé de E ; c'est donc une sous-représentation de ϱ, et v^* induit par passage aux sous-espaces un G-isomorphisme de F dans H. La restriction w de v à H définit un G-morphisme de H dans F, qui est injectif car son noyau est l'intersection de H et de $\mathrm{Ker}(v) = \mathrm{H}^\circ$ (*loc. cit.*). L'application w est donc un isomorphisme (corollaire 2) ; en particulier, v est surjectif.

COROLLAIRE 6. — *Soient* G_1 *et* G_2 *des groupes topologiques. Soient* ϱ_1 *une représentation unitaire irréductible de* G_1 *dans un espace hilbertien* E_1 *et* ϱ_2 *une représentation unitaire irréductible de* G_2 *dans un espace hilbertien* E_2*. Le produit tensoriel externe* $\varrho_1 \boxtimes \varrho_2$ *est une représentation unitaire irréductible de* $\mathrm{G}_1 \times \mathrm{G}_2$ *dans* $\mathrm{E}_1 \widehat{\otimes}_2 \mathrm{E}_2$.

Le produit tensoriel externe $\varrho = \varrho_1 \boxtimes \varrho_2$ est une représentation unitaire de $\mathrm{G} = \mathrm{G}_1 \times \mathrm{G}_2$ dans l'espace $\mathrm{E} = \mathrm{E}_1 \widehat{\otimes}_2 \mathrm{E}_2$ d'après le lemme 8 de V, p. 384.

Soit q une forme sesquilinéaire $(\mathrm{G}_1 \times \mathrm{G}_2)$-invariante sur E. Pour tout couple $(x_1, y_1) \in \mathrm{E}_1^2$, l'application $(x_2, y_2) \mapsto q(x_1 \otimes x_2, y_1 \otimes y_2)$ appartient à $\mathrm{Sesq}_{\mathrm{G}_2}(\varrho_2, \varrho_2)$. Notons $b(x_1, y_1)$ l'unique nombre complexe tel que

$$q(x_1 \otimes x_2, y_1 \otimes y_2) = b(x_1, y_1)\langle x_2 \,|\, y_2\rangle$$

pour tout $(x_2, y_2) \in \mathrm{E}_2^2$ (cor. 3). Soit $\varepsilon \in \mathrm{E}_2$ de norme 1, de sorte que $b(x_1, y_1) = q(x_1 \otimes \varepsilon, y_1 \otimes \varepsilon)$ pour tout $(x_1, y_1) \in \mathrm{E}_1^2$. Cette formule implique que l'application b est sesquilinéaire sur E_1. De plus

$$\|b(x_1, y_1)\| \leqslant \|q\| \, \|x_1 \otimes \varepsilon\| \, \|y_1 \otimes \varepsilon\| = \|q\| \, \|x_1\| \, \|y_1\|$$

pour tout $(x_1, y_1) \in \mathrm{E}_1^2$ (EVT, V, p. 26, formule (5)), donc b est continue.

Soient $g \in \mathrm{G}$ et $(x_1, y_1) \in \mathrm{E}_1^2$. Puisque ϱ_2 est unitaire et que q est invariante, il vient

$$b(\varrho_1(g)x_1, \varrho_1(g)y_1) = q(x_1 \otimes \varrho_2(g^{-1})\varepsilon, y_1 \otimes \varrho_2(g^{-1})\varepsilon) = b(x_1, y_1),$$

de sorte que $b \in \mathrm{Sesq}_{\mathrm{G}_1}(\varrho_1, \varrho_1)$. Il existe donc un unique $\lambda \in \mathbf{C}$ tel que $b(x_1, y_1) = \lambda\langle x_1 \,|\, y_1\rangle$ pour tout $(x_1, y_1) \in \mathrm{E}_1^2$ (cor. 3), c'est-à-dire

$$q(x_1 \otimes x_2, y_1 \otimes y_2) = \lambda\langle x_1 \,|\, y_1\rangle\langle x_2 \,|\, y_2\rangle$$

pour tout $(x_1, y_1, x_2, y_2) \in \mathrm{E}_1^2 \times \mathrm{E}_2^2$. On en déduit que l'espace $\mathrm{Sesq}_{\mathrm{G}_1 \times \mathrm{G}_2}(\varrho, \varrho)$ est de dimension 1, ce qui implique que la représentation $\varrho = \varrho_1 \boxtimes \varrho_2$ est irréductible (*loc. cit.*).

On rappelle que $\mathbf{U}$ désigne le groupe des nombres complexes de module 1.

COROLLAIRE 7. — *Soit* π *une représentation unitaire irréductible d'un groupe topologique* G *dans un espace hilbertien* E. *Il existe un homomorphisme continu* χ *du centre* C *de* G *dans* $\mathbf{U}$ *tel que* $\pi(z) = \chi(z) \cdot 1_{\mathrm{E}}$ *pour tout* $z \in \mathrm{C}$. *En particulier, si* G *est commutatif, on a* $\dim(\mathrm{E}) = 1$.

Pour $z \in \mathrm{C}$, l'application $\pi(z)$ appartient à $\mathrm{Hom}_{\mathrm{G}}(\pi, \pi)$; elle est donc de la forme $\chi(z) \cdot 1_{\mathrm{E}}$ pour un certain nombre complexe $\chi(z)$ (prop. 6). Comme $\pi(z)$ est une application unitaire, on a $|\chi(z)| = 1$. De plus, comme π est un homomorphisme, l'application $z \mapsto \chi(z)$ est un homomorphisme. Fixons $v \neq 0$ dans E ; l'application $z \mapsto \chi(z)v = \pi(z)v$ de C dans $\mathbf{U}$ est continue, et donc l'homomorphisme χ est continu.

Enfin, si G est commutatif, on a $\mathrm{C} = \mathrm{G}$, donc $\pi(g) = \chi(g) \cdot 1_{\mathrm{E}}$ pour tout g dans G ; tout sous-espace de dimension 1 de E est alors une sous-représentation de π, et puisque π est irréductible, l'espace E doit être de dimension 1.

DÉFINITION 6. — *Soit* π *une représentation unitaire irréductible d'un groupe topologique* G *dans un espace hilbertien* E. *L'homomorphisme* χ *du centre* C *de* G *dans* $\mathbf{U}$ *tel que* $\pi(z) = \chi(z) \cdot 1_{\mathrm{E}}$ *pour tout* z *dans* C *est appelé le* caractère central *de* π.

Remarque. — Soit π (resp. ϱ) une représentation unitaire irréductible d'un groupe topologique G (resp. H) dans un espace hilbertien E (resp. F). Notons χ (resp. η) le caractère central de π (resp. ϱ). Le caractère central de la représentation $\overline{\pi}$ est $\overline{\chi}$, et le caractère central de la représentation unitaire irréductible $\pi \boxtimes \varrho$ de $\mathrm{G} \times \mathrm{H}$ (cor. 6) est le caractère $\chi \boxtimes \eta \colon (g, h) \mapsto \chi(g)\eta(h)$ de $\mathrm{G} \times \mathrm{H}$.

9. Semi-simplicité

DÉFINITION 7. — *Soit* ϱ *une représentation unitaire d'un groupe topologique* G *dans un espace hilbertien* E. *On dit que* ϱ *est* semi-simple *s'il existe une famille* $(\mathrm{F}_i)_{i \in \mathrm{I}}$ *de sous-représentations irréductibles de* ϱ *telle que* E *est la somme hilbertienne des sous-espaces* F_i.

On dit parfois aussi qu'une représentation unitaire semi-simple *admet une décomposition discrète* ou *est discrètement décomposable.*

Si $(\varrho_i)_{i\in I}$ est une famille de représentations unitaires semi-simples d'un groupe topologique G, alors la somme hilbertienne des représentations ϱ_i est semi-simple.

Proposition 7. — *Soit* G *un groupe topologique et soit* ϱ *une représentation unitaire de* G *dans un espace hilbertien complexe* E. *La représentation* ϱ *est semi-simple si et seulement si toute sous-représentation non nulle de* ϱ *contient une sous-représentation irréductible.*

Supposons que ϱ est semi-simple. Soit $(F_i)_{i\in I}$ une famille de sous-représentations irréductibles de ϱ telle que E est la somme hilbertienne des sous-espaces F_i. Soit F une sous-représentation non nulle de E. Il existe $i \in I$ tel que la restriction à F de l'orthoprojecteur d'image F_i n'est pas nulle. Cet orthoprojecteur définit alors par passage aux sous-espaces un G-morphisme non nul p_i de F dans F_i (prop. 4 de V, p. 383). D'après le lemme de Schur, le G-morphisme p_i est surjectif (cor. 5 de V, p. 388). L'orthogonal dans F du noyau de p_i est une sous-représentation de F isomorphe à F_i (prop. 3 de V, p. 383), donc irréductible.

Démontrons l'assertion réciproque. Soit $\mathscr{F}$ l'ensemble des sous-espaces fermés F de E stables par G tels que la sous-représentation de ϱ dans F est irréductible. Soit $\mathscr{O}$ l'ensemble des parties $\mathscr{G}$ de $\mathscr{F}$ telles que les sous-espaces appartenant à $\mathscr{G}$ soient deux à deux orthogonaux. L'ensemble $\mathscr{O}$ est de caractère fini (E, III, p. 34, déf. 2). Soit alors $\mathscr{G}$ un élément maximal de $\mathscr{O}$ (E, III, p. 35, th. 1). Soit E_1 le sous-espace de E somme hilbertienne des sous-représentations irréductibles F de $\mathscr{G}$. Si on avait $E_1 \neq E$, l'orthogonal de E_1 ne serait pas nul, et la sous-représentation de G dans E_1° contiendrait par hypothèse une sous-représentation irréductible. L'espace F de celle-ci serait orthogonal aux éléments de $\mathscr{G}$, de sorte que $\mathscr{G} \cup \{F\} \in \mathscr{O}$; cela contredit la maximalité de $\mathscr{G}$, donc $E = E_1$, ce qui conclut la preuve.

Corollaire 1. — *Soit* G *un groupe topologique et soit* ϱ *une représentation unitaire semi-simple de* G *dans un espace hilbertien complexe* E. *Toute sous-représentation de* ϱ (*resp. toute représentation quotient de* ϱ) *est semi-simple.*

Si ϱ_1 est une sous-représentation de ϱ, alors toute sous-représentation non nulle de ϱ_1 contient une sous-représentation irréductible (prop. 7), donc ϱ_1 est semi-simple (*loc. cit.*).

D'après la prop. 3 de V, p. 383, toute représentation quotient de ϱ est isomorphe à une sous-représentation de ϱ, donc est semi-simple.

COROLLAIRE 2. — *Toute représentation unitaire ϱ de dimension finie d'un groupe topologique* G *est semi-simple.*

Cela résulte de la prop. 7 et du lemme 3 de V, p. 379.

COROLLAIRE 3. — *Soient ϱ_1 et ϱ_2 des représentations unitaires de dimension finie d'un groupe topologique* G. *Les représentations ϱ_1 et ϱ_2 sont isomorphes si et seulement si $\chi_{\varrho_1} = \chi_{\varrho_2}$.*

Cela découle du corollaire 2 et de A, VIII, p. 389, prop. 1, *b*).

10. Classes de représentations unitaires

Lemme 9. — *Soit* E *un espace hilbertien sur* K. *Soit* $\mathrm{F} \subset \mathrm{E}$ *un sous-espace vectoriel dense dans* E. *Alors la dimension hilbertienne de* E *est inférieure ou égale à la dimension de* F.

Si E est de dimension hilbertienne finie, celle-ci est égale à la dimension de E. Supposons que E est de dimension hilbertienne infinie. Le sous-espace F est alors de dimension infinie. Soit B une base orthonormale de E et soit B′ une base de F. Pour tout $x \in \mathrm{B}$, il existe un élément $f(x) \in \mathrm{B}'$ tel que $\langle x \,|\, f(x)\rangle \neq 0$, puisque dans le cas contraire on aurait $x \in \mathrm{F}^{\circ} = \{0\}$. On définit ainsi une application $f \colon \mathrm{B} \to \mathrm{B}'$.

Pour tout $y \in \mathrm{B}'$, l'ensemble $\overset{-1}{f}(y)$ est contenu dans l'ensemble des $x \in \mathrm{B}$ tels que $\langle x \,|\, y\rangle \neq 0$, donc est dénombrable (EVT, V, p. 21, prop. 4). Par E, III, p. 50, prop. 4, on obtient $\mathrm{Card}(\mathrm{B}) = \mathrm{Card}(f(\mathrm{B})) \leqslant \mathrm{Card}(\mathrm{B}')$.

Notons $\mathrm{Is}_{\mathrm{G}}(\pi_1, \pi_2)$ la relation

« G est un groupe topologique et π_1, π_2 sont des représentations unitaires isomorphes de G dans des espaces hilbertiens sur K ».

Par rapport à π_1 et π_2, il s'agit d'une relation d'équivalence. Pour toute représentation unitaire π de G dans un espace hilbertien sur K, on notera $\mathrm{cl}(\pi)$ la classe d'équivalence de π (*cf.* E, II, p. 47) ; c'est donc une représentation unitaire de G isomorphe à π ; on dit que $\mathrm{cl}(\pi)$ est la *classe de* π. Des représentations unitaires π_1 et π_2 dans des espaces hilbertiens sur K sont isomorphes si et seulement si $\mathrm{cl}(\pi_1) = \mathrm{cl}(\pi_2)$.

Soit G un groupe topologique. Soit $\mathfrak{c}$ un cardinal. La relation

« λ est une classe de représentation unitaire de G dans
un espace hilbertien complexe de dimension hilbertienne $\leqslant \mathfrak{c}$ »

est collectivisante en λ (E, II, p. 3). En effet, tout espace hilbertien sur K de dimension $\leqslant \mathfrak{c}$ est isométriquement isomorphe à un sous-espace hilbertien de $\ell^2(\mathfrak{c})$ (EVT, V, p. 23, cor. 2), et l'assertion résulte alors de E, II, p. 47.

Soit π une représentation unitaire irréductible de G dans un espace hilbertien E. Soit x un élément non nul de E. Puisque π est irréductible, le vecteur x est un vecteur cyclique de π, ce qui implique que la dimension hilbertienne de E est $\leqslant$ Card(G) (lemme 9, appliqué au sous-espace dense engendré par les éléments $\pi(g)x$ pour $g \in$ G). Les classes des représentations unitaires irréductibles de G dans un espace hilbertien sur K appartiennent donc à l'ensemble des classes de représentations unitaires de G dans un espace hilbertien sur K de dimension hilbertienne $\leqslant$ Card(G) ; par conséquent, elles forment un ensemble.

DÉFINITION 8. — *On note* $\widehat{G}$ *l'ensemble des classes de représentations unitaires irréductibles de* G *dans un espace hilbertien complexe. On dit que* $\widehat{G}$ *est le* dual unitaire *de* G.

Pour toute représentation unitaire irréductible π de G dans un espace hilbertien complexe, on a donc $\mathrm{cl}(\pi) \in \widehat{G}$.

Remarques. — 1) Supposons que G est un groupe commutatif. D'après le corollaire 7 de V, p. 390, toute représentation unitaire irréductible de G dans un espace hilbertien complexe est de dimension 1. Si G est localement compact, l'ensemble $\widehat{G}$ s'identifie à l'ensemble des caractères unitaires de G (déf. 1 de II, p. 201), et la notation $\widehat{G}$ est donc compatible avec celle introduite dans la déf. 2 de II, p. 201.

2) Si G est fini, l'ensemble $\widehat{G}$ est en bijection avec l'ensemble des classes de $\mathbf{C}[G]$-modules simples (A, VIII, p. 47), qui est également noté $\widehat{G}$ dans A, VIII, p. 396.

3) Pour $\pi \in \widehat{G}$, on identifiera $\overline{\pi}$ avec la classe dans $\widehat{G}$ de la représentation conjuguée de π.

4) Si π est une représentation unitaire irréductible de G dans un espace hilbertien complexe de dimension finie, son caractère χ_π ne

dépend que de la classe de π. On peut donc parler de l'ensemble des caractères des représentations unitaires irréductibles complexes de dimension finie de G.

11. Composantes isotypiques

DÉFINITION 9. — *Soit* G *un groupe topologique et soit* π *une représentation continue irréductible de* G. *Soit* ϱ *une représentation continue de* G *dans un espace localement convexe séparé* E. *On appelle* composante π-isotypique de ϱ *l'adhérence dans* E *de la somme des espaces de toutes les sous-représentations de* ϱ *isomorphes à* π. *On note* $\mathrm{M}_\pi(\varrho)$ *ce sous-espace.*

L'espace $\mathrm{M}_\pi(\varrho)$ est un sous-espace fermé de E, qui définit une sous-représentation de ϱ. Cet espace ne dépend que de la classe de π dans $\widehat{\mathrm{G}}$.

PROPOSITION 8. — *Soit* G *un groupe topologique. Soit* ϱ *une représentation unitaire de* G *dans un espace hilbertien complexe* E.

a) *Soient* π_1 *et* π_2 *des représentations unitaires irréductibles non isomorphes de* G. *Les sous-espaces* $\mathrm{M}_{\pi_1}(\varrho)$ *et* $\mathrm{M}_{\pi_2}(\varrho)$ *sont orthogonaux;*

b) *Soient* ϱ' *une représentation unitaire de* G *et* u *un* G*-morphisme de* ϱ *dans* ϱ'. *Pour toute représentation unitaire irréductible* π *de* G, *on a* $u(\mathrm{M}_\pi(\varrho)) \subset \mathrm{M}_\pi(\varrho')$.

Soient E_1 et E_2 des sous-espaces de E définissant des sous-représentations isomorphes à π_1 et π_2 respectivement. L'orthoprojecteur de E d'image E_2 définit par passage aux sous-espaces un élément de $\mathrm{Hom}_\mathrm{G}(\pi_1, \pi_2)$, qui est nul (cor. 2 de V, p. 387), ce qui démontre que E_2 est orthogonal à E_1. Cela implique l'assertion *a*).

Pour l'assertion *b*), notons que $\mathrm{M}_\pi(\varrho)$ est, par définition, l'adhérence dans E de l'espace engendré par les éléments $x \in \mathrm{E}$ appartenant à un sous-espace fermé $\mathrm{F} \subset \mathrm{E}$ stable par ϱ tel que la sous-représentation ϱ_F de ϱ dans F soit isomorphe à π. Il suffit donc de démontrer que, dans ce cas, on a $u(x) \in \mathrm{M}_\pi(\varrho')$. Soit $\mathrm{H} = u(\mathrm{F})$; c'est un sous-espace fermé de l'espace de ϱ' (cor. 5 de V, p. 388) stable par ϱ' et u induit par passage aux sous-espaces un G-morphisme surjectif de F dans H. Si H n'est pas nul, alors ce G-morphisme est un isomorphisme d'après le corollaire 2 de V, p. 387. La représentation de G sur H est donc alors isomorphe à π, d'où il résulte que $u(x)$ appartient à $\mathrm{M}_\pi(\varrho')$.

Pour tout espace vectoriel H et toute famille $(H_i)_{i \in I}$ de sous-espaces de H, on dit que les espaces $(H_i)_{i \in I}$ sont *en somme directe* si la famille $(H_i)_{i \in I}$ vérifie les conditions équivalentes de la prop. 11 de A, II, p. 18.

PROPOSITION 9. — *Soit* G *un groupe topologique et soit* ϱ *une représentation unitaire de* G *dans un espace hilbertien complexe* E. *Soit* π *une représentation unitaire irréductible de* G *dans un espace hilbertien complexe* E_π. *Notons* v *l'application linéaire de* $\mathrm{Hom}_G(\pi, \varrho) \otimes E_\pi$ *dans* E *telle que* $v(u \otimes x) = u(x)$ *pour tout* $(u, x) \in \mathrm{Hom}_G(\pi, \varrho) \times E_\pi$.

L'application linéaire v *est injective et son image est la somme des espaces de toutes les sous-représentations de* ϱ *qui sont isomorphes à* π. *En particulier, l'image de* v *est dense dans* $M_\pi(\varrho)$.

Le cor. 5 de V, p. 388 implique que l'image de v est la somme des espaces de toutes les sous-représentations de ϱ qui sont isomorphes à π.

Démontrons que v est injective. Soit $(u_i)_{i \in I}$ une base de l'espace vectoriel $\mathrm{Hom}_G(\pi, \varrho)$. Pour $i \in I$, notons F_i l'image de u_i et $\widetilde{u}_i \colon E_\pi \to F_i$ le G-isomorphisme déduit de u_i par passage aux sous-espaces.

Démontrons d'abord, par récurrence sur le cardinal d'un sous-ensemble fini J de I, que les sous-espaces $(F_i)_{i \in J}$ sont en somme directe.

Le cas où J est vide est immédiat. Supposons que J n'est pas vide et que la propriété demandée vaut pour les sous-ensembles de I de cardinal au plus $\mathrm{Card}(J) - 1$.

Soit j un élément fixé de J. L'hypothèse de récurrence implique que les sous-espaces F_i pour $i \in J - \{j\}$ sont en somme directe. Soit F' leur somme ; il suffit maintenant de démontrer que $F_j \cap F' = \{0\}$.

Supposons que l'intersection de F_j et de F' ne soit pas réduite à 0 ; cette intersection est une sous-représentation de F_j, et comme celle-ci est irréductible, on a donc $F_j \cap F' = F_j$, d'où $F_j \subset F'$.

Pour $i \in J - \{j\}$, notons $\mathrm{pr}_i \colon F' \to F_i$ la projection et $\iota_i \colon F_i \to F'$ l'inclusion. On a un isomorphisme canonique

$$\mathrm{Hom}_G(F_j, F') \to \bigoplus_{i \in J - \{j\}} \mathrm{Hom}_G(F_j, F_i)$$

(formule (1), p. 377) tel que $u \colon F_j \to F'$ a pour image la famille $(\mathrm{pr}_i \circ u)_{i \in J - \{j\}}$ (A, II, p. 13, cor. 1). Le corollaire 2 de V, p. 387 implique que $\widetilde{u}_i \circ \widetilde{u}_j^{-1}$, qui est non nul, est une base de l'espace $\mathrm{Hom}_G(F_j, F_i)$.

Par conséquent, la famille des G-morphismes $(\iota_i \circ \widetilde{u}_i \circ \widetilde{u}_j^{-1})_{i\in \mathrm{J}-\{j\}}$ est une base de $\mathrm{Hom}_{\mathrm{G}}(\mathrm{F}_j, \mathrm{F}')$.

Notons ι l'inclusion de F_j dans F' ; c'est un élément de $\mathrm{Hom}_{\mathrm{G}}(\mathrm{F}_j, \mathrm{F}')$, donc c'est une combinaison linéaire des G-morphismes $\iota_i \circ \widetilde{u}_i \circ \widetilde{u}_j^{-1}$ pour $i \in \mathrm{J} - \{j\}$. Il en résulte que u_j est combinaison linéaire des applications u_i pour $i \neq j$, ce qui contredit l'indépendance linéaire de la famille $(u_i)_{i\in\mathrm{I}}$. L'assertion est donc démontrée par récurrence.

Démontrons maintenant que v est injective. Soit w un élément de $\mathrm{Hom}_{\mathrm{G}}(\pi, \varrho) \otimes \mathrm{E}_\pi$. Il existe une unique famille $(x_i)_{i\in\mathrm{I}}$ dans E_π à support fini telle que

$$w = \sum_{i\in\mathrm{I}} u_i \otimes x_i$$

(A, II, p. 62, cor. 1) et on a alors

$$v(w) = \sum_{i\in\mathrm{I}} u_i(x_i).$$

D'après ce qui précède, la condition $v(w) = 0$ implique donc que $u_i(x_i) = 0$ pour tout $i \in \mathrm{I}$, d'où $x_i = 0$ pour tout i puisque u_i est injectif, et donc $w = 0$.

PROPOSITION 10. — *Soit* G *un groupe topologique. Soit* π *une représentation unitaire irréductible de* G *dans un espace hilbertien complexe* E_π *et soit* ϱ *une représentation unitaire de* G *dans un espace hilbertien complexe* E.

Il existe des familles $(\mathrm{E}_i)_{i\in\mathrm{I}}$ *de sous-espaces fermés invariants de* E *tels que la sous-représentation de* ϱ *dans* E_i *soit isomorphe à* π *pour tout* $i \in \mathrm{I}$ *et telle que* $\mathrm{M}_\pi(\varrho)$ *soit la somme hilbertienne des espaces* E_i. *De plus, le cardinal de* I *est indépendant de la famille* $(\mathrm{E}_i)_{i\in\mathrm{I}}$ *vérifiant ces propriétés.*

Démontrons l'existence de familles vérifiant les conditions indiquées. Soit $\mathscr{O}$ l'ensemble des parties C de $\mathrm{Hom}_{\mathrm{G}}(\pi, \varrho) - \{0\}$ telles que les sous-espaces $u(\mathrm{E}_\pi)$ pour $u \in \mathrm{C}$ soient deux à deux orthogonaux. L'ensemble $\mathscr{O}$ est ordonné par l'inclusion. Il est non vide car la partie vide est en un élément, et il est de caractère fini (E, III, p. 34, déf. 2) puisque C appartient à $\mathscr{O}$ si et seulement si les ensembles contenant deux éléments de C appartiennent à $\mathscr{O}$. D'après E, III, p. 35, th. 1, il existe un élément maximal C de $\mathscr{O}$. Soit F l'adhérence du sous-espace engendré par les espaces $u(\mathrm{E}_\pi)$ pour $u \in \mathrm{C}$; c'est la somme hilbertienne des espaces $u(\mathrm{E}_\pi)$ pour $u \in \mathrm{C}$. Nous allons démontrer que $\mathrm{F} = \mathrm{M}_\pi(\varrho)$, ce qui démontrera que la famille $(u(\mathrm{E}_\pi))_{\pi\in\mathrm{C}}$ a les propriétés demandées.

Par définition, $u(\mathrm{E}_\pi) \subset \mathrm{M}_\pi(\varrho)$ pour tout $u \in \mathrm{C}$, donc F est contenu dans $\mathrm{M}_\pi(\varrho)$. Pour démontrer l'inclusion réciproque, il suffit de démontrer que si v est un G-morphisme de π dans ϱ, alors son image est contenue dans F. Soit p l'orthoprojecteur de E d'image F° ; c'est un G-morphisme, puisque F est une sous-représentation de E (prop. 4 de V, p. 383). L'image du G-morphisme $p \circ v$ est orthogonale à F ; elle est donc nulle (sinon $\mathrm{C} \cup \{p \circ v\} \in \mathscr{O}$, ce qui contredit la maximalité de C), et par conséquent l'image de v est contenue dans F.

Soient maintenant $(\mathrm{E}_i)_{i\in\mathrm{I}}$ et $(\mathrm{F}_j)_{j\in\mathrm{J}})$ des familles de sous-espaces fermés invariants de E, deux à deux orthogonaux, tels que la sous-représentation de G dans E_i (resp. dans F_j) est isomorphe à π pour tout $i \in \mathrm{I}$ (resp. pour tout $j \in \mathrm{J}$), et telles que $\mathrm{M}_\pi(\varrho)$ est somme hilbertienne de la famille $(\mathrm{E}_i)_{i\in\mathrm{I}}$ et de la famille $(\mathrm{F}_j)_{j\in\mathrm{J}}$.

Si I est fini, alors

$$\dim \mathrm{Hom}_\mathrm{G}(\pi, \mathrm{M}_\pi(\varrho)) = \dim \mathrm{Hom}_\mathrm{G}\Big(\mathrm{E}_\pi, \bigoplus_{i\in\mathrm{I}} \mathrm{E}_i\Big) = \mathrm{Card}(\mathrm{I})$$

(formule (1) de V, p. 377 et cor. 2 de V, p. 387). Pour tout sous-ensemble fini L de J, on a alors

$$\begin{aligned}\mathrm{Card}(\mathrm{L}) &= \dim \mathrm{Hom}_\mathrm{G}\Big(\mathrm{E}_\pi, \bigoplus_{i\in\mathrm{L}} \mathrm{F}_j\Big)\\ &\leqslant \dim \mathrm{Hom}_\mathrm{G}(\pi, \mathrm{M}_\pi(\varrho)) = \mathrm{Card}(\mathrm{I})\end{aligned}$$

(*loc. cit.*). Cela démontre que J est alors fini et que $\mathrm{Card}(\mathrm{I}) = \mathrm{Card}(\mathrm{J})$, comme désiré. De même, si J est fini, alors I est fini et a le même cardinal.

Supposons maintenant que I et J sont infinis. Pour $j \in \mathrm{J}$, notons p_j l'orthoprojecteur de E d'image F_j. Pour $i \in \mathrm{I}$, soit x_i un élément non nul de E_i ; c'est un vecteur cyclique de E_i. Observons que puisque p_j induit par passage aux sous-espaces un G-morphisme de E_i dans F_j, l'espace $p_j(\mathrm{E}_i)$ est nul si et seulement si $p_j(x_i) = 0$ (en effet, l'espace $\mathrm{E}_i \cap \mathrm{Ker}(p_j)$ est soit nul, soit égal à E_i).

Pour tout $j \in \mathrm{J}$, il existe un élément $f(j) \in \mathrm{I}$ tel que $p_j(\mathrm{E}_{f(j)})$ ne soit pas réduit à 0 (dans le cas contraire, l'orthoprojecteur p_j serait nul sur $\mathrm{M}_\pi(\varrho)$). On a ainsi défini une application f de J dans I. Pour tout $i \in \mathrm{I}$, l'ensemble $\overset{-1}{f}(i)$ est dénombrable. En effet, cet ensemble est contenu dans l'ensemble des $j \in \mathrm{J}$ tels que $p_j(\mathrm{E}_i)$ est non nul, c'est-à-dire tels que $p_j(x_i) \neq 0$. Or (EVT, V, p. 20, cor. 2), on a

$$\sum_{j\in \mathrm{J}} \|p_j(x_i)\|^2 = \|x_i\|^2,$$

donc l'ensemble des $j \in \mathrm{J}$ tels que $p_j(x_i) \neq 0$ est dénombrable. D'après E, III, p. 50, prop. 4, on conclut que $\mathrm{Card(J)} = \mathrm{Card}(f(\mathrm{J})) \leqslant \mathrm{Card(I)}$. En inversant les rôles de I et J, on conclut que $\mathrm{Card(I)} = \mathrm{Card(J)}$.

COROLLAIRE. — *Soient* G *un groupe topologique et* ϱ *une représentation unitaire de* G *dans un espace hilbertien complexe* E. *La somme hilbertienne des composantes* π*-isotypiques de* G *pour* $\pi \in \widehat{\mathrm{G}}$ *est la plus grande sous-représentation semi-simple de* ϱ.

En effet, les composantes π-isotypiques de G pour $\pi \in \widehat{\mathrm{G}}$ sont deux à deux orthogonales (prop. 8, *a*)), et chacune est semi-simple (prop. 10, *a*)), donc la somme hilbertienne F des espaces $\mathrm{M}_\pi(\varrho)$ pour $\pi \in \widehat{\mathrm{G}}$ définit une sous-représentation semi-simple de ϱ. Comme par ailleurs toute sous-représentation irréductible de ϱ est une sous-représentation d'une composante isotypique de ϱ, le corollaire en résulte.

DÉFINITION 10. — *Soit* G *un groupe topologique. Soient* ϱ *une représentation unitaire de* G *dans un espace hilbertien complexe* E *et* π *une représentation unitaire irréductible de* G *dans un espace hilbertien complexe.*

On appelle multiplicité de π dans ϱ *le cardinal de l'ensemble* I *pour toute famille* $(\mathrm{E}_i)_{i\in\mathrm{I}}$ *de sous-espaces fermés de* E *stables par* G *tels que la sous-représentation de* ϱ *induite dans* E_i *soit isomorphe à* π *pour tout* I *et telle que* $\mathrm{M}_\pi(\varrho)$ *soit la somme hilbertienne des sous-espaces* E_i.

Si la multiplicité de π dans ϱ est finie, alors elle est égale à la dimension de l'espace $\mathrm{Hom}_{\mathrm{G}}(\pi, \varrho)$ (resp. à la dimension de $\mathrm{Hom}_{\mathrm{G}}(\varrho, \pi)$) d'après la formule (1) de V, p. 377 et le corollaire 2 de V, p. 387. Ce n'est pas toujours le cas en général.

Remarque. — Il est possible qu'une représentation unitaire ϱ soit non nulle mais que toutes les composantes isotypiques de ϱ relatives à toutes les représentations irréductibles de G soient nulles (*cf.* V, p. 426, remarque).

§ 2. REPRÉSENTATIONS DES GROUPES LOCALEMENT COMPACTS

Dans ce paragraphe, les espaces vectoriels sont sur le corps $K = \mathbf{R}$ ou $\mathbf{C}$. On note G un groupe localement compact muni d'une mesure de Haar à gauche μ. On notera $\mathscr{L}^p(G) = \mathscr{L}^p_{\mathbf{C}}(G, \mu)$ et $L^p(G) = L^p_{\mathbf{C}}(G, \mu)$ pour tout $p \in [1, +\infty]$.

1. Continuité de certaines représentations

PROPOSITION 1. — *Soit* H *un groupe localement compact. Soit* ϱ_1 (*resp.* ϱ_2) *une représentation continue de* G (*resp. de* H) *dans un* K-*espace vectoriel localement convexe séparé* E_1 (*resp.* E_2). *Notons* F *l'espace* $\mathscr{L}(E_1; E_2)$ *muni de la topologie de la convergence compacte. La représentation* ϱ *de* $G \times H$ *dans* F *définie par* $\varrho(g, h)u = \varrho_2(h) \circ u \circ \varrho_1(g^{-1})$ *pour* $(g, h) \in G \times H$ *est continue.*

Notons $\mathscr{L}_c(E_1; E_2)$ l'espace $\mathscr{L}(E_1; E_2)$ muni de la topologie de la convergence compacte. Soient $\mathfrak{F}_1$ (resp. $\mathfrak{F}_2$, $\mathfrak{F}_3$) un filtre dans G convergeant vers e (resp. un filtre dans $\mathscr{L}_c(E_1; E_2)$ convergeant vers 0, un filtre dans H convergeant vers e). Comme G et H sont localement compacts, il existe des éléments $C \in \mathfrak{F}_1$ et $D \in \mathfrak{F}_3$ qui sont relativement compacts. L'ensemble $\varrho_1(C^{-1})$ est équicontinu dans $\mathscr{L}(E_1)$ (*cf.* INT, VIII, p. 129, § 2, n° 1, rem. 2, a')). D'après la prop. 9 de EVT, III, p. 33 et la prop. 4 de EVT, III, p. 31, l'application définie par $(u, v) \mapsto u \circ v$ de $\mathscr{L}_c(E_1; E_2) \times \varrho_1(C^{-1})$ dans $\mathscr{L}_c(E_1; E_2)$ est continue. La base de filtre $\mathfrak{F}_2 \circ \varrho_1(\mathfrak{F}_1^{-1})$ converge donc vers 0 dans $\mathscr{L}_c(E_1; E_2)$. L'ensemble $\varrho_2(D)$ est équicontinu dans $\mathscr{L}(E_2)$ (*cf.* INT, VIII, p. 129, § 2, n° 1, rem. 2), et pour tout $x \in E_2$, l'ensemble $\varrho_2(D)x \subset E_2$ est relativement compact. Par conséquent, $\varrho_2(D)$ est relativement compact dans $\mathscr{L}(E_2)$ muni de la topologie de la convergence compacte (TG, X, p. 18, cor. 1). L'application définie par $(u, v) \mapsto u \circ v$ de $\overline{\varrho_2(D)} \times \mathscr{L}_c(E_1; E_2)$ dans $\mathscr{L}_c(E_1; E_2)$ est continue d'après la prop. 9 de EVT, III, p. 33 et la prop. 4 de EVT, III, p. 31. Donc la base de filtre $\varrho(\mathfrak{F}_1 \times \mathfrak{F}_3)(\mathfrak{F}_2)$ converge vers 0 dans $\mathscr{L}_c(E_1; E_2)$. Cela entraîne l'assertion.

COROLLAIRE. — *Soit* ϱ *une représentation continue de* G *un* K*-espace vectoriel localement convexe séparé* E. *La représentation contragrédiente* $\check{\varrho}$ *est continue lorsque* E′ *est muni de la topologie de la convergence compacte.*

Cela résulte de la proposition en prenant $\mathrm{H} = \{e\}$, $\varrho_1 = \varrho$ et ϱ_2 la représentation triviale sur K.

Remarque. — La représentation contragrédiente n'est pas nécessairement continue lorsque E′ est muni de la topologie forte (*cf.* INT, VIII, p. 191, § 2, exercice 3, *d*)). On peut montrer qu'elle l'est si l'espace E est semi-réflexif (*loc. cit.*, *c*)).

2. Extension de représentations à des espaces de mesures

Dans ce numéro, on suppose que $\mathrm{K} = \mathbf{C}$.

Soit ϱ une représentation linéaire continue de G dans un espace localement convexe séparé quasi-complet E. Notons $\mathscr{M}_c(\mathrm{G})$ l'espace des mesures à support compact sur G muni de la topologie de la convergence compacte ; c'est le dual de l'espace $\mathscr{C}(\mathrm{G})$. Pour toute mesure $\nu \in \mathscr{M}_c(\mathrm{G})$, posons

$$\varrho(\nu) = \int_{\mathrm{G}} \varrho(g) d\nu(g).$$

C'est un élément de $\mathscr{L}(\mathrm{E})$. En particulier, on a $\varrho(\varepsilon_g) = \varrho(g)$ pour tout $g \in \mathrm{G}$.

D'après INT, VIII, p. 136, § 2, n° 6, l'application $\nu \mapsto \varrho(\nu)$ est une application linéaire continue de $\mathscr{M}_c(\mathrm{G})$ dans l'espace $\mathscr{L}(\mathrm{E})$ muni de la topologie de la convergence compacte. D'après INT, VIII, p. 145, § 3, n° 3, prop. 11, c'est un morphisme d'algèbres unifères.

Soit $x \in \mathrm{E}$. L'application de $\mathscr{M}_c(\mathrm{G})$ dans E définie par $\nu \mapsto \varrho(\nu)x$ est continue lorsque $\mathscr{M}_c(\mathrm{G})$ est muni de la topologie de la convergence compacte (INT, VI, p. 27, § 1, n° 7, prop. 16 et EVT, III, p. 31, prop. 4).

Pour $f \in \mathscr{L}^1(\mathrm{G})$ nulle en dehors d'une partie compacte de G, la mesure $f \cdot \mu$ est à support compact et l'on notera $\varrho^\mu(f)$, ou $\varrho(f)$ lorsqu'aucune ambiguïté n'est possible, l'endomorphisme $\varrho(f \cdot \mu)$ de E. Cet endomorphisme ne dépend que de la classe $\widetilde{f}$ de f dans $\mathrm{L}^1(\mathrm{G})$, et on le notera aussi $\varrho^\mu(\widetilde{f})$ ou $\varrho(\widetilde{f})$.

De manière analogue, soit ϱ une représentation linéaire continue et bornée de G dans un espace de Banach E. Pour toute mesure bornée $\nu \in \mathscr{M}^1(\mathrm{G})$, on pose

$$\varrho(\nu) = \int_{\mathrm{G}} \varrho(g) d\nu(g).$$

D'après INT, VIII, *loc. cit.*, l'application $\nu \mapsto \varrho(\nu)$ est un morphisme unifère continu d'algèbres de Banach de l'algèbre $\mathscr{M}^1(\mathrm{G})$ des mesures complexes bornées sur G dans l'algèbre de Banach $\mathscr{L}(\mathrm{E})$.

Soit ρ la fonction $g \mapsto \|\varrho(g)\|$ sur G ; l'algèbre notée $\mathscr{M}^\rho$ dans INT, VIII, p. 145, prop. 11 (dont les éléments sont les mesures ν telles que $\rho \in \mathscr{L}^1(\nu)$) coïncide avec l'algèbre de Banach $\mathscr{M}^1(\mathrm{G})$. En effet, posons $\mathrm{M} = \sup \rho$. On a $\mathrm{M} > 0$ puisque $\rho(e) = 1$, et $\mathrm{M}^{-1} \leqslant \rho \leqslant \mathrm{M}$ puisque $\|\varrho(e)\| \leqslant \|\varrho(g)\| \, \|\varrho(g^{-1})\|$ pour tout $g \in \mathrm{G}$; ainsi $\rho \in \mathscr{L}^1(\nu)$ si et seulement si ν est une mesure bornée.

Si $f \in \mathscr{L}^1(\mathrm{G})$, on notera aussi $\varrho^\mu(f)$ ou simplement $\varrho(f)$ l'endomorphisme $\varrho(f \cdot \mu)$, et de même pour la classe $\widetilde{f}$ de f dans $\mathrm{L}^1(\mathrm{G})$.

Lemme 1. — *Soit ϱ une représentation unitaire de* G *dans un espace hilbertien* E. *L'application $\nu \mapsto \varrho(\nu)$ de $\mathscr{M}^1(\mathrm{G})$ dans $\mathscr{L}(\mathrm{E})$ est un morphisme unifère d'algèbres de Banach involutives.*

D'après ce qui précède, il suffit de démontrer que le morphisme $\nu \mapsto \varrho(\nu)$ est involutif. Soit $\nu \in \mathscr{M}^1(\mathrm{G})$. La mesure ν^* est la mesure conjuguée de la mesure $\check{\nu}$ (I, p. 99, exemple 4). D'après la définition de la mesure conjuguée (INT, III, p. 52, § 1, n° 5), on calcule

$$\begin{aligned}\langle x \,|\, \varrho(\nu) y\rangle &= \int_{\mathrm{G}} \langle x \,|\, \varrho(g) y\rangle d\nu(g) \\ &= \int_{\mathrm{G}} \langle \varrho(g^{-1}) x \,|\, y\rangle d\nu(g) = \int_{\mathrm{G}} \langle \varrho(g) x \,|\, y\rangle d\check{\nu}(g) \\ &= \overline{\int_{\mathrm{G}} \langle y \,|\, \varrho(g) x\rangle d\nu^*(g)} = \langle \varrho(\nu^*) x \,|\, y\rangle\end{aligned}$$

pour tous x et y dans E, d'où $\varrho(\nu)^* = \varrho(\nu^*)$.

Soit ϱ une représentation linéaire continue (resp. continue et bornée) de G dans un espace localement convexe quasi-complet E (resp. un espace de Banach E). Si F est un sous-espace fermé de E définissant une sous-représentation ϱ_{F} de ϱ, alors pour toute mesure $\nu \in \mathscr{M}_c(\mathrm{G})$ (resp. $\nu \in \mathscr{M}^1(\mathrm{G})$) l'application linéaire $\varrho(\nu)$ laisse stable le sous-espace F et coïncide avec $\varrho_{\mathrm{F}}(\nu)$ sur F.

Réciproquement, soit $F \subset E$ un sous-espace fermé, stable par les applications linéaires $\varrho(f)$ pour toute fonction $f \in \mathscr{K}(G)$. Alors F définit une sous-représentation de ϱ (INT, VIII, p. 139, § 2, n° 7, prop. 10).

Rappelons (A, VIII, p. 388) qu'une fonction $f \colon G \to \mathbf{C}$ est dite *centrale* si, pour tous g et h dans G, on a $f(gh) = f(hg)$. Cela revient à dire que f est invariante par conjugaison.

DÉFINITION 1. — *Une mesure bornée $\nu \in \mathscr{M}^1(G)$ est dite* centrale *si on a $\varepsilon_g * \nu = \nu * \varepsilon_g$ pour tout $g \in G$.*

Si G est unimodulaire et $f \in \mathscr{C}(G)$ est μ-intégrable, la mesure $f \cdot \mu$ est centrale si et seulement si f est centrale.

Soit ϱ une représentation continue bornée de G dans un espace de Banach E (resp. une représentation continue de G dans un espace localement convexe séparé quasi-complet E). Pour toute mesure centrale bornée ν sur G (resp. toute mesure centrale à support compact ν sur G), l'application linéaire $\varrho(\nu)$ est un G-morphisme de ϱ dans ϱ. En effet, pour tout $g \in G$, on a

$$\varrho(\nu)\varrho(g) = \varrho(\nu * \varepsilon_g) = \varrho(\varepsilon_g * \nu) = \varrho(g)\varrho(\nu).$$

3. Critère de semi-simplicité

PROPOSITION 2. — *Soit ϱ une représentation unitaire de G dans un espace hilbertien complexe E. Soit $\mathfrak{F}$ une base de filtre sur $\mathscr{M}_c(G)$ convergeant vers la mesure ε_e pour la topologie de la convergence compacte. On suppose qu'il existe $M \in \mathfrak{F}$ tel que $\varrho(\nu)$ soit un endomorphisme compact de E pour tout $\nu \in M$.*

La représentation unitaire ϱ est alors semi-simple et toute représentation unitaire irréductible de G est de multiplicité finie dans ϱ.

Démontrons d'abord un lemme.

Lemme 2. — Soit ϱ_1 une représentation unitaire non nulle de G isomorphe à une sous-représentation de ϱ. Il existe une mesure $\nu \in M$ telle que $\varrho_1(\check{\nu} * \nu)$ soit un endomorphisme compact hermitien non nul de l'espace de ϱ_1. En particulier, il existe un nombre réel λ non nul tel que le sous-espace propre de $\varrho_1(\check{\nu} * \nu)$ relatif à λ n'est pas nul.

On peut supposer que ϱ_1 est une sous-représentation de ϱ. Soit E_1 son espace. Pour toute mesure $\nu \in M$, l'endomorphisme $\varrho_1(\nu)$ est déduit de $\varrho(\nu)$ par passage aux sous-espaces. L'hypothèse et la prop. 3 de III, p. 5 impliquent donc que $\varrho_1(\nu)$ est compact.

Puisque $\mathfrak{F}$ converge vers la mesure ε_e dans $\mathscr{M}_c(G)$ muni de la topologie de la convergence compacte et que l'espace E_1 n'est pas nul, il existe $\nu \in M$ telle que $v = \varrho_1(\nu)$ est un endomorphisme non nul de E_1 (*cf.* n° 2 de V, p. 400). L'endomorphisme $u = \varrho_1(\check{\nu} * \nu)$ est égal à $v^* \circ v$ (lemme 1 de V, p. 401) ; il est donc non nul (EVT, V, p. 39, prop. 2), hermitien et compact, puisque v est compact.

Comme u est hermitien et non nul, son spectre n'est pas réduit à zéro (exemple 1 de I, p. 110). Enfin, puisque u est compact, tout $\lambda \in \mathrm{Sp}(u) - \{0\}$ est une valeur propre de u (prop. 2 de III, p. 83).

Démontrons maintenant la proposition.

Nous utiliserons la prop. 7 de V, p. 391 pour établir que ϱ est semi-simple. Soit ϱ_1 une sous-représentation non nulle de ϱ et $E_1 \subset E$ son espace ; nous devons démontrer que ϱ_1 contient une sous-représentation irréductible.

Soit $\nu \in M$ tel que $u = \varrho_1(\check{\nu} * \nu)$ est un endomorphisme compact hermitien non nul de l'espace de ϱ_1, et soit λ non nul tel que le sous-espace propre F de u relatif à λ est non nul (lemme 2). L'espace F est de dimension finie (prop. 5 de III, p. 90). Il existe une sous-représentation ϱ_2 de ϱ_1 sur un sous-espace E_2 de E_1 tel que $E_2 \cap F$ est non nul et de dimension minimale. Soit x un élément non nul de $E_2 \cap F$, et soit E_3 la sous-représentation de ϱ_1 engendrée par x. On a alors $E_3 \subset E_2$, d'où $E_3 \cap F = E_2 \cap F$ par minimalité de la dimension de $E_2 \cap F$.

Démontrons que la représentation E_3 est irréductible. Soit $E_4 \subset E_3$ un sous-espace fermé stable par G. On a $E_2 \cap F = (E_4 \cap F) \oplus (E_4^\circ \cap F)$, où E_4° désigne l'orthogonal de E_4 dans E_3 (en effet, si $y \in E_2 \cap F$, soit $y_4 \in E_4$ sa projection orthogonale sur E_4 ; puisque E_4 et E_4° sont stables par u, le vecteur $u(y_4)$ est la projection orthogonale de $u(y) = \lambda y$ sur E_4, d'où $u(y_4) = \lambda y_4$, ce qui signifie que $y_4 \in E_4 \cap F$, et l'assertion en résulte). La minimalité de la dimension de $E_2 \cap F$ implique alors que, soit $E_4 \cap F = E_2 \cap F$, soit $E_4^\circ \cap F = E_2 \cap F$. Dans le premier cas, on a $x \in E_4$, d'où $E_4 = E_3$, et dans le second, on a $x \in E_4^\circ$, d'où $E_4^\circ = E_3$ et $E_4 = \{0\}$. La représentation E_3 est donc irréductible.

On conclut d'après la prop. 7 de V, p. 391 que la représentation ϱ est semi-simple.

Soit π une représentation unitaire irréductible de G dont la multiplicité dans ϱ est non nulle ; soit E_π son espace. Il existe une mesure $\nu \in M$ et un nombre réel λ non nul tels que $u = \pi(\check{\nu} * \nu)$ est un endomorphisme compact hermitien non nul de E_π et que le sous-espace propre de u relatif à λ est non nul (lemme 2). Soit F le sous-espace propre de $v = \varrho(\check{\nu} * \nu)$ relatif à λ. Pour toute sous-représentation E_1 de E isomorphe à π, l'endomorphisme de E_1 déduit de v par passage aux sous-espaces s'identifie à u, donc l'intersection de E_1 et de F n'est pas nulle. Ainsi, la multiplicité de π dans ϱ est inférieure à la dimension de l'espace F, qui est finie (prop. 5 de III, p. 90).

Exemple. — On suppose que G est unimodulaire, par exemple que G est un groupe de Lie réel semi-simple. Soit $\Gamma \subset G$ un sous-groupe discret tel que le quotient $X = \Gamma\backslash G$ est compact. Le groupe G agit à droite par multiplication sur X. On note β la mesure de comptage sur Γ et on pose $\widetilde{\mu} = \mu/\beta$ (INT, VII, p. 44, § 2, n° 2, déf. 1) ; c'est une mesure bornée G-invariante sur X.

Pour tout $f \in \mathscr{L}^2(X, \widetilde{\mu})$ et tout $g \in G$, on définit la fonction $\varrho(g)f \in \mathscr{L}^2(X, \widetilde{\mu})$ par $\varrho(g)f(x) = f(x \cdot g)$. L'application $\varrho(g)$ est une application linéaire continue, qui induit par passage aux quotients une application unitaire sur $L^2(X, \widetilde{\mu})$, encore notée $\varrho(g)$. L'application ϱ est une représentation unitaire de G dans $L^2(X, \widetilde{\mu})$ (INT, VII, p. 135, § 2, n° 5, prop. 8).

Soit $\varphi \in \mathscr{K}(G)$. Pour toutes parties compactes L_1 et L_2 de G, l'intersection T de Γ et de l'ensemble compact $L_1 \mathrm{Supp}(\varphi) L_2^{-1}$ est finie. Pour tout $(g, h) \in L_1 \times L_2$, la série $\sum_{\gamma\in\Gamma} \varphi(g^{-1}\gamma h)$ coïncide avec la somme finie $\sum_{\gamma\in T} \varphi(g^{-1}\gamma h)$. Puisque G est localement compact, la somme de cette série, notée $k_\varphi(g, h)$, est une fonction continue sur $G \times G$.

Soit $g \in G$ et soit $(\gamma, \eta) \in \Gamma \times \Gamma$. On a $k_\varphi(\gamma g, \eta h) = k_\varphi(g, h)$, donc k_φ définit par passage au quotient une fonction continue sur $X \times X$, que l'on note $\widetilde{k}_\varphi$. On a de plus $\widetilde{k}_\varphi \in \mathscr{L}^2(X \times X, \widetilde{\mu} \otimes \widetilde{\mu})$, puisque l'espace X est supposé compact.

On note $\dot{x}$ l'image dans X d'un élément x de G par la projection canonique. Soit $\varphi \in \mathscr{K}(\mathrm{G})$. Pour $f \in \mathscr{L}^2(\mathrm{X}, \widetilde{\mu})$ et $x \in \mathrm{G}$, on a

$$\begin{aligned}\varrho(\varphi)f(\dot{x}) &= \int_{\mathrm{G}} \varphi(g)\,(\varrho(g)f)(\dot{x})d\mu(g) = \int_{\mathrm{G}} \varphi(g)f(\dot{x}\cdot g)d\mu(g)\\ &= \int_{\mathrm{G}} \varphi(x^{-1}y)f(\dot{y})d\mu(y) = \int_{\Gamma\backslash\mathrm{G}} \Big(\sum_{\gamma\in\Gamma} \varphi(x^{-1}\gamma y)\Big)f(\dot{y})d\widetilde{\mu}(\dot{y})\end{aligned}$$

(INT, VII, p. 46, § 2, n° 3, prop. 5). Comme $\widetilde{k}_\varphi$ appartient à l'espace $\mathscr{L}^2(\mathrm{X}\times\mathrm{X}, \widetilde{\mu}\otimes\widetilde{\mu})$, il en résulte que l'endomorphisme $\varrho(\varphi)$ de $\mathrm{L}^2(\mathrm{X}, \widetilde{\mu})$ coïncide avec l'endomorphisme de Hilbert–Schmidt de noyau $\widetilde{k}_\varphi$; cet endomorphisme est donc compact (cor. 1 de III, p. 33)

Il existe une suite $(\varphi_n)_{n\in\mathbf{N}}$ de fonctions dans $\mathscr{K}_+(\mathrm{G})$ d'intégrale 1 telle que $\varphi_n\cdot\mu$ converge vers ε_e dans $\mathscr{M}_c(\mathrm{G})$ muni de la topologie de la convergence compacte (INT, VIII, p. 139, § 2, n° 7, cor. 2). La prop. 2 implique par conséquent que la représentation ϱ est semi-simple et que les multiplicités des représentations unitaires irréductibles de G dans ϱ sont finies.

Les représentations unitaires irréductibles de G dont la multiplicité dans ϱ n'est pas nulle sont appelées *représentations* Γ-*automorphes du groupe* G.

4. Représentations régulières

Soient p un nombre réel $\geqslant 1$ et μ' une mesure de Haar à droite sur G.

Pour tout $g \in \mathrm{G}$ et toute fonction $f \in \mathscr{L}^p(\mathrm{G}, \mu)$, on note $\boldsymbol{\gamma}_{\mathrm{G}}^{(p)}(g)f$ la fonction $x \mapsto f(g^{-1}x)$ sur G. L'application $g \mapsto \boldsymbol{\gamma}_{\mathrm{G}}^{(p)}(g)$ est une représentation linéaire continue de G dans $\mathscr{L}^p(\mathrm{G})$. Elle induit par passage aux quotients une représentation linéaire continue isométrique de G dans $\mathrm{L}^p(\mathrm{G})$ (INT, VIII, p. 135, § 2, n° 5, prop. 8), notée $\boldsymbol{\gamma}_{\mathrm{G}}^{(p)}$.

De même, pour tout $g \in \mathrm{G}$ et toute fonction $f \in \mathscr{L}^p(\mathrm{G}, \mu')$, on note $\boldsymbol{\delta}_{\mathrm{G}}^{(p)}(g)f$ la fonction $x \mapsto f(xg)$ sur G. L'application $g \mapsto \boldsymbol{\delta}_{\mathrm{G}}^{(p)}(g)$ est une représentation linéaire continue de G dans $\mathscr{L}^p(\mathrm{G}, \mu')$. Elle induit par passage aux quotients une représentation linéaire continue isométrique de G dans $\mathrm{L}^p(\mathrm{G}, \mu')$ (*cf.* INT, VIII, p. 136, § 2, n° 5).

On dit que $\boldsymbol{\gamma}_{\mathrm{G}}^{(p)}$ est la *représentation régulière gauche de* G dans $\mathscr{L}^p(\mathrm{G})$ ou $\mathrm{L}^p(\mathrm{G})$ et que $\boldsymbol{\delta}_{\mathrm{G}}^{(p)}$ est la *représentation régulière droite de* G dans $\mathscr{L}^p(\mathrm{G}, \mu')$ ou $\mathrm{L}^p(\mathrm{G}, \mu')$.

Lemme 3. — Soit p un nombre réel $\geqslant 1$. La représentation régulière gauche (resp. droite) de G *dans* $\mathrm{L}^p(\mathrm{G},\mu)$ *(resp. dans* $\mathrm{L}^p(\mathrm{G},\mu'))$ *est fidèle.*

Plus précisément, soit q l'exposant conjugué de p et soit g un élément de G *tel que $g \neq e$.*

a) *Il existe une fonction $\varphi \in \mathscr{K}(\mathrm{G})$, positive et non nulle dans* $\mathrm{L}^q(\mathrm{G},\mu)$, *telle que* $\langle \varphi, \boldsymbol{\gamma}_{\mathrm{G}}^{(p)}(g)\varphi\rangle = 0$;

b) *Il existe une fonction $\varphi \in \mathscr{K}(\mathrm{G})$, positive et non nulle dans* $\mathrm{L}^q(\mathrm{G},\mu')$, *telle que* $\langle \varphi, \boldsymbol{\delta}_{\mathrm{G}}^{(p)}(g)\varphi\rangle = 0$.

Considérons le cas de la représentation régulière gauche $\boldsymbol{\gamma}_{\mathrm{G}}^{(p)}$, celui de la représentation régulière droite étant similaire. L'assertion *a*) implique que $\boldsymbol{\gamma}_{\mathrm{G}}^{(p)}$ est fidèle, car si $g \neq e$ est un élément de G, et si φ est comme dans *a*), on a $\varphi \neq \boldsymbol{\gamma}_{\mathrm{G}}^{(p)}(g)\varphi$ puisque $\langle \varphi, \varphi\rangle = \int_{\mathrm{G}} \varphi^2 > 0$.

Démontrons donc *a*). Soit $g \neq e$ dans G. Soit C un voisinage compact symétrique de e tel que $g \notin \mathrm{C}^2$ et soit $\varphi \in \mathscr{K}(\mathrm{G})$ une fonction continue positive d'intégrale 1 à support contenu dans C ; la fonction φ est non nulle dans $\mathrm{L}^p(\mathrm{G},\mu)$. Comme $\mathrm{C} \cap g^{-1}\mathrm{C} = \varnothing$, on a

$$\langle \varphi, \boldsymbol{\gamma}_{\mathrm{G}}^{(p)}(g)\varphi\rangle = \int_{\mathrm{G}} \varphi(x)\varphi(g^{-1}x)d\mu(x) = 0.$$

Soit ϱ une représentation continue et bornée de G dans un espace de Banach E. Pour tout $f \in \mathrm{L}^1(\mathrm{G})$ (resp. $f' \in \mathrm{L}^1(\mathrm{G},\mu')$) et tout $g \in \mathrm{G}$, on a

$$\varrho(g)\varrho(f\cdot\mu) = \varrho(\varepsilon_g * (f\cdot\mu)) = \varrho(\boldsymbol{\gamma}_{\mathrm{G}}^{(1)}(g)f\cdot\mu), \tag{1}$$

$$\varrho(f'\cdot\mu')\varrho(g) = \varrho((f'\cdot\mu') * \varepsilon_g) = \varrho(\boldsymbol{\delta}_{\mathrm{G}}^{(1)}(g^{-1})f'\cdot\mu') \tag{2}$$

(INT, VIII, p. 144, § 3, n° 2, formule (5)).

Supposons G unimodulaire, et posons $\mu' = \mu$. La *représentation birégulière* de G dans $\mathscr{L}^p(\mathrm{G})$ (resp. dans $\mathrm{L}^p(\mathrm{G})$) est la représentation $\boldsymbol{\varrho}_{\mathrm{G}}^{(p)}$ de $\mathrm{G}\times\mathrm{G}$ dans $\mathscr{L}^p(\mathrm{G})$ (resp. dans $\mathrm{L}^p(\mathrm{G})$) telle que

$$\boldsymbol{\varrho}_{\mathrm{G}}^{(p)}(g_1,g_2) = \boldsymbol{\gamma}_{\mathrm{G}}^{(p)}(g_1)\boldsymbol{\delta}_{\mathrm{G}}^{(p)}(g_2) = \boldsymbol{\delta}_{\mathrm{G}}^{(p)}(g_2)\boldsymbol{\gamma}_{\mathrm{G}}^{(p)}(g_1).$$

C'est une représentation linéaire continue (lemme 1 de V, p. 377). Elle vérifie

$$(\boldsymbol{\varrho}_{\mathrm{G}}^{(p)}(g_1,g_2)f)(x) = f(g_1^{-1}xg_2)$$

pour tout $f \in \mathscr{L}^p(\mathrm{G})$, tout $(g_1,g_2) \in \mathrm{G}\times\mathrm{G}$ et tout $x \in \mathrm{G}$.

Remarque. — La représentation birégulière de G dans $L^p(G, \mu)$ n'est pas nécessairement fidèle ; son noyau est l'image du centre de G par l'application $g \mapsto (g, g)$ (exercice 4 de V, p. 487).

Lorsque $p = 2$, la représentation régulière gauche $\gamma_G^{(2)}$ de G dans l'espace hilbertien complexe $L^2(G, \mu)$ est unitaire, puisqu'elle est isométrique. De même, la représentation régulière droite $\boldsymbol{\delta}_G^{(2)}$ dans $L^2(G, \mu')$ est unitaire.

On notera simplement $\gamma_G = \gamma_G^{(2)}$ et $\boldsymbol{\delta}_G = \boldsymbol{\delta}_G^{(2)}$, et on appellera ces représentations les *représentations régulières* gauche et droite de G.

Si G est unimodulaire, la représentation birégulière $\boldsymbol{\varrho}_G^{(2)}$ de $G \times G$ dans $L^2(G, \mu)$ est unitaire. On la notera simplement $\boldsymbol{\varrho}_G$.

Lemme 4. — *Soit p un nombre réel* $\geqslant 1$. *Pour* $f \in \mathscr{L}^1(G)$, *l'application linéaire* $\gamma_G^{(p)}(f)$ *coïncide avec l'endomorphisme de* $L^p(G)$ *défini par* $\varphi \mapsto f *^{\mu} \varphi$.

Cela résulte de INT, VIII, p. 157, § 4, n° 2, prop. 6, compte tenu de la formule (14) de INT, VIII, p. 165.

Remarque. — Rappelons que, pour toute fonction f sur G, on définit la fonction $\check{f}$ sur G par $\check{f}(g) = f(g^{-1})$ pour tout $g \in G$ (INT, VII, p. 12, § 1, n° 1, formule (12)).

On vérifie que si $f \in \mathscr{L}^1(G)$, l'application linéaire $u = \boldsymbol{\delta}_G^{(p)}(f)$ vérifie la relation

$$\widecheck{u(\varphi)} = f * \check{\varphi}$$

pour tout $\varphi \in L^p(G, \mu')$.

5. Fonctions équivariantes

Dans ce numéro, on fixe un sous-groupe fermé H de G. On note ϖ la projection canonique de G dans G/H.

En sus de la mesure de Haar μ sur G, on fixe une mesure de Haar à gauche β sur H.

D'après INT, VII, p. 56, § 2, n° 5, th. 2, il existe une fonction continue $\kappa \colon G \to \mathbf{R}_+^*$ telle que $\kappa(xh) = \Delta_H(h)\Delta_G(h)^{-1}\kappa(x)$ quel que soit $(x, h) \in G \times H$. On fixe une telle fonction κ. On note ν la mesure $(\kappa \cdot \mu)/\beta$ sur G/H ; d'après *loc. cit.*, c'est une mesure positive non nulle quasi-invariante par G. Son support est égal à G/H (INT,

VII, p. 10, § 1, n° 1). D'après INT, VII, p. 43, § 2, n° 2, prop. 4, la mesure ν est l'unique mesure sur G/H telle que la mesure $\nu^\sharp$ sur G soit égale à $\kappa \cdot \mu$. On munit l'espace G/H de la mesure ν (de sorte qu'on note, par exemple, $\mathscr{L}^p(\mathrm{G/H}) = \mathscr{L}^p(\mathrm{G/H}, \nu)$).

On dira qu'un ensemble $\mathrm{S} \subset \mathrm{G}$ est *négligeable modulo* H si $\varpi(\mathrm{S})$ est ν-négligeable. Cette condition ne dépend pas du choix des mesures de Haar sur G et sur H. Elle implique que S est localement μ-négligeable (INT, VII, p. 47, § 2, n° 3, prop. 6, *a*)). On dira qu'une propriété d'un élément de G est vraie *presque partout modulo* H si l'ensemble des éléments de G pour lesquels cette propriété ne vaut pas est négligeable modulo H.

Soit π une représentation unitaire de H dans un espace hilbertien E. On note $\mathscr{F}_\pi(\mathrm{G})$ l'espace vectoriel des fonctions f sur G à valeurs dans E telles que $f(xh) = \pi(h)f(x)$ pour tout $(x, h) \in \mathrm{G} \times \mathrm{H}$. On dit que les éléments de $\mathscr{F}_\pi(\mathrm{G})$ sont les fonctions π-*équivariantes* sur G.

L'espace $\mathscr{F}_1(\mathrm{G})$ associé à la représentation triviale de G sur $\mathbf{C}$ s'identifie à l'espace $\mathscr{F}(\mathrm{G/H})$ des fonctions à valeurs complexes sur G/H par l'application $f \mapsto f \circ \varpi$ de $\mathscr{F}(\mathrm{G/H})$ dans $\mathscr{F}_1(\mathrm{G})$.

Pour toute fonction f dans $\mathscr{F}_\pi(\mathrm{G})$, la fonction $\|f\|$ appartient à $\mathscr{F}_1(\mathrm{G})$ puisque π est unitaire. Ceci permet d'identifier $\|f\|$ à une fonction sur G/H, et on écrira par exemple $\|f(x\mathrm{H})\|$ pour la valeur de cette fonction en un élément $x\mathrm{H}$ de G/H.

Une fonction f de $\mathscr{F}_\pi(\mathrm{G})$ sera dite *nulle en dehors d'un compact modulo* H si $\|f\|$ est nulle en dehors d'une partie compacte de G/H. Il revient au même de dire qu'il existe une partie compacte K de G telle que f est nulle en dehors de $\mathrm{K} \cdot \mathrm{H}$ (TG, III, p. 33, prop. 10).

On note $\mathscr{K}_\pi(\mathrm{G})$ l'espace des fonctions continues sur G appartenant à $\mathscr{F}_\pi(\mathrm{G})$ qui sont à support compact modulo H.

Un espace analogue à $\mathscr{K}_\pi(\mathrm{G})$ a été défini dans INT, VII, p. 39, §2, n° 1, lorsque π est un homomorphisme continu de H dans $\mathbf{R}_+^*$.

Soit $p \in [1, +\infty[$. Pour tout $f \in \mathscr{F}_\pi(\mathrm{G})$, on note

$$\mathrm{N}_p(f) = \Big(\int_{\mathrm{G/H}}^{*} \|f\|^p d\nu\Big)^{1/p}.$$

C'est un nombre réel ou $+\infty$. On note $\mathscr{F}_\pi^p(\mathrm{G}, \nu)$, ou simplement $\mathscr{F}_\pi^p(\mathrm{G})$, le sous-espace des fonctions $f \in \mathscr{F}_\pi(\mathrm{G})$ telles que $\mathrm{N}_p(f)$

est fini. L'espace $\mathscr{F}^p_\pi(G)$ muni de l'application N_p est un espace semi-normé.

L'espace $\mathscr{K}_\pi(G)$ est contenu dans $\mathscr{F}^p_\pi(G)$. Son adhérence dans $\mathscr{F}^p_\pi(G)$ est notée $\mathscr{L}^p_\pi(G, \nu)$, ou simplement $\mathscr{L}^p_\pi(G)$; on dit que c'est l'espace des *fonctions* π*-équivariantes sur* G *de puissance* p^e *intégrable modulo* H.

Les assertions de la proposition suivante sont, lorsque π est la représentation triviale de dimension 1, conséquences de INT, IV, p. 128, § 3, n° 3, prop. 6 et p. 131, §3, n° 4, th. 3.

PROPOSITION 3. — a) *Soit* $(f_n)_{n\in\mathbf{N}}$ *une suite dans* $\mathscr{F}^p_\pi(G)$ *telle que la série*

$$\sum_{n=0}^{+\infty} N_p(f_n)$$

converge. Alors la série de terme général $f_n(g)$ *est absolument convergente pour* g *en dehors d'un ensemble* T *qui est négligeable modulo* H. *Soit* f *la fonction sur* G *à valeurs dans* E *qui est égale à la somme de cette série sur* G − T *et égale à* 0 *sur* T. *On a alors* $f \in \mathscr{F}^p_\pi(G)$ *et la série de terme général* f_n *converge vers* f *dans l'espace* $\mathscr{F}^p_\pi(G)$;

b) *Soit* (f_n) *une suite convergeant dans* $\mathscr{L}^p_\pi(G)$ *vers une fonction* f. *Il existe une suite* (f_{n_k}) *extraite de* (f_n) *telle que* $f_{n_k}(g)$ *converge vers* $f(g)$ *pour tout* g *en dehors d'un ensemble négligeable modulo* H ;

c) *Les espaces semi-normés* $\mathscr{F}^p_\pi(G)$ *et* $\mathscr{L}^p_\pi(G)$ *sont complets.*

Dans l'assertion *a*), dire que la série de terme général f_n converge vers f dans l'espace $\mathscr{F}^p_\pi(G)$ signifie que la suite des sommes partielles $f_0 + \cdots + f_n$ converge vers f dans $\mathscr{F}^p_\pi(G)$. On dit alors aussi que f est une somme de cette série.

Démontrons *a*). D'après la prop. 6 de INT, IV, p. 128, § 3, n° 3, il existe un ensemble ν-négligeable $S \subset G/H$ tel que la série de terme général $\|f_n(gH)\|$ converge absolument pour $gH \notin S$. De plus, la fonction h qui est égale à la somme de cette série pour $gH \notin S$ et qui est nulle pour $gH \in S$ vérifie $N_p(h) < +\infty$.

L'ensemble $T = \overset{-1}{\varpi}(S)$ est négligeable modulo H. Pour tout $g \notin T$, la série de terme général $f_n(g)$ est absolument convergente dans E. Définissons $f(g) = \sum f_n(g)$ pour $g \notin T$ et $f(g) = 0$ sinon. On a $f \in \mathscr{F}_\pi(G)$. Notons que $\|f(gH)\| \leqslant h(gH)$ pour tout $g \in G$, d'où $N_p(f) \leqslant$

$N_p(h) < +\infty$. On a donc $f \in \mathscr{F}^p_\pi(G)$. De manière similaire, il vient

$$N_p\Big(f - \sum_{n=0}^{k} f_n\Big) \leqslant \sum_{n=k+1}^{+\infty} N_p(f_n)$$

pour tout $k \in \mathbf{N}$, donc la série $\sum f_n$ converge vers f dans $\mathscr{F}^p_\pi(G)$. L'assertion *a*) est démontrée.

Démontrons *b*). La suite $(\|f_n - f\|)_{n\in\mathbf{N}}$ converge vers 0 dans l'espace $\mathscr{L}^p(G/H)$. D'après INT, IV, p. 131, § 4, n° 3, th. 3, il existe une suite extraite $(\|f_{n_k} - f\|)_{k\in\mathbf{N}}$ qui converge ν-presque partout vers 0. La suite $(f_{n_k}(g))_{k\in\mathbf{N}}$ converge alors vers $f(g)$ pour tout g en dehors d'un ensemble négligeable modulo H.

Démontrons finalement *c*). Soit $(f_n)_{n\in\mathbf{N}}$ une suite de Cauchy dans $\mathscr{F}^p_\pi(G)$. Il existe une suite strictement croissante d'entiers $(n_k)_{k\in\mathbf{N}}$ telle que $N_p(f_{n_{k+1}} - f_{n_k}) \leqslant 2^{-k}$ pour tout $k \in \mathbf{N}$. Pour tout $k \in \mathbf{N}$, posons $h_k = f_{n_{k+1}} - f_{n_k} \in \mathscr{F}^p_\pi(G)$. D'après *a*), la série de terme général h_k converge dans $\mathscr{F}^p_\pi(G)$; notons h sa somme. Pour tout $\ell \in \mathbf{N}$, il vient

$$f_{n_0} + \sum_{k=0}^{\ell} h_k = f_{n_{\ell+1}},$$

donc $f_{n_0} + h$ est valeur d'adhérence de la suite (f_n). Celle-ci est donc convergente (TG, II, p. 14, cor. 2 de la prop. 5). Ainsi l'espace $\mathscr{F}^p_\pi(G)$ est complet ; comme l'espace $\mathscr{L}^p_\pi(G)$ est fermé dans $\mathscr{F}^p_\pi(G)$, il est également complet.

COROLLAIRE. — *Soit $(f_n)_{n\in\mathbf{N}}$ une suite de Cauchy dans $\mathscr{L}^p_\pi(G)$ et soit $f \in \mathscr{F}_\pi(G)$ tels que $f_n(g)$ converge vers $f(g)$ presque partout modulo* H. *Alors $f \in \mathscr{L}^p_\pi(G)$ et $(f_n)_{n\in\mathbf{N}}$ converge vers f dans $\mathscr{L}^p_\pi(G)$.*

En effet, la fonction f coïncide presque partout modulo H avec la limite de la suite (f_n) dans $\mathscr{L}^p_\pi(G)$.

On note $L^p_\pi(G)$ l'espace vectoriel topologique séparé normé associé à l'espace semi-normé $\mathscr{L}^p_\pi(G)$; c'est un espace de Banach.

Soit f une fonction sur G à valeurs dans E. On note S_f l'ensemble des $x \in G$ tels que la fonction $h \mapsto f(xh)$ sur H n'appartient pas à $\mathscr{L}^1_E(H)$. On a $S_f \cdot h = S_f$ pour tout $h \in H$.

Soit $x \in G - S_f$. Comme π est une représentation unitaire, la fonction $h \mapsto \pi(h)^* f(xh)$ est mesurable (comme composition de l'application $h \mapsto (h, f(xh))$ de H dans $H \times E$ qui est alors mesurable et de l'application continue $(g, x) \mapsto \pi(g)^* x$ de H × E dans E, *cf.* INT, IV, p. 174, § 5, n° 3, th. 1), et elle est intégrable sur H.

On définit une fonction f^π sur G en posant

$$f^\pi(x) = \int_{\mathrm{H}} \pi(h)^* f(xh) d\beta(h) \tag{3}$$

pour $x \in \mathrm{G} - \mathrm{S}_f$ et $f^\pi(x) = 0$ si $x \in \mathrm{S}_f$.

PROPOSITION 4. — *Soit* $f \in \mathscr{L}^1_{\mathrm{E}}(\mathrm{G})$.

a) *L'ensemble* S_f *est négligeable modulo* H *et* $f^\pi \in \mathscr{F}_\pi(\mathrm{G})$;

b) *Soit* C *une partie compacte de* G. *Si* f *est continue et à support contenu dans* C, *alors* S_f *est vide, la fonction* f^π *appartient à* $\mathscr{K}_\pi(\mathrm{G})$ *et son support est contenu dans* C · H.

La première partie de *a*) résulte de INT, VII, p. 57, § 2, n° 5, *c*). Soit $w \in \mathrm{H}$. Si $x \in \mathrm{G} - \mathrm{S}_f$, alors $xw \in \mathrm{G} - \mathrm{S}_f$ et

$$\begin{aligned} f^\pi(xw) &= \int_{\mathrm{H}} \pi(h)^* f(xwh) d\beta(h) \\ &= \int_{\mathrm{H}} \pi(w^{-1}y)^* f(xy) d\beta(y) = \pi(w) f^\pi(x), \end{aligned}$$

tandis que si $x \in \mathrm{S}_f$, alors $f^\pi(xw) = 0 = \pi(w)^* f^\pi(x)$. La fonction f^π appartient donc à $\mathscr{F}_\pi(\mathrm{G})$.

Supposons maintenant que f est continue et à support contenu dans C. Pour tout $x \in \mathrm{G}$, l'application $h \mapsto f(xh)$ appartient alors à $\mathscr{K}(\mathrm{H})$, donc est intégrable, ce qui démontre que $\mathrm{S}_f = \varnothing$.

Démontrons que f^π est continue. Soit $x \in \mathrm{G}$. Soit U un voisinage ouvert relativement compact de x dans G.

Pour tout $y \in \mathrm{U}$, on a

$$\begin{aligned} \|f^\pi(y) - f^\pi(x)\| &\leqslant \int_{\mathrm{H}} \|f(yh) - f(xh)\| \, d\beta(h) \\ &= \int_{\mathrm{H} \cap (y^{-1}\mathrm{C} \cup x^{-1}\mathrm{C})} \|f(yh) - f(xh)\| \, d\beta(h) \\ &\leqslant \beta(\mathrm{H} \cap \mathrm{U}^{-1}\mathrm{C}) \sup_{h \in \mathrm{U}^{-1}\mathrm{C}} \|f(yh) - f(xh)\|, \end{aligned}$$

et la continuité de f^π résulte alors de la continuité uniforme de f sur G.

Enfin, si $x \in \mathrm{G}$ vérifie $f^\pi(x) \neq 0$, il existe $h \in \mathrm{H}$ tel que $f(xh) \neq 0$; ainsi xh appartient à C et x appartient à C · H. Comme C · H est fermé dans G, on en conclut que le support de f^π est inclus dans C · H.

Soit C une partie compacte de G. Soit $u \in \mathscr{K}_+(\mathrm{G})$ une fonction telle que $u(x) > 0$ pour tout $x \in \mathrm{C}$. Soit v la fonction sur G définie par

$$v(x) = \int_{\mathrm{H}} u(xh) d\beta(h) \tag{4}$$

pour tout $x \in \mathrm{G}$; avec les notations précédentes, on a $v = u^1$, correspondant à la représentation triviale de dimension 1 de H. La fonction v est continue et positive ; elle appartient à $\mathscr{F}_1(\mathrm{G})$, son support est contenu dans $\mathrm{Supp}(u) \cdot \mathrm{H}$ et on a

$$\inf_{x \in \mathrm{C} \cdot \mathrm{H}} v(x) > 0 \tag{5}$$

(INT, VII, p. 39–40, § 2, nº 1, prop. 1 et lemme 1, *a*)).

Lemme 5. — *Soit $f \in \mathscr{F}_\pi(\mathrm{G})$ une fonction μ-mesurable nulle en dehors de* $\mathrm{C} \cdot \mathrm{H}$ *telle que la fonction $\|f\|$ est ν-intégrable sur* G/H. *Soit s la fonction sur* G *à valeurs dans* E *telle que*

$$s(x) = \begin{cases} v(x)^{-1} f(x) & \textit{si } x \in \mathrm{C} \cdot \mathrm{H} \\ 0 & \textit{si } x \in \mathrm{G} - \mathrm{C} \cdot \mathrm{H}. \end{cases}$$

a) *La fonction s est μ-mesurable ; elle appartient à $\mathscr{F}_\pi(\mathrm{G})$ et est nulle en dehors de* $\mathrm{C} \cdot \mathrm{H}$;

b) *La fonction us appartient à $\mathscr{L}^1(\mathrm{G})$ et $(us)^\pi = f$ presque partout modulo* H.

La fonction s est nulle en dehors de $\mathrm{C} \cdot \mathrm{H}$ par définition ; elle est μ-mesurable puisque la fonction f est μ-mesurable et que $v(x) > 0$ pour tout $x \in \mathrm{C} \cdot \mathrm{H}$ (INT, IV, p. 193, § 5, nº 10, prop. 16). On a $s \in \mathscr{F}_\pi(\mathrm{G})$ parce que $v \in \mathscr{F}_1(\mathrm{G})$.

La fonction f est localement μ-intégrable, puisque $\|f\|$ est une fonction ν-intégrable (INT, VII, p. 47, § 2, nº 3, prop. 6, *c*), en notant que la mesure $\nu^\sharp = \kappa \cdot \mu$ est équivalente à μ), donc la fonction s l'est également d'après la formule (5). La fonction us est mesurable et nulle en dehors d'une partie compacte de G ; puisque u est bornée, il en résulte que us est μ-intégrable.

Pour tout $x \in \mathrm{G} - \mathrm{S}_{us}$, on a

$$\begin{aligned} (us)^\pi(x) &= \int_{\mathrm{H}} \pi(h)^*(u(xh)s(xh)) d\beta(h) \\ &= \int_{\mathrm{H}} u(xh)s(x) d\beta(h) = v(x)s(x), \end{aligned}$$

puisque $s(xh) = \pi(h)s(x)$; la dernière assertion en résulte d'après la prop. 4, *a*).

Lorsque $\mathrm{H} = \{e\}$ et π est de dimension 1, la proposition suivante n'est autre que INT, IV, p. 184, § 5, n° 6, th. 5.

PROPOSITION 5. — *Soit $p \in [1, +\infty[$. L'espace $\mathscr{L}^p_\pi(\mathrm{G})$ est l'espace des fonctions $f \in \mathscr{F}_\pi(\mathrm{G})$ telles que f est μ-mesurable et que la fonction $\|f\|$ appartient à $\mathscr{L}^p(\mathrm{G}/\mathrm{H})$.*

Soit $f \in \mathscr{L}^p_\pi(\mathrm{G})$. C'est la limite dans $\mathscr{L}^p_\pi(\mathrm{G})$ d'une suite d'éléments de $\mathscr{K}_\pi(\mathrm{G})$. D'après la prop. 3, *b*) et le théorème d'Egoroff (INT, IV, p. 175, § 5, n° 4, th. 2), la fonction f est donc μ-mesurable ; par conséquent, la fonction $\|f\|$ sur G/H est ν-mesurable (INT, VII, p. 47, § 2, n° 3, prop. 6, *b*)). Comme $\mathrm{N}_p(f)$ est fini, la fonction $\|f\|$ appartient à $\mathscr{L}^p(\mathrm{G}/\mathrm{H})$ (INT, IV, p. 184, § 5, n° 6, th. 5).

Démontrons l'assertion réciproque. Soit f une fonction μ-mesurable appartenant à $\mathscr{F}_\pi(\mathrm{G})$ telle que $\|f\| \in \mathscr{L}^p(\mathrm{G}/\mathrm{H})$. Soit $\varepsilon > 0$. Démontrons qu'il existe $\widetilde{f} \in \mathscr{K}_\pi(\mathrm{G})$ telle que

$$\mathrm{N}_p(f - \widetilde{f})^p = \int^*_{\mathrm{G}/\mathrm{H}} \|f - \widetilde{f}\|^p d\nu \leqslant \varepsilon,$$

ce qui conclura la démonstration.

Supposons d'abord qu'il existe une partie compacte C de G telle que f est nulle en dehors de $\mathrm{C} \cdot \mathrm{H}$. Soit $u \in \mathscr{K}_+(\mathrm{G})$ une fonction telle que $u(x) > 0$ pour tout $x \in \mathrm{C}$ et définissons $v = u^1$ comme ci-dessus. Notons φ la fonction caractéristique du support de u.

Soit q l'exposant conjugué de p. Si $p = 1$, soit w la fonction constante sur G égale à $\sup_{x \in \mathrm{G}} u(x)$. Si $p > 1$, définissons

$$w(x) = \Big(\int_{\mathrm{H}} u(xh)^q d\beta(h)\Big)^{1/q}$$

pour tout $x \in \mathrm{G}$. Dans tous les cas, la fonction w est continue et positive ; elle appartient à $\mathscr{K}_1(\mathrm{G})$ (prop. 4 appliquée à la représentation triviale de dimension 1 et à la fonction u^q) donc elle est bornée sur G. On pose $\mathrm{W} = \sup_{x \in \mathrm{G}} w(x)$.

Soit s la fonction sur G à valeurs dans E définie par le lemme 5 appliqué à f. Posons $g = \varphi s$. La fonction g est μ-mesurable, et vérifie $\|g\| \leqslant \|f\| / \inf_{x \in \mathrm{C} \cdot \mathrm{H}} v(x)$. Puisque g est nulle en dehors du support de u et que κ est continue, on a $g \in \mathscr{L}^p_{\mathrm{E}}(\mathrm{G}, \kappa \cdot \mu)$. Soit $\widetilde{g}$ une fonction dans $\mathscr{K}_E(G)$ telle que

$$\int_G^* \|g - \widetilde{g}\|^p \,\kappa\, d\mu \leqslant \frac{\varepsilon}{W^p}.$$

On a $us = ug$, donc $f = (us)^\pi = (ug)^\pi$ presque partout modulo H (lemme 5, *b*)). Soit $\widetilde{f} = (u\widetilde{g})^\pi$; on a $\widetilde{f} \in \mathscr{K}_\pi(G)$ (prop. 4, *b*)). Pour tout $x \in G - S_{ug}$, on obtient

$$\|(ug)^\pi(x) - (u\widetilde{g})^\pi(x)\| \leqslant \int_H^* u(xh)\|g(xh) - \widetilde{g}(xh)\|d\beta(h)$$

d'où

$$\|(ug)^\pi(x) - (u\widetilde{g})^\pi(x)\|^p \leqslant w(x)^p \int_H^* \|g(xh) - \widetilde{g}(xh)\|^p d\beta(h),$$

grâce à l'inégalité de Hölder dans le cas $p > 1$. Comme S_{ug} est négligeable modulo H, il vient alors

$$\begin{aligned}\int_{G/H}^* \|f - \widetilde{f}\|^p d\nu &\leqslant W^p \int_{G/H}^* \Big(\int_H^* \|g(xh) - \widetilde{g}(xh)\|d\beta(h)\Big)^p d\nu(xH) \\ &= W^p \int_G^* \|g - \widetilde{g}\|^p \,\kappa\, d\mu \leqslant \varepsilon\end{aligned}$$

d'après INT, VII, p. 46, § 2, n° 3, prop. 5, *b*), qui est applicable car $g - \widetilde{g}$ est nulle en dehors d'une partie compacte de G. Cela implique la propriété demandée lorsque f est nulle en dehors d'une partie compacte modulo H.

Considérons maintenant le cas général. Comme $\|f\| \in \mathscr{L}^p(G/H)$ par hypothèse, il existe une partie compacte L de G/H telle que

$$\int_{(G/H)-L}^* \|f\|^p \, d\nu \leqslant \frac{\varepsilon}{2}$$

(*cf.* INT, IV, p. 152, § 4, n° 6, th. 4). Soit φ_L la fonction caractéristique de L et posons $f_L = (\varphi_L \circ \varpi)f$. On a

$$\int_{G/H}^* \|f - f_L\|^p d\nu = \int_{(G/H)-L}^* \|f\|^p \, d\nu \leqslant \frac{\varepsilon}{2}.$$

La fonction f_L est μ-mesurable et nulle en dehors d'un ensemble compact modulo H. Elle appartient à $\mathscr{L}^p_\pi(G)$, donc d'après le cas précédent, il existe $\widetilde{f} \in \mathscr{K}_\pi(G)$ telle que $N_p(f_L - \widetilde{f}) \leqslant (\frac{\varepsilon}{2})^{1/p}$, d'où

$$\int_{G/H}^* \|f - \widetilde{f}\|^p d\nu \leqslant \varepsilon,$$

comme désiré.

Considérons le cas $p = 2$. Pour f_1 et f_2 dans $\mathscr{F}_\pi(\mathrm{G})$, la fonction $x \mapsto \langle f_1(x) \,|\, f_2(x)\rangle$ appartient à $\mathscr{F}_1(\mathrm{G})$ puisque la représentation π est unitaire, et définit donc par passage au quotient une fonction sur G/H, que l'on identifie comme précédemment à $\langle f_1 \,|\, f_2\rangle$. On a la majoration $|\langle f_1 \,|\, f_2\rangle| \leqslant \|f_1\| \|f_2\|$ dans $\mathscr{F}(\mathrm{G/H})$.

Si f_1 et f_2 appartiennent à $\mathscr{L}^2_\pi(\mathrm{G})$, alors la fonction $\langle f_1 \,|\, f_2\rangle$ appartient à $\mathscr{L}^1_1(\mathrm{G})$. En particulier, elle est intégrable sur G/H. L'application

$$(f_1, f_2) \mapsto \int_{\mathrm{G/H}} \langle f_1 \,|\, f_2\rangle d\nu$$

est une forme hermitienne positive sur $\mathscr{L}^2_\pi(\mathrm{G})$; la semi-norme associée est la semi-norme N_2. En particulier, l'espace $\mathscr{L}^2_\pi(\mathrm{G})$ est un espace préhilbertien et $\mathrm{L}^2_\pi(\mathrm{G})$ est l'espace hilbertien associé à $\mathscr{L}^2_\pi(\mathrm{G})$.

6. Représentations induites

On garde les notations et conventions du numéro précédent concernant les mesures β sur H et ν sur G/H, ainsi que la fonction $\kappa\colon \mathrm{G} \to \mathbf{R}^*_+$.

Il existe une fonction continue η de $\mathrm{G} \times \mathrm{G/H}$ dans $\mathbf{R}^*_+$ telle que

$$\eta(x, y\mathrm{H}) = \frac{\kappa(xy)}{\kappa(x)}$$

pour tout $(x, y) \in \mathrm{G} \times \mathrm{G}$, et $\gamma_{\mathrm{G/H}}(x)\nu = (y \mapsto \eta(x^{-1}, y)) \cdot \nu$ pour $x \in \mathrm{G}$ (INT, VII, p. 56, § 2, n° 5, th. 2, *c*)).

Soit $p \in [1, +\infty[$ et soit π une représentation unitaire de H dans un espace hilbertien complexe E.

Lemme 6. — *Soit $f \in \mathscr{K}_{\overline{\pi}}(\mathrm{G})$. Pour tout $g \in \mathrm{G}$, la fonction*

$$\widetilde{f}\colon x \mapsto \eta(g^{-1}, x\mathrm{H})^{1/p} f(g^{-1}x)$$

de G *dans* E *appartient à $\mathscr{K}_{\overline{\pi}}(\mathrm{G})$ et vérifie $\mathrm{N}_p(\widetilde{f}) = \mathrm{N}_p(f)$.*

On vérifie sans peine que $\widetilde{f} \in \mathscr{K}_{\overline{\pi}}(\mathrm{G})$. Comme

$$\mathrm{N}_p(\widetilde{f})^p = \int^*_{\mathrm{G/H}} \|\widetilde{f}\|^p \, d\nu = \int^*_{\mathrm{G/H}} \gamma_{\mathrm{G/H}}(g)(\|f\|^p)(y)\eta(g^{-1}, y) d\nu(y)$$

et que $(y \mapsto \eta(g^{-1}, y)) \cdot \nu = \gamma_{\mathrm{G/H}}(g)\nu$, on obtient $\mathrm{N}_p(\widetilde{f}) = \mathrm{N}_p(f)$.

Il résulte de ce lemme qu'il existe une représentation continue et isométrique $\widetilde{\pi}$ de G dans $\mathrm{L}^p_{\overline{\pi}}(\mathrm{G})$ telle que pour $f \in \mathscr{K}_\pi(\mathrm{G})$ et $g \in \mathrm{G}$, l'élément $\widetilde{\pi}(g)f$ soit la classe de la fonction $\widetilde{f}$ définie ci-dessus. Si $p = 2$, alors cette représentation est unitaire.

DÉFINITION 2. — *On dit que la représentation unitaire de* G *dans l'espace* $\mathrm{L}^2_{\overline{\pi}}(\mathrm{G})$ *ainsi définie est la* représentation unitaire de G induite par la représentation π de H *relativement à* κ. *On la note* $\mathrm{Ind}_{\mathrm{H}}^{\mathrm{G}}(\pi, \kappa)$, *ou simplement* $\mathrm{Ind}_{\mathrm{H}}^{\mathrm{G}}(\pi)$.

Remarques. — 1) Soit ϱ une représentation unitaire de H dans un espace hilbertien complexe F et soit $u\colon \pi \to \varrho$ un H-morphisme. Pour toute fonction $f \in \mathscr{K}_{\overline{\pi}}(\mathrm{G})$, notons $v(f)$ la fonction $g \mapsto u(f(g))$ de G dans F ; elle appartient à $\mathscr{K}_{\overline{\varrho}}(\mathrm{G})$ et vérifie $\mathrm{N}_p(v(f)) \leqslant \|u\|\,\mathrm{N}_p(f)$. L'application linéaire de $\mathscr{K}_{\overline{\pi}}(\mathrm{G})$ dans $\mathscr{K}_{\overline{\varrho}}(\mathrm{G})$ qui à f associe $v(f)$ s'étend donc en un H-morphisme continu de $\mathrm{Ind}_{\mathrm{H}}^{\mathrm{G}}(\pi)$ dans $\mathrm{Ind}_{\mathrm{H}}^{\mathrm{G}}(\varrho)$ qui est noté $\mathrm{Ind}_{\mathrm{H}}^{\mathrm{G}}(u)$. On a $\mathrm{Ind}_{\mathrm{H}}^{\mathrm{G}}(1_\pi) = 1_{\mathrm{Ind}_{\mathrm{H}}^{\mathrm{G}}(\pi)}$. Soit σ une représentation unitaire de H et soit $v\colon \varrho \to \sigma$ un H-morphisme ; on a $\mathrm{Ind}_{\mathrm{H}}^{\mathrm{G}}(v \circ u) = \mathrm{Ind}_{\mathrm{H}}^{\mathrm{G}}(v) \circ \mathrm{Ind}_{\mathrm{H}}^{\mathrm{G}}(u)$.

*Autrement dit, la construction qui à π associe $\mathrm{Ind}_{\mathrm{H}}^{\mathrm{G}}(\pi)$ et à u associe $\mathrm{Ind}_{\mathrm{H}}^{\mathrm{G}}(u)$ est un foncteur de la catégorie des représentations unitaires de H dans celle des représentations unitaires de G (*cf.* CAT, I, § 2, en préparation).*

2) Soit $\kappa'\colon \mathrm{G} \to \mathbf{R}_+^*$ telle que

$$\frac{\kappa'(xh)}{\kappa'(x)} = \frac{\Delta_{\mathrm{H}}(h)}{\Delta_{\mathrm{G}}(h)} = \frac{\kappa(xh)}{\kappa(x)}$$

pour tout $(x, h) \in \mathrm{G} \times \mathrm{H}$. Soit ν' la mesure quasi-invariante $(\kappa' \cdot \mu)/\beta$ sur G/H. La fonction $\kappa'\kappa^{-1}$ définit par passage aux quotients une fonction continue $\xi\colon \mathrm{G/H} \to \mathbf{R}_+^*$ telle que $\nu' = \xi \cdot \nu$. L'endomorphisme α de $\mathscr{K}_\pi(\mathrm{G})$ défini par $f \mapsto (\kappa'\kappa^{-1})^{1/p} f$ vérifie

$$\int_{\mathrm{G/H}}^{*} \|f\|^p \, d\nu' = \int_{\mathrm{G/H}}^{*} \|\alpha(f)\|^p \, d\nu$$

et permet d'identifier les espaces $\mathscr{L}^p_\pi(\mathrm{G}, \nu')$ et $\mathscr{L}^p_\pi(\mathrm{G}, \nu)$, ainsi que les espaces $\mathrm{L}^p_\pi(\mathrm{G}, \nu')$ et $\mathrm{L}^p_\pi(\mathrm{G}, \nu)$. De plus, α induit un isomorphisme isométrique des représentations $\mathrm{Ind}_{\mathrm{H}}^{\mathrm{G}}(\pi, \kappa')$ et $\mathrm{Ind}_{\mathrm{H}}^{\mathrm{G}}(\pi, \kappa)$.

7. Cas d'un sous-groupe fermé central

Dans ce numéro, on suppose que le groupe G est unimodulaire.

On considère un sous-groupe fermé Z du centre de G, et on note dz une mesure de Haar sur Z. On munit le groupe quotient G/Z de la mesure de Haar $\nu = \mu/dz$. Soit χ un caractère unitaire de Z. Le groupe quotient G/Z est unimodulaire d'après INT, VII, p. 61, § 2, n° 7, cor. de la prop. 11.

Lemme 7. — On a

$$\mathrm{N}_1(\check{f}) = \mathrm{N}_1(f), \qquad \langle f_1 \mid f_2 \rangle = \langle \check{f}_1 \mid \check{f}_2 \rangle. \tag{6}$$

pour tout $f \in \mathscr{F}_\chi(\mathrm{G})$ et tous f_1 et f_2 dans $\mathscr{L}^2_\chi(\mathrm{G})$.

Ces formules sont conséquences des définitions.

Pour tout $g \in \mathrm{G}$ et tout $f \in \mathscr{F}_\chi(\mathrm{G})$, les fonctions $x \mapsto f(g^{-1}x)$ et $x \mapsto f(xg)$ appartiennent à $\mathscr{F}_\chi(\mathrm{G})$. On les note respectivement $\gamma_{\mathrm{G},\chi}(g)f$ et $\boldsymbol{\delta}_{\mathrm{G},\chi}(g)f$. Les applications $\gamma_{\mathrm{G},\chi}$ et $\boldsymbol{\delta}_{\mathrm{G},\chi}$ sont des représentations linéaires de G dans $\mathscr{F}_\chi(\mathrm{G})$. Pour tout $z \in \mathrm{Z}$, on a

$$\gamma_{\mathrm{G},\chi}(gz) = \overline{\chi(z)}\gamma_{\mathrm{G},\chi}(g), \qquad \boldsymbol{\delta}_{\mathrm{G},\chi}(gz) = \chi(z)\boldsymbol{\delta}_{\mathrm{G},\chi}(g). \tag{7}$$

Soient $f \in \mathscr{F}_\chi(\mathrm{G})$ et $g \in \mathrm{G}$; on a

$$|\gamma_{\mathrm{G},\chi}(g)f| = \gamma_{\mathrm{G}/\mathrm{Z}}(g\mathrm{Z})|f|, \qquad |\boldsymbol{\delta}_{\mathrm{G},\chi}(g)f| = \boldsymbol{\delta}_{\mathrm{G}/\mathrm{Z}}(g\mathrm{Z})|f|, \tag{8}$$

où toutes les fonctions apparaissant dans ces égalités sont identifiées à des fonctions sur G/Z.

Le sous-espace $\mathscr{K}_\chi(\mathrm{G})$ de $\mathscr{F}_\chi(\mathrm{G})$ est stable par $\gamma_{\mathrm{G},\chi}$ et $\boldsymbol{\delta}_{\mathrm{G},\chi}$. Soit p un nombre réel $\geqslant 1$. Les formules (8) impliquent que les représentations $\gamma_{\mathrm{G},\chi}$ et $\boldsymbol{\delta}_{\mathrm{G},\chi}$, restreintes à $\mathscr{K}_\chi(\mathrm{G})$, s'étendent en des représentations linéaires continues et isométriques de G dans $\mathscr{L}^p_\chi(\mathrm{G})$, qui seront notées $\gamma^{(p)}_{\mathrm{G},\chi}$ et $\boldsymbol{\delta}^{(p)}_{\mathrm{G},\chi}$. Par passage aux quotients, ces représentations définissent également des représentations isométriques de G dans $\mathrm{L}^p_\chi(\mathrm{G})$, notées de la même manière.

Les représentations $\gamma^{(2)}_{\mathrm{G},\chi}$ et $\boldsymbol{\delta}^{(2)}_{\mathrm{G},\chi}$ dans $\mathrm{L}^2_\chi(\mathrm{G})$ sont unitaires, et seront notées simplement $\gamma_{\mathrm{G},\chi}$ et $\boldsymbol{\delta}_{\mathrm{G},\chi}$, respectivement, lorsqu'aucune confusion avec les représentations dans $\mathscr{F}_\chi(\mathrm{G})$ ne sera possible. On note aussi $\varrho_{\mathrm{G},\chi}$ la représentation continue de $\mathrm{G} \times \mathrm{G}$ dans $\mathscr{L}^2_\chi(\mathrm{G})$ ou $\mathrm{L}^2_\chi(\mathrm{G})$ définie par

$$\varrho_{\mathrm{G},\chi}(g,h) = \gamma_{\mathrm{G},\chi}(g) \circ \boldsymbol{\delta}_{\mathrm{G},\chi}(h) = \boldsymbol{\delta}_{\mathrm{G},\chi}(h) \circ \gamma_{\mathrm{G},\chi}(g)$$

pour tout $(g,h) \in \mathrm{G} \times \mathrm{G}$ (*cf.* lemme 1 de V, p. 377).

La représentation $\gamma_{\mathrm{G},\chi}$ sur $\mathrm{L}^2_\chi(\mathrm{G})$ n'est autre que la représentation induite $\mathrm{Ind}_{\mathrm{Z}}^{\mathrm{G}}(\overline{\chi})$.

Lorsque $Z = \{e\}$, le lemme suivant résulte de INT, VIII, p. 166, § 4, nº 5, prop. 12, puisque G est unimodulaire.

Lemme 8. — *Soient* $f_1 \in \mathscr{K}_\chi(G)$ *et* $f_2 \in \mathscr{L}^2_\chi(G)$.

a) *La fonction* f *sur* G *définie par* $f(g) = \langle f_1 \,|\, \gamma_{G,\chi}(g) f_2 \rangle$ *pour tout* $g \in G$ *appartient à* $\mathscr{L}^2_{\overline{\chi}}(G)$ *et vérifie* $N_2(f) \leqslant N_1(f_1) N_2(f_2)$;

b) *La fonction* f *sur* G *définie par* $f(g) = \langle f_1 \,|\, \delta_{G,\chi}(g) f_2 \rangle$ *pour tout* $g \in G$ *appartient à* $\mathscr{L}^2_\chi(G)$ *et vérifie* $N_2(f) \leqslant N_1(f_1) N_2(f_2)$.

Démontrons *a*), la preuve de l'assertion *b*) étant similaire. La fonction f est continue, donc μ-mesurable. Pour tout $z \in Z$ et tout $g \in G$, on a

$$f(gz) = \langle f_1 \,|\, \gamma_{G,\chi}(gz) f_2 \rangle = \overline{\chi(z)} \langle f_1 \,|\, \gamma_{G,\chi}(g) f_2 \rangle$$

(formule (7), p. 417), donc $f \in \mathscr{F}_{\overline{\chi}}(G)$. La prop. 5 de V, p. 413 implique qu'il suffit maintenant de démontrer que $N_2(f) \leqslant N_1(f_1) N_2(f_2)$.

Supposons d'abord que f_2 appartient à $\mathscr{K}_\chi(G)$. Pour tout $g \in G$, on a par définition

$$f(g) = \int_{G/Z} \overline{f_1}\, \gamma_{G,\chi}(g) f_2 \, d\nu,$$

où la fonction $\overline{f_1}\, \gamma_{G,\chi}(g) f_2$ est identifiée à une fonction sur G/Z.

Définissons une fonction f_3 sur G en posant $f_3(g) = 0$ si $f_1(g) = 0$ et $f_3(g) = f_1(g)|f_1(g)|^{-1/2}$ sinon. La fonction f_3 appartient à $\mathscr{F}_\chi(G)$ et vérifie $f_1 = |f_1|^{1/2} f_3$; elle est μ-mesurable et nulle en dehors d'un compact modulo Z, puisque f_1 l'est. Comme $|f_1|^{1/2} \in \mathscr{K}_1(G)$, il vient

$$\overline{f_1}\, \gamma_{G,\chi}(g) f_2 = |f_1|^{1/2}\, \overline{f_3}\, \gamma_{G,\chi}(g) f_2,$$
$$|\overline{f_3}\, \gamma_{G,\chi}(g) f_2| = |f_3|\, |\gamma_{G,\chi}(g) f_2|$$

pour tout $g \in G$.

Soit $g \in G$. D'après l'inégalité de Cauchy–Schwarz, on a

$$\begin{aligned} |f(g)|^2 &\leqslant \Big(\int_{G/Z} |f_1|^{1/2}\, |f_3|\, |\gamma_{G,\chi}(g) f_2|\, d\nu \Big)^2 \\ &\leqslant \Big(\int_{G/Z} |f_1| d\nu \Big) \Big(\int_{G/Z} |f_3|^2\, |\gamma_{G,\chi}(g) f_2|^2 d\nu \Big). \end{aligned}$$

Comme on a $|f_3|^2 = |f_1|$ dans $\mathscr{K}(G/Z)$, on en déduit en intégrant sur G/Z que

$$\int_{G/Z} |f(g)|^2 d\nu(g) \leqslant N_1(f_1) \int_{G/Z} \Big(\int_{G/Z} |f_1(x)|\, |f_2(g^{-1}x)|^2 d\nu(x) \Big) d\nu(g).$$

La fonction sur $G/Z \times G/Z$ déduite de la fonction

$$(g,x) \mapsto |f_1(x)|\, |f_2(g^{-1}x)|^2$$

par passage aux quotients est $(\nu \otimes \nu)$-mesurable et à support compact, donc elle est $(\nu \otimes \nu)$-modérée (INT, V, p. 4, § 5, n° 2, déf. 2). D'après la prop. 7 de INT, V, p. 93, § 8, n° 3, il vient

$$\int_{G/Z}\Big(\int_{G/Z} |f_1(x)|\,|f_2(g^{-1}x)|^2 d\nu(x)\Big) d\nu(g)$$
$$= \int_{G/Z} |f_1(x)|\Big(\int_{G/Z} |f_2(g^{-1}x)|^2 d\nu(g)\Big) d\nu(x) = N_1(f_1)N_2(f_2)^2.$$

Par conséquent, on a $N_2(f)^2 \leqslant N_1(f_1)^2 N_2(f_2)^2$, ce qui établit la propriété demandée dans ce cas.

Considérons le cas général. Notons u l'application linéaire de $\mathscr{K}_\chi(G)$ dans $\mathscr{L}^2_{\overline{\chi}}(G)$ qui à f_2 associe f. Soit $f_2 \in \mathscr{L}^2_\chi(G)$ et soit $(f_{2,n})_{n\in\mathbf{N}}$ une suite dans $\mathscr{K}_\chi(G)$ qui converge vers f_2 dans $\mathscr{L}^2_\chi(G)$. Soit $f_n = u(f_{2,n})$; la suite $(f_n)_{n\in\mathbf{N}}$ est de Cauchy dans $\mathscr{L}^2_{\overline{\chi}}(G)$ puisque le cas précédent implique que $N_2(f_n - f_m) \leqslant N_1(f_1)N_2(f_{2,n} - f_{2,m})$ pour tous n et m dans $\mathbf{N}$. Soit $f \in \mathscr{L}^2_{\overline{\chi}}(G)$ telle que (f_n) converge vers f (prop. 3, *c*) de V, p. 409). Comme $N_2(f_n) \leqslant N_1(f_1)N_2(f_{2,n})$ pour tout $n \in \mathbf{N}$, il vient $N_2(f) \leqslant N_1(f_1)N_2(f_2)$.

Il existe une suite extraite $(f_{n_k})_{k\in\mathbf{N}}$ telle que $f_{n_k}(g)$ converge vers $f(g)$ pour tout $g \in G$ en dehors d'une partie de G négligeable modulo Z (*loc. cit.*, *b*)). Mais par ailleurs, pour tout $g \in G$, on a

$$f_{n_k}(g) = \langle f_1 \,|\, \gamma_{G,\chi}(g) f_{2,n_k}\rangle \to \langle f_1 \,|\, \gamma_{G,\chi}(g) f_2\rangle.$$

Par conséquent, on a $f(g) = \langle f_1 \,|\, \gamma_{G,\chi}(g) f_2\rangle$ pour tout g en dehors d'une partie de G négligeable modulo Z. Puisque $f \in \mathscr{L}^2_{\overline{\chi}}(G)$ et que $N_2(f) \leqslant N_1(f_1)N_2(f_2)$, le lemme est démontré.

8. Représentations de carré intégrable

Dans ce numéro, les espaces hilbertiens considérés sont complexes. On suppose que G est unimodulaire et on note C son centre. Pour tout sous-groupe fermé Z de C, on note β_Z une mesure de Haar sur Z, et on munit G/Z de la mesure de Haar $\nu_Z = \mu/\beta_Z$ (INT, VII, p. 44, § 2, n° 2, déf. 1).

Soient π une représentation unitaire irréductible de G dans un espace hilbertien E et $\chi \in \widehat{\mathrm{C}}$ son caractère central (déf. 6 de V, p. 390). Pour tous x et y dans E, on note $f_{x,y}$ le coefficient matriciel $g \mapsto \langle x \mid \pi(g)y \rangle$; c'est une fonction continue sur G à valeurs complexes.

Soient x et y dans E. Pour $z \in \mathrm{C}$ et $g \in \mathrm{G}$, on a

$$f_{x,y}(zg) = \langle x \mid \pi(zg)y \rangle = \langle x \mid \chi(z)\pi(g)y \rangle = \chi(z) f_{x,y}(g), \tag{9}$$

donc $f_{x,y}$ appartient à l'espace $\mathscr{F}_\chi(\mathrm{G})$ (V, p. 408). De plus, pour tout $(g_1, h_1) \in \mathrm{G} \times \mathrm{G}$ et tout $g \in \mathrm{G}$, on a

$$f_{\pi(g_1)x,\pi(h_1)y}(g) = \langle \pi(g_1)x \mid \pi(g)\pi(h_1)y \rangle = f_{x,y}(g_1^{-1} g h_1). \tag{10}$$

La relation (9) justifie la définition qui suit.

DÉFINITION 3. — *Soit π une représentation unitaire irréductible de* G *dans un espace hilbertien* E. *On dit que π est* de carré intégrable modulo le centre *si la fonction sur* G/C *déduite de la fonction $|f_{x,y}|$ par passage au quotient appartient à $\mathscr{L}^2(\mathrm{G}/\mathrm{C})$ pour tout $(x, y) \in \mathrm{E} \times \mathrm{E}$.*

Cette condition ne dépend pas du choix d'une mesure de Haar sur G/C.

Si les coefficients matriciels de π appartiennent à $\mathscr{L}^2(\mathrm{G})$, on dit que π *est de carré intégrable*; l'existence d'une représentation unitaire irréductible de G de carré intégrable implique que le centre de G est compact (exercice 5 de V, p. 487).

Il existe des groupes G qui n'admettent aucune représentation de carré intégrable, même modulo le centre (*cf.* exercice 32 de V, p. 516).

PROPOSITION 6. — *Soit π une représentation unitaire irréductible de* G *dans un espace hilbertien* E. *Soit χ le caractère central de π. Alors π est de carré intégrable modulo le centre si et seulement s'il existe des éléments non nuls x_0 et y_0 de* E *tels que la fonction sur* G/C *déduite de $|f_{x_0,y_0}|$ par passage au quotient appartient à $\mathscr{L}^2(\mathrm{G}/\mathrm{C})$.*

Supposons qu'il existe des éléments x_0 et y_0 non nuls de E tels que $|f_{x_0,y_0}| \in \mathscr{L}^2(\mathrm{G}/\mathrm{C})$. Il suffit de démontrer que π est alors de carré intégrable modulo le centre.

Soit F l'ensemble des éléments $x \in \mathrm{E}$ tels que $|f_{x,y_0}|$ appartient à $\mathscr{L}^2(\mathrm{G}/\mathrm{C})$. C'est un sous-espace vectoriel de E; il contient x_0, donc n'est pas nul. La relation (10) ci-dessus implique que F est stable par π ; comme la représentation π est irréductible, l'espace F est donc dense dans E.

Soit $x \in \mathrm{F}$. Puisque f_{x,y_0} appartient à $\mathscr{F}_\chi(\mathrm{G})$ et est μ-mesurable, et que $|f_{x,y_0}| \in \mathscr{L}^2(\mathrm{G}/\mathrm{C})$, on a $f_{x,y_0} \in \mathscr{L}^2_\chi(\mathrm{G})$ (prop. 5 de V, p. 413 appliquée à $\mathrm{Z} = \mathrm{C}$). Notons u l'opérateur partiel de E dans $\mathrm{L}^2_\chi(\mathrm{G})$ dont le domaine est F et qui associe à $x \in \mathrm{F}$ la classe de f_{x,y_0} dans $\mathrm{L}^2_\chi(\mathrm{G})$.

Démontrons que l'opérateur partiel u est fermé. Soit $(x_n, u(x_n))_{n\in\mathbf{N}}$ une suite d'éléments du graphe de u qui converge dans $\mathrm{E} \times \mathrm{L}^2_\chi(\mathrm{G})$. Soit x la limite de (x_n) et soit $f \in \mathscr{L}^2_\chi(\mathrm{G})$ une fonction dont la classe est la limite de la suite $(u(x_n))$.

La fonction $u(x_n)$ est la classe du coefficient matriciel f_{x_n,y_0}. Pour tout $g \in \mathrm{G}$, on a

$$f_{x_n,y_0}(g) = \langle x_n \,|\, \pi(g)y_0\rangle \to \langle x \,|\, \pi(g)y_0\rangle = f_{x,y_0}(g)$$

quand $n \to +\infty$. On a donc $f_{x,y_0} \in \mathscr{L}^2_\chi(\mathrm{G})$ et $f = f_{x_0,y}$ presque partout modulo C (cor. de la prop. 3 de V, p. 409) ; cela signifie que $u(x)$ est la classe de f dans $\mathrm{L}^2_\chi(\mathrm{G})$. On a donc démontré que u est fermé.

Le domaine F de u est stable par π, et la relation (10) démontre que u vérifie $u \circ \pi(g) = \gamma_{\mathrm{G},\chi}(g) \circ u$ pour tout $g \in \mathrm{G}$. On a par conséquent aussi l'égalité $u^* \circ \gamma_{\mathrm{G},\chi}(g) = \pi(g) \circ u^*$ pour tout $g \in \mathrm{G}$ (lemme 6 de V, p. 381), d'où $(u^* \circ u) \circ \pi(g) = \pi(g) \circ (u^* \circ u)$. Or l'opérateur partiel $u^* \circ u$ est auto-adjoint (prop. 12 de IV, p. 241), et en particulier fermé (prop. 7 de IV, p. 236), donc le cor. 1 de V, p. 387 implique que le domaine de $u^* \circ u$ est égal à E. A fortiori, on a $\mathrm{F} = \mathrm{E}$, c'est-à-dire que la fonction $|f_{x,y_0}|$ appartient à $\mathscr{L}^2(\mathrm{G}/\mathrm{C})$ pour tout $x \in \mathrm{E}$.

Soient $(x, y) \in \mathrm{E} \times \mathrm{E}$. On a $f_{x,y_0} \in \mathscr{L}^2_\chi(\mathrm{G})$. On démontre *mutatis mutandis*, en utilisant la représentation $\delta_{\mathrm{G},\chi}$ au lieu de $\gamma_{\mathrm{G},\chi}$, que l'ensemble des $y \in \mathrm{E}$ tels que la fonction $|f_{x,y}|$ appartient à $\mathscr{L}^2(\mathrm{G}/\mathrm{C})$ est égal à E. La proposition en résulte.

Dans la suite de ce numéro, on fixe un sous-groupe fermé Z de C tel que C/Z est compact.

Lemme 9. — *Soit π une représentation unitaire irréductible de* G *dans un espace hilbertien* E *qui est de carré intégrable modulo le centre. Soit χ la restriction à* Z *du caractère central de π. Pour tous x et y dans* E, *on a* $f_{x,y} \in \mathscr{L}^2_\chi(\mathrm{G})$.

La fonction $f_{x,y}$ est continue donc μ-mesurable. On a $f_{x,y} \in \mathscr{F}_\chi(\mathrm{G})$ d'après la formule (9), p. 420. De plus, d'après INT, VII, p. 64, § 2, n° 8, cor. 1, *c*), on a $\mathrm{N}_2(f_{x,y}) < +\infty$ puisque C/Z est compact et que $|f_{x,y}| \in \mathscr{L}^2(\mathrm{G}/\mathrm{C})$. L'assertion résulte donc de la proposition 5 de V, p. 413.

PROPOSITION 7. — *Soit π une représentation unitaire irréductible de* G *dans un espace hilbertien* E *qui est de carré intégrable modulo le centre. Soit χ la restriction à* Z *du caractère central de π.*

Il existe un nombre réel $c > 0$ et un unique $(\mathrm{G} \times \mathrm{G})$*-morphisme isométrique w de la représentation unitaire $\overline{\pi} \boxtimes \pi$ dans $\mathrm{L}^2_\chi(\mathrm{G})$ tels que, pour tout $(x, y) \in \overline{\mathrm{E}} \times \mathrm{E}$, l'élément $w(x \otimes y)$ est la classe dans $\mathrm{L}^2_\chi(\mathrm{G})$ de la fonction $c^{1/2} f_{x,y}$.*

Pour tout $(x, y) \in \mathrm{E} \times \mathrm{E}$, on a $f_{x,y} \in \mathscr{L}^2_\chi(\mathrm{G})$ (lemme 9). Notons v l'unique application linéaire de $\overline{\mathrm{E}} \otimes \mathrm{E}$ dans $\mathrm{L}^2_\chi(\mathrm{G})$ telle que $v(x \otimes y)$ est la classe de $f_{x,y}$ pour tout $(x, y) \in \overline{\mathrm{E}} \times \mathrm{E}$.

Nous démontrerons ci-dessous le lemme suivant.

Lemme 10. — *Il existe un nombre réel $c > 0$ tel que l'application linéaire $w = c^{1/2} v$ est isométrique.*

Ce lemme étant supposé valide, remarquons que la formule (10), p. 420, s'écrit

$$v(\overline{\pi}(g_1)x \otimes \pi(h_1)y) = \varrho_{\mathrm{G},\chi}(g_1, h_1) v(x \otimes y) \tag{11}$$

pour tout $(g_1, h_1) \in \mathrm{G} \times \mathrm{G}$ et tout $(x, y) \in \overline{\mathrm{E}} \times \mathrm{E}$. L'application linéaire isométrique w de $\overline{\mathrm{E}} \otimes \mathrm{E}$ dans $\mathrm{L}^2_\chi(\mathrm{G})$ admet un prolongement continu, encore noté w, à $\overline{\mathrm{E}} \mathbin{\widehat{\otimes}_2} \mathrm{E}$. Par continuité et linéarité, la formule (11) implique que w est un $(\mathrm{G} \times \mathrm{G})$-morphisme de $\overline{\pi} \boxtimes \pi$ dans $\mathrm{L}^2_\chi(\mathrm{G})$, ce qui conclut la démonstration de la proposition.

Démontrons le lemme. Pour tout $x \in \mathrm{E}$, on note u_x l'application linéaire $y \mapsto v(x \otimes y) = f_{x,y}$ de E dans $\mathrm{L}^2_\chi(\mathrm{G})$. On a $u_x \in \mathrm{Hom}_\mathrm{G}(\pi, \gamma_{\mathrm{G},\chi})$ (formule (10)). D'après le cor. 5 de V, p. 388, il existe un nombre réel $\lambda_x \geqslant 0$ tel que $\lambda_x u_x$ est isométrique.

Soient x et y dans E. On a

$$\|f_{x,y}\|^2 = \int_{\mathrm{G}/\mathrm{Z}} \overline{f}_{x,y} f_{x,y} d\nu_\mathrm{Z} = \int_{\mathrm{G}/\mathrm{Z}} \check{\overline{f}}_{x,y} \check{f}_{x,y} d\nu_\mathrm{Z}$$

puisque G/Z est unimodulaire (lemme 7 de V, p. 417). En notant que $\check{f}_{x,y} = \overline{f}_{y,x}$, on obtient

$$\lambda_x \|y\|^2 = \|f_{x,y}\|^2 = \int_{\mathrm{G}/\mathrm{Z}} f_{y,x} \overline{f}_{y,x} d\nu_\mathrm{Z} = \|f_{y,x}\|^2 = \lambda_y \|x\|^2.$$

Cela signifie que le nombre réel positif $\lambda_x/\|x\|^2$ est indépendant du choix de l'élément non nul x de E. Il est strictement positif puisque, pour tout x non nul, la fonction $f_{x,x}$ est continue et prend la valeur $\|x\|^2 > 0$ en e, d'où $\|u_x(x)\| = \|f_{x,x}\| > 0$. Notons c^{-1} ce nombre réel.

Pour tout $(x, y) \in \mathrm{E} \times \mathrm{E}$, il vient

$$\|v(x \otimes y)\|^2 = \|f_{x,y}\|^2 = \lambda_x \|y\|^2 = c^{-1}\|x\|^2\|y\|^2 = c^{-1}\|x \otimes y\|^2.$$

En utilisant EVT, V, p. 29, cor. 1, on en déduit que l'application linéaire $w = c^{1/2}v$ de $\overline{\mathrm{E}}\,\widehat{\otimes}_2\,\mathrm{E}$ dans $\mathrm{L}^2_\chi(\mathrm{G})$ est isométrique, comme désiré.

COROLLAIRE. — *Soit* π *une représentation unitaire irréductible de* G *et soit* χ *la restriction à* Z *de son caractère central. La représentation* π *est de carré intégrable modulo le centre si et seulement si elle est isomorphe à une sous-représentation de la représentation* $\boldsymbol{\gamma}_{\mathrm{G},\overline{\chi}}$ *de* G *dans* $\mathrm{L}^2_{\overline{\chi}}(\mathrm{G})$ (*resp. de la représentation* $\boldsymbol{\delta}_{\mathrm{G},\chi}$ *de* G *dans* $\mathrm{L}^2_\chi(\mathrm{G})$).

Démontrons l'assertion concernant $\boldsymbol{\gamma}_{\mathrm{G},\overline{\chi}}$, la seconde étant démontrée de manière similaire.

Supposons d'abord qu'il existe une sous-représentation E de la représentation $\boldsymbol{\gamma}_{\mathrm{G},\overline{\chi}}$ isomorphe à π. Comme l'espace E n'est pas nul, il existe une fonction $f_1 \in \mathscr{K}_{\overline{\chi}}(\mathrm{G})$ dont la classe $\widetilde{f}_1$ n'est pas orthogonale à E. On a $f_1 \in \mathscr{L}^1_{\overline{\chi}}(\mathrm{G})$. Notons $\widetilde{f}_{1,\mathrm{E}}$ la projection orthogonale de $\widetilde{f}_1$ sur E ; c'est un élément non nul de E. Soit par ailleurs $\widetilde{f}_2 \in \mathrm{E}$ non nulle. L'application $h\colon g \mapsto \langle \widetilde{f}_{1,\mathrm{E}} \,|\, \boldsymbol{\gamma}_{\mathrm{G},\overline{\chi}}(g)\widetilde{f}_2\rangle$ est un coefficient matriciel de π. Pour tout $g \in \mathrm{G}$, on a $h(g) = \langle \widetilde{f}_1 \,|\, \boldsymbol{\gamma}_{\mathrm{G},\overline{\chi}}(g)\widetilde{f}_2\rangle$ puisque $\widetilde{f}_1 - \widetilde{f}_{1,\mathrm{E}}$ est orthogonale à E. D'après le lemme 8 de V, p. 418, la fonction h appartient à $\mathscr{L}^2_\chi(\mathrm{G})$, donc la proposition 6 implique que π est de carré intégrable modulo le centre.

Réciproquement, supposons que π est de carré intégrable modulo le centre. Soit $x_0 \in \mathrm{E}$ un vecteur non nul. D'après la prop. 7 et la formule (10), l'application $y \mapsto \check{f}_{x_0,y}$ est un G-morphisme injectif de π dans $\boldsymbol{\gamma}_{\mathrm{G},\overline{\chi}}$.

DÉFINITION 4. — *Soit* Z *un sous-groupe fermé de* C *tel que* C/Z *est compact. Soit* π *une représentation unitaire irréductible de* G *qui est de carré intégrable modulo le centre. L'unique nombre réel* $c > 0$ *qui vérifie la propriété de la proposition* 7 *est appelé le* degré formel *de* π *relatif à* Z. *On le note* $c_{\mathrm{Z}}(\pi)$.

Le degré formel dépend du choix de la mesure de Haar sur Z. Si la mesure de Haar β_{Z} sur Z est multipliée par un nombre réel $t > 0$, alors la mesure $\nu_Z = \mu/\beta_Z$ sur G/Z est multipliée par t^{-1}, et le degré formel de π est multiplié par t.

Le degré formel est caractérisé par la propriété suivante :

PROPOSITION 8 (Relations d'orthogonalité). — *Soit π une représentation unitaire irréductible de* G *dans un espace hilbertien* E *qui est de carré intégrable modulo le centre. On a*

$$c_Z(\pi) \int_{G/Z} \overline{\langle x \mid \pi(g)x' \rangle}\, \langle y \mid \pi(g)y' \rangle \, d\nu_Z(g) = \overline{\langle x \mid y \rangle} \langle x' \mid y' \rangle$$

pour tout $(x, y, x', y') \in E^4$.

Notons w le morphisme de la prop. 7. On a

$$\int_{G/Z} \overline{\langle x \mid \pi(g)x' \rangle}\, \langle y \mid \pi(g)y' \rangle \, d\nu_Z(g) = \langle f_{x,x'} \mid f_{y,y'} \rangle$$

et d'après *loc. cit.*, il vient

$$\begin{aligned} \langle f_{x,x'} \mid f_{y,y'} \rangle &= \frac{1}{c_Z(\pi)} \langle w(x \otimes x') \mid w(y \otimes y') \rangle \\ &= \frac{1}{c_Z(\pi)} \langle x \otimes x' \mid y \otimes y' \rangle = \frac{1}{c_Z(\pi)} \langle x \mid y \rangle_{\overline{E}} \langle x' \mid y' \rangle_E, \end{aligned}$$

d'où le résultat.

En complément de la proposition précédente, on a aussi les relations suivantes pour des représentations irréductibles de carré intégrable non isomorphes.

PROPOSITION 9. — *Soient π_1 et π_2 des représentations unitaires irréductibles non isomorphes de* G *dans des espaces hilbertiens* E_1 *et* E_2. *On suppose que π_1 et π_2 sont de carré intégrable modulo le centre et que les restrictions à* Z *de leurs caractères centraux coïncident. Alors*

$$\int_{G/Z} \overline{\langle x \mid \pi_1(g)x' \rangle}\, \langle y \mid \pi_2(g)y' \rangle \, d\nu_Z(g) = 0$$

pour tout $(x, x', y, y') \in E_1^2 \times E_2^2$.

Pour $i = 1$, 2, notons w_i le morphisme de la proposition 7 pour la représentation π_i. D'après le lemme 8, *b*) de V, p. 384 et l'assertion *b*) de la proposition 8 de V, p. 394, l'image de w_i est contenue dans la composante π_i-isotypique de $\boldsymbol{\delta}_{G,\chi}$. D'après l'assertion *a*) de *loc. cit.*, l'image de w_1 est donc orthogonale à l'image de w_2. Par conséquent, il vient $\langle w_1(x \otimes x') \mid w_2(y \otimes y') \rangle = 0$ pour tout $(x, x', y, y') \in E_1^2 \times E_2^2$, ce qui est la formule demandée.

Remarque. — Les relations d'orthogonalité des prop. 8 et 9 généralisent celles de A, VIII, p. 399 (voir aussi le cas où G est compact dans le § 2 de V, p. 457).

9. Sous-représentations de la représentation régulière d'un groupe commutatif

Dans ce numéro, G est un groupe localement compact commutatif et μ une mesure de Haar sur G. On note $\widehat{G}$ le groupe dual de G (déf. 2 de II, p. 201) et $\widehat{\mu}$ la mesure de Haar duale de μ sur $\widehat{G}$ (déf. 4 de II, p. 214). Les notions de mesurabilité seront toujours relatives à μ et $\widehat{\mu}$.

On se propose de déterminer toutes les sous-représentations de la représentation régulière gauche γ_G de G dans $L^2(G, \mu)$. Comme G est commutatif, on a d'ailleurs $\boldsymbol{\delta}_G(g) = \gamma_G(g^{-1})$, donc ces sous-représentations sont aussi les sous-représentations de la représentation régulière droite.

Pour toute partie mesurable M de $\widehat{G}$, on note E_M l'ensemble des $f \in L^2(G, \mu)$ telles que la transformée de Fourier $\mathscr{F}_G(f)$ est nulle presque partout sur M (*cf.* n° 3 de II, p. 210). C'est le noyau de l'application linéaire continue $f \mapsto \varphi_M \mathscr{F}_G(f)$ de $L^2(G, \mu)$ dans $L^2(\widehat{G}, \widehat{\mu})$, où φ_M désigne la fonction caractéristique de M (*cf.* th. 1 de II, p. 215), et c'est donc un sous-espace fermé dans $L^2(G, \mu)$.

On dit que des parties mesurables M et N de $\widehat{G}$ sont *égales à un ensemble localement négligeable près* si $(M \cup N) - (M \cap N)$ est localement négligeable. De manière équivalente, des parties mesurables M et N sont égales à un ensemble localement négligeable près si et seulement si les fonctions caractéristiques de M et N sont égales dans $L^\infty(\widehat{G}, \widehat{\mu})$.

PROPOSITION 10. — a) *Soit* M *une partie mesurable de* $\widehat{G}$. *L'espace* E_M *est une sous-représentation de la représentation* γ_G ;

b) *Soient* M *et* N *des parties mesurables de* $\widehat{G}$. *On a* $E_M = E_N$ *si et seulement si* M *et* N *sont égales à un ensemble localement négligeable près*;

c) *Toute sous-représentation de* γ_G *est de la forme* E_M *pour une partie mesurable* M *de* $\widehat{G}$.

Soit η l'application canonique de G dans $\widehat{\widehat{G}}$ (*cf.* II, p. 216, remarque 1). Comme E_M est fermé, l'assertion *a*) découle des formules

$$\gamma_G(x)(f) = \varepsilon_x * f, \qquad \mathscr{F}_G(\varepsilon_x * f) = \eta(x)\mathscr{F}_G(f)$$

pour $x \in \mathrm{G}$ et $f \in \mathrm{L}^2(\mathrm{G}, \mu)$.

Soient M et N des parties mesurables égales à un ensemble localement négligeable près. Comme φ_{M} est alors égale à φ_{N} dans $\mathrm{L}^\infty(\widehat{\mathrm{G}}, \widehat{\mu})$, cette condition implique que $\mathrm{E}_{\mathrm{M}} = \mathrm{E}_{\mathrm{N}}$.

Supposons réciproquement que M et N ne sont pas égales à un ensemble localement négligeable près. Quitte éventuellement à échanger le rôle de M et N, il existe alors un sous-ensemble compact K tel que l'ensemble $\mathrm{L} = \mathrm{K} \cap (\mathrm{M} - (\mathrm{M} \cap \mathrm{N}))$ n'est pas négligeable. Soit $\varphi_{\mathrm{L}} \in \mathrm{L}^2(\widehat{\mathrm{G}}, \widehat{\mu})$ la classe de la fonction caractéristique de L, et posons $f = \overline{\mathscr{F}}_{\widehat{\mathrm{G}}}(\varphi_{\mathrm{L}}) \in \mathrm{L}^2(\mathrm{G}, \mu)$; on a $\mathscr{F}_{\mathrm{G}}(f) = \varphi_{\mathrm{L}}$ (cor. du th. 2 de II, p. 220). Alors f appartient à E_{N}, puisque $\mathrm{L} \cap \mathrm{N}$ est vide, mais pas à E_{M}, puisque $\varphi_{\mathrm{M}} \mathscr{F}(f) = \varphi_{\mathrm{M}} \varphi_{\mathrm{L}} = \varphi_{\mathrm{L}}$. On a donc $\mathrm{E}_{\mathrm{M}} \neq \mathrm{E}_{\mathrm{N}}$, ce qui prouve *b*).

Soit maintenant E une sous-représentation de γ_{G}. Soit p_{E} l'orthoprojecteur de $\mathrm{L}^2(\mathrm{G}, \mu)$ d'image E et soit $q_{\mathrm{E}} = \mathscr{F}_{\mathrm{G}} \circ p_{\mathrm{E}} \circ \mathscr{F}_{\mathrm{G}}^{-1}$. Le projecteur p_{E} appartient à $\mathrm{Hom}_{\mathrm{G}}(\gamma_{\mathrm{G}}, \gamma_{\mathrm{G}})$ (prop. 4 de V, p. 383), donc il commute avec $\gamma_{\mathrm{G}}(f)$ pour tout $f \in \mathrm{L}^1(\mathrm{G}, \mu)$ (*cf.* V, p. 401). Cela signifie qu'il commute avec les endomorphismes $\varphi \mapsto f * \varphi$ pour $f \in \mathrm{L}^1(\mathrm{G}, \mu)$ (lemme 4 de V, p. 407). Par conséquent, l'endomorphisme q_{E} de $\mathrm{L}^2(\widehat{\mathrm{G}}, \widehat{\mu})$ commute avec l'endomorphisme de multiplication par g pour toute fonction $g \in \mathscr{C}_0(\widehat{\mathrm{G}})$ appartenant à l'image de la transformation de Fourier de $\mathrm{L}^1(\mathrm{G}, \mu)$ dans $\mathscr{C}_0(\widehat{\mathrm{G}})$ (prop. 14 de II, p. 223). Puisque l'image de la transformation de Fourier est dense dans $\mathscr{C}_0(\widehat{\mathrm{G}})$ (corollaire de la prop. 5 de II, p. 209), la continuité du morphisme $g \mapsto m_g$ implique que q_{E} commute avec m_g pour toute fonction $g \in \mathscr{C}_0(\widehat{\mathrm{G}})$.

D'après le corollaire de la proposition 7 de IV, p. 188, il existe donc une fonction $\varphi \in \mathscr{L}^\infty(\widehat{\mathrm{G}}, \widehat{\mu})$ telle que $q_{\mathrm{E}} = m_\varphi$. Comme $q_{\mathrm{E}} = q_{\mathrm{E}}^2$, on a $m_\varphi = m_\varphi^2 = m_{\varphi^2}$, d'où $\varphi = \varphi^2$ dans $\mathrm{L}^\infty(\widehat{\mathrm{G}}, \widehat{\mu})$ (prop. 5 de IV, p. 186) ; cela signifie que φ est égale dans $\mathrm{L}^\infty(\widehat{\mathrm{G}}, \widehat{\mu})$ à la classe de la fonction caractéristique d'un sous-ensemble mesurable N de $\widehat{\mathrm{G}}$. Posons $\mathrm{M} = \widehat{\mathrm{G}} - \mathrm{N}$. Soit $f \in \mathrm{L}^2(\mathrm{G}, \mu)$. On a $f \in \mathrm{E}$ si et seulement si $p_{\mathrm{E}}(f) = f$, si et seulement si $\varphi \mathscr{F}_{\mathrm{G}}(f) = \mathscr{F}_{\mathrm{G}}(f)$, ce qui équivaut à $f \in \mathrm{E}_{\mathrm{M}}$.

Remarque. — Soit χ un caractère de G. Si G n'est pas compact, la composante χ-isotypique de la représentation régulière de G dans $\mathrm{L}^2(\mathrm{G})$

est triviale. Si G est compact, la composante χ-isotypique de la représentation régulière de G est de dimension 1 et la fonction $\chi \in \mathrm{L}^2(\mathrm{G})$ en est une base.

10. Représentations unitaires du groupe R

Dans ce numéro, E désigne un espace hilbertien complexe. On munit le groupe **R** de la mesure de Lebesgue.

Lemme 11. — *Soit u un opérateur partiel auto-adjoint sur* E. *Pour $t \in \mathbf{R}$, posons $\varrho(t) = e^{itu} \in \mathscr{L}(\mathrm{E})$. Alors l'application ϱ est une représentation unitaire de* **R**.

L'opérateur $\varrho(t)$ est défini par le calcul fonctionnel universellement mesurable (déf. 5 de IV, p. 272) ; c'est un endomorphisme de E puisque la fonction $x \mapsto e^{itx}$ est bornée sur $\mathrm{Sp}(u)$ (prop. 5, a) de IV, p. 275).

D'après la prop. 5 de IV, p. 275, on a $\varrho(0) = 1_{\mathrm{E}}$, $\varrho(t)^* = \varrho(-t)$ pour tout $t \in \mathbf{R}$ et $\varrho(t_1 + t_2) = \varrho(t_1)\varrho(t_2)$ pour tous t_1 et t_2 dans **R**. En particulier, l'endomorphisme $\varrho(t)$ est unitaire pour tout $t \in \mathbf{R}$. Pour tout $x \in \mathrm{E}$, l'application de **R** dans E définie par $x \mapsto \varrho(t)x$ est continue en $t = 0$ d'après la prop. 6 de IV, p. 276, donc ϱ est une représentation unitaire de **R** dans E (V, p. 380, lemme 4).

Lemme 12. — *Soit ϱ une représentation unitaire de* **R** *dans* E. *Soit* D *l'ensemble des éléments x de* E *tels que l'application $\psi_x \colon t \mapsto \varrho(t)x$ est dérivable en* 0. *L'application u de* D *dans* E *donnée par $x \mapsto i^{-1}\psi'_x(0)$ définit un opérateur partiel symétrique sur* E.

Soient $f \in \mathscr{D}(\mathbf{R})$ et $x \in \mathrm{E}$. Posons $y = \varrho(f)x$. Pour tout $h \in \mathbf{R}$, on a

$$\begin{aligned}\psi_y(h) &= \varrho(h)\varrho(f)x = \varrho(f)\varrho(h)x \\ &= \int_{\mathbf{R}} f(t)\varrho(t+h)x\,dt = \int_{\mathbf{R}} f(t-h)\psi_x(t)\,dt.\end{aligned}$$

La fonction de $\mathbf{R}^2$ dans **C** définie par $(t,h) \mapsto f(t-h)$ est indéfiniment dérivable ; sa dérivée par rapport à h est la fonction définie par $(t,h) \mapsto -f'(t-h)$, qui est bornée par $\|f'\|_\infty$. Lorsque $h = 0$, cette dérivée est nulle pour t en dehors d'un ensemble compact. Comme $\|\psi_x(t)\| = \|x\|$ pour tout t, on déduit de la prop. 2 de IV, p. 197 que la fonction ψ_y est dérivable en 0 et que sa dérivée est donnée par

$$\psi'_y(0) = -\int_{\mathbf{R}} f'(t)\psi_x(t)dt = -\varrho(f')x.$$

On a donc $y \in \mathrm{D}$. Comme l'espace $\mathscr{D}(\mathbf{R})$ est dense dans $\mathrm{L}^1(\mathbf{R})$ (prop. 4 de IV, p. 202) on déduit de INT, VIII, p. 139, § 2, n° 7, prop. 10 que l'espace D est dense dans E.

Soient x_1 et x_2 dans D. On calcule

$$\begin{aligned}\langle u(x_1)\,|\,x_2\rangle &= \lim_{h\to 0}\frac{i}{h}\langle\,(\varrho(h)-1_{\mathrm{E}})x_1\,|\,x_2\rangle\\ &= \lim_{h\to 0}\frac{i}{h}\langle x_1\,|\,(\varrho(-h)-1_{\mathrm{E}})x_2\rangle = \langle x_1\,|\,u(x_2)\rangle.\end{aligned}$$

Par conséquent, l'opérateur partiel u est symétrique.

DÉFINITION 5. — *Soit ϱ une représentation unitaire de* $\mathbf{R}$ *dans* E. *L'opérateur partiel symétrique défini dans le lemme* 12 *est appelé le* générateur infinitésimal *de ϱ.*

THÉORÈME 1 (Stone). — *L'application σ qui à une représentation unitaire ϱ de* $\mathbf{R}$ *dans* E *associe son générateur infinitésimal u définit une bijection de l'ensemble des représentations unitaires de* $\mathbf{R}$ *dans* E *dans l'ensemble des opérateurs partiels auto-adjoints sur* E. *La bijection réciproque τ associe à un opérateur partiel auto-adjoint la représentation unitaire $t \mapsto e^{itu}$.*

Démontrons d'abord quelques lemmes.

Lemme 13. — *Soit ϱ une représentation unitaire de* $\mathbf{R}$ *dans* E *et soit u son générateur infinitésimal.*

a) *Le domaine de u est l'ensemble des $x \in \mathrm{E}$ tels que l'application $\psi_x : t \mapsto \varrho(t)x$ est dérivable sur* $\mathbf{R}$;

b) *Pour tout $t \in \mathbf{R}$ et tout $x \in \mathrm{dom}(u)$, on a $\varrho(t)x \in \mathrm{dom}(u)$ et $\psi'_x(t) = iu(\varrho(t)x)$;*

c) *L'opérateur partiel u est essentiellement auto-adjoint.*

Pour tout $x \in \mathrm{E}$, notons ψ_x l'application de $\mathbf{R}$ dans E définie par $\psi_x(t) = \varrho(t)x$. Pour tout $t \in \mathbf{R}$ et tout $h \in \mathbf{R}$, on a

$$\psi_x(t+h) - \psi_x(t) = \varrho(t)\big(\psi_x(h) - \psi_x(0)\big),$$

ce qui démontre que $\mathrm{dom}(u)$ est l'espace des éléments $x \in \mathrm{E}$ tels que ψ_x est dérivable sur $\mathbf{R}$ et établit que $\psi'_x(t) = \varrho(t)\psi'_x(0) = i\varrho(t)(u(x))$ pour tout $t \in \mathbf{R}$.

Soient $x \in \mathrm{E}$ et $t \in \mathbf{R}$. On a $\psi_{\varrho(t)x}(s) = \psi_x(s+t)$ pour tout $s \in \mathbf{R}$. Par conséquent, on a $\varrho(t)x \in \mathrm{dom}(u)$ si $x \in \mathrm{dom}(u)$, et de plus $u(\varrho(t)x) = i^{-1}\psi'_x(t) = \varrho(t)u(x)$ d'après *a*). On obtient alors l'assertion *b*).

Démontrons c). Soit $x \in \operatorname{Ker}(u^* - i1_{\mathrm{E}})$. Démontrons que $x = 0$. Soit $y \in \operatorname{dom}(u)$, et soit f la fonction sur $\mathbf{R}$ définie par $f(t) = \langle \psi_y(t) \,|\, x \rangle$ pour $t \in \mathbf{R}$. La fonction f est bornée puisque $\|\psi_y(t)\| = \|y\|$ pour tout $t \in \mathbf{R}$; elle est dérivable dans $\mathbf{R}$ et, pour tout $t \in \mathbf{R}$, l'assertion b) implique

$$f'(t) = \langle \psi'_y(t) \,|\, x \rangle = \langle iu(\varrho(t)y) \,|\, x \rangle$$
$$= -i\langle \varrho(t)y \,|\, u^*(x) \rangle = -i\langle \psi_y(t) \,|\, ix \rangle = f(t)$$

puisque $u^*(x) = ix$. On a donc $f(t) = f(0)e^t$ pour tout $t \in \mathbf{R}$ (FVR, IV, p. 27). Puisque f est bornée, la fonction f est nulle et, en particulier, on a $\langle y \,|\, x \rangle = f(0) = 0$. Comme l'espace $\operatorname{dom}(u)$ est dense dans E, on conclut que $x = 0$. De même, on démontre que $\operatorname{Ker}(u^* + i1_{\mathrm{E}})$ est réduit à 0. D'après le cor. 3 de IV, p. 261, l'opérateur partiel u est donc essentiellement auto-adjoint.

Lemme 14. — *Soit u un opérateur partiel auto-adjoint sur* E *et soit $\varrho(t) = e^{itu}$ la représentation unitaire de* **R** *définie par u. Le générateur infinitésimal de ϱ est égal à u.*

Soit $x \in \operatorname{dom}(u)$. Posons $\psi_x(t) = \varrho(t)x$ pour tout $t \in \mathbf{R}$. Pour tout nombre réel h non nul, on a

$$\frac{1}{h}(\psi_x(t+h) - \psi_x(t)) = \Big(\frac{1}{h}(e^{ihu} - 1_{\mathrm{E}})\Big)e^{itu}x = \Big(\frac{1}{h}(e^{ihu} - 1_{\mathrm{E}})\Big)\varrho(t)x.$$

Lorsque h tend vers 0, on a

$$\frac{1}{h}(e^{iht} - 1) \to it$$

pour tout $t \in \mathbf{R}$. De plus,

$$\Big|\frac{1}{h}(e^{iht} - 1)\Big| = |t|\,\Big|\frac{1}{h}\int_0^h e^{its}ds\Big| \leqslant |t|.$$

Il résulte alors de la prop. 6 de IV, p. 276 que la fonction ψ_x est dérivable sur $\mathbf{R}$ et vérifie $\psi'_x(t) = iu(\varrho(t)x)$ pour tout $t \in \mathbf{R}$. Par conséquent, le domaine de u est inclus dans l'ensemble des $x \in \mathrm{E}$ tels que ψ_x est dérivable en 0 et qu'on a alors $\psi'_x(0) = iu(x)$. Cela signifie par définition que le générateur infinitésimal de ϱ est une extension de u. Ces deux opérateurs sont donc égaux puisqu'ils sont symétriques et que u est auto-adjoint (IV, p. 238, remarque 5).

Lemme 15. — *Soit ϱ une représentation unitaire de* **R** *dans* E. *Alors le générateur infinitésimal u de ϱ est auto-adjoint et $\varrho(t) = e^{itu}$ pour tout $t \in$* **R**.

D'après le lemme 13, c), l'opérateur partiel u est essentiellement auto-adjoint. Sa fermeture $\overline{u}$ est donc un opérateur auto-adjoint. Notons π la représentation unitaire de $\mathbf{R}$ définie par $\pi(t) = e^{it\overline{u}}$ (lemme 11).

Pour tout $x \in \mathrm{E}$, notons ψ_x (resp. $\widetilde{\psi}_x$) l'application de $\mathbf{R}$ dans E définie par $\psi_x(t) = \varrho(t)x$ (resp. par $\widetilde{\psi}_x(t) = \pi(t)x$).

D'après le lemme 13, a) et b), l'espace $\mathrm{dom}(u)$ est le sous-espace de E formé des éléments $x \in \mathrm{E}$ tels que l'application ψ_x est dérivable sur $\mathbf{R}$, et pour tout $x \in \mathrm{dom}(u)$ et tout $t \in \mathbf{R}$, on a $\psi'_x(t) = iu(\psi_x(t))$. De même, l'espace $\mathrm{dom}(\overline{u})$ est le sous-espace de E formé des éléments $x \in \mathrm{E}$ tels que l'application $\widetilde{\psi}_x$ est dérivable sur $\mathbf{R}$, et pour tout $x \in \mathrm{dom}(\overline{u})$ et tout $t \in \mathbf{R}$, on a $\widetilde{\psi}'_x(t) = i\overline{u}(\widetilde{\psi}_x(t))$.

Soit $x \in \mathrm{dom}(u) \subset \mathrm{dom}(\overline{u})$. Posons $f = \psi_x - \widetilde{\psi}_x$. C'est une fonction dérivable de $\mathbf{R}$ dans E. Pour tout $t \in \mathbf{R}$, il vient

$$f'(t) = iu(\psi_x(t)) - i\overline{u}(\widetilde{\psi}_x(t)) = i\overline{u}(f(t))$$

puisque $\psi_x(t) \in \mathrm{dom}(u)$ et $u \subset \overline{u}$. Posons $g = \|f\|^2$; c'est une application dérivable de $\mathbf{R}$ dans $\mathbf{R}$ telle que $g(0) = 0$. Pour $t \in \mathbf{R}$, on obtient d'après FVR, I, p. 28, prop. 2

$$\begin{aligned} g'(t) &= \langle f'(t) \mid f(t)\rangle + \langle f(t) \mid f'(t)\rangle \\ &= \langle i\overline{u}(f(t)) \mid f(t)\rangle + \langle f(t) \mid i\overline{u}(f(t))\rangle = 0 \end{aligned}$$

puisque $\overline{u}$ est auto-adjoint. On a donc $f = 0$, d'où $\varrho(t)x = \pi(t)x$ pour tout $t \in \mathbf{R}$. Les endomorphismes continus $\varrho(t)$ et $\pi(t)$ de E coïncident sur $\mathrm{dom}(u)$, et sont donc égaux pour tout $t \in \mathbf{R}$. Ainsi, on a $\pi = \varrho$; comme $\overline{u}$ est le générateur infinitésimal de π (lemme. 14), on a $\overline{u} = u$, ce qui démontre que u est auto-adjoint.

Nous pouvons maintenant démontrer le th. 1.

Les applications σ et τ sont bien définies (lemme 15 et lemme 11, respectivement).

Soit ϱ une représentation unitaire de $\mathbf{R}$. Notons u son générateur infinitésimal. La relation $\varrho(t) = e^{itu}$ pour tout $t \in \mathbf{R}$ (lemme 15) démontre que $\tau \circ \sigma$ est l'application identique.

Soit u un opérateur partiel auto-adjoint sur E. Le lemme 14 démontre que le générateur infinitésimal de la représentation unitaire $t \mapsto e^{itu}$ est égal à u, donc $\sigma \circ \tau$ est l'application identique.

Soit u un opérateur partiel auto-adjoint sur E et soit $\varrho(t) = e^{itu}$ pour $t \in \mathbf{R}$ la représentation unitaire de $\mathbf{R}$ dans E qui lui est associée.

Soit $x \in \mathrm{dom}(u)$. L'équation $\partial_t \varrho(t)x = iu(\varrho(t)x)$ qui est alors satisfaite (lemme 13, *b*)) est appelée *l'équation de Schrödinger.*

COROLLAIRE. — *Soit ϱ une représentation unitaire de* **R** *dans un espace hilbertien* E. *Il existe un espace localement compact* X, *une mesure positive μ sur* X *et une fonction continue g sur* X *à valeurs réelles tels que ϱ est isomorphe à la représentation π de* **R** *dans* $\mathrm{L}^2(\mathrm{X}, \mu)$ *définie par $\pi(t)f = e^{itg}f$ pour tout $t \in \mathbf{R}$ et tout $f \in \mathrm{L}^2(\mathrm{X}, \mu)$.*

Soit u l'opérateur auto-adjoint sur E tel que $\varrho(t) = e^{itu}$ pour tout $t \in \mathbf{R}$ (théorème 1). Il existe un espace localement compact X, une mesure positive μ sur X, un isomorphisme isométrique θ de $\mathrm{L}^2(\mathrm{X}, \mu)$ sur E et une fonction continue g sur X à valeurs réelles tels que $u = \theta \circ m_g \circ \theta^{-1}$ (th. 1 de IV, p. 266). L'assertion résulte de la formule $e^{itu} = \theta \circ e^{itm_g} \circ \theta^{-1} = \theta \circ m_{e^{itg}} \circ \theta^{-1}$ (lemme 4 de IV, p. 269).

Remarque. — Supposons que u est un endomorphisme de E. La représentation unitaire de **R** dans E définie par $\varrho(t) = e^{itu}$ vérifie alors l'inégalité $\|\varrho(t) - 1_{\mathrm{E}}\| \leqslant |t| \, \|u\|$ pour tout $t \in \mathbf{R}$, et l'application ϱ de **R** dans l'espace de Banach $\mathscr{L}(\mathrm{E})$ est l'unique solution de l'équation différentielle linéaire

$$\frac{1}{i}\frac{d\varrho}{dt} = u \circ \varrho$$

(*cf.* FVR, IV, p. 26, §6).

Exemple. — Soit ϱ la représentation régulière de **R** dans $\mathrm{L}^2(\mathbf{R})$. Le générateur infinitésimal de ϱ est la fermeture de l'opérateur différentiel de domaine $\mathscr{D}(\mathbf{R})$ défini par $f \mapsto -if'$.

§ 3. FONCTIONS DE TYPE POSITIF

Dans ce paragraphe, tous les espaces vectoriels, ainsi que tous les espaces hilbertiens et les algèbres considérées, sont sur **C**, sauf mention du contraire.

1. Noyaux universellement positifs

Dans ce numéro, X est un espace topologique séparé.

THÉORÈME 1. — *Soit* $f \in \mathscr{C}(\mathrm{X} \times \mathrm{X})$. *Les conditions suivantes sont équivalentes :*

(i) *Pour toute partie compacte* Y *de* X *et toute mesure positive* μ *sur* Y, *l'endomorphisme de* $\mathrm{L}^2(\mathrm{Y}, \mu)$ *défini par le noyau* $f|(\mathrm{Y} \times \mathrm{Y})$ (déf. 1 de III, p. 29) *est positif, autrement dit, on a*

$$\int_{\mathrm{Y}\times\mathrm{Y}} \overline{h(x)} h(y) f(x, y) d(\mu \otimes \mu)(x, y) \geqslant 0$$

pour tout $h \in \mathscr{L}^2(\mathrm{Y}, \mu)$;

(ii) *Pour tout entier* $n \in \mathbf{N}$, *toute famille* $(x_i)_{0 \leqslant i \leqslant n}$ *dans* X *et toute famille* $(t_i)_{0 \leqslant i \leqslant n}$ *de nombres complexes, on a*

$$\sum_{i=0}^{n} \sum_{j=0}^{n} \overline{t}_i t_j f(x_i, x_j) \geqslant 0 ;$$

(iii) *Il existe un espace hilbertien complexe* E *et une application continue* $g \colon \mathrm{X} \to \mathrm{E}$ *d'image totale telle que* $f(x, y) = \langle g(x) \,|\, g(y) \rangle$ *pour tous* x *et* y *dans* X ;

(iv) *Il existe un espace hilbertien complexe* E *et une application continue* $g \colon \mathrm{X} \to \mathrm{E}$ *telle que* $f(x, y) = \langle g(x) \,|\, g(y) \rangle$ *pour tous* x *et* y *dans* X.

Il est apparent que (iii) implique (iv) et on voit que (i) implique (ii) en considérant la mesure discrète μ qui est l'image de la mesure de comptage sur $\{0, \ldots, n\}$ par l'application $i \mapsto x_i$ et la fonction h telle que

$$h(x) = \sum_{\substack{0 \leqslant i \leqslant n \\ x_i = x}} t_i .$$

Démontrons que (iv) implique (i). Supposons qu'il existe un espace hilbertien complexe E et une application continue $g \colon \mathrm{X} \to \mathrm{E}$ tels que $f(x, y) = \langle g(x) \,|\, g(y) \rangle$ pour tout $(x, y) \in \mathrm{X} \times \mathrm{X}$. Soient Y une partie compacte de X, μ une mesure positive sur Y et $h \in \mathscr{L}^2(\mathrm{Y}, \mu)$. On a

$$\begin{aligned}\int_{\mathrm{Y}\times\mathrm{Y}} \overline{h(x)}h(y)f(x,y)d(\mu\otimes\mu)(x,y) \\ = \int_{\mathrm{Y}\times\mathrm{Y}} \overline{h(x)}h(y)\langle g(x)\,|\,g(y)\rangle d(\mu\otimes\mu)(x,y) \\ = \Big\langle \int_{\mathrm{Y}} h(x)g(x)d\mu(x) \,\Big|\, \int_{\mathrm{Y}} h(y)g(y)d\mu(y)\Big\rangle \geqslant 0\end{aligned}$$

d'après INT, V, p. 97, § 8, n° 4, prop. 9.

Démontrons enfin que (ii) implique (iii). Soit $\widetilde{\mathrm{E}}$ l'espace des mesures complexes à support fini sur X. Pour μ_1 et μ_2 dans $\widetilde{\mathrm{E}}$, on pose

$$\langle \mu_1 \,|\, \mu_2\rangle = \int_{\mathrm{X}\times\mathrm{X}} f(x,y)\,(\overline{\mu}_1\otimes\mu_2)(x,y).$$

La forme sesquilinéaire ainsi définie sur $\widetilde{\mathrm{E}}$ est une forme hermitienne positive. En effet, soit $\mu \in \widetilde{\mathrm{E}}$; il existe une famille finie $(x_i)_{0\leqslant i\leqslant n}$ dans X et des nombres complexes $(t_i)_{0\leqslant i\leqslant n}$ tels que $\mu = \sum_{i=0}^{n} t_i\varepsilon_{x_i}$. On a alors

$$\langle \mu\,|\,\mu\rangle = \sum_{i=0}^{n}\sum_{j=0}^{n} \overline{t}_i t_j f(x_i,x_j) \geqslant 0$$

par hypothèse. On définit $\widetilde{g}\colon \mathrm{X} \to \widetilde{\mathrm{E}}$ par $\widetilde{g}(x) = \varepsilon_x$. L'image de l'application $\widetilde{g}$ engendre $\widetilde{\mathrm{E}}$. De plus, pour tout $(x,y) \in \mathrm{X}\times\mathrm{X}$, on a d'une part $f(x,y) = \langle \widetilde{g}(x)\,|\,\widetilde{g}(y)\rangle$ et d'autre part

$$\|\widetilde{g}(x) - \widetilde{g}(y)\|^2 = f(x,x) + f(y,y) - f(x,y) - f(y,x),$$

ce qui implique que $\widetilde{g}$ est continue puisque f est continue.

Soient E l'espace hilbertien séparé-complété de $\widetilde{\mathrm{E}}$ (EVT, V, p. 8, cor. de la prop. 4) et $g\colon \mathrm{X} \to \mathrm{E}$ la composition de $\widetilde{g}$ et de l'application canonique $\widetilde{\mathrm{E}} \to \mathrm{E}$. Alors l'application g est continue, son image est totale dans E, et on a $f(x,y) = \langle g(x)\,|\,g(y)\rangle$ pour tout $(x,y) \in \mathrm{X}\times\mathrm{X}$.

La méthode employée pour démontrer que (ii) implique (iii) est appelée la *construction de Gelfand–Naimark–Segal.*

DÉFINITION 1. — *On dit qu'une fonction* $f \in \mathscr{C}(\mathrm{X}\times\mathrm{X})$ *est un* noyau universellement positif sur X *si elle vérifie les conditions équivalentes du théorème* 1.

Si f *est un noyau universellement positif sur* X, *un couple* (E, g) *vérifiant la condition* (iv) *de* loc. cit. *est appelé une* réalisation hilbertienne *de* f ; *si la condition* (iii) *est satisfaite, on dit que c'est une* réalisation hilbertienne cyclique.

On note $\mathrm{Noy}_+(\mathrm{X})$ *l'ensemble des noyaux universellement positifs sur* X.

Soient X′ un espace topologique séparé et $h\colon \mathrm{X} \to \mathrm{X}'$ une application continue. L'application $f \mapsto f\circ(h,h)$ de $\mathscr{C}(\mathrm{X}'\times\mathrm{X}')$ dans $\mathscr{C}(\mathrm{X}\times\mathrm{X})$ induit par passage aux sous-espaces une application $\mathrm{Noy}_+(\mathrm{X}') \to \mathrm{Noy}_+(\mathrm{X})$.

PROPOSITION 1. — *Soit f un noyau universellement positif sur* X. *Soient* (E_1, g_1) *et* (E_2, g_2) *des réalisations hilbertiennes de f. On suppose que* (E_1, g_1) *est une réalisation hilbertienne cyclique. Il existe alors une unique application linéaire continue $u\colon \mathrm{E}_1 \to \mathrm{E}_2$ telle que $g_2 = u \circ g_1$. Cette application est isométrique. Si* (E_2, g_2) *est également cyclique, alors u est un isomorphisme.*

L'unicité de u résulte du fait que l'image de g_1 est totale dans E_1. Soit $\mathrm{F} = \mathbf{C}^{(\mathrm{X})}$ et soit $(e_x)_{x\in\mathrm{X}}$ la base canonique de F. Pour $j = 1$ et $j = 2$, notons u_j l'application linéaire de F dans E_j déterminée par $u_j(e_x) = g_j(x)$, et notons F_j son image ; l'espace F_1 est dense dans E_1.

Soit $t = \sum t_x e_x$ un élément de F. On a

$$\begin{aligned}\|u_1(t)\|^2 = \sum_{x,y} \overline{t}_x t_y \langle g_1(x) \,|\, g_1(y)\rangle &= \sum_{x,y} \overline{t}_x t_y f(x,y)\\ &= \sum_{x,y} \overline{t}_x t_y \langle g_2(x) \,|\, g_2(y)\rangle = \|u_2(t)\|^2.\end{aligned}$$

Par conséquent, il existe une application linéaire isométrique v de F_1 dans F_2 telle que $u_2 = v \circ u_1$, et en particulier $g_2(x) = v(g_1(x))$ pour tout $x \in \mathrm{X}$. Puisque l'image de g_1 est totale dans E_1, cette application se prolonge en une application linéaire isométrique u de E_1 dans E_2 telle que $g_2 = u \circ g_1$.

D'après le lemme 8 de I, p. 107, l'image de u est fermée dans E_2. Si (E_2, g_2) est une réalisation hilbertienne cyclique, l'image de u est également dense dans E_2 et u est donc un isomorphisme.

PROPOSITION 2. — *L'ensemble* $\mathrm{Noy}_+(\mathrm{X})$ *est un cône auto-adjoint dans l'espace* $\mathscr{C}(\mathrm{X} \times \mathrm{X})$; *il est stable par produit et il est fermé lorsque l'on munit* $\mathscr{C}(\mathrm{X} \times \mathrm{X})$ *de la topologie de la convergence simple.*

Il est élémentaire que si $f \in \mathrm{Noy}_+(\mathrm{X})$, alors $tf \in \mathrm{Noy}_+(\mathrm{X})$ pour tout nombre réel $t \geqslant 0$, et que $\overline{f} \in \mathrm{Noy}_+(\mathrm{X})$.

Si (E_1, g_1) et (E_2, g_2) sont des réalisations hilbertiennes de noyaux universellement positifs f_1 et f_2 sur X, alors le couple $(\mathrm{E}_1 \oplus \mathrm{E}_2, g_1 + g_2)$ (resp. le couple $(\mathrm{E}_1 \widehat{\otimes}_2 \mathrm{E}_2, g_1 \otimes g_2)$) est une réalisation hilbertienne de $f_1 + f_2$ (resp. de $f_1 f_2$) ; ce sont donc des noyaux universellement positifs.

La caractérisation (ii) de $\mathrm{Noy}_+(\mathrm{X})$ (th. 1) implique que cet ensemble est fermé dans $\mathscr{C}(\mathrm{X}\times\mathrm{X})$ muni de la topologie de la convergence simple.

2. Complément sur le calcul fonctionnel holomorphe

Pour toute partie X de **C**, on note X^* l'image de X par la conjugaison complexe. Soient U une partie ouverte de **C** et $g\colon \mathrm{U} \to \mathbf{C}$ une fonction holomorphe. La fonction $f^*\colon z \mapsto \overline{g(\overline{z})}$ est alors définie et holomorphe sur U^*. L'application $f \mapsto f^*$ est une bijection continue de $\mathscr{O}(\mathrm{U})$ dans $\mathscr{O}(\mathrm{U}^*)$ telle que $(f_1 f_2)^* = f_1^* f_2^*$ et $(f_1+f_2)^* = f_1^* + f_2^*$ pour f_1 et f_2 dans $\mathscr{O}(\mathrm{U})$.

Soit C une partie compacte de **C**. Les applications $f \mapsto f^*$ de $\mathscr{O}(\mathrm{U})$ dans $\mathscr{O}(\mathrm{U}^*)$ pour U parcourant les parties ouvertes de **C** contenant C induisent une bijection continue de l'espace $\mathscr{O}(\mathrm{C})$ dans $\mathscr{O}(\mathrm{C}^*)$ (I, p. 49, n° 1), qui est également notée $f \mapsto f^*$ et qui vérifie $(f_1 f_2)^* = f_1^* f_2^*$ et $(f_1+f_2)^* = f_1^* + f_2^*$ pour f_1 et f_2 dans $\mathscr{O}(\mathrm{C})$.

PROPOSITION 3. — *Soit* A *une algèbre de Banach unifère involutive. Soit $a \in \mathrm{A}$. Le spectre de a^* est l'image $\mathrm{Sp}_{\mathrm{A}}(a)^*$ de $\mathrm{Sp}_{\mathrm{A}}(a)$ par la conjugaison complexe. Pour tout $f \in \mathscr{O}(\mathrm{Sp}_{\mathrm{A}}(a))$, on a $f(a)^* = f^*(a^*)$.*

La première assertion résulte de I, p. 97. D'après ce qui précède, l'application φ de $\mathscr{O}(\mathrm{Sp}_{\mathrm{A}}(a))$ dans A définie par $f \mapsto (f^*(a^*))^*$ est un morphisme unifère continu de $\mathscr{O}(\mathrm{Sp}_{\mathrm{A}}(a))$ dans A tel que l'image du germe au voisinage de $\mathrm{Sp}_{\mathrm{A}}(a)$ de la fonction identique de **C** est égal à a. Par conséquent, φ est l'application $f \mapsto f(a)$ du calcul fonctionnel holomorphe (I, p. 74, th. 5).

Lemme 1. — *Soit* D *le disque unité ouvert dans* **C**. *Il existe une unique fonction holomorphe f définie sur* D *telle que $f(z)^2 = 1 - z$ pour tout $z \in \mathrm{D}$ et $f(0) = 1$. On a $f^* = f$.*

Le rayon de convergence de la série entière

$$\sum_{n=0}^{+\infty} \binom{1/2}{n} (-z)^n$$

est à 1 et sa somme f définit une fonction holomorphe sur D (VAR, R1, p. 27, 3.2.9) prenant la valeur 1 en 0. Elle vérifie $f(x) = \sqrt{1-x}$

pour tout $x \in \mathrm{D} \cap \mathbf{R}$ (FVR, III, p. 19), donc $f(z)^2 = 1 - z$ pour $z \in \mathrm{D}$ puisque la différence $f(z)^2 - (1 - z)$ est une fonction holomorphe dont toutes les dérivées successives s'annulent en 0 (VAR, R1, p. 27, 3.2.5). Par définition, on vérifie que $f^* = f$.

Soit g une fonction holomorphe sur D telle que $g(z)^2 = 1 - z$ pour tout $z \in \mathrm{D}$ et telle que $g(0) = 1$. La fonction g ne s'annule pas et la fonction continue f/g sur D est à valeurs dans $\{-1, 1\}$; puisque D est connexe et que $f(0) = g(0)$, on a $f = g$.

3. Formes linéaires positives

DÉFINITION 2. — *Soit* A *une algèbre involutive. Une forme linéaire* λ *sur* A *est dite* positive *si* $\lambda(a^*a) \in \mathbf{R}_+$ *pour tout* $a \in \mathrm{A}$.

Si A *est une algèbre de Banach involutive, on note* A'_+ *l'ensemble des formes linéaires positives* continues *sur* A.

Soit A une algèbre de Banach involutive. L'ensemble A'_+ est un cône convexe pointé dans l'espace vectoriel réel des formes **C**-linéaires sur A.

Lemme 2. — *Soient* A *une algèbre de Banach involutive et* λ *une forme linéaire positive sur* A.

a) *Pour tous* a *et* b *dans* A, *on a* $\lambda(a^*b) = \overline{\lambda(b^*a)}$ *et*

$$|\lambda(a^*b)|^2 \leqslant \lambda(a^*a)\lambda(b^*b) ;$$

b) *Si* A *est unifère, alors la forme linéaire* λ *est continue et sa norme est égale à* $\lambda(1)$.

L'application $(a, b) \mapsto \lambda(a^*b)$ est une forme hermitienne positive sur A ; elle vérifie donc $\lambda(a^*b) = \overline{\lambda(b^*a)}$ et $|\lambda(a^*b)|^2 \leqslant \lambda(a^*a)\lambda(b^*b)$ pour tous a et b dans A (EVT, V, p. 2, remarque et p. 3, prop. 2).

Démontrons b). Soit $a \in \mathrm{A}$ un élément hermitien de norme < 1. Le rayon spectral de a est inférieur à $\|a\|$, donc le spectre de a est contenu dans le disque unité ouvert D de **C** (th. 1 de I, p. 24). Soit f une fonction holomorphe sur D telle que $f(z)^2 = 1-z$ pour tout $z \in \mathrm{D}$ (lemme 1 de V, p. 435). Appliquons le calcul fonctionnel holomorphe à l'élément a et à la fonction f. L'élément $b = f(a)$ vérifie $b^2 = 1-a$ (I, p. 74, th. 5). D'après la prop. 3 de V, p. 435, on a de plus $f(a)^* = f^*(a^*) = f(a)$, donc b est hermitien. Il vient alors $\lambda(1 - a) = \lambda(b^*b) \geqslant 0$, d'où $\lambda(a) \leqslant \lambda(1)$.

Soit maintenant $b \in \mathrm{A}$ de norme < 1. L'élément b^*b est hermitien et $\|b^*b\| < 1$, donc en appliquant *a*) avec $a = 1$, on trouve

$$|\lambda(b)|^2 \leqslant \lambda(1)\lambda(b^*b) \leqslant \lambda(1)^2,$$

avec égalité si $b = 1$. La forme linéaire λ est donc continue, et sa norme est égale à $\lambda(1)$. L'assertion *b*) est démontrée.

Exemple. — Soit X un espace topologique compact et soit A l'algèbre stellaire $\mathscr{C}(\mathrm{X})$. Les formes linéaires positives sur A s'identifient aux mesures positives sur X (INT, III, p. 52, § 1, n° 6, th. 1).

Lemme 3. — *Soit* A *une algèbre de Banach unifère involutive admettant une unité approchée* (I, p. 120, déf. 7). *Soit* λ *une forme linéaire positive continue sur* A.

a) *Pour tout* a *dans* A, *on a* $\lambda(a^*) = \overline{\lambda(a)}$ *et* $|\lambda(a)|^2 \leqslant \|\lambda\|\lambda(a^*a)$;

b) *Soit* $\widetilde{\mathrm{A}}$ *l'algèbre involutive obtenue à partir de* A *par adjonction d'un élément unité et soit* e *son élément unité. Il existe une forme linéaire positive continue* $\widetilde{\lambda}$ *sur* $\widetilde{\mathrm{A}}$ *qui prolonge* λ *et telle que* $\widetilde{\lambda}(e) = \|\lambda\|$;

c) *Pour tous* a *et* b *dans* A, *on a* $|\lambda(b^*ab)| \leqslant \|a\|\lambda(b^*b)$.

Démontrons *a*). Soit $\mathfrak{F}$ une unité approchée de A. Soit $a \in \mathrm{A}$. En utilisant le lemme 2, *a*) et la définition d'une unité approchée, on trouve

$$\lambda(a^*) = \lim_{f,\mathfrak{F}} \lambda(fa^*) = \lim_{f,\mathfrak{F}} \overline{\lambda(af^*)} = \lim_{f,\mathfrak{F}} \overline{\lambda((fa^*)^*)} = \overline{\lambda(a)},$$

d'où (*loc. cit.*)

$$|\lambda(a)|^2 = \lim_{f,\mathfrak{F}} |\lambda(fa)|^2 \leqslant \lambda(a^*a) \limsup_{f,\mathfrak{F}} \lambda(ff^*) \leqslant \|\lambda\|\lambda(a^*a),$$

puisque $\mathfrak{F}$ est un filtre sur la boule unité de A.

Pour démontrer *b*), on peut supposer que λ n'est pas nulle, puis que $\|\lambda\| = 1$. Pour $a \in \mathrm{A}$ et $z \in \mathbf{C}$, posons $\widetilde{\lambda}(a + z \cdot e) = \lambda(a) + z$. L'application $\widetilde{\lambda}$ est une forme linéaire continue sur $\widetilde{\mathrm{A}}$ qui prolonge λ et vérifie $\widetilde{\lambda}(e) = 1$. Elle est positive : pour tous $a \in \mathrm{A}$ et $z \in \mathbf{C}$, d'après *a*), on calcule

$$\begin{aligned} \widetilde{\lambda}((a + z \cdot e)^*(a + z \cdot e)) &= \lambda(a^*a) + \overline{z}\lambda(a) + z\lambda(a^*) + |z|^2 \\ &= |z + \lambda(a)|^2 + \lambda(a^*a) - |\lambda(a)|^2 \geqslant 0. \end{aligned}$$

Finalement, soit b un élément de A. L'application $a \mapsto \widetilde{\lambda}(b^*ab)$ est une forme linéaire positive sur l'algèbre de Banach involutive unifère $\widetilde{\mathrm{A}}$. Elle est donc continue de norme égale à sa valeur en e (lemme 2, *b*)), qui est égale à $\lambda(b^*b)$, d'où l'assertion *c*).

PROPOSITION 4. — *Soit* A *une algèbre de Banach involutive.*

a) *Pour tout espace hilbertien* E, *tout morphisme d'algèbres involutives* $\varphi\colon \mathrm{A} \to \mathscr{L}(\mathrm{E})$ *et tout vecteur* $x \in \mathrm{E}$, *la forme linéaire définie sur* A *par* $\lambda(a) = \langle x \mid \varphi(a)x\rangle$ *est une forme linéaire positive continue;*

b) *Soit* $\lambda \in \mathrm{A}'_+$. *L'application* f *de* A×A *dans* **C** *définie par* $f(a,b) = \lambda(a^*b)$ *pour tout* $(a,b) \in \mathrm{A} \times \mathrm{A}$ *est un noyau universellement positif sur* A.

Démontrons *a*). Pour tout $a \in \mathrm{A}$, on a

$$\lambda(a^*a) = \langle x \mid \varphi(a^*a)x\rangle = \|\varphi(a)x\|^2 \geqslant 0$$

donc λ est une forme linéaire positive sur A ; elle est continue puisque φ est continu (prop. 2 de I, p. 104).

Démontrons *b*). La fonction f est continue. Pour tout $n \in \mathbf{N}$, toute famille $(a_i)_{0\leqslant i\leqslant n}$ dans A et toute famille $(t_i)_{0\leqslant i\leqslant n}$ de nombres complexes, on a

$$\sum_{i=0}^{n}\sum_{j=0}^{n} \bar{t}_i t_j f(a_i, a_j) = \lambda\Big(\Big(\sum_{i=0}^{n} t_i a_i\Big)^* \Big(\sum_{j=0}^{n} t_j a_j\Big)\Big) \geqslant 0,$$

d'où le résultat (déf. 1 de V, p. 433).

DÉFINITION 3. — *Soit* A *une algèbre de Banach involutive. Soit* $\lambda \in \mathrm{A}'_+$ *une forme linéaire positive continue sur* A. *On appelle* réalisation hilbertienne *de* λ *un triplet* (E, x, φ) *formé d'un espace hilbertien* E, *d'un élément* x *de* E *et d'un morphisme d'algèbres involutives* φ *de* A *dans* $\mathscr{L}(\mathrm{E})$, *tels que* $\lambda(b^*a) = \langle \varphi(b)x \mid \varphi(a)x\rangle$ *pour tout* $(a,b) \in \mathrm{A}^2$.

Si l'ensemble des éléments $\varphi(a)x$ *pour* $a \in \mathrm{A}$ *est total dans* E, *on dit que* (E, x, φ) *est une* réalisation hilbertienne cyclique *de* λ.

PROPOSITION 5. — *Soit* A *une algèbre de Banach involutive admettant une unité approchée. Toute forme linéaire positive continue sur* A *admet une réalisation hilbertienne cyclique* (E, x, φ). *Si* A *est unifère, alors il existe une telle réalisation où le morphisme* φ *est unifère.*

On peut supposer que A est une algèbre unifère (lemme 3, *b*)).

Soit λ une forme linéaire positive continue sur A. Soit (E, g) une réalisation hilbertienne cyclique du noyau universellement positif f sur A défini par $f(a,b) = \lambda(a^*b)$ (prop. 4 et th. 1). L'application g est continue, son image est totale dans E, et on a $\lambda(a^*b) = \langle g(a) \mid g(b)\rangle$ pour tout $(a,b) \in \mathrm{A}^2$. Posons $x = g(1) \in \mathrm{E}$.

L'application g de A dans E est linéaire : en effet, pour $(a,b,c) \in \mathrm{A}^3$ et $(s,t) \in \mathbf{C}^2$, il vient

$$\begin{aligned}\langle g(c) \,|\, g(sa+tb)\rangle &= \lambda(c^*(sa+tb)) \\ &= s\lambda(c^*a) + t\lambda(c^*b) = \langle g(c) \,|\, sg(a) + tg(b)\rangle,\end{aligned}$$

d'où l'assertion puisque l'image de g est totale dans E.

En particulier, l'image F de g est un sous-espace vectoriel dense de E. Le noyau de g est un idéal à gauche de A : si $g(b) = 0$, alors pour tous a et c dans A, il vient

$$\langle g(ab) \,|\, g(c)\rangle = \lambda((ab)^*c) = \lambda(b^*(a^*c)) = \langle g(b) \,|\, g(a^*c)\rangle = 0,$$

donc $g(ab) = 0$ puisque F est dense dans E.

Soit $a \in \mathrm{A}$. Puisque le noyau de g est un idéal à gauche de A, il existe une application linéaire $\widetilde{\varphi}(a) \colon \mathrm{F} \to \mathrm{F}$ telle que $\widetilde{\varphi}(a)(g(b)) = g(ab)$ pour tout $b \in \mathrm{A}$. De plus, pour tout $b \in \mathrm{A}$, il vient

$$\|\widetilde{\varphi}(a)(g(b))\|^2 = \|g(ab)\|^2 = \lambda(b^*a^*ab) \leqslant \|a^*a\|\lambda(b^*b) \leqslant \|a\|^2\|g(b)\|^2$$

(lemme 3, c)), donc $\widetilde{\varphi}(a)$ est continue et de norme $\leqslant \|a\|$. Par conséquent, il existe un unique endomorphisme $\varphi(a) \in \mathscr{L}(\mathrm{E})$ qui induit $\widetilde{\varphi}(a)$ par passage aux sous-espaces.

Soient a et b dans A. On a

$$(\varphi(a) \circ \varphi(b))(g(c)) = g(abc) = \varphi(ab)(g(c))$$

pour tout c dans A, donc $\varphi(ab) = \varphi(a) \circ \varphi(b)$ puisque F est dense dans E.

L'application φ de A dans $\mathscr{L}(\mathrm{E})$ est linéaire : en effet, pour tout $(a,b) \in \mathrm{A}^2$ et tout $(s,t) \in \mathbf{C}^2$, on a

$$\varphi(sa+tb)(g(c)) = g((sa+tb)c) = (s\varphi(a) + t\varphi(b))g(c)$$

pour tout $c \in \mathrm{A}$, d'où $\varphi(sa+tb) = s\varphi(a) + t\varphi(b)$ puisque F est dense dans E. Comme $\|\varphi(b)\| \leqslant \|b\|$ pour tout $b \in \mathrm{A}$, l'application φ est continue. On a également $\varphi(1) = 1_{\mathrm{E}}$ puisque $\varphi(1)(g(a)) = g(a)$ pour tout $a \in \mathrm{A}$ et que F est dense dans E.

Enfin, soient a, b, c dans A. On a

$$\begin{aligned}\langle g(c) \,|\, \varphi(a^*)(g(b))\rangle &= \langle g(c) \,|\, g(a^*b)\rangle = \lambda(c^*a^*b) \\ &= \langle g(ac) \,|\, g(b)\rangle = \langle \varphi(a)(g(c)) \,|\, g(b)\rangle\end{aligned}$$

d'où $\varphi(a^*) = \varphi(a)^*$ puisque F est dense dans E.

En conclusion, l'application φ est un morphisme continu d'algèbres involutives de A dans $\mathscr{L}(E)$ et $g(a) = \varphi(a)x$ pour tout $a \in A$; par conséquent, le triplet (E, x, φ) est une réalisation hilbertienne cyclique de λ.

PROPOSITION 6. — *Soit* A *une algèbre de Banach involutive et soit* λ *une forme linéaire positive continue sur* A. *Soient* (E_1, x_1, φ_1) *et* (E_2, x_2, φ_2) *des réalisations hilbertiennes de* λ. *On suppose que* (E_1, x_1, φ_1) *est une réalisation hilbertienne cyclique.*

a) *Il existe une unique application linéaire continue* u *de* E_1 *dans* E_2 *qui est un morphisme de représentations de* φ_1 *dans* φ_2 (I, p. 11) *et qui vérifie* $u(\varphi_1(a)x_1) = \varphi_2(a)x_2$ *pour tout* $a \in A$;

b) *L'application linéaire* u *est isométrique* ;

c) *Si* (E_2, x_2, φ_2) *est cyclique, alors* u *est un isomorphisme* ;

d) *Si* (E_2, x_2, φ_2) *est cyclique et si* A *est unifère, alors* $u(x_1) = x_2$.

Pour $j \in \{1, 2\}$, définissons $\gamma_j \colon A \to E_j$ par $\gamma_j(a) = \varphi_j(a)x_j$ pour tout $a \in A$. Par définition, les couples (E_j, γ_j) sont des réalisations hilbertiennes du noyau universellement positif f sur A défini par $(a, b) \mapsto \lambda(a^*b)$. La réalisation hilbertienne (E_1, γ_1) est cyclique ; d'après la prop. 1 de V, p. 434, il existe donc une unique application linéaire continue $u \colon E_1 \to E_2$ telle que $\gamma_2 = u \circ \gamma_1$, et celle-ci est isométrique. De plus, si (E_2, x_2, φ_2) est également cyclique, alors u est un isomorphisme. Pour démontrer *a*), *b*) et *c*), il suffit de démontrer que u est un morphisme de représentations de φ_1 dans φ_2.

Soit $a \in A$. Pour tout $b \in A$, on a

$$\begin{aligned}(u \circ \varphi_1(a))(\gamma_1(b)) &= (u \circ \varphi_1(ab))x_1 = (u \circ \gamma_1)(ab) \\ &= \gamma_2(ab) = \varphi_2(a)(\gamma_2(b)) = \varphi_2(a)(u(\gamma_1(b))),\end{aligned}$$

donc les applications linéaires continues $u \circ \varphi_1(a)$ et $\varphi_2(a) \circ u$ coïncident sur le sous-espace de E_1 engendré par l'image de γ_1 ; ce sous-espace est dense dans E_1 par hypothèse, d'où $u \circ \varphi_1(a) = \varphi_2(a) \circ u$.

Démontrons enfin *d*). Supposons donc que A est unifère et que (E_2, x_2, φ_2) est cyclique. Il existe une réalisation hilbertienne cyclique (E_3, x_3, φ_3) de λ telle que φ_3 est un morphisme unifère (prop. 5). Soit $j \in \{1, 2\}$. En appliquant ce qui précède à (E_j, x_j, φ_j) et (E_3, x_3, φ_3), on voit qu'il existe un isomorphisme isométrique $\widetilde{u}_j$ de E_j dans E_3 tel que $\widetilde{u}_j \circ \varphi_j(a) = \varphi_3(a) \circ \widetilde{u}_j$ pour tout $a \in \mathrm{A}$. En prenant $a = 1_{\mathrm{A}}$, on voit que φ_j est unifère. On a alors $x_2 = \varphi_2(1_{\mathrm{A}})x_2 = u(\varphi_1(1_{\mathrm{A}})x_1) = u(x_1)$.

Remarque. — Conservons les notations de la proposition. Il est possible que $u(x_1)$ soit différent de x_2 (exercice 3, *b*) de V, p. 493). Cependant, le triplet $(\mathrm{E}_2, u(x_1), \varphi_2)$ est aussi une représentation hilbertienne de λ.

4. Représentations des algèbres stellaires

Soit A une algèbre stellaire. Notons A_+ le cône convexe fermé des éléments positifs de A (déf. 6 de I, p. 115). Une forme linéaire λ sur A est positive si et seulement si $\lambda(\mathrm{A}_+) \subset \mathbf{R}_+$ (I, p. 118, th. 2).

PROPOSITION 7. — *Soit* A *une algèbre stellaire. Toute forme linéaire positive* λ *sur* A *est continue.*

Démontrons d'abord que λ est bornée sur l'intersection de A_+ et de la boule unité de A. Supposons que ce ne soit pas le cas. Il existe alors une suite $(x_n)_{n\geqslant 1}$ dans A_+ telle que $\|x_n\| \leqslant 1$ et $\lambda(x_n) \geqslant n$ pour tout entier $n \geqslant 1$. La série de terme général $n^{-2}x_n$ converge vers un élément x de A (*cf.* TG, IV, p. 33, exemple 3). Pour tout entier $\mathrm{N} \geqslant 1$, comme

$$\sum_{n=\mathrm{N}+1}^{+\infty} \frac{1}{n^2} x_n \in \mathrm{A}_+,$$

(I, p. 116, prop. 14) il vient

$$\sum_{n=1}^{\mathrm{N}} \frac{1}{n} \leqslant \sum_{n=1}^{\mathrm{N}} \frac{1}{n^2}\lambda(x_n) = \lambda(x) - \lambda\Big(\sum_{n=\mathrm{N}+1}^{+\infty} \frac{1}{n^2} x_n\Big) \leqslant \lambda(x),$$

ce qui est absurde (TG, IV, p. 33, exemple 4).

Comme tout élément de la boule unité de A est combinaison linéaire avec des coefficients bornés par 1 d'au plus quatre éléments positifs de A de norme $\leqslant 1$ (I, p. 96, lemme 2 et formule (4) de I, p. 117), on conclut que λ est continue.

Il existe des algèbres de Banach involutives qui admettent des formes linéaires positives qui ne sont pas continues (exercice 3, *a*) de V, p. 493).

PROPOSITION 8. — *Soient* A *une algèbre stellaire et* a *un élément non nul de* A. *Il existe une forme linéaire positive* $\lambda \in \mathrm{A}'_+$ *telle que* $\lambda(a^*a) > 0$.

Considérons l'espace de Banach réel A_h des éléments hermitiens de A. L'ensemble A_+ est un cône convexe fermé pointé saillant dans A_h (prop. 14 de I, p. 116). L'élément a^*a est positif (th. 2 de I, p. 118) et non nul, donc l'élément hermitien $-a^*a$ n'est donc pas positif. D'après EVT, II, p. 42, cor. 5, il existe une forme linéaire réelle continue $\lambda \in A'_h$ telle que $\lambda(-a^*a) < 0$ et $\lambda(A_+) \subset \mathbf{R}_+$. La forme linéaire λ s'étend en une forme $\mathbf{C}$-linéaire hermitienne sur A (*cf.* I, p. 98), qui est positive et qui possède la propriété demandée.

THÉORÈME 2 (Gelfand–Naimark). — *Soit* A *une algèbre stellaire. Il existe un espace hilbertien* E *et un morphisme isométrique d'algèbres involutives* φ *de* A *dans* $\mathscr{L}(E)$. *Si* A *est unifère, il existe un tel morphisme unifère.*

Pour tout $b \in A - \{0\}$, soit λ_b une forme linéaire positive continue sur A telle que $\lambda_b(b^*b) > 0$ (prop. 8). Puisque A admet une unité approchée (I, p. 121, prop. 18), il existe une réalisation hilbertienne (E_b, x_b, φ_b) de λ_b (prop. 5). Si A est unifère, on peut supposer que φ_b est unifère (*loc. cit.*). On a $\|\varphi_b(b)\|^2 = \lambda_b(b^*b) \neq 0$.

Soit E la somme hilbertienne externe des espaces E_b pour b appartenant à $A - \{0\}$. Pour tout $a \in A$, notons $\varphi(a) \in \mathscr{L}(E)$ l'unique application linéaire continue dont la restriction à E_b coïncide avec $\varphi_b(a)$ pour tout $b \in A - \{0\}$. L'application $a \mapsto \varphi(a)$ est un morphisme d'algèbres involutives ; il est injectif, donc isométrique (prop. 9 de I, p. 112), et vérifie $\varphi(1) = 1_E$ si A est unifère. Cela conclut la preuve.

La catégorie dont les objets sont les algèbres stellaires et les morphismes les morphismes d'algèbres involutives est donc équivalente à la catégorie dont les objets sont les sous-algèbres fermées involutives des algèbres d'endomorphismes des espaces hilbertiens, et les morphismes sont les morphismes d'algèbres involutives.

5. Fonctions de type positif sur un groupe topologique

Dans ce numéro, G est un groupe topologique dont on note e l'élément unité. Les espaces hilbertiens considérés sont complexes.

DÉFINITION 4. — *Une fonction continue* $\varphi \in \mathscr{C}(G)$ *est dite* de type positif sur G *si la fonction* f *définie par* $f(g,h) = \varphi(g^{-1}h)$ *sur* $G \times G$ *est un noyau universellement positif sur* G.

On note Pos(G) *l'ensemble des fonctions de type positif sur* G *et on note* $\mathrm{Pos}_1(\mathrm{G})$ (*resp.* $\mathrm{Pos}_{\leqslant 1}(\mathrm{G})$) *le sous-ensemble des* $\varphi \in \mathrm{Pos}(\mathrm{G})$ *telles que* $\varphi(e) = 1$ (*resp. telles que* $\varphi(e) \leqslant 1$).

Exemple. — Soient ϱ une représentation unitaire de G dans un espace hilbertien E et $x \in \mathrm{E}$. Soit φ le coefficient matriciel diagonal défini par $\varphi(g) = \langle x \mid \varrho(g)x \rangle$ pour tout $g \in \mathrm{G}$; la fonction φ est continue. Il vient

$$\varphi(g^{-1}h) = \langle x \mid \varrho(g)^* \varrho(h)x \rangle = \langle \varrho(g)x \mid \varrho(h)x \rangle$$

pour tout $(g, h) \in \mathrm{G} \times \mathrm{G}$. Par conséquent $\varphi \in \mathrm{Pos}(\mathrm{G})$ (théorème 1 de V, p. 432, (iv)). On a $\varphi \in \mathrm{Pos}_1(\mathrm{G})$ si et seulement si $\|x\| = 1$.

DÉFINITION 5. — *Soit* φ *une fonction de type positif sur* G. *Une* réalisation hilbertienne *de* φ *est un couple* (ϱ, x) *où* ϱ *est une représentation unitaire de* G *dans un espace hilbertien* E *et* $x \in \mathrm{E}$, *tel que* $\varphi(g) = \langle x \mid \varrho(g)x \rangle$ *pour tout* $g \in \mathrm{G}$.

Si x *est un vecteur cyclique de* ϱ, *on dit que c'est une réalisation hilbertienne* cyclique *de* φ.

PROPOSITION 9. — *Soit* $\varphi \in \mathscr{C}(\mathrm{G})$. *Les conditions suivantes sont équivalentes* :

(i) *La fonction* φ *est de type positif sur* G ;

(ii) *Il existe une réalisation hilbertienne cyclique de* φ ;

(iii) *Il existe une réalisation hilbertienne de* φ.

La condition (ii) implique la condition (iii), et la condition (iii) implique (i) d'après l'exemple ci-dessus.

Démontrons finalement que (i) implique (ii). Soit (E, γ) une réalisation hilbertienne cyclique du noyau universellement positif défini par $f(g, h) = \varphi(g^{-1}h)$ pour $(g, h) \in \mathrm{G} \times \mathrm{G}$. Soit $k \in \mathrm{G}$. La fonction continue $\gamma_k : g \mapsto \gamma(kg)$ sur G vérifie

$$\langle \gamma_k(g) \mid \gamma_k(h) \rangle = \langle \gamma(kg) \mid \gamma(kh) \rangle = f(kg, kh) = \varphi((kh)^{-1}kg) = f(g, h)$$

pour tout $(g, h) \in \mathrm{G} \times \mathrm{G}$, donc (E, γ_k) est une réalisation hilbertienne de f. D'après la prop. 1 de V, p. 434, il existe un unique élément unitaire $\varrho(k)$ dans $\mathscr{L}(\mathrm{E})$ tel que $\gamma_k = \varrho(k) \circ \gamma$. Pour tout $g \in \mathrm{G}$, et tout $(k_1, k_2) \in \mathrm{G} \times \mathrm{G}$, il vient

$$\varrho(k_1k_2)(\gamma(g)) = \gamma(k_1k_2g) = \varrho(k_1)(\varrho(k_2)(\gamma(g))),$$

d'où $\varrho(k_1k_2) = \varrho(k_1)\varrho(k_2)$ puisque l'image de γ est une partie totale de E.

Soit $k \in \mathrm{G}$. Pour tout $g \in \mathrm{G}$, on a $\varrho(g)(\gamma(k)) = \gamma(gk)$, et l'application de G dans E définie par $g \mapsto \varrho(g)(\gamma(k))$ est donc continue. Puisque l'endomorphisme $\varrho(g)$ est unitaire, on en déduit que ϱ est une représentation unitaire de G dans E (lemme 4 de V, p. 380). Posons alors $x = \gamma(e)$. L'ensemble des vecteurs $\varrho(g)x = \varrho(g)(\gamma(e)) = \gamma(g)$ pour g parcourant G est total dans E, donc x est un vecteur cyclique de ϱ. Comme

$$\langle x \mid \varrho(g)x \rangle = f(e, g) = \varphi(g)$$

pour tout $g \in \mathrm{G}$, le couple (ϱ, x) est une réalisation hilbertienne cyclique de φ.

PROPOSITION 10. — *Soit φ une fonction de type positif sur* G *et soient (ϱ_1, x_1) et (ϱ_2, x_2) des réalisations hilbertiennes de φ, la représentation hilbertienne (ϱ_1, x_1) étant cyclique. Il existe un unique* G*-morphisme isométrique u de ϱ_1 dans ϱ_2 tel que $u(x_1) = x_2$. Si (ϱ_2, x_2) est aussi cyclique, alors u est un isomorphisme.*

Pour $1 \leqslant j \leqslant 2$, notons E_j l'espace de ϱ_j et γ_j la fonction sur G définie par $\gamma_j(g) = \varrho_j(g)x_j$ pour tout $g \in \mathrm{G}$. Les couples (E_1, γ_1) et (E_2, γ_2) sont des réalisations hilbertiennes de la fonction de type positif $(g, h) \mapsto \varphi(g^{-1}h)$, et (E_1, γ_1) est une réalisation hilbertienne cyclique. D'après la prop. 1 de V, p. 434, il existe une unique application linéaire isométrique $u \colon \mathrm{E}_1 \to \mathrm{E}_2$ telle que $\gamma_2 = u \circ \gamma_1$. En particulier, on a $x_2 = \gamma_2(e) = u(\gamma_1(e)) = u(x_1)$. De plus, pour tous g et h dans G, on a

$$\varrho_2(g)u(\gamma_1(h)) = \varrho_2(g)\gamma_2(h) = \gamma_2(gh) = u(\gamma_1(gh)) = u(\varrho_1(g)\gamma_1(h)),$$

et comme l'ensemble des éléments $\gamma_1(h)$ pour $h \in \mathrm{G}$ est total dans E_1, cela signifie que u est un G-morphisme. D'après *loc. cit.*, c'est un isomorphisme isométrique si (ϱ_2, x_2) est également cyclique.

PROPOSITION 11. — *Soient $\varphi \in \mathrm{Pos}_1(\mathrm{G})$ et (ϱ, x) une réalisation hilbertienne cyclique de φ. Alors ϱ est une représentation irréductible de* G *si et seulement si φ est un point extrémal* (EVT, II, p. 57, déf. 1) *de* $\mathrm{Pos}_1(\mathrm{G})$.

Soit E l'espace de ϱ. Supposons tout d'abord que ϱ n'est pas irréductible. Soit F un sous-espace fermé de E stable par ϱ, non nul et différent de E. Écrivons $x = x_1 + x_2$, où $x_1 \in \mathrm{F}$ et $x_2 \in \mathrm{F}^{\circ}$. On a alors $1 = \|x\|^2 = \|x_1\|^2 + \|x_2\|^2$. La sous-représentation de E engendrée par x_1 est contenue dans F, donc $x_1 \neq x$ puisque x est un vecteur cyclique de ϱ, d'où $x_2 \neq 0$. De même on vérifie que $x_1 \neq 0$.

Pour $j = 1$ et $j = 2$, notons φ_j la fonction continue sur G telle que

$$\varphi_j(g) = \frac{1}{\|x_j\|^2} \langle x_j \mid \varrho(g) x_j \rangle$$

pour tout $g \in \mathrm{G}$. On a $\varphi_j \in \mathrm{Pos}_1(\mathrm{G})$ (V, p. 443, exemple). Comme $\varphi = \|x_1\|^2 \varphi_1 + \|x_2\|^2 \varphi_2$, il suffit de vérifier que $\varphi_1 \neq \varphi_2$ pour démontrer que φ n'est pas un point extrémal de $\mathrm{Pos}_1(\mathrm{G})$; il suffit pour cela de démontrer que $\varphi \neq \varphi_1$.

Raisonnons par l'absurde et supposons que $\varphi = \varphi_1$. Comme on a $\langle x_1 \mid \varrho(g) x_2 \rangle = 0$ pour tout $g \in \mathrm{G}$, il viendrait

$$\frac{1}{\|x_1\|^2} \langle x_1 \mid \varrho(g) x \rangle = \frac{1}{\|x_1\|^2} \langle x_1 \mid \varrho(g) x_1 \rangle = \varphi_1(g) = \varphi(g) = \langle x \mid \varrho(g) x \rangle$$

pour tout $g \in \mathrm{G}$, d'où $\langle x_1 \mid y \rangle = \langle \|x_1\|^2 x \mid y \rangle$ pour tout élément y du sous-espace vectoriel de E engendré par les éléments $\varrho(g)x$ pour $g \in \mathrm{G}$, donc pour tout $y \in \mathrm{E}$ puisque x est un vecteur cyclique de ϱ. Cela impliquerait que $x_1 = \|x_1\|^2 x$ est aussi un vecteur cyclique de ϱ, ce qui est une contradiction, d'où l'assertion.

Supposons maintenant que ϱ est irréductible et démontrons que φ est un point extrémal de $\mathrm{Pos}_1(\mathrm{G})$. Soient $\varphi_1 \neq \varphi_2$ des éléments de $\mathrm{Pos}_1(\mathrm{G})$ et $t_1, t_2 \in [0, 1]$ tels que $t_1 + t_2 = 1$ et $\varphi = t_1 \varphi_1 + t_2 \varphi_2$. Pour $j \in \{1, 2\}$, notons (ϱ_j, x_j) une réalisation hilbertienne cyclique de φ_j, et notons E_j l'espace de ϱ_j. Soit $x_3 = t_1^{1/2} x_1 + t_2^{1/2} x_2$. Alors $(\varrho_1 \oplus \varrho_2, x_3)$ est une réalisation hilbertienne de φ. Comme (ϱ, x) est cyclique, il existe un G-morphisme isométrique $u \colon \mathrm{E} \to \mathrm{E}_1 \oplus \mathrm{E}_2$ tel que $u(x) = x_3$ (prop. 10).

Soit $j = 1$ ou $j = 2$. Puisque ϱ est irréductible, il existe $\lambda_j \geqslant 0$ tel que le G-morphisme $u_j = \mathrm{pr}_j \circ u$ de E dans E_j vérifie

$$\langle u_j(y) \mid u_j(y') \rangle = \lambda_j \langle y \mid y' \rangle$$

pour tous y et y' dans E (cor. 5 de V, p. 388, si $u_j \neq 0$, et on peut prendre $\lambda_j = 0$ sinon). Pour tout $g \in \mathrm{G}$, il vient

$$\begin{aligned} t_j \varphi_j(g) = \langle t_j^{1/2} x_j \mid \varrho_j(g)(t_j^{1/2} x_j) \rangle &= \langle u_j(x) \mid \varrho_j(g)(u_j(x)) \rangle \\ &= \langle u_j(x) \mid u_j(\varrho(g)x) \rangle = \lambda_j \varphi(g). \end{aligned}$$

Comme $\varphi_j(e) = \varphi(e) = 1$, on en déduit que $\varphi_j = \varphi$ si $t_j \neq 0$. L'hypothèse $\varphi_1 \neq \varphi_2$ implique donc que t_1 ou t_2 doit être nul, ce qui démontre que φ est un point extrémal de $\mathrm{Pos}_1(\mathrm{G})$.

Lemme 4. — Soit $\varphi \in \mathrm{Pos}(G)$*. La fonction* φ *est bornée sur* G *et on a* $\|\varphi\|_\infty = \varphi(e)$*. De plus, on a*

$$(1) \qquad |\varphi(g^{-1}h) - \varphi(h)| \leqslant \sqrt{2\varphi(e)(\varphi(e) - \mathscr{R}(\varphi(g)))}$$

pour tout $(g, h) \in G \times G$*.*

Soit (ϱ, x) une réalisation hilbertienne de φ. On a $\varphi(e) = \|x\|^2$. Pour tout $g \in G$, il vient donc $|\varphi(g)| = |\langle x \mid \varrho(g)x\rangle| \leqslant \varphi(e)$ d'après l'inégalité de Cauchy-Schwarz. Cela démontre la première assertion.

Pour tout $(g, h) \in G \times G$, on a

$$\varphi(g^{-1}h) - \varphi(h) = \langle x \mid \varrho(g^{-1}h)x\rangle - \langle x \mid \varrho(h)x\rangle = \langle \varrho(g)x - x \mid \varrho(h)x\rangle$$

puisque ϱ est unitaire, d'où

$$|\varphi(g^{-1}h) - \varphi(h)| \leqslant \|\varrho(g)x - x\|\|\varrho(h)x\| \leqslant \varphi(e)^{1/2}\|\varrho(g)x - x\|.$$

On conclut en observant que

$$\|\varrho(g)x - x\|^2 = 2\|x\|^2 - 2\mathscr{R}(\langle x \mid \varrho(g)x\rangle) = 2(\varphi(e) - \mathscr{R}(\varphi(g))).$$

Remarque. — Les ensembles $\mathrm{Pos}(G)$ (resp. $\mathrm{Pos}_1(G)$ et $\mathrm{Pos}_{\leqslant 1}(G)$) sont des parties convexes auto-adjointes de l'algèbre stellaire $\mathscr{C}_b(G)$. Ils sont fermés dans l'espace $\mathscr{C}_b(G)$ muni de la topologie de la convergence simple. L'ensemble $\mathrm{Pos}(G)$ est un cône convexe de sommet 0 dans l'espace de Banach réel $\mathscr{C}_b(G)$.

6. Dual unitaire d'un groupe localement compact

Soit G un groupe topologique localement compact. On munit G d'une mesure de Haar à gauche μ. Pour $p \in [1, +\infty]$, on note $\mathscr{L}^p(G)$ (resp. $L^p(G)$) l'espace $\mathscr{L}^p_{\mathbf{C}}(G, \mu)$ (resp. l'espace $L^p_{\mathbf{C}}(G, \mu)$). On identifie l'espace $\mathscr{C}_b(G)$ à son image dans $L^\infty(G)$.

Notons Δ le module de G. Rappelons que $L^1(G)$ est une algèbre de Banach involutive dont l'involution est induite, par passage aux quotients, par l'application $f \mapsto f^*$ où $f^*(y) = \Delta^{-1}(y)\overline{f(y^{-1})}$ pour tous $f \in \mathscr{L}^1(G)$ et $y \in G$ (*cf.* I, p. 99, exemple 4). L'algèbre de Banach $L^1(G)$ admet une unité approchée d'après INT, VIII, p. 172, §4, n° 7, prop. 20.

Soit ϱ une représentation unitaire de G dans un espace hilbertien complexe E. L'application $f \mapsto \varrho(f)$ est un morphisme continu d'algèbres involutives de $\mathrm{L}^1(\mathrm{G})$ dans $\mathscr{L}(\mathrm{E})$ (lemme 1 de V, p. 401) ; c'est une représentation non dégénérée de $\mathrm{L}^1(\mathrm{G})$ dans E (INT, VIII, p. 139, § 2, n° 7, prop. 10, (i)).

PROPOSITION 12. — *Soient* E *un espace hilbertien complexe et* $\widetilde{\pi}$ *un morphisme d'algèbres involutives de* $\mathrm{L}^1(\mathrm{G})$ *dans* $\mathscr{L}(\mathrm{E})$. *Si la représentation* $\widetilde{\pi}$ *est non dégénérée, alors il existe une unique représentation unitaire* π *de* G *dans* E *telle que* $\widetilde{\pi}(f) = \pi(f)$ *pour tout* $f \in \mathrm{L}^1(\mathrm{G})$.

L'unicité résulte de INT, VIII, p. 139, § 2, n° 7, cor. 3 du lemme 4.

Démontrons l'existence de π. On a $\|\widetilde{\pi}\| \leqslant 1$ d'après la prop. 2 de I, p. 104. Soit F le sous-espace de E engendré par les vecteurs de la forme $\widetilde{\pi}(f)x$ pour f dans $\mathrm{L}^1(\mathrm{G})$ et x dans E ; il est dense dans E puisque la représentation $\widetilde{\pi}$ est non dégénérée.

Pour tout voisinage compact V de e, soit φ_{V} une fonction continue positive à support contenu dans V telle que $\int \varphi_{\mathrm{V}}\, \mu = 1$. Soit $\mathfrak{B}$ une base du filtre des voisinages compacts de e.

Soient g dans G et f dans $\mathrm{L}^1(\mathrm{G})$. On a $(\varphi_{\mathrm{V}} * \varepsilon_g) * f \to \varepsilon_g * f$ dans $\mathrm{L}^1(\mathrm{G})$ suivant le filtre des sections de $\mathfrak{B}$ (INT, VIII, p. 172, § 4, n° 7, prop. 20), donc $\widetilde{\pi}(\varphi_{\mathrm{V}} * \varepsilon_g)\widetilde{\pi}(f)$ converge vers $\widetilde{\pi}(\varepsilon_g * f)$ dans $\mathscr{L}(\mathrm{E})$. Cela implique que $\widetilde{\pi}(\varphi_{\mathrm{V}} * \varepsilon_g)$ converge simplement suivant le filtre des sections de $\mathfrak{B}$ vers une application linéaire $\pi(g)$ de F dans F ; celle-ci est continue d'après EVT, III, p. 26, cor. 3, puisque $\|\widetilde{\pi}(\varphi_{\mathrm{V}} * \varepsilon_g)\| \leqslant 1$ pour tout voisinage compact V de e. Il existe donc un unique endomorphisme de E qui induit $\pi(g)$ par passage aux sous-espaces. On note encore $\pi(g)$ cet endomorphisme ; on a $\|\pi(g)\| \leqslant 1$.

Soit $f \in \mathrm{L}^1(\mathrm{G})$. Puisque $\widetilde{\pi}(\varphi_{\mathrm{V}} * \varepsilon_g)\widetilde{\pi}(f)$ converge vers $\widetilde{\pi}(\varepsilon_g * f)$, on a $\pi(g)\widetilde{\pi}(f) = \widetilde{\pi}(\varepsilon_g * f)$.

Pour $g = e$, cette relation montre que $\pi(e)$ est l'identité sur F, donc $\pi(e) = 1_{\mathrm{E}}$. Soient g_1 et g_2 dans G. On a

$$\pi(g_1)\pi(g_2)\widetilde{\pi}(f) = \pi(g_1)\widetilde{\pi}(\varepsilon_{g_2} * f) = \widetilde{\pi}(\varepsilon_{g_1 g_2} * f) = \pi(g_1 g_2)\widetilde{\pi}(f),$$

d'où $\pi(g_1)\pi(g_2) = \pi(g_1 g_2)$ sur F, et donc sur E. Cela démontre que l'application $g \mapsto \pi(g)$ est une représentation de G dans E. Comme $\|\pi(g)\| \leqslant 1$ et $\|\pi(g)^{-1}\| = \|\pi(g^{-1})\| \leqslant 1$, les endomorphismes $\pi(g)$ de E sont isométriques, donc unitaires (EVT, V, p. 40, prop. 3).

Soient $f \in \mathrm{L}^1(\mathrm{G})$ et $x \in \mathrm{E}$. L'application $g \mapsto \varepsilon_g * f$ de G dans $\mathrm{L}^1(\mathrm{G})$ est continue (INT, VIII, p. 136, § 2, n° 5 et p. 144, § 3, n° 2, formule (5)), et $\widetilde{\pi}$ est continue, donc l'application $g \mapsto \widetilde{\pi}(\varepsilon_g * f)x = \pi(g)\widetilde{\pi}(f)x$ est continue en $g = e$. Comme F est dense dans E, la représentation π est unitaire (lemme 4 de V, p. 380).

Soient f_1 et f_2 dans $\mathrm{L}^1(\mathrm{G})$. D'après INT, VIII, p. 127, §1, n° 5, prop. 7, on a la relation

$$f_1 * f_2 = \int_{\mathrm{G}} f_1(g)(\varepsilon_g * f_2)d\mu(g)$$

dans $\mathrm{L}^1(\mathrm{G})$, d'où

$$\begin{aligned}\widetilde{\pi}(f_1)\widetilde{\pi}(f_2) = \widetilde{\pi}(f_1 * f_2) &= \int_{\mathrm{G}} f_1(g)\widetilde{\pi}(\varepsilon_g * f_2)d\mu(g)\\ &= \int_{\mathrm{G}} f_1(g)\pi(g)\widetilde{\pi}(f_2)d\mu(g) = \Big(\int_{\mathrm{G}} f_1(g)\pi(g)d\mu(g)\Big)\widetilde{\pi}(f_2),\end{aligned}$$

en utilisant INT, VI, p. 9, § 1, n° 1, prop. 1. Il en résulte que

$$\widetilde{\pi}(f) = \int_{\mathrm{G}} f(g)\pi(g)d\mu(g) = \pi(f)$$

pour tout $f \in \mathrm{L}^1(\mathrm{G})$. La proposition est démontrée.

Proposition 13. — *Soit* $\varphi \in \mathrm{L}^\infty(\mathrm{G})$. *Notons* λ_φ *la forme linéaire continue* $f \mapsto \langle f, \varphi\rangle$ *sur* $\mathrm{L}^1(\mathrm{G})$. *Alors* φ *est la classe d'une fonction de type positif sur* G *si et seulement si* λ_φ *est une forme linéaire positive continue sur* $\mathrm{L}^1(\mathrm{G})$.

Supposons que λ_φ est une forme linéaire positive continue sur $\mathrm{L}^1(\mathrm{G})$. Soit $(\mathrm{E}, x, \widetilde{\pi})$ une réalisation hilbertienne cyclique de λ (prop. 5 de V, p. 438).

Soit π une représentation unitaire de G dans E telle que $\pi(f) = \widetilde{\pi}(f)$ pour tout $f \in \mathrm{L}^1(\mathrm{G})$ (prop. 12). On a alors $\lambda_\varphi(f) = \langle x \,|\, \pi(f)x\rangle$ pour tout $f \in \mathrm{L}^1(\mathrm{G})$.

Comme

$$\pi(f) = \int_{\mathrm{G}} f(g)\pi(g)d\mu(g)$$

pour tout $f \in \mathrm{L}^1(\mathrm{G})$, il vient

$$\int_{\mathrm{G}} f(g)\varphi(g)d\mu(g) = \lambda_\varphi(f) = \langle x \,|\, \pi(f)x\rangle = \int_{\mathrm{G}} f(g)\langle x \,|\, \pi(g)x\rangle d\mu(g)$$

pour tout $f \in \mathrm{L}^1(\mathrm{G})$ (INT, VI, p. 9, § 1, n° 1, prop. 1). Ainsi, φ est la classe dans $\mathrm{L}^\infty(\mathrm{G})$ de la fonction sur G définie par $g \mapsto \langle x \,|\, \pi(g)x\rangle$, qui est une fonction de type positif sur G (prop. 9 de V, p. 443).

Réciproquement, soit $\varphi \in \mathrm{Pos}(\mathrm{G})$. Soit $f \in \mathscr{K}(\mathrm{G})$. On a alors

$$\begin{aligned}\lambda_\varphi(f^* * f) &= \int_{\mathrm{G}} \varphi(y)\Big(\int_{\mathrm{G}} \Delta(z)^{-1}\overline{f(z^{-1})}f(z^{-1}y)d\mu(z)\Big)d\mu(y)\\ &= \int_{\mathrm{G}} \varphi(y)\Big(\int_{\mathrm{G}} \overline{f(z)}f(zy)d\mu(z)\Big)d\mu(y)\end{aligned}$$

(INT, VII, p. 19, § 1, n° 3, formule (22)). La fonction continue sur $\mathrm{G}\times\mathrm{G}$ définie par $(z, y) \mapsto \varphi(y)\overline{f(z)}f(zy)$ est bornée et

$$\begin{aligned}\int_{\mathrm{G}}^{*} |\varphi(y)|\Big(\int_{\mathrm{G}}^{*} |\overline{f(z)}f(zy)|d\mu(z)\Big)d\mu(y) &\leqslant \varphi(e)\int_{\mathrm{G}}^{*}\int_{\mathrm{G}}^{*} |f(z)||f(zy)|d\mu(z)d\mu(y)\\ &= \varphi(e)\Big(\int_{\mathrm{G}}^{*} |f(z)|d\mu(z)\Big)^2\end{aligned}$$

d'après INT, V, p. 94, § 8, n° 3, prop. 8. On déduit donc du théorème de Lebesgue–Fubini (INT, V, p. 96, § 8, n° 4, th. 1) que

$$\begin{aligned}\lambda_\varphi(f^* * f) &= \int_{\mathrm{G}} \overline{f(z)}\Big(\int_{\mathrm{G}} \varphi(y)f(zy)d\mu(y)\Big)d\mu(z)\\ &= \int_{\mathrm{G}\times\mathrm{G}} \overline{f(z)}f(y)\varphi(z^{-1}y)d(\mu\otimes\mu)(z, y).\end{aligned}$$

Cela implique que $\lambda_\varphi(f^* * f) \geqslant 0$ d'après le théorème 1, (i) de V, p. 432 appliqué à la mesure induite par μ sur le support de f (INT, IV, p. 186, § 5, n° 7, déf. 4). On en déduit par continuité que $\lambda_\varphi(f^* * f) \geqslant 0$ pour tout $f \in \mathrm{L}^1(\mathrm{G})$.

Les espaces $\mathrm{L}^\infty(\mathrm{G})$ et $\mathscr{C}_b(\mathrm{G})$ sont munis de leurs topologies d'espaces de Banach, dont on note $f \mapsto \|f\|_\infty$ la norme. On appellera ici *topologie faible* sur $\mathrm{L}^\infty(\mathrm{G})$, $\mathscr{C}_b(\mathrm{G})$ ou $\mathrm{Pos}(\mathrm{G})$ la topologie induite par la topologie faible $\sigma(\mathrm{L}^\infty(\mathrm{G}), \mathrm{L}^1(\mathrm{G}))$.

Comme $\mathrm{L}^\infty(\mathrm{G})$ s'identifie au dual de $\mathrm{L}^1(\mathrm{G})$ (INT, V, p. 61, §5, n° 8, th. 4), toute boule fermée de $\mathrm{L}^\infty(\mathrm{G})$ est compacte pour la topologie faible (EVT, III, p. 17, cor. 3).

COROLLAIRE. — *Dans* $\mathrm{L}^\infty(\mathrm{G})$ *muni de la topologie faible, l'ensemble* $\mathrm{Pos}(\mathrm{G})$ *est fermé et l'ensemble* $\mathrm{Pos}_{\leqslant 1}(\mathrm{G})$ *est compact.*

La première assertion résulte de la proposition, et la seconde découle alors de EVT, III, *loc. cit.*

En général, $\mathrm{Pos}_1(\mathrm{G})$ n'est pas compact pour la topologie faible, comme le montre l'exemple du groupe $\mathbf{R}$ (exercice 10 de V, p. 497).

PROPOSITION 14. — *L'ensemble des points extrémaux de* $\mathrm{Pos}_{\leqslant 1}(\mathrm{G})$ *est égal à la réunion de l'ensemble des points extrémaux de* $\mathrm{Pos}_1(\mathrm{G})$ *et de la fonction nulle. De plus, l'enveloppe fermée convexe de l'ensemble des points extrémaux de* $\mathrm{Pos}_1(\mathrm{G})$ *contient* $\mathrm{Pos}_1(\mathrm{G})$.

D'après le cor. de la prop. 13, l'ensemble $\mathrm{Pos}_{\leqslant 1}(\mathrm{G})$ est un chapeau du cône convexe pointé $\mathrm{Pos}(\mathrm{G})$, qui est défini par la jauge $\varphi \mapsto \varphi(e)$ (EVT, II, p. 61, déf. 3 et prop. 4). Ses points extrémaux sont donc la fonction nulle et les éléments φ de $\mathrm{Pos}_1(\mathrm{G})$ appartenant aux génératrices extrémales de $\mathrm{Pos}(\mathrm{G})$ (EVT, II, p. 62, cor. 1). Ceux-ci sont les points extrémaux de $\mathrm{Pos}_1(\mathrm{G})$ (EVT, II, p. 61, prop. 3). La première assertion en résulte.

Démontrons la seconde assertion. Soit $\varphi \in \mathrm{Pos}_1(\mathrm{G})$. Comme l'ensemble $\mathrm{Pos}_{\leqslant 1}(\mathrm{G})$ est compact pour la topologie faible (cor. de la prop. 13), il existe un filtre $\mathfrak{F}$ sur l'enveloppe convexe des points extrémaux de $\mathrm{Pos}_{\leqslant 1}(\mathrm{G})$ qui converge vers φ (EVT, II, p. 59, th. 1). Comme les boules fermées de l'espace de Banach $\mathrm{L}^\infty(\mathrm{G})$ sont fermées pour la topologie faible et que $\|\varphi\|_\infty = 1$, on a $\lim_{\psi,\mathfrak{F}} \|\psi\|_\infty = 1$ (en effet, dans le cas contraire, il existerait un nombre réel $c < 1$ et un filtre $\mathfrak{G}$ sur la boule fermée de rayon c dans $\mathrm{L}^\infty(\mathrm{G})$ qui serait plus fin que $\mathfrak{F}$, ce qui impliquerait que φ appartient à cette boule fermée).

D'après la description des points extrémaux de $\mathrm{Pos}_{\leqslant 1}(\mathrm{G})$, tout élément ψ de l'enveloppe convexe des points extrémaux de $\mathrm{Pos}_{\leqslant 1}(\mathrm{G})$ est une fonction de type positif sur G de la forme

$$\psi = \sum_{i \in \mathrm{I}} t_i \psi_i,$$

où I est un ensemble fini, ψ_i est un point extrémal de $\mathrm{Pos}_1(\mathrm{G})$ pour tout $i \in \mathrm{I}$, et $t_i \in [0, 1]$. On a $\sum_i t_i = \psi(e) = \|\psi\|_\infty \leqslant 1$ (lemme 4 de V, p. 446). Si $\psi \neq 0$, la fonction

$$\frac{\psi}{\|\psi\|_\infty} = \sum_{i \in \mathrm{I}} \frac{t_i}{\psi(e)} \psi_i$$

appartient donc à l'enveloppe convexe des points extrémaux de $\mathrm{Pos}_1(\mathrm{G})$. Comme $\lim_{\psi,\mathfrak{F}} \|\psi\|_\infty^{-1} \psi = \varphi$, on conclut que φ appartient à l'enveloppe fermée convexe des points extrémaux de $\mathrm{Pos}_1(\mathrm{G})$. L'assertion en résulte.

7. Existence de représentations irréductibles

On conserve les notations du numéro précédent.

THÉORÈME 3 (Raikov). — *La topologie faible sur* $\mathrm{Pos}_1(\mathrm{G})$ *coïncide avec la topologie de la convergence compacte.*

Nous démontrerons d'abord quelques lemmes.

Lemme 5. — Soient X *un espace topologique localement compact et* ν *une mesure positive sur* X. *Sur toute partie bornée de* $\mathscr{C}_b(\mathrm{X})$, *la topologie induite par la topologie faible* $\sigma(\mathrm{L}^\infty(\mathrm{X}), \mathrm{L}^1(\mathrm{X}))$ *est moins fine que la topologie de la convergence compacte.*

Soit B une partie bornée de $\mathscr{C}_b(\mathrm{X})$ et soit $\mathrm{M} \in \mathbf{R}_+$ tel que $\|\varphi\|_\infty \leqslant \mathrm{M}$ pour tout $\varphi \in \mathrm{B}$. Soient $\psi \in \mathrm{L}^1(\mathrm{X}, \nu)$ et $\varepsilon > 0$. Fixons une partie compacte K de X telle que

$$\int_{\mathrm{X-K}} |\psi| \, d\nu < \varepsilon.$$

Pour tous φ_1 et φ_2 dans B, on a alors

$$\begin{aligned}\langle \varphi_1 - \varphi_2, \psi \rangle &= \int_{\mathrm{X}} \psi \, (\varphi_1 - \varphi_2) d\nu \\ &= \int_{\mathrm{K}} \psi \, (\varphi_1 - \varphi_2) d\nu + \int_{\mathrm{X-K}} \psi \, (\varphi_1 - \varphi_2) d\nu,\end{aligned}$$

d'où

$$|\langle \varphi_1 - \varphi_2, \psi \rangle| \leqslant \sup_{x \in \mathrm{K}} |\varphi_1(x) - \varphi_2(x)| \, \|\psi\|_1 + 2\mathrm{M}\varepsilon,$$

et le lemme en résulte.

Lemme 6. — Soit $\psi \in \mathrm{L}^1(\mathrm{G})$. *Soit* B *une partie bornée de l'espace de Banach* $\mathrm{L}^\infty(\mathrm{G})$. *L'application* $\varphi \mapsto \psi * \varphi$ *de* B *dans* $\mathscr{C}_b(\mathrm{G})$ *est continue lorsque* B *est muni de la topologie faible et* $\mathscr{C}_b(\mathrm{G})$ *de la topologie de la convergence compacte.*

Soient $\varphi \in \mathrm{L}^\infty(\mathrm{G})$ et $\eta \in \mathrm{L}^1(\mathrm{G})$. La fonction $\Delta^{-1}\check{\eta}$ appartient à $\mathrm{L}^1(\mathrm{G})$ et $\langle \eta, \check{\psi} \rangle = \langle \Delta^{-1}\check{\eta}, \psi \rangle$ (*cf.* INT, VII, p. 19, § 1, n° 3, formule (22)). L'application $\varphi \mapsto \check{\varphi}$ est donc un automorphisme de l'espace $\mathrm{L}^\infty(\mathrm{G})$ muni de la topologie faible.

Soit $\varphi \in \mathrm{L}^\infty(\mathrm{G})$. D'après INT, VIII, p. 167, § 4, n° 5, prop. 14, la fonction $\psi * \varphi$ appartient à $\mathscr{C}_b(\mathrm{G})$ et vérifie

$$\begin{aligned}(\psi * \varphi)(g) &= \int_{\mathrm{G}} \psi(h)\varphi(h^{-1}g) d\mu(h) \\ &= \int_{\mathrm{G}} \psi(gy)\check{\varphi}(y) d\mu(y) = \langle \check{\varphi}, \gamma_{\mathrm{G}}^{(1)}(g^{-1})\psi \rangle\end{aligned}$$

pour tout $g \in \mathrm{G}$. Il en résulte que l'application linéaire $u\colon \varphi \mapsto \psi * \varphi$ est une application continue de l'espace $\mathrm{L}^\infty(\mathrm{G})$ muni de la topologie faible dans $\mathscr{C}_b(\mathrm{G})$ muni de la topologie de la convergence simple.

Soient $\varphi \in \mathrm{B}$ et $(g,h) \in \mathrm{G} \times \mathrm{G}$. D'après la formule ci-dessus, on a

$$|u(\varphi)(g) - u(\varphi)(h)| \leqslant \|\check{\varphi}\|_\infty \ \|(\gamma_{\mathrm{G}}^{(1)}(g^{-1}) - \gamma_{\mathrm{G}}^{(1)}(h^{-1}))\psi\|_1.$$

Comme B est bornée et que la représentation régulière gauche de G dans $\mathrm{L}^1(\mathrm{G})$ est continue (nº 4 de V, p. 405), cela implique que $u(\mathrm{B})$ est une partie équicontinue de $\mathscr{C}_b(\mathrm{G})$. L'assertion résulte alors de ce qui précède et de TG, X, p. 16, th. 1.

Lemme 7. — Soit $\psi \in \mathrm{L}^1(\mathrm{G})$ telle que $\psi \geqslant 0$ et $\int \psi = 1$. Notons p la semi-norme sur $\mathscr{C}_b(\mathrm{G})$ définie par $p(\varphi) = |\langle \varphi, \psi \rangle|$ pour tout $\varphi \in \mathscr{C}_b(\mathrm{G})$. Pour tout $\varphi \in \mathrm{Pos}_1(\mathrm{G})$, on a

$$\|\psi * \varphi - \varphi\|_\infty \leqslant \sqrt{2p(1-\varphi)}.$$

Soient $\varphi \in \mathrm{Pos}_1(\mathrm{G})$ et $x \in \mathrm{G}$. D'après INT, VIII, p. 167, § 4, nº 5, prop. 14, on obtient

$$\begin{aligned}|\psi * \varphi(x) - \varphi(x)| &= \Big|\int_{\mathrm{G}} (\varphi(y^{-1}x) - \varphi(x))\psi(y)d\mu(y)\Big| \\ &\leqslant \int_{\mathrm{G}} |\varphi(y^{-1}x) - \varphi(x)|\psi(y)d\mu(y) \\ &\leqslant \int_{\mathrm{G}} \sqrt{2(1 - \mathscr{R}\varphi(y))}\psi(y)d\mu(y)\end{aligned}$$

en appliquant la majoration (1) de V, p. 446. L'inégalité de Cauchy-Schwarz implique alors

$$\begin{aligned}\|\psi * \varphi - \varphi\|_\infty &\leqslant \sqrt{2}\Big(\int_{\mathrm{G}} (1 - \mathscr{R}(\varphi))\psi \, d\mu\Big)^{1/2} \Big(\int_{\mathrm{G}} \psi \, d\mu\Big)^{1/2} \\ &\leqslant \sqrt{2}\sqrt{p(1-\varphi)},\end{aligned}$$

d'où le résultat.

Lemme 8. — Soit K un corps topologique et soient E et F des espaces vectoriels topologiques sur K. Soient f une application de E dans F et X une partie de E. Soit $x \in \mathrm{X}$. L'application $f \mid \mathrm{X}$ est continue en x si, pour tout voisinage W de 0 dans F, il existe un voisinage U de x dans E et une application continue g de X dans F tels que $(f-g)(\mathrm{U} \cap \mathrm{X}) \subset \mathrm{W}$.

Soit W_0 un voisinage de 0 dans F et soit V_0 un voisinage symétrique de 0 dans F tel que $\mathrm{V}_0 + \mathrm{V}_0 + \mathrm{V}_0 \subset \mathrm{W}_0$. Soit U_0 un voisinage de x dans E et g une application continue de X dans F telle que $(f-g)(\mathrm{U}_0 \cap \mathrm{X}) \subset \mathrm{V}_0$.

Il existe un voisinage U_1 de x dans E tel que $g(U_1 \cap X) \subset g(x) + V_0$. Pour tout $y \in U_0 \cap U_1 \cap X$, on a

$$f(y) - f(x) = (f(y) - g(y)) + (g(y) - g(x)) + \\ (g(x) - f(x)) \in V_0 + V_0 + V_0 \subset W_0,$$

donc $f(y) \in f(x) + W_0$, d'où le résultat.

Démontrons maintenant le théorème 3. Notons $\mathrm{Pos}_1(G)_f$ (resp. $\mathrm{Pos}_1(G)_c$) l'ensemble $\mathrm{Pos}_1(G)$ muni de la topologie faible (resp. de la topologie de la convergence compacte) ; de même, notons $\mathscr{C}_b(G)_f$ (resp. $\mathscr{C}_b(G)_c$) l'espace $\mathscr{C}_b(G)$ muni de la topologie faible (resp. de la topologie de la convergence compacte).

L'application identité de $\mathrm{Pos}_1(G)_c$ dans $\mathrm{Pos}_1(G)_f$ est continue (lemme 5). Réciproquement, notons ι l'inclusion de $\mathrm{Pos}_1(G)_f$ dans $\mathscr{C}_b(G)_c$. Démontrons que ι est continue pour conclure la démonstration.

Soit $\varphi_1 \in \mathrm{Pos}_1(G)$. Pour vérifier que ι est continue en φ_1, nous appliquons le lemme 8. Soit W un voisinage de 0 dans $\mathscr{C}_b(G)_c$. Il suffit de trouver une application linéaire u de $\mathscr{C}_b(G)$ dans $\mathscr{C}_b(G)$ qui induit par passage aux sous-espaces une application continue de $\mathrm{Pos}_1(G)_f$ dans $\mathscr{C}_b(G)_c$, ainsi qu'un voisinage U de 0 dans $\mathrm{Pos}_1(G)_f$, de sorte que l'on ait $(\iota - u)(U \cap \mathrm{Pos}_1(G)) \subset W$.

Il existe $\varepsilon > 0$ tel que W contient l'ensemble des $\varphi \in \mathscr{C}_b(G)$ qui vérifient $\|\varphi\|_\infty \leqslant \varepsilon$. Comme $\varphi_1(e) = 1$, il existe un voisinage compact V de e dans G tel que

$$\sup_{x \in V} |1 - \varphi_1(x)| \leqslant \frac{\varepsilon^2}{4}.$$

Soit φ_V la fonction caractéristique de V, et posons $\psi_V = \mu(V)^{-1}\varphi_V$. L'application linéaire $u \colon \varphi \mapsto \psi_V * \varphi$ de $\mathrm{Pos}_1(G)_f$ dans $\mathscr{C}_b(G)_c$ est continue (lemme 6).

Notons q_V la semi-norme $\varphi \mapsto |\langle \varphi, \psi_V \rangle|$ sur $\mathscr{C}_b(G)$; elle est continue pour la topologie faible. Puisque ψ_V est nulle en dehors de V, il vient $q_V(1 - \varphi_1) \leqslant \varepsilon^2/4$; il existe donc un voisinage U de φ_1 dans $\mathscr{C}_b(G)_f$ tel que $q_V(1 - \varphi) \leqslant \varepsilon^2/2$ pour tout $\varphi \in U$.

Soit $\varphi \in U \cap \mathrm{Pos}_1(G)$. D'après le lemme 7, on a

$$\|(\iota - u)(\varphi)\|_\infty \leqslant \sqrt{2q_V(1 - \varphi)} \leqslant \varepsilon$$

donc $(\iota - u)(U) \subset W$. Le théorème est démontré.

En général, la topologie faible sur $\mathrm{Pos}_{\leqslant 1}(\mathrm{G})$ ne coïncide pas avec la topologie de la convergence compacte, comme le montre l'exemple du groupe **R**.

On rappelle qu'on note $\widehat{\mathrm{G}}$ l'ensemble des classes de représentations unitaires irréductibles de G (V, p. 393, déf. 8).

THÉORÈME 4 (Gelfand–Raikov). — *Pour tout $x \neq e$ dans* G, *il existe une représentation unitaire irréductible π de* G *telle que $\pi(x)$ n'est pas l'endomorphisme identique de l'espace de π.*

Soit $x \in \mathrm{G}$ tel que $\pi(x)$ est l'identité pour tout $\pi \in \widehat{\mathrm{G}}$. Il en résulte que $\varphi(x) = \varphi(e) = 1$ pour tout point extrémal φ de $\mathrm{Pos}_1(\mathrm{G})$ (prop. 11 de V, p. 444), donc pour tout $\varphi \in \mathrm{Pos}_1(\mathrm{G})$ d'après la prop. 14 puisque la forme linéaire $\varphi \mapsto \varphi(e)$ est continue sur $\mathrm{Pos}_1(\mathrm{G})$ muni de la topologie faible (th. 3). Mais si $x \neq e$, il existe $f \in \mathrm{L}^2(\mathrm{G})$ de norme 1 tel que $\langle f \,|\, \gamma_{\mathrm{G}}(x) f\rangle = 0$ (V, p. 406, lemme 3). Comme le membre de gauche de cette égalité est de la forme $\varphi(x)$, où $\varphi \in \mathrm{Pos}_1(\mathrm{G})$, c'est une contradiction.

Si G n'est pas localement compact, il n'est pas toujours vrai que les représentations unitaires irréductibles de G séparent les points de G.

COROLLAIRE. — *Pour tous éléments $g \neq h$ dans* G, *il existe une représentation irréductible $\pi \in \widehat{\mathrm{G}}$ et un coefficient matriciel f de π tel que $f(g) \neq f(h)$. En particulier, la sous-algèbre $\Upsilon(\mathrm{G})$ de $\mathscr{C}_b(\mathrm{G})$ sépare les points de* G.

Soient $g \neq h$ dans G. Il existe une représentation irréductible $\pi \in \widehat{\mathrm{G}}$ telle que $\pi(g) \neq \pi(h)$ (th. 4), donc il existe x et y dans l'espace de π tels que $\langle x \,|\, \pi(g)y\rangle \neq \langle x \,|\, \pi(h)y\rangle$.

8. Fonctions de type positif sur un groupe localement compact commutatif

Dans ce numéro, G est un groupe localement compact commutatif et μ désigne une mesure de Haar sur G. On note $\widehat{\mathrm{G}}$ le groupe dual de G et $\widehat{\mu}$ la mesure de Haar duale de μ (déf. 4 de II, p. 214). On note $\mathscr{F}$ la transformation de Fourier sur l'espace de Banach $\mathscr{M}^1(\mathrm{G})$ des mesures bornées sur G.

Puisque $\mathscr{C}_0(\mathrm{G})$ est l'adhérence de $\mathscr{K}(\mathrm{G})$ dans $\mathscr{C}_b(\mathrm{G})$, l'espace de Banach $\mathscr{M}^1(\mathrm{G})$ dual de $\mathscr{K}(\mathrm{G})$ muni de la topologie de $\mathscr{C}_b(\mathrm{G})$ s'identifie au dual de $\mathscr{C}_0(\mathrm{G})$ (*cf.* INT, III, p. 56, § 1, n° 8). On munit $\mathscr{M}^1(\mathrm{G})$ de la topologie faible associée à cette dualité.

Lemme 9. — *La transformation de Fourier est une application continue de* $\mathscr{M}^1(\mathrm{G})$ *muni de la topologie faible dans* $\mathscr{C}_b(\widehat{\mathrm{G}})$ *muni de la topologie induite par la topologie faible* $\sigma(\mathrm{L}^\infty(\widehat{\mathrm{G}}), \mathrm{L}^1(\widehat{\mathrm{G}}))$.

Soit $\mathfrak{F}$ un filtre sur $\mathscr{M}^1(\mathrm{G})$ convergeant faiblement vers une mesure bornée ν sur G. Pour tout $\varphi \in \mathrm{L}^1(\widehat{\mathrm{G}})$, on a $\mathscr{F}(\varphi) \in \mathscr{C}_0(\mathrm{G})$ (prop. 4 de II, p. 209), donc

$$\begin{aligned}\int_{\widehat{\mathrm{G}}} \varphi \mathscr{F}(\nu) d\widehat{\mu} &= \int_{\mathrm{G}} \mathscr{F}(\varphi)\, d\nu \\ &= \lim_{\eta, \mathfrak{F}} \int_{\mathrm{G}} \mathscr{F}(\varphi)\, d\eta = \lim_{\eta, \mathfrak{F}} \int_{\widehat{\mathrm{G}}} \varphi \mathscr{F}(\eta) d\widehat{\mu},\end{aligned}$$

d'après la propriété de transposition de la transformation de Fourier (prop. 13 de II, p. 221). Le lemme en découle.

THÉORÈME 5 (Bochner). — *Une fonction continue* φ *sur* $\widehat{\mathrm{G}}$ *appartient à* $\mathrm{Pos}(\widehat{\mathrm{G}})$ *si et seulement s'il existe une mesure positive bornée* ν *sur* G *telle que* $\varphi = \mathscr{F}(\nu)$.

Soit $\nu \in \mathscr{M}^1(\mathrm{G})$ une mesure positive. Sa transformée de Fourier est continue. Pour toute famille finie $(x_i)_{i \in \mathrm{I}}$ dans $\widehat{\mathrm{G}}$ et toute famille finie $(t_i)_{i \in \mathrm{I}}$ de nombres complexes, il vient

$$\begin{aligned}\sum_{i \in \mathrm{I}} \sum_{j \in \mathrm{I}} \overline{t}_i t_j \mathscr{F}(\nu)(x_i^{-1} x_j) &= \sum_{i \in \mathrm{I}} \sum_{j \in \mathrm{I}} \overline{t}_i t_j \int_{\mathrm{G}} x_i \overline{x}_j\, d\nu \\ &= \int_{\mathrm{G}} \Big| \sum_{i \in \mathrm{I}} \overline{t}_i x_i \Big|^2 d\nu \geqslant 0,\end{aligned}$$

puisque ν est une mesure positive. La transformée de Fourier de ν est donc une fonction de type positif sur $\widehat{\mathrm{G}}$ (th. 1 de V, p. 432, (ii)).

Démontrons la réciproque. Munissons l'ensemble $\mathrm{Pos}_{\leqslant 1}(\widehat{\mathrm{G}})$ de la topologie faible, induite comme précédemment par la topologie faible $\sigma(\mathrm{L}^\infty(\widehat{\mathrm{G}}), \mathrm{L}^1(\widehat{\mathrm{G}}))$. L'ensemble $\mathrm{Pos}_{\leqslant 1}(\widehat{\mathrm{G}})$ est compact et convexe (cor. de la prop. 13 de V, p. 448). D'après la prop. 14 de V, p. 450, la prop. 11 de V, p. 444 et le cor. 7 de V, p. 390, les points extrémaux de $\mathrm{Pos}_{\leqslant 1}(\widehat{\mathrm{G}})$ sont la fonction nulle et les éléments de $\widehat{\mathrm{G}}$.

Soit $\mathscr{N}$ l'ensemble des mesures positives bornées de masse $\leqslant 1$ sur G ; il est compact dans $\mathscr{M}^1(\mathrm{G})$ muni de la topologie faible (EVT, III, p. 17, cor. 3). D'après le lemme 9 et la première partie de la preuve, la transformation de Fourier sur G définit par passage aux sous-espaces une application continue de $\mathscr{N}$ dans $\mathrm{Pos}_{\leqslant 1}(\widehat{\mathrm{G}})$; par homogénéité, il suffit de démontrer que cette application est surjective. L'image $\mathscr{F}(\mathscr{N})$ de $\mathscr{N}$ par la transformation de Fourier est convexe et compacte ; elle contient la fonction nulle et les éléments de $\widehat{\mathrm{G}}$ (en effet, ceux-ci sont de la forme $\mathrm{ev}_x \colon \chi \mapsto \chi(x)$ pour un élément x de G d'après le th. 2 de II, p. 220, et on a $\mathrm{ev}_x = \mathscr{F}(\varepsilon_{x^{-1}})$). L'ensemble $\mathscr{F}(\mathscr{N})$ contient donc les points extrémaux de $\mathrm{Pos}_{\leqslant 1}(\mathrm{G})$, d'où $\mathscr{F}(\mathscr{N}) = \mathrm{Pos}_{\leqslant 1}(\mathrm{G})$ d'après le théorème de Krein–Milman (EVT, II, p. 59, th. 1). Cela conclut la démonstration.

Lorsque $\mathrm{G} = \mathbf{R}^k$ pour un entier $k \in \mathbf{N}$, ce théorème correspond à la prop. 11 de INT, IX, p. 94, § 6, n° 12.

§ 4. REPRÉSENTATIONS DES GROUPES COMPACTS

Dans ce paragraphe, tous les espaces vectoriels topologiques considérés sont complexes, sauf mention explicite du contraire.

On fixe un groupe topologique *compact* G, dont on note e l'élément neutre. Le groupe G est unimodulaire (INT, VII, p. 20, § 1, n° 3, cor. de la prop. 3). On note μ la mesure de Haar normalisée sur G (c'est-à-dire telle que $\mu(\mathrm{G}) = 1$) et pour $1 \leqslant p \leqslant +\infty$, on note $\mathscr{L}^p(\mathrm{G})$ (resp. $\mathrm{L}^p(\mathrm{G})$) l'espace $\mathscr{L}^p_{\mathbf{C}}(\mathrm{G}, \mu)$ (resp. l'espace $\mathrm{L}^p_{\mathbf{C}}(\mathrm{G}, \mu)$). Les convolutions seront toujours considérées relativement à la mesure μ. Soit $p \in [1, +\infty]$. On identifie $\mathscr{C}(\mathrm{G})$ à un sous-espace de $\mathrm{L}^p(\mathrm{G})$, ce qui est loisible puisque le support de μ est égal à G.

Pour toute représentation irréductible unitaire $\pi \in \widehat{\mathrm{G}}$, on note E_π l'espace de π.

1. Semi-simplicité des représentations de dimension finie

On rappelle (INT, VII, p. 71, § 3, n° 1, lemme 1) que pour toute représentation continue ϱ de G dans un espace hilbertien E, il existe une forme hermitienne positive non dégénérée q sur E telle que la structure d'espace vectoriel topologique de E définie par q est identique à la structure initiale de E, et telle que ϱ est une représentation unitaire de G dans l'espace hilbertien E muni du produit scalaire q.

PROPOSITION 1. — *Soit ϱ une représentation linéaire de dimension finie de* G *dans un espace vectoriel topologique séparé* E. *Il existe un produit scalaire q sur* E *tel que ϱ soit une représentation unitaire dans l'espace hilbertien* E *muni de q. En particulier, ϱ est semi-simple.*

Puisque E est de dimension finie, il existe une structure d'espace hilbertien sur E. Le résultat en découle en appliquant la remarque précédente et le corollaire 2 de V, p. 392.

Remarque. — On verra plus loin (cor. 4 de V, p. 466) que toute représentation unitaire de G est semi-simple.

COROLLAIRE. — *Soient ϱ_1 et ϱ_2 des représentations de dimension finie de* G. *Les représentations ϱ_1 et ϱ_2 sont isomorphes si et seulement si leurs caractères sont égaux.*

Cela résulte de la proposition et du corollaire 3 de V, p. 392.

2. Représentations irréductibles

Lemme 1. — *Toute représentation unitaire irréductible de* G *est de carré intégrable.*

En effet, les coefficients matriciels d'une représentation unitaire irréductible sont continus et bornés, et sont donc de carré intégrable sur G, puisque G est compact.

PROPOSITION 2. — *Soit π une représentation unitaire irréductible de* G *dans un espace hilbertien* E. *La dimension de* E *est finie et égale au degré formel de π.*

La représentation π étant de carré intégrable (lemme 1), son degré formel $c_\mu(\pi)$ relativement à μ est défini (déf. 4 de V, p. 423) ; c'est un nombre réel strictement positif. Soit $(e_i)_{i\in \mathrm{I}}$ une famille finie orthonormale dans E. Soit x un élément de E de norme 1 (il en existe puisque E est non nul). Pour $i \in \mathrm{I}$, on a

$$c_\mu(\pi) \int_{\mathrm{G}} |\langle e_i \mid \pi(g)x\rangle|^2 d\mu(g) = 1$$

(prop. 8 de V, p. 424). Sommons cette formule sur $i \in \mathrm{I}$. On obtient

$$\begin{aligned}\mathrm{Card}(\mathrm{I}) &= c_\mu(\pi) \int_{\mathrm{G}} \sum_{i\in\mathrm{I}} |\langle e_i \,|\, \pi(g)x\rangle|^2 d\mu(g) \\ &\leqslant c_\mu(\pi) \int_{\mathrm{G}} \|\pi(g)x\|^2 d\mu(g) = c_\mu(\pi)\end{aligned}$$

d'après l'inégalité de Bessel (EVT, V, p. 21, prop. 4). Donc le cardinal de I est majoré par $c_\mu(\pi)$. Cela entraîne que la dimension de E est finie.

On peut alors appliquer ce qui précède à une base orthonormale $(e_i)_{i\in\mathrm{I}}$ de E. On obtient, d'après EVT, V, p. 22, prop. 5,

$$\begin{aligned}\dim(\mathrm{E}) &= c_\mu(\pi) \int_{\mathrm{G}} \sum_{i\in\mathrm{I}} |\langle e_i \,|\, \pi(g)x\rangle|^2 d\mu(g) \\ &= c_\mu(\pi) \int_{\mathrm{G}} \|\pi(g)x\|^2 d\mu(g) = c_\mu(\pi),\end{aligned}$$

ce qui conclut la preuve.

En particulier, il est donc loisible de parler du caractère χ_π d'une représentation unitaire irréductible π de G. C'est une fonction continue sur G.

COROLLAIRE 1. — *Soit π une représentation unitaire irréductible de* G *dans un espace hilbertien* E. *Le caractère de π est un élément hermitien de l'algèbre involutive* $\mathrm{L}^1(\mathrm{G})$.

Soit $x \in \mathrm{G}$. Puisque G est unimodulaire, on a $\chi_\pi^*(x) = \overline{\mathrm{Tr}(\pi(x^{-1}))}$, d'où $\chi_\pi^*(x) = \mathrm{Tr}(\pi(x))$ puisque π est une représentation unitaire.

COROLLAIRE 2. — a) *Soit π une représentation unitaire irréductible de* G *dans un espace hilbertien* E. *On a*

$$\int_{\mathrm{G}} \overline{\langle x \,|\, \pi(g)x'\rangle}\, \langle y \,|\, \pi(g)y'\rangle d\mu(g) = \frac{1}{\dim(\mathrm{E})} \overline{\langle x \,|\, y\rangle}\, \langle x' \,|\, y'\rangle$$

pour tout $(x, y, x', y') \in \mathrm{E}^4$;

b) *Soit π_1 (resp. π_2) une représentation unitaire irréductible de* G *dans un espace hilbertien* E_1 *(resp.* E_2*). Si π_1 et π_2 ne sont pas isomorphes, on a*

$$\int_{\mathrm{G}} \overline{\langle x \,|\, \pi_1(g)x'\rangle}\, \langle y \,|\, \pi_2(g)y'\rangle d\mu(g) = 0$$

pour tout $(x, x', y, y') \in \mathrm{E}_1^2 \times \mathrm{E}_2^2$.

Cela découle aussitôt de la prop. 8 de V, p. 424 et de la prop. 9 de V, p. 424, compte tenu du lemme 1 et de la formule $c_\mu(\pi) = \dim(\mathrm{E})$ (prop. 2).

COROLLAIRE 3. — *Soient* π_1 *et* π_2 *des représentations irréductibles de* G. *Dans l'espace hilbertien* $\mathrm{L}^2(\mathrm{G})$, *on a* $\langle \chi_{\pi_1} \mid \chi_{\pi_2} \rangle = 1$ *si* π_1 *et* π_2 *sont isomorphes et* $\langle \chi_{\pi_1} \mid \chi_{\pi_2} \rangle = 0$ *sinon. Autrement dit, la famille des caractères des classes* $\pi \in \widehat{\mathrm{G}}$ *est une famille orthonormale dans* $\mathrm{L}^2(\mathrm{G})$.

Cela résulte de la proposition 1 de V, p. 457 et du corollaire 2 en notant que pour toute base orthonormale $(e_i)_{i\in\mathrm{I}}$ de l'espace d'une représentation unitaire π de dimension finie de G, et pour tout $g \in \mathrm{G}$, on a la formule

$$\chi_\pi(g) = \sum_{i\in\mathrm{I}} \langle e_i \mid \pi(g)e_i \rangle.$$

COROLLAIRE 4. — a) *Soit* ϱ *une représentation continue de dimension finie de* G. *On a*

$$\chi_\varrho = \sum_{\pi\in\widehat{\mathrm{G}}} \dim(\mathrm{Hom}_\mathrm{G}(\pi, \varrho))\chi_\pi = \sum_{\pi\in\widehat{\mathrm{G}}} \dim(\mathrm{Hom}_\mathrm{G}(\varrho, \pi))\chi_\pi.$$

b) *Soient* ϱ_1 *et* ϱ_2 *des représentations continues de dimension finie de* G. *On a*

$$\langle \chi_{\varrho_1} \mid \chi_{\varrho_2} \rangle = \dim(\mathrm{Hom}_\mathrm{G}(\varrho_1, \varrho_2)) = \dim(\mathrm{Hom}_\mathrm{G}(\varrho_2, \varrho_1)).$$

c) *Une représentation continue* ϱ *de dimension finie de* G *est irréductible si et seulement si* $\|\chi_\varrho\|^2 = 1$.

Puisque ϱ est semi-simple, elle est isomorphe à la somme directe de ses composantes π-isotypiques $\mathrm{M}_\pi(\varrho)$ pour $\pi \in \widehat{\mathrm{G}}$. Notant $m_\pi(\varrho)$ la multiplicité de π dans ϱ (déf. 10 de V, p. 398), on a alors

$$\chi_\varrho = \sum_{\pi\in\widehat{\mathrm{G}}} m_\pi(\varrho)\chi_\pi.$$

L'assertion *a*) résulte donc du fait que

$$m_\pi(\varrho) = \dim \mathrm{Hom}_\mathrm{G}(\pi, \varrho) = \dim \mathrm{Hom}_\mathrm{G}(\varrho, \pi)$$

(formule (1) de V, p. 377 et cor. 2 de V, p. 387).

Par bilinéarité et orthonormalité des caractères, l'assertion *a*) implique que

$$\langle \chi_{\varrho_1} \mid \chi_{\varrho_2} \rangle = \sum_{\pi\in\widehat{\mathrm{G}}} \dim(\mathrm{Hom}_\mathrm{G}(\pi, \varrho_1)) \dim(\mathrm{Hom}_\mathrm{G}(\pi, \varrho_2)),$$

et d'autre part on a des isomorphismes canoniques

$$\mathrm{Hom_G}(\varrho_1, \varrho_2) \to \bigoplus_{(\pi_1,\pi_2)\in\widehat{\mathrm{G}}\times\widehat{\mathrm{G}}} \mathrm{Hom_G}(\mathrm{M}_{\pi_1}(\varrho_1), \mathrm{M}_{\pi_2}(\varrho_2))$$
$$\to \bigoplus_{\pi\in\widehat{\mathrm{G}}} \mathrm{Hom_G}(\mathrm{M}_{\pi}(\varrho_1), \mathrm{M}_{\pi}(\varrho_2))$$

(formule (1) de V, p. 377) d'où il résulte que

$$\dim(\mathrm{Hom_G}(\varrho_1, \varrho_2)) = \sum_{\pi\in\widehat{\mathrm{G}}} m_\pi(\varrho_1)m_\pi(\varrho_2),$$

d'où l'assertion *b*). L'assertion *c*) résulte également de *a*) et du lemme de Schur (prop. 6 de V, p. 386).

COROLLAIRE 5. — *Soient* π_1 *et* π_2 *des représentations unitaires irréductibles de* G. *On a* $\pi_1(\overline{\chi}_{\pi_2}) = 0$ *si* π_1 *n'est pas isomorphe à* π_2, *et* $\pi_1(\overline{\chi}_{\pi_1})$ *est la multiplication par* $1/\dim(\pi_1)$.

Le caractère de π_2 est une fonction centrale continue sur G donc l'application linéaire $u = \pi_1(\overline{\chi}_{\pi_2})$ est définie et appartient à l'espace $\mathrm{Hom_G}(\pi_1, \pi_1)$. C'est une homothétie d'après le lemme de Schur (prop. 6 de V, p. 386) dont la trace est

$$\mathrm{Tr}(u) = \mathrm{Tr}\Big(\int_{\mathrm{G}} \overline{\chi_{\pi_2}(g)}\, \pi_1(g)d\mu(g)\Big)$$
$$= \int_{\mathrm{G}} \overline{\chi_{\pi_2}(g)}\chi_{\pi_1}(g)d\mu(g).$$

D'après les relations d'orthogonalité, la trace de u est donc nulle si π_1 n'est pas isomorphe à π_2, et égale à 1 sinon. L'assertion en résulte.

Remarque. — Lorsque G est fini, la relation d'orthogonalité de Schur (resp. la formule d'orthogonalité des caractères) coïncide avec celle de A, VIII, p. 399 (resp. celle de A, VIII, p. 400, prop. 4). Par contre, la « seconde relation d'orthogonalité » des caractères des groupes finis (A, VIII, p. 402, formule (32)) n'a pas d'analogue exact lorsque G est compact.

Pour G fini, le cas particulier de la seconde formule d'orthogonalité correspondant à la classe de conjugaison de e est la formule

$$\frac{1}{\mathrm{Card}\,\mathrm{G}} \sum_{\pi\in\widehat{\mathrm{G}}} \dim(\pi)\chi_\pi(g) = \begin{cases} 1 & \text{si } g = e \\ 0 & \text{sinon,} \end{cases}$$

qui s'interprète aussi comme le calcul du caractère de la représentation régulière γ_G de G, et qui est équivalente à la formule $\mathrm{Tr}(\gamma_G(f)) = f(e)$ pour toute fonction f de G dans **C**.

Soit G de nouveau un groupe compact quelconque. Pour toute fonction $f \in \mathscr{C}(G)$, l'endomorphisme $\gamma_G(f)$ de $L^2(G)$ coïncide avec l'endomorphisme $\varphi \mapsto f * \varphi$, et il est de trace finie (lemme 4 de V, p. 407 et corollaire 2 de III, p. 33). D'après *loc. cit.* et le th. 2 de IV, p. 177, on a également

$$\mathrm{Tr}(\gamma_G(f)) = \int_G f(x^{-1}x)d\mu(x) = f(e).$$

PROPOSITION 3. — *Supposons que* $G = G_1 \times G_2$ *où* G_1 *et* G_2 *sont des groupes compacts. L'application b de* $\widehat{G}_1 \times \widehat{G}_2$ *dans* $\widehat{G}$ *qui à* (π_1, π_2) *associe la classe de* $\pi_1 \boxtimes \pi_2$ *est une bijection.*

D'après le cor. 6 de V, p. 389, l'application b est bien définie.

Soient π_1 et π_2 des éléments de $\widehat{G}$. Soit $\pi \in \widehat{G}$. La composante π-isotypique de la restriction ϖ de $\pi_1 \boxtimes \pi_2$ à $G_1 \times \{e\}$ est égale à ϖ si $\pi_1 = \pi$ et est nulle dans le cas contraire (lemme 8 de V, p. 384). Ainsi, la représentation unitaire $\pi_1 \boxtimes \pi_2$ détermine π_1 à isomorphisme près ; de même, elle détermine π_2, ce qui démontre que b est injective.

Démontrons que b est surjective. Soit π une représentation unitaire irréductible de $G_1 \times G_2$ dans un espace hilbertien E. Elle est de dimension finie (prop. 2). Soit π_1 une représentation unitaire irréductible de G_1 dans un espace hilbertien E_1 telle que la restriction de π à $G_1 \times \{e\}$ contient une sous-représentation isomorphe à π_1 (lemme 3 de V, p. 379). Notons $F = \mathrm{Hom}_{G_1}(\pi_1, \pi)$. C'est un espace vectoriel non nul de dimension finie. Pour $h \in G_2$ et $u \in F$, soit $\varrho(h)(u)$ l'application linéaire de E_1 dans E définie par $x \mapsto \pi(e, h)(u(x))$. Puisque $G_1 \times \{e\}$ et $\{e\} \times G_2$ commutent dans G, l'application $\varrho(h)(u)$ appartient à l'espace F. L'application ϱ est une représentation linéaire de G_2 dans l'espace F ; elle est continue. Comme F n'est pas réduit à 0, il existe une sous-représentation irréductible π_2 de ϱ (lemme 3 de V, p. 379). Soit E_2 l'espace de π_2. L'application linéaire $v \colon E_1 \otimes E_2 \to E$ telle que $x \otimes u \mapsto u(x)$ pour $x \in E_1$ et $u \in E_2$ est alors un G-morphisme non nul de $\pi_1 \boxtimes \pi_2$ dans π ; comme les représentations π et $\pi_1 \boxtimes \pi_2$ sont irréductibles et de dimension finie, le morphisme v est un isomorphisme (lemme 2 de V, p. 378).

Cette proposition est à comparer avec le th. 1 de A, VIII, p. 208.

3. Le théorème de Peter–Weyl

On rappelle qu'on note $\Theta(\mathrm{G})$ l'espace des coefficients matriciels des représentations unitaires de dimension finie de G. L'espace $\Theta(\mathrm{G})$ est une sous-algèbre unifère de $\mathscr{C}(\mathrm{G})$ stable par la conjugaison complexe (prop. 5 de V, p. 386).

Pour $\pi \in \widehat{\mathrm{G}}$, on note $\varrho_{\mathrm{G}}(\pi)$ le sous-espace de $\mathscr{C}(\mathrm{G})$ engendré par les coefficients matriciels de π. On l'identifie à un sous-espace de $\mathrm{L}^2(\mathrm{G})$.

L'espace $\Theta(\mathrm{G})$ coïncide avec la somme des espaces $\varrho_{\mathrm{G}}(\pi)$ pour $\pi \in \widehat{\mathrm{G}}$ (en effet, tout élément de $\Theta(\mathrm{G})$ est somme de coefficients matriciels de représentations irréductibles de G puisque les représentations de dimension finie de G sont semi-simples d'après la prop. 1 de V, p. 457). De plus, cette somme est directe puisque, d'après le cor. 2 de V, p. 458, les espaces $\varrho_{\mathrm{G}}(\pi)$ sont deux à deux orthogonaux.

PROPOSITION 4. — *L'espace* $\Theta(\mathrm{G})$ *est dense dans* $\mathscr{C}(\mathrm{G})$ *et dans* $\mathrm{L}^2(\mathrm{G})$.

La sous-algèbre unifère $\Theta(\mathrm{G})$ de $\mathscr{C}(\mathrm{G})$ est stable par conjugaison. Elle coïncide avec la sous-algèbre $\Upsilon(\mathrm{G})$ par la prop. 2 de V, p. 457, donc elle sépare les points de G (cor. du th. 4 de V, p. 454). Par conséquent, elle est dense dans $\mathscr{C}(\mathrm{G})$ d'après TG, X, p. 40, cor. 2, et *a fortiori*, elle est dense dans l'espace $\mathrm{L}^2(\mathrm{G})$ (*cf.* INT, IV, p. 155, §4, nº 7, prop. 13).

Rappelons que la représentation unitaire birégulière de G est la représentation ϱ_{G} de $\mathrm{G} \times \mathrm{G}$ dans $\mathrm{L}^2(\mathrm{G})$ telle que $(g_1, g_2) \mapsto \gamma_{\mathrm{G}}(g_1)\delta_{\mathrm{G}}(g_2)$.

PROPOSITION 5. — *Soit* $\pi \in \widehat{\mathrm{G}}$. *L'espace* $\varrho_{\mathrm{G}}(\pi)$ *est une sous-représentation de* ϱ_{G} *qui est isomorphe à* $\overline{\pi} \boxtimes \pi$. *En particulier, c'est une représentation irréductible de* $\mathrm{G} \times \mathrm{G}$.

D'après la prop. 7 de V, p. 422 (appliquée avec $\mathrm{Z} = \{e\}$), l'espace $\varrho_{\mathrm{G}}(\pi)$ est une sous-représentation de ϱ_{G} et l'application linéaire de $\overline{\mathrm{E}}_\pi \otimes \mathrm{E}_\pi$ dans $\mathrm{L}^2(\mathrm{G})$ qui associe à $x \otimes y$ le coefficient matriciel $g \mapsto \langle x \,|\, \pi(g)y \rangle$ est un $(\mathrm{G} \times \mathrm{G})$-isomorphisme de $\overline{\pi} \boxtimes \pi$ dans $\varrho_{\mathrm{G}}(\pi)$. La sous-représentation $\varrho_{\mathrm{G}}(\pi)$ est donc irréductible (prop. 3 de V, p. 461).

THÉORÈME 1 (Peter–Weyl). — *Soit* G *un groupe topologique compact. La représentation birégulière* ϱ_{G} *de* G *est la somme hilbertienne des sous-représentations* $\varrho_{\mathrm{G}}(\pi)$ *pour* $\pi \in \widehat{\mathrm{G}}$.

Les espaces $\varrho_{\mathrm{G}}(\pi)$ sont deux à deux orthogonaux; ce sont des sous-représentations irréductibles de la représentation birégulière de G (prop. 5) qui sont deux à deux non isomorphes (prop. 3 de V, p. 461).

Le théorème résulte alors du fait que la somme $\Theta(\mathrm{G})$ des espaces $\varrho_{\mathrm{G}}(\pi)$ pour π parcourant $\widehat{\mathrm{G}}$ est dense dans $\mathrm{L}^2(\mathrm{G})$ (prop. 4).

COROLLAIRE 1. — *Pour tout $\pi \in \widehat{\mathrm{G}}$, la sous-représentation $\varrho_{\mathrm{G}}(\pi)$ est la composante $(\overline{\pi} \boxtimes \pi)$-isotypique de ϱ_{G}.*

Soit F la composante $(\overline{\pi} \boxtimes \pi)$-isotypique de ϱ_{G}. L'espace F contient $\varrho_{\mathrm{G}}(\pi)$ (prop. 5). De plus, pour tout $\tau \in \widehat{\mathrm{G}}$ différent de π, l'intersection de F et $\varrho_{\mathrm{G}}(\tau)$ est nulle (prop. 3 de V, p. 461). On en déduit que $\mathrm{F} = \varrho_{\mathrm{G}}(\pi)$ en appliquant le théorème.

COROLLAIRE 2. — *Soient π_1 et π_2 des représentations irréductibles non isomorphes de G. La composante $(\overline{\pi}_1 \boxtimes \pi_2)$-isotypique de ϱ_{G} est nulle.*

COROLLAIRE 3. — *La représentation régulière droite* (*resp. gauche*) *de* G *est isomorphe à la somme hilbertienne*

$$\bigoplus_{\pi \in \widehat{\mathrm{G}}} \pi^{\dim(\pi)}.$$

D'après le théorème et la proposition 5, la restriction de la représentation birégulière de G au sous-groupe $\mathrm{H} = \{e\} \times \mathrm{G}$ est isomorphe à la somme hilbertienne des restrictions à H des représentations $\overline{\pi} \boxtimes \pi$ pour $\pi \in \widehat{\mathrm{G}}$. Celles-ci sont isomorphes à la somme directe de $\dim(\pi)$ copies de π (lemme 8 de V, p. 384). Cela implique le résultat pour la représentation régulière droite, et le cas de la représentation régulière gauche est similaire.

COROLLAIRE 4. — *Soit $\pi \in \widehat{\mathrm{G}}$. La composante π-isotypique de $\boldsymbol{\delta}_{\mathrm{G}}$* (*resp. la composante $\overline{\pi}$-isotypique de $\boldsymbol{\gamma}_{\mathrm{G}}$*) *est égale à $\varrho_{\mathrm{G}}(\pi)$.*

L'argument est similaire à celui du corollaire précédent, en considérant $\varrho_{\mathrm{G}}(\pi)$ comme sous-représentation de $\boldsymbol{\delta}_{\mathrm{G}}$ (resp. de $\boldsymbol{\gamma}_{\mathrm{G}}$).

Remarques. — 1) Si G est fini, ces énoncés correspondent aux résultats de A, VIII, p. 398, remarque.

2) Supposons que G est commutatif. L'ensemble $\widehat{\mathrm{G}}$ s'identifie au groupe dual de G (V, p. 393, remarque). Pour tout $\chi \in \widehat{\mathrm{G}}$, l'espace de $\varrho_{\mathrm{G}}(\chi)$ est le sous-espace de dimension 1 de $\mathrm{L}^2(\mathrm{G})$ engendré par χ. Le théorème 1 pour G est donc alors équivalent au cor. du th. 1 de II, p. 215.

3) S'il existe un entier $n \geqslant 0$ tel que G est un sous-groupe compact de $\mathbf{GL}(\mathbf{C}^n)$, la représentation identique de G dans $\mathbf{GL}(\mathbf{C}^n)$ suffit à

séparer les points de G, et on peut donc alors démontrer directement la proposition 4, puis le théorème de Peter–Weyl, sans faire appel au théorème de Gelfand–Raikov.

4) Le théorème de Peter–Weyl implique en particulier que l'homomorphisme continu naturel de G dans $\prod_{\pi \in \widehat{G}} \mathbf{U}(E_\pi)$ est injectif.

4. Coefficients matriciels et fonctions G-finies

PROPOSITION 6. — *Les sous-espaces suivants de* $L^2(G)$ *sont égaux:*

a) *L'espace* $\Theta(G)$;

b) *La somme directe algébrique des sous-espaces* $\varrho_G(\pi)$ *de* $L^2(G)$;

c) *L'espace des vecteurs* G*-finis* (*cf.* V, p. 376) *de* γ_G ;

d) *L'espace des vecteurs* G*-finis de* $\boldsymbol{\delta}_G$;

e) *L'espace des vecteurs* $(G \times G)$*-finis de* ϱ_G.

En particulier, tout vecteur G*-fini de* γ_G, $\boldsymbol{\delta}_G$ *ou* ϱ_G *appartient à* $\mathscr{C}(G)$.

Notons F_a (resp. F_b, F_c, F_d, F_e) l'espace défini par la condition *a*) (resp. *b*), *c*), *d*), *e*)). On a déjà remarqué que $F_a = F_b$.

On a $F_b \subset F_c$ car $\varrho_G(\pi)$ est une sous-représentation de dimension finie de γ_G pour tout $\pi \in \widehat{G}$. Réciproquement, soit f un vecteur G-fini de γ_G. Le sous-espace E_f engendré par les fonctions $\gamma_G(g)f$ pour $g \in G$ est une sous-représentation de dimension finie de γ_G. Elle est égale à la somme directe de ses composantes π-isotypiques pour $\pi \in \widehat{G}$ (prop. 1 de V, p. 457). D'après le cor. 4 de V, p. 463, cela implique que E_f est contenu dans la somme des espaces $\varrho_G(\pi)$, donc $F_c \subset F_b$.

Par un raisonnement analogue, on obtient $F_b = F_d$, et comme $\varrho_G(\pi)$ est une sous-représentation de ϱ_G, on établit de même que $F_b = F_e$.

COROLLAIRE. — *Soit* $E \subset L^2(G)$ *un sous-espace vectoriel de dimension finie définissant une sous-représentation de* γ_G (*resp. de* $\boldsymbol{\delta}_G$, *de* ϱ_G). *Alors* E *est contenu dans* $\mathscr{C}(G)$.

En effet, tout élément de E est un vecteur G-fini de la représentation γ_G.

5. Représentations dans un espace séparé quasi-complet

PROPOSITION 7. — *Soit* ϱ *une représentation continue de* G *dans un espace localement convexe séparé et quasi-complet* E. *La somme des sous-représentations de dimension finie de* E *est dense dans* E.

Soit $x \in \mathrm{E}$ et soit U un voisinage ouvert de x. L'ensemble des mesures $\nu \in \mathscr{M}(\mathrm{G})$ telles que $\varrho(\nu)x \in \mathrm{U}$ est ouvert dans $\mathscr{M}(\mathrm{G})$ pour la topologie de la convergence compacte (*cf.* n° 2 de V, p. 400). Il contient ε_e, donc il contient une mesure de la forme $\nu = f_1 \cdot \mu$ où $f_1 \in \mathscr{C}(\mathrm{G})$ (INT, VIII, p. 171, § 4, n° 7, prop. 19) et, par conséquent, il contient une mesure de la forme $f_2 \cdot \mu$ où f_2 est une fonction G-finie (prop. 6 de V, p. 464 et prop. 4 de V, p. 462).

La sous-représentation F de γ_{G} engendrée par f_2 est de dimension finie. Soit $\widetilde{\mathrm{F}}$ l'image de l'application linéaire $f \mapsto \varrho(f)x$ de F dans E. L'espace $\widetilde{\mathrm{F}}$ est de dimension finie, et il contient l'élément $\varrho(f_2)x$ de U. Puisque $\varrho(g)\varrho(f) = \varrho(\gamma_{\mathrm{G}}(g)f)$ pour tout $g \in \mathrm{G}$ et tout $f \in \mathrm{F}$ (formule (1) de V, p. 406), l'espace $\widetilde{\mathrm{F}}$ est une sous-représentation de ϱ qui rencontre U. La proposition est démontrée.

COROLLAIRE 1. — *Soit π une représentation continue irréductible de* G *dans un espace localement convexe séparé quasi-complet* E. *L'espace* E *est de dimension finie.*

COROLLAIRE 2. — *Soit ϱ une représentation continue de* G *dans un espace localement convexe séparé quasi-complet* E *et soit π une représentation continue irréductible de* G.

a) *Le* G*-morphisme $p_\pi = \dim(\pi)\varrho(\overline{\chi}_\pi)$ de* E *dans* E *est un projecteur continu de* E *dont l'image est la composante π-isotypique de ϱ ;*

b) *Si ϱ est une représentation unitaire, alors le projecteur p_π est l'orthoprojecteur de* E *d'image $\mathrm{M}_\pi(\varrho)$.*

Démontrons *a*). L'application linéaire $p_\pi = \dim(\pi)\varrho(\overline{\chi}_\pi)$ est bien définie, puisque E est quasi-complet et que G est compact (V, p. 401). C'est un élément de $\mathrm{Hom}_{\mathrm{G}}(\varrho, \varrho)$ puisque le caractère de π est une fonction centrale continue sur G.

Soient ϖ une sous-représentation de dimension finie de E et F son espace. L'application p_π induit, par passage aux sous-espaces, l'endomorphisme $(\dim \pi)\varpi(\overline{\chi}_\pi)$ de F. Cet endomorphisme est donc nul si ϖ n'est pas isomorphe à π, et est l'application identique de F sinon (en effet, c'est le cas si ϖ est irréductible d'après le cor. 5 de V, p. 460, et le cas général s'en déduit puisque ϖ est semi-simple d'après la prop. 1 de V, p. 457).

Finalement, puisque la somme des sous-représentations de dimension finie de E est dense dans E (prop. 7) et que p_π est continu, on conclut que p_π est un projecteur dont l'image est la composante π-isotypique de ϱ. Si E est hilbertien, le projecteur p_π est hermitien d'après le cor. 1 de V, p. 458 donc c'est un orthoprojecteur (lemme 3, (ii) de I, p. 133).

COROLLAIRE 3. — *Soit ϱ une représentation continue de* G *dans un espace localement convexe séparé quasi-complet* E. *L'endomorphisme*

$$x \mapsto \int_{\mathrm{G}} \varrho(g)x \, d\mu(g)$$

de E *est un projecteur de* E *dont l'image est l'espace* E^{G} *des vecteurs invariants dans* E. *En particulier, si* E *est de dimension finie, alors*

$$\dim(\mathrm{E}^{\mathrm{G}}) = \int_{\mathrm{G}} \chi_\varrho(g) d\mu(g).$$

La première assertion est le cas particulier du corollaire précédent lorsque π est la représentation triviale de dimension 1 de G. La seconde en résulte puisque la dimension de E^{G} est la trace de l'orthoprojecteur sur E^{G}, c'est-à-dire

$$\dim(\mathrm{E}^{\mathrm{G}}) = \mathrm{Tr}\Big(\int_{\mathrm{G}} \varrho(g) d\mu(g)\Big) = \int_{\mathrm{G}} \chi_\varrho(g) d\mu(g).$$

En particulier, lorsque E est de dimension finie, il existe un vecteur $x \neq 0$ dans E tel que $\varrho(g)x = x$ pour tout $g \in \mathrm{G}$ si et seulement si

$$\int_{\mathrm{G}} \chi_\varrho(g) d\mu(g) \neq 0.$$

COROLLAIRE 4. — *Soit ϱ une représentation unitaire de* G *dans un espace hilbertien* E. *L'espace* E *est la somme hilbertienne des composantes π-isotypiques* $\mathrm{M}_\pi(\varrho)$ *pour* $\pi \in \widehat{\mathrm{G}}$. *En particulier, la représentation ϱ est semi-simple.*

Les composantes isotypiques de ϱ correspondant à des représentations irréductibles non isomorphes de G sont orthogonales (prop. 8 de V, p. 394). Puisque toute représentation unitaire de dimension finie de G est semi-simple (prop. 1 de V, p. 457), la somme des composantes isotypiques $\mathrm{M}_\pi(\varrho)$ pour $\pi \in \widehat{\mathrm{G}}$ est dense dans E (prop. 7). Le corollaire en résulte.

6. Caractères et classes de conjugaison

Soit ϱ une représentation unitaire de G dans un espace hilbertien E de dimension finie. Le caractère de ϱ vérifie $|\chi_\varrho| \leqslant \dim(\mathrm{E})$. Soit $(e_i)_{i \in \mathrm{I}}$ une base orthonormale de E ; le caractère χ_ϱ est la somme des coefficients matriciels diagonaux $g \mapsto \langle e_i \,|\, \varrho(g)e_i\rangle$ de ϱ. En particulier, le caractère de ϱ est une fonction G-finie, et si ϱ est irréductible, alors $\chi_\varrho \in \boldsymbol{\varrho}_{\mathrm{G}}(\varrho)$.

On a les formules suivantes

$$\chi_{\varrho_1\oplus\varrho_2} = \chi_{\varrho_1} + \chi_{\varrho_2}, \qquad \chi_{\varrho_1\otimes\varrho_2} = \chi_{\varrho_1}\chi_{\varrho_2}, \qquad \chi_{\check{\varrho}} = \chi_{\overline{\varrho}} = \overline{\chi}_\varrho$$

(*cf.* A, VIII, p. 388–389).

PROPOSITION 8. — *On a*

(1) $\chi_\pi * \chi_\sigma = 0$ *pour tous* π, σ *appartenant à* $\widehat{\mathrm{G}}$, $\pi \neq \sigma$,

(2) $\chi_\pi * \chi_\pi = \dfrac{1}{\dim(\pi)}\chi_\pi$ *pour tout* π *appartenant à* $\widehat{\mathrm{G}}$.

Soient π et σ des représentations irréductibles de G. On a

$$\dim(\pi)(\chi_\pi * \chi_\sigma) = \dim(\pi)\gamma_{\mathrm{G}}(\chi_\pi)\chi_\sigma$$

(lemme 4 de V, p. 407). La fonction $\dim(\pi)\gamma_{\mathrm{G}}(\chi_\pi)\chi_\sigma$ est la projection orthogonale de χ_σ sur la composante $\overline{\pi}$-isotypique de γ_{G} (cor. 2 de V, p. 465), c'est-à-dire sur $\boldsymbol{\varrho}_{\mathrm{G}}(\pi)$ (cor. 4 de V, p. 463). Comme χ_σ appartient à $\boldsymbol{\varrho}_{\mathrm{G}}(\sigma)$, le résultat découle du théorème 1 de V, p. 462.

Lemme 2. — *Le graphe de la relation d'équivalence « $x \in \mathrm{G}$ et $y \in \mathrm{G}$ et x est conjugué à y » dans* G *est fermé.*

En effet, ce graphe est l'image de l'application continue de l'espace compact $\mathrm{G} \times \mathrm{G}$ dans lui-même définie par $(x, y) \mapsto (x, yxy^{-1})$.

On note $\mathrm{G}^\sharp$ l'espace des classes de conjugaison de G muni de la topologie quotient ; c'est un espace compact d'après le lemme 2 et TG, I, p. 78, prop. 8. Soit $\varpi \colon \mathrm{G} \to \mathrm{G}^\sharp$ la projection canonique. L'application de $\mathscr{C}(\mathrm{G}^\sharp)$ dans $\mathscr{C}(\mathrm{G})$ définie par $f \mapsto f \circ \varpi$ identifie l'algèbre stellaire $\mathscr{C}(\mathrm{G}^\sharp)$ à la sous-algèbre stellaire de $\mathscr{C}(\mathrm{G})$ formée des fonctions centrales continues.

Les mesures sur $\mathrm{G}^\sharp$ s'identifient aux mesures centrales sur G (V, p. 402, déf. 1).

La forme linéaire sur $\mathscr{C}(\mathrm{G}^\sharp)$ définie par $f \mapsto \int_{\mathrm{G}} f$ est alors une mesure positive de masse 1 sur $\mathrm{G}^\sharp$, qui est notée $\mu^\sharp$. Pour tout $p \in [1, +\infty]$, on note $\mathscr{L}^p(\mathrm{G}^\sharp)$ (resp. $\mathrm{L}^p(\mathrm{G}^\sharp)$) l'espace $\mathscr{L}^p_{\mathbf{C}}(\mathrm{G}^\sharp, \mu^\sharp)$ (resp. $\mathrm{L}^p_{\mathbf{C}}(\mathrm{G}^\sharp, \mu^\sharp)$). On identifie $\mathrm{L}^p(\mathrm{G}^\sharp)$ à l'adhérence de $\mathscr{C}(\mathrm{G}^\sharp)$ dans $\mathrm{L}^p(\mathrm{G})$; en particulier, c'est un sous-espace fermé de $\mathrm{L}^p(\mathrm{G})$.

On note aussi $\Theta(\mathrm{G}^\sharp) = \Theta(\mathrm{G}) \cap \mathscr{C}(\mathrm{G}^\sharp)$ l'espace des coefficients matriciels centraux de G. C'est une sous-algèbre involutive unifère de $\mathscr{C}(\mathrm{G}^\sharp)$.

Lorsque G est un groupe de Lie, l'espace $\Theta(G^\sharp)$ est également noté $Z\Theta(G)$ dans LIE, IX, p. 71.

Lemme 3. — Soit π une représentation unitaire irréductible de G. *L'espace vectoriel* $L^2(G^\sharp) \cap \varrho_G(\pi)$ *est de dimension un et engendré par le caractère de π.*

Considérons la représentation unitaire σ de G dans l'espace $\varrho_G(\pi)$ définie par $\sigma(g) = \varrho_G(g, g)$. Puisque la représentation unitaire $\varrho_G(\pi)$ de $G \times G$ est isomorphe à $\overline{\pi} \boxtimes \pi$ (prop. 5 de V, p. 462), son caractère est donné par

$$\chi_\sigma(g) = \chi_{\overline{\pi}\boxtimes\pi}(g, g) = |\chi_\pi(g)|^2$$

pour tout $g \in G$. L'espace $L^2(G^\sharp) \cap \varrho_G(\pi)$ est le sous-espace des éléments invariants de cette représentation, et sa dimension est égale à

$$\int_G \chi_\sigma(g) d\mu(g) = \int_G |\chi_\pi(g)|^2 d\mu(g) = 1$$

(cor. 3 de V, p. 466 et cor. 3 de V, p. 459). Puisque le caractère de π est un élément non nul de $L^2(G^\sharp) \cap \varrho_G(\pi)$, c'est une base de cet espace.

PROPOSITION 9. — *La famille $(\chi_\pi)_{\pi \in \widehat{G}}$ des caractères des représentations unitaires irréductibles de* G *est une base orthonormale de* $L^2(G^\sharp)$.

D'après le théorème de Peter–Weyl (th. 1 de V, p. 462), le sous-espace fermé $L^2(G^\sharp)$ de $L^2(G)$ formé des éléments invariants de la représentation unitaire $g \mapsto \varrho_G(g, g)$ de G est la somme hilbertienne des sous-espaces $L^2(G^\sharp) \cap \varrho_G(\pi)$ pour $\pi \in \widehat{G}$. La proposition résulte donc du lemme précédent et du cor. 3 de V, p. 459.

COROLLAIRE 1. — *L'espace vectoriel* $\Theta(G^\sharp)$ *est dense dans* $\mathscr{C}(G^\sharp)$ *et dans* $L^2(G^\sharp)$.

La seconde assertion résulte de la prop. 9. Pour ce qui est de la première assertion, considérons la représentation linéaire ϱ de G sur l'espace de Banach $\mathscr{C}(G)$ définie par

$$\varrho(g)f(x) = f(g^{-1}xg)$$

pour tout $f \in \mathscr{C}(G)$ et tout $x \in G$. C'est une représentation continue et isométrique et $\mathscr{C}(G^\sharp)$ est l'espace des éléments invariants de cette représentation. Le projecteur continu $p = \varrho(1)$ de $\mathscr{C}(G)$ a donc pour image $\mathscr{C}(G^\sharp)$ (cor. 3 de V, p. 466) ; il est de norme $\leqslant 1$.

Soit $f \in \mathscr{C}(G^\sharp)$ et soit $\varepsilon > 0$. Il existe $\widetilde{f} \in \Theta(G)$ telle que $\|f - \widetilde{f}\| \leqslant \varepsilon$ (prop. 4 de V, p. 462), et on a alors $\|f - p(\widetilde{f})\| = \|p(f - \widetilde{f})\| \leqslant \varepsilon$; comme $p(\widetilde{f}) \in \mathscr{C}(G^\sharp)$, on conclut que $\Theta(G^\sharp)$ est dense dans $\mathscr{C}(G^\sharp)$.

On note R(G) l'anneau de Grothendieck des représentations continues de G dans des espaces vectoriels complexes séparés de dimension finie (*cf.* LIE, IX, p. 70 et A, VIII, p. 182, appliqué à la classe additive des représentations continues de G dans des espaces vectoriels complexes séparés de dimension finie, vues comme $\mathbf{C}[G]$-modules). Puisque toute représentation linéaire continue de G dans un espace vectoriel topologique séparé de dimension finie est semi-simple (prop. 1 de V, p. 457), le groupe abélien R(G) est libre et les classes de représentations unitaires irréductibles $\pi \in \widehat{G}$ en forment une base (A, VIII, p. 186, prop. 7).

COROLLAIRE 2. — a) *La famille des caractères des représentations irréductibles de* G *est une base de* $\Theta(G^\natural)$;

b) *L'application* $u \colon R(G) \otimes_{\mathbf{Z}} \mathbf{C} \to \Theta(G^\natural)$ *telle que* $u(\pi \otimes 1) = \chi_\pi$ *pour tout* $\pi \in \widehat{G}$ *est un isomorphisme d'algèbres sur* $\mathbf{C}$.

La première assertion résulte de la proposition 9 et du corollaire 1.

Puisque les classes des représentations $\pi \in \widehat{G}$ forment une base du $\mathbf{Z}$-module libre R(G), l'application u est bien définie. C'est un morphisme de $\mathbf{C}$-algèbres, et c'est un isomorphisme d'après *a*).

COROLLAIRE 3. — *Soit* H *un groupe topologique localement compact tel que* G *est un sous-groupe compact de* H. *Soit* ϱ *une représentation unitaire de* H *dans un espace hilbertien* E. *Si la composante* π*-isotypique de la restriction de* ϱ *à* G *est de dimension finie pour tout* $\pi \in \widehat{G}$, *alors la représentation* ϱ *de* H *est semi-simple et toute représentation unitaire irréductible de* H *est de multiplicité finie dans* ϱ.

Notons σ la restriction de ϱ au sous-groupe compact G de H. Soit π une représentation irréductible de G. L'endomorphisme $\sigma(\chi_\pi) \in \mathscr{L}(E)$ est de rang fini, puisque son image est la composante $\overline{\pi}$-isotypique de σ (cor. 2 de V, p. 465) et que celle-ci est de dimension finie par hypothèse. Par conséquent, l'endomorphisme $\sigma(f)$ est de rang fini pour tout $f \in \Theta(G^\natural)$ et est compact pour tout $f \in \mathscr{C}(G^\natural)$ (cor. 1 de V, p. 468 et cor. de la prop. 2 de III, p. 4).

Notons j l'injection canonique de G dans H. C'est une application continue qui est ν-propre pour toute mesure ν sur G (INT, V, p. 69, § 6, n° 1, remarque 1). Soit $\mathfrak{B}$ le filtre des voisinages compacts de l'élément e dans G. Pour tout $V \in \mathfrak{B}$, il existe une fonction centrale continue positive f_V sur G à support contenu dans V dont l'intégrale sur G vaut 1. Notons β_V la mesure image $j(f_V \cdot \mu)$; c'est une mesure positive à support compact sur H telle que $\varrho(\beta_V) = \sigma(f_V)$ (INT, V, p. 71, § 6, n° 2, th. 1). D'après ce qui précède, la base de filtre sur $\mathscr{M}_c(H)$ image de $\mathfrak{B}$ par l'application $V \mapsto \beta_V$ vérifie les conditions de la proposition 2 de V, p. 402 et l'assertion en résulte.

COROLLAIRE 4 (Critère d'équirépartition de Weyl)

Soit M *un ensemble de mesures positives centrales sur* G *tel que* $\nu(G) = 1$ *pour tout* $\nu \in M$. *Soit* $\mathfrak{F}$ *un filtre sur* M. *Pour que le filtre* $\mathfrak{F}$ *converge vaguement vers la mesure* $\mu^\sharp$ *sur* $G^\sharp$, *il faut et il suffit que, pour toute représentation unitaire irréductible non triviale* π, *on ait*

$$\lim_{\nu,\mathfrak{F}} \int_G \chi_\pi(x) d\nu(x) = 0.$$

Puisque $\nu(G^\sharp) = 1 = \mu^\sharp(G^\sharp)$ pour $\nu \in M$, l'hypothèse signifie que

$$\lim_{\nu,\mathfrak{F}} \int_{G^\sharp} \chi_\pi(x) d\nu(x) = \int_{G^\sharp} \chi_\pi(x) d\mu^\sharp(x)$$

pour toute représentation $\pi \in \widehat{G}$, donc elle équivaut à la condition

$$\lim_{\nu,\mathfrak{F}} \int_{G^\sharp} f(x) d\nu(x) = \int_{G^\sharp} f(x) d\mu^\sharp(x)$$

pour toute fonction $f \in \Theta(G^\sharp)$ par linéarité. Comme l'espace $\Theta(G^\sharp)$ est dense dans $\mathscr{C}(G^\sharp)$ (corollaire 1), l'hypothèse est donc équivalente à la convergence du filtre $\mathfrak{F}$ vers $\mu^\sharp$ dans $\mathscr{M}(G^\sharp)$ muni de la topologie de la convergence simple dans $\mathscr{C}(G)$, qui coïncide avec la topologie de la convergence vague puisque G est compact (*cf.* INT, III, p. 59, § 1, n° 9).

7. La cotransformation de Fourier

On munit l'ensemble $\widehat{G}$ de la topologie discrète. On note $F(\widehat{G})$ l'algèbre produit des $\mathrm{End}(E_\pi)$ pour π appartenant à $\widehat{G}$ et $F_b(\widehat{G})$ l'algèbre stellaire produit des $\mathrm{End}(E_\pi)$ (exemple 5 de I, p. 103) ; c'est l'ensemble des familles $(u_\pi)_{\pi \in \widehat{G}}$ telles que $\sup_{\pi \in \widehat{G}} \|u_\pi\| < +\infty$.

On note $F_0(\widehat{G})$ la sous-algèbre stellaire fermée de $F_b(\widehat{G})$ formée des familles $(u_\pi)_{\pi \in \widehat{G}}$ telles que $\|u_\pi\|$ tend vers 0 à l'infini.

Soit $\nu \in \mathscr{M}^1(G)$. Pour tout $\pi \in \widehat{G}$, on a $\|\pi(\nu)\| \leqslant \|\nu\|$, donc la famille $(\pi(\nu))_{\pi \in \widehat{G}}$ appartient à $F_b(\widehat{G})$.

DÉFINITION 1. — *Pour toute mesure* $\nu \in \mathscr{M}^1(G)$, *l'élément* $(\pi(\nu))_{\pi\in\widehat{G}}$ *de* $F_b(\widehat{G})$ *est noté* $\overline{\mathscr{F}}_G(\nu)$. *L'application de* $\mathscr{M}^1(G)$ *dans* $F_b(\widehat{G})$ *ainsi définie est appelée la* cotransformation de Fourier *de* G, *et* $\overline{\mathscr{F}}_G(\nu)$ *est appelée la* cotransformée de Fourier *de la mesure* ν.

Pour $f \in L^1(G)$, on notera $\overline{\mathscr{F}}_G(f) = \overline{\mathscr{F}}_G(f \cdot \mu)$.

Pour toute représentation $\pi \in \widehat{G}$, l'application $\nu \mapsto \pi(\nu)$ est un morphisme unifère d'algèbres de Banach involutives de $\mathscr{M}^1(G)$ dans $\mathrm{End}(E_\pi)$ (lemme 1 de V, p. 401). La cotransformation de Fourier est donc un morphisme unifère d'algèbres de Banach involutives de $\mathscr{M}^1(G)$ dans $F_b(\widehat{G})$.

8. La transformation de Fourier

On garde les notations du numéro précédent.

Soit $\pi \in \widehat{G}$. On munit l'espace vectoriel $\mathrm{End}(E_\pi)$ de la structure d'espace hilbertien dont le produit scalaire est donné par

$$\langle u_1 \mid u_2 \rangle = \dim(\pi)\mathrm{Tr}(u_1^* u_2) = \dim(\pi)\mathrm{Tr}(u_2 u_1^*)$$

pour u_1, u_2 dans $\mathrm{End}(E_\pi)$ (*cf.* EVT, V, p. 52, th. 1).

On note $\|u\|_2 = \sqrt{\langle u \mid u \rangle}$ la norme d'un élément u de $\mathrm{End}(E_\pi)$ pour $\pi \in \widehat{G}$. Pour tout $g \in G$, on a $\|\pi(g)\|_2 = \dim(\pi)$ puisque $\pi(g)$ est unitaire.

La norme notée ici $\|u\|_2$ diffère par un facteur $\dim(\pi)$ de la norme définie dans EVT, V, p. 52 sur l'espace des applications de Hilbert-Schmidt de E_π.

Lemme 4. — *Soit* π *une représentation irréductible de* G. *L'application* $f \mapsto \pi(f)$ *définit par passage aux sous-espaces un isomorphisme isométrique de* $\varrho_G(\overline{\pi})$ *dans* $\mathrm{End}(E_\pi)$.

Posons $\varepsilon_\pi(g,h)u = \pi(g) \circ u \circ \pi(h^{-1})$ pour tout $(g,h) \in G \times G$ et pour tout $u \in \mathrm{End}(E_\pi)$. L'application ε_π est une représentation continue de $G \times G$ dans $\mathrm{End}(E_\pi)$. Elle est unitaire. En effet, puisque π elle-même est unitaire, il vient

$$\begin{aligned}\|\varepsilon_\pi(g,h)u\|_2^2 &= \dim(\pi)\,\mathrm{Tr}\Big((\pi(g)u\pi(h^{-1}))^*\pi(g)u\pi(h^{-1})\Big)\\ &= \dim(\pi)\,\mathrm{Tr}(\pi(h)u^*u\pi(h)^{-1}) = \dim(\pi)\,\mathrm{Tr}(u^*u) = \|u\|_2^2\end{aligned}$$

pour tout $(g,h) \in \mathrm{G}\times\mathrm{G}$ et tout $u \in \mathrm{End}(\mathrm{E}_\pi)$.

L'application Ψ définie par $f \mapsto \pi(f)$ est un $(\mathrm{G}\times\mathrm{G})$-morphisme de $\varrho_\mathrm{G}(\overline{\pi})$ dans $\mathrm{End}(\mathrm{E}_\pi)$, puisque

$$\pi(\varrho_\mathrm{G}(g,h)f) = \int_\mathrm{G} f(g^{-1}xh)\pi(x)d\mu(x) = \pi(g)\pi(f)\pi(h^{-1})$$

pour tout $(g,h) \in \mathrm{G}\times\mathrm{G}$ et tout $f \in \varrho_\mathrm{G}(\overline{\pi})$. Puisque $\varrho_\mathrm{G}(\overline{\pi})$ est une représentation irréductible (th. 1, *a*) de V, p. 462), il existe $\lambda \in \mathbf{C}^*$ tel que l'application $\lambda\Psi$ est nulle ou isométrique (cor. 5, *a*) de V, p. 388).

Soit $f = \dim(\pi)\overline{\chi}_\pi \in \varrho_\mathrm{G}(\overline{\pi})$. Il vient $\pi(f) = 1_{\mathrm{E}_\pi}$ (cor. 2 de V, p. 465), d'où $\|\pi(f)\|_2 = \dim(\pi) = \|f\|$ (cor. 3 de V, p. 459). Par conséquent, l'application Ψ est isométrique. Comme $\varrho_\mathrm{G}(\overline{\pi})$ et $\mathrm{End}(\mathrm{E}_\pi)$ sont de même dimension, Ψ est un isomorphisme isométrique.

On note $\mathrm{F}^2(\widehat{\mathrm{G}})$ la somme hilbertienne des espaces hilbertiens $\mathrm{End}(\mathrm{E}_\pi)$. La norme d'un élément $x \in \mathrm{F}^2(\widehat{\mathrm{G}})$ est encore notée $\|x\|_2$.

Dans LIE, IX, p. 79, cet espace est noté $\mathrm{L}^2(\widehat{\mathrm{G}})$, notation que nous préférons éviter ici pour ne pas créer de confusion avec l'espace $\ell^2(\widehat{\mathrm{G}})$.

Soit $(u_\pi)_{\pi\in\widehat{\mathrm{G}}}$ un élément de $\mathrm{F}^2(\widehat{\mathrm{G}})$. Puisque

$$\sum_{\pi\in\widehat{\mathrm{G}}} \|u_\pi\|_2^2 = \sum_{\pi\in\widehat{\mathrm{G}}} \dim(\pi)\,\mathrm{Tr}(u_\pi^* u_\pi) < +\infty$$

et que $\|u_\pi\|^2 \leqslant \mathrm{Tr}(u_\pi^* u_\pi)$ (*cf.* EVT, V, p. 52, formule (33)), la norme dans $\mathscr{L}(\mathrm{E}_\pi)$ de l'endomorphisme u_π tend vers 0 à l'infini. On peut donc identifier $\mathrm{F}^2(\widehat{\mathrm{G}})$ à un sous-espace de $\mathrm{F}_0(\widehat{\mathrm{G}})$.

Soient $\pi \in \widehat{\mathrm{G}}$ et $u \in \mathrm{End}(\mathrm{E}_\pi)$. On note $\mathscr{F}_\pi(u)$ la fonction sur G définie par $\mathscr{F}_\pi(u)(g) = \langle\pi(g)\,|\,u\rangle = \dim(\pi)\mathrm{Tr}(\pi(g)^*u)$ pour tout $g \in \mathrm{G}$. C'est une fonction continue sur G. Si G est un groupe de Lie réel compact, alors la fonction $\mathscr{F}_\pi(u)$ est analytique sur G (LIE, III, § 8, n° 1, th. 1).

Puisque G est compact, on peut identifier $\mathrm{L}^2(\mathrm{G})$ à un sous-espace de $\mathrm{L}^1(\mathrm{G})$.

THÉORÈME 2. — *La cotransformation de Fourier de* G *induit par passage aux sous-espaces un isomorphisme isométrique de* $\mathrm{L}^2(\mathrm{G})$ *sur* $\mathrm{F}^2(\widehat{\mathrm{G}})$. *Son inverse* $\mathscr{F}_\mathrm{G}$ *associe à un élément* $(u_\pi)_{\pi\in\widehat{\mathrm{G}}}$ *de* $\mathrm{F}^2(\widehat{\mathrm{G}})$ *la somme de la série*

$$\sum_{\pi\in\widehat{\mathrm{G}}} \mathscr{F}_\pi(u_\pi),$$

qui converge dans $\mathrm{L}^2(\mathrm{G})$.

D'après le théorème de Peter–Weyl (th. 1 de V, p. 462), l'espace hilbertien $L^2(G)$ est la somme hilbertienne des espaces $\varrho_G(\overline{\pi})$ pour $\pi \in \widehat{G}$. Pour tout $\pi \in \widehat{G}$, l'application linéaire $f \mapsto \pi(f)$ de $\varrho_G(\overline{\pi})$ dans $\mathrm{End}(E_\pi)$ est un isomorphisme isométrique (lemme 4). Par conséquent, la restriction à $L^2(G)$ de la cotransformation de Fourier définit un isomorphisme isométrique de $L^2(G)$ sur $F^2(\widehat{G})$.

Soit $f \in L^2(G)$. Soit $\pi \in \widehat{G}$ et soit $f_{\overline{\pi}} \in \mathscr{C}(G)$ la projection orthogonale de f sur $\varrho_G(\overline{\pi})$ (th. 1 de V, p. 462). Cet espace étant la composante $\overline{\pi}$-isotypique de $\boldsymbol{\delta}_G$ (cor. 4 de V, p. 463), on a $f_{\overline{\pi}} = \dim(\pi)\boldsymbol{\delta}_G(\chi_\pi)(f)$ d'après le cor. 2 de V, p. 465. Pour tout $x \in G$, il vient

$$\begin{aligned} f_{\overline{\pi}}(x) &= \dim(\pi) \int_G \chi_\pi(g)(\boldsymbol{\delta}_G(g)f)(x)d\mu(g) \\ &= \dim(\pi) \int_G \chi_\pi(g)f(xg)d\mu(g) \\ &= \dim(\pi) \int_G \chi_\pi(x^{-1}y)f(y)d\mu(y) \\ &= \dim(\pi)\mathrm{Tr}(\pi(x^{-1})\pi(f)) = \langle \pi(x) \mid \pi(f) \rangle, \end{aligned}$$

c'est-à-dire $f_{\overline{\pi}} = \mathscr{F}_\pi(\pi(f))$.

Comme f est la somme dans $L^2(G)$ de la famille $(f_{\overline{\pi}})$ d'après le théorème de Peter–Weyl, on obtient

$$f = \sum_{\pi \in \widehat{G}} \mathscr{F}_\pi(\pi(f))$$

où la série converge dans $L^2(G)$. Cela démontre le théorème.

DÉFINITION 2. — *L'isomorphisme isométrique* $\mathscr{F}_G$ *de* $F^2(\widehat{G})$ *sur* $L^2(G)$ *inverse de l'isomorphisme induit par la cotransformation de Fourier est appelé la* transformation de Fourier *de* G. *L'image d'un élément de* $F^2(\widehat{G})$ *est appelé sa* transformée de Fourier.

Remarques. — 1) La transformée de Fourier de $(u_\pi)_{\pi \in \widehat{G}} \in F^2(\widehat{G})$ est donc la classe dans $L^2(G)$ de la série

$$g \mapsto \sum_{\pi \in \widehat{G}} \langle \pi(g) \mid u_\pi \rangle = \sum_{\pi \in \widehat{G}} \dim(\pi)\mathrm{Tr}(u_\pi \circ \pi(g)^{-1}).$$

2) Soit $f \in L^2(G)$. On a alors la *formule de Plancherel*

$$\|f\|^2 = \|\overline{\mathscr{F}}_G(f)\|^2 = \sum_{\pi \in \widehat{G}} \|\pi(f)\|^2.$$

De plus, d'après le théorème 2, f est la somme dans $L^2(G)$ de la famille $(f_\pi)_{\pi\in\widehat{G}}$ où

$$\begin{aligned} f_\pi(x) &= \mathscr{F}_\pi(\pi(f))(x) \\ &= \langle \pi(x) \mid \pi(f)\rangle = \dim(\pi)\int_G f(g)\chi_\pi(x^{-1}g)d\mu(g) \end{aligned}$$

pour tout $x \in G$ et toute $\pi \in \widehat{G}$.

Supposons que G est commutatif. Puisque les représentations irréductibles de G sont de dimension 1 (cor. 7 de V, p. 390) et que le groupe dual $\widehat{G}$ est discret (prop. 18 de II, p. 233), les algèbres $F_b(\widehat{G})$ et $F_0(\widehat{G})$ s'identifient, respectivement, à l'algèbre $\mathscr{C}_b(\widehat{G})$ des fonctions continues bornées sur $\widehat{G}$ et à l'algèbre $\mathscr{C}_0(\widehat{G})$ des fonctions continues tendant vers 0 à l'infini sur $\widehat{G}$. Comme G est compact, la mesure de Haar sur $\widehat{G}$ duale de μ est la mesure de comptage $\widehat{\mu}$ (prop. 18 de II, p. 233). La somme hilbertienne $F^2(\widehat{G})$ des espaces $\mathrm{End}(E_\pi)$ pour $\pi \in \widehat{G}$ s'identifie à l'espace hilbertien $L^2(\widehat{G}, \widehat{\mu})$.

Soit $\nu \in \mathscr{M}^1(G)$. Alors, pour tout caractère unitaire $\chi \in \widehat{G}$, on a

$$\chi(\nu) = \int_G \chi\, \nu$$

ce qui démontre que la cotransformation de Fourier définie ci-dessus coïncide avec la cotransformation de Fourier de G définie dans II, p. 206.

Tout $f \in \mathscr{L}^2(G)$ est intégrable et la formule $\|\overline{\mathscr{F}}_G(f)\|_2 = \|f\|$ est la formule de Plancherel (II, p. 215, théorème 1).

PROPOSITION 10. — *La cotransformation de Fourier est un morphisme injectif d'algèbres de Banach involutives de* $\mathscr{M}^1(G)$ *dans* $F_b(\widehat{G})$ *qui envoie* $L^1(G)$ *dans* $F_0(\widehat{G})$.

Comme G est compact, l'espace $\mathscr{C}(G)$ est inclus et dense dans $\mathscr{L}^1(G)$ et $\mathscr{L}^2(G)$.

Soit $\nu \in \mathscr{M}^1(G)$ telle que $\overline{\mathscr{F}}_G(\nu) = 0$. Pour toute fonction f continue sur G, on a alors $\overline{\mathscr{F}}_G(\nu * f) = 0$. Or $\nu * f$ appartient à $\mathscr{C}(G)$ (INT, VIII, p. 152, § 4, n° 2, prop. 3). Comme, d'après le théorème 2, la cotransformation de Fourier est injective sur $L^2(G)$, et *a fortiori*, sur l'espace $\mathscr{C}(G)$, on a $\nu * f = 0$ pour $f \in \mathscr{C}(G)$. En particulier, il vient

$$\int_G f(x)d\nu(x) = (\nu * \check{f})(e) = 0$$

pour toute fonction $f \in \mathscr{C}(G)$ (INT, VIII, *loc. cit.*), donc la mesure ν est nulle.

L'image de $\mathscr{C}(\mathrm{G})$ par la cotransformation de Fourier est contenue dans $\mathrm{F}^2(\widehat{\mathrm{G}})$, et *a fortiori* dans $\mathrm{F}_0(\widehat{\mathrm{G}})$. Puisque $\mathrm{F}_0(\widehat{\mathrm{G}})$ est fermé dans $\mathrm{F}_b(\widehat{\mathrm{G}})$ et que $\mathscr{C}(\mathrm{G})$ est dense dans $\mathrm{L}^1(\mathrm{G})$, l'image de $\mathrm{L}^1(\mathrm{G})$ par la cotransformation de Fourier est également contenue dans $\mathrm{F}_0(\widehat{\mathrm{G}})$.

PROPOSITION 11. — a) *Soit* $u = (u_\pi)_{\pi\in\widehat{\mathrm{G}}}$ *un élément de* $\mathrm{F}(\widehat{\mathrm{G}})$. *Si la famille* $(\mathscr{F}_\pi(u_\pi))_{\pi\in\widehat{\mathrm{G}}}$ *est uniformément sommable dans* $\mathscr{C}(\mathrm{G})$, *alors sa somme* f *est une fonction continue sur* G *dont la cotransformée de Fourier est* u ;

b) *Soit* $f \in \mathrm{L}^1(\mathrm{G})$. *Si la famille* $(\mathscr{F}_\pi(\pi(f)))_{\pi\in\widehat{\mathrm{G}}}$ *est uniformément sommable dans* $\mathscr{C}(\mathrm{G})$, *alors sa somme est une fonction continue sur* G *dont la classe dans* $\mathrm{L}^1(\mathrm{G})$ *est égale à* f.

Démontrons l'assertion *a*). Puisque G est compact, la somme f de la famille $(\mathscr{F}_\pi(u_\pi))$ appartient à $\mathrm{L}^2(\mathrm{G})$ et la série

$$\sum_{\pi\in\widehat{\mathrm{G}}} \mathscr{F}_\pi(u_\pi)$$

converge dans $\mathrm{L}^2(\mathrm{G})$ vers f (INT, IV, p. 127, § 3, n° 3, prop. 4). On a donc $\mathscr{F}_{\mathrm{G}}((u_\pi)_\pi) = f$ dans $\mathrm{L}^2(\mathrm{G})$, d'où $(u_\pi)_{\pi\in\widehat{\mathrm{G}}} = \overline{\mathscr{F}}_{\mathrm{G}}(f)$ (théorème 2).

Démontrons l'assertion *b*). On peut appliquer l'assertion *a*) à la famille $(\pi(f))_{\pi\in\widehat{\mathrm{G}}}$. La somme g de la famille $(\mathscr{F}_\pi(\pi(f)))_{\pi\in\widehat{\mathrm{G}}}$ est une fonction continue, donc appartenant à $\mathrm{L}^2(\mathrm{G})$, telle que $\overline{\mathscr{F}}_{\mathrm{G}}(g) = (\pi(f))_{\pi\in\widehat{\mathrm{G}}}$. Puisque $\overline{\mathscr{F}}_{\mathrm{G}}$ est injective sur $\mathrm{L}^2(\mathrm{G})$, on a $f = g$ dans $\mathrm{L}^2(\mathrm{G})$, donc dans $\mathrm{L}^1(\mathrm{G})$.

L'algèbre $\mathscr{C}(\widehat{\mathrm{G}})$ des fonctions à valeurs complexes sur $\widehat{\mathrm{G}}$ s'identifie au centre de l'algèbre $\mathrm{F}(\widehat{\mathrm{G}})$ par l'application qui à $f\colon \widehat{\mathrm{G}} \to \mathbf{C}$ associe l'élément central $(f(\pi)1_{\mathrm{E}_\pi})_{\pi\in\widehat{\mathrm{G}}}$ de $\mathrm{F}(\widehat{\mathrm{G}})$. Notons $\mathscr{M}^1(\mathrm{G}^\natural)$ l'espace des mesures bornées centrales sur G. C'est un sous-espace fermé de l'algèbre de Banach $\mathscr{M}^1(\mathrm{G})$. Pour toute mesure $\nu \in \mathscr{M}^1(\mathrm{G}^\natural)$ et toute représentation $\pi \in \widehat{\mathrm{G}}$, on a $\pi(\nu) \in \mathrm{End}_{\mathrm{G}}(\mathrm{E}_\pi)$ donc $\pi(\nu)$ est un multiple de l'application identique de E_π d'après le lemme de Schur (prop. 6 de V, p. 386). La restriction de la cotransformation de Fourier à $\mathscr{M}^1(\mathrm{G}^\natural)$ s'identifie donc à un morphisme unifère d'algèbres de Banach involutives de $\mathscr{M}^1(\mathrm{G}^\natural)$ dans $\mathscr{C}(\widehat{\mathrm{G}})$. Ce morphisme est injectif; l'image de $\mathrm{L}^1(\mathrm{G}^\natural)$ est contenue dans $\mathscr{C}_b(\widehat{\mathrm{G}})$ et sa restriction à $\mathrm{L}^2(\mathrm{G}^\natural)$ est un isomorphisme isométrique sur $\mathrm{L}^2(\widehat{\mathrm{G}}, \widehat{\mu})$.

9. Indicateur de Frobenius–Schur et alternative de Larsen

Rappelons (LIE, VIII, §7, n° 6, déf. 2) qu'une représentation irréductible de G dans un espace vectoriel complexe E de dimension finie est dite de *type orthogonal* (resp. de *type symplectique*) s'il existe une forme bilinéaire symétrique non nulle sur E invariante par G (resp. s'il existe une forme bilinéaire alternée non nulle sur E invariante par G). Elle est dite de *type complexe* s'il n'existe pas de forme bilinéaire non nulle sur E invariante par G.

Lorsqu'une représentation irréductible dans E est de type orthogonal (resp. symplectique), l'espace des formes bilinéaires symétriques (resp. alternées) G-invariantes sur E est de dimension 1 et toute forme bilinéaire G-invariante non nulle sur E est séparante.

Une représentation de type orthogonal est parfois dite de type réel, et une représentation de type symplectique est parfois dite de type quaternionien (*cf.* LIE, IX, App. II).

Soit π une représentation irréductible de G dans un espace vectoriel complexe E. Les trois possibilités ci-dessus sont distinguées par la valeur de la quantité

$$\mathrm{FS}(\pi) = \int_{\mathrm{G}} \chi_\pi(g^2)d\mu(g),$$

qui est appelée *indicateur de Frobenius–Schur* de π. On a en effet

$$\mathrm{FS}(\pi) = \begin{cases} 1 & \text{si } \pi \text{ est de type orthogonal,} \\ -1 & \text{si } \pi \text{ est de type symplectique,} \\ 0 & \text{si } \pi \text{ est de type complexe.} \end{cases}$$

(LIE, IX, App. 2, p. 103, prop. 3 et p. 105, prop. 4).

Lorsque G est un groupe de Lie, on peut calculer $\mathrm{FS}(\pi)$ à l'aide de la prop. 1 de LIE, IX, p. 69.

DÉFINITION 3. — *Soit ϱ une représentation unitaire de dimension finie de* G *dans un espace hilbertien* E. *Soit k un entier positif. On appelle* moment absolu d'ordre $2k$ *de ϱ, et on note $\mathrm{M}_{2k}(\varrho)$, la dimension du sous-espace des éléments* G*-invariants dans la représentation $\overline{\varrho}^{\otimes k} \otimes \varrho^{\otimes k}$.*

THÉORÈME 3 (Alternative de Larsen). — *Supposons que* G *est infini. Soit π une représentation unitaire* fidèle *de* G *dans un espace hilbertien* E *de dimension finie $\geqslant 2$.*

a) *Supposons que le groupe dérivé de* G *est infini. On a $\mathrm{M}_4(\pi) \geqslant 2$ avec égalité si et seulement si* G *contient* **SU**(E) ;

b) *Supposons que* dim(E) $\geqslant 3$, *que* π *est de type orthogonal ou symplectique, et que* dim(E) $\neq 4$ *si* π *est de type orthogonal. Alors* $M_4(\pi) \geqslant 3$ *avec égalité si et seulement si l'algèbre de Lie complexifiée de* G *est égale à l'algèbre de Lie d'une forme bilinéaire séparante* G*-invariante sur* E. **C'est le cas si et seulement si la composante neutre* G_0 *de* G *est un sous-groupe compact maximal du groupe des automorphismes d'une telle forme bilinéaire.**

Nous utiliserons dans la démonstration les lemmes suivants.

Lemme 5. — *Soit* π *une représentation unitaire de* G *dans un espace hilbertien* E *de dimension finie. Soient* $(\varrho_i)_{i\in I}$ *une famille de représentations unitaires non nulles de* G *et* $(n_i)_{i\in I}$ *une famille d'entiers* $\geqslant 1$ *tels que la représentation* $\overline{\pi}\otimes\pi$ *de* G (*resp. la représentation* $\pi\otimes\pi$) *soit isomorphe à la somme directe* $\bigoplus_{i\in I}\varrho_i^{n_i}$. *Alors on a*

$$M_4(\pi) \geqslant \sum_{i\in I} n_i^2$$

avec égalité si et seulement si les représentations ϱ_i *sont irréductibles et deux à deux non isomorphes.*

Notons χ_i le caractère de ϱ_i pour $i \in I$. On a

$$|\chi_\pi|^2 = \chi_{\overline{\pi}\otimes\pi} = \sum_{i\in I} n_i\chi_i, \quad (\text{resp. } \chi_\pi^2 = \chi_{\pi\otimes\pi} = \sum_{i\in I} n_i\chi_i).$$

D'après la définition et le cor. 3 de V, p. 466, il vient

$$M_4(\pi) = \int_G |\chi_\pi|^4 d\mu,$$

d'où, dans les deux cas, la formule

$$M_4(\pi) = \sum_{i,j} n_i n_j \int_G \chi_i\overline{\chi}_j\, d\mu = \sum_{i,j} n_i n_j \dim \mathrm{Hom}_G(\varrho_i, \varrho_j)$$

(cor. 4, *b*) de V, p. 459). Soit $i \in I$. Comme la représentation ϱ_i n'est pas nulle, l'espace $\mathrm{Hom}_G(\varrho_i, \varrho_i)$ n'est pas nul, et on en déduit la minoration

$$M_4(\pi) \geqslant \sum_{i\in I} n_i^2.$$

De plus, puisque $n_i \geqslant 1$, il y a égalité si et seulement si on a $\dim \mathrm{Hom}_G(\varrho_i, \varrho_j) = 0$ si $i \neq j$ et $\dim \mathrm{Hom}_G(\varrho_i, \varrho_i) = 1$ pour tout i. La seconde condition est valide si et seulement si les représentations ϱ_i sont irréductibles (*loc. cit.*). La première est alors satisfaite si et seulement si les représentations ϱ_i sont deux à deux non isomorphes, d'après le lemme de Schur (V, p. 387, cor. 2).

Si E est un module sur un anneau commutatif A, on appellera *carré symétrique* (resp. *carré extérieur*) de E le A-module $\mathsf{S}^2(\mathrm{E})$ (resp. $\wedge^2\mathrm{E}$).

Lemme 6. — *Soit* q *une forme bilinéaire séparante sur un espace vectoriel complexe* E *de dimension finie* $\geqslant 3$.

a) *Si* q *est symétrique, alors la représentation adjointe de l'algèbre de Lie orthogonale* $\mathfrak{so}(q)$ *est isomorphe au carré extérieur* $\wedge^2\mathrm{E}$ *de la représentation naturelle* $\mathfrak{so}(q) \to \mathfrak{gl}(\mathrm{E})$;

b) *Si* q *est alternée, alors la représentation adjointe de l'algèbre de Lie symplectique* $\mathfrak{sp}(q)$ *est isomorphe au carré symétrique* $\mathsf{S}^2(\mathrm{E})$ *de la représentation naturelle* $\mathfrak{sp}(q) \to \mathfrak{gl}(\mathrm{E})$.

Munissons **C** de l'automorphisme involutif identique. La forme bilinéaire q est alors ε-hermitienne (A, IX, § 3, n° 1, déf. 1) avec $\varepsilon = 1$ dans le cas *a*) et $\varepsilon = -1$ dans le cas *b*). Pour tout $u \in \mathrm{End}(\mathrm{E})$, on note ${}^tu$ l'adjoint de u par rapport à q. On a donc $q(x, u(y)) = q({}^tu(x), y)$ pour tout $(x, y) \in \mathrm{E} \times \mathrm{E}$. Notons v l'unique automorphisme de $\mathrm{E} \otimes \mathrm{E}$ tel que $v(x \otimes y) = y \otimes x$ pour tout $(x, y) \in \mathrm{E}^2$.

Il existe une unique application linéaire w de $\mathrm{E} \otimes \mathrm{E}$ dans End(E) telle que $w(a \otimes b)$ est l'application linéaire définie par $x \mapsto q(a, x)b$ pour tout $(a, b, x) \in \mathrm{E}^3$. L'application w est un isomorphisme. Pour tout $s \in \mathrm{E} \otimes \mathrm{E}$, on a

$$ {}^t(w(s)) = \varepsilon\, w(v(s)). \tag{3} $$

En effet, pour tous (x, y) et (a, b) dans $\mathrm{E} \times \mathrm{E}$, il vient

$$ q(x, w(a \otimes b)y) = q(a, y)q(x, b) = \varepsilon q(b, x)q(a, y) = q(\varepsilon w(b \otimes a)x, y). $$

Notons enfin $x \mapsto x^*$ l'isomorphisme de E sur E′ déduit de q, c'est-à-dire tel que $\langle x^*, y\rangle = q(x, y)$ pour tout $(x, y) \in \mathrm{E}^2$.

Ces notations étant établies, notons H le groupe orthogonal (resp. symplectique) de q. C'est un sous-groupe de Lie de $\mathbf{GL}(\mathrm{E})$ dont l'algèbre de Lie $\mathfrak{h}$ est le sous-espace de End(E) constitué des $u \in \mathrm{End}(\mathrm{E})$ tels que ${}^tu = -u$ (LIE, III, p. 146, cor. 1). Comme la forme q est H-invariante, il vient

$$ \langle (ga)^*, b\rangle = q(ga, b) = \langle a, g^{-1}b\rangle $$

pour tout $g \in \mathrm{H}$ et tout $(a, b) \in \mathrm{E} \times \mathrm{E}$.

Munissons End(E) de la représentation adjointe Ad de H. L'application linéaire w est un morphisme de représentations de H : en effet, pour tout $g \in \mathrm{H}$ et tout $(a, b, x) \in \mathrm{E}^3$, on a

$$w(g\,(a \otimes b))(x) = \langle (ga)^*, x\rangle\, gb = \langle a, g^{-1}x\rangle\, gb$$
$$= g\,(\langle a, g^{-1}x\rangle\, b) = \mathrm{Ad}(g)(w(a \otimes b))x,$$

d'où la conclusion par linéarité.

Comme v est également un morphisme de représentations de H, il en est de même de l'application linéaire $\theta = w - \varepsilon\ w \circ v$; celle-ci est donc un morphisme de $\mathfrak{h}$-modules.

Notons $\mathrm{F} \subset \mathrm{E} \otimes \mathrm{E}$ le sous-espace des éléments $s \in \mathrm{E} \otimes \mathrm{E}$ tels que $v(s) = -\varepsilon s$. Si $\varepsilon = -1$, la restriction à F de l'application canonique de E⊗E dans le carré symétrique de E est un isomorphisme de **C**-espaces vectoriels (A, III, p. 72) ; si $\varepsilon = 1$, la restriction à F de l'application canonique de $\mathrm{E} \otimes \mathrm{E}$ dans le carré extérieur de E est un isomorphisme de **C**-espaces vectoriels (*loc. cit.*, p. 82).

L'image de F par θ est contenue dans $\mathfrak{h}$: en effet, pour tout $s \in \mathrm{F}$, la formule (3) implique

$${}^t\theta(s) = {}^t w(s) - \varepsilon\ {}^t w(v(s)) = \varepsilon\ w(v(s)) - w(s) = -\theta(s).$$

Par définition de F, la restriction de l'application θ à F coïncide avec celle de $2w$ et l'application linéaire θ est donc injective sur F. Puisque $\dim(\mathrm{F}) = \dim(\mathfrak{h})$ (A, III, p. 75, th. 1 et p. 87, cor. 1 et LIE, VIII, p. 192 et p. 201), on conclut que θ induit par passage aux sous-espaces un isomorphisme de $\mathfrak{h}$-modules de F dans $\mathfrak{h}$, d'où le lemme.

Lemme 7. — *Soit* H_2 *un groupe de Lie réel et soit* H_1 *un sous-groupe fermé de* H_2. *L'algèbre de Lie complexifiée de* H_1 *s'identifie à une sous-représentation de la représentation adjointe de* H_1 *sur l'algèbre de Lie complexifiée de* H_2.

En effet, la restriction à H_1 de la représentation adjointe de H_2 sur son algèbre de Lie s'identifie à la représentation adjointe de H_1.

Lemme 8. — *Soit* E *un espace hilbertien complexe de dimension finie* n.

a) *Les groupes* **SU**(E) *et* **U**(E) *sont connexes* ;

b) *Le groupe dérivé de* **SU**(E) *est égal à* **SU**(E) ;

c) *Le groupe dérivé de* **U**(E) *est égal à* **SU**(E).

On peut supposer que $n \geqslant 1$ et que $\mathrm{E} = \mathbf{C}^n$.

Soit A le sous-groupe de $\mathbf{U}(\mathrm{E})$ formé des matrices diagonales ; il est homéomorphe à $\mathbf{U}^n$, et donc connexe (TG, VI, p. 11, cor. 2 et I, p. 83, prop. 8). Son intersection avec $\mathbf{SU}(\mathrm{E})$ est homéomorphe à $\mathbf{U}^{n-1}$, donc est également connexe.

D'après le th. 1 de IV, p. 149, le groupe $\mathbf{U}(\mathrm{E})$ (resp. $\mathbf{SU}(\mathrm{E})$) est la réunion des sous-ensembles connexes $g\mathrm{A}g^{-1}$ pour $g \in \mathrm{G}$ (resp. des sous-ensembles connexes $g(\mathrm{A} \cap \mathbf{SU}(\mathrm{E}))g^{-1})$; comme l'élément neutre appartient à chacun de ces ensembles, l'espace $\mathbf{U}(\mathrm{E})$ (resp. $\mathbf{SU}(\mathrm{E})$) est connexe (TG, I, p. 81, prop. 2).

Démontrons *b*). L'assertion est vraie lorsque $n = 1$, puisque $\mathbf{SU}(\mathrm{E})$ est alors réduit à l'élément neutre. Supposons donc que $n \geqslant 2$. L'algèbre de Lie de $\mathbf{SU}(\mathrm{E})$ est alors simple (LIE, IX, p. 20, § 3, n° 4) donc le groupe dérivé de $\mathbf{SU}(\mathrm{E})$ est d'indice fini dans $\mathbf{SU}(\mathrm{E})$. On en déduit le résultat puisque $\mathbf{SU}(\mathrm{E})$ est connexe d'après *a*).

L'assertion *c*) résulte de *b*) puisque le groupe dérivé de $\mathbf{U}(\mathrm{E})$ est contenu dans $\mathbf{SU}(\mathrm{E})$.

Démontrons maintenant le théorème 3. Notons n la dimension de l'espace hilbertien E. Comme la représentation π est fidèle, on peut supposer que G est un sous-groupe compact de $\mathbf{U}(\mathrm{E})$. Le groupe G est fermé dans le groupe de Lie réel $\mathbf{U}(\mathrm{E})$, donc est un groupe de Lie réel compact (LIE, III, §8, n° 2, th. 2). Par hypothèse, G est infini, donc de dimension $\geqslant 1$. Soit $\mathfrak{g}$ son algèbre de Lie ; elle est non nulle.

Démontrons *a*). Supposons que le groupe dérivé D(G) est infini. On a la décomposition G-invariante $\mathrm{End}(\mathrm{E}) = \mathbf{C}\,1_{\mathrm{E}} \oplus \mathfrak{sl}(\mathrm{E})$. Les représentations de G sur $\mathbf{C}\,1_{\mathrm{E}}$ et sur $\mathfrak{sl}(\mathrm{E})$ ne sont pas isomorphes, puisque $\dim \mathfrak{sl}(\mathrm{E}) \geqslant 2$. D'après le lemme 5, on a donc $\mathrm{M}_4(\pi) \geqslant 2$ avec égalité si et seulement si la représentation de G dans $\mathfrak{sl}(\mathrm{E})$ est irréductible. Or, le groupe dérivé de G est contenu dans $\mathbf{SL}(\mathrm{E})$, et la complexification de l'algèbre de Lie de D(G) s'identifie donc à un sous-espace de $\mathfrak{sl}(\mathrm{E})$, qui est une sous-représentation de la représentation de G dans $\mathfrak{sl}(\mathrm{E})$ (lemme 7). Cette sous-représentation n'est pas nulle, puisque D(G) est infini. On a donc $\mathrm{M}_4(\pi) = 2$ si et seulement si $(\mathscr{D}\mathfrak{g})_{(\mathbf{C})} = \mathfrak{sl}(\mathrm{E})$. Puisque D(G) est contenu dans $\mathbf{SU}(\mathrm{E})$, et puisque $\mathbf{SU}(\mathrm{E}) = \mathrm{D}(\mathbf{SU}(\mathrm{E}))$ (lemme 8), cette condition équivaut à $\mathbf{SU}(\mathrm{E}) \subset \mathrm{G}$.

Pour la démonstration de l'assertion *b*), on reprend les notations de LIE, VIII, §13, n° 2–4.

Supposons que π est de type symplectique et que $\dim(\mathrm{E}) \geqslant 3$. Soit q une forme bilinéaire alternée non nulle G-invariante sur E ; elle est séparante (LIE, IX, p. 103, App. 2, prop. 3) et G est un sous-groupe compact du groupe symplectique $\mathbf{Sp}(q)$. Notons $q^* \in \wedge^2\mathrm{E}$ l'élément auquel la forme alternée q s'identifie. L'algèbre de Lie complexifiée $\mathfrak{g}_{(\mathbf{C})}$ de G est contenue dans $\mathfrak{sp}(q)$. Or, puisque $\dim(\mathrm{E}) \geqslant 3$, la représentation de $\mathfrak{sp}(q)$ dans $\mathrm{E} \otimes \mathrm{E}$ admet la décomposition en somme directe

$$\mathrm{E} \otimes \mathrm{E} = \mathsf{S}^2(\mathrm{E}) \oplus \wedge^2\mathrm{E} = \mathsf{S}^2(\mathrm{E}) \oplus \mathrm{E}_2 \oplus \mathbf{C}\, q^*,$$

où E_2 est la seconde représentation fondamentale de $\mathfrak{sp}(q)$ (LIE, VIII, p. 202, §13, n° 3, (IV)). Les représentations E_2 et $\mathbf{C}\, q^*$ de $\mathfrak{sp}(q)$ sont irréductibles (*loc. cit.*) et la représentation $\mathsf{S}^2(\mathrm{E})$ est non nulle.

D'après le lemme 5, on a donc $\mathrm{M}_4(\pi) \geqslant 3$ avec égalité si et seulement si les représentations de G dans $\mathsf{S}^2(\mathrm{E})$, E_2 et $\mathbf{C}q^*$ sont irréductibles et deux à deux non isomorphes.

Supposons que $\mathrm{M}_4(\pi) = 3$. Comme la représentation $\mathsf{S}^2(\mathrm{E})$ s'identifie à la représentation adjointe de $\mathfrak{sp}(q)$ (lemme 6), elle contient comme sous-représentation la complexification de la représentation adjointe de G (lemme 7). On a donc $\mathfrak{g}_{(\mathbf{C})} = \mathfrak{sp}(q)$.

Réciproquement, supposons que $\mathfrak{g}_{(\mathbf{C})} = \mathfrak{sp}(q)$. La représentation adjointe de $\mathfrak{sp}(q)$ et la représentation E_2 de $\mathfrak{sp}(q)$ sont irréductibles, de dimensions $n(n+1)/2$ et $n(n-1)/2 - 1$ respectivement (LIE, VIII, p. 202, §13, n° 3, (IV)), qui sont différentes et $\geqslant 2$ puisque $n \geqslant 3$, d'où $\mathrm{M}_4(\pi) = 3$.

Finalement, supposons que π est de type réel et que $\dim(\mathrm{E}) \geqslant 3$ et $\dim(\mathrm{E}) \neq 4$. Soit q une forme bilinéaire symétrique non nulle, G-invariante sur E ; elle est séparante (LIE, IX, p. 103, App. 2, prop. 3) et G est un sous-groupe compact du groupe orthogonal $\mathbf{O}(q)$. Notons $q^* \in \mathsf{S}^2(\mathrm{E})$ l'élément auquel q s'identifie.

L'algèbre de Lie complexifiée $\mathfrak{g}_{(\mathbf{C})}$ de G est contenue dans $\mathfrak{so}(q)$. La représentation de $\mathfrak{so}(q)$ dans $\mathrm{E} \otimes \mathrm{E}$ admet la décomposition en somme directe

$$\mathrm{E} \otimes \mathrm{E} = \wedge^2\mathrm{E} \oplus \mathsf{S}^2(\mathrm{E}) = \wedge^2\mathrm{E} \oplus \mathsf{S}^2_0(\mathrm{E}) \oplus \mathbf{C}q^*,$$

où $\mathsf{S}^2_0(\mathrm{E})$ est l'orthogonal de q^* dans $\mathsf{S}^2(\mathrm{E})$. Ces représentations sont de dimension au moins 2 puisque $\dim(\mathrm{E}) \geqslant 3$. D'après le lemme 5, on a $\mathrm{M}_4(\pi) \geqslant 3$ avec égalité si et seulement si les représentations de G dans $\wedge^2\mathrm{E}$ et $\mathsf{S}^2_0(\mathrm{E})$ sont irréductibles et non isomorphes.

Supposons que $M_4(\pi) = 3$. Comme la représentation $\wedge^2 E$ s'identifie à la représentation adjointe de $\mathfrak{so}(q)$ (lemme 6), elle contient comme sous-représentation la complexification de la représentation adjointe de G (lemme 7). La condition $M_4(\pi) = 3$ implique donc que $\mathfrak{g}_{(\mathbf{C})} = \mathfrak{so}(q)$.

Réciproquement, supposons que $\mathfrak{g}_{(\mathbf{C})} = \mathfrak{so}(q)$. La représentation adjointe de $\mathfrak{so}(q)$ est irréductible, puisque $\dim(E) \neq 4$ (LIE, VIII, § 13, p. 193, (I) et p. 206, (I)), et de dimension $n(n-1)/2$. La représentation $S_0^2(E)$ de $\mathfrak{so}(q)$ a comme plus grand poids $2\varpi_1$. En comparant sa dimension avec celle de la représentation irréductible de $\mathfrak{so}(q)$ de plus grand poids $2\varpi_1$, calculée par la formule de Weyl (*cf.* LIE, VIII, §9, n° 2, th. 2 et LIE, VI, planches II et IV), on vérifie que $S_0^2(E)$ est irréductible. On conclut donc que $M_4(\pi) = 3$ si $\mathfrak{g}_{(\mathbf{C})} = \mathfrak{so}(q)$.

Remarques. — 1) La condition « G est infini » est nécessaire dans le théorème 3 (exercice 9 de V, p. 507).

2) Soit $n \in \mathbf{N}$. Pour toute représentation unitaire ϱ d'un groupe compact dans un espace hilbertien de dimension n, on a $M_4(\varrho) \leqslant n^2$; l'égalité est possible (exercice 15 de V, p. 508).

3) On peut démontrer (*cf.* R. GURALNICK et P.H. TIEP, *Decomposition of small tensor powers and Larsen's conjecture*, Representation Theory **9** (2005), 138–208) que la condition que G est infini peut être omise si l'on suppose que E est de dimension $\geqslant 7$ et si l'on remplace l'hypothèse $M_4(\pi) = 2$ (resp. $M_4(\pi) = 3$) par $M_8(\pi) = 24$ (resp. $M_8(\pi) = 105$).

Exercices

§ 1

1) Donner un exemple de groupe G, de corps K et d'une représentation fidèle de G telle que le K[G]-module associé ne soit pas fidèle.

2) Soit π une représentation unitaire de G sur un espace hilbertien E et $x \in \mathrm{E}$ de norme 1 tel que

$$\sup_{g \in \mathrm{G}} \|\pi(g)x - x\| \leqslant 1.$$

Il existe un vecteur $y \neq 0$ dans E invariant par G.

3) Soit E un espace hilbertien. On note $\mathbf{U}(\mathrm{E})$ le groupe des endomorphismes unitaires de E et $\mathbf{GL}(\mathrm{E})$ le groupe des endomorphismes inversibles de E.
a) Le groupe $\mathbf{U}(\mathrm{E})$ muni de la topologie induite par la topologie de la convergence simple sur $\mathscr{L}(\mathrm{E})$ est un groupe topologique, noté $\mathbf{U}(\mathrm{E})_s$; si E est de dimension infinie, le groupe $\mathbf{GL}(\mathrm{E})$ n'est pas un groupe topologique avec la topologie induite par la topologie de la convergence simple.
b) La topologie de $\mathbf{U}(\mathrm{E})_s$ coïncide avec la topologie induite par la topologie de la convergence compacte.
c) Si E est de type dénombrable, le groupe $\mathbf{U}(\mathrm{E})_s$ est métrisable et complet.
d) Soit L l'espace des $u \in \mathscr{L}(\mathrm{E})$ tels que $u^* = -u$; c'est l'algèbre de Lie du groupe de Lie réel $\mathrm{G} = \mathbf{U}(\mathrm{E})$ muni de la topologie induite par la

topologie d'espace de Banach de $\mathscr{L}(\mathrm{E})$ (LIE, III, p. 146, cor. 2). L'application exponentielle de L dans $\mathbf{U}(\mathrm{E})_s$ est continue.

e) Si E est de dimension infinie, alors $\mathbf{U}(\mathrm{E})_s$ n'est pas un groupe de Lie réel de type {L}. (Considérer le sous-groupe K de $\mathbf{U}(\mathrm{E})_s$ formé des endomorphismes unitaires diagonaux dans une base orthonormale fixée de E, et noter que K est compact.)

f) L'application exponentielle n'est pas un homéomorphisme local de L dans $\mathbf{U}(\mathrm{E})_s$. (Considérer sa restriction aux endomorphismes diagonaux dans une base orthonormale fixée.)

4) Soit G un groupe topologique. On dit que G est *moyennable* s'il existe une forme linéaire $\lambda\colon \mathscr{C}_b(\mathrm{G};\mathbf{R}) \to \mathbf{R}$ telle que

(i) Si $f \geqslant 0$, alors $\lambda(f) \geqslant 0$.

(ii) On a $\lambda(1) = 1$.

(iii) Pour tout $g \in \mathrm{G}$ et tout $f \in \mathscr{C}_b(\mathrm{G};\mathbf{R})$, on a $\lambda(\gamma(g)f) = \lambda(\boldsymbol{\delta}(g)f)$,

où

$$\gamma(g)f(x) = f(g^{-1}x), \qquad \boldsymbol{\delta}(g)f(x) = f(xg).$$

Si G est un groupe discret, cette définition coïncide avec celle de EVT, IV, p. 73, exerc. 4.

a) Le groupe topologique G est moyennable si et seulement si pour tout entier $n \in \mathbf{N}$, toute famille finie $(f_i)_{1\leqslant i\leqslant n}$ dans $\mathscr{C}_b(\mathrm{G};\mathbf{R})$, toutes familles $(g_i)_{1\leqslant i\leqslant n}$ et $(h_i)_{1\leqslant i\leqslant n}$ dans G, tout nombre réel a, la condition

$$\sum_{i=1}^{n}(f_i(x) - f_i(g_i x h_i)) \geqslant a$$

pour tout $x \in \mathrm{G}$ implique que $a \leqslant 0$. (Pour montrer que cette condition est suffisante, considérer l'ensemble des fonctions de la forme

$$x \mapsto \sum_{i=1}^{n}(f_i(x) - f_i(g_i x h_i))$$

et appliquer le théorème de Hahn–Banach.)

b) Tout groupe topologique compact est moyennable, tout groupe topologique abélien est moyennable.

c) Soit G un groupe libre non commutatif. Le groupe discret G n'est pas moyennable.

d) Pour tout espace hilbertien E et toute représentation continue bornée de G dans E, il existe une norme hilbertienne q sur E telle que la représentation de G dans l'espace hilbertien E muni de q soit unitaire.

5) Soit G un groupe topologique et H un sous-groupe ouvert de G. On note p la projection canonique $\mathrm{G} \to \mathrm{G}/\mathrm{H}$.

a) Soit $\sigma\colon \mathrm{G}/\mathrm{H} \to \mathrm{G}$ une application telle que $p \circ \sigma = \mathrm{Id}_{\mathrm{G}/\mathrm{H}}$. On note $\beta\colon \mathrm{G}\times\mathrm{G}/\mathrm{H} \to \mathrm{H}$ l'application définie par $\beta(g,x) = \sigma(gx)^{-1}g$. L'application β est continue.
b) Soit π une représentation bornée de H dans un espace hilbertien E. On note F l'espace hilbertien $\ell^2(\mathrm{G}/\mathrm{H};\mathrm{E})$. La formule

$$\varrho(g)f(x) = \pi(\beta(g^{-1},x)^{-1})f(g^{-1}x)$$

définit une représentation continue bornée de G dans F.
c) On suppose qu'il existe une norme hilbertienne q sur F telle que la représentation ϱ est une représentation unitaire de G dans (F,q). Alors il existe une norme hilbertienne $\widetilde{q}$ sur E telle que π est une représentation unitaire de H dans $(\mathrm{E},\widetilde{q})$.

6) *a*) Soit E un espace de Banach complexe et soit $u \in \mathscr{L}(\mathrm{E})$. S'il existe $n \in \mathbf{N}$ tel que $n \geqslant 1$ et $u^n = 1_{\mathrm{E}}$ alors le spectre de u est contenu dans le groupe des racines n-ièmes de l'unité et il est formé de valeurs propres de u.
b) Soit G un groupe topologique commutatif tel que tout élément de G est d'ordre fini. Toute représentation continue irréductible de G dans un espace de Banach est de dimension 1, et est à valeurs dans le groupe $\mathbf{U} \subset \mathbf{C}^*$ des nombres complexes de module 1.
c) Soit G un groupe topologique commutatif tel que l'ensemble des éléments d'ordre fini de G est dense dans G. Toute représentation continue irréductible de G dans un espace de Banach est de dimension 1, et est à valeurs dans le groupe $\mathbf{U} \subset \mathbf{C}^*$ des nombres complexes de module 1.

7) Pour tout entier $n \geqslant 1$, on note s_n la fonction $\mathbf{Z} \to \mathbf{R}$ définie par

$$s_n(k) = \begin{cases} (1-k)^{n(1-k)} & \text{si } k \leqslant -1 \\ 1 & \text{si } k = 0 \\ (k+1)^{-(k+1)/n} & \text{si } k \geqslant 1. \end{cases}$$

On note S l'ensemble des fonctions s_n.
a) Pour tout entier $n \geqslant 1$ et tout $(k_1,k_2) \in \mathbf{Z}^2$, on a $s_{4n}(k_1)s_{4n}(k_2) \geqslant s_n(k_1+k_2)$.
b) Pour $f \in \mathbf{C}(\mathrm{T})$, on note $(a_k(f))_{k\in\mathbf{Z}}$ les coefficients du développement de Laurent de f en 0. Pour tout $s \in \mathrm{S}$ et tout $f \in \mathbf{C}(\mathrm{T})$, la série

$$\sum_{k\in\mathbf{Z}} |a_k(f)|s(k)$$

converge, et les ensembles

$$\mathscr{V}(s,\varepsilon) = \{f \in \mathbf{C}(\mathrm{T}) \mid \sum_{k\in\mathbf{Z}} |a_k(f)|s(k) < \varepsilon\}$$

définis pour $s \in \mathrm{S}$ et $\varepsilon > 0$, forment un système fondamental de voisinages ouverts de 0 pour une topologie localement convexe sur $\mathbf{C}(\mathrm{T})$. La multiplication $\mathbf{C}(\mathrm{T}) \times \mathbf{C}(\mathrm{T}) \to \mathbf{C}(\mathrm{T})$ est continue pour cette topologie.

c) La topologie définie à la question précédente est métrisable mais n'est pas complète.

d) Pour $f \in \mathbf{C}(\mathrm{T})^*$, on note $\varrho(f)$ l'applic<ation $g \mapsto fg$ de $\mathbf{C}(\mathrm{T})$ dans $\mathbf{C}(\mathrm{T})$. L'application ϱ est une représentation continue de $\mathbf{C}(\mathrm{T})^*$ dans l'espace localement convexe $\mathbf{C}(\mathrm{T})$.

e) La représentation ϱ est irréductible.

§ 2

Dans les exercices de ce paragraphe, sauf mention du contraire, G désigne un groupe topologique localement compact, muni d'une mesure de Haar à gauche qui est notée μ.

1) Soit π une représentation unitaire de G sur un espace hilbertien complexe E. La représentation π est irréductible si et seulement si l'image de $\mathscr{K}(\mathrm{G})$ dans $\mathscr{L}(\mathrm{E})$ est dense pour la topologie de la convergence simple. (Utiliser l'exercice 24 de IV, p. 326.)

2) Soit H un sous-groupe fermé de G. Soit ν une mesure quasi-invariante sur G/H (INT, VII, p. 56, § 2, n° 5, th. 2), et soit ϱ la fonction sur G à valeurs dans $\mathbf{R}_+^*$ qui lui est associée. Les applications $\varrho(g)$ définies par

$$\varrho(g)f(x) = \Big(\frac{\varrho(g^{-1}x)}{\varrho(x)}\Big)^{1/2} f(g^{-1}x)$$

définissent une représentation linéaire continue de G sur $\mathscr{L}^2(\mathrm{G}/\mathrm{H}, \nu)$, et définissent pas passage au quotient une représentation unitaire de G sur $\mathrm{L}^2(\mathrm{G}/\mathrm{H}, \nu)$, dite *représentation quasi-régulière* de G/H.

3) Soit $\mathrm{G} = \mathbf{R}$ et soit H le groupe $\mathbf{R}$ muni de la topologie discrète et de la mesure de comptage, qui est une mesure de Haar.

a) Pour tout $t \in \mathrm{G}$, et tout $f \in \mathrm{L}^2(\mathrm{H})$, l'application $\varrho(t)f \colon x \mapsto f(x+t)$ appartient à $\mathrm{L}^2(\mathrm{H})$; l'application $\varrho(t)$ est une application unitaire sur $\mathrm{L}^2(\mathrm{H})$.

b) Pour tous f et g dans $\mathrm{L}^2(\mathrm{H})$, l'application de G dans $\mathbf{C}$ définie par $t \mapsto \langle f \mid \varrho(t)g\rangle$ est mesurable.

c) Soient f et g dans $L^2(H)$. S'il existe $t \in \mathbf{R}$ tel que $\langle f \mid \varrho(t)g\rangle$ est non nul, alors l'application $t \mapsto \langle f \mid \varrho(t)g\rangle$ de G dans $\mathbf{C}$ n'est pas continue. (En particulier, l'hypothèse que E est de type dénombrable ne peut pas être omise du cor. 2 de INT, VIII, p. 171, §4, nº 7.)
d) Il existe $f \in L^2(H)$ tel que le sous-espace de $L^2(H)$ engendré par les éléments $\varrho(t)f$, où $t \in \mathbf{R}$, est dense dans $L^2(H)$.

4) Soit $p \geqslant 1$. Le noyau de la représentation birégulière de G sur $L^p(G, \mu)$ est l'image du centre de G par l'homomorphisme $g \mapsto (g, g)$.

5) Soit G un groupe localement compact unimodulaire.
a) S'il existe une représentation de carré intégrable de dimension finie de G, alors G est compact.
b) S'il existe une représentation de carré intégrable de G, alors le centre de G est compact.

6) On suppose que le groupe G est unimodulaire. On note $\widehat{G}_d \subset \widehat{G}$ l'ensemble des classes de représentations irréductibles unitaires de carré intégrable de G. Pour $\pi \in \widehat{G}_d$, on note p_π l'orthoprojecteur de $L^2(G)$ dont l'image est la composante π-isotypique de la représentation régulière droite de G.
a) Soit $f \in \mathscr{L}^2(G)$ et soit $\pi \in \widehat{G}_d$. On note E l'espace de π. L'application $g \mapsto f(g)\pi(g)$ appartient à $L^1(G; \mathscr{L}(E))$; l'endomorphisme

$$v = \int_G f(g)\pi(g)d\mu(g)$$

est un endomorphisme de Hilbert–Schmidt, noté $v = \pi(f)$.
b) Soit $f \in \mathscr{L}^2(G)$. On a $\|\pi(\overline{f})\|_2 = \|p_\pi(f)\|$.
c) Soit $L^2_d(G)$ le sous-espace fermé de $L^2(G)$ engendré par les composantes π-isotypiques de $L^2(G)$ pour $\pi \in \widehat{G}_d$. C'est la somme hilbertienne des images des orthoprojecteurs p_π pour $\pi \in \widehat{G}_d$. Pour tout $f \in L^2_d(G)$, on a

$$\|f\|^2 = \sum_{\pi \in \widehat{G}_d} c(\pi)\|\pi(f)\|_2^2$$

où $c(\pi)$ est le degré formel de π relatif à $\{e\}$.

7) Soit $n \in \mathbf{N}$. Déterminer les représentations unitaires automorphes de $\mathbf{R}^n$ (c'est-à-dire les représentations Γ-automorphes pour tout sous-groupe discret Γ de $\mathbf{R}^n$).

¶ 8) On suppose que G est un groupe localement compact unimodulaire. Soit Γ un sous-groupe discret de G tel que l'espace quotient $X = \Gamma\backslash G$ est compact. Soit μ une mesure de Haar sur G et β la mesure de comptage sur Γ ; on note $\widetilde{\mu} = \mu/\beta$.

Soit ϱ la représentation unitaire de G sur $L^2(X, \widetilde{\mu})$ définie dans l'exemple 3 de V, p. 404.

Pour $\gamma \in \Gamma$, on note Γ_γ (resp. G_γ) le centralisateur de γ dans Γ (resp. G).

a) Le groupe G_γ est unimodulaire.

b) Soit $\varphi \in \mathscr{K}(G)$. Pour toute représentation unitaire Γ-automorphe π, l'endomorphisme $\pi(\varphi)$ est de trace finie.

c) On a

$$\operatorname{Tr}(\varrho(\varphi)) = \sum_{\pi \in \widehat{G}} m_\pi(\varrho) \operatorname{Tr}(\pi(\varphi))$$

où $m_\pi(\varrho)$ est la multiplicité de π dans ϱ (« côté spectral de la formule des traces »).

d) Soit $\Gamma^\sharp$ l'ensemble des classes de conjugaison de Γ. Pour $\gamma \in \Gamma^\sharp$, on note β_γ la mesure de comptage sur Γ_γ. On a

$$\operatorname{Tr}(\varrho(\varphi)) = \sum_{\gamma \in \Gamma^\sharp} \int_{\Gamma_\gamma \backslash G} \varphi(x^{-1}\gamma x) d(\mu/\beta_\gamma)(x).$$

e) On fixe une mesure de Haar μ_γ sur G_γ pour tout $\gamma \in \Gamma$. On a

$$\operatorname{Tr}(\varrho(\varphi)) = \sum_{\gamma \in \Gamma^\sharp} \int_{G_\gamma \backslash G} \int_{\Gamma_\gamma \backslash G_\gamma} \varphi(x^{-1}y^{-1}\gamma y x) d(\mu_\gamma/\beta_\gamma)(y) d(\mu/\mu_\gamma)(x).$$

f) Pour tout $\gamma \in \Gamma$, la mesure quotient μ_γ/β_γ de $\Gamma_\gamma \backslash G_\gamma$ est finie.

g) On a

$$\operatorname{Tr}(\varrho(\varphi)) = \sum_{\gamma \in \Gamma^\sharp} (\mu_\gamma/\beta_\gamma)(\Gamma_\gamma \backslash G_\gamma) \int_{G_\gamma \backslash G} \varphi(x^{-1}\gamma x) d(\mu/\mu_\gamma)(x)$$

(« côté géométrique de la formule des traces » ; la formule exprimant l'égalité de cette expression avec celle obtenue dans la question *c*) est appelée « formule des traces » pour les représentations Γ-automorphes).

h) Posons $G = \mathbf{R}$ et $\Gamma = \mathbf{Z}$. Vérifier que la formule des traces est équivalente dans ce cas à la formule de Poisson (*cf.* II, p. 239).

9) On suppose que G est un groupe de Lie réel semi-simple parfait sans facteur compact. Il n'existe pas de représentation unitaire non triviale de dimension finie de G.

10) *a*) Tout coefficient matriciel de la représentation régulière gauche de G sur $L^2(G)$ appartient à $\mathscr{C}_0(G)$.

b) Si G n'est pas compact, la représentation régulière gauche de G sur $L^2(G)$ ne contient pas de sous-représentation non nulle de dimension finie.

11) Soit E un espace hilbertien.

a) Soit ϱ une représentation unitaire du groupe $\mathbf{R}$ dans E. Soit D un sous-espace dense de E stable par ϱ tel que, pour tout $x \in D$, l'application $\psi_x \colon t \mapsto$

$\varrho(t)x$ est différentiable sur $\mathbf{R}$. Soit u l'opérateur partiel de domaine D tel que $u(x) = i^{-1}\psi'_x(0)$ pour tout $x \in \mathrm{D}$. Alors u est essentiellement auto-adjoint et $\overline{u}$ est le générateur infinitésimal de ϱ.

b) Soit u un opérateur partiel auto-adjoint sur E et soit D un sous-espace dense de $\mathrm{dom}(u)$. Supposons que pour tout $t \in \mathbf{R}$, on a $\exp(itu)(\mathrm{D}) \subset \mathrm{D}$. Alors l'espace D est dense dans E_u.

c) Soit u un opérateur partiel auto-adjoint sur E. Soient F un espace hilbertien et v un opérateur partiel auto-adjoint sur F. L'opérateur partiel $u \otimes 1_\mathrm{F} + 1_\mathrm{E} \otimes \mathrm{E}$ sur $\mathrm{E} \otimes \mathrm{F}$ définit un opérateur partiel essentiellement auto-adjoint sur $\mathrm{E} \mathbin{\widehat{\otimes}_2} \mathrm{F}$.

12) Soit G un groupe de Lie réel et ϱ une représentation unitaire de G dans un espace hilbertien E. On dit qu'un élément $x \in \mathrm{E}$ est *un vecteur de classe* C^∞ si l'application de G dans E définie par $g \mapsto \varrho(g)x$ est de classe C^∞.

a) Soit π une représentation unitaire de G dans F et $u \colon \mathrm{E} \to \mathrm{F}$ un G-morphisme. Pour tout vecteur $x \in \mathrm{E}$ de classe C^∞, le vecteur $u(x)$ est de classe C^∞ dans F.

On note $\mathrm{C}^\infty(\varrho)$ l'espace des vecteurs de classe C^∞ dans E. D'après la question *a*), tout G-morphisme de ϱ dans π définit, par passage aux sous-espaces, une application linéaire de $\mathrm{C}^\infty(\varrho)$ dans $\mathrm{C}^\infty(\pi)$.

b) L'espace $\mathrm{C}^\infty(\varrho)$ est dense dans E.

13) Soit π une représentation unitaire irréductible de G dans un espace hilbertien complexe E. Soit ϱ une représentation unitaire de G dans un espace hilbertien complexe F. On suppose qu'il existe un opérateur partiel fermé à domaine dense u de E dans F dont le domaine est un sous-espace G-stable de E et qui vérifie $u \circ \pi(g) = \varrho(g) \circ u$ pour tout $g \in \mathrm{G}$.

L'opérateur partiel u appartient à $\mathscr{L}(\mathrm{E};\mathrm{F})$, et il existe $\lambda > 0$ tel que λu est isométrique.

14) Soient Z un sous-groupe du centre C de G tel que C/Z est compact et ν une mesure de Haar sur G/Z. Soit π une représentation unitaire irréductible de G dans un espace hilbertien complexe E. On suppose que π est de carré intégrable modulo le centre. Soit $u \in \mathscr{L}(\mathrm{E})$ un endomorphisme nucléaire (déf. 4 de IV, p. 169).

a) Pour tout x et y dans E, la fonction

$$g \mapsto \langle x \,|\, \pi(g)u\pi(g^{-1})y \rangle$$

appartient à $\mathscr{F}(\mathrm{G/Z})$.

b) Pour tout x et y dans E, on a

$$\int_{\mathrm{G/Z}} \langle x \,|\, \pi(g)u\pi(g^{-1})y \rangle d\nu(g) = \frac{1}{c_\mathrm{Z}(\pi)} \langle x \,|\, y \rangle \,\mathrm{Tr}(u).$$

15) Soient Z un sous-groupe du centre C de G tel que C/Z est compact et ν une mesure de Haar sur G/Z. Soit π une représentation unitaire irréductible de G dans un espace hilbertien complexe E. Notons χ la restriction à Z du caractère central de π.

On note $f_{x,y}$ le coefficient matriciel $g \mapsto \langle x \,|\, \pi(g)y \rangle$ pour $(x, y) \in \mathrm{E}^2$. Soit $p \geqslant 1$ un nombre réel et q l'exposant conjugué de p.

a) Soit $y \in \mathrm{E}$ tel que les coefficients matriciels $f_{x,y}$ appartiennent à $\mathscr{L}^p_\chi(\mathrm{G})$. L'application $x \mapsto f_{x,y}$ est un G-morphisme continu de π dans $\boldsymbol{\delta}^{(p)}_{\mathrm{G},\chi}$.

b) Soit ϱ une représentation unitaire irréductible de G dans un espace hilbertien complexe F dont la restriction Z du caractère central est égal à χ. On suppose que $p > 1$ et que les coefficients matriciels de π appartiennent à $\mathscr{L}^p_\chi(\mathrm{G})$ et ceux de ϱ appartiennent à $\mathscr{L}^q_\chi(\mathrm{G})$. Soient $x_0 \in \mathrm{E}$ et $y_0 \in \mathrm{F}$. Pour tout $x \in \mathrm{E}$, il existe une forme linéaire continue ℓ_x de F dans $\mathbf{C}$ telle que

$$\ell_x(y) = \int_{\mathrm{G/Z}} \overline{\langle x_0 \,|\, \pi(g)x \rangle} \langle y_0 \,|\, \varrho(g)y \rangle d\nu(g)$$

pour tout $y \in \mathrm{F}$.

c) Il existe une application linéaire continue u de E dans F telle que $\ell_x(y) = \langle u(x) \,|\, y \rangle$ pour tout $(x, y) \in \mathrm{E} \times \mathrm{F}$.

d) On a

$$\int_{\mathrm{G/Z}} \overline{\langle x \,|\, \pi(g)x' \rangle} \langle y \,|\, \varrho(g)y' \rangle d\nu(g) = 0$$

pour $(x, x', y, y') \in \mathrm{E}^2 \times \mathrm{F}^2$.

e) On suppose que $p = 1$. Les coefficients matriciels de π sont orthogonaux à ceux de ϱ.

16) On pose $\mathrm{G} = \mathbf{SL}(2, \mathbf{R})$ et on note $\mathbf{H}$ l'ouvert de $\mathbf{C}$ formé des nombres complexes z tels que $\mathscr{I}(z) > 0$. On note μ la mesure de Lebesgue sur $\mathbf{C}$. Pour tout élément

$$g = \begin{pmatrix} a & b \\ c & d \end{pmatrix}$$

de G et tout $z \in \mathbf{H}$, on pose $j(g, z) = cz + d$.

a) Le groupe G agit continûment à gauche sur $\mathbf{H}$ par

$$\begin{pmatrix} a & b \\ c & d \end{pmatrix} \cdot z = \frac{az + b}{cz + d}.$$

La mesure $\nu = y^{-2} \cdot \mu$ est G-invariante.

b) Soit n un entier tel que $n \geqslant 2$. On note E_n l'espace vectoriel des fonctions holomorphes $f \colon \mathbf{H} \to \mathbf{C}$ telles que la fonction $z \mapsto |f(z)|^2 \mathscr{I}(z)^n$ appartient à $\mathscr{L}^2(\mathbf{H}, \nu)$. L'espace E_n muni de la forme sesquilinéaire

$$\langle f \,|\, g \rangle = \int_{\mathbf{H}} \overline{f(z)}\, g(z)\ \mathscr{I}(z)^n\, d\nu(z)$$

est un espace hilbertien de type dénombrable et de dimension infinie.

c) Pour tout $g \in \mathrm{G}$ et tout $f \in \mathrm{E}_n$, on pose

$$\pi_n(g)f(z) = j(g^{-1}, z)^{-n} f(g^{-1} \cdot z).$$

L'application π_n définit une représentation unitaire de G dans E_n.

d) La fonction f_n définie par $f_n(z) = (z+i)^{-n}$ appartient à E_n ; elle vérifie $\pi_n(k)f_n = \chi_{-n}(k)f_n$ pour tout $k \in \mathbf{SO}(\mathbf{R}^2)$, où χ_n est le caractère tel que

$$\chi_n\left(\begin{pmatrix} \cos(\theta) & \sin(\theta) \\ -\sin(\theta) & \cos(\theta) \end{pmatrix}\right) = e^{in\theta}$$

pour tout $\theta \in \mathbf{R}$.

e) Soit F une sous-représentation de E_n. L'orthoprojecteur de E_n dont l'image est la composante χ_{-n} isotypique de la restriction de π_n à $\mathbf{SO}(\mathbf{R}^2)$ est donnée par $f \mapsto -(2i)^n f(i) f_n$. (Utiliser le cor. 2 de V, p. 465 et la formule intégrale de Cauchy, FVC, à paraître.)

f) La représentation π_n est irréductible.

g) Le coefficient matriciel $g \mapsto \langle f_n \,|\, \pi_n(g) f_n \rangle$ est non nul et appartient à $\mathscr{L}^2(\mathrm{G})$.

h) La représentation π_n est de carré intégrable et il existe une constante $c > 0$ telle que le degré formel de π_n est $c(n-1)$.

17) Soit G un groupe de Lie réel connexe. Il existe une représentation unitaire fidèle de dimension finie de G si et seulement si le groupe G est localement isomorphe à un groupe compact.

18) Soit X un espace localement compact muni d'une mesure positive bornée μ. Pour tout espace de Banach F, on note $\mathrm{S}(\mathrm{X}, \mu; \mathrm{F})$ l'espace des classes de fonctions μ-mesurables de X dans F modulo la relation d'égalité μ-presque partout, muni de la topologie de la convergence en mesure (INT, IV, p. 194, § 5, n° 11). On note $\mathscr{A}$ la sous-algèbre commutative de $\mathscr{L}(\mathrm{L}^2_{\mathbf{C}}(\mathrm{X}, \mu))$ formée par les endomorphismes de multiplication par des fonctions $f \in \mathscr{L}^\infty_{\mathbf{C}}(\mathrm{X}, \mu)$.

On note $e \colon \mathbf{R} \to \mathbf{C}$ l'homomorphisme $t \mapsto \exp(2i\pi t)$.

Soit E un espace vectoriel topologique.

a) Soit $f \in \mathrm{S}(\mathrm{X}, \mu; \mathbf{R})$ telle que $|f(x)| \geqslant 1$ pour μ-presque tout $x \in \mathrm{X}$. Il existe un nombre réel $t \in \,]0, 1[$ tel que

$$\mu(\{x \in \mathrm{X} \mid tf(x) \in [1/4, 3/4] + \mathbf{Z}\}) \geqslant \frac{2}{5}\mu(\mathrm{X}).$$

b) Soit u une application linéaire de E dans $\mathrm{S}(\mathrm{X}, \mu; \mathbf{R})$. Pour tout $x \in \mathrm{E}$, on note $\varrho_u(x)$ l'élément de $\mathscr{A}$ donné par l'endomorphisme de multiplication par la fonction $e \circ u(x)$, qui appartient à $\mathscr{L}^\infty_{\mathbf{C}}(\mathrm{X}, \mu)$. L'application ϱ_u est une représentation continue de G dans $\mathrm{L}^2_{\mathbf{C}}(\mathrm{X}, \mu)$ si et seulement si l'application u

est continue. (Si u n'est pas continue, utiliser la question précédente pour vérifier que ϱ n'est pas continue.)

c) Soit ϱ une représentation unitaire de E dans $L^2(X, \mu)$ dont l'image est contenue dans $\mathscr{A}$. Il existe une unique application linéaire continue $u\colon E \to S(X, \mu; \mathbf{R})$ telle que $\varrho = \varrho_u$. (Considérer d'abord le cas où $E = \mathbf{R}$, et appliquer alors le théorème de Stone.)

19) Soit G un groupe fini et H un sous-groupe de G. Pour toute représentation unitaire π de H dans un espace hilbertien complexe E de dimension finie, démontrer que la représentation unitaire induite $\mathrm{Ind}_H^G(\pi)$ est isomorphe à la représentation induite définie dans A, VIII, p. 392, § 21, n° 3.

20) Soit G un groupe localement compact dénombrable à l'infini et soit H un sous-groupe fermé de G. Soit π une représentation unitaire de H dans un espace hilbertien E et ϱ la représentation unitaire de G induite par π. On note F l'espace de ϱ.

On fixe des mesures de Haar μ sur G et β sur H, et on note $\kappa\colon G \to \mathbf{R}_+^*$ une fonction continue telle que $\kappa(xh) = \Delta_H(h)\Delta_G(h)^{-1}\kappa(x)$ pour $(x, h) \in G \times H$ et telle que $\kappa(e) = 1$.

a) Si G/H admet une mesure G-invariante bornée, et s'il existe un vecteur non nul $x \in E$ qui est H-invariant, alors il existe un vecteur $y \in F$ non nul qui est G-invariant.

b) On suppose réciproquement que $y \in F$ est un vecteur non nul et G-invariant de ϱ. Montrer qu'il existe une fonction $f \in \mathscr{L}_\pi^2$ non nulle telle que

$$f(x) = \Big(\frac{\kappa(g^{-1}x)}{\kappa(x)}\Big)^{1/2} f(g^{-1}x)$$

pour tous $(g, x) \in G^2$. En déduire que $\kappa = 1$, puis que la mesure μ/β sur G/H est définie et bornée, et enfin que $f(e) \in E$ est un vecteur H-invariant non nul.

§ 3

1) Soit G un groupe localement compact. Soient π une représentation unitaire de G dans un espace hilbertien complexe E et $x \in E$. On a $\pi(g)x = x$ pour tout $g \in G$ si et seulement si la fonction de type positif $g \mapsto \langle x \,|\, \pi(g)x\rangle$ est constante.

2) Soit G un groupe localement compact. Pour toute fonction de type positif φ sur G, on note (π_φ, x_φ) une représentation hilbertienne cyclique de φ.

a) Soient φ_1, φ_2 et φ_3 des fonctions de type positif sur G. Si $\varphi_3 = \varphi_1 + \varphi_2$, alors il existe un G-morphisme injectif de π_{φ_1} dans π_{φ_3}.

b) Si φ est une fonction de type positif constante et non nulle, alors π_φ est triviale de dimension 1.

c) Pour toute représentation unitaire π de G dans un espace hilbertien E, et pour tout $x \in \mathrm{E}$, il existe un G-morphisme injectif de π_φ dans π, où $\varphi(g) = \langle x \mid \pi(g)x \rangle$.

d) Soient H un sous-groupe fermé de G et φ une fonction de type positif sur G. Notons ψ la restriction de φ à H ; c'est une fonction de type positif sur H, et il existe un H-morphisme injectif de π_ψ dans $\mathrm{Res}_{\mathrm{H}}^{\mathrm{H}}(\pi)$.

3) *a*) Donner un exemple d'algèbre de Banach involutive admettant une forme linéaire positive qui n'est pas continue.

b) Donner un exemple d'algèbre de Banach involutive A, d'une forme linéaire positive continue λ sur A, et de réalisations hilbertiennes $(\mathrm{E}_1, e_1, \varphi_1)$ et $(\mathrm{E}_2, e_2, \varphi_2)$ de λ telles que $(\mathrm{E}_1, e_1, \varphi_1)$ est une réalisation hilbertienne cyclique et telles que l'unique application linéaire u de la prop. 6 de V, p. 440 ne vérifie pas $u(e_1) = e_2$.

4) Soient A et B des algèbres stellaires. Une application linéaire u de A dans B est dite *positive* si $u(\mathrm{A}_+) \subset \mathrm{B}_+$, et *totalement positive* si, pour tout entier $k \in \mathbf{N}$, l'application $u_k = 1_{\mathbf{C}^k} \otimes u \colon \mathbf{C}^k \otimes \mathrm{A} \to \mathbf{C}^k \otimes \mathrm{B}$ est positive.

a) Soient A une algèbre stellaire unifère, E et F des espaces hilbertiens complexes, v une application linéaire de E dans F et φ un morphisme unifère d'algèbres involutives de A dans $\mathscr{L}(\mathrm{F})$ tel que $\|\varphi\|^2 = \|\varphi(1)\|$. L'application $u \colon \mathrm{A} \to \mathscr{L}(\mathrm{E})$ définie par $u(a) = v^* \circ \varphi(a) \circ v$ est totalement positive.

Le but de l'exercice est de démontrer la réciproque de cette assertion (« théorème de Stinespring »). Soient A une algèbre stellaire unifère, E un espace hilbertien complexe, et $u \colon \mathrm{A} \to \mathscr{L}(\mathrm{E})$ une application linéaire totalement positive.

b) Soit $\mathrm{F} = \mathrm{A} \otimes \mathrm{E}$. Il existe une forme sesquilinéaire positive q sur F telle que

$$q(a \otimes x, b \otimes y) = \langle x \mid \varphi(a^* b) y \rangle$$

pour tous $(a, b) \in \mathrm{A}^2$ et $(x, y) \in \mathrm{E}^2$.

Soit $\widehat{\mathrm{F}}$ l'espace hilbertien séparé-complété de F pour la forme sesquilinéaire q.

c) Soit $b \in \mathrm{A}$. L'endomorphisme de F tel que $a \otimes x \mapsto ba \otimes x$ pour tout $a \in \mathrm{A}$ et $x \in \mathrm{E}$ induit par passage aux quotients un endomorphisme $\varphi(b)$ de $\widehat{\mathrm{F}}$ tel que $\|\varphi(b)\| \leqslant \|b\|$; l'application $\varphi\colon \mathrm{A} \to \mathscr{L}(\mathrm{F})$ est un morphisme unifère d'algèbres involutives.

d) Soit v l'application linéaire de E dans $\widehat{\mathrm{F}}$ telle que $v(x)$ est la classe de $1 \otimes x$ pour tout $x \in \mathrm{E}$. On a $\|v\|^2 = \|\varphi(1)\|$, et $u(a) = v^* \circ \varphi(a) \circ v$ pour tout $a \in \mathrm{A}$.

5) Soit X un espace topologique séparé. Une fonction continue $f\colon \mathrm{X}\times\mathrm{X} \to \mathbf{R}$ est dite *conditionnellement de type négatif* si elle vérifie les conditions

(i) Pour tout $x \in \mathrm{X}$, on a $f(x,x) = 0$;

(ii) Pour tous x et y dans X, on a $f(x,y) = f(y,x)$;

(iii) Pour tout entier $n \in \mathbf{N}$, toute famille $(x_i)_{0\leqslant i\leqslant n}$ d'éléments de X et toute famille tout $(t_i)_{0\leqslant i\leqslant n}$ de nombres réels tels que

$$\sum_{i=1}^{n} t_i = 0,$$

on a

$$\sum_{i=0}^{n}\sum_{j=0}^{n} t_i t_j f(x_i, x_j) \leqslant 0.$$

On note $\mathrm{Noy}_-(\mathrm{X})$ l'ensemble des fonctions conditionnellement de type négatif sur $\mathrm{X} \times \mathrm{X}$.

a) Soient E un espace hilbertien réel et $\varphi\colon \mathrm{X} \to \mathrm{E}$ une application continue. La fonction $f(x,y) = \|\varphi(x) - \varphi(y)\|^2$ est conditionnellement de type négatif.

b) Soient $f \in \mathrm{Noy}_-(\mathrm{X})$ et $x_0 \in \mathrm{X}$. Il existe un espace hilbertien réel E et une application continue $\varphi\colon \mathrm{X} \to \mathrm{E}$ tels que

a) Pour tout $(x,y) \in \mathrm{X} \times \mathrm{X}$, on a $f(x,y) = \|\varphi(x) - \varphi(y)\|^2$;

b) La famille $(\varphi(x) - \varphi(x_0))_{x\in\mathrm{X}}$ est totale dans E.

On dit que (E, φ) est une représentation hilbertienne cyclique de f.

c) Soient $f \in \mathrm{Noy}_-(\mathrm{X})$ et $x_0 \in \mathrm{X}$. Soient (E, φ) et (E', φ') des représentations hilbertiennes cycliques de f. Il existe une unique isométrie affine $u\colon \mathrm{E} \to \mathrm{E}'$ telle que $\varphi' = u \circ \varphi$.

d) L'ensemble $\mathrm{Noy}_-(\mathrm{X})$ est un cône convexe dans $\mathscr{C}(\mathrm{X} \times \mathrm{X}; \mathbf{R})$. Pour tout noyau universellement positif $g \in \mathrm{Noy}_+(\mathrm{X})$ tel que g est à valeurs réelles, l'application $f(x,y) = g(x,x) - g(x,y)$ appartient à $\mathrm{Noy}_-(\mathrm{X})$.

e) Soit $\mathfrak{F}$ un filtre sur $\mathrm{Noy}_-(\mathrm{X})$ qui converge simplement vers $f\colon \mathrm{X}\times\mathrm{X} \to \mathbf{R}$. Si f est continue, alors $f \in \mathrm{Noy}_-(\mathrm{X})$.

f) Soit $f\colon \mathrm{X}\times\mathrm{X} \to \mathbf{R}$ une fonction continue vérifiant les conditions (i) et (ii) ci-dessus. Soit $x_0 \in \mathrm{X}$. Soit $g\colon \mathrm{X} \times \mathrm{X} \to \mathbf{R}$ telle que $g(x,y) = f(x,x_0) + f(y,x_0) - f(x,y)$. Alors $f \in \mathrm{Noy}_-(\mathrm{X})$ si et seulement si $g \in \mathrm{Noy}_+(\mathrm{X})$.

g) Supposons X non vide. Soit $f\colon \mathrm{X}\times\mathrm{X} \to \mathbf{R}$ une fonction continue vérifiant les conditions (i) et (ii) ci-dessus. Alors $f \in \mathrm{Noy}_-(\mathrm{X})$ si et seulement si on a $\exp(-tf) \in \mathrm{Noy}_+(\mathrm{X})$ pour tout $t \in \mathbf{R}_+$ (« théorème de Schoenberg »). (Pour démontrer que $\exp(-f)$ est de type positif lorsque $f \in \mathrm{Noy}_-(\mathrm{X})$, fixer $x_0 \in \mathrm{X}$; montrer que

$$g(x,y) = \exp(f(x,x_0) + f(y,x_0) - f(x,y))$$

et

$$h(x,y) = \exp(-f(x,x_0))\exp(-f(y,x_0))$$

appartiennent à $\mathrm{Noy}_+(\mathrm{X})$.)

Si G est un groupe topologique, on dit qu'une fonction $\varphi \in \mathscr{C}(\mathrm{G})$ est *de type négatif* si la fonction f sur $\mathrm{G} \times \mathrm{G}$ définie par $f(g,h) = \varphi(h^{-1}g)$ est un noyau conditionnellement de type négatif.

6) Soit G un groupe topologique discret. Soit A la sous-algèbre involutive de $\mathscr{L}(\ell^2(\mathrm{G}))$ engendrée par l'image de la représentation régulière gauche $\boldsymbol{\lambda}$. C'est une algèbre stellaire unifère.

Pour toute fonction de type positif $\varphi \in \mathrm{Pos}(\mathrm{G})$, il existe une unique application linéaire totalement positive u_φ de A dans A (*cf.* exercice 4) telle que $u_\varphi(\boldsymbol{\lambda}(g)) = \varphi(g)\boldsymbol{\lambda}(g)$ pour tout $g \in \mathrm{G}$. (Utiliser une représentation hilbertienne cyclique de φ.)

7) Soient I un ensemble fini et $\mathrm{G} = \mathrm{F}(\mathrm{I})$ le groupe libre construit sur I (A, I, p. 84). Soit A la sous-algèbre involutive de $\mathscr{L}(\ell^2(\mathrm{G}))$ engendrée par l'image de la représentation régulière gauche $\boldsymbol{\lambda}$.

a) Pour tout $g \in \mathrm{G}$, on note $|g|$ la longueur de l'unique décomposition réduite de g (A, I, p. 146, exercice 19). L'application $d(g,h) = |h^{-1}g|$ est une métrique sur G.

b) Soit $\lambda \in \mathbf{R}_+^*$. La fonction sur G définie par $\psi_\lambda(g) = \exp(-\lambda|g|)$ est une fonction de type positif. (Montrer que la fonction $g \mapsto |g|$ est une fonction de type négatif, *cf.* exercice 5.)

c) Pour tout entier $k \in \mathbf{N}$, soit G_k l'ensemble des $g \in \mathrm{G}$ tels que $|g| = k$, et soit φ_k la fonction caractéristique de G_k. Soient f et g des fonctions sur G à support dans G_k et G_l, respectivement. Pour tout $m \in \mathbf{N}$, on a $(f * g)\varphi_m = 0$ sauf si $k + l - m$ est pair et $|k - l| \leqslant m \leqslant k + l$; dans ce cas, on a

$$\|(f * g)\varphi_m\| \leqslant \|f\|\,\|g\|.$$

d) Soit f une fonction sur G à support fini. On a

$$\|\boldsymbol{\lambda}(f)\| \leqslant \sum_{n \in \mathbf{N}} (n+1)\|f\varphi_n\|,$$

et

$$\|\boldsymbol{\lambda}(f)\| \leqslant 2\Big(\sum_{g \in \mathrm{G}} (1 + |g|)^4 |f(g)|^2\Big)^{1/2}.$$

e) Soit ψ une fonction sur G telle que $\mathrm{M} = \sup_{g\in\mathrm{G}}|\psi(g)|(1+|g|)^2$ est fini. Il existe une unique application linéaire u_ψ de A dans A telle que $u_\psi(\boldsymbol{\lambda}(g)) = \psi(g)\boldsymbol{\lambda}(g)$ pour tout $g \in \mathrm{G}$. On a $\|u_\psi\| \leqslant 2\mathrm{M}$.
f) Soit X l'ensemble des fonctions ψ sur G à support fini telles que $\|u_\psi\| \leqslant 1$. Il existe un filtre $\mathfrak{F}$ sur X tel que

$$\lim_{\psi,\mathfrak{F}} u_\psi = 1_{\mathrm{A}}$$

dans l'espace $\mathscr{L}(\mathrm{A})$ muni de la topologie de la convergence simple. En particulier, l'espace de Banach sous-jacent à A vérifie la propriété d'approximation. (Considérer les fonctions $\psi_{\lambda,n}(g) = (\varphi_0 + \cdots + \varphi_n)\psi_\lambda$ pour $\lambda \in \mathbf{R}_+^*$ et $n \in \mathbf{N}$, et utiliser l'exercice précédent.)

8) On identifie le groupe $\mathbf{R}$ et son groupe dual par l'application $(x, y) \mapsto \exp(i\pi xy)$. Soit $\alpha \in \mathbf{R}_+$.
a) Il existe une mesure positive sur $\mathbf{R}$ dont la transformée de Fourier est la fonction $f_\alpha(x) = \exp(-|x|^\alpha)$ si et seulement si $\alpha \in \,]0, 2]$. Lorsque c'est le cas, on note μ_α cette mesure, qui est unique ; on dit que c'est la *mesure stable de paramètre* α.
b) La mesure μ_α est de masse totale 1 ; la fonction identique f sur $\mathbf{R}$ est intégrable par rapport à μ_α si et seulement si $\alpha = 2$.

9) Le but de cet exercice est de présenter une autre démonstration du théorème 5 de V, p. 455. Soit G un groupe topologique localement compact commutatif, muni d'une mesure de Haar μ. On note $\widehat{f}$ la transformée de Fourier de $f \in \mathrm{L}^1(\mathrm{G})$, et on note $\mathscr{F}(\mathrm{G}) \subset \mathscr{C}_0(\widehat{\mathrm{G}})$ l'image de la transformation de Fourier sur $\mathrm{L}^1(\mathrm{G})$.
a) L'espace $\mathscr{F}(\mathrm{G})$ est un sous-espace dense de $\mathscr{C}_0(\mathrm{G})$.
b) Pour tout $f \in \mathrm{L}^1(\mathrm{G})$, le rayon spectral de f dans l'algèbre de Banach $\mathrm{L}^1(\mathrm{G})$ est égal à $\|\widehat{f}\|_\infty$.
c) Soit $\varphi \in \mathrm{Pos}(\mathrm{G})$. C'est une fonction uniformément continue et bornée sur G ; pour tout $f \in \mathrm{L}^1(\mathrm{G})$, on a

$$\int_{\mathrm{G}}\int_{\mathrm{G}} f(x)\overline{f(y)}\varphi(x-y)d(\mu\otimes\mu)(x,y) \geqslant 0.$$

d) Soit λ la forme linéaire continue sur $\mathrm{L}^1(\mathrm{G})$ déterminée par φ, et posons $b(f, g) = \lambda(f^* * g)$ pour tout $(f, g) \in \mathrm{L}^1(\mathrm{G}) \times \mathrm{L}^1(\mathrm{G})$. L'application b est une forme hermitienne positive sur $\mathrm{L}^1(\mathrm{G})$.
e) Pour tout $f \in \mathrm{L}^1(\mathrm{G})$, on a $|\lambda(f)|^2 \leqslant b(f, f)$.
f) Soient $f \in \mathrm{L}^1(\mathrm{G})$ et $g = f^* * f \in \mathscr{C}_b(\mathrm{G})$. On définit $g_1 = g$ et $g_{n+1} = g_n * g$ pour tout entier $n \geqslant 1$. Pour tout entier $n \geqslant 1$, on a $|\lambda(f)| \leqslant \|g_n\|_1^{2^{-n}}$.
g) Pour tout $f \in \mathrm{L}^1(\mathrm{G})$, on a $|\lambda(f)| \leqslant \|\widehat{f}\|_\infty$. Il existe une application linéaire continue $\widehat{\lambda}$ sur $\mathscr{F}(\mathrm{G})$ telle que $\lambda(f) = \widehat{\lambda}(\widehat{f})$ pour tout $f \in \mathrm{L}^1(\mathrm{G})$.

h) Il existe une mesure bornée ν sur $\widehat{\mathrm{G}}$ telle que $\lambda(f) = \nu(\widehat{f})$ quel que soit $f \in \mathrm{L}^1(\mathrm{G})$; la mesure ν est positive et on a

$$\varphi(x) = \int_{\widehat{\mathrm{G}}} \langle \chi, x\rangle d\nu(\chi)$$

pour tout $x \in \mathrm{G}$.

10) *a*) Soit $\mathrm{G} = \mathbf{R}$. L'ensemble $\mathrm{Pos}_1(\mathrm{G})$ n'est pas compact pour la topologie faible.

b) Soit $\mathrm{G} = \mathbf{R}/\mathbf{Z}$. La topologie faible sur $\mathrm{Pos}_{\leqslant 1}(\mathrm{G})$ ne coïncide pas avec la topologie de la convergence compacte.

11) Soit G un groupe localement compact.

Soient ϱ et π des représentations unitaires de G. On dit que ϱ *est faiblement contenue dans* π, et on écrit $\varrho \leqslant \pi$, si l'ensemble des coefficients matriciels diagonaux de ϱ est contenu dans l'adhérence de l'ensemble des sommes finies de coefficients matriciels diagonaux de π dans l'espace $\mathscr{C}(\mathrm{G})$ muni de la topologie de la convergence compacte.

a) La relation « ϱ et π sont des représentations unitaires de G et $\varrho \leqslant \pi$ » est une relation de préordre. Si ϱ' (resp. π') est isomorphe à ϱ (resp. à π) alors $\varrho \leqslant \pi$ si et seulement si $\varrho' \leqslant \pi'$.

b) Si ϱ est isomorphe à une sous-représentation de π, alors $\varrho \leqslant \pi$. Si I et J sont des ensembles non vides et finis, et si $\varrho \leqslant \pi$, alors $\bigoplus_{i\in \mathrm{I}} \varrho \leqslant \bigoplus_{j\in \mathrm{J}} \pi$.

c) Soit X un sous-ensemble de l'espace E de ϱ qui engendre π. On a $\varrho \leqslant \pi$ si et seulement si tout coefficient matriciel $g \mapsto \langle x \mid \varrho(g)x\rangle$ avec $x \in \mathrm{X}$ appartient à l'adhérence de l'ensemble des sommes finies de coefficients matriciels diagonaux de π dans l'espace $\mathscr{C}(\mathrm{G})$ muni de la topologie de la convergence compacte. (Montrer que l'ensemble Y des éléments de E vérifiant cette propriété est un sous-espace vectoriel fermé de E.)

d) Soit H un sous-groupe fermé de G. Soient π et ϱ des représentations unitaires de G telles que $\varrho \leqslant \pi$; on a alors $\mathrm{Res}_{\mathrm{H}}^{\mathrm{G}}(\varrho) \leqslant \mathrm{Res}_{\mathrm{H}}^{\mathrm{G}}(\pi)$.

e) Soient H un sous-groupe fermé de G et ν une mesure de Haar sur H. Soient π et ϱ des représentations unitaires de H telles que $\varrho \leqslant \pi$; on a alors $\mathrm{Ind}_{\mathrm{H}}^{\mathrm{G}}(\varrho) \leqslant \mathrm{Ind}_{\mathrm{H}}^{\mathrm{G}}(\pi)$. (Soit $\varrho' = \mathrm{Ind}_{\mathrm{H}}^{\mathrm{G}}(\varrho)$ et $\pi' = \mathrm{Ind}_{\mathrm{H}}^{\mathrm{G}}(\pi)$; en utilisant la question *c*), se ramener à approcher des coefficients matriciels $g \mapsto \langle f \mid \varrho'(g)f\rangle$ pour f de la forme

$$f(x) = \int_{\mathrm{H}} f(xh)\varrho(h)y\, d\nu(y)$$

où $\varphi \in \mathscr{K}(\mathrm{G})$ et y appartient à l'espace de ϱ.)

12) Soit $\mathrm{G} = \mathbf{R}$ et soit π la représentation régulière de G dans $\mathrm{L}^2(\mathbf{R})$. Démontrer que $\chi \leqslant \pi$ pour tout caractère $\chi \in \widehat{\mathrm{G}}$.

13) Soient ϱ une représentation unitaire irréductible de G dans un espace hilbertien E, et π une représentation unitaire de G dans F. Soit $x \in \mathrm{E}$ de norme 1. On suppose que $\varrho \leqslant \pi$ (*cf.* exercice 11).

On note $\mathrm{A} \subset \mathscr{C}(\mathrm{G})$ l'ensemble des coefficients matriciels diagonaux normalisés de π, et $\widetilde{\mathrm{A}}$ l'enveloppe fermée convexe de A dans $\mathrm{L}^\infty(\mathrm{G})$ pour la topologie faible.

Soit $x \in \mathrm{E}$ de norme 1 et $f\colon g \mapsto \langle x \mid \varrho(g)x\rangle$ le coefficient matriciel diagonal associé.

a) L'ensemble $\widetilde{\mathrm{A}}$ est un ensemble convexe compact dans $\mathrm{L}^\infty(\mathrm{G})$ et f est un point extrémal de $\widetilde{\mathrm{A}}$.

b) La fonction f appartient à l'adhérence de A dans $\widetilde{\mathrm{A}}$ pour la topologie faible.

c) La fonction f appartient à l'adhérence de A dans $\mathscr{C}(\mathrm{G})$ muni de la topologie de la convergence compacte.

d) La représentation triviale de G dans **C** est faiblement contenue dans π si et seulement si, pour toute partie compacte C de G et tout réel $\varepsilon > 0$, il existe $x \in \mathrm{F}$ de norme 1 tel que

$$\sup_{g\in\mathrm{C}} \|\pi(g)x - x\| < \varepsilon.$$

14) Soit G un groupe localement compact. On dit que G a la *propriété*]T[*de Kazhdan*[(1)] si une représentation unitaire π de G a une sous-représentation triviale non nulle[(2)] si et seulement si la représentation triviale $\mathbf{1}_{\mathrm{G}}$ de G sur **C** est faiblement contenue dans π.

a) Soit G un groupe localement compact ayant la propriété]T[. Soit $\mathscr{H}$ l'ensemble des sous-groupes ouverts de G qui sont engendrés par une partie compacte de G. Le groupe G est la réunion des sous-groupes $\mathrm{H} \in \mathscr{H}$.

b) Soit π la représentation de G somme hilbertienne des représentations quasi-régulières de G sur G/H pour $\mathrm{H} \in \mathscr{H}$ (*cf.* exercice 2 de V, p. 486). On a $\mathbf{1}_{\mathrm{G}} \leqslant \pi$.

c) Le groupe G est engendré par une partie compacte de G. En particulier, si G est discret, alors G est engendré par une partie finie de G.

15) Soient G un groupe localement compact, C une partie de G et $\varepsilon > 0$. On dit que $(\mathrm{C}, \varepsilon)$ est un *couple de Kazhdan* pour G si, pour toute représentation unitaire π de G dans un espace hilbertien E, l'existence d'un vecteur $x \in \mathrm{E}$

---

(1) *cf.* D. KAZHDAN, *Connection of the dual space of a group with the structure of its closed subgroup*, Funct. Anal. Appl. 1 (1967), 63–65.

(2) C'est-à-dire qu'il existe $x \neq 0$ dans l'espace de E invariant par G.

tel que

$$\sup_{g\in \mathrm{C}} \|\pi(g)x - x\| < \varepsilon\|x\|,$$

implique l'existence d'une sous-représentation triviale non nulle de π. On dit que C est un *ensemble de Kazhdan* s'il existe $\varepsilon > 0$ tel que $(\mathrm{C}, \varepsilon)$ est une paire de Kazhdan.

a) Soit $(\mathrm{C}, \varepsilon)$ un couple de Kazhdan de G. Soit π une représentation unitaire de G dans un espace hilbertien E. Soient $x \in \mathrm{E}$ non nul et $\delta > 0$ tels que

$$\sup_{g\in \mathrm{C}} \|\pi(g)x - x\| < \delta\varepsilon\|x\|.$$

On a alors $\|p(x) - x\| \leqslant \delta\|x\|$, où p est l'orthoprojecteur de E d'image l'espace des vecteurs G-invariants.

b) Un groupe localement compact G a la propriété]T[si et seulement si il existe un couple de Kazhdan $(\mathrm{C}, \varepsilon)$. (Pour démontrer que la propriété]T[implique l'assertion, procéder par contraposition en considérant la représentation unitaire somme hilbertienne de représentations $\pi_{\mathrm{C},\varepsilon}$ paramétrées par une partie compacte C de G et $\varepsilon > 0$ de sorte que $\pi_{\mathrm{C},\varepsilon}$ ne contient pas de sous-représentation triviale mais qu'il existe $x_{\mathrm{C},\varepsilon}$ de norme 1 avec $\sup_{g\in \mathbf{C}} \|\pi(g)x_{\mathrm{C},\varepsilon} - x_{\mathrm{C},\varepsilon}\| < \varepsilon$.)

c) Soit G un groupe localement compact ayant la propriété]T[. Toute partie compacte C de G qui engendre G est un ensemble de Kazhdan.

d) Soit G un groupe localement compact ayant la propriété]T[et soit C une partie compacte de G d'intérieur non vide qui est un ensemble de Kazhdan. Alors C engendre G. En particulier, si G est discret, alors les ensembles de Kazhdan sont les parties génératrices finies de G. (Le sous-groupe H de G engendré par C est ouvert ; considérer la représentation quasi-régulière π de G sur G/H et montrer que la projection de la fonction caractéristique φ de $\mathrm{H} \in \mathrm{G}/\mathrm{H}$ sur l'espace des vecteurs invariants de π est égale à φ.)

16) Soit G un groupe localement compact dénombrable à l'infini et soit H un sous-groupe fermé de G. Si G a la propriété]T[, et si G/H admet une mesure G-invariante bornée, alors H a la propriété]T[. (Utiliser l'exercice 20 de V, p. 492.)

17) Soit $n \geqslant 2$ un entier. On considère le groupe de Lie réel $\mathrm{G} = \mathbf{R}^n \rtimes \mathbf{SL}(n, \mathbf{R})$, et on note H le sous-groupe $\mathbf{R}^n \times \{e\}$ de G, identifié à $\mathbf{R}^n$.

Soit π une représentation unitaire de G dans un espace hilbertien complexe E. On suppose que pour toute partie compacte C de G et tout $\varepsilon > 0$, il existe $x \in \mathrm{E}$ non nul tel que

$$\sup_{g\in \mathrm{C}} \|\pi(g)x - x\| < \varepsilon\|x\|.$$

a) Il existe une suite (x_m) de vecteurs de norme 1 dans E telle que les fonctions $\varphi_m(g) = \langle x_m \,|\, \pi(g)x_m\rangle$ convergent vers la fonction constante 1 dans $\mathscr{C}(\mathrm{G})$ muni de la topologie de la convergence compacte. (Considérer une suite $(\mathrm{C}_m)_{m\in\mathbf{N}}$ de parties compactes dont la réunion est égale à G, et prendre x_m vérifiant la condition ci-dessus pour $(\mathrm{C}_m, 1/(m+1))$.)
b) Pour tout $m \in \mathbf{N}$, il existe une mesure positive μ_m de masse totale 1 sur $\mathbf{R}^n$ dont la transformée de Fourier s'identifie à la restriction de φ_m à H.
c) On suppose que $\mu_m(\{0\}) = 0$ pour tout $m \in \mathbf{N}$. On identifie alors μ_m à une mesure positive de masse totale 1 sur $\mathbf{R}^n - \{0\}$, et on note ν_m la mesure image de μ_m sur l'espace projectif $\mathbf{P}_{n-1}(\mathbf{R})$. Il existe une sous-suite $(\nu_{n_k})_{k\in\mathbf{N}}$ convergeant faiblement vers une mesure positive ν de masse totale 1 sur $\mathbf{P}_{n-1}(\mathbf{R})$; la mesure ν est $\mathbf{SL}(n,\mathbf{R})$-invariante. En déduire une contradiction.
d) Soit $m \in \mathbf{N}$ tel que $\mu_m(\{0\}) > 0$. Soit ψ la restriction de φ_m à H. Il existe $c > 0$ tel que $\psi = c + \widetilde{\psi}$ où $\widetilde{\psi}$ est une fonction de type positif sur $\mathbf{R}^n$.
e) La représentation π contient des vecteurs H-invariants. (Utiliser l'exercice 2.) On dit que le couple (G, H) a la *propriété*]T[*relative*.

18) Soit $\mathrm{G} = \mathbf{SL}(2,\mathbf{R})$. On note N et P les sous-groupes

$$\mathrm{N} = \left\{\begin{pmatrix}1 & t\\ 0 & 1\end{pmatrix} \mid t \in \mathbf{R}\right\}, \qquad \mathrm{P} = \left\{\begin{pmatrix}a & t\\ 0 & a^{-1}\end{pmatrix} \mid a \in \mathbf{R}_*,\ t \in \mathbf{R}\right\}$$

de G. Soit π une représentation unitaire de G dans un espace hilbertien complexe E. On suppose qu'il existe $x \in \mathrm{E}$ tel que $\pi(n)x = x$ pour tout $n \in \mathrm{N}$.
a) L'espace homogène $\mathbf{SL}(2,\mathbf{R})/\mathrm{N}$ s'identifie à $\mathbf{R}^2 - \{0\}$ par l'application $g \mapsto ge_1$ où e_1 est le premier vecteur de la base canonique de $\mathbf{R}^2$, et l'espace homogène $\mathbf{SL}(2,\mathbf{R})/\mathrm{P}$ s'identifie au sous-espace $(\mathbf{R} - \{0\}) \times \{0\}$ de $\mathbf{SL}(2,\mathbf{R})/\mathrm{N}$.
b) Toute fonction continue f sur G telle que $f(ngn') = f(g)$ pour tout $(n,n') \in \mathrm{N}^2$ vérifie $f(pgp') = f(g)$ pour tout $(p,p') \in \mathrm{P}^2$. (Interpréter f comme une fonction continue φ sur $\mathbf{R}^2 - \{0\}$ invariante par l'action naturelle de N et vérifier qu'elle est constante sur $\mathbf{SL}(2,\mathrm{R})/\mathrm{P}$.)
c) On a $\pi(g)x = x$ pour tout $x \in \mathrm{G}$.

19) Soit $n \geqslant 2$ un entier. On considère le groupe de Lie réel $\mathrm{G} = \mathbf{SL}(n,\mathbf{R})$. On note N et H les sous-groupes fermés de G dont les éléments sont de la forme par blocs

$$\begin{pmatrix}\mathrm{Id}_{n-1} & x\\ 0 & 1\end{pmatrix}, \quad (x \in \mathbf{R}^{n-1}), \qquad \begin{pmatrix}g & 0\\ 0 & 1\end{pmatrix}, \quad (g \in \mathbf{SL}(n-1,\mathbf{R}))$$

respectivement. Le groupe N s'identifie à $\mathbf{R}^{n-1}$ et le groupe H s'identifie à $\mathbf{SL}(n-1,\mathbf{R})$.
a) Soit π une représentation unitaire de G dans un espace hilbertien complexe E. Un élément x de E est invariant par G si et seulement s'il est invariant par N.

b) Si $n \geqslant 3$, alors le groupe G a la propriété]T[. (Combiner le résultat de la question précédente avec l'exercice précédent.)
c) Si $n \geqslant 3$, alors le groupe $\widetilde{\mathrm{G}} = \mathbf{R}^n \rtimes \mathrm{G}$ a la propriété]T[. (Soit π une représentation unitaire telle que $\mathbf{1}_{\widetilde{\mathrm{G}}} \leqslant \pi$; il existe un vecteur $x \neq 0$ invariant par le sous-groupe G de $\widetilde{\mathrm{G}}$ d'après la question précédente ; montrer que le coefficient matriciel correspondant est constant.)
d) Si $n \geqslant 3$, le groupe $\mathbf{SL}(n, \mathbf{Z})$ a la propriété]T[. (Utiliser l'exercice 7 de INT, VII, p. 116.)
e) Soit $n \geqslant 3$. Le groupe $\mathbf{SL}(n, \mathbf{Z})$ est finiment engendré. Soit $\mathscr{H}$ la famille des sous-groupes normaux d'indice fini de $\mathbf{SL}(n, \mathbf{Z})$; elle est infinie. Pour toute partie génératrice finie S de $\mathbf{SL}(n, \mathbf{Z})$, la famille des graphes de Cayley $(\mathscr{G}(\mathbf{SL}(n, \mathbf{Z})/\mathrm{H}, \mathrm{SH}/\mathrm{H}))_{\mathrm{H} \in \mathscr{H}}$ est une famille de graphes expanseurs (*cf.* TA, 2, p. 221, exercice 7 et exercice 16 de IV, p. 323).

20) Soient G un groupe localement compact et μ une mesure de Haar à gauche sur G. On note Δ le module de G. Pour toute fonction f sur G, on notera $\widetilde{f} = \Delta f^*$.

Une mesure ν sur G est dite *de type positif* si $\langle \nu, \widetilde{f} * f \rangle \geqslant 0$ pour toute fonction $f \in \mathscr{K}(\mathrm{G})$. Une fonction localement intégrable φ sur G est dite de type positif si $\langle \varphi, f^* * f \rangle \geqslant 0$ pour toute fonction $f \in \mathscr{K}(\mathrm{G})$.
a) Supposons que ν est bornée. La mesure ν est de type positif si et seulement si $\gamma(\nu) \geqslant 0$.
b) Soit $\varphi \in \mathscr{K}(\mathrm{G})$. La fonction φ est de type positif comme fonction localement intégrable si et seulement si elle l'est selon la définition 4 de V, p. 442.
c) Soit ν une mesure de type positif sur G. La formule

$$(f \mid g)_\nu = \langle \nu, \widetilde{f} * g \rangle$$

définit une forme hermitienne positive sur $\mathscr{K}(\mathrm{G})$. On note E_ν l'espace hilbertien séparé-complété de $\mathscr{K}(\mathrm{G})$ muni de cette forme hermitienne.
d) Pour $f \in \mathscr{K}(\mathrm{G})$, la fonction $\sigma(g)f \colon g \mapsto (\varepsilon_g * f)\Delta^{1/2}$ appartient à $\mathscr{K}(\mathrm{G})$ et $\|\sigma(g)f\|_\nu = \|f\|_\nu$. L'application $g \mapsto \sigma(g)$ s'étend en une représentation unitaire de G dans E_ν.
e) Soient U un voisinage ouvert de e dans G et ν une mesure de type positif sur G tels qu'il existe un nombre réel $c \geqslant 0$ de sorte que

$$\langle \nu, f * \widetilde{f} \rangle \leqslant c \Big(\int_{\mathrm{G}} f d\mu \Big)^2$$

si $f \in \mathscr{K}(\mathrm{G})$ est positive et nulle en dehors de U. Il existe une fonction continue de type positif φ sur G telle que $\nu = \varphi \Delta^{-1/2} \cdot \mu$. (Soit j le morphisme canonique de $\mathscr{K}(\mathrm{G})$ dans E_ν ; si $\mathfrak{B}$ est une base du filtre des voisinages de e dont les éléments sont contenus dans U et $f_{\mathrm{V}} \in \mathscr{K}_+(\mathrm{G})$ est une fonction à support dans $V \in \mathfrak{B}$ d'intégrale 1, démontrer que $j(f_V)$ converge faiblement selon $\mathfrak{B}$ vers un élément y_0 de E_ν tel que

$$(j(f) \mid y_0) = \int_G f^* d\mu$$

pour $f \in \mathscr{K}(G)$; posant $\varphi(g) = (y_0 \mid \sigma(g)y_0)$, vérifier que φ a les propriétés demandées.)

f) Soient φ_1 une fonction continue de type positif sur G et φ_2 une fonction localement intégrable de type positif. Si $\varphi_1 - \varphi_2$ est de type positif, alors φ_2 est égale localement presque partout à une fonction continue de type positif. (Vérifier que l'on peut appliquer la question précédente.)

21) On conserve les notations de l'exercice précédent.

a) Soit $f \in \mathscr{L}^2(G)$ qui est de type positif en tant que fonction localement intégrable. L'opérateur partiel sur $L^2(G)$ de domaine $\mathscr{K}(G)$ défini par $\varphi \mapsto \gamma(\varphi)f$ est positif. On note $\varrho(f)$ l'extension de Friedrichs de f (exemple 8 de IV, p. 295) ; c'est un opérateur partiel auto-adjoint positif sur $L^2(G)$.

b) Soit $f \in \mathscr{L}^2(G)$. On dit que f est *sobre* s'il existe un nombre réel $c \geqslant 0$ de sorte que $\|\gamma(\varphi)f\| \leqslant c\|\varphi\|$ pour tout $\varphi \in \mathscr{K}(G) \subset \mathscr{L}^2(G)$. On note alors $\varrho(f)$ l'endomorphisme de $L^2(G)$ qui prolonge $\varphi \mapsto \gamma(\varphi)f$. Cette définition coïncide avec la précédente si f est de type positif, et cette condition revient alors à dire que $\varrho(f)$ est positif.

c) Soient f_1 et f_2 dans $\mathscr{L}^2(G)$ des fonctions sobres. Si $\varrho(f_1) = \varrho(f_2)$, alors f_1 et f_2 sont égales dans $L^2(G)$.

d) Soit $f \in \mathscr{L}^2(G)$ de type positif. Pour tout $g \in G$, on a $\varrho(f) \circ \gamma(g) = \gamma(g) \circ \varrho(f)$. De plus pour tout $h \in \mathrm{dom}(\varrho(f))$, on a $\varrho(f)h = h * f$.

e) Soient f_1 et f_2 des éléments sobres de $\mathscr{L}^2(G)$ tels que $\varrho(f_1)$ et $\varrho(f_2)$ commutent. La fonction $f_1 * f_2$ est une fonction continue de type positif sur G ; elle est sobre, et on a

$$\varrho(f_1 * f_2) = \varrho(f_1)\varrho(f_2), \qquad \langle f_1 \mid f_2 \rangle \geqslant 0.$$

f) Avec les notations et hypothèses de la question précédente, si $f_2 - f_1$ est de type positif, alors

$$\|f_2 - f_1\|^2 \leqslant \|f_2\|^2 - \|f_1\|^2.$$

g) Soit $(f_n)_{n \in \mathbf{N}}$ une suite d'éléments définis positifs sobres de $\mathscr{L}^2(G)$, permutables deux à deux, et tels que $f_{n+1} - f_n$ est de type positif pour tout $n \in \mathbf{N}$. Si la suite $(\|f\|_n)$ est bornée, alors la suite (f_n) converge dans $\mathscr{L}^2(G)$.

22) On conserve les notations de l'exercice précédent.

Soit f une fonction continue de type positif appartenant à $\mathscr{L}^2(G)$.

a) Il existe une suite croissante $(p_n)_{n \in \mathbf{N}}$ de fonctions polynôme sur $[0, 1]$ qui converge uniformément dans $[0, 1]$ vers la fonction $t \mapsto \sqrt{t}$.

b) On suppose que f est sobre et que $0 \leqslant f \leqslant 1$ dans $\mathscr{L}(\mathrm{L}^2(\mathrm{G}))$. Il existe une suite (h_n) dans $\mathscr{L}^2(\mathrm{G})$ vérifiant les conditions suivantes :

(i) Chaque h_n est sobre et de type positif;

(ii) La fonction $h_{n+1} - h_n$ est de type positif pour tout $n \in \mathbf{N}$;

(iii) Les endomorphismes $\varrho(h_n)$ commutent deux à deux;

(iv) On a $\varrho(h_n)^2 \leqslant \varrho(f)$ pour tout n.

c) La suite $(h_n)_{n\in\mathbf{N}}$ converge dans $\mathscr{L}^2(\mathrm{G})$; si h est une limite de (h_n), alors h est de type positif et sobre, et vérifie $\varrho(h)^2 = \varrho(f)$; on a $f = h * h$.

d) On ne suppose plus que f est sobre. Pour $t \in \mathbf{R}$, on note p_t le projecteur spectral de l'opérateur partiel auto-adjoint $\varrho(f)$ défini par $]-\infty, t]$. On a $p_t \circ \gamma(g) = \gamma(g) \circ p_t$ pour tout $t \in \mathbf{R}$ et $g \in \mathrm{G}$.

e) Pour $t \in \mathbf{R}$, posons $f_t = p_t(f)$; c'est la classe dans $\mathrm{L}^2(\mathrm{G})$ d'une fonction continue de type positif sobre dans $\mathscr{L}^2(\mathrm{G})$. (Vérifier que $\gamma(\varphi)f_t = \varrho(f)p_t(g)$ pour $g \in \mathscr{K}(\mathrm{G})$, et en déduire que $\varrho(f_t) = \varrho(f) \circ p_t$, puis appliquer les résultats de l'exercice 20.)

f) Il existe $h \in \mathscr{L}^2(\mathrm{G})$ tel que $f = h*h$. (Considérer $f_n = p_n(f)$ pour $n \in \mathbf{N}$ et appliquer la question *c*).)

23) On note $\mathrm{G} = \mathbf{R}_+^*$; c'est un groupe commutatif localement compact et la mesure $\mu = dx/x$ est une mesure de Haar sur G. Le groupe G et le groupe $i\mathbf{R}$ sont en dualité par l'application $(x, it) \mapsto x^{it}$, la mesure duale de μ étant la mesure de Lebesgue sur $i\mathbf{R}$ (*cf.* cor. 4 de II, p. 236). On notera $\mathscr{F}$ la transformation de Fourier de G et $\overline{\mathscr{F}}$ la cotransformation de Fourier de $\widehat{\mathrm{G}}$.

On notera X la fonction identique de G.

a) Soit ν une mesure positive sur G. On note I_ν l'ensemble des $\sigma \in \mathbf{R}$ tels que la fonction X^σ est ν-intégrable, et B_ν l'ensemble des $s \in \mathbf{R}$ tels que $\mathscr{R}(s) \in \mathrm{I}_\nu$. L'ensemble I_ν est un intervalle de $\mathbf{R}$ et la fonction $s \mapsto \nu(\mathrm{X}^s)$ est définie et holomorphe dans l'intérieur de B_ν.

b) Soit f une fonction localement intégrable sur G. On note $\mathrm{I}_f = \mathrm{I}_{f\cdot\mu}$ et $\mathrm{B}_f = \mathrm{B}_{f\cdot\mu}$. Pour tout $s \in \mathrm{B}_f$, on pose

$$\widehat{f}(s) = \int_{\mathrm{G}} f(x)x^s d\mu(x).$$

S'il existe $\delta > 0$ et $c \geqslant 0$ tels que $|\widehat{f}(s)| \leqslant c(1 + |s|)^{-1-\delta}$ pour $s \in \mathrm{B}_f$, alors pour tout σ dans l'intérieur de B_f, on a

$$f(x) = \frac{1}{2\pi} \int_{\mathbf{R}} \widehat{f}(\sigma + it)x^{-\sigma-it}dt.$$

c) Soit $f \in \mathscr{L}^2(\mathrm{G})$. On suppose que 0 appartient à l'intérieur de I_f. On a alors $\overline{\mathscr{F}} f(it) = \widehat{f}(it)$ pour presque tout $t \in \mathrm{G}$.

d) Soient f et g des fonctions mesurables sur G. Soit σ un nombre réel tel que $X^{-2\sigma} f \in L^2(G)$ et $X^{2\sigma} g \in L^2(G)$. On a alors

$$\int_G f\, g\, d\mu = \frac{1}{2\pi} \int_{\mathbf{R}} \widehat{f}(-\sigma - it)\widehat{g}(\sigma + it) dt.$$

e) Soient f et g des fonctions mesurables sur G. On suppose que

(i) Il existe $c \in \mathbf{R}$ tel que $|f(x)| \leqslant c\, x/(1+x)$ pour tout $x \in G$;

(ii) On a $]0,1[\subset I_g$ et pour tout σ tel que $0 < \sigma < 1$, la fonction $X^\sigma g$ est bornée ;

(iii) Il existe $c' \in \mathbf{R}$ tel que $|\widehat{g}(s)| \leqslant c'(1+|s|)^{-2}$ pour tout $s \in \mathbf{C}$ tel que $\mathscr{R}(s) \in]0,1[$.

Alors on a

$$\int_G f\, g\, d\mu = \frac{1}{2\pi} \int_{\mathbf{R}} \widehat{f}(-\sigma - it)\widehat{g}(\sigma + it) dt$$

pour tout $\sigma \in \mathbf{R}$ tel que $0 < \sigma < 1$.

f) Soit $\sigma \in \mathbf{R}$ et soit $f \in \mathscr{C}(\sigma + i\mathbf{R})$. Il existe une mesure positive ν sur G telle que $\sigma \in I_\nu$ et $\widehat{\nu}(\sigma + it) = f(\sigma + it)$ pour tout $t \in \mathbf{R}$ si et seulement si pour tout entier $n \geqslant 1$, toute famille $(t_i)_{0 \leqslant i \leqslant n}$ de nombres complexes et toute famille $(z_i)_{0 \leqslant i \leqslant n}$ de nombres complexes tels que $\mathscr{R}(z_i) = \sigma$ pour tout i, on a

$$\sum_{i=0}^{n} \sum_{j=0}^{n} \overline{t}_i t_j f\Big(\frac{1}{2}(\overline{z}_i + z_j)\Big) \geqslant 0.$$

§ 4

1) Soit G un groupe topologique compact et $\mathscr{B}$ la famille des caractères des représentations unitaires irréductibles de G.

a) Le couple $(R(G), \mathscr{B})$ est une algèbre naturelle unie basale (*cf.* exercice 6 de III, p. 130).

b) On suppose que G est fini. L'algèbre R(G) est alors de rang fini ; calculer $\mathrm{pf}(\pi)$ pour tout $\pi \in \widehat{G}$, et identifier la représentation de G correspondant à l'élément r_0 défini dans la question *j*) de *loc. cit.*

2) Soient $n \geqslant 1$ et $p \in [1, +\infty]$. On munit $\mathbf{R}^n$ de la norme

$$\|x\| = \Big(\sum_{i=1}^{n} |x_i|^p\Big)^{1/p} \quad \text{si } p \neq +\infty,$$

et $\|x\| = \sup_i |x_i|$ si $p = +\infty$. Soit G le groupe des isométries de l'espace métrique $\mathbf{R}^n$ muni de cette norme.

a) Soient σ une permutation de $\{1, \ldots, n\}$ et $\varepsilon \in \{-1, 1\}^n$. Soit (e_i) la base canonique de $\mathbf{R}^n$. L'unique endomorphisme de $\mathbf{R}^n$ tel que $e_i \mapsto \varepsilon_i e_{\sigma(i)}$ appartient à G. L'ensemble des isométries de cette forme est un sous-groupe W de G ; c'est une extension de $\mathfrak{S}_n$ par $(\mathbf{Z}/2\mathbf{Z})^n$.

b) Le groupe G est compact.

c) L'action du groupe G sur $\mathbf{R}^n$ est irréductible ; le groupe G est contenu dans le groupe orthogonal de la forme quadratique $\sum x_i^2$.

d) Si $p \neq 2$, alors $\mathrm{G} = \mathrm{W}$.

3) On rappelle qu'un groupe Γ est dit *résiduellement fini* si l'intersection des sous-groupes d'indice fini de Γ est réduite à $\{e\}$ (A, I, p. 129, exerc. 5, *b*)).

Pour un groupe Γ, on note $\widehat{\Gamma}$ la limite projective $\widehat{\Gamma} = \varprojlim \Gamma/\mathrm{H}$, où H parcourt l'ensemble des sous-groupes distingués d'indice fini de Γ, ordonné par l'inclusion. On dit que $\widehat{\Gamma}$ est la *complétion profinie* de Γ.

a) Un groupe Γ est résiduellement fini si et seulement si, pour tout $g \in \Gamma$ différent de l'élément neutre, il existe un groupe fini F et un homomorphisme $\varphi \colon \Gamma \to \mathrm{F}$ tel que $\varphi(\gamma) \neq e$.

b) Montrer que Γ est résiduellement fini si et seulement si l'homomorphisme canonique de Γ dans $\widehat{\Gamma}$ est injectif.

c) Soit K un corps. Tout sous-groupe de type fini (*cf.* A, I, p. 145, exerc. 16) de $\mathbf{GL}(n, \mathrm{K})$ est résiduellement fini (« théorème de Mal'tsev »). (Montrer qu'il existe un entier $m \geqslant 0$, un anneau A égal à $\mathbf{Z}$ ou à un corps fini et un homomorphisme injectif d'un tel sous-groupe dans $\mathbf{GL}(m, \mathrm{R})$, où R est de la forme $\mathrm{A}[\mathrm{X}_1, \ldots, \mathrm{X}_r, 1/f]$.)

d) Soit Γ un groupe discret de type fini. Supposons qu'il existe un homomorphisme injectif de Γ dans un groupe topologique compact. Pour tout $\gamma \in \Gamma$ différent de l'élément neutre, il existe une représentation irréductible unitaire de dimension finie de Γ telle que l'image de γ par π n'est pas l'application identique.

e) Un groupe de type fini est résiduellement fini si et seulement s'il est isomorphe à un sous-groupe d'un groupe compact.

¶ 4) Soit G un groupe et soient A et B des sous-groupes de G. Soit $\varphi \colon \mathrm{A} \to \mathrm{B}$ un isomorphisme.

Soit $\boldsymbol{r}'$ une famille dans le groupe libre F(G) tel que G est isomorphe au groupe $\mathrm{F}(\mathrm{G}, \boldsymbol{r}')$ (A, I, p. 87, n° 6). On appelle *extension HNN de* G *selon* φ le groupe $\mathrm{G}^{\varphi} = \mathrm{F}(\mathrm{X}, \boldsymbol{r})$ où X est la somme des ensembles G, A, B et d'un élément t, et où $\boldsymbol{r}$ est la famille somme de $\boldsymbol{r}'$ et des relateurs $t^{-1}at = \varphi(a)$ pour tout $a \in \mathrm{A}$.

On note $j\colon \mathrm{G} \to \mathrm{G}^{\varphi}$ l'unique homomorphisme tel que $j(g)$ est l'élément représenté par g dans G^{φ}.

a) Soit $k \geqslant 1$ un entier et soit $(g_0, \varepsilon_1, g_1, \ldots, \varepsilon_k, g_k)$ une famille finie telle que $g_i \in \mathrm{G}$ et $\varepsilon_i \in \{-1, 1\}$ pour tout i. Supposons qu'il n'existe pas d'entier j tel que $1 \leqslant j \leqslant k-1$ et

$$(\varepsilon_j, \varepsilon_{j+1}) = (-1, 1), \quad g_i \in \mathrm{A}$$

ou bien

$$(\varepsilon_j, \varepsilon_{j+1}) = (1, -1), \quad g_i \in \mathrm{B}.$$

Alors l'élément

$$j(g_0)t^{\varepsilon_1}j(g_1)\cdots t^{\varepsilon_k}j(g_k)$$

de G^{φ} n'est pas l'élément neutre (« Lemme de Britton ».)

b) L'homomorphisme j est injectif.

c) Soient a et b des ensembles différents. Soit G le groupe $\mathrm{F}(\{a, b\}, a^{-1}b^2ab^{-3})$. On note $b_1 = a^{-1}ba$. Soit H un sous-groupe normal d'indice fini de G et $\pi\colon \mathrm{G} \to \mathrm{G}/\mathrm{H}$ la projection canonique. On a $[b_1, b] \in \mathrm{Ker}(\pi)$.

d) Le groupe G n'admet pas de représentation fidèle de dimension finie. (Démontrer que G n'est pas résiduellement fini.)

5) Soit G un groupe compact et ϱ une représentation unitaire fidèle de dimension finie de G. Soit $\pi \in \widehat{\mathrm{G}}$.

a) Il existe des entiers a et b tels que π est isomorphe à une sous-représentation de $\varrho^{\otimes a} \otimes \overline{\varrho}^{\otimes b}$. (On pourra utiliser par exemple le théorème de Weierstrass–Stone.)

On note $w(\pi)$ le minimum de $a+b$ lorsque (a, b) parcourt l'ensemble des entiers satisfaisant cette propriété.

b) Soit Λ le réseau des poids de G^0 et soit q une norme sur $\Lambda \otimes \mathbf{R}$. Il existe des nombres réels C et D tel que pour toute représentation $\pi \in \widehat{\mathrm{G}}$ dont la restriction à G^0 admet les plus haut poids $(\lambda_1, \ldots, \lambda_k)$, on a

$$w(\pi) \leqslant \mathrm{C} \sup(q(\lambda_1), \ldots, q(\lambda_k)) + \mathrm{D}.$$

(Considérer d'abord le cas d'un groupe semi-simple connexe et appliquer *a*) à une famille finie bien choisie de représentations de G).

6) Soit G un groupe compact et ϱ une représentation irréductible de G. Il existe une fonction centrale $f \in \Theta(\mathrm{G}^{\sharp})$ telle que

$$f = \sum_{\pi \in \widehat{\mathrm{G}}} c(\pi)\chi_\pi$$

où les entiers $c(\pi)$ vérifient

(i) $c(\pi) \geqslant 0$ pour tout $\pi \in \widehat{\mathrm{G}}$;

(ii) $c(1) \leqslant c(\varrho)$, et l'inégalité est stricte sauf éventuellement si ϱ est de dimension 1 et vérifie $\varrho^2 = 1$;

(iii) $\mathscr{R}(f) \geqslant 0$.

¶ 7) Pour tout entier $n \geqslant 1$, on note μ_n la mesure positive sur $\mathbf{C}$ image de la mesure de Haar normalisée du groupe $\mathbf{U}(\mathbf{C}^n) \subset \mathrm{GL}(\mathbf{C}^n)$ par l'application trace $g \mapsto \mathrm{Tr}(g)$; c'est une mesure à support compact de masse totale 1.

a) Soient a et b des entiers naturels tels que $a + b \leqslant n$. On a

$$\int_{\mathbf{C}} z^a \overline{z}^b d\mu_n(z) = \begin{cases} 0 & \text{si } a \neq b \\ a! & \text{si } a = b. \end{cases}$$

b) La suite de mesures $(\mu_n)_{n \geqslant 1}$ converge étroitement vers la mesure gaussienne sur l'espace vectoriel réel $\mathbf{C}$ dont la covariance est $\mathrm{Q}(z) = |z|^2$.

8) Soit G un groupe compact et soient ϱ_1 et ϱ_2 des représentations unitaires irréductibles de G. Soit $n \geqslant 2$ un entier. Si $\mathrm{S}^n \varrho_1$ est isomorphe à $\mathrm{S}^n \varrho_2$, alors il existe un sous-groupe H d'indice fini de G tel que la restriction de ϱ_1 à H est isomorphe à la restriction de ϱ_2 à H.

9) Soit k un corps fini à 5 éléments et $\mathrm{G} = \mathbf{SL}(2, k)$.

a) Les classes de conjugaison du groupe G sont représentées par e, $-e$ et les sept éléments

$$g_3 = \begin{pmatrix} 1 & 1 \\ 0 & 1 \end{pmatrix}, \quad g_4 = \begin{pmatrix} 1 & 2 \\ 0 & 1 \end{pmatrix}, \quad g_5 = \begin{pmatrix} -1 & 1 \\ 0 & -1 \end{pmatrix}, \quad g_6 = \begin{pmatrix} -1 & 2 \\ 0 & -1 \end{pmatrix}$$

$$g_7 = \begin{pmatrix} 2 & 0 \\ 0 & -2 \end{pmatrix}, \quad g_8 = \begin{pmatrix} 0 & 1 \\ -1 & 1 \end{pmatrix}, \quad g_9 = \begin{pmatrix} 0 & 1 \\ -1 & -1 \end{pmatrix}.$$

Déterminer le cardinal de chaque classe de conjugaison.

b) Soit $\alpha = \frac{1}{2}(1 + \sqrt{5})$. Il existe une représentation unitaire irréductible fidèle π de dimension 2 de G dont le caractère χ vérifie $\chi(-e) = -2$ et

$$\chi(g_4) = \alpha, \quad \chi(g_6) = -\alpha, \quad \chi(g_3) = -\alpha - 1, \quad \chi(g_5) = \alpha + 1$$
$$\chi(g_7) = 0, \quad \chi(g_8) = 1, \quad \chi(g_9) = -1.$$

(On pourra considérer la restriction à G des représentations irréductibles de dimension 4 de $\mathbf{GL}(2, k)$, *cf.* A, VIII, p. 422, exercice 27.)

c) On a $\mathrm{M}_4(\pi) = 2$.

10) *a*) Il existe une représentation irréductible π de type orthogonal du groupe alterné $\mathfrak{A}_5$ telle que $\mathrm{M}_4(\pi) = 3$.

b) Soient R un système de racines de type $\mathbf{E}_6$ (resp. de type $\mathbf{E}_7$, de type $\mathbf{E}_8$) et W le groupe de Weyl de R. Soit π la représentation géométrique de W (LIE, V, § 4, nº 3). Elle est irréductible, de type orthogonal, et vérifie $\mathrm{M}_4(\pi) = 3$.

(On pourra utiliser un logiciel tel que GAP ou MAGMA pour déterminer la liste des classes de conjugaison de W et leurs images par π.)

11) Soient G un groupe compact et π une représentation unitaire de dimension finie de G dans un espace hilbertien E. Si $M_4(\pi) \leqslant 5$, alors la représentation π est irréductible.

12) Soit G un groupe de Lie compact semisimple connexe dont l'algèbre de Lie complexifiée est isomorphe à l'algèbre de Lie simple $\mathfrak{e}_6$.
a) Il existe une représentation fidèle irréductible ϱ de G de dimension 27 ; une telle représentation est de type complexe.
b) Le quatrième moment de la représentation ϱ est égal à 3.

13) Soit G un groupe de Lie compact semisimple connexe et $\mathfrak{g}$ son algèbre de Lie. On suppose qu'il existe une représentation irréductible fidèle ϱ de dimension 27 de G. On suppose que le quatrième moment de ϱ est égal à 3 et que la représentation ϱ est de type complexe.
a) L'algèbre de Lie $\mathfrak{g}$ est simple.
b) L'algèbre de Lie $\mathfrak{g}$ est isomorphe à $\mathfrak{e}_6$.

14) Soit G un groupe de Lie compact semisimple connexe. On suppose qu'il existe une représentation irréductible fidèle ϱ de dimension 27 de G. L'algèbre de Lie complexifiée de G est isomorphe à $\mathfrak{e}_6$ si et seulement s'il existe une sous-représentation irréductible de dimension 78 dans la représentation $\mathrm{End}(\varrho)$.

15) Soient q une puissance d'un nombre premier impair et F un corps fini à q éléments. On considère le *groupe de Heisenberg* $H_3(F)$ des matrices de taille 3 à coefficients dans F qui sont triangulaires supérieures et unipotentes. Pour $(a, b, c) \in F^3$, on note

$$\sigma(a, b, c) = \begin{pmatrix} 1 & a & c \\ 0 & 1 & b \\ 0 & 0 & 1 \end{pmatrix} \in H_3(F).$$

L'application σ est donc une bijection.
a) Le centre C de $H_3(F)$ s'identifie à F par l'homomorphisme de groupes tel que $\sigma(a, b, c) \mapsto c$.
b) Il existe q^2 caractères unitaires de dimension 1 de $H_3(F)$; ces caractères sont triviaux sur C.
c) Soit X le sous-groupe d'indice q de F formé par les éléments $\sigma(0, b, c)$ pour $(b, c) \in F^2$. Le sous-groupe X s'identifie à F^2. Soient ψ_1 et ψ_2 des caractères unitaires de F et posons $\psi(\sigma(0, b, c)) = \psi_1(b)\psi_2(c)$. La représentation unitaire ϱ de $H_3(F)$ induite par le caractère ψ de X est irréductible si et seulement si ψ_2

est non trivial ; elle ne dépend que de ψ_2 à isomorphisme près, et son caractère central est égal à ψ_2. Le support du caractère de ϱ est égal à C.

d) Les représentations irréductibles construites dans les deux questions précédentes sont toutes les représentations unitaires irréductibles de $H_3(F)$.

e) Soit ϱ une des représentations unitaires irréductibles de dimension q de $H_3(F)$. La représentation ϱ est fidèle et vérifie $M_4(\varrho) = q^2$.

16) Soient $r \geqslant 1$ un entier et G un sous-groupe compact connexe de $\mathbf{U}(\mathbf{C}^r)$ agissant de manière irréductible sur $\mathbf{C}^r$. On note D le sous-groupe des matrices diagonales dans $\mathbf{U}(\mathbf{C}^r)$.

a) Soit A un sous-groupe de D contenu dans le normalisateur de G dans $\mathbf{U}(\mathbf{C}^r)$. Soit S le sous-ensemble de $\widehat{A}$ formé par les coefficients diagonaux $a = (a_{i,j}) \mapsto a_{i,i}$, où $1 \leqslant i \leqslant r$. On suppose que S contient r éléments et que l'équation

$$\chi_1\chi_2^{-1} = \chi_3\chi_4^{-1}$$

avec $\chi_i \in$ S admet les seules solutions de la forme $(\chi_1, \chi_1, \chi_3, \chi_3)$ et $(\chi_1, \chi_2, \chi_1, \chi_2)$ (on dit alors que S est un *ensemble de Sidon*).

Si G est semisimple, démontrer que G = $\mathbf{SU}(\mathbf{C}^r)$. (Considérer la représentation de A sur $\mathrm{End}(\mathbf{C}^r)$, et déduire de l'hypothèse que l'algèbre de Lie complexifiée de G est stable par conjugaison par D.)

b) Le groupe G contient $\mathbf{SU}(\mathbf{C}^r)$ si et seulement si il existe un élément $g \in$ G tel que les valeurs propres de g soient distinctes et forment un ensemble de Sidon dans $\mathbf{C}^*$.

17) Soit G un groupe compact et H un sous-groupe fermé de G. Soit ϱ une représentation unitaire de H dans un espace hilbertien E de dimension finie.

a) Soit $\pi \in \widehat{G}$. L'espace $\mathrm{Hom}_G(\pi, \mathrm{Ind}_H^G(\varrho))$ est de dimension finie.

b) Pour tout $u \in \mathrm{Hom}_G(\pi, \mathrm{Ind}_H^G(\varrho))$, l'image de u est contenue dans l'image de $\mathscr{C}(G; E)$ dans $L^2(G; E)$.

c) Il existe une application linéaire Φ de l'espace $\mathrm{Hom}_G(\pi, \mathrm{Ind}_H^G(\varrho))$ dans l'espace $\mathrm{Hom}_H(\mathrm{Res}_H^G(\pi), \varrho)$ telle que, pour tout $u \in \mathrm{Hom}_G(\pi, \mathrm{Ind}_H^G(\varrho))$ et tout $x \in E_\pi$, $\Phi(u)(x)$ soit l'image en e de la fonction continue représentant $u(x)$

d) L'application linéaire Φ est un isomorphisme.

e) Supposons que ϱ est irréductible. La multiplicité de π dans $\mathrm{Ind}_H^G(\varrho)$ est égale à la multiplicité de ϱ dans $\mathrm{Res}_H^G(\pi)$ (« formule de réciprocité de Frobenius », *cf.* A, VIII, p. 392).

18) On suppose que G est compact. Soient ϱ et ϱ' des représentations unitaires de G. La représentation ϱ est faiblement contenue dans ϱ' (*cf.* exercice 11 de V, p. 497) si et seulement si pour toute représentation unitaire irréductible π de G, la condition $m_\pi(\varrho) \geqslant 1$ implique que $m_\pi(\varrho') \geqslant 1$. (Se ramener au cas où ϱ' est irréductible ; pour tout coefficient matriciel diagonal

normalisé f de ϱ, démontrer en appliquant l'exercice 13 de V, p. 498 qu'il existe un coefficient matriciel diagonal de ϱ' qui n'est pas orthogonal à f, et conclure en utilisant les relations d'orthogonalité.)

19) Soit G un groupe compact muni de sa mesure de Haar normalisée μ et soit $f \in \mathscr{C}(\mathrm{G})$ une fonction continue sur G. Il existe une représentation irréductible $\pi \in \widehat{\mathrm{G}}$ telle que $f = \dim(\pi)^{-1}\chi_\pi$ si et seulement si

$$\int_{\mathrm{G}} f(xgx^{-1}h)d\mu(x) = f(g)f(h)$$

pour tous $(g, h) \in \mathrm{G}^2$.

20) Soient H un groupe topologique localement compact muni d'une mesure de Haar à gauche ν et G un sous-groupe compact de H. Soit ϱ une représentation unitaire irréductible de H dans un espace hilbertien E.

On suppose que la multiplicité de π dans la restriction de ϱ à G est finie pour toute représentation irréductible $\pi \in \widehat{\mathrm{G}}$. On identifie une fonction sur G à une mesure à support compact sur H.

a) Pour tout $\pi \in \widehat{\mathrm{G}}$, l'endomorphisme $\varrho(f * \chi_\pi)$ de E est de rang fini.

b) Pour tout $f \in \mathrm{L}^1(\mathrm{H})$, l'endomorphisme $\varrho(f)$ est compact.

21) Soit $n \geqslant 1$ un entier.

a) Pour tout entier $r > n^2$ et toute famille $(a_1, \ldots, a_r)$ d'éléments de $\mathscr{L}(\mathbf{C}^n)$, on a

$$\sum_{\sigma \in \mathfrak{S}_r} \varepsilon(\sigma)a_{\sigma(1)} \cdots a_{\sigma(r)} = 0. \tag{4}$$

b) On note $r(n)$ le plus petit entier $r \geqslant 1$ tel que la formule (4) soit valide pour toute famille $(a_i)_{1 \leqslant i \leqslant r}$. On a $r(n) \geqslant r(n-1)+2$. (Considérer une famille $(a_1, \ldots, a_{r(n-1)-1})$ dans $\mathscr{L}(\mathbf{C}^{n-1})$ telle que l'expression ci-dessus, notée b, est non nulle ; en interprétant les éléments de $\mathscr{L}(\mathbf{C}^n)$ comme des matrices, choisir i et j tels que $b_{i,j}$ est non nul ; voir a_i et b comme des éléments de $\mathscr{L}(\mathbf{C}^n)$ en ajoutant une ligne et une colonne de zéros, puis définir des matrices $a_{r(n-1)}$ et $a_{r(n-1)+1}$ de manière que l'expression (4) pour $(a_1, \ldots, a_{r(n-1)+1})$ soit non nulle.)

22) Soit $r \geqslant 1$ un entier et soit $\mathrm{H} \subset \mathbf{GL}(r, \mathbf{C})$ un sous-groupe fermé.

a) L'ensemble des fonctions sur H de la forme $g \mapsto \langle \varrho(g)x, \lambda \rangle$, où ϱ est une représentation linéaire continue de H dans un espace vectoriel complexe E de dimension finie, $x \in \mathrm{E}$ et $\lambda \in \mathrm{E}'$, est une sous-algèbre involutive dense de $\mathscr{C}(\mathrm{H})$.

b) Pour toute fonction $f \in \mathscr{K}(\mathrm{H})$ non nul, il existe une représentation linéaire continue ϱ de H dans un espace vectoriel complexe de dimension finie telle que $\varrho(f)$ est non nul.

c) On suppose que H est un groupe de Lie réel semisimple et connexe. Pour tout $f \in \mathscr{K}(\mathrm{H})$ non nul, il existe une représentation linéaire continue irréductible ϱ de H dans un espace vectoriel complexe de dimension finie telle que $\varrho(f)$ est non nul.

23) On conserve les hypothèses et notation de l'exercice précédent, et on suppose que H est un groupe de Lie réel semisimple et connexe.

Soit G un sous-groupe compact de H. On suppose qu'il existe un sous-groupe fermé connexe résoluble N de H tel que H = GN. (Pour tout groupe de Lie réel semisimple, cette condition est satisfaite lorsque G est un sous-groupe compact maximal de H ; voir par exemple INT, VII, p. 91, § 3, n° 3, prop. 7 lorsque $\mathrm{G} = \mathrm{SL}(n, \mathbf{R})$.)

Soient $\pi \in \widehat{\mathrm{G}}$ et $e_\pi = \dim(\pi)\overline{\chi_\pi}$. Soit ϱ la représentation irréductible de H donnée par la dernière question de l'exercice précédent ; on note E l'espace de ϱ.

a) Il existe un vecteur cyclique pour la restriction de ϱ à G. (Utiliser le théorème de Lie, LIE, III, p. 241, cor., pour trouver un $x \in \mathrm{E}$ non nul tel que $\mathbf{C}\,x$ est invariant par l'action de N.) La multiplicité de π dans la restriction de ϱ à G est au plus égale à $\dim(\pi)$.

b) Soit r l'entier $r(\dim(\pi)^2)$ défini dans l'exercice 22 ; l'identité

$$\sum_{\sigma \in \mathfrak{S}_r} \varepsilon(\sigma) a_{\sigma(1)} \cdots a_{\sigma(r)} = 0$$

est valide pour toute famille $a_i = e_\pi * g_i * e_\pi$ d'éléments de l'algèbre $\mathscr{M}_c(\mathrm{H})$ des mesures à support compact sur H, où $g_i \in \mathscr{K}(\mathrm{H})$ pour $1 \leqslant i \leqslant r$.

c) Soit ϖ une représentation unitaire irréductible de H dans un espace hilbertien F. Soient F_π la composante π-isotypique de la restriction de ϖ à G et p l'orthoprojecteur de F d'image F_π. Pour toute famille $(u_i)_{1 \leqslant i \leqslant r}$ dans $\mathscr{L}(\mathrm{F}_\pi)$, on a

$$\sum_{\sigma \in \mathfrak{S}_r} \varepsilon(\sigma) u_{\sigma(1)} \cdots u_{\sigma(r)} = 0$$

(utiliser l'exercice 1 de V, p. 486).

d) La multiplicité de π dans la restriction de ϖ à G est au plus égale à $\dim(\pi)$. (Utiliser le résultat de l'exercice 22 de V, p. 510.)

24) Un groupe topologique G est dit *minimalement presque périodique* si tout homomorphisme continu de G dans un groupe compact est trivial.

a) Un groupe topologique G est minimalement presque périodique si et seulement si G n'admet pas de représentation unitaire de dimension finie non triviale. Si G est commutatif, alors G est minimalement presque périodique si et seulement si tout caractère unitaire continu de G est trivial.

b) Soient G un groupe topologique et $g \in \mathrm{G}$ tel que, pour tout entier $k \geqslant 1$, il existe un entier $m \geqslant 1$ tel que g^{km} est conjugué à g. On a alors $\varrho(g) = 1_{\mathrm{E}}$ pour toute représentation unitaire ϱ de dimension finie de G dans un espace hilbertien E.

c) Soit k un sous-corps de **C**. Le groupe $\mathbf{SL}(2, k)$ muni de la topologie discrète est minimalement presque périodique. (Vérifier que la question précédente s'applique à $\begin{pmatrix} 1 & z \\ 0 & 1 \end{pmatrix}$ pour tout $z \in k$.)

25) Soient G un groupe localement compact muni d'une mesure de Haar à gauche ν et $\mathrm{K} \subset \mathrm{G}$ un sous-groupe compact de G muni de la mesure de Haar normalisée μ.

On note $\mathscr{H}(\mathrm{G}, \mathrm{K})$ l'espace des fonctions $\varphi \in \mathscr{K}(\mathrm{G})$ telles que $\varphi(k_1 g k_2) = \varphi(g)$ pour tout $g \in \mathrm{G}$ et tout $(k_1, k_2) \in \mathrm{K} \times \mathrm{K}$.

L'espace $\mathscr{H}(\mathrm{G}, \mathrm{K})$ est une sous-algèbre unifère de l'algèbre $\mathscr{M}_c(\mathrm{G})$; on dit que (G, K) est un *couple de Gelfand* si l'algèbre $\mathscr{H}(\mathrm{G}, \mathrm{K})$ est commutative.

a) L'application u^{K} qui à f associe la fonction f^{K} définie par

$$f^{\mathrm{K}}(g) = \int_{\mathrm{K} \times \mathrm{K}} f(k_1 g k_2) d(\mu \otimes \mu)(k_1, k_2)$$

est un projecteur dans $\mathscr{K}(\mathrm{G})$ dont l'image est $\mathscr{H}(\mathrm{G}, \mathrm{K})$.

b) Soit $f \in \mathscr{K}(\mathrm{G})$. On a

$$\int_{\mathrm{G}} f(g) d\nu(g) = \int_{\mathrm{G}} f^{\mathrm{K}}(g) d\nu(g)$$

et $(f\varphi)^{\mathrm{K}} = f^{\mathrm{K}}\varphi$ pour toute fonction $\varphi \in \mathscr{H}(\mathrm{G}, \mathrm{K})$.

c) Soit $\mathrm{C} \subset \mathrm{G}$ une partie compacte. Il existe une fonction $\varphi \in \mathscr{H}(\mathrm{G}, \mathrm{K})$ telle que $\varphi(x) = 1$ pour tout $x \in \mathrm{C}$.

d) Soit (G, K) une paire de Gelfand. Le groupe G est unimodulaire. (Remarquer que le module de G appartient à $\mathscr{H}(\mathrm{G}, \mathrm{K})$ et interpréter l'intégrale de $\varphi \in \mathscr{H}(\mathrm{G}, \mathrm{K})$ comme la valeur en e d'une convolution bien choisie.)

e) Supposons qu'il existe une involution continue $\theta \colon \mathrm{G} \to \mathrm{G}$ telle que $\mathrm{K}\theta(x)\mathrm{K} = \mathrm{K}x^{-1}\mathrm{K}$ pour tout $x \in \mathrm{G}$. Alors (G, K) est une paire de Gelfand. (Vérifier que l'application $f \mapsto \nu(f \circ \theta)$ sur $\mathscr{K}(\mathrm{G})$ est une mesure de Haar à gauche sur G, puis qu'elle est égale à ν ; en déduire que $(f * g) \circ \theta = (f \circ \theta) * (g \circ \theta)$ et comparer avec la formule $\check{f * g} = \check{g} * \check{f}$.)

f) Si G est compact, alors $(\mathrm{G} \times \mathrm{G}, \Delta)$ est une paire de Gelfand, où Δ est le sous-groupe diagonal de $\mathrm{G} \times \mathrm{G}$ image de l'homomorphisme $x \mapsto (x, x)$ de G dans $\mathrm{G} \times \mathrm{G}$.

26) On reprend les notations de l'exercice précédent. On note φ_{K} la fonction caractéristique de K.

a) Soit π une représentation unitaire de G dans un espace hilbertien complexe E. La représentation de $\mathscr{M}_c(\mathrm{G})$ dans E définit par passage aux sous-espaces une représentation de l'algèbre $\mathscr{H}(\mathrm{G},\mathrm{K})$ dans l'espace E^{K} des vecteurs K-invariants de E.
b) Si E admet un vecteur cyclique x tel que $x \in \mathrm{E}^{\mathrm{K}}$, alors π est irréductible.
c) Supposons que π est irréductible. Si l'espace E^{K} n'est pas réduit à 0, la représentation de $\mathscr{H}(\mathrm{G},\mathrm{K})$ dans E^{K} est irréductible.
d) Soit φ une fonction de type positif sur G et soit (ϱ, x) une réalisation hilbertienne cyclique de φ. On a $\varphi \in \mathscr{H}(\mathrm{G},\mathrm{K})$ si et seulement si $x \in \mathrm{E}^{\mathrm{K}}$.

27) On reprend les notations de l'exercice précédent. On suppose que (G,K) est une paire de Gelfand.

On dit que $\varphi \in \mathscr{H}(\mathrm{G},\mathrm{K})$ est une *fonction* K-*sphérique* si l'application

$$f \mapsto \int_{\mathrm{G}} f\check{\varphi}\, d\nu$$

est un caractère non nul de l'algèbre $\mathscr{H}(\mathrm{G},\mathrm{K})$.
a) Soit $\varphi \in \mathscr{H}(\mathrm{G},\mathrm{K})$. Démontrer que les conditions suivantes sont équivalentes :

(i) La fonction φ est une fonction K-sphérique;

(ii) Pour tous x et y dans G, on a

$$\int_{\mathrm{K}} \varphi(xky)d\mu(k) = \varphi(x)\varphi(y) \ ;$$

(iii) On a $\varphi(e) = 1$ et pour toute fonction $\psi \in \mathscr{H}(\mathrm{G},\mathrm{K})$, il existe $c \in \mathbf{C}$ tel que $\psi * \varphi = c\varphi$.
b) On note $\mathscr{H}^1(\mathrm{G},\mathrm{K})$ l'espace des $f \in \mathrm{L}^1(\mathrm{G})$ telles que $\varrho_{\mathrm{G}}(k_1,k_2)f = f$ pour tout $(k_1,k_2) \in \mathrm{K}\times\mathrm{K}$. C'est une sous-algèbre de Banach de l'algèbre de Banach involutive $\mathrm{L}^1(\mathrm{G})$; elle est commutative.
c) L'algèbre $\mathscr{H}(\mathrm{G},\mathrm{K})$ s'identifie à une sous-algèbre dense de $\mathscr{H}^1(\mathrm{G},\mathrm{K})$.
d) L'application qui à $\varphi \in \mathscr{H}(\mathrm{G},\mathrm{K})$ associe la forme linéaire

$$f \mapsto \int_{\mathrm{G}} f\check{\varphi}\, d\nu$$

sur $\mathscr{H}^1(\mathrm{G},\mathrm{K})$ définit une bijection de l'espace des fonctions K-sphériques bornées sur G sur l'espace des caractères non nuls de $\mathscr{H}^1(\mathrm{G},\mathrm{K})$. (Noter que tout caractère de $\mathscr{H}^1(\mathrm{G},\mathrm{K})$ est continu et de norme $\leqslant 1$, *cf.* prop. 2 de I, p. 104.)

28) Soient G un groupe localement compact et K un sous-groupe compact de G.
a) Le couple (G,K) est une paire de Gelfand si et seulement si, pour toute représentation unitaire π de G dans un espace hilbertien complexe E, la

dimension de E^K est au plus 1. (Pour démontrer que la condition est nécessaire, démontrer qu'une représentation irréductible d'une algèbre de Banach involutive et commutative dans un espace hilbertien est de dimension 1 ; pour démontrer qu'elle est suffisante, utiliser le cor. du th. 4 de V, p. 454 pour vérifier que les caractères de l'algèbre $\mathscr{H}(G, K)$ en séparent les points.)

b) On suppose que (G, K) est une paire de Gelfand. Soit $\varphi \in \mathscr{H}(G, K)$. On suppose que φ est une fonction de type positif et que $\varphi(e) = 1$. Montrer que φ est une fonction K-sphérique si et seulement si φ a une représentation hilbertienne (ϱ, x) telle que ϱ est irréductible.

c) On suppose que (G, K) est une paire de Gelfand. L'ensemble des fonctions K-sphériques de type positif sur G est en bijection avec l'ensemble des représentations irréductibles $\pi \in \widehat{G}$ telles que E_π^K n'est pas nul.

29) Soient G un groupe compact et K un sous-groupe fermé de G. On suppose que (G, K) est une paire de Gelfand. On note ν (resp. μ) la mesure de Haar normalisée sur G (resp. sur K).

Soit φ une fonction K-sphérique sur G.

a) On note E_φ le sous-espace de $\mathscr{C}(G)$ des fonctions de la forme $\alpha * \varphi$, où α est une mesure sur G à support fini. Pour tout $\psi \in \mathscr{H}(G, K)$, l'endomorphisme $v_\psi \colon f \mapsto f * \psi$ de $\mathscr{C}(G)$) est compact et E_φ est contenu dans un espace propre de v_ψ.

b) L'espace E_φ est de dimension finie. Il s'identifie à un sous-espace de vecteurs G-finis de la représentation régulière γ_G contenant φ.

c) L'espace des vecteurs K-invariants de E_φ est de dimension 1 et la représentation de G dans E_φ est irréductible.

d) Soient $(f_i)_{i \in I}$ une base orthonormale de E_φ et $k \colon G \times G \to \mathbf{C}$ la fonction définie par

$$k(x, y) = \sum_{i \in I} \overline{f_i(x)} f_i(y).$$

On a

$$f(x) = \int_G k(x, y) f(y) d\nu(y)$$

pour tous $f \in E_\varphi$ et $x \in G$.

e) On a $k(x, y) = \dim(E_\varphi)\varphi(y^{-1}x)$ pour tout $(x, y) \in G \times G$.

f) La fonction φ est de type positif.

g) Soit φ une fonction K-sphérique sur G et soit (π, x) une réalisation hilbertienne de φ. La représentation π est irréductible ; on a

$$\varphi(x) = \int_K \chi_\pi(x^{-1}k) d\mu(k)$$

pour tout $x \in G$, et $\int_G |\varphi|^2 \, d\nu = \dim(\pi)^{-1}$.

30) Soit $n \in \mathbf{N}$. Notons G le sous-groupe du groupe affine $\mathrm{A}(\mathbf{R}^n)$ de l'espace $\mathbf{R}^n$ formés des éléments $g \in \mathrm{A}(\mathbf{R}^n)$ tels que l'application linéaire g_0 associée à g appartient à $\mathbf{SO}(\mathbf{R}^n)$; c'est un groupe de Lie réel (*cf.* A, II, p. 131 et LIE, III, p. 102, exemple). On note $g = (g_0, a)$ les éléments de G, avec $g_0 \in \mathbf{SO}(\mathbf{R}^n)$ et $a \in \mathbf{R}^n$.
a) La paire $(\mathrm{G}, \mathbf{SO}(\mathbf{R}^n))$ est une paire de Gelfand.
b) Soit $\varphi \in \mathscr{H}(\mathrm{G}, \mathbf{SO}(\mathbf{R}^n))$. Notons $f\colon \mathbf{R}^n \to \mathbf{C}$ la fonction définie par $f(r) = \varphi(1_{\mathbf{R}^{\mathrm{N}}}, g(e_1))$. L'application $u\colon \varphi \mapsto f$ est un morphisme injectif d'algèbres complexes de $\mathscr{H}(\mathrm{G}, \mathrm{K})$ dans $\mathscr{K}(\mathbf{R}^n)$; son image est le sous-espace de $\mathscr{K}(\mathbf{R}^n)$ formé des fonctions f telles que $f(g_0(x)) = f(x)$ pour tout $g_0 \in \mathbf{SO}(\mathbf{R}^n)$ et tout $x \in \mathbf{R}^n$.
c) On note Δ le laplacien sur $\mathbf{R}^n$. Une fonction $\varphi \in \mathscr{K}(\mathrm{G})$ est une fonction sphérique si et seulement si la fonction $f = u(\varphi)$ est de classe C^∞, vérifie $f(0) = 1$, et s'il existe $\lambda \in \mathbf{C}$ tel que $\Delta f = \lambda f$. (Utiliser le fait que $\Delta(f \circ g_0) = (\Delta f) \circ g_0$ pour tout $g_0 \in \mathbf{SO}(\mathbf{R}^n)$.)

31) Soit n un entier $\geqslant 1$. On note N la norme euclidienne sur $\mathbf{R}^n$, et on note λ_n la mesure de Lebesgue sur $\mathbf{R}^n$. On note ω_n l'unique mesure positive de masse totale 1 sur la sphère $\mathbf{S}_n \subset \mathbf{R}^{n+1}$ invariante par l'action du groupe orthogonal $\mathbf{O}(n+1, \mathbf{R})$ (*cf.* INT, VIII, p. 116, exercice 8).

On identifie $\mathbf{R}^n$ au complémentaire d'un hyperplan projectif H de l'espace projectif $\mathbf{P}_n(\mathbf{R})$ (*cf.* TG, VI, p. 15, prop. 5), et on interprétera les mesures sur $\mathbf{R}^n$ comme des mesures sur $\mathbf{P}_n(\mathbf{R})$ portées sur le complémentaire de H.

Pour tout $g \in \mathbf{GL}(n+1, \mathbf{R})$, on note $\widetilde{g}$ l'homéomorphisme de $\mathbf{P}_n(\mathbf{R})$ défini par g.
a) La mesure positive c_n sur $\mathbf{R}^n$ définie par

$$c_n = \pi^{-(n+1)/2}\Gamma\Big(\frac{n+1}{2}\Big)(1+\mathrm{N}^2)^{-(n+1)/2}\,\lambda_n$$

(« mesure de Cauchy ») est bornée et de masse totale 1. Si $n = 1$, c'est la mesure stable de paramètre 1 (*cf.* exercice V, p. 496). Pour tout hyperplan projectif H′ de $\mathbf{P}_n(\mathbf{R})$, on a $c_n(\mathrm{H}') = 0$.
b) L'application canonique de $\mathbf{R}^{n+1} - \{0\}$ dans $\mathbf{P}_n(\mathbf{R})$ définit par passage aux sous-espaces une application continue surjective $\sigma\colon \mathbf{S}_n - (\mathbf{R}^n \times \{0\}) \to \mathbf{R}^n$. On a $\sigma(\omega_n) = c_n$.
c) Soit $g \in \mathbf{GL}(n+1, \mathbf{R})$. Il existe $a \in \mathbf{GL}(n, \mathbf{R})$ et $b \in \mathbf{R}^n$ tels que la mesure image $\widetilde{g}(c_n)$ soit égale à l'image de c_n par l'application affine $x \mapsto a(x) + b$.

On se propose dans la suite de démontrer une réciproque de cette assertion.
d) Soit μ une mesure positive bornée sur $\mathbf{P}_n(\mathbf{R})$ telle que tout hyperplan projectif est μ-négligeable. L'ensemble des $g \in \mathbf{GL}(n+1, \mathbf{R})$ tels que $g(\mu) = \mu$ et $|\det(g)| = 1$ est un sous-groupe compact de $\mathbf{GL}(n+1, \mathbf{R})$.

e) Soit μ une mesure positive bornée sur $\mathbf{P}_n(\mathbf{R})$ de masse totale 1 telle que, pour tout $g \in \mathbf{GL}(n+1, \mathbf{R})$, il existe une application affine f de $\mathbf{R}^n$ telle que $g(\mu) = f(\mu)$. Tout hyperplan projectif est μ-négligeable.
f) Soit K_μ le sous-groupe des $g \in \mathbf{GL}(n+1, \mathbf{R})$ tels que $g(\mu) = \mu$. Il existe $h \in \mathbf{GL}(n+1, \mathbf{R})$ tel que $\mathrm{K}_\mu \subset h\,\mathbf{O}(n+1, \mathbf{R})h^{-1}$.
g) Soit $\mathrm{K} = h^{-1}\mathrm{K}_\mu h$. On a $\mathbf{O}(n+1, \mathbf{R}) = \mathrm{G} \cdot \mathrm{K}$, où G est le sous-groupe de $\mathbf{O}(n+1, \mathbf{R})$ formé des matrices

$$\begin{pmatrix} x & 0 \\ 0 & 1 \end{pmatrix}$$

avec $x \in \mathbf{O}(n, \mathbf{R})$.
h) La mesure $h^{-1}(\mu)$ coïncide avec c_n. (Observer que le groupe K agit transitivement sur $\mathbf{S}_n$ et que la mesure image $\sigma(h^{-1}(\mu))$ est une mesure K-invariante sur $\mathbf{S}_n$.)

32) Soit G un groupe localement compact. On suppose qu'il existe un sous-groupe H de G qui est compact et ouvert dans G. On note μ l'unique mesure de Haar à gauche sur G telle que $\mu(\mathrm{H}) = 1$ et φ la fonction caractéristique de H.
a) Soit π une représentation de carré intégrable de G dans un espace hilbertien complexe E. Montrer que l'endomorphisme $\pi(\varphi)$ est un endomorphisme de Hilbert–Schmidt.
b) L'espace E^{H} est de dimension finie et vérifie

$$\dim(\mathrm{E}^{\mathrm{H}}) \leqslant \frac{1}{c(\pi)}$$

où $c(\pi)$ est le degré formel de π relatif à $\{e\}$. (Utiliser l'exercice 6 de V, p. 487.)
c) Un groupe discret et infini n'a pas de représentation de carré intégrable ; si $n \geqslant 2$ est un entier, le groupe $\mathbf{SL}(n, \mathbf{Z})$ n'a pas de représentation de carré intégrable modulo le centre.

NOTE HISTORIQUE

(Chapitres I à V)

Les notions de valeur propre et de série de Fourier étaient déjà bien connues en 1830, irriguant bien des champs de l'Analyse au long du XIXᵉ siècle (*cf.* ÉHM, p. 114, 260, 275). Mais la théorie spectrale et l'analyse harmonique, au sens où nous l'entendons dans ce livre, ne commencèrent à prendre leur forme actuelle qu'un siècle plus tard environ — en même temps que s'opérait leur jonction avec l'étude des représentations de groupes autour de 1930, puis avec celle des algèbres normées vers 1940.

Nous nous bornons ici à tracer les grandes lignes de leur évolution dans la période qui va de 1906 — date où Hilbert introduit la notion de « spectre continu » dans ses travaux sur les équations intégrales — aux années 1945–1950, où les théories ici exposées acquièrent pour l'essentiel la forme qu'elles ont conservée jusqu'à aujourd'hui.

1. Découverte du spectre continu

Dans la Note sur les Espaces vectoriels topologiques (*cf.* ÉHM, p. 262–263), nous avons décrit comment I. Fredholm en vint vers 1900 — poursuivant des travaux de C. Neumann, V. Volterra et H. Poincaré — à considérer l'équation

$$u(x) - \lambda \int_{\mathrm{I}} \mathrm{K}(x,y)u(y)dy = f(x) \qquad (1)$$

d'inconnue la fonction $u\colon \mathrm{I} \to \mathbf{C}$, dans le cas où l'intervalle $\mathrm{I} \subset \mathbf{R}$ est compact et où le noyau K est continu sur $\mathrm{I} \times \mathrm{I}$. Un habile usage de

N. Bourbaki, *Théories spectrales*, https://doi.org/10.1007/978-3-031-19505-1

« déterminants infinis », basé sur des idées de Poincaré et de H. von Koch, lui permettait d'obtenir des familles de solutions dont la dépendance en la variable complexe λ est méromorphe, puis de démontrer la célèbre « alternative » sur l'existence de solutions (*cf.* III, p. 81, th. 5). Mais Fredholm spécialise aussitôt ses résultats au cas $\lambda = -1$, sans exploiter le fait que l'équation (1) est un problème aux valeurs propres(1).

Lorsque le noyau K est symétrique, nous avons aussi vu comment Hilbert, dans son premier mémoire sur les équations intégrales [**31**], reconnut la parenté entre le problème de Fredholm et la recherche des « axes principaux » d'une forme quadratique. Partant de cette réduction pour des « sections » (discrétisations) finies du noyau K, il obtenait par passage à la limite la formule

$$(2) \qquad \int_{\mathrm{I}} \mathrm{K}(s,t)x(s)x(t)dt = \sum_{n=1}^{\infty} \frac{1}{\lambda_n} \int_{\mathrm{I}} \varphi_n(s)x(s)ds,$$

où les λ_n sont les valeurs propres du noyau K, les φ_n forment un système orthonormal de vecteurs propres associé(2), et où l'égalité est valable dès que x est de carré intégrable sur I (*cf.* ÉHM, p. 264).

Les principaux obstacles qui se présentaient à Hilbert concernaient le passage de sommes finies aux intégrales de la formule (2). Il déduisait de cette formule l'existence des valeurs propres — cependant, il donnait de ces dernières une caractérisation variationnelle indépendante du passage à la limite, inspirée de la méthode classique de détermination des valeurs propres en dimension finie (*cf.* n° 4 de IV, p. 153). E. Schmidt montrerait en 1905, s'inspirant de travaux de H. Schwarz, comment obtenir (2) sans passer par les « déterminants infinis » dont dépendaient les méthodes de Fredholm et Hilbert (*cf.* ÉHM, p. 265).

(1)Rappelons que c'est Poincaré qui, guidé par le problème des « membranes vibrantes » où la notion de valeur propre jouait un rôle essentiel, avait introduit un paramètre λ dans (1) et suggéré d'étudier la dépendance en λ des solutions (*cf.* ÉHM, p. 262).

(2)Pour Hilbert, la relation définissant valeurs et vecteurs propres est l'égalité $\varphi_n(t) = \lambda_n \int_{\mathrm{I}} \mathrm{K}(s,t)\varphi_n(s)ds$; les « valeurs propres » qu'il évoque sont donc les inverses de celles que consacre la terminologie moderne, et peuvent être infinies. Comme nous le verrons, le changement fut proposé par F. Riesz en 1913.

Mais dès 1906, Hilbert [**32**] se tourne vers le problème plus général de la réduction d'une forme quadratique

$$\mathrm{B}(x,x) = \sum_{p,q=0}^{\infty} b_{pq}\, x_p\, x_q, \qquad x = (x_p)_{p\in\mathbf{N}}$$

sur $\mathrm{E} = \ell^2_{\mathbf{C}}(\mathbf{N})$. Il a bien sûr en vue que par passage aux coefficients dans une base orthonormale de E, le problème (1) se ramène à la recherche de solutions du « système linéaire infini »

$$x_p + \sum_{q=0}^{\infty} b_{pq}\, x_q = f_p \qquad (p \in \mathbf{N}).$$

Il signale cependant que pour le problème de Fredholm, il s'agit de formes quadratiques bien particulières, pour lesquelles $\mathrm{B}(x_n, x_n)$ tend vers $\mathrm{B}(x,x)$ dès que x_n converge *faiblement* vers x ; il les appelle « complètement continues » (*vollstetig*).

Hilbert insiste sur la différence essentielle qui les distingue des formes quadratiques bornées sur E, et décide d'entreprendre la réduction plus générale de ces dernières. À nouveau, sa méthode est de partir de la réduction des « sections finies »

$$(x_0, \ldots, x_n) \mapsto \sum_{p,q=0}^{n} b_{pq}\, x_p\, x_q$$

de la forme B, puis de faire tendre n vers l'infini. Pour ce passage à la limite, il tire profit des idées sur l'intégration introduites par T. Stieltjes dans ses travaux sur les fractions continues [**71**]. Il montre que toute forme quadratique bornée peut, après une transformation orthogonale des variables, se mettre sous la forme

$$\sum_{p\in\mathbf{N}} \frac{1}{\lambda_p} x_p^2 + \int_{s\in\mathbf{R}} \frac{1}{s}\, d\sigma(s,x). \tag{3}$$

Dans cette formule, les λ_p sont les valeurs propres de B et $x \mapsto \sigma(s,x)$ est (pour $s \in \mathbf{R}$ fixé) une forme quadratique positive séparante sur E, tandis que $s \mapsto \sigma(s,x)$ est(3) (pour $x \in \mathrm{E}$ fixé) une fonction continue

(3) Comme le fait remarquer Hilbert, on peut caractériser $\sigma(s,x) = \sum_{p,q=0}^{\infty} \sigma_{pq}(s) x_p x_q$ par le fait qu'elle vérifie $\int_{\mathbf{R}} d\sigma(s,x) = \|x\|^2$ et que pour toute fonction continue u sur $\mathbf{R}$, on ait $\sum_{r=0}^{\infty} \int_{\mathbf{R}} u(s) d\sigma_{pr}(s) \int_{\mathbf{R}} u(s) d\sigma_{rq}(s) = \int_{\mathbf{R}} u(s)^2 d\sigma_{pq}(s)$.

croissante qui tend vers 0 en $-\infty$ et vers $\|x\|^2$ en $+\infty$ (*cf.* ÉHM, p. 284, pour les notations de Stieltjes).

Notons S l'ensemble des points de $\overline{\mathbf{R}}$ n'admettant pas de voisinage où $s \mapsto \sigma(s, x)$ reste constante pour tout x ; alors l'intégrale dans (3) peut naturellement être prise sur S. Hilbert baptise « spectre continu » (*Streckenspektrum*) l'ensemble S, « spectre ponctuel » (*Punktspektrum*) l'ensemble des valeurs propres de B, et « spectre » (*Spektrum*) leur réunion. Ce terme, venu de l'optique, avait été utilisé en 1897 par W. Wirtinger [**91**] dans l'étude d'équations différentielles à coefficients périodiques.

Hilbert tirerait vite de ses méthodes « spectrales » un profond renouveau de plusieurs problèmes de l'Analyse classique, relevant de l'étude des équations différentielles ordinaires (en particulier de type Sturm–Liouville), des équations aux dérivées partielles ou des fonctions d'une variable complexe. Nous ne rendrons pas compte ici du foisonnement de résultats qui s'ensuivit dans le premier quart du XXe siècle et renvoyons à la synthèse de E. Hellinger et O. Toeplitz [**29**]. Nous mentionnerons cependant certains de ces travaux sur les équations intégrales, où se trouveront en germe des développements ultérieurs de la théorie abstraite.

Pour Hilbert et ses élèves, fidèles à une tradition allemande en Algèbre linéaire, le modèle reste le théorème des axes principaux ; aussi s'agit-il toujours d'étudier les spectres de formes bilinéaires ou quadratiques, en particulier sur l'espace « de Hilbert » $\mathrm{E} = \ell^2_{\mathbf{C}}(\mathbf{N})$. Le fait qu'on puisse relier toute forme bilinéaire continue B sur E à l'endomorphisme continu A de E caractérisé par $\langle \mathrm{A}x, y\rangle = \mathrm{B}(x, y)$ était connu de l'école de Hilbert, en particulier après les travaux de E. Schmidt, M. Fréchet et F. Riesz en 1907–1908. Mais c'est à F. Riesz qu'il revint de montrer, dans un admirable livre [**59**] de 1913, l'intérêt de mettre les endomorphismes au premier plan dans ce contexte.

Riesz donne la définition moderne du spectre d'un élément A de $\mathscr{L}(\mathrm{E})$ [**59**, p. 139], remarque qu'il s'agit d'un ensemble fermé, borné, et montre que la résolvante $\lambda \mapsto (\lambda 1_{\mathrm{E}} - \mathrm{A})^{-1}$ est holomorphe sur le complémentaire du spectre de A. Surtout, il fait jouer un rôle central à la structure d'algèbre de $\mathscr{L}(\mathrm{E})$: s'inspirant de travaux de Volterra, il développe une première version du *calcul fonctionnel* pour les endomorphismes symétriques, ce qui lui permet de retrouver simplement les résultats de réduction de Hilbert et Schmidt. Si A est un élément symétrique de $\mathscr{L}(\mathrm{E})$, Riesz montre comment définir $f(\mathrm{A})$ pour toute fonction f semi-continue (inférieurement ou supérieurement) de $\mathbf{R}$ dans $\mathbf{R}$, et note que $f \mapsto f(\mathrm{A})$ est ce que nous appelons aujourd'hui un morphisme d'algèbres [**59**, p. 129–130]. Appliquant cette idée à la fonction caractéristique d'un intervalle $[\xi, +\infty[$, on obtient pour tout ξ un endomorphisme symétrique A_ξ de E ; utilisant l'intégrale de Stieltjes, Riesz montre alors une version de la relation (3) de Hilbert :

$$\langle \mathrm{A}x, y\rangle = \int_{\mathbf{R}} \xi \, d\langle \mathrm{A}_\xi x, y\rangle$$

pour $x, y \in \mathrm{E}$, égalité qu'il écrit même

$$\mathrm{A} = \int_{\mathbf{R}} \xi \, d\mathrm{A}_\xi.$$

Le spectre de A est alors l'ensemble des valeurs ξ_0 telles que A_ξ ne reste constant dans aucun voisinage de ξ_0, et le spectre ponctuel celui des points de discontinuité de $\xi \mapsto \mathrm{A}_\xi$.

Peu avant de conclure par les applications de la théorie, Riesz note [**59**, p. 146] que ses résultats prennent une forme particulièrement simple lorsque l'endomorphisme A provient de l'une des formes bilinéaires « complètement continues » de Hilbert : le spectre se réduit à l'ensemble des valeurs propres (auxquelles il faut éventuellement ajouter 0), les valeurs propres s'organisent en une suite qui tend vers 0, et chaque valeur propre non nulle est de multiplicité finie (III, p. 90, prop. 5).

2. Opérateurs compacts

Riesz amplifie considérablement ces remarques moins de trois ans plus tard, dans son mémoire sur les équations fonctionnelles [**60**] qui développe, avec une limpidité intacte à plus d'un siècle de distance, l'essentiel de la théorie spectrale des opérateurs compacts sur les espaces de Banach. L'objectif affiché de ce texte est de reformuler la théorie de Fredholm pour l'équation (1) sur un intervalle compact I, en considérant l'espace $\mathrm{E} = \mathscr{C}(\mathrm{I})$ muni de la topologie de la convergence uniforme. Mais comme nous l'avons déjà indiqué dans une note antérieure (ÉHM, p. 268), Riesz a clairement conscience que ses résultats s'appliquent à tout espace de Banach — notion qui ne serait introduite que dans la décennie suivante.

S'inspirant des idées de Fréchet sur la topologie générale, Riesz considère désormais les endomorphismes de E qui envoient toute suite bornée sur une suite relativement compacte. Comme Hilbert, il les appelle encore « complètement continus » et note que cette nouvelle notion est équivalente, dans le cas de $E = \ell^2_{\mathbf{C}}(\mathbf{N})$, à la notion de complète continuité qu'il avait utilisée dans son livre de 1913[(4)].

Riesz étudie les endomorphismes de la forme $B = 1_E - A$ où A est un endomorphisme complètement continu de E, et déduit toutes leurs propriétés spectrales du fait qu'un espace vectoriel normé localement compact doit être de dimension finie — fait découvert, semble-t-il, pour l'occasion. Il prouve aisément que le noyau de B est de dimension finie et que son image est fermée et de codimension finie. Comme E. Weyr [**87**] l'avait fait en dimension finie, il considère alors les itérés B^k. Il montre que la suite de leurs noyaux et celle de leurs images sont stationnaires, puis introduit ce que nous appelons aujourd'hui nilespace et conilespace de B, montrant avec efficacité que E est leur somme directe topologique. Appliquant cette observation aux endomorphismes $B_\lambda = 1_E - \lambda A$ pour $\lambda \in \mathbf{C}$, il en déduit sans peine les propriétés spectrales des endomorphismes complètement continus d'un espace de Banach, et ce sous une forme à peu près définitive.

Parmi les principaux résultats sur le spectre de ces opérateurs, seuls semblent échapper à Riesz ceux qui nécessiteront un regard plus mûr sur la notion d'espace fonctionnel, en particulier sur la dualité. Par exemple, à la fin des années 1920, T. Hildebrandt [**33**] et J. Schauder [**63**] montreront (dans le cadre désormais bien établi des espaces de Banach) que l'adjoint d'un endomorphisme complètement continu est complètement continu.

Par ailleurs, la notion de complète continuité de Riesz dépend encore de l'utilisation de suites ; Banach [**4**] s'en affranchira dans son livre de 1932 pour considérer les applications qui transforment toute partie bornée en partie relativement compacte. Le terme d'application linéaire « compacte » ne s'imposera que progressivement dans la seconde moitié

(4) Cette équivalence est encore valable dans le cas d'un espace de Banach réflexif, mais les deux notions sont différentes en général : *cf.* III, p. 7, prop. 8.

du XXe siècle, vraisemblablement à la suite du livre d'E. Hille [**34**] sur les semi-groupes d'opérateurs.

Plusieurs questions posées dans les années 1930 resteront longtemps ouvertes. Dans cette direction, signalons la résolution [**18**] en 1973 du « problème d'approximation » rendu célèbre par Banach et S. Mazur en 1932 et 1938 (voir la remarque 6 de III, p. 16 et l'exercice 25 de III, p. 112).

À la même époque, Lomonosov [**40**] démontre l'existence de sous-espaces fermés non triviaux invariants par un endomorphisme permutable à un endomorphisme compact non nul dans un espace localement convexe (cor. 2 de III, p. 13). Ce résultat fut l'un des progrès les plus marquants sur le problème de l'existence d'un tel sous-espace pour un endomorphisme continu arbitraire (« problème du sous-espace invariant »). Ce problème est toujours ouvert, à l'heure actuelle, dans le cas des endomorphismes continus des espaces hilbertiens de type dénombrable ; P. Enflo [**19**] construit en 1987 le premier exemple d'endomorphisme d'un espace de Banach n'admettant aucun sous-espace invariant fermé non trivial.

3. Indice de Fredholm et perturbations

La notion d'indice apparaît en 1920 dans un travail de Fritz Noether sur les équations intégrales. Dans son exposé au Congrès international de 1904, Hilbert considérait un problème posé par Riemann en théorie du potentiel : si l'on se donne un domaine ouvert borné Ω du plan dont la frontière est une courbe fermée lisse simple Γ, ainsi que trois fonctions a, b, f sur Γ, il s'agit de trouver une fonction $z\colon \overline{\Omega} \to \mathbf{C}$, holomorphe sur Ω et continue sur $\overline{\Omega}$, vérifiant

$$a\,\mathscr{R}(z) + b\,\mathscr{I}(z) = f \qquad \text{sur } \Gamma.$$

Paramétrant Γ par un réel $s \in [0, 2\pi]$, Hilbert montrait que le problème revient à résoudre une équation intégrale « à noyau singulier » pour $\varphi = \mathscr{R}(z)$, à savoir

$$(4) \qquad a(s)\varphi(s) + \int_0^{2\pi} \mathrm{K}(s,t)\varphi(t)dt = f(s).$$

Ici le noyau $\mathrm{K}(s,t)$ prend la forme $b(s)\cot(\frac{t-s}{2}) + \mathrm{A}(s,t)$ pour une fonction A continue. Il est donc singulier le long de la diagonale, et l'intégrale ci-dessus est à prendre au sens de la valeur principale de Cauchy.

Noether [**53**] observe que contrairement aux équations intégrales vérifiant l'alternative de Fredholm, dans le cas d'un noyau K comme ci-dessus et d'un second membre f non nul, il est possible que (4) admette des *familles* de solutions non triviales. Il montre que l'espace des solutions est gouverné par l'entier

$$(5) \qquad n = \frac{1}{2\pi}\int_{\Gamma} d\,(\log(a - ib))\,.$$

Si $n < 0$, il n'y a pas de solution non triviale, et si $n \geqslant 0$, l'équation (4) admet une famille à $2n$ paramètres de solutions. Noether utilise le terme « indice » (*Index*) pour l'entier n et y reconnaît un nombre de tours, notion classique depuis la fin du XIXe siècle dans l'étude des fonctions d'une variable complexe.

D'autres travaux étudieront par la suite des exemples d'équations nécessitant une extension de la théorie de Fredholm. Mais il faudra attendre plus de vingt ans avant que la notion d'application de Fredholm ne soit dégagée de façon systématique, en même temps que mûrira l'étude des perturbations par des opérateurs compacts.

En 1909, H. Weyl [**81**] avait montré que si deux formes quadratiques bornées sur $\ell^2_{\mathbf{C}}(\mathbf{N})$ ont une différence complètement continue, alors leurs spectres essentiels coïncident (*cf.* III, p. 89, th. 2). Par ailleurs, Riesz avait remarqué dans son mémoire de 1916, naturellement sans le langage moderne, que les opérateurs compacts sur un espace de Banach E forment un idéal bilatère de $\mathscr{L}(\mathrm{E})$. Il semble cependant que la voie indiquée par ces deux remarques n'ait été explorée qu'à partir des années 1940. En 1941, J. Calkin, motivé par les travaux de J. von Neumann sur les algèbres d'opérateurs (dont nous aurons à parler bientôt, voir p. 537), signale l'intérêt d'étudier les congruences modulo cet idéal dans le cadre des espaces hilbertiens [**10**]. Il montre comment la structure de l'algèbre qui porte désormais son nom (*cf.* III, p. 75) permet de retrouver simplement le résultat de Weyl.

Parallèlement, vers 1942, J. Dieudonné [**15**] a l'idée d'étudier les perturbations d'une application linéaire continue u entre espaces normés, dans le cas où la perturbation est « petite » au sens de la norme d'opérateur. Il se restreint au cas où u est un morphisme strict dont le noyau est de dimension finie ou de codimension finie, prouve qu'il en est alors de même de toute « petite perturbation » de u, et montre que dans le cas des applications de Fredholm (*cf.* n° 2 de III, p. 40), l'indice est localement constant (th. 1 de III, p. 58), ainsi que plusieurs des résultats exposés dans le § 4 de III, p. 55.

Ces deux idées se rejoignent autour de 1950, où F. Atkinson [**3**], I. Gohberg [**26**], S. Mikhlin [**46**] et B. Yood [**93**] étudient les perturbations par des opérateurs compacts. Ils font explicitement le lien avec l'indice de Noether et dégagent les notions d'application de Fredholm [**3**, p. 8] et de Riesz [**93**, §5]. Ces dernières font l'objet de recherches systématiques dans la décennie suivante, où les résultats exposés dans le chapitre III prennent à peu près leur forme actuelle.

Le cadre usuel de ces théories est celui des espaces de Banach ; cependant, diverses applications motivent leur généralisation à des classes plus larges d'espaces vectoriels topologiques. Ainsi, le cas des espaces de Fréchet apparaît naturellement en 1954 dans des travaux de H. Cartan et J-P. Serre [**13**] qui démontrent la finitude de la cohomologie d'une variété analytique complexe compacte à coefficients dans un faisceau cohérent, la preuve faisant appel à des résultats de déformation démontrés par L. Schwartz [**66**] (*cf.* th. 2 de III, p. 73).

L'invariance de l'indice par déformation s'éclaire parfaitement, dans le cas de la formule (5), si l'on constate que le membre de droite (nombre de tours) est invariant par homotopie. De telles expressions topologiques de l'indice deviendront bientôt célèbres pour des applications de Fredholm issues de la géométrie différentielle. Si D est un opérateur différentiel sur une variété compacte X de classe C^∞ (*cf.* VAR, §14), et si D est « elliptique » (*cf.* [**2**, §1]), alors une extension de D à des espaces de Sobolev adéquats définit une application de Fredholm. La recherche d'une formule donnant une expression topologique pour son indice à l'aide des « classes caractéristiques » de X, suggérée entre autres par des travaux de I. Gelfand vers 1960 [**23**, vol. I, p. 65], mènera en 1963 au « théorème de l'indice » de M. Atiyah et I. Singer [**2**]. Ce dernier suscitera d'extraordinaires développements au confluent de l'analyse, de la topologie et de la géométrie différentielle. Nous ne pouvons décrire ici les vastes champs qu'ils ouvrirent et qui, encore aujourd'hui très fertiles, n'ont pas fini de se nourrir de la théorie de Fredholm.

4. Opérateurs partiels et théorème spectral

La théorie spectrale hilbertienne générale fut créée en grande partie pour répondre au problème des fondements mathématiques de la Mécanique quantique, notamment sous l'impulsion de von Neumann.

Nous renvoyons à l'ouvrage de M. Jammer [**35**] pour une description détaillée du développement de la théorie des Quanta jusqu'à l'article fondamental de W. Heisenberg qui introduisit la Mécanique quantique [**28**]. Moins de cinq ans furent nécessaires entre sa parution à l'été 1924 et celle de l'article [**50**], en 1929, où von Neumann présente de manière parfaitement lucide et rigoureuse tous les résultats fondamentaux de la théorie des opérateurs partiels (souvent dits « non bornés ») hermitiens sur les espaces hilbertiens.

En donnant la première présentation axiomatique des espaces hilbertiens [**49**], von Neumann couronne une idée depuis longtemps en gestation (*cf.* ÉHM, p. 267), et éclaire divers isomorphismes entre espaces de suites ou de fonctions bien connus de Schmidt, Fréchet, Fischer et Riesz avant 1910. Cette montée en abstraction permet à von Neumann des avancées conceptuelles considérables.

Ainsi de l'idée d'opérateur partiel, qui semble planer, encore informe, sur plusieurs des travaux qui reprennent après Hilbert les équations de Fredholm (voir ci-dessus, n° 1). Hilbert avait remarqué que beaucoup d'équations différentielles de type Sturm–Liouville, en particulier dans le cas d'un intervalle non borné, pouvaient se ramener à des équations de Fredholm ; mais pour appliquer les méthodes intégrales, il fallait affaiblir les conditions imposées au noyau et sortir du cadre où pouvaient s'appliquer les résultats de Fredholm, Hilbert et Schmidt. Au fil des ans sont étudiés des noyaux de plus en plus singuliers, jusqu'à considérer des équations pour lesquelles le membre de gauche n'a un sens que si l'inconnue appartient à un sous-espace de $L^2(I)$. Dans cette direction, il faut mentionner des travaux d'E. Hilb [**30**] en 1908, de H. Weyl sur la théorie de Sturm–Liouville [**82**] en 1910, et surtout de T. Carleman [**11**] en 1923, dans un cadre fort général.

En unifiant ces problèmes, von Neumann jette une lumière toute nouvelle sur ces travaux classiques. Il souligne en particulier la distinction fondamentale entre opérateur symétrique et opérateur auto-adjoint, et interprète les extensions auto-adjointes d'un opérateur symétrique en fonction de « conditions au bord » abstraites, généralisant les conditions au bord bien connues qui apparaissaient, par exemple, dans les problèmes de Dirichlet et de Neumann pour l'opérateur de Laplace sur un ouvert borné de $\mathbf{R}^n$.

Dans le même temps, von Neumann [**51**] met en valeur la notion d'opérateur normal[(5)] comme cadre naturel pour la théorie spectrale, insistant sur le rôle de l'algèbre commutative engendrée par l'opérateur et son adjoint.

S'appuyant sur ce formalisme mathématique précis, qui révélait également l'équivalence entre les points de vue de Heisenberg et de Schrödinger, et sur l'interprétation de Copenhague des procédures et résultats expérimentaux, la Mécanique quantique non relativiste atteignait dès lors un état de perfectionnement qui n'a guère évolué depuis ; la validité de cette théorie physique, malgré ses conséquences surprenantes, voire d'aspect paradoxal, a été depuis sans cesse confirmée par l'expérience, et cela avec une précision remarquable.

D'un point de vue formel, les bases de la théorie spectrale étaient établies par von Neumann. Parallèlement, après la présentation des premières idées de ce dernier, M. Stone avait poursuivi entre 1928 et 1930 des recherches similaires et obtenu des résultats voisins. La présentation claire et complète des résultats connus que Stone publia en 1932 [**72**] eut une influence importante dans la diffusion de la théorie spectrale hilbertienne.

Néanmoins, d'autres améliorations de la présentation ont été importantes pour la diffusion de ces résultats. En effet, le théorème spectral (*cf.* th. 1 de IV, p. 266), tel que le présenta von Neumann, fut longtemps considéré comme fort difficile, en grande partie car il était énoncé dans le cadre de mesures à valeurs vectorielles.

Plus tard, P. Halmos [**27**], en mettant l'accent sur l'interprétation du théorème spectral par le biais des opérateurs de multiplication sur les espaces L^2, en révéla l'aspect essentiellement élémentaire dans le cas des opérateurs bornés. Assez récemment, S. Woronowicz (dans le cadre un peu différent des opérateurs réguliers des modules hilbertiens sur les algèbres stellaires [**92**]) a apporté une simplification par l'introduction

[(5)] Cette notion était connue des algébristes à la fin du XIXe siècle, et utilisée par Toeplitz [**76**] dans un cadre analytique en 1918.

de la « bornification » (*cf.* n° 2 de IV, p. 265), qui permet de traiter les opérateurs partiels normaux aussi simplement que les opérateurs auto-adjoints.

Par ailleurs, si D est un opérateur différentiel scalaire formellement symétrique sur un ouvert U de $\mathbf{R}^n$, l'étude des extensions auto-adjointes de D à $L^2(U)$ est naturellement liée à l'étude des distributions sur U (dans le cas du laplacien, *cf.* n° 6 de IV, p. 242). Nous renvoyons à l'ouvrage de J. Dieudonné [**16**, ch. VII] pour l'histoire de ces dernières — histoire sinueuse qui se dénoue peu après la période que nous venons d'évoquer, avec des contributions décisives de S. Sobolev [**69**] en 1936, et de L. Schwartz [**65**] dix ans plus tard.

D'un point de vue purement mathématique, la théorie spectrale interagit de manière particulièrement fructueuse avec la Géométrie riemannienne. Ainsi, reprenant une question de S. Bochner, M. Kac donne en 1966 une présentation singulièrement frappante [**36**] du problème de la détermination des propriétés géométriques d'une variété Riemannienne qui puissent se déduire des propriétés spectrales de l'opérateur de Laplace. Cette question avait été anticipée par le physicien A. Schuster [**64**] en 1882 : *To find out the different tunes sent out by a vibrating system is a problem which may or may not be solvable in certain special cases, but it would baffle the most skillful mathematician to solve the inverse problem and to find out the shape of a bell by means of the sounds which it is capable of giving out.* (« Déterminer les harmoniques émises par un système vibrant est un problème qui peut être ou non résoluble dans certains cas particuliers, mais le plus habile mathématicien serait désarçonné s'il devait résoudre le problème inverse et déterminer la forme d'une cloche à partir des sons qu'elle peut émettre »).

5. Jonction entre analyse harmonique et théorie des groupes

Nous avons décrit, dans les notes historiques du Livre d'Intégration (*cf.* ÉHM, p. 275), comment les questions reliées à l'équation de la chaleur amenèrent Fourier à la conception révolutionnaire de la représentation d'une fonction arbitraire comme somme de fonctions trigonométriques.

Nous ne pouvons retracer ici le développement de la théorie des séries et intégrales de Fourier au long du XIXe siècle, ni l'influence profonde qu'eurent les questions suscitées par cette théorie sur l'évolution de l'Analyse — jusqu'à bouleverser la conception des nombres réels, contribuant à la naissance de la théorie des ensembles (*cf.* ÉHM, p. 42). Mais pour comprendre la forme des idées exposées dans ce Livre, il convient de décrire la manière dont l'analyse harmonique fut reliée après 1925 à la théorie des groupes et à la théorie spectrale hilbertienne.

La reconnaissance du lien entre les idées de Fourier et les structures de groupe de $\mathbf{R}/\mathbf{Z}$ et $\mathbf{R}$, ainsi que la généralisation de ces idées à d'autres groupes, se firent assez tardivement.

On peut naturellement, dans les balbutiements de la théorie des groupes finis et de leurs caractères, identifier des résultats qui paraissent aujourd'hui contenir les rudiments de l'analyse de Fourier finie. Par exemple, le dual du groupe des éléments inversibles de $\mathbf{Z}/q\mathbf{Z}$, ainsi que la relation d'orthogonalité qui exprime la fonction caractéristique d'un élément comme combinaison linéaire des caractères, apparaissent implicitement en 1837 dans l'article de Dirichlet [**17**] démontrant qu'il existe une infinité de nombres premiers $p \equiv a$ mod. q si a est premier à q. Il s'appuie sur des idées de Gauss, qui avait introduit le terme « caractère » (*character*) dans son étude des formes quadratiques binaires à coefficients entiers et de discriminant fixé (*cf.* [**22**, § 230]).

Mais ni Gauss ni Dirichlet n'utilisent le langage des groupes. Il revient à Dedekind, présentant ces travaux en 1879, d'en reconnaître le rôle latent et de définir la notion de caractère pour les groupes commutatifs. Les remarques de Dedekind sont considérablement amplifiées par H. Weber, d'abord en 1882 [**77**], puis en 1886 [**78**, p. 112], où il introduit le groupe dual d'un groupe fini commutatif A et note que celui-ci est isomorphe à A. Son propos est alors de construire des extensions abéliennes du corps $\mathbf{Q}$ de groupe de Galois donné, et il ne considère pas le problème de l'analyse harmonique sur un tel groupe.

Dans le cas des groupes non commutatifs, les bases de la théorie des représentations des groupes finis étaient solidement établies vers le tournant du XXe siècle, à la suite des travaux de G. Frobenius, W. Burnside et I. Schur (*cf.* ÉHM, p. 154). Après 1905, il était clair que les relations d'orthogonalité des caractères jouaient un rôle crucial dans l'organisation de la théorie. Mais leur parenté avec l'analyse harmonique restait cachée.

On doit à Hermann Weyl d'avoir joint ces domaines, lorsqu'il conçut l'idée d'une théorie générale des représentations pour les groupes compacts. Dans plusieurs textes majeurs parus entre 1925 et 1927, il reconnut les liens qui uniraient une telle théorie à l'analyse de Fourier et à la théorie spectrale hilbertienne, et il jeta les bases de bien des découvertes ultérieures.

C'est une lettre de Schur qui mit Weyl sur cette voie, grâce à leur intérêt commun pour la théorie des invariants. Nous avons décrit, dans la note sur la mesure de Haar (ÉHM, p. 289–291), comment A. Hurwitz avait conçu dès 1897 l'idée d'utiliser une « intégration invariante » pour déterminer les polynômes sur $\mathbf{R}^n$ invariants par le groupe orthogonal. Il semble que Schur n'ait pas connu les résultats de Hurwitz avant 1924, où il comprit brusquement comment l'intégration invariante permettait d'étendre au groupe $\mathbf{O}(n)$ la théorie des caractères et les relations d'orthogonalité qu'il avait établies pour les groupes finis. Weyl vit immédiatement que les méthodes de Schur, jointes aux travaux d'Élie Cartan, permettaient de construire les représentations irréductibles des groupes de Lie compacts semi-simples. La série de trois mémoires dans lesquels Weyl mêlait les idées de Cartan et de Schur, parue en 1925 [**83**], contenait déjà l'essentiel des résultats de LIE, IX, §6-7 ; *cf.* ÉHM, p. 328–330.

Mais c'est l'année suivante, dans un texte non moins célèbre écrit avec son élève F. Peter [**54**], que Weyl met au grand jour les liens entre théorie des représentations des groupes compacts, analyse de Fourier, et théorie spectrale hilbertienne. Ce texte de moins de vingt pages contient en germe de très nombreux développements futurs.

Peter et Weyl s'affranchissent de toute hypothèse algébrique sur la structure du groupe étudié, supposant seulement que G est un groupe topologique compact muni d'une mesure invariante. L'existence d'une telle mesure était claire pour les groupes de Lie connexes ; bientôt A. Haar l'établirait en général, en partie motivé par les résultats ici présentés (*cf.* ÉHM, p. 291).

Le point de départ de leur étude est l'orthogonalité des coefficients matriciels. Schur avait remarqué qu'en choisissant un représentant $\pi \in \widehat{G}$ pour chaque classe d'équivalence de représentations irréductibles, un produit scalaire G-invariant sur l'espace E de π, et une base orthonormale de E, on obtient une famille de coefficients matriciels qui est orthonormale dans $L^2(G)$. Peter et Weyl entendent montrer qu'une telle famille est totale.

Dans le cas des groupes finis, le résultat analogue avait été prouvé par Frobenius en étudiant l'algèbre de groupe $\mathbf{C}[G]$. Peter et Weyl considèrent alors l'espace $\mathscr{C}(G)$ des fonctions continues sur G et le munissent du produit de convolution. Il semble qu'il s'agisse de la première utilisation du produit de convolution comme opération abstraite en lien explicite avec la structure de groupe (*cf.* ÉHM, p. 295). Peter et Weyl nomment d'ailleurs *Gruppenzahl* (« nombre de groupe ») un élément de l'algèbre $\mathscr{C}(G)$, et notent xy le produit (de convolution) de deux *Gruppenzahlen.* Ils munissent également $\mathscr{C}(G)$ de l'involution $f \mapsto \widetilde{f}$, où $\widetilde{f}(g) = \overline{f(g^{-1})}$ pour $g \in G$.

Ayant donc introduit l'algèbre involutive $\mathscr{C}(G)$, le premier constat fait par Peter et Weyl est que toute représentation unitaire π de G donne lieu à une représentation $f \mapsto \pi(f)$ de $\mathscr{C}(G)$ (*cf.* V, p. 400). La notion d'élément hermitien de $\mathscr{C}(G)$ est explicitement définie, ainsi (implicitement) que celle d'élément positif, qui ouvre la voie à l'application des techniques hilbertiennes.

Peter et Weyl n'hésitent plus à qualifier l'opérateur $\pi(f)$ de « coefficient de Fourier » de f, et poursuivent le parallèle avec la théorie de Fourier en remarquant que les relations d'orthogonalité de Schur impliquent l'inégalité de Bessel

$$\sum_{\pi \in \widehat{G}} \dim(\pi) \operatorname{Tr}(\pi(f)\pi(f)^*) \leqslant (f * \widetilde{f})(e) = \|f\|_2^2. \tag{6}$$

La théorie spectrale de Hilbert–Schmidt leur permet alors de montrer que c'est une égalité (« formule de Plancherel »). À tout élément φ de $\mathscr{C}(G)$, Peter et Weyl associent le noyau continu $K_\varphi : G \times G \to \mathbf{C}$ défini par $K_\varphi(x, y) = \varphi(xy^{-1})$. Ils observent alors que si φ est de la forme $f * \widetilde{f}$ avec $f \in \mathscr{C}(G)$,(6) alors K_φ est un noyau hermitien positif au sens de la théorie de Hilbert–Schmidt. Une variante d'un algorithme

(6) Il s'agit de la forme générale d'un élément positif de $\mathscr{C}(G)$, *cf.* n° 2 de I, p. 118.

de Schmidt[7] leur permet alors de construire une base orthonormale de fonctions propres du noyau K_φ, puis de réduire la preuve de l'égalité dans (6) au fait que la trace de l'opérateur défini par K_φ est égale à la somme de ses valeurs propres.

Naturellement, ne peuvent intervenir dans (6) que les représentations π vérifiant $\pi(f) \neq 0$; la théorie spectrale pour K_φ montre l'existence d'une telle représentation si f n'est pas identiquement nulle. Peter et Weyl en déduisent aisément que les représentations irréductibles séparent les points de G — un cas particulier du théorème de Gelfand–Raikov, dont il sera question plus loin.

Dans les célèbres travaux de Frobenius, une égalité analogue à (6) permettait de montrer que la représentation régulière de G contient *toutes* les représentations irréductibles. Mais il s'agissait d'appliquer cette égalité en prenant pour f l'élément neutre de $\mathbf{C}[G]$; on avait alors évidemment $\pi(f) \neq 0$ pour tout π. D'après Peter et Weyl, l'absence d'élément neutre pour la convolution explique bien des difficultés de leur démonstration ; ils remarquent cependant, empruntant à la théorie des séries de Fourier une idée appelée à un grand avenir, qu'on peut déduire l'analogue du résultat de Frobenius en appliquant (6) à une suite de fonctions formant une *unité approchée* pour la convolution (*cf.* n° 10 de I, p. 120).

De même, partant de l'égalité issue de (6), la version polarisée

$$\sum_{\pi \in \widehat{G}} \dim(\pi)\, \mathrm{Tr}(\pi(x)\pi(y)) = (x * y)(e) \tag{7}$$

permet d'obtenir, en prenant pour y une unité approchée pour la convolution, une approximation *uniforme* de tout élément de $\mathscr{C}(G)$ par des combinaisons linéaires de coefficients matriciels de représentations irréductibles. Des méthodes venaient de permettre à Weyl de donner une nouvelle démonstration [**84**] du résultat fondamental de la théorie des « fonctions presque périodiques » de H. Bohr, à laquelle nous reviendrons bientôt. Peter et Weyl signalent qu'on peut y lire la première application analytique de la théorie des représentations d'un groupe non compact, ici celui des translations de **R**.

---

[7] Il s'agit de l'algorithme qui permettait à Schmidt, s'inspirant des travaux de Schwarz et considérant les « itérés » du noyau K_φ, de simplifier les résultats de Fredholm et Hilbert dans sa thèse de 1905.

La jeune théorie quantique fournit très vite à Weyl l'occasion de revenir aux représentations de **R**. Fin 1927, il signale l'intérêt des groupes (finis ou non) et des représentations pour clarifier les fondements de cette théorie [**85**]. Il y reviendra l'année suivante, dans un livre retentissant [**86**].

Dans son article de 1927, Weyl constate que si u est un opérateur auto-adjoint *continu* sur un espace hilbertien, alors $t \mapsto e^{itu}$ est une représentation unitaire de **R**. Mais il existe des représentations unitaires de **R** qui ne sont pas de cette forme ; reprenant l'idée de von Neumann sur le rôle des opérateurs *partiels* symétriques pour représenter les grandeurs physiques observables, Weyl suggère que toute représentation unitaire de **R** est de la forme $t \mapsto e^{itu}$, où u est un opérateur partiel auto-adjoint sur un espace hilbertien. Ce point de vue lui permet de réduire l'analyse des « relations canoniques » de Heisenberg et Schrödinger, déjà étudiées en détail par von Neumann, à celle des liens entre deux représentations unitaires de **R** sur un même espace hilbertien. Stone [**73**] montre en 1932 le résultat espéré par Weyl (V, p. 428, th. 1), dans le sillage de son étude des propriétés spectrales des opérateurs auto-adjoints.

6. Groupes localement compacts commutatifs

L'interaction entre analyse harmonique et représentations de groupes est donc fermement établie au début des années 1930. Elle se renforce grandement dans la décennie suivante, chacun des deux sujets suscitant des progrès rapides dans l'autre.

Un terrain très fertile pour cette interaction fut l'étude des fonctions presque périodiques, introduites par H. Bohr en 1924 dans le cas des fonctions d'une variable réelle [**9**]. D'après l'un des théorèmes fondamentaux de ce dernier, il s'agit des fonctions continues bornées qui sont limites uniformes sur **R** de combinaisons linéaires de fonctions $x \mapsto e^{i\lambda x}$, $\lambda \in \mathbf{R}$ (*cf.* II, p. 292, exerc. 54). Bochner [**6**] avait prouvé en 1926 qu'une fonction $f \in \mathscr{C}_b(\mathbf{R})$ est presque périodique si et seulement si ses translatées $x \mapsto f(x - a)$, pour $a \in \mathbf{R}$, forment une partie relativement compacte de $\mathscr{C}_b(\mathbf{R})$ pour la topologie de la convergence uniforme. Bochner et von Neumann remarquèrent que si G est un groupe topologique, cette caractérisation fournit visiblement une notion de fonction presque périodique (à droite ou à gauche) sur G. Au début des années 1930, la théorie promettait de se développer rapidement, en particulier sous l'impulsion de von Neumann [**52**] et des méthodes de Peter et Weyl.

Un autre terrain privilégié apparaît en marge de travaux de N. Wiener. Ce dernier introduit, dans un célèbre article [**88**] de 1932, des méthodes de nature algébrique dans l'étude des problèmes dits taubériens — c'est-à-dire dans l'étude du comportement asymptotique d'une fonction (ou d'une suite) suivant un filtre, étant données des informations concernant le comportement de certaines moyennes pondérées. Son approche était motivée par une idée de R. Schmidt.

L'un des résultats auxiliaires du travail de Wiener ([**88**, Lemma IIe]) va particulièrement frapper les esprits et inspirer de nombreux développements : si f est une fonction périodique dont la série de Fourier est absolument convergente, et si f ne s'annule pas, alors la série de Fourier de $1/f$ est absolument convergente (cf. I, p. 38, exemple). Dès 1932, R. Paley et N. Wiener [**89**] esquissent le lien entre ce résultat de convergence, la notion de groupe dual pour un groupe discret commutatif, et la théorie des fonctions presque périodiques.

Sur cet arrière-plan analytique, c'est la topologie algébrique qui mène L. Pontryagin à donner l'impulsion décisive pour l'étude des caractères des groupes abéliens localement compacts. Il annonce dès 1932 [**55**] l'intérêt de la notion de groupe des caractères pour mettre en dualité les groupes d'homologie d'un sous-ensemble compact de l'espace euclidien et ceux de son complémentaire. Dans un article [**58**] publié en 1934, il montre que le groupe des caractères d'un groupe discret est compact, puis établit les théorèmes de dualité dans ce cadre. Bien que Pontryagin utilise les résultats de Peter et Weyl, ainsi que la mesure de Haar dont l'existence venait d'être établie en général, il vise principalement les applications à la topologie [**57**] et ne se soucie pas explicitement d'analyse harmonique[8] : les théorèmes de dualité sont

[8] Cela ne signifie pas que Pontryagin néglige l'Analyse : dans une courte note [**56**] de 1933, jointe à une contribution de Stepanoff et Tychonoff concernant les fonctions presque périodiques sur **R**, il avait reformulé leur résultat au moyen de deux groupes abéliens en dualité.

démontrés par une étude fine de la structure des groupes compacts abéliens.

Le travail de Pontryagin suscite aussitôt un grand intérêt. Sur une suggestion de von Neumann, E. van Kampen étend l'année suivante la dualité à tous les groupes commutatifs localement compacts [**37**]. Peu après, il donne une application spectaculaire de la nouvelle analyse invariante à l'étude des fonctions presque périodiques [**38**], découverte indépendamment par A. Weil à la même période [**79**] : si G est un groupe localement compact commutatif, on obtient un groupe compact $\widetilde{\mathrm{G}}$ en commençant par munir le groupe dual $\widehat{\mathrm{G}}$ de la topologie discrète, puis en définissant $\widetilde{\mathrm{G}}$ comme le groupe compact dual du groupe discret ainsi obtenu. Le groupe G se plonge alors canoniquement dans $\widetilde{\mathrm{G}}$ (*cf.* II, p. 292, exerc. 54) et une simple application de la théorie de Peter–Weyl pour les fonctions continues sur $\widetilde{\mathrm{G}}$ fournit tous les résultats connus à l'époque sur les fonctions presque périodiques sur G.

Parallèlement, les fonctions de type positif, bien connues de l'analyse classique, apparaissent à cette époque dans l'étude des représentations unitaires de **R**. La notion de noyau universellement positif avait été étudiée par J. Mercer [**45**] peu avant 1910, en lien avec la théorie des équations intégrales, tandis que son analogue pour les suites suscitait d'assez nombreux travaux à la même période, reliés en particulier aux problème des moments (*cf.* IV, p. 359, exerc. 21). Entre temps, les fonctions de type positif sur **R**, déjà étudiées systématiquement par M. Mathias [**43**] en 1923, étaient devenues entre les mains de Bochner l'un des outils fondamentaux de l'analyse de Fourier et de la théorie des probabilités [**7**]. En 1933, Bochner [**8**] et Riesz [**61**] remarquent indépendamment que tout coefficient matriciel diagonal d'une représentation unitaire de **R** est une fonction de type positif sur **R**. Cette observation leur permet de donner une preuve plus simple du théorème de Stone, et aura une influence déterminante sur l'évolution de la théorie générale (*cf.* n° 7).

Les résultats de cette période sont mis en ordre par A. Weil, dans un livre achevé avant 1937 et paru en 1940 [**80**]. Il y expose en détail les résultats de Peter–Weyl, de Pontryagin et de van Kampen. Mais dans le cas des groupes commutatifs, alors que Pontryagin et van Kampen mettaient l'accent sur la structure des groupes et les théorèmes de dualité, Weil développe systématiquement l'analyse harmonique, introduisant la transformation de Fourier et démontrant la formule de Plancherel et le théorème de Bochner (V, p. 455, th. 5). Il insiste notamment sur le rôle de la convolution (sous le nom de « produit de composition ») et sur celui des fonctions de type positif, désormais définies sur un groupe quelconque et reliées aux coefficients matriciels diagonaux des représentations, au moins dans le cas des représentations de dimension finie.

La généralité ainsi conquise dans le cas commutatif ouvrira un peu plus tard des horizons nouveaux en théorie des nombres. Dès 1936, en vue d'introduire des méthodes algébriques dans la théorie du corps de classes, C. Chevalley [**14**] introduit le groupe des idèles d'un corps de nombres, qui apparaîtra plus tard comme le groupe des éléments inversibles de l'anneau des adèles (*cf.* AC, VII, p. 221–222, et ÉHM, p. 143). En 1950, J. Tate [**75**] montrera que l'analyse harmonique pour les groupes d'adèles et d'idèles permet de retrouver aisément les équations fonctionnelles des fonctions L de Hecke, préfigurant d'extraordinaires développements liant l'analyse harmonique sur des groupes adéliques et l'étude des formes automorphes.

Mais on peut dire que dès la fin des années 1930, les résultats principaux de l'analyse harmonique invariante sont acquis pour les groupes compacts et pour les groupes localement compacts commutatifs. Dans le cas commutatif, les démonstrations de Weil dépendent encore (comme celles de Pontryagin et de van Kampen) d'une connaissance fine de la structure du groupe, c'est-à-dire à peu près des résultats de classification du § 2 de II, p. 244. La décennie suivante montrera comment s'en affranchir, grâce aux méthodes nouvelles de l'école de Gelfand (*cf.* H. Cartan et R. Godement [**12**]).

7. Algèbres d'opérateurs

Nous avons vu le rôle que Riesz, exposant en 1913 les travaux de l'école de Hilbert, fait jouer à l'algèbre $\mathscr{L}(\mathrm{E})$ des endomorphismes d'un espace hilbertien, ainsi qu'au calcul fonctionnel holomorphe et à la notion abstraite de spectre. Dans son mémoire de 1916, il semble déjà annoncer les algèbres normées comme cadre naturel pour la théorie spectrale ; après les travaux de Banach et de son école dans la décennie

1920, il n'est guère surprenant que cette idée ait pris une place centrale. La notion d'algèbre de Banach est introduite par M. Nagumo [**48**] en 1936, tandis que S. Mazur [**44**], en 1938, montre que la seule algèbre normée sur **C** qui soit un corps est **C** lui-même (I, p. 26, cor. 2).

Vers le milieu des années 1930, en lien avec la théorie spectrale, se multiplient les occasions de considérer abstraitement des algèbres d'opérateurs sur les espaces hilbertiens. F. Murray et J. von Neumann, dans une série de profonds et influents travaux [**47**], étudient systématiquement les sous-algèbres involutives de $\mathscr{L}(\mathrm{E})$ égales à leur bicommutant (« algèbres de von Neumann »). D'autre part, en 1936, S. Steen propose d'introduire une notion axiomatique d'« algèbre d'opérateurs » et d'étudier en profondeur les structures associées [**70**]. Par ailleurs, Stone [**74**], motivé par l'étude des projecteurs spectraux, étudie en 1937 les algèbres unifères dont tout élément est idempotent (« algèbres booléiennes » : *cf.* ÉHM, p. 146). Il note que si X est un espace topologique localement compact, les fonctions caractéristiques des parties ouvertes et celles des complémentaires des parties partout denses engendrent, dans $\mathscr{C}(\mathrm{X})$, une algèbre booléienne A. Il prouve alors que les idéaux de A correspondent naturellement aux parties fermées de l'espace X, introduisant ainsi une idée qui sera particulièrement féconde.

À partir de 1939, le regard de Gelfand ouvre des perspectives nouvelles sur ces résultats relativement épars. Ses travaux semblent avoir été en partie motivés par les idées de Wiener, tout particulièrement par son théorème concernant les séries de Fourier absolument convergentes, ainsi que par les méthodes de Peter et Weyl. Entre 1939 et 1946, en collaboration avec M. Naimark, D. Raikov et G. Shilov, Gelfand établit les bases de la théorie des algèbres de Banach commutatives et de celle des algèbres stellaires (*cf.* [**23**], vol. I, p. 169–400). Il donne notamment la démonstration classique du théorème de Wiener — généralisé par P. Lévy [**39**] — qui se trouve dans ce livre (I, p. 38, exemple).

Dans l'approche de Gelfand, l'objet essentiel auquel est reliée une algèbre de Banach commutative A est l'espace X des idéaux maximaux de A. En effet, via le théorème de Gelfand–Mazur (I, p. 26, cor. 2), tout élément de A définit une fonction sur X. On sait l'importance capitale qu'aura ce point de vue dans l'évolution ultérieure de la géométrie algébrique (*cf.* ÉHM, p. 146–148). Cette approche était elle-même motivée par les travaux de Stone sur les algèbres booléiennes évoqués ci-dessus.

Il semble que ce soit L. Loomis, dans un cours publié en 1953 [**41**, p. 53], qui présenta pour la première fois la théorie de Gelfand en mettant l'accent sur l'espace des caractères de A, définissant la transformation de Gelfand au sens où nous l'entendons dans ce livre. L'avantage sans doute le plus clair de ce point de vue est que les propriétés topologiques de l'espace des caractères découlent aussitôt de la compacité de la boule unité du dual d'un espace de Banach pour la topologie faible.

Dès ses premiers travaux, Gelfand avait construit l'application de calcul fonctionnel holomorphe en une variable dans une algèbre de Banach, à l'aide de l'intégrale de Cauchy, et en avait déduit qu'une algèbre de Banach involutive admet une décomposition non triviale en produit d'anneaux lorsque l'espace de ses idéaux maximaux n'est pas connexe. Le cas d'une algèbre de Banach quelconque n'est traité qu'en 1953, lorsque Shilov développe une forme du calcul fonctionnel en plusieurs variables [**68**].

Quant aux algèbres stellaires, dont Gelfand et Naimark avaient montré dès 1942 qu'elles peuvent se réaliser comme algèbres d'opérateurs sur un espace hilbertien (*cf.* V, p. 442, th. 2), elles ne tardent pas à devenir un objet d'abondantes et profondes études, aiguillonnées par les applications aux représentations de groupes, par les travaux de Murray et von Neumann, et par la formalisation mathématique de la Mécanique quantique. Mentionnons notamment les contributions d'I. Segal, qui fut l'un des pionniers de l'étude systématique des représentations des algèbres stellaires, en lien avec l'étude du dual unitaire des groupes localement compacts que nous évoquerons dans quelques lignes.

Bien que Gelfand, Naimark, Raikov et Shilov aient dégagé les bases essentielles de la théorie des algèbres stellaires avant 1946, certains points techniques furent améliorés ultérieurement. Ainsi, R. Arens [**1**] montra comment éviter de faire appel à l'existence du « bord de Shilov » (*cf.* I, p. 171, exerc. 26) pour démontrer que la transformation de Gelfand est un morphisme involutif. De plus, la théorie de Gelfand et Naimark pour les algèbres stellaires unifères ajoutait initialement comme axiome le fait que $1 + x^*x$ est inversible pour tout x. Ils conjecturaient cependant que cet axiome était inutile ; la preuve de cette assertion, élémentaire mais délicate, ne fut apportée que vers 1952, à la suite de travaux de M. Fukamiya [**21**] repris par I. Kaplansky [**62**].

8. Représentations des groupes localement compacts

Jusqu'à 1939, l'étude des représentations des groupes topologiques se bornait au cas compact et au cas commutatif. Les physiciens, de leur côté, avaient trouvé dans la Mécanique quantique de nombreuses raisons d'étudier les représentations unitaires irréductibles pour chercher des espaces hilbertiens pouvant modéliser les états de particules élémentaires. P. Dirac, s'appuyant sur des travaux de E. Majorana, avait signalé vers 1936 l'intérêt dans cette perspective du groupe de Lorentz $\mathbf{SO}(3,1)$ et du groupe de Poincaré $\mathbf{SO}(3,1) \ltimes \mathbf{R}^4$. Leurs méthodes restaient éloignées de celles des mathématiciens de l'époque. Mais en 1939, E. Wigner ouvrit une brèche [**90**] lorsqu'il classifia les représentations unitaires irréductibles du groupe de Poincaré en s'appuyant sur les travaux de Murray et von Neumann.

C'est à Gelfand que l'on doit, semble-t-il, d'avoir aperçu une voie générale vers l'étude des représentations des groupes localement compacts. Dans un mémoire écrit en 1942 (*cf.* [**23**], vol. II, p. 3–17), il signale avec Raikov qu'une telle théorie est rendue possible par le lien entre représentations unitaires et fonctions de type positif. Ils prouvent l'existence d'une réalisation hilbertienne pour toute fonction de type positif (V, p. 432, th 1) et en déduisent que les représentations unitaires irréductibles séparent les points de G (V, p. 454, th. 4). Les formes linéaires positives sur l'algèbre involutive $L^1(G)$ jouent un rôle essentiel : Gelfand et Raikov montrent le lien qui les unit aux fonctions de type positif (*cf.* V, p. 448, prop. 13). L'algèbre stellaire enveloppante d'une algèbre involutive est présentée (sans nom) dans [**24**, § 48], bien qu'il ne soit pas encore directement question d'associer à G l'algèbre Stell(G) (*cf.* 9, déf. de I, p. 125).

Après 1945, l'étude des représentations unitaires se développe à grandes enjambées. L'interaction avec les algèbres stellaires, ainsi qu'avec l'analyse des fondements de la théorie quantique, fournit vite de précieux résultats généraux : autour de 1947, Segal associe à un groupe localement compact diverses[9] algèbres stellaires [**67**], et tisse le lien entre leurs représentations et celles du groupe considéeé. Peu après, G. Mackey dégage la notion de représentation induite [**42**], qui sera omniprésente dans les résultats concrets sur les représentations unitaires.

Parallèlement, la théorie est considérablement stimulée par l'étude d'exemples qui en révèlent la variété et la profondeur. Gelfand et Naimark, étudiant l'exemple de $\mathbf{SL}(2, \mathbf{C})$, dégagent en 1947 un cas particulier de la notion de représentation induite, puis montrent qu'elle est la clé de l'étude des représentations de ce groupe [**23**, vol. II, p. 41–124]. La même année, V. Bargmann étudie [**5**] le groupe $\mathbf{SL}(2, \mathbf{R})$ et découvre l'existence d'une famille dénombrable de représentations de carré intégrable, baptisée « série discrète » (*discrete series*), ainsi que les relations d'orthogonalité entre leurs coefficients matriciels (*cf.* prop. 8 de V, p. 424). Comme Godement s'en aperçut aussitôt [**25**], les relations d'orthogonalité de Bargmann sont vérifiées par toutes les représentations de carré intégrable des groupes localement compacts.

Bientôt l'étude de classes particulières de groupes prendra à nouveau, et pour longtemps, le dessus sur la théorie abstraite. Harish-Chandra, en particulier, entamera l'étude générale des représentations des groupes de Lie réductifs — tâche épique que nous ne pouvons décrire ici, pas plus que les prodigieuses conséquences qu'en pressentira Langlands pour la théorie des nombres.

[9] Segal propose dès 1941 d'associer à un tel groupe G une algèbre de Banach pour étudier les représentations ; mais à ce moment il pense plutôt à l'algèbre obtenue à partir de $L^1(G)$ par adjonction d'un élément unité. En 1947, dans un article influent, il associe à G une algèbre stellaire en vue de la décomposition de la représentation régulière ; ce qu'il introduit est alors plutôt l'algèbre stellaire « réduite », quotient de Stell(G) par le noyau de la représentation régulière, que l'algèbre stellaire universelle elle-même. Cette dernière semble apparaître dans ses ses habits modernes en 1960 dans un texte de J. Fell [**20**].

BIBLIOGRAPHIE

[1] R. ARENS – « On a theorem of Gelfand and Neumark », *Proc. Natl. Acad. Sci. USA* **32** (1946), p. 237–239, Zbl 0060.27101.

[2] M. F. ATIYAH et I. M. SINGER – « The index of elliptic operators on compact manifolds », *Bull. Amer. Math. Soc.* **69** (1963), p. 422–433, Zbl 0118.31203 ; Michael Atiyah Collected Works, vol. 3, Clarendon Press, 1988, p. 13–24.

[3] F. V. ATKINSON – « Résolubilité normale des équations linéaires dans les espaces normés », *Mat. Sb., Nov. Ser.* **28** (1951), p. 3–14, Zbl 0042.12001 (en russe).

[4] S. BANACH – *Théorie des opérations linéaires*, Varsovie, 1932, Zbl 0005.20901.

[5] V. BARGMANN – « Irreducible unitary representations of the Lorentz group », *Ann. of Math. (2)* **48** (1947), p. 568–640, Zbl 0045.38801.

[6] S. BOCHNER – « Beiträge zur Theorie der fastperiodischen Funktionen. II : Funktionen mehrerer Variablen », *Math. Ann.* **96** (1926), p. 383–409, JfM 52.0265.01 ; Collected papers, vol. 2, Amer. Math. Soc., 1992, p. 79–106.

[7] ——— *Vorlesungen über Fouriersche Integrale*, Leipzig, 1932, Zbl 0006.11001.

[8] ——— « Spektralzerlegung linearer Scharen unitärer Operatoren », *Sitzungsber. Preuß. Akad. Wiss., Phys.-Math. Kl.* (1933), p. 371–376, Zbl 0007.16603 ; Collected papers, vol. 1, Amer. Math. Soc., 1992, p. 579–586.

[9] H. BOHR – « Zur Theorie der fastperiodischen Funktionen. I. Eine Verallgemeinerung der Theorie der Fourierreihen », *Acta Math.* **45** (1924), p. 29–127, JfM 50.0196.01.

N. Bourbaki, *Théories spectrales*, https://doi.org/10.1007/978-3-031-19505-1

[10] J. W. Calkin – « Two-sided ideals and congruences in the ring of bounded operators in Hilbert space », *Ann. of Math. (2)* **42** (1941), p. 839–873, Zbl 0063.00692.

[11] T. Carleman – *Sur les équations intégrales singulières à noyau réel et symétrique*, Uppsala, 1923, JfM 49.0272.01.

[12] H. Cartan et R. Godement – « Théorie de la dualité et analyse harmonique dans les groupes abéliens localement compacts », *Ann. Sci. Éc. Norm. Supér. (3)* **64** (1947), p. 79–99, Zbl 0033.18801 ; Œuvres d'Henri Cartan, vol. III, Springer, 1979, p. 1203–1223.

[13] H. Cartan et J-P. Serre – « Un théorème de finitude concernant les variétés analytiques compactes », *C. R. Acad. Sci., Paris* **237** (1953), p. 128–130, Zbl 0050.17701 ; Œuvres d'Henri Cartan, vol. II, Springer, 1979, p. 684–686.

[14] C. Chevalley – « Généralisation de la théorie du corps de classes pour les extensions infinies », *J. Math. Pures Appl. (9)* **15** (1936), p. 359–371, Zbl 0015.15101.

[15] J. Dieudonné – « Sur les homomorphismes d'espaces normés », *Bull. Sci. Math. (2)* **67** (1943), p. 72–84, Zbl 0028.23301 ; Choix d'œuvres mathématiques, Hermann, 1981, p. 268–281.

[16] J. Dieudonné – *History of functional analysis*, North-Holland Publ. Co., 1981, Zbl 0478.46001.

[17] P. L. Dirichlet – « Beweis des Satzes, dass jede unbegrenzte arithmetische Progression, deren erstes Glied und Differenz ganze Zahlen ohne gemeinschaftlichen Factor sind, unendlich viele Primzahlen enthält », *Abh. Preuß. Akad. Wiss.* **8** (1837), p. 45–81 ; Werke, vol. 1, Reimer (Berlin), 1889, p. 315–356.

[18] P. Enflo – « A counterexample to the approximation problem in Banach spaces », *Acta Math.* **130** (1973), p. 309–317, Zbl 0267.46012.

[19] ______ « On the invariant subspace problem for Banach spaces », *Acta Math.* **158** (1987), no. 3-4, p. 213–313, Zbl 0663.47003.

[20] J. M. G. Fell – « The dual spaces of C*-algebras », *Trans. Amer. Math. Soc.* **94** (1960), p. 365–403, Zbl 0090.32803.

[21] M. Fukamiya – « On a theorem of Gelfand and Neumark and the B*-algebra », *Kumamoto J. Sci., Math.* **1** (1952), p. 17–22, Zbl 0049.08605.

[22] C. F. Gauss – *Disquisitiones Arithmeticae*, Göttingen, 1801.

[23] I. M. Gelfand – *Collected papers, 3 vol.*, Springer, 1987.

[24] I. M. Gelfand et M. A. Naimark – « Les anneaux normés à involution et leurs représentations », *Izv. Akad. Nauk SSSR, Ser. Mat.* **12** (1948), p. 445–480, Zbl 0031.03403 ; I. M. Gelfand Collected papers, vol. I, Springer, 1987, p. 364–400 (en russe).

[25] R. Godement – « Sur les relations d'orthogonalité de V. Bargmann. II. Démonstration générale », *C. R. Acad. Sci. Paris* **225** (1947), p. 657–659, Zbl 0029.19907.

[26] I. C. Gohberg – « Sur les équations linéaires dans les espaces normés », *Dokl. Akad. Nauk SSSR, n. Ser.* **76** (1951), p. 477–480, Zbl 0042.11903 (en russe).

[27] P. R. Halmos – « What does the spectral theorem say ? », *Amer. Math. Monthly* **70** (1963), p. 241–247, Zbl 0132.35606 ; Selecta, vol. II, Springer, 1983, p. 59–66.

[28] W. Heisenberg – « Über eine Abänderung der formalen Regeln der Quantentheorie beim Problem der anomalen Zeemaneffekte », *Z. Phys.* **26** (1924), p. 291–307, JfM 51.0740.07 ; Gesammelte Werke : Wissenchaftliche Originalarbeiten, vol. 1, Springer, 1985, p. 306–325.

[29] E. Hellinger et O. Toeplitz – « Integralgleichungen und Gleichungen mit unendlichvielen Unbekannten », *Enzyklopädie der mathematischen Wissenschaften*, art. II C 13, Leipzig (Teubner), 1927, JfM 53.0350.01.

[30] E. Hilb – « Über Integraldarstellung willkürlicher Funktionen », *Math. Ann.* **66** (1909), p. 1–66, JfM 39.0380.03.

[31] D. Hilbert – « Grundzüge einer allgemeinen Theorie der linearen Integralgleichungen. Erste Mitteilung. », *Nachr. Ges. Wiss. Göttingen, Math.-Phys. Kl.* (1904), p. 49–91, JfM 35.0378.02.

[32] ——— « Grundzüge einer allgemeinen Theorie der linearen Integralgleichungen. Vierte Mitteilung. », *Nachr. Ges. Wiss. Göttingen, Math.-Phys. Kl.* (1906), p. 157–227, JfM 37.0351.03.

[33] T. H. Hildebrandt – « Über vollstetige lineare Transformationen », *Acta Math.* **51** (1928), p. 311–318, JfM 54.0427.03.

[34] E. Hille – *Functional analysis and semi-groups*, Colloq. Publ., vol. 31, Amer. Math. Soc., 1948, Zbl 0033.06501.

[35] M. Jammer – *The conceptual development of quantum mechanics*, McGraw-Hill, 1966.

[36] M. Kac – « Can one hear the shape of a drum ? », *Am. Math. Mon.* **73** (1966), p. 1–23, Zbl 0139.05603.

[37] E. R. VAN KAMPEN – « Locally bicompact abelian groups and their character groups », *Ann. of Math. (2)* **36** (1935), p. 448–463, Zbl 0011.39401.

[38] ——— « Almost periodic functions and compact groups », *Ann. of Math. (2)* **37** (1936), p. 78–91, Zbl 0014.01702.

[39] P. LÉVY – « Sur la convergence absolue des séries de Fourier », *Compos. Math.* **1** (1934), p. 1–14, Zbl 0008.31201.

[40] V. I. LOMONOSOV – « Invariant subspaces for the family of operators which commute with a completely continuous operator », *Funct. Anal. Appl.* **7** (1974), p. 213–214, Zbl 0293.47003.

[41] L. H. LOOMIS – *An introduction to abstract harmonic analysis*, Van Nostrand Co., 1953, Zbl 0052.11701.

[42] G. W. MACKEY – « Imprimitivity for representations of locally compact groups. I », *Proc. Nat. Acad. Sci. U.S.A.* **35** (1949), p. 537–545, Zbl 0035.06901.

[43] M. MATHIAS – « Über positive Fourier-Integrale », *Math. Z.* **16** (1923), p. 103–125, JfM 49.0207.03.

[44] S. MAZUR – « Sur les anneaux linéaires », *C. R. Acad. Sci., Paris* **207** (1938), p. 1025–1027, Zbl 0020.20101.

[45] J. MERCER – « Functions of positive and negative type, and their connection with the theory of integral equations », *Philos. Trans. R. Soc. Lond., Ser. A* **209** (1909), p. 415–446, JfM 40.0408.02.

[46] S. G. MIKHLIN – « Sur la résolution des équations linéaires dans les espaces de Hilbert », *Dokl. Akad. Nauk SSSR (N. S.)* **57** (1947), p. 11–12, Zbl 0029.05101 (en russe).

[47] F. J. MURRAY et J. VON NEUMANN – « On rings of operators », *Ann. of Math. (2)* **37** (1936), p. 116–229, Zbl 0014.16101 ; John von Neumann Collected works, vol. III, Pergamon Press, 1961, p. 6–120.

[48] M. NAGUMO – « Einige analytische Untersuchungen in linearen metrischen Ringen », *Jpn. J. Math.* **13** (1936), p. 61–80, Zbl 3024132.

[49] J. VON NEUMANN – « Mathematische Bergründung der Quantenmechanik », *Göttingen Nachrichten* **1927** (1927), p. 1–57, JfM 53.0848.03 ; Collected works, vol. I, Pergamon Press, 1961, p. 151–207.

[50] ——— « Allgemeine Eigenwerttheorie Hermitescher Funktionaloperatoren », *Math. Ann.* **102** (1929), p. 49–131, JfM 55.0824.02 ; Collected works, vol. II, Pergamon Press, 1961, p. 3–85.

[51] ——— « Zur Algebra der Funktionaloperationen und Theorie der normalen Operatoren », *Math. Ann.* **102** (1929), p. 370–427, JfM 55.0825.02 ; Collected works, vol. II, Pergamon Press, 1961, p. 86–143.

[52] ——— « Almost periodic functions in a group. I », *Trans. Amer. Math. Soc.* **36** (1934), p. 445–492, Zbl 0009.34902 ; Collected works, vol. II, Pergamon Press, 1961, p. 454–501.

[53] F. NOETHER – « Über eine Klasse singulärer Integralgleichungen », *Math. Ann.* **82** (1920), p. 42–63, JfM 47.0369.02.

[54] F. PETER et H. WEYL – « Die Vollständigkeit der primitiven Darstellungen einer geschlossenen kontinuierlichen Gruppe », *Math. Ann.* **97** (1927), p. 737–755, JfM 53.0387.02 ; Hermann Weyl Gesammelte Abhandlungen, Bd. III, Springer, 1968, p. 58–75.

[55] L. PONTRYAGIN – « Der allgemeine Dualitätssatz für abgeschlossene Mengen », Verhandlungen Kongreß Zürich, 2, p. 195-197, 1932, JfM 58.0646.08.

[56] ——— « Les fonctions presque périodiques et l'analysis situs », *C. R. Acad. Sci., Paris* **196** (1933), p. 1201–1203, Zbl 0006.42801.

[57] ——— « The general topological theorem of duality for closed sets », *Ann. of Math. (2)* **35** (1934), no. 4, p. 904–914, Zbl 0010.18004.

[58] ——— « The theory of topological commutative groups », *Ann. of Math. (2)* **35** (1934), p. 361–388, Zbl 0009.15601.

[59] F. RIESZ – *Les systèmes d'équations linéaires à une infinité d'inconnues*, Gauthier-Villars, 1913, JfM 44.0401.01.

[60] ——— « Über lineare Funktionalgleichungen », *Acta Math.* **41** (1916), p. 71–98, JfM 46.0635.01 ; Œuvres complètes, t. II, Gauthier-Villars, 1960, p. 1053–1080.

[61] ——— « Über Sätze von Stone und Bochner », *Acta Litt. Sci. Szeged* **6** (1933), p. 184–198, Zbl 0007.30903 ; Œuvres complètes, t. II, Gauthier-Villars, 1960, p. 1135–1149.

[62] J. SCHATZ – « Recension de l'article *On a theorem of Gelfand and Neumark and the* B*-*algebra* de M. Fukamiya », *Math. Reviews* **14** (1952), p. 884.

[63] J. SCHAUDER – « Über lineare, vollstetige Funktionaloperationen », *Studia Math.* **2** (1930), p. 183–196, JfM 56.0354.01.

[64] A. SCHUSTER – « The genesis of spectra », Report on the fifty-second meeting of the British association for the advancement of Science, J. Murray (London), 1882, p. 120–143.

[65] L. Schwartz – « Généralisation de la notion de fonction, de dérivation, de transformation de Fourier et applications mathématiques et physiques », *Ann. Univ. Grenoble, Sect. Sci. Math. Phys., n. Ser.* **21** (1946), p. 57–74, Zbl 0060.27504 ; Œuvres scientifiques, t. I, Soc. Math. France, 2011, p. 61–88.

[66] ______ « Homomorphismes et applications complètement continues », *C. R. Acad. Sci., Paris* **236** (1953), p. 2472–2473, Zbl 0050.33301 ; Œuvres scientifiques, t. I, Soc. Math. France, 2011, p. 345–346.

[67] I. E. Segal – « The group algebra of a locally compact group », *Trans. Amer. Math. Soc.* **61** (1947), p. 69–105, Zbl 0032.02901.

[68] G. E. Shilov – « Sur la décomposition d'un anneau normé commutatif en une somme directe d'idéaux », *Mat. Sb., Nov. Ser.* **32** (1953), p. 353–364, Zbl 0052.34203 (en russe).

[69] S. Sobolev – « Méthode nouvelle à resoudre le problème de Cauchy pour les équations linéaires hyperboliques normales », *Rec. Math. Moscou, n. Ser.* **1** (1936), p. 39–71, Zbl 0014.05902.

[70] S. W. P. Steen – « An introduction to the theory of operators : I. Real operators. Modulus », *Proc. Lond. Math. Soc. (2)* **41** (1936), p. 361–392, Zbl 0014.16201.

[71] T.-J. Stieltjes – « Recherches sur les fractions continues », *Ann. Fac. Sci. Toulouse Sci. Math. Sci. Phys.* **8** (1894), no. 4, p. J1–J122, JfM 25.0326.01.

[72] M. H. Stone – *Linear transformations in Hilbert space and their applications to analysis*, Colloq. Publ., Am. Math. Soc., vol. 15, Amer. Math. Soc., 1932, Zbl 0005.40003.

[73] ______ « On one-parameter unitary groups in Hilbert space », *Ann. of Math. (2)* **33** (1932), p. 643–648, Zbl 0005.16403.

[74] ______ « Applications of the theory of Boolean rings to general topology », *Trans. Am. Math. Soc.* **41** (1937), p. 375–481, Zbl 0017.13502.

[75] J. T. Tate – « Fourier analysis in number fields, and Hecke's zeta-functions », Thèse, Princeton, 1950 ; Collected works, part I, Amer. Math. Soc., 2016, p. 1–43, Zbl 1407.01030.

[76] O. Toeplitz – « Das algebraische Analogon zu einem Satze von Fejér », *Math. Z.* **2** (1918), p. 187–197, JfM 46.0157.02.

[77] H. Weber – « Beweis des Satzes, dass jede eigentlich primitive quadratische Form unendlich viele Primzahlen darzustellen fähig ist. », *Math. Ann.* **20** (1882), p. 301–330, JfM 14.0141.01.

[78] ——— « Theorie der Abel'schen Zahlkörper », *Acta Math.* **9** (1887), p. 105–130, JfM 18.0055.04.

[79] A. WEIL – « Sur les fonctions presque périodiques », *C. R. Acad. Sci., Paris* **200** (1935), p. 38–40, Zbl 0010.35303 ; Œuvres scientifiques, vol. I, Springer, 1979, p. 101–103.

[80] ——— *L'intégration dans les groupes topologiques et ses applications*, Actualités scientifiques et industrielles, vol. 869, Hermann, 1940, Zbl 0063.08195.

[81] H. WEYL – « Über beschränkte quadratische Formen, deren Differenz vollstetig ist », *Rend. Circ. Mat. Palermo* **27** (1909), p. 373–392, JfM 40.0395.01 ; Gesammelte Abhandlungen, Bd. I, Springer, 1968, p. 175–194.

[82] ——— « Über gewöhnliche Differentialgleichungen mit Singularitäten und die zugehörigen Entwicklungen willkürlicher Funktionen », *Math. Ann.* **68** (1910), p. 220–269, JfM 41.0343.01 ; Gesammelte Abhandlungen, Bd. I, Springer, 1968, p. 248–297.

[83] ——— « Theorie der Darstellung kontinuierlicher halbeinfacher Gruppen durch lineare Transformationen. I, II, III, Nachtrag », *Math. Z.* **23** (1925), p. 271–309, JfM 51.0319.01 ; Gesammelte Abhandlungen, Bd. II, Springer, 1968, p. 543–647.

[84] ——— « Integralgleichungen und fastperiodische Funktionen », *Math. Ann.* **97** (1926), p. 338–356, JfM 52.0260.02 ; Gesammelte Abhandlungen, Bd. III, Springer, 1968, p. 38–57.

[85] ——— « Quantenmechanik und Gruppentheorie », *Z. Phys.* **46** (1927), p. 1–46, JfM 53.0848.02 ; Gesammelte Abhandlungen, Bd. III, Springer, 1968, p. 90–135.

[86] ——— *Gruppentheorie und Quantenmechanik*, S. Hirzel (Leipzig), 1928, Zbl 0537.22023.

[87] E. WEYR – « Zur Theorie der bilinearen Formen », *Monatsh. Math. Phys.* **1** (1890), p. 163–236, JfM 22.0141.02.

[88] N. WIENER – « Tauberian theorems », *Ann. of Math. (2)* **33** (1932), p. 1–100, Zbl 0004.05905 ; Selected Papers, MIT Press, 1964, p. 261–360.

[89] N. WIENER et R. E. A. C. PALEY – « Analytic properties of the characters of infinite abelian groups », Verhandlungen Kongreß Zürich, 2, p. 95, 1932, JfM 58.0445.02.

[90] E. WIGNER – « On unitary representations of the inhomogeneous Lorentz group », *Ann. of Math. (2)* **40** (1939), p. 149–204, Zbl 0020.29601 ; Collected works, part A, Springer, 1993, p. 334–389.

[91] W. Wirtinger – « Beiträge zu Riemann's Integrationsmethode für hyperbolische Differentialgleichungen, und deren Anwendungen auf Schwingungsprobleme », *Math. Ann.* **48** (1897), p. 365–389, JfM 27.0281.01.

[92] S. L. Woronowicz – « Unbounded elements affiliated with C*-algebras and noncompact quantum groups », *Comm. Math. Phys.* **136** (1991), no. 2, p. 399–432, Zbl 0743.46080.

[93] B. Yood – « Properties of linear transformations preserved under addition of a completely continuous transformation », *Duke Math. J.* **18** (1951), p. 599–612, Zbl 0043.11901.

INDEX DES NOTATIONS

N. Bourbaki, *Théories spectrales*, https://doi.org/10.1007/978-3-031-19505-1

INDEX TERMINOLOGIQUE

N. Bourbaki, *Théories spectrales*, https://doi.org/10.1007/978-3-031-19505-1

CRITÈRES D'AUTO-ADJONCTION

On résume ici les critères énoncés dans le texte qui permettent de démontrer que certains opérateurs partiels sont auto-adjoints.

On fixe un espace hilbertien complexe E et un opérateur partiel u sur E. Celui-ci est auto-adjoint dans chacun des cas suivants :

(i) Il existe $v \in \mathscr{L}(\mathrm{E})$ injectif et hermitien tel que $u = v^{-1}$. (proposition 9 de IV, p. 239) ;

(ii) L'opérateur u est symétrique et $\mathrm{dom}(u) = \mathrm{E}$ (proposition 10 de IV, p. 240) ;

(iii) L'opérateur u est symétrique et induit une bijection de $\mathrm{dom}(u)$ dans E (corollaire de la proposition 10 de IV, p. 240) ;

(iv) Il existe $\lambda \in \mathbf{C}$ tel que $u + \lambda 1_{\mathrm{E}}$ et $u + \overline{\lambda} 1_{\mathrm{E}}$ sont surjectifs (proposition 11 de IV, p. 240) ;

(v) Il existe un opérateur partiel v, fermé à domaine dense, tel que $u = v^* \circ v$ (proposition 12 de IV, p. 241) ;

(vi) L'opérateur u est symétrique, fermé, et son indice de carence est $(0, 0)$ (corollaire de la proposition 26 de IV, p. 257), c'est-à-dire $\mathrm{Ker}(u^* - i) = \mathrm{Ker}(u^* + i) = \{0\}$;

(vii) L'espace E est de la forme $\mathrm{L}^2(\mathrm{X}, \mu)$, où X est un espace topologique localement compact et μ est une mesure sur X, et u est l'opérateur de multiplication par une fonction μ-mesurable sur X qui est localement μ-presque partout à valeurs réelles (corollaire de la proposition 23) ;

N. Bourbaki, *Théories spectrales*, https://doi.org/10.1007/978-3-031-19505-1

(viii) Il existe un opérateur partiel normal v sur E et une fonction universellement mesurable $f \in \mathscr{L}_{\mathrm{u}}(\mathrm{Sp}(v))$ à valeurs réelles telle que $u = f(v)$ (corollaire 1 de IV, p. 273) ;

(ix) Il existe une forme hermitienne partielle q sur E telle que u est l'opérateur partiel représentant q (proposition 14 de IV, p. 293) ;

(x) On a $u = v + w$ où v est un opérateur partiel auto-adjoint et w est un opérateur partiel symétrique borné relativement à v vérifiant $\|w\|_v < 1$ (théorème 5 de IV, p. 306) ;

(xi) L'opérateur u est le générateur infinitésimal d'une représentation unitaire ϱ de $\mathbf{R}$ dans E (théorème 1 de V, p. 428).

TABLE DES MATIÈRES

N. Bourbaki, *Théories spectrales*, https://doi.org/10.1007/978-3-031-19505-1

Printed in the United States
by Baker & Taylor Publisher Services